CONSTRUCTING ARCHITECTURE

건축설계 · 시공핸드북

CONSTRUCTING ARCHITECTURE

MATERIALS · PROCESSES · STRUCTURES

A HANDBOOK / ANDREA DEPLAZES (ED.)

설계자 및 시공자를 위한

건축설계 · 시공핸드북

재료별 · 프로세스별 · 구조별

(주) 삼우종합건축사사무소

BIRKHÄUSER / *Spacetime*

Credits

한국어판 번역 : (주)삼우종합건축사사무소

설계자 및 시공자를 위한 건축설계 · 시공핸드북
Constructing Architecture : materials process structures

1판 5쇄 2024년 5월 3일 발행

발행인 김기현
발행처 시공문화사
등 록 1993년 3월 12일
주 소 서울시 서대문구 현저동 200 극동프라자 5층(03733)
전 화 02) 3147-1212, 2323, 737-3930
전 송 02) 3147-2626
ISBN 978-89-5592-105-2 93540
http://www.spacetime.co.kr spacetime@korea.com

편 집 Design_Battery
인 쇄 예림인쇄사
제 본 보경문화사
용 지 대림지업(주)

정가 38,000원

Contents

처음에

Andrea Deplazes

“건축시공”이라는 단어는 건축에 있어 프로젝트의 계획과 실현 사이를 연결할 수 있는 건축가의 위치와, 실제적 공간과 개념적 사유를 통합할 수 있는 능력을 나타낸다. 이는 프로젝트의 계획단계에서 건물에 대한 설명과 디자인의 전개로써 나타나며, 건물이 완성됨에 따라 점차 명확하게 정의된다. 일례로 문학작품이 다른 언어로 번역되는 과정의 경우에서 올바른 문법이나 구문을 사용하는 것은 단순히 기술적인 선결조건 또는 필요조건(*Conditio sine qua non*)에 불과하며, 중요한 것은 작가의 의도에 따라 문법이나 구문이 변형되는 가운데에서도 본래의 텍스트가 나타내는 느낌이나 분위기를 총체적으로 잘 담아내는 것이다. 건축 역시도 이와 유사하다. 비록 소리나 단어, 텍스트로 이루어져 있는 언어는 아니지만 건축 또한 재료적인 어휘(모듈), 건설적인 문법(구성요소), 구조적인 구문법(구조)를 가지며 이들이 “건축공학”의 일종이자 기본조건이 된다. 이러한 건축의 구성 요소에는 시공의 원리에 관한 규칙과 규정을 확립하는 기술적이고 구조적인 원리들과 특정한 설계나 시공 프로젝트와 관계없이 얻어진 실제적인 지식(Know-how) 또한 포함된다. 이러한 요소들은 그 자체로 논리적이지만 프로젝트와 결부되기 전까지는 단편적이고 프로젝트와 무관한, 즉 “의미없는 것”에 불과하다. 컨셉과 결합하여 디자인 프로세스가 진행될 때 비로소 독립적이었던 기술적, 구조적 요소들은 완전한 건축물을 채우는 요소로써 작용하게 되며 단편적인 요소들과 건축물의 완성은 서로 영향을 미친다. 이것이 시공에서 건축물의 완성까지의 단계이며 단순한 재료의 조립에서 구축술로의 단계이기도 하다.

구축술(Tectonics)은 항상 물리적 요소들의 개념적 연결, 형이상학적 건축공간, 그리고 이들의 상호작용과 변형, 감응에 따른 특징적이자 전형적인 상(Aspect)이라는 세가지 요소를 통합한다. 대학교에서 지도할 수 있는 최선은 학생들이 스스로를 지도할 수 있도록 하는 것으로 이는 기본적인 전제에서 비평적인 분석, 집중적인 조사를 통해 가설을 발전시켜 총합을 도출해내는 과정을 스스로 확립할 수 있도록 하는 것을 말한다. 본서에서 다루고 있는 기초과정에 대한 많은 논제들은 명확한 진실일 필요가 없는 가설들이며, 대학 강의 내용을 대체하는 내용을 다루지도 않는다. 대신에 본서는 이미 알려져 있는 현재의 건축적, 기술적 화제들에 대한 개요를 마련함으로써 복잡한 건축 기술에 대해 생각해 볼 수 있는 기초를 마련하고자 한다.

2005년 4월 쮜리히에서

본서의 사용법

Christoph Elsener

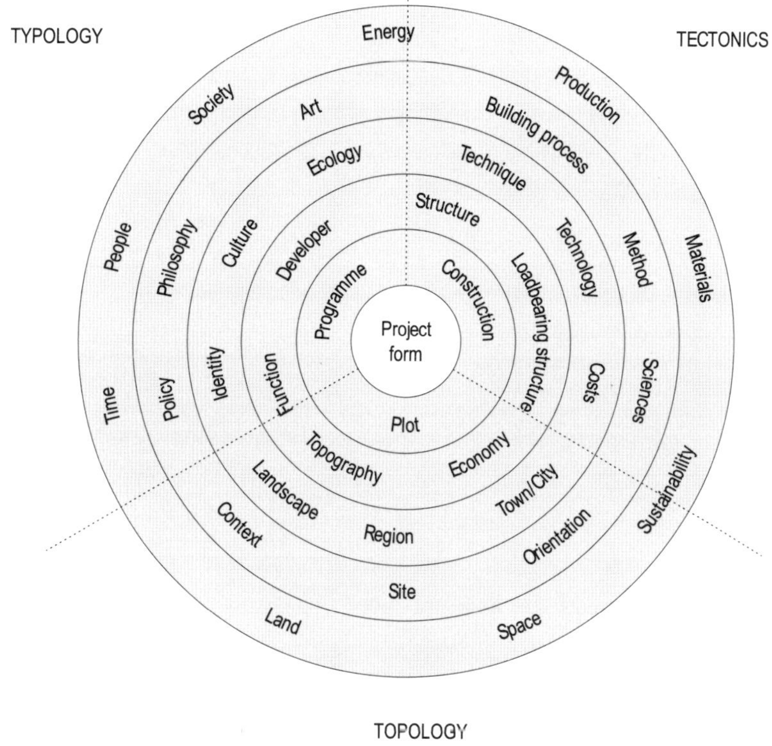

그림 1 : 형태의 구상 / 형태의 발전 과정

모든 재료는 건축가의 조형 의지와 관계없이 특정한 형태를 갖는다. 그렇다면 건축물은 어떻게 그 형태를 갖게 되는가라는 의문이 들게 된다. 이에 대한 답을 위해 두 가지 접근을 취할 수 있다. 첫째로 어떠한 외부적 영향이 형태에 영향을 미치는가이다. 이 질문은 우연히 형태에 영향을 미치는 특정 집단의 정신적, 역사적인 요소는 물론 지리학적, 문화적인 요소 등과 관계 있다. 두번째는 어떠한 기준(Criteria)이 형태를 결정했는가이다. 이 질문은 설계자에 의해 주의깊게 정해진 기준의 범위와 의도에 초점을 맞춘다.

궁극적으로 형태란 여러가지 요소들의 복잡한 상호작용의 결과이다. 이러한 요소들의 상호작용만이 독특한 형태를 만든다. 형태는 자연적으로 만들어지는 것이 아니며 논리적으로 해답을 모색하는 과정에서 다양한 형태가 탄생된다.

Kenneth Frampton은 형태에 영향을 미치는 주요한 세가지 요소에 대해 다음과 같이 말한다. "지세(The topos), 상징성(The typos), 구축술(The tectonic)의 세가지 요소가 한곳에 집중하여 끊임없이 상호작용하며 진화하는 가운데에서 건축물이 탄생한다." 여기서 구축술(Tectonics)이란 단어는 재료에서부터 완공된 건물에 이르기까지 광범위한 시공 과정을 포괄하는 말로써, 본서는 기본적으로 이에 관하여 다루고자 한다. 또한 역사문화적인 관점에 따르면 지세와 상징성, 구축술은 유동적으로 변해 왔음을 알 수 있으며 본서의 일부에서 이에 대해 다루기로 한다.

본서는 원재료에서 시작하여 건물의 일부를 형성하고 최종적으로 건축물의 완성에 이르는 시공 순서에 따라 "재료와 모듈", "구성요소", "구조"의 장으로 나누어 구성되어 있다. 이는 건축물의 축조가 건축적인 표현의 매우 큰 부분을 차지하고 있음을 보여주고자 하는 본서의 의도를 반영하기도 한다. 최근의 건축물들은 "감각"을 자극하는 시공적인 측면에 대해 많은 신경을 쏟고 있으며, 이러한 부분에 의해 동일하게 기술적인 부분을 다루더라도 오직 기술에만 초점을 맞춘 건물과 구분되게 된다. 이에 따라 건축재료 및 건축자재들의 기술적 기준을 이들의 건축적인 효과에 주목하면서 계속적으로 검토할 것이다. 이어지는 "구조"의 장은 정확한 상세 도면과 개념적인 스케치, 기본적인 건축 개념과 시공 과정에 관한 상세한 설명, 이론적 담론과 실무에 관한 내용 등의 서로 다른 내용을 혼재하여 다루고 있다. 그러나 이해를 돕기 위해 본서는 "전체적인(holistic)" 관점에서 디자인 프로세스를 다루면서 많은 참조문을 담고 있으며, 서론에서 각 장에 걸쳐 반복해서 나오는 주요 내용에 대해 소개함으로써 독자가 책의 구성을 쉽게 이해하고 건축재료와 시공자재에 관해 비교할 수 있도록 구성되어 있다.

"재료의 물성(properties of materials)" 단원에서는 점토벽돌, 콘크리트, 목재, 철, 유리, 단열재 같은 현대의 주요 건축재료들의 제조법, 조립과 상품의 종류에 관한 세부사항들을 나타낸다. 소단원인 "개념(concept)"과 "공정(process)", "시스템(system)"은 건축적 해법을 도출하는데에 큰 영향을 미치는 지적인 사유와 시공 과정, 건축물의 구조간의 상호작용에 따라 구분되어진다. "개념" 단원은 분석과 해석에 대해 다루고 있으며 특히 새로운 시공 방식의 개발에 유용하다. "공정" 단원은 실제 현장에서 작업을 시작하기 이전의 대략적인 과정과 현장 조립 공정에 관해 다룬다. "시스템" 단원은 모듈화된 재료들과 자재들로 통일되고 구조적으로 안정적인 조립품을 만들어내는 방법에 대해 다루고 있다. 이 단원에서 다루는 시공 방법에 관한 내용은 "건축물에서의 시스템(systems in architecture)" 단원으로 이어지며 건축적인 표현에 관하여 더욱 자세히 다룬다. "사례(examples)" 단원에서는 실제 건물에서의 적용 사례와 특수한 시공법에 관한 내용들을 담고 있으며, 시공에 관한 건축가의 사유들이 실제 건축물에서 어떻게 드러나고 있는지를 보여주는 도해자료들을 함께 제공한다.

"의장(Building performance issues)" 단원은 시공과 건물의 외피(envelope) 간의 관계에 관하여 다루고 있다.

부록에는 현대 건축물의 외피에 대한 1:20 스케일의 상세 시공도면들을 담고 있다. 지붕과 함께 기단(plinth)과 벽, 바닥의 접합부, 개구부(문과 창문)는 여전히 건축시공에 있어 핵심적인 부분이다. 부록에 나온 형태들은 특정한 건축적 개념에 따라 묶여 있으며, 사전 점검 없이 일반화할 수는 없을 가능성이 있다.

Subjects vary here as to the amount of material each is afforded. This is not due to any particular value being implied but reflects a working method focused on teaching. This publication does not claim to be exhaustive, although its form as a printed book might suggest this!

본서는 단지 스위스 건축가 협회와 스위스연방공과대학(ETH Zurich)에서 정리한 다양한 기본 이론들을 모아놓고 있는 책이다. 일부 내용은 외국의 저자들로부터도 많은 도움을 받아 쓰여졌으며, 기존의 일반적인 이론들에서는 많은 참고를 하지 않았다.

끝으로 저작권이나 기타 사항에 대한 요구는 인정하지 않음을 밝힌다. 본서의 내용의 도용에 대한 책임은 사용자에게 있으며 출판사나 저자에게 있지 않다.

건축시공 공정 - 소(小)에서 대(大)로의 확장 과정

그림 2 : 흙
자갈, 모래와의 혼합

그림 3 : 벽돌
성형, 자연건조(야외), 파키스탄

그림 4 : 벽
재발견된 주거지 유적, 레바논

그림 5 : 구조체
공사중인 석조 건축물

그림 6 : 건물
Hans Kollhoff, KNSM-Eiland housing, 암스테르담

1. 원재료

Gottfried Semper는 공정에 앞서 건축자재로 사용할 수 있는 원재료를 특성에 따라 네 가지 부류로 구분했다.

1. 유연성, 단단함, 분쇄에 대한 저항성, 고강도
2. 부드러움, 가소성, 경화 가능성, 경화 단계에서 형성된 형태를 쉽게 결합 및 유지
3. 선형, 탄성, (길이 방향의 수직으로 작용하는 힘 등에 대하여) 극히 높은 저항,
4. 견고함, 고밀도, 분쇄와 좌굴에 대한 저항성, 거푸집의 제작과 조립에 적합

Semper가 정의한 위의 네 부류의 재료들은 그 특성에 의해 전문적인 기술이나 직조, 도예, 구축술(목공술), 절단술(석재) 등의 특수한 과정을 필요로 한다.

이는 "즉, 모든 기술에는 원래의 특성을 유지하면서 가장 편하게 형태를 만들 수 있는 재료가 있다"는 이론에 근거한다.

그러나 원재료는 본연의 잠재적인 포텐셜이 숨겨진 채로 "건축에 반영되지 않는" 한 건축적으로는 "무의미"한 것에 불과하다.

"선택"의 과정은 그 자체로(예 : 미가공 석재) 모듈의 집합 형태일 뿐 아니라, 이미 작업의 계획단계에 있는 건물을 위한 준비작업이며, 결과적으로 건축의 첫 단계이다. ("준비")

2. 단위자재

"건축자재" 또는 "소재(workpiece)"는 시공에 사용되는 가장 기본적인 구성요소이다. 이들은 다소 복잡하고 시간이 걸리는 생산과정의 산물이다.

- 화장 석재(블록, 슬라브, 판석, 혹두기)는 부정형인 돌로부터 만들어진다.
- 성형되고 다듬어진 흙(점토벽돌, 세라믹타일, 자연건조벽돌, 내화벽돌)과 가공처리된 흙(시멘트, 콘크리트)은 흙, 모래, 자갈로부터 만들어진다.
- 가공목재(박피목, 사각목재, 장선, 합판, 널)은 선형이고 비탄성 또는 탄성인 유기섬유(줄기, 가지 등)로부터 만들어진다.

모든 자재들은 고유의 "구법"과 2차 생산단계에서 나타나는 고유의 접합방법(겹치기, 맞물리기, 엮기, 소성가공("모델링"), 주조 등)을 가지고 있다.

3. 구성요소

자재들로 이루어진 "구성요소"는 2차 생산단계에서 나온 반가공 자재들을 나타낸다. (석벽, 석판, 벽, 볼트와 쉘, 바닥과 지붕)

안정성의 문제가 제작과 요소들의 조립 과정에서 중요하게 작용하며 이러한 문제들은 다음의 방법들로 해결될 수 있다.

- 폴드, 주름접힌 공간, 리브 등의 횡적인 전개
- 높이, 폭에 대한 수직적 / 점진적 변화
- 스티프너의 사용을 통한 프레임의 형성 (대각선 방향 스티프너, 보조역할의 지지체, 모서리 스티프너)

4. 구조

생산의 3번째 단계는 다음과 같은 세부요소들로 이루어진 "구조체(component fabric)"를 형성하는 것이다.

A. 하중지지 구조
건물 구조의 기본. 하중을 견디는 기능(지지, 안정화)을 담당하는 요소들로 이루어진다.
B. 건물 구조
구조(지지, 공간을 형성하기 위한 구획)를 이루는 모든 요소들간의 상호작용을 말하며, "구조 쉘(structural shell)"이라고도 불린다.
C. 내부공간 구획 구조
건물 내부 공간의 복잡한 연속 체계를 형성한다. 하중 지지 구조, 건물 구조, 내부공간 구획 구조간의 관계는 "구축 모델(tectonics model)"을 이룬다. 구축술이란 이러한 "상호관계(higher bonding)" 중 물리적으로 눈에 보이는 부분 또는 내부공간을 형성하기 위한 조직을 말한다.
D. 하부조직(infrastructure)
건물에 영구적으로 설치된 공급 / 처리 시설을 말한다. 하부조직과 건물구조간의 관계는 때때로 문제를 야기한다.
E. 동선구조
수평적 / 수직적인 순환동선과 부속공간을 말한다. 계단과 램프, 진입부가 이에 해당된다.

5. 건축물

건축물은 구조와 프로세스로부터 나온다.

건물-공간-하중지지 구조
- 구축술
- "재료의 조직화(material fabric)"
- 하중지지 구조
- 마감과 마무리 작업
- 하부조직

계획
- 개념 ("아이디어")
- 초안
- 의미의 해석
- 도면
- 정보교환 (표상적)
- 일련의 작용과정

그리고

생산
- 일련의 생산과정
- 세부계획
- 연쇄 작용
- 접합술

참고문헌

- Kenneth Frampton: *Studies in Tectonic Culture*, Cambridge (MA), 2001.
- Fritz Neumeyer: *Nachdenken über Architektur, Quellentexte zur Architekturtheorie*, Munich, 2002.
- Gottfried Semper: *Der Stil in den technischen und tektonischen Künsten oder praktische Ästhetik*, vol. I, Frankfurt a. M. 1863 / Munich, 1860 - 영문판 : *Style: Style in the Technical and Tectonic Arts; Practical Aesthetics, Harry Francis Mallgrave (ed.), Los Angeles, 2004.*

고형식 건축과 가구식 건축

Christoph Wieser,
Andrea Deplazes

스위스연방공과대학에서 열린 "건축의 형태"에 관한 강의에서 건축이론가 Kenneth Frampton은 건축적 형태의 형성이 "토공사(earthworks)" 또는 "지붕공사(roofworks)"에서 시작된다는 두가지 관점에 대해 설명하기 위해 건축이론의 선구자였던 Eugéne Violletle-Duc과 Gottfried Semper 의 작품들을 인용하고, 절단술(고형식 건축)과 구축술(가구식 건축)이라는 용어에 대해 설명했다. "토공사"라는 용어가 입체적인 건축(자갈, 흙, 벽돌, 점토, 석재 등의 재료와 이들이 만드는 벽, 아치, 볼트, 돔 등의 형태)을 형성하는 모든 기술을 말하는 반면, "지붕공사"라는 용어는 직물처럼 엮여 공간에 걸쳐지는 "덮개", 지붕, 공간을 경계짓는 상부 구조물 등 선적인 재료들로 이루어진 모든 구조물을 말한다. 겹쳐지거나 엮여서 조립되는 이러한 목조구조물은 1800년부터 시작된 대량생산 철골구조물과 더불어 이 범주에 속한다.

가구식 건축에 의해 구조를 형성하는 원리는 새로운 것이 아니다. 우리는 이러한 사례를 작자 미상의 다양한 전통 목조 건축물들에서 찾아볼 수 있다. 직선 또는 곡선의 목재들로 만든 원뿔형, 원형 돔, 곧게 서 있는 목조건물, 2차원 또는 3차원적인 골조(목조 프레임, 목조 기둥), 횡방향으로 뻗은 장선과 지붕, 지붕공사(도리와 맞지붕, 트러스 구조) 등의 건축물은 과거 목수들의 생업이었다. 이러한 시공법은 목재를 손쉽게 얻을 수 있고 중간 정도의 스팬이 필요한 경량 건축물에 주로 사용되었다. 목재는 석조 건축과 다르게 유기적이며 따라서 (부패, 부식, 화재 등에 대하여) 영구적이지 않다고 알려졌다. 이러한 이유로 목조건축은 고형식 건축을 따라가거나 대체할 수 없었다.

그러나 대량생산체제에 따른 철골 건축물이 시작되면서 이전까지의 서양 건축의 구법에 관한 질문들이 제기되기 시작했다. 입체적인 시공에 있어 흙재료의 중량감은 고풍스럽고 상징적인 표현을 가능하게 했지만, 대부분의 경우 매스와 중량감에 대한 해결책은 겉으로 노출된 골조나 (선적인 건축에서 나타나는 추상적인 그리드 체계같은) 경량감을 주는 격자 프레임 등에 불과했다.[1]

건축의 원형

1964년에 Sigfried Giedion은 그의 저서인 "*The Eternal Present. A Contribution to Constancy and Change*"에 언급했듯이 건축의 기원이 "매우 복잡하다"고 말했다. 이런 점에서 그는 명예를 얻을 수 있음에도 불구하고, 이 문제에 대해 깊게 접근하지 않았다.[2] 대신에 그는 최근의 연구자료들을 바탕으로 건축이론의 전개에 대해 연구하는 일에 매진했다. 본질적으로 이러한 연구는 단순한 원형 또는 타원형의 오두막에서부터 사각형 건물까지의 전개에 대해 다루고 있다. Giedion은 "현재까지도 주거의 기본 형태로 남아 있는 이러한 일반적인 사각형 주택은 불과 몇세기 동안의 다양한 형태에 대한 실험에서부터 나왔다"고 말한다.[3] 그의 이론적 근간을 이루는 이러한 내용은 주목할만한 부분이다. 문명의 발전 과정에서 나타나는 원형 건물에 대한 거부는 사각형 건물이 보다 짓기 쉽고, 경제적이며, 분할하고 확장하기 쉽고, 주거지로써 그룹을 형성하기 좋다는 실용적인 이유에서였다. 정착생활이 시작되면서 사각형 건물이 대세를 이루게 되었으며, 일부 유목민만이 단순한 임시 주택을 사용했다.

초기에 건물의 형태(원형 또는 사각형)는 실용적인 용도만이 아니라 정신적 이상향을 표현하는 수단으로 사용되기도 했다. Norberg-Schulz는 초기 문명에서는 "실용적인 것과 종교적인 것을 구분하는 일"이 불가능하다고 말했다.[4] 이 시기의 건축적인 형태와 요소들은 북아메리카 인디언이나 아시아 유목민족에게서 나타나는 천막처럼 실용적인 의미와 상징적인 의미를 함께 나타낸다. 이러한 이동식 원룸 주택은 거주자들에게 있어 우주와 그들의 주택이 모든 사물과 인간에게는 적합한 장소가 있다는 오랜 가르침을 따르고 있음을 상징한다.

그러나 이러한 점에서 주목해야 할 것은 주택의 진화가 아닌 가구식 건축과 고형식 건축[5]이라는 두 가지 건축의 원형에 대한 특성이다. 반면 같은 점에서 유목생활에서 정착생활로의 생활양식의 변화는 중요한 역할을 한다. 만약 초기의 임시 주택을 가구식 건축(또는 경량골조주택)이라고 가정한다면, B.C. 2500년경의 메소포타미아문명에서 찾아볼 수 있는 중정형 주택은 고형식 건축으로 지어진 주택의 최초이자 선구적인 사례라고 할 수 있다. 건축의 시초를 정착생활로의 변화에서부터 찾는다는 점에서 이러한 발전사는 전문용어에 반영되어 있기도 하다.[6] 가구식 건축을 표현하는 말로 사용하는 단어인 그리스어 tekton(목수)은 오늘날 건축가를 의미하는 architekton의 어원이 되었다.[7] 그럼에도 불구하고, 그 동안 정의가 불분명해진 것처럼 가구식 건축을 단순히 고형식 건축의 이전 단계로 간주해서는 안된다. 건축 시스템이란 지역적으로 사용 가능한 자연자원과 건물의 내구성을 좌우하는 요소에 의해 결정되기 때문이다. 따라서 건축의 두가지 원형은 아직까지도 동일하게 가구식 건축과 고형식 건축으로써 유형화되었다.

최초의 가구식 건축은 경량의 벽이 없는 주택이었다. 용어처럼 이들은 나뭇가지와 뼈들로 이루어진 골조를 나뭇잎, 동물 가죽, 천 등으로 감싼 것이었다. Hans Soeder는 이들을 "(유럽계 아프리칸 사냥민족에서 보여지는) 원형 돔 구조, 극지방에서 나타나는 원형 천막 또는 원뿔형 천막, 열대 혹은 온대기후에서 나타나는 사각형의 경사진 방풍 주택"의 세 가지 유형으로 분류했다.[8] 최초의 주택은 기후 조건 이외에도 지역 특유의 식물 또는 동물에서 얻어지는 재료에 의해서도 특징적인 모습을 보였다. 사실, 이는 부합하는 사례가 현재까지 남아있지 않기 때문에 가설에 불과하다. 점차적으로 (어떤점에서는 최초로) 주택 건축에 인공적인 재료들이 사용되기 시작했다. 인공재료는 보다 튼튼했고, 기후 조건에 잘 견뎠으며, 더 높은 수준의 문명으로 진화하기 위한 전제조건이었다. 이에 대한 활용사례로 목조 프레임을 자갈로 덮는 방식을 들 수 있다.

"가구식 건축(filigree construction)"이라는 용어는 형태를 형성하는 방식을 직접적으로 드러낸다. 17세기 이래로 "세공(filigree)"이라는 단어("filigree"로 표기하기도 한다)는 가느다란 선을(대개 금 또는 은이었다) 비틀고, 접고, 용접하여 정교한 세공품을 만들어내는 장식 작업을 말했다. 이 단어는 라틴어 *filum*(실)과 *granum*(씨앗)[9]에서 파생된 단어인 "filigrane"과 이에서 파생된 단어인 "filigreen"의 또 다른 파생어로 금속 표면의 거친 질감을 나타낸다. 이렇듯 가구식 건축은 가는 부재로 이루어진 구조로써 선형의 부재들을 엮이고 조립하여 평면이나 공간을 형성하며, 이러한 요소들을 통해 하중을 지탱하고 공간을 구획하는 기능을 수용한다. 그러나 이러한 정적인 골조는 많은 "여백(void)"을 담고 있으며, 건축적으로 의미있는 공간을 만들기 위해서는 이러한 골조를 가리거나 Semper의 표현처럼 "옷을 입히는" 부가적인 작업을 필요로 한다. 그러므로 건물의 외부와 내부의 관계는 하중을 지탱하는 구조체가 아닌 2차 요소들에 의해 결정된다. 건물에 형성되는 개구부는 반드시 구조적이어야 하며, 크기 역시 골조의 구획 체계와 맞아야 한다. 이러한 점에서 Semper가 그의 저서인 "*Der Stil*"에서 직물공예를 "예술의 원형"이자 그가 주장한 건축의 4요소로부터 얻은 "4가지 기술의 원형"의 첫째로 말하고 있는 점은 주목해볼만 하다. 그는 인류 최초의 기술이었던 엮기, 매듭짓기, 뜧기 등으로 가구식 건축의 구법을 설명하고 있다.[10]

가구식 건축과 반대로 고형식 건축의 가장 큰 특징은 용어가 설명하듯이 무게감과 고밀도이다. 고형식 건축의 기본적인 요소는 육중한 입체인 벽으로 돌 또는 사전제작된 재료들을 쌓거나 틀에 재료를 붓고 건조시켜 만든다. 이에 따라 고형식 건축의 접합법은 주조와 쌓기라고 할 수 있다. 쌓기는 고형식 건축의 시공 방법 중 하나이자 모르타르 등의 추가적인 재료 없이도 안정된 건축물을 만들수 있도록 하중을 지탱할 수 있는 단일하고 이상적인 형태로 돌을 자르는 기술인 절단술에서부터 시작된다. 이러한 점에 의해 고형식 건축은 압축력에 대한 저항할 수 있으나 가구식 건축과 달리 인장력에 저항하지 못한다. 프랑스 고르드 지방에 있는 석조건물인 "Village des Bories"(borie는 건식벽 오두막을 의미한다)는 압축력만을 이용하는 "건식벽 방식"의 원리를 보여주는 예로 자체적으로 하중을 지탱하는 피라미드형의 지붕을 가지고 있기도 하다.

고형식 건축은 하중을 지탱하는 기능과 공간을 감싸는 외피로써의 기능이 함께 이루어지므로 벽을 세움으로써 내부공간이 직접 형성된다. 이에 따라 때로는 구조 쉘의 크기가 완공된 건물의 크기와 같아지고 2차적인 요소들이 불필요한 경우도 있다. 개구부는 벽의 하중저항 거동을 약화시키기 때문에 그 크기가 제한된다. 고형식 건축의 기본 단위는 단일 공간으로 단일 공간을 결합하거나 분할함으로써 여러 개의 공간을 형성한다. 기본적인 형태의 경우 모든 벽이 하중을 지탱하고 공간을 구획하는 기능을 수행하며, 구조적으로 하나에 편중되지 않고 동일 작용을 하기 때문에 모든 부분이 동일하게 중요하다.[11]

고형식 건축(절단술)과 가구식 건축(구축술)이라는 두 가지의 개념은 시공 시스템의 두 가지 원형을 나타내며, 다른 모든 시공법은 비록 그 근원이 매우 불분명하기는 하지만 이들 두 개념으로부터 파생된 것이라 할 수 있다. 모든 것이 가능하고, 모든 재료를 사용할 수 있는 오늘날에는 건축물의 형태에 대해 예전에 비해 뚜렷한 정의를 내리기 힘들어졌다. 적어도 기술적인 부분에 대해서는 어떠한 한계도 없게 느껴진다. 최신 기술의 재료와 복잡한 시스템을 이용한 최근의 새롭고 놀라운 건축물에서는 시공방법에 대한 원래의 경계가 전에 없이 흐리다. 이제 고형식 건축과 가구식 건축이라는 본연의 특징은 새로운 요구와 선택을 받아들이지 못하고 있으며, 이들을 혼합한 형태가 널리 사용되고 있다.

순수한 건축 이론으로써 고형식 건축과 가구식 건축에 대한 구분은 건물의 형태가 "어떻게", "왜" 만들어지는가에 대하여 설명해 주는 좋은 방법이 될 수 있다. 이는 동시대의 다양한 시공법에 대한 비교분석의 수단으로 사용될 수 있으며, 건축의 발전사를 명료하게 보여준다. 더불어 새로운 유형에 대한 욕구를 자극하면서 동시에 그의 경계를 명확히 형성하기도 한다.

주

1. 19세기 세계박람회에서 보여졌던 런던의 수정궁이나 파리의 에펠탑을 예로 들 수 있다. 에펠탑에 대한 자세한 내용은 다음의 책에서 참고할 수 있다. Roland Barthes, *The Eiffel Tower, and Other Mythologies*, transl. Richard Howard, New York, c 1979.
2. Sigfried Giedion: *The Eternal Present. A Contribution to Constancy and Change*. The National Gallery of Art, Washington, 1964, p. 177.
3. 동일, p. 177.
4. Christian Norberg-Schulz: *Logik der Baukunst (Bauwelt Fundamente 15)*, Gütersloh, Berlin, Munich, 1968, p. 109.
5. 알려진 용어들 중에서 가구식 건축은 건축 구법의 원리를 배우는데에 있어 가장 정밀하고 포괄적이다. 반면 종종 동일한 용어로 간주되는 골조(또는 프레임) 건축은 식물 또는 동물 등의 유기체에서 나타나는 평행선으로 이루어진 "유기적인" 건축적 표현으로 건축물의 형태를 만드는 것과는 관련이 없는 용어이다. 경량 건축이라는 용어는 가구식 건축을 단순히 "무게가 가벼운" 건축물로 잘못 받아들여지게 하고 특정한 재료에 편중되어 있다는 점에서 동일하게 구분되어져야 한다.
6. Markus Dröge, Raimund Holubek: "Der rechte Winkel. Das Einsetzen des rektangulären Bau prinzips"; in: Andreas Brandt: *Elementare Bauten. Zur Theorie des Archetypus, Urformen weltweiten, elementaren Bauens in einer Zusammenschau*, Darmstadt, 1997, pp. 499 - 508, p. 501.
7. Kenneth Frampton: *Studies in Tectonic Culture*, Cambridge, 1995, p. 3.
8. Hans Soeder: *Urformen der abendländischen Baukunst in Italien und dem Alpenraum* (DuMont Documents), Cologne, 1964, p. 19.
9. 옥스포드 영어사전
10. Gottfried Semper: *Der Stil in den technischen und tektonischen Künsten oder praktische Ästhetik*; vol. 1: *Die textile Kunst*, Frankfurt a. M., 1860, p. 13 참조
11. Werner Blaser: *Elementare Bauformen*, Düsseldorf, 1982, pp. 31-43.

고형식 건축-가구식 건축과 구조간의 관계 비교

고형식 건축	가구식 건축
형태 수직적인 벽에 의해 형성 - 견고함, 균일함	**격자** 선형 부재에 의해 형성(수평적, 수직적) - 개방형 골조(2차원적, 3차원적)는 필수 불가결한 정도로 제한
↓	↓
- 가소성의 고형물 **공간의 위계** - 내부공간을 직접 폐쇄 - 내, 외부의 뚜렷한 구분	**건물의 위계** - 내부공간 직접형성 불가능 - 내, 외부공간 직접분리 불가능
↓	↓
- 평면 레이아웃의 개념 **밀폐 공간의 형성 원리** a) 단위 공간 - 소규모 단위 공간에 공간을 추가 - 대공간의 분할 (내부 구획) b) 벽 - 계층적, 평행한 내력벽, 비지향성 구조(자유로운 입면) - 평행한 열주(가구식 건축의 형태, 모스크의 주랑 참고)에 의한 벽의 분해	- 격자 요소, 내장재 등의 골조 시공에 따라 결정 **밀폐공간의 형성 원리** 내장재의 폐쇄 정도에 따라 공간의 "개방"과 "폐쇄"가 변화 c) 내력벽 구조 - 격자 요소 사이의 수평 / 수직 내장재(바닥 및 지붕, 벽)에 의한 부분적 폐쇄 d) 기둥-보 구조 - 철근콘크리트에 의한 일체형 슬라브로 바닥판 및 지붕 형성
↓	↓
하중저항 원리 - 횡방향 : 아치, 쉘구조(볼트, 돔), 형태작동적 하중저항 구조(가압벽) - 장스팬의 형성 : 리브(고딕양식 등)와 하부 보(T형 보) - 지향성 구조(트러스 구조) 또는 비지향성 구조(와플 구조)	- 기둥 사이의 벽 또는 사용자에 의한 벽 배치 (비내력벽) **하중저항원리** - 수평 보(1차), 수평 보를 가로지르는 추가적 보(2차) - 편심하중(지향성, 중첩) : 목조 - 축하중(지향성 또는 비지향성) : 철골조
↓	↓
벽에 형성되는 개구부 - 벽의 거동을 구조적으로 방해한다 - 내, 외부의 연결 - 개구부의 크기 : 벽과 개구부의 크기 비례에 따라 결정	- 장스팬의 형성 : 자재의 구조 스팬을 확장 - 트러스, 평면 프레임(2차원적), 스페이스 프레임(3차원적) **판에 형성되는 구조적인 개구부** - 격자요소 사이에 형성되는 판의 변화 - 내장재 : 고밀도, 수평적, 수직적 - 비내력 커튼월, 수평 띠창

재료—모듈
MATERIALS - MODULES

	모듈	조적	콘크리트	목재	철	단열재	유리
Introduction	재료의 중요성	조적 건축의 페이소스	노출콘크리트의 형이상학	나무: 평범함, 종합적인, 추상적인-플라스틱	왜 철재인가	"보이지 않는" 건축재료	유리 - 결정, 무정형
재료의 물성	건축 공간의 인지	재료 스위스 점토벽돌과 블록	재료 응고 과정 콘크리트 사용의 10가지 규칙 노출콘크리트 표면	재료 목질제품 - 개관 목질제품 - 적층제품 목질제품 - 파티클보드 목질제품 - 파이버보드 스위스에서 생산되는 주요 판넬 및 사전제작 제품 - 개관 판넬공사 - 최근의 발전	단면 - 행태와 적용 내화 철골 구조체에서의 적용 가능성	투명 단열재 단열재료와 그 적용	
시스템		조적 관련 용어 설계와 시공 조적 쌓기 이중 조적벽의 연결과 보강	바닥판의 지지체, 노출콘크리트의 내단열 중량 외장재의 고정(콘크리트) 중량 외장재의 고정(돌) 콘크리트 슬라브의 초기 치수 산정을 위한 차트	목조 건축 시스템 - 개관 경량목구조 - 시공원리 목재 보의 임시 크기를 결정하기 위한 차트	접합 구조 - 캔틸레버 보가 사용된 골조 구조 - 연속된 기둥을 갖는 골조 구조 - 이방향 골조 철제 보의 임시 크기를 결정하기 위한 차트	단열 시스템 - 개관	
건축물에서의 시스템		조적건축의 기술 시공방법 사전제작	선형 구조 부재 선형 부재를 사용한 구조 면형 구조 부재 면적인 부재를 사용한 구조		접기와 구부리기 골조 거더, 라티스보와 파사드 스페이스 프레임 마름모꼴 격자와 대각선 가새 캐노피 구조		
사례	플라스틱			일본 전통 목조 건축에서 나타나는 목재의 변환 실로 짠 그물			

재료의 중요성

Andrea Deplazes

나에게 있어, 설계와 시공은 같은 개념이다. 나는 형태가 시공의 결과물이라는 말을 좋아한다. 물론, 재료는 유한하지만 말이다. 그럼에도 불구하고 건물의 형태는 재료나 시공요소를 넘어 건축가의 의도라는 정보를 담고 있기 때문에 나는 이 말에 전적으로 동의하지는 않는다. 심지어는 특별한 의도가 없다는 것 조차 하나의 정보가 될 수 있다. (기능주의가 이를 잘 보여주고 있다) 결과적으로 설계와 시공의 구분이란 교수들이 강의 주제를 위해 도공과 물레를 비유로 제시하며 만든 교수법에 불과하다. 도공은 진흙덩어리를 속이 비어 있는 공간으로 만들기 위해 한 손으로는 도자기의 밖에서 힘을 가하고 한 손으로는 도자기의 안에서 힘을 (반대방향으로) 가하면서 도자기를 만든다. 이렇게 하여 "공간을 담고 있는 도자기"가 만들어진다. 이러한 힘은 서로 상호보완적이거나, 적어도 서로 영향을 미쳐야 하며, 이 결과 건축의 방법과 디자인 프로세스를 결정하는 교훈이 된다. 이러한 과정은 양방향에서 이루어진다. 외부적으로는 도시에서 건축물로 향하는 고전적인 방법이며, 내부적으로는 공간적이고 건축적인 직물인 구축술의 방법을 사용하게 되는데, 두가지 경우 모두 추상성에서 콘크리트를 이끌어 낸다.

두 힘의 가운데에 건축적 형태가 놓여 있다. 이는 내부와 외부의 사이에서 경계와 전이의 공간이 되며, 그 자체로 모든 건축적, 문화적, 감각적인 요소들을 통합하여 공간에 퍼뜨린다. 이러한 점이 건축의 역설(paradox)이다. "공간"을 이루는 것이 건축의 첫번째이자 최고의 목표임에 분명하지만 건축물 자체는 재료가 공간을 경계지음으로써 공간의 내, 외부에 영향을 미치는 "비공간"이기 때문이다. 건축물은 재료를 통해 기억(memoria)과 공간적인 힘과 특징을 얻는다. Martin Heidegger는 "경계란 무언가가 끝나는 지점이 아니라, 과거 그리스인들이 믿었던 것처럼 무언가 그 존재가 시작되는 지점이다"라고 말했다. 이러한 관점에서 건축가란 유물론자들(기술자, 공학자, 디자이너) 없이는 존재할 수 없는 형이상학자(metaphysicist)이며, 공간(반물질)과 형태(물질)라는 상반된 요소를 연결시키고 끊임없이 서로 영향을 끼치도록 만드는 두 얼굴의 야누스 같은 존재라 할 수 있다.

단일 공간이나 공간의 집합체를 사전에 고안하고 설계하거나 이 후에 재건축하는 일은 현재의 조건을 잘 알고 이들을 잘 조절할 수 있을 때만 가능하다.

결론적으로, 건축가는 "전문적인 아마추어(professional dilettante)"이자 지극히 다양한 조건과 매순간 우선순위가 달라지는 요구사항들로부터 완전하고 복잡한 통합체를 만들어 내는 연금술사라고 할 수 있다.

그러므로 건축 공간의 특징은 "어떻게" 공간이 형성되는가에 달려 있으며, 이러한 이유로 건축물을 실현하는 기술과 건물에 사용된 자재와 재료들의 구조적 구성 방식에 의해 그 특징이 정의된다. "재료가 어떤 느낌인지, 어떻게 생겼는지, 둔탁하게 보이는지 또는 반짝이게 보이는지, 냄새는 어떤지, 단단한지 또는 부드러운지, 유연한지, 차가운지 또는 따뜻한지, 매끄러운지 또는 거친지 같은 재료의 감각은 공간에 항상 존재한다"는 Manfred Sack의 말은 이러한 점에서 주목할만하다. Sack은 건축 공간은 가장 먼저 물리적이자 감각적인 방법으로 인지된다고 생각했다. 공간 속을 걸어가면서, 자신의 발자국 소리가 벽에 반사되어 메아리로 돌아오는 소리를 들으며 사람은 맨 먼저 공간의 크기를 추정하고 가늠하게 된다. 그 다음으로 공간을 걸어가는데 걸린 시간과 메아리의 음색을 통해 그 크기를 확인하게 되고, 벽면을 만지고, 다양한 재료들로부터 나온 냄새를 맡으며 공간의 경계에 대한 촉각적인 수치를 얻게 된다. 그래서 이러한 감각적인 경험을 통해서만이 한눈에 파악할 수 있는 것이다.

시각은 물체 표면의 자극에 대한 물리적, 감각적인 상에 대한 기억이다. 나는 또한 "어떠한 구조가 외피에 드러나는가?"라는 질문을 좋아한다. 외피의 아래에는 겉으로 드러나지 않는 구조체가 있으며, 외피가 형성되기 전에 형성된 구조체에 의해 영향을 받게 되고, 어떠한 면에선 외피란 구조체를 투사하는 평면에 불과하다고도 할 수 있다. 건축에 있어서 수학적인 개념인 선이나 2차원적인 평면이란 존재하지 않는다. 건축은 항상 3차원적이며, 심지어 페인트나 플라스틱, 재료의 얇은 층까지도 그러하다. 일례로 색이라는 관점에 대해, 안료로써의 물리적인 접근과 색조로써의 감각적인 접근에 대해 생각해 볼 수 있는데, 2차원 평면의 느낌을 만들어내는 것은 후자이다. 이러한 관점에서 건축은 기교나 기술의 문제만이 아닌 *tekhne* (그리스어로 예술, 장인적 기술을 의미한다)이자 인간 본연의 의지와 욕구를 표현하고, 새로운 무언가를 창조하고자 하는 예술적, 창의적인 욕망으로 이해되어야 한다. 이렇듯 건축을 "이해한다"는 것은 물리적으로 건축을 이해함과 더불어 인간의 모든 감각을 이용하여 지적으로 이해함을 말한다.

1999년 1월 15일 스위스연방공과대학에서의 강의 내용에서 발췌

건축 공간의 인지

구축술 —— 형태 —— 공간

공간의 물리적 특성		인간 인식의 생리적 특성	
재 료	질량 양감 중량감 밝기 경도 연성 세공성 간결성 투명성	**시 각**	밝기 색 물질성 - 추상적 - 구체적
		촉 각	질감 - 거친 질감 - 입자가 미세하고, 부드러운 질감 - 섬유질
영 역	불투명 투명 반투명 표면 - 평면적 - 조각적	**감 정**	습기가 많음 건조함 뜨거움 차가움
		후 각	냄새 쾌적한 환경 "무취"
구 조	구축적, 분열성 비구축적, 균질성 - 무정형적 구조, "형태 없음" - 단일체적 구조 - 적층 구조 - 위계 - 무질서 - 비지향성 - 지향성	**시간 감각**	움직임 영구성 크기에 따른 효과 (느낌) - "광대함" - "비좁음" - "깊이"
형 태	유클리드 기하학적 형태 수학적 형태 - 합리적 형태 기하학적 형태 - 추상적 - 구체적 유기적 형태 - 생물 형태적 - 직관적	**청각**	소음 공명, 여운 반향 음의 차폐 거슬리는 느낌
치수	척도 - 광대한 폭 - 좁은 폭 - 높이 - 깊이		

↓

사 고
해 석
종 합

재료의 수명

용도	수명
1. 바닥 마감재	
1.1 직물 바닥 마감재	
(니들 펠트(needle felt) + 카페트)	
가격 분류 제1종, 일반, 깔개식, SFr 30-65/m²	10
가격 분류 제2종, 내구성 강화, 깔개식, SFr 66-140/m²	12
천연 섬유 카페트 (사이잘(sisal) - 코코넛 섬유), 깔개식, SFr 80-10/m²	12
1.2 세라믹 바닥 마감재	
일반 점토 타일	25
세라믹 타일	40
고온 가열 벽돌, 유약 미처리	50
재처리 석재 포석	50
슬레이트 포석	30
화강암 포석	50
1.3 기타 바닥 마감재	
이음매가 없는 비닐 장판	20
합성수지 바닥 마감재 (입체문양, PVC)	25
리놀륨	25
코르크	25
모자이크 바닥 마감재	40
2. 모르타르, 페인트, 벽지	
합성 수지 골재, Chloster 방식 모르타르	10
분산 페인트, 무광 페인트	10
침영구백(Blanc fixe), 표백	10
유성 페인트 또는 합성 페인트로 도색한 목제품 (창, 문)	20
라디에이터, 합성 페인트로 도색	20
벽지, 내구성 강화, 고품질	15
3. 목재 및 합성주지 재료	
목제 판넬, 유약 처리	20
목제 판넬, 미처리	40
걸레받이, 합성수지	20
걸레받이, 너도밤나무 또는 오크	40
4. 세라믹 타일 및 석제 타일	
습한 장소에 부착하는 세라믹 타일	40
습한 장소에 부착하는 석제 타일	40
5. 주방 설비	
전기식 호브(hob), 재래식	12
세라믹 호브	15
조리 기구, 스토브 및 오븐, 베이킹 시트(baking sheet)	20
전자레인지	15
냉장기	12
냉동기 (직립형 또는 금고형)	15
식기세척기	15
환기장치, 환풍기	15

용도	수명
6. 위생 설비	
욕실, 샤워 트레이, 주조, 철제	50
욕실, 샤워 트레이, 에나멜	20
욕실, 샤워 트레이, 아크릴 수지	40
샤워 트레이, 세라믹	50
세면대, 수조 미부착, 비데	50
"Closomat" (욕실 - 변기)	20
거울장, 합성수지	15
거울장, 알루미늄	25
주방, 욕실, 화장실 설비	20
세탁기 및 각 세대에 설치되는 회전식 건조기	15
각 세대에 설치되는 온수 보일러	15
7. 난방, 배기, 열 회수 시스템	
서모스탯 라디에이터 밸브	15
표준형 라디에이터 밸브	20
전기식 열 교류 측정기	15
기계식 증발계	15
전기식 증발계	30
고온 증기의 배출 및 열 회수를 위한 설비	20
매연 배출을 위한 환풍기	20
통나무 스토브 (굴뚝 포함)	25
8. 차양	
블라인드, 합성섬유 직물	12
루버, 합성수지	15
루버, 금속제	25
합성수지 롤러 셔터	20
목제 롤러 셔터	25
금속제 롤러 셔터	30
블라인드 및 롤러 셔터의 조작용 끈	7
9. 잠금 장치	
자동 잠금 장치	20
현관문용 잠금 장치	20
내부 문용 잠금 장치	40
10. 상업적인 용도의 건물에서의 사용에 따른 재료 수명 감소	
제조 시설	25%
상업 시설	25%
레스토랑	50%
사무소	20%

출처
Schweizerische Vereinigung kantonaler Grundstückbewertungsexperten (Swiss Association of Cantonal Real Estate Valuation Experts) SVKG+SEK/SVIT: "*Schätzerhandbuch, Bewertung von Immobilien*", 2000.

플라스틱

Roland Barthes

폴리스티렌, 폴리비닐, 폴리에틸렌 등 몇몇 플라스틱의 화학적 명칭은 외눈의 그리스 양치기를 연상케 하지만 플라스틱은 근본적으로 연금술적인 물질이다. 얼마 전, 모든 영역의 플라스틱 제품에 대한 전시회가 열렸었다. 물질의 형태가 훌륭하게 새로이 만들어지는 마법 같은 과정을 보기 위해 관람객들은 입구에 길게 늘어선 줄에서 기다려야만 했다. 많은 관이 달린 채 (길고도 신비스러운 제조과정을 상징하는 이상적인 형태이기도 하다) 길게 늘어선 기계장치는 간단하게 녹색 결정 더미를 광택나는 그릇으로 만들어 냈다. 한편에는 텔루르(tellurium) 성분의 재료들이 있었고, 다른 한편에는 완성된 제품이 있었으며, 이 두 극단의 사이에는 아무것도 존재하지 않았다. 여기에는 오직 챙 달린 모자를 쓴 직원들이 감독하는 행정만이 있었다. 이 과정 속에서 직원들은 조물주이자, 기계였다.

플라스틱은 물질이라기 보다는 무수히 반복된 성형의 결과물이다. 일반적인 명칭인 플라스틱에 나타나듯이, 이는 눈으로 볼 수 있도록 만들어진 것으로 어느 곳에나 존재한다. 그리고 바로 이러한 점에 의해 플라스틱은 매 순간 자신의 성질을 변화시키는 기적의 물질이기도 하며, 또한 하나의 제품이라기 보다는 변화의 과정 중에 있는 하나의 물질이기도 하다.

이러한 변화는 거의 끝없이 반복되며 원료를 너무나도 놀라운 다수의 제품으로 바꾼다는 점에서, 플라스틱은 근본적으로 해석되어져야 할 과정이자, 완제품들이 만들어 내는 장관이라 할 수 있다. 서로 다른 형태의 완제품들을(여행가방, 칫솔, 차체, 장난감, 건설 자재, 관, 그릇, 플라스틱 필름 등) 보는 동안, 플라스틱은 관찰자의 기억 속에서 마치 조각 퍼즐처럼 끊임 없이 자신을 드러낸다. 이는 장신구에서부터 양동이를 만드는데까지 사용되는 플라스틱의 엄청난 다목적성 때문으로, 이러한 점에서 우리는 원재료가 다양한 제품으로 만들어지는 과정을 보며 플라스틱의 자기증식성(proliferation)에 끊임없이 놀라게 되고, 플라스틱의 자기증식성을 끊임없이 꿈꾸게 된다. 인류가 다양하게 변화할 수 있는 플라스틱의 능력을 발견한 이래로 플라스틱은 유용하고 놀라운 물질이었으며, 플라스틱이 성질을 자유자재로 변화하는 모습은 매혹적이자 도취적이었다.

반면 이러한 플라스틱에도 단점은 존재하며, 그것은 바로 성질이 변화하는 물질인 플라스틱은 좀처럼 단일한 물질로 존재하기 힘들다는 점이다. 플라스틱의 조직은 불안정하며, 견고하거나 깊지 못하다. 또한, 유용성에도 불구하고 절대적으로 정확해야 하는 저항성의 측면에서 중간 정도의 품질을 나타내는 물질이다. 고무의 탄성과 금속의 단단함의 사이에 위치한 플라스틱은 입상, 섬유상, 편상 같은 조직으로 이루어진 천연광물 중 어느 한 편에도 속하지 못하며, 이러한 점에서 "중요한" 물질들의 목록에 완전히 포함되지는 못한다. 한 편, 플라스틱은 원료를 응고시켜 형태를 만들게 되는데 물질의 특수한 상태는 둘째치더라도 이러한 성형방식에 의해 표면이 흠집이 나기 쉽고, 모호하며 매끄러워 천연재료의 반듯한 표면과 차이가 나게 된다. 그러나 무엇보다도 플라스틱에 있어 최대의 단점은 특유의 공허하고 약한 느낌이라고 할 수 있다. 플라스틱의 색이 황색, 적색, 녹색 등의 선명한 원색에 국한되어 있고, 심지어는 이 색들의 공격적인 면만이 표현되는 것처럼 플라스틱의 인상은 자연스럽지 못한 인상을 만든다. 여기에서 플라스틱은 그 이름처럼 단지 색조를 보여주는 합성수지에 불과하다.

플라스틱에 대한 높은 선호도는 모조제품의 신화에 변화가 생겼음을 입증한다. 잘 알려져 있듯이, 역사적인 관점에서 모조제품은 중간 계층의 전유물이었다. (기성복의 시작은 자본주의 초기로 거슬러 올라간다) 그러나 오늘날까지도, 이러한 모조제품은 허세의 상징이자, 실제 세계가 아닌 가상적 세계의 일부로 자리잡고 있다. 모조제품은 진귀한 돌, 융단, 깃털, 모피, 은 같은 세계에서 가장 중요하고도 화려한 물질들을 싼 가격에 재생산하는 것을 목표로 한다. 플라스틱은 이러한 모조제품 없이도 같은 효과를 내는 대중적인 물질이다. 이는 손쉽게 사용할 수 있는 최초의 재료였으며, 바로 이러한 평범함이 존재의 이유인 물질이었고, 특수한 계층이 아닌 일반 대중을 위한 최초의 인공품이기도 했다. 이에 따라 오랜 시간 동안 전해져 내려온 천연재료에 대한 개념이 변하기 시작했다. 천연재료는 더 이상 새로 발견되거나 모방되어야 할 순수한 물질이 아니었으며, 지구상의 모든 천연자원 보유량보다도 더 풍부한 인공재료로써 플라스틱은 천연재료를 대체했고 심지어는 새로운 형태를 창조하기도 했다. 고급 제품은 항상 자연에서 그 재료를 얻었고, 재료의 원천인 천연광물이나 동물 등 환경문제를 일으켰다. 플라스틱은 인간에게 사용되기 위해서 만들어졌다. 단순히 즐거움만을 위해서 플라스틱 제품을 만드는 경우는 매우 드물다. 단 하나의 재료가 다른 모든 재료를 대체함으로써 이제 재료간의 위계는 무너졌다. 세계의 모든 부분이 플라스틱화될 수 있으며, 플라스틱 대동맥이 이미 만들어지고 있는 것처럼 심지어는 인간의 생활에 관한 부분까지도 그러하다.

"Plastic" (1957)
Excerpt from: Roland Barthes, transl. after: Mythologies, Paris, 1957.

조적 건축의 페이소스(pathos)

Ákos Moravánszky

그림 1 : 조적 건축 폐허에서 자연과 건축물이 융화된 광경
Mario Ricci : 고대 유적과 피라미드, 장식이 이루는 "카프리치오(capriccio)"

층

페이소스는 "공허한" 감정이라는 말도 있지만, 마치 그림자와도 같은 모든 감정표현이 동반되어 "우러나온다". 과거에는 신중하게 사용되었던 단어인 지역, 정체성, 공간은 이제 진부한 상황에 대한 평가의 기준을 마련하기 위해 또는 단지 센세이션을 일으키기 위해 엄청난 힘을 지닌 단어가 되었다. 그리고 건축에 있어 조적 건축보다 더 감성적인 것인 무엇이 있을 수 있을까? 조적 건축을 떠올릴 때 우리는 재료, 색, 무게, 영구성 등의 특징을 나타내며 어딘가의 장소에 서 있는 건축물의 형상을 생각하게 된다. 서로 다른 많은 견해에서 조적 건축의 감성적인 측면을 정당화시킬 수 있는 윤리적, 미학적인 근거는 바로 이러한 조적 건축의 예술적인 특징에서 나온다. 얼마나 잘 지어지고 얼마나 마감이 잘 되었는지의 여부와 관계없이 회반죽을 칠하거나 초벌칠된 벽이라고 해서 반드시 조적 건축에 속하는 것은 아니다. 조적건축이란 "석재가 표면에 시각적으로 드러나 있고, 석재로 시공된 구조물"이며,[1]자연석인가 또는 인공 벽돌, 인공 블록인가 같은 재료의 문제는 중요하지 않다.

자연과 건축 환경 간의 관계는 르네상스 후기의 "카프리치오"라는 장르에서 다뤘던 조적 건축 폐허에서 나타나듯이, 허영심이 넘치는 건축물과 소멸을 향해가는 모습을 보여주기 위해 사용되었다. 결국 자연은 "마치 건축물의 예술적인 형상이 단지 인간의 폭력적인 마음을 드러내는 행동이었던 것처럼" 자신을 침해하는데 대해 복수하기 위해 기다리고 있다.[2]

그러나 조적 건축과 자연의 관계는 조금은 덜 우울한 관점에서도 다루어져야 한다. Rudolf Schwarz는 1949년 출판된 그의 저서인 "*Von der Bebauung der Erde* (지구의 변화에 관하여)"에서 지구의 물질적인 구조는 마치 돌이 겹겹이 쌓여 조적 건축물이 지어지듯이, 침전작용과 퇴적작용을 통해 만들어진 "매우 얇은 입자의 막"으로부터 출발했다고 말했다.[3]

단순하게 본다면 하이테크 산업이 만들어 낸 복잡한 건축물들과 비교해 볼 때, 조적 건축물 "그 자체"는 평범하게 보일 수도 있다. 그러나 창조의 상징이자, 현대적인 건축물과 대비되는 수수함의 상징으로써 지상에 우뚝 서 있는 조적 건축물을 보며 우리는 페이소스를 느끼게 된다. 지하 나이트 클럽이나 디스코텍을 장식하고 있는 벽돌무늬 벽지는 조적 건축의 감상적인 면을 보여준다.

조적 건축에 대한 견해는 크게 두 가지로 첫째는 의미와 경계를 나타내는 매체로써의 표면에 관한 부분이며, 다른 하나는 노동의 산물로써의 매스에 관한 부분이다. 물론 이들 두 가지 견해는 겹치는 부분도 있지만, 여기에서는 이들을 각각 다루기로 한다.

가벼움 : 벽과 예술

Gottfried Semper의 두 권짜리 저서인 "*Style in the Technical and Tectonic Arts: or, Practical Aesthetics*"는 어떤 이론적인 연구보다도 조적 건축의 두 가지 특성에 관하여 많은 내용을 담고 있으며, 많은 영향을 끼쳤다. Semper의 이론은 인간의 생산방식을 직조, 도예, 구축술(Tectonics, 목조건축), 절단술(Stereotomy, 조적건축)으로 유형화시키는데서 출발한다. 이러한 네 가지의 생산방식은 건축의 네 가지 요소인 벽, 난로, 지붕, 기초(기초, 단지)에 각각 대응한다. 여기에서 중요한 것은 위와 같은 구분법의 존재론적인 측면으로 이들 네 가지 요소는 정식으로 정의된 것이 아니라 인간과의 관계를 통해서 정의되는 것이기 때문이다. 이는 그 구성요소를 생각하여 외관상 건축 기술을 구분하는 것이 매우 유연한 사고방식임을 말해준다. 아주 단순한 스케치 하나도 이 글에서 다루고자 하는 내용에서 벗어날 수 있다. 바로 이 점에서 조적 건축물이 구축(tectonic)과 절단술(stereotomy)이라는 두 가지의 "기본 기술"을 통해 만들어진다는 사실을 명확히 하는 일은 중요하다. "선적인 부재들을 강접합하는 기술"[4] 인(지붕 프레임 공사를 예로 들 수 있다) 구축술은 조적 건축에 있어서는 이질적인 존재이다.

Semper의 이론은 1849년 그가 루브르에 방문했을 당시 고대 아시리아 제국의 수도였던 니네베 지방에서 발굴된 벽 유적을 보고 영향을 받았다. 그는 이러한 조적 건축물의 파편들이 공간의 경계로써 작용하는 벽이 일차적인 요소이며, 건축물의 하중을 지탱하는 벽은 이차적인 요소라는 외피에 관한 그의 이론을 증명하는 예라고 생각했다. 아시리아 건축물 유적의 외피를 형상하는 석재는 색을 칠하고, 유약을 입히고, 구워지는 과정을 거쳐 지면 위에 조립되었다. Semper는 그의 원고인 "*Vergleichende Baulehre*" (축조 기술의 비교 연구)에서 "점토 벽돌 건축물은 이미 아시리아 시대에서도 지어졌지만, 이 시기의 건축에 있어 중요한 위치에 있지는 않았다. 건축물의 장식은 건축물을 구성하는 조적재가 아닌 다른 재료에 의해 이루어졌다."[5] 고 말했다. 이 이론은 원인과 결과의 극명한 반전이 이루어졌다는 점에서 현재까지도 고무적이며 감정을 불러일으킨다.

그림 2 : 경계 요소로써의 벽이 1차적 기능을 수행하고, 하중 지탱 요소로써의 조적재가 2차적 기능을 수행한다.
1899년에서 1917년까지 진행된 니네베(Nineveh) 유적 발굴 현장

그림 4 : 절단술과 대리석으로 마감된 건축물
Otto Wagner: Steinhof Church, 비엔나(오스트리아), 1907

그림 3 : 무거운 조적재 위에 올려진 가벼운 느낌의 파사드
Joze Plecnik: Sacred Heart of Jesus Church, 프라하(체코), 1939

조적 건축물의 축조 기술은 고리버들 세공(wickerwork, 식물의 줄기를 활용하여 가구 또는 소품 제작)같은 외관에서 비롯되는 것으로, 기술에서 외관이 비롯되는 것이 아니다. Semper는 매듭을 "가장 오래된 기술적 상징이자 초기 우주진화론적인 사고의 표현"[6], 즉, (두 가지 요소를 결합한다는) 단순한 구조적 필요성에 점차 미학적이고, 의미를 담기 시작하면서 나타나게 된 *tekhne*의 초기 형태라고 표현했다. 동양 문명에서 나타나는 융단은 이러한 매듭의 반복을 통해 만들어지는 리듬감을 기초로 하여, 전 부분이 균일하게 제작된다. 미술은 항상 고리버들 세공의 일종이라 할 수 있다. 19세기의 풍경화가부터 1950년대에 활동했던 Jackson Pollock같은 "액션페인터(action painter)"에 이르기까지, 모든 화가는 하얀 바탕에 단순히 색을 입히는 것이 아니라 캔버스 전체를 균일하게 작업한다. 이러한 필적(calligraphy)은 조적 건축을 체험할 수 있게 해준다. "줄눈이 만드는 그물망은 모든 것을 덮으며, 일반적인 방법으로 표면에 색과 생명을 불어넣을 뿐 아니라, 뚜렷하게 정의된 크기를 부여한다. 이러한 방식으로 인류의 상상력과 직접 연결된다." Fritz Schumacher는 1920년 위와 같이 기술하기도 했다.[7]

벽 축조 방식의 기원에 관한 Semper의 이론은 역사 결정론(historicism)에 바탕하고 있으며, 재료의 기원에 관한 다양한 현대 이론들에 의해 비판되고 다르게 해석되었지만, 20세기의 조적 건축 미학 이론에 아직까지도 영향을 미치고 있다. 물론 Semper의 이론이 직접적인 근간이 된다고 할 수는 없다. 그러나 비엔나 지방의 건축물들에서 볼 수 있듯이 Semper의 이론을 직접 받아들인 사례는 분명히 존재하며, 오늘날까지도 Boris Podrecca 등의 건축가는 이를 자신의 건축의 밑바탕으로 삼고 있다. Otto Wagner를 필두로 한 학자들은 Semper의 초기 이론을 현대적인 방식으로 재해석했다. Steinhof church (1905-07)의 파사드나, 비엔나의 Post office savings bank (1904-06)는 Semper의 이론에 따라 하부는 절단술에 의해, 상부 스팬은 직조(textile)에 의해 축조되었다.

Wagner의 제자였던 슬로베니아 건축가 Joze Plecnik는 비엔나, 프라하, 류블랴나에 위치한 그의 작품들에서 볼 수 있듯이, Semper의 이론을 새로운 방식으로 해석했다. 그의 이론에 있어 "새로운" 점은 고대 건축물의 형태에 관한 지식을 왜곡시키기, 낯설게 하기, 건축 요소들간의 상호 균형 등의 비범한 방식을 통해 통합했다는 점이다. 프라하에 위치한 Sacred Heart of Jesus Church(1932-39)의 파사드는 Plecnik의 이론을 극명하게 보여주는 예로 하부는 어두운 색의 벽돌 마감으로, 상부는 대조되는 백색의 화강석으로 마감되어 있다. 류블랴냐 대학 도서관의 파사드 역시 석재와 벽돌로 이루어져 있다. 여기에서 두 재료의 조화는 독일식 건축 문화와 지중해 건축 문화의 두 문화에서 영향을 받은 슬로베니아의 건축적 근원을 형상화한다.

Louis Henry Sullivan은 입자가 굵은 점토 벽돌로 이루어진 파사드의 느낌에 대해 아나톨리아식 전통 카페트의 부드러운 느낌에 비유하여 "밝은 부분과 그늘진 부분이 무수히 교차된, 이끼 같은 모습"이라고 표현하기도 했다.[8]

그림 5 : 자연석과 점토 벽돌의 조직
Joze Plecnik: University Library, 류블랴나(슬로베니아), 1941

Frank Lloyd Wright의 "텍스타일 블록(textile block)" 공법은 그 이름처럼 경량 콘크리트로 만들어진 프리캐스트 블록을 통해 직물 같은 느낌을 만들어내는 방법이다. 1932년에 쓴 글에서 그는 자신은 조형에 집중하는 건축가가 아니며, La Miniatura나 Storer Residence(1923) 등 캘리포니아에 위치한 그의 작품들의 파사드에서 볼 수 있는 것처럼 자신을 "직공(weaver)"이라고 칭했다. "블록은 햇빛에 닿으며, 유칼립투스 나무 사이를 기어 오른다. "직공"은 블록의 느낌을 마음속에 그려보게 된다. 이는 곧 새로운 생활을 위한 새로운 건축의 대안이 된다… 건축가는 기계 생산에 의해 표준화된 블록을 건축의 구성요소로 사용하게 되고, 블록들을 "뜨개질" 하게 된다. 이를 통해 건축가는 자유롭게 벽 조직을 코바늘로 뜨개질 하듯이 구성하게 되고 이는 매우 다양한 건축적 아름다움을 만들어

그림 6 : 장식적인 벽돌마감
Louis Henry Sullivan: National Farmers' Bank, Owatonna (USA), 1908

낸다… 팔라디오(Palladio)! 브라멘테(Bramante)! 산소비노(Sansovino)! 이렇게 수 많은 조형 건축가들이 있지만, 나는 조형 건축가가 아닌 "직공"이다."[9]

고대 조적 건축물, 비잔틴 시대의 조적 건축물, 발칸 반도에 있는 종교적인 건축물들은 모르타르 접합부에 유약칠한 세라믹 핀이나 작은 돌을 집어넣는 등의 필라스터(pilaster)나 기둥 오더의 구조적인 형태 없이 오직 석재 표면의 장식에 의해

그림 7 : 로스엔젤레스에 위치한 Wright의 두번째 "텍스타일 블록" 건물
Frank Lloyd Wright: Storer Residence, Hollywood (USA), 1923

서 건축물의 외피를 형성하는 다양한 예를 보여준다. 이들 건축물은 개구부나 구조체에 별도의 장식을 덧붙이지는 않지만 석재 본연의 느낌을 사용함으로써 입면을 형성하고 있다. 1950년대 후반 그리스 건축가인 Dimitris Pikionis는 아테네 아크로폴리스 인근 필로파포스 언덕에 위치한 작은 비잔틴 교회의 입면을 설계했다. 그는 또한 보도와 입구, 몇몇 작은 구조물들도 함께 설계했다. 이 작업에서 Dimitris는 Wright보다 더욱 다양하게 "직공"으로써의 설계 방식을 사용하였으며, 랜드스케이프와 기존의 요소, 새로운 요소들을 직조함으로써 다채로운 이미지를 연출해냈다.

Carlo Scarpa는 베로나의 카스텔베키오(Castelvecchio) 복원 작업에서 오랜 역사를 담고 있는 벽체와 새로운 레이어들에 대해 유사한 작업을 진행했다. Dominikus Böhm, Rudolf Schwarz, Heinz Bienefeld 등의 건축가 역시 경사진 층 배열과 층과 인방(lintel)부의 벽돌 마감 등을 통해 외피가 구조체와 분리되어 있음을 보여주며, 조적재를 이용한 장식적 "외피"를 사용했다. 반면 Sigurd Lewerentz가 설계한 비욕하겐(Björkhagen)의 성 마가 교회(1956-60)의 파사드는 이와는 조금 다른 기법을 보여주는데 이는 조적 벽의 가로줄눈이 벽돌의 높이와 동일하게 형성되는 방식이다. 이러한 방식을 통해 건축물은 시카고의 Monadnock Building은 (내력벽 방식으로 지어진 초기 고층 건물로 건축주의 요구에 의해 벽돌로 지어졌다) 같은 건축물과는 완전히 다른 재료를 사용한 것처럼 "차분한" 감성을 표출하고 있다. Monadnock Building의 경우, 건물이 지니는 엄청난 하중이 시각적으로 드러나고 있기 때문이다.

이러한 직조된 외피는 미국 건축가 Robert Venturi가 제창한 "decorated shed"의 개념과도 일치한다. Venturi 부부

그림 8 : 건축물과 주위 환경의 상호 교류
Dimitris Pikionis: Landscaping and refurbishment of St Dimitris Lumbardiaris Church, Philopappos hill, Athens (GR), 1957

는 포스트 모더니즘을 기반으로 한 가상의 연구를 통해 건축물과 의미를 담고 있는 매개물 사이의 합리적인 구분점을 찾으려 시도했다. 연구 과정에서 설계된 많은 건축물들의 파사드는 소박하면서도 아이러니한 느낌을 주는 꽃무늬 패턴의 패널로 마감되었다. Cesar Pelli의 연구에서 나타나는 장식적 벽돌 파사드 역시 석유 파동 당시 중량 석재는 비경제적이라는 새로운 단열 규정이 만들어진 이후의 거의 대부분의 조적 건축물처럼 외피는 구조체와 분리되어 있는 겉껍질(shell)이라는 점을 강조하고 있다.

James Wines가 이끄는 건축조경디자인그룹인 SITE의 작품들에서 석재는 건물의 겉껍질로써 기능하며 소비사회의 상징처럼 사용되고 있는데, 몇몇 백화점 설계안에서 기본 구조체

그림 9 : 벽 유적과 새로운 레이어
Carlo Scarpa: Reconstruction of the Castelvecchio, Verona (I), 1958 - 74

그림 11 : 세계 최고 높이의 내력벽 구조 건물의 입면
Burnham & Root: Monadnock Building, Chicago (USA), 1884 - 91, extension: Holabird and Roche, 1893

그림 10 : 가로줄눈의 폭이 개별 벽돌의 높이에 근접한 형상
Sigurd Lewerentz: Markus Church, Björkhagen near Stockholm (S), 1960

로부터 벗겨진듯하게 붙어 있는 접착식 인공 장식물들이 그 예이다. 이들 프로젝트에서는 외피를 환상적으로 보이도록 하기 위해 조적재를 그 포장재료로 이용하고 있다. 오늘날의 건축물에서 조적재의 재료적인 특성은 SITE가 주장하는 개념처럼 신화적인 느낌으로 다뤄지고 있다. Urs Burkhard와 Adrian Meyer가 설계한 빈터투어(Winterthur)의 Swisscom 사옥은 건축물의 외피가 산업기술의 산물로써 여전히 인간의 기술에 의해 만들어지는 조립식 조적재 패널의 집합체인지, 아니면 정밀한 조사와 측량, 패널간의 접합 기술의 발전에 따라 조적 건축 공법이 발달하면서 가능해진 (Ernst Neufert의 말처럼)제조 공법의 영향을 받지 않는 조적재의 이상적인 집합체인지에 대한 의문을 제기한다. 동일한 건축가에 의해 설계된 바덴(Baden)의 내력벽 구조 아파트(2000)는 조적 파사드와 콘크리트조 코어, 현장타설콘크리트 바닥으로 이루어져 있다. 바닥면의 독특한 단부는 층마다 각각 다른 입면을 가능케 했으며, 이는 연속된 층에 장식이 없는 조적재 패널과 큰 개구부를 형성함으로써 이루어졌다.

그림 12 : 벗겨진 외피로써의 벽체
SITE: Peeling Project (Best department store), Richmond, Virginia (USA), 1971 - 72

그림 13 : 조립식 벽돌 패널
Urs Burkhard, Adrian Meyer: Swisscom headquarters, Winterthur (CH), 1999

그림 14 : 거대한 조적 벽
Giovanni Battista Piranesi: Masonry foundation to the Theatre vin Marellus in Rome

중량감 : 벽과 기술

기본적인 인간의 기술에 관한 Semper의 분류에서 절단술은 고대의 요소이다. 무거운 흙 제방이나 계단식 구릉(terraces)의 느낌은 건축물의 다른 요소들에서 나타나는 인간적이고, 유기적인 특성보다는 리드미컬하게 분할된 무생물이나 광물의 느낌에 가깝다. 절단술은 "재료의 단단하고 밀도 높으며 균일한 성질 때문에 파쇄와 좌굴에 대한 큰 저항성, 즉, 높은 반동 경도(retroactive consistency)를 나타내는 재료를 다루는 작업으로, 재료에서 일부를 떼어내고 특정한 형상을 만들거나 조각들을 모아 재료의 반동 경도가 시공의 가장 기본 원리가 되는 하나의 조직체로 만드는 등의 작업"을 말한다.[10] 고대에 절단술은 "대지 위에 세워진 조적 구조물(solid ashlar masonry of the Earth)"을 표현하기 위해 사용되었는데, 이는 신성한 장소에 올려진 제단 등의 인공적인 구조물을 말한다. 절단술을 사용하여 건축된 조적건축물은 "가장 원시적이고 단순한 구조물"이자 "표면이 잔디로 덮혀 (또는 그 자체로) 요새화된 구조물" [11]이었다. 이는 속이 비어 있는 구조체이자 "기본 구조"였는데 Semper는 "건설하다(Construct)" 라는 단어의 어원이 되는 단어인 *struere*가 비어 있는 공간을 채운다는 의미를 담고 있다는 점을 강조하기도 했다. [12] Giovanni Battista Piranesi는 그의 4권짜리 저서인 "*Antichità Romane*" 를 거쳐 "환상의 감옥(Carceri d' invenzione)"에서 나타나는 거대한 조적 벽의 압도적인 느낌을 그려냈다. 이 후, 조적 건축은 지하 감옥의 비밀스런 분위기와 연관지어지게 되었다. 이는 또한 요새의 건축 방법과도 관련이 있다. 조적 건축은 본래 요새 성벽을 쌓는데 사용된 방식으로 윗가지로 엮어 만든(wattling) 벽과 달리 무겁고, 뜨개질이나 직조와는 달리 강한 남성 인력에 절대적으로 의존하는 육체 노동이었다.

Fritz Schumacher는 그의 저서인 "*Das Wesen des Neuzeitlichen Backsteinbaues*" 에서 조적 건축의 두 부류인 서양식 모델과 동양식 모델에 대해 다루고 있다. "여기서 가장 큰 차이점은 건축물을 형성하는 구조적인 방식일 것이라는 우리의 생각과 달리, 표면의 장식이 가장 주요한 차이점이며 이슬람 조적 건축의 큰 성과물을 보여주는 부분이다. 동양 예술가들의 환상적인 카페트 디자인들을 보면 이는 그리 놀랄만한 일이 아니다." [13]

이와 비슷하게 중량 석재간의 "구조적" 접합부는 조적 건축에 있어 "가장 약한" 요소로써 동서양에 있어 서로 다르게 해석된다. Semper의 이론에서 접합부간의 네트워크는 카페트나 윗가지로 엮은 울타리 등의 반복적인 매듭 배치에서 나타나는 리듬감과 같은 느낌으로 묘사된다. Rudolf Schwarz는 전술한 그의 저서에서 접합부를 지구의 형성 과정과 비교하여 다음과 같이 설명한다. "상부구조는 수평적 레이어와 길게 이어진 접합부, 그리고 수직적인 섬유 조직으로 이루어져 있었다. 접합부는 레이어를 형성하고 이 둘은 함께 구조를 이루었다. 접합부란 하나의 레이어가 다른 레이어와 접하여 새로운 제 3의 레이어를 만들어 내는 무한한 공간이다." [14]

이렇듯 민족적인 관념과 장인정신에서 탄생되는 조적 건축물의 페이소스(pathos)에 대한 내용은 Werner Linde 와 Friedrich Tamms의 저서인 "*Mauerwerk* (조적 건축)"에서 잘 나타나 있다. "인류는 자연의 힘을 지배하는 법을 배웠지만, 자연에 대한 존경심을 잃어버렸다." 저자는 다음과 같은 글을 통해 이 책의 집필 의도를 분명히 한다. "조적 건축의 발전과정은 모든 문명이 앞으로 겪을 과정을 미리 보여준다." 이 책에서

그림 15 : 잡석 벽
Ancient Temple of Apollo, Delphi

"그러한 장인정신이 다시 살아나고 더 강해질 때, 비로소 장인은 진정한 노동의 기쁨으로 가득차게 되며, 작품과 하나가 된다. 바로 이것이 가장 필요한 것이다!"

국가적인 개념에 봉사하는 순수한 장인정신의 결과물인 조적 건축의 페이소스에 관한 내용은 Werner Linde와 Friedrich Tamms의 저서인 *Mauerwerk* (조적 건축)에서 잘 다루고 있다. "인간은 자연의 힘을 통제하는 방법을 배웠지만 이에 대한 존경심을 잃어 버렸다." 저자는 그들의 의도를 분명하게 표현하기 위해 다음과 같이 기술하고 있다. "조적 건축물이 진화하는 모습은 모든 문명이 나아갈 방향을 보여준다." [15] 이 책은 미학적인 측면에 대해 다루기보다는, 건축을 다루는데 있어 반드시 필요한 태도를 양성한다는 목적을 가지고 있다. "이러한 태도가 다시 살아나고 강화될 때, 아무리 변변찮은 장인일지라도 노동의 진정한 즐거움으로 충만해질 것이며, 장인과 그의 건축물은 다시 하나가 될 것이다. 그리고 이것이 바로 오늘날 필요한 것이다!" [16] Lindner와 Tamms는 19세기에 무너진 "궁극적인 완성에 도달할 수 있는 형태의 힘"의 출발점을 보여주기 위해 라인강을 따라 조성된 계단식 포도밭에 대한 내용에서부터 글을 시작하고 있다. "모든 좋은 디자인의 근본으

로 돌아가려는 욕망"은 Paul Schultze-Naumburg의 작품에서 나타나는 "보호"의 패턴과 함께, 조적 건축의 좋은 예와 나쁜 예를 비교하는 과정을 중요하게 한다.

이러한 논쟁은 재료의 순수성에 대한 개념으로 돌아가 다뤄져야 한다. John Ruskin은 많은 저서에서 미학적인 표현과 도덕성의 요구에 대해 다루고 있다. 19세기 후반의 미국 건축에서는 "미국적"이라 부를 수 있는 국가 특유의 건축 양식에 대한 탐구 과정에서 화강암과 벽돌로 만든 큰 부피의 건물이 나오게 되었으며, 이는 순수함과 거친 힘, 자연과의 유대를 표현했다. 미국의 이러한 목표에 영향을 받은 최초의 건축물은 Henry Hobson Richardson의 작품인 북이스턴의 Ames Gate House (1880 - 81)와 피츠버그의 Allegheny County Courthouse (1883 - 88)이다.

조적 건축의 특징을 결정짓는 재료의 순수성에 관한 현대적인 개념은 Semper의 외피 미학을 점점 억눌러 왔다. 외장 벽돌이 왜 순수한 재료로 평가되는지, 초벌칠(render)이 왜 거짓된 재료로 평가되는지에 관한 의문은 전면에 대두되지 않았다. 그러나 여기에서 한 가지 문제가 발생한다. 공업 대량 생산에 의한 벽돌은 "순수한" 수작업의 특징인 각각의 재료에서 나타나는 불규칙함이 모두 제거된 것이기 때문이다. 세기가 바뀌면서 건축가들은 조적 건축의 단조로움과 지루함의 원인을 "악의 근원"인 "정밀함의 추구"라고 생각했다. 정당성과 순수성이 마주보고 있는 가운데에서 재료는 단지 향수를 감추기 위한 암호에 불과했다.

기술적인 완벽함의 결과물인 "벽돌의 지루함"은 세기가 바뀌고 순수성을 추구하는 과정에서 나타나게 되었다. 많은 건축가들은 차선책으로 석재의 수가공을 제안했다. Walter Curt Behrendt에 따르면 이러한 방식의 장점은 "순수한 수작업"의 느낌이 유지되며, 완공된 건물이 신선한 느낌을 갖게 된다는 점이다. Behrendt는 표면 가공을 공사 후에 할 때 벽돌이 예술적인 표현력을 얻게 된다고 했다. 조각가가 비계에서 정(chiselling)을 이용하여 파사드를 장식한다는 제안이 나오게 되었으며, 이렇게 현장에서 가공되는 벽돌의 생산은 건축 과정이 합리적이고 산업적인 것이라기 보다는 개별적이고, 창조적인 작업이어야 한다는 점을 의미한다. 이러한 점에서 뮌헨에 위치한 Theodor Fischer의 Ledigenheim (1925~27)의 벽돌 파사드는 조각적인 형태로 "개별화"된 것이다.

반면 Fritz Schumacher는 재료 자체에서 해답을 얻을 수 있다고 했다. 그는 초벌칠 또는 회반죽이 칠해진 형태가 "무능력함과 거만함에서 나오는 음탕한 본능"을 보여주는데 반해, 벽돌은 개별적이고, 주어진 형태를 변형하는 미성숙함을 용납하지 않는 교사와 같은 것이라고 생각했다. "원하는 대로 벽돌이 기능하게 만드는 것은 쉽지 않은 일이며, 벽돌의 순수한 형태는 타락에 반하는 것이다. 따라서 벽돌은 선천적으로 재료를 잘못 이해하여 생기는 활기나 진부한 기업가적 환상에 대한 자연적 방어막을 갖는다."[17]

Schumacher의 건물은 오늘날 주로 세기의 변화를 되살리려는 움직임의 측면에서 연구되어지며, 이는 1928년에서 1930년 사이에 건축된 그의 학교 건물(Wendenstrasse School, Hamburg-Hammerbrook, 1928 - 29)이 현대 벽돌 건축에 있어 독특한 사례임에도 그가 초기에 사용한 장식적 벽돌 파사드가 재생산되어야하는 이유이다. 돌과 벽돌을 사용하는 조적 건축은 모더니즘의 서자라고 할 수 있다. 순수한 표면에 국가, 지역, 시간과 공법이라는 요소가 더해지면서 여러한 과정에서 국제주의 양식의 순수성이 더럽혀졌다. 여기에서 시간은 양식적인 시대의 개념으로 이해되어서는 안된다. 이는 앙금과 오염의 형태로 나타나며 전통 조적 건축물의 표면을 풍부하게 하거나 고전적인 모더니즘의 순수성을 파괴한다.

전통적인 모더니즘을 추구했던 건축가였던 Hugo Häring, Ludwig Mies van der Rohe, Alvar Aalto 또한 벽돌이나 석재를 이용하여 건물을 설계했다. Werner Blaser의 유명한 출

그림 16 : 베를린의 조적 구조물 (1937)
Werner Lindner와 Friedrich Tamms에 의한 비교

그림 17 : 미국 특유의 건축 양식에 대한 탐구
Henry Hobson Richardson: Ames Gate House, North Easton (USA), 1881

그림 18 : 국가의 힘을 상징하는 불규칙한 각석으로 만든 건축물
Henry Hobson Richardson: Courthouse and prison, Allegheny County, Pittsburgh (USA), 1888

그림 19 : 축조 후의 의장적인 벽돌 세공 작업
Theodor Fischer: Ledigenheim, Munich (D), 1927

판물에 나와 있는 Mies van der Rohe의 벽돌 벽은 심지어는 도면까지도 탁월한 품질로 만든 정밀함을 보여준다. Aalto의 경우 이는 완전히 다른 부분이다. 그가 "융통성 있는 표준"의 개념을 추구함에 따라 건물은 마치 살아 있는 유기체의 세포처럼 다양한 형태를 나타낸다. 그는 벽돌을 대량 생산과 산업화의 가치는 물론, 따뜻함과 동일함, "새로운 휴머니즘"의 기호를 담고 있는 공통 분모라고 생각했다.

전후 시기의 새로운 휴머니즘은 Louis Kahn과 Eero Saarinen의 작품에서도 찾아볼 수 있다. 뉴햄프셔주 엑스터에 위치한 Kahn의 library for the Philips Academy (1965~72)는 절충적인 건물이다. 그는 아치형의 개구부가 있는 중량 벽돌 벽을 독창적으로 시각화했으나, 이는 콘크리트 코어에 벽돌 외장재를 사용함으로써 만들어진 것이다. 다카의 국회의사당(1973-76)에서는 과거의 구조였던 피라네지(Piranesian) 양식을 연결하려고 시도했다. Kahn은 인터뷰에서 "고가교 건축(viaduct architecture)"의 조악한 느낌과 인간 제도의 아름다움 사이의 대조적인 부분에 대해 강조했다.[18] 이러한 미학적이면서 동시에 사회적인 통찰은 전후시기 미국의 많은 기숙사 건물에서 나타나는 주제이기도 하다. Eero Saarinen은 예일 대학의 캠퍼스에 요새화된 도시의 분위기를 제안했다. Ezra Stiles College와 Morse College (1960)는 골재 사이로 큰 크기의 천연 돌 조각이 "떠다니는" 콘크리트 벽으로 만들어졌다. Saarinen은 현대 건축이 조적재를 사용하지 않는 이유 중 하나가 수작업의 시대착오적인 특징이라고 생각했다. "…석공이 없이 만들어지는 '현대적인' 조적 벽, 우리는 이를 위한 기술적 방법을 찾아야 한다." [19]

콘크리트 또는 돌과 비교했을 때, 벽돌은 내부공간에 지붕을 덮는 데에 적합하지 않은 재료이다. 벽돌은 크기가 작기 때문에 지붕을 만들기 위해서는 벽돌로 볼트를 만들거나, 금속연결재(metal ties) 또는 콘크리트 리브(rib) 같은 추가적인 보강재가 필수적이다. Schumacher는 벽돌의 강도가 약하기 때문에 건물의 성능을 발휘하는 것이 쉽지 않으며, 미학적인 관점에서 외피 디자인의 예술은 분명히 "모든 가능성의 절정"으로 조적 건축은 이를 억제한다고 했다.[20] 우루과이 건축가인 Eladio Dieste는 Antoni Gaudí의 디자인 개념의 계보를 잇는 건축가로 외피 디자인의 절정을 보여준다. Dieste는 이중 곡면의 원뿔형 표면을 갖는 독립 구조의 벽돌 벽을 사용했다(Atlántida에 위치한 교회, 1960). 그는 조적 건축의 구조적인 어휘를 만들어냈으며, 이는 합리적이지만 Gaudí의 작품처럼 매우 표현적이기도 하다. 그는 큰 회사들의 유행을 따르는 태도에 대해 도전했는데, 이 회사들이 말하는 합리화와 효율성이란 판에 박히고 관료주의적인 것에 불과하며, 예상할 수 있는 해결책에 대한 융통성 없는 적용에 지나지 않았다. Dieste에 따르면 이러한 조직을 운영하는 것은 자본의 축적이며 효율성이 아니다. 이러한 점에서 그는 다른 길을 선택했으며, 새로운 재료에 관한 연구의 결과물인 "겉치레"에 불과한 최신 제품 대신에 과거의 재료와 건축적인 지식을 사용했다.

그림 20 : 외장 조적재를 사용한 현대 건축의 예
Fritz Schumacher: Wendenstrasse School, Hamburg-Hammerbrock (D), 1929

조적재의 억제된 저항성

벽돌 벽을 순수하게 장식적인 용도로 사용하는 작업은 항상 역사와의 연계라는 점으로 대변된다. 예술 작업으로써 조적 구조물을 만든 Per Kirkeby 같은 예술가의 경우, 이는 더욱 힘든 부분이다. 작품은 늘 그 자체로 존재해야 하며, 작은 조각마저도 설득적이고 독립적이어야 한다. 구조적인 순수성과 기교적인 결점이라는 이중적인 본질 속에서 벽돌은 다양한 역사적 시각에 대해 열려 있다. Per Kirkeby같은 예술가는 명백히 이러한 점에서 자신의 정체성을 찾는다. "벽돌과 그것의 규칙, 즉 조적과 다른 모든 것은 이러한 수천년에 걸쳐 사용된 이 수작업의 영역에 속해 있으며, 모든 부분에 대응하는 순수한 구조를 이루게 되는데 이는 개념적인 시각이라 할 수 있다. 반면 벽돌은 역사적인 건축물과 폐허, 구성물, 안개와 달빛의 향기와 매우 밀접한 관계를 맺고 있음을 보여주는 단서들로 채워져 있다. 나에게 있어 벽돌은 고딕식 벽돌 건축에서 나타나는 강렬한 옥석의 그림자 속에서 유년기적인 함축의 기호들로 채워져 있다."[21]

재료의 존재를 강렬하게 보여주면서 표준화의 개념과 연결시키려는 초기의 시도로 MIT 캠퍼스에 위치한 Alvar Aalto

그림 21 : 최대의 개방성...
Louis I. Kahn: Library of the Philips Academy, Exeter (USA), 1972

그림 22 : …이에 반하는 "벽돌로 막힌" 외관의 요새 같은 느낌
Louis I. Kahn: Government buildings in Dhaka (Bangladesh), 1976

의 기숙사 건물인 Baker House (1946~49)를 들 수 있다. Aalto는 표준화란 "가장 작은 부재, 세포에서도" 매우 분명히 나타나는 것이라고 강조했다. Aalto는 다음과 같이 말한다. "이는 형식주의적인 형태를 찾아볼 수 없는 수백만의 탄성적

그림 23 : 관습에 얽매이지 않는 조적재
Eero Saarinen: Ezra Stiles College and Morse College, Yale University (USA), 1960

그림 24 : 곡선형의 벽돌 마감
Eladio Dieste: Church in Atlántida (Uruguay), 1960

인 접합을 만들어 낸다. 또한 유기적으로 성장하는 형태의 사이에서 풍부하고 끝없는 변화를 만들어 낸다. 이는 건축적인 표준화가 따라가야 하는 진정한 방향이다."[22]

벽돌은 어떻게 아메바와도 같은 "탄성적인 생명력(elastic soul)"을 갖게 되는가? 뒤틀리고, 그을린 벽돌을 사용한다는 Aalto의 결정은 해결책이라기 보다는 문제에 대한 은유적인 표현에 가깝다. 그는 중량 벽 구조는 물론, 무정형의 자연건조 진흙 덩어리 같은 고전적인 형태의 벽돌 건축을 참고한다는 측면에서 이 방식을 사용했다. 그의 말에 따르면 Baker House에 사용된 벽돌은 "세상에서 가장 품질이 나쁜 벽돌"로, 이러한 연금술적인 공정에 사용된 부재이며, 세속적이고 무가치한 특성으로 결정적인 역할을 수행하며 조화를 이룬다. Aalto는 최신의 방식 또는 가장 고전적인 방식에 대한 이분법적인 접근을 하지 않았다. 건축물은 이 둘의 조합체이며, 이 중 어느 한가지도 아니다. 그의 작품이 개별적인 주장으로 남아 있지 않다는 점은 결정적인 측면이다. Siegfried Giedion은 모더니즘에 관한 역사 문헌에서 "비합리주의"를 추가함으로써 빠르게 대응했다.[23] 파사드의 물질성은 건축물을 Ernst Neufert가 제안한 모든 것을 감싸는 공간적 그리드에 따라 분해하려는 위협에도 아랑곳하지 않고 억제된 저항성을 나타낸다. 이러한 재료의 저항성을 통해 Aalto는 표준화에 대한 개념을 만들어 낼 수 있었으며, 이는 기술적인 요구에 대응하는 건축물의 극단적인 유효성에 반대하는 것이다. 처음 건물을 접했을 때, Baker House는 파사드에 사용된 재료의 강한 작용으로 물질성을 확립하려는 현대적인 노력의 산물로 보인다. 반면 신성하고, 오늘날에는 종종 단어 순화에 대한 시도의 결과물이기도 한 느낌이 Aalto의 기숙사 건물에서는 나타나지 않는다는 점을 알 수 있다. "세상에서 가장 불량한 벽돌"은 조적에 있어 너무 많은 지역 특유의 흙을 사용함으로써, 순수한 상태로 돌아가려는 꿈을 단지 환상으로 남게 한다.

오늘날 나타나는 또다른 중요한 대안은 석유 파동 이후 만

그림 25 : 동일하고 작은 "세포"를 이용한 유기적인 형태
Alvar Aalto: Baker House, Massachusetts Institute of Technology, Cambridge (USA), 1954

참고 문헌
1. Werner Lindner, Friedrich Tamms: *Masonry* Berlin, 1937, p. 8.
2. Georg Simmel: "Die Ruine", idem., *Philosophische Kultur*, Berlin, 1998, p. 119.
3. Rudolf Schwarz: *Von der Bebauung der Erde*, Heidelberg, 1949, pp. 22 - 23.
4. Gottfried Semper: *Der Stil in den technischen und tektonischen Künsten oder praktische Ästhetik (...)* Bd. II, p. 209.
   - 영문판 : Gottfried Semper: *Style in the Technical and Tectonic Arts: or, Practical Aesthetics*, vol. II.
5. Gottfried Semper: Vergleichende Baulehre, in: Wolfgang Herrmann: *Gottfried Semper - Theoretischer Nachlass an der ETH Zurich. Katalog und Kommentare*, Basel, 1981, p. 199, ref.
6. Gottfried Semper: *Der Stil*, Bd. I, p. 180.
   - 영문판 : Gottfried Semper: *Style in the Technical and Tectonic Arts: or, Practical Aesthetics*, vol. I.
7. Fritz Schumacher: *Das Wesen des neuzeitlichen Backsteinbaues*, Munich, 1920, p. 19.
8. Louis Henry Sullivan: "Artistic Brick", in: Robert Twombly (ed.), *Louis Sullivan, The Public Papers*, Chicago and London. The University of Chicago Press, 1988, p. 202.
9. Frank Loyd Wright: "La Miniatura", idem.: *Schriften und Bauten*, Munich/Vienna, 1963, p. 164.
10. Semper: *Der Stil*, Bd. II, p. 351.
   - 영문판 : Semper: *Style in the Technical and Tectonic Arts: or, Practical Aesthetics*, vol. II.
11. 동일, p. 378.
12. 동일, p. 381, ref.
13. Schumacher: 동일, p. 116.
14. Schwarz: 동일, p. 24.
15. Lindner/Tamms: 동일, p. 8.
16. Lindner/Tamms: 동일, p. 8.
17. Schumacher: 동일, p. 46.
18. "...contrast of the toughness of the viaduct architecture and the gossamer delicacy of the build ings of the institutions of man", in John Peter: *The Oral History of Modern Architecture*, New York/Abrams, 1994, p. 220.
19. *Eero Saarinen on his Work*, New Haven/London: Yale University Press, 1962, p. 84.
20. Schumacher: 동일, p. 105.
21. Per Kirkeby: Backsteinskulpturen, 동일저자: *Kristallgesicht*, Bern/Berlin, 1990, p. 180.
22. Alvar Aalto: "Die Entwicklung von Konstruktion und Material...", 동일저자, *Synopsis: Painting, Architecture, Sculpture*, Basel/Boston, Stuttgart, 1980, p. 29.
23. Sigfried Giedion: *Raum, Zeit, Architektur. Die Entstehung einer neuen Tradition*, 4. Auflage Zurich, München 1989, p. 376 f.
   - 영문판 : Sigfried Giedion: *Space, Time and Architecture: The Growth of a New Tradition*, 4th ed., Zurich/Munich, 1989.

들어진 단열 성능에 관한 기준에서 만들어진 상황을 변화시키는 것이다. 높은 축열 성능을 갖는 견고한 조적벽의 사용은 조적재의 이러한 특성을 드러내는 적절한 난방 시스템과 결합하여, 조적벽을 다시 유용하게 만든다. 바바리아 지방의 The Art Gallery in Marktdorf (Bearth & Deplazes, 2001)는 마치 중세 지하감옥과 성벽의 시스템처럼 홀형태의 공간과 주변 공간으로 구성되어 있다. 후자는 계단과 건물의 외곽에 위치한 중간 공간으로 이루어지며, 이는 Kahn이 오랜 숙원이었던 "봉사하는 공간(servant)"과 "봉사되는 공간(served)"의 분리를 위해 사용한 방법이기도 하다.

그러므로 조적 건축의 페이소스는 장인정신, 지역주의 또는 중량감 같은 은유적인 성질을 복원해야 한다는 필연성으로 이어져서는 안되며, 오히려 증가하는 미디어에 적합한 건축이라는 명제에 대한 답이기도 하다. 정확하고 올바른 의문은 낭만주의의 측면이 아닌 합리주의의 측면으로부터 사용과 제작을 보여준다. 편리한 관습이 사고에 있어 방어막을 만들지 못한다면, 의문의 은유적인 표현으로부터 조적 건축은 올바른 답이 될 것이다.

그림 26 : 비틀리고, "불량한" 벽돌을 사용하여 재료의 존재감이 더해진다
Alvar Aalto: Baker House, Massachusetts Institute of Technology, Cambridge (USA), 1954

재료

그림 27 : 점토 벽돌의 생산
사출성형

그림 28 : 점토 벽돌의 생산
자동화된 크기 절단

그림 29 : 점토 벽돌의 생산
"Green bricks" on traversers prior to drying and Firing

그림 30 : 고형 상인방 부재 ("Stahlton")
조적재 층을 만들기 위해 사용된 속이 빈 프리스트레스 상인방과 기성 부재

조적재의 단위들

건축에 사용되는 조적재는 기본적으로 다음과 같다 :

– 돌
– 점토
– 규산칼슘
– 시멘트
– 특수점토

돌

자연석은 매우 다양한 물성과 품질을 나타내며 쉽게 사용할 수 있다. 풍화와 부식에 대한 저항성은 돌의 종류와 원산지는 물론, 채굴 당시의 위치에 의해서도 영향을 받는다.

점토

점토를 가열하여 만들어지는 세라믹은 다양한 형태를 형성할 수 있다. (외부마감벽돌, 고열소성벽돌 등) 세라믹의 생산에 사용되는 원재료는 천연 옥토와 점토이다. 옥토와 점토의 물성은 점토광물, 석회, 산화철의 함유량에 따라 달라지며, 이는 완제품의 색과 구조에 영향을 미치는 요인이 된다.

채취된 옥토는 반죽되고, 으깨어져 중간 창고로 보내진다. 물과 증기의 작용에 의해 옥토는 가소성 물질로 변하게 되며, 사출 성형을 통해 내부에 적절한 공극을 갖는 띠의 형태로 만들어진다. 이렇게 만들어진 띠는 절단 가공되어 벽돌이나 블록으로 만들어지며, 건조 과정을 거쳐 최종적으로 약 1000°C의 온도로 구워져 완성된다. 가열 온도는 주요 원료의 녹는점보다 조금 낮은 정도로 이를 통해 조직을 소결(sinter)시키고 경화시킨다. 점토 재료의 색은 원료의 색에 따라 황색(석회질의 영향)으로부터 흑적색(산화철의 영향)까지 다양하게 나타난다.

공극의 크기는 물론, 가열 온도 역시 완제품의 성질에 결정적인 영향을 미친다. 가열 온도가 높을수록, 소결 작용(sintering)이 더욱 강하게 일어난다. 소결 작용이 일어나는 동안, 공극이 닫히게 된다. 재료 내부의 공기 함유량이 줄어들게 되는 이러한 작용은 축열능력을 약화시키나, 압축강도를 증가시키고 습기와 빙결에 대한 저항능력을 강화시킨다.

외장 벽돌

외장 벽돌은 외부에 노출되도록 특수하게 제작된 재료이다. 벽돌의 색과 표면의 질감은 원재료에 따라 다양하게 나타나며, 표면 마감이 부드럽게 또는 과립이 노출되도록 처리되거나, 거칠게 처리될 수도 있다. 벽돌의 3면을 가공 처리한 벽돌(하나의 장변과 두개의 마구리)과 4면을 가공 처리한 벽돌(두개의 장변과 두개의 마구리) 등이 있다. 외부로 노출되는 면은 빙결에 저항할 수 있도록 제작되어 다양한 기상 상태에 적합하도록 만들어진다. 일반적인 벽돌은 이러한 점에서 외부에 노출되기에 부적합하다.

규산칼슘

규산칼슘재는 석회와 규사로 이루어지며 고압으로 경화시켜 만들어진다. 가열 제작되는 조적에 비해, 규산칼슘재는 치수에 있어 보다 정확하게 제작할 수 있으며, 이에 따라 외장재를 만드는 데에 있어 이상적이다. 기본적으로는 회색을 나타내지만 다양한 색으로 생산될 수 있다. 규산칼슘재로 만들어진 외장재는 재료 모서리 부분의 처리에 대하여 큰 주의를 필요로 한다.

시멘트

시멘트 재료는 시멘트와 골재로 만들어지며, 높은 강도를 나타낸다. 규산칼슘재에 비해 수분에 대해 높은 저항성을 보이며 토목 공사에서 주로 이용된다. (케이블 덕트 공사 등)

특수 점토 재료

일반적인 조적 이외에도 특수한 제조 및 가공처리 방법을 거쳐 특수한 물성을 나타내는 재료들이 있다. 이러한 특수 조적재로는 다음과 같은 것이 있다.

– 단열재
– 차음재
– 고강도재
– 외장 벽돌

기성 제품

구조적인 이유 또는 건물의 외관을 위해 다양한 조적 제품들이 사용되고 있다. 이러한 제품들로는 넓은 스팬의 개구부에 사용되는 속이 비어 있는 상인방, 단열 석자재, 점토로 만든 단열 타일 등이 있다.

스위스 모듈(SwissModul) 벽돌

스위스 모듈은 스위스에서 사용되는 벽돌 제조의 표준 치수이다. 이에 따라 벽돌은 특수한 치수 규격에 따라 제조되며, 이후 모르타르를 바르거나 초벌칠을 거치게 될 것을 감안하여 제작된다. 모르타르 또는 초벌칠하기 용이하도록 벽돌은 홈이 파여 생산되며, 모르타르 또는 초벌칠 처리를 하지 않고 사용하기 위해서는 제조자와의 상담을 거쳐야만 한다. 외장재로 사용하기 위한 과립상의 거친 표면을 갖는 벽돌도 생산된다. 천공의 배열 등에 있어 다양한 벽돌 또는 블록들이 나와 있으며, 각 지역의 독특한 원재료와 제조 공법에 따라 다양한 제품들이 생산되고 있다. 매우 다양한 제품들이 계속적으로 출시되고 있으며, 이에 따라 여기에서 다루고 있는 제품들은 단순히 일례에 불과하다.

스위스(Swiss) 점토벽돌과 블록

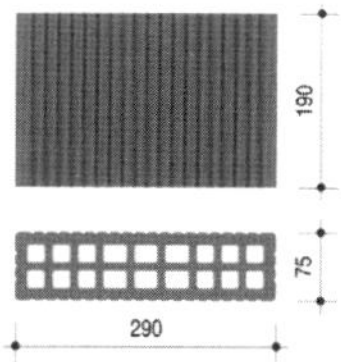

SwissModul * brick 75 mm

Basic format	Make-up units	L x W x H	Weight
		mm	approx. kg
B 7.5/19		290 / 75 / 190	4.5
	B 7.5/14	290 / 75 / 140	3.3
	B 7.5/9	290 / 75 / 90	2.1
	B 7.5/6.5	290 / 75 / 65	1.5

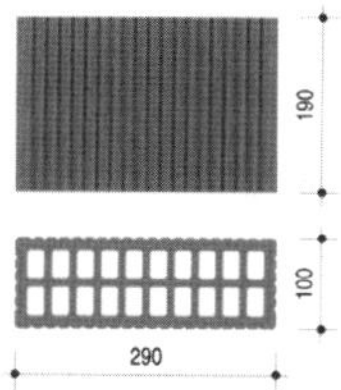

SwissModul * brick 100 mm

Basic format	Make-up units	L x W x H	Weight
		mm	approx. kg
B 10/19		290 / 100 / 190	5.6
	B 10/14	290 / 100 / 140	4.2
	B 10/9	290 / 100 / 90	2.7
	B 10/6.5	290 / 100 / 65	1.9

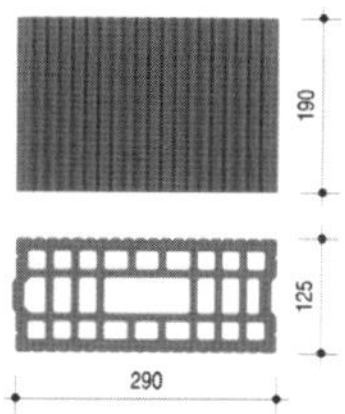

SwissModul * brick 125 mm

Basic format	Make-up units	L x W x H	Weight
		mm	approx. kg
B 12.5/19		290 / 125 / 190	6.9
	B 12.5/14	290 / 125 / 140	5.1
	B 12.5/9	290 / 125 / 90	3.3
	B 12.5/6.5	290 / 125 / 65	2.4

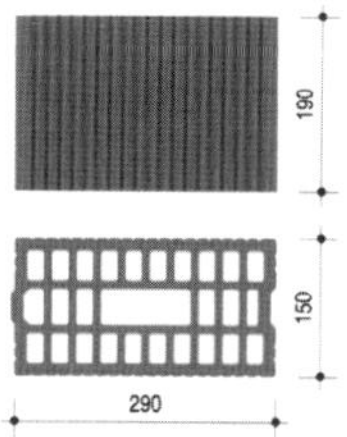

SwissModul * brick 150 mm

Basic format	Make-up units	L x W x H	Weight
		mm	approx. kg
B 15/19		290 / 150 / 190	8.2
	B 15/14	290 / 150 / 140	6.0
	B 15/9	290 / 150 / 90	3.9
	B 15/6.5	290 / 150 / 65	2.8

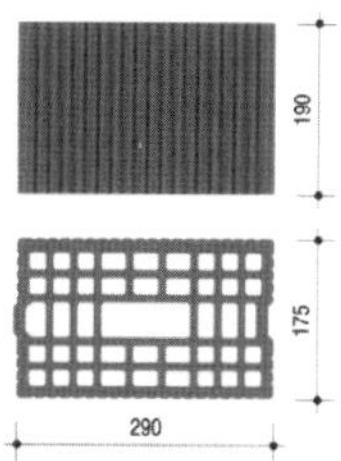

SwissModul * brick 175 mm

Basic format	Make-up units	L x W x H	Weight
		mm	approx. kg
B 17.5/19		290 / 175 / 190	9.4
	B 17.5/14	290 / 175 / 140	6.9
	B 17.5/9	290 / 175 / 90	4.5
	B 17.5/6.5	290 / 175 / 65	3.2

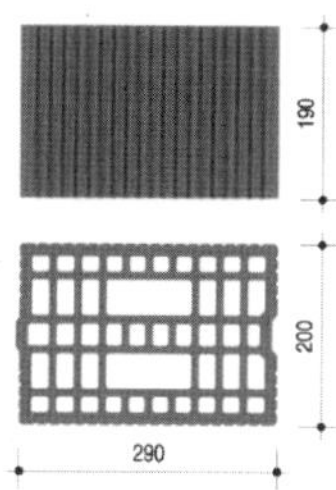

SwissModul * brick 200 mm

Basic format	Make-up units	L x W x H	Weight
		mm	approx. kg
B 20/19		290 / 200 / 190	10.5
	B 20/14	290 / 200 / 140	7.7
	B 20/9	290 / 200 / 90	5.0
	B 20/6.5	290 / 200 / 65	3.6

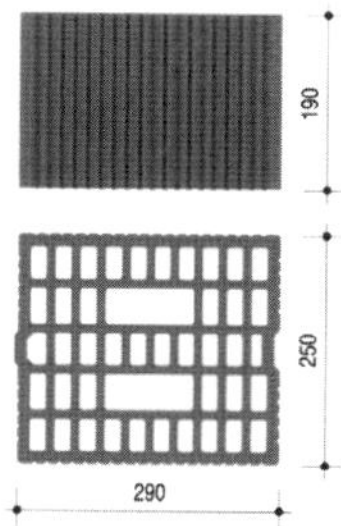

SwissModul * brick 250 mm

Basic format	Make-up units	L x W x H	Weight
		mm	approx. kg
B 25/19		290 / 250 / 190	12.6
	B 25/14	290 / 250 / 140	9.3
	B 25/9*	290 / 250 / 90	6.0
	B 25/6.5*	290 / 250 / 65	4.3

*) on request

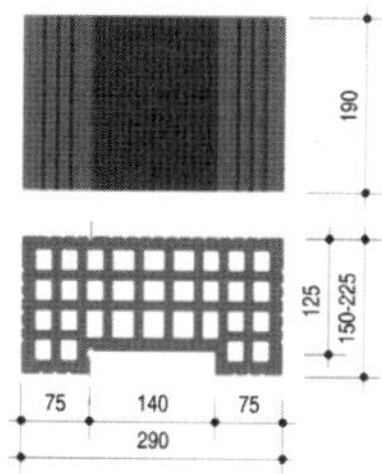

Reveal bricks (suitable for cutting) 125 mm

Basic format	L x W x H	Weight
	mm	approx. kg
B 15/19 reveal brick	290 / 150 / 190	7.9
B 15/14 reveal brick	290 / 150 / 140	5.8
B 16.5/19 reveal brick	290 / 165 / 190	8.4
B 16.5/14 reveal brick	290 / 165 / 140	6.2
B 17.5/19 reveal brick	290 / 175 / 190	8.7
B 17.5/14 reveal brick	290 / 175 / 140	6.4
B 19.5/19 reveal brick	290 / 195 / 190	9.3
B 19.5/14 reveal brick	290 / 195 / 140	6.9
B 20/19 reveal brick	290 / 200 / 190	9.3
B 20/14 reveal brick	290 / 200 / 140	6.9
B 25/19 reveal brick	290 / 250 / 190	10.1
B 25/14 reveal brick	290 / 250 / 140	7.5

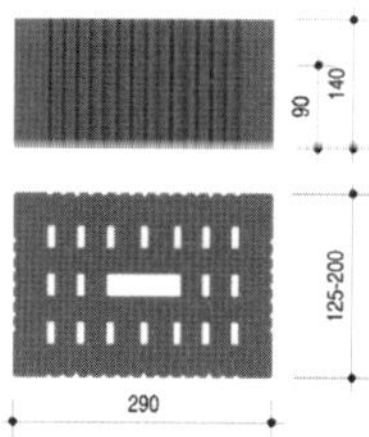

CALMO * sound insulation bricks

Basic format	L x W x H	Weight
	mm	approx. kg
B 12.5/9 CALMO	290 / 125 / 90	4.6
B 12.5/14 CALMO	290 / 125 / 140	7.1
B 15/9 CALMO	290 / 150 / 90	5.5
B 15/14 CALMO	290 / 150 / 140	8.6
B 17.5/9 CALMO	290 / 175 / 90	6.4
B 17.5/14 CALMO	290 / 175 / 140	10.0
B 20/9 CALMO	290 / 200 / 90	7.4
B 20/14 CALMO	290 / 200 / 140	11.5

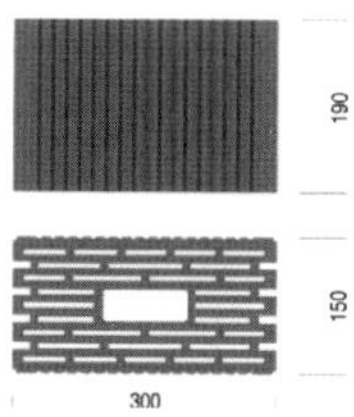

OPTITHERM * brick 150 mm

Basic format	Make-up units	L x W x H	Weight
		mm	approx. kg
BL 15/19 OPTI		300 / 150 / 190	8.6
	BL 15/14 OPTI	300 / 150 / 140	6.3
	BL 15/9 OPTI	300 / 150 / 90	4.1
	BL 15/6.5 OPTI	300 / 150 / 65	3.0

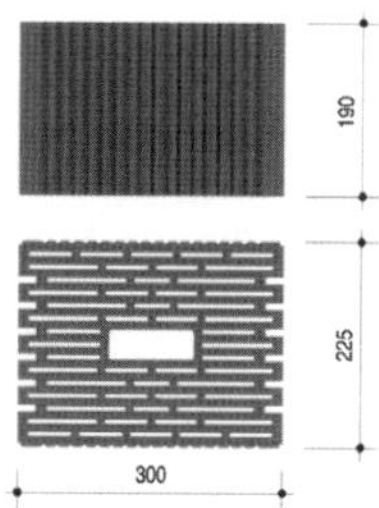

OPTITHERM * brick 225 mm

Basic format	Make-up units	L x W x H	Weight
		mm	approx. kg
BL 22.5/19 OPTI		300 / 225 / 190	12.5
	BL 22.5/14 OPTI	300 / 225 / 140	9.2
	BL 22.5/9 OPTI	300 / 225 / 90	6.0
	BL 22.5/6.5 OPTI	300 / 225 / 65	4.3

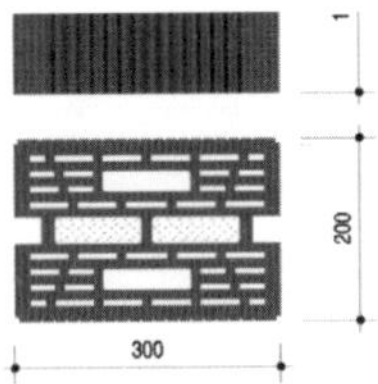

brick Super

Designation		L x W x H	Weight
		mm	approx. kg
BL 20/19 ISO		300 / 200 / 190	10.0
	BL 20/14 ISO*	300 / 200 / 140	7.4
	BL 20/9 ISO*	300 / 200 / 90	4.7
	BL 20/6.5 ISO*	300 / 200 / 65	3.4

*) on request

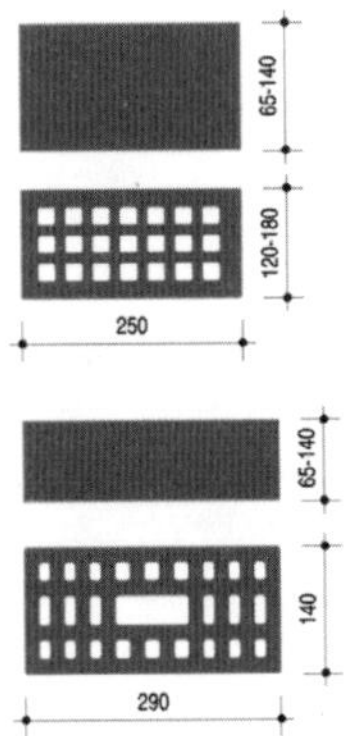

Facing bricks

Designation	L x W x H	Weight
	mm	approx. kg
B 12/ 6.5 S	250 / 120 / 65	2.2
B 12/9 S	250 / 120 / 90	3.1
B 12/14 S	250 / 120 / 140	4.7
B 15/14 S	250 / 150 / 140	5.7
B 18/14 S	250 / 180 / 140	6.5
B 14/6.5 S	290 / 140 / 65	3.0
B 14/9 S	290 / 140 / 90	4.0
B 14/14 S	290 / 140 / 140	6.4

Surface finishes

MP (pressed)	smooth surface
OP (unpressed)	rough surface

Colours

red, light red, pale red, salmon, salmon red, brown, white, Bahia white

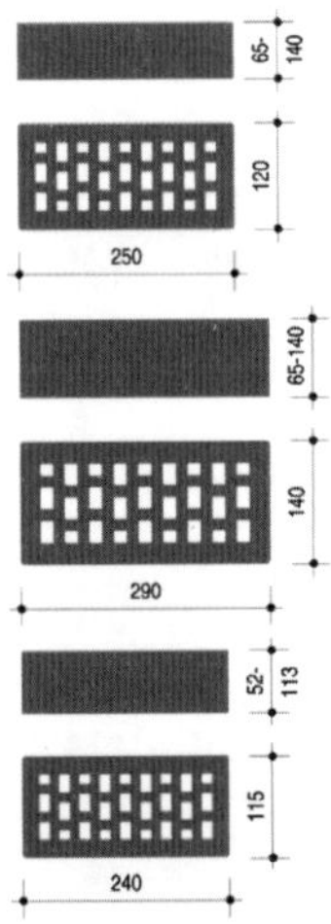

Kelesto * facing bricks

Designation		L x W x H	Weight
Quality to SIA 177 & DIN 105		mm	approx. kg
VHLZ 25/12/6.5 S		250 / 120 / 65	2.4
VHLZ 25/12/9 S		250 / 120 / 90	3.3
VHLZ 25/12/14 S		250 / 120 / 140	5.2
VHLZ 29/14/6.5 S		290 / 140 / 65	5.3
VHLZ 29/14/9 S		290 / 140 / 90	4.5
VHLZ 29/14/14 S		290 / 140 / 140	7.0
Facing bricks with vertical perforations to DIN 105			
VHLZ DF	thin format	240 / 115 / 52	1.9
VHLZ NF	standard format	240 / 115 / 71	2.6
VHLZ 2DF	double-thin format	240 / 115 / 113	4.5

Surface finishes

MP (pressed)	smooth surface
OP (unpressed)	rough surface
GP (granular, pressed)	granular surface

Colours

red, pale red, salmon, brown, pearl grey, white

to order: sienna red, pale brown, fawn, silver, platinum

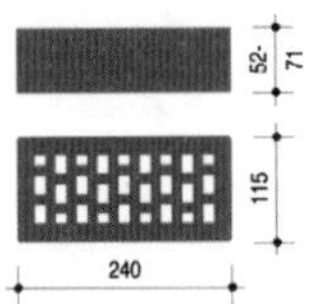

Kelesto * har d-fir ed bricks

Designation		L x W x H	Weight
Quality to DIN 105		mm	approx. kg
KHLZ DF	thin format	240 / 115 / 52	2.2
KHLZ NF	standard format	240 / 115 / 71	2.9

Surface finishes

MP (pressed) smooth surface

Colours

Standard firing: brick red, Tuscan, Sahara, earth brown, Jura

Special firing: variegated brick red, variegated Tuscan, variegated Sahara, variegated earth brown, variegated Jura

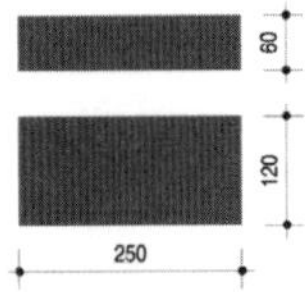

Kemano * facing bricks (solid)

Designation	L x W x H	Weight
	mm	approx. kg
BV 25/12/6	250 / 120 / 60	3.1

Surface finishes

rustic

Colours

red, salmon, brown, white

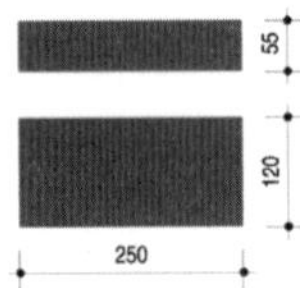

Kemano * Ticino facing bricks (solid)

Designation	L x W x H	Weight
	mm	approx. kg
BV 25/12/5.5	250 / 120 / 55	3.0

Surface finishes

rustic, sanded

Colours

red, salmon, white

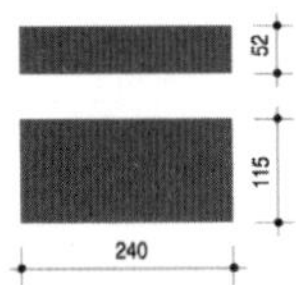

Kemano * har d-fir ed facing bricks (solid)

Designation		L x W x H	Weight
Quality to DIN 105		mm	approx. kg
KMZ DF	thin format	240 / 115 / 52	2.9

Surface finishes

rustic

Colours

brick red, Sahara, Jura

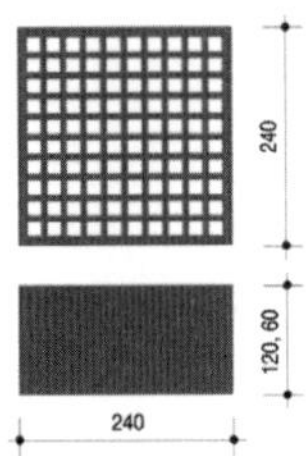

Acoustic facing bricks

Designation	L x W x H	Weight
	mm	approx. kg
1/1 brick	240 / 240 / 120	8.7
1/1 brick	240 / 240 / 60	4.3
1/2 brick	240 / 115 / 120	4.2
1/2 brick	240 / 115 / 60	2.1
25/18 1/1 brick	250 / 180 / 120	6.9
25/18 1/2 brick	250 / 180 / 60	3.4

Perforated side ground

Colours: red, salmon, brown

그림 31 : 주
최신 제품의 상세를 알고 싶다면 www.swissbrick.com 를 참조하라.
독일에서 구할 수 있는 점토벽돌과 블록의 비교 내용 상세를 알고 싶다면 www.ziegel.de (German Brickmaking Industry Association)를 참조하라.

조적 관련 용어

그림 32 : 불규칙한 접합

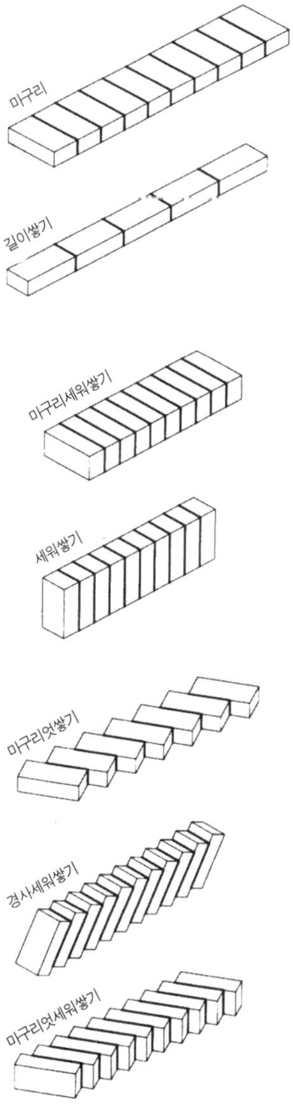

그림 33 : 다양한 형태의 층

정의

다음의 정의는 "Wasmuths Lexikon der Baukunst" 에서 발췌한 내용으로 "Penguin Dictionary of Building" 과 "British Standard 6100" 에서 일부를 참고하였다.

점토 재료. 옥토나 점토를 원료로 하여 가열 경화를 통해 생산되는 벽돌이나 블록. 형태와 크기가 다양하다. 기타 사항은 아래의 "점토 벽돌" 을 참고.

점토 벽돌, 점토 블록. 점토, 옥토 또는 기타 점토질로 만든 인공 건축 재료로 모래, 석영, 자연 건조시킨 건조 점토 분말 또는 가마에서 가열한 점토 등이 포함되기도 한다. 가열을 통해 만들어진 점토 벽돌은 건축물에서 흔히 사용된다. 다양한 형태를 만들 수 있으며, 오랜 시간이 경과하며 치수에 있어 지역적인 차이를 나타내기도 한다.

고온 가열 벽돌. 소결점의 온도로 가열하여 만든 점토 벽돌로 일정 부분 세라믹화된 표면을 나타낸다. 외장재로 사용되며, 하나의 장변과 하나의 마구리가 "외장재로 사용될 수 있는 품질" 을 갖도록 제조된다.

수평줄눈. 벽돌 공사 또는 블록 공사에서 나타나는 수평의 모르타르 줄눈. 아치와 볼트에 있어서는 조적의 배열을 따라 형성된다.

수직줄눈. 벽돌 공사 또는 블록 공사에서 나타나는 벽돌 및 블록 간의 수직 모르타르 줄눈으로 (평균적으로 1cm 정도의 폭을 갖는다) 외부에서 볼 때 표면에 직립한 줄눈을 형성한다. 아치와 볼트에 있어서는 조적재의 배열과 동일하게 나타난다.

장변. 벽돌, 블록 및 조적재에서 길이 방향의 변을 말하며 벽을 형성하는 데에 있어 접착면의 일부로 작용한다.

마구리. 벽돌 및 블록에서 벽에 직교하는 변으로 두 면이 접착되어 벽을 형성한다.

층. 벽돌이나 블록이 적층되며 형성하는 평행한 층으로 대개 동일한 방식으로 형성된 수평적인 줄로 나타나며, 층 사이에는 모르타르 등이 놓인다. 조적의 배열 방법에 따라 다양한 쌓기 공법이 있다. (그림 33 참조)

쌓기치수. 조적 쌓기에 있어 한 층과 그 위에 쌓이게 되는 층 사이의 맞추어 쌓는 치수를 말한다.

쌓기. 조적의 일반적인 배열 방법으로 위층과 아래층간에서 동일한 부분에 수직줄눈이 형성되지 않도록 엇갈려 쌓는 방법을 말한다. 올바른 조적을 위해서는 조적재의 장변이 폭의 두배에 수직줄눈의 두께를 더한 것과 같아야 한다.

조적공사. 돌, 벽돌, 블록을 재료로 하는 공사.

벽. 일반적으로 돌, 벽돌, 블록 또는 기타재료를 접착제로 결합하거나 접착제 없이 공사하여 만들어지는 건축 요소. 줄눈에 모르타르를 사용하지 않고 이끼나 펠트 또는 유사재료를 사용한 벽은 건식벽이라 부른다.

높이와 기능에 따라 기초, 주초, 슬라브, 울타리벽 등으로 나뉜다. 이는 또한 외피와 외벽, 내벽과 파티션을 구분하는 기준이 되기도 한다. 장선과 보 등의 하중을 지탱하는 벽은 내력벽이라 한다. 횡력에 대하여 저항하는 벽의 경우 옹벽이라 부른다.

Further reading

- *Wasmuths Lexikon der Baukunst*, Berlin, 1931.
- Günter Pfeifer, Rolf Ramcke et al.: *Masonry Construction Manual*, Basel/Boston/Berlin, 2001.
- Fritz Schumacher: *Das Wesen des neuzeitlichen Backsteinbaues*, Munich, 1985.
- Fleischinger/Becker: *Die Mauer-Verbände*, Hannover, 1993.
- Ludwig Debo: *Lehrbuch der Mauerwerks-Konstruktionen*, Hannover, 1901.
- Heinz Ronner: *Wand + Mauer*, Basel, 1991.
- Plumridge / Meulenkamp: *Ziegel in der Architektur*, Stuttgart, 1996

설계와 시공

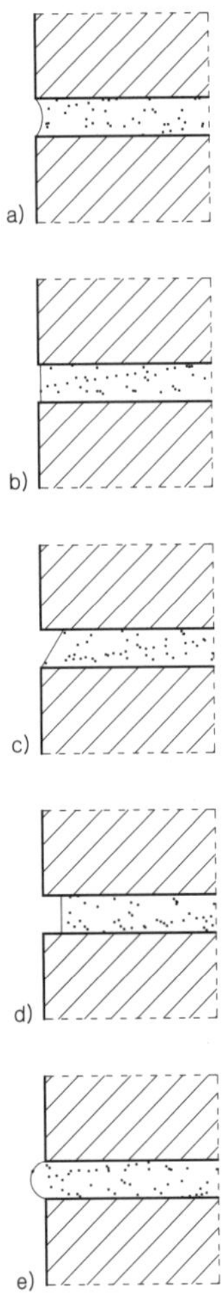

그림 34 : 줄눈의 종류
a) 오목줄눈
b) 민줄눈
c) 빗줄눈
(조적의 외장면이 아닌 곳이 부분적으로 기후에 노출된다)
d) 평줄눈
(조적의 외장면이 아닌 곳이 부분적으로 기후에 노출된다)
e) 내민줄눈
(접합재가 기후에 극심하게 노출된다)

조적건축의 구성요소

조적건축의 구성요소로는 모르타르로 접합된 조적재들을 들 수 있다. 조적의 조립으로 완성된 건축물은 아래와 같은 특성을 나타낸다.

조적 쌓기

반장쌓기와 한장쌓기

벽의 두께는 조적의 폭(반장쌓기) 또는 조적재의 길이(한장쌓기)에 의해 결정된다. 다음의 용어들은 조적재의 배열에 관하여 설명해 준다 :

- 길이쌓기 – 조적재의 길이 방향을 벽의 방향과 일치시키는 반장쌓기법
- 마구리쌓기 – 조적재의 길이 방향을 벽의 방향과 직교하게 쌓는 한장쌓기법
- 마구리세워쌓기

조적의 쌓기

벽의 두께는 단일 조적의 길이보다 커야 한다. 조적재의 장변과 마구리의 조합을 통해 다양한 쌓기법이 나타난다. 이러한 쌓기법에 있어 각각의 치수는 조적과 줄눈의 크기에 의해 결정된다. 조적 건축물은 상대적으로 작은 크기의, 산업화된 건축 재료인 벽돌과 블록으로 만들어지며, 이 재료들을 모르타르를 이용해 접합함으로써 큰 크기의 건축 요소들을 형성한다. 조적쌓기는 조적 건축의 특징 중 하나이며, 건축물의 강도에 있어 결정적인 역할을 수행한다. 맞물린 모서리부, 교차부, 접합부를 만들기 위해서 재료간의 접합은 세세한 부분에서도 연속적으로 이어져야만 한다. 이를 위해, 조적의 길이와 폭 간의 비율은 근본적으로 짝수여야 한다. 이에 따라 일반적인 조적의 길이는 폭의 두배이다.

하중을 지탱하지 않는 비내력벽을 제외하면, 연속적으로 층을 겹쳐 쌓기 위해 쌓여진 조적 층에서 수직줄눈은 항상 어긋나게 되어야 한다. 이러한 적층은 조적 높이의 약 1/3의 두께로 이루어져야 한다. 이에 따라 다음에 제시하는 각각의 조적 치수를 최소로 산정하는 것이 바람직하다 :

반장쌓기 및 한장쌓기 : 길이 방향으로 최소 1/5 x 조적의 길이(=6cm)

조적의 접합 : 길이 방향으로 최소 6cm, 직각 방향으로 최소 4cm (이론상)

안정성을 위해서는 외겹(single-leaf)으로 쌓는 벽은 두께가 12cm 이상이어야 하며, 기포콘크리트를 사용할 경우 15cm 이상이어야 한다. 외겹으로 쌓는 얇은 벽의 경우, 좌굴될 위험성이 있으므로 하중을 지탱하는 기능으로는 사용되지 않는 것이 바람직하다.

이중벽은 내측벽과 외측벽으로 구성되며, 이 사이에 단열층이나 공기층을 두기도 한다. 하중을 지탱하는 내측벽은 12 - 15cm의 두께여야 하며, 비바람에 견디는 외측벽은 12cm 이상의 두께여야 한다.

줄눈

조적재들을 접합시키기 위해 사용되는 모르타르가 만드는 수평, 수직적 층인 줄눈은 수평줄눈과 수직줄눈으로 구분된다. 조적 건축물은 모르타르와 벽돌, 블록, 돌 등의 건축 재료들의 혼합물이라 할 수 있다. 구조적인 관점에서 수직줄눈은 수평줄눈에 비해 덜 중요하게 다뤄지는데 이는 수직줄눈이 인장력과 압축력에 저항하는 기능을 하지 않기 때문이다. 힘과 운동에 따라, 모르타르 줄눈은 조적재와는 조금 다르게 거동하게 되며, 이에 따라 조적재와 모르타르 사이에 전단력이 작용하게 된다. 일반적으로 줄눈(모르타르 요소)은 최대한 얇거나 작게 하는 것이 바람직하다. 반면 석재 자체의 치수 오차를 상쇄시키기 위해서는 줄눈이 어느 정도의 두께를 가져야 되기도 한다. 그러므로 일반적인 모르타르로 만들어진 수평줄눈은 8 - 12mm 정도의 두께를 갖는다.

벽이 만들어짐에 따라, 모르타르는 (특히, 수평줄눈의 경우) 줄눈의 양 옆으로 밀려나오게 된다. 이처럼 넘치게 사용된 모르타르는 일반적으로 제거할 수 있으나, 이중벽의 경우 불가능한 것처럼 항상 제거할 수 있는 것은 아니다. 이러한 현상은 조적층 간의 기공을 좁게 만들어 접합을 방해하거나 막게 된다. 안전을 위해서는 2 - 3cm 정도까지 허용된다.

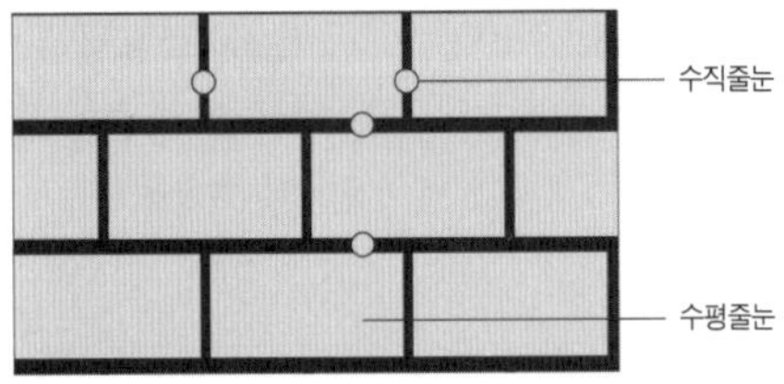

그림 33 : 줄눈의 형태

건물의 아름다운 외관을 위해 줄눈은 평줄눈, 오목줄눈 등의 다양한 방법으로 마감될 수 있다. (그림 34 참조) 조적 건축물이 특수한 음향적, 내진적 또는 건축적인 성능을 나타내기 위해 수직줄눈에 사용되는 모르타르는 중요한 역할을 한다. 반면, 특수한 요구 조건을 갖지 않아도 되는 조적 건축물의 경우에는 사춤쌓기로 시공되기도 한다. (즉, 수직줄눈에는 모르타르가 사용되지 않는다.)

치수 조정

합리적인 설계와 시공을 위해 모든 구조물과 특히 외장재는 치수의 조정을 필요로 한다. 이는 건축 요소의 개별적인 치수를 조합하여 만들어진 주요 치수 체계로 이해될 수 있다. 치수의 조정을 통해 각각의 요소들은(벽, 문, 창문 등) 서로 조화를 이루게 되며, 별도의 가공 없이도 바로 조적재를 조립할 수 있다.

치수는 기본 모듈의 조합을 통해 만들어진다. 이는 설계에 있어 기준이 되는 치수를 제공한다. 제조자는 각각의 요소에 대한 치수를 산정하는데에 있어 줄눈의 치수를 제외한다.

설계자는 건물에 사용된 조적재가 (지하실 등에) 일반적으로 노출된 조적재인지, 외벽의 재료인지 또는 내부 마감 재료

인지를 명시해 주어야 한다. 벽돌, 블록, 줄눈의 표면 마감에 따라 요구 조건이 달라지게 되며 이에 따라 제품의 품질도 달라지게 된다.

벽의 두께
반장쌓기 또는 한장쌓기 벽에서 두께는 조적재 각각의 폭 또는 길이에 의해 결정되며, 사용된 벽돌과 블록의 종류, 쌓기법에 의해서도 영향을 받는다.

벽의 길이
벽의 길이는 자유롭게 구성할 수 있다. 벽돌이나 블록을 절단 가공함으로써 조적재를 쌓는데 있어 특정한 길이나 충분한 접합을 얻을 수 있다. 벽, 기둥, 각주(pier)의 단면은 되도록 벽돌이나 블록 전체를 절단 없이 사용할 수 있는 크기가 바람직하다. 외장 조적재의 경우 조적재의 쌓기법에 의해 특정한 외양을 나타낼 수 있는 데에 적합한 치수로 결정된다.

공장 생산된 벽돌을 벽 길이의 조정에 사용하는 것은 외장 조적재의 경우에만 가능하다. 규정에 따라 모르타르 마감 또는 초벌칠 마감될 벽돌 또는 블록이나, 표준이 아닌 치수로 가공되어야 하는 조적재는 현장에서 절단 가공되어야 한다.

벽의 높이
점토 벽돌과 점토 블록은 재료의 높이 내에서 절단되어서는 안된다. 그러므로 조적된 하나의 층과 벽의 전체 높이를 조정하는 것은 필수적이다. 다양한 조립단위별로(타일로도 불린다) 사용가능하며 이들을 조합함으로써 다양한 높이의 벽을 만들 수 있다. 그러나 재료의 절단을 최소로 할 수 있도록 높이를 결정하는 것이 바람직하며, 가능하다면 단위 재료 하나의 높이에 맞추는 것이 좋다. 재료가 고르지 못하거나 치수에 오차가 있을 경우를 보정하기 위해 수평 줄눈의 두께는 일반적인 수준으로 유지되는 것이 좋다.

공칭 치수
외겹 내력벽은 12cm 이상이어야 하며, 기포콘크리트를 사용할 경우 15cm 이상이어야 한다. 이중벽의 경우, 내측의 내력벽은 12 - 15cm의 두께, 외측의 비내력벽은 안정성을 위해 12cm 이상이어야 한다. 얇은 벽은 좌굴의 위험성에 의해 안정성이 제한받게 되며, 이는 횡방향으로 작용하는 인장력이 큰 압축 하중을 견딜 수 없기 때문이다.

조적 쌓기

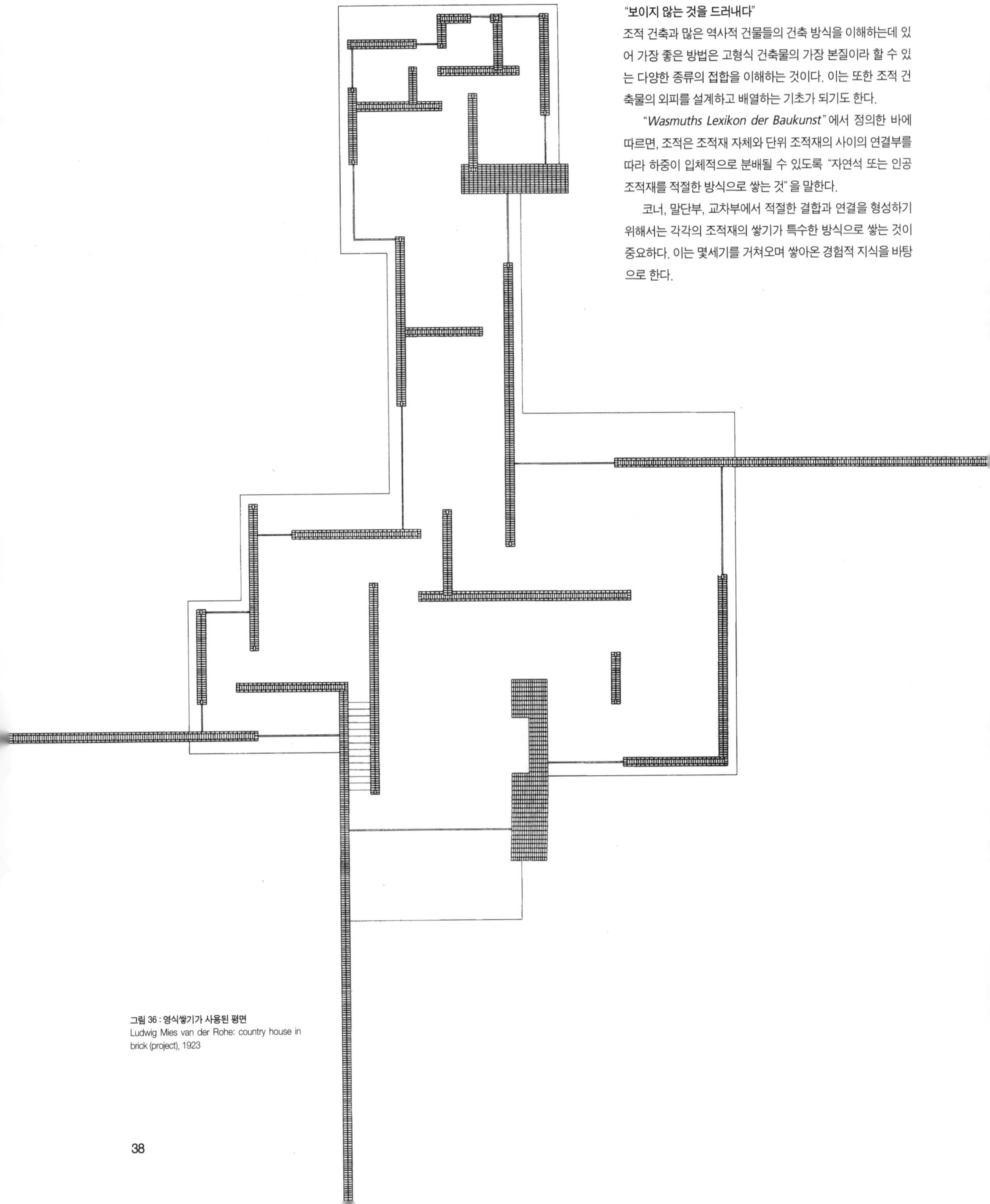

"보이지 않는 것을 드러내다"

조적 건축과 많은 역사적 건물들의 건축 방식을 이해하는데 있어 가장 좋은 방법은 고형식 건축물의 가장 본질이라 할 수 있는 다양한 종류의 접합을 이해하는 것이다. 이는 또한 조적 건축물의 외피를 설계하고 배열하는 기초가 되기도 한다.

"*Wasmuths Lexikon der Baukunst*" 에서 정의한 바에 따르면, 조적은 조적재 자체와 단위 조적재의 사이의 연결부를 따라 하중이 입체적으로 분배될 수 있도록 "자연석 또는 인공 조적재를 적절한 방식으로 쌓는 것" 을 말한다.

코너, 말단부, 교차부에서 적절한 결합과 연결을 형성하기 위해서는 각각의 조적재의 쌓기가 특수한 방식으로 쌓는 것이 중요하다. 이는 몇세기를 거쳐오며 쌓아온 경험적 지식을 바탕으로 한다.

그림 36 : 영식쌓기가 사용된 평면
Ludwig Mies van der Rohe: country house in brick (project), 1923

조적쌓기의 기본 원리

영식쌓기의 예

다음의 사항은 가공조적재의 쌓기에 적용된다. (즉, 점토, 규산칼슘재, 콘크리트 벽돌 또는 블록을 말한다).

1. 적절한 쌓기 위해서는 조적재들이 정확히 수평을 이루며 연결되어야만 한다.
2. 조적재의 장변과 마구리는 입면에서 주기적으로 번갈아 가면 나타나야 한다.
3. 각 층의 중심부에는 가능한 많은 마구리를 배치하는 것이 좋다.
4. 가능한 벽돌이나 블록 전체를 사용하는 것이 좋으며, 조적을 형성하는데 필요한 만큼 많은 토막벽돌을 사용할 수 있다. (수직줄눈의 연속을 피하기 위해 코너와 말단부에 3/4토막을 사용한다)
5. 가능한 한 각 층의 수직줄눈은 조적재의 두께를 따라 끊김 없이 이어져야 한다.
6. 연속되는 두 층의 수직줄눈은 조적재 길이의 1/4 ~ 1/2 만큼 간격을 유지해야 하며, 한줄로 이어져서는 안된다.
7. 코너부와 교차부, 그리고 맞댄이음에서 마구리가 통줄눈을 형성하는 반면, 조적재의 장변은 항상 연속적으로 이어져야 한다.
8. 코너부의 내측에서 연속되는 두 층의 수직줄눈은 일정한 간격을 유지해야 한다.

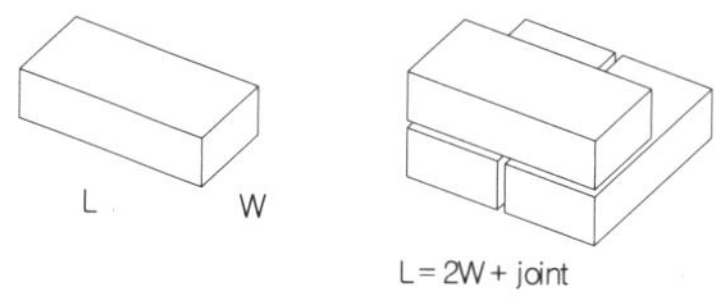

조적재 쌓기의 기본 원리에 따라 다양한 쌓기법이 만들어질 수 있으며, 이는 다음의 공식을 비탕으로 한다 : 조적재의 길이는 조적재의 폭의 두배와 한 개의 수직줄눈을 더한 값과 같다. (예. 29 = 14 + 14 + 1)

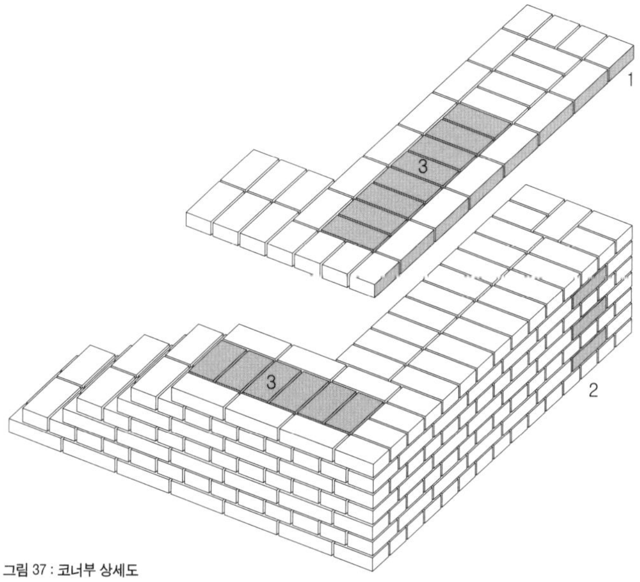

그림 37 : 코너부 상세도

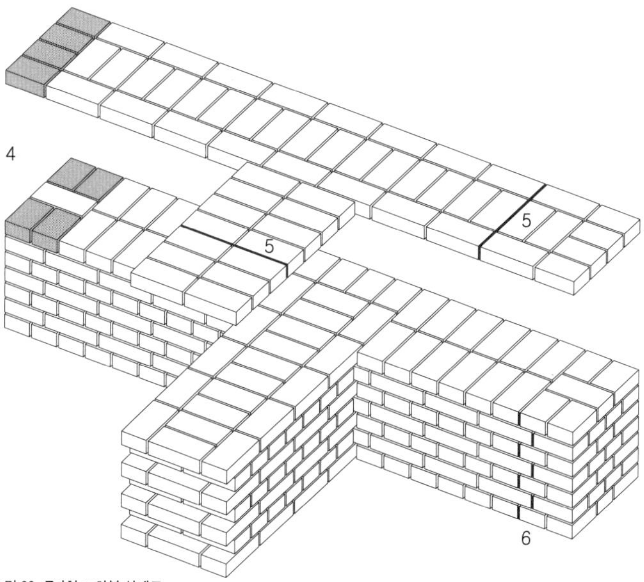

그림 38 : T자형 교차부 상세도

그림 39 : 교차부 상세도

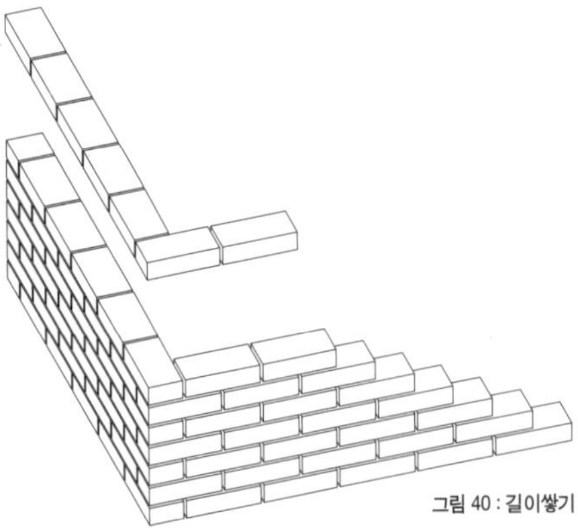

그림 40 : 길이쌓기

그림 41 : 마구리쌓기

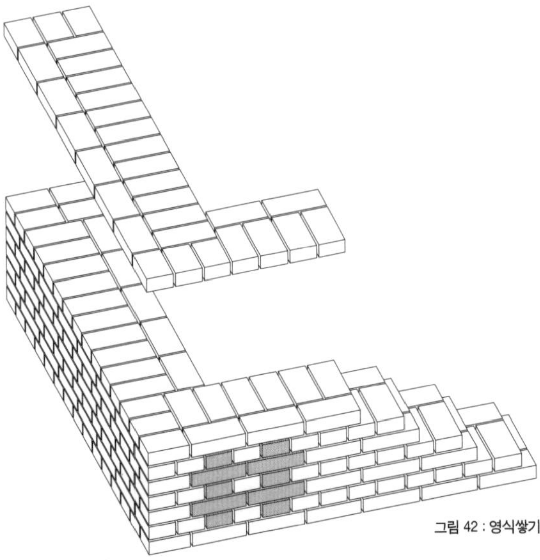

그림 42 : 영식쌓기

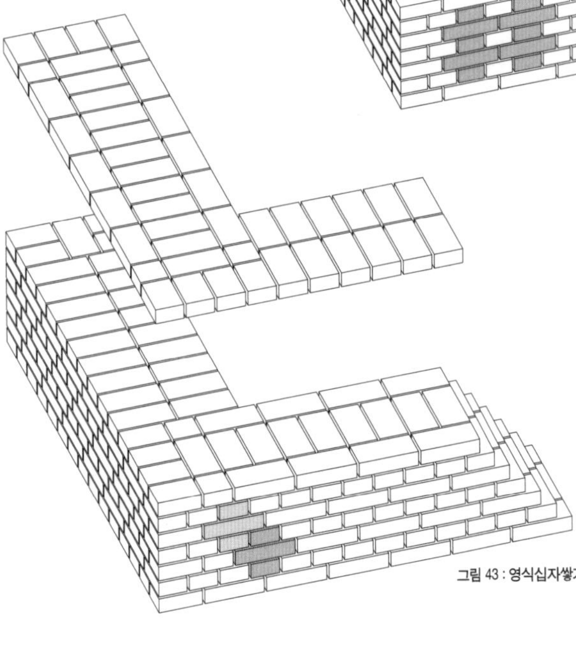

그림 43 : 영식십자쌓기

숙련된 쌓기의 원리

모르타르 등으로 접합된 벽에서 벽의 두께 내에서는 접합이 하나의 벽돌 및 블록의 길이를 넘을 수 있는데 반해서, 반장쌓기 또는 한장쌓기로 조적된 벽에서 각 층의 두께는 단위조적재의 길이 또는 길이의 3/2로 제한된다.

반장쌓기와 한장쌓기

길이쌓기 (일반적인 쌓기법)

모든 층이 벽돌의 장변으로만 구성된다. 일반적으로 단위 조적재 길이의 반인 접합 치수에 의해, 강한 인장력과 압축력을 갖는 벽돌을 사용해야 한다. 길이쌓기는 반장쌓기로 조적된 벽의 경우에만 사용 가능하다. 이에 따라 길이쌓기는 내부 칸막이나 외장마감재와 외벽에 주로 사용되며, 단열벽돌 또는 블록을 사용한다. 접합 치수는 다양하게 사용할 수 있으나, 적어도 단위 조적재 길이의 1/4 이상이어야 한다.

마구리쌓기

모든 층이 마구리로만 구성되기 때문에 이 방식은 한장쌓기로 조적된 벽에 적합하다. 각 층은 조적재 길이의 1/4 만큼 간격을 두고 쌓이게 된다. 마구리쌓기는 대단히 강한 압축 강도를 지니며 과거에는 기초를 만드는데 이용되기도 했다. 그러나 접합 치수가 작기 때문에 줄눈을 따라 사인장균열이 발생하기 쉽다.

그림 44 : 길이쌓기

그림 45 : 마구리쌓기

조적재의 쌓기법

영식쌓기

이 방식은 마구리와 장변이 번갈아 쌓이면서 층을 이루는 방식으로 널리 사용되고 있다. 마구리의 수직줄눈은 모두 일렬로 세워져 있으며, 장변의 수직줄눈 또한 일렬을 이룬다.

영식십자쌓기 (St Andrew' s bond)

영식쌓기와 달리 영식십자쌓기의 경우, 장변으로 이루어진 층과 이로부터 두번째 층이 벽돌 길이의 반 정도만큼 간격을 두고 쌓이게 되며, 이에 따라 입면에 많은 "십자모양"을 나타나게 된다. 각각의 연결부가 주기적인 연결을 형성하게 되므로 부재간의 접합이 강해지며, 이에 따라 영식쌓기에 비해 강도가 높다.

그림 46 : 영식쌓기

그림 47 : 영식십자쌓기

그림 48 : 불식쌓기

그림 49 : Monk bond

그림 50 : 화란식쌓기

영식쌓기의 변형

불식쌓기(Flemish bond)

불식쌓기에서는 모든 층에 걸쳐 장변과 마구리가 번갈아 쌓이게 된다. 마구리는 항상 아래층에 쌓인 장변의 정중앙에 놓이게 된다. 한장 두께의 벽에서 불식쌓기를 사용할 경우 마구리를 생략하여 허니콤(honeycomb)을 만들 수도 있다. 불식쌓기는 매 층에서 번갈아 쌓이는 마구리에 의해 벽 내측 재료와의 접합이 좋다는 점에서 외벽에도 종종 사용되는데, 다양한 조적재를 모르타르로 경화시킨 후 이의 외측에 불식쌓기를 사용하여 외벽을 형성하는 경우가 이에 속한다.

그림 51 : 불식쌓기

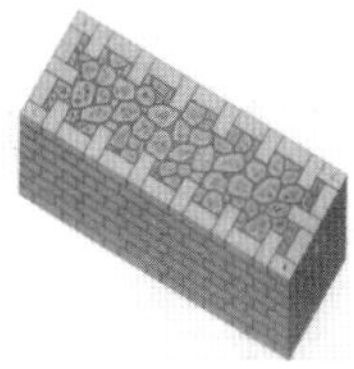

그림 52 : 불식쌓기

Monk bond (*flying bond, Yorkshire bond*)

불식쌓기와 비슷하게, 마구리 사이마다 두개의 장변이 놓이게 되며 수직적으로 이웃한 두 층은 벽돌 길이만큼 간격을 이루게 된다.

영식십자쌓기의 변형

화란식쌓기(Dutch bond)

화란식쌓기는 마구리로만 이루어진 층과 마구리, 장변을 번갈아 사용한 층이 차례대로 쌓이게 된다는 점에서 영식십자쌓기와 구분된다. 그러나 영식십자쌓기와 마찬가지로 쌓여진 장변들은 일렬로 정렬되게 된다.

그림 53 : Monk bond

그림 54 : 화란식쌓기

이중 조적벽의 연결과 보강

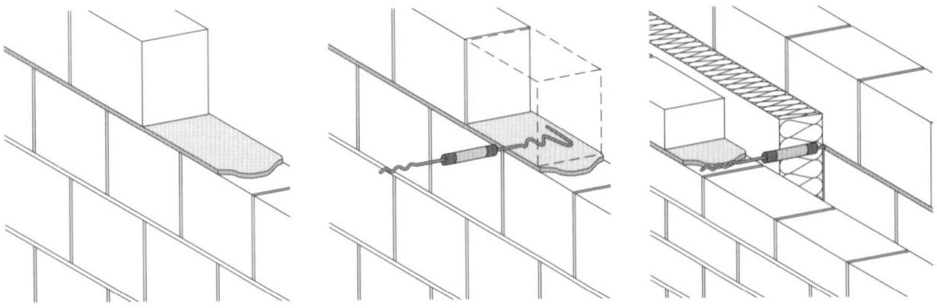

그림 55 : 모르타르 접합을 사용한 월타이(wall tie) 설치 과정
- 모르타르 도포
- 월타이를 위치시키고 맨 위에 조적재를 배치
- 월타이와 캐스트 타이의 위에서 외측벽의 가로줄눈 사이로 보강재를 삽입

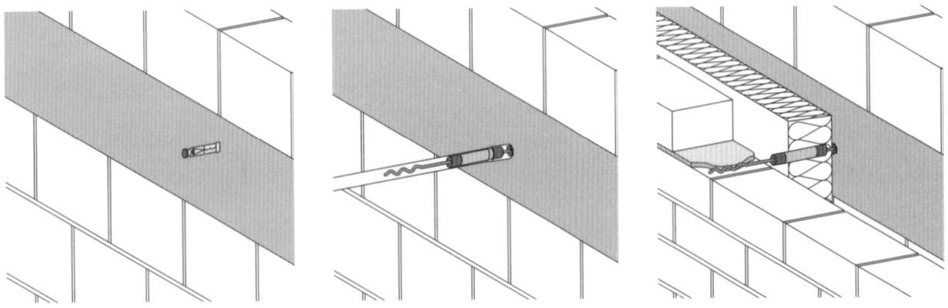

그림 56 : 콘크리트를 사용한 월타이 설치 과정
- 콘크리트를 천공한 후 금속 앵커를 삽입
- 월타이 삽입
- 월타이와 캐스트 타이의 위에서 외측벽의 가로줄눈 사이로 보강재를 삽입

월타이와 보강재

월타이는 스테인레스 스틸 또는 플라스틱으로 이루어져 있으며, 조적재의 면에 대해 수직방향으로 작용하는 인장력 및 압축력을 전달할 수 있어야 한다. 이중 벽에서 두 벽의 거동은 다양하게 나타난다. 온도의 변화 때문에 외피는 주로 벽의 표면에서만 변화가 나타나는 반면, 내측 바닥과 내측벽은 이와 다르게 거동하게 되는데 주로 하중, 수축, 크리프에 의한 변형이 나타나게 된다. 월타이는 이러한 서로 다른 거동을 탄성적으로 잡아줄 수 있어야 한다. 실무적인 이유로 월타이는 수평으로 정렬되어 배치되며, 대개 80~100cm의 간격으로 층당 2 또는 3열이 배치된다. 평방미터당 한 개의 월타이가 사용되는 비율이라 할 수 있다.

이렇게 형성된 월타이 열은 효과적인 횡하중 스트립으로 작용하게 되며, 이에 따라 가로줄눈에 보강재를 사용하는 것이 좋은데, 월타이 열의 위 또는 아래에 위치하는 가로줄눈에 보강재를 사용하거나 두 부분 모두에 대해 보강재를 사용하는 경우도 있다.

균열을 막기 위한 보강 조적재

대부분의 경우, 균열은 수축이나 온도에 따른 변형 등 하중과 관계된 변형을 부재가 감당하지 못해 발생하게 된다. 이러한 균열은 적절한 보강재를 삽입함으로써 예방하거나 최소화할 수 있다. 보강재의 수는 예상되는 응력과 벽의 축조 방식의 난이도 등에 따라 조적재 공급자 또는 구조기술자와의 협의를 통해 결정된다.

또한, 모서리와 12m를 넘는 길이의 벽의 단면부에는 신축이음을 두어야 한다.

기타 조치사항

응력의 작용에 의해 조적재에 균열이 생기는 것을 방지하기 위해 처마, 상인방, 구조체 등의 부분에 대해 추가적인 조치가 필요하며, 도브테일 앵커를 사용한 현장타설 레일, 지지용 브래킷, 신축이음 등이 이에 속한다.

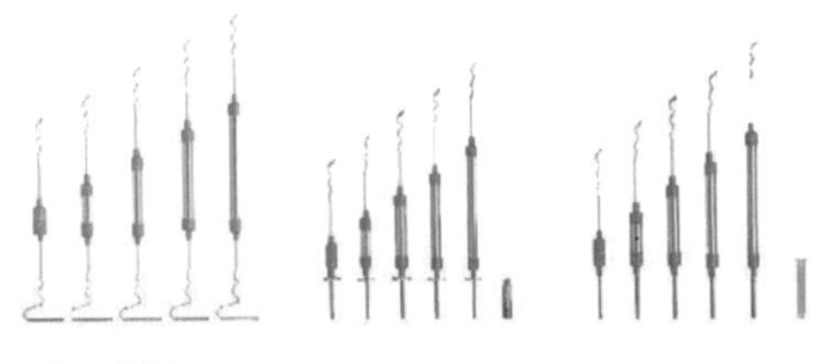

그림 57 : 월타이
콘크리트조 또는 조적 벽의 가로줄눈에 사용됨

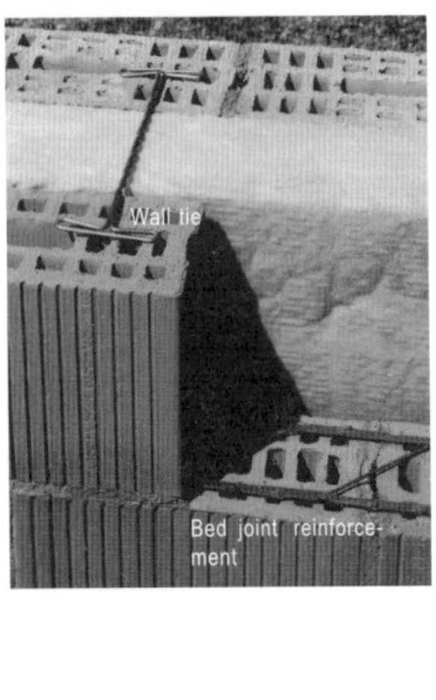

그림 58 : 외벽의 축조
옆에서 본 사진(좌측 그림)과 위에서 본 사진(우측 그림)

조적건축의 기술

Katja Dambacher, Christoph Elsener, David Leuthold

그림 59 : 벽돌

그림 60 : 조적벽

유형학

"조적재는 벽돌이나 블록으로 만들어진 건축 요소로써 모르타르로 접합되어 응집된 단일 요소로 기능한다."[1] 이는 스위스 표준국에서 내린 정의로 가장 간결하게 조적재를 설명하고 있다. 그러나 이 정의로부터 조적 건축의 모든 세부 적용 방법이 발전되었다.

조적재란 자연석이나 인공석을 조립하여 만들어진 단일 또는 여러 층을 갖는 요소로 단위 조적재들을 결합하거나 모르타르를 접착제 또는 충전재로 사용하여 완성된다.

조적 재료는 채석장이나 강바닥에서 채취한 자연석이나 화장 조적재, 인공 압출 조적재, 내화 또는 일반 벽돌이나 블록, 혼합재료 (예를 들어 외장재료), 벽토, 콘크리트, 철근 콘크리트 등의 주조된 재료 등으로 만들어진다.

조적재는 시공 방법과 밀실한가 아니면 내부에 빈 공간이 있는가의 여부에 따라 구분되어진다.[2]

예술사적인 측면

문화적인 면에서 조적 건축은 영구적인 가치를 상징하며, 시간의 흐름 속에서도 기능이나 의미가 변화되지 않았다. 세계의 여러 문화에서 나타나는 기술적인 전통을 살펴보면, 매우 다양한 건축적 형태에도 불구하고 조적건축은 동일한 원리에 기본을 두고 있음을 알 수 있다. 그리고 조적 건축이 나타내는 힘과 육중함, 안정성에 의해 조적 건축은 특정한 시간, 특정한 장소와 관계없이 항상, 어디에서든 엄격함, 소박함과 함께 안전성, 영구성, 연속성의 가치를 나타내기도 하며 이는 곧 전통적인 가치를 말하는 것이기도 하다. 이에 따라 재료와 표면 마감의 선택에 따라 각각의 차이가 중요한 구분점으로 작용한다. 일례로 치장재로 만들어진 건물은 불멸성과 영구성을 표현하는 반면,(예. 이집트의 피라미드) 점토 벽돌은 값싸고 일반적인 건축 재료로써 주로 주택 건축이나 설비 구조물 등에 이용되었다. (예를 들어, 점토벽돌은 값싼 산업 재료로써 19세기 로마 수도관 공사에 사용되었다)

기술적인 진보에 의해 조적재도 계속적으로 변화했다. 건축의 역사를 통해 볼 때, 대량생산된 산업 재료에 대한 요구는 항상 서로 다른 건축적 전략에서 나왔다. 독일의 표현주의 건축물들은 북유럽 특유의 전통을 이어받아 고온에서 구운 벽돌을 외장재로 사용한 반면, 같은 시기에 흰색 벽돌로 대표되었던 모더니즘 건축물들은 회반죽으로 마감처리하여 차이를 줄이려고 시도했다.

외장 조적재

조적 건축물에서 우리는 재료와 시공 기술, 접합과 조적의 과정을 볼 수 있다. 다양한 요소들이 외벽의 건축적 표현을 결정한다. "처음 작용하는 요소는 재료의 표면으로 가열, 광내기, 부풀리기, 찢기 등의 방법으로 특징이 만들어진다. 두번째는 줄눈으로 표면과 부조에 의해 특징이 만들어진다. 마지막으로 작용하는 요소는 쌓기법으로 부재의 수평적, 수직적, 사선적인 관계와 상호작용을 통해 보이지 않는 구조가 눈으로 보여지게 된다."[3]

조적 건축에 있어 외장재와 내장재의 차이를 구분하는 것은 쉽다. 벽의 내부에 숨겨진 내장재는 (외장재에 비해서) 덜 다듬어진 상태로 채워지거나, 비싸지 않은 돌 또는 벽돌을 사용함으로써 외장재와 견고한 접합을 형성한다. 구조적인 측면, 가소성, 재료의 물성, 색과 질감 등을 고려하여 건물의 외피를 설계하는 일은 외장재와 구조체간의 관계와 연결을 보여준다.

모듈

"대부분의 단순한 도구나 장치가 그렇듯이, 조적재 역시 일상 생활에서 접할 수 있는 정교한 요소이다"[4]

단위 조적재의 형태와 크기는 건물 전체의 치수 시스템을 결정하는 요소이다. 이러한 단위 조적재는 최초의 표준화된 건축 요소라고도 말해지며, 전체 건축물을 이루는 실제적인 부분이다. 각각의 조적재는 시공 방법을 결정짓기도 하는데, 예를 들면 각 부재의 조적을 통해 줄눈을 형성하는 쌓기법이 이에 해당된다. 설계에 맞는 길이와 폭, 높이를 갖는 벽돌이나 블록을 선택하고 나면, 부재들간의 효과적인 연결에 적합한 치수 조정 시스템이 나오게 된다. 조적재의 두께, 길이, 높이, 위치의 정확도, 개구부의 치수 등은 이러한 기본적인 모듈의 조합을 통해 결정된다.

생산체제

지역에 따라 실제 치수가 차이가 나타나지만 조적재는 대개 사각기둥의 형태이다. 그러나 조적재의 생산방식은 긴 시간 동안 거의 동일하게 유지되어왔다. 또한 역사에 걸쳐 내화석재는 길이와 폭이 35cm를 넘지 않았으며, 높이는 11cm를 넘지 않았음을 알 수 있는데 이는 조적재를 충분히 가열할 수 있으면서도 가열 과정 동안 과도한 변형이 발생하지 않도록 하기 위함이었다. 시공에 사용되는 복잡한 쌓기법("쌓기법" 참조)은 일반적으로 길이가 폭의 두 배와 한 개의 줄눈의 합과 같은 조적재를 필요로 한다. 그러나 오늘날에는 다양한 치수를 사용할 수 있게 되었는데 이는 건물의 성능과 서로 다른 치수를(예를 들어 반장 두께 또는 한장 두께의 벽) 요구하는 구조적인 문제를 해결하기 위해 많은 건물이 길이 쌓기로 지어지고 있기 때문이다.

또한 조적재는 인부가 재료를 한 손으로 들 수 있도록 (상대적으로) 다루기 쉬워야만 한다. 몇몇 예외적인 경우를 제외하면, 이 규칙은 오늘날까지고 적용되고 있다. 공장에서 생산되는 벽돌은 대략적인 기준 치수를 따르고 있다. 지역적으로 원재료와 세부 사항, 생산 방식이 서로 달라 다양한 형태와 크기, 색, 표면의 질감, 물성을 나타내는 다양한 조적재들이 사용되고 있지만 외장 벽돌의 경우 25 x 12 x 6.5cm의 치수가 주로 사용되고 있다. 부재의 크기가 작던, 크던 간에, 다양한 형태는 건축물의 외관과 특징에 있어 미묘하고 독특한 차이를 만든다. 그러나 미학적인 필요성 이외에도 다양한 형태의 조적재를 사용하는 데에는 실무적인 이유도 있다. 상대적으로 작은 면을 디자인하는데 있어 더 큰 자유도를 부여하는 것은 작은 치수의 조적재임이 분명하며, 이에 따라 벽돌이나 블록 본연의 단단한 느낌을 극복하기 쉬워진다. 그러므로 특정 조적재와 조적재의 치수 및 외관을 선택하는 것은 매우 기본적인 결정사항이다.

색과 표면 마감

벽돌과 블록의 색은 원재료(점토)의 화학적 구성과 더불어 가열 온도와 가열 과정에 의해 영향을 받는다. 이러한 차이에 따라 다양한 색상이 나오게 되며 조적재에 선명한 색상과 특수한 성질이 나타나게 된다. Fritz Schumacher의 말에 따르면, 모든 벽돌은 "표면에 드러나지 않는" 측면이 아닌 "표면에 드러나는" 측면에서 각각의 특징이 구분되어진다고 한다. "실제 재료에서 재료의 색은 단순한 색조를 넘어 독자적인 생명을 지니고 있다. 재료의 내부로부터 스며 나오는 느낌은 표면에까지 드러나지 못하지만, 이러한 점에서 특별한 힘을 지니게 된다." [5] "색"이라는 단어는 재료로서의 색과 색조로서의 색으로 구분된다.

그러므로 어떠한 벽돌도 다른 벽돌과 완전히 같을 수는 없다. 조적 건축의 압도적이고 매혹적인 느낌은 바로 이렇듯 벽돌이 완벽함, 부드러움, 날카로움, 정확한 치수와는 거리가 멀다는 점과 크기, 형태, 품질이 대략적으로 비슷하게 맞춰져서 생산된다는 점에서 비롯된다. 조적재 각각의 객관적인 치수는 구조물과의 구성을 고려하여 결정되어진다.

벽돌과 블록의 표면을 처리하는 대표적인 방법으로는 광택가공을 들 수 있는데 이는 조적재를 가열하거나 2차 가열을 하는 과정에서 적용된다.

쌓기

조적 건축물에서 벽을 세우기 위해서는 조적 건축의 가장 근본을 이루는 개념인 "쌓기"를 사용하게 된다. 조적은 "외피에는 드러나지만 전체적인 관점에서는 눈에 보이지 않는" [6] 일종의 규칙이다. 이렇듯 조적에 있어 가장 핵심이 되는 것이 바로 이러한 "눈에 보이지 않는 구축의 시스템을 겉으로 노출시키는 일" [7] 이다.

조적 건축에 있어서 상대적으로 작은 크기의 중량의 단위 재료를 기술적으로 맞물리게 배열함으로써 구조물을 형성하면서도 두 층간의 수직줄눈이 연속되지 않게 만드는 것이 중요하다. 견고하고 안정한 건축물을 만들기 위해서는 사용된 모든 재료들이 위, 아래로 이웃한 재료들과 연결되어야 하며, 무엇보다도 외벽의 뒤에 숨겨진 "코어" 부분의 재료들은 서로 긴밀하게 연결되어야 한다. 이렇듯 조적재들은 서로 연결되어 하중을 전달한다.

하나씩 층을 쌓아가는 과정에서 조적재의 장변과 마구리를 배열하는 방법에 따라 다양한 패턴이 만들어지게 되며, 이렇게 재료가 반복되며 만들어진 패턴은 건물 외부의 느낌을 결정하는 가장 중요한 디자인 요소로 작용하게 된다. 또한 조적재를 "엮는" 방식에 따라 이러한 패턴이 몇 개 층마다 반복되어 나타나는지 결정되게 되며, 이는 길이쌓기, 마구리쌓기, 영식쌓기, 영식십자쌓기, 불식쌓기 등의 쌓기법으로 분류된다. ("쌓기법" 참조)

조적된 조적재간의 하중 전달 작용

조적재는 벽돌 또는 블록과 모르타르가 섞여 있는 혼합재료로 높은 압축력을 가지지만 인장력이 낮다. 이에 따라 하중은 3차원적으로 연결되어 벽을 형성하는 재료들의 조적에 의해 전달된다. 조적 건축물의 상단과 하단에 압축하중이 작용할 경우, 모르타르 줄눈에 의해 서로 결합되어 있는 조적재들을 통해 압축응력이 분배되어진다. 모르타르는 인장응력에 대해 저항하지 못한다. 이러한 점에 의해 건축물의 하중전달 능력이 제한받게 되며 이는 건축물의 높이를 제한하는 요소로 작용하게 된다. 현재까지 건설된 가장 높은 조적 건축물은 시카고에 지어진 Monadnock Building으로 16층, 60m 높이의 규모였다. (이전까지 가장 높은 조적 건축물은 10층 규모에 불과했다.) 그러나 건물의 높이를 높이기 위해 이 "마천루의 선조"(À. Moravánsky)의 지상층은 2m 두께의 벽을 갖게 되었다.

그림 61 : 다양한 형식, 색채 및 표면 질감
Alvar Aalto: experimental house, Muuratsalo (FIN), 1954

외장

다양한 쌓기법은 다양한 외관을 연출한다. 어떤 쌓기법을 사용하는가는 재료의 종류와 외부 마감과 함께 건축물 외부의 느낌을 결정하는 요소이며, 이는 관찰자와 건축물의 거리에 따라 그 정도가 달라질 수 있다.

벽돌은 외장재로 사용하기에 적당한 크기이며, 모듈 자체로부터 일정한 패턴이 나오게 된다. 이러한 재료간의 조화는 의장요소를 만들게 되며, 조적 건축의 기본 원리인 재료의 조적과 접합과정을 보여주기도 한다. Fritz Schumacher는 고온가열조적재들이 훌륭하게 조적되어 만들어지는 벽의 느낌을 건물의 설계에 있어 가장 중요한 요소로 사용하기도 했다. 그의 건물에서 외장에 사용되는 것은 재료들의 배열과 교차로 만들어진 건물 표면의 순수한 느낌이었다. 그러나 조적재를 살짝 돌출시키거나 최고층에 특수한 형태를 사용하는 방식 등을 통해 건물의 외부를 장식할 수도 있다.

함부르크의 유명한 건축물인 Chile House의 건축가인 Fritz Höger는 외벽의 표면에서 일부를 돌출시킴으로써 태양의 움직임에 따라 변하는 그림자가 형성하는 독특한 느낌을 건축물의 외장요소로 이용했다. 이러한 편안한 느낌을 위해 외피는 특별히 조각되기도 했다.

그림 62 : 조적에 의한 장식
after Fritz Schumacher

줄눈

조적 건축에 있어 줄눈의 의미는 종종 낮게 평가되기도 한다. 줄눈은 재료간의 연결이자 조적 건축의 가장 중요한 개념인 "쌓기"을 드러낸다. 벽을 만드는데 사용되는 재료는 모르타르와 벽돌이지만, 벽의 느낌을 만드는 것은 줄눈과 쌓기법이다. 줄눈은 조밀한 그물처럼 건물의 표면에 나타나게 되며 건물의 규모를 가늠할 수 있게 한다. Gottfried Semper의 "외피 이론"에 따르면 다른 방식과 다른 독특한 조적 건축만의 구축 방법은 이러한 건물의 외관에서부터 나오게 되었다.

조적 건축에 있어 줄눈이라는 요소를 빼놓고는 생각할 수 없다. 줄눈과 조적재는 매우 기본적이면서도 가변적인 관계를 이루고 있으며, 서로 영향을 미친다. 줄눈의 치수와 색, 형태에 따라 다양한 느낌이 연출될 수 있으며, 줄눈과 조적재의 상호작용은 건축물의 강도는 물론 건축적인 표현을 결정하는 요소로 작용한다. 조적 건축물의 강도를 결정짓는 것은 근본적으로 줄눈의 두께로, 이는 조적재가 모르타르에 비해 더 큰 강도를 갖기 때문에 줄눈이 두꺼워질 경우, 이론적으로는 건축물 전체의 강도가 낮아지기 때문이다.

줄눈이 강조되는 또 다른 이유는 줄눈이 건축물의 표면에 색과 생기를 불어넣기 때문이다. 서로 다른 색을 갖는 벽돌과 줄눈은 외부에서 매우 다르게 보인다. 또한 벽돌 표면과 비교하여 줄눈이 평평한지, 오목하게 들어가 있는지, 돌출되어 있는지의 여부에 따라 건축물 외피의 느낌이 매우 달라지게 된다. 일례로 표면을 거칠게 처리한 평줄눈은 표면의 불규칙한 느낌을 줄이면서 줄눈의 패턴을 더욱 도드라지게 한다. 줄눈을 부각시키는 방법 중 하나는 오목줄눈을 사용하는 것으로, 이는 오목하게 줄눈이 들어감으로써 생기는 그림자에 의해 줄눈의 선을 더욱 선명하게 한다.

이렇듯, 줄눈이 만드는 패턴은 조적 건축물의 외관에 있어 중요한 요소이며, 줄눈의 공간적인 형성 방식은 조적재들의 조적을 돋보이게 하고, 이와 동일하게 조적조적 쌓기의 구조를 돋보이게 한다.

개구부

견고하고 두터운 조적 건축물의 외벽은 본질적으로 건축물의 내부와 외부간에 강한 경계를 형성한다. 따라서 벽의 표면에 형성된 개구부는 내부와 외부를 중재하는 역할을 한다. 개구부의 형태, 크기, 위치는 단위 조적재의 모듈에 따라 결정되며 이에 따라 건축물 전체의 정밀하고 기하학적인 모듈 체계를 따르게 된다. 모든 개구부는 외피에서 정해진 치수에 맞아야 하며, 벽의 두께에 따라 표면의 처리에 세심한 주의를 필요로 한다. (창틀, 창턱, 문지방) 다르게 말하자면, 개구부는 벽에 뚫린 구멍으로 반드시 경계부에 "테를 둘러야만" 한다고 할 수 있다. 벽과 개구부는 서로 밀접한 불가분의 관계를 형성하게 되는데, 이는 벽이 건축물에 형성된 "빈 공간"을 통해 상대적으로 자신의 견고함과 존재를 드러낸다면, 개구부의 높이와 깊이, 폭은 항상 벽의 조적에 사용된 모듈을 따르기 때문이다. 반면, 개구부는 조적재들의 분열을 나타내며 크기가 클수록 재료간의 단절 또한 크게 느껴지게 된다. 개구부 그 자체는 치수의 제한을 받지 않지만, 개구부의 폭에 따라 개구부 위에 하중을 전달하는 구조체가 형성되어야 하므로 중력의 영향을 받게된다.

그림 63 : 부조에 의한 장식 (벽돌에 새긴 부조)
Hild & K: Wolf House, Aggstall (D), 2000

그림 64 : 풍부한 표현을 담고 있는 파사드
Fritz Höger: Hannoverscher Anzeiger newspaper building, Hannover (D), 1928

창문, 문 또는 기타 큰 폭의 개구부는 상인방이나 아치에 의해 연결되게 된다.

1.5m 정도의 개구부는 특별한 지지 구조체 없이도 형성 가능한데, 살짝 기울인 받침대에 작은 조적재들을 끼워넣는 방식을 사용하게 된다. 이러한 방식은 살짝 위로 볼록한 아치를 만들게 된다.

상인방은 점토 또는 콘크리트로 만들어진 보의 형태로 사용될 수도 있으며, PS콘크리트 또는 기타 방식을 사용하여 강화할 수 있다. 점토제 상인방은 제작이 간편하며, 벽과 동일한 재료를 사용하므로 편리하다.

반면 아치는 큰 규모의 개구부를 필요로 하거나 건축물의 일부분에 특정한 외관을 만들기 위해 사용하는 가장 전형적인 방법이다. 구조물 전체적인 관점에서 볼 때 "아치"는 부재의 부피와 무게, 그리고 중력의 법칙이 함께 모여 높은 강도와 안정성을 갖게 되는 건축 요소로, 오직 부재들의 압축력에 의해

그림 65 : 독립적인 이미지를 연출하기 위해 사용된 줄눈과 접합
Sigurd Lewerentz: St Peter' s Church, Klippan (S), 1966

형성되는 구조물이다. 한편, 좀 더 작은 관점에서 접근해 볼 때, 이러한 힘은 벽돌과 모르타르 간의 상호접합과 이에 따른 마찰 저항에서("부착작용") 비롯된다고 할 수 있다.

큰 개구부에 상인방을 사용하고자 한다면 반드시 철제 보 또는 RC 보를 사용해야 한다. 1920년대 Mies van der Rohe는 벽돌을 사용한 그의 작품에서 개구부의 폭을 최대로 하면서도 횡으로 쌓인 조적재들이 흐트러지지 않도록 하기 위해, 벽의 내부에 철제 보를 삽입하고 이를 외장 벽돌로 덮어 눈에 보이지 않게 했다.

벽의 폭에 대해 창이 어디에 위치하는가에 대한 부분은 건축물의 구조에 있어 또다른 중요한 요소로 작용한다. "벽" 또는 "조적재"에 대한 여러가지 사항은 설계 단계에서부터 결정되게 되며, 여기에는 창이 벽의 내부와 접할 것인가, 외부와 접할 것인가에 대한 창의 위치의 문제가 중요한 요소로 작용하게 되는데, 이는 다시 말해 개구부의 폭과 그 위치에 따라 벽과 조적재의 구성이 영향을 받는다고 할 수 있다. 그러므로 이러한 문제에 대해서 "분명하지 않게" 결정한다는 것은 있을 수 없는 일이다.

겹

"외겹 조적 벽"

"만약 벽이 자신의 무게를 드러내지 않거나 그 중량감이 보여지지 않는 경우, 또는 구조물이 단지 안정성을 위해서 만들어졌다면, 이것은 벽이 아니다. 벽이란 하중에 대한 내력을 강하게 드러낼 수 있어야만 한다."[8] 독일 건축가인 Heinz Bienefeld는 벽에 대해 이렇게 표현했다. (주 : 여기서 그가 말하고자 한 것은 사실 "벽"이 아닌 "조적 건축"에 대해서이다.)

벽돌로 견고하게 만들어진 벽은 각각의 벽돌이 3차원적으로 연결되어 하나의 균일한 건축 요소를 만든다는 점 뿐만 아니라, 이렇게 만들어진 벽이 분리, 지지, 단열, 보호, 심지어는 축열의 기능까지도 담당한다는 점에서 매력적인 요소라 할 수 있다. 이렇듯 대단한 능력을 지닌 조적 벽은 실내의 습도를 조절하여 실내 환경을 균형있게 유지시키기도 한다. 이중겹벽이 매우 특화되어 특정한 용도로 사용되는 요소임을 감안하면, 이러한 외겹벽의 다양한 기능은 현재까지도 주목할만한 사항이다. 이를 통해 기술적 시공적인 부분, 건축물의 표현에 관한 부분까지도 아우르는 새로운 설계 전략이 나올 수도 있다.

이러한 외겹벽은 내부와 외부를 구분하는 요소로 작용한다. 개구부 깊숙이 위치한 창과 창틀은 조적재의 중량감을 드러내며, 이를 통해 형태를 변형하고 공간을 안에 담게 된다.

1970년대 후반에 제정된 건물 외피의 단열 성능에 관한 기준에 의해 전통적인 외장용 조적재는 실질적으로 사용이 어려워졌으며, 이에 따라 이 재료는 현재 거의 사라졌다. 단열 성능에 관한 부분은 재료보다는 시스템적인 부분으로 해결할 수 있는데, 예를 들어 단열 성능이 우수한 재료 층을 내부에 포함하고 있는 구멍이 뚫린 조적재로 반장두께 또는 한장두께의 벽을 만드는 방법이 있다. 반면, 이 방법은 조적된 벽의 미적인 부분을 약화시키게 되는데, 이는 반장두께, 한장두께의 벽은 수증기를 확산시키고 기후의 영향으로부터 내부를 보호하기 위해 외측은 겉으로 노출되고 내측은 모르타르가 칠해져야 하기 때문이며, 만들 수 있는 개구부의 최대 크기 역시 제한받게 된다.

이중겹 조적 벽

건물의 성능을 높이기 위해 단일한 벽은 여러 개의 층으로 나뉘어지게 된다. 1970년대에 유럽에 석유 대란이 일어나면서 단열 성능이 뛰어난 조적 건축물에 대한 요구가 이어지게 되었고, 이에 따라 처음 개발될 당시에는 폭우에 대비하기 위해 만들어졌던 이중겹 조적벽에 대한 수요가 급증하게 되었다. 이중겹벽은 필요한 기능에 따라 몇 겹의 층을 내부에 포함하게 되며, 이에 따라 단열 성능의 향상, 열 관류 저하, 벽 두께의 감소, 경제성 향상 등 여러가지 면에서 향상된 성능을 나타낸다. 내측벽과 외측벽은 일반적으로 반장 두께 또는 한장 두께이다. 재료의 물성과 시공 방법에 기반을 두어 만들어 지는 외겹벽은 개별적인 층으로 분해되게 된다. 외부로 노출된 외측벽은 하중을 견디는 기능을 담당하지 않으며, 내부에 위치한 단열층과 내력벽을 감싸고 보호하는 역할을 수행한다. 따라서 이중겹벽 시스템은 내력, 단열, 보호의 단일 기능을 담당하는 층이 상호

그림 66 : 상인방

보완적인 관계를 이루며 만들어진 구조라고 할 수 있다.

이에 따라 재료와 시공에 있어 새로운 설계 방법이 가능하게 되었다. 특히, 내측을 감싸는 기능만을 담당하는 외측의 얇은 벽은 건축적인 아름다움을 나타내는데에 사용될 수 있다. 외측벽이 내력을 담당하지 않음에 따라 기둥이 겉으로 노출되지 않더라도 신축이음을 이용해 벽에 기둥 간의 스팬을 나타내는 일도 가능하다. 조적재들이 엮여 전체 벽을 형성하던 기존의 외겹벽은 여러 층으로 분리된다. 이중겹벽은 각 층의 기능을 개별적으로 향상시킴으로써 내부에 새로운 건축적 성능을 불어넣는 공간을 형성할 수 있다는 점에서 특징적이다. 이렇게 벽의 중간에 생긴 공간은 내, 외부의 온도차에 대해 완충작용을 담당한다.

최적의 성능을 위해서는 "외단열"을 사용하는 것이 바람직하다. 이를 위해서는 외측벽을 없애고 이를 초벌칠한 새로운 층으로 바꾸는 작업이 필요하다.

이중겹벽에서의 쌓기법

경제적인 이유로 벽을 두 개의 얇은 층으로 나누는 이중겹벽의 경우, 많은 쌓기법을 사용할 수 없으며, 이에 따라 반장두께의 외측벽을 길이쌓기로 쌓는 것이 가장 간단하고 확실한 방법으로 사용된다. 이는 현대의 높은 건축물에서 외벽은 더 이상 견고한 내력벽이 아님을 의미한다. 반면, 1층 건물에서는 (내단열) 여전히 조적재의 조적을 통해(그림 63, Hil & K가 설계한 주택 참조) 외벽이 내력을 담당할 수 있다. 또한 3차원적인 조적을 통해 외측벽을 만드는 대신 단일한 벽을 형성하는 방식을 사용할 수도 있다. (그림, 69 참조)

외벽과 현대적 에너지 성능 기준

일반적인 벽을 여러 개의 층으로 나누어 겹벽을 만들 경우 일정한 범위 내에서만 층의 분할이 가능하다. 신축줄눈은 비내력 외측벽을 여러 조각으로 나누게 되는데, 이러한 방식을 사용하여 (실제로는 하중을 담당하지 않는) 벽이 하중을 담당하고 있는 듯이 보이게 하는 것은 대부분의 경우 그렇게 큰 효과를 얻지 못한다. 이러한 점에서 최근 들어 외벽에 대한 다양한 시도가 나타나고 있다.

일례로 외장용 조적 벽의 특징과 단열성능이 뛰어난 반장쌓기, 한장쌓기 벽의 장점을 결합하는 방식을 들 수 있다. ("Buildings - Selected projects"의 "Apartment blocks, Martinsbergstrasse, Baden; Burkard, Meyer + Partner" 참조) 이 방식은 두 가지의 서로 다른 형태의 벽돌을 혼합해서 하나의 벽을 만들어야 하고 필요에 따라 조정해야 한다는 점에서 매우 노동집약적이다.

또 다른 방법은 조적 벽을 축열체로 사용함으로써 난방용 배관을 벽 아래로 몰아 넣는 방법이다. 이 방법을 사용하여 비단열 외장재를 시공할 수 있다. ("Buildings - Selected projects"의 "Gallery for Contemporary Art, Marktoberdorf; Bearth + Deplazes" 참조)

그림 67 : 흰 도료를 칠한 조적재
Heinz Bienefeld: Schütte House, Cologne (D), 1980

디자인적인 가능성과 설계 전략

노출콘크리트를 다룰 때는 설계사무소를 중심으로 일하게 되는 설계팀과 현장을 중심으로 일하게 되는 시공팀 모두가 큰 주의를 기울여야 한다. 작은 오차나 조금의 불규칙함으로 인해 부재는 균일함을 잃게 되며, 이는 쉽게 가려지지 않는다. 때문에 외장 벽돌을 설계하고 시공할 때에는 재료의 미적인 측면과 시공적인 측면을 모두 고려하여 정확한 건축적 방향을 설정해야 하고, 설계의 초기부터 실무적인 부분까지 세심한 기술을 필요로 한다.

초기에 사용할 수 있는 수단은 제한되어 있지만 구조물 전체를 이루는 각 부분 간의 상호관계에 대해 주의깊게 검토하는 과정에서 디자인적인 가능성이 나오게 된다. 가장 기본이 되는 재료인 벽돌의 치수는 하나의 규칙으로 작용하여 건물 각 부분 간의 치수 관계의 기본이 된다.

이러한 작업은 전체적인 규모(mass)에서부터 발전되어 나오는 것이 아니라 오히려 부재들의 모듈에 근거하여 "추가하는 건물공정(additive building process)" 개념에서 나온다. 그러므로 정확한 기하학적 분석을 기반으로 할 때 풍부한 디자인 표현이 나오게 되며, 이러한 감성적인 느낌의 표출은 시공기술과 밀접하게 관계를 맺게 된다. Fritz Schumacher는 이에 대해 다음과 같이 표현했다. "벽돌은 추상적으로만 존재해서는 안되며, 적절한 설계와 시공에 대해 끊임없이 연구되어야 한다. 벽돌 공사의 관계자들은 항상 건설현장에 머물러야만 한다." 9

재료 표면의 느낌은 매우 다양한 가능성을 담고 있다. 표면

그림 68 : 단열재를 추가하지 않은 조적 벽
Bearth & Deplazes: Gallery for Contemporary Art, Marktoberdorf (D), 2001

이 반듯하고, 균일하게 처리된 조적재는 무게감, 안정성, 중량감은 물론, 영구적이고 내구적인 느낌도 함께 표현한다. 반면, 표면에 나타난 복잡한 줄눈은 작은 크기의 장식물의 이미지로 나타나며, 조적건축에 "직물공예"적인 느낌을 부여한다.

전체를 이루는 일부

벽돌과 블록은 전통적으로 자제와 검소의 미덕을 담고 있으며, 이는 건축에서 물성과 내구성으로 표현되어진다. 조적 건축물은 오랜 지식과 경험을 통해 만들어진 탄탄한 기초로부터 비롯된 합리적인 건축 시스템을 겉으로 보여준다.

벽돌로 만들어진 벽의 이미지란 곧 조적의 이미지이자, 이렇게 조적된 벽돌과 줄눈이 만드는 정밀한 리듬의 이미지이다. 벽돌은 건물 전체와 비교했을 때 상대적으로 작은 크기의 재료이지만 매우 다양한 기능을 담당하는데, 공간을 형성하고 지지하며 내부를 보호하는 기능은 물론, 구조적인 역할과 장식적인 역할까지도 담당한다. 재료에서 느껴지는 시간의 감각, 재료를 다룬 기술, 그리고 구조물과 개구부간의 관계에서 건물의 파사드가 형성된다.

조적 건축은 구조, 조립, 구성 작업이라 할 수 있다. 건축물의 외관은 직접 자신을 "나타내며", 조립 과정에서 사용된 논리와 건물에 생기를 불어넣은 재료들간의 복잡한 상호작용을 느낄 수 있게 한다. 수천년의 세월을 거슬러 계승되어 온 조적 건축이 가지는 잠재력은 바로 이러한 재료의 특징에서부터 비롯된다.

끝으로 Mies van der Rohe의 말을 통해 벽돌의 특징을 정리하기로 한다. "인간 역시도 벽돌로부터 배울 점이 있다. 손에 잡히는 이 작은 형태는 얼마나 감각적이며, 다양한 용도에 얼마나 유용하게 사용할 수 있는가! 벽돌의 연결, 벽돌의 패턴, 그 표면에는 어떠한 논리가 있는가! 그렇게도 간단한 표면의 벽이 얼마나 풍부한 느낌을 표현해 내는가! 그러면서도 이 재료는 얼마나 겸손한가!" [10]

그림 70 : 표면의 성형작용
Alejandro de la Sota: Casa Calle Doctor Arce, Madrid (E), 1955

그림 69 : 이중겹벽에 사용된 영식십자쌓기
Hans Kollhoff and Helga Timmermann: Kindergarten, Frankfurt-Ostend (D), 1994

주

1. Swiss standard SIA V177, *Masonry*, 1995 ed., 이에 대응하는 새로운 SIA 266:2003, 266/1:2003; DIN V105 pt 1 & 2, 2002 ed., and DIN 105 pt 3-5, 1984 ed. 도 참조할 것.
2. *Wasmuths Lexikon der Baukunst*, Berlin, 1931.
3. Rolf Ramcke: "Masonry in architecture", in: *Masonry Construction Manual*, Basel/Boston/Berlin, 2001.
4. Rolf Ramcke, 동일
5. Fritz Schumacher: *Zeitfragen der Architektur*, Jena, 1929.
6. Rolf Ramcke, 동일
7. Rolf Ramcke, 동일
8. Wolfgang Voigt: *Heinz Bienefeld* 1926 - 1995, Tübingen, 1999.
9. Fritz Schumacher: *Das Wesen des neuzeitlichen Backsteinbaues*, Munich, 1985.
10. Director of the Faculty of Architecture at the IIT Chicago 취임사에서 발췌

시공방법

구획

건물의 구획을 구성하는 것은 조적 건축의 주요한 특징 중 하나이다. 이러한 구획을 통해, 내부적으로는 공간 체계가 서로 연결되게 되며, 외부적으로는 개구부(창문, 문)을 형성하게 된다. 내부의 구획은 건축물의 외관에도 나타나게 된다. 그러나 적어도 이러한 건축물은 단순한 직육면체 형태의 모습을 보인다. 구획을 통해 조적 건축의 가능성은 극대화된다. 모든 벽은 동일하게 하중을 받으며, 상호작용을 통해 서로를 안정시키게 되는데, 이에 따라 벽의 치수는 (하중을 지탱하는 기능의 측면에서 볼 때) 최소화될 수 있다. 그러나 평면의 레이아웃에 대한 자유도는 제약받게 된다.

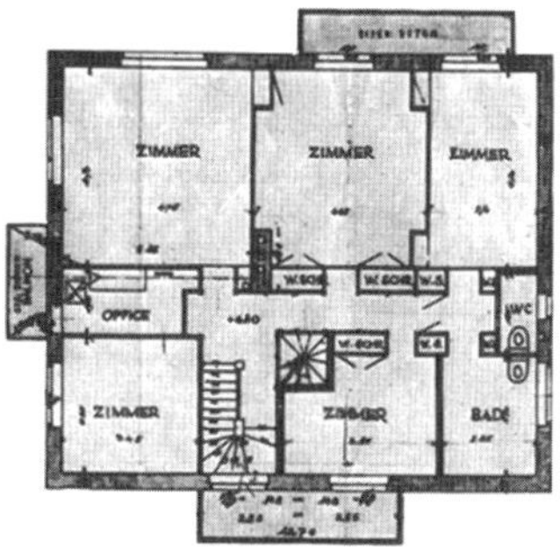

그림 71 : 구획의 원리 : 입면(위쪽 그림)과 상층 평면(오른쪽 그림)
Adolf Loos: Moller House, Vienna (A), 1928

여기에서 다루고 있는 방식 중에 구획은 가장 오래된 시공 방식이기도 하다. 사용 가능한 재료의 종류에 따라 제약이 따르게 되는데, 이는 골조에만 국한된 것이 아니며 19세기에 이르기까지 고형식 건축과 목재 보의 사용이 가장 주요한 건설 방식이었다는 점을 예로 들 수 있다. 시간이 흐름에 따라 이러한 제약은 많이 해소되었으며, 건축적인 어휘를 표현해 내는 과정에서 구획이라는 방식이 만들어지게 되었다. 사실 과거에는 목재 장선에 의한 일방향 장선 바닥 시스템이 완전히 형태를 갖추지는 못했다. 그러나 오늘날에 이르러 일반적으로 두방향의 장선을 갖는 철근콘크리트 슬라브가 나타나며 다양한 가능성을 불러오게 되었다.

다음의 기준은 건축물의 설계에 있어 중요한 바탕을 제공한다 :

- 평면의 폭과 향을 제한할 것
- 적어도 한 방향 이상에서 내력을 담당하는 횡 부재를 독립시킬 것 (목재 장선의 경우, 대략 4.5m 가량)
- 각 실들의 관계와 레이아웃에 있어 공간에 대한 제약을 가할 것
- 내력벽에 개구부를 만들 경우, 임의로 위치를 정하지 말고 내력 구조에 적합하게 배치할 것

오늘날에는 (전단력에 대하여 자유로운 시공법이 등장함에 따라) 재료의 선택에 있어 제약을 받는다기 보다는 경제적인 이유에서 제약을 받는 경우도 종종 있다.

건축물 자체와 구획이 연관되어 나타남에 따라, 내부 공간의 조직과 건물의 외관이라는 관점에서 구획은 건축물을 구분할 수 있는 기준을 제공한다. 건축물에 대한 소규모 구획의 시기가 1930년대에 잠정적으로 끝났다고 간주해 볼 때(1945년 이후 나타난 발전은 무시하기로 한다), 이를 보여주는 좋은 사례들이 많이 찾을 수 있으며 이는 주로 당시의 주거 건축에서 발견된다. 2차 대전 이후에는 구획이라는 테마에 대한 다양한 시도가 나타나게 된다. 구획의 문제는 3차원적으로 풀리게 되었고 작은 형태의 재료들로 구획을 형성하는 방식이 나타나게 되었는데, 이는 조적 건축에 있어 매우 적합한 것이었다. 그러나 이 또한 여러 차례의 실험을 통해, 다양한 건축 양식을 혼합한 혼합 방식(hybrid form)이 나타남에 따라 그 수요가 줄어들게 되었다.

벽식구조

이는 내력벽을 평행하게 배열함으로써 동일한 조건의 큰 상자형 공간을 만들어내는 방식이다. 이러한 형태를 사용하는 목적 중의 하나로 내부의 공간과 건물의 외장재가 특정한 향을 향하도록 한다는 이유가 있으며, 이는 채광, 조망, 건물의 확장 등에서 기인한다. 이처럼 미학적인 부분에서 이점이 있음은 물론, 경제적으로 저렴하며 기술적으로도 단순한 형태라는 장점을 갖는다. 사실 벽식구조의 건물은 유사한 외관을 나타낸다. 벽식구조에서 나타나는 선적인 요소는 부인할 수 없는 미적인 느낌을 갖는다.

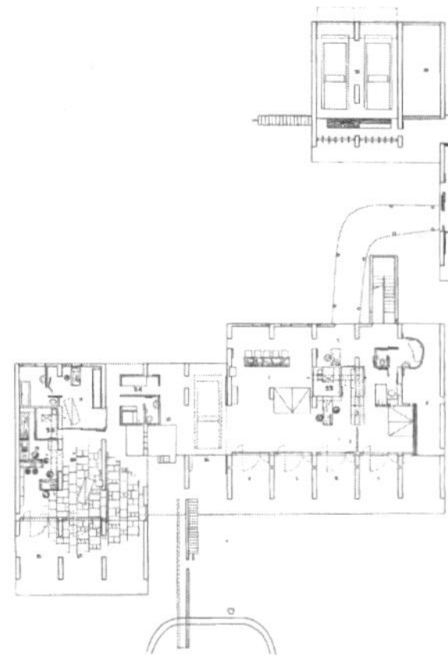

그림 72 : 주요 디자인 요소로써 사용된 벽식 구조
Le Corbusier: private house (Sarabhai), Achmedabad (India), 1955

시공의 측면에서 볼 때, 벽식구조는 건축물의 세로 축을 가로질러 내력벽이 연속되는 방식으로, 각각의 벽은 바닥판에서 세로 방향의 벽과 연결되고 이를 통해 전체 구조가 안정되게 된다. 그러나 많은 기준을 만족시켜야 하는 세로 방향의 안정성의 문제로 순수하게 벽식구조만을 사용하는 것은 불가능하다. 따라서, 벽식구조는 주로 다른 구조 방식(구획, 내력벽)과 함께 사용된다. 다음의 기준은 시공에 관련한 주요 사항을 제공하며, 벽식구조의 유용성과 한계에 대해 설명하고 있다 :

- 스팬에 의해 실과 건물의 폭을 정하며, 이 스팬은 재료, 경제성 등에 의해 결정된다. (예, 일방향 스팬의 바닥)
- 내력의 기능을 수행하는 중량 간막이벽은 (이웃 공간과의 "차폐"를 위한)좋은 단열 성능을 갖춰야 한다.
- 외벽의 시공에 있어서는 특별한 제약이 없으며, 자연광의 유입 정도, 실의 깊이 및 파사드의 형태 등에 의해 영향을 받는다.

벽식구조에 관한 최초의 사례는 이러한 건축적인 논쟁에 관한 부분에서 벗어나고자 했던 건축가의 손에서 탄생되었으며, 이는 산업적인 생산방식에 의해 영향을 받은 건축가인 Taut, Wagner, May가 1920년대에 설계한 큰 부동산 건물에서 찾아 볼 수 있다.

내력벽 구조

박스 형태의 공간이 평행하게 형성되는 벽식구조와 반대로, 내력벽 구조의 경우에는 내력을 담당하는 수평 구조체(바닥판, 지붕)의 아래에서 비내력벽의 위치를 자유롭게 설정할 수 있다.

내력벽은 공간을 완벽하게 감싸지 않게 되어 결과적으로 구획을 형성하지 않으며, 내력 요소(내력벽)와 비내력 요소(예 : 유리 파티션)로 함께 둘러싸인 공간을 만들 수 있다. 이를 위해서 다양한 형태의 하중 분포와 횡력에 대응할 수 있는 수평 내력 요소가 필요하다.

이러한 점에서 두 가지 기준이 제시된다.

- 벽식구조와 특히 구획에서는 불가능한 공간의 (유동적인) 연결과 개구부의 형태가 가능하다.
- 조적건축에 있어 내력벽 구조의 적합성에 관한 기술적인 제약을 받는다. 비내력벽의 위치를 자유롭게 설정할 경우, 내력벽의 단부 또는 슬라브에 집중하중이 작용하는 부분에서 압력을 견디는데에 필연적으로 문제점이 발생하게 된다.

이에 따라 균일한 조적재를 사용하여 (벽과 기둥의 두께를 다르게 하면서) 공간의 형성에 제약이 없는 시스템을 만든다는 것은 단지 특수한 상황에서만 가능하다.

그럼에도 불구하고, 건축가들은 건축물을 자기완결적인 존재라기보다는 공간의 연속과 건물 내부와 외부의 연결로 보고자 했다. 벽을 기능적인 상태나 설계 의도의 측면에서 편견없이 접근함으로써, 현대 건축의 시작점에서는 다양한 특징을 갖는 벽이 나타나게 되었다.

이러한 발전에 있어 촉매의 역할을 한 사람은 의심할 여지없이 Frank Lloyd Wright로, 그는 "prairie houses"를 자신의 건축 이론의 형성과정을 보여주는 첫번째 예로 들었었다. 이 작품에서 낮고 넓은 영역에서 교차되는 내부 공간과 테라스, 정원은 하나로 융화된다.

Mies van der Rohe가 벽돌을 이용하여 지은 저택(1923)은 또 다른 좋은 예이다. ("조적 건축" - "쌓기법" 참조) 이 작품에서 그는 Frank Lloyd Wright의 유기적 건축 이론의 내용 중 하나인 자연경관과의 융합이라는 요소와 실의 구성에 관한 이론들을 혼합해 냈다.

평면의 레이아웃은 전적으로 기능으로부터 나왔다. 각각의 실은 직각을 이루며 서로 교차하는 평탄한 수직 벽들에 의해 둘러 싸여 있는데, 이러한 벽은 디자인적인 요소로 그 의미가 확대되었고 정원에까지 연장되어 건물을 외부 공간과 연계시키는데 사용되기도 한다. 구획된 공간에서 전형적으로 나타나는 개구부 형성 방식인 벽의 천공 대신에, 이 작품에서는 개구부를 형성하기 위해 벽 전체를 없애고 있다.

국제주의 양식의 선구자였던 Richard Neutra와 Marcel Breuer는 더욱 상징적인 예를 보여준다. 이들의 작품에서 벽은 2차원적인 내력 요소이자 또한 공간의 경계를 짓는 기능을 완벽히 수행하는 요소로서 벽의 현대적인 성격과 과거의 성격 모두를 가지고 있다.

현대 건축의 선구적인 작품들에서 나타났던 단일한 벽 구조는 점차 사용되지 않고 있다. 다양한 구조 방식을 혼합하는 것이 현재의 추세이며, 또한 효과적이다. 구획(이는 물리적인 구획 뿐만 아니라 기능적인 구획까지 포함한다)에 의해 공간은 견고해지고 안정되게 된다.

벽식구조는 동일한 내부공간을 형성하기 위해 사용된다. 직각 또는 수직 내력벽은 외부공간과의 교류에 있어 높은 자유도를 제공한다.

그림 73 : 방해요소 없이 연속된 공간
Marcel Breuer: Robinson House, Williamstown (USA), 1948

그림 74 : 구조체에 형성된 개구부와 내력벽의 배치
Marcel Breuer: Gane' s Pavilion, Bristol (GB), 1936

Schinkel의 베를린 건축 학교 : 그리드 레이아웃의 예

(현재는 존재하지 않는) 베를린 건축 학교의 평면 레이아웃에 대한 연구 자료들은 Schinkel이 실제 내부 레이아웃의 요구조건을 풀어내기 위한 방법으로 기둥의 그리드 체계를 사용했음을 보여준다. 1826년 영국 여행 중 그는 기둥을 사용하지 않고 내부 공간을 형성하는 방식을 보고 큰 감명을 받게 되었지만, 예산의 문제로 프로젝트에 사용할 수는 없었다. 당시 프러시아

그림 75 : 구조체의 제거
Karl Friedrich Schinkel: Academy of Architecture (파괴됨), Berlin (D), 1836

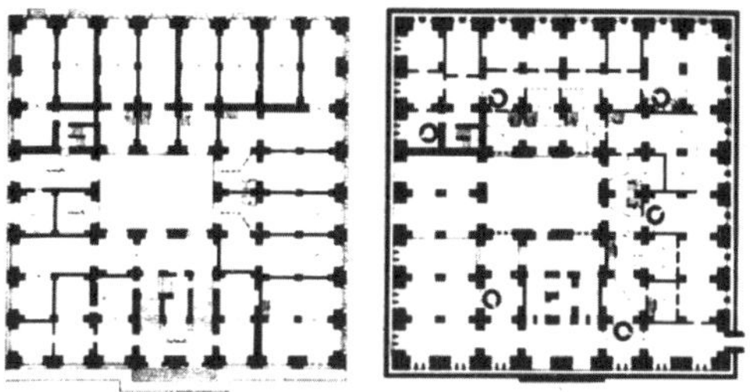

의 공장들은 큰 스팬을 갖는 다층의 건물을 만들 수 있는 시공재료들을 생산하지 못했다. 이에 따라 Schinkel은 조적 기둥과 얕은 볼트(수평 아치)를 사용하여 건물을 설계하게 되었다.

건축 학교는 5.50 x 5.50m의 그리드 체계를 기반으로 하고 있다. 그리드 선의 교차점에는 조적재 기둥이 놓였으며, 이들은 당시에 주로 사용되었던 방식처럼 건물의 상층부로 갈수록 점차 폭이 작아졌으며 이러한 기둥의 단을 통해 바닥판을 지지하였다. 기둥 중 일부는 내화를 위해 사용된 얕은 횡아치 정도의 높이에 불과하기도 했다. 조적 기둥이 연속되는 모습은 오직 외벽에서만 볼 수 있었으며, 내력벽은 사용되지 않았다. 건물을 구조적인 부재로 다시 되돌릴 수 있다는 점은 매우 계몽적이다. 아마도 매우 환상적인 선을 나타냈을 것이다!

건물은 연철제 타이와 모든 방향에서 기둥을 연결하는 조적재 횡아치에 의해 보강되어졌다. 골조는 노출되어 있었지만, 뚜렷하게 인지되지는 않았다. 이와 함께 Schinkel은 이 작품에서 벽돌을 사용하여 건물을 형성하는 가능성에 대해 깊게 연구했다. 현대 골조 건축이 성형 가능하고, 인공적인, 인장력과 휨에 저항하는 재료들을(철근콘크리트, 철, 목재, 목질재료) 사용하는 것에 반해, 조적재의 가능성은 극히 제한되어 있었다. Schinkel은 전통적인 점토 벽돌의 성능을 최대한으로 끌어냈으며, 건축적, 공간적, 건축기술적인 측면에서 놀라운 명료함과 단일성을 만들어 냈다.

지반의 문제로 설계된 건물의 기둥들이 서로 다른 압축 하중을 받게 되었으며, 이에 따라 설계된 건물은 침하의 가능성을 가지고 있었다. Flaminius는 이 문제에 대해 다음과 같이 기술하고 있다. "건물 전체의 하중이 지지될 수 있는 지점이나, 조적재의 결합을 통한 모멘트의 전달로 작은 개구부에서 나타나는 구조적인 문제들을 해결할 수 있는 지점에는 개구부가 없거나 작은 개구부의 길고 연속적인 벽은 사용되지 않았다. 대신에 건물의 모든 하중은 기둥들에 분배되었는데, 이 기둥들은 상대적으로 작은 면적에 세워져 있었고, 기둥 전 영역에 걸쳐 다양한 방향에서 작용하는 압축력을 받았다. 기둥이 담당해야 할 수직하중이 정리되고, 기둥의 최고 높이와 주요 강도가 계산되고 난 뒤에야 개구부의 아치, 상인방, 스팬드럴 판넬이 점차 추가되었고, 코니스와 장식에 쓰일 외장재를 사용할 수 있었다. 이러한 방법을 사용해야만 건물 전체 또는 일부의 침하를 완전히 막을 수는 없을지라도, 적어도 불균일한 압축력을 받아 침하가 가장 많이 눈에 보이는 부분들로부터 시선을 다른 곳으로 돌릴 수 있었다."

사전제작

Barbara Wiskemann

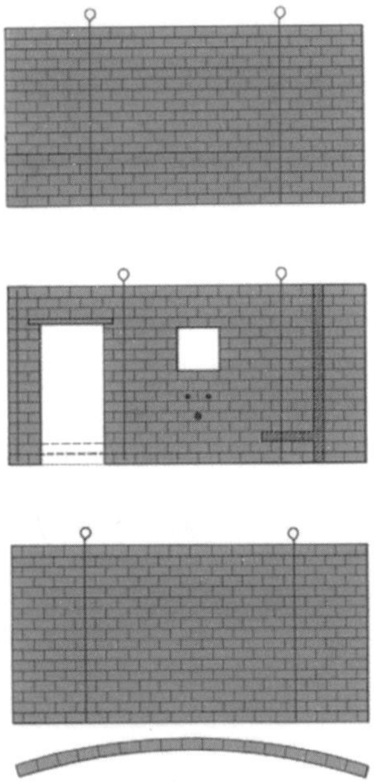

그림 76 : 다양한 조적 부재들
스위스의 기업인 "preton" 의 일람표에서 발췌

장인적 기술 전통의 합리화

최근 들어 벽돌 제조 산업에 있어 경제적인 이유로 인해 공장에서 사전 제작하는 경우가 나타나고 있다. 이는 많은 시간을 필요로 하며, 현장 작업에 의존하는 노동집약적이고 전통적인 건축 방법인 조적 건축이 다른 건축 방법과 경쟁할 수 있도록 하기 위함이다. 또한, 조적 건축물의 품질은 항상 기술공의 솜씨와 기후 상황에 의해 크게 지배된다는 점도 있다. 이에 따라 공장에서 프리패브 조적벽(공장에서 사전제작된 기성조적벽)을 생산하는 기업들이 나타나고 있다. 이러한 부재는 현장까지 운반하는 과정에서 받을 수 있는 충격에 대응하고, 현장에서 크레인으로 운반하기에 용이하도록 강화되어 있으며(예. "Preton"), 주문에 따라 필요한 만큼의 개구부나 홈을 만들 수도 있다.

이 방식을 사용함으로써 공정을 정확하게 관리할 수 있으며, 벽의 축조에 드는 비용을 줄일 수 있고, (갑작스런 날씨 변화에 의해 덜 영향을 받기 때문에) 작업 진도를 향상시킬 수 있다. 또한 사전 제작된 부재를 배달함으로써 습도에 영향을 받지 않게 된다. 반면, 매우 정밀한 계획이 필요하며 현장에 무거운 양중장비를 설치해야만 한다는 단점이 있다. 또 한가지의 단점으로는 사전에 제작된 내용을 변경하기가 힘들며, 제품이 현장에 도착하게 되면 절대 변경이 불가능하다는 점을 들 수 있다.

이러한 프리패브 조적은 다양한 방식으로 제작될 수 있다. 첫째로는 벽돌과 모르타르를 사용하여 수직적인 벽을 만드는 일반적인 방식을 들 수 있는데, 수평을 이루는 곳에 사용해야 하며, 내벽에 콘크리트를 사용하여 보강해야 한다는 단점이 있다. 보강철물을 사용하기 위해 천공되어 생산되는 벽돌도 있다. 또한 공장에서 사람에 의해 이루어지는 노동량을 최소화하기 위해 기계화 시설을 갖춘 조적재 생산 공장도 나타나고 있다.

일반적인 현장 작업과 프리패브 제품을 함께 사용하는 것도 가능하다. 일반적인 방법으로 만들어진 벽에 공장에서 사전 제작된 원형 창이나 아치형 인방을 사용하는 방식이 이에 해당한다.

일반적으로 조적재를 사람의 손으로 정교하게 쌓아 조적벽 등을 만드는 방식을 사용할 경우 공사비용이 높게 나타난다는 점에서 대단위의 프리패브 제품으로 대체되는 것이 바람직하다. 물론 이를 위해서는 제품들간의 오차를 줄이고 동일한 제품을 대량으로 생산하는 것이 중요하다. 결국 제품의 표준화가 필요하다. 또한 프리패브 제품들간에 형성되는 수평, 수직 줄눈에 대한 문제가 해결되어야 한다.

그림 77 : 스위스의 기업인 "preton" 의 일람표에서 발췌
Burkard, Meyer에 의해 설계된 Winterthur 지방의 Swisscom 본사에 사용된 부재들

그림 78 : 세가지의 서로 다른 프리패브 부재로 만들어진 파사드
Burkard Meyer Partner: Swisscom headquarters, Winterthur (CH), 1999

최근의 두가지 예

Burkard, Meyer: Swisscom headquarters, Winterthur

1999년 완공된 이 건물의 전체 파사드는 세가지의 서로 다른 요소의 조합으로 이루어져 있으며, 모든 제품은 건축물에 사용된 그리드 체계인 5.60m에 맞게 제작되었다. 이들 세 요소는 a) 스팬드럴 판넬이 사용된 횡방향 스트립 b) 벽 c) 이중창이다. 주변의 콘크리트 슬라브 모서리면과 별개로, 파사드를 이루고 있는 모든 요소는 조적재로 만들어졌다. 벽은 고온에서 구운 벽돌로 보강되었으며, 입면에서 볼 때 수직적인 홈이 연속적으로 나타난다. (그림 81 참조) 영구적인 탄성 고무 개스킷을 이 홈에 집어넣음으로써 각각의 판넬을 결속시키고 있으며, 이를 통해 외부의 기후에 영향을 많이 받는 실리콘 접합을 사용할 필요가 없어지게 되었다. 각각의 부재는 부재의 상단에서 내력 구조체에 연결되고, 하부에서 콘크리트 단부에 핀으로 고정되어 있다. 모든 줄눈은 2cm 폭이며, 수평줄눈은 내부의 공기 순환을 위해 열려 있다.

벽은 24.4 x 11.5 x 5.2 cm 치수의 점토 벽돌로 이루어져 있으며, 이 벽돌들은 본건물을 위해 (코너 상세부 등의 최적 치수로) 특별히 생산된 것이다. 벽돌은 공장에서 지그(jig)에 의해 만들어졌다. 기후의 영향을 받지 않는다는 점 이외에도 (공사기간 : 내부공사 12개월), 표준화된 요소를 사용함으로써 현장운영에 있어 이점을 얻을 수 있었으며, 공시의 질을 높이기 위해 공장 운영 능력이 중요하게 작용했다.

설계가 시작된 순간부터 건축가는 건물의 가능한 많은 부분에 프리패브 제품을 사용하기로 했다. 이러한 부분들 중에는 내력 구조체도 포함되어 있었는데, 이는 현장 타설을 통해 만들어지는 철근콘크리트 기둥, 보, 슬라브 등을 제외한 부분을 말한다. ("철 ; 골조" 단원에서 더 자세히 설명하기로 한다) 부재들은 판넬을 이용한 시공방식처럼 외벽을 세움으로써 구조벽체(loadbearing shell), 단열재, 내부마감에 대한 작업이 함께 이루어지는 중량재라기보다는 사전제작된 부재들이 현장에서 결합된 것이라고 할 수 있으며, 즉, 상호보완적인 시스템이었다. (그림 80 참조)

일반적으로 파사드를 이루는 많은 요소들을 세 요소로 줄이고, 사전 제작을 통해 공정을 합리적으로 관리함으로써 전략적, 기술적, 경제적인 측면에서 많은 이점을 얻을 수 있었다.

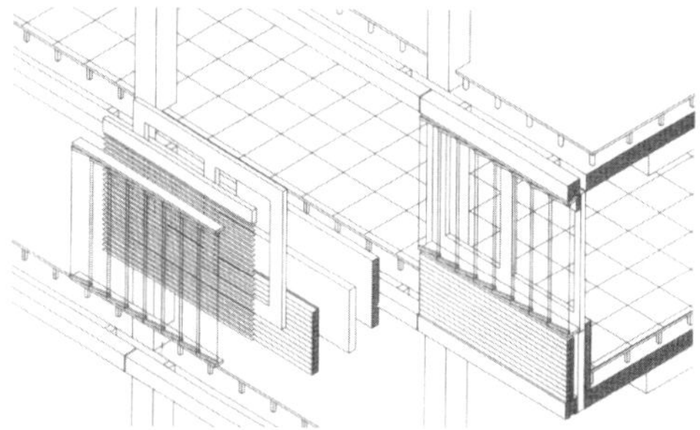

그림 80 : 좌 : 다양한 입면 부재들, 우 : 부재들의 조립과 구축
Swisscom headquarters: exploded axonometric view of facade

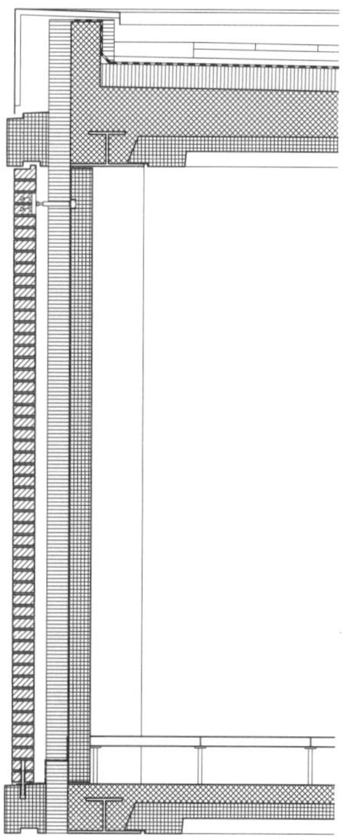

그림 79 : 파사드 단면도
Swisscom headquarters, Winterthur (CH)

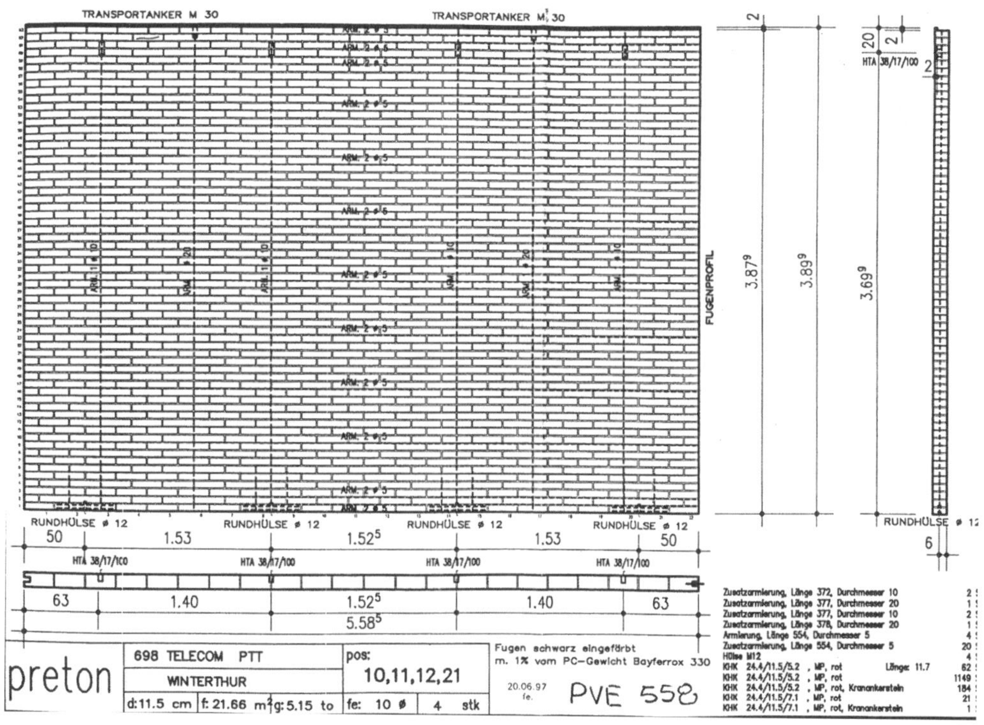

그림 81 : 프리패브 제작 도면
Swisscom headquarters, Winterthur

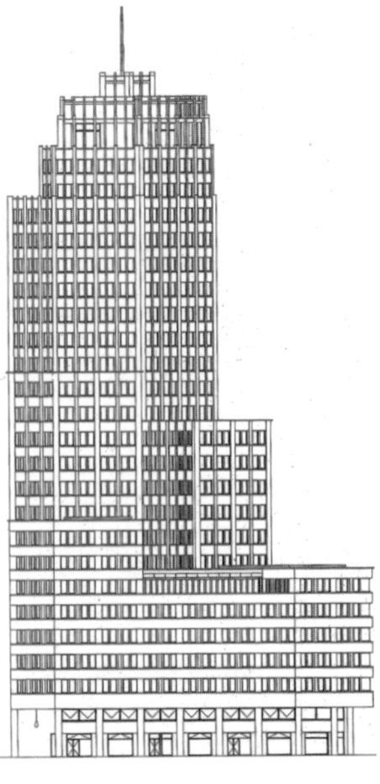

그림 82 : 수직적으로 다섯가지 부분으로 나뉜 서측 입면 : 기단부, 하단부, 중층부, 고층부, 첨탑
Hans Kollhoff: high-rise block, Potsdamer Platz, Berlin (D), 1999

Hans Kollhoff: high-rise block, Potsdamer Platz, Berlin

프로젝트에 대한 최초의 계획은 고딕식 쌓기법을 이용하여 100m 높이의 벽돌 벽을 만드는 것이었다. 이를 위해 모든 벽돌의 층(layer)은 100m의 비계 높이 내에서 다양한 색과 여러 가지 특징을 가져야만 했다. 벽돌의 무게 때문에 공사기간 내내 양중장비와 안전 시설과 함께 아주 견고하고 비싼 비계를 필요로 하게 되었다. 건축물의 엄청난 크기와 베를린의 중심부에 위치해야 한다는 복잡한 요구사항을 감안하여, 건축가는 외피에 프리패브 부재를 사용하기로 결정했다. 공장에서 프리패브 파사드 부재는 단열층이 현장타설 콘크리트로 만들어진 내력 골조에 부착된 이후에 공사되었다. 창문은 가장 마지막에 설치되었다.

스팬드럴 판넬, 기둥 부위 마감, 벽기둥 띠(lesenes), 멀리온 등의 부재들은 파사드에 직조(tectonic fabric)적인 느낌을 부여했다. 이들의 치수와 (공간적인) 형태는 조적 건축물에 전체적으로 중량감과 조소적인 느낌을 나타나게 했다. 파사드는 불가피하게 형성될 수 밖에 없는 줄눈과 영구적인 탄성 충전재를 감추기 위해 부재들을 겹쳐 놓는 방식으로 우아하게 만들어졌다. 한편으로는 건물이 사각형의 접지점을 갖지 않으면서도, 다른 한편으로 파사드가 다섯 가지의 부분으로(기단부, 하단부, 중층부, 고층부, 첨탑) 나누어짐에 따라 매우 다양한 부재들이 사용되었다.

부재를 사전 제작하는 과정은 매우 복잡한 과정이었다. 오차를 줄이기 위해 철제 틀이 사용되었다. 정확한 3차원적 줄눈 레이아웃에 맞춰 고무 거푸집이 놓여졌다. 이를 통해 길게 절단된 고온가열벽돌이(가장 바깥쪽에 위치하는 층) 틀에 정확하게 놓여질 수 있었다. 다음 단계는 어두운 색조의 안료로 채색된 콘크리트 충전재를 줄눈에 채워넣는 일이었다. 아직은 안정적인 외벽을 형성하지는 못하는 이 외피에 대한 보강이 이루어졌고, 틀은 일반적인 무게의 콘크리트로 채워졌다. 고온가열벽돌 표면의 많은 기공은 외피의 벽돌과 구조적 안정을 위한 콘크리트 구조체를 견고하게 결속시키는 작용을 했다. 벽돌의 견고한 느낌을 (의도적으로) 만들기 위해 단부와 코너부마다 반장벽돌이 아닌 특수벽돌이 사용되었다.

따라서 고온가열벽돌은 내력의 기능을 담당하지 않으며 단지 내부의 콘크리트를 보호하는 층을 형성하는 역할을 한다. 반면 탑을 세우겠다는 생각, 즉, 수천개의 작은 벽돌로 드높은 건물을 만들겠다는 개념의 출발점이 되는 것이 바로 이러한 벽돌이라 할 수 있다. (아마도 이것이 고딕식 쌓기법의 이면에 숨겨진 의도인가?) 역설적인 것은 벽돌이 마치 내력을 담당하고 지지하는 것처럼 보인다는 점이다. 파사드를 형성하는 과정에서 벽돌은 단순한 "벽지" 같은 느낌으로 나타나지 않는다.

조적재가 단지 압축력만을 갖기 때문에 고층 건물의 내력 구조체에 있어 조적재를 사용하는 데에는 한계가 있는데, 현재까지 점토 벽돌에 의해 지지되는 가장 높은 건축물은 시카고의 Monadnock Building이다. (18층으로 지상층 벽의 두께는 2m에 달한다.) 이러한 점에서 고층의 건물에 프리패브 파사드 부재를 사용하는 것은 합리적인 해결책이라 할 수 있다.

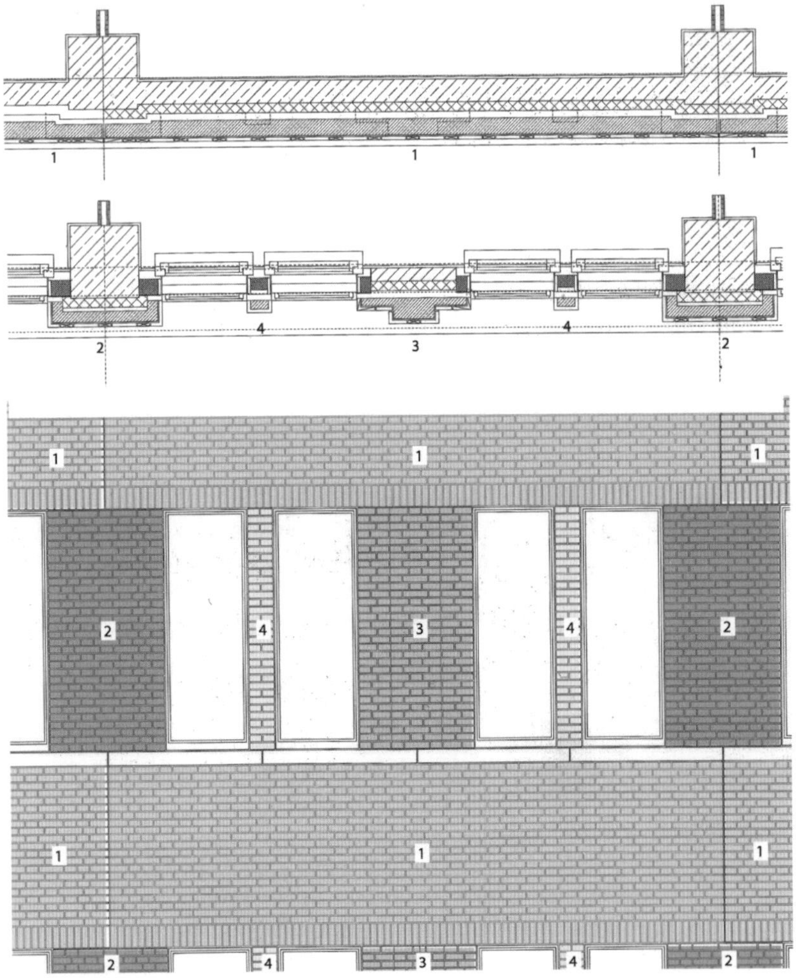

그림 83 : 입면 마감 상세 : 스팬드럴 판넬 횡단면, 창문 횡단면, 프리패브 부재와 줄눈을 보여주는 창문과 스팬드럴 판넬 입면 : 1 스팬드럴 판넬, 2 기둥 마감, 3 벽기둥 띠, 4 멀리온
Hans Kollhoff: high-rise block, Potsdamer Platz, Berlin (D), 1999

그림 84 : 내부 전경
Rafael Moneo: Museo de Arte Romano, Mérida (E), 1986

프리패브와 "*opus caementitium*"

스페인 아우구스타 에메리타(Augusta Emerita)의 과거 대규모의 로마인 정착지였던 지역내에 지어진 "Museum of Roman Art in Mérida"는 인상적인 건물로, 중후한 아치와 플라잉 버트레스, 조적 벽이 연속되어 구성된 건물이다. 1980년대 초반 미술관의 공사 기간 중, 건축가였던 Rafael Moneo는 취리히 공과대학에서의 강의에서 자신이 이 프로젝트에서 어떻게 현대적인 사전제작의 방식과 과거 로마의 건축 기술을 결합시키고 있는지에 대해 설명했다. 거대한 아치, 기둥, 벽은 "*opus caementitium*" 라는 로마의 기술을 접목한 독창적인 방법으로 사전 제작되었다. ("노출콘크리트의 형이상학" 단원 참조) 결과적으로 이는 과거의 기술을 사용한 성공적인 시도로 평가되고 있다.

콘크리트는 고온가열벽돌로 만들어진 두 장의 얇은 박 사이에 부어진다. 완공된 벽의 두께는 벽돌 두께(즉, 박의 두께)의 두 배에 박 사이의 거리를 더한 것과 같다. 콘크리트는 벽의 중심을 형성하며 두 장의 박을 한데 묶는 역할을 한다. 벽돌로 만들어진 박은 "아름다운" 외관을 만드는 동시에, 콘크리트의 양생 기간 동안 측압을 견디고 안정을 유지하는 영구적인 거푸집으로써 기능한다. 그러나 중심부의 콘크리트가 없이는 건물의 구조적인 측면에서 매우 불충분하다. 이 프로젝트에서 점토 벽돌은 로마식 벽돌을 재연하기 위해 매우 납작한 형태로 만들어져 내력 구조체를 내부적, 외부적으로 눈에 보이게 한다. 콘크리트는 재료의 느슨한 부분을 채우는 충전재의 개념으로 사용되었고, 이러한 점에서 보강재가 아니다. 여기에서 콘크리트는 벽돌과 함께 압축력에 저항하는 요소로 사용된다. 내력 구조체는 보강재 없이도 모든 힘을 전달할 수 있도록 설계되어졌다. 조적 아치와 노출 콘크리트 상인방은 개구부 위에 놓여졌다.

벽이나 기둥 같은 사전 제작 부재들은 "점토관(clay pipes)"의 틀에 집어넣어졌으며, 이는 단면마다 콘크리트가 채워진 고층의 벽을 만들기 위해 크레인을 이용하여 조립되었다.

외벽이 단열의 기능을 담당하지 않았기 때문에 사전 제작된 부재들은 최소의 맞댄 줄눈을 만드는 방식으로 생산되었으며, 이러한 점에서 벽돌 건물 특유의 패턴이 사라지게 되었다. 수직줄눈의 경우 두가지 방법이 사용되었는데 이는 고온가열벽돌을 서로 맞물리게 하는 방법과(그러나 소모가 심했다), 프리패브 부재들을 약간의 틈을 가진 채로 세운 후에 중심부에 콘크리트를 붓는 방식이다. ("zip" 방식)

그림 86 : 시공과정 전경 "점토관"
Rafael Moneo: Museo de Arte Romano, Mérida (E), 1986

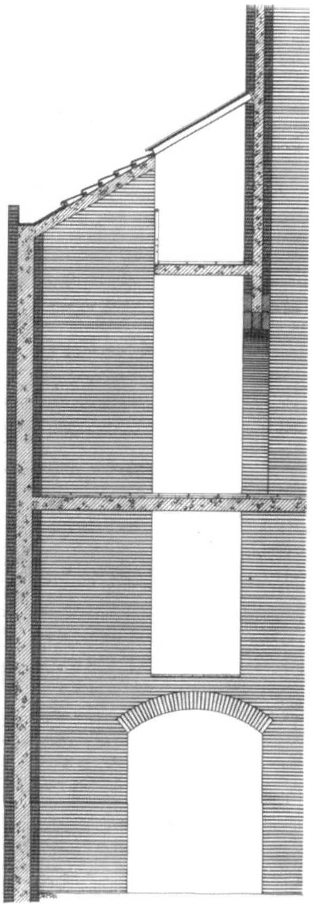

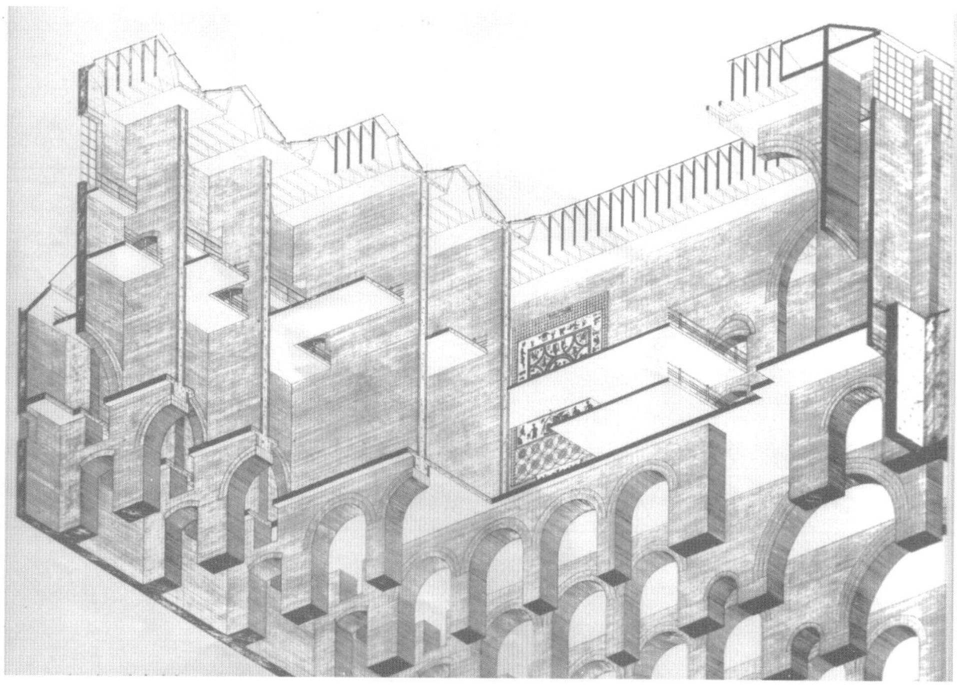

그림 85 : 위 : "opus caementitium" 벽 단면, 우측 : 구조체 엑소노메트릭
Rafael Moneo: Museo de Arte Romano, Mérida (E), 1986

노출콘크리트의 형이상학

Andrea Deplazes

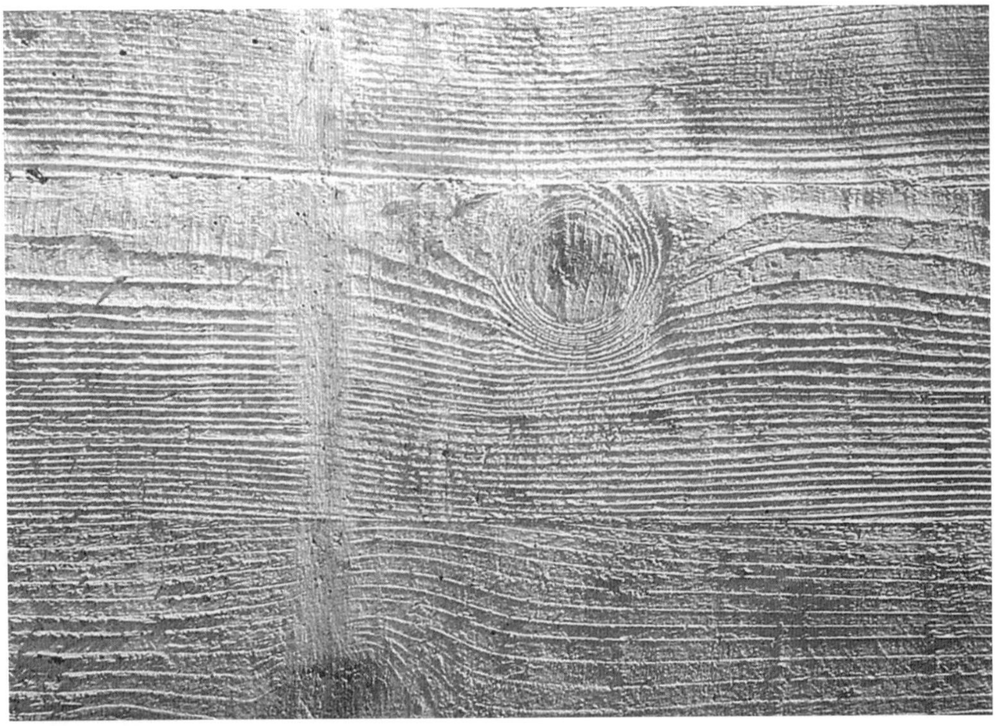

그림 1 : "지문" 으로써의 거푸집
거칠게 잘린 판

철근콘크리트로 만들어진 내력 구조체는 매일의 도시 생활을 대표한다. 가능하기만 하다면, 모든 시공업체가 이 재료를 사용한다. 철근콘크리트는 다른 건축 재료와 비교해 볼 때 상대적으로 가격이 저렴하며, 빠르게 발전하는 시공현장에 대응하기 좋고, 공사에 고급기술자를 필요로 하지 않으며, 구속 받지 않는 건설행위의 상징으로서 20c의 선택된 재료로서 지금껏 되어 왔다. "환경을 다지다(concreting of the environment)" 라는 말은 경관, 자연, 주거지가 파괴되고 있음을 비유적으로 비꼬는 말로 사용되기도 한다.

그러나 만약에 철근콘크리트를 구조상의 수단으로만 볼 때(예를 들어, 구조 쉘, 마감 등에 있어 "궁극의 시공 재료" 의미로만 볼 때) 철근콘크리트가 눈에 더 보이지 않을수록, (이는 콘크리트를 대체할만한 재료가 딱히 없다는 점에서 이 재료를 사용하지 않겠다는 의도나 재료에 대한 무관심과 관계없이) 더 건축에 적합한 재료인 것처럼 보인다. 이는 철근콘크리트를 숨김 없이 드러나도록 설계한다는 치장콘크리트(fair-face concrete)와는 완전히 다른 것이다. 노출콘크리트의 특징을 알기 위해서는 오늘날의 실무적인 접근에서 한 걸음 물러날 필요가 있다. "노출콘크리트" 라는 용어는 그 자체로 큰 관심을 갖게 한다. 보이지 않는 콘크리트가 존재하지 않는데 과연 무엇이 콘크리트를 노출되게 만드는가? 또한 철근콘크리트가 눈으로 보이도록 사용되는 것이 아니라, "궁극의 시공 재료" 로써 본다면 형태를 개발하고 디자인한다는 데에 어떤 영향을 미칠 것인가?

표면

노출콘크리트에 있어 눈에 보이는 부분은 바로 콘크리트의 표면이다. 이러한 딱히 특징이라 할 수 없는 부분은 기타 외장 석재와 비교해 볼 때 비로소 큰 의미를 지니게 된다. 외장 석재는 건물 조직의 정밀함과 진행은 물론 재료간의 접합과 표면을 통해 규칙과 논리를 표현한다. 그러므로 벽돌공사에 있어 쌓기법은 부분을 단순히 총합한 것보다 큰 효과를 지니게 되며, 건물은 "시공의 순수한 모습" 을 보여주는 미학적인 장식으로 받아들여지게 된다. Louis Kahn은 단순한 장식과 달리 "이질적인" 요소를 추가함으로써 얻어지는 이러한 장식은 늘 (재료를 변형시키고 원래의 건축적 기능에서 벗어나) 독립적인 단계까지 구조적인 접합을 발전시킴으로써 얻어진다고 말했다. 이러한 문화적인 관점과 별개로 미학이란 다음을 의미한다. "미란 진실의 화려함이다" (Mies van der Rohe가 성 오구스틴의 말을 현대 건축 문화에 접목시켜 사용한 말)

그러나 이러한 외장재와 반대로 2, 3mm 두께에 불과한 시멘트 "껍질" 일지라도 노출콘크리트는 내부의 혼성적인 성질을 감춘다. 노출콘크리트는 내부의 작용을 겉으로 드러내지 않으며, 대신에 이를 극히 얇은 외피 아래에 위치한 기초 구조체에 숨긴다. 외피는 우리가 감지할 수 있는 부분인 콘크리트의 구성과 "거동" 에 대한 이해를 형식화하고 제한한다. 그리고 바로 이러한 점에서 콘크리트는 천연 건축 재료가 아닌 "인공적이고 혼성화된 집합체" 로 받아들여지게 된다.

거푸집

그러나 콘크리트의 내부로부터 우러나와 얇은 외피를 뚫고 보여지는 "디자인적인 힘"은 없지만, 노출콘크리트의 표면은 더 이상 존재하지 않는 거푸집이라는 구조체의 흔적인 "결"을 보여준다. 노출콘크리트의 표면에서 찾아볼 수 있는 것은 "지문" 같은 것이다. "결(texture)"이라는 용어는 직물을 의미하는 단어인 "text", "textile"과 동일한 어원에서 유래됐으며, 이러한 점에서 "상세한 구조물"이라 부를 수 있다. 목재나 철로 만들어지는 거푸집은 바로 이러한 구축술의 영역에 속해 있다. 특히, 철근콘크리트 역사의 초기 단계에서, 거푸집은 독립적이고 대개는 아주 예술적인 장인의 작업물이었으며(예. Richard Coray의 교각 홍예틀) 그러한 점에서 임시적인 것이기도 했다. 거푸집과 콘크리트는 불가분의 관계를 형성하고 있다.

원하는 형대를 만들기 위해서는 콘크리트가 거푸집 사이로 부어져야 한다는 점에서, 세 가지의 의문점이 나오게 된다. 모든 종류의 콘크리트가 노출콘크리트로 사용될 수 있는가? (즉, 콘크리트 표면의 질은 어떻게 분류될 수 있는가?) 거푸집의 설계에는 어떠한 기준이 적용되는가? (즉, 재료와 거푸집 제작 기술이 어떻게 콘크리트의 경화에 영향을 미치는가?) 수명이 있는 재료로 만든 구조물을 가지고(가구식 건축) 단일한 구조물을(고형식 건축) 만들기 위해 사용한다는 것은 이상하지 않은가? (즉, 콘크리트를 거푸집과 이어주는 것은 무엇인가?)

상감(incrustation)

로마의 건축가들은 자갈, 모래, 시멘트의 뻔한 혼합물이라는 진부한 요소는 감춰둔 채 콘크리트의 내부 구조를 "노출"시킴으로써, 이러한 변형의 불가능함에 대해 반대방향에서 접근하고자 했다. "Opus caementitium" 은 영구적인 돌과 벽돌제 거푸집과 "빈 틈을 채워넣은" 중심부의 콘크리트의 혼합물이다. 콘크리트는 "거푸집"에 사용된 것과 동일한 재료를 포함하고 있으며, 이 재료는 혼합된 다양한 크기의 자갈과 수화석회 또는 시멘트와 같은 적절한 결합재이다.

이렇게 자갈을 이용하여 건물을 만든다는 방식은 토목공사의 가장 주요한 발명 중 하나로, 무형의 흙이 적조된 석조 건축에서 비로소 그 가치가 재해석된 것이다. 노출콘크리트를 사용한 시공법은 Rhätische 철도의 고가교에서 볼 수 있듯이 현재까지도 사용되고 있다. 이는 그 자체로는 어떠한 형태도 없던 재료의 혼합물에 상감의 기법을 사용함으로써 콘크리트 혼합물을 "재해석"하고 눈으로 볼 수 있는 구조와 표현을 부여하는 것으로, 돌이나 벽돌을 통해 만들어진 "영구적인 거푸집"은 동시에 건축물의 표면에 특징적인 외피를 형성하게 된다.

그림. 2: Tadao Ando
Koshino House, Ashiya (J), 1980

변화(Transformation)

위에서 언급한 "거푸집 시공 전략"은 건축물의 완성되어 가는 과정의 또 다른 노선으로 목조 건축과 목공 기술과 관계 있으며 따라서 구축술과 관계가 있다고 할 수 있는데, 이러한 구축술은 독자적인 시공 원리를 가지고 있으며 거푸집에 부어진 콘크리트가 "모양을 형성하는" 과정에 영향을 미친다. 게다가 나무는 임시적이고 일시적인 재료로, 거푸집을 위해 사용되기에 더없이 좋은 재료이다. 인간이 세상을 보는 시각, 자연과 삶, 영속성에 관한 윤리적이고 종교적인 이해란 마치 일시성과 끊임없는 갱신(최적화)에 의해서만 얻어지는 듯 하다.

이는 의식적으로든 무의식적으로든 변화의 과정을 일으키게 되며, 목조 건축에서 석조 건축으로 변화하는 과정은 서양 건축의 형태적인 발전에 있어 또 다른 중요한 문제이다. 고대 사원에서 볼 수 있듯이, 석조 건축의 원리로 건물을 만들더라도, 목조 건축의 원리는 여전히 장식적이고 감각적인 요소 눈에 보이게 된다. 다른 말로 하면, 끊임없이 발전하는 기술의 내재성과 이에 반하는 문화적인 영구성이 직면하고 있다고 할 수 있다.

거푸집에 콘크리트를 채워넣는 단순한 작업을 통해 형성된 노출콘크리트와 같이, 거푸집 안에서 경화되는 콘크리트 펄프가 목재와는 아무런 작용을 하지 않지만, 목재는 자신을 드러내나 일시적인 것이 된다.

이러한 점이 더욱 돌을 주조하여 만든듯한 외관을 나타내는 콘크리트 블록의 직육면체 형태와 노출콘크리트를 구분짓는 기준이 될 수 있을까?

균일성

노출콘크리트의 균일한 외관은 건물을 아직 공사가 진행중인 단계 또는 블록에서 재료를 떼어냄으로써 만들어진 조각품처럼 보이게 한다. 이는 특히 콘크리트를 들어올리고, 부어넣는 형성의 흔적이 거푸집이 갖는 두터운 직물의 흔적에 의해 감춰지고 불분명할수록 더욱 분명하게 나타난다. 그러나 실제로 이러한 특징은 여러가지 조작이 쌓여서 나타난다!

거푸집의 질, 거푸집의 구성은 건축물의 특징을 형성하는데 중요한 역할을 한다. 때로는 매우 조잡하고, 거칠며, 줄눈에서 재료가 새어나왔거나 구멍이 나 있기도 하다. 결과적으로 퇴적된 돌과 버려진 고체의 이미지가 혼성화되어 만들어진 건물은 Rudolf Olgiati의 Allemann House에서 나타나는 것처럼 때때로 불확실한 지형도의 가운데에 서 있는 듯이 느껴진다. 반면에 거푸집은 천막의 주름처럼 만들어진 거푸집의 줄눈과 함께 마치 피부와도 같은 부드러움을 나타내며, 노출콘크리트에서 "중량감"을 느끼지 못하게 하기도 한다. Tadao Ando의 작품인 Koshino House는 이에 대한 좋은 예이다. 이 작품에서 거푸집은 너무나도 부드럽게 나타나며, 표면이 빛을 받아 빛나고 있을 때는 조금씩 높이가 다른 콘크리트와 함께 벽에 직물 같은 질감과 심지어는 "도자기와 같은 섬세함"을 나타내기도 한다.

그림. 3: Rudolf Olgiati
House for Dr Allemann, Wildhaus (CH), 1968

혼성(Hybrid)

건축물을 세우는 실제적인 방법에 대한 평가를 기반으로 하여 우리는 의외의 복잡한 결과를 얻게 된다. 이는 중량의 균일한 조직체로써의 건축물이 노출콘크리트를 구성하는 재료의 주요한 성질인 질량, 무게, 소성, 형태, 밀도, 압력 등에 따라 서로 다른 느낌을 나타낸다는 점이다. 결과적으로 가구식 건축으로부터 새로운 형태를 만들기 위한 또 다른 관점을 찾아야 한다. 콘크리트와 철의 혼합은 기본적으로 독특한 혼합재료를 만드는데, 여기서 콘크리트가 압축력을 담당하게 된다. 철은 보강재의 형태로 인장력을 담당하며, 이는 최소한의 재료를 사용하여 만들어지는 인장 네트의 형태이다. 철근 콘크리트는 이렇듯 인장력과 압축력이라는 정반대의 능력을 동시에 지닌 유일한 건축 재료이다. 그러나 "혼성"이라는 용어는 보다 정밀하게 정의될 필요가 있다. 즉, 이는 형태를 갖는 두가지의 요소가 끊임없이 상호작용하고 하나의 체계에서 다른 체계로, 지각할 수 있는 의식에서 잠재의식으로, 또는 이와 반대로 끊임없이 이동하며 서로 다른 "의식 수준"에서 상호 보완한다는 것이다. 이는 하나의 부재가 압축력과 인장력 모두에 저항하는 철골조 건축과는 대비되는 것이다. 경화된 콘크리트의 외관은 (시각, 촉각, 청각 등의 측면에서) 물리적으로 인지할 수 있는 것이며, 최초의 상태인 무른 흙의 형태에서부터 가지고 있던 흐릿하고 형이상학적인 느낌을 나타낸다. 그러나 데카르트적인 그물망을 형성하고 있는 보강 철근은 눈에 보이지는 않아도 내부에 잠복하고 있다. 외부에서 볼 때, 철근은 자신의 존재를 간접적으로만 표현한다. 이는 모든 물리 법칙을 도전하고자 하는 듯한 노출 콘크리트의 정교한 내력 구조체에 대해 접근할 때 비로소 발견되고 "인지된다". 과거에 무겁고 균일하기만 했던 콘크리트는 이제 지면과의 뗄 수 없는 관계를 버리고, 정반대의 형태로 변화하고 있으며, 이에 대한 예로는 선형 부재로 만든 스페이스 프레임, 박막 쉘, 얇은 슬라브와 지지 기둥의 적층 등을 들 수 있을 것이다.

Carl Bötticher는 그의 건축 이론에서 이러한 두가지 "의식 수준"을 "예술적인 형태"(외부적, 문화적인 의미를 내포, 구축술)와 "핵심적인 형태"(내부적, 기능적, 뉴턴의 물리법칙)로 정의했다. Bötticher는 설계에 있어 이 두 가지 형태가 가장 적합한 방법을 통해 논리적으로 상응할 수 있어야 한다고 했는데, "실체"로써 내부를 외부에 투영하는 "핵심적인 형태"가 예술적으로 만들어진 외피 또는 표면과 하나로 통합되고, 외피 내부에 번데기처럼 숨겨짐으로써 가시적인 형태(도상)를 나타내야 한다고 했다.

이 이론과 콘크리트가 거푸집의 합리적인 사용에 의해 영향을 받는다는 점은 표면 아래 깊이에서 에너지가 흐른다는 과학적이고, 공학적인 관점과 상응한다. 기술적인 이유에서 이는 사실 과거의 형태 구축의 기준을 더욱 강화한 것이다. (예 : 과거 사원 건축의 열주에서 나타나는 하중의 시각화) 이는 외피와 내부 구조가 전도된 것으로, 외피를 부드럽게 하고 형태를 갖추게 한다. (예 : 기둥의 형태) 과거에 외피에서 보였던 힘의 구축적 균형은 이제는 장갑을 뒤집듯이 뒤바뀌었으며, 구조의 보강이 집적되고 일괄됨으로써 가능한 밀접하게 대응하는 3차원 인장 구조 모델로써 합리화되었다.

그림. 4: 외부의 형태와 내부의 영혼

골조(Skeleton structures)

기술자가 다리나 터널 등 "힘을 형성하는 발전기"의 개념으로 힘이 전달되는 복잡한 원리를 말하고자 할 때 주로 언급되는 내력 구조체의 형태를 결정하는데에 있어 그 바탕이 되는 것은 무엇인가 하는 문제가 남아 있다. 그러나 종종 외부의 형태는 구조체의 주요 단면과 가장 경제적으로 사용할 수 있는 거푸집 재료에 따라 결정되는 경우도 있다. 시간이 흐름에 따라 이러한 재료는 일회용에서 재사용가능한 것으로 점차 발전되었다. 거푸집 제작의 단계를 통해 건설 과정은 보다 체계적으로 되며, 건물 자체가 거푸집 레이아웃과 대형 철제 사전 제작 거푸집 판넬의 모듈을 보여주게 된다. 반면 힘의 전달은 힘이 실제로 건물을 통해 집중되고 콘크리트의 깊은 곳에 보강재를 분배함으로써 체계화되며, 이는 외부에서 보이는 형태에 별다른 영향을 미치지 못한다. 이러한 관점에서 접근한 정밀 시공은 순수과학에서 유래되고, 합리주의의 정신에 의해 촉진되어, 분석, 기하학, 규칙, 추상을 통해 조작되는 것처럼 보인다. 결과적으로, 부드럽고, 완전무결한 가공품이자, 어떠한 작업 과정에 의해서도 더럽혀지지 않은 "흙을 다루는 작업"으로써의 과거의 의미로 변이시키기 위해서, 노출콘크리트가 나타내는 "속세적인" 흔적들을 없애려고 노력해야 한다.

몇몇 기술자들이 자신들의 교량 설계의 특징을 설명하면서 종종 사용하기도 하는 "골조(skeleton structure)"라는 표현도 이와 동일하다. 어떤 이는 "골조"란 단어를 완전하고, "내부에서 외부로" 향하며 근본적으로 비감성적인 변화를 가리키는 말로 사용하며, 가장 추상적인 형태를 사용하고 단순한 기하학적 요소로써 구조체의 노출을 최대한 줄임으로써 나타나게 된다고 말한다. 또 다른 누군가는 골조의 생물 형태적인 분석에 대해 언급하기도 한다. 그러나 자연적인 골조 구조체는 인장 구조체의 선이 만드는 그물망을 따라 자기조직적으로 생성되게 된다. 골조의 형태는 골조 전체의 정적이고 역학적인 상태 내에서 각 부분의 위치를 고려하여 만들어진 네트워크의 결과물이다. 앞에서 언급한 이유에 의해, 이러한 원인과 결과, 힘과 형태의 결합은 바람직하지 않으며 대체로 타당하지 않은 것이다.

그림. 5: 골조

거푸집에서 해방된 콘크리트(Liberated concrete)

여기서 또 하나의 특이점이 논의되어야만 한다. 혼합물(아말감)인 콘크리트는 어떠한 형태를 내재하고 있지 않으며, 이에 따라 인간이 상상할 수 있는 어떠한 형태로도 조형할 수 있다. 같은 관점에서 보강재로 사용되는 철근 망 역시 어떠한 제한이나, 어떠한 "경계"를 갖지 않는다. 이는 철근콘크리트를 진흙 덩어리를 손으로 만져 형태를 만드는 것처럼, 자유롭고 생물 형태적으로 가공할 수 있다는 가능성을 의미한다. 그러나 이를 위해서는 현실적으로 거푸집의 형태에 있어서의 부자유성, 거푸집 설치상의 경직성을 극복할 수 있는 방안이 필요하다. 이는 현대 목재 공학의 산물인 접착제(성형합판) 또는 인조 섬유를 통해 가능하다고 할 수 있으나, 이러한 해결책은 경제적으로 어려운 점이 있다. (예를 들어 Erich Mendelsohn가 설계한 "Einstein Tower" Observatory는 최초에 철근콘크리트로 설계되었으나 끝내 성형 벽돌로 지어졌다) 유일한 방법은 콘크리트를 구조체에서 자유롭게 하는 것이다. 이 얼마나 구축적이고, 기술적이자, 도상학적인 코르셋인가! 이는 유연하지만 상대적으로 견고한 보강재와 분사 콘크리트(예 : 거나이트, 숏크리트)를 사용하는 것으로 해결할 수 있다. 현재까지는 몇몇 지방 댄스홀에서 보이는 조잡한 인테리어 공사를 제외하고는, 노출콘크리트에 있어 이 기술을 사용하여 지어진 주목할 만한 예가 없다. 슬프게도 거푸집에서 해방된 노출콘크리트의 예로 들 수 있는 그런 사례들은 오히려 흙으로 만든 동굴로 상징되는 과거의 뿌리로 건축을 격하시키고 있다.

결론

1. 노출콘크리트의 설계와 개발에 있어 합리적이고 기술적인 논의가 필요함에도 불구하고, 비합리적인 시공 과정이 많이 있다.

2. 노출콘크리트는 다양한 변화의 과정과 변화의 과정에서 나타난 (일종의 "기억"이자 과거의 상태로써의) 상징들의 결과물이다.

3. 외부 형태와 "내부의 영혼" 간에는 불안정한 조화가 존재한다. 노출콘크리트의 얇은 표면 층은 도상학적인 중재자로써의 역할을 수행하지 않는다.

4. 콘크리트 표면의 질은 건축적인 테마로써 건축물 전체의 특징을 형성한다. 이는 대개 고풍스럽거나 또는 추상적으로 나타난다.

5. 형태는 다양한 인자들의 영향으로 이루어진 통합체라고 정의될 수 있으며, 기술적인 내재성은 문화적인 영속성과 별다른 관계를 맺지 않는다.

6. 콘크리트의 형태는 내부에서의 힘의 전달과 상대적이다. 이러한 힘의 전달은 건축적이자 정신적인 요소에 기반을 두고 평형을 유지하고 있는 시스템 또는 자연 과학과 현실에 기반을 둔 응력 모델로써 해석되어진다.

7. 어떠한 종류의 콘크리트라도 특징이 겉으로 드러난다.

그림. 6: Erich Mendelsohn
"Einstein Tower" Observatory, Potsdam (D), 1914

참고문헌
- Carl Bötticher: *Die Tektonik der Hellenen*, Potsdam, 1852.
- Louis I. Kahn: *Die Architektur und die Stille. Gespräche und Feststellungen*, Basel, 1993.
- Fritz Neumeyer: *Ludwig Mies van der Rohe. Das Kunstlose Wort. Gedanken zur Baukunst*, Berlin, 1986.
- Werner Oechslin: *Stilhülse und Kern: Otto Wagner, Adolf Loos und der evolutionäre Weg zur modernen Architektur*, Zurich, 1994.
- Gottfried Semper: *Der Stil in den technischen und tektonischen Künsten ...*, vol. I, Frankfurt a. M., 1860, vol. II, Munich, 1863.
- 영문판 : Gottfried Semper: *Style, in the Technical and Tectonic Arts; or, Practical Aesthetics*, Los Angeles, 2004.
- Eugène Viollet-le-Duc: *Definitionen. Sieben Stichworte aus dem Dictionnaire raisonné de l'architecture*, Basel, 1993.
- 영문판 : Eugène Viollet-le-Duc: *The Foundations of Architecture: Selections from the Dictionnaire raisonné*, Basel 1993.
- Urs Widmer: *5 Schweizer Brückenbauer: Othmar H. Ammann, Richard Coray, Guillaume-Henri Dufour, Hans Ulrich Grubenmann, Robert Maillart*, Zurich, 1985.
- Roland Barthes: *The Eiffel Tower and Other Mythologies*, 번역본. Richard Howard, New York, c 1978

재료

일반적인 중량의 콘크리트(2400-2550 kg/m³의 밀도)는 대개 시멘트, 물, 잔골재와 굵은 골재(각각 모래와 자갈이 사용된다)를 다음의 비율로 혼합함으로써 만들어진다.

- 입자 크기 0~32mm의 골재	2000 kg/m³
- 포틀랜드 시멘트	250-400 kg/m³
- 물	150 kg/m³

원하는 성질을 얻기 위해서는 양생과 경화 후 두 시기 모두에서 이 비율은 다양하게 사용될 수 있다.

굳지 않은 콘크리트는 다음의 성질을 나타내어야만 한다.
- 좋은 시공성 - 좋은 다짐성
- 가소성 반죽질기 - 좋은 주조성
- 좋은 점착성 - 낮은 정도의 재료 분리
- 좋은 보습능력 - "블리딩" 현상 없음 (굳지 않은 콘크리트에서 물이 새어나오는 현상)

굳은 콘크리트의 요구조건은 다음과 같다
- 우수한 강도
- 균일하고, 밀실하며, 안정된 미세구조의 콘크리트
- 기공이 없는 일관된 표면 구조
- 외부기후 및 영향에 대한 저항성

상기처럼 굳은 콘크리트의 성질은 골재와 미세 입자, 시멘트, 물, 시멘트 페이스트의 비율과 밀접한 관계가 있다. 이들 중 일부의 비율을 변화시키게 될 경우, 굳지 않은 콘크리트와 굳은 콘크리트의 물성 , 또는 둘 중 하나의 물성이 변화하게 된다.

콘크리트의 구성

무게와 부피의 관점에서 콘크리트는 주로 골재로 이루어져 있다. 그러나 내부 표면에 대해 다루게 되면, 즉, 모든 콘크리트를 구성하는 모든 물질의 표면을 합할 경우에는 이는 다소간 달라지게 된다. 이 경우, 시멘트의 비율이 단연코 가장 크다. 또한 물과 반응하는 시멘트의 성질 때문에, 시멘트는 재료들이 콘크리트로 형성되도록 하는 유일한 구성 물질이기도 하다.

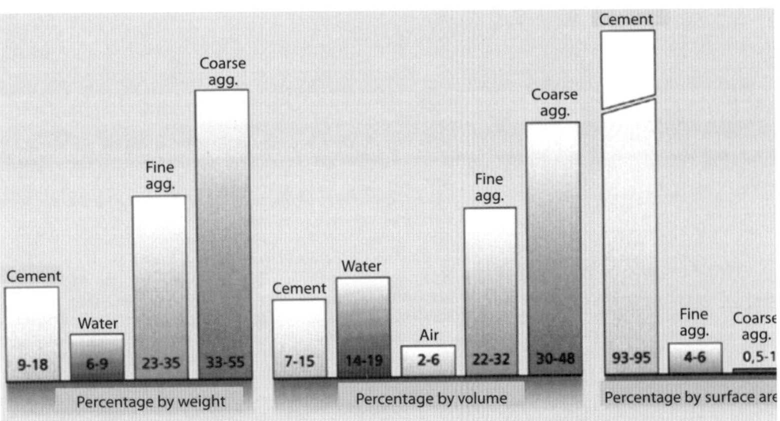

그림. 7 : 콘크리트의 구성

콘크리트 믹스

콘크리트의 혼합물인 콘크리트 믹스를 만드는데에 있어 최우선의 목적은 다음을 최적화하는 것이다
- 콘크리트의 시공성
- 콘크리트의 강도
- 콘크리트의 내구성
- 콘크리트의 제조 비용

시멘트

시멘트는 물에 의해 경화되는 접합제로 즉, 공기 중 또는 수중에서 물과 혼합하는 물질이다.

생산

시멘트는 원재료를 입자의 크기와 구성에 따라 준비하고, 소결될때까지 가열하여 최종적으로 가열된 물질을 정제되고, 혼합할 수 있으며 화학적으로 반응 할 수 있는 시멘트 가루를 만들기 위해 파쇄하는 과정을 거쳐 생산된다. 기본적으로 시멘트의 생산은 네 가지의 생산 단계를 거치게 된다 :

1. 원재료의 추출과 분리
포틀랜드 시멘트 1톤을 만들기 위해서는 석회암과 이회토 또는 점토 등의 원재료 1.5톤이 필요하며 이는 가열 과정 중에 이산화탄소와 수분이 증발되기 때문이다. 석회암은 채석장에서 먼저 주먹 크기 정도로 쪼개지게 된다.

2. 원재료의 추출과 파쇄를 통한 가루 형태 형성
이 단계에서 다양한 원재료가 혼합됨으로써 정확한 화학적 구성을 이루게 된다. 암석은 볼밀에서 파쇄되는 동시에 건조된다. 볼밀에서 정제된 분말의 형태로 만들어진 재료는 좋은 반죽질기를 얻기 위해 대형 균질화 사일로에서 철저하게 혼합된다.

3. 분말의 가열을 통한 클링커 생산
가열 과정(대략 1450°C)은 시멘트의 생산에 있어 가장 중요한 과정이다. 분말이 회전 가마에 넣어지기 전에 1000°C 가량으로 달궈진 열 교환 탑을 통과하게 된다. 가열이 끝나고 빨갛게 달궈진 클링커는 가마에서 나와 공기 중에서 빠르게 온도가 내려가게 된다. 석탄, 석유, 천연가스와 함께 나무 조각이나 오니 등의 대체품이 점차적으로 연료로써 많이 사용되고 있다.

4. 클링커를 석고와 부가물과 함께 갈아 시멘트 생산
클링커를 화학적으로 반응할 수 있는 제품으로 만들기 위해, 클링커는 정착 조정자로써 사용되는 석고와 함께 볼밀에서 갈아지게 된다. 원하는 시멘트의 종류에 따라 클링커는 이 과정에서 광물질과(석회질, 실리카 분말, 재(분말로 만든 고로 슬래그), 석탄연소 폐기물 분말) 혼합되기도 하며, 이에 따라 포틀랜드 시멘트의 기타 종류가 생산되게 된다.

물

이는 혼합 과정에서 사용되는 음용수만이 아니라, 굳지 않은 콘크리트가 포함하고 있는 전체 수분을 말한다. 수분의 양은 물/시멘트비를 결정하는데에 사용된다. 콘크리트에 포함되는 수분은 다음으로부터 얻어진다.
- 혼합에 사용된 물
- 골재의 표면 수분, 콘크리트 추가물과 혼합물의 수분 함유량

총 수분량은 콘크리트에 있어 두가지 작용을 한다. 이는 첫째로 시멘트의 수화 작용, 두번째로 가소성, 다져지게 할 수 있도록 하는 작용

골재
골재라는 용어는 일반적으로 입자의 크기에 따라 (잔) 모래와 (굵은) 자갈을 혼합한 것을 말한다. 각각의 재료를 혼합하여 콘크리트의 구조를 형성하게 되며, 공극을 최소화시켜야 한다. 골재는 콘크리트의 대부분의 성질을 결정하는 요소이지만, 일반적으로 콘크리트 내에서 차지하는 부피의 비율 만큼은 아니다. 좋은 품질의 골재는 시멘트의 결합과 수화에 다양한 이점을 제공한다.
- 일반적으로 더 큰 강도
- 더 높은 내구성
- 수분에 의한 부피의 변화가 없으며, 콘크리트의 수축에 따른 변화가 적음
- 수화열을 흡수하여 양생 기간 동안 이완 작용

골재에 있어 가장 중요한 성질은 다음과 같다 :
- 밀도
- 겉보기밀도
- 수분 함유량
- 광물 및 입자의 종류와 형태적 특징
- 청결함

입도
다공성의 지나치게 부드러운 재료는 콘크리트의 품질을 저해한다. 입자의 형태, 특히 입도와 표면의 성질은 콘크리트의 다짐성과 필요한 물의 양을 결정한다.

실제적인 경험을 통해 매우 각진 입자를 가진 골재가 바람직하다. 각진 골재는 콘크리트의 압축력, 인장력과 마찰에 대한 저항력을 향상시키는 반면, 시공성을 저해한다. 스위스의 경우, 현재 사용 가능한 자갈의 양이 한정되어 있기 때문에, 각진 골재와 재생 골재의 사용이 점차적으로 늘어날 것으로 전망된다.

골재의 가장 중요한 성질 중 하나인 수분 요구량은 입도와 표면의 성질, 특수한 표면의 면적, 입자 각각의 형태에 의해 영향을 받는다. 골재의 입도는 공극을 최소화하며 혼합할 수 있는 것이어야 하며, 좋은 다짐성을 보장하는 것이어야 한다. (고밀도 = 고품질)

혼합골재의 입도는 입자 각각의 크기의 비율에 따라 결정된다. 혼합물을 규정된 체를 통해 거르게 되는데 사각형 구멍을 통해 체를 거칠때마다 특정한 양만이 체에 남아있게 된다. 남아 있는 양은 개별적으로 무게가 측정되고 체의 크기와 혼합물 무게의 비율에 관하여 (누적) 그래프를 그림으로써, 입도에 관한 커브 형태의 그래프를 얻게 된다. (그림 12 참조)

스위스 표준인 SIA 162, 5 14 24에 따르면, 사전 조사에 의해 다른 입도 커브를 구하지 않았을 경우, 원형 자갈/모래의 입도는 입도 커브의 음영 부분에 들어가는 것이어야만 한다.

그림. 8: National/rounded cubical grains

그림. 9: Angular cubical grains

그림. 10: National elongated grains

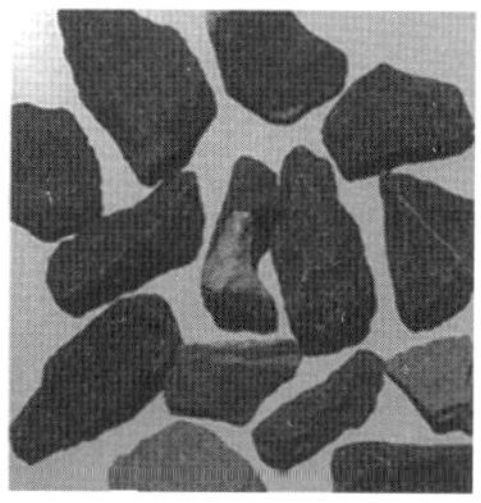
그림. 11: Angular elongated grains

콘크리트 혼화재료
정의와 등급
콘크리트 혼합물은 시공성, 양생, 경화, 동결에 대한 저항성 등 굳지 않은 콘크리트 또는 굳은 콘크리트, 또는 양쪽 모두의 물성을 화학적 또는 물리적인 작용을 통해 변화시키기 위하여 콘크리트에 혼합되는 용액 또는 부유물을 말한다.

현대 건설화학산업은 콘크리트의 성질에 영향을 미치는 매우 다양한 혼화재료를 만들어냈다 :
- 가소제 : 동일한 물/시멘트비에서 더 나은 시공성과 가소성 등을 얻을 수 있다. 이에 따라 작은 물/시멘트비를 가능케 하며, 이는 강도를 증가시킨다.
- 증점제 : 양생 단계에서 재료의 분리를 방지하며, 반죽질기를 향상시킨다. 치장콘크리트에 특히 유용하다.
- 응결 지완제 : 반응을 느리게 함으로써 굳지 않은 콘크리트의 다짐성을 높인다. 대형 매스 콘크리트와 방수 콘크리트 등에 주로 사용된다.
- 가속제 : 수화과정을 빠르게 함으로써 양생 기간을 빠르게 한다. 공기를 줄이거나 분사 콘크리트 등의 특수한 용도에 적합하다.
- 공기 첨가제 : 공기가 들어 있는 미소공(~0.3mm)를 만들어 모세관 현상을 막고 동결에 대한 저항능력을 향상시킨다.

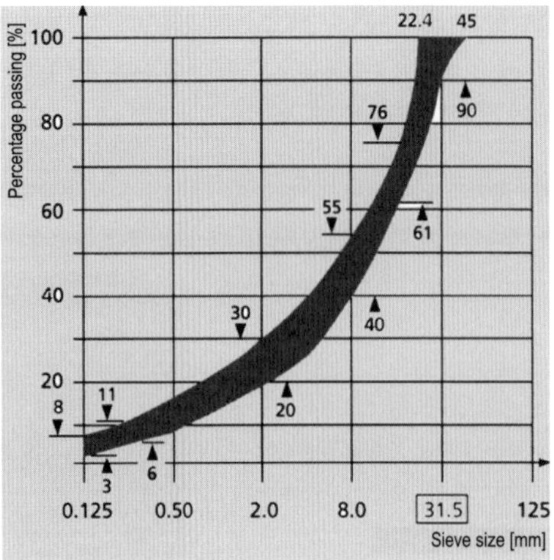

그림 12 : Grading curve

혼화재료의 사용에 있어 주의 깊은 설명과 계획이 필요하다. 과도한 양을 사용할 경우, 재료의 분이, 심한 수축, 강도 저하 등이 발생할 수 있다.

경제적, 기술적인 이유로 콘크리트 혼합물을 사용하기도 한다. 혼합물을 사용함으로써 노동과 재료에 드는 비용을 줄일 수 있다. 에너지를 절약하고 콘크리트 작업을 간편하게 만들기도 한다. 특히, 굳지 않은 콘크리트와 굳은 콘크리트의 특정한 성질은 콘크리트 혼합물을 사용해야만 얻을 수 있기도 하다.

그러나 이와 관련하여 스위스 표준에서는 콘크리트 혼합물에 대해 자세하게 다루고 있지 않다. 종종 콘크리트 혼화재료와 콘크리트 첨가물에 관한 구분이 없는 경우도 있다.

콘크리트 첨가물

콘크리트 첨가물은 매우 작은 입자의 물질로 콘크리트의 주요 성질에 영향을 미치며, 특히 굳지 않은 콘크리트의 시공성과 굳은 콘크리트의 강도와 밀도에 영향을 미친다. 콘크리트 혼화재료와 대조적으로 콘크리트 첨가물은 부피에 대해 상대적으로 매우 많은 양을 사용해야 한다.

스위스에서 주로 사용되고 있는 콘크리트 첨가물은 다음과 같다 :

- 비활성 첨가물 (시멘트 및 물과 반응하지 않음) : 콘크리트와 모르타르를 채색하는데 쓰이는 무기물, 섬유질 재료, 특히 철제 또는 합성수지, 유리 섬유는 거의 사용되지 않음
- 포졸란 첨가물 (수화과정에서 기타 물질들과 반응) : 강도를 높이고 수화된 시멘트의 밀도를 높인다

출처: Holcim (Schweiz AG): *Betonpraxis*, 2001.

응고 과정

보강철근

철근콘크리트는 콘크리트와 철로 이루어진 혼합 재료이다. 보강 철근이 인장응력에 저항하고, 콘크리트가 압축응력에 저항하는 두 재료의 상호 작용은 부가적인 과정이라기보다는 새로운 내력의 성질을 갖게 하는 요소로 작용한다. 보강 철근의 크기는 내부 힘을 고려한 구조적인 분석을 통해 결정된다. 과정을 단순화하기 위해서는 주요 보강 철근은 휨 모멘트가 가장

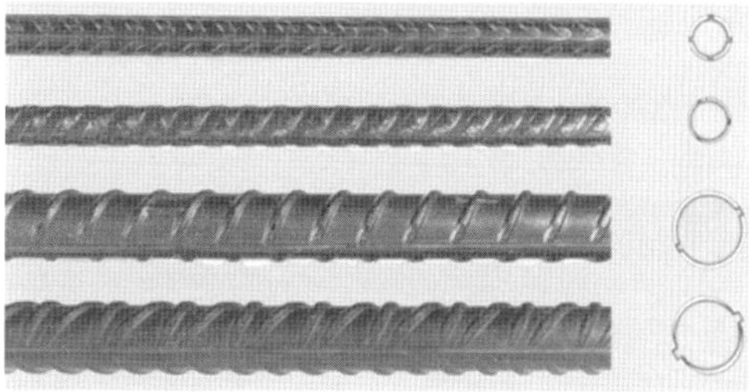

그림 13 : 보강 철근의 모습

크게 작용하는 가장 중요한 단면에 위치해야 한다. 구조적인 요구조건 이외에도, 보강 철근과 철근 망의 배열과 간격은 치밀하게 짜여져야 한다. 진동다짐기가 보강 철근의 사이로 지나갈 수 있어야 하기 때문이다.

보강 철근을 콘크리트로 적절하게 피복하는 작업은 매우 주의를 기울여야 한다. 철근콘크리트 구조체에 발생하는 거의 대부분의 피해는 부적합한 콘크리트 피복과 보강 철근의 부족 혹은 미흡한 정착에서 발생한다. 콘크리트 피복이 부적합하게 이루어진 단면은 잠재적으로 약한 지점이며 보강 철근이 부식되는 결과를 초래한다. 철이 산화되어 생기는 물질은 철보다 더 큰 부피를 차지하게 되며, 내부에서부터 콘크리트를 밀어내어 피복의 균열을 초래하고, 이에 따라 부식을 일으킬 수 있는 요소들이(수분, 공기) 더 쉽게 철에 접촉할 수 있게 되어 결국 하중을 전달하는 부재의 능력을 약화시키게 된다. 콘크리트 표면에서 가장 바깥쪽의 보강 철근 간의 거리인 콘크리트 피복은 다양한 요소에 의해 결정되지만 반드시 3cm 이상이어야 한다.

그림 15 : 철제 고정장치

그림 14 : 목재 거푸집과 거푸집 타이

거푸집

원하는 최종 형태를 얻기 위해 콘크리트는 거푸집에 부어넣어지게 된다.

건설현장에서 거푸집에 부어넣어진 콘크리트는 현장타설 콘크리트라고 불린다. 공장에서 거푸집에 넣어진 콘크리트는 사전 제작 부재를 만들게 되며, 프리캐스트 콘크리트라고 불린다.

콘크리트에 쓰일 거푸집을 제작하는 작업은 때때로 고도의 기술을 필요로 한다. 거푸집은 그 자체로 충분한 강도를 지녀야 하며, 거푸집의 조립이 안정되게 유지되고 고정되어야만 콘크리트의 양생과 다짐 과정에서 (변형 없이) 정확한 치수를 만들 수 있다.

이 과정에서 생기는 맞댄이음과 시공줄눈은 적절한 재료를 사용하여 밀폐되어야 하며, 콘크리트를 다지는 과정에서 시멘트 페이스트가 새어 나오지 않도록 거푸집의 모든 부분에 걸쳐 구멍이 없어야 한다.

완공된 후에 겉으로 노출될 콘크리트를 만들기 위해 사용되는 거푸집은 원하는 표면의 질감에 따라 다양한 재료를 사용할 수 있는데, 목재 합판, 목질재료 판넬, 철판 등이 이에 속하며 경우에 따라서는 섬유질 시멘트, 골철판, 유리, 고무 또는 플라스틱제 제품이 사용되기도 한다.

목재 거푸집

합판

스위스에서 거푸집에 사용되는 목재는 가문비나무 또는 소나무처럼 주로 지역에서 쉽게 구할 수 있는 종이다. 합판의 선택과 조립에는 일정 수준의 지식과 경험이 필요하다. 동일한 수령의 합판은 동일한 밀도와 수지 함량을 나타내며, 비슷한 흡수성을 보인다. 수지 함량이 높거나 낮은 합판은 박리제에(기름, 왁스 유제) 대해 서로 다르게 반응한다. 수령이 낮고 흡수성이 높은 합판에서 만들어진 콘크리트의 표면은 수령이 높거나 재활용된 합판에서 만들어진 콘크리트보다 밝은 색을 나타낸다.

치수 : 거푸집의 치수는 목재에 따라 결정된다. 합판은 물이나 수분과 접촉했을 때 변형되지 않아야 한다. 최대폭 : 대략 30cm, 최대 길이 : 대략 500~600cm, 일반적인 폭 : 10~15cm, 일반적인 길이: 300cm 미만

판넬

목재 합판과 비교했을 때, 목질재료로 만들어진 거푸집 판넬은 주목할만한 장점을 갖는다. 이는 무게가 가볍고 빠르게 조립할 수 있다. (합판을 판넬로 대체하게 되면 거푸집을 세우는데에 50~70%의 비용이 절약될 수 있다) 또한, 판넬에 도포되는 인조 수지 래커에 의해 거푸집을 콘크리트로 떼어낼 때 더 손쉽게 분리할 수 있다는 점에서 수명이 길다. 치수 : 거푸집 판넬은 다양한 치수로 제작할 수 있으며, 현장에서의 상태에 따라 최대 치수가 결정된다. 예를 들어 스위스에서는 50 x 200cm,

50 x 250cm 의 판넬이 가장 널리 사용되고 있다.

모듈화된 거푸집, 테이블 폼, 월폼
현재 매우 다양한 거푸집 시스템이 공업적으로 생산되고 있으며, 이에 따라 광범위한 면적에 대해 거푸집을 사용하고 빠르게 떼어낼 수 있게 되었다. 이러한 예로는 벽에 사용되는 모듈화된 거푸집, 적절한 지지체를 갖춘 슬라브용 거푸집, 자체지지 구조의 클라이밍 폼 또는 슬라이딩 폼 등을 들 수 있다.

모듈화된 거푸집의 경제적인 장점과 기타 거푸집의 미적인 장점을 결합하기 위해서, 최근에는 "전형적인" 합판과 판넬을 보충하는 용도로만 모듈화된 거푸집을 종종 사용하고 있다.

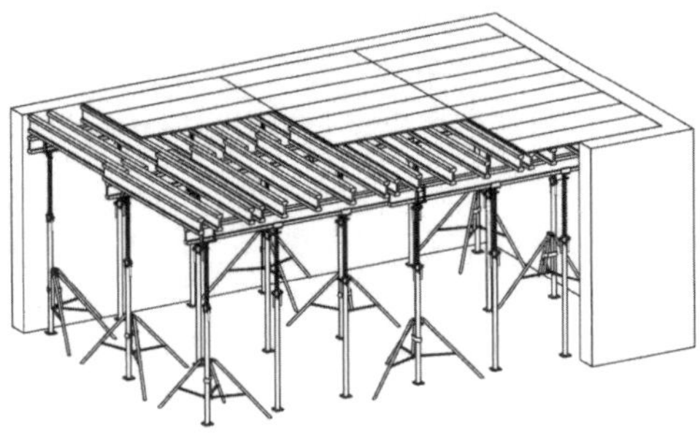

그림 16 : 슬라브를 만들기 위한 테이블 폼

철제 거푸집
철판으로 만든 거푸집은 현장타설 콘크리트와 프리캐스트 콘크리트 모두에서 활용되고 있다. 철제 거푸집은 초기 비용이 높은 반면, 재사용 가능횟수가 더 높다.

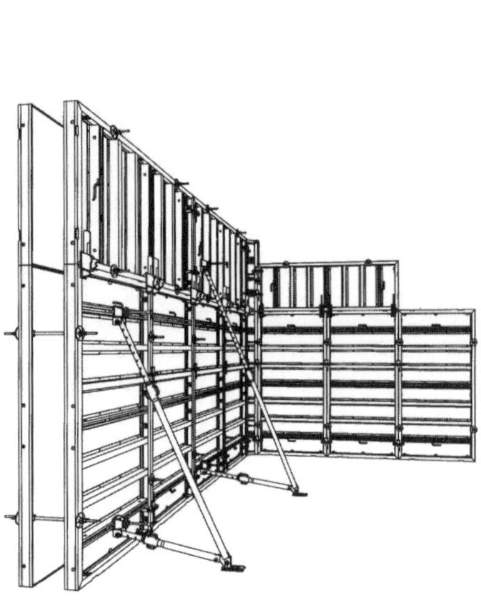

그림 17 : 철제 월 폼

거푸집의 표면
거푸집의 재질과(목재, 목질재료 판넬, 합판, 하드보드, 섬유질 시멘트, 철, 플라스틱 등) 표면의 마감방식은(거친, 평탄한, 부드러운 마감, 플라스틱 코팅 등) 노출콘크리트의 표면 질감을 결정하는 요소이다.

거푸집의 부드러움 또는 거친 정도는 노출콘크리트 표면의 색조에 영향을 미친다. 예를 들어, 매우 부드러운 표면의 거푸집에서 만들어진 노출콘크리트의 표면은 거친 표면의 거푸집을 사용한 콘크리트에 비해 밝은 색을 나타낸다.

박리제
거푸집 재료와 콘크리트가 접촉하는 표면에 도포되어 거푸집을 해체할 때, 거푸집과 콘크리트 표면의 분리를 손상 없이, 쉽게 할 수 있도록 하는 재료로 기름, 왁스, 페이스트, 유상액 등의 제품이 사용된다. 또한, 이는 콘크리트의 표면 마감이 고르게 형성되도록 하며, 거푸집을 보호함으로써 재사용을 가능하게 하기도 한다.

적합한 박리제의 선택은 거푸집의 재료에(목재, 합판, 하드보드, 섬유질 시멘트, 철, 플라스틱 등) 의해 결정된다.

콘크리트의 타설과 다짐
좋은 품질의 표면을 가진 노출콘크리트는 매우 균일하고 밀실한 콘크리트 구조체를 형성한다. 굳지 않은 콘크리트는 재료분리 등의 변화 없이 자리잡아야 하며, 현장에서 균일하게 다져지게 된다.

다짐
콘크리트를 다지는 목적은 거푸집이 완전히 채워지게 하기 위함은 물론, 내부에 가둬진 공기를 흩뜨리고, 시멘트 페이스트를 고르게 분배하며 골재들이 공극 없이 밀실하게 채워지게 하기 위함이다. 또한 다짐을 통해 콘크리트는 밀실한 외부 경계부분을 형성하게 되고 이에 따라 보강 철근이 완벽하게 피복되게 된다.

다짐 방법

막대 다짐 :	막대기 또는 봉 이용
거푸집 두드리기 :	낮은 높이의 거푸집에 사용
진동장치 :	건설현장에서 가장 일반적으로 사용되는 방법 내부진동기 : 굳지 않은 콘크리트 내부로 삽입 거푸집 진동기 : 외부에서 거푸집을 진동시킴
다지기 :	과거에 가장 일반적으로 사용된 다짐 방법

그림 18 : 콘크리트 다짐

진동기

내부 진동기는 적정한 깊이까지 신속하게 삽입되어야 하며, 진동기의 단부에서 콘크리트가 다시 뭉칠 수 있도록 천천히 뽑아내야 한다.

진동기는 콘크리트를 흐뜨리는데 사용되서는 안되며, 이 경우 재료가 분리될 수 있다. 다지는 과정에서 재료 분리가 발생할 경우, 콘크리트 구조체에 분명히 인지되는 흠을 만들게 되며 표면에 기공이 형성될 수도 있다.

한 번의 작업으로 다지는 콘크리트의 깊이는 제한되어야만 한다. 굳지 않은 콘크리트의 무게는 매우 높기 때문에 내부의 공기가 표면으로 빠져 나오지 못할 수도 있다.

양생

콘크리트가 경화되고, 정착되는 것은 단순히 콘크리트를 건조시킴으로써 나타나는 결과가 아니다. 콘크리트가 지나치게 빨리 건조된다면, 인장 강도가 매우 낮아 수축 균열이 발생할 수 있다. 콘크리트에 차후에 물을 뿌린다면, 풍화물이(표면에 나타나는 석회질 침전물) 나타나는 결과가 초래될 것이다. 따라서 방수막으로 콘크리트를 덮어 콘크리트가 본래 가지고 있던 수분을 가능한 한 오래 보유하도록 하는 것이 중요하다. 방수막은 콘크리트 표면에 가능한 한 가깝게 위치해야 하지만 흠집을 낼 수 있기 때문에 직접 닿아서는 안된다.

이러한 방법은 노동집약적이지만 노출콘크리트, 특히 치장콘크리트의 표면에 있어서는 필수 불가결한 것이다.

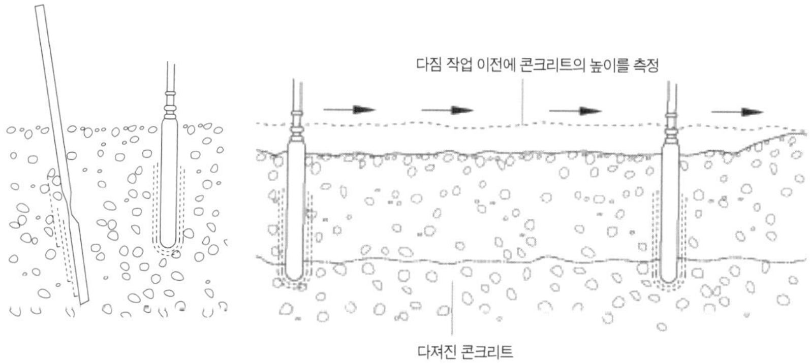

그림 19, 20 : 막대 다짐(좌측)과 내부 진동기(우측)

시공 줄눈

현장 타설 콘크리트를 사용할 때, 먼저 타설한 콘크리트와 나중에 타설한 콘크리트 사이에 생기는 줄눈은 불가피하다. 거푸집의 강도는 굳지 않은 콘크리트의 측압과 한 차례의 타설에 견딜 수 있도록 경제적으로 설치되어야 한다. 따라서 콘크리트를 타설하는 작업은 단계별로 계획되어야 하며, 시공 줄눈에 의해 분리되어야 한다.

이러한 시공 줄눈의 위치와 형태는 건축가와 구조 기술자가 함께 정하게 된다. 시공 줄눈을 감추는 것은 불가능하기 때문에 주의깊게 계획하는 것이 바람직하다.

기존에 타설된 콘크리트의 표면에 새로운 콘크리트를 타설할 경우(시공줄눈), 콘크리트가 접촉하는 부분은 매우 거칠게 나타나며, 굳지 않은 콘크리트를 붓기 전에 표면이 청소되어야 한다. 시공 줄눈이 방수여야 한다면, 기존의 콘크리트와의 접촉부에 부배합을 사용하거나 사전에 시멘트 모르타르를 도포하는 것이 바람직하다. 시공 줄눈이 형성되기 전에 끝부분에 응결 억제제를 사용하여 원하는 줄눈의 위치에서 콘크리트가 신속하게 경화되지 않도록 하고, 이렇게 만들어진 "아직 굳지 않은" 콘크리트 위에 새로운 콘크리트를 타설하는 방식을 사용할 수도 있다.

콘크리트 사용의 10가지 규칙

그림 21 : 크레인 스킵에 의한 콘크리트 타설

1. 콘크리트는 시멘트와 굵은 골재와 잔골재(각각 자갈과 모래), 물을 함께 혼합함으로써 만들어진다. 일반적으로 콘크리트 $1m^3$는 300~350kg의 시멘트, 대략 2000kg의 골재와 130~200kg의 물을 포함하게 된다. 콘크리트의 용도에 따라 첨가물 또는 혼화재가 사용될 수 있다. (혼화재 : 대략 0.5-10 kg/m^3, 첨가물 : 대략 5-50 kg/m^3)
혼합이 끝난 이후 콘크리트는 가능한 한 빨리 타설되고 다져져야 한다.

2. 시멘트와 물은 함께 반응하여, 반죽 형태의 수화 시멘트를 형성하게 되며, 이를 통해 골재와 결합하게 된다. 시멘트는 분말의 형태로 공급되며 무게를 기준으로 잔골재 또는 굵은 골재와 혼합된다.
수분이 없는 환경에서 저장된다면, 시멘트는 몇 개월 동안도 사용할 수 있다. 그러나 수분과 접촉하는 순간 시멘트는 뭉치게 되어 사용할 수 없게 된다.

3. 골재는 깨끗이 세척되어야 한다. 오염되고, 기름기 있고, 표면이 굳어진 골재는 콘크리트에 사용하기에 부적합하다. 점판암 또는 이회질의 성분 또는 운모 성분의 골재 역시 콘크리트의 품질을 떨어뜨린다.
골재는 가능한 균일하고, 적합한 입도를 나타내는 것이어야만 한다. 최대 입자 크기는 일반적으로 32mm이다.

4. 수분 함유량은 콘크리트의 품질에 결정적인 영향을 미치는 요소로써, 수분 함유량이 적으면, 내부 기공이 적고, 따라서 콘크리트의 강도, 밀도, 내구성이 향상된다.
수분 함유량은 물/시멘트비(w/c비)로 표시된다. 이 수치는 물의 무게(혼합할 때 사용된 물과 골재가 함유하고 있는 수분의 합)를 시멘트의 무게로 나누어 계산된다.
좋은 품질의 콘크리트를 위해 물/시멘트비는 0.45에서 0.55 사이가 적당하며, 물/시멘트비가 0.60을 넘지 않도록 해야 한다. 모래를 많이 포함하고 있는 콘크리트는 굵은 입자의 골재를 많이 포함하고 있는 콘크리트에 비해 더 많은 물을 필요로 한다. 따라서 좋은 품질의 콘크리트를 위해서는 잔골재보다 굵은 골재를 많이 사용해야 한다.

5. 콘크리트 혼화재료 또는 콘크리트 첨가물은 굳지 않은 콘크리트 또는 굳은 콘크리트에 특정한 성질을 부여하기 위해 사용된다. 이에 관한 주요 사항은 다음과 같다 :
- 가소제 : 콘크리트의 시공성을 향상시키거나 수분 함유량을 줄임으로써 콘크리트의 품질을 높인다
- 가속제와 응고 지완제 : 양생 과정의 시작과 기간에 영향을 미친다
- 공기 첨가제 : 동결에 대한 저항성을 향상시키며, 콘크리트가 제빙염에 노출되어 있을 경우에는 필수적이지만 많이 경화된 굳지 않은 콘크리트에서는 미세 공극이 더 효과적인 경우도 있다.
- 첨가물 : 충전재와 플라이애시를 이용하여 시멘트를 제외한 미세 입자를 대체함으로써 시공성을 향상시킨다. 수경성 석회가 첨가물로 사용되기도 하며, 색조를 띠는 콘크리트를 만들기 위해 안료를 첨가하기도 한다.

6. 거푸집은 콘크리트를 타설하기 전에 철저하게 세척되어야 한다. 거푸집 표면의 수분, 과도한 박리제의 사용, 톱밥과 얼룩은 콘크리트의 외관을 저해한다. 거푸집은 반드시 구멍이 없어야 한다. 보강 철근과 거푸집 간의 거리는 정확하게 유저되어야 하며, 보강 철근의 위치가 이동되지 않도록 해야 한다.

7. 콘크리트의 적절한 배합은 콘크리트의 품질과 시공성에 있어서 필수적이다. 적절한 배합 시간은 1분 이상이다. 배합 시간을 늘리면 시공성이 향상되고 노출된 표면에 좋은 영향을 미친다. 불충분한 배합은 굳지 않은 콘크리트 또는 굳은 콘크리트의 물성에 있어 좋지 않은 요소로 작용한다.

8. 레디믹스드 콘크리트를 사용할 경우, 운반 과정에서 손실되는 수분을 최소화해야 한다. 무개차량으로 콘크리트를 운반할 경우 반드시 덮개를 덮어야 한다. 기온이 높은 시기에는 운반 중에 온도의 영향을 크게 받기 때문에 현장에서의 작업시간을 엄격하게 줄여야만 한다. "희석시키기 위해" 현장에서 물을 첨가하는 것은 콘크리트의 품질을 저해시킨다.
레디믹스드 콘크리트는 적절한 시간에 상세하게 주문이 이루어져야 한다.

9. 콘크리트는 수평적으로 타설되어야만 한다. 다량의 콘크리트를 한번에 부어 넣고 진동기에 의해서 흐뜨릴 경우 재료의 분리(표면의 기공 형성)가 일어날 수 있다.
콘크리트가 타설된 즉시 내부 공기가 빠져나갈 때까지 충분히 다져져야 한다. 넓은 범위에 내부진동기를 연속적으로 사용할 때, 진동기의 삽입 간격은 25 - 70cm이며 진동기의 직경에 영향을 받는다.
과도하게 진동장치를 사용하면 콘크리트의 구성물 중 큰 물질은 바닥으로 가라 앉고 시멘트 슬러리, 물은 위로 올라오게 되기 때문에 재료 분리가 일어나게 된다. 노출콘크리트에 있어 이러한 재료의 분리는 표면에 영구적인 흠집을 남기게 된다. 콘크리트의 배합을 충분히 하면 재료 분리의 가능성을 줄일 수 있다.

10. 양생은 콘크리트 사용에 있어 필수적인 부분으로, 충분히 양생이 이루어지지 않을 경우 콘크리트의 수분이 지나치게 일찍 마르게 된다. 노출콘크리트는 바람이나 직사일광에 노출되어 있을 경우, 타설 후 적어도 4일 이상 표면을 덮개로 덮거나 계속적으로 물을 뿌려줘야 한다.
동절기에는 타설된 콘크리트가 동결되지 않도록 덮개로 덮거나 필요한 경우 가열해야 한다.

출처 : Cementbulletin, 4월호 1987.

노출콘크리트 표면

그림 22 : 목재 거푸집과 벌집모양이 만들어내는 거친 표면
Rudolf Olgiati: house for Dr G. Olgiati, Flims-Waldhaus (CH), 1964 - 65

거푸집에 타설된 콘크리트 표면의 특징

거푸집을 제거한 콘크리트의 외관은 기본적으로 거푸집 재료의 표면 무늬는 물론 거푸집과 거푸집 타이 줄눈에 의해서 영향을 받는다. 이러한 점에서 모든 줄눈과 타이의 설치에 대한 세심한 계획과 현장 작업에 있어 엄격한 조사, 콘크리트 표면의 품질에 대한 조금은 관대한 태도가 필요하다.

그림 23 : 현장타설 콘크리트와 다다미 크기의 거푸집 판넬로 만든 중정 벽, 중정 바닥은 프리캐스트 콘크리트 포석으로 마감
Tadao Ando: Vitra conference pavilion, Weil am Rhein (D), 1993

노출 콘크리트

기본적으로 노출콘크리트는 거푸집의 표면과 직접 접촉하는 가장 바깥쪽의 얇은 시멘트 층이 거푸집 제거시에 남겨지는가 또는 제거되는가의 여부에 따라 두 가지 종류로 나뉘게 된다.

시멘트 "껍질"을 유지하는 경우

거푸집과 거푸집 타이의 패턴에 따라 외관이 결정된다. 거푸집에 나타나는 줄눈은 다양한 방법으로 다뤄질 수 있는데, 가장 단순한 "맞댄이음"부터 다양한 스트립과 끈을 사용하여 다양한 줄눈들이 나타나는 "오픈조인트"에 이르기까지 다양한 방법을 사용할 수 있다.

거푸집 타이에 의해 생기는 구멍은 차후에 콘크리트로 메워지거나, 혹은 구멍이 뚫린 상태 그대로 유지될 수도 있다.

시멘트 "껍질"을 제거한 경우

가장 바깥쪽에 위치하는 시멘트층은 다양한 방법의 수가공 또는 기술적 가공에 의해 변형되거나 완전히 제거되기도 한다. 표면의 층인 시멘트 "껍질"은 골재가 드러나도록 작업되거나 표현되기도 한다.

수가공
- 돌출 (Bossing)
- 포인트 툴링 (Point tooling)
- 도드락 다듬 (Bush hammering)
- 치즐링 (Comb chiseling)

기술적 가공 (골재 입자 노출)
- 블라스팅 (모래, 스틸 샷, 금강사, 물/모래 혼합물)
- 화염청소 (Flame cleaning)
- 브러싱 및 워싱 (Brushing and washing)
- 에칭 (Acid etching)

기계적 가공 (표면에 대해서만)
- 그라인딩 (Grinding)
- 광택작업 (Polishing)

거푸집에 타설되지 않은 콘크리트 표면의 특징

거푸집에 타설되지 않은 콘크리트의 표면(바닥판과 벽의 윗면) 역시 콘크리트가 경화되고 난 뒤에는 위에서 언급한 가공 방법을 통해 가공될 수 있다.

그러나 표면이 경화되기 이전에, 다양한 도구를 사용하여 가공할 수도 있다.

색

콘크리트의 색은 콘크리트 배합물과(굵은 골재와 시멘트의 품질, 기타 추가되는 안료)과 거푸집(거푸집의 재사용횟수, 박리제의 품질과 사용량)의 성질에 의해 결정된다.

거푸집에 타설한 콘크리트 표면의 특징

유형 1 : 일반적인 콘크리트 표면
특수한 조건을 요구하지 않음 :
- 어떠한 표면의 질감도 연출 가능
- 별도의 특수한 마감처리 또는 가공을 요하지 않음

유형 2 : 균일한 질감을 나타내는 콘크리트 표면
표면은 다음의 조건을 만족한다 :
- 균일한 표면의 질감
- 합판 또는 판넬의 크기는 지정되지 않음
- 별도의 특수한 마감처리 또는 가공 필요

유형 3 : 합판의 질감을 나타내는 노출콘크리트 표면
표면은 다음의 조건을 만족시키며 노출된다 :
- 마감처리 및 가공 정도, 기공의 수 등에서 차이가 없는 균일한 표면의 질감, 기공에 의한 어느 정도의 기포는 허용된다
- 다소간의 착색
- 합판의 폭과 줄눈 간격은 지정되지 않음
- 합판의 방향을 모두 동일하게 해야 하며, 표면의 장변에 평행해야 한다
- 표면이 부드러운 합판 사용

추가적으로 요구되는 사항은 다음과 같다
1. 봉합이음 (Sealed joints)
2. 오프셋이음 (Offset joints)
3. 단일한 거푸집의 방향 유지 및 표면의 장변에 대해 직교
4. 원하는 표면의 느낌에 따른 패턴
5. 거칠게 켠 합판 사용

유형 4 : 판넬의 질감을 나타내는 노출콘크리트 표면
표면은 다음의 조건을 만족시키며 노출된다 :
- 마감처리 및 가공 정도, 기공의 수 등에서 차이가 없는 균일한 표면의 질감
- 기공에 의한 어느 정도의 기포는 허용
- 다소간의 착색
- 합판의 폭과 줄눈 간격은 지정되지 않음
- 합판의 방향을 모두 동일하게 해야 하며, 표면의 장변에 평행해야 한다

추가적으로 요구되는 사항은 다음과 같다
1. 봉합이음 (Sealed joints)
2. 오프셋이음 (Offset joints)
3. 단일한 거푸집의 방향 유지 및 표면의 장변에 대해 직교
4. 원하는 표면의 느낌에 따른 패턴

거푸집에 타설되지 않은 콘크리트 표면의 특징

완전히 경화되지 않은 콘크리트의 가공방법 :

1. 표면 평탄화 : 목재 합판 등을 이용
2. 거칠게 하기 : 솔, 갈퀴를 이용
3. 플로팅 (모르타르를 사용하지 않음)
4. 플로팅 (모르타르를 사용)
5. 트로웰링 : 기포가 없고 부드러우며, 평평한 표면
6. 그루빙 : 폭과 깊이가 동일한 홈 형성
7. 브러싱 : 종방향, 횡방향, 헤링본 패턴의 거친 표면
8. 진공장치 : 콘크리트의 물/시멘트비를 낮춤, 특수 장비에 의해 물을 제거

경화가 완료된 콘크리트의 가공방법 :

1. 워싱과 브러싱 : 표면의 미세입자를 씻어내고 굵은 골재를 드러낸다
2. 샌드블래스팅 : 콘크리트 표면의 색조를 흐리게 하기 위한 기계적인 가공
3. 제팅 : 압축공기를 이용 분사
4. 에칭 : 석회성분을 제거하기 위한 화학적 가공법으로 콘크리트 표면의 색조를 선명하게 드러낸다
5. 도드락 다듬 : 사람 또는 기계에 의해 특수한 도구를 사용하여, 콘크리트 표면을 5mm 정도 깊이로 두드려 가공한다
6. 그라인딩 : 기포를 없애기 위해 콘크리트 표면을 수작업으로 다듬거나 그라인더를 이용하여 다듬는 방법으로, 차후에 습윤과정을 거치게 된다
7. 광택 : 밝게 빛나고, 기포가 메워진 표면을 얻을 수 있다
8. 실링 : 무색의 방수제를 표면에 도포

거푸집의 품질에 관한 기준은 다음에서 참고한 내용이다
Swiss standard SIA 118/262:2004
see also DIN 18217, 1981 ed., DIN 18331, 2002 ed., DIN 68791, 1979 ed.

그림 24 : 횡방향 목재 합판
3cm 두께의 미송 합판, 각진 모서리, 합판 간에는 맞댄 이음을 사용

그림 25 : 횡방향 목재 합판
18cm 폭, 3cm 두께의 미송 합판, 둥글게 처리된 모서리, 맞댄 이음 사용, 특징적이고 돌출된 콘크리트 마감 처리

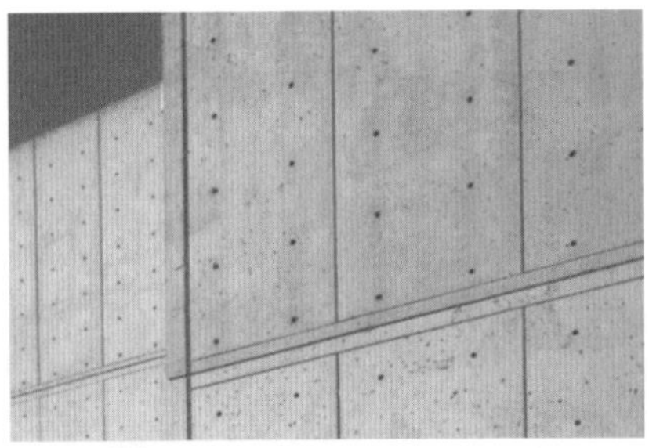

그림 26 : 종방향 판넬 거푸집, 판넬은 인조 수지 래커로 도포되어 있다
Louis I. Kahn: Salk Institute, La Jolla (Cal, USA), 1959 - 65

그림 27 : 골재가 노출되도록 마감 처리된 콘크리트
제팅에 의해 골재가 드러남

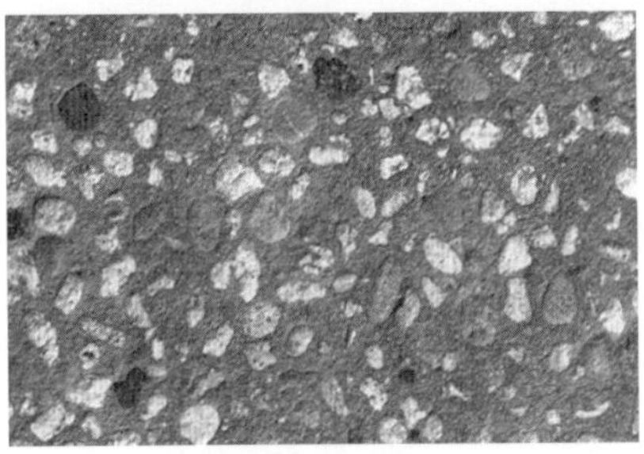

그림 28 : 샌드블라스팅을 사용한 표면
블라스팅에 의해 골재가 드러남

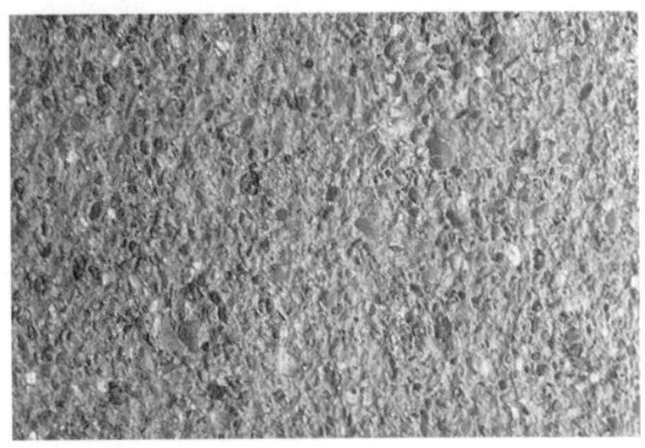

그림 29 : 날카롭게 다듬어진 표면
중간 굵기의 골재

바닥판의 지지체, 노출콘크리트의 내단열

열교현상(thermal bridges)의 원인

벽과 바닥, 바닥 지지체가 연결되는 부분의 경우, 노출콘크리트를 내단열로 사용할 때 열교현상 (열손실)이 발생할 수 있다. 이 문제는 단열을 방해하는 중간 층이나 바닥판이 없는 1층 건물의 경우에는 나타나지 않는 현상이다. 반면 기타의 경우에 대해서는 두가지 해결책이 있을 수 있는데, 두 방법 모두 사용 시에 구조적인 개념을 신중히 고려해야만 한다.

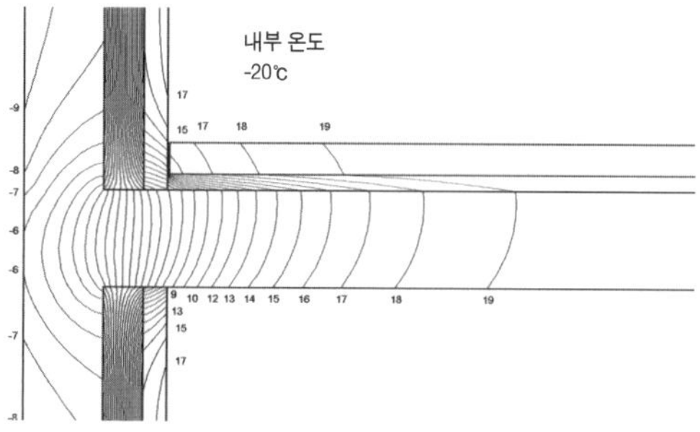

그림 30 : 등온선 다이어그램

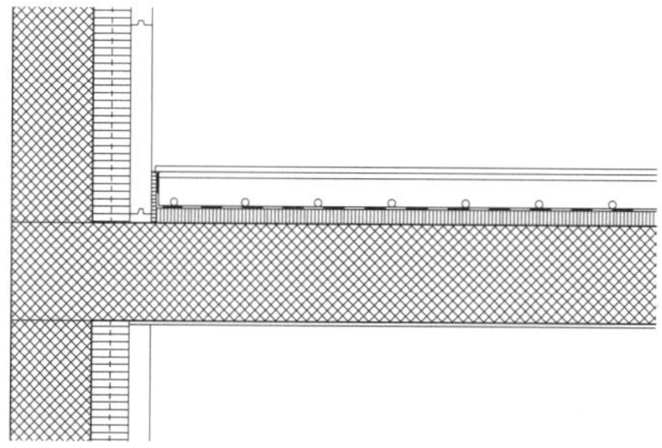

그림 36 : 시공 상세도

그림 31 : 목제 외장재의 뒤에 감춰진 경계를 따라 처마에 설치된 단열재
Bünzli & Courvoisier: Linde school, Niederhasli (CH), 2003

방법 1 : 처마에 단열스트립 사용

바닥판의 경계를 따라 즉, 바닥판이 외벽과 만나는 접합부에 단열재를 첨가함으로써 벽과 바닥판 간에 구조적으로 간결한 연결을 얻을 수 있지만 열 손실 문제를 해결하지는 못하며, 전체적으로 콘크리트 표면에서 온도가 떨어지게 된다. 결국, 가장 문제가 되는 부분은 벽 기단 부분의 표면 온도라고 할 수 있다. 또한 단열재 층을 삽입함으로써 처마 부분의 외관을 저해하게 된다. 처마가 회반죽으로 칠해져 있다면, 단열재와 처마의 경계 부분에 균열이 발생할 수도 있다.

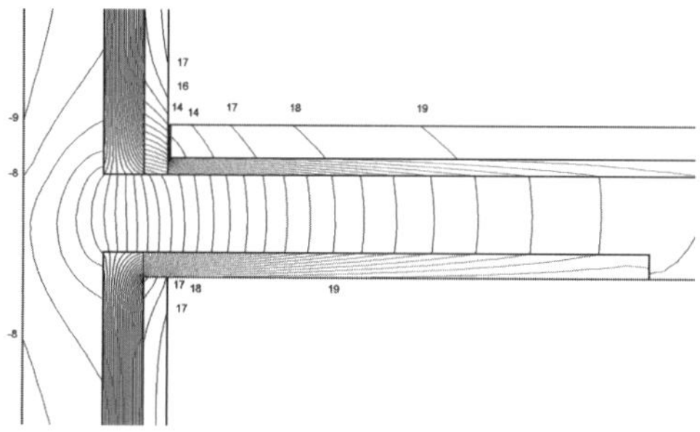

그림 32 : 등온선 다이어그램

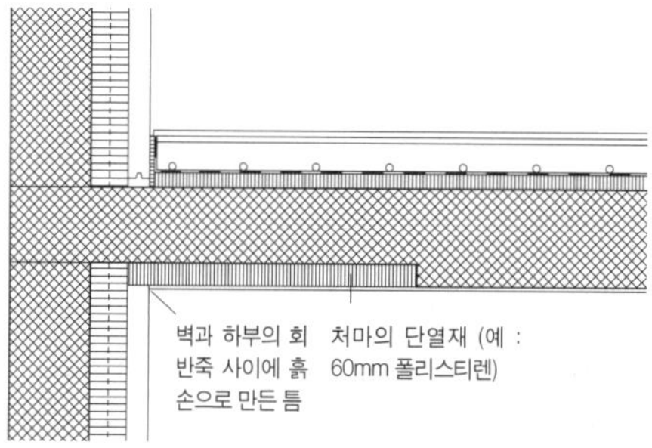

그림 37 : 시공 상세도

그림 33 : 단열 보강재 설치 예

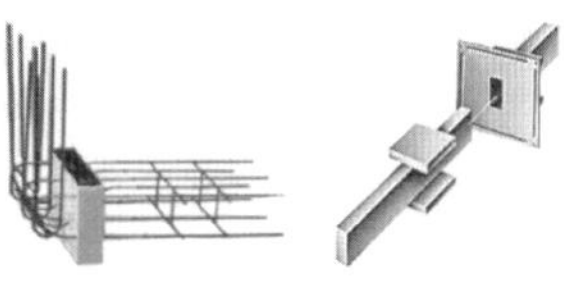

그림 34 : 단열 보강재   Shear stud

방법 2 : 바닥판과 벽의 분리

매우 다양하고 특수한 단열 보강재들이 개발되면서 오늘날에는 바닥과 벽을 "공간적으로" 분리하는 것이 가능해졌다. 이는 바닥판과 벽이 직접 접합되어 있는 경우에는 좋지 않은 효과를 준다. (돌출부 또는 요각부에 대해) 신축줄눈의 추가가 반드시 제공되어져야 한다. 벽 기단의 온도는 방법 1에서의 온도보다 높아야만 한다.

단열 보강재와 전단 스터드

매우 다양한 단열 보강재와 전단 스터드가 시중에 나와 있다. 단열 보강재가 전단력과 휨 모멘트 모두에 대해 저항하는 반면, 전단 스터드는 전단력에 대해서만 저항한다. 단열 보강재와 함께 전단 스터드를 사용할 경우 일정 수준의 이동이 가능하다는 장점이 있다. (계란형 슬리브)

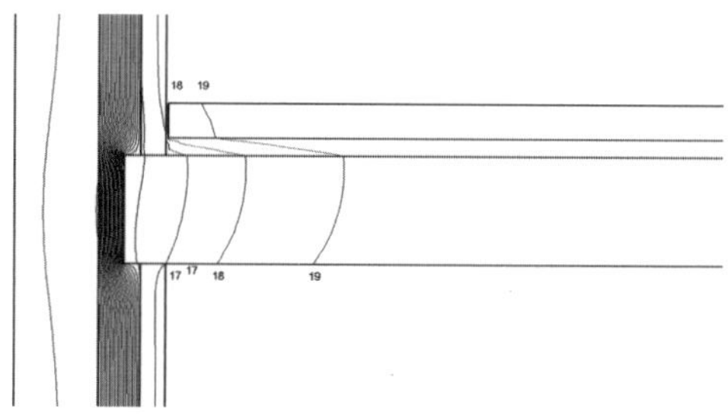

그림 35 : 등온선 다이어그램

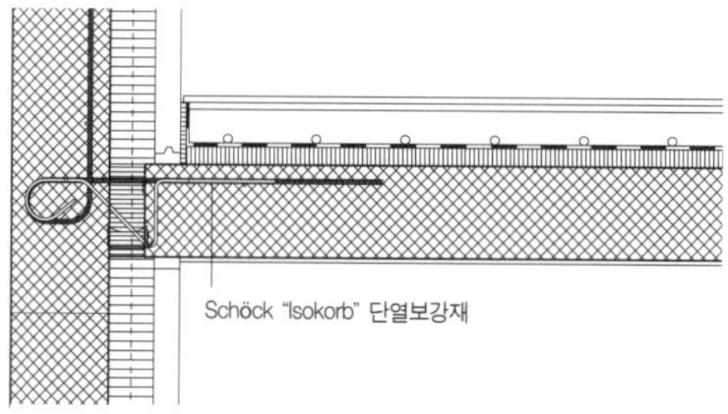

그림 38 : 시공 상세도

중량 외장재의 고정 (콘크리트)

그림 43 : 브래킷을 지지하는 중량 외장재

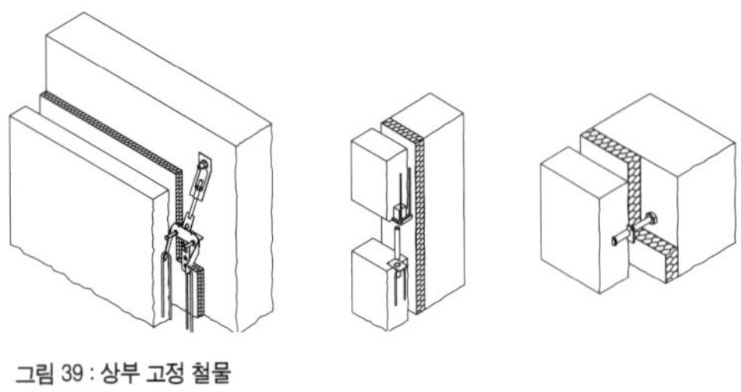

그림 39 : 상부 고정 철물
프리캐스트 외장재의 상부에 설치되는 핵심 고정물 | 외장재 아래의 도웰 | 압력 나사 (간격 나사)

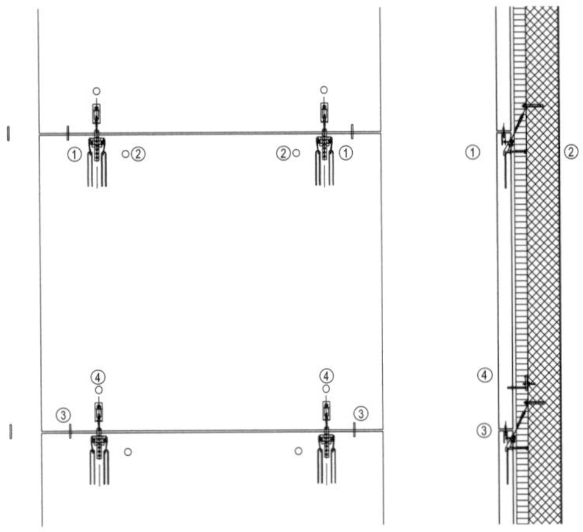

그림 40 : 외장 판넬 고정 시스템: 입면(위)과 단면(오른쪽)

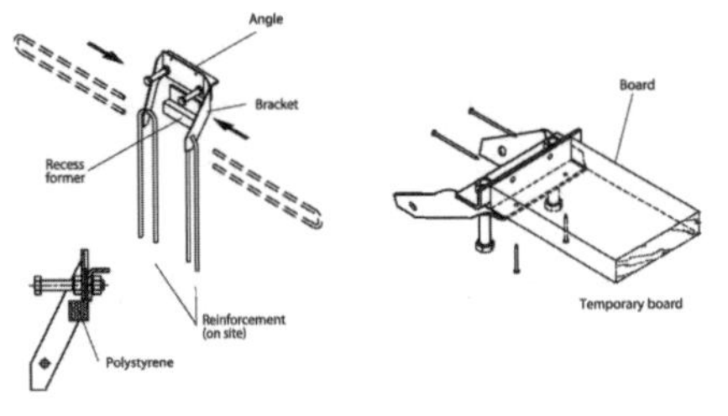

그림 41 : 설치 방법 A, 공장에서 임시로 형태에 맞춰짐

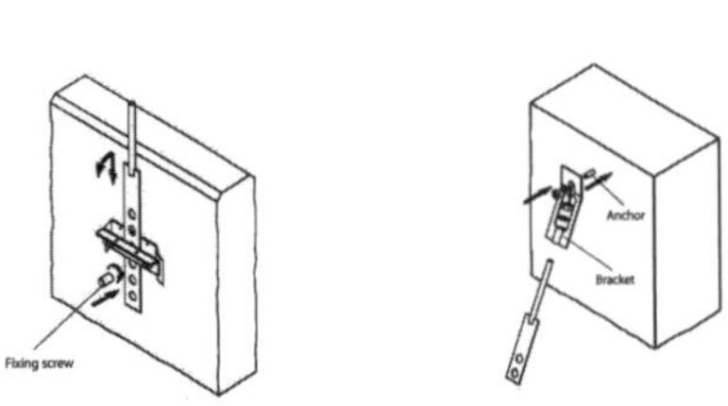

그림 42 : 설치 방법 B, 현장작업

중량 외장재의 고정

프리캐스트 콘크리트로 만들어진 대형 외장 판넬을 고정시키는 방법은 외장재의 무게에 의해 결정된다. 층고 정도의 높이를 갖는 판넬의 경우에는 대개 두 부분에서 고정하는 것이 필요하며, 파스너가 많이 사용된다. 오차를 수정하고, 외장재를 정렬하기 위해, 파스너는 3방향에서 조정될 수 있는 것이어야 한다. 이러한 파스너는 개별적으로 열교현상을 나타내며 이러한 점은 감수해야 할 사항이다. 모든 고정 철물은 스테인레스 스틸로(녹 방지) 만들어져야 한다. 현장 타설 콘크리트 구조체와 프리캐스트 콘크리트 외장재간의 틈새는 0~14cm까지 가능하며, 특수한 경우에 대해서는 이보다 크게 설정할 수도 있다. 풍압과 흡인통풍에 대해 고려되어야 한다.

파사드 고정 시스템은 다음의 요소로 구성되어 있다 :

1. 상부 파스너(내력 고정)와 높이 조정이 가능한 관통 막대
2. 구조체에 대해 외장재의 위치를 조정할 수 있도록 연결된 간격재
3. 외장재들이 서로 연결을 유지할 수 있도록 하는 도웰(dowel)
4. 풍하중(풍압 또는 흡인통풍)으로 인해 필요한 경우 사용하는 압력 나사

파사드 고정 철물은 판넬의 도심축으로부터 동일한 거리에 설치된다. 이는 모든 고정 철물이 파사드 외장재 자중의 $\frac{1}{2}$을 전달함을 의미한다. 각각의 외장재간에 형성되는 줄눈은 추가적인 응력(예 : 외장재의 팽창 등의 경우)이 외장재에 작용하지 않도록 적절한 두께(15mm)를 유지해야 한다.

설치

A. 프리캐스트 콘크리트 외장재의 공사에서 거푸집에 상부 파스너(하중 고정)를 설치하고 보강재로 조정한다. 폴리스티렌 블록(현장에서 제거, 그림 참조)을 브래킷과 앵글 사이에 설치한다. 목제 합판은 타설 과정 동안에 (외장재 거푸집에 고정될 수 있도록) 돕는 역할 만을 수행한다.

B. 구조체에 브래킷의 위치를 정하고 조정시킨다
- 폴리스티렌 제거
- 브래킷과 앵글 사이에 천공 스트립 삽입
- 천공 스트립을 나사로 고정
- 나사에 "Loctite" 류의 접착제를 바르고 적절히 마감 처리

중량 외장재의 고정 (돌)

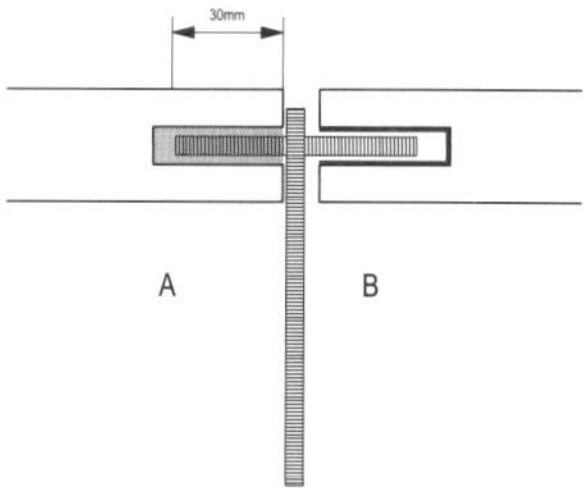

그림 44 : 수직줄눈에 설치된 주물 도월
A 도월의 주조
B 플라스틱 슬리브에 설치된 도월 (운동 가능)

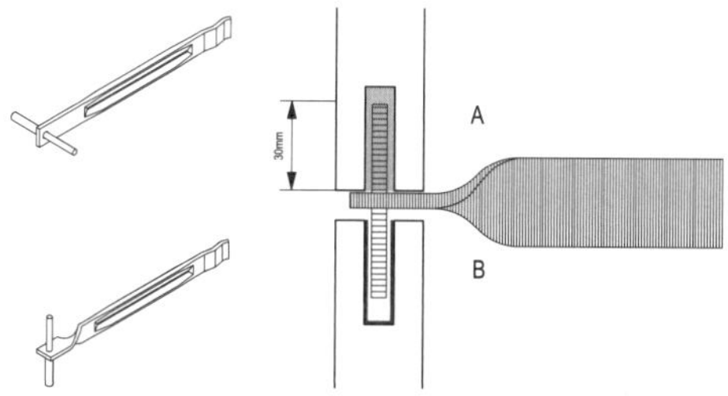

그림 45 :수평줄눈에 설치된 주물 도월

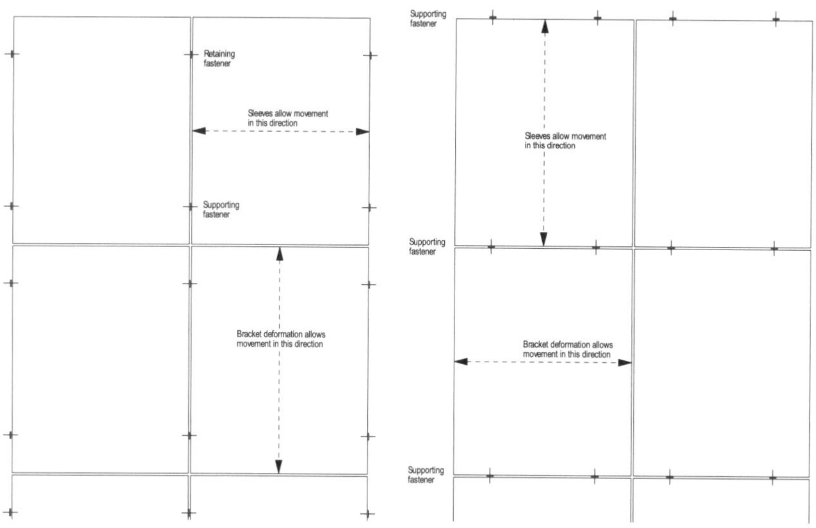

그림 46 : 판넬 입면

석제 외장재의 고정

석제 외장재의 경우 일반적으로 건물의 전면에 매달리는 경우가 많으며, 연결을 위해 다양한 파스너가 사용된다. 파스너는 판넬과 구조체를 연결하며 이에 따라 단열과 공기 순환을 위한 공간이 형성되게 된다. 석제 외장 판넬은 수직 또는 수평줄눈, 또는 두가지 줄눈 모두에 위치하는 지지 파스너에 의해 고정되게 된다. (네 부분에서 고정되어야 한다) 판넬의 자중을 전달하는 기능 이외에도, 파스너는 풍압과 흡입통풍에 저항할 수 있어야 한다. 시중에 나와 있는 여러가지 다양한 파스너를 사용할 수 있다. 내력 구조체가 부적절하거나 적절한 고정 장치가 없을 경우, 다양한 내력 골조 시스템을 사용할 수 있다. 외장재 고정 시스템은 다음과 같이 분류된다 :

- 주물 도월
- 볼트와 브래킷
- 특수 브래킷, 철제 하부 골조

가장 널리 사용되는 것은 그림에 나와 있는 주물 도월이다.(그림 44, 45 참조)

주물 도월(Cast-in dowels)

스테인레스 스틸로 만들어져야 한다. 판넬의 끝부분에 대략 30mm 정도 깊이로 구멍을 뚫고 부착하게 된다. 구멍의 직경은 도월이 구멍보다 대략 3mm 정도 커야 한다. 판넬이 코너부에서 도월 구멍의 중심까지의 일반적인 거리는 판넬 두께의 2.5배이다. 판넬의 최소 두께는 30mm이다.

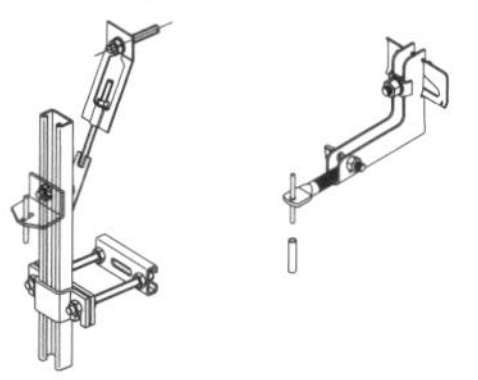

그림 47 : 주물 레일 시스템에 사용되는 브래킷

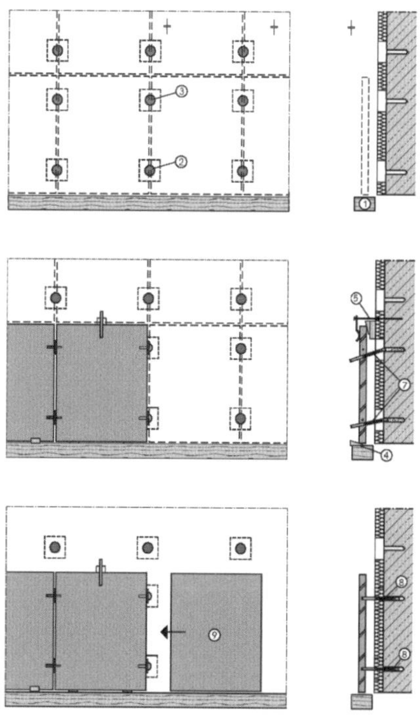

그림 48 : 주물 도월의 설치
1. 탑재 지그를 판넬의 바닥 열에 맞게 높이 조정
2. 구멍을 뚫기 쉽도록 부분적으로 단열재를 제거
3. 앵커를 설치하기 위한 드릴 구멍, 보강 철근이 천공되어서는 안되며, 기포를 제거한다
4. 정확한 높이에 석제 판넬을 설치
5. 판넬 윗면을 정렬시키고 구조체로부터 적정한 간격을 벌린다
6. 앵커 구멍에 회반죽과 긴결재를 채워넣는다
7. 회반죽 속으로 앵커를 삽입하고 정렬, 도월 삽입
8. 긴결재를 다시 바르고 넘쳐 흐를 경우 닦아낸다. 앵커 주변에 단열재를 재설치하고 다음 판넬을 설치한다

그림 49 : 주물 도월로 고정된 석조 파사드

주물 도월의 설치

주물 도월은 내력을 담당하는 구조체(콘크리트 또는 석재)에 적정한 깊이로 부착되어야 한다. 내력 구조체에 구멍을 뚫고 부착함으로써 구조체의 단면의 저항강도가 과도하게 낮아져서는 안된다. 도월이 설치되면 구멍을 뚫기에 앞서 단열재가 제거되어야 하며, 이 후 다시 설치되어야 한다. 파스너는 모르타르를 경화시켜 정렬한다.

콘크리트 슬라브의 초기 치수 산정을 위한 차트
설계단계에서 추정되는 초기 치수

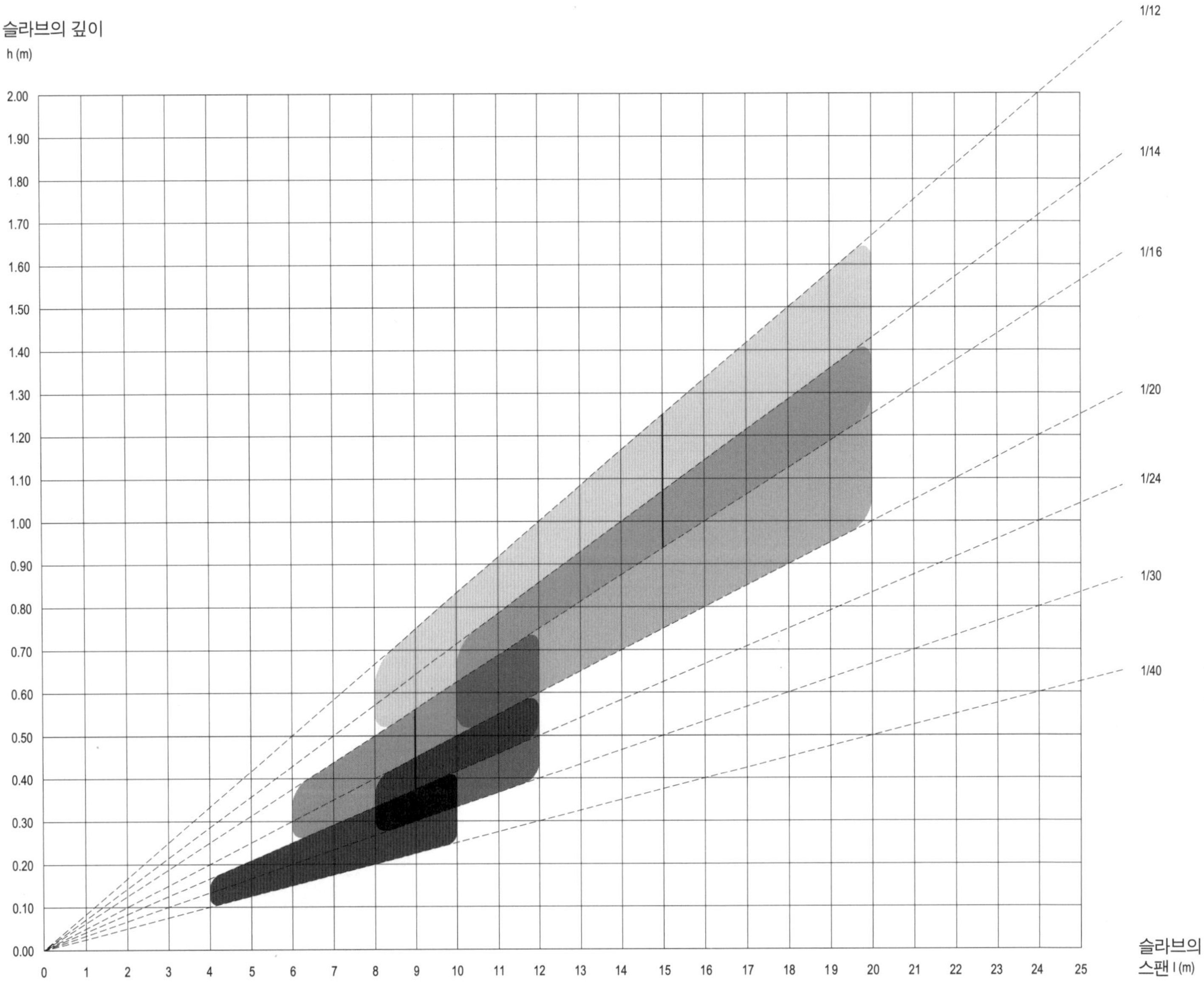

부재 (내력)	Span l (m)	h*/l
벽에 연결된 슬라브	– 10 m	1/24 – 1/40
기둥에 연결된 플랫 슬라브, 일반적인 보강	6 – 12 m	1/16 – 1/24
주두가 벌어진 형태를 가진 기둥에 연결된 플랫 슬라브	8 – 12 m	1/20 – 1/30
다운스탠드 보에 연결된 슬라브, 일반적인 보강	8 – 20 m	1/12 – 1/16
와플 슬라브	10 – 20 m	1/14 – 1/20

*프리스트레스 구조를 사용할 경우 슬라브의 구조 깊이를 30%까지 줄일 수 있다.

그림 50 : 차트의 사용법
큰 하중(고정하중 및 집중하중)에 대해서는 차트에 나와 있는 슬라브 깊이의 최대값을 사용하며, 낮은 하중에 대해서는 반대로 추정한다. 차트에 나와 있는 치수와 관계는 과학적으로 입증된 것이 아니다. 음영 부분은 "불분명한" 부분을 말한다. 내력 부재의 합리적인 사용을 위해서는 이 차트의 "모서리" 부분은 고려하지 말아야 한다.

출처 : M. Dietrich, *Burgdorf School of Engineering*, 1990

선형 구조 부재

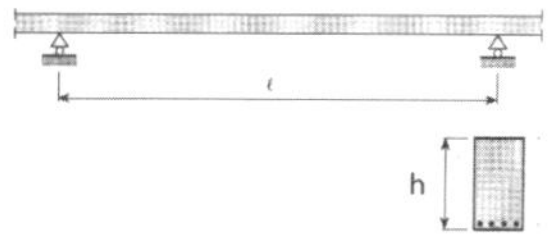

그림 51 : 일반적인 간격과 하중을 나타내는 단면의 치수 (근사치) :

Beam depth h
simply supported beam h/l = 1/11 to 1/13
simply supported T- beam h/l = 1/13 to 1/15
continuous beam (end span) h/l = 1/12 to 1/15
continuous beam (other spans) h/l = 1/15 to 1/18
Beam width b
min. b 180 mm
min. b for l = 5 to 8 m 200 mm
min. b for l = 8 to 12 m 300 mm
min. b for l = 12 to 15 m 400 mm

Column length l
Buckling length l_{cr}

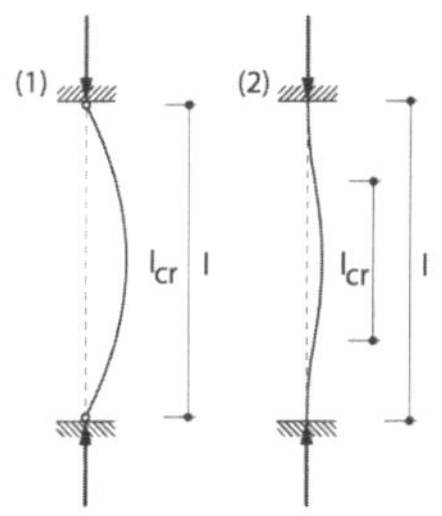

(1) pinned top and bottom $l_{cr} = l$
(2) fixed top and bottom $l_{cr} = 0.5l$

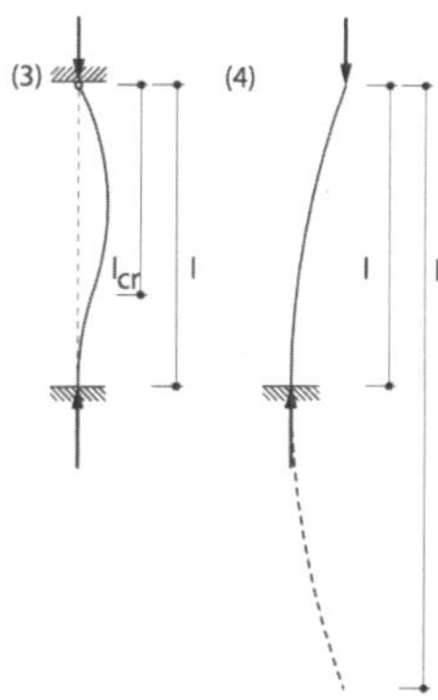

((3) pinned at top, fixed at bottom $l_{cr} = 0.7l$
(4) top free, bottom fixed $l_{cr} = 2l$

기둥 치수 b
b = 기둥 단면의 단변 길이

사각형의 단면 $b = l_{cr}/14$
(좌굴의 가능성이 적을 경우 사용할 수 있다)

현장 타설 콘크리트의 최소 치수 b = 〉200 mm
프리캐스트 콘크리트의 최소 치수 b = 〉150 mm

여러 개의 층에 걸쳐 사용되는 기둥의 치수
기둥 그리드 7.5 x 7.5 m, 층고 3.60 m
(사무소 건축 등에서 나타나는 일반적인 하중을 받는다고 가정)
1장의 슬라브를 지지하는 기둥 : b = 250 mm
2장의 슬라브를 지지하는 기둥 : b = 350 mm
3장의 슬라브를 지지하는 기둥 : b = 400 mm
4장의 슬라브를 지지하는 기둥 : b = 450 mm

보

보는 주로 휨모멘트를 받는 구조 부재이다. 휨 모멘트의 크기는 치수(깊이, 세장비, 단면의 형태)와 보강하는 형태(일반보, 프리스트레스보)에 영향을 준다. 구조 보는 양 단부가 고정단이거나, 단순지지되거나, 연속적인 구조를 형성하거나, 슬라브의 위에 위치하거나(업스탠드 보), 슬라브의 아래에 위치하거나(다운스탠드 보), 골조에 사용되는 등 다양한 형태로 사용될 수 있다.

일반적인 사각형 보는 오히려 현장 타설 콘크리트를 사용할 경우에는 잘 사용되지 않는데, 이는 현장에서 콘크리트를 타설할 때 바닥 슬라브와 보를 일체화시켜 만들어(T형 보 또는 L형 보) 두 요소가 함께 기능할 수 있도록 하는 경우가 많기 때문이다. 이렇게 만들어 진 보의 경우, 압축 영역이 슬라브 내에 형성되기 때문에 일반적인 사각형 보에 비해 보의 깊이를 줄일 수 있다.

그림. 52: 골조 건축물에 사용된 프리캐스트 콘크리트 보
Angelo Mangiarotti: industrial building, Bussolengo Barese (I), 1982

거푸집의 비용의 측면에서 볼 때, 거푸집을 경제적으로 재활용할 수 있는 프리캐스트 콘크리트 작업에서 하중에 정확히 맞는 보의 크기를 사용하는 것은 단지 권장사항에 불과하다. 예를 들어 이론적으로는 휨 모멘트 다이어그램의 형상을 따라 하나의 보 안에서 보의 깊이가 변화한다거나, 전단력 다이어그램의 형상을 따라 보의 폭이 변화하는 형태의 보를 만들 수는 있다. 그러므로 큰 스팬의 공간을 형성하기 위해서는 재료의 사용량을 줄여 무게를 줄일 수 있도록 보의 단면을 최적화하는 것이 바람직하며, 이러한 점에서 보는 거더나 (구조물의 상부 또는 하부에서 작용하는) 트러스보로 제작되기도 한다.

그림. 53: 트러스 보
Factory building, Lustenau (A)

기둥

기둥의 기능은 수직 하중을 건물의 기초에 전달하는 것이다. 기둥이 수직하중과 동시에 횡하중(바람, 지진에 의한 전단력)도 전달하기 위해서는 이에 대응할 수 있을 만큼 단면의 크기가 커지게 된다.

자유롭게 모양을 만들 수 있는 콘크리트의 특성 덕분에, 단면의 형태는 원하는 대로 만들 수 있지만, 거푸집의 비용과 보강철근의 고정이라는 측면에서 현실적인 제약을 받게 된다. 가장 "완벽한" 형태는 원형 단면으로 이는 모든 방향에서 작용하는 힘에 대해 동일한 강도를 보이기 때문이다. 그러나 현장 타설 콘크리트로 만든 기둥은 종종 정방형 또는 장방형인데 이는 거푸집의 제작을 쉽게 하고 비용을 줄이기 위해서이다. 현장 타설 기둥의 최소 폭은 200mm, 프리캐스트 기둥의 최소 폭은 150mm이다. 프리캐스트 콘크리트는 횡으로 눕혀진 상태로 만들어지며, 표면을 부드럽게 다듬거나 원하는 품질에 따라 별도의 기공을 할 수 있다. 스핀캐스팅(spincasting)은 사각형 또는 원형 프리캐스트 기둥 모두에 사용할 수 있다. 이는 콘크리트를 밀실하게 다지기 위해 거푸집에 콘크리트를 붓고, 밀폐시킨 후 회전을 통해 혼합하는 방법을 말한다. 이렇게 만들어진 기둥은 매우 부드럽고 균일하게 표면이 마감 처리된다.

가는 기둥이 압축 하중을 받을 경우 좌굴의 위험이 있다. 이는 기둥이 가늘수록 기둥의 허용가능하중 (좌굴하중)은 낮아짐을 의미한다. 그러므로 기둥의 길이는 기둥의 최소 단면 치수와의 관계를 고려하여 결정되어야 한다. 좌굴 길이는 기둥 양단부의 지지 조건에 의해서 결정되며, 기둥의 실제 길이보다 짧을 수도 있고(= 높은 좌굴 하중), 길 수도 있다(= 낮은 좌굴 하중). 그러나 일반적으로 핀 접합 양단은 상부구조와 만나게 된다.

그림. 54: 철제 웹 플레이트에 의해 철근콘크리트 지붕에 연결된 원심력 철근콘크리트 기둥 Axel Schultes: art gallery, Bonn (D), 1992

선형 부재를 사용한 구조

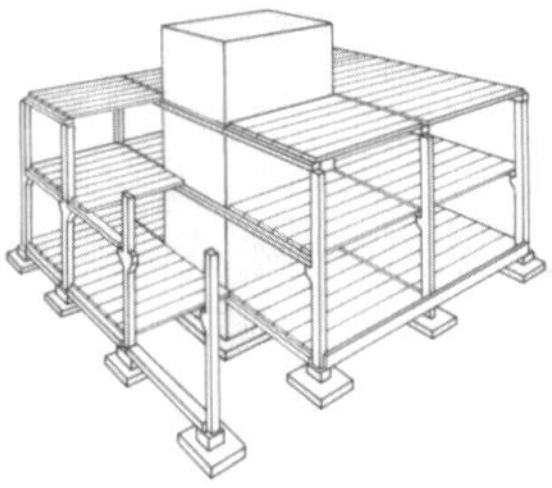

그림 55 : 프리캐스트 콘크리트 기둥, 보, 슬라브를 사용하여 다층 골조 건물을 세우는 원리. 현장 타설 콘크리트 코어에 의해 건물은 횡력에 저항한다.

아치

아치는 곡선 부재이다. 하중과 관계 없이, 아치는 축압축력과 휨모멘트를 받는다. 그러나 아치가 매우 적절한 형태라면, 아치는 등분포하중을 오직 (휨모멘트 없이) 축압축력에 의해서만 전달한다. 아치에 있어 가장 "완벽한" 형태는 줄을 일정한 간격으로 늘어뜨렸을 때, 자신의 하중에 의해서 만드는 형태(현수선)를 뒤집은 것이다.

철근콘크리트 공사에 있어 아치는 큰 스팬의 교량 공사에 내력 구조체로써 주로 이용된다. 큰 스팬을 필요로 하는 공간(예 : 단층 창고)에 현장 타설 콘크리트로 만든 아치를 사용하기도 하지만, 시간이 흐름에 따라 인건비와 재료비가 완전히 다른 관계를 형성하게 된 요즘에는 좀처럼 찾아보기 힘들게 되었으며, 그나마 프리캐스트 아치만을 볼 수 있게 되었다.

그림. 56: 고정단 아치
Stuttgart Building Department (F. Fischle, F. Cloos): swimming pool, Heslach (D), 1929

포탈프레임(Portal frames)

수평 부재와 수직 부재를 강접합으로 연결함으로써 포탈프레임 구조를 형성한다. 수직 부재를 다리로, 수평 부재를 서까래로 부르기도 한다. 편심하중에 의해 코너부에 발생하는 휨모멘트 때문에 수직 부재의 단면은 동심 하중을 받는 일반적인 기둥에 비해 커야 한다.

포탈프레임은 골조의 단면에서 수직하중, 수평하중 모두를 전달할 수 있는 강하고 안정적인 시스템이라는 점에서 건물에서 보강 "플레이트"의 기능을 담당하기도 한다. 근본적으로 안정적인 포탈프레임 시스템은 단층 또는 2층 건물에서 특히 경제적이지만, 고층 건물에 있어서는 슬라브와 벽으로 이루어진 플레이트 구조가 더욱 바람직하다.

그림. 57: 고정단 포탈프레임
Auguste + Gustave Perret: Ponthieu garage, Paris (F), 1906

골조

골조는 기둥, 보, 바닥 슬라브 등의 사전 제작된 내력 부재들로 이루어진다. 고정 기둥과의 접합에 있어 강접합으로 골조를 형성할 수도 있다. 단층 또는 2층 건물에서는 고정 기둥(수직 캔틸레버처럼 거동한다)에 의해 횡력에 저항하지만, 고층 건물에서 횡하중은 수직 플레이트(전단 벽)에 의해 기초로 전달된다.

골조는 건물의 이용에 있어 매우 큰 자유도를 부여하는데 이는 내력의 기능을 담당하는 부분이 건물의 기타 부분과 근본적으로 분리되어 있기 때문이다.

그림. 58: 프리캐스트 콘크리트 부재와 유리의 사용
Hermann Hertzberger: extension to LinMij plant building, Amsterdam (NL), 1964

면형 구조 부재

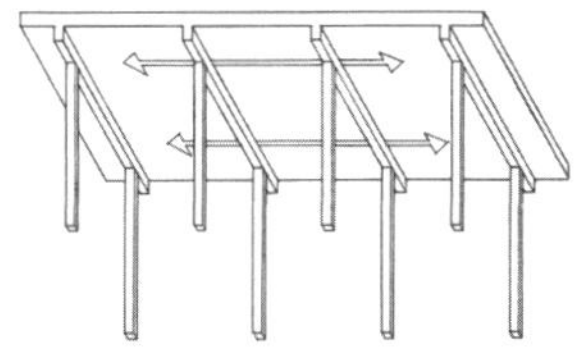

그림. 59: 일방향 장선 연속 슬라브 시스템

일방향 장선 구조에 사용되는 슬라브의 깊이 :
캔틸레버 슬라브 : h/l = 1/12
단순지지 슬라브 : h/l = 1/25

연속 슬라브 (단부 간격) : h/l = 1/30
연속 슬라브 (기타 간격) : h/l = 1/35

이방향 장선 구조에 사용되는 슬라브의 깊이 :
단순지지 슬라브 : h/l = 1/30
연속 슬라브 (코너 간격) : h/l = 1/40
연속 슬라브 (기타 간격) : h/l = 1/45

슬라브의 최소 깊이 : (h) 180 to 200 mm
(방화 및 방음)

경제적인 스팬 길이 :
일방향 장선 슬라브 : l < 6 to 7 m
이방향 장선 슬라브 : l < 8

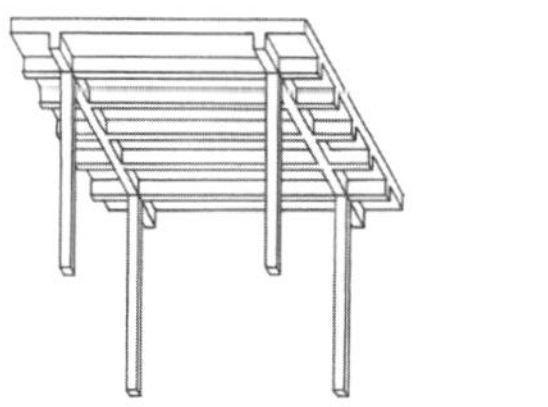

그림. 60: 장선 슬라브Ribbed slab

장선 슬라브의 구조 깊이 :
전체 깊이 (h) h = l/20 to l/35
장선 간의 간격 (s) s = < 2h
슬라브의 깊이 (hp) h_p > 50 - 80 mm
또는 0.1 x 장선 간격 (중심간 거리)

경제적인 스팬 길이 :
장선 슬라브 l = 7 to 12 m
사전제작, 프리스트레스 구조 l = up to 18 m

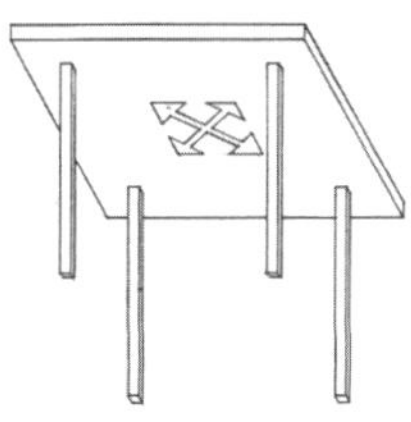

Fig. 61: 플랫 슬라브

플랫 슬라브의 구조 깊이 :
장방형 슬라브 (일방향 장선 구조) : h/l = 1/30
정방형 슬라브 (이방향 장선 구조) : h/l = 1/35

슬라브의 최소 깊이 : (h) 200 mm
(방화 및 방음)

경제적인 스팬 길이 :
플랫 슬라브 l ≤ 8 m

슬라브

콘크리트 슬라브는 평면에 대해 수직방향으로 하중을 받는 내력 부재이며 주로 휨모멘트를 받게 된다. 크게 일방향 장선 구조와 이방향 장선 구조로 구분할 수 있다. 일방향 장선 구조로는 캔틸레버 슬라브 또는 서로 맞은 편에 위치한 두 벽의 사이에 걸쳐진 슬라브를 예로 들 수 있다. 이상적인 이방향 장선 구조의 슬라브는 정방형이며, 사면에서 지지되는 것이다. 하중은 (적어도) 두 방향에서 지지되며 이에 따라 슬라브의 구조 깊이를 줄일 수 있다. 슬라브의 깊이와 기둥 간격의 비율은 지지 조건(캔틸레버, 단순지지, 연속지지)에 따라 다르게 나타난다.

큰 스팬에 슬라브를 사용할 경우, 슬라브의 무게가 무거워 질 수 있는데 이를 위해 경량 바닥 시스템을 사용하게 된다. 건물에 사용되는 바닥 시스템은 장선 슬라브(일방향 장선 구조)와 와플 슬라브(이방향 장선 구조)처럼 선적인 요소로 지지되는 종류와 플랫 슬라브(주두의 유무는 관계없다)처럼 면적인 요소로 지지되는 종류로 구분된다.

일반적인 슬라브와 비교해 볼 때, 벽 또는 다운스탠드 보에 의해 지지되는 장선 슬라브와 와플 슬라브는 훨씬 가볍다는 장점(인장 영역에서 재료를 줄일 수 있다)을 갖지만 거푸집을 제작하기가 힘들다는 단점을 갖는다(사전 제작된 거푸집만을 사용할 수 있다).

기둥에 의해 지지되는 슬라브는 보나 장선의 도움 없이, 오직 슬라브 혼자서 하중을 전달하게 된다. 기둥에 작용하는 큰 응력 때문에 적절한 보강을 가하거나, 더 큰 강도를 가질 수 있는 (주두가 벌어진) 형태를 사용하게 된다. 플랫 슬라브의 구조 깊이는 복잡한 바닥 시스템에 비해 작다. 그러나 기둥 주변에 휨모멘트와 전단력이 집중됨으로써 뚫림전단(punching shear)이 발생할 가능성이 있다. 하중을 받는 면적과 기둥과 접촉하는 부분의 슬라브 두께를 늘리고, 뚫림전단을 견딜 수 있는 보강재 또는 철제 "스터드 레일(studrails)"을 사용함으로써 기둥 주변의 내력을 강화시킬 수 있다. 현재는 대개 주두가 벌어진 형태의 기둥이 프리캐스트 콘크리트로 제작되어 현장 작업에 사용된다.

그림. 62: 지하주차장, 1960년
Ribbed slab

그림. 63: 주두가 벌어져 상부 슬라브의 하중을 기둥에 전달하는 구조
Robert Maillart: warehouse, Giessh?belstrasse, Zurich (CH), 1910

플레이트

플레이트는 건물에서 벽의 형태로 사용된다. 이는 내력의 기능 또는 공간 구획의 기능, 또는 두 기능을 동시에 담당한다. 주로 휨모멘트를 받는 슬라브와 대조적으로, 플레이트는 평면을 따라 힘을 전달하며, 따라서 축력에 대해 저항한다.

부재가 전체적으로 지지되며 길이 방향을 따라 수직하중을 직접 전달하는 방식과(선형지지), 부처럼 부재의 일부분만이 지지되어 하중을 받을 경우, 이 지지점으로 힘을 전달하는 방식으로(깊은 보) 구분할 수 있다.

높은 강성을 갖기 때문에, 플레이트는 횡력에 저항하는 용도(브레이싱) 또는 전달 구조체로써 사용되기도 한다.

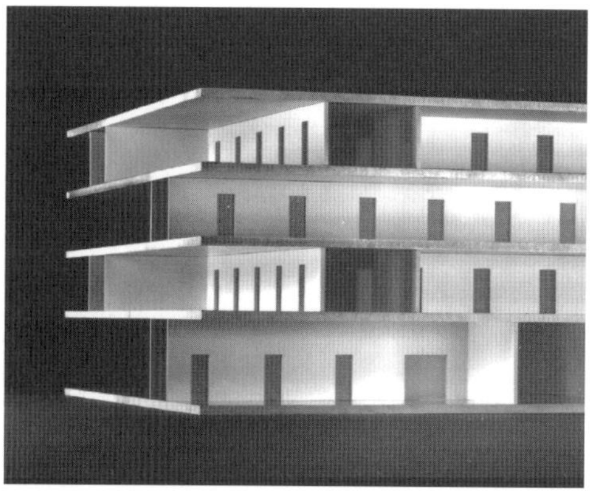

그림. 64: 전단 벽을 나란히 또는 직교하도록 배치한 내력 구조체 모형
Morger & Degelo: Reinach community centre, Basel (CH), 1997- 2000

면적인 부재를 사용한 구조

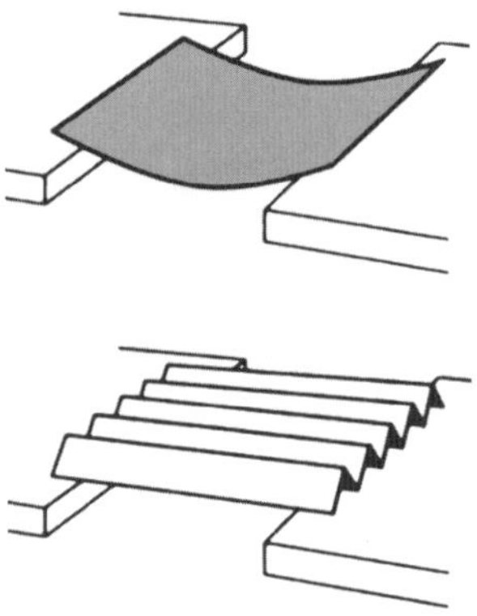

그림 65 : 종이를 접음으로써 강도를 높이다
- 절판구조의 원리

절판구조

만약에 두개의 지지점 사이에 한 장의 종이는 아코디언 같은 형태로 접고, 한 장의 종이는 접지 않고 만들어 두 장의 종이를 각각 위치시켜 보면, 접지 않은 종이는 자체 무게에 의해 종이가 접히게 되지만, 접은 종이는 형태를 안정되게 유지하는 모습을 볼 수 있다. 이것이 절판구조의 원리이다.

절판구조는 경사지고 평평한 표면이 모서리를 따라 연결되며("접힘") 전단저항을 형성하는 구조를 말한다. 힘은 슬라브와 플레이트의 작용에 의해 전달된다. 슬라브가 평면에 대해 수직적으로 하중을 받고 주로 휨모멘트에 노출되어 있는 반면, 하중을 잘 전달하고 강성이 매우 높은 플레이트는 평면을 따라 힘을 받고 이를 지지점에 전달한다.

그러므로 절판구조는 중간에 기둥을 따로 설치하지 않고 넓은 스팬의 공간을 형성할 수 있으며, 주로 긴 스팬의 지붕 구조를 만드는데 사용된다.

그림. 68: Y자형 기둥에 의해 지지되고 있는 절판구조 지붕
Hans Hofmann: waterworks, Birsfelden, Basel (CH), 1953/54

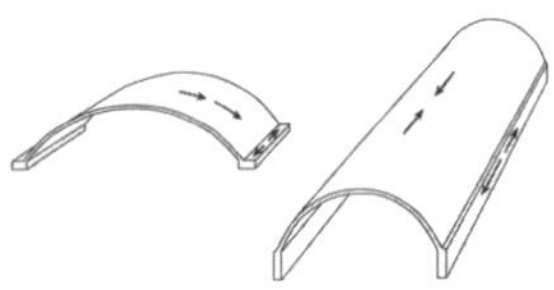

그림 66 : 단일 커브를 갖는 형태

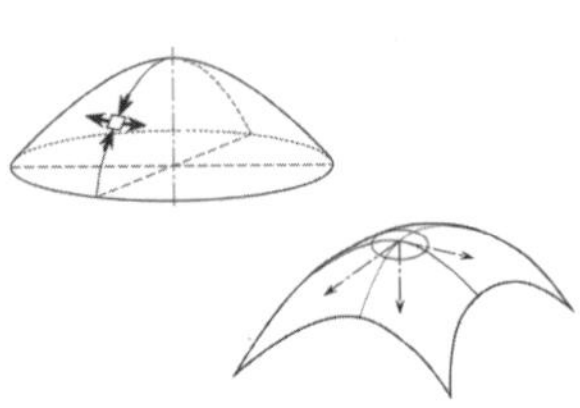

그림 67 : 이중 커브를 갖는 형태

쉘구조

쉘은 3차원의 얇은 벽으로 이루어진 구조이다. 철근콘크리트의 자유로운 성형 가능성과 프리스트레스 콘크리트 때문에, 대부분의 쉘구조는 이 재료들을 이용하여 만들어진다.

쉘의 형태는 건축적인 느낌을 결정할 뿐 아니라, 내력 거동을 좌우하기도 한다. 아치와 마찬가지로 쉘구조 역시 가장 "이상적인" 형태가 존재한다. 이는 쉘이 자중만을 받아 이른바 인장 막의 상태, 즉, 쉘의 평면을 따라 축력과 전단력만이 작용하는 단계에 도달했을 때 에 얻어지게 된다. 결과적으로 쉘 구조는 500 이상의 세장비를(기둥 간격과 깊이의 비율) 가질 수도 있다.

그림. 69: 이상적인 형태(파라볼라)로 설계된 쉘, 쉘의 두께는 대략 6cm이다
Robert Maillart: Cement Industry Pavilion for Swiss National Exhibition, 1939

그림. 70: 유체 형태로 설계된 쉘
Heinz Isler (with P. Wirz, architect): Kilcher factory, Recherswil (CH), 1965

구조 기술자인 Heinz Isler는 다양한 실험을 통해 세 가지의 형태형성 원리를 만들어 냈다 :
- 막 구조 : 내부로부터 압축력을 받는다
- 현수 구조 : 걸려진 막의 형태로(자유형) 자중을 받는다
- 유체 형태 : 유체가 흘러나와 응고된 듯한 형태

쉘 구조에 사용되는 거푸집이 갖추어야 할 조건은 상대적으로 높다. 철근콘크리트 쉘을 만들 경우, 세가지 방법을 사용할 수 있다 :
- 홍예틀을 만들고 그 위로 형태를 만드는 방법
- 프리캐스트 부재의 사용
- 압축 공기식 거푸집의 사용

이 세가지 중 실무에서 가장 많이 사용되는 것은 홍예틀을 사용하는 방법이다.

그림. 71: 막 형태로 설계된 쉘, 홍예틀이 먼저 만들어지고 지어졌다
Heinz Isler (with VSK and Frei Architekten): COOP warehouse, Olten (CH), 1960

나무 : 평범한, 종합적인, 추상적인 - 플라스틱

목조 건축에서 사용되는 사전 제작 기술

Andrea Deplazes

지난 10년 동안 우리는 지금까지 목조 건축의 구축적인 기본 원리이자 실무의 표준이 된다고 믿었던 많은 것들이 새로 개발된 시스템과 반가공제품들에 의해 대체되어 가는 모습을 보게 되었다. 사실, "아무런 제약도 없고", 치수의 측면에서 자유로운 조립식 목조 건축을 예고했던 "1990년대의 전통적 방식의 경량목구조"는 오늘날 이미 시대착오적인 발상에 불과하다.

목조 건축의 가장 최신 형태가 유럽 중부와 스칸디나비아 지방, 즉, 목재 산업에 크게 의존하고 있는 나라에서 나타났다는 것은 단순한 우연의 일치가 아니다. 전통적인 목조 산업의 침체를 극복하기 위해, 이 나라들은 기술 혁신을 통해 석조 건축의 영역이 점유하고 있는 시장을 개척하려고 했다. 허리케인이 휩쓸고 지나간 자리에 쓰러진, 엄청난 양의 나무 자원이 이러한 상황을 더욱 심하게 만들었으며, 건축계에 치열한 약탈 전쟁을 일으켰는데, 여기서 중요한 것은 건축 역사상 처음으로 반대 방향으로의 변화, 즉, 고형식 건축에서 가구식 건축으로의 변화가 일어났다는 점이다.

기본적인 수공 기술

"1990년대의 전통적 방식의 경량목구조"를 통해 수많은 전통적 목공 기술들이 다시 한 번 주목받게 되었다. 예를 들어, 상부, 하부 부재의 사각형 단면을 끼워 맞춰 평면 골조를 형성하는 방식이나 골조를 합판이나 판자로 감싸 안정성과 강성을 높임으로써 단순한 건축 요소(벽 또는 바닥)를 구조적으로 효율적인 플레이트로 만드는 방식 등이 있다. 이러한 부재에 형성된 개구부는 늘 충분히 "정돈될" 필요가 있는, 일종의 분열상태를 나타냈다.

전통적 방식의 경량 목구조에 사용되는 상호보완적인 층

건물의 구축적인 목표는 건물의 외관적인 목표와 동시에 나오기 마련이다 : 정방형 단면의 골조는 하중을 전달하고, 내장재는 강성을 높이며, 외장재는 골조를 가리게 되며, 단열재가 삽입되게 되는데 이러한 방식에 의해서 모든 요소들이 샌드위치처럼 서로 끼워 맞춰지게 된다. 끝으로 외부에 (공기 순환을 위한 구멍이 뚫린) 또 하나의 층이 이 샌드위치를 기후의 영향으로부터 보호하게 되며, 내부에서도 비슷한 방식으로 설계자의 의도대로 마감처리 된 벽면이 각종 설비를 설치하느라 생긴 벽의 여백을 가리는 역할을 한다. 전통적 방식의 골조 건축에서 나타나는 이러한 레이어 방식의 파사드 부재들은 때문에 상호보완적으로, 각자 단지 하나의 기능만을 담당하는 개별적인 층들이 서로를 보충하며 조립되어 건물을 형성한다. 골조 건축의 각 부분에 사용되는 재료들의 구성과 품질은 시스템의 공급자에 의해 대부분 결정된다. 건축가는 더 이상 벽체 내부가 어떻게 돌아가게 될지 생각해 본다거나, 그려볼 필요가 없다. 건축가가 할 일은 오직 외부의 눈으로 보이는 표면을 아름답게 만드는 것 뿐이다.

신기술의 형성 부족

새로운 목조 건축 기술에 대해 점차 늘어나는 관심은, 건축 역사상 처음으로 고형식 건축에서 목조 건축, 즉, 가구식 건축(구축술)의 범주로 대세가 옮겨가고 있다는 관점을 증명하는 예이다. Gottfried Semper가 저술한 "theory of metabolism"은 또 다른 예이다. 이 책은 건축 기술 자체에 대해서 자세히 다루고 있다기 보다는 구축술에서 절단술, 가구식 건축에서 고형식 건축으로 변화하는 과정에서 나타난 건축적 표현의 발전에 대해 자세히 다루고 있다. (나는 이러한 충돌을 "기술적 내재성 대 문화적 영속성" 이라고 부른다.) François Hennebique가 설계한 최초의 철근콘크리트 건물을 보면, 아직 목조 건축의 구축적이고 직물 같은 느낌에 얽매여 있음을 알 수 있는데, 기둥들이 주요 보와 2차적인 요소인 장선에 있어 위계를 나타내며 배열된 모습을 통해 이를 나타내고 있다. 새로운 방식이 얼마 간의 시간을 거쳐 정착된 후, Robert Maillart가 철근콘크리트 공사의 기본 이론들을 정리하게 된다. 이는 기둥은 주두에서 플랫 슬라브와 합쳐지게 되며 이 과정에서 보강재가 삽입되며 합성 플라스틱 수지 같은 형태의 주두를 만들게 된다는 것이다.

따라서 "예술적인 형태"는 "구조적인 형태"로 전도되게 되며(Carl Bötticher), 콘크리트가 타설되기 전에 보강 철근을 짐결시키고 엮음으로써 힘을 갖게 된다. 이러한 점에서 우리는 다음과 같은 결론에 도달하게 된다 : 새로운 기술 시스템 속에 내재되어 있는 형태 기준은 영속적이고 문화적인 이미지를 극복한 뒤에야 나타나게 된다.

적절한 구조와 형태의 탐색

만약에 내부에 스터드가 설치되고, 양쪽 면에 외장재를 입힌 전통적인 조립식 목조 건축이, 아직까지도 예로부터 전수되어 온 목공 기술과 목조 건축의 엄격한 구축적 규범에 기반을 두고 있는 과도적인 형태라면, 현재의 목조 건축 기술에 적합한 구조와 형태란 어떤 것인가?

이 질문에 대한 답을 얻기 위해서는 가장 먼저 오늘날 목재가 가공되는 과정을 살펴봐야 한다. 반제품의 생산과정은 하향적인 공정을 통해 이루어진다. 첫번째 공정에서는 전통적인 작업 방식인 톱질에 의해 널, 사각형 단면 목재, 사각형 합판 등의 고품질, 중급품질 목재가 생산된다. 집성재는 가장 중요한 반제품 중 하나이다. 절단면은 점차 예리해지고, 단면은 점차 작아지게 된다. 두번째 공정에서는 여러 겹의 합판, 고형 목재 판넬 등을 만드는데 이용되는 스트립, 널빤지, 래미네이션이 생산된다. 이 과정에서 생산된 "폐기물 조각"은 더욱 작게 잘라져, 고강도 평형 스트랜드 목재(PSL), 칩보드 등의 슬라이스드 베니어 또는 필드 베니어로 만들어 진다. 이 후 톱밥 등의 미세한 폐기물은 최종 공정에서 가열되어 섬유질의 펄프로 만들어 진다. 목재는 섬유질과 액체 성분(리그닌)으로 분리되어 압축을 통해 하드보드, 중질섬유판(MDF), 소프트보드 등의 다양한 제품으로 만들어 지게 된다.

공정의 모든 단계는 슬라브나 플레이트에서 주로 나타나

그림 1 : 공사중인 경량 목구조 건물
Bearth & Deplazes: private house (Hirsbrunner), Scharans (CH), 1995

는 조립, 재구성과는 정반대의 작업이라 할 수 있다. 또한, 접착제를 바르는 것이 접합이자 재성형의 기술이다. 이것이 바로 이어질 반제품의 생산과정인 "정제"와 건축 공사를 위한 사전 제작의 과정에 걸쳐, 사실상 별다른 제약 없이 CNC 밀링커터, 공장자동화 등의 모든 성형 방법을 사용할 수 있고, 재료의 사용에 있어 놀라운 자유도가 부여되는 이유이다. 이 과정에서 복잡한 패턴은 물론, 프로파일링 또는 3차원적인 제품 같은 가소성형물이 생산되며, 표면의 가공 정도를 기계 가공 이전에 수량화할 수 있다는 점에서 "모델링"이라는 용어가 적합하다.

CAD - CAM - 공장자동화

이 생산방식에서 목재는 쉽게 모델링되는 특징을 갖게 되며, 따라서 평범한 원재료의 특성을 갖는다. 선택사항은 다음과 같다. 설계자의 CAD화된 도면에서 제조자의 CAM과 CNC 공장자동화로 이어지는 생산 과정 때문에 일본 신사와 같은, 매우 복잡하고 "단 하나뿐인" 제품을 상대적으로 낮은 가격에 생산하는 일이 가능하다. 이는 소수의 저명하고, 선택 받은 고객만을 위한 (의류 또는 차에서 볼 수 있듯이) 건축적인 희소가치를 높여주는 기회가 되기도 한다.

이러한 공상은 우리를 프로젝트의 출발점인, 설계의 단계로 되돌려 놓는다.

오늘날, 설계사무소에서 설계에 CAD 소프트웨어를 사용하는 것은 매우 보편적인 실무 방법이다. 데이터 라인은 CAD 소프트웨어에서 스크린에 도면을 표시하는 방법 등의 과정에 아무런 이질감이 없이 적용이 되며, 건물의 제작과 구축에 있어, 목조 건축 같은 전통적인 건축 기술과 관계 없는 소급효과를 갖게 된다. 모듈화되지 않고, 프로젝트를 위해서 특수 제작된 부재들이 생산된다. 설계가 완료된 건축 프로젝트는 시공을 위해 관리하기 쉬운 각각의 부재들(플레이트, 슬라브, 벽)로 분해되어, 데이터 라인을 통해 제조되며, 현장에서 재조립되어 하나의 건물로 재탄생하게 된다. 슬라브가 구축된 형태와 바닥판과 부재의 적층을 통해 만들어지는 시공적인 조직은, 고형식 건축에 있어서는 이미 오래전부터 가장 일반적인 형태였다. 그러나 목조 건축에 있어 이러한 방식은 새로운 설계와 시공에 대한 가능성을 열어준다. 또한, 기술적인 발전을 통해 이전의 재료보다 훨씬 높은 강도의 재료가 만들어지고 있으며, 이는 더욱 가는 부재의 생산을 가능케 했다.

건물의 규모와 판지 모형

이러한 점에서 현대 목조 건축의 "기본적인 요소"는 선형 부재가 아닌 슬라브라고 할 수 있다. 슬라브는 톱질된 목재가 셋 또는 그 이상의 층(겹)을 이루어 만들어지며, 이를 위해 상대적으로 저품질의 나무에서 추출한 래미네이션과 스트립을(과거에는 부스러기, 폐기물에 불과했다) 이웃하는 겹에 대해서는 직각을 이루도록 한데 묶어 접착하게 된다. 이렇게 "교차엮기"의 방법으로 생산된 슬라브는 구조 플레이트로 사용할 수 있을 만큼 높은 강도와 강성을 나타낸다. 내부 조직에 어떠한 위계적인 차이도 없도록 균일하게 만들어진 슬라브의 길이와 폭은, 마치 직물처럼 별다른 제약 없이 자유롭게 연장할 수 있으며 (유일한 제한사항이라면, 프레스의 크기와 부재의 운반에 필요한 차량의 크기 정도일 것이다), 여러 겹을 겹쳐 놓음으로써 두께를 조절할 수 있다(슬라브의 두께는 하중 조건과 응력에 따라 결정되게 된다). 연질 목재 또는 경질 목재, 또는 "실로 짠 직물"로도 불리는 이들 혼화재료의 스트립 품질 역시 원하는 의도에 맞게 가공될 수 있다. 그러므로 이렇게 만들어진 슬라브는 무지향성이며, 슬라브가 놓여지는 방향에 대해 항상 동일하고, 중립적이다.

이론적으로, 슬라브는 무한한 길이로 생산될 수 있지만, 실제로는 운반의 문제 때문에 최대 치수가 정해지게 된다. 현재 목조 건축에 영향을 미치는 사항으로는 다음의 두가지 조건이 있다. 슬라브의 구축방법과 얇은 두께의 플레이트는 마치 판지로 포장지를 만들 때, 운반되어야 하는 물건의 크기에 의해 판지의 크기가 결정되는 것과 유사하다. 이는 단지 물리적인 부분에 대해서만 다루고 있는 것이 아니다. 개구부와 관계된 작업을 할 경우에는 더욱 분명해진다. 칼로 판지를 자르듯이, 플레이트에 구멍을 뚫고, 플레이트를 임의로 자르는 과정을 통해, 구축된 슬라브가 가지고 있는 놀라운 저항성이 건물 표면으로 드러나게 된다. 미국에서 사용되는 경골 목구조(balloon frame)에서도 비슷한 현상이 뚜렷하게 나타나는데, 못박기건을 사용하여 조립하는 이 구조의 경우, 건물을 세운 후 건물을 무너뜨리지 않고도 모서리부 전체를 떼어낼 수 있는데 이는 전체 구조체가 매우 크기 때문이다. (이는 유럽식 골조 건축에서

그림 2 : 공사중인 목제 판넬 건물
Bearth & Deplazes: private house (Bearth-Candinas), Sumvitg (CH), 1998

는 상상조차 할 수 없는 일이다!) 그러나 현재 유럽에서 사용되고 있는 슬라브 구축 방식과 비교해 볼 때, 미국식 경골 목구조는 현장에서 단열재와 외피를 교체해야 하는 오래 되고 "부담 없는" 방식이라 할 수 있다.

예측 : 컴팩트 시스템

유럽식 슬라브 구축 방식의 발전 방향에 대해서는 다음과 같은 예상이 가능하다. 내력, 외관의 미적인 아름다움, 기후의 영향으로부터의 보호라는 문제를 만족시킬 수 있는 간결한 시스템(샌드위치 파사드 부재, 이른바 컴팩트 시스템이라고도 불린다)과 부재의 층을 단순화시킨 즉, 더 적은 수의 층을 갖는 시스템이 점차적으로 가치를 인정받게 될 것이다. 다기능 부재들로 구성된 복잡하고 종합적인 시스템이 널리 사용될 것이다. 석유 파동으로 건물의 외관이 다양한 기능을 수행할 수 있는지에 대한 연구가 이어지며, 1970년대부터 파사드를 무수한 층으로 완전히 분해하려는 시도가 시작되었다. 건물은 각각의 기능에 따라 분할되었으며, 이는 지적이고 종합적인 법안에 의해 보다 적은 부재로도 조립될 수 있게 되었다. 이는 또한, 최근 고형식 건축에서 단일기능을 수행하는 여러 개의 층에 의한 상호보완적 시스템이(예를 들어 이중겹벽 등) 훨씬 복잡한 여러 가지 조건을 요구하며, 설계에 있어서 복잡하고, 불확실하다는 단점에 대한 반작용으로 외겹의 내력벽과 단열재가 사용되고 있는 현재의 추세와도 상응하는 부분이다.

인조 파사드 부재 중에는 다음의 제품이 포함된다 : 얇은 두께의 장선 슬라브로 구성된 기본 부재로, 예를 들어 3.5cm 두께의 목재 판넬로, 좌굴에 대한 저항을 위해 20cm 깊이의 교차되는 장선을 부착하고 중간 공간에는 단열재를 채워넣은 제품이 있다. 여기에는 내부에 평탄한 면이 있으며, 이는 내력 플레이트로(지지, 강화, 브레이싱), 단열을 위한 골조로, 습기를 차단하는 막으로써(목재 판넬에 사용된 점착제에 의해서 이러한 특성을 갖는다) 기능한다. 벽의 균일한 내부 표면을 위해서 차후에 페인트를 칠하거나 벽지를 바르는 등의 단순한 과정을 거칠 수 있다. 내측 표면에 전기 케이블 등이 위치하지 않을 경우, 구조체의 내측 벽에는 덮개를 붙이지 않아도 된다. 외측에서 장선에 맞춰진 단순 목재 판넬은 여러 개의 켜가 적층된 벽을 감싸며, 외피로써 기능한다. 아래에서 자세하게 다룰 Bearth-Candinas의 주택의 경우, 낙엽송 지붕이 널과 직접 못으로 연결되고 있는데 이 사이에는 공기 구멍이 없다.

얇은 두께의 장선 판넬은 자동차와 항공기 제조에 사용되고 있는 제품으로, 경량 금속 또는 플라스틱의 얇은 내력 막이 장선에 의해 보강되어 매우 높은 응력에 견디는 구조로, 재료의 사용은 최소화하면서 최대의 강성과 안정성을 얻을 수 있다. 항공기 제조 과정에서는 조립된 구조체의 무게가 가장 중요한 요소로 작용하는 반면, 현대 목조 건축에서 슬라브를 구축하는 과정에 장선 판넬을 사용할 경우에는 인조 부재의 간결성과 이들에 내재되어 있는 부가적인 기능이 중요한 요소로 작용한다.

위에서 다룬 플랫폼 구조와 비교해 볼 때, 제품의 장점에 대해 "재평가"가 이루어져야 함을 알 수 있다. 골조의 내측 덮개가 단순히 브레이싱과 수직 스터드로써 명백히 내력 기둥의 역할을 하는데 반하여, 장선 슬라브는 건축 공학적인 측면에서 이러한 시스템과 정반대이다. 3.5cm 정도 두께의 얇은 슬라브가 내력을 담당하고, 교차 장선에 의해 보강된다. 그러나 이러한 구조 해석적인 접근은 즉시 정정되어야만 한다. 두 요소가(슬라브와 장선) 불가결하고, 간결하며, 합성 패키지를 형성하고, 내력 구조체와(지지, 브레이싱) 외관을 위한 미적 기능, 내부 작업과 눈으로 보이는 표면이 병합되어 모든 요소들이 다른 부재와 함께 접합된 가운데 다양한 기능을 담당하게 된다. 이러한 점에서 현대 목조 건축을 컴팩트 시스템이라고 부르게 된다.

파사드 부재가 적층되어 쌓이는 수직 방향에서 볼 때, 바닥판이 단지 3.5cm 두께의 목재 판넬에 의해 지지되기 때문에 내력을 담당하는 층과 단열을 담당하는 층은 어떠한 장애물 없이 연속적으로 이어질 수 있다. 상, 하부 부재가 존재하는 플랫폼 구조에서는 조금 다른 양상을 보이게 되는데, 이는 바닥판을 지지하기 위해 파사드 공사가 방해받기 때문이다. 이를 방지하기 위한 유일한 방법은 철제 돌출 앵글(Z자형 단면)을 사용하여 공사하는 것이다. 이에 대한 실제적인 예에 대해서는 아래에서 설명하기로 한다.

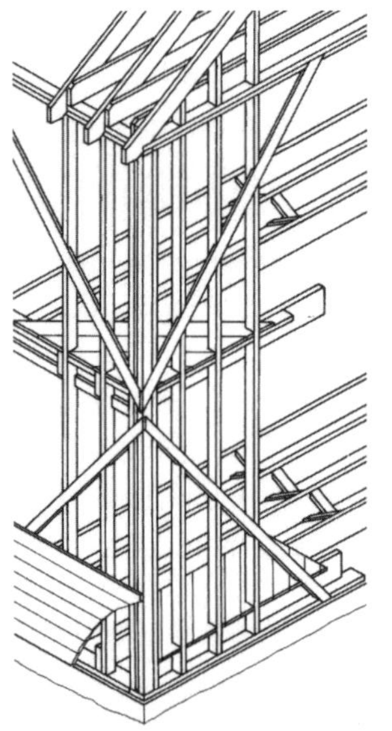

그림 3 : 경골 목구조(Balloon frame)
다층의, 연속되는 목조 스터드

예 : 구축된 슬라브를 덮는 풀오버

가냘픈 4층짜리 "탑상형 주택"인 Bearth-Candinas의 주택은 Sumvitg 지방의 경계에 위치하고 있다. 평면 레이아웃은 단순한 장방형으로 내력 파티션에 의해 장변이 분할되어 있다. 이러한 방법에 의해 층마다 두 개씩 가늘고 긴 방이 만들어지며, 이는 거주자의 필요에 따라 차후에 더 분할될 수 있어야 하기 때문에 다양한 기능을 수행할 수 있도록 계획되었다. 경사를 따라 흐를 빗물의 양을 감안하여, 건물에는 지하실이 없다. 건물에 들어서면 먼저 판유리가 끼워진 홀을(겨울에 온실과 아이들을 위한 놀이 공간으로써 기능한다) 통과한 후에야 상부의 주거층으로 진입할 수 있다. 목조 건축 건물이 근본적으로 낮은 축열능력을 갖고 있기 때문에 내부 온도를 유지하기 위해서는 단열 방법에 대해 사려 깊은 계획이 필요하며, 파사드의 모든 면에 창을 배치함으로써 여름에도 내부온도가 과도하게 높아지지 않도록 했다. 겨울에는 태양 복사열을 통해 판유리가 끼워진 진입 홀의 난방이 이루어지며, 이 열이 상부의 주거층과 침실들로 전달되어 난방이 이루어진다.

목조 판넬 벽의 표면에는 어떠한 마감 처리도 하지 않아 조잡해 보이는 면도 있지만, 이 글에서 다루고 있는 주제처럼, 흰색과 레몬색으로 도색되어 파사드 부재 사이의 줄눈과 내력벽을 가리고, 내부 공간을 균일하게 만들고 있다. "나무로 만든 집"의 느낌보다는 내부에 발라진 벽지처럼 섬세하고, 종이로 만든 듯한 느낌의 건물로 만들어졌다. (자세히 들여다 보면, 미세하고 주기적인 간격을 이루는 수많은 금이 나 있음을 볼 수 있으며, 이러한 균열까지 "예술적으로 형성"함으로써 입주자들은 불만의 여지가 없다!) 그리슨 지방에서 지붕널을 만드는 유일한 업체가 이 지방에 위치하고 있기 때문에, 건물의 파사드를 목재 지붕널로 덮기가 용이했다. 지붕널은 마치 몸에 딱 맞는 풀오버처럼 건물을 덮고 있으며, 이에 따라 건물에 균일한 외관을 만들고 슬라브 구조체를 가리고 있다. 이러한 점에서 이 건물은 하이테크적인 공업 생산품과 오랫동안 그 유효성이 입증되어 온 장인 기술이 전문가의 손길을 통해 상호작용함으로써 큰 장점을 갖게 되었다.

전형적인 목조 건물이기를 거부하다

슬라브의 구조와 환기 구멍이 없는 파사드 외피에 대하여 계속 살펴보노라면, 현재 나타나고 있는 목조 건물은 더 이상 "목조건물의 전형"이라는 한계에 매여있지 않음을 알 수 있다. 이에 대해서는 다음의 두가지 이유가 있다 :

첫째로, 최근에는 목재가 아닌 엄청나게 다양한 파사드 외피 시스템이 사용 가능하며, 판금, 유리, 플라스틱 판넬은 물론 심지어는 플라스틱 막, 팽창 금속, 섬유질 시멘트 판, 골철판 등의 다양한 재료를 예로 들 수 있다. 후자는 아이슬랜드의 수도인 레이카비크(Reykjavik) 지방의 건축들에서 나타나는 특징을 설명해 준다. 미국과 아이슬랜드 간에 진행되었던 경제 개발 프로그램인 "sheep for sheets" (아이슬랜드에는 나무가 없다)의 결과 중 하나로 다채롭게 채색된 파사드 부재들의 가늘고 긴 형태가 줄눈이 가려진 목재 합판이 아니라는 점이며, 이는 Semper의 이론과 일치하는 부분이다. 좀 더 일반적인 관점에서 보자면, 현대의 목조 건물은 더욱 가볍고, 얇고, 보다 적은 줄눈으로 더 넓은 영역을 덮을 수 있다는 장점을 지닌 목재가 아닌 재료들에 의해 뒤로 밀려나고 있다. 물론, 가장 간결한 파사드를 얻기 위해 건물의 보호 덮개 개념에서 다른 재료를 사용할 수 있다는 가능성이 고려되어야 한다. 그러나 과거 바르샤바 조약에 속했던 국가들의 계획 경제에서 나타났던 중량 판넬 건축에서 그랬던 것처럼 부재간의 줄눈과 줄눈이 이루는 무늬에 관한 문제가 중요한 문제로 대두되게 된다.

두번째 경향은 좀 더 흥미롭다. 현대 목조 건축의 슬라브 구조는 일반적인 목조 건물에서 나타나듯이 재료적이 아닌, 오직 구조적인 관점에서 해석된다. 앞에서 판지 포장이라고 다루었던 얇은 두께는 물론 두꺼운 두께의 목제 장선 슬라브 판넬을 다루는 기술적인 과정은 건축적인 중요성을 갖는다. 목재는 내, 외부에 페인트를 칠하여 중립화될 때, "인조적인 물질"로 고형식 건축에서 한 덩어리의 콘크리트가 하는 것과 비슷한 작용을 하게 되며, 구조적인 관점에서 재료가 그 자체를 표현하는 일 없이 건물의 모든 구조 요소를 이어받게 된다. (캔틸레버, 레이아웃과 큰 공간이 "겉으로 보이지 않는 콘크리트" 덕분에 가능한 것임을 생각해보라.) 사실, 추상적인 건축적 주제는 얇은 두께의 부재에 최대의 가소성을 부여하는 "white blocks" 현상의 덕택으로, 판지 포장의 개념을 통해 풍부하게 표현될 수 있다. (압살론의 예술 작품과 비교해보라) 반면, 판넬의 임의의 장소에 실톱 등의 절단 방법으로 개구부를 형성하는 단순한 방법과 벽과 바닥판을 모형처럼 접합하는 자체적인 건축 방식은 미국의 현대적인 경골 목구조에서 전형적으로 나타나는 것으로, 위대한 장인었던 네덜란드 예술가 Joep van Lieshout의 건축 교범에 반영된 것이기도 하다.

건축의 전문 기술

건물의 성능과 환경적, 생물학적인 주제에 대한 증가하는 관심에 의해, 현대 목조 건축은 더 의미를 가지게 된다. 간결하고 다양한 기능을 갖는 해결책만이 경쟁력이 있지만, 다양한 요구 조건에 대응하는 인조재료 분야의 전문가들은 기술적인 노하우를 개발하고 숙달하는데에 대해 주저하지 않는다. 처음에 이들은 지능적이고 유능한 건축 디자인 전략으로 자신을 증명하며, 전문적인 기술과 "지속가능한" 건축을 보증하는 유일한 사람이다. 그러므로 시험대에 올라가야 하는 것은 목재 전문가, 목재 기술자, 생물학자 또는 건물 성능 분야의 전문가가 아니라, 바로 건축가이다.

출처 : *bauen + wohnen*, 1/2 (2001), pp. 10-17

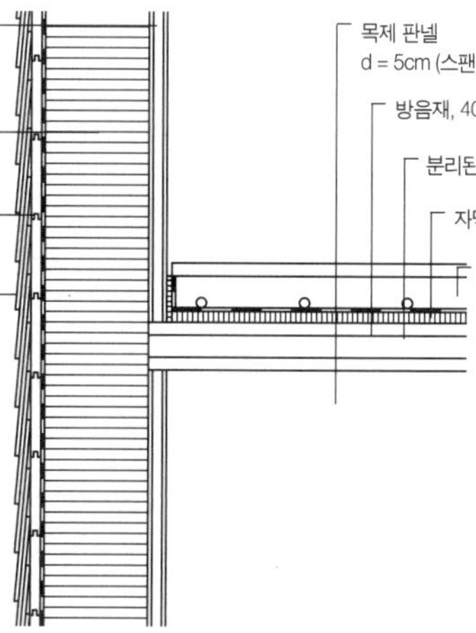

그림 4 : 벽-바닥 접합부 단면
Bearth & Deplazes: private house (Bearth-Candinas), Sumvitg (CH), 1998

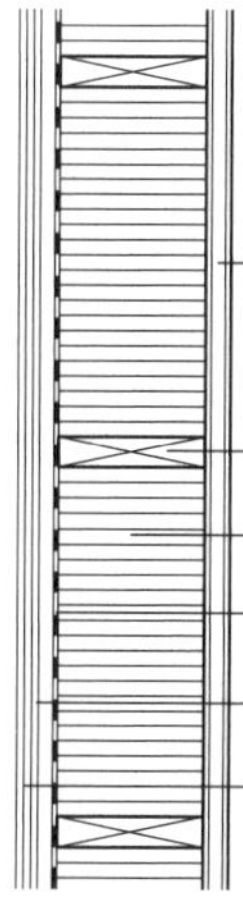

그림 5 : 벽 횡단면
Bearth & Deplazes: private house (Bearth-Candinas), Sumvitg (CH), 1998

재료

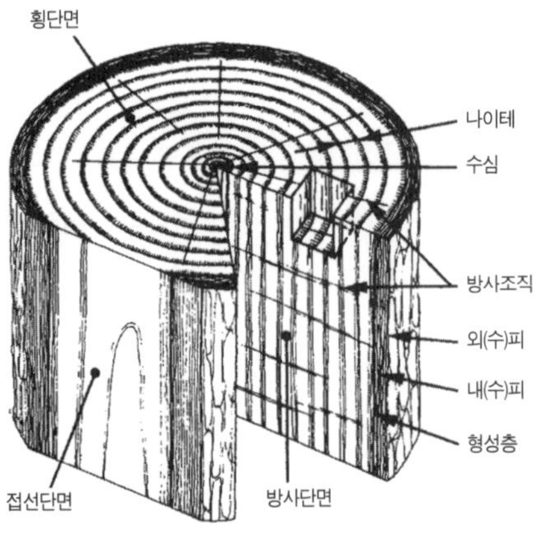

그림 6 : 줄기부 단면

나무의 구조

나무의 다공성 구조는 세포와 나무에 물과 양분을 공급하는 관에 의해 만들어진다. 계통적인 측면에서 낙엽수에는 지지, 유도, 저장의 기능을 담당하는 세 가지 종류의 세포가 있다. 그러나 침엽수의 경우엔 오직 한 종류의 세포만이 존재하며 이 세포가 지지, 유도, 저장의 기능을 모두 담당하게 되는데, 이에 따라 나무의 탄성이 매우 높아지게 된다.

줄기의 가장 중심에는 수심이 있다. 이는 주변의 나무세포들에 비해 줄기 중 가장 오래된 부분이다. 수심은 대개 말라있으며, 때문에 물과 양분을 공급하는 역할을 하지 않는다. 줄기의 단면을 살펴보면 방사상의 선을 볼 수 있다. 이는 색조와 나이테, 수지구와 함께 나무의 외형적 특징(형상)을 결정하는 요소이며, 수령과 병의 유무를 판단하는 근거를 제공한다.

나이테의 구조는 각각의 기후대에 따라 나타나는 다양한 성장 패턴과 관계 있다. 유럽 중부의 온대 기후에서는 나무의 성장이 4/5월에 시작하여 8/9월에 끝나게 된다. 그러므로 봄에는 물과 양분을 빠르게 운반하는 기공이 크고, 두께가 얇은 춘재의 세포층을 볼 수 있으며, 가을에는 나무의 강도를 높이는 두께가 두꺼운 추재의 세포층을 볼 수 있다. 형성층은 나무 껍질 아래에 위치한 층으로, 형성층에서 세포가 분할하여 외부의 껍질과 내부의 세포를 형성하게 된다.

심재목, 변재목, 숙성목

어떤 종류의 나무는 색이 균일한 반면, 어떤 종류의 나무는 줄기의 단면에 걸쳐 다양한 색을 띠기도 한다. 안쪽의 어두운 색의 나이테는 밝은 색을 띠는 변재(목질부)에 의해 둘러싸여 있다. 변재는 활동적이고 살아 있는 세포로 이루어져 있는 반면, 심재는 대부분 죽은 세포로 이루어져 있다. 심재는 수령이 20년에서 40년에 이르러(나무의 종에 따라 다르게 나타난다) 물과 양분을 전달하기에 충분한 변재가 있을 때부터 만들어지게 된다. 내부의 심재는 더 이상 이러한 기능을 담당할 필요가 없어지게 되며 도관이 화학적으로 막히게 된다. 타닌 성분과 안료, 수질, 기름이 축적됨으로써 줄기의 중앙부가 어두운 색으로 변하게 되며, 강도와 해충에 대한 저항력이 늘어난다.

심재목
심재와 변재가 다른 색을 띤다
소나무, 낙엽송, 떡갈나무, 벚나무, 아카시아나무, 물푸레나무

숙성목
심재의 수분 함유량이 변재에 비해 적다
전나무, 가문비나무, 너도밤나무

변재목
일정 시간이 경과하거나 수령이 일정 수준에 이르렀을 때, 심재가 죽는다
자작나무, 오리나무, 단풍나무, 포플러, 서나무

나무의 물성

나무의 주요한 물리적 성질은 밀도에 의해 결정된다. 이는 나무의 종에 따라 0.1 에서 1.2 g/cm^3 정도이며, 목재의 방향 때문에 줄기 내에서 약간의 차이를 보이기도 한다. 또한 밀도는 나무의 수분 함유량에 따라 달라지기도 하며, 이는 밀도 수치가 관련된 수분 함유량과 함께 표기되는 이유이기도 하다.

미세한 기공을 갖는 구조 때문에, 나무는 상대적으로 좋은 단열 재료이기도 하다. 나무의 열전도율은 침엽수의 경우 0.13 W/mK, 활엽수의 경우 0.20 W/mK 정도로, 점토 벽돌은 0.44 W/mK, 콘크리트는 1.80 W/mK이라는 점과 비교된다. 철재나 콘크리트와 비교했을 때, 나무의 열팽창율은 매우 적어 건물에 있어 크게 고려되지 않는다.

나무는 나뭇결에 평행인 방향에 대해서 쉽게 인장응력과 압축응력을 전달하지만, 결에 수직인 방향에 대해서는 이보다 낮은 압축력을 갖는다. 나무의 주성분은 셀룰로오스로(최대 40~50%) 나무의 인장력과 밀접한 관계가 있다. 나무 성분 중 최대 20~30%에 달하는 헤미셀룰로스, 충전재, 밀랍은 압축강도를 향상시킨다. 리그닌과 요소 또한 압축 강도에 영향을 미치며 나무의 나머지 20~30%를 차지한다. 이외의 성분으로는 송진, 기름과 밀초, 타닌 성분과 안료, 단백질, 탄수화물, 무기염분 등이 있으며, 이는 나무의 색과 냄새를 결정하고 저항성과 강도에도 영향을 미친다. 침엽수는 성장이 빠르며, 활엽수는 성장이 느리다.

철 또는 콘크리트와 다르게 나무는 산성도에 대해 큰 영향을 받지 않는다. 결과적으로 나무를 사용하면 에너지를 절약할 수 있는데 이는 재활용할 수 있기 때문이기도 하다. 약 40,000여 종의 나무가 있으며, 일반적으로 건축에 사용되는 나무는 600여 종이다.

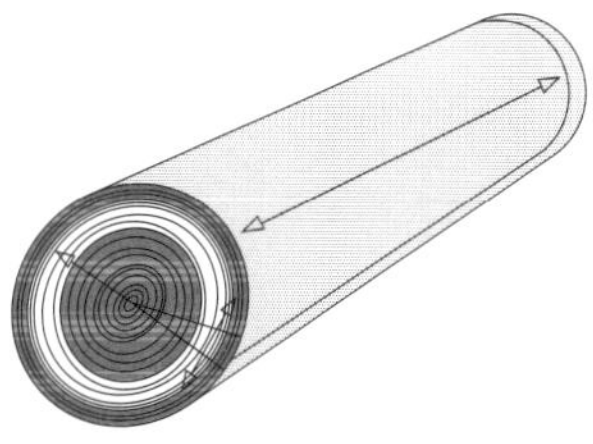

그림 7 : 줄기의 수축과 팽창

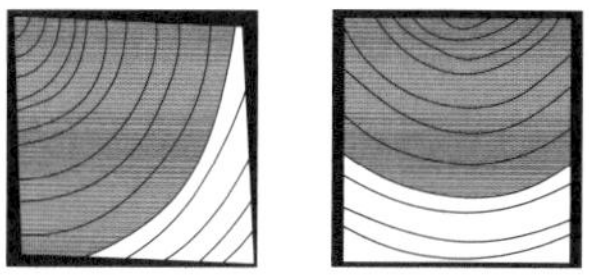

그림 8 : 사각형 목재의 건조 중 변형

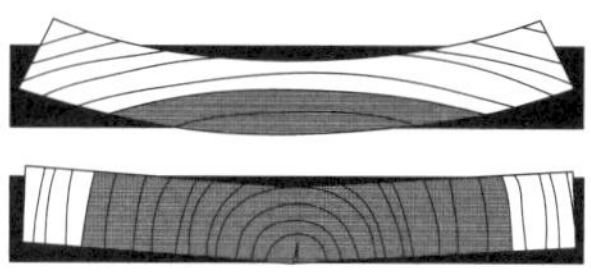

그림 9 : 합판의 건조 중 변형

나무의 수분 함유량

나무의 흡습성 때문에, 나무의 수분 함유량은 주변 공기의 습도에 따라 달라지게 된다. 수분이 흡수되면 나무는 팽창하게 되며(흡수작용), 수분이 빠져나가면 나무는 수축하게 된다(이탈작용). 막 베어진 나무는 약 60% 정도의 수분 함유량을 보인다. 섬유질의 포화점은 30% 정도로, 수분 함유량이 이보다 적으면 수축현상이 나타나게 된다.

기본적으로 건축에 사용되는 나무는 건조되어야 한다. 수분 함유량이 높으면 강도가 낮아지고, 치수의 정확성과 형태의 안정성에 영향을 미친다. 수분 함유량이 높은 나무는 또한 해충이나 균에 의해 해를 입을 가능성이 높다. 또한 부식을 막기 위해서 건물의 형태는 목조 부재가 잘 환기될 수 있는 것이어야 한다. 외벽에 사용되는 자연건조 목재는 15~18%의 수분 함유량을 가져야 하며, 내부에 사용되는 목재는 9~12%의 수분 함유량을 가져야 한다. 이 이상 건조시키게 되면 나무에 균열이 생겨 목재를 사용할 수 없게 된다. 줄기부 단면에서 베어진 나무 조각은 건조되면서 비틀리게 된다. 이는 심재와 변재의 수분 함유량이 서로 다르기 때문에 발생한다. 균열은 때로 원형 목재나 제재목에 생기기도 하는데 이러한 흠집은 내력 거동에는 영향을 미치지 않지만, 형태가 변형된다는 점에서 접합부나 정확한 치수를 요하는 부분에 대해서는 신중히 고려되어야 한다.

원형 목재

이는 기본적으로 가지와 껍질이 모두 제거된 통나무를 말하며, 비계, 교량, 기둥, 마스트, 지주 등의 공사에 있어서 별도의 성형 작업 없이 가장 널리 사용된다. 원형 목재는 원래의 나뭇결이 손상되지 않았다는 점에서 높은 강도를 나타낸다.

제재목

일반적으로, 나무 줄기를 제재(가공)하는 것은 강도에 있어 심각한 영향을 미치지는 않는다. 그러나, 다음의 경우는 중요하게 다뤄져야 한다 :

수축과 팽창. 수분 함유량의 변화에 따른 단면의 변형으로 단면에서의 나이테의 위치에 의해 영향을 받는다.

목재의 건조에 의한 균열. 수심을 포함하는 단면의 전단 강도가 낮아질 수 있다.

나뭇결에 수직한 방향의 압축력. 나뭇결에 수직한 방향의 압축력은 단면 내의 나이테 정렬 상태에 의해 결정된다. 그러나 이는 일반적으로 큰 의미를 갖지 못한다.

생물학적 저항. 변재가 없는 단면을 사용함으로써 추가적으로 강도를 높일 수 있다.

사각형 목재

표준치수 (cm), 변환시에 2cm 단위로 증감

6×14... 6×20, 8×12...8×24, 10×10...10×28, 12×12... 12×28, 14×14...14×28, 16×16...16×28, 18×18...18×28

널빤지(Battens)

표준치수 (mm), 거친 가공, 자연건조 :

24×30, 24×48, 27×35*, 27×40*, 27×50*, 27×60*, 30×48, 30×60, 50×50, 60×60, 60×80, 60×100, 60×120, 80×80, 80×100

*스위스 서부

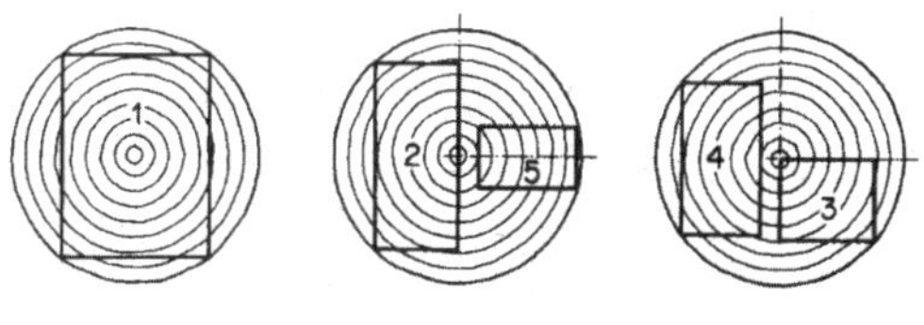

1. 사각형 통나무 (심재부)
2. 심재 단면 (표면에 수심 노출)
3. 심재 단면 (모서리에 수심 노출)
4. 측단면
5. 중앙부 단면

그림 10 : 사각형 목재와 널빤지의 변환 옵션
(스위스 표준 SIA 256/1 5.3.6.1: 목조건축 - 보칙)

합판(Boards)

표준두께 (mm), 거친 가공, 자연건조 :

15, 15, 15, 21, 24, 27, 30, 33, 36, 40, 42*, 45, 50, 55, 60, 65, 70, 80

*스위스 서부

(스위스 표준 SIA 265:2003, 265/1:2003)

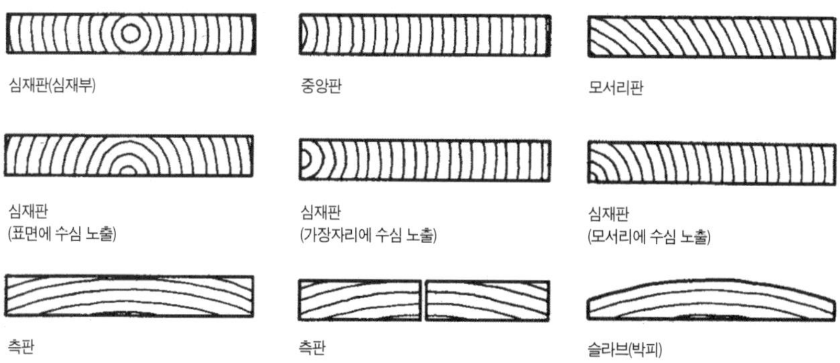

그림 11 : 합판 변환 옵션
(스위스 표준 SIA 265/1 5.3.6.2: 목조건축 - 보칙)

목질제품
개관

1

2

3

4

그림 12 : 파이버 보드의 생산
1. 제재소에 놓인 목재
2. 조각 운반
3. 성형기계에 섬유질 펄프 주입
4. 최종 과정

점차 줄어드는 자원과 조악한 품질에 반해, 점차 늘어나고 있는 목재에 대한 수요를 과연 미래에는 어떻게 충족시킬 수 있을 것인가. 이 질문에 대한 답은 목질제품의 공급을 대폭 늘리는 것이다. 나무를 경제적으로 사용하고, 심지어는 가공 과정에서 나온 "폐기물"을 사용함으로써 다양하고 새로운 목질제품들이 만들어지게 된다.

목질제품은 판자, 스트립, 베니어, 베니어 스트립, 나무토막, 섬유소 등 다양한 크기의 나무 조각을 인조 수지 점착제 또는 무기질 접합재와 함께 압착함으로써 제조된다. 어떤 경우에는 나무가 자체적으로 함유하고 있던 접합재(리그닌)가 작용하기도 한다. 큰 나무 조각 이외에, 가공 과정에서 생긴 찌꺼기나 폐기물을 사용할 수도 있다. 목질재료의 제조 과정은 원재료를 새롭게 개발하는 과정이라 할 수 있으며, 이 과정을 통해 나무의 불규칙한 물성이 균질화되기도 한다. 나무는 자연적으로 자라며 이에 따라 옹이, 균열, 교착목리 등의 불규칙한 현상이 어쩔 수 없이 나타나게 되는데, 이는 나무의 강도를 떨어뜨릴 수도 있다. 그러나 목질제품에서 이러한 불규칙한 성질은 큰 영향을 미치지 못하게 되는데 이는 인접한 입자들에 의해 다소간 중립화되기 때문이다. 결과적으로 목질제품의 구조적인 물성치는 상대적으로 적은 오차 범위를 갖게 되며, 허용응력을 산정하는데에 가장 적합한 5% 분위수로 나타나게 된다.

각각의 입자를 계획적으로 배열함으로써 특정 방향에 대한 하중 전달 능력을 향상시킬 수도 있다. 목질제품의 수축과 팽창은 일반적으로 자연 목재에 비해 적다. 판형 목질제품의 또 다른 장점으로는 합판이나 보를 (이론적으로는) 무한한 크기로 만들 수 있다는 점으로, 제조 기계와 운반의 문제에 의해서만 제약을 받게 된다. 모든 목질제품은 표준 치수로 만들어지거나 또는 표준 치수로 만들어진 제품을 사용할 수 있는데 이는 설계와 보관에 있어 매우 유용하다.

제품은 다양한 요구에 맞게 다양한 종류가 나와 있다. 또한, 대부분의 제품이 작업하기에 용이하다. 어느덧 목질제품의 종류가 매우 광범위해지고 계속적으로 발전하고 있기 때문에, 아래에 제시하는 목록으로 모든 제품을 총망라할 수는 없으며, 이는 단지 현재 가장 널리 사용되고 있는 제품들을 제시하는 것이다. 이어지는 장에서 이들 제품에 대해 더욱 상세히 다루기로 한다.

적층제품(Layered products)
- 집성재(glulam)
- 합판
- 베니어 합판
- 목질 코어 합판
- 다층합판
- 3겹/5겹 코어 합판
- 원목 판넬

파티클보드
- 칩보드(Chipboard)
- 플레이크보드(Flakeboard)
- 배향성 스트랜드 보드 (OSB)

파이버보드
- 역청주입 연질섬유판(Bitumen-impregnated wood fibre insulating board)
- 중질섬유판 (MDF)

무기질 접합제를 이용한 목질 제품

목질제품을 생산할 때 석고 또는 시멘트를 접합제로 사용할 수도 있다. 목재의 섬유는 석고 또는 시멘트 덩어리에 묻혀 보강재로써 작용한다. 이러한 제품은 단열, 방음, 방화는 물론 내력, 브레이싱의 용도로도 널리 사용된다. 이 책에서는 이들 제품에 대해서 다 자세히 다루지는 않기로 한다.

목질제품
적층제품

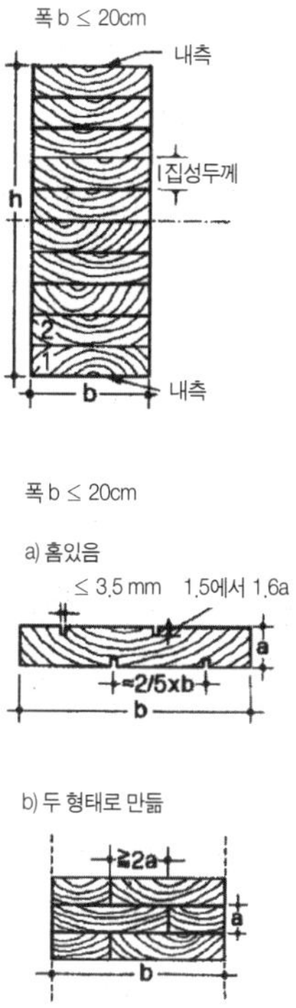

그림 13: 집성재의 제작

집성재 (glulam)

구조와 생산

집성재는 세 개 이상의 판 또는 라미네이션으로 구성되며, 횡방향으로 적층된 후 접착되어 만들어진다. 라미네이션의 두께는 일반적으로 30mm를 넘지 않으며, 직선 부재의 경우 40mm까지 늘릴 수 있는데 이를 위해서는 목재의 건조와 선택이 매우 신중하게 이루어져 하며, 부재가 완공된 건물에서 어떠한 기후적인 영향에도 노출되어서는 안된다. 대개 20cm 폭의 평탄한 라미네이션이 "외측"(수심으로부터 먼 쪽)과 "내측"(수심에 가까운 쪽)을 접합하는 방식으로 접착되는데, 부재의 외측으로는 "내측"이 면하게 된다. (그림 13 참조) 접착으로 접합된 부분 또는 기후 환경의 변화를 심하게 겪은 목재의 경우 인장응력을 최소화하기 위해 위와 같은 배열방식(합판 짜맞추기)이 필수적이다. 폭이 20cm를 넘을 경우, 모든 라미네이션에 있어 적어도 두 장의 판을 서로 인접하게 사용해야 하며, 연속되는 라미네이션에서 줄눈의 간격을 적어도 라미네이션 두께의 두 배 이상으로 조절해야 한다. (그림 13b 참조) 폭이 20cm를 넘는 각각의 판은 판의 양쪽면에 세로방향으로 두 개의 홈이 나 있어야 한다. (그림 13a 참조)

집성재는 실제로 어떠한 길이와 깊이로도 제작될 수 있다. 길이를 제약하는 요소는 단지 작업공간의 여유, 접착장비의 크기, 운반장비 등의 요소뿐이며, 폭 역시 표면을 평탄화하는 장비의 작업 가능 한계에 의해서만 제약을 받는다. 그러나 차후에 두 개의 제품을 함께 접착하여 이러한 기계 장비의 한계를 (대략 2.00~2.30m) 초과하는 크기의 제품을 만들 수도 있다. 일반적으로는 30~35m의 길이, 2.20m 정도의 폭을 갖는 제품이 주로 사용된다.

집성재는 제조에 필요한 장비, 공정간에 다소간의 습도를 유지하는 장비를 갖춘 업체와 접착 과정을 촉진시키는 온도를 유지하는 업체에서만 생산이 가능하다. 접착제는 기후적인 영향을 받으며, 이는 최종적으로 생산된 제품에 영향을 미친다. 특정한 수분 함유량을 나타내는 평판 또는 핑거조인트를 사용한 합판의 양면에 요소 또는 레조르신 성분의 인조 수지가 기계 장치로 분사된다. 합판은 접착 테이블에서 장방형의 단면을 갖도록 조립되며, 규정된 압력과 시간으로 압착된다. 접착제에 의해 충분히 고정이 되고 난 후, 집성재는 2면 또는 4면이 다듬어지고, 필요에 따라 천공되거나 기타 가공을 거친다. 접착시 목재의 수분함유량은 완제품의 저항강도와 균열의 발생 여부에 특히 큰 영향을 미친다.

단면과 샤프닝

기둥, 보, 골조에 사용되는 집성재의 단면은 일반적으로 장방형으로 만들어진다. 보의 휨에 있어 폭과 깊이의 비율은 대개 3~8 사이의 값을 가지며 10을 초과해서는 안된다. 특수한 경우, I자형 또는 상자형의 단면을 갖는 집성재를 생산할 수 있으며, 이는 재료를 아낄 수 있지만 생산 가격이 높아지게 된다. 그러나 좌굴 및 붕괴에 대해 더 나은 저항능력을 갖는다는 점에서 종종 생산되기도 한다.

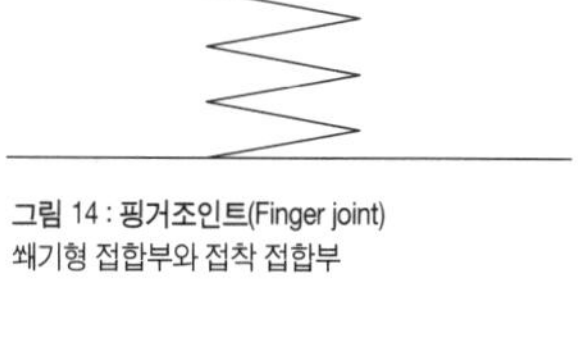

그림 14 : 핑거조인트(Finger joint)
쐐기형 접합부와 접착 접합부

목재는 작업하기 용이하기 때문에 부재는 다양한 형태로 제조될 수 있다. 단면의 깊이를 변화시키기 위해 특정 라미네이션을 손쉽게 끊을 수도 있으나, 극섬유에 대한 전단응력과 축응력의 측면에서 제한이 발생하므로 상대적으로 낮은 경사를 형성해야 한다. 접착 과정 이전에 합판을 살짝 휘어놓으면, 곡선 집성재 보를 만들수 있다.

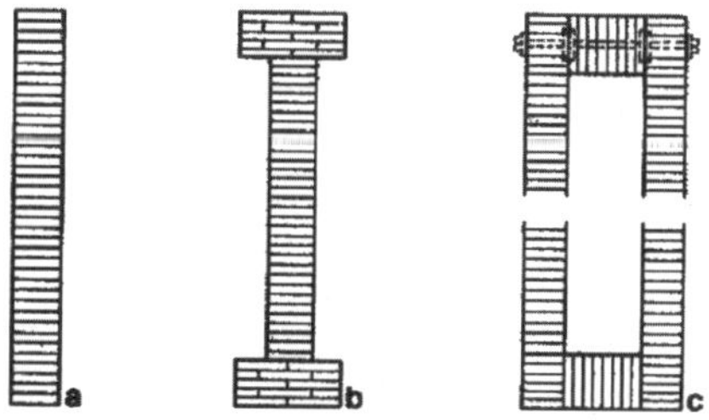

그림 15 : 집성재 단면
a 사각형
b I 자형 단면
c 못 또는 접착제로 만든 상자형 단면

그림 16 : 합판의 표면
베니어판을 만들기 위해 줄기의 위치는 고정되고 층을 분리하게 된다. 이러한 과정을 통해 표면의 불규칙함이 적은 상대적으로 균질한 표면의 제품을 만들게 된다.

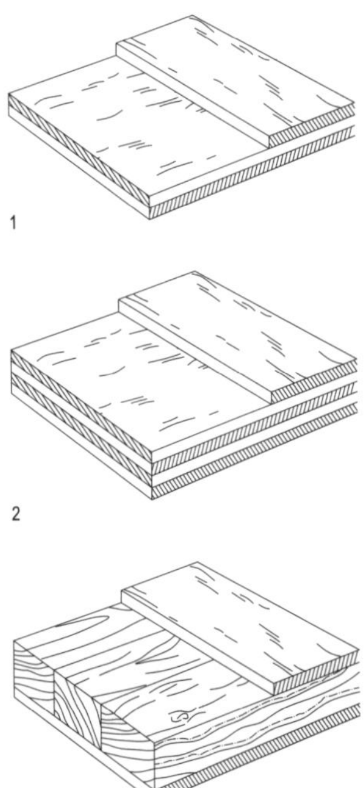

그림 17 : 합판의 제작
1: 3겹 합판
2: 5겹 합판
3: 목질 코어 합판

합판

합판은 적어도 세 겹 이상의 판을 교차시켜 만든다. (즉, 인접한 판의 나뭇결과 이루는 각도가 대략 90°이다) 각각의 켜는 방수 페놀 수지 접착제로 접착되며 이 과정에 압력과 열을 가해 촉진시킨다. 압착이 끝난 후, 모서리를 자르고 표면을 다듬거나 기타의 가공을 거친다. 합판은 압력, 열, 수분을 가함으로써 특수한 형태로 성형될 수 있다(성형합판). 합판은 여러 상황에 적용될 수 있다. 예를 들어 브레이싱 기능을 하는 파사드 외장재, 지붕재, 벽 마감재 또는 내부 마감재 등의 용도에 사용될 수 있다. 합판이 수분을 흡수하게 되면 두께가 팽창하게 된다. 재료에 별도의 가공처리를 하지 않았다면, 자외선과 비에 의해 회색조로 변하게 되며, 이는 실제로 외부 기후에 노출된 면에 불규칙적인 패턴을 만든다. 때문에 파사드에 사용되는 합판은 침투를 막는 방수 페인트를 바름으로써 이를 방지하게 된다. 재료의 모서리부는 특히 좋은 품질의 방수 페인트로 밀봉되어야 한다.

베니어 합판

베니어 합판은 몇 장의 베니어판을 교차시킨 후 압착하여 만든다. (각각의 베니어판은 회전절삭, 톱질 등의 방법으로 만든다) 다른 목질 제품과 비교해볼 때, 매우 높은 탄성계수와 높은 강도를 나타내기 때문에 높은 응력을 받는 내력 구조체에 이상적이다.

목질 코어 합판

이는 합판의 일종으로 목제 스트립으로 된 중앙 코어를 갖는 형태이며, 사용된 스트립의 폭에 따라 블록보드, 라민보드, 배튼보드로 구분되기도 한다.

다층합판

0.8~2.5mm 두께의 판을 적어도 5장 이상 교차시켜 만든다. 다층 합판은 험한 기후 환경에 노출되는 외장재 또는 내측의 판벽널의 용도로 사용된다. 다층합판은 높은 하중 전달 능력을 가지기 때문에 구조체의 용도로 사용하기에도 적합하다.

3겹/5겹 코어 합판

3겹 또는 5겹 코어 합판은 4~5.0mm 두께의 판을 교차시켜 만들게 된다. 이 제품은 목조 건축물에서 내력구조체 또는 브레이싱의 용도로 사용되며, 콘크리트 건축물에 있어 골조로써 주로 사용된다.

그림 18 : 다층합판의 모서리부 상세

원목 판넬

별다른 외장 가공을 거치지 않은 3장 이상의 판을 교차시켜 만든다. 내력 플레이트로 사용할 수 있으나 기후의 영향으로부터 보호받아야 한다.

그림 19 : 3겹/5겹 합판의 표면과 모서리
층을 분리하는 베니어판과 달리, 줄기를 얇은 판으로 절단하여 박판을 형성한다.

목질제품
파티클보드

그림 20 : 칩보드의 다양한 단부 형태

칩보드

임업 또는 목재관련산업에서 나오는 찌꺼기 들이 칩보드를 만드는 원재료가 된다. 침엽수, 낙엽수는 약 8cm의 직경, 1~6m의 길이로 공급된다. 제재소에서 생기는 부산물로는 제재품의 생산 과정에서 나오는 공동산물이라 할 수 있는 평판과 조각이 있으며, 목공 작업에서 생산되는 부산물로는 재단 부스러기(offcut), 톱밥과 대팻밥이 있다. 칩보드는 말 그대로 이러한 목공 과정에서 생산된 모든 조각을 사용한다. 나무 조각은 유기질 접착제와 혼합되고 고온에서 압착되어 칩보드를 형성한다. 사출과정을 거쳐 파티클보드를 생산할 수도 있다. 압착된 파티클보드에서 입자는 근본적으로 판의 면과 평행한 방향으로 정렬되게 되며, 보드의 두께 방향에 대하여 다양한 배열방법을 나타내게 된다. 이러한 배열방법으로는 단층의 배열(입자의 임의적 분배) 또는 다층의 배열(서로 크기가 다른 셋 또는 이상의 층의 적층), 중심부에서 표면으로 갈수록 입자의 크기가 점차 작아지는 밀도구배 배열 등이 있다. 칩보드는 일반적으로 표면을 그라인딩 가공할 뿐 별도의 가공 과정을 거치지는 않는다. 돌출 파티클보드의 경우에는 입자가 보드의 면에 대해 주로 수직 방향으로 배열된다.

칩보드는 강성을 높이기 위해 사용되며, 덮개로써 바닥판과 벽을 덮는다. 또한, 베니어판의 보강재 또는 마감재로써도 사용 가능하다.

일반적으로 칩보드는 적당한 정도의 강도를 갖는다. 수분에 대한 저항력은 적층된 목재 제품보다는 낮으며, 이는 접착제에 의해 결정된다. 그러나 시멘트로 접합된 칩보드의 경우, 수분을 많이 차단해야 하는 용도에 사용할 수 있으며, 방화 조건에 맞게 사용할 수 있다.

플레이크보드

플레이크보드는 일반적으로 0.8 x 25 x 300mm 크기의 얇고, 납작하며, 넓고 긴 조각들을 높은 온도에서 접착하여 만든다. 조각의 크기가 크기 때문에 높은 강도를 보인다.

배향성 스트랜드 보드 (OSB)

이는 각 층의 입자를 정렬시켜 만드는 3겹의 판으로, 가운데 층의 입자의 방향은 판을 가로지르는 방향으로 놓이는 반면에 표면에 접하는 층의 입자는 판의 장변에 대해 평행하게 배열된다. 이들 조각은 대략 0.6 x 35 x 75 mm의 크기이다. OSB는 주로 내력 또는 브레이싱의 기능을 담당한다. 접착제 함유량이 적기 때문에 생물학적인 감성(減成) 과정에 있어서의 특징은 원목과 유사하다.

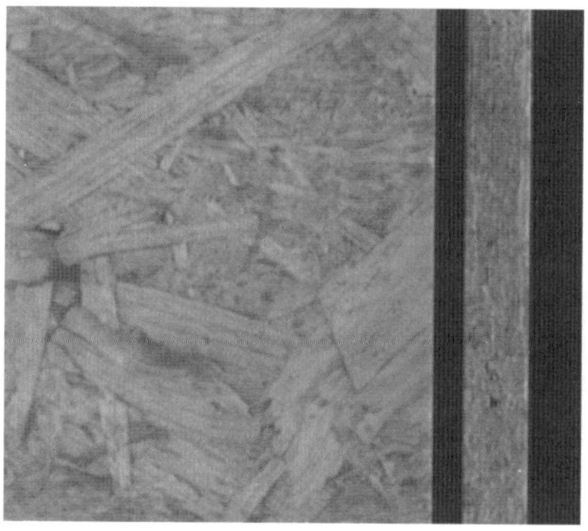

그림 21 : 플레이크보드의 표면과 단부

그림 22 : 배향성 스트랜드 보드의 표면과 단부

목질제품
파이버보드

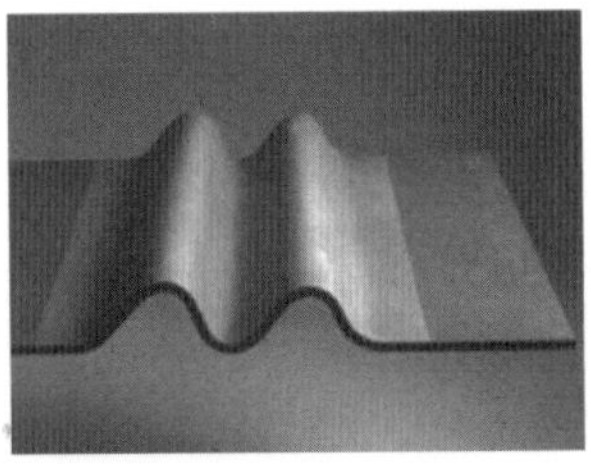

그림 23 : 성형 MDF
MDF (중질섬유판)은 열과 수분의 작용을 통해 형판에서 성형가능하다.

파이버보드

파이버보드는 긴 형태의 조제 목재 섬유(미가공 제재 폐기물과 파쇄 칩엽수 등의 세선화된 목재 등) 와 충전재의 혼합물로, 기타 접착제 없이 물과 열, 압력을 가하여 압착 생산한다. 목재 본래의 구조는 더 이상 알아볼 수 없다. 파이버보드의 강도는 압축 정도에 따라 낮은 강도에서부터 높은 강도까지 다양하게 나타난다.

주문 생산되는 제품은 연질 단열판에서부터 중경질 하드보드까지 다양하다. 후자의 경우, 표면이 매우 단단하고 마모에 대해 높은 저항성을 지니는 특징을 가지며, 반면 연질 단열판은 수착의 가능성이 높고 축열성능이 높은 특징을 갖는다. 파이버보드는 내부 마감 공사, 지붕공사, 외장마감, 방음과 단열을 위한 충전재로써 사용하기에 적합하다.

파이버보드는 습식법으로 생산되며, 이러한 점에서 중질섬유판 (MDF) 등의 관련 제품과 구분되게 된다. 습식 제조 과정에서는 목재 자체의 접합력을 이용하게 되는데 이것은 목재와 섬유질을 분해하는 열역학적 과정을 통해서 이루어진다. 이렇게 만들어진 섬유질 펄프는 압력과 열의 작용을 통해 서로 접합되게 된다. 따라서 어떠한 화학 접합제도 필요하지 않다.

역청주입 연질섬유판
(Bitumen-impregnated wood fibre insulating board)

제품에 방수 기능을 추가하기 위해 제조과정에서 역청 유상액을 첨가하여 만든다. 이 제품은 환기를 위해 사용되는 목재판 또는 파사드에서 외부단열재로 사용되기에 적합하며, 바닥 마감재의 아래에 사용되어 방음재로 사용되기에도 좋다.

중질섬유판(MDF)

중질섬유판은 30여년 전 미국에서 처음 개발되었다. 이 제품은 섬유질을 건조시키고, 접착제를 분사한 후 연속적인 공정을 통해 압착하는 건식법을 사용하여 제작된다. 중질섬유판은 원목 자재처럼 사용될 수 있다. 두꺼운 제품의 경우, 3차원 프로파일링이 가능하다.

중질섬유판은 주로 가구 재료와 마감재의 용도로 사용되며, 도색작업, 베니어 작업, 피복가공 작업을 거쳐 사용되기도 한다. 이 제품은 습도가 높을 경우에는 안정하지 못하므로 건물의 외부에는 사용할 수 없다.

그림 24 : 목제 단열 섬유판

그림 25 : 중질섬유판 (MDF)

스위스에서 생산되는 주요 판넬 및 사전제작 제품
개관

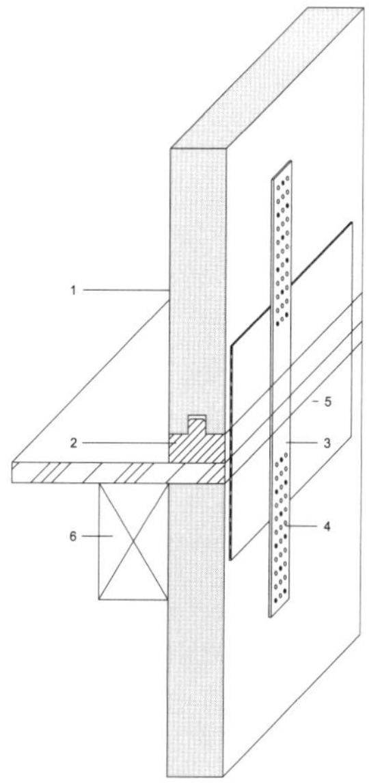

그림 26 : Homogen 80, 벽-바닥 접합 상세
1) Homogen 80 벽 시스템
2) 목제 플레이트
3) 네일 플레이트
4) 환상형태의 테두리못
5) 판넬 간에 형성된 줄눈의 밀봉
6) 바깥들보

Homogen80

구조

Homogen80은 80mm 두께의 두꺼운 연질 칩보드이다. 제품은 여러 개의 층을 결합하여 만들어지며, 이에 따라 각 층마다 개별적인 역학적 강도를 나타낸다. 표면층은 바로 외장재로 사용할 수 있을 만큼 품질이 좋다. 최대 537 x 203 cm의 크기로 만들 수 있으며, 홈이음의 경우에 사용하기 위해 제품을 접합하여 더 큰 크기의 부재를 만들 수도 있다.

디자인 과정

디자인에 있어 어떠한 생산 모듈의 제약을 받지 않는다. 이에 따라 제조자와 접촉하여 원하는 크기의 제품을 만들거나 다양한 부재로 분할할 수 있다. 원재료의 안정성과 균일성 덕분에 제품을 원하는 어떤 크기로도 절단할 수 있으며, 사실상 어떠한 형태로든 개구부를 형성할 수 있다.

이는 구조, 디자인에서의 선택사항, 건물 외관의 특성이라는 측면에서 볼 때, 전통적인 건축 또는 "중량 조립식 건축"과 매우 유사한 시스템이라 할 수 있다. 제품의 부피가 크기 때문에 높은 축열성능을 가지며, 이는 석조 건축물 또는 콘크리트 건축물에서 그러하듯이 내부 공간에 균일한 열환경 조건을 갖게 한다.

내력 거동 : 경간의 방향에 무관하다.

성형 : 제품은 생산공정 도중에 성형 가능하다.

적용 : 바닥판 또는 지붕에 사용할 경우 반드시 다른 시스템과 혼합하여 사용해야 한다. 수평 바닥판 부재로 사용할 경우, 제품의 내력 성능이 일반적인 스팬에 대해 적합하지 않다.

파사드 : 별도의 수분 차단막 없이 간결한 파사드 구조를 형성 가능하다.

단열 : 단열재는 외부에 부착된다.

표면 마감 : 제품의 표면을 직접 성형하거나, 표면에 회반죽을 칠하거나, 벽지를 바르거나, 타일을 붙일 수 있다. 도면에 따라 절단하여 정확한 치수로 공사할 수 있다.

A

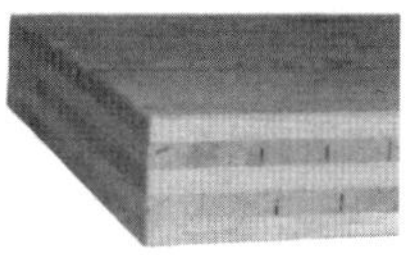
B

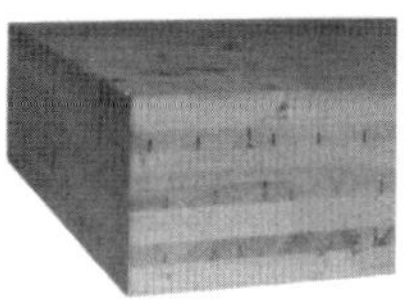
C

그림 27 : LenoTec
A) 3겹, 81mm B) 5겹, 135mm C) 7겹, 216mm

Leno solid panels

구조

LenoTec은 3~11장의 가문비나무 박판을 서로 엇갈리게 교차시켜 접합하여 만드는 목재 판넬이다. 제품은 치수가 정확하고, 높은 강성을 보이고, 균일하며, 4.8 x 20 m의 크기까지 제조 가능하다. 박판의 수에 따라 50~300 mm의 두께를 나타낸다.

디자인 과정

디자인에 있어 어떠한 생산 모듈의 제약을 받지 않는다. 바로 설치 또는 건립할 수 있는 제품이기 때문에 현장에서 제조된다. 기계를 이용하여 디양한 치수와 형태로 제작 가능하며, 개구부, 부재의 이음과 전기 설비를 위한 홈과 구멍 등을 원하는 대로 만들 수 있다. 최소 7m의 반경으로 곡선의 제품을 만들 수도 있다.

내력 거동 : 스팬의 방향에 무관하다.

성형 : 일방향으로 휘어진 판넬을 만들 수 있다.

적용 : 벽, 바닥판, 지붕

파사드 : 별도의 수분 차단막 없이 간결한 파사드 구조를 형성 가능하다.

단열 : 단열재는 외부에 부착된다.

표면 마감 : 공업용으로 마감하거나 회반죽을 칠하지 않고 마감할 수 있다. 단판적층재 (LVL) 또는 기타 마감재를 이용할 수도 있다.

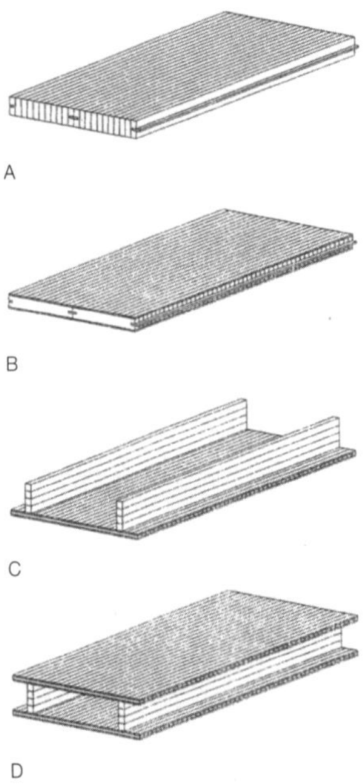

그림 28 : Schuler solid timber panel
A) 1겹 판넬
B) 3겹 판넬과 5겹 판넬
C) 장선 판넬
D) 상자형 판넬

Schuler solid timber ribbed panels

구조

길이가 짧은 가문비나무를 십자로 겹치고, 20 또는 26mm 두께의 전나무 측판과 라미네이션을 사용하여 만든 목재 판넬을 바탕으로, Schuler ribbed panel을 만들게 된다. 판넬의 크기는 3 x 9 m로 박판의 개수를 1장에서부터 5장까지 사용가능하며 이에 따라 두께가 달라지게 된다. 목재 판넬과 같은 재료로 제작된 교차 장선을 접착하여 붙임으로써 좌굴에 대한 저항력을 강화시킨다. 이 방법을 이용하여 큰 크기의 부재를 제작할 수도 있다. 장선의 양면에 판넬을 접착하여 붙임으로써 상자형 판넬을 만들 수도 있다.

디자인 과정

디자인에 있어 어떠한 생산 모듈의 제약을 받지 않는다. 이에 따라 제조자와 접촉하여 원하는 크기의 제품을 만들거나 다양한 부재로 분할할 수 있다. 판넬의 어디에나 개구부를 만들 수 있다. 보강 장선은 마루를 깔거나 외피를 입히는 과정에서 지지체로써 기능한다.

내력 거동 : 스팬의 방향에 무관하다.

성형 : 이 제품은 별도로 성형될 수 없다.

적용 : 벽, 바닥판, 지붕

단열 : 단열재는 장선 사이에 위치하게 된다.

파사드 : 별도의 수분 차단막 없이 간결한 파사드 구조를 형성 가능하다.

표면 마감 : 별도의 마감이 필요없으며 단판적층재 (LVL) 또는 기타 마감재를 이용할 수도 있다.

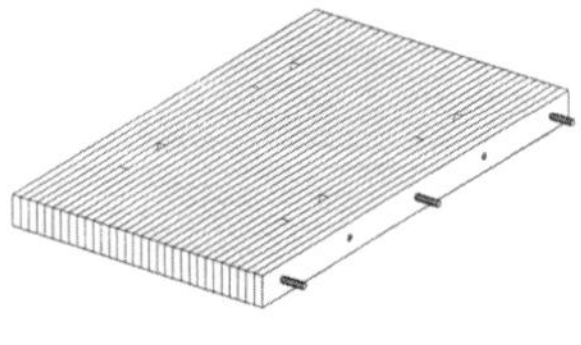

그림 29 : Bresta edge-fixed element

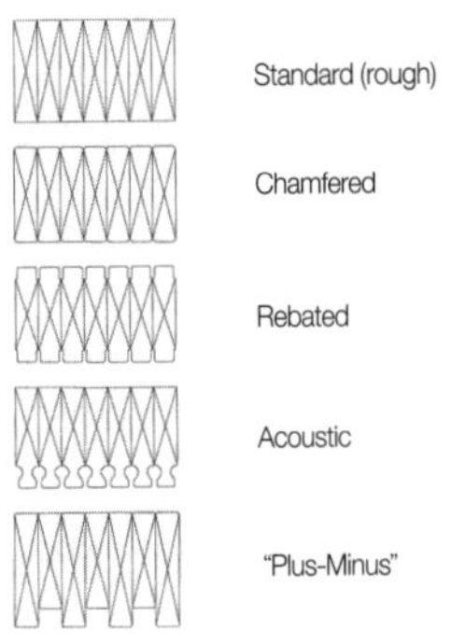

그림 30 : Bresta edge-fixed elements
다양한 단면 형태

Bresta edge-fixed elements

구조

제재소에서 쉽게 얻을 수 있는 값싼 (폐) 재료를 이용하여 만든 30mm 두께의 측판을 이용하여 이 제품을 만들게 된다. 완전 자동화 생산 공정을 통해 제품은 단부에서 연속적으로 위치한 도월에 접합된다. 경질목재 도월(dowel)은 조임쇠로써 "적층"된 판들을 고정시킨다. 접착제나 기계적인 파스너는 필요하지 않다. 이 방법을 통해 일방향 장선 부재를 만들 수 있으며, 벽의 경우 8~12cm, 바닥판의 경우 18~26cm의 범위 내에서 자유롭게 제작이 가능한데 이 때 두께는 스팬에 따라 결정된다. 판에 대해 수직방향으로 놓이는 도월로 인해 교차방향의 수축과 팽창은 거의 일어나지 않는다.

디자인 과정

디자인에 있어 어떠한 생산 모듈의 제약을 받지 않는다. 이에 따라 제조자와 접촉하여 원하는 크기의 제품을 만들거나 다양한 부재로 분할할 수 있다. 판넬의 어느 위치에도 개구부를 만들 수 있다.

경량 건축과 비교할 때, 제품의 부피가 크기 때문에 높은 축열성능을 갖는다. 목재-콘크리트 혼합 바닥판을 만드는데 이상적이다. 두께가 얇기 때문에 공간의 크기가 제한되어 있는 장소에서도 개조 작업을 하기에 적합하다.

내력거동 : 일방향의 스팬을 갖는다.

성형 : 제품의 방향과 교차되는 방향으로 휠 수 있다. (배럴 볼트 지붕을 만들 수 있다)

적용 : 벽, 바닥판, 지붕

파사드 : 별도의 수분 차단막 없이 간결한 파사드 구조를 형성 가능하다. 내측 표면이 선형이 아니라면, 수분 차단막을 제품과 단열재 사이에 설치할 수 있다.

단열 : 단열재는 외부에 부착된다.

표면 마감 : 차후에 제품 표면에 외장재를 입힐 경우, 거칠게 제재된 판을 도월로 연결하여 사용한다. 표면을 노출시킬 경우 제품의 네 면에 걸쳐 평탄화 작업을 한다. 미적, 음향적인 요구 조건에 따라 제품의 크기를 다양하게 사용할 수 있다. (그림 30 참조)

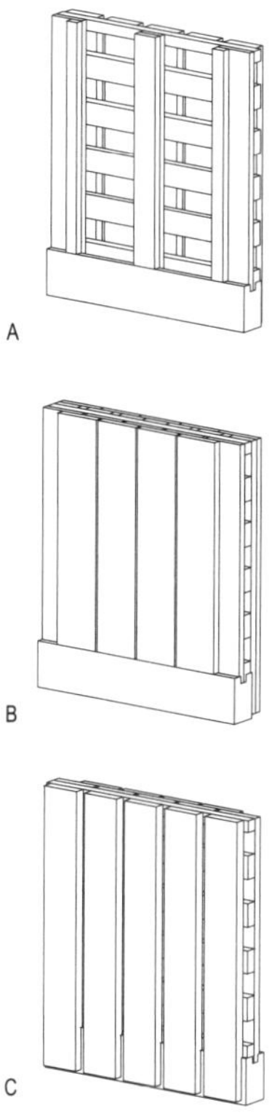

그림 31 : Lignotrend wall elements
A) 양방향 개방형
B) 양방향 폐쇄형
C) 부분 폐쇄형

Lignotrend

구조

Lignotrend는 3~7 장의 침엽수 박판을 교차시켜 만드는 제품으로 각각의 내부 박판 사이에는 몇 cm 가량의 간격을 둔다. 원재료는 오직 측판 또는 저강도 목재를 사용한다. 제품의 폭은 62.5 cm까지 제작 가능하며, 각각의 제품을 접합하여 목제 플레이트나 골조로 만들 수 있는데 이를 통해 한 개 층 높이의 벽 판넬을 제작할 수 있다. 제품 간의 접합 또는 상부, 하부의 바닥판과 접합하는데는 기계적인 파스너가 이용된다. 박판을 십자로 교차시켜 배열함으로써 수축이나 팽창이 매우 적게 일어나며, 이러한 거동은 줄눈 안에서 일어난다.

디자인 과정

12.5 cm의 생산 모듈을 사용하지만, 반드시 이 모듈에 맞추어 디자인될 필요는 없다. 이에 따라 어느 정도는 제조자와 접촉하여 원하는 크기의 제품을 만들거나 다양한 부재로 분할할 수 있다. 판넬의 어느 위치에도 개구부를 만들 수 있다. 바닥 또는 지붕공사에도 사용할 수 있다. 판넬 자체를 절단하거나 구멍을 내지 않더라도 판넬에 형성된 공간으로 전기 케이블을 통과시킬 수 있다.

내력 거동 : 스팬의 방향에 무관하다.

성형 : 이 제품은 별도로 성형될 수 없다.

적용 : 벽, 바닥판, 지붕

파사드 : 별도의 수분 차단막 없이 간결한 파사드 구조를 형성 가능하며, 이는 부재의 종류에 따라 틀리다.

단열 : 박판의 사이 공간에 단열재를 설치할 수 있다. 그러나 이는 매우 노동력을 요하는 작업으로, 추가적인 검사를 거치지 않게 된다.

표면 마감 : 부재의 종류에 따라 별도의 마감이 필요없다.

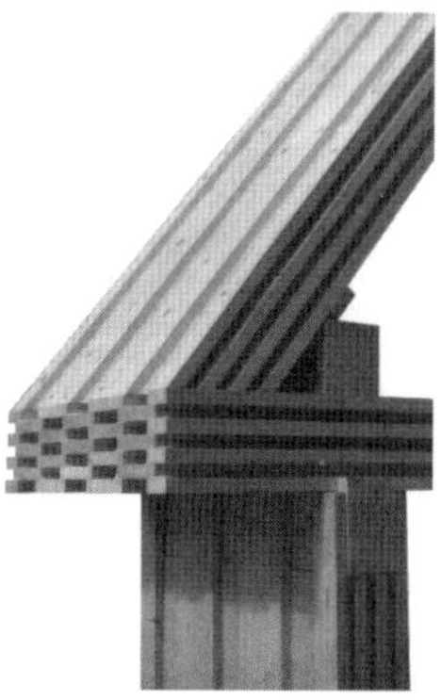

그림 32 : Ligu timber element
벽, 바닥판, 지붕에 사용된다

Ligu timber elements

구조

Ligu timber elements는 몇 장의 목재 박판을 나란히 층을 이루어 접착하고 겹치는 부분에 대해서는 경질목재 도월(dowel)로 추가적인 보강을 가해 만드는 제품으로, 박판으로는 다양한 침엽수 측판이 사용된다. 이로 인해 공기로 찬 내부 공간이 있는 상자형의 내력 부재로 만들어지게 된다. 집성재 보처럼, 이 제품 역시 넓은 스팬에 사용될 수 있다. 7~12 장의 박판을 사용하여 140~240 mm의 두께, 62.5, 41.6, 20.8 cm의 폭으로 제작된다. 제품을 접합하여 큰 부재를 만들 때는 목재 날름쇠를 이용하여 접합한다. 코너부에는 목재 스터드를 사용해야 한다.

디자인 과정

가장 작은 부재에 맞춰 디자인하는 것이 바람직하다. 제품의 최대 폭이 62.5cm이기 때문에, 개구부는 부재의 내부가 아닌 부재의 사이에 형성되어야 한다. 부재 간의 접합부는 전단력에 저항하지 못하며, 이에 따라 별도의 장선받이 보 또는 상인방을 필요로 한다.

내력 거동 : 일방향의 스팬을 갖는다.

성형 : 이 제품은 별도로 성형될 수 없다.

적용 : 벽, 바닥판, 지붕

파사드 : 별도의 수분 차단막 없이 간결한 파사드 구조를 형성 가능하다.

단열 : 부재의 두께에 따라 내부에 공기가 찬 공간이(57% 목재, 43% 공기) 생기게 되며, 이로 인해 추가적인 단열 없이도 적정한 단열 성능을 갖게 된다.

표면 마감 : 제품은 반드시 외장재로 덮여야 한다.

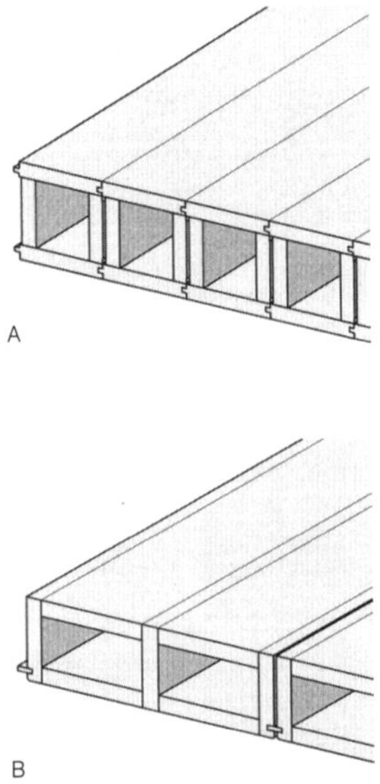

A

B

그림 33 : Lignatur elements
A) 상자형 부재
B) 평면 부재

Lignatur 상자형 부재, 판넬, 장식재

구조

Lignatur 제품은 산업적으로 생산되는 속이 빈 제품이다. 이는 내력 바닥판 또는 지붕공사에 이용된다. 모듈에 의해 생산되는 이 제품들은 이중 홈 이음을 통해 접합되며, 현장에서 더 큰 부재를 만들기 위해 사전조립되기도 하는데, 이 과정에서 부재의 크기는 단지 운반 수단의 종류에 의해서만 제약을 받는다. 상자형 부재는 200mm 두께로, 일반적으로 최대 길이는 12m이지만 필요에 따라 더 길게도 제작할 수 있다. 제품의 깊이는 구조적, 의장적인 요구 조건에 따라 결정된다.

Lignatur 판넬은 표준적으로 514mm와 1000mm의 폭으로 제작되며, 최대 길이는 16m이다. Lignatur 장식재는 주로 지붕공사에 사용된다.

디자인 과정

Lignatur 제품은 현장에서 사전조립되어 더 큰 부재로 제작될 수 있다. 각 부재의 폭에 따른 모듈을 기반으로 디자인하는 것이 바람직하다.

내력 거동 : 일방향의 경간을 갖는다.

성형 : 각각의 Lignatur 제품은 곡선형 지붕재로 만들 수 있다.

적용 : 바닥판, 지붕

파사드 : 별도의 수분 차단막 없이 간결한 파사드 구조를 형성 가능하다.

단열 : 현장에서 부재 내부의 공간에 다양한 단열재를 설치할 수 있다.

표면 마감 : 공업용 마감, 일반 마감, 선택적 마감의 세가지 표면 마감을 이용할 수 있다.

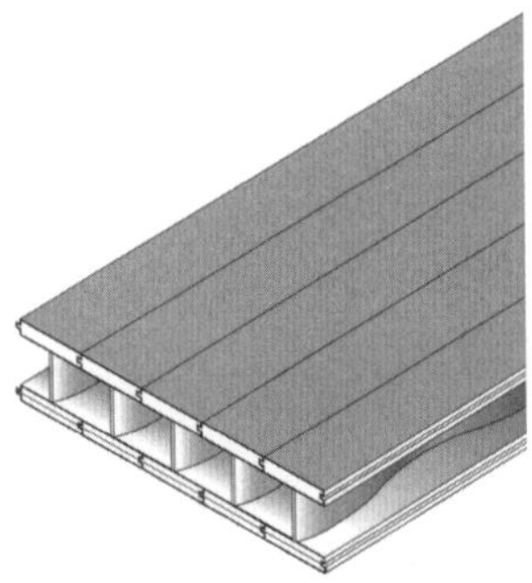

그림. 34: Wellsteg hollow element

Wellsteg hollow elements

구조

Wellsteg hollow element는 주로 폭 16.6cm, 깊이 19~51cm의 사인파형 웨브 빔을 말한다. 이는 두 개의 홈이음으로 접합된 목재(가문비나무/전나무) 플랜지와 사인파형(sine wave) 합판(자작나무) 웨브로 구성된다. 웨브를 부착하기 위해 플랜지는 특수한 생산 공장에서 곡선형 홈이 파여 제작된다. 길이에 걸쳐 끼워 맞춰지게 되는 합판 웨브는 홈에 맞게 절단되어 현장에서 접착된다. 이후에 보는 함께 압착된다. 각각의 보를 교차하는 목재 조각과 함께 접합하여(내부에 접합) 더 큰 판넬을 형성할 수도 있다.

디자인 과정

보의 폭에 따른 모듈을 기반으로 디자인하는 것이 바람직하다. 부재는 15m내에서 어떠한 크기로든 사전제작될 수 있다. 파이프와 케이블은 현장에서 설치된다. 보의 직각 방향에 대한 작업을 용이할 수 있도록 웨브에 구멍을 뚫기 용이하다. Wellsteg hollow element는 자중이 작고, 기존의 건물에 바닥판을 추가하는데 적합하다. 철근콘크리트 바닥판에 비해, Wellsteg hollow element는 동일한 하중과 깊이, 스팬의 조건에서 7%의 자중 절감 효과를 나타낸다.

내력 거동 : 일방향의 스팬을 갖는다. 그러나, 플랜지 사이에 간격을 두고 충전재를 삽입함으로써 이방향 장선 구조로 바꿀 수도 있다. 같은 원리에 의해 현장에서 바닥판에 개구부를 형성할 수도 있다.

성형 : 사인파형(sine wave) 웨브 보를 곡선형 부재로 조립할 수 있다.

적용 : 벽, 바닥판, 지붕

파사드 : 별도의 수분 차단막 없이 간결한 파사드 구조를 형성 가능하다.

단열 : 현장에서 부재 내부의 공간에 단열재를 설치할 수 있다.

표면 마감 : 공업용 마감, 일반 마감, 선택적 마감의 세가지 표면 마감을 이용할 수 있다.

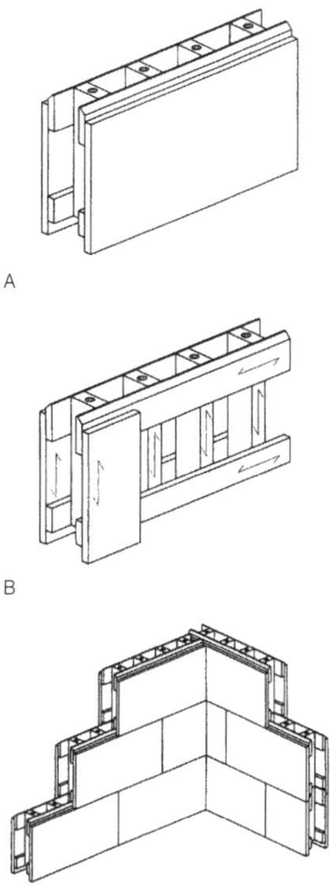

A

B

C

Fig. 35. Steko wall system
A) Steko 기본 모듈
B) 모듈의 구조와 입자의 방향
C) 벽 코너부 상세

Steko wall system

구조

Steko는 표준화를 통해 산업적으로 대량 생산되는 원목 부재의 모듈을 바탕으로 한 모듈 시스템이다. 각각의 모듈은 특수한 고정장치를 통해 접합되며, 이는 중간벽의 코너부와 접합부의 연결을 최적화한다. 시스템을 완성하기 위해 문지방, 상인방, 문설주 등의 부재는 다양한 개구부에 적합해야 한다. 간결한 형태는 5장의 목재 박판으로 구성되어 있다. 벽에서 사용될 때, 고정장치로 연결된 모듈은 높은 강성을 지녀 구조적인 역할을 담당한다.

디자인 과정

시스템은 16cm의 모듈에 기반을 두고 있다. 기본 모듈 치수는 64/32/16 cm (길이/높이/두께)으로 이루어져 있으며, 16cm 모듈 내에서 1/4, 1/2, 3/4로 변환할 수 있다. 깊이에 대한 모듈은 8cm로, 이를 통해 32cm와 24cm라는 두개의 마감 깊이를 얻을 수 있다. 플레이트, 상부의 작은 들보, 상인방 등의 부재 또한 모듈의 치수에 맞게 조정되어야 한다. 서비스 기능을 위해 사용되는 호스도 모듈에 맞게 제작될 수 있다.Steko wall system은 일반적인 창문과 문, 전형적인 바닥 및 지붕 시스템과 혼합하여 사용할 수 있다.

내력 거동 : 일방향의 경간을 갖는다.

성형 : 본 제품은 별도의 성형이 불가능하다.

적용 : 벽

파사드 : 별도의 수분 차단막 없이 간결한 파사드 구조를 형성 가능하다.

단열 : 건립 후, 현장에서 부재 내부의 공간에 단열재를 설치할 수 있다. 건물 외관의 특수한 형태로 필요할 경우, 단열재를 추가로 외부에 부착할 수 있다.

표면 마감 : 별도의 마감이 필요없으며, 수직 1겹 합판 또는 필요에 따라 수평 3겹 합판을 사용할 수도 있다.

판넬 공사
최근의 발전

그림 36 : 판넬의 축조
LenoTec 교차박판 목재 판넬

그림 37 : 목재 용접
초음파를 이용하여 플라스틱이 거시적인 규모에서 목재 간의 접합을 형성한다.

판넬 공사의 구조적인 시스템은 내력 슬라브 또는 판넬에 의해 결정되며, "슬라브 구조"와 연결되어 안정된 조립을 이루게 된다. 이러한 점에서 내부적으로는 선적인 느낌을 나타내며, 외부적으로는 외피가 덮힌 골조를 만들게 됨에도 여전히 선적인 부재들로 구성되는(블랙박스라고도 불린다) 샌드위치 방식의 공사와 차별되게 된다. isotopic 내력 판넬의 평면적인 특성은, 목조 공학에서 보기 드물게 완전히 새로운 구조적, 디자인적인 특성을 만든다. 전통적인 목조 건축물에서 전형적으로 나타나는 주기적인 간격의 내력 부재의 그리드는 유동적으로 되어, 표면의 어떤 장소에든 개구부를 형성할 수 있게 된다.

재료의 집성체

건축 산업에서 나타는 최근의 경향은 디자인 프로세스 및 시공 프로세스를 변화시켰으며, 이에 따라 건축가의 역할도 변하게 되었다. 시중에 나와 있는 다양한 시스템과 재료로 인해 점차 특수한 전문 기술에 있어 건축가에 대한 의존도가 높아지게 되었고 이를 통해 더욱 포괄적이며 여러 분야를 통합한 해결책을 제시할 수 있게 되었는데, 이에 따라 제조자의 관점에서는 전문적인 지식과 보증 조항에 초점을 맞추게 되었다.

고형식 건축의 경우, 새로운 개발이란 오로지 새로운 외피 시스템이나 표면 마감에 대해서만 집중하는 것처럼 보인다. 구조 쉘은 쉽게 변하지 않는 것으로 더 이상 발전하기가 힘들다. 상대적으로 높은 인건비가 들고 때로는 공사의 진행에 있어 비효율적이지만, 유럽 중부에서는 현장 공사가 우세한 실정이다. 전기기술자를 예로 들어보면, 석조 벽이 지어지자마자, 이들은 전기 케이블과 콘딧을 위한 홈을 벽의 사방에 뚫게 된다! 다층의 건축 부재 시스템은 더 이상 건축가에 의해서 개발된다기보다는 제품 목록에서 단순히 선택되어 구조 쉘을 마치 "위장" 하듯이 덮게 된다.

목조 건축의 경우, 최근 나타나는 개발이나 혁신 사례들이 좀 더 근본적인 부분에서 출발했음을 알 수 있다. 이러한 점에서 목조 건축물은 건축 산업에 있어 특수한 경우로 다뤄지게 된다. 그러나 이 역시 고난도의 기술은 제조 업체에 근무하는 전문기술자에 의해서 행해진다. 이러한 점에서 건축가는 더 이상 건축물 내부 공사의 상세한 부분을 고려할 필요가 없어지게 되었으며, 건축가의 작업량은줄어들었다. 반면 이러한 점에 의해 건축가의 기술 역량이 줄어들었다고도 할 수 있다.

반제품과 목질제품의 생산

중앙유럽과 스칸디나비아 반도의 경우, 이러한 움직임은 목조 건축 산업이 위기를 맞음으로써 불거지게 되었다. 고형식 건축으로부터 시장 점유율을 되찾고 태풍에 의해(1990년의 "Vivian"과 1999년의 "Lother") 쓰러진 나무들을 빨리 처리해야 하기 위해 새로운 개발이 조속히 요구되었다. 이러한 개발은 우선적으로 반제품과 목질제품의 생산에 초점을 맞추고 있었다. 전통적인 목조 공정은 대략 균일한 품질의 단면을 갖는 목재를 필요로 했다. 이는 판자나 사각형 부재, 합판을 절단함에 있어 줄기가 건강하고, 곧은 부재만이 사용된다는 것으로, 이들은 절단가공을 통해 더 작은 스트립, 널빤지, 박판으로 만들어졌다. 공정의 최종 결과물은 나무 조각과 톱밥이었다.

더 작은 부재로 분해하는 과정은 정반대의 성격의 작업인 조립과 함께 이루어졌다. 조립된 제품의 구성물이 더 작을수록, 제품의 물리적인 성질이 균일해졌고 조립 방법과 화학적, 기계적 접착 방식의 선택을 쉽게 했다. 나무 조각이나 톱밥을 사용할 경우, 계획 용도에 따라 접착제나 시멘트 같은 인조 재료가 사용되었다. 스트립이나 박판으로 만들어진 반제품은 보통 접착과정을 거쳐 구조적인 능력을 높이고 공사에 있어 새로운 가능성을 열어 주었다.

적합한 연결 방식과 목재의 크기에 대한 적정 비율을 찾는 과정에서 최적의 물성치를 얻으려고 시도할수록, 목질재료와 플라스틱 등 기타 재료의 경계선에 위치한 반제품은 점차 그 경계가 흐릿하게 되었다. 이는 새로운 연결 방식에 대한 최근의 시도에서 잘 나타나는 것으로, 일례로 초음파에 에너지를 목재의 다공성 구조 내로 침투시켜 플라스틱 입자의 진동을 통해 연결하는 열성형방식인 목재용접을 들 수 있다. 목재 용접을 이용하면 용접 즉시 하중을 받아도 될 정도의 안정한 연결을 형성할 수 있다.

이러한 재료의 개발은 새로운 형태의 목조 건축의 기반이 된다. (잔연 목재와 비교했을 때) 매우 균일한 물리적 성질은 제품의 상세한 범위에 따라 다양한 비율로 나타나는 것으로, 목조 공학의 새로운 적용 가능성을 열어 주었다. 그러므로 시중에서 구할 수 있는 완전히 새로운 구조적, 의장적인 성질의 재료를 사용한 최초의 목조 건물이 나타나는 것은 시간 문제라고 할 수 있다.

사전주문제작

현장 생산의 체제가, 통제되는 환경과 공정 속에서 더욱 큰 정확성을 가질 수 있는 공장 생산 체제로 바뀌면서 목조 건물의 도급자가 생산 공정의 상당 부분을 통제할 수 있게 되었다. 최근 나타나는 거의 대부분의 목조 건축 시스템은 다양한 디자인에 충분히 적용될 수 있을 만큼 유연하다. 목조 공학에 적합한 모듈 시스템 내에서 건물을 설계하는 것은 이미 옛날의 방식이 되었다. 단지 최대 경간에 관한 부분만이 아직까지 평면 레이아웃을 좌우하는 요소일 뿐이다. 그러므로 목수에 의해 건축되는 목조 건축물의 전통적인 설계 프로세스는 점차 사용이 줄어들게 되었다. 이제 설계의 다음 단계에서(사전주문제작) 각각의 부분이나 요소에 적합하게 분해 될 수 있도록, 건물의 설계에 있어 상대적으로 높은 자유도를 가지게 되었다. 기껏해야 운반 방식에 따른 제한 사항만이 이를 제약하는 요소일 뿐이다.

블랙박스 시스템과 샌드위치 시스템

오늘날에는 1:200 스케일의 상세한 도면을 바탕으로 서로 다른 시스템을 제작하는 업체에 필요한 만큼을 주문하는 것이 가능해졌다. 건축가가 내력 목조 구조물 전체를 매우 상세하게 그리던 시대는 이제 끝났다. 이러한 작업은 계약서를 받은 시

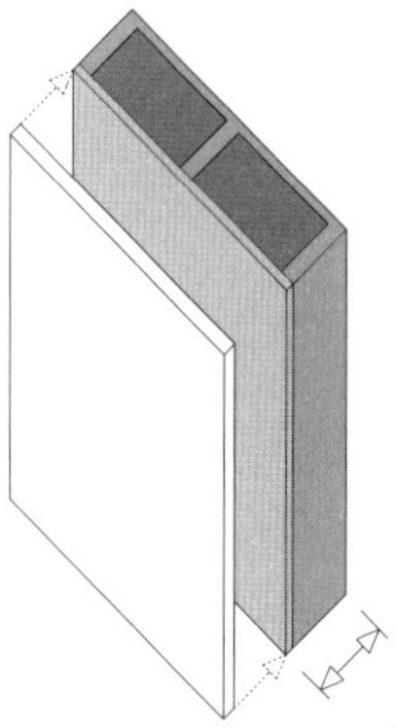

그림 38 : 블랙박스 시스템 중 하나인 목재 장선 판넬
완성된 샌드위치 부재는 내부 구조가 노출되지 않은 채로 공사 현장에 보내진다.

스템 공급자에 의해 수행되며, 이들 역시 시스템의 상세한 디자인과 의장적인 기준을 만족시키는데 대하여 책임을 지게 된다. 프로젝트를 위해 사용되는 특수한 상세는 건축가와의 협조를 통해 해결될 수 있으며, 이는 내력 시스템에 대한 논의와 함께 이루어진다. 모든 요구조건을 만족하는 폐쇄적인 블랙박스 부재는 공사 현장으로 배달되어 축조되며, 필요한 경우 시스템에 따라 내부 마감재와 외부 마감재가 추가되기도 한다. ("블랙박스" 라는 용어는 모든 건축 형태에 사용할 수 있는 것은 아니며, 판넬 공사 또는 경량 목구조 부재에 대해 적용될 수 있다.)

경간의 방향에 무관한 판넬

판넬 공사의 디자인을 결정하는 한가지 특징은 판넬의 방향이 경간의 방향과 관계를 맺는지의 여부이다. 경간의 방향에 무관한 판넬은 내부 구조가 판넬의 면에 대해 등방성의 목질 제품으로 만든 것이다. 나무는 근본적으로 지향성, 유방성의 특징을 가지며, 반제품과 베니어판 또는 스트립의 층을 교차 접합한 제품 등 목질제품의 생산이 발전하면서 이 둘에 대한 구분이 이루어지게 되었다. 이러한 판넬은 높은 강도와 강성을 갖는다. 이들은 플레이트로써의 효과를 나타내며 마치 모형을 만드는 것처럼 조립되고 절단될 수 있다. 일례로 개구부를 형성함에 있어 이러한 판넬을 사용할 경우 어떠한 부분에나 개구부를 뚫을 수 있고, 심지어는 상인방을 요구하지 않는다는 점을 들 수 있으며, 이를 위해서는 개구부 위에 충분한 재료를 공급해야 한다.

목조 건축 시스템
개관

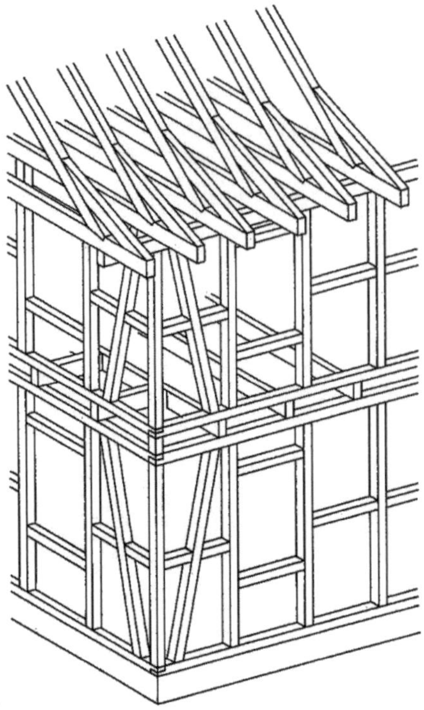

그림 39 : 목구조

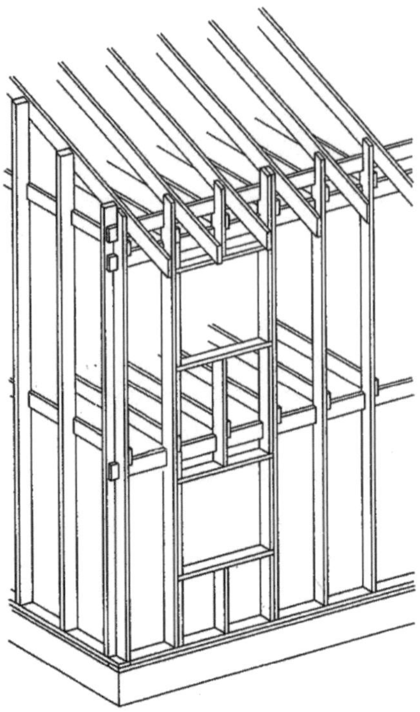

그림 40 : 경골목구조, 목재 스터드 구조

목구조

목구조는 목재로 건물을 짓는 전통적인 방식으로 오늘날에는 잘 이용되지 않으며, 상대적으로 작은 크기의 부재와 벽면에 삽입되는 대각선 가새를 기반으로 한다. 이 건축 형태는 사전 제작방식의 출현을 암시하는 최초의 징후였다. 내력 및 구획 기능은 하나의 벽으로 이루어진다. 개별 부재에 대한 조립은 현장에서 한 층씩 이루어지게 된다. 각각의 수직 부재간의 간격은 목재 단면의 내력 성능에 따라 좌우되며, 이러한 목재는 아직 산업화되기 이전에 단순한 도구를(톱, 도끼) 사용하여 필요 크기로 절단되었다. 각각의 접합부는 높은 응력이 가해지지 않았으며, 순수한 목재 이음의 형태였다. (예 : 장부이음, 반턱이음, 빗턱이음) 수직하중은 다양한 목재 부재간의 접합면을 따라 직접 전달되었다.

부재의 단면 형태가 종종 구조 해석을 거치지 않고 나왔기 때문에, 옛 목구조 건축물에서는 부재가 지나치게 크고 비경제적이기도 했으며, 불가피하게 접합부 단면이 매우 약해지는 결과가 나오기도 했다. 이에 따라 오늘날에는 좀 더 경제적인 단면의 크기를 얻기 위해 기계적인 파스너가 주로 사용된다.

과거의 목구조 건축물에서는 내장 판넬에 주로 벽토, 나뭇가지, 도료 또는 점토벽돌을 사용했으나, 최근의 건물에서는 석재와 초벌칠 마감을 주로 사용한다. 오늘날 내장재는 주로 방수 외피를 부착한 단열재이다.

경골목구조
목재 스터드 구조

미국에서 널리 사용되고 있는 경골목구조는 "2 x 8 inch"의 모듈을(대략 5 x 20cm) 기반으로 하는 표준 크기의 사각형 부재를 좁은 간격으로 배치하여 건물을 구성하는 방식이다. 구조해석 결과에 따라 더 큰 크기의 단면이 요구될 경우에는, 작은 치수의 사각형 부재 몇 개를 단순히 못으로 박아 묶어주어 사용할 수 있다. 경골목구조는 현장에서 못을 사용하여 접합되며 주로 2층 또는 그 이상의 층을 갖는 건물에 사용된다. 목재 합판이나 목질 제품을 대각선 방향으로 부착함으로써 높은 안정성을 가질 수 있다.

필요에 따라 부재를 추가해야 할 경우 단순히 주 골조에 못으로 박으면 되는 시스템의 단순함으로 미숙련공에 의해서도 빠르게 축조할 수 있지만, 사전제작의 가능성이 적다. 이 시스템은 평면 레이아웃, 개구부의 크기와 위치 등의 설계에 있어 높은 자유도를 갖는다는 특징도 있다. 사실 건축물이 지나치게 클 경우 차후에 "잘라내어" 개구부를 만들 수도 있다. 그러나 최신 시스템과 비교했을 때, 이렇게 건축물의 크기가 커지게 되면 재료의 소비가 많다는 단점이 있다.

유럽에서 목재 스터드 구조는 미국의 경골목구조와 동일하게 다뤄진다. 목재 스터드 구조 역시 표준 크기의 사각형 부재를 좁은 간격으로 배치하여 2층 이상의 건물에 사용할 수 있다. 그러나 목재 스터드 구조는 표준화가 덜 이루어졌고, 경골목구조의 경우처럼 연결방식이 못박기로만 한정되지 않고 장부이음과 반턱이음도 사용된다는 차이점이 있다. 이 시스템의 또 하나의 목표는 재료를 좀 더 경제적으로 사용한다는 것이다.

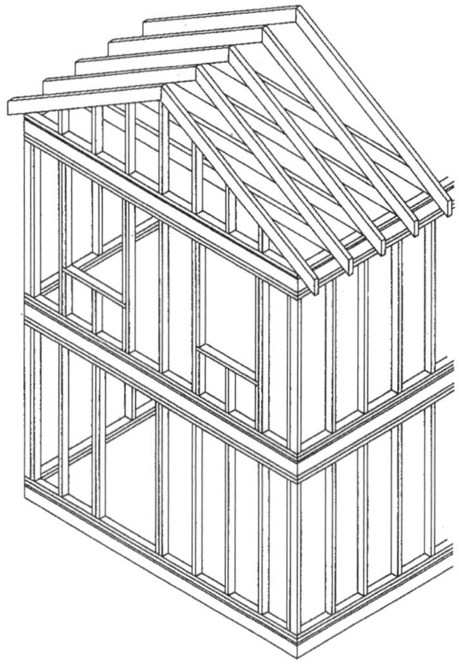

그림 41 : 경량목구조 그림

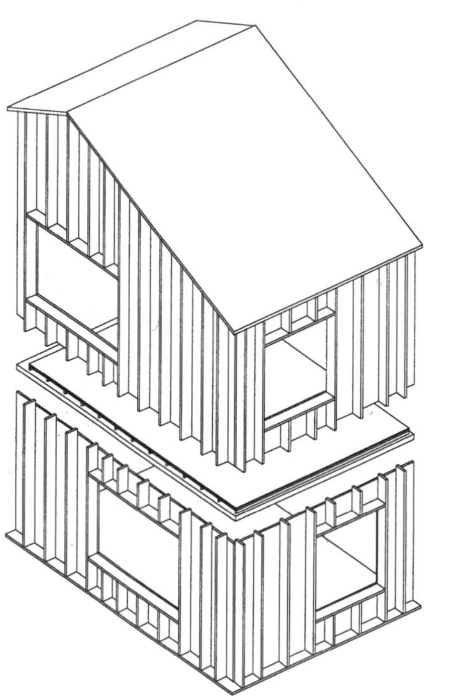

그림 42 : 판넬 구조

경량목구조

경량목구조는 목재 스터드 구조에서 더 발전된 형태이다. 이 시스템은 사전제작의 가능성이 높으며 이에 따라 최근 널리 이용되고 있다는 점에서 목재 스터드 구조와 구분된다. 내력 구조체는 사각형 부재를 이용하여 사전 조립된 한 층 높이의 골조로 이루어지며, 평면 외장 판넬 또는 대각선 방향의 합판을 이용하여 보강한다. 경량목구조는 작은 크기의 부재를 바탕으로 만들어지며, 부재 간의 간격은 사용되는 단열재의 종류(매트 단열제 또는 팽창제) 등의 조건에 따라 다양하게 설정할 수 있다. 각각의 내력 장선은 현장에서 조립되며 독립된 부재로써 공사 현장에 운반되게 된다. 현장에서 이들은 간단하게 축조되며 필요에 따라 외피가 입혀지기도 한다. 경량목구조의 구축적인 구조 하나의 층 위에 다른 층을 올리는 적층의 원리를 바탕으로 한다.

이 구조의 장점은 서로 다른 다양한 디자인에 대응할 수 있는 폭 넓은 융통성이라 할 수 있다. 경량목구조는 크기가 작은 부재를 사용하기 때문에 생산이 쉽고 저렴하며, 건물 전 부분에 걸쳐 동일한 목재를 사용한다는 점에서 간단하고 경제적이다. 못과 나사에 의한 단순한 접합부 역시 이 구조의 또 다른 장점이다.

판넬 구조

판넬 구조에 있어 나타나는 최근의 발전 모습은 경량목구조의 원리와 정반대이다. 내력에 사용되는 요소는 더 이상 선적인 부재가 아닌 슬라브이다. 이 슬라브는 구조적인 플레이트로써 작용하기 위해 높은 강도와 강성을 가져야 한다. 이러한 조건을 충족시킬 수 있는 한 가지 방법으로는 원목 판넬을 사용하는 방법을 들 수 있는데, 이는 제재목 스트립을 여러 겹 교차시켜 접합한 것이다. 동일한 재료로 만든 교차 장선을 추가하게 되면 판넬의 좌굴 저항력이 커지게 된다. 단열재는 장선 사이에 설치된다. 내력 슬라브의 평면적이고 무지향적인 성질로 목조 건축에 있어 구조적이고 건축적인 특징을 나타내게 된다. 내력 부재의 전통적인 그리드 또는 간격은 더 이상 필요하지 않다. 개구부는 거의 무작위로 형성할 수 있다.

시스템의 구축 원리로 인해 층들의 조립이 합리적이게 된다. 단일 부재가 다양한 역할을 수행하게 되며, 이로 인해 층의 개수가 줄어들게 되고 부가적인 특징을 갖게 된다. 일례로 내력 원목 판넬은 내부에 추가적인 표면 마감이 필요 없으며, 페인트칠에서 벗어나게 된다. 만약에 건물의 외부를 균일한 외피로 덮어야 된다면, 벽 부재에 직접 외장재를 부착하게 된다.

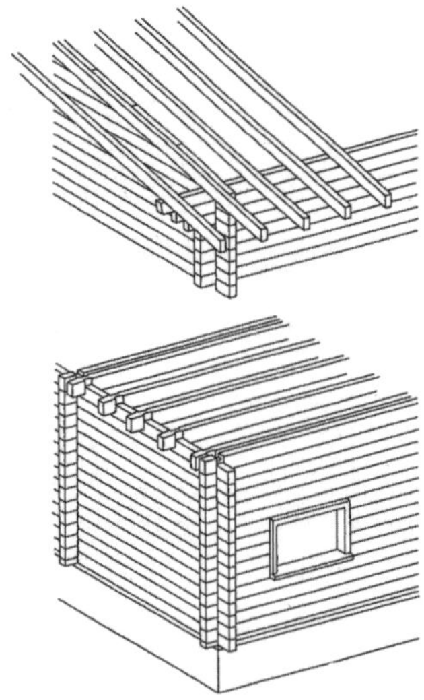

그림 43 : 통나무 구조

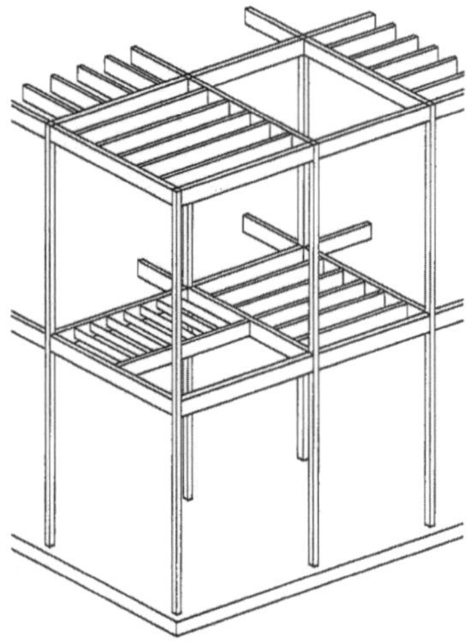

그림 44 : 골조

통나무 구조

전통적인 통나무 구조는 "고형식 건축"의 영역에 포함되는 유일한 목조 건축 형태이다. 건물의 외피는 횡적으로 적층되고 톱니이음으로 접합된 한 겹의 목재로 이루어지며, 이는 외피, 내부공간의 보호막, 내력 부재로써의 기능을 동시에 수행한다. 가로줄눈 내부의 마찰저항을 통해 구조적으로 안정하게 되며, 이를 통해 목재 벽은 코너부의 목재 사이에 생긴 톱니 이음을 통해서 내력 플레이트처럼 기능하게 된다. 기계적인 파스너는 필요하지 않다. 경간은 사용되는 목재에 따라 결정되나, 일반적으로 4.5m를 넘지 않는다.

부재가 입자에 수직하게 하중을 받기 때문에 통나무 구조에서는 수축과 침하 현상이 나타나게 된다. 침하현상은 개구부 등에서 상세하게 다뤄져야 한다. 통나무 구조 자체의 단열 성능은 현대적인 요구 조건에 적합하지 않다. 그러므로 현대적인 통나무 건축물에는 별도의 단열재를 설치해야 한다. 이 구조는 부재의 생산을 위한 기반 시설과(제재소) 전문기술을(목공기술) 사용할 수 있는 지역에 한해서만 경제적이다.

골조

이는 목재를 이용하여 만드는 가장 복잡한 건축형태이다. 수직 기둥과 수평 장선 바닥("평보") 또는 "플레이트"가 내력 구조체를 형성한다 (고형식 건축의 기둥-슬라브 원리와 유사하다). 수직적, 수평적인 선형 부재의 경우 재료의 균일성이 요구되며, 접합부의 형태에 의해 경간과 내력 구조체의 건축적인 외양이 결정되게 된다. 오늘날에는 목재 이외에도 집성재나 기타 접착식 구조 부재가 사용되기도 한다. 철골공사와 유사한 원리로 접합부에는 거셋 플레이트와 도월 같은 기계적인 파스너를 주로 사용한다. 순수한 목재 이음법은 골조 건축에서 거의 사용되지 않는다.

사선 타이, 지주, 벽 플레이트 또는 전 층에 걸쳐 놓여 있는 코어에 의해 구조적으로 안정하게 된다.

골조는 내력 구조체가 간막이벽 또는 파사드 부재와(외장 유리 등이 있다) 같은 외장 요소와 완전히 독립적으로 기능한다는 점에서 목조 건축의 다른 형태와 구별된다. 이러한 특성으로 재료의 소비가 크기 때문에 경제적이지는 않지만, 내부 공간의 레이아웃과 파사드의 디자인에 있어 자유도가 높으며, 더욱 긴 경간을 형성할 수 있다는 장점이 있다.

경량목구조
시공 원리

그림 45 : 축조 이전의 경량 목구조 부재
Bearth & Deplazes: private house (Willimann), Sevgein (CH), 1998

그림 47 : 양면에 마감재를 입힌 경량목구조 요소의 축조
Bearth & Deplazes: private house (Willimann), Sevgein (CH), 1998

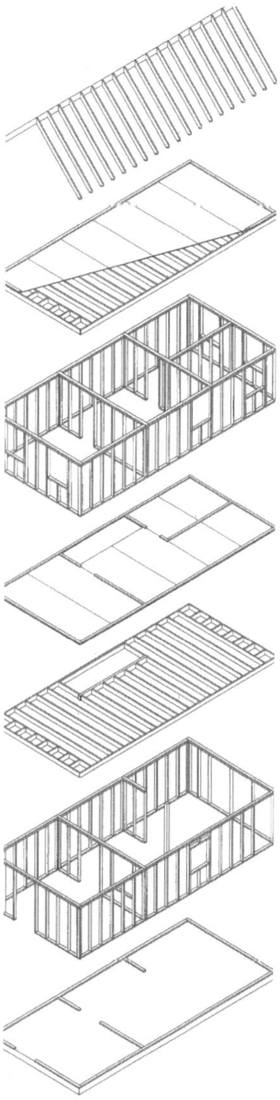

그림 46 : 경량목구조에서 각 요소는 한 개 층씩 적층된다.

경량목구조는 현재 스위스에서 매우 널리 사용되고 있다. 이는 마케팅 전략과 1980년대의 목조 건축 산업에서 유래된 공학적인 발전의 결과이다. 경량목구조의 목표는 1930년대 이후로 널리 사용되었으며, 미국과 캐나다에서 사용되는 경골목구조의 영향을 받은 목재 스터드 구조를 새로운 건축 시스템으로 변화시키는 것이었다. 새로운 시스템은 사전 제작의 정도와 각 부재의 표준화 정도가 높아야만 했다. 결과적으로 경량목구조는 전통적인 목공 기술을 이용하여 지어진 목조 건축물을 발전시킨 형태라고 할 수 있다. 주 내력 시스템은 선형 부재의 배열에 의해 형성되며, 이 부재들은 공장에서 대부분의 작업이 이루어질 수 있도록 가장 적합하게 개발된 것이다. 이 구조가 처음 소개된 이후 사전제작의 정도는 점차 늘어나고 있으며, 사실 시스템 자체가 내포하고 있는 한계점에 다달았다.

높은 자유도와 사전제작의 가능성으로 경량목구조는 건축 산업에 있어 널리 사용되고 있다. 그러나 이는 새롭게 개발된 목질제품들의 등장으로 경쟁적인 관계를 형성하게 되었는데, 이는 목질제품들이 선형의 내력 부재가 아닌 평면 내력 부재인 경우가 많기 때문이다. ("판넬 공사 - 최근의 발전" 참조)

경량목구조는 내력 선형 부재의 좁은 그리드 체계를 기반으로 하고 있는데, 부재간의 간격은 기하학적인 배열이나 부재간에 설치될 단열재의 치수, 예상 하중 등에 따라 다양하게 정해진다. 수평 상부 들보와 바닥 플레이트는 물론 수직 스터드에 사용하는 목재는 동일한 단면을 가지며, 이들의 배열을 통해 거의 모든 구조적 요구사항을 만족시킬 수 있다. 내부의 마감재는 전체 골조의 강성을 높이며, 내력 플레이트처럼 거동하게 된다. 모든 접합부는 일반적으로 못으로 연결되지만 필요할 경우(인장력에 저항해야 할 경우), 나사못을 이용하기도 한다.

표준화된 건축 재료를 사용할 수 있다는 점은 경량목구조의 주요 장점 중 하나이다. 대부분의 건물이 60 x 120 mm에서 60 x 200 mm 사이 크기의 단면을 갖는 부재로 만들어진다. 이렇듯 상대적으로 작은 부재의 크기로 인해 절단 가공시에 버려지는 부분이 적고, 저장하기에 편하며, 건조로와 그라인더를 사용하기에 가장 이상적인 크기이기도 하다.

준비된 골조(블랙박스라고도 불린다)에는 틈막이재를 부착하는 것이 바람직하다. 이를 위해서 틈막이재 또는 필요시 짝 틈막이재가 내부와 외부에 고정되고, 여기에 마감재가 부착되어 "샌드위치" 구조를 형성하게 된다. 이 과정에서 생성되는 공기 구멍은 외부적으로는 환기 작용을 하며 내부적으로는 서비스 기능을 위한 공간이 된다. 재료와 표면 마감은 폭넓게 선택할 수 있으며, 구조와는 큰 관계가 없다.

사전주문제작

표준 부재 또는 고정된 그리드를 사용하여 사전제작하는 시공 방법과는 달리, 경량목구조는 주문 사전제작을 이용할 수 있다.

이는 특정 프로젝트를 시작함에 있어 필요에 따라 (일반적인 단부 조건 하에서) 다소간 부재를 디자인 할 수 있다는 점을 의미하며, 제조업체와의 접촉을 통해 각각의 부재로 분해할 수 있다.

이러한 "부분의 집합체"에서 각각의 요소는 독립적인 "블랙박스"로 생산되어 공장에서 조립되며, 안정한 벽 플레이트로써 공사 현장에 운반되어진다. 이는 단열재가 채워지고 양면을 적절한 마감재로 덮은 선형 목재 골조로 이루어진다. 각각의 선형 부재의 배열은 구조적인 요구 조건과 벽의 단면에 생기는 모든 개구부 등의 기하학적인 측면을 고려하여 정해진다.

선택된 단열재의 두께와 형태 역시 선형 부재 간의 간격과 부재의 크기에 영향을 미친다. 가장 일반적으로 사용되는 단면은 60 x 120 mm에서 60 x 200 mm의 크기로, 이는 단열재의 두께가 상황에 따라 12~20cm 까지 변할 수 있기 때문이다.

건설 현장에서의 조립할 때에는 완제품인 벽 판넬을 단순히 세우기만 하면 된다. 판넬 간의 맞댄 이음은 조건에 따라 못

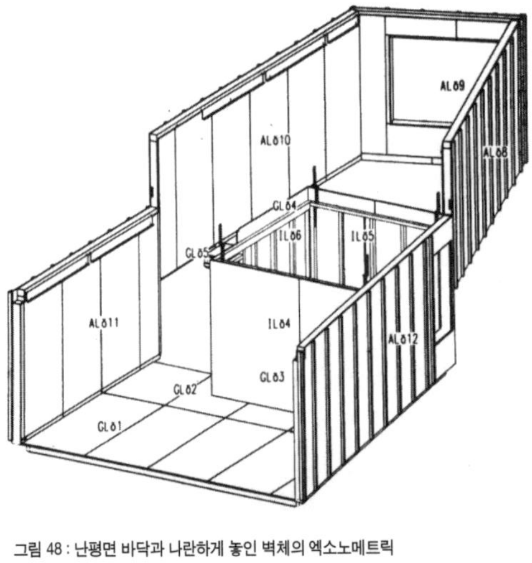

그림 48 : 난평면 바닥과 나란하게 놓인 벽체의 엑소노메트릭

또는 나사못으로 연결된다. 일반적으로 구조체는 한층씩 축조되며, 바닥판은 연속적인 벽 판넬 사이에 위치되거나, 내부에서 벽 판넬 사이에 매달리게 된다.

공사가 완료되면 조립된 구조체는 높은 강성과 단열 성능을 지닌 건축물이 된다. 기후의 영향으로부터 건물을 보호하기 위해서는 외장재를 사용해야 한다. 선택할 수 있는 외장재의 종류에는 거의 아무런 제약도 없으나, 외장재 하부에 위치하는 목조 건축물을 위해 공기 순환을 고려해야 한다. 경량목구조 건물은 주로 내부 마감재를 사용하게 된다. 이는 블랙박스를 물리적인 손상이나 침투로부터 보호하는 역할을 하는 내부 막으로 작용한다 (이는 사용된 단열재에 따라 다르게 나타나며, 수분 보호막이 설치되어야 한다). 내부 마감을 통해 내부 공간의 설계에 따른 요구조건을(회반죽칠 마감, 목재 판넬 마감 등) 만족시킬 수 있으며, 차후에 설치될 전기 케이블(단열재를 관통해서는 안된다) 등을 감출 수도 있다.

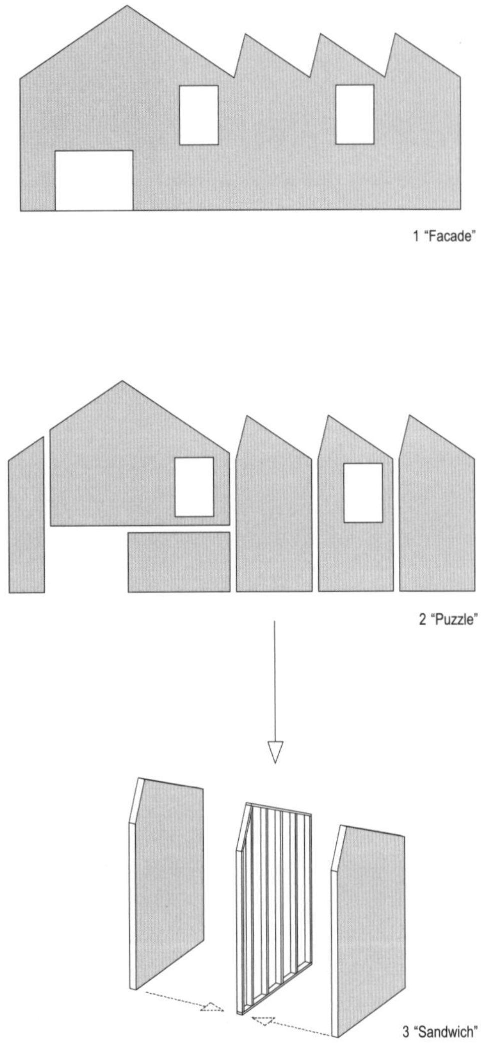

그림 49 : "건축도구"로써의 경량목구조
1 개별 프로젝트
2 주요 부분으로 분해
3 독립된 "블랙박스" 조립물로써의 부재 (안정적인 벽 플레이트)

그림 50 : 사전주문제작 :
경량목구조의 설계와 시공 과정

도표 1 - 4, 평면

도표 1 - 4, 단면

특정 프로젝트를 벽, 바닥판 등의 주요 "건물 단위"로 분해

건축가, 제조자, 기술자 간의 협조

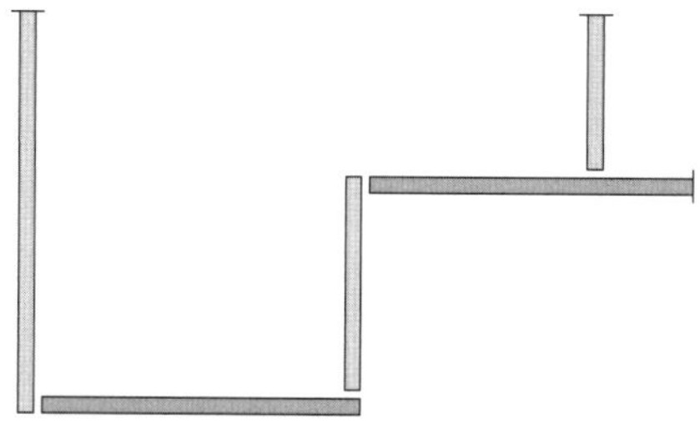

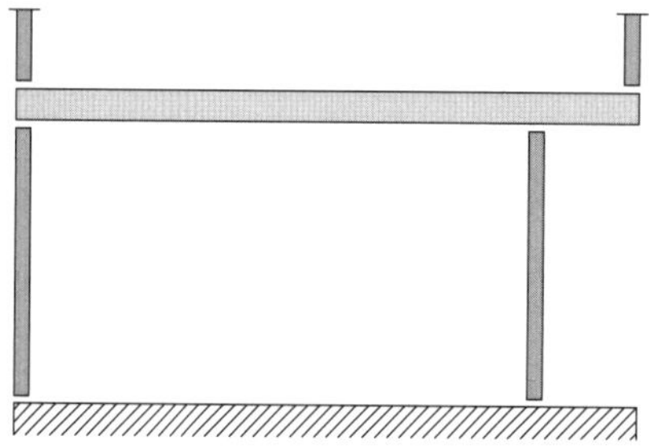

공장에서 생산되는 독립된 "블랙박스" 조립물로써의 부재

선형 부재의 배열은 구조적인 요구 조건과 단열재의 크기에 기반을 둔다 (50 x 100 mm or 60 x 120 mm)

선형 부재의 치수는 전체 단열재의 두께에 따라 결정된다 (120?200 mm)

접합부 디자인 (그림에 나온 바와 같이 밀봉하거나 겹친 맞댄이음을 사용한다)

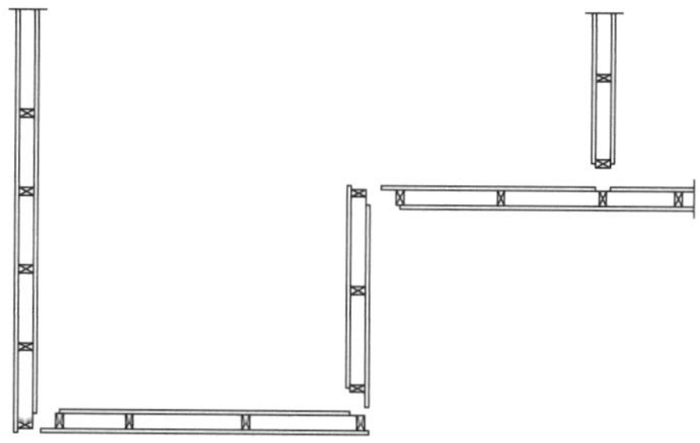

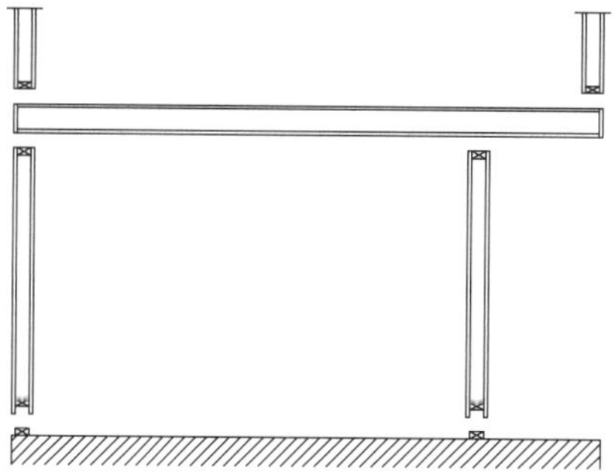

건설 현장으로의 운반과 축조
평면 : 못(압축력에 대해서만 저항) 또는 나사못을 (인장력에 대해서도 저항 가능) 이용하여 형성된 수직 맞댄이음

단면 : 부재의 적층

전 부분에 걸쳐 수분을 차단하기 위해 수직, 수평 맞댄이음 부분은 밀봉되어야 한다.

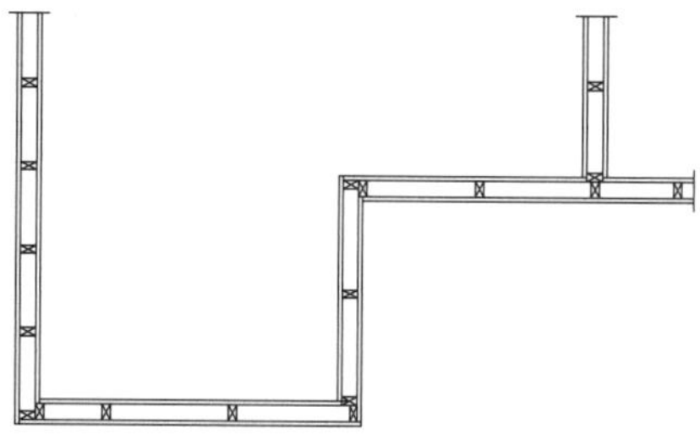

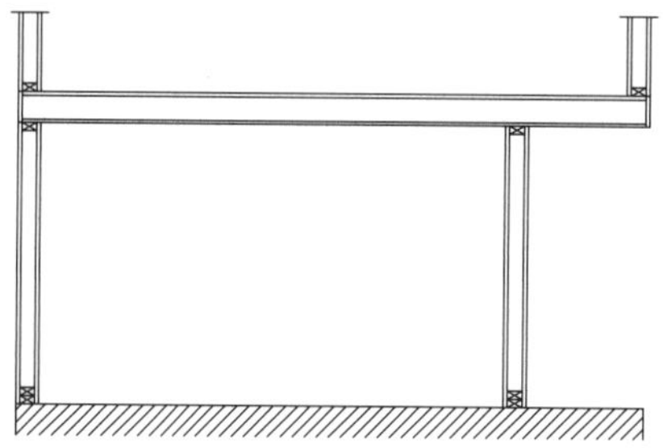

외장재 부착 (내부 마감재 포함)

외장재는 하부의 목조 건축물을 위해 공기를 순환시킬 수 있어야 한다.

내부 마감재는 내부 공간 설계의 요구 조건에 따라 선택되며 전기 케이블을 감추기도 한다. 경량 목구조는 자체적으로 서비스 기능을(전기, 급수, 가스관, 배수 등) 담당하지 않는데, 이는 그렇지 않을 경우 수분이 안으로 침투할 수 있기 때문이다.

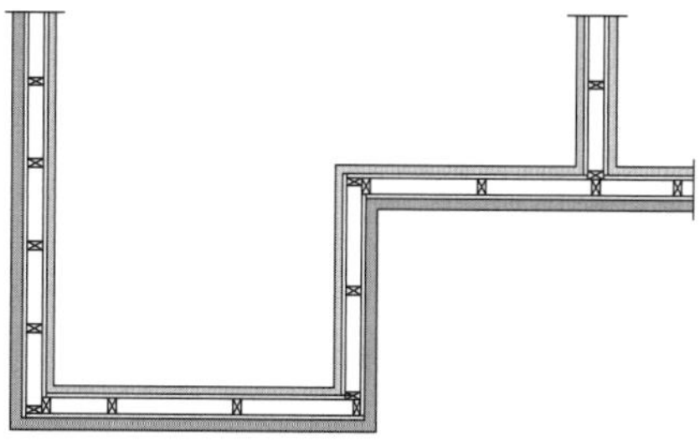

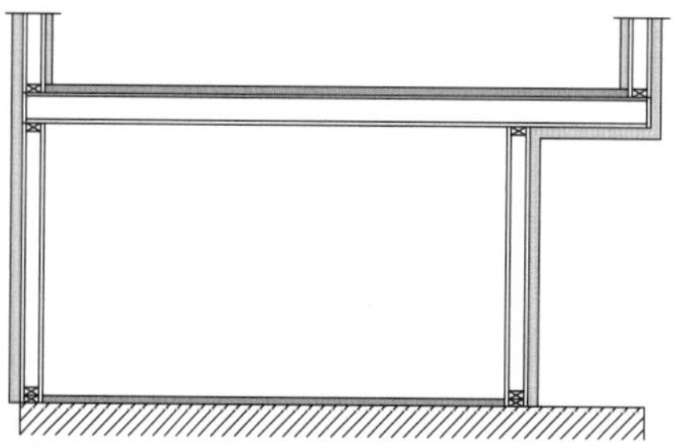

그림 51 : 경량목구조의 층과 마감재

1. 내부 마감재, 12 mm
2. 수직 틈막이재 (서비스 기능), 50 mm
3. 목질 판넬 (수분 차단), 12 mm
4. 골조 : 상부 들보, 60 x 120 mm에서 60 x 200 mm
5. 골조 : 스터드, 60 x 120 mm에서 60 x 200 mm
6. 골조 : 하부 플레이트, 60 x 120 mm에서 60 x 200 mm
7. ISOFLOC 등의 단열재, 120-200 mm
8. 역청주입 연질섬유판, 18 mm (밀폐)
9. 수직 틈막이재, 환기 구멍, 40 mm
10. 횡방향 마감재, 24 mm
11. 홈 이음을 사용한 3겹 합판, 방음
12. LIGNATUR 상자형 부재
13. 맞댄 이음 위로 형성된 밀폐막
14. 짝틈막이재, 40 mm (환기 구멍을 수직적으로 연속시킬 수 있어야 한다)
15. 수평 틈막이재, 40 mm
16. 수직 마감재, 24 mm

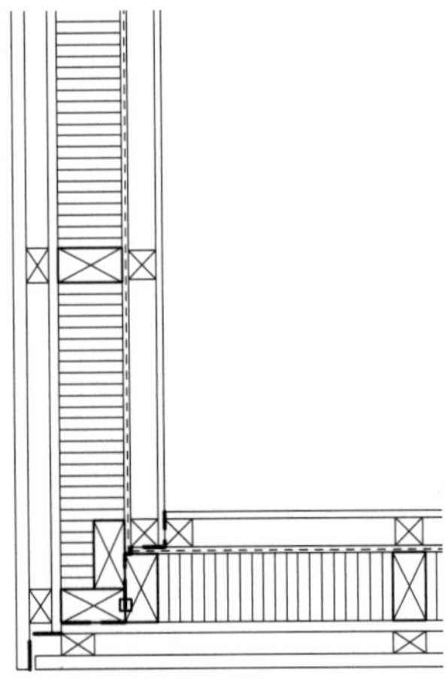

코너 접합부 횡단면
횡방향 마감재

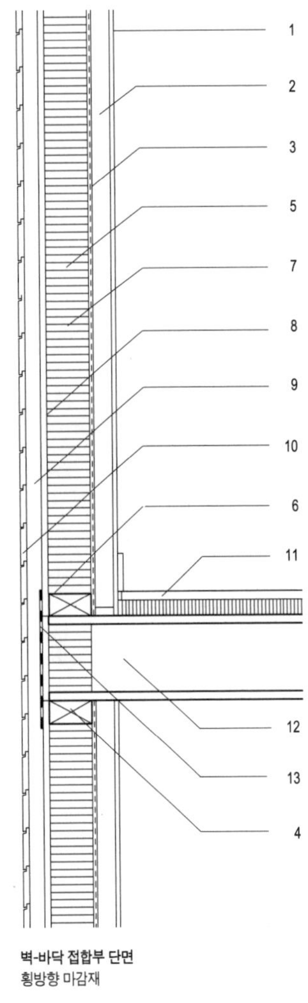

벽-바닥 접합부 단면
횡방향 마감재

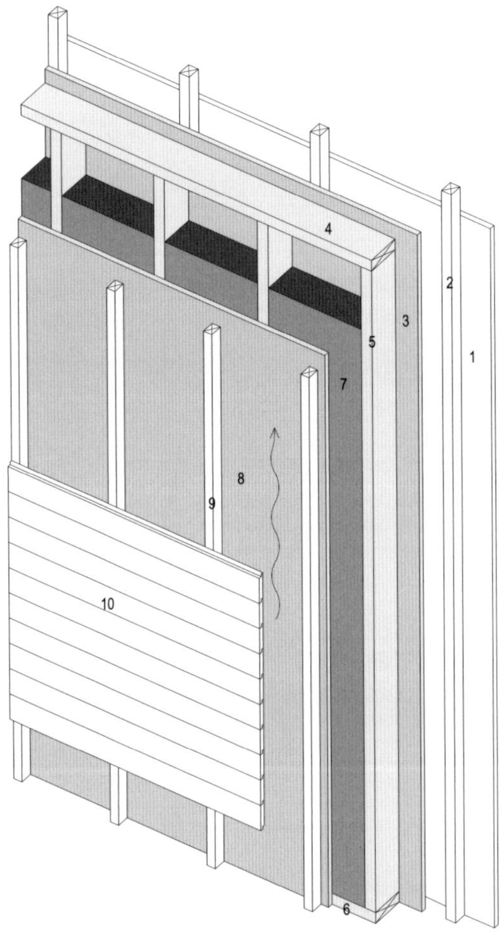

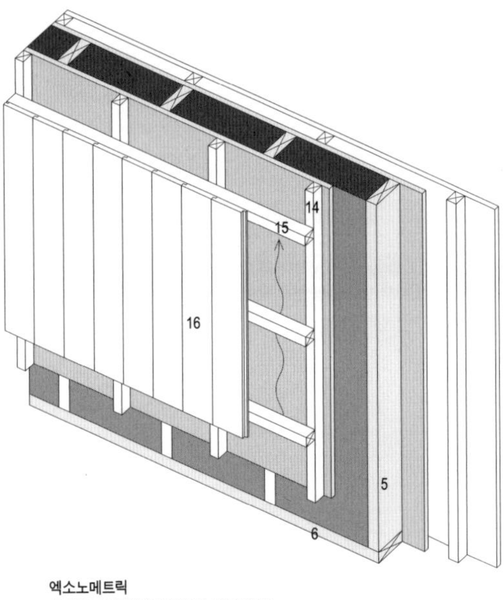

엑소노메트릭
횡방향 마감재(상)와 종방향 마감재(하)

목재 보의 임시 크기를 결정하기 위한 차트
설계 단계에서 최초의 크기가 추정된다

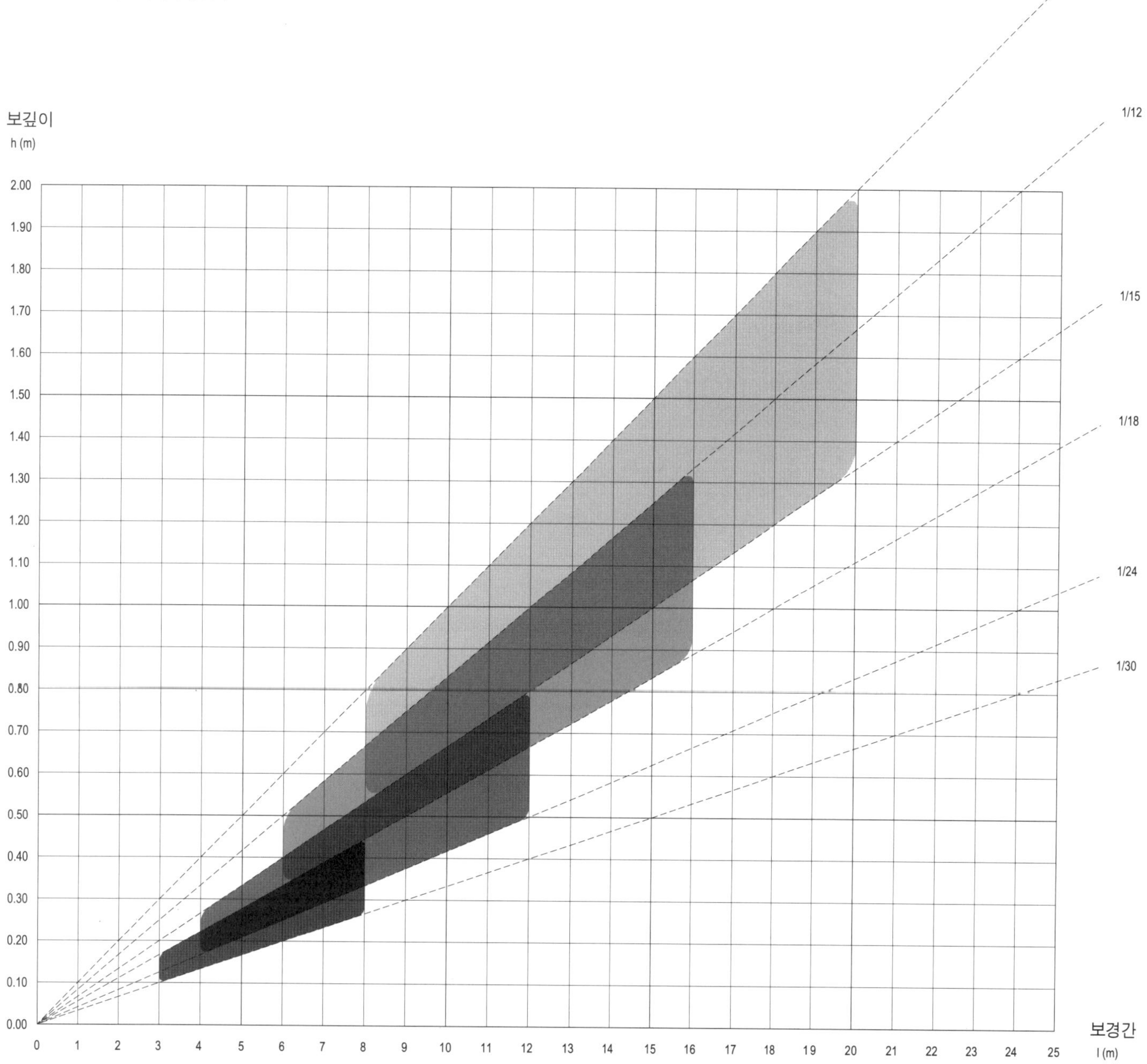

	부재 (내력)	Span l (m)	h*/l
■	서까래	– 8 m	1/18 – 1/30
■	도리, 보	4 – 12 m	1/15 – 1/24
■	일반 웨브 보	6 – 16 m	1/12 – 1/18
■	라티스 보	8 – 20 m	1/10 – 1/15

그림 52 : 본 차트의 사용법
높은 하중(고정하중과 활하중)에 대하여 표에 제시된 부재의 깊이 중 가장 큰 값을 사용하며, 낮은 하중의 경우에는 이와 반대로 사용한다.
차트에 제시된 크기와 관계는 과학적으로 증명된 것은 아니다. 음영 부분은 "불명확한" 부분을 말한다. 내력 부재의 합리적인 사용을 위해서 이 차트의 "단부"는 제거되어야 한다.

출처 : M. Dietrich,
Burgdorf School of Engineering, 1990

*보의 단면은 (h/b = 2/1) 최초의 대략적인 크기를 사용할 수 있다. 집성재 보의 경우 더 세장해질 수 있다.

일본 전통 목조 건축에서 나타나는 목재의 변환

이세의 대신사에서 열린 워크샵의 내용에서 발췌

Christoph Henrichsen

매 20년마다 신사를 완전히 다시 짓는 의식 덕분에, 몇 세기에 걸친 변환의 전통이 이세의 대신사에서 워크샵을 열고 있는 오늘날까지 전해지게 되었다. 이는 목재에 대한 깊은 지식과 목재를 절단하는 절차가 나타내는 규칙을 입증하는 것으로, 이러한 규칙은 나무 각각의 개별적인 특징을 바르게 나타내기 위해 성숙한 나무의 줄기로부터 좋은 품질의 목재를 얻는 과정에서 찾아볼 수 있다. 이세는 분명히 나무의 경작, 벌채, 변환, 최종 건물 작업까지의 모든 것이 한 명의 숙련된 목공의 손에서 만들어진 일본의 유일한 장소일 것이다.

그림 53 : 이세의 제2신사
구건물과 신건물 간의 대조

그림 54 : 작업중인 목공
플럼 밥을 이용한 단부에 금긋기 작업

벌채와 나무의 저장

최근 들어 경제적인 이유로 인해 노송나무가 "hiba" 로(북일본에서 유래했다) 대체되고 있기는 하지만, 신사에 쓰이게 될 나무는 겨울에, 10월에서 2월 사이에 베어진다. 창고에 도착하면, 물품의 수량을 수관에 새겨넣게 된다. 변환에 앞서, 나무는 물 속에서 3년 동안 저장된다. 이 과정은 건조에 의한 균열을 방지하지만, 주장하는 바에 따르면 나무로부터 특정한 성분을 제거하게 되어 변환 후에 더 빨리 건조가 이루어지게 된다고 한다. 나무는 윈치에 의해 물 밖으로 들어올려져 작은 궤도 활차에 의해 제재소로 옮겨진다. 필요할 경우, 사전에 길이를 먼저 자르기도 한다. 이 후, 숙련된 목공이 흠집이 있는지 조사하기 위해 나무를 돌려보게 된다. 목공은 각각의 나무의 수관을 전기 또는 수동 연마기로 다듬게 되며, 이는 표면을 부드럽게 만들어 금을 긋는 작업을 용이하게 해준다. 나무에 금을 긋는 작업은(일본어로는 키도리라고 부르며, 나무를 구획하는 작업이다) 항상 수관(수에코구찌)의 심재 (신즈미)로부터 선을 긋기 시작한다. 이를 위해, 목공은 플럼 밥과 곡척을 사용한다. 중앙 표시는 차후에 단부(모토코구찌)로 옮겨지게 되며, 일반적으로 직경 10cm 정도의 원형 선(미즈이또)으로 그려진다. 줄기의 흠집을 피하기 위해서 혹은 기타 이유에 따라 표시는 중앙에서 약간 벗어나서 그려지기도 한다. 단면을 표시하기에 앞서, 예방책으로써 목공은 더 긴 선을 그리게 된다. 이 방법을 통해 나무를 경미하게 굽은 형태로 잘라낼 수 있다. 나무의 단면은 수관에 표시된다. 그러나 목공은 단면이 건물에서 정확한 자리에 위치할 수 있도록 이 지점에 필요한 모든 내용을 함께 기재하게 되는데, 건물의 이름, 부재의 이름, 부재 번호, 나무 번호 등이 이에 해당된다.

금긋기

금긋기 작업을 위해 목공은 한쪽 끝이 약2cm 가량 벌어져 좁은 톱니가 나 있는 대나무(수미사시) 조각에서 벗겨낸 막대기를 사용하게 되는데, 먹물로 적신 솜 조각에 이 막대기를 담금으로써 금을 긋게 된다. 금긋기 작업은 보통 가장 큰 단면의 부재부터 시작하며, 부차적인 부분은 줄기의 남은 부분에서 잘라내게 된다. 나무는 항상 작업장의 선임 목공에 의해 금긋기 작업을 거친다. 선임 목공은 건물 전체에 알고 있으며, 각각의 부분에 대해 요구되는 조건에 대해 가장 잘 알고 있다. 나무를 가장 효율적으로 이용하는 방법 이외에도 그는 모든 부재가 가장 적합하게 절단되고 사용되어질 수 있도록 책임을 지어야 한다. 일례로 약간 굽은 나무는 보로 사용하기에 좋으며, 이는 곡면을 위로 향하게 하여 건물에 놓여지며, 수지 함유량이 높은 나무는 보나 도리에 사용되어야 한다. 목재의 목록에는 각 부재의 품질등급이 자세하게 기재되어야 한다. 가장 좋은 품질의 목재(시호아케)는 성물을 담는 용기를 만드는데 사용되며, 건

그림 55 : 금이 그어진 세개의 나무가 제재소에서 절단작업을 기다리고 있는 모습
금이 그어진 단면과 함께 기재된 건물의 이름, 부재의 이름, 부재 번호, 목재 번호 등의 부가적인 정보

그림 56 : 물매를 위해 적층된 합판

축 재료로는 잘 사용되지 않는데, 두 면에 대해 옹이가 없어야 한다(니호아케). 2cm 가량의 작은 옹이가 있는 목재는 2등급으로 평가되며 겉으로 드러나지 않는 부분(조코부시)에 사용된다. 목재의 목록에는 변환된 단면이 차후에 길이를 자르게 될지의 여부 또는 부재가 더 큰 단면을 형성하도록 조립될 것인지의 여부 등의 상세를 함께 기재해야 한다.

변환과 저장

목재는 대형 띠톱에 의해 단면 순서대로 절단되며 공정을 거치는 동안 수차례 형태가 변하게 된다. 하루의 할당량은 5~15개의 나무이다. 차후에, 목재는 작은 궤도활차에 실어져 창고들

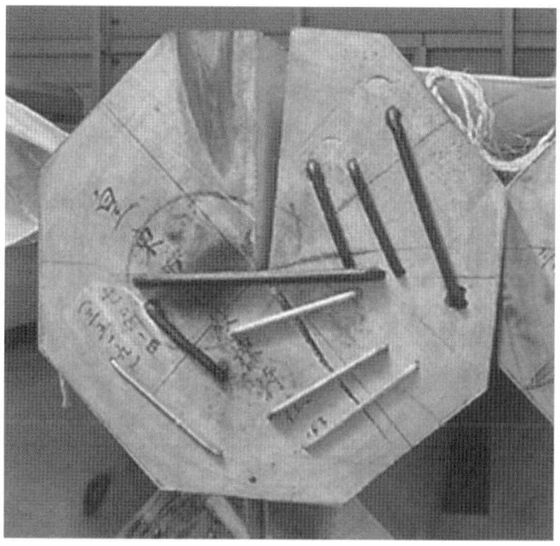

그림 57 : 팔각 기둥의 단부
단부는 밀랍 유상액으로 도포된다. 건조 중의 예상치 못한 균열을 막기 위해 많은 조임쇠가 사용되고 있다. 심재가 절단된 모습이 보인다.

중의 하나로 보내진다. 여기에서 목재의 단부는 밀랍 유상액으로 칠해지게 된다. 수관의 균열 발생을 막기 위해 단부에 조임쇠를 사용하기도 한다. 각각의 부재는 사용될 건물에 따라 분류되며, 건조과정을 위해 적층되어 보관된다.

심재를 포함하는 단면의 가공

기둥, 보, 도리 등에 사용되는 심재(신모찌)를 포함하는 단면은 변환(소와리)이 끝난 후, 심재부에 대해 절단된다. 절단이 끝난 직후 쐐기를 박게 되며, 몇주마다 한번씩 다시 쐐기를 박는다. 완공된 건물에서 겉으로 노출되거나 신상에 근접하게 위치하는 부재일 경우에는 쐐기 모양으로 스트립을 잘라내어 한쪽 면에 접착제를 발라 연결하며(세와리 오 우메루), 스트립은 단면과 완성품과 같은 높이에 맞춰지게 된다. 이러한 정교한 작업은 예상치 못한 대부분의 건조 균열을 막는다.

그림 58 : 심재가 절단되어 쐐기가 박힌 보

이 글은 *DETAIL* (10/2002)에 실린 Christoph Henrichsen 의 글 'The workshops at the Grand Shrine of Ise' 를 편집하고 축약한 내용이다.

실로 짠 그물

Urs Meister

그림 59 : 진입로에서 바라본 전경
Shin Takasuga: " Railway Sleeper House", 과거에는 미야케지마 지방의 Seitogakushi School의 소유였던 건물, 1980

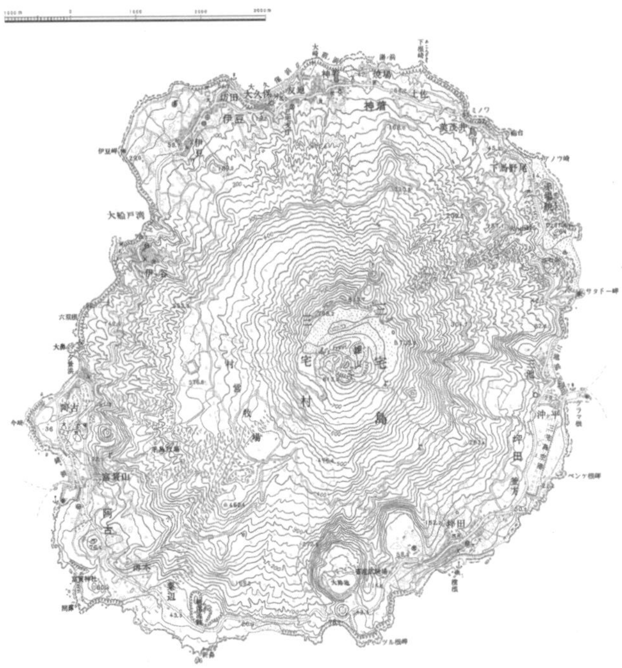

그림 60 : 미야케지마 지형도

1970년대 일본 건축가들은 독립의 방향을 모색했었다. 수세기를 걸친 전통과 강하고, 자유로운 모더니즘 사이에서 답을 찾으려던 시도의 일례로 Shin Takasuga의 "Railway Sleeper House"를 들 수 있는데, 이 건물은 현대적인 외관을 보이지만 많은 부분에서 일본 전통 주거 건축과 연결되어 있다.

이 주택은 태평양의 작은 섬인 미야케의 한가운데에 위치하고 있다. 이 건물은 1970년대에 신좌익파 학생이자 평화 운동 단체의 일원이었던 사람에 의해 공공 주거 건물이자 은신처의 용도로 설계되었다. 경제적인 제약으로 거주자는 자신의 집을 직접 지어야만 했다. Shin Takasuga는 낡은 목재 철도용 침목을 사용하기로 했으며 이후로 5년의 기간 동안 공사가 진행되었다. 그러나 여기에서 주목할만한 점은 침목을 사용했다는 것이 아니라, 단 한 종류의 재료로 벽, 바닥, 기둥, 지붕 구조, 빌트인 가구는 물론, 전체 건물을 만든 재료의 광범위한 이용에 있다.

이 3층짜리 건물은 경사지의 높은 지반에 콘크리트로 하부 구조를 만들고 그 위에 지어졌다. 공간의 훌륭한 배치로 간결한 레이아웃을 나타낸다. 부엌, 화장실, 집회장, 큰 식당 등의 공적인 공간은 진입층에 위치하고 있으며 내부에서 최대의 천장고를 갖도록 지어져 주 공간으로써 특징지어진다. 침실, 보조공간, 삼각형 지붕창은 상부 층에 위치하고 있으며 사다리를 타고 올라가야만 접근할 수 있다. 계단 같은 전형적인 접근 장치를 배제한 건축가의 결정에 따라 내부 공간의 배치에 있어 분할이 이루어지게 되었으며, 각각의 방이 말그대로 "쌓여 있는 듯한" 느낌을 준다.

일본 전통 주거 건축의 뿌리와 시공 방법의 특징에 대해서 다루다 보면, 단순한 형태의 집인 "Tateana"를 만나게 된다. 우선 네 개의 나무 기둥을 땅에 박아 네 개의 보를 지탱한다. 그리고 원형으로 배열된 몇 개의 기둥과 함께 잎, 잔디, 짚으로 만든 외피를 사용하여 텐트 형태의 주거를 만들게 된다. 이 건축의 원형에서 두 가지의 건축적인 주제를 분명하게 발견할 수 있으며, 이 주제들은 시대적으로 뒤에 나타나게 될 주택 건축과 사원 건축으로 각각 특징지어진다. 사실, "Tateana"는 그 동안 건축의 원형으로 인정받아 온 형태로 Takasuga의 작품에 있어 결정적인 영향을 끼쳤는데 이는 지붕으로써의 집, 구조체로써의 집이라는 점이다.

보호막으로써의 지붕

서양 건축이 벽과 파사드를 기본으로 발전한 반면[1], 일본 전통 건축에서는 지붕이 중요한 역할을 한다. 집은 가장 처음에는 지붕 그 자체였으며, 지지 구조체를 세움과 동시에 완공되었고 내부에는 하나의 벽도 없었다. 달아낸 처마와 캐노피는 혹독한 기후에서 내부 공간을 보호했으며, 배경에 실제적인 파사드를

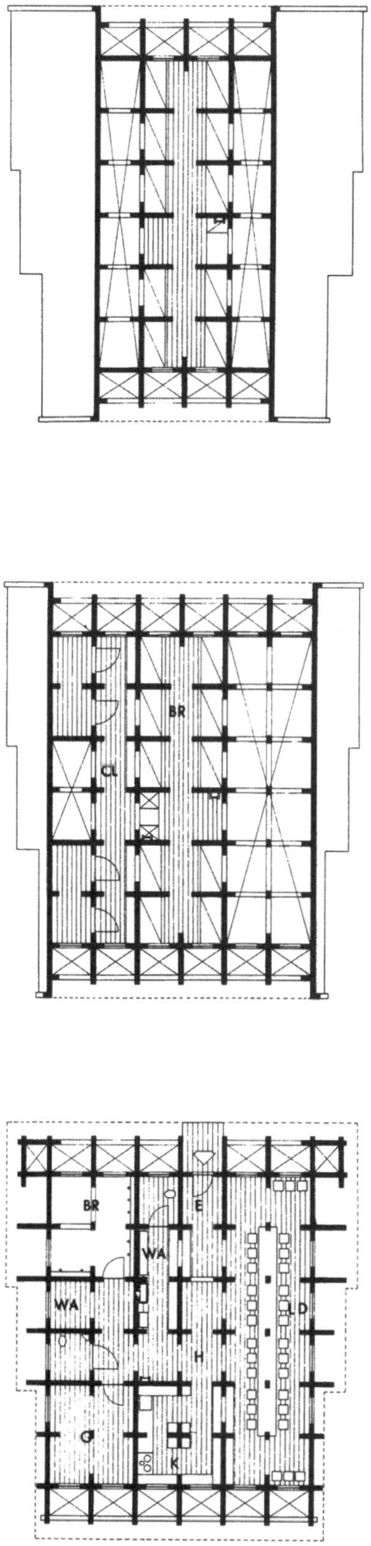

그림 61 : 지붕창, 상부층과 진입층 평면
Shin Takasuga: " Railway Sleeper House", Miyakejima (J), 1980

그림 62 : 일본의 "원시 주거" 형태인Tateana
완성된 주거 (상), 내부 골조 (하)

그림 63 : 목재 널판에 의한 지붕 형성
Shin Takasuga: " Railway Sleeper House", Miyakejima (J), 1980

불어넣었다. 보호막으로써의 지붕이 갖는 의미와 "지붕 아래에 흩뿌려지는 간결한 어둠"은 작가인 Tanizaki Jun' ichiro를 크게 고무시켜 그림자의 미학에 대한 글을 쓰게 했으며[2], 사실 지난 세기까지 일본 전통 주택에 살았던 여인들은 빛과 그림자의 대비를 조절하기 위해 치아를 검게 물들이기도 했었다! 독립적이며, 조각 같은 외형의 지붕은 Bruno Taut의 일본 방문기에[3] 일본의 문화 현상 중 하나로써 나타나 있기도 하며, 이는 기술적이고 건축적인 사고를 바탕으로 도출한 것이다.

Shin Takasuga의 건물에 대해 좀 더 자세히 살펴 보면, 가장 먼저 발견할 수 있는 것은 반사재질의 밝은 지붕이다. 이는 추상적인 외관을 만들고 있으며, 박공 지붕의 선은 두꺼운 연필로 그린듯한 느낌을 준다. 지붕 아래의 구조는 쉽게 보이지 않으며, 더 건물에 접근해야만 견고하고 중량감 있게 구획된 목조 구조체를 볼 수 있다. 목재 판자로 덮힌 지붕은 매우 가볍게 느껴지며, 마치 얇은 지붕 표면이 바람에 날아가지 않게 하려는 듯이, 용마루와 합각의 선만이 침목과 함께 부각된다. 침목을 이용한 하부 구조체의 중량감과 균형을 맞추기 위해 외장은 최소한으로 제한되었다.

중량감과 탄성

그러나 일본 전통 주택은 종종 모순된 모습을 보이기도 한다. 지붕 아래의 복잡한 건물을 대조적으로 (보통의 경우) 두꺼운 짚으로 만든 지붕으로 덮는 독특한 방식이 그것이다. 선형 부재의 조립을 통해 섬세한 외관을 나타내며 지면 위에 세워진 중량감 있는 건물은 마치 테이블에서 가느다란 다리에 의해서 무거운 상판이 지탱되는 것처럼, 역설적으로 전체 건축물에 있어 최대의 탄성을 보장하는 요소로 작용한다. 일본은 항상 지진의 위험에 노출되어 있기 때문에 탄성은 필수적인 요소이다. 서양에서 사용하는 대각선 가새의 방식이 일본 목공들에게도 알려져 있지만, 이는 그들 특유의 고전적이고 미학적인 건축 원리와는 어울리지 않으며, 구조물의 강성을 높여 지진 하중의

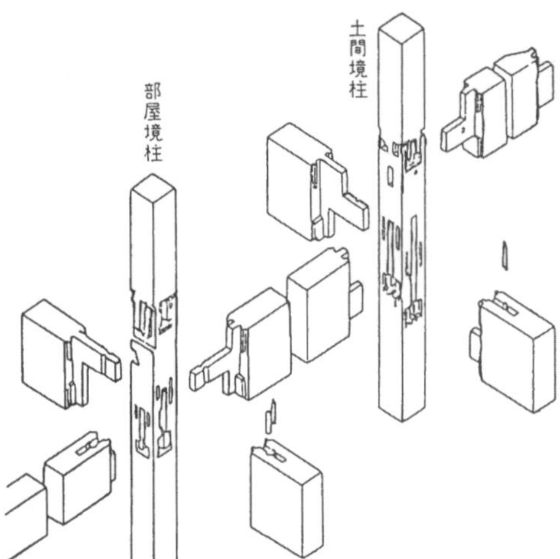

그림 64 : 일본 전통 주택 디자인
기둥-보의 목재 이음

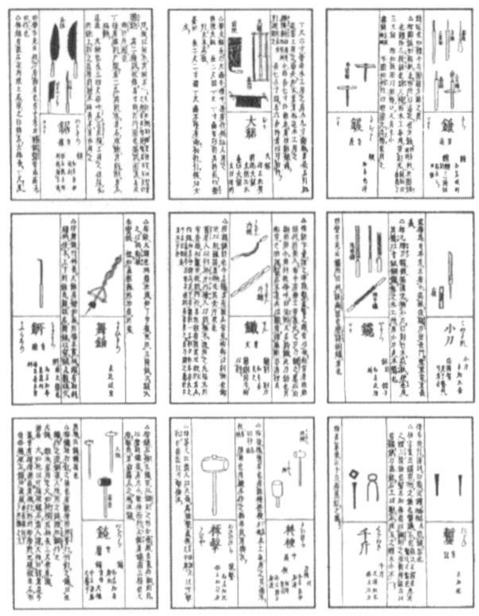

그림 65 : 일본 전통 목공 장비
1712년도 백과사전에서 발췌

그림 66 : 입구 파사드에 적층된 침목의 접합 상세
Shin Takasuga: " Railway Sleeper House", Miyakejima (J), 1980

영향을 받기 쉽게 한다. 일본 건축에서 대부분의 접합 원리를 통해 얻어지는 접합부의 안정성은 구조체의 움직임을 자유롭게 함과 동시에 건물 전체의 안정성을 보장하게 된다.

그러므로, 일본 건축에서 목공의 활동 영역은 유럽에 비해 훨씬 넓으며, 가구 제작자로써의 역할은 물론 건축가의 역할도 함께 수행해야 한다. 일본 목공은 놀라울 정도로 다양한 특수 장비를 사용하며, 그들의 작업은 목재의 접합부에서 두드러지게 나타나는 것처럼 엄청나게 얽히고 설킨 복잡한 작업이다. 접합부가 매우 단순한 연결을 이루고 있는 것처럼 보이게 한다는 목공의 목표는 한 지점에서 부재를 서로 맞물리게 하는 매우 예술적인 목공기술을 탄생시켰으며, 종종 불가능할 것 같은 단면의 사용을 가능케 했다. 이러한 방식이 높은 하중이 작용하는 지점에서도 최대한의 크기로 부재를 천공하는 것을 가능하게 했지만, 접합부 그 자체는 정확한 치수와 정밀한 연결을 통해 안정성을 얻게 되며, 이러한 상세를 눈에 보이지 않게 함으로써 우아한 외양을 갖게 된다.

이와 비교해서 주로 창고나 보고를 만드는데만 사용되는 일본식 통나무 구조는 선형부재를 사용하는 목조 건축의 모습과는 사뭇 다른 양상을 보인다. 일례로 나라 지방의 도다이지에 위치한 보고는 그 부피, 독립적인 특징, 기초적인 접합 기술 등의 측면에서 특징을 갖는다. 나무를 삼각형으로 가공한 독특한 형태의 부재는 가장자리를 따라서 서로의 상하부에 놓이게 되며, 외부에는 3차원으로 직조된 듯한 파사드를 형성하고 내부에는 매우 부드러운 느낌의 벽을 형성한다. 부재의 모서리와 모서리를 조립하는 접합방식은 구조적인 관점에서 볼 때 효율적이지 않을 수도 있지만 이는 건조한 날씨에서 목재가 수축하므로써 목재 사이에 생긴 틈을 통해 내부 공간에 자연 환기를 가능하게 한다는 특수한 목적을 갖는다. 습도가 높은 날에는 목재가 팽창하여 틈이 닫히게 됨으로써 수분이 건물 내부로 들어오는 것을 차단하게 된다.

그림 67 : 나라 지방의 도다이지에 있는 보고
코너부 전경

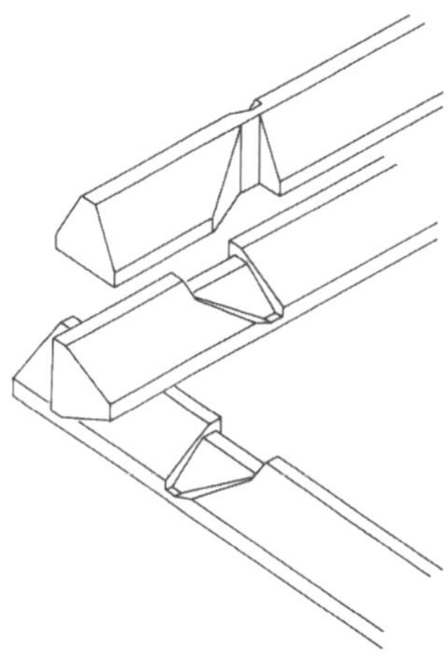

그림 68 : 나라 지방의 도다이지에 있는 보고
통나무 구조의 접합 상세

그림 69 : 최대의 천장고를 갖는다
Shin Takasuga: "Railway Sleeper House", Miyakejima (J), 1980

그림 71 : 다카야마 지방의 주택
지붕 구조를 노출시킨 내부

구조물로써의 집

통나무 구조는 교차되는 코너부의 접합을 통해 부재의 양방향에 대해 단면의 크기를 작게 할 수 있다는 특징을 갖는다. 이러한 코너부의 상세를 차용하면서 Takasuga는 통나무 구조의 근본적인 면적인 특징을 향상시켰으며, 뜻밖의 대공간을 창출해 내었다. 또한 박공 파사드으로부터 침목의 끝을 돌출시켜 추상적이고 3차원적인 구성을 얻게 되었다. 돌출된 목재는 교차되는 침목의 도움으로 안정하게 되며, 더 나아가서는 입구 파사드의 수평적-수직적인 배열이 균형을 이루게 된다. 큰 식당과 집회장에도 동일한 원리가 거의 기념비적인 비율을 이루며 사용되고 있고, 거대한 보가 자체적으로 하중을 만들어내면서도 동시에 하중을 전달하기도 하는 섬세한 평형 상태는 구조물을 인상적이고, 3차원적인 조각작품처럼 느껴지게 한다.

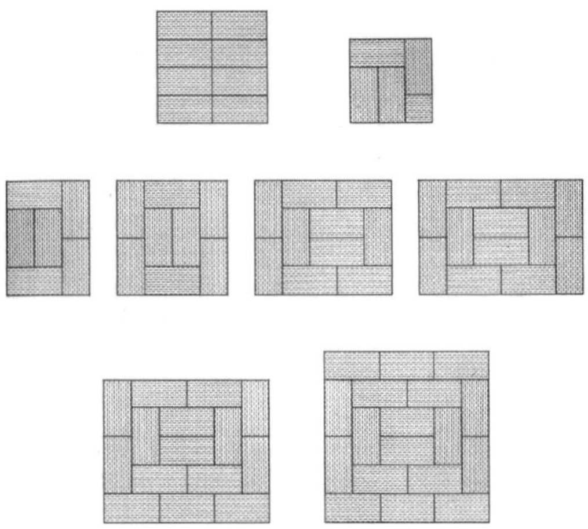

그림 70 : 전통 다다미의 연결
십자형태를 이루며 교차하는 네 개의 선은 일반적으로 사용되지 않는다. 8장 다다미 구조(좌상)는 특수한 목적으로 사용된다. 4장 다다미 구조(우상)는 다도가 벌어지는 방에 사용된다.

그림 72 : 통나무 구조체 아래에 놓인 콘크리트 하부구조
Shin Takasuga: " Railway Sleeper House", Miyakejima (J), 1980

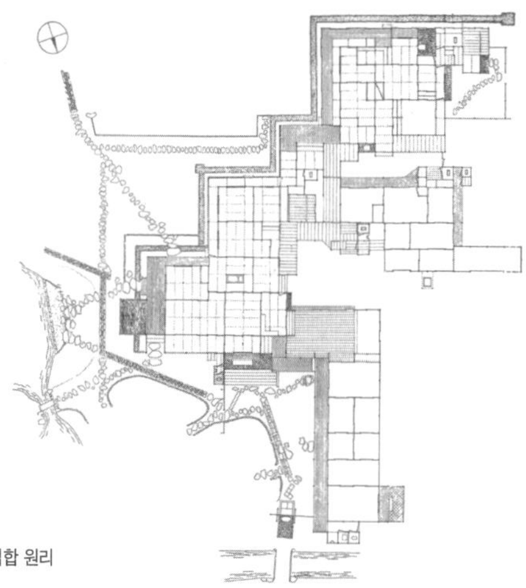

그림 73 : 공간의 추가적인 접합 원리
Katsura Imperial Villa

그림 74 : Carl Andre
"Shiloh", 1980, 91 x 563 x 563 cm

무거운 보와 세장한 기둥 등 건물에 사용되는 수평, 수직 부재가 이루는 "새장 같은" 명료함은 일본식 주택에 개방형 지붕 구조라는 특징을 부여했고, 허공에 매달린 제비뽑기 같은 느낌을 준다. 개방적이고 노출된 목조 구조가 만드는 미학적인 외양은, 면을 다루는 일본 전통 건축의 한 부분이다. Takasuga의 주택에 사용된 가공 침목은 따뜻한 느낌과 어두운 색조를 나타내며 고전적인 나무 채색 방식을 보여주는데, 과거에는 집 내부는 석탄을 태워 색을 입히고, 외부의 파사드는 그을음이나 검댕으로 채색하는 방식을 사용했었다. 침목의 표면은 기존에 침목으로 사용되면서 금이 가고, 모서리가 손상된 형태를 그대로 받아들여 가공하지 않은 거친 느낌을 갖게 되었으며, 동시에 모든 침목을 고르게 다듬고 도색한 것처럼 녹청 등의 재료로 도포될 필요성도 있었다.

강성 구조체의 치수는 바닥에 덮는 장판인 다다미와 창호지를 바른 문인 쇼지를 기반으로 결정되었으며, 이는 일본식 주택의 특징을 결정하고 서로 다른 부재들 간의 복잡한 상호관계를 조절하는 요소이다. 이러한 모듈 원리의 특징은 평면과 단면 모두에서 잘 나타나고 있으며, 이를 통해 "구조적 언어"를 표출하고 17세기 교토 지방의 Katsura Imperial Villa에서 나타나는 건축적인 특징을 재현하게 된다. 각각의 방의 크기나 비율을 떠나서 방 간의 관계와 변화는 엄격하게 통제되었으며, 특히 개방적인 특징의 평면 레이아웃이 나오게 되었는데 서양에서는 모더니즘 시기에 나타난 자유로운 레이아웃과 일치하는 부분이라 할 수 있다.

그러므로 일본 주택은 각 공간이 개방적이고 부가적인 특징을 갖게 되며, "Railway Sleeper House"에서도 이러한 삭감의 디자인 원리를 발견할 수 있다. 이 건물에서는 폐쇄적인 십자형태의 강접합 구조를 잘라냄으로써 방을 만들고 있는 것처럼 보인다. 건물은 따로 디자인될 필요가 없었고, 침목을 사용함으로써 실제적인 구조물 그 자체가 나오게 되었다는 Takasuga의 역설적인 발언은 이러한 점에서 1960년대의 미니멀 아트의 개념과 유사한 점이 있다. 동일한 기본 요소를 반복시켜 만들어지는 시각적인 힘과 목재의 가공되지 않은 거친 느낌이, 아이들이 하는 놀이에서 보이는 것처럼 맨 위에 올려져 미니멀 아티스트의 조각작품 특유의 통제된 느낌을 떠올리게 한다.

그림 75 : 지붕에서 바라본 박공 파사드 전경
Shin Takasuga: " Railway Sleeper House", Miyakejima (J), 1980

복잡한 목공 기술을 떠나서, Takasuga는 일본 전통 건축으로부터 많은 부분을 빌려옴으로써 기발한 작품을 만들 수 있었다. 공간 형성의 복잡한 측면은 물론, 지붕으로써의 집이라는 근본적이고 상징적인 측면에 있어서 Takasuga의 독특한 건물에 사용된 건축 방식과 재료의 선택은 실로 그물을 짜는 듯한4 일본 전통 건축의 다양한 방식을 보여주고 있다. 그러나, 이 건물의 예술적인 형태는 1970년대 일본에서 시작된 보수적인 전통주의와는 차별화된 것이라 할 수 있다.

tec21, No. 21, 25 May 2001에 처음 기고된 글

관련 문헌
1. Arthur Drexler: *The Architecture of Japan*, New York, 1955, p. 44.
2. Tanizaki Jun' ichiro: *Lob des Schattens*, Zurich 1987 (1933).
 - 영문판 : Tanizaki Jun' ichiro: *In Praise of Shadows*, 1988.
3. Bruno Taut: *Das japanische Haus und sein Leben*, Berlin 1998 (1937).
 - 영문판 : Bruno Taut: *The Japanese House*, 1998.
4. 이는 Bruno Taut가 쓴 저서의 이름이기도 하다.

그림 76 : 적층을 통해 안정성을 높일 수 있도록 삽입되고 돌출된 침목
Shin Takasuga: " Railway Sleeper House", Miyakejima (J), 1980

왜 철재인가?

Alois Diethelm

철은 문제를 가지고 있다. 과거에 철광석으로부터 만든 제품들은 당시에는 상상도 할 수 없었던 새로운 건축 형태의 가능성을 담고 있었으며, 1920년대에는 아방가르드 건축가들이 선호하는 재료이기도 했다. 그러나 최근의 건축에 있어 철의 중요성은 모순되는 특징에 있다. 한편으로 현대 건축은 철을 떼어 놓고는 생각할 수가 없다. 그러나 다른 한편으로는 디자인의 기초로 철을 사용하는 이유가 그다지 분명하지 않기도 하다.

그림 1 : 임시 건물의 절반 가량은 철로 만들어진다
Swiss National Exhibition, Expo.02, Murten (CH), 2002

이는 몇 년 전까지 방화 규정에 기재되어 있던 내용으로 설명될 수 있는데, 이는 다층 건물의 내화 성능은 오직 금속제 외장재를 사용하여 얻을 수 있다는 내용과, 금속의 높은 열전도율 때문에 내, 외부의 경계(파사드)에서 좋은 열 성능 조건을 얻기 힘들다는 내용이다. 또한, 철은 목조 건축에서 나타나는 "자연적", "친환경적", "따뜻한" 성질이 – 이러한 느낌은 대부분의 사람들이 쉽게 건물을 받아들이게 한다. – 부족하다. 널리 알려지지 않은 사실 중 하나는 오늘날 건축에 사용되는 철의 90%가 사회에서 버려진 철(자동차, 냉장고 등)을 재활용하여 만든 것이라는 점이다.

그럼에도 불구하고, 스위스에서 열렸던 Expo.02에서는 전체 전시 파빌리온 중의 거의 절반 가량이 철을 사용하여 만들어진 모습을 볼 수 있었다. 이들 중에는 머르탱 지방에 지어진 Jean Nouvel의 작품, 이베르동 지방에 지어진 Diller & Scofidio의 "Cloud" (또는 "Blur building"), 비엘 지방에 지어진 Coop Himmelb(l)au의 "Towers of Biel" 도 포함된다. 세계 각지에 새롭게 지어지고 있는 공항들은 철제 라티스 거더를 사용하여 넓은 경간을 갖는 지붕을 만들고, 철제 기둥을 사용하여 나무의 느낌을 표현하고 있다. 그러나 이렇게 많은 건축물에 사용되는 철재는 건물의 공사가 진행되는 짧은 시간 동안만 겉으로 보여지며, 이는 콘크리트 안에 매립되는 보강 철근만을 말하는 것이 아니다.

재료의 변형

산업 혁명의 총아로써, 동일한 시기에 기계, 자동차, 선박 등의 생산에 철이 사용되었는데, 이러한 전분야에 걸친 "경작" 이 건축이라는 분야에 대해서는 기술적으로 전파되지 않았다는 점은 흥미롭다. 영향력이 과대평가된 구조 공학과는 별개로, 가장 좋은 예는 흔히 말하는 기계적 미학에서 찾을 수 있으며, 특정 재료의 사용 경위보다는 기술적인 논리가 만드는 이상적인 형태에 기반을 둔 디자인 방법에서 찾을 수 있다. Le Corbusie는 그의 저서인 "*Towards a New Architecture*" (1923) 에서 다음과 같이 말한다. "엔지니어는 자연에서 따온 방법을 적용하여 건축을 창조하기 때문에 이렇게 만들어진 작품은 자연의 조화를 느끼게 한다." 최소의 상호 자극에 대한 한 가지 예는 주택의 경우 간헐생산을 기반으로 하는 경우가 거의 없다는 점이다. "신건축 (Neues Bauen)" 을 제창했던 사람들이 주택의 산업 생산을 예측했었지만, 조립과 해체라는 측면은 어디까지나 부가적인 장점으로(이러한 점이 중요한 친환경적 기준으로 쓰이게 된 것은 최근의 일이다) 이러한 건물은 동적인 응력에 대응하지 못했다.

기계나 운송 수단을 생산하는 과정에서 나타나는 특징(형태가 재료에 의해 제약을 받지 않는다는 점에서 이러한 분야에서 나무는 매우 빠르게 철로 대체되었다) 이라 할 수 있는 오직 하나의 재료를 사용하는 이러한 배타성은 건축 산업에 있어서는 이질적인 것이다. 고형식 건축, 가구식 건축의 방식은 인류가 최초로 주택을 짓는데 사용한 방식으로 지역과 문화에 따라 동굴 또는 천막의 형태로 나타나게 되는데, 이는 오늘날까지도 건축 산업 시장의 한계를 보여주며 또 다른 목표로 존재하고 있다. 이러한 전통적인 이중성은 왜 새로운 재료가 완전히 새로운 변화를 보여주기보다는 재료의 변형이나 혼성적인 형태로 나타나는지를 설명해 준다. 철 또한 이와 다르지 않다. 플랫 슬라브가 개발되기 전까지 철근콘크리트가 처음에는 단순히

그림 2 : 벽돌 파사드 뒤에 가려진 철제 골조
Diener & Diener: Vogesen School, Basel (CH), 1994

그림 3 : 철골조 건축과 목조 건축의 관계
Jules Saulnier: Menier chocolate factory, Noisiel-sur-Marne (F), 1872

목조 건축의 원리(기둥과 보)를 콘크리트로 재해석하는 방식(Hennebique frame 참조)으로 사용되었던 것과 같은 방식으로, Saunier의 유명한 작품인 Menier chocolate factory (1871/72)는 철제 트러스를 바탕으로 만들어졌으며 여기서 목제 프레임과 다른 점이란 부재의 단면이 더 작다는 점 밖에 없다. 또한, Labrouste의 Bibliothèque Nationale in Paris (1875)에서 돔에 사용된 장선은 (고딕양식의) 석제 볼트를 연상하게 한다. 고형식 건축과 가구식 건축 간의 이러한 팽팽한 긴장 속에서 철은 마침내 혼성적인 형태를 만들어내게 되며, 재료는 더 이상 목구조 건물에서 사용되는 내장 판넬처럼 "단지" 구조적인 기능이 없는 내장재가 아니며, 오히려 상호 의존적인 관계 속에서 내력 구조체의 구성 요소로 기능한다. 물론 이 글에서 다루고자 하는 것은 철과 콘크리트의 조합에 대한 내용으로, 이러한 방식에서 철제 기둥과 보로 골조가 만들어지지만, 구조적인 안정성은 콘크리트와의 혼합 작용을 통해서만 얻을 수 있다. 이러한 일촉즉발의 관계 속에서 두 재료는 서로 상호 보완적인 관계를 맺는다. 예를 들어 철제보는 콘크리트

그림 4 : 석조 건물을 주철로 해석하다
Henri Labrouste: Bibliothèque Nationale, Paris (F), 1875

다운스탠드 보를 대체하며, 사다리꼴 형태의 판금은 콘크리트 바닥판에 영구적인 거푸집이자 보강재로써 기능한다. 바닥판이 더욱 균일하게 하중을 분배할 수 있다는 구조적인 이유 이외에도, 이러한 합성적인 건축의 또 다른 장점으로는 건물의 기능적인 측면(콘크리트는 차음재로써 좋은 성능을 갖는다)과 무엇보다도 내화 성능을 향상시킬 수 있다는 점을 들 수 있는데, 이는 철재의 내화 성능은 단면의 넓이와 보호되지(피복) 않은 표면의 넓이의 비율에 따라 결정되기 때문이다. 따라서, 콘크리트가 표면에 덮힌 철재는 화재로부터 덜 노출되게 된다.

위에서 언급한 장점들과 건물의 합리적인 형태로 인해, 철근과 콘크리트를 혼합하여 만드는 건축 방식은 오늘날의 건축 산업에 있어 가장 인기 있고, 일반적인 것이 되었으며, 주로 고층의 사무소 건물이나 상업 건물에 사용되어 "인공적인" 형태의 건축을 널리 퍼뜨리고 있다. 이러한 혼성적인 방식이 유용한 점은, 건축에 철을 사용하여 주요 디자인 전략을 세우게 된다는 특징, 즉 "숨겨진 조력자"의 사용이라 할 수 있다. 다른 건축 방식으로 지어진 건물은 건물의 기능적인 성능을 만족시키지 못하며(대개 임시 건물이나 작은 설비 시설이다), 큰 경간을 갖는 공학적 구조체를 형성할 수 없다.

그림 5 : 현장타설 콘크리트와 접합된 철골조
Roland Rohn: BBC factory, Baden (CH), 1952

큰 경간 - 대체 재료

철근콘크리트의 외관의 문제 이전에, 철이 가지는 걸출한 구조적 성능은 더 큰 건물을 가능케 하며, 돌이나 나무로 지어진 건물이 높이의 한계를 가지는데 반해, 동일하거나 심지어는 더 적은 구조 부재를 사용하고도 더 높은 건물을 지을 수 있다. 그러므로 철은 완전히 새로운 형태의 건물이 탄생하는 밑바탕을 마련했는데, 많은 수의 이용자를 원하는 층으로 운반하기 위한 계단과 승강기를 상당 부분 고려하여 평면의 레이아웃이 결정되는 마천루가 이에 해당된다. 파사드에서 볼 때, 철은 더욱 큰 경간을 가능케 하며 이에 따라 더 큰 창문을 만들 수 있게 하는데, 이는 19세기 후반의 시카고 학파의 작품들에서 인상깊게 나타난다. 철골 구조체가 노출되어 있는지 또는 외장재 뒤로 숨겨져 있는지의 여부와 관계 없이, 창문은 바닥에서 천장까지, 기둥에서 기둥까지 연장되면서 철골 구조체를 보여준다. 반면 새로운 기술을 보여주는 건물도 있다. 이러한 골조 건물들은 석재 재킷으로 표면을 감싸고 작은 창이 표면에 뚫려, 외관상으로는 고형식 건축과 구분하기 힘들다. 특히 고층 건물에서 찾아볼 수 있는 것처럼 산업화에 따른 실용주의적인 측면과 함께 석재와 목재의 내력 강도는 건물의 높이가 일정 수준 이상으로 올라가면 사용하기에 적절하지 않다는 측면에서 철은 빠르게 석재와 목재를 대체하는 물질로써 사용되게 되었는데, 최근에는 콘크리트 공사의 경우, 노동력과 재료의 소비가 많고, 공정이 여러 단계로(거푸집설치, 철근설치, 콘크리트 타설) 나뉜다는 점에서 석재와 목재가 콘크리트를 대체하는 경우도 있다.

대체 재료로써 석재를 사용하는 경우가 끊이지 않고 계속 나타나고 있다는 사실은 철골조 건축과 목조 건축을 함께 사용하는 최근의 방식을 예견하는 것으로, 경량목구조 건축의 원리(세장한 기둥과 강화 기능의 마감재)를 철골조에 적용하는 사례는 다른 지역에 비해 목재를 구하기 어려운 지역에서 널리 사용된다. 사실, 얇은 성형판금을 사용하는 시스템은 경량목구조에 비해 비틀림이 없고, 경량이라는 명백한 장점을 갖는다. 이러한 점에서 이 시스템은 중량을 줄이는 것이 가장 중요한 목표인, 기존 건물에 새로운 바닥판을 설치하는 작업에 사용된다. 그러나 철골조 건축의 구조적, 구축적 원리가 경량 목구조와 동일한 것이긴 하지만, "경량철구조"는 독자적인 디자인 방법으로 사용되지 않는다. 그러므로 벽 플레이트로 공간을 형성하는 새롭고 종합적인 시스템이 필요하며, 여기서 벽 플레이트는 지지와 단열의 기능을 동시에 수행한다.

이러한 과정은 마치 기술적인 발전이 한 방향으로만, 즉 목재에서 철로 이루어진 것처럼 보인다. 그러나 현대 목조 건축물에서 나타나는 선형 부재 간의 접합 방식이나, 오늘날 일반적으로 사용되는 볼트 접합 등은 철골조 건축에서 유래된 것이다.

철은 긴 경간이 필요한 건축물에서 여전히 두드러지고, 독

그림 6 : 파사드 뒤에서 골조에 나타난 개구부-벽 간의 비율
Louis Henry Sullivan: Schlesinger & Mayer department store, Chicago (USA), 1904

보적인 역할을 하고 있다. 비행기 격납고나 전시 건물에서 볼 수 있듯이, 단층 건물 위에 덮힌 긴 경간의 지붕은 대부분 철을 이용하여 지어진다. 이처럼 내력 구조체의 가는 선이 내부 공간을 지배하는 모티브가 되는 공간들에서 사용되는 건축적 어휘는 주로 철골조를 통해 표현된다. 또한 이런 건물들이 단층이기 때문에, 내화용 외장재(일반적으로 건축재료로써 철을 선택하기 힘든 이유이며, 완공된 건축물의 외관을 해치는 요소이다)는 필요하지 않다.

작은 단면의 부재 - 유리 건축물로의 길을 열다

고층 건물에 있어 철재 기둥과 보의 크기는 석재나 목재와 비교했을 때, 하중을 더 잘 전달할 수 있고, 더 넓은 경간을 형성할 수 있다는 점에서 중요하게 다뤄지지만, "신건축"의 대표 작품들에서 철은 더욱 세장한 건축물을 만들기 위한 수단으로 사용되고 있다. 재료와 하중을 줄이기 위해, 세장한 기둥 사이에는 종종 비내력 경량 판넬이 사용된다. 판넬과 기둥의 외부는 초벌칠로 마감된다. 종종 지면보다 높은 지반에 지어지고 창문이 파사드와 평탄한 면을 만드는 이러한 건물은 마치 무게가 없는 추상적인 오브제처럼 보인다. 이 "경량" 건물에서(여기에서 "경량"이라는 용어는 재료의 사용을 최적화한다는 물리적인 뜻과 함께 시각적인 뜻도 갖는다) 골조는 단지 일부분에서만 보이게 된다. 그러므로 철은 한편으로는 합리적으로 건축물을 만들 수 있는 수단이며, 다른 한 편으로는 순수하고, 근본적으로 비물질화된 건축물을 만들기 위한 수단이라고 할 수 있다. 철재의 웨브와 플랜지는 상당 부분이 제거되고, 골조의 원리는 외장재와 내장재의 뒤로 감춰지게 된다. 이러한 철골조 건물은 단지 건축물의 세장함에 의해서 만들어지게 된다는 점에서, Neutra의 Lovell Health House (1927-29)에 사용된 기둥에서 볼 수 있듯이 기둥의 세장비는 창문틀의 세장비와 별 차이가 없으며, 개구부와 벽의 비율(넓은 크기의 유리와 수평의 긴 창)은 더 이상 구조 부재의 위치에 의해 결정되지 않는다.

Joseph Paxton의 Crystal Palace (1851)은 적어도 주택 건축에 있어, 철이나 금속으로 만들어진 건물에 유리를 혼합하여 사용함으로써 독특한 외관을 만들 수 있다는 사실을 보여준다. 야자나무로 만든 주택이나 큰 온실에서 얻어진 지식을 바탕으로, 거더와 트러스로 분해된 가구식 보와 매우 얇은 금속제 창틀에 끼워진 창유리는 목조 건축물에서는 생각조차 할 수 없는 투명한 느낌을 만들고 있다. 이로부터 150년이 지난 오늘날, "철"과 "유리"라는 말은 현대 건축물의 본질이 된 빛으로 가득찬 내부 공간(일반적인 공공건물만을 말하는 것이 아니다)의 이미지를 떠올리게 한다. 사실 20세기의 건축가들 은 철과 유리를 사용해서 만들어지는 유리 건물에 대해 계속적으로 도전했다. 그리고 21세기의 시작점에서 다양한 지역의 건축가들에 의해 설계된 최근의 유리 건물들은 1990년대의 참호 같은 개념의 건물("stony Berlin")에서 자유로우며, 더 이상 한 가지 건축적인 특징만을 표현하지 않는다. Mies van der Rohe가 설계한 베를린 프리드리히 거리의 고층 건물(1922)은 단순한

그림 7 : "경량 철제 구조"의 축조
목조 건축물과 비슷하며, 널판 대신에 철판이 사용된다.

그림 8 : 철제 기둥은 창문 틀과 불가결한 관계를 맺는다.
Richard Neutra: Lovell Health House, Los Angeles (USA), 1927-29

예견에 불과한 것이었지만, 그리 오래 지나지 않아 유리 산업은 멀리온이나 트랜섬이 전혀 없는 비물질화된 벽을 만들기 위한 창유리를 제조할 수 있는 수준에 이르렀다. 1970년대의 석유 파동과 환경에 대한 논의가 시작된 1980년대 이후, 유리 건물은 경제적인 공조 및 난방 시스템을 사용해야만 사용할 수 있다는 생각은 이러한 건물들의 종말을 예견한 것처럼 보인다. 그러나 유리를 태양열 에너지를 받아들이고, "모으는데" 사용하고, 건축가들이 외부 차양을 추가함으로써 대체 에너지에 관한 측면에서, 유리 건물은(열관류율이 0.4 W/m2K에 불과한 신개발 유리를 사용한 건물) 오히려 예전보다 훨씬 더 주목을

그림 9 : 초벌 아래 감춰진 내력 구조 쉘
Wassili and Hans Luckhardt: house on Rupenhorn, Berlin (D), 1928

그림 10 : 공사중인 철골조
Wassili and Hans Luckhardt: house on Rupenhorn, Berlin (D), 1928

받고 있다. 단열 유리는 과거에는 생각할 수 없었던 새로운 방식, 즉, 철골조가 내부와 외부로 노출된 건물을 가능하게 했다. 단열 층은 이제 투명한 막처럼 건물에 드리워지며, Mies van der Rohe가 "피부와 뼈의" 건축이라고 불렀던 형태에 근접하고 있다. 이는 기술적인 제약 때문에 시도할 수 없었던 것이기도 하다.

공간을 줄이기 위해 노출된 기둥 사이에 위치하는 창문이나 판넬에서(이는 20세기 초반에 세워진 많은 공업용 건물보다 제네바에 위치한 Le Corbusier' 의 "Maison Clart?" 에서 더 잘 나타난다) 단열재는 보다 엄격한 단열 규정 때문에 오늘날 더 이상 자주 나타나지 않는 것이다. 이는 상대적으로 좋은 단열재인 목재와 달리, 철은 열 전도율이 높기 때문이다. 그러나, 과거의 공업용 건물의 파사드에서 노출된 철골 부재는 점토 벽돌 건축의 외장재처럼 주로 외장재를 부착하는 2차적인

그림 11 : 유리 건물은 20세기 건축에 있어 순환하는 주제이다.
Ludwig Mies van der Rohe: Farnsworth House, Plano (USA), 1945-50

골조였다는 점을 잊어서는 안된다. 이러한 점에서 외장재는 내부에 위치하는 내력 구조체를 간접적으로만 보여주게 된다. 유리의 크기가 구조 그리드와 동일할 경우에는 내장재와 외장재의 구분이 분명하지 않으며, 결과적으로 기둥과 보는 구조 부재가 만드는 골조 뒤에 숨겨지게 된다. 이는 골조와 닮았으며, 세장한 3차원 격자라는 건축 방식의 특징을 건물의 외관에 투영하려는 시도를 가능하게 한다.

사전 제작과 "anything goes"

목조 건축에 비해, 철을 사용한 건물은 더 많은 부재를 사전제작할 수 있다. 축조 과정에서의 조정은 부식에 대한 저항 성능(페인트와 아연을 섞어서 도포하거나 용융아연도금을 사용한다)을 떨어뜨릴 수 있다는 점은 물론, 현장에서의 용접 작업이 용이하지 않다는 점에서 사전 제작이 필요하게 되며, 이러한 점에서 현장에서의 부재 접합은 가능한 볼트 접합을 사용하게 된다. 이러한 건축 방식은 또한 간단히 해체할 수 있다는 특징

그림 12 : 철골 부재 사이에 판넬로써 설치된 창
Le Corbusier & Pierre Jeanneret: Maison Clarté, Geneva (CH), 1932

그림 13 : 노출된 철제 기둥은 석재만을 지지한다.
Ludwig Mies van der Rohe: Illinois Institute of Technology, Chicago (USA), 1940-50

철로 지어진 건물 또는 금속으로 지어진 건물에 관한 논의는 전문적인 공장 생산에 대한 논의와 함께 이루어진다. 단일 프로젝트를 위한 것인가, 아니면 전체적인 건축 시스템(예 : Fritz Haller의 USM factory) 을 위한 것인가의 여부와 관계 없이, 골조작업은 초기 단계부터 표준화를 목표로 하고 있다. 전자에서는 가장 저렴하게 건물을 짓는 것이 중요하지만, 건축 시스템의 경우에서는 개별 부재의 교환 가능성과 이음매 없이 확장할 수 있는지의 여부가 중요하다. 또한, 건축 시스템은 특정한 종류의 건축물에만 사용되는 것이 아니다.

골조작업은 일반적으로 연속적이고, 직교하는 조립방법에 기반을 두고 있으나 선형 부재를 사용하여 어떠한 형태도 만들 수 있다. 마치 선을 긋는 것처럼, Frank Gehry의 작품 같은 조각적인 건물은 직선 부재들로 분해될 수 있으며, 가장 경제적인 시공을 위해 볼록한 형태, 오목한 형태, 뒤틀린 형태, 점점 가늘어지는 형태 등은 사용되지 않는다. 다양한 형태와 동일한 위계를 갖는 선형 부재는 모든 지점에서 힘을 전달하지는 않으며, 균일한 외장재의 막 뒤에서 타이나 지주가 수공예 작업 같은 골조에 더해지게 된다. 경제적인 측면을 고려할 때, 이러한 방식은 다른 재료로는 거의 불가능한 것이다. 이는 콘크리트 구조물에 필요한 정교한 1회용의 거푸집을 생각해 보면 쉽게 알 수 있다. 그러므로 철은 어떠한 형태 또는 모든 형태를 가능하게 하는 재료라고 할 수 있다.

그림 16 : Fritz Haller의 MAXI 건축 시스템
Fritz Haller: USM factory, Münsingen (CH), 1963-84 (네 단계에 걸쳐 증축되었다)

CAD와 CAM의 도움으로 철을 사용하여 무정형의 건축 형태를 만들 수 있게 되었으며, 적어도 조각적인 측면과 중력의 문제에 관한 일반적인 이해를 넓힐 수 있게 되었다는 점에서 철에 대한 부정적인 시각이 줄어들어야 하는가? 경제적인 내력 구조를 만들기 위해 컴퓨터는 직교성을 버렸다. "새로운" 공간이 만들어질 수 있게 된 것이다. 그러나 이러한 공간이 미술관이나 공연장보다 많은 기능을 담아야 하는 건물에도 유용할 것인가?

이 있으며, 이는 앞에서 언급한 스위스의 Expo.02에서 볼 수 있는 것처럼 전시 공간에 철을 널리 사용하는 이유이기도 하다. 그러나 사전 제작된 부재는 내력 구조체와 외피에 모두 영향을 미치게 되는데, 이는 대부분의 금속을 사용하여 사전제작된 건물의 전제조건이다. 다른 재료의 경우, 보강 장선이나 지지 골조를 사용해야만 구조의 안정성을 높일 수 있는 반면, 판금의 경우, 접거나 휘어 안정성을 높일 수 있다. 파사드에 보여지는 판넬이 사전 제작되어 현장으로 운반된 (샌드위치) 부재인지, 또는 공간적인 사전 조립의 측면(개별적인 층의 사전조립)에서 현장에서 조립되는 것인지의 여부는 여기에서 별로 중요하지 않다. 두번째로 중요한 것은 사전제작이 운반을 간단하게 하고, 현장에서의 작업 속도를 빠르게 한다는 점과, 크기가 큰 부재를 생산할 수 있다는 점이다. 판금을 접는 것은 공장에서 매우 간단한 공정으로 이루어지며, 기껏해야 와플 폼의 제작 등에 있어 내화 에나멜이나 아노다이징 같은 별도의 용접이나 표면 가공 과정만이 필요할 뿐이다.

그림 14 : 공업 생산된 파사드 부재 : 단일 부재
Jean Prouvé: CIMT, Paris (F), c. 1955

그림 15 : 공업 생산된 파사드 부재 : 부재의 각 부분
Jean Prouvé: CIMT, Paris (F), c. 1955

그림 17 : 조각적인 외피 아래에 철골조가 숨겨져 있다.
Frank O. Gehry: Guggenheim Museum, Bilbao (E), 1997

그림 18 : 선형 격자 구조가 만드는 역동적인 형태
Frank O. Gehry: Guggenheim Museum, Bilbao (E), 1997

건축 의장

최근에 지어진 일련의 건축물과 공사중인 건축물에서 우리는 큰 가소성과 데카르트적인 등위성을 보이는 세번째 형태인 대각선 기둥 또는 경사진 기둥을 찾을 수 있다. 대각선 부재에 대한 재발견은 동시에 일어나지 않은 것처럼 보인다. 1990년대의 뿌리 깊은 미니멀리즘과 갑작스럽게 등장한 무정형의 현란한 방식을 따라, 직교하지 않는 내력 구조체는 객관주의와 의장에 관한 근래의 관심을 통합하고 있다. 공학을 필요로 했던 순화주의자들의 작품에서 나타나는 것처럼, 철골 구조체는 한때 리벳의 형태로 장식되었지만, 철골 구조체와 건축적인 의장은 21세기 초에 더욱 견고한 관계를 맺게 되었다. 여기서 주목해야 할 것은 접합부가 아닌, 직각의 원칙에서 벗어나 구조적, 경제적, 건축적(건축의 세장화)인 이유에서 사전제작된 구조체이다. 이러한 구조체는 내력 구조체로써 의장적인 특징을 나타낼 필요는 없지만, 의장 부재의 상세한 작업 방식에 영향을 미친다. 구조체와 관계하여 나타난 형태는 크기와 반복의 측면에서 의장적인 요소로 사용된다. 이 과정에서 계속적으로 반복되는 직각이 아닌(삼각형, 6각형, 사다리꼴, 마름모) 표면에 부인할 수 없는 의장적인 특징을 불어넣는 것은 예술적인 의장 어휘 또는 가공된 진귀한 돌이며, 반면에 사각형 표면의 경우에 보석 같은 장식의 느낌을 부여하기 위해서는 다양한 색, 질감, 재료를 필요로 하게 된다.

최근에 지어진 두 건물은 이에 대한 좋은 사례를 보여준다. 이 건물들의 파사드는 마름모 형태의 개구부와 예각으로 경사진 내력 기둥을 갖는다. 처음 건물을 접하게 되면, 외피로 덮여 있는 두 건물의 파사드는 비슷하게 보인다. 그러나 Prada Epicenter Store의 파사드는 뒤에 위치한 내력 구조체에 따른 것이지만, Swiss Re Tower의 파사드는 구조체를 따라 만든 형상이다. 그리고 전자에서 각각의 층은 두개의 마름모에 상당하지만, 후자의 경우, 하나의 마름모를 만들기 위해서는 내력구조체에서 네 개의 층이 필요하다. 기타 차이점에도 불구하고, 두 건물에서 공통적으로 나타나는 것은 파사드의 격자 형태가 강성 "코르셋"을 형성한다는 점으로, 이는 서비스 코어가 더 이상 가새의 기능을 담당하지 않아도 되며, 구조체에서는 삼각형이 만들어지지만 겉으로는 마름모가 보이게 된다는 점이다. 이를 위해, Norman Foster는 런던에 위치한 Swiss Re Tower (2004)를 수평 부재를 뒤로 감추고 흰색의 대각선 부재를 돋보이게 하기 위해 검은 페인트를 사용한다. 반면, 도쿄에 위치한 Prada Epicenter Store (2003) 에서 Herzog & de Meuron은 바닥과 같은 높이에 횡타이를 위치시키고 있다. 두 건물에서 하나는 페인트를 사용하고, 하나는 부재의 위치를 신중하게 결정하며 의도한 것은 직각을 풀어내는 것이었다.

그림 19 : 내력 구조체와 동시에 사용된 유리 바
Herzog & de Meuron: Prada Epicenter Store, Tokyo (J), 2001

그림 20 : 사방형 부재는 건물의 코너부에서 이등분된다.
Herzog & de Meuron: Prada Epicenter Store, Tokyo (J), 2001

마름모와 건축 형태

마름모 구조의 내력 거동 이외에도, 건물의 크기에 대한 마름모의 중요성에 관한 의문이 남는다. 두 가지의 예를 통해 볼 때, 구조와 형태가 관계를 맺고 있는 것은 오직 Swiss Re Tower뿐이다. Prada Epicenter Store의 경우에 건물의 표면 전체를 덮고 있는 마름모 꼴의 격자를 선택함으로써 건축가는 각진 부재의 곡면 사이로 구축술과 연속적인 형식을 만들어 냈다. 경사진 선에 의해 지배되는 이 외피에서 모서리가 파사드 그리드와 평행하지 않았다면, 직각에서 벗어나고자 하는 의도를 쉽게 알 수 없었을 것이다.

수학적인 관점에서 마름모는 4변을 가지는 형태의 하나이며, 형태를 변형할 수 있다는 점에서 새로운 가능성을 내재하고 있다. 꼭지점 중 하나로 서 있는 정방형에서 출발하여, 대각선을 압축하고 늘리면서 눈에 띄지 않게 비율을 변화시킬 수 있다. 다른 방식의 변형을 통해서 평행사변형이나 사다리꼴을 만들 수도 있다. 이러한 과정에서는 직각은 예외적인 것이며, 예각이 규칙이다. 이는 삼각형에 쉽게 적용할 수 있는 어휘로, 삼각형은 구조적인 부재 또는 입체적인 부재로 거듭나게 된다.

마름모는 수평적 또는 수직적으로 연속되는 과정 속에서 항상 대각선의 띠를 만들며, 이는 정확한 방향을 지정하기 힘들게 한다. 이는 외부에서 표면을 볼 때 수평적이고 수직적인 관계만을 볼 수 있는 직각 구획과는 완전히 다른 상황이다. 이러한 점에서 Prada Epicenter Store의 격자 구조는 위계가 없는 것처럼 보이게 되며, 건물의 체계에서 다른 요소와 충돌을 일으키지 않게 된다. 이처럼 불규칙한 가소성은 어떤 형태의 외장재를 사용해야 하는 일반적인 구조체를 거의 필요로 하지 않는다.

그림 21 : 건물의 형태에 맞는 사방형 부재의 크기
Foster & Partners, Swiss Re Tower, London (GB), 2000-04

참고 문헌
- Sigfried Giedion: *Bauen in Frankreich*, Berlin, 1928.
- Schweizer Stahlbauverband (ed.): *Bauen in Stahl*, Zurich, 1956.
- Kunstverein Solothurn (ed.): *Fritz Haller - Bauen und forschen*, Solothurn, 1988.
- Schulitz, Sobek, Habermann: *Steel Construction Manual*, Basel, Boston, Berlin, 2000.
- Laurence Allégret, Valérie Vaudou (ed.): *Jean Prouvé et Paris*, Paris, 2001.
- Friedrich Grimm: *Konstruieren mit Walzprofilen*, Berlin, 2003

단면 - 형태와 적용

그림 22 : 여러 가지 단면들

Designation	Smallest size (depth x width)			Largest size (depth x width)		
Wide- flange beams						
HEA light-duty series	HEA 100	(96 mm x 100 mm)	16.7 kg/m	HEA 1000	(990 mm x 300 mm)	272.0 kg/m
HEB standard series	HEB 100	(100 mm x 100 mm)	20.4 kg/m	HEB 1000	(1000 mm x 300 mm)	314.0 kg/m
HEM heavy-duty series	HEM 100	(120 mm x 106 mm)	41.8 kg/m	HEM 1000	(1008 mm x 302 mm)	349.0 kg/m
Standard sections						
INP	INP 80	(80 mm x 42 mm)	5.9 kg/m	INP 500	(500 mm x 185 mm)	141.0 kg/m
UNP	UNP 80	(80 mm x 45 mm)	8.6 kg/m	UNP 400	(400 mm x 110 mm)	71.8 kg/m
Sections with parallel flanges						
IPE	IPE 80	(80 mm x 46 mm)	6.0 kg/m	IPE 600	(600 mm x 220 mm)	122.0 kg/m
IPET	IPET 80	(40 mm x 46 mm)	3.0 kg/m	IPET 600	(300 mm x 220 mm)	61.2 kg/m
UPE	UPE 80	(80 mm x 50 mm)	7.9 kg/m	UPE 400	(400 mm x 115 mm)	72.2 kg/m
UAP	UAP 60 x 45	(60 mm x 45 mm)	8.4 kg/m	UAP 300 x 100	(300 mm x 100 mm)	46.0 kg/m
Structural hollow sections						
RRW / RRK square	RRW 40 x 40	(40 mm x 40 mm)	4.4 kg/m	RRW 400 x 400	(400 mm x 400 mm)	191.0 kg/m
RRW / RRK rectangular	RRW 50 x 30	(50 mm x 30 mm)	4.4 kg/m	RRW 400 x 200	(400 mm x 200 mm)	141.0 kg/m
ROR circular	ROR 38	(ø 38 mm)	2.0 kg/m	ROR 660	(ø 660 mm)	114.0 kg/m
Solid round and square sections						
RND	RND 5.5	(ø 5.5 mm)	0.2 kg/m	RND 400	(ø 400 mm)	986.4 kg/m
VKT	VKT 6	(6 mm x 6 mm)	0.3 kg/m	VKT 200	(200 mm x 200 mm)	314.0 kg/m

For details of national structural steelwork associations and further ranges of sections go to www.steelconstruct.com

형태별 단면 **주요 적용 방법**

그림 23 : H형강
HEA, HEB, HEM

큰 하중을 받는 부재 (기둥과 보)
플랜지의 폭이 넓어 이 부재는 경사를 이루며 작용하는 하중에도 사용가능하다.
주 : HEB 200 등의 HEB 계열 부재의 경우만, 단면의 명칭이 단면의 실제 깊이와 동일하다.

그림 24 : 표준 단면 부재
INP, UNP

표준 단면 부재는 평행 플랜지를 갖는 단면을 보다 적은 비용으로 대체한다. 이는 용접 공사에 가장 적합하다. 플랜지가 가늘어지기 때문에, 볼트 접합은 잘 사용되지 않는다.

그림 25 : 평행 플렌지를 갖는 단면 부재
IPE, UAP, IPET

IPE 단면 부재는 세장하여 보에 사용하기에 적합하다 (플랜지가 좁아 압축력을 받는 부재로 사용하기에는 적합하지 않다).
UPE와 UAP 단면 부재는 비대칭한 형태로 견딜 수 있는 하중이 적기 때문에 주로 조합되어 사용된다. IPET 단면 부재는(IPE 부재를 반으로 절단한 형태) 트러스, 거더에 사용하며, 창틀과 글라스 루프에도 사용할 수 있다.

그림 26 : 구조 강관 부재
정방형, 장방형, 원형

주로 기둥, 트러스, 거더에 사용되며, 동심 하중을 받는 부재에 적합하다.
HEA 단면 부재와 비교할 때, 구조적으로 공동을 갖는 단면은 표면의 가공 정도가 작다 (페인트칠이 적다).
다양한 벽 두께에 대하여 같은 외부 직경의 부재를 사용할 수 있다 "보이지 않는" 조합)
냉간 압연으로 만든 경량의 저렴한 부재인 RRK와 열간 압연으로 만들며, 뒤집힌 코너부에 의해 높은 좌굴 저항능력을 갖는 RRW로 구분할 수 있다.

그림 27 : 솔리드 장방형, 원형 단면 부재
RND, VKT

주로 갈고리와 타이에 사용된다.
단면이 넓은 부재는 콘크리트 합성 기둥(내화를 위해 사용) 등의 압축 부재로도 사용할 수 있다.

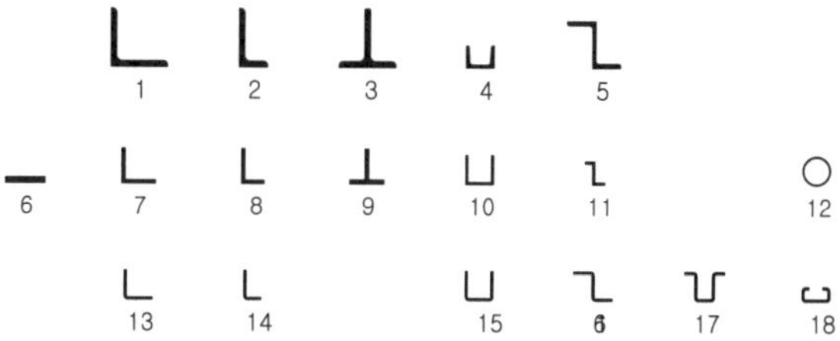

그림 28 : 앵글과 작은 크기의 단면 부재
철골 공사에 일반적으로 사용되는 단면 (난간, 캐노피, 문, 창문 등)

1. 곡면 모서리를 갖는 등변 앵글
2. 곡면 모서리를 갖는 비등변 앵글
3. T형 앵글 곡면 모서리
4. 채널
5. Z형 앵글
6. 평판 앵글
7. 각진 모서리를 갖는 등변 앵글
8. 각진 모서리를 갖는 비등변 앵글
9. 각진 모서리를 갖는 T형 앵글
10. 채널
11. 각진 모서리를 갖는 Z형 앵글
12. 난간용 파이프
13. 냉간 압연 등변 앵글
14. 냉간 압연 비등변 앵글
15. 냉간 압연 채널
16. 냉간 압연 Z형 앵글
17. 냉간 압연 립채널
18. 냉간압연 C형 앵글

내화

목조 건축과 마찬가지로, 구조적인 철골조 건축에 있어서도 방화는 중요한 주제이다. 철은 연소하지 않는 재료이지만, 열의 영향으로 내부구조가 바뀌게 되어 내력 성능에 영향을 미치게 된다. 그러므로, 구조 쉘에 사용되는 부재는 화재시에 60분을 견딜 수 있어야 하며(F60 내화등급), 콘크리트 또는 조적조의 구조 부재와 달리 반드시 내화피복되어야 한다. 기술적인 내화 요구 조건을 만족시키기 위해 어떠한 수단을 사용해야 하는가의 문제는 다른 건축 재료를 사용하는 구조보다 철골 구조체에서 매우 중요하게 다뤄진다. 건물의 용도와 사용 기간, 난방 방법(개방형, 폐쇄형), 층의 개수 등과 관련한 화재의 위험 정도는 방화의 개념을 도입한 특수 건물의 핵심이 된다. 예를 들어, 단층의 공업용 건물은 외부로 탈출할 수 있는 직접적인 방법이 있으며, 인부들이 건물의 환경에 친숙하고, 보통 피난훈련을 한다는 점에서 방화성능을 낮게 설정해도 된다. 반면 일반 대중이 접근할 수 있고, 대부분의 이용자가 건물의 환경에 친숙하지 않은 건물의 경우에는 완전히 다른 방화성능을 가져야 한다. 또한 단층 건물과 다층 건물의 최고층은 위험도가 높은 공간이(또는 사람이) 없다는 점에서 더 낮은 방화 기준을 적용할 수 있다.

질 경우에는 내력 구조체가 화재에 대해(온도가 1000°C에 달한다) 30분, 60분, 90분 동안을 완전한 상태로 견딜 수 있어야 한다. 이러한 방식을 수동적 내화 방식이라 한다. 이 방식은 철골조 건축에 있어 단면의 형태를 유지하는 방식에서부터(단면의 크기를 "늘리거나", 화재시에 철골 부재를 보호할 수 있도록 내화성 팽창 페인트를 사용하는 등의 방법), 마감재를 이용하여 철골 부재를 감싸거나 내부 공간을(서비스 기능 등의 목적으로) 형성하는 방식, 철골 부재에 콘크리트를 완전히 채우거나 합성하는 등의 방식들이 있다. 철골 부재에 콘크리트를 합성하는 마지막 방식은 또한 부재의 내력 성능을 높이기도 한다. 이런 경우 대부분의 기둥은 콘크리트에 영구적으로 덮이는 거푸집의 역할을 하는 판금 재킷으로 덮이게 된다(Swisscom headquarters by Burkard, Meyer & Partner, 1999 참조). 내부에 감싸진 콘크리트는 과도한 온도 증가로부터 철재를 보호하며, 그 자체의 내력기능을 유지하게 된다. 반대의 경우, 즉, 구조적인 공동을 갖는 강관의 경우에는 화재 동안에 전달된 하중을 콘크리트 코어만이 전달하며 혼자서 내력 기능을 담당하게 된다.

그림 29 : 합성재료 기둥
a) 콘크리트가 채워진 원형 강관 : 화재 동안 중앙의 콘크리트가 내력 기능을 담당한다.
b) 판금 재킷과 콘크리트로 감싼 철골 코어 : 콘크리트가 높은 온도로부터 코어를 보호한다.
c) 판금 재킷이 사용되지 않은 철골콘크리트 단면

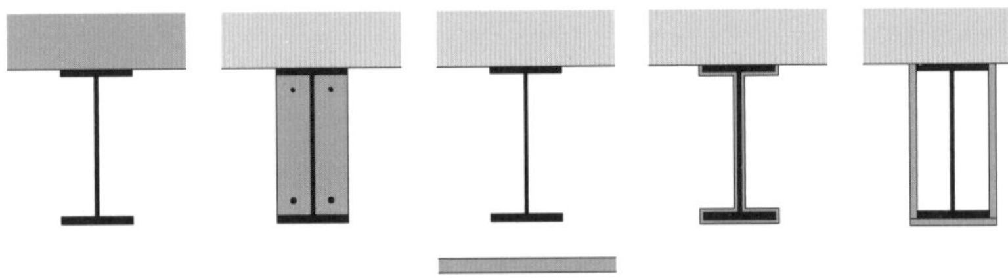

그림 30 : 수동적 방화 방식
a) F30 내화강도 이상일 경우 철골부재 노출
b) 플랜지 사이에 콘크리트를 채운 단면
c) 내화 천장
d) 내화 페인트 및 내화 뿜칠
e) 내화 클래딩

모든 방화계획의 근본적인 두가지 목표는 사람을 보호하는 피난과 건물 및 그 구성물을 보호하는 재산의 보호에 있다. 인명의 보호를 위해서는 화재시에 발생하는 매연과 유독가스에 의해 이용자가 질식할 수 있다는 점을 반드시 고려해야 하며, 건물을 이루는 부재가 붕괴되지 않도록 해야 하는데 이는 화재 관련 사망의 가장 주된 원인이기도 하다. 매연과 열이 외부로 신속하게 빠져나갈 수 있게 하여야 하며, 많은 양의 매연과 유독가스를 발생시키는 재료를 사용해서는 안 된다는 점을 충분히 고려해야 한다. 화재 예방 장비의 설치와 함께 화재 경보 시스템 및 스프링쿨러 시스템을 사용함으로써 인명의 보호와 중요 재산을 보호할 수 있음은 물론, 철골 구조체를 피복할 필요가 없어지기도 하는데 이는 최초 발화점에서 발생한 화재는 부재에 대한 위험도가 적기 때문이다. 항공기의 격납고는 좋은 예인데, 항공기의 가격은 건물 가격의 몇 배에 달한다.

만약 능동적 방화 방식(화재경보기, 스프링쿨러 등의 기술적인 시스템)만으로는 충분하지 않거나 비용이 지나치게 높아

관련 문헌
- Eurofer Steel Promotion Committee (ed.): *Steel and Fire Safety - A Global Approach*, Brussels, 1993.
- Schweizerische Zentralstelle für Stahlbau (ed.): *Brandsichere Stahl-Beton-Verbundtragwerke*, Zurich, 1997.

철골 구조체에의 적용 가능성

노출된 철재	내화 강도 R30	내화 강도 R30	내화 강도 R30
기둥 (1/2)	SZS/EKS N °8 9 (U/A < 50 m^{-1}) (3) min. RND/VKT 80 min. 60x120 min. 150x150 min. HHD 320x300	SZS/EKS N° 89 (U/A < 14 m^{-1}) (3) min. RND/VKT 280 min. 200x500 min. 400x400 min. 320x320	none
바닥 슬라브를 지지하는 보 (2)	SZS/EKS N° 89 min. HEM 300	SZS/EKS N° 89 solid steel min. FLB 150/300	none
내화 페인트를 사용한 건물 (4)	모든 단면 http:// bsronline.vkf.ch	모든 단면 http:// bsronline.vkf.ch	허용되지 않음
합성재료 건축 (철/콘크리트)			
기둥	SZS C2.3, SZS C2.4, ECCSN° 55 min. HEA 160, RRK 140, ROR 139, 7	SZS C2.3, SZS C2.4, ECCSN° 55 min. HEA 200, RRK 160, ROR 159	SZS C2.3, SZS C2.4, ECCSN° 55 min. HEA 240, RRK 180, ROR 177,8
플랜지 사이에 콘크리트가 채워져 바닥 슬라브를 지지하는 보 (≥120 mm)	SZS C2.4 min. HEA 100, IPE 120	SZS C2.4 min. HEA 100, IPE 200	SZS C2.4 min. HEA 180, IPE 300
콘크리트를 채우거나, 없는 금속판 Average slab depth h_{eff}	SZS C2.4, SZS E2 $h_{eff} \geq 60$ mm	SZS C2.4, SZS E2 $h_{eff} \geq 80$ mm	SZS C2.4, SZS E2 $h_{eff} \geq 100$ mm
피복 철재 (5)			
상자형 내화보드 (e.g. columns)	SZS/EKS N° 89 http:// bsronline.vkf.ch all sections 일반적인 보드의 두께 : 약 15mm	SZS/EKS N° 89 http:// bsronline.vkf.ch all sections 일반적인 보드의 두께 : 약 25mm	SZS/EKS N° 89 http:// bsronline.vkf.ch all sections 일반적인 보드의 두께 : 약 35mm
내화뿜칠 (e.g. beams)	SZS/EKS N° 89 http:// bsronline.vkf.ch alle Profile 일반적인 뿜칠의 두께 : 약 20mm	SZS/EKS N° 89 http:// bsronline.vkf.ch alle Profile 일반적인 뿜칠의 두께 : 약 30mm	SZS/EKS N° 89 http:// bsronline.vkf.ch alle Profile 일반적인 뿜칠의 두께 : 약 40mm

(1) 수치는 3m 높이의 층에 사용되는 연속 기둥에 적용된다 (유럽식 기준표 ECCS No. 89 참조).
(2) 전적으로 구조적인 용도에 사용되는 것이 아니라면 더 작은 값을 취할 수 있다 (유럽식 기준표 ECCS No. 89 참조).
(3) 단면 요소 U/A (유럽식 기준표에서는 Am/V).
(4) 특정 프로젝트에 대한 내화 성능은 내화 성능 관리부서의 승인을 받아야 한다 (VKF* fire protection memo 1008 참조).
(5) VKF* fire protection에 등재된 마감재는 적용과 시공의 범위에 대해 검사 및 승인받아야 한다 (QS 현장 관리 의무).
*도 화재 보험 협회

그림 31 : 철골 구조체에의 적용 가능성
Swiss Central office가 발행한 디자인 지침서인 Structural Steelwork (SZS), 초판, 9. 6. 2004

접합

연속 기둥

연속 보

핀접합

강접합

사전 제작된 결절점

강접합

2 - D (x, y)

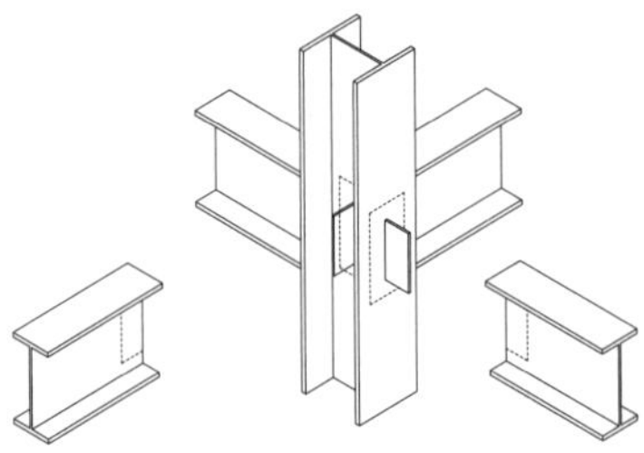

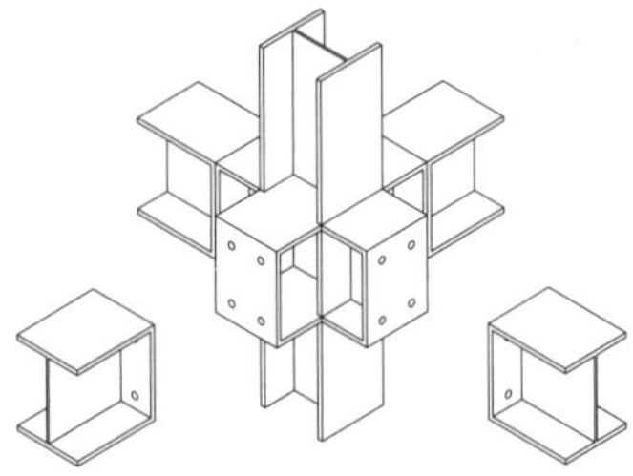

기둥에 용접된 연결재와 볼트 접합

보에 용접된 엔드 플레이트와 볼트 접합

보와 기둥에 용접된 엔드 플레이트의 볼트 접합

볼트 접합, 기둥 플랜지 하부에 스티프너를 보에 용접

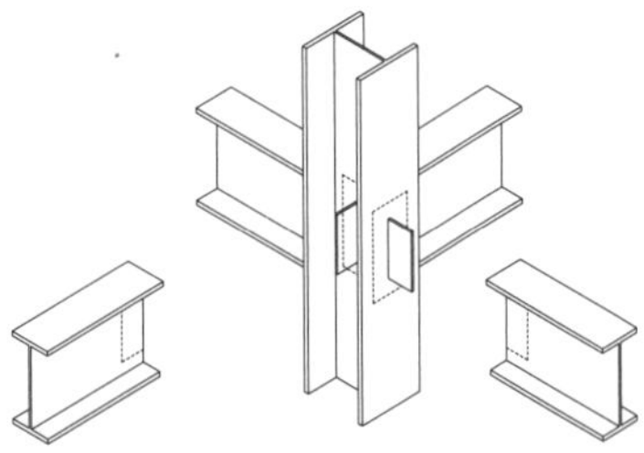

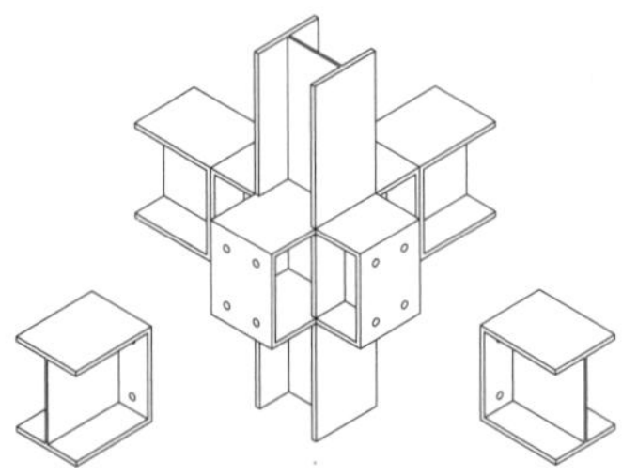

볼트 접합, 보의 플랜지 방향에 맞게 스티프너를 기둥에 용접

돌출된 엔드플레이트에 볼트 접합, 보의 플랜지 방향에 맞게 스티프너를 기둥에 용접

볼트 접합, 기둥 웨브 하부에 스티프너를 보에 용접

3 - D (x, y, z)

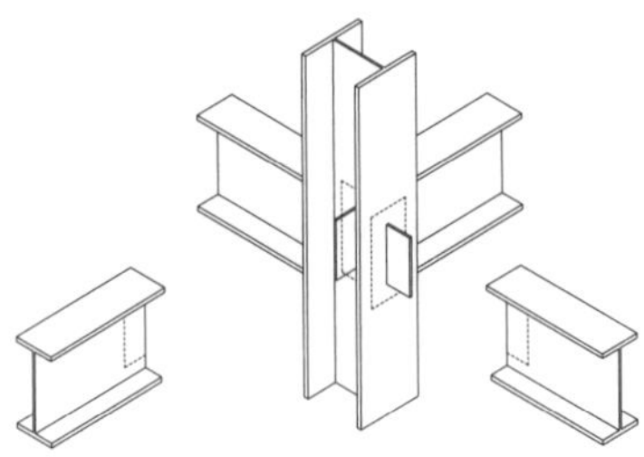

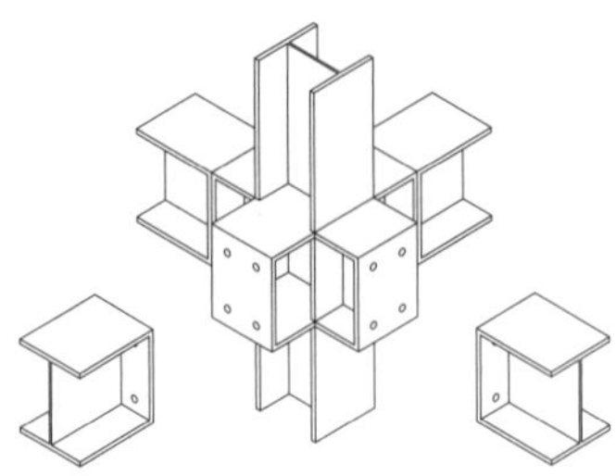

기둥에 용접된 연결재와 볼트 접합

볼트 접합, 엔드플레이트 용접

그림 32 : 철재의 접합

그림 33 : 철제 기둥의 축조

1
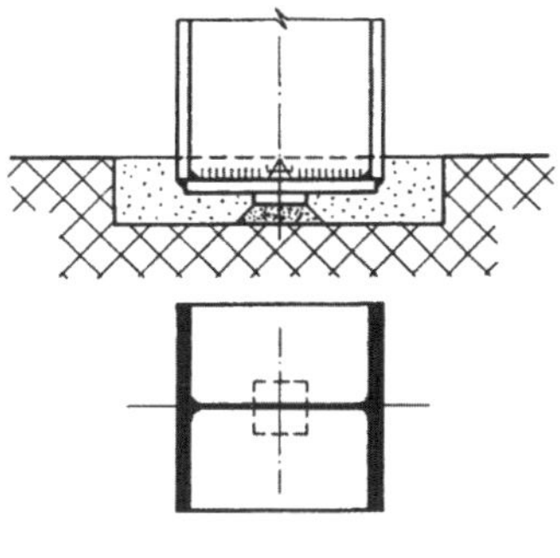

2
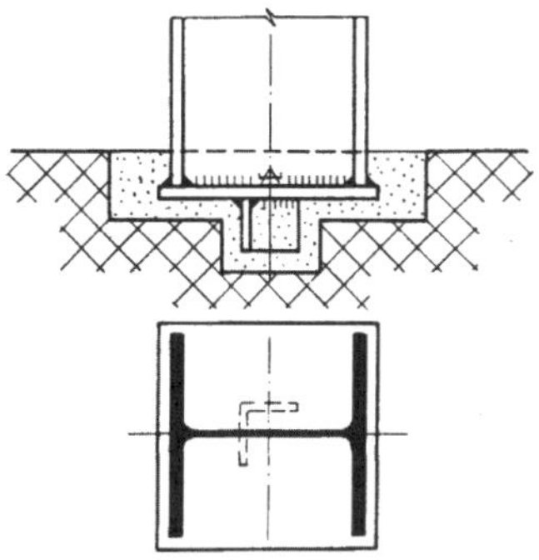

3
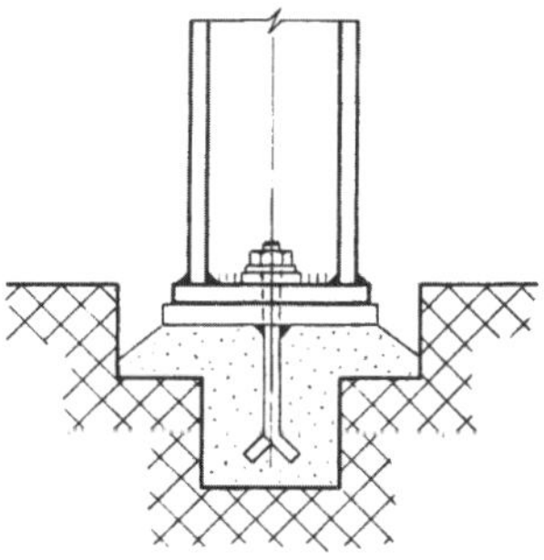

4
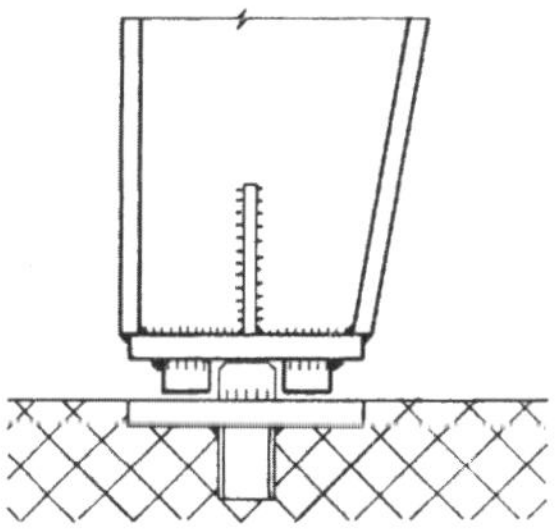

5
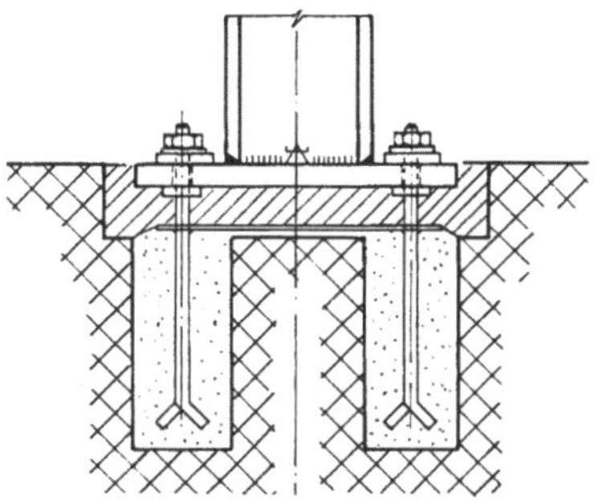

6
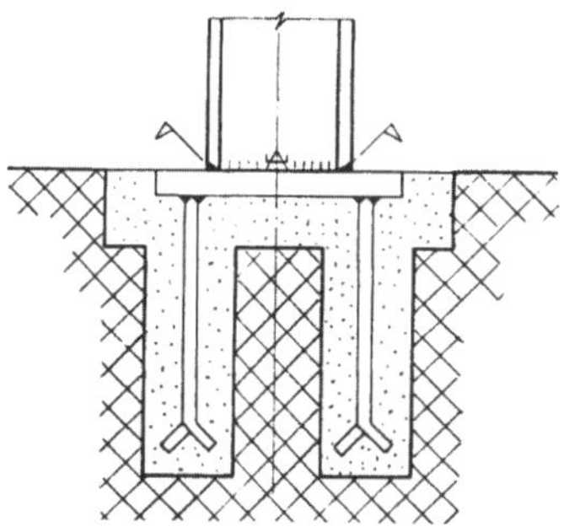

7
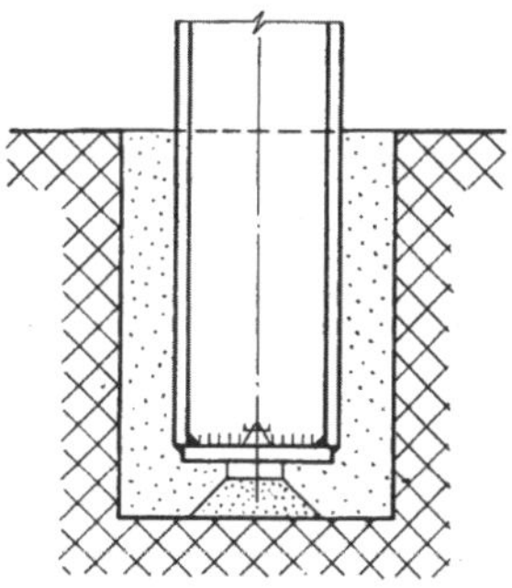

8
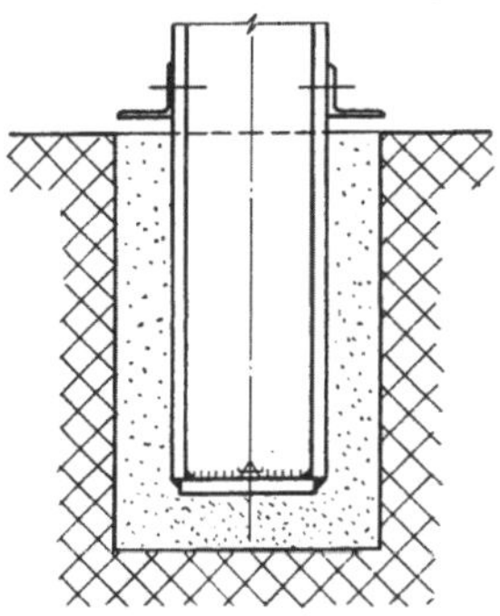

핀접합 기둥 하부의 기본 상세
1. 인장력 없음
2. 인장력 없음
3. 낮은 인장력, 사전에 베이스플레이트를 시공
4. 인장력 없음, 힌지 사용

강접합 기둥 하부의 기본 상세
5. 사전에 주조된 선형 바 사용
6. 사전에 설치된 베이스 플레이트 사용, 기둥은 현장에서 베이스 플레이트에 부착됨
7. 큰 휨 모멘트에 저항하기 위해 포켓에 담긴 기둥
8. 큰 휨 모멘트에 저항하기 위해 포켓에 담긴 기둥

그림 34 :
Swiss Central office for Structural Steelwork (SZS) (ed.), C8 - 출처 : *Konstruktive Details in Stahlhochbau*, Zurich, 1973

구조 - 캔틸레버 보가 사용된 골조

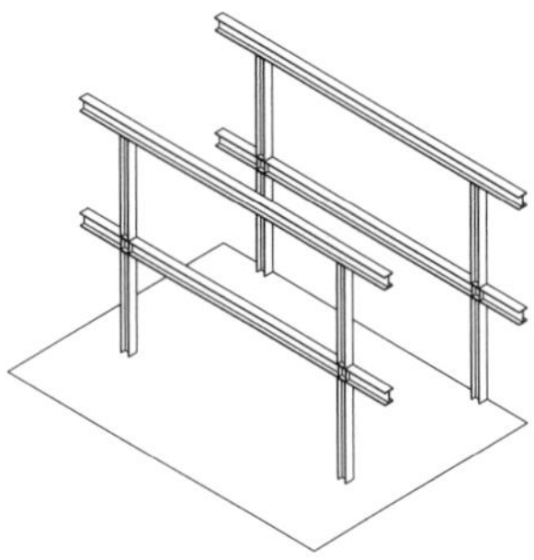

그림 35 : 캔틸레버 보가 사용된 골조

내력 구조체는 파사드에서 셋백되어 있는 몇 쌍의 기둥과 골조로 구성되어 있다. 보를 통해 기둥으로 수직하중이 전달되므로 보의 플랜지 사이에 스티프너가 부착되어야 한다. 다음의 도면은 바닥판에 적용된 세 가지 형태를 보여주고 있으며, 모든 바닥판은 주 보 위에 놓여 있다.

D1의 형태는 주 보의 상부에 위치하는 작은 보 또는 장선 같은 부가적인 요소들을 사용한다. 주 보와 동일한 높이에 놓이는 부속 보와 다르게, 이러한 배열은 골조 사이로 서비스 기능들이 쉽게 지나갈 수 있다는 장점이 있다. 필요에 따라, 바닥판은 단순한 목제 바닥판을 사용할 수도 있다. D2와 D3은 부속 보나 장선을 사용하지 않으며, 사다리꼴형의 판금으로 바닥을 지지한다. D2에서 금속판은 단지 건식 바닥 마감재를 지지하는 기능을 하지만, D3의 경우 금속판은 철근콘크리트 슬라브에 대한 영구적인 거푸집으로 기능한다.

바닥 공사 D1

목제 바닥판	27 mm
철제 보, IPE 160	160 mm
합계	*187 mm*

바닥 공사 D2

바닥 판넬	27 mm
고무 박리층	20 mm
데크플레이트	160 mm
합계	*207 mm*

바닥 공사 D3

철근콘크리트 슬라브	120 mm
"Holorib" 판	50 mm
합계	*170 mm*

범례
a) HEA 400, 모든 층에서 교차된다
b) HEA 400, 연속 보
c) 수직 하중을 전달하기 위해 기둥 플랜지 하부에 위치한 스티프너

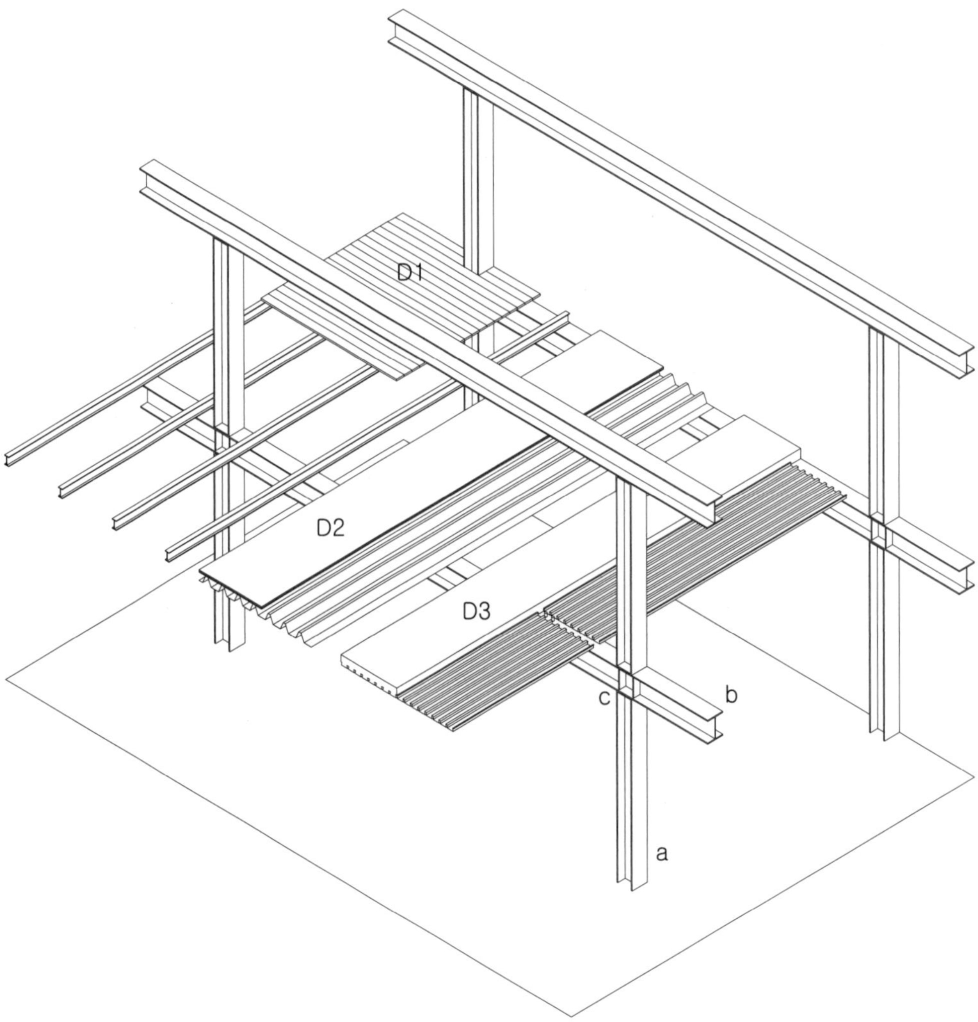

그림 36 : 연속된 보가 사용된 골조
주요 구조체 위에 바닥을 위치시키는 공사

철제 바닥판

철제 바닥판은 0.80~1.75mm 두께의 단면을 갖는 금속판으로 구성되며, 콘크리트를 채우거나 상부에 얹기도 한다. 단면의 형태는 일반적으로 사다리꼴이며, 압연에 의해 생산된다. 강성을 높이기 위해 때로는 추가적인 장선과 주름이 더해지기도 한다. 판금은 0.30~0.90m의 폭의 제품을 사용할 수 있다. 일부 형태는 셀룰러 데크플레이트라고 알려져 있기도 하다.

아연 도금(25~30 ㎛) 처리된 판금도 나와 있다. 아연 도금 처리하지 않은 판금은 부식을 방지하기 위해 아랫면에 페인트가 칠해지게 된다.

단면
1 일반적인 단면 구성 :
1.1 과 1.2 단면 형태
1.3 ~ 1.7 금속판의 종류
1.8 과 1.9 사전 조립된 셀룰러 데크플레이트

성형 판금을 사용한 바닥판의 장점 :
- 경량,
- 축조가 빠름,
- 콘크리트 공사에 사용되는 거푸집이 필요하지 않음,
- 축조 즉시 바닥판이 하중을 받을 수 있음
- 아래에서 일하는 인부가 떨어지는 부재로부터 보호받을 수 있음

성형 판금을 사용한 바닥판의 단점 :
- 철재가 단지 영구적인 거푸집으로써 기능할 수 있음
- 내력 구조체로 사용되어야 할 경우, 아래측 면에 대해 특수한 내화 공법이 요구됨
- 완전 건식 공법과 비교했을 때, 현장타설 콘크리트에 의해 건물에 수분이 침투할 수 있음

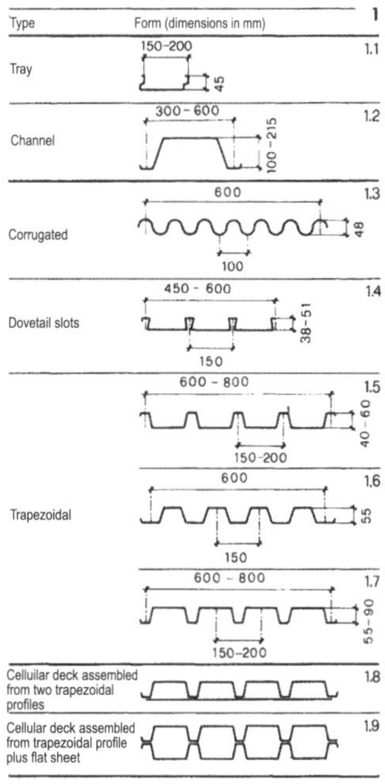

성형 판금을 사용한 바닥판의 축조

판금은 현장에서 신속하고 순조롭게 축조되고, 축조 후 즉시 구조적인 철골조로 기능할 수 있도록, 평면 레이아웃에 맞게 길이가 잘라지고, 함께 포장되어 현장으로 운반되어진다. 판금의 절단에는 일반적으로 특정 단면에 적합한 특수 절단기를 사용한다. 경사 절단은 수작업으로 이루어진다.

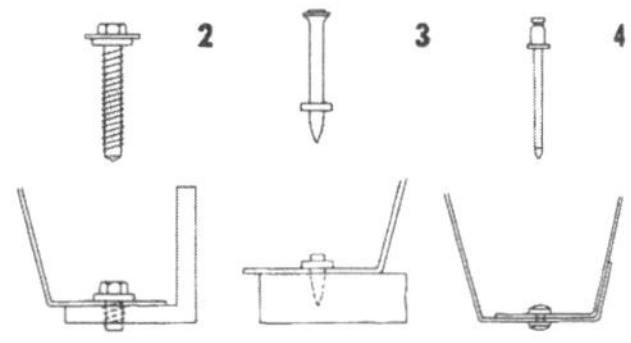

접합
성형 판금은 다음의 방법으로 철제 보에 접합될 수 있다 :
- 제조자의 설명서에 의거한 용접,
- 셀프태핑 나사못 (도면 2),
- 점화 데크 파스너 (도면 3).

판금간의 접합은 다음의 방법으로 이루어진다 :
- 블라인드 리벳 (도면 4), 한 쪽 면에 대해서만 접합하면 되며, 양쪽에서 접합할 필요는 없다
- 제조자의 설명서에 의거하여 판금의 모서리를 천공하고 맞춤

합성 바닥 슬라브

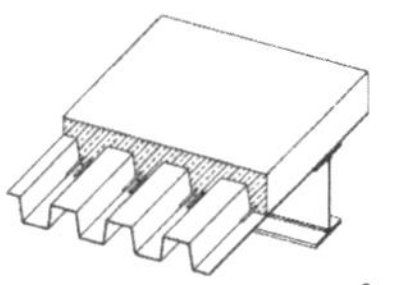
1

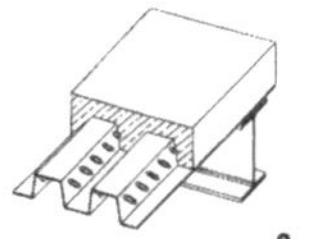
2

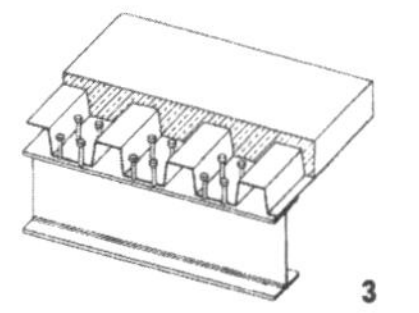
3

1. 판금은 바닥판의 공사를 빠르게 하고, 바닥판의 즉각적인 공급을 위해 영구적인 거푸집으로써 사용된다. 보강재는 원형 강관의 형태로 사용된다. 바닥판은 콘크리트 장선 슬라브처럼 거동한다. 그러나, 보강 강관을 콘크리트로 충분히 덮었다면 바닥판은 내화구조이다. 콘크리트 슬라브는 풍하중에 저항하는 수평 플레이트로써 기능한다.

2. 판금과 콘크리트를 합성하여 사용한다. 콘크리트와 함께 판금은 합성 단면을 형성하게 된다. 판금은 콘크리트 슬라브에 대한 보강재로써 기능한다. 판금의 압연박판 또는 장선은 콘크리트와 판금 사이에서 전단력을 전달한다. 이러한 바닥판은 하측면에 대해 내화 가공이 필요하다.

3. 콘크리트 슬라브와 철제 보 사이에서 합성이 이루어진다. 스터드는 판금에서 각 보의 상부 플랜지에 접합된다. 이 경우, 콘크리트 슬라브는 철제 보와 합성 단면을 형성한다. 장선 위에 놓인 콘크리트만이 구조적으로 기능하게 된다. 이는 매우 경제적인 건축 형태이다. 스터드는 특별한 사용방법에 맞게 현장에서 접합된다.

4. "Holorib" 은 압연을 통해 만든 열장 장부촉 형태의 장선을 갖는 판금이다. 콘크리트 슬라브는 자체적으로 지지되며, 이에 따라 강화되어야 한다. 판금은 영구적인 거푸집으로써만 기능한다. 여러 테스트 자료에서 밝혀졌듯이, 이 형태에서 판금과 콘크리트 간의 접착은 금속과 콘크리트 간의 합성작용을 일으키기에 충분하다. 도면에 슬라브와 철제 보 간의 합성작용을 일으키는 전단 스터드가 나와 있다. 열장 장부촉 형태의 장선은 달천장과 기타 서비스 기능들을 고정시키기에 유용하며, 다양한 서비스 기능이 사용되는 건물에 특히 유용하다.

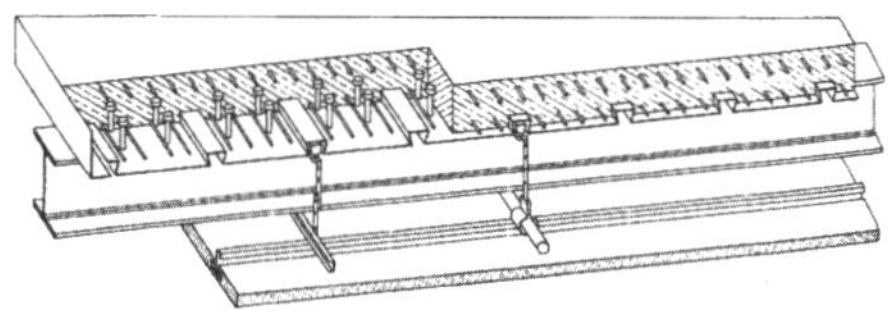

그림 37 : 합성 바닥판 공사
콘크리트 공사에 앞서 판금을 설치

그림 38 :
Hart, Henn, Sontag: *Stahlbau Atlas* (1st ed.), Munich, 1982에서 발췌

구조 - 연속된 기둥을 갖는 골조

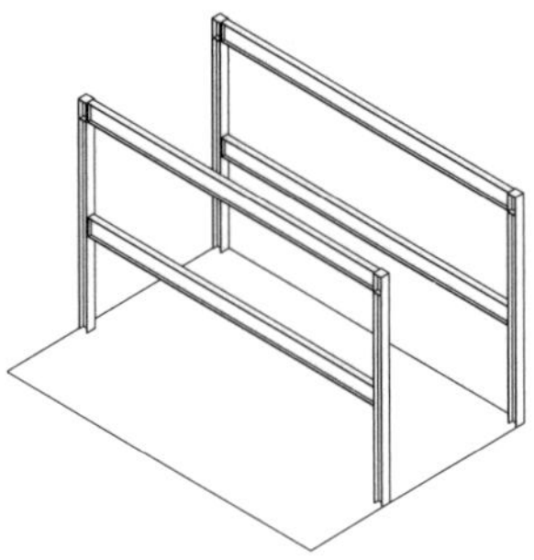
그림 39 : 연속된 기둥을 갖는 골조

내력 구조체는 연속 기둥으로 구성된 골조로 이루어진다. 이 구조에서 기둥은 파사드에 직접 위치하며, 이에 따라 내부 공간에 별다른 영향을 미치지 않는다. 이전의 예와 동일한 평면을 가질 경우, 경간이 더 크기 때문에 보의 크기가 더 커져야 한다.

주 보 사이에 부속 보를 위치시킴으로써 보의 깊이를 일부 줄일 수도 있다. D1과 같이, 바닥판 D4는 작은 보 또는 장선 같은 부가적 요소를 기반으로 하고 있지만, 주 보의 상단과 같은 높이를 갖는다는 점에서 차이를 지닌다. 이는 골조 내부로 서비스 기능이 지나갈 수 있도록 보의 내부에 구멍이 뚫려야 함을 의미한다. 서비스 기능은 한데 묶이거나, 중공보 또는 다공성보를 사용할 경우 보의 길이에 걸쳐 분산될 수도 있다. 이렇게 구멍이 뚫린 보를 사용하면 자중을 30% 정도 줄일 수 있다는 장점이 있다.

D5는 사다리꼴형 단면의 판금을 주 보 사이에 매달고 콘크리트를 채우거나 상부에 얹은 장선 슬라브이다. 스터드는 사전에 보에 접합되어 바닥판과 주 구조체의 합성작용을 일으킨다. 판금은 철골 조립 공사에서 보에 접합되는 철제 보강재(앵글, 25 x 35mm)에 의해 지지된다.

바닥 공사 D4

베이클라이트 등의 집성재 바닥판	27 mm
철제 보, IPE 160	160 mm
합계	*187 mm*

바닥 공사 D5

철근콘크리트 슬라브	120 mm
사다리꼴 단면 판금	200 mm
합계	*320 mm*

보
a) HEA 200
b) IPE 600, 부분적으로 다공성 보로 나타난다

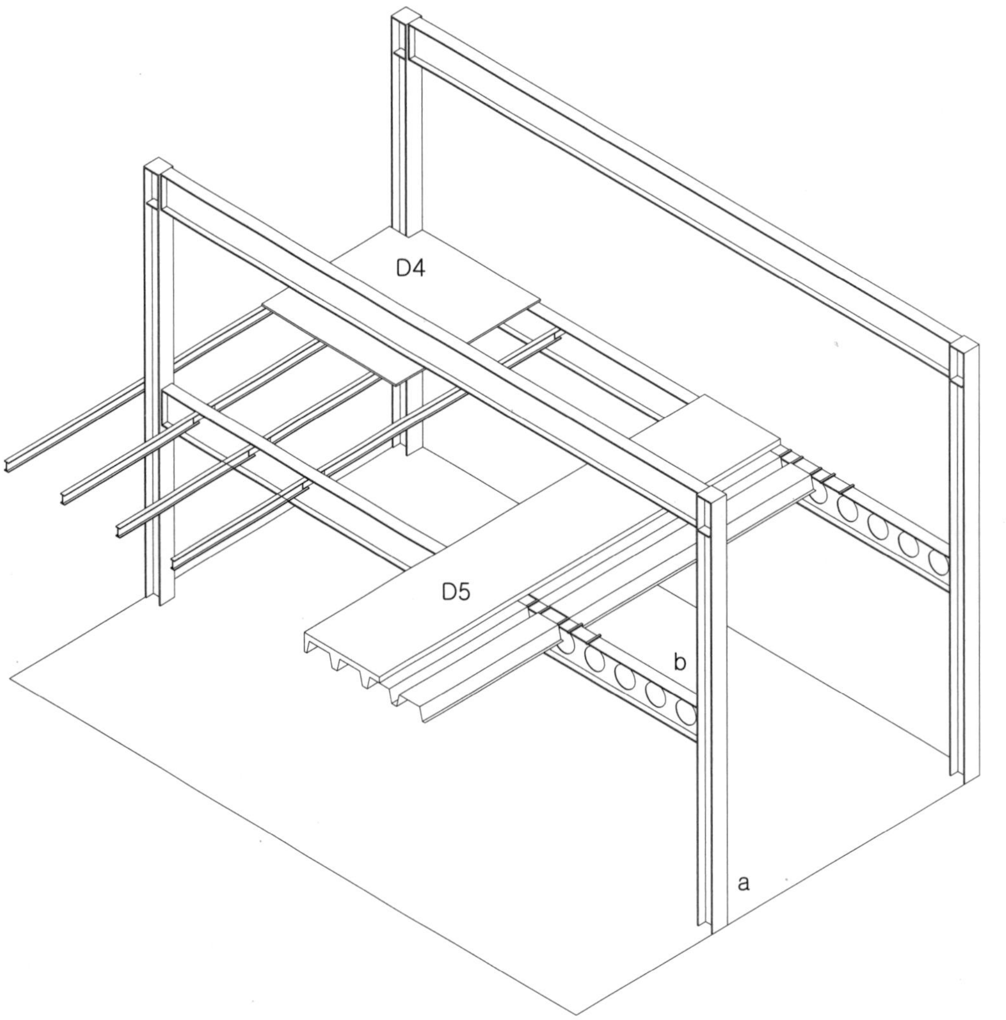

그림 40 : 연속된 기둥을 갖는 골조
그림에서 바닥판은 보에 비해 더 세장하다

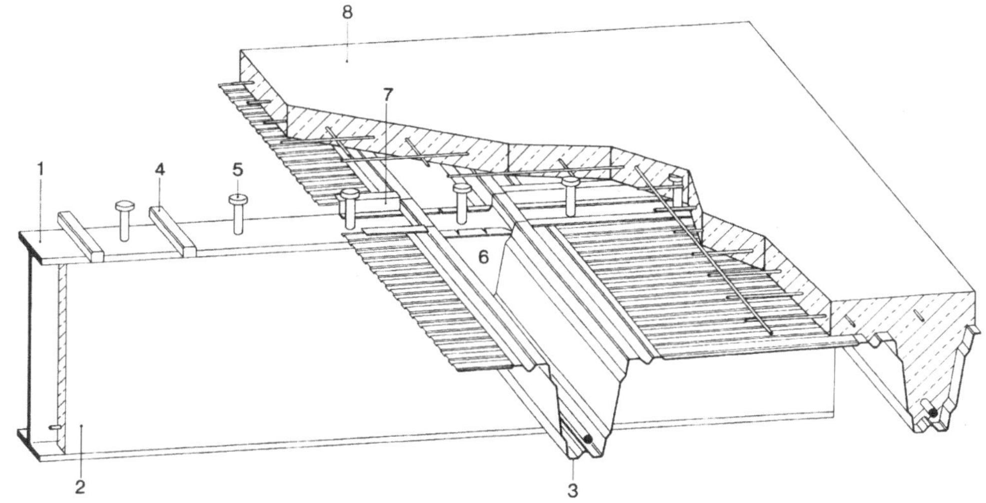

그림 41 : 사다리꼴 단면 판금의 합성슬라브
1. 철제 보 (슬라브와 합성적으로 작용)
2. 플랜지 사이의 콘크리트 충전재
3. 사다리꼴 단면 판금
4. 철제 보강재 (25 x 35 mm)
5. 전단 스터드
6. 플라스틱 성형 충전재
7. Z형 긴결재
8. 철근콘크리트 장선 슬라브

그림 42 : 다공성 보
서비스 기능으로 사용되는 구멍

그림 43 : 중공보

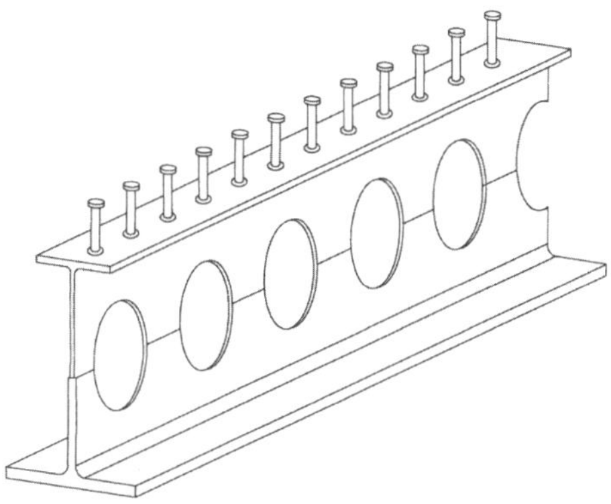

그림 44 : 다공성 보
자중을 줄이기 위한 다양한 상, 하부 플랜지의 예

구조 - 이방향 골조

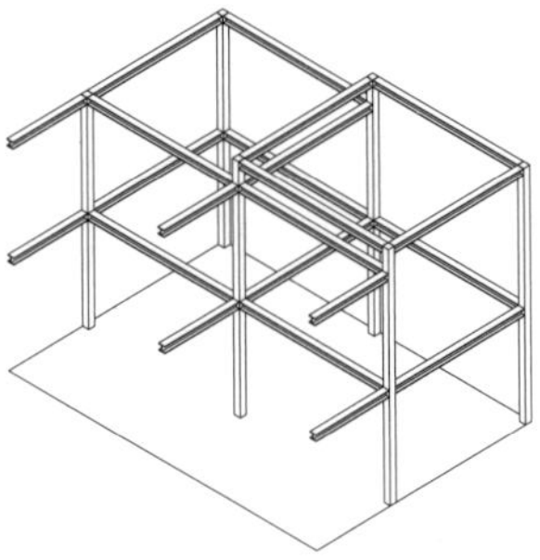

그림 45 : 이방향 골조

내력 구조체는 구조 강관으로 만든 기둥과 이방향 골조로 이루어지며, 강관 기둥은 I형강과 달리 모든 방향에 대해 동일한 접합 조건을 제공한다. 기둥이 연속되기 때문에 보는 어떠한 높이로도 접합될 수 있으며, 이로 인해 기둥 사이에 형성되는 공간들에 서로 다른 천장고를 형성할 수 있다. 모든 바닥 보가 동일한 하중을 받기 위해, 바닥의 경간 방향은 구획마다 달라져야 한다.

제시된 바닥 공사 예는 바닥판에 대해 동일한 깊이를 갖는 보에 사용할 수 있는 방법들이다 ("Slimfloor", "Integrated Floor Beam - IFB" 등). 여기에 나온 모든 경우에서 하부의 넓은 플랜지는 보에 접합되어 바닥을 지지한다. D6는 프리캐스트, 프리스트레스 방식의 강관 바닥판으로 12m에 달하는 경간을 형성할 수 있다. 내부의 공간은 단지 자중을 줄이는 역할을 하며, 서비스 기능은 바닥 슬라브 아래로 지나가야 한다. 가장 큰 장점은 건식공법이라는 점이다. D5와 같이, D7도 사각형 단면의 판금을 주 보 사이에 매달고 콘크리트를 채우거나 상부에 얹은 장선 슬라브이다. 서비스 기능은 장선 사이로 지나갈 수 있다. 합성 슬라브로 시공되면, 바닥판은 구조체를 보강하는 수평 플레이트로써 기능한다.

바닥 공사 D6

무근콘크리트	80 mm
차음재	20 mm
프리스트레스 강관 바닥판	220 mm
합계	*320 mm*

바닥 공사 D7

철근콘크리트 슬라브	120 mm
사다리꼴 단면 판금	200 mm
합계	*320 mm*

빔 :
a) RHS 200, 연속
b) HEA 200

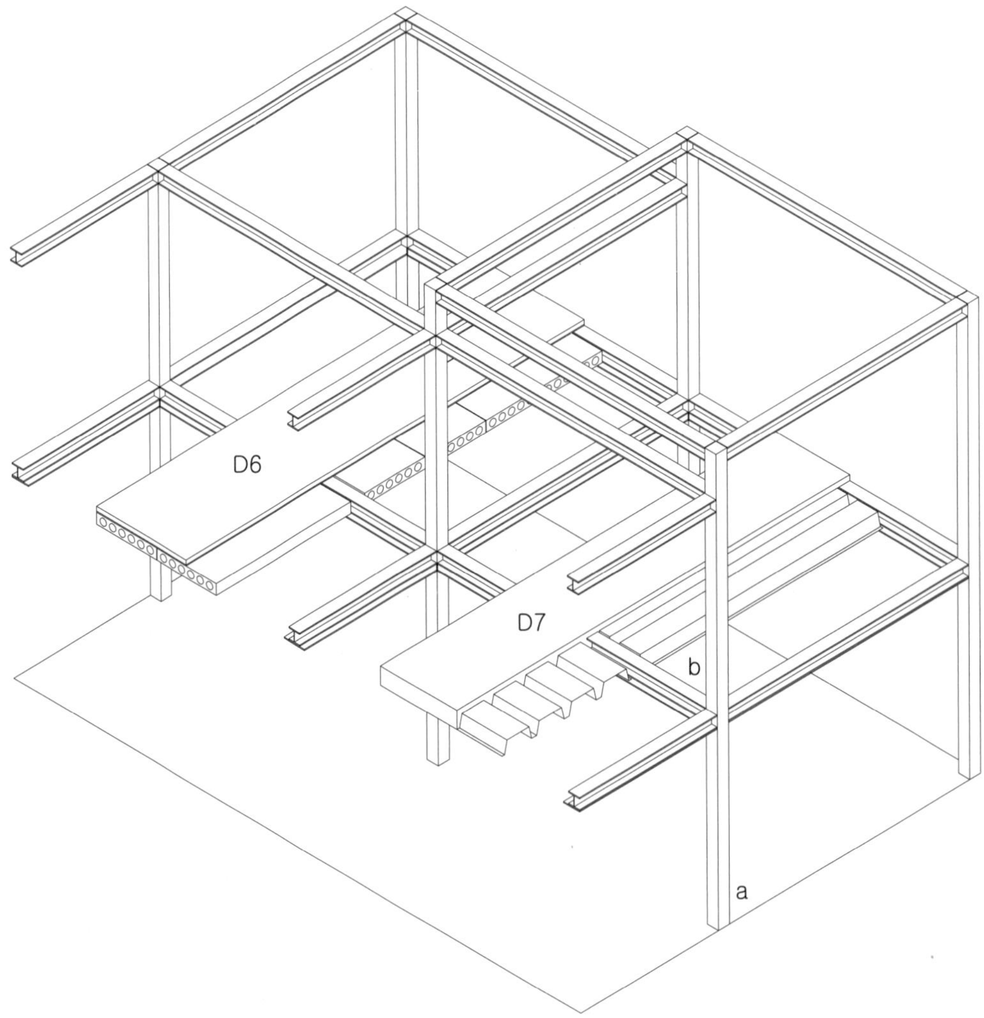

그림 46 : 연속된 기둥을 갖는 골조
그림에서 바닥판은 보의 깊이와 동일하다. (예 : Slimfloor)

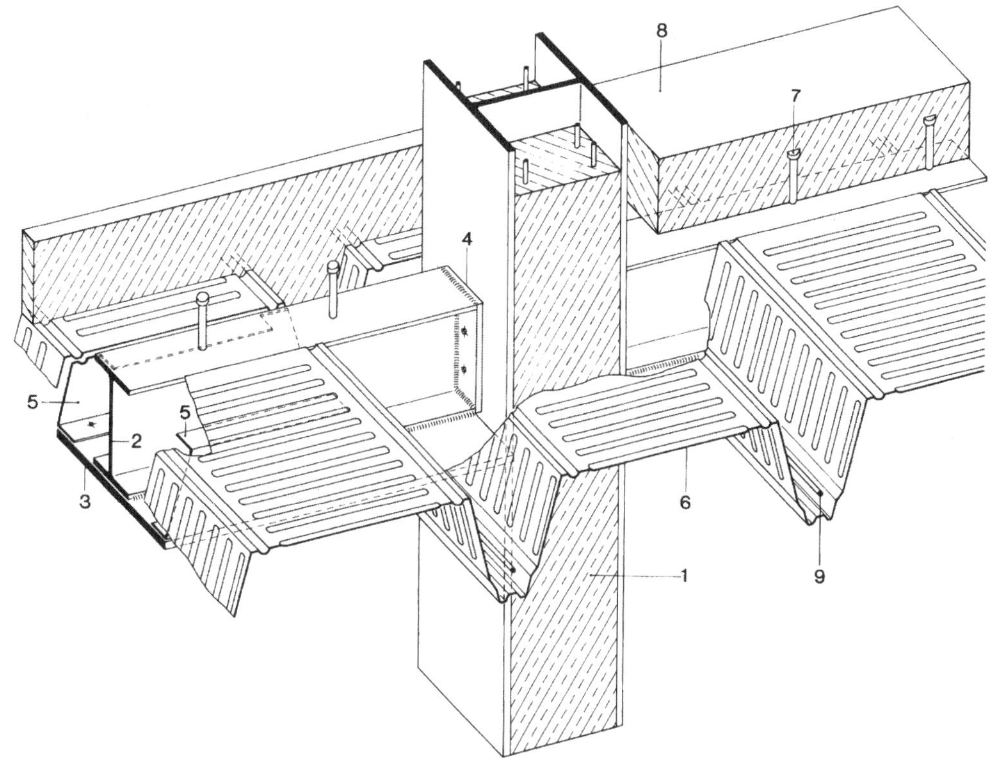

그림 47 : 사다리꼴 단면 판금의 합성 슬라브

1. 합성 기둥 (플랜지 사이의 콘크리트 충전재)
2. 철제 보
3. 플랜지 플레이트
4. 엔드 플레이트
5. 긴결 플레이트
6. 성형 판금
7. 전단 스터드
8. 현장타설 콘크리트
9. 장선에 의한 세로 방향의 보강

그림 48 : 강관 바닥판의 설치

그림 49 : 강관 바닥판의 축조

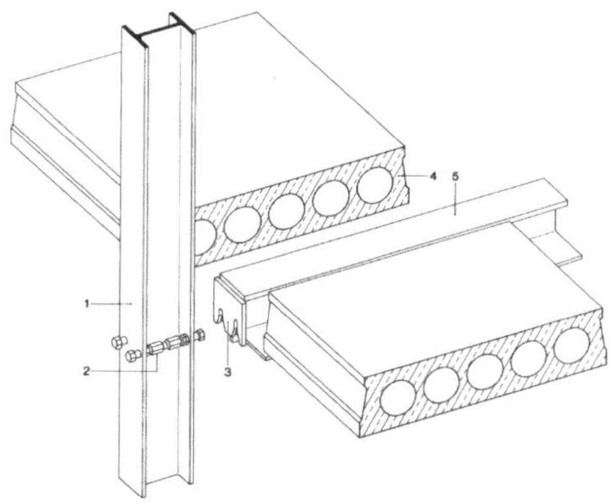

그림 50 : 프리스트레스 강관 바닥판
보의 하부 플랜지는 상부 플랜지에 비해 폭이 더 넓으며 바닥판을 지지한다.

철제 보의 임시 크기를 결정하기 위한 차트

설계 단계에서 최초의 크기가 추정된다

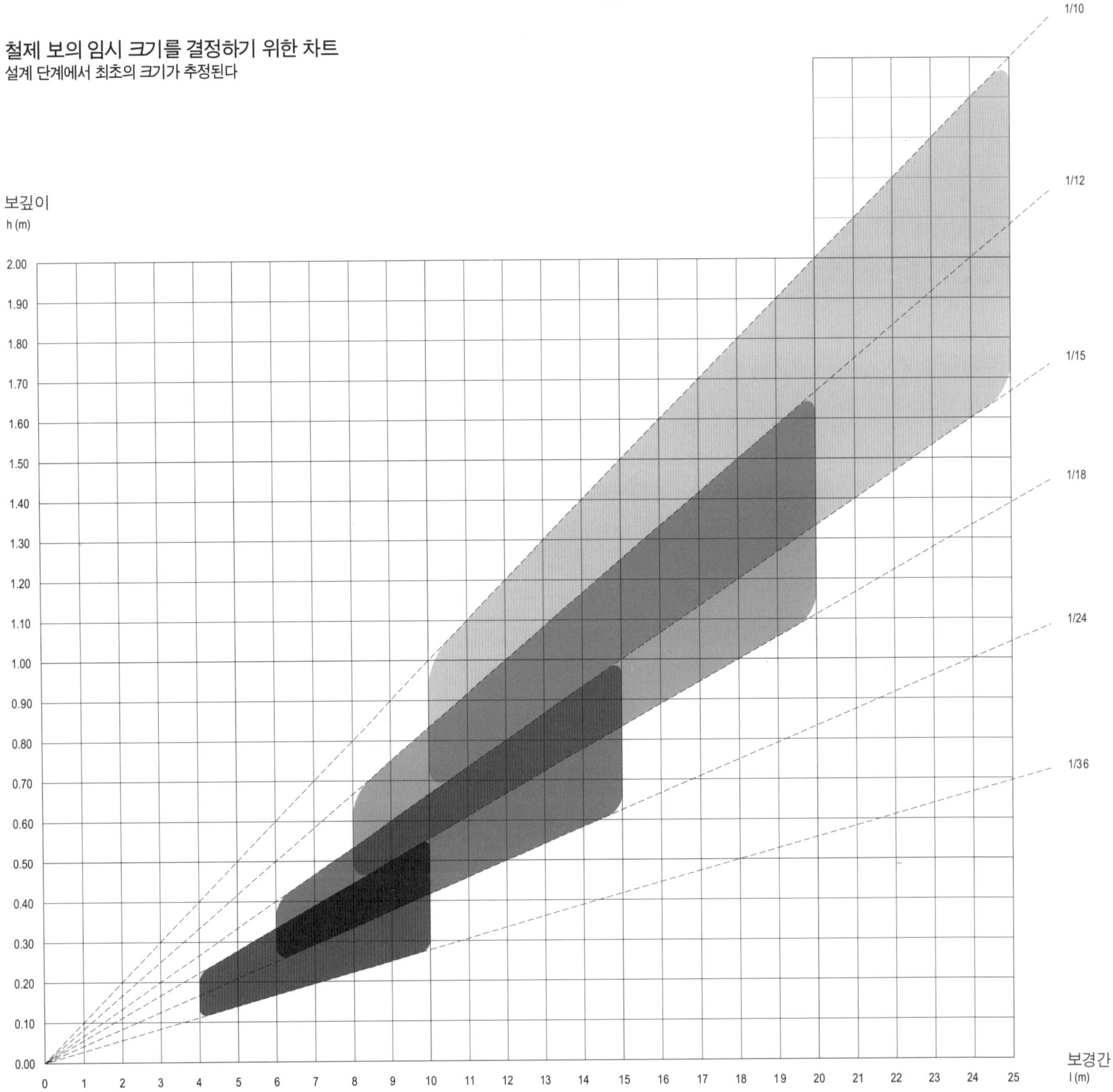

부재의 (내력 부재)	경간 l (m)	h*/l
지붕 도리 (I)	– 10 m	1/18 – 1/36
바닥 보 (I)	6 – 15 m	1/15 – 1/24
중공보 (I)	8 – 20 m	1/12 – 1/18
라티스 보	10 – 25 m	1/10 – 1/15

그림 51 : 본 차트의 사용법
높은 하중(고정하중과 활하중)에 대하여 표에 제시된 부재의 깊이 중 가장 큰 값을 사용하며, 낮은 하중의 경우에는 이와 반대로 사용한다.
차트에 제시된 크기와 관계는 과학적으로 증명된 것은 아니다. 음영 부분은 "불명확한" 부분을 말한다. 내력부재의 합리적인 사용을 위해서 이 차트의 "단부"는 제거되어야 한다.

출처 : M. Dietrich, *Burgdorf School of Engineering*, 1990

* An HEA (h/b = 1/1 ~ 2/1) 또는 IPE (h/b = 2/1 ~ 3/1) 최초의 대략적인 크기로 사용될 수 있다.

접기와 구부리기

그림 52 : 구조적 부재로 사용된 곡선형 판금 (d=12mm, 상)과 평면 (스케일 : 대략 1/140, 좌)
Hild und K: bus shelter, Landshut (D), 1999

접기는 금속을 가공하는 기본적인 기술로 금속 가공 산업이 이 방법을 통해 성장했다고 할 수 있다. 종이와 판지와 함께, 금속은 이러한 변형 방식을 사용할 수 있는 유일한 재료이다. 연결부와 장선을 접음으로써 얇은 판금의 강성이 향상되게 되며, 별다른 지지체 없이도 직접 내력 구조체에 사용될 수 있는 대형 플레이트 또는 판을 만들 수 있다. 이러한 점에서 주름진 판금은 1829년 생산된 이래로 지붕 재료, 서비스 기능과 공업용 건물을 덮는 마감재로써 널리 사용되었으며, 이후로는 사다리꼴 성형 판금이 널리 사용되고 있다.

프랑스 기술자인 Jean Prouvé (1901~84)는 마감재를 사용함에 있어 단순하면서도 최적화된 작업을 했다. 가장 선호했던 재료인 알루미늄을 사용하면서, 그는 접힌 판금에 의해 전체 내력 구조체가 지지되는 방식을 고안해 냈다. 알루미늄의 최초 생산으로부터 100주년을 기념하기 위해 1954년 그가 만든 임시 건축물은 좋은 예이다. 이 건물은 어떻게 알루미늄이 전시 공간을 만들기 위해 전통적으로 사용된 재료인 목재나 철을 대체할 수 있는지를 보여주었다. 전체 길이는 152m로 15m 길이의 보를 기반으로 하고 있으며, 1.34m 중앙에서 알루미늄 판금은 구부러진 형태로 매달려 홈통처럼 기능한다. 보는 세 개의 부분으로 제작되었으며, 각 부분은 현장에서 주조 접합 브래킷을 이용해 접합되었다. 이는 기계 공학과 자동차 공학에서 분명하게 나타나는 것이기도 하다.

알루미늄으로 만든 건물에서 내력 구조체가 선형 부재를 이용해 만들어졌고, "기둥"과 "보" 부재가 명백히 금속세공의 원리를 따르고 있는 반면, 이 부재들은 1951년에 Prouvé가 만든 관측소에서 나타나는 자체지지 부재들과 혼합된다. 건물은 서로 지지하는 두 개의 반구가 이루는 포물선형의 단면을 갖는다. 여기에서 곡선 형태는 내, 외부의 알루미늄 판 간의 강접합 때문에 형성되었다.

건물의 성능에 관한 부분을 떠나서, Hild und K는 Landshut 지방에 위치한 버스 정류소에서 별도의 지지 골조 없이 두꺼운 판금만으로 벽을 조립했다. 겉으로 노출된 기단부는 12mm 두께의 Cor-Ten 판금을 압연한 것으로 외장재 같은 느낌을 낸다. 평면적으로 이 정류소는 두 개의 L자형 플레이트로 이루어져 있다.

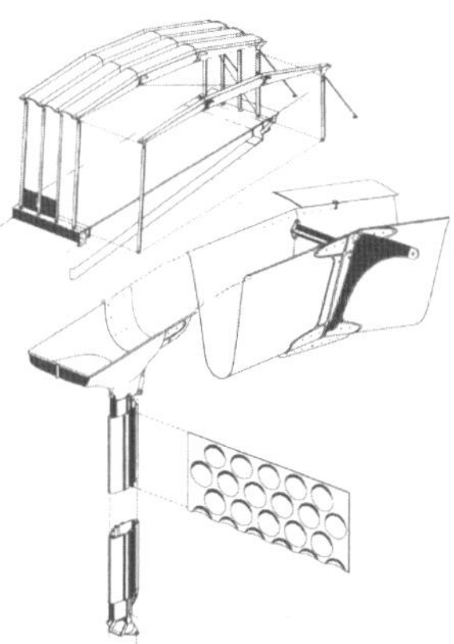

그림 53 : 샌드위치 부재의 축조
Jean Prouvé: La Méridienne de l' observatoire, Paris (F), 1954

그림 56 : 홈통형의 단면으로 조립된 알루미늄 지붕재
Jean Prouvé: Pavillon du centenaire de l' aluminium, Paris (F), 1954

그림 54 : 내력 구조체와 건물의 외피는 반원형태로 접합된다. 그림에 보이는 내력 샌드위치 부재는 거의 완공된 것이다.
Jean Prouvé: La Méridienne de l' observatoire, Paris (F), 1951

그림 55 : 샌드위치 부재의 축조
Jean Prouvé: La Méridienne de l' observatoire, Paris (F), 1951

골조

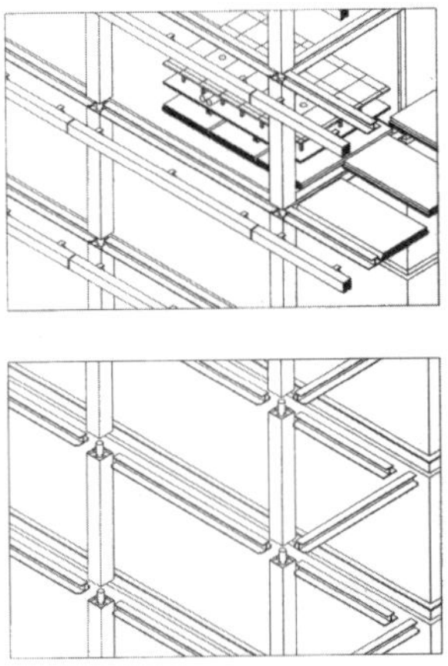

그림 57 : 사전제작된 바닥판과 콘크리트가 사용된 철골조
Burkard, Meyer Architekten: Swisscom headquarters, Winterthur (CH), 1999

그림 58 : 바닥 슬라브의 모서리는 내력 구조체 중 파사드에서 눈에 보이는 유일한 부분이다.
Burkard, Meyer Architekten: Swisscom headquarters, Winterthur (CH), 1999

철근콘크리트의 철근은 물론, 건물에서 대부분의 철은 골조를 형성하는데에 사용된다. 선형 부재인 기둥과 보는 골조를 형성하며, 바닥판과 비내력벽이 "내장" 판넬로써 사용된다. 바닥판과 벽은 건식 공법으로 만들어질 수 있으며, 철과 콘크리트의 합성 작용을 이용하게 된다. 이처럼 철골조는 합리적인 공법이다.

그림 59 : 파사드에 보이는 정방형 그리드는 단지 내력 구조체를 가리는 기능만을 한다.
Georg Marterer: teahouse in Neustift am Walde, Vienna (A), 1998

Burkard, Meyer & Partner가 설계한 빈터투어 지방의 Swisscom headquarters (1999)는 이 정도 크기의 건물에 철골조를 사용한 좋은 예이다. 견고하고 높은 강성을 갖는 계단, 승강기, 서비스 기능의 코어를 둘러싸고 있는 철골콘크리트 기둥은 5.6m x 5.6m의 그리드 위에 놓여졌으며, 이 기둥들은 중앙부의 견고한 철골 코어와 판금 재킷(영구적인 거푸집)으로 이루어졌다. 프리캐스트 콘크리트 바닥판은 철제 보의 넓은 하부 플랜지에 의해 지지된다. 콘크리트를 겉에 입힘으로써 견고한 합성 구조를 형성한다. 내력 구조체는 파사드에 의해 둘러싸이게 되며, 이를 통해 바닥판의 모서리는 구조체에서 외부로 보이는 유일한 부분이 된다.

Georg Marter가 설계한 Neustift am Walde 지방의 찻집은 (1998) 파사드의 외부 그리드가 구조적인 철골인 것 같은 첫인상을 준다. 그러나 외부의 그리드가 내력 구조체의 정방형 그리드인 2.46m x 2.46m의 체계와 정확하게 일치하기는 하지만, 실제로 이는 단지 부재 간의 접합부를 가리기 위해 사용된 것이며, 내력 구조체의 그리드에 따라 창, 슬라이딩 창, 평면 내장 판넬을 고정되게 된다. Lacton & Vassal가 설계한

그림 60 : 철골조와 주름진 판금이 내부에 노출된다.
Lacaton & Vassal: holiday chalet, Lège Cap-Ferret (F), 1998

Lège Cap-Ferret 지방의 별장은 (1998) 기존의 나무 사이에 지어졌으며, 이전에 예로 들었던 찻집에서 사용되었던 골조를 내부에 사용하여 조각적인 느낌을 내고 있다.

별장과 찻집의 또 다른 유사점이자, Swisscom head - quarters 와는 완전히 다른 부분은 바닥 슬라브만 콘크리트로 만들어진 완전한 건식 구조라는 점이다. 경사진 X자형 가새를 부재의 뒤에 배치함으로써 건물은 높은 안정성을 갖게 되었다.

골조에 대한 더 많은 예를 보려면, "구조" 장을 참조하라.

거더, 라티스보와 파사드

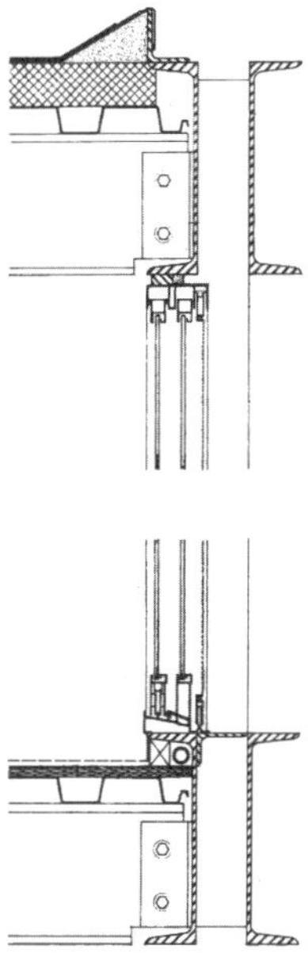

그림 61 : 상, 하부의 현재의 사이에 기둥과 대각선 가새가 고정된다.
Craig Ellwood: holiday chalet, San Luis Obispo (Cal/USA), 1967/68

스팬이 일정거리를 초과하면, 기성 압연 철재는 더 이상 사용하기에 적합하지 않다. 재료와 자중을 줄이기 위해, 하부에 타이를 부착한 트러스 구조의 보를 사용하게 되는데, 이러한 부재로는 중공보, 다공성 보 또는 라티스 보와 거더를 들 수 있다. 20세기 중반에 이르기까지, 가장 정밀한 부재들을 조립하여 만드는 내력 구조체를 시공한다는 것은 매일 벌어지는 일이었으며, 긴 경간을 만들 수 있는 유일한 방법이기도 했다. 그러나 각각의 부재를 함께 접합한다는 작업은 매우 노동집약적인 작업으로, 이러한 점 때문에 재료의 소비량이 매우 크지만 아직까지도 통상적인 웨브와 플랜지로 이루어진 플레이트 거더를 사용하고 있다.

내력구조체를 선형 부재로 이루어진 골조로 만드는 것은 인건비가 매우 많이 들어가는 작업이지만, 자중이 줄어들고, 서비스 기능을 내부로 통과시키기가 용이하며, 건물의 투명성을 증대시킬 수 있다는 장점을 갖는다. 후자의 특징은 Herzog & de Meuron가 설계한 열차 차고인 "Auf dem Wolf" (1995) 에서 잘 나타나고 있는데, 이 건물에서 거더는 지붕창

그림 62 : 벽 사이의 간격만큼 형성된 지붕창 (무늬가 새겨진 유리로 덮혀 있다)
Herzog & de Meuron: locomotive depot "Auf dem Wolf", Basel (CH), 1995

을 형성하고 있다. 건물은 콘크리트 벽식구조와 철제 지붕으로 이루어져 있다. 13m의 간격으로 놓여진 콘크리트 벽에 의해 지지되는 거더는 약 40m에 달하는 경간을 가진 정방형 튜브를 만든다. 무늬가 새겨진 유리로 덮혀 3m 높이의 튜브에 중간 평지붕의 보가 매달리게 되며, 동시에 지붕창으로써 기능하게 된다.

Herzog & de Meuron이 거더가 단지 지붕에 사용되도록 설계한 반면, Craig Ellwood가 San Luis Obispo 지방에 설계한 별장(1967/68)에서 거더는 주요 내력 구조체이며, 건물의 가로 방향의 파사드를 형성한다. 거더는 마치 교량처럼 18m의 경간을 갖는 긴 튜브를 만든다. 각각의 거더는 몇 개의 채널과 이들의 사이에서 타이와 지주로써 기능하는 정방형 강관으로 이루어져 있다. 바닥과 지붕은 두 개의 거더 사이에 놓여진 철제 보에 의해 지지되며, 거더의 수직 부재와 동일한 간격을 갖는다.

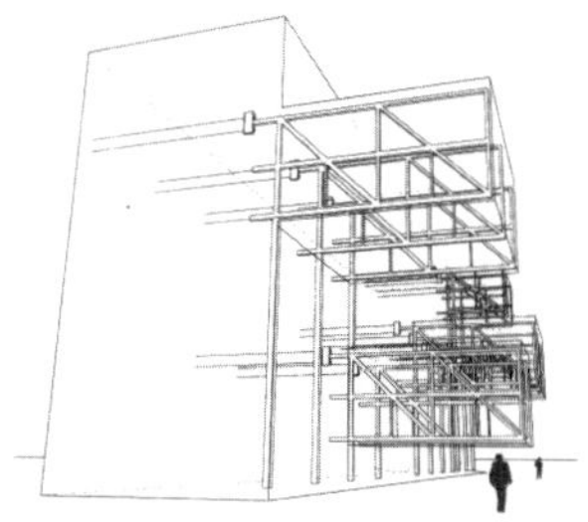

그림 63 : 창은 기둥과 대각선 가새의 사이에 위치한다.
MVRDV: senior citizens' apartments, Amsterdam (NL), 1997

위의 예들에서 철골 구조체는 건물의 건축적인 외양을 형성하고 있으며, 이는 철골조를 반투명의 막 뒤에 위치시킨 Herzog & de Meuron의 건물보다 Ellwood의 작품에서 더

그림 64 : 교량 형태의 주택
Craig Ellwood: holiday chalet, San Luis Obispo (Cal/USA), 1967/68

두드러지게 나타나는 특징이다. 그러나 MVRDV가 설계한 암스테르담 지방의 senior citizens' home (1997) 의 경우, 철골 구조체가 완전히 가려져 있으며, 2층 길이의 엄청난 캔틸레버만이 경량구조로 설계되어 파사드 뒤에 숨겨진 철골구조체의 존재를 짐작케 하는 유일한 단서이다. 이런 추측은 기둥과 대각선 부재에 의해 위치와 크기가 정해진 개구부를 통해서도 추측할 수 있는 부분이다.

그림 65 : 대지의 항공 사진, 긴 길이의 열차 차고가 아직 공사중이다.
Herzog & de Meuron: locomotive depot "Auf dem Wolf", Basel (CH), 1993

그림 66 : 철제 구조체가 목제 외장재 뒤로 숨겨져 있다.
MVRDV: senior citizens' apartments, Amsterdam (NL), 1997

스페이스 프레임

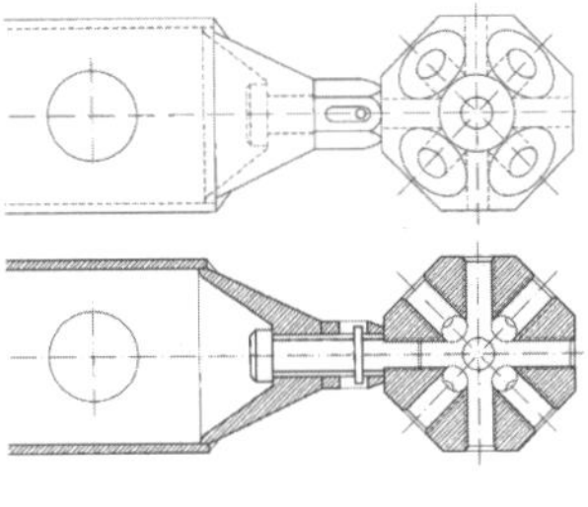

그림 67 : 부재의 접합에 사용된 "Mero" 공법
입면과 단면

스페이스 프레임은 구형의 결절점에 18가지 종류에 달하는 접합법을 사용하여 연결된 정교한 선형 부재들로 이루어진다. 큰 경간의 지붕에 사용되는 이러한 경량구조를 발전시키기 위해 열정적으로 연구했던 Konrad Wachsmann과 Buckminster Fuller 이외에도, Max Mengeringhausen이 중요한 역할을 수행했다. 1942년 그가 개발한 나사 접합인 "Mero" 공법은 현재까지도 사용되고 있다. 스페이스 프레임은 수평하게 위치한 상부 현재와 하부 현재, 중간적인 3차원 대각선 부재로 이루어진다. 스페이스 프레임이 정사면체, 정팔면체 또는 육팔면체 중 어떤 형태를 조합하여 만들어진 것인가에 따라 상부와 하부 부재의 위치가 평면에서 서로 평행하게 될지 또는 대각선 방향으로 정렬될지가 결정된다.

Norman Foster의 Sainsbury Centre for Visual Arts (1978) 에서 스페이스 프레임은 삼각형 거더로 (이들 각각은 두 개의 라티스 보와 일반적인 하부 현재로 이루어져 있다) 분해된다. 지붕과 벽이 동일한 방식과 동일한 외피로 만들어졌다는 점은 흥미롭다. Foster는 벽에 약 3m 깊이의 거더를 사용하여 서비스 기능을 통합함은 물론, 내력 구조 내부에 통로를 만들었다. 거더의 결절점은 용접으로 접합되었으며, 거더 사이의 대각선 부재만이 축조 절차에 맞게 현장에서 볼트로 접합되었다.

그림 68 : 노출된 코너부
Norman Foster: Sainsbury Centre for Visual Arts, Norwich (GB), 1978

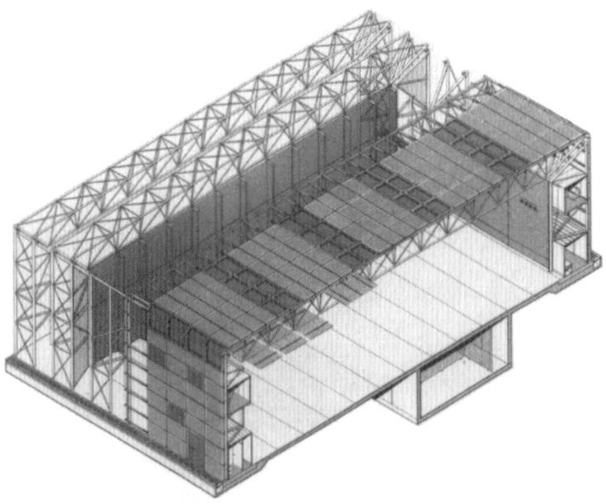

그림 69 : 지붕과 벽에 사용된 동일한 구조와 외피, 외피를 입히기 전, 후의 엑소노메트릭
Norman Foster: Sainsbury Centre for Visual Arts, Norwich (GB), 1978

Buckminster Fuller가 몬트리올에 설계한 USA Pavilion for the 1967 World Exposition는 벽과 지붕의 경계를 완전히 허물고 있다. 기단에서부터 110m의 직경, "적도" 에서부터 167m의 직경이라는 놀라운 크기의 끝이 잘린 구형태 구조물은 최대 크기가 9cm에 불과한 철제 강관으로 만든 것으로, 내부에 미국의 전시물을 담는 공간을 형성하고 있다. Foster의 작품과 달리, 육각형 아크릴 판넬로 만든 건물의 외피는 프레임의 내부에 부착되었다. 육각형 판넬은 하부의(하부 현재) 골조와 맞아떨어지며, 상부는(상부 현재) 삼각형 그리드로 구성되어 있다.

그림 70 : 스페이스 프레임은 건물의 하중을 네 개의 독립기초에 전달한다.
Benthem Crouwel: private house, Almere (NL), 1984

스페이스 프레임은 일반적으로 긴 경간을 갖는 지붕에 사용되며, 예를 들어 4m 깊이의 스페이스 프레임은 70m에 달하는 경간을 가질 수 있다. 이러한 점에서 Benthem Crouwel가 알메르 지방에 설계한 개인주택 (1984) 은 스페이스 프레임의 원리를 완전히 무시하지 않으면서 적용 방법을 확장시킨 예라고 할 수 있다. 불량한 하층 지반의 조건과 이 건물이 아직까지도 남아 있고, 심지어는 1991년에 증축되기 도 했지만 처음에는 임시 건물로 계획되었다는 사실은, 쉽게 해체할 수 있는 스페이스 프레임으로 스터브 기둥의 역할을 하는 네 개의 독립기초에 건물의 하중을 분배하는 새로운 사용법을 나타나게 했다. 원래의 지반의 높이보다 지반을 높임으로써 건물 내부로 땅의 습기가 침투하는 것을 막고 있기도 하다.

그림 71 : 끝이 잘린 구형은 저층부에 110m의 직경을 갖는다.
Buckminster Fuller: USA Pavilion, EXPO 67, Montreal (CAN), 1967

마름모꼴 격자와 대각선 가새

대각선 가새는 강접합된 서비스 코어나 전단 벽 등의 가새 부재가 부족한 구조체에 대해 추가적이고, 필수 불가결한 해결책으로 주로 사용된다. 그러나 최근의 예에서 볼 수 있듯이, 이는 주요 구조 부재로 매우 널리 사용되고 있으며, 외관상으로는 경사진 기둥 묶음("픽업 스틱" 효과) 또는 일반적인 라티스를 형성하게 된다. 수직하중과 수평하중이 하나의 선형 부재로 전달되며, 이 부재가 어떠한 위계도 없이 동등한 입장에서 장식적인 외관을 형성한다는 사실은 매혹적으로 다가온다.

그림 72a : 네 개의 코너부 기둥에서 Suchov의 마스트에서 나타난 것과 유사한 방식으로 선형 부재가 교차하고 있다.
Toyo Ito: Mediothek, Sendai (J), 2001

그림 72b : 계단을 담고 있는 코너부 기둥
Toyo Ito: Mediothek, Sendai (J), 2001

그림 73 : 마름모꼴 내력 구조체가 이루는 파사드
Herzog & de Meuron: Prada store, Tokyo (J), 2003

직각이 아닌 형태를 이루는 격자 구조의 초기 예는 Vladimir Suchov의 탑으로, 이 구조물은 재료의 사용을 줄이면서 급수탑을 지을 수 있는 방법을 모색하는 과정에서 나타나게 되었다. Suchov가 설계한 모스크바의 라디오 마스트 (1919~22) 와 파리의 에펠탑 (1889) 와 비교해 볼 때, 오직 앵글과 채널만을 사용하여 구조물을 만들 때 재료의 사용을 줄일 수 있는 가능성이 있음을 알 수 있다. 에펠탑이 305m 높이에 8,850톤의 무게임에 반해, 라디오 마스트는 350m 높이임에도 단지 2,200톤의 무게에 불과하다!

구조물의 포물선 형태는 원기둥의 상, 하부의 고리 형태가 서로 다른 방향으로 "회전"함으로써 생겨났고 마름모 형태의 격자 구조를 만들고 있는 직선부재로 구성되어 있다. 교차부는 리벳으로 접합되었으며, 강성을 높이기 위해 내부에 수평 링 부재가 부착되었는데 이는 격자 구조를 삼각형처럼 보이게 만들었다.

Suchov의 설계 개념을 차용한 현대적인 사례로는 Toyo Ito의 Mediothek in Sendai (2001)을 들 수 있는데, 이 건물에서 코너부에 위치한 네 개의 기둥은 유사한 원리에 따라 건축되었다.

Suchov와 Ito의 건물에서 내력 부재는 분명한 위계를 가지고 있지만, Norman Foster의 Faculty of Law in Cambridge(약 40m의 경간을 갖는다)에서 나타나는 배럴 볼트 지붕의 대각선 부재, 수평부재는 모두 동일한 위계를 갖는다. 이 건물은 160mm 직경의, 서로 엇갈려 지지하며 한 쌍을 이루는 원형 강관을 사용하고 있다. 창이 내력 구조체의 불과 몇 cm 앞에 위치하다는 사실은 흥미롭다. 과연 Foster는 단순히 이러한 외피 막을 보여주기 위해 이러한 방식을 사용한 것일까, 아니면 원형 부재가 직접 창을 고정하기에 적합하지 않다는 좀 더 실제적인 이유에서였을까?

Herzog & de Meuron이 설계한 Prada Store in Tokyo (2003) 에는 이러한 구분이 없다. 이 건물에서 창은 직접 격자 구조에 고정되며, 세 개의 내부 코어와 함께 수직하중을 전달한다. 이는 (수평 마름모꼴 격자의 결절점에서) 용접의 구조적인 가능성을 보여주는 좋은 예로, 수직 사방형 격자에는 이에 비해 훨씬 큰 하중이 작용하기 때문에 코너부에 강접합을 사용해야만 했다.

그림 74 : 삼각형 격자를 기반으로 만들어진 창이 달린 배럴 볼트 지붕
Norman Forster: Faculty of Law, Cambridge (GB), 1995

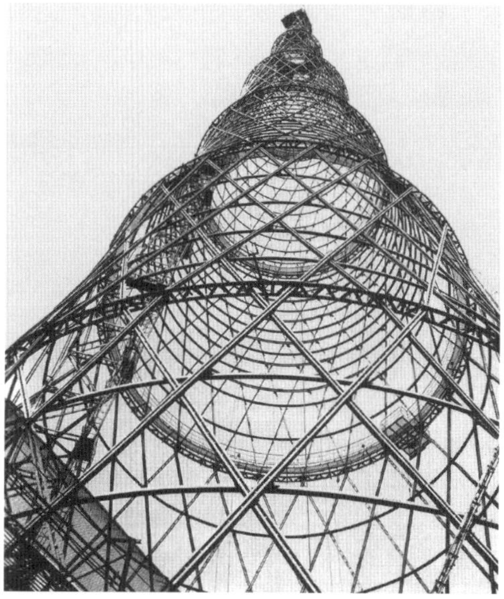

그림 75 : 두 개의 채널로 구성된 선형 부재가 나선의 형태를 이루며 포물선을 만들고 있다.
Vladimir G. Suchov: Sabolovka radio mast, Moscow (RUS), 1919 - 22

캐노피 구조

대부분의 내력 구조체는 기본 단위들로 만들어진 것으로, 기본 단위들이 반복적으로 나타남으로써 공간을 덮게 된다. 예를 들어, 골조(두 개의 기둥과 하나의 보)의 경우, 적어도 다른 한 개의 골조가 있어야만 내부 공간을 형성할 수 있다. 반면 캐노피 구조는 그 자체로 주유소나 버스 정류장 같은 독립적인 공간을 형성할 수 있다.

그림 76a : 공사중인 캐노피
Pier Luigi Nervi: Hall of Labour, Turin (I), 1961

그림 76b : 38 x 38 m의 내부공간 을 형성하는 콘크리트와 철로 만든 캐노피
Pier Luigi Nervi: Hall of Labour, Turin (I), 1961

캐노피의 독립성으로 캐노피는 홀로 축조될 수 있다. 좁은 구획은 자연광을 공간에 끌어들이며, 넓은 구획은 지붕의 모듈을 기둥 없이도 통합할 수 있게 한다. 전자의 범주에 대한 대표적인 사례는 Nervi의 "Hall of Labour" (1961) 로 40m의 간격을 두고 위치한 16개의 캐노피는 양측에 위치한 2층의 부속 건물과 함께 정방형의 주 공간을 덮고 있다. 20m의 높이를 갖는 각각의 캐노피는 콘크리트 탑에 의해 지지되며, 단면의 형태가 하부의 십자형 단면에서 상부의 원형 단면으로 점차 변화한다. 지붕은 20개의 동일한 캔틸레버가 사용되고, 점점 가늘어지는 보가 방사형으로 뻗어 나가는 철제 드럼에 의해 지지되며, 외측의 단부는 주변의 부재에 의해 지지되고 있다. 가늘어지는 보의 형태와 드럼 아랫 면의 각진 형태는 힘의 전달을 분명하게 보여준다. 파사드가 외부 캐노피의 모서리와 동일한 높이에 형성되어 있기 때문에, 건물은 내부에서만 정확히 인지될 수 있다.

그림 77 : 48개의 "가지"를 갖는 "나무"
Gerkan, Marg & Partner: Stuttgart airport (D), 1990

Nervi의 작품과 마드리드에 위치한 Rafael Moneo의 Atocha station (1984~92)는 여러가지 면에서 비교할만하다.

그림 79 : 모듈화된 지붕, 부가적인 부재는 기둥 사이에 매달리게 된다.
Norman Foster: Stansted airport, London (GB), 1991

Moneo 역시 콘크리트 기둥을 사용하고 있으나 지붕보는 아랫면이 네 개의 삼각형으로 나뉘어 모서리에 대해 수직 방향인 보를 담게 된다는 점에서 분명한 위계를 갖는다. 이중 지붕창은 캐노피 사이의 틈을 덮고 있으며, 이에 따라 지붕의 윤곽을 형성하게 된다.

Norman Foster가 설계한 스텐스테드 지방의 공항 터미널 (1991) 에 사용된 "나무" 구조는 이와 완전히 다른 개념이다. 이 건물에서는 캐노피의 간격이 매우 크기 때문에 측면의 길이가 18m인 지붕 부재가 캐노피 사이에 걸쳐지지 않는다. 지붕의 재료와 지지 구조체의 재료는 동일하다. 네 개의 원형 강관으로(d=45cm) 나뉘는 캐노피 아래의 중앙 기둥은 그 자체로 인프라스트럭쳐로써 사용되는 공간을 형성한다. 경사진 압축재는 지붕과 구조체를 병합하는 역할을 하며, 3차원적인 조직을 형성한다.

"나무 구조"라는 용어는 슈트트가르트 지방의 공항 터미널 (Gerkan, Marg & Partner, 1990) 에서 더욱 잘 나타난다. 각각 40cm 직경의 원형 강관 네 개에서 출발하여 "나무"는 48개의 "가지로" 나뉘게 되는데, 제일 가는 부재는 16cm의 직경을 갖는다.

그림 78 : 탁자 형태의 건축물은 차고의 지붕에 직물 같은 질감을 부여한다.
Rafael Moneo: Atocha station, Madrid (E), 1984-92

그림 80 : 구조는 내적, 외적으로 쉽게 인지된다.
Rafael Moneo: Atocha station, Madrid (E), 1984-92

"보이지 않는" 건축 재료

Eva Geering, Andrea Deplazes

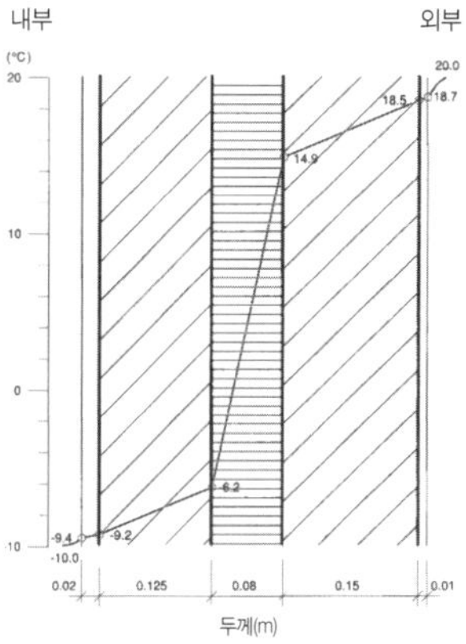

그림 1 : 다층 벽 구조
층 사이에 놓인 단열 재료

은폐와 노출에 관하여

건물의 단열성능에 관한 요구 조건을 만족시키기 위해 개발된 "다층 벽 구조"는 1970년대의 석유 파동과 에너지 소비를 줄여야 한다는 이 후의 사회 풍조를 바탕으로 발전하였다. 여러 개의 층으로 분해된 벽에서 가장 바깥쪽의 층은 기후의 영향으로부터 (보통) 불안정한 단열 성능을 보인다. 다음으로 위치하는 단열층은 (보통) 전체 건물을 지탱하는 내력 구조체를 감싸게 되며, 마치 코트처럼 고정되게 된다. 이 명백한 기술의 발전은 건축과 관계된 새로운 질문을 낳는다. 단열벽은 어떻게 보이는가? 단열벽의 형태가 한 덩어리를 이루는 균일한 벽의 형태를 따라야 하는가? 이러한 딜레마에 대한 한 가지 해답은 외피를 조적조나 콘크리트를 이용하여 자체적으로 지지될 수 있는 층으로 만드는 것이다. 이는 마치 석유 파동 따위는 일어나지 않았던 것처럼, 다층 벽을 솔리드한 벽처럼 보이게 한다. 작업량을 줄이기 위해, 단열재를 얇은 벽토로 마감할지라도 벽은 단단한 구조물처럼 보이게 된다. 적어도 우리가 직접 만져보기 전에는… 환기 구멍을 갖는 시스템을 사용하기 위해서는 이러한 가식적인 방식을 버리고, 경량이지만 보호의 기능을 하는 목재, 판금 또는 슬레이트를 외장재로 사용한다. 이는 어쩔 수 없이 놓일 수 밖에 없는 단열층을 감싸게 되며, 건축물을 개조한다는 목적에서 간접적으로만 단열재를 이용한다. 모더니즘의 이념과 반대로, 1970년대에 건축가가 주가 매개자로써의 의미를 지니게 되고, Gottfried Semper의 외피 이론이 다시 주목받게 된 것도 별로 놀랄만한 일이 아니다.

바젤 지방의 Suva Building에서 Herzog & de Meuron은 은폐의 개념과 반대되는 전략을 추구한다. 단열재가 투명한 유리 외피로 덮임으로써, 원래는 보여질 목적으로 만들어지지 않았던 단열재를 볼 수 있게 되었다. 모더니즘의 시기에 모든 장식이 배제되고, "건축의 순수성"이 제창되었지만, 마치 건축의 상세를 가르치기 위해 만든 것처럼 단열재를 보여주는 이러한 방식은 모더니즘에서도 다루지 않았던 것이다. 대신에 이 건물은 관습을 허물고, "못난" 재료를 매혹적으로 승화시켰다는 의의를 갖는다. 사실 비관습적인 재료의 사용은 문화적인 관습성에 대해 직접적으로 의문을 던지고, 초라한 재료에서 새로운 아름다움을 발견할 수 있는 계기가 된다. 의미와 효과 사이의 긴장은 재료의 시라는 결과를 낳았다 : "시가 어떻게 드러나게 되는가? 그것은 말을 단순히 짜여진 어떤 것이 아니라, 말 그 자체로 받아들여진다는 사실에서 드러난다." (Roman Jakobson, Questions de po-tique)

열 손실 대 열 획득

단열재는 내부로부터의 열손실을 막으면서, 외부로부터 과도한 열이 들어오지 못하도록 막기도 한다. 이 두가지 작용은 기후에 따라 다르게 나타난다. 유럽 대륙의 온화한 기후에서는 계절에 따라 내부의 열을 유지하고 열을 받아들이는 것이 바람직하다. 이러한 역설적인 명제에 대한 하나의 방법으로 투명 단열재의 개발을 들 수 있다. 여러 개의 요소를 포함하는 이 단열 방식은 빛을 차단하지 않으며, 내부로 침투한 복사열은 축열 능력을 지닌 벽체의 온도를 높이게 된다. 투명 단열재는 빛과 열을 받아들일 수 있을 뿐 아니라, 가시광선에 대해 투명하다. 이는 벽 없이 투명 단열재를 공간의 폐쇄를 위해 사용하는 직접 획득 방식에서 특히 두드러지게 나타난다. 이러한 방식으로 투명 단열재를 사용하는 것은 불투명 창을 사용하는 것과 유사하다. Suva Building에서 볼 수 있는 것처럼, 이러한 벽 구조는 외부의 층이 투명할 뿐만 아니라, 단열재를 직접 눈으로 볼 수 없다. 이는 다시 말해 존재하지 않는 것으로, 건물 성능 요소와는 무관하게 환상적인 느낌을 제공한다. (p.145의 "투명단열재" 참조)

인조 건축 재료

눈으로 볼 수 있는가의 여부와 관계 없이, 위에서 언급한 단열재의 형태는 상호보완적이고 상호의존적인 층들이 만드는 정교한 시스템의 일부이다.

단열 성능이 높은 조적 또는 콘크리트 등의 인조 건축 재료는 건물을 간단하게 만들 수 있도록 돕는다. 그 동안, 내력과 단열의 기능을 모두 담당할 수 있는 매우 다양한 건축 재료가 산업적으로 생산되었다. 이러한 이중성에서 중요한 물리적, 구조적 화제를 찾을 수 있다. 수많은 기공으로 채워진 내력 재료는 충분한 하중 전달 성능을 나타내는 반면 기공의 공기는 단열 효과를 보인다. 그러나 단열 기능은 항상 내력 재료를 약하게 하므로, 각각의 용도에 대해 강도와 단열 성능의 비율이 결정되어야만 한다. 단열 성능을 갖는 내력 재료와 내력 단열재 간의 애매한 경계는 이러한 재료의 특징이 된다. 인조 건축 재

그림 2 : 기존 건물과 새로운 건물이 단열 유리 파사드를 통해 연결된다 :
상 : 도로에서 본 전경, 하 : 내부 중정에서 대각선 방향으로 본 전경
Herzog & de Meuron: Suva combined residential and commercial development, Basel (CH), 1988-93

료, 특히 다공성의 부서지기 쉬운 석재는 현장에서 주의 깊게 가공되어야 하며, 항상 습기로부터 보호되어야 한다. 기후의 영향으로부터 내부 공간을 보호하기 위해 인조 건축 재료는 초벌을 칠하거나 방수 가공되어야 한다.

구조쉘로써의 폴리우레탄

아래에 다룰 예는 또 다른 전략을 보여준다. 단열재는 더 이상 내력 층에 사용되지 않으며, 또한 내력 층에 포함되지도 않는다. 대신, 단열 층이 곧 내력 층이 된다.

평지붕이나 무거운 화물을 싣는 차량의 주차 데크 등 압축 하중을 받는 단열 부재를 위해 높은 압축 성능을 가진 강화 단열 재료가 개발되었다. Philip Johnson은 New Canaan (Massachusetts, USA)에 위치한 Gate House에서 이 기술적인 진보를 보여준다.

Gate House (Johnson의 "Glass House"의 방문자를 위해 사용되는 파빌리온)는 단열재, 콘크리트, 보강재라는 통상적인 재료를 사용하여 상호보완적인 방법으로 지어졌다. 그러나 이들의 상호작용은 해독하기가 쉽지 않다. 각각의 요소는 완성된 건물에서 단순히 서로를 보완하지도, 완벽하게 융합되지도 않는다. 단열재로 이루어진 보강층은 영구거푸집으로 작용하면서 약간의 강도보강과 콘크리트를 보호하는 역할을 한다. Gate House에 사용된 건축 방식은 함께 작업한 구조 기술자인 Ysrael A. Seinuk이 소개해준 이탈리아 특허 방식에 기반을 두고 있다. 두 개의 평행한 보강 층과 단열을 담당하는 중간 층(강화 폴리우레탄 폼)으로 만들어지는 판넬 형태로, 전체 표면에 콘크리트를 얇게 분사하는 이 건축 방식은 일반적으로 공사비가 저렴한 주택 건축에 사용되고 있다.

통상적인 콘크리트 공사와 달리 거푸집이 필요하지 않다. Gate House에 사용된 복잡한 형태를 축조하기 위해 건물의 횡 단면은 목재 템플릿을 사용하여 지어졌으며, 이는 비계를 이용하여 위치되었다.

도면의 건축선과 비슷하게, 이를 가이드로 사용하여 건물은 사전 제작된 강성 폼 판넬을 조립하여 만들어졌다. 평평하기도 하고, 볼록하기도 하며, 오목하기도 한 각각의 부분들은 현장에서 퍼즐 조각처럼 조립된다. 이 시점에서 건물의 형태는 아직 변화할 수 있으며, 이는 Johnson이 문을 위한 구멍을 뚫고, 정확한 형태에 맞게 표면과 모서리를 가공하는 등의 방식으로 활용한 부분이기도 하다. 분사된 콘크리트가 만드는 첫번째 층은 조립된 판넬의 강성을 높이고 대부분의 템플릿과 비계를 제거할 수 있게 한다. 두번째 콘크리트 층은 벽에 필요한 만큼의 두께를 부여하고 필요에 따라 보강재를 사용할 수 있게 한다. 이러한 작업의 결과물은 거푸집이 내부로 들어가 있어 외관상으로는 균일한, 얇은 두께의 콘크리트 쉘이다. 건축 공정에 걸쳐 디자인을 변경할 수 있는 이 건축 방식은 마음대로 변형할 수 있고 단열성능을 갖는 콘크리트라는 이상을 가능하게 한다.

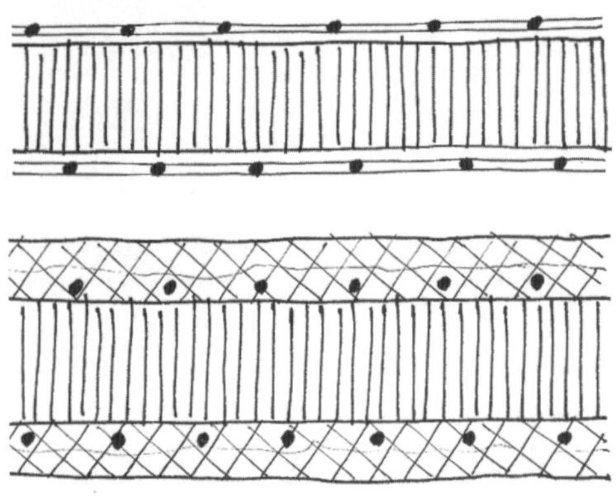

그림 3 : 벽 시공 스케치 (횡단면)
상 : 강화 폴리우레탄 폼 단열재는 영구적인 거푸집으로써 기능하는 두 개의 보강 층 사이에 놓인다.
하 : 강화 폴리우레탄 폼 단열재의 양면에 분사 콘크리트를 사용하여 덮는다.
Philip Johnson: Gate House, New Canaan (USA), 1995

짚으로 만든 벽

짚은 순수한 단열 재료이다. 그러나 이를 압축하게 되면, 내력 재료로도 사용할 수 있다. 여기에서도 재료에 단열 효과를 부여하는 것은 짚 자체가 아닌 내부에 담긴 공기이다. 스트로베일의 개발은 1800년대 미국에서 시작되었다. 곡물을 경작하는 이러한 지역에서는, 추수가 끝난 후 대지가 "큰 크기의 지붕 타일" 들로 덮이게 된다. 이러한 재료를 이용하여 임시 주택을 만든다는 것은 그다지 놀랄만한 일이 아니다.

이 임시건물은 네브라스카 지방의 혹독한 여름과 겨울의 날씨에서도 아무런 손상 없이 계획 수명을 넘어 오랫 동안 보존되었으며, 내부 공간은 일년 내내 적정한 환경을 유지했다.

오늘날, 이 오래된 방식이 지속 가능한 건물로 다시 선호되게 되었으며, 일례로 Werner Schmidt가 설계한 Tscheppa House in Disentis (GR)를 들 수 있다. 습기의 문제를 막기 위해, 스트로베일과 개구부에 사용될 목재를 이용하여 건물을 지을 위치에 콘크리트를 타설하여 기초를 만들게 된다. 스트로베일은 벽돌과 같은 접합법을 이용하여 조립된다. 축조 기간 동안 수 차례 다시 조여지게 되는 수직 띠는 스트로 베일을 견고하게 묶어주며, 견고한 벽을 형성하여 심지어는 2층 건물을 짓는 것도 가능하다. 중간 목재 합판은 접합부와 보, 상부층의 문설주에 지주로써 작용한다. 스트로베일을 이용하여 집이 지어지고 나면, 초벌칠을 통해 기후의 영향으로부터 보호받을 수 있다. 이러한 건축 방식에 따라 1m 두께의 조각같은 느낌의 벽이 만들어진다. 아주 우연하게 스트로베일로 만든 벽은 석유 파동으로 촉발된 딜레마를 해결하고 있는 듯이 보인다. 친환경적인 실험으로써 시작된 스트로베일 건축은 "바로크적인 성형성"을 갖는 새로운 건축 양식으로 발전할 것이다. 이제 게임은 시작되었다.

1. 수평 목제 템플릿이 비계를 이용하여 위치를 잡고 고정된다.

2. 좌측에 이미 축조된 강화 폼 판넬

3. 조립이 완료된 강화 폼 판넬

4. 진입문을 위한 잘라내기 (그림 3과의 차이점에 주목하라)
모서리는 추가적인 선형 부재로 강화된다

5. 건물은 분사 콘크리트를 이용해 마감된다

6. 페인트를 칠하기 위해 세척되고 준비된 Gate House

그림 4 : 현장 시공 과정
Philip Johnson: Gate House, New Canaan (USA), 1995

1. 개구부를 위한 문설주는 콘크리트 기초 위에 세워진다. 최초의 스트로베일 층이 놓인다.

2. "조적" 의 방식을 사용하여 스트로베일 벽을 축조한다.

3. 바닥과 상부층의 문설주의 지주로써 작용하는 중간 목제 합판을 위치시킨다. 수직 띠가 보이게 된다.

4 거의 완공된 구조 쉘, 초벌칠 작업만이 남아 있다.

그림 5 : 현장 시공 과정
Werner Schmidt: Tscheppa House, Disentis (GR), 2002

그림 6 : 스트로베일 건축
Simonton House in Purdum, Nebraska (USA), 1908

참고 문헌
- Gottfried Semper: *Style: Style in the Technical and Tectonic Arts; Or, Practical Aesthetics*, Harry Francis Mallgrave (ed.), Los Angeles, 2004
- Martin Steinmann: *Die Unterwäsche von Madonna*, lecture, 1996, published within the scope of the Alcopor Award 2000.
- Roman Jakobson: *Questions de poétique*, Paris, 1973. English translation: Roman Jakobsen: *On Language*, Harvard, 1995.
- Jeffrey Kipnis, Philip Johnson: *Architectural Monographs No. 44*, London, 1996.
- Herbert Gruber and Astrid Gruber: *Bauen mit Stroh*, Staufen, 2000.
- *Die Südostschweiz*, "Im Stroh schlafen", 27. 11. 2002, p. 19.

투명 단열재

그림. 7: Dietrich Schwarz: house in Domat/Ems (CH), 1996

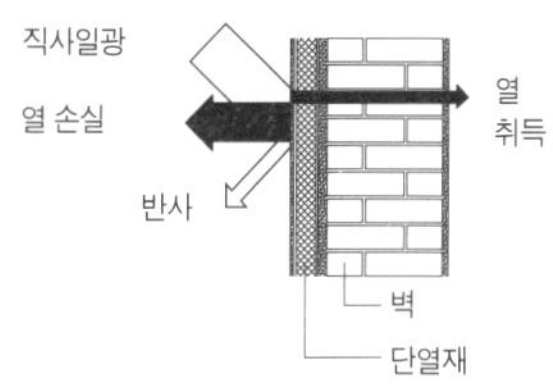

통상적인 단열 방식

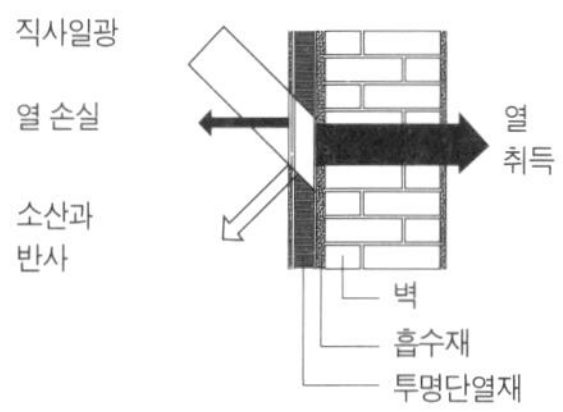

그림 8 : 투명단열재

그림 9 : 투명단열재를 사용한 벽

정의

투명 단열재는 유리와 함께 하나의 시스템을 이루는 경우에만 제 기능을 발휘하는 것으로, 유리는 기후의 영향으로부터 보호하는 역할을 하게 된다. 재료의 투명성에 따라 자연광과 특히 태양 복사 에너지를 받아 들인다. 이렇게 유입된 태양광은 건물의 내부에서 열 에너지로 전환되어 내부 공간의 온도를 높이게 된다. 또한 빛을 받아들임과 동시에, 투명 단열재는 공간의 내부에서 외부로 향하는 열손실을 줄임으로써 단열재의 기능을 수행하게 된다. 시중에서 사용되고 있는 대부분의 단열재와 대조적으로, 이 재료는 가려지지 않고 주로 창 유리 뒤에 배치되기 때문에 건물의 외부에서 직접 단열재를 볼 수 있게 된다. 투명 단열재는 가시광선만이 아니라 태양광 스펙트럼의 전 파장을 받아들이므로 반드시 투명 유리를 사용할 필요가 없다.

구성 (외측에서 내측으로) :
- 보호층의 기능을 하는 유리
- 투명 단열재 (고밀도의 벌집 같은 모세관 구조로 이루어진 투명 합성수지) 를 포함하는 단열층
- 유리 또는 내력벽, 흡수재로 이루어진 보호층

투명 단열재의 기능 방식

투명 단열재의 기능 방식은 주로 3가지의 형태로 구분될 수 있다. 이는 태양 에너지를 사용하는 방식에 따라 구분되는 것이다.

직접 획득 시스템

투명 단열재는 별도의 내벽 없이도 공간을 밀폐시킬 수 있는 부재로써 사용된다. 이러한 점에서 빛을 투과할 수 있는 유리 또는 창 파사드와 유사한 면이 있으나, 투명한 부재들과는 차이가 있다. 태양 복사 에너지는 투명 단열재를 통과하여 직접 내부 공간으로 유입되며, 내부 공간의 내측 표면을 이루는 다양한 부분에서 열 에너지로 전환된다. 내부 공간의 온도는 표면의 온도와 함께 동시적으로 변화한다. 따라서 여름에는 내부 공간의 기온이 과도하게 상승하는 것을 방지하기 위해 고정식 또는 이동식 차양을 필요로 한다.

태양열 벽(Solar wall)

태양열 벽 시스템에서는 고형식 외벽에 입사한 태양 복사 에너지가 벽의 외측 표면에서 열 에너지로 전환된다. 투명 단열재의 단열 작용에 의해 조절되는 열 에너지는 벽을 따라 전달된 후 벽의 내측 표면에서부터 내부 공간으로 전달된다. 외부 공간의 온도 변화는 내부 공간의 기온에도 영향을 미치지만 다소의 지연효과를 갖는다. 이러한 열 전달의 지연 작용은 재료의 종류와 벽의 두께에 따라 달라진다.

열적으로 분리된 시스템

열적으로 분리된 시스템에서 태양 복사 에너지는 내부 공간과 완전히 별개로 흡수체의 표면에서 열 에너지로 전환된다. 열 에너지는 덕트 시스템을 통해 직접 내부 공간에 전달되거나, 건물의 일부(예 : 공동이 있는 바닥 슬라브 또는 이중겹 벽) 또는 건축 설비의 일부(예 : 자갈층 또는 수조)를 이루는 축열체에 저장된다. 열적으로 분리된 축열체는 흡수체 또는 축열체의 온도와 관계 없이 내부 공간에 열을 전달한다.

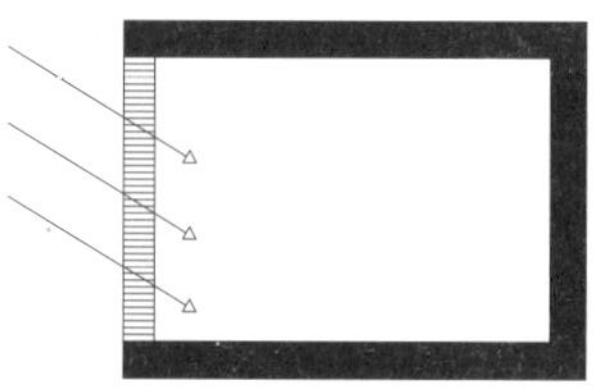

그림 10 : 직접획득방식

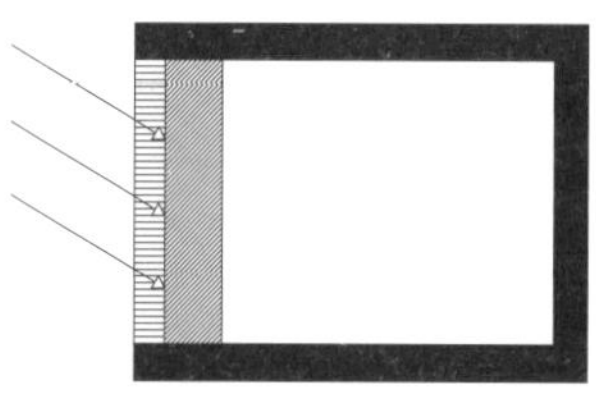

그림 11 : Solar wall

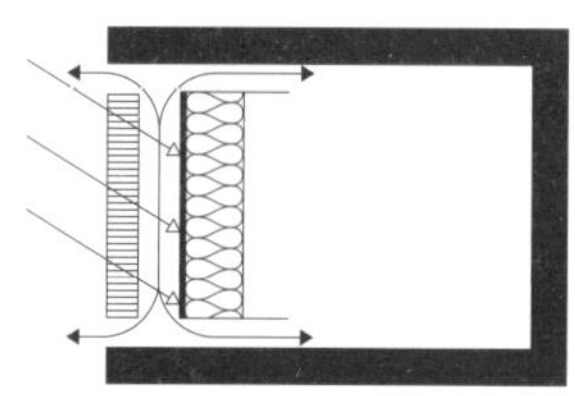

그림 12 : 자연순환방식

단열재료...

그림 13 : 글래스 울

그림 14 : 다공성 유리 (폼 유리)

그림 15 : 발포 폴리스티렌 (XPS)

그림 16 : 목질 섬유

그림 17 : 암면

그림 18 : 팽창 폴리스티렌 (EPS)

그림 19 : 강화 폼

그림 20 : 셀룰로오스 섬유

	단열재료	기성제품의 명칭	물리적 외관	확산 저항 지수 [–] (*본드 접합)	열 전도율 [W/mK] 0.06 0.09 0.12
무기질, 인조 재료	**광물 섬유 유리솜**	Isover	황색의 판	확산 가능 (μ= 1)	
	광물 섬유 암면	Flumroc, Rockwool	녹회색의 판	확산 가능 (μ= 1-2)	
	다공성 유리	Foamglas	흑색의 단단한 판	방습 * (μ= ∞)	
무기질 천연 재료	**팽창점토**	Leca	갈색 입자		
유기질 인조 재료	**팽창 폴리스티렌 (EPS)**	Styropor (BASF)	백색의 입자가 거친 판	방습* (μ= 40-100)	
	발포 폴리스티렌 (XPS)	Styrofoam	밝은 푸른색의 판	방습* (μ= 80-250)	
	강화 폴리우레탄 폼	Swisspor	황백색의 판	방습* (μ= 60-80)	
	현장제작 폴리우레탄 폼		황색의 폼		
유기질 천연 재료	**목질 섬유**	Pavatex	약간 갈색을 띠는 섬유질 판	확산 가능 (μ= 5)	
	시멘트 접착 목모	Heraklith, Schichtex	"국수면발 같은 형태의 판"	확산 가능 (μ= 2-7)	
	셀룰로오스 섬유	Isofloc	일반적으로 신문지 조각의 형태	확산 가능 (μ= 1-2)	
	양털	doscha, isolena	매트, 양털, 펠트, 충전재	확산 가능 (μ= 1-2)	
	아마 섬유	Flachshaus	판, 매트, 충전재	확산 가능 (μ= 1)	
	코르크		갈색의 입자가 거친 판	확산 가능 (μ= 2?8)	

그림 21 : 여러 종류의 단열재료

...와 그 적용

가격의 범위 특징	주의	압축력을 받지 않는 단열재, 예 : 벽, 바닥, 환기 지붕	압축력을 받지 않는 단열재, 예 : 서까래와 장선 간의 단열	압축력을 받는 단열재, 예 : 영구적인 거푸집으로 사용되는 콘크리트의 단열, 바닥, 지붕에서의 일반적인 사용	바닥판의 아래에서 압축 하중을 배분하는 용도로 사용되어 제한적인 압축강도을 갖는 단열재 예 : 산업화된 바닥 시스템	바닥판의 아래에서 압축 하중을 배분하는 용도로 사용되어 높은 압축강도을 갖는 단열재, 예 : 중량 제품을 운반하는 차량의 주차 데크	휨모멘트를 견딜 수 있는 단열재, 예 : 풍하중을 받는 목구조 건축	인장 하중을 견딜 수 있는 단열재, 예 : 무기질 초벌을 사용한 파사드	차음재	차음재, 제한된 낮은 압축강도
저가	입자가 작아 흡입의 가능성이 있다									
저가	입자가 작아 흡입의 가능성이 있다									
고가	도로의 노반에 재사용 될 수 있다, 원재료 : 스크랩 유리									
	불연성 단열재	Loose fill								
저가	썩지 않으며, 자외선에 의해 취화될 수 있다. 기계적으로 가공된다.									
중간가격 - 유통기한 있음	썩지 않으며, 자외선에 의해 취화될 수 있다. 기계적으로 가공된다.									
중간가격 - 유통기한 있음	먼지를 흡입해서는 안된다, 자외선을 차단하지 못한다.									
중간가격	제재 과정에서 발생한 작은 입자의 가루와 판을 재사용할 수 있다.									
중간가격	못, 벽 앵커, 타일 접착제로 고정, 회벽칠/초벌칠 도료, 세라믹 제품, 석고 보드로 사용하기 좋다.									
저가	충전재 (끝에 붙이거나 부풀려 사용)									
중간가격 - 유통기한 있음	포름알데히드 촉매, 공기 위생적인 측면에서 추천, 쉽게 재사용 가능									
저가 - 유통기한 있음	쉽게 재사용 가능 (파사드 판넬 제외), 파사드 내장 판넬로 사용 가능									
저가 - 유통기한 있음	내부에 사용할 경우 재료의 냄새에 대해 고려해야 한다.									

출처 : Reyer, Schild, Völkner: *Kompendium der Dämmstoffe*, Fraunhofer IRB Verlag, 2000

단열 시스템
개관

상호보완적인 시스템

상호보완적인 시스템의 특징은 위계적이고 기능적인 분해를 통해 단일 기능을 수행하는 각각의 요소로 분해한다는 점이다. 건물의 외피는 내력, 단열, 보호의 기능을 담당하는 개별적인 층으로 나뉘게 되는데 각각의 층은 연속적으로 연결되어야 한다. 여러 층의 구조를 다이어그램으로 그려보면, 구조를 해석하고 주요 상세를 결정하는 데에 도움이 된다.

단열 층과의 관계에서 구조 부재의 위치에 따라 두 가지의 상호보완적인 시스템으로 구분된다 :

인조 시스템

인조 시스템에서는 위계가 없는 하나의 부재가 내력과 단열, 단열과 보호 등의 다양한 기능을 수행하게 된다. 건물의 외피는 근본적으로 균일하거나(예 : 외겹 석조 건축) 부재가 불가분의 구성을 형성하는 "블랙박스"의 형태로(예 : 목조 판넬 건축) 나타난다. 인조 시스템은 특정 상세의 경우에는 인조 시스템만으로 해결하기 힘든 경우가 있기 때문에 (예 : 외겹 석조 건축의 주초와 벽-바닥 접합부) 상호보완적인 시스템과 혼합하여 사용하기도 한다. 그러므로 층 구조를 다이어그램으로 그려보는 것이 도움이 된다.

인조 시스템은 두 가지 종류로 구분된다 :

내력층이 내부에 위치하는 시스템
- 이중겹 조적 또는 콘크리트 구조 (1)
- 경량 또는 중량 마감재를 사용한 환기 구조 (2)
- 초벌칠된 외단열 구조 (3)

컴팩트 시스템
- 단열재를 바르거나, 바르지 않은 외겹 조적조 건축 (5)
- 단열성능을 갖는 콘크리트

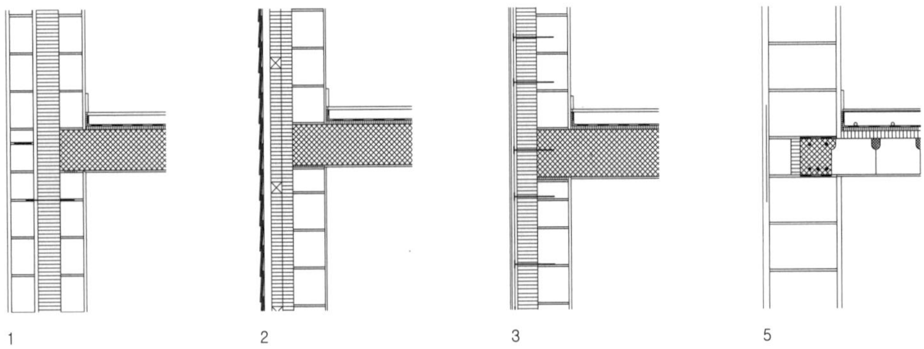

그림 22 :

내력층이 외부에 위치하는 시스템
- 일체화되거나 바닥 접합을 사용한 노출콘크리트 (4)
- 외부의 조적 마감
- 내단열을 사용한 목조 건축

샌드위치 시스템
- 경량 목구조 (6)
- 목재 판넬 건축 (7)

그림 23 :

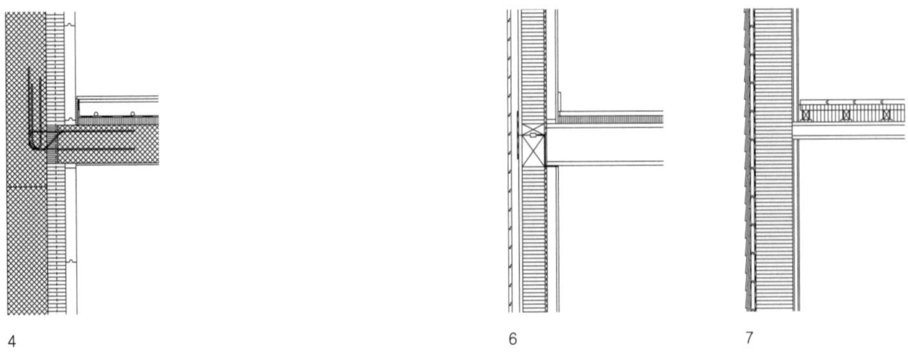

유리 - 결정, 무정형

Tibor Joanelly

유리는 투명하고, 단단하며, 귀중하다. 이러한 특성 때문에 가까운 거리에서 재료를 바라보면, 물리적이고 현상학적인 모습을 보이게 된다. 유리를 초점없이 바라보면, 이러한 특성은 더욱 명확해지며 유리는 본연의 매혹적인 느낌을 드러낸다.

다른 재료와 다르게 재료를 통해서 볼 수 있다는 점 때문에, 유리는 독특하고 가치 있게 된다. 유리에 대해 논할 때, 일반적으로 언급되는 유리는 용기 또는 창문의 형태로 만들어진 공업생산품이다. 다공성 유리는 성형 과정에서 투명함과 "유리질"을 잃게 된다. 그러나, 동일한 형태의 유리를 대량생산 할 수 있으며, 더욱 좋은 점은 재활용할 수 있다는 점이다. 실 같은 형태의 재료인 유리섬유는 빛과 데이터를 전송할 수 있도록 제작된 것으로, 이 또한 일반적으로 생각되는 유리와는 다른 것이다.

특수한 기술 조건에 따라 엄청나게 다양한 유리 제품이 생산될 수 있다. 이러한 점에서 유리라는 단어는 특정한 분자 구조를 갖는 재료라기보다는 어떠한 물리적인 상태를 설명하는 단어라고 하는 것이 더욱 정확하다. 그러나 이 장에서는 일반적으로 이해되는 유리의 개념으로 재료를 다룰 것이며, 유리가 건축에 어떻게 사용될 수 있는지에 대해 다루고자 한다.

거의 5,000여년에 가까운 유리의 역사와 비교해 볼 때, 건축재료로써 유리가 사용된 것은 상대적으로 최근의 일이다. 작은 판유리의 형태로 건축물의 외피에 유리를 사용하는 기술은 로마시대에 취입 성형기가 개발되기 전까지는 불가능한 것이었다. 그러나 이 후 유리는 두가지의 기본적인 형태로 사용되었다. 오늘날 생산되는 판유리는 용해된 유리 띠를 잡아늘이는 원리를 기반으로 하고 있다. 공기를 불어 넣고, 용융된 유리를 돌리는 고대 기술과, 용융주석이 채워진 통에서 판유리를 생산하는 오늘날의 방식에서 유리에 형태를 부여하는 것은 중력이다. 유리는 반죽처럼 용융되어 형태를 갖추게 된다.

이 기술은 고전적인 유리 생산 방식과 대조적이다. 수천년의 세월 동안 부드럽게 용융된 유리는 성형틀에서 압축되었고, 이 또한 매우 적은 양만을 사용할 수 있었다. 속이 빈 용기를 만들기 위해서는 성형틀에 모래를 붓고 유리가 굳은 이후에 이를 떼어내는 방식을 사용했다. 오늘날에도 유리 제품은 압축가공 또는 용융된 유리를 성형틀에 부어넣는 방식으로 가공된다. 대부분의 유리 용기와 현대 건축에 있어 중요한 위치를 갖는 유리 벽돌과 유리 블록은 이러한 방식으로 생산된다.

놀랍게도, 이렇듯 매우 다양한 유리 제품을 생산할 수 있는 것은 사실 재료의 구조 그 자체에서 기인한 것이다. 물리적인 관점에서 유리는 고체 상태이지만, 그 구조는 결정이 아닌 무정형이다. 이러한 상태를 고상액체상태(liquid in a solid state)라고 부른다. 분자 수준에서 서로 엉겨붙어 있는 결정에서 격자 형태는 뚜렷하게 보이지 않으며, 서로 교호하는 결정과 비결정 분자들이 보인다. 유리의 특징에 대해 정의를 내리려고 하면, 유리는 딜레마를 나타낸다고 할 수 밖에 없을 것이다. 따라서, 건축에 유리를 사용하는 방법 또한 양면성을 지닌다.

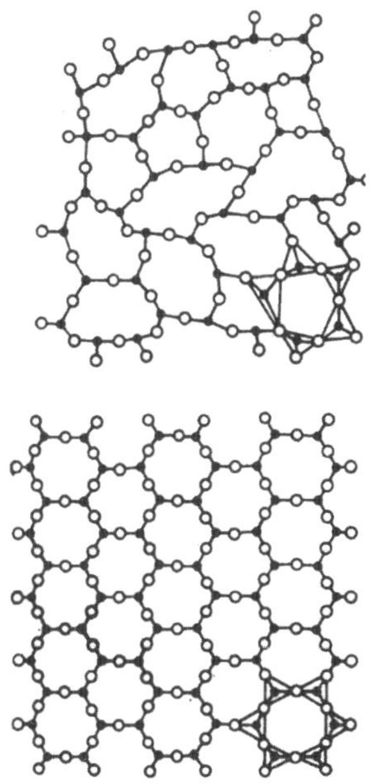

그림 1 : 고상액체상태의 유리
석영모래의 [SIO4]4 사면체형 분자 구조의 2차원적 형태 (상) 수정의 분자 구조 (하)

그림 2 : 결정형, 무정형 - 유리의 미세구조

흙에서 나와 불 속으로 들어가다

무정형 상태의 유리는 그 원천을 볼 수 있는 가장 좋은 형태이다. 유리의 기본적인 성분은 석영 모래, 석회, 칼륨 또는 수산화나트륨이다. 석영 모래의 천연 매장량은 인류에 의해 발견된 것이 딩연할 정도로 풍부하다. 그러나 기본 재료의 혼합물이 불속에 있어야만 이러한 현상이 발생한다. 유리는 흙에서 나와 불을 통해서 생겨난다.

Gerold Wiederin와 Helmut Federle은 Locherboden 지방의 Pilgrim Chapel에서 종교적인 의미 이외에도 유리의 근원을 상징화했다. 이 성당에 관한 논문에서, Jaques Herzog와 Pierre de Meuron은 후벽의 알코브에 사용된 유리 조각들이 근원적인 상태에 있다고 표현했다. "유리 조각들은 주황색, 녹색, 보라색, 백색, 청색의 다양한 색을 나타낸다. 모든 조각들은 개별적인 조명요소로 작용한다. 다른 조각의 위에 놓인 무거운 조각들과 작고, 섬세한 조각들은 만질 수 없는 느낌의 투명한 고딕식 벽의 느낌을 만든다. 여기에서 나온 빛은 무겁고 어두우며, 지구의 중심, 즉, 동굴이라 할 수 있는 지하의 미술관으로부터 나온 것이다. 빛, 강렬한 이 빛은 거대한 힘에 의해 억제되고 있다…"

이 새로운 건축 재료의 출현을 매우 반겼던 20세기 초의 표현주의자들은 돌 결정의 회화적인 느낌을 온몸으로 표현하는 건물을 만들었으며, 이러한 이미지는 고딕 양식의 성당 건축으로부터 유래된 것이다. 고대의 원시적인 재료로써 유리는 저물어 가던 고대 건축 양식에 신세기의 빛을 불어넣었다.

고딕 성당의 이미지는 천국에 계신 신에게 닿고자 지상으로부터 높게 솟는 느낌으로, 유리의 건축적인 사용은 여기에서 뚜렷하게 나타난다. 수직적인 사암 구조는 최소로 줄여졌고, 유리는 창을 감싸고 있는 트레이서리에 미세한 결정의 이미지를 부여했다. 작은 색유리를 통해 들어오는 빛은 마치 손을 내밀어 잡을 수 있을 것처럼 보이며, 돌로 만들어진 끝이 뾰족한 아치는 역광속에서 그 형태가 불분명하게 보인다.

그림 3 : "근원적인 상태"의 유리로써의 색유리 조각
Gerold Wiederin, Helmut Federle: Pilgrim Chapel, Locherboden (A), 1996

그림 5 : 유리의 건축적 이용
Pierre de Montreuil (추정): Sainte-Chapelle, Paris (F), 1246년에 봉헌됨

창을 끼운 격자, 투영

위에서 언급한 것처럼, 고딕 양식의 트레이서리를 사용한 성당에서 유리의 사용은 끝없는 기술의 진보를 보여주기도 한다. 유리는 예전에 상상조차 할 수 없던 엄청난 양으로 생산되며, 새로운 기술의 도움으로, 빛을 받아들이며 합착된 형태의 유리를 만드는데 유용하게 사용된다. 초기에 장식의 용도로 주로 사용되었던 이 값진 재료는 진정한 건축 재료로 거듭나게 된다. 거대한 성당의 창은 상호보완적인 건축 재료로써의 유리의 특징을 보여주며, 중량감이 느껴지는 벽과 균형을 맞추고 있다. 이를 통해 다른 건축 재료와 같이 유리 또한 구축술의 원리의 지배를 받는다는 것을 알 수 있다. 그러나 대부분의 재료에서 전형적으로 나타나는, 내부의 힘의 흐름과 외부의 형태 간의 구축적인 관계는 유리의 경우 쉽게 찾아볼 수 없다. 유리는 내부의 작동과정을 선천적으로(a priori) 보여주게 되는데, Carl Bötticher는 이에 관해 다음과 같이 언급하기도 했다 : "인공적인 형태는 틀의 형태이다. 이는 유리가 일반적으로 각각에 대해 주어진 형태를 따른다는 점을 의미하는 것으로 이 형태는 본질적인 특성과 조화될 수 밖에 없다. 이러한 점에서 유리를 구축적인 용어로 설명하려는 모든 시도는 은유적이다."

미시적인 수준에서 유리의 표면은 미세하게 금이 나 있다. 따라서 유리는 매우 부서지기 쉬운 재료이며 인장력에 대해 거의 저항하지 못하고, 이러한 점에서 1차 세계대전 후 강화 유리가 개발되기 이전까지는 단지 개구부를 막는 용도로만 사용되었다. 19세기의 온실은 예외적인 것으로, 유리를 철골조와 연결하여 보강 작용을 하는 것처럼 가장하는 방식으로 지어졌다. 20세기에 더욱 큰 유리(최초에는 공업 생산된 판유리의 형태였으며, 1950년대 이후 플로트 유리가 생산되었다)를 생산할 수 있게 되면서, 큰 크기의 창유리에 대한 수요도 늘어나게 됐다. 유리는 반(半)구조적으로 이용되었으며, 주로 거대한 파사드 면을 형성했다. 유리의 사용이 늘어나면서 중량의 건축적인 건물은 없어지기 시작했고, 건물의 코어는 점점 더 얇고 투명한 외피로 덮이게 되었다. 건축은 빛나는 표면과 함께 새로운 방향을 갖게 되었다.

곧 유리 파사드의 가새 부재 또한 유리로 만들어지게 되었다. 현대 건축에 있어 가장 인기 있는 표현 수단이 된 유리를 처음으로 많이 사용한 나라는 이탈리아이다. 우연히 발전하게 된 건축적 어휘는 구축적인 은유를 사용했다. 로마 지방에 위치한 Giuseppe Terragni의 Danteum의 도면은 승화된 건축이라는 이상향을 보여주고 있으며, 이는 아직까지도 도달하지 못한 것이다. 이 건물에서 기둥은 유리로 만들어져 있으며, 하늘을 투영하는 유리제 다운스탠드 보의 격자를 지지한다…

여기에서 유리를 다른 모든 건축재료와 구분짓는 한 가지 분명한 특징을 발견할 수 있다. 유리를 통해 볼 수 있음은 물론, 유리의 표면은 세상을 투영한다. 표면은 건물로부터 떨어져 나오게 되며, 재료는 그 투명성에도 불구하고 불가사의한 깊이를 느끼게 한다. 이러한 두가지 현상은 유리를 특징없는 재료로 만드는 것이기도 하다.

그림 4 : 표현주의
Bruno Taut: glass pavilion, Werkbund Exhibition, Cologne (D), 1914

그림 6 : 인조 외피
Palm house, Bicton Gardens, Budleigh Salterton (GB), c. 1843

그림 7 : 각진 형태와 투영
Ludwig Mies van der Rohe: project for a high rise building, Friedrichstrasse, Berlin (D), 1919

공상과학

오늘날, Terragni가 꿈꾸었던 완전히 유리로만 지어진 건물이란 기술적인 관점에서 충분히 가능한 것이다. 유리는 더 이상 창에만 사용되지 않으며, 특수한 조건에 따라 생산되고, 변형된다. 막을 덮어 보강하거나 세라믹화 같은 관련 기술을 통해 유리가 큰 하중을 견딜 수 있을 날도 멀지 않은 듯 하다. 만약에 이러한 재료가 만들어 진다면, 건물의 주요 구조부가 투명해질 것이다. 1950년대 이후 유리는 파빌리온의 크기를 공식화하고, 충족시켰다. 파사드에 관한 기술이 이미 비슷한 목표를 공식화하고 있는 것처럼 "전체가 유리로 된" 건물을 짓는다는 목표에는 어떠한 장애물도 없는 듯 하다. 그 후에 건물 외피의 승화도 거의 완료될 것이다. 이러한 미래의 시나리오에서 상상할 수 있는 모든 파사드의 기능은 연속되는 서로 다른 막의 층을 통해 현실화 될 수 있다. 유리가 빛을 통과시킨다는 점에서 그 자체가 정보 매개체인 건물을 만드는 것도 가능할 것이며, 이는 가상의 정보공간과 현실 세계의 경계선을 완전히 흐리게 할 것이다.

완전-정보-체험 유리 건물은 시신경으로는 인지되지 않는 분위기를 전달할 수도 있을 것이다. 그러나 여기에는 문제가 있다. 영화 "매트릭스" (1999)에서 볼 수 있듯이, 필요에 따라 가상공간에 인간을 위치시키는 것은 현실 세계가 정말로 참담할 경우에만 만족스러울 것이기 때문이다. "전체가 유리로 된" 건물이 양탄자를 사용하는 등의 방법(건축가들에게 있어서는 정말 큰 도전이다)으로 인간이 거주할 수 있게 된다면, 위에서 언급한 완전-정보-체험 건축의 미래적인 시나리오는 건축의 종말을 의미한다는 점에서 악용될 수도 있다. 이러한 건물에서 인간은 정보 매개물로써 기능하는 인조 막을 통해 만들어진 분위기 속에 있게 된다. 단지 스프레이로 분사되어 어느 곳에도 사용할 수 있으며, 인조 재료로 만들고, 시각전기적인 특징을 갖는 자체중합적인 층도 상상할 수 있다.

가까운 미래

유리 벽돌에 대해서는 새로운 변화가 나타날 것이다. 오늘날, 유리는 유리 섬유 또는 다공성 유리의 형태로 단열의 용도에 널리 사용되고 있다. 현대적인 생산 과정은 몇 가지 과정을 통해 복잡한 건축 부재를 적당한 가격에 생산할 수 있게 했으며, 기타 건축적인 성능의 부재는 단지 구매하면 된다. 그렇다면 기술적인 관점에서 구조적이고 단열 성능을 갖춘 성형 합성 유리 벽돌이 만들어지지 못할 이유가 무엇이겠는가?

그림 9 : 파빌리온
Glasbau Hahn: Frankfurt (D), 1951

그림 8 : 비물질화된 격자
Giuseppe Terragni: Danteum project, Rome (I), 1938-40

참고 문헌

- *Archithese* 6/96 "In Glas", Zurich, 1996.
- Sophia Behling (ed.): *Glas, Konstruktion und Technologie in der Architektur*, Munich, 2000.
- Jan Hamm (dissertation): *Tragverhalten von Holz und Holzwerkstoffen im statischen Verbund mit Glass*, EPFL, Lausanne, 2000.
- Ulrich Knaack: *Konstruktiver Glasbau*, Cologne, 1998.
- Thomas Kretschmer, Jürgen Kohlhoff (ed.): *Neue Werk stoffe*, Berlin, 1995.
- Elena Re: *Transparenza al limite*, Florence, 1997.
- Spauszus / Schnapp: *Glas allgemeinverständlich*, Leipzig, 1977.
- Christian Schittich et al.: *Glass Construction Manual*, Basel, Boston, Berlin, 1999.
- Nicola Stattmann, Dieter Kretschmann (eds.): *Hand buch Material Technologie*, Ludwigs burg, 2000.
- Otto Völckers: *Bauen mit Glas*, Stuttgart, 1948.
- Gerold Wiederin, Helmut Federle, Kunsthaus Bregenz (pub.): *Nachtwallfahrtskapelle* Locherboden, Stuttgart, 1997.
- Michael Wigginton: *Glas in der Architektur*, Stuttgart, 1996.
  - 영문판: Michael Wigginton: *Glass in Architecture*, London, 2002

요소
ELEMENTS

	기초 - 기단	벽	개구부	바닥	지붕	계단, 승강기
Introduction	지하 건축	벽	가로로 긴 창을 위하여 또는 이에 대립하여	천장의 이중구조	지붕	상상의 나래
Process	현장 준비 - 측량 현장 준비 - 토공사 기초					
시스템	기초 방식 - 내력층이 내부에 위치하는 경우 기초 방식 - 내력층이 외부에 위치하는 경우		창 - 개구부 패키지 창, 개구부 이음홈의 위치 구성 요소로써의 창 - 프레임 부분 구성 요소로써의 창 - 유리 창 - 횡단면, 1:1 창 - 종단면, 1:1 문 - 개방 방식의 종류 문 - 도어스탑의 종류 문 - 철물		경사 지붕 - 각 층의 기능 평지붕 - 각 층의 기능 평지붕 - 보온 데크 - 일반적 시스템 평지붕 - 보온 데크 - 특수 시스템 평지붕 - 전도지붕 평지붕 - 냉각 데크	계단 계단의 기하학적 변화 난간과 스팬드럴판넬 - 스위스 표준 SIA 358, 1996년 판에서 발췌
건축물에서의 시스템	기단의 기본 원리		구멍으로써의 개구부 횡적인 띠로써의 개구부 접합부로써의 개구부 투명한 벽으로써의 개구부		경사 지붕 평지붕 절판 지붕 배럴 볼트 지붕 또는 쉘 지붕	단순 지지보의 조립물로써의 계단실 균일하고 유기적인 형태로써의 계단실 스페이스 프레임으로써의 계단 고형식 목조 건축으로써의 계단실
의장	지하 외벽 - 건물 외피에 미치는 영향		벽 - 개구부 - 건물 외피에 미치는 영향 태양광의 현휘와 차단		성능기준과 관계 평지붕 - 경사 지붕 - 건물 외피의 영향	

지하 건축

Alois Diethelm

그림 1 : 비밀에 싸인 지하의 대안적 미래세계
영화 "제임스 본드 007 - 두 번 산다" 중의 한 장면, 1967

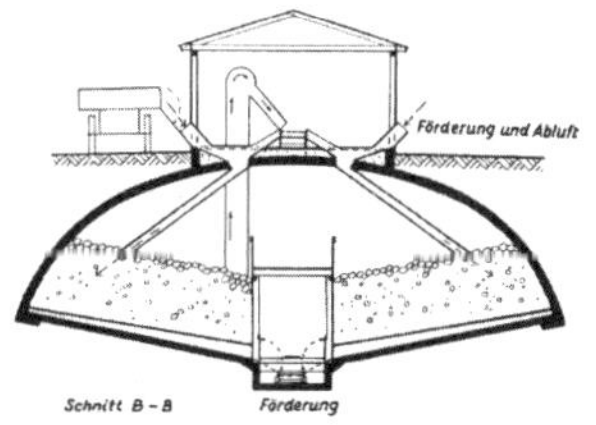

그림 2 : 외부에서는 지하 공간의 존재를 전혀 감지할 수 없다 - 구조적으로 가장 안정한 형태인 볼트
스웨덴 스타일의 감자 저장창고

우리가 좀처럼 인지할 수는 없지만 지하 구조물은 주위에 항상 존재하고 있다. 주변 상황에 따라서 이러한 점은 매혹적일 수도, 당연한 것일 수도, 심지어는 불쾌한 것일 수도 있다. 눈으로 보이지 않기 때문에, 지하 구조물에 대한 정보가 전혀 없거나 또는 부분적으로 정보가 부족할 수도 있는데 이러한 점에서 우리는 실제 상황을 그저 상상하게 된다. 도시 하부에 존재하는 또 다른 도시는 다양한 하부조직을 갖춘 살아 있는 유기체로, 또는 지나간 시간의 흔적의 형태로 받아들여지며(파멸과 재건의 결과물인 로마를 예로 들 수 있다), 우리는 쉽게 보이지 않는 문이나 뚜껑 뒤에 요새나 벙커 같은 "비밀스런" 구조물이 숨겨져 있기를 바라게 된다. 이와 동시에 유럽, 특히 스위스에서 나타난 현대적인 지하 건축은 익숙한 도시 경관을 침해하지 않으면서도 공간을 확장하기 위한 표현 수단이었다. 그러므로 건축물의 가치를 특히 건축물과 외부 공간 간의 상호작용에서 찾아야 하는 건물의 경우, 새로운 공간에 대한 수요를 "보이지 않는", 지하로의 확장을 통해 충족시키게 된다. 이러한 점은 일반 대중들이 현대적인 삶의 방식을 위한, "필요악"같은 존재라고 여기는 지하 차고 같은 구조물에 대해서도 동일하다.

이 글의 목적은 지하 구조물의 특징을 다양한 범주로 분류하는 것으로, 한 편으로는 지형학적인 측면과 지하 구조물간의 관계의 측면에서, 다른 한 편으로는 밀폐 공간을 형성하는데 적용된 원리에 따라서 분류하기로 한다. 지하 구조물을 건축하면서 동반되는 특수한 조건과 선택사항, 제한 사항을 다루게 된다. 이 과정에서 계속적으로 제기될 질문은 다음과 같은 것이다 : "우리는 어떻게 지하 세계를 체험할 수 있는가?", "이 과정에 있어 본질적인 개념은 무엇인가?", "추가적으로 필요한 사항은 무엇인가?"

상부구조의 하부구조

오늘날 모든 건축 활동, 심지어는 "전적으로" 지상부 건축물의 경우도 굴토 작업으로부터 시작된다. 이는 건물의 무게를 지탱할 수 있는 재료 위에 건물을 세우기 위함이다. 가장 쉬운 방법은 지하층 또는 지하실을 만드는 것으로, 공간을 추가적으로 만들 수 있다는 장점을 갖기도 한다. 처음 단계에서는 지상의 구조물의 원리에 따라 지하 공간을 건축하기 위해, 지면에 큰 구멍을 파게 된다. 이 과정에서 디자인에 영향을 미치는 요소는 건물이 구덩이를 완전히 채우게 되어 구덩이의 측면이 적절히 보호되어야(예 : 지보공) 하는지, 또는 완공 후에도 건물이 구덩이의 측면에서 분리된 독립적인 구조물로써 위치하여 하층토가 건물의 벽면에 압력을 가하지 않게 되는지의 여부이다. 후자의 방법은 하부구조와 상부구조를 모두 사용할 수 있는 이상적인 건축 형태를 가능하게 하면서, 동시에 자연환기와 자연채광의 문제를 쉽게 해결하게 한다. 상부구조 내의 하부구조

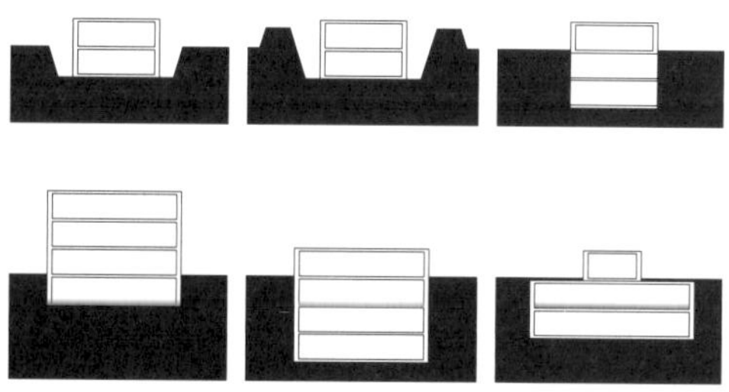

그림 4 : 상부구조와 하부구조
상 (좌에서 우로) : 메워지지 않은 굴토부 - 울타리로 사용되는 사토 - 되메워진 굴토부
하 : 하부구조와 상부구조의 관계

요소는 여전히 지면의 위와 지면의 아래에 위치하는 부분들 간의 관계에 대한 문제를 제기한다. 그리고 이러한 문제는 지상, 지하에서 층의 개수로 나타나는 수직적인 요소 뿐만이 아니라, 수평적인 확장에 대한 내용이기도 하다. 다르게 말하면, "침투 깊이"에 따라 지하층의 수가 지상층의 수보다 더 많거나 적을 수도 있음은 물론, 지하층이 지상층보다 더 큰 면적으로 확장될 수도 있다는 것이다. 그러므로 우리가 지면의 높이에서 볼 수 있는 것은 마치 수면 위로 사령탑만을 내밀고 잠수해 있는 잠수함처럼, 전체 구조물의 단편에 불과한 경우도 있다. 이러한 점에서 대부분의 평지붕은 건물 꼭대기에서보다 외관상으로는 길, 광장, 정원의 형태를 하고 있는 견고한 토지 아래에 감추어진 것이라고 볼 수 있으며, 이러한 방법을 통해 "보이지 않게" 된다.

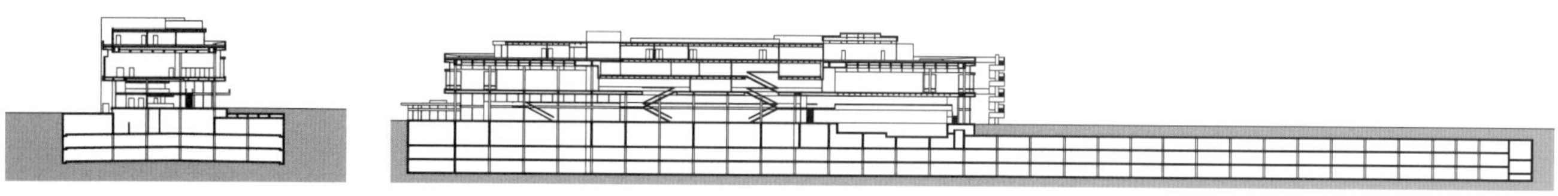

그림 3 : 하부구조와 상부구조의 내부 레이아웃은 서로 독립적으로 만들어지지만, 동일한 기둥 그리드를 사용한다.
Roland Rohn: Hoffmann-La Roche staff accommodation, Basel (스위스), 1971

그림 5 : 지하층의 깊이를 알려주는 나무
Tadao Ando: Vitra Seminar House, Weil (독일), 1993

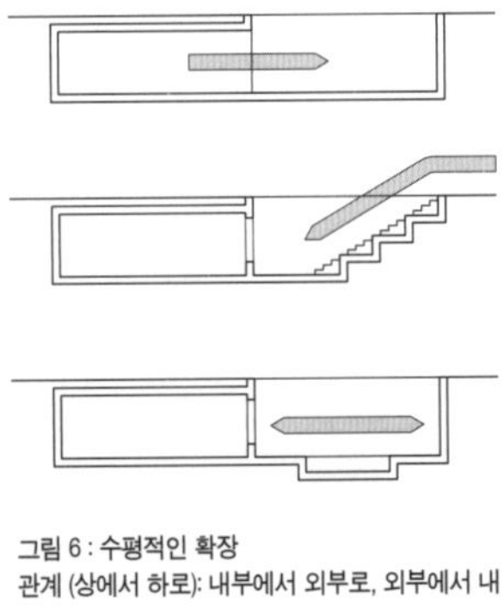

그림 6 : 수평적인 확장
관계 (상에서 하로): 내부에서 외부로, 외부에서 내부로, 내부와 외부의 중간

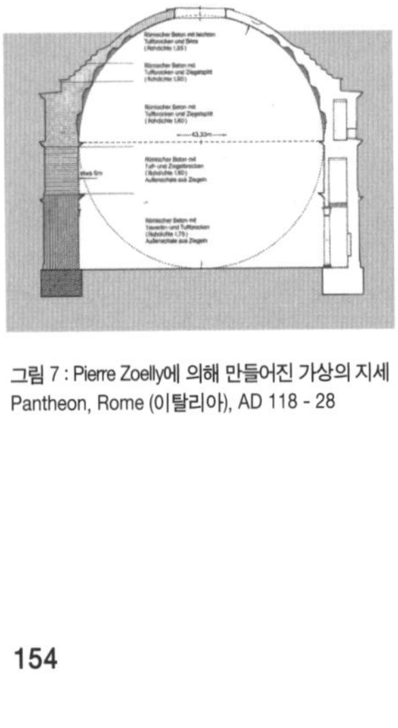

그림 7 : Pierre Zoelly에 의해 만들어진 가상의 지세
Pantheon, Rome (이탈리아), AD 118 - 28

"상부세계" 와의 관계

지하 공간은 실내가 어둡고 음침하며, 축축한 동굴을 연상케 한다. 그러나 현대적인 건축 방식과 최근의 건축 사례들을 생각해 볼 때, 이러한 이미지가 오늘날까지도 유효한 것일까? 지하에 관계된 사용 형태 중 단지 일부만이 실제로 지하에 위치해야 한다. 지하의 레벨로 내려가게 되는 이유는 서론에서 언급한 바와 같이, 대부분 요구되는 외부의 느낌을(가로상황/경관) 반영하기 때문이다. 이러한 경우 내부 공간은 지하에 위치한다고 해서 특별한 장점을 얻지는 않는다. 반면, 자연채광의 측면에서 불리한 점은 단점이라 할 수 있다. 결과적으로, 조명 방식과 외부 공간, 또는 지상의 세계인 "외부세계" 와의 접촉 정도가 현대 지하 구조물에 있어 결정적인 기준으로 작용하게 되었다.

여기에서 천장 또는 상부 바닥판에 형성된 개구부를 통한 상부 조명과 구멍 뚫린 벽을 통한 측면 조명의 차이를 볼 수 있다. 어떠한 크기의 내부 공간이든지 이러한 구멍, 즉 개구부 또는 완전히 벽이 없는 부분의 전면에 위치할 수 있다. 이들의 스펙트럼은 가장 작은 크기의 채광정에서부터 주로 이용되는 큰 외부 공간까지 다양하다. 이러한 외부 공간과 "외부세계" 와의 관계는 단순한 시각적 연결과 물리적으로 사용 가능한 공간의 연속체의 사이에서 변화하게 된다. "외부세계"와 "지하세계" 간의 물리적으로 사용 가능한 연결이 공간의 교차를 만들어내지만, 눈에 보이는 범위 안에 놓인 건물, 나무, 사람 같은 판단의 기준은 지하의 외부 공간을 인지할 수 있게 하며, 이는 지하의 외부 공간이 주위 환경을 지하로 불러온다는 목적을 갖거나, 지하의 공간을 위로 향하게 하여 가로상황이나 경관에 영향을 주는 요소로 사용한다는 목적을 갖는다. 단어에서 알 수 있듯이, 단순히 자연광을 받아들이는 채광정과 달리, 중정형의 외부 공간은 지하로 외부의 기후를 불러 오며 지하 건물에서 느껴질 수 있는 갇혀 있는 느낌을 중화시킨다. 이러한 점에서 지하 공간의 체험에 관한 또 다른 측면에 대해 의문을 제기할 수 있는데, 이는 내부 공간이 기후나 계절, 기타 요소들에 의해 영향을 받지 않는 듯이 인식될 때 나타나는 고립감이다. 이에 대한 좋은 예는 군용 벙커로, 독자적인 전원 공급 장치를 가진다는 점에서 독립된 구조물이라는 특징이 더욱 강조되고 있다. 외부 세계와 음향적으로 차단된 레코딩 스튜디오와 리허설 시설, 또는 균일한 내부 기후가 필수적인 포도주 저장실 또한 예로 들 수 있다. 이러한 공간에서 외부 공간과 차단된 공간은 기계적 환기와 인공 조명이 요구된다. 여기에서 인공 조명은 천창의 경우처럼 지하 공간에 있어 본질적인 것이라 할 수 있다. 그러나 이는 지상의 밀폐된 공간에서도 적용되는 것으로, 일반적으로 모든 내향적인 공간에 적용되는 것이다. Pierre Zoelly가 Pantheon의 단면도를 수정하여 그린 그림은 이러한 내향적 공간을 인상적으로 나타내고 있는데, 이 그림에서 그는 오쿨루스(oculus)의 높이까지 주위의 지면 레벨을 연장하여 그리고 있다. 그렇다면 우리가 지하의 공간을 체험하기 위해 벽으로 물이 유입되는 흔적이 필요할까?

그림 8 : 지하 출입구와 주변 가로 레벨을 연결하는 램프
Renzo Piano, Richard Rogers: Centre Pompidou, Paris (프랑스), 1977

지형학적 개념

미학적 또는 개념적인 측면과 떨어져서 생각해 보면, 지하 구조물은 다른 모든 건축 형태처럼 피난과 보호에 대한 인류의 필요로부터 유래된 것임을 알 수 있다. 변덕스런 날씨(햇빛, 비, 바람 등) 또는 다른 사람이나 동물로부터 보호받기 위함이었다. 이러한 위험과 관련된 실제적인 문제에서 출발하여, 주어진 지형학적, 지리학적 조건을 고려할 때, 지하 피난처의 가능성은 동굴(자연동굴, 개조 또는 인공동굴)과 움푹 꺼진 저지대 및 흙으로 덮인 고지대 등으로 나타날 수 있다.

동굴 - 견고한 선사시대의 오두막

자연동굴과 바위산은 인간의 피난처였으며, 사람이 살 수 있도록 만드는데 특별한 기술을 필요치 않았다. 따라서 인간이 돌을 가공하는 도구를 발명하기 이전에 피난과 보호를 위한 공간을 만들기 위한 해결책은 견고한 건축의 공간적인 경험이었다. 유목민들의 기술(예 : 목공기술)이 단순한 건축 방식의 주요 요소를 형성할 수 있을 정도로 점차 발전하면서, 건물의 외피는 쉽게 재사용할 수 있는 재료인 동물 가죽이나 나뭇가지를 엮어 만들었다. 동굴의 속을 먼저 파내야 할 경우에는, 간단히 작업할 수 있도록 지리학적인 상황을 고려하여 장소를 선택했으나, 이는 대개 강도가 낮은 재료의 사용을 불러오기도 했다. 오늘날에도 지하도 또는 특수한 경우로 동굴의 형태를 만들 때, 남아 있는 하층토를 지지하기 위해 목재 또는 철재의 조립품을 삽입하거나, 밀어 넣는 방법을 여전히 사용하고 있다. 이것은 표면이 붕괴되지 않도록 강화시키는 작용을 한다. 그러나 헐겁거나 부드러운 재료를 사용한 경우도 임시적 또는 영구적인 주요 지지 구조체로써 사용될 수도 있으며, 이는 내력 콘크리트로 대체되거나 피복된다. 지면으로부터 지하 공간을 분리시키는 재료의 두께에 따라 이는 개착공법 또는 절개식 공법으로 발전하게 되며, 내력 구조체는 완공된 이후에야 흙으로 덮히게 된다.

기본적으로, 동굴은 접근성과 채광성만이 중요한 요소인 지하 구조물의 형태를 보여준다. 이는 종종 자연 자원의 추출 과정 등에서 나타나는 부산물이기도 하며, 특정한 깊이에서만 얻을 수 있는 기후적, 음향적인 조건 때문에 선택되기도 한다.

그림 9 : 지형의 활용
그리스 스트라토스 지방의 고대 원형 야외극장, 500 BC.

함몰 - 자연채광 개념

함몰은 다른 공간에 연결되거나 또는 독자적인 공간을 형성할 수 있다. 후자에서 지형적인 함몰을 통해 만들어진 공간은 바람을 막고 외기에 노출되어 있는 침소 등의 용도에 적합하며, 이는 인류의 주거에 있어 가장 원시적인 형태이기도 하다. 스트라토스 지방 등에서 찾아볼 수 있는 원형 야외극장(Amphitheatre)은 자연적인 구덩이 형태의 지형을 활용하고 있는데, 이는 최소한의 작업으로 관람객이 앉을 단을 만들면서, "구덩이"의 바닥을 무대, 즉 아레나로 만들기 위함이다. 인공적인 함몰은 지하의 내부 공간에 빛과 공기를 불러들이는 또

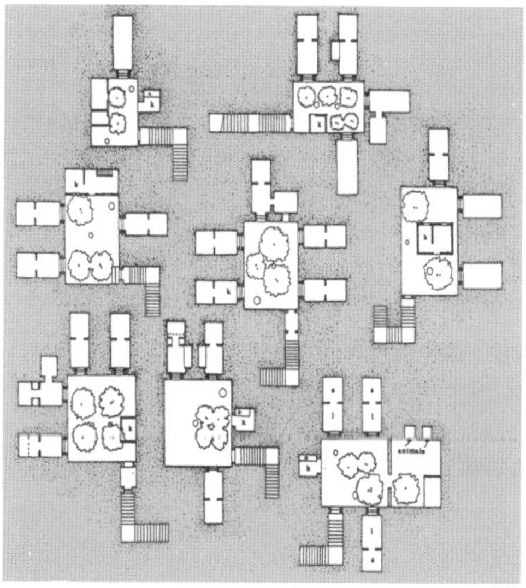

그림 10 : 중정과 계단 (1층)
중국 서안 지역의 전형적인 마을 형태

다른 개념으로도 사용되며, 때로는 지하 공간으로의 입구가 되기도 한다. 선큰을 이용한 중정이 사용된 중국 서안 지역의 주거 지역은 함몰을 다양한 용도로 사용한 가장 좋은 예이다. 여기에서 함몰은 인접한 실들에 대한 입구로써의 중정을 형성하고 있으며, 각 실들에 자연광을 공급하고 공공의 공간이자 주거 단위로써 기능하기도 한다. 이러한 큰 크기의 사각형 함몰은 지하도에서 나타나는 것처럼 수평적인 공간의 확장의 출발점이 되며, 더 많은 굴토를 통해 언제든지 더 많은 방을 만들 수 있게 한다. 그러므로 각 방은 처음에 단 두 면만이 굴착되며, 나머지 두 개의 면은 더 많은 공간이 필요하거나 가족 구성원이 늘어날 경우에 사용되게 된다.

파리의 UNESCO complex에 대한 Bernard Zehrfuss의 증축 작업은 앞에서 언급한 중국 마을에서 볼 수 있었던 사례와 같은 의미를 갖는다. 그러나 좀 더 자세히 보면, 그가 적용한 원리가 이와는 다른 기능적, 구조적, 도시계획적인 개념을 따르고 있음을 알 수 있다. 중국 마을에서 함몰은 건축 과정의 시작점이 되었지만, Zehrfuss의 개념에서 함몰은 단지 아직 개발되지 않은 "나머지"에 불과하다. UNESCO complex는 절개식 공법에 따라 전통적인 상부구조의 건설 방식을 통해 만들어졌다. 지하의 구조물이 때로는 기후적인 이유에서 필요한 것이

그림 11 : 지하도를 목재로 보호하고 내부 보강재를 사용하여 확장하고 있는 모습
알불라 철도의 터널 단면

라 할 때, 나머지 경우에서 이는 "보이지 않는" 확장을 일으키는 만들어진 주변 환경이라 할 수 있다.

그림 12 : 상 : UNESCO 본관, 최초에는 개방된 광장이 있었다; 하 : 후에 중정을 사용하여 지하로 증축되었다
Marcel Breuer, Bernard Zehrfuss, Pier Luigi Nervi: UNESCO, Paris (프랑스), 1958

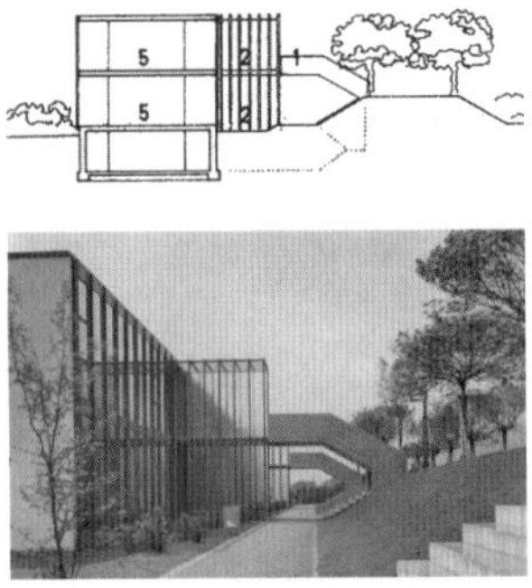

그림 13 : 굴착된 흙으로 제방을 형성한 모습. 제방은 소음을 차단하며 상부층으로의 접근로를 제공한다.
Fritz Haller: Bellach School, Solothurn (스위스), 1959

그림 14 : 토탄으로 덮인 목제 골조
Long house, Iceland

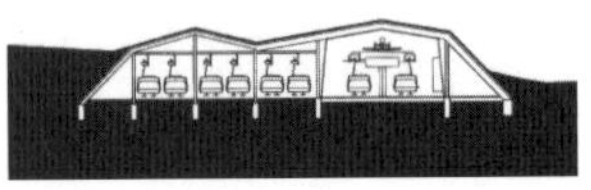

그림 15 : 건물이 지형의 일부가 된다
Bearth & Deplazes: Carmenna chair- lift, Arosa (스위스), 2000

Zehrfuss가 1958년에 Breuer, Nervi와 함께 설계한 본관은 도시 환경에 있어 특수한 위치를 차지한다. 북쪽으로는 Place de Fontenay를 감싸며 주변의 콘텍스트를 따르고 있는 반면, 동쪽과 서쪽의 경우 모더니즘의 원리를 따르고 있으며 큰 오픈 스페이스를 만들고 있고, 이에 따라 건물은 산발적이고, 크기가 작고, 무작위한 구성을 형성하고 있다. 지하로 증축된 부분은 건물의 부피적인 관계를 보존하고 있으나, 외부 공간의 성격은 큰 변화를 거치게 되었다. 그러므로 지하로의 건축적 개입이 항상 도시 공간의 배열을 본래의 상태로 놔둔다는 것은 잘못된 말이라 할 수 있다.

입면 - 인공의 지형

지금까지 살펴본 예에서 지하 공간은 재료를 떼어냄으로써 만들어졌으며, 동굴의 경우에는 직접적으로, 굴착을 통해 만든 구조물의 경우는 간접적으로 재료의 제거를 통해 공간을 형성한다. 반면, 입면의 경우에는 추가적인 재료를 필요로 하며, 굴착 후 반출되지 않고 지형 조성을 위해 존치된 흙(굴착된 재료)이 가장 이상적이다.

스위스 졸로투른 지방에 위치한 Fritz Haller의 Bellach School (1959, 60)은 굴착된 재료 본연의 가능성을 보여주고 있으며, 이는 지하 구조물에 직접 영향을 미치는 부분이 아닌 지하 구조물에 적용할 수 있는 개념으로써의 형태적 가능성이다. 이 건물의 경우 학교를 따라서 소음을 차단하기 위한 제방이 만들어져 있으며, 이는 건물의 상부층으로 접근할 수 있는 진입로를 제공하기도 한다 (건물 내부에는 계단이 없다).

주어진 지형적 상황은 종종 지상 레벨에 지하 공간을 형성하게 하는데, 이는 굴곡의 지형에 언덕을 덧붙이거나, 기존의 입면을 들어올림으로써 가능해진다. 군용 병원 또는 저장소가 이러한 방법으로 기능한다. 저장소는 이러한 방법을 통해 높은 위치(압력)에 따라 이점을 가지며, (흙 제방으로 둘러싸여 있기 때문에) 기후와 관계된 온도의 변화에 덜 노출되게 되고, 주변 경관을 덜 "방해"하게 된다. 군용 병원과 저장소의 두 가지 경우 모두에서 건물 위에 덮인 완만한 풀밭이 아래에 위치한 구조물의 형태를 약화시킨다.

위장이라는 전통적인 형태를 사용하여 내부와 외부 사이에 모순된 관계를 만드는 전략 이외에도, 어떤 경우에는 내부와 외부의 외관이 서로 영향을 미치는 교호적인 효과를 사용하기도 한다. 아로사 지방의 계곡에 위치한 정거장인 Carmenna chair-lift (Bearth & Deplazes)에서 잘 드러난다. 부드럽게 구부러진 지형은 접혀진 지붕의 형태로 변형되었다. 입구에서 볼 때, 절판은 멀리 떨어져 있는 산 정상의 윤곽선을 반영하는 듯이 보이게 된다. 여기에서 지붕의 접힌 부분간의 거리가 길수록, 인공 지형과 자연 지형간의 구분이 힘들어지게 된다. 지붕을 덮고 있는 흙은 절판을 볼트로 바꾸고 있으며, 삼면에서 지붕의 표면은 오르내리는 지형과 혼합되고 있다. 산에서 바라볼 때는 체어 리프트와 "언덕"의 내부 공간으로 들어가는 개구부만이 인공적인 지형을 알 수 있게 하는 유일한 증거이다.

그림 16 : 산의 윤곽선을 배경으로 놓인 꺾인 지붕의 실루엣
Bearth & Deplazes: Carmenna chair- lift, Arosa (스위스), 2000

그림 17 : 재료와 형태를 통해 건물은 주변 경관과 조화를 이룬다.
Skogar open air museum, 아이슬란드

아로사에서 기존의 경관과의 동화가 건축가의 주요 목표였다면, 아이슬란드의 풀로 덮힌 토탄 건물에서 이는 거의 부산물에 불과하다. 지붕 타일을 생산하기에 적합한 점토가 부족했기 때문에 9세기 이후의 아이슬란드 주택에서 지붕은 토탄으로 덮히게 되었다. 토탄 지붕에서 풀이 자라나기 시작하고 지붕에 치밀한 그물망을 형성하면서, 직물을 짠듯한 방수층이 만들어지게 되었으며, 이는 강우량이 낮은 지역(연간 약 500mm)에 있어 적절한 방수의 기능을 했다. 그러나 방수 기능의 내구성은 지붕의 경사도에 직접적으로 영향을 받았다. 지붕이 지나치게 가파르면 빗물이 너무 빠르게 흘러버리게 되었고, 이는 토탄을 마르게 하여 강수량이 적은 계절 동안 균열이 일어나게 됐다. 반면, 경사도가 너무 낮다면, 지붕으로 빗물이 스며 나왔다. 토탄은 습도를 조절하기도 했으며, 다양한 저장의 기능을 담당했다. 단순 구조의 목재 지붕 구조(Arosa의 정거장의 경우에는 철골조를 사용했다)는 토탄을 지지하는 골조로써 기능하며, 고형식 외벽에 의해 경사를 따라 미끄러져 흘러내리지 않게 된다. 이렇게 부드럽게 구부러진 경관 사이에 놓인 "잔디가 덮힌 녹색의" 지붕은 마치 작은 언덕처럼 보이게 되며, 반면 이끼로 덮힌 갈색의 토탄 벽은 단층을 연상케 한다. 그러므로 건물이 경관과 융화된다는 것은 구조물 위에 카펫처럼 풀이 덮혀 있기 때문이 아니라, 주변 경관요소의 질감과 리듬감이라는 주어진 환경 조건에 대한 적응이라고 볼 수 있다. 이러한 예는 스위스 엥가딘 또는 티치노 지방의 계곡에 형성된 마을에서 찾아볼 수 있는데, 여기에서 주택은 오직 돌을 이용하여 지어졌다. 건축에 사용된 돌은 지역에서 나오는 자연석으로, 균일한 낙석 또는 헐거운 옥석의 형태로 주택의 배경 또는 옹벽을 형성하게 되며, 이는 주변 환경과 동일한 재료를 사용하여 만들어지게 되므로 건물과 지형간의 변이에 있어 유동적이라 할 수 있다. Eduardo Souto de Moura의 Baiao House는 이와 비슷한 경우로, 양쪽면에 위치한 잡석 파사드가 인접한 언덕면에 대한 옹벽으로써 기능하고 있으며, 지붕과 기존 지형간의 변이는 쉽게 눈치챌 수 없다.

그림 18 : 옹벽을 통한 건물과 지형의 조화
Eduardo Souto de Moura: Baiao House, Baiao (포르투갈), 1991 - 93

이들 작품에서 얻고자 한 것이 인공 건축물의 자연스러움이라면 Abu Simbel Temple같은 건물에서는 이와 반대의 상황이 나타나게 되는데, 이 건물의 입구에는 20m 높이의 부조로 만들어진 네 개의 상이 서 있으며 이는 자연의 인공성을 표현하고 있다.

그림 19 : 자연석을 가공하여 인공의 블록 같은 외관을 형성하고 있다.
Abu Simbel Temple, Egypt

공간의 형성에 사용되는 개념
앞의 내용에서 지하 구조물의 실제적인 건축 과정은 단지 개괄적인 내용으로써 다뤄졌다. 앞으로 다룰 내용은 단일 공간의 특성에서부터 삼차원적인 내부 레이아웃의 형성에 이르는 공간 형성의 원리에 대한 것으로, 이는 지하에 지어지는 건물이 가지고 있는 특수한 조건과 가능성으로 특징지어지는 부분이다.

지질학적 개념
지질학적인 관계는 공간의 형성에 있어 다양한 측면에 영향을 미친다. 일례로, 인접한 암반층이 서로 다른 물성을 나타낼 경우, 보다 쉽게 작업할 수 있는 암반층(석회암층 대신에 부드러운 사암층을 선택하는 경우를 예로 들 수 있다)에 공간을

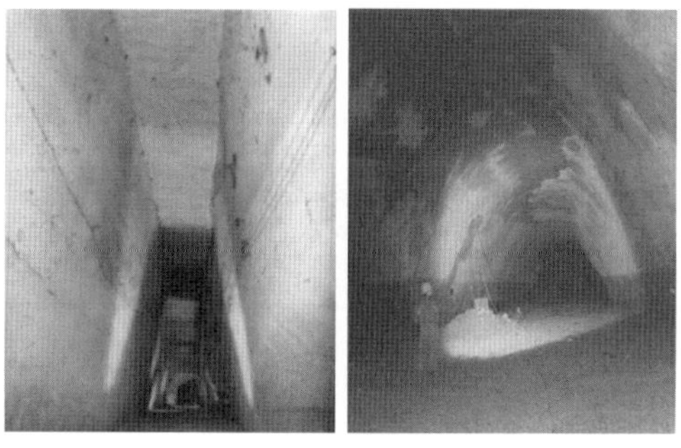

그림 20 : 응회암을 굴착하여 만든 볼트, 이탈리아, 나폴리
구조적으로 이상적인 형태인 사다리꼴 형태(좌)와 타원형(우) 단면

만들 수 있다. 결과적으로 공간의 실제적인 위치 또는 공간의 연속은 지질학적으로 경제적인 면을 고려하여 결정된다. 이 경우, 암반층이 변화되는 지점이 지하 공간을 확장할 수 없게 되는 경계선이 된다고 할 수 있다. 그러나 인접한 암반의 구조에 따라 내력 성능과 이와 연관된 별도의 지지점 없이 형성할 수 있는 경간의 길이가 달라져 지하 공간의 치수를 제한하는 요소로 작용하게 된다. 단순한 작업의 경우, 상부층을 지지할 벽이나 기둥을 만드는데 필요한 만큼의 양 만큼을 남기고 "부드러운" 암반을 파내게 되며, 어떠한 구조적 장치의 추가 없이 수평 암반층만이 다소간 압축력을 받게 된다. 단단한 암반층간의 수직 간격이 부적절하다면, 위에 놓인 암반을 구조적으로 유용한 형태인 아치 형태, 사다리꼴 형태 또는 타원형의 볼트나 돔으로 가공하여 더 큰 경간을 형성할 수 있다. 반대의 경우(지층이 지나치게 멀리 떨어져 있을 경우), 공간의 형성은 한 종류의 암반층 조건에 대해서만 영향을 받는다. 물론 여기에서도 균일한 지질학적 조건의 범위 내에서 지붕을 올림으로써 더 큰 경간을 얻을 수 있다.

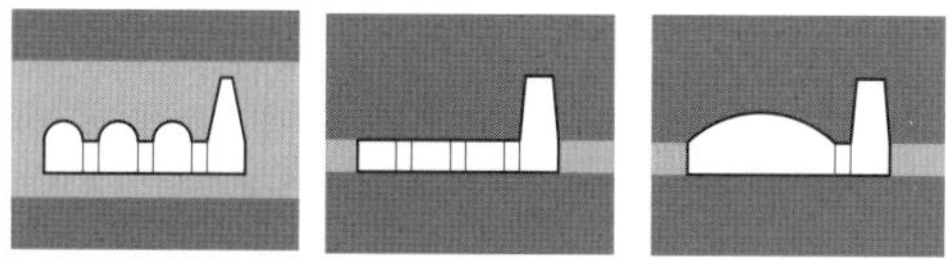

그림 21 : 암반에 공간을 형성하는 방식
좌 : 연암반 - 아치를 이용한 짧은 경간의 공간
중 : 경암반 - 아치를 이용하지 않은 짧은 경간의 공간
우 : 경암반 - 아치를 이용한 긴 경간의 공간

그러므로 건축적 어휘는 한편으로 구조적인 선택사항을 반영한다고 할 수 있으나, 다른 한 편으로는 건축 과정을 보여주는 것이기도 하다. 이는 쇠지레를 사용하여 생긴 구멍일 수도 있고, 곡괭이를 사용하여 재료를 떼어낼 때 사람이 팔을 원형으로 움직이며 나타나게 된 둥근 모서리일 수도 있다.

산업 혁명 이전 시기에 전파된 "지질학적 개념"은 작업의 용이함, 높은 강도 같은 암반의 물성과 직접 연관되는 것이었다. 이러한 관점에서 볼 때, 황토(이회질 모래)는 이상적인 재료였으며, 이는 주로 중국(허난성 계곡)에서 찾아볼 수 있듯이, 오늘날까지 존재하는 석기시대의 지하 건축물에서 전통적으로 사용된 재료이기도 했다. 튀니지의 마트마타 지역과 스페인의 가우딕스(그라나다 주)에서도 같은 예를 찾아볼 수 있다.

반면 이보다 더욱 단단한 암반층 안에 내부 공간을 만드는 것은 다이너마이트(1867)와 기계적인 굴착 방법이 개발되고 난 이후에야 가능해졌다. 명백히 이집트인들은 이미 기원전 1500년경에 "왕가의 계곡(Valley of the kings)"에 광대한 돌무덤을 건축했으며, 중세시대 에티오피아에서는 오로지 돌만을 이용하여 많은 암굴교회를 짓기도 했다. 후자의 예에서는 단순히 내부 공간을 비워내는 것을 넘어 모든 방향에서 교회를 노출시키고 있으며, 단일한 벽을 남기고 암반을 떼어냄으로써 지붕을 형성하는 상부의 암반을 지지하고 있다. 둘러싸인 암반층에 의해 보호받기 때문에, 이들 교회는 찾기 힘들지만, 그럼에도 불구하고 지상에 서 있는 교회에서 볼 수 있는 것과 같은

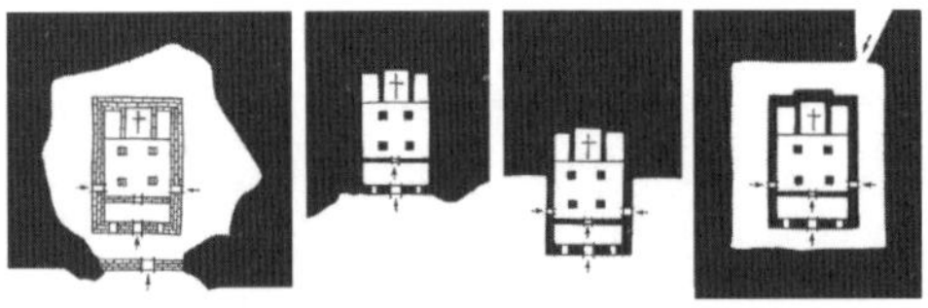

그림 22 : 에티오피아 지방의 암굴교회의 종류
좌에서 우로 : 조적식 동굴 교회, 암굴 교회, 동굴과 건물이 일체화된 암굴교회

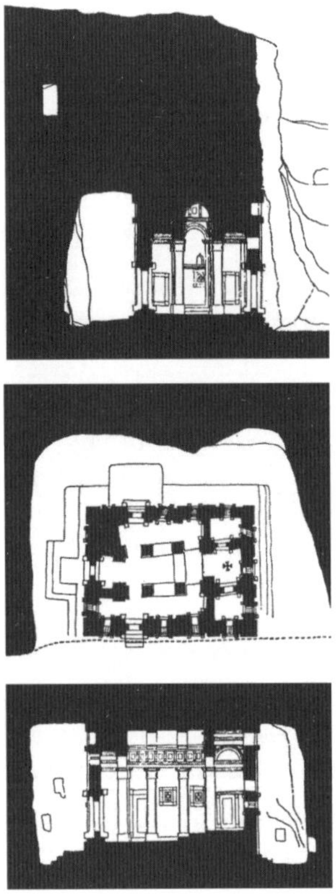

그림 23 : 에티오피아의 Lalibela Church, c. 1400
일체화된 벽과 기둥을 형성하기 위해 암반의 모든 면을 가공했다.

파사드의 형태를 어느 정도 나타내기도 한다.

오늘날 응집된 암석 덩어리에 대한 작업은 주로 암석 자체를 떼어 내는 방식으로 이루어지며, 이는 매장된 천연 자원(예 : 석탄, 소금 등)에 접근하거나 장애물을 제거하려는(예 : 터널 공사 또는 일반적인 채광작업) 목적을 갖는다. 암반의 특수한 성질을 직접 이용한 현대적인 사례는 드물다. 이러한 성질 중의 하나로 암석의 높은 축열 성능을 들 수 있다. 지하에 위치하기 때문에 매일의 기후 변화 또는 계절적인 기후 변화의 영향을 받지 않게 되므로, 이러한 축열 성능을 통해 별도의 기술적 장치의 개입을 최소화하면서도 일정한 온도 조건을 형성하고 유지할 수 있다.

Great Midwest Underground(미주리주, 캔사스 시티)는 이에 대한 좋은 예를 보여주는데, 이는 바닥판의 전체면적이 약 300,000 m²에 달하는 냉동창고, 저장소, 생산시설이다. 암석의 축열 성능과 함께, 높은 내력 성능이라는 성질을 최대로 사용했다는 점에서 흥미롭다. 앞에서 언급했던 암석 교회에서 볼 수 있는 것처럼, 암반의 속을 파내는 과정은 더 이상의 강화가 필요 없는 단일 구조(기둥의 규칙적인 배열)를 만들게 된다.

시공적 개념

여기에서 지상에 세워진 건축물과의 중요한 차이점이라 할 수 있는 결정적인 요소는 지하 구조물의 경우 여러 방향에서 영구적으로 지압을 받게 된다는 점이다. 이러한 점에서 두 가지 종류의 시공방식을 구분지을 수 있는데, 이는 지압을 견딜 수 있는 독립적인 시스템과 외력이 작용할 때만 기능하는 상호보완적인 시스템이다. 후자의 경우는 멕시코 남동부의 몬테 알반 지역의 무덤들에서 찾아볼 수 있으며, 여기에서 지붕을 형성하는 암석 슬라브는 하중과 상부의 흙의 저항 없이는 적절한 안정성을 유지할 수 없는 구조를 이루고 있다.

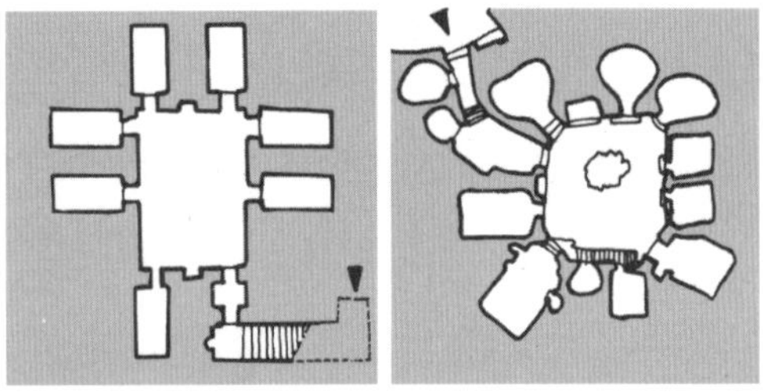

그림 25 : 중정은 중심적인 요소로 모든 면을 사용하여 많은 방을 만들 수 있다.
좌 : Luoyang, Henan valley (중국); 우 : Matmata (튀니지)

독립적인 시스템은 내력 요소가 유효 단면 또는 유효 형상을 갖는지의 여부에 따라 세분될 수 있다. 부재의 크기가 중력의 법칙에 따라 안정되고 횡력이 단면 내부에서 전달될 때, 이를 유효단면이라 부른다. 반면 하중을 받는 부재의 형태가 내부 응력의 흐름에 부합하다면(유효 형상을 갖는 부재), 더욱 세장한 구조물을 형성할 수 있다. 이러한 관점에서 볼트(터널과 비교해보라)는 이상적인 구조이며, 아치의 원리를 90° 회전시킴으로써 "아치형" 옹벽을 만들 수도 있다. 스위스 Chippis 지방의 알루미늄으로 만든 혼합 탱크에 사용된 벽에서 나타나듯이, 일련의 곡선형 쉘이 보여주는 가소성은 힘의 흐름을 보여준다. 그러나, 얇은 곡선의 형태는 좌굴에 대한 저항 성능을 보장하는 것일 뿐, 안정성에는 기여하지 못한다. 이에 따라 추가적인 장선일 필요한 경우 또는 쉘의 융기 정도를 "높이거나" 전체 쉘의 크기를 늘려야 하는 경우도 있다. 유효 형상을 갖는 구조물은 일반적으로 더 노동집약적인 작업을 필요로 하지만, 재료의 사용이 적고 구조물 내부의 응력을 시각화한다. 반면 유효 단면을 갖는 구조물은 더 많은 재료를 필요로 하고 응력의 흐름을 드러내지 않지만, 시공이 간편하고 따라서 공사비가 적게 든다.

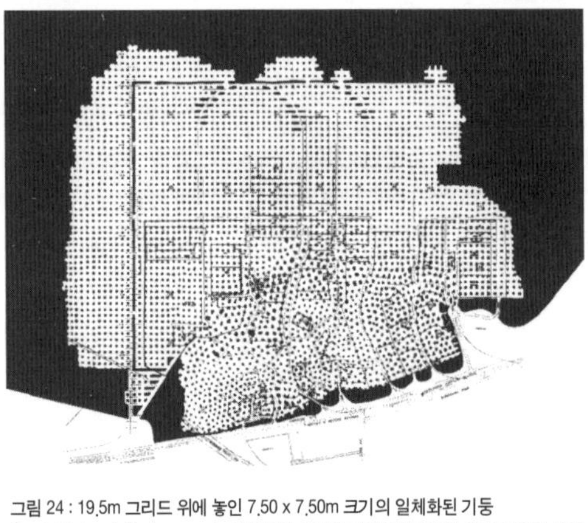

그림 24 : 19.5m 그리드 위에 놓인 7.50 x 7.50m 크기의 일체화된 기둥
Great Midwest Underground, 1940년에 공사를 시작하여 이 후 계속적으로 증축되고 있다, Kansas City (Missouri, 미국)

그림 26 : 냉동창고와 저장소를 만들기 위해 견고한 암반의 속을 파내다
Great Midwest Underground, 1940년에 공사를 시작하여 이 후 계속적으로 증축되고 있다, Kansas City (Missouri, 미국)

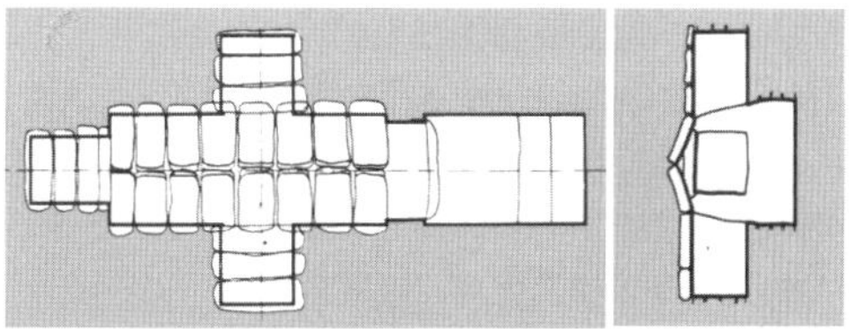

그림 27 : 돌로 만든 큰 크기의 슬라브들이 서로 기대며 흙속에 박혀 있다. 멕시코 Monte Alban 지방의 무덤 (평면과 단면)

그림 28 : 지압을 견디기 위한 "아치" 형태의 옹벽 Tank compound, aluminium works, Chippis (스위스)

유효 단면을 갖는 구조물은 일정 깊이 이상의 굴착 과정에 대한 안정성을 높이기도 한다. 굴착 면적이 작을 경우, 보강용 횡가재를 (밀착시켜) 주변에 둘러 내부 공간을 안전하게 유지한다. 코너와 코너의 거리가 매우 멀 경우에는 보강용 횡가재에 대해서도 별도의 가새가 필요하다. 공사현장에 인접한 건물이 없거나 공사 현장을 지나는 지하 시설이 없다면 지반 앵커를 이용하여 보강할 수도 있다. 앵커의 개수를 늘리면 보강용 횡가재를 사용하지 않아도 된다. 그러나 이와 반대로 공사 중인 건물이 굴착과정을 안정하게 하고 있을 경우에는 앵커 또한 생략될 수 있다. 스위스 취리히 엥게 지방의 Freudenberg Canton School의 증축에 대한 현상설계에 제출된 Christian Kerez의 작품은 지하에 만들어지는 건물들에 일반적으로 적용되는 개념을 명백하게 보여주고 있다. 처음에 평면의 레이아웃은 어떠한 규칙도 없는 듯이 보이지만, 자세히 들여다 보면 이는 기존의 건물과 나무의 배치 사이에서 사용 가능한 최대 면적을 이용하여 설계된 것임을 알 수 있다. 외곽선은 굴곡과 휘어진 부분을 포함하고 있어 정교한 작업과 높은 공사비를 필요로 하는 것처럼 보인다. 그러나 기둥 사이의 연결이 방향과 관계 없이 항상 동일하다는 점에서, 연속된 지주로 만들어지는 벽은 건물의 형태와 무관하다. 즉, 벽이 직선인지 또는 곡선인지의 여부는 시공에 있어 중요하지 않은 사항이다.

또한 연속된 지주로 만들어진 벽은 (시트파일과 달리) 수직하중을 전달할 수 있으며, 이는 굴착된 면을 보호할 수 있고 완공된 구조물의 외벽으로써 기능할 수 있다는 것을 의미한다. Kerez는 이러한 성질을 이용하였으며, 기둥에 의해 지지되는 주 바닥 슬라브가 다시 기둥을 보강하는 요소로 사용되도록 함으로써 별도의 지반 앵커를 필요로 하지 않게 되었다.

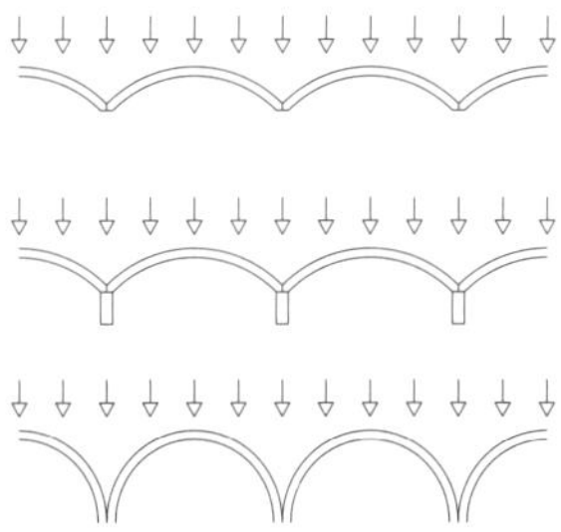

그림 29 : "아치" 형태의 옹벽
개략적인 평면 (상에서 하로) :
- 단순 "아치" 형태
- 장선을 추가함으로써 더 큰 내력 성능을 얻는다
- "용기"의 정도를 높임으로써 더 큰 내력 성능을 얻는다

무형식의 개념

사실, 지하 구조물은 밖에서 보이지 않는다는 점에서 "통제되지 않고", 추가적이며, 무질서한 내부 레이아웃을 만들 수 있게 한다. 이러한 점에서 일반적인 외부의 "힘"에 구애받지 않고 방과 공간을 형성할 수 있다. 여기에는 특정한 계획에 맞게 특정한 건물의 형태가 사전에 정해짐으로써 형태에 영향을 미치는 요소가 되는 어떠한 도시 계획적인 콘텍스트도 없으며, 모든 프로젝트에 있어 내부에서 외부로 향하는 삼차원적인 표현에 영향을 미치는 어떠한 미학적 요소도 없다. 왜냐하면 지하 구조물에는 "아름답게" 보여야 할 외부 형태가 없기 때문이다. 이러한 극도의 디자인적인 자유로움에도 불구하고 대부분의 현대 지하 구조물은 단순한 "상자" 형태이며, 경제적인 측면에서 일반적으로 단순한 형태를 요구하기 때문에 기반 시설(설비), 대지의 경계, 지질학적인 조건 등이 만족된 경우에만 "상자" 형태를 벗어나게 된다. 돌출부와 오목한 코너는 건물의 외피를 늘리고 정교한 상세를 필요로 한다. 단지 단면에서 봤을 때 한 개 층의 높이로 면이 후퇴하여 단을 이루면서 굴착됨으로써, 토사의 붕괴에 대한 별도의 보호(예 : 지보공, 지반앵커)가 필요 없는 면은 경제적인 형태라고 할 수 있다. "비정형의 개념"이라는 용어는 지질학적 또는 기술적/시공적인 특징을 갖는다기 보다는 눈으로는 볼 수 없는 특징을 갖는 모든 구조물을 포괄하는 표현이라고 할 수 있다. 간결한 상자 형태의 공간, 무질서한 내부 공간(내부의 힘)과 부분적으로 "변형된" 공간(외부의 힘)이 이 범주에 속하게 된다. 종종 규칙이 없다는 것이 유일한 규칙이 되며, 적어도 이러한 규칙의 부재라는 특성은 지면 아래의 건물로부터 나오는 것이다.

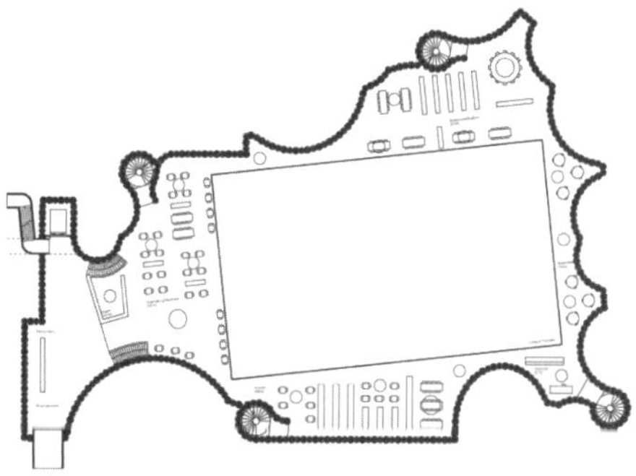

그림 30 : 무작위하게 보이는 형태는 지상의 나무와 인접 건물을 반영한 결과이다. Christian Kerez: Freudenberg Canton School project, Zurich (스위스), 2002

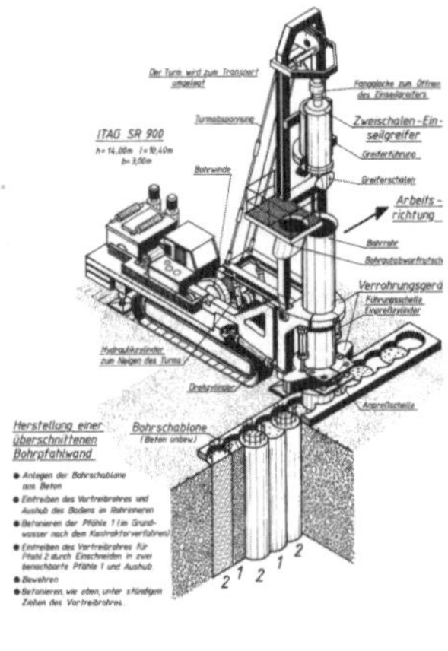

그림 31 : 연속된 지주로 만들어진 벽
1차로 위치시킨 지주 사이의 공간에 2차로 지주를 위치시키고 콘크리트를 타설한다. 흙이 거푸집으로써 기능한다.

무질서한 레이아웃은 서로 반대되는 다양한 조건들을 통합한다. 이러한 내부 공간은 때로는 공간과 공간의 조직에 관한 요구 조건을 최적화하는 과정의 결과이기도 하며, 때로는 지상의 제한에 따라 지하에 추가적인 공간을 만들어야 한다는 일반적인 필요성에 따른 피할 수 없는 결과이기도 하다. 어떠한 경우에는 초기 계획 단계부터 공간이 부족할 것이 분명하게 예측되지만, 요구 조건에 따라 또 하나의 지하층을 만들 수 없을 때 이러한 공간 구성을 사용하기도 한다. 어떠한 목적에서든, 지하에 추가되는 공간은 필요한 장소 또는 가장 적합하다고 여겨지는 장소에 놓일 수 있다. 이러한 점에서 무질서한 레이아웃은 "어떤 방법이든 좋다(anything goes)"는 실용주의의 정신을 표방하고 있는 듯 하지만, 동시에 매우 치밀하게 계획된 배치방법이기도 하다. 무형식의, 즉 규칙에 얽매이지 않는다는 것은 또한 외부의 힘에 대응한다는 것을 의미하며, 지하 설비시설 또는 위에서 언급한 변화하는 지질학적 조건처럼 각각의 개별적인 상황에 따라 결정되는 것이다.

결론

Jørn Utzon의 Silkeborg Museum project (1963)는 위에서 언급한 여러가지 개념들을 어떻게 통합할 수 있는지를 보여주는 좋은 예이다. 이 건물은 "공간을 담는 그릇"들이 연속되거나 서로 겹쳐지면서 만들어지는 다소간 비경제적인 내부 레이아웃으로 구성되어 있다. 양파껍질 같은 형태의 쉘들은 서로를 지지하는 가새의 역할을 수행하며, 유효 형상을 가진 구조물로써 평면과 단면에서 나타나는 쉘의 치수와 만곡의 정도는 현장에서의 힘의 흐름을 반영한다. 개구부에서는 단면이 변화하는 모습을 명확하게 볼 수 있다. 앞에서 설명한 것처럼 지하 구조물에 직접적으로 관련 있는 요소는 아니지만 머리 위에서 들어오는 빛과 땅 속으로 깊이 들어가는 물리적인 경험을 통해(박물관의 진입로), Silkeborg Museum은 어떠한 낭만적인 변형도 없이 개념적이고 공간적인 어휘들을 통해 "지하세계"를 형상화하고 있다.

그림 32 : 유효 형상을 가진 내력구조체로써 토압을 견디는 "볼트 형태의" 벽
Jørn Utzon: museum project, Silkeborg (덴마크), 1963

참고 문헌
- Pierre Zoelly: *Terratektur*, Basel, 1989.
- Henri Stierlin/Pierre Zoelly: "Unterirdisches Bauen", in: *Werk*, 10, 1975.
- Gerhard Auer (ed.): "Sous Terrain", in: *Daidalos*, 48, 1993.
- Georg Gerster: *Kirchen im Fels*, Zurich, 1972.
- Vincenzo Albertini, Antonio Baldi, Clemente Esposito: *Naples, the Rediscovered City*, Naples, 2000.
- Bernard Rudofsky: *Architecture without architects*, New York, 1964.
- Werner Blaser: *Courtyard House in China*, Basel, Boston, Berlin, 1979, pp. 111 - 20.

현장 준비
측량

그림 33 : 신축 건물 위치 설정

기본적인 지리학 자료

스위스에서는 주 당국의 측량 작업을 통해 만들어진 디지털 데이터를 나라 안의 어느 지역에서든지 사용할 수 있다. (X/Y 좌표계, 기준점은 베른 천문대 : 600,000,000m/200,000,000m) 스위스 주 측량국은 인접하고 있는 수많은 삼각형들로 이루어진 삼차원적인 표현이라 할 수 있는 삼각측량의 방법을 통해 정보를 얻고 있다. 지적측량에서 얻을 수 있는 가장 중요한 정보는 부동산에 관한 정보이다. 이는 토지의 필지 체계(대지의 구획)를 보여준다. 각각의 필지는 경계점에 의해서 영역이 한정되게(또는 둘러싸이게) 된다. 경계선은 각각의 경계점을 연결한다. 모든 요소(영구기준점, 경계석, 다각점, 기준점, 건물의 귀퉁이, 지피, 개별 개체 등)는 수치적으로 기록된다. 이는 이러한 요소들이 X/Y 좌표계를 사용하여 위치가 정해진다는 점을 말한다. 영구기준점을 통해서 해수면으로부터의 높이인 Z 좌표를 알 수도 있다. 지적측량은 토지등기를 위한 밑바탕을 제공한다.

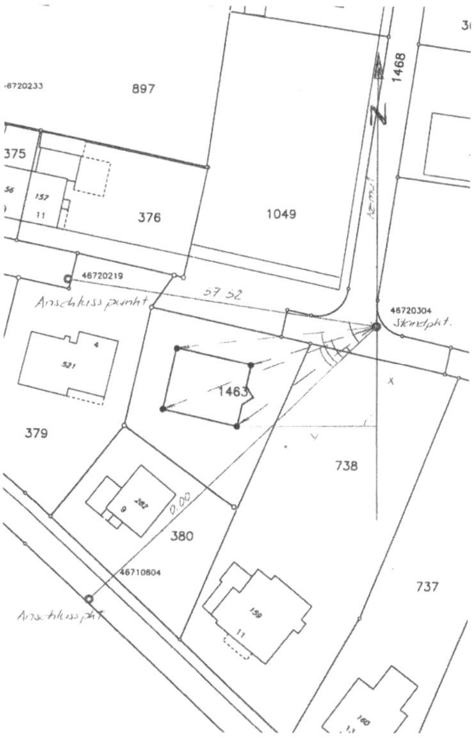

그림 34 : 지적도 (필지를 보여주는 블록 플랜)
네 개의 국지적 기준점을 갖는 건물의 공사에 착수하다

위치 설정

설계안이 승인을 받기 위해 관계 당국에 제출되고 나면, 특수한 기구를 이용하여 새로운 건물의 위치를 표시하게 된다. 건물의 기본적인 형태(돌출부와 요각부를 포함한다)와 지붕의 형태(파사드와 연결된 처마를 표시한다), 필요할 경우에는 차후의 조경의 개략적인 형태까지 쉽게 눈으로 볼 수 있어야 한다.

건축물의 공사는 경계측량수치를 이용한 경계점(경계선)의 설정으로부터 시작된다. 보통 도시 내의 프로젝트를 위하여 측량기사를 부르게 된다. 측량기사는 건축물이 설계 사무소에서 계획한대로 놓일 수 있도록 건물이 위치할 좌표를 설정하고, 건축가의 의도에 따라 건물이 세워질 수 있도록 지점을 표시한다. 이러한 위치 설정 작업은 지적측량을 통해 얻은 영구기준점을 바탕으로 하여 이루어지게 된다.

설계 사무소에서 계획한 자료를 바탕으로 타키오미터(측량장비)를 사용하게 된다. 현장에서의 방위측정은 국지적 기준점 또는 현장에서 눈으로 볼 수 있는 교회 첨탑 등의 사물을 기준으로 하여 이루어진다. 타키오미터는 현장에서 적합한 위치에 설치된다. 건축물의 위치를 설정하기 위해서는 적어도 두 개 이상의 국지적 기준점이 필요하다. 측량기사와 리플렉터를 다루는 보조기사(거리의 측정을 위해 리플렉터를 사용하는 기사)는 목표점에 몇 cm 이내로 접근할 때까지 계속적으로 작업을 수행하게 된다. 목표 지점에 도달하게 되면, 리플렉터가 놓였던 지면에 말뚝을 박는다.

상대적으로 장애물(나무, 건물)이 없이 지평선이 보이는 장소에서는 GPS(Global Positioning System ; 위성항법장치)를 사용할 수도 있다. 장대의 정확한 길이를 산출하기 위해, 위치 설정 과정에서 지면의 높이를 결정해야 한다. 이는 일반적으로 간단한 작업을 필요로 한다. 신축 건물 인근의 해발고도는 도급자가 건물의 계획에 따른 지면의 높이를 결정하는데에 큰 도움이 된다.

설정된 건물의 위치에 따라, 굴착된 지면의 높이와 휴식각이 결정된다. 굴착될 지면의 테두리는 자갈이나 분사식 페인트를 이용하여 표시된다. 위치 설정 작업이 완료되고 나면 도급자는 터파기 작업을 시작한다.

그림 35 :
영구기준점

그림 36 :
수준점

그림 37 :
설치 전의 경계석

그림 38 :
설치 후의 경계석

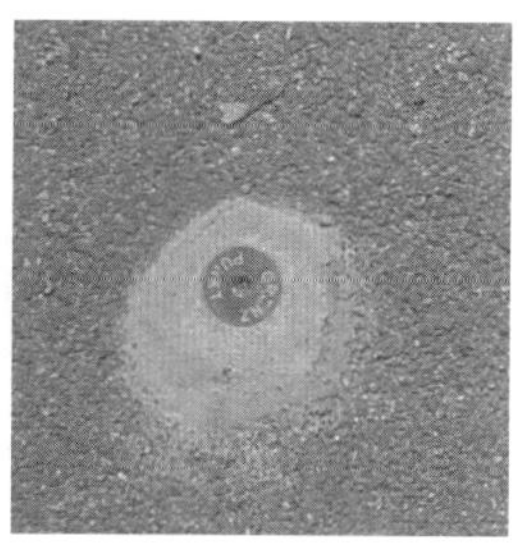

그림 39 :
포장 도로 위의 경계점(핀)

현장준비
토공사

터파기

흙 덩어리의 움직임은 예측하기 어려운 것으로, 일반적으로 토목공학자 또는 지질학자에 의해 세부적으로 계획된다. 토질조사(시추작업)을 통해 얻은 결과를 바탕으로, 굴착해야 할 흙의 양과 하부 지반의 강도가 결정된다. 이 후, 건물에 가장 적합한 기초의 종류가 정해진다.

토공사를 담당하는 도급자는 먼저 트랙터셔블을 이용하여 상층토에서 가장 윗부분의 흙과 초목을 제거하며(약 30cm), 이 중 일부는 완전히 제거하지 않고 현장에 남겨둔다. 이 과정이 끝나고 나면, 본격적인 터파기 공사가 시작된다. 만약 공사현장이나 인접한 장소에 적절한 공간이 있을 경우, 굴착된 재료(잔토)는 보관되었다가 이 후 되메우기 작업에 사용되기도 하는데, 이는 잔토의 운반에 드는 비용이 높아 가능한 한 현장에서 생산된 잔토를 다시 사용하는 것이 바람직하기 때문이다.

굴착 장비(굴착기, 트랙터셔블 등)을 다루는 일은 높은 기술을 필요로 하는 작업이다. 굴착 장비를 다루는 기술자는 오차가 불과 몇 cm에 지나지 않을 정도로 정확하게 작업할 수 있어야만 한다.

계획 깊이만큼 터파기 공사가 진행되고 나면, 굴착된 바닥면의 작은 틈을 메우고 평탄하게 만들기 위해 버림콘크리트(PC 150 등급, 약 5cm)를 타설하게 된다. 버림콘크리트는 지하 서비스 설비 또는 기초의 위치를 표시할 수 있는 평탄한 표면을 만들어 준다. 그러나 암석이 많은 지반의 경우에는 이러한 버림콘크리트 포장이 불필요할 수도 있다.

터파기 공사는 일반적으로 건물의 모든 면에 대해 건물의 외곽선보다 약 60cm 가량 크게 작업되어야 한다. 60cm의 간격은 인부들에게 적절한 크기의 작업 공간을 제공한다. 굴착된 면의 휴식각(필요할 경우 기타 안정 수단도 포함된다)은 흙의 물성치에 따라 결정된다. 휴식각은 토사가 흘러내리거나 붕괴하지 않도록 결정되어야 하며, 이를 통해 굴착 현장에서 작업하는 인부의 안전을 보장할 수 있어야만 한다. 기후 조건과 정수압(지표수 또는 지하수) 조건에 따라 지반 내의 수분을 규정에 따라 제거해야 하는 경우도 있다.

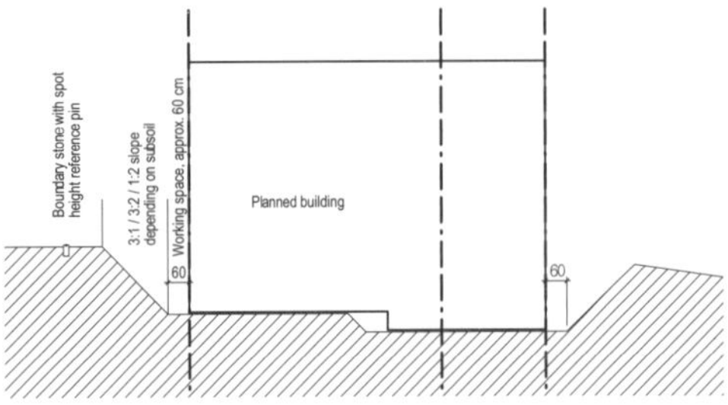

그림 41 : 터파기 공사의 개략도

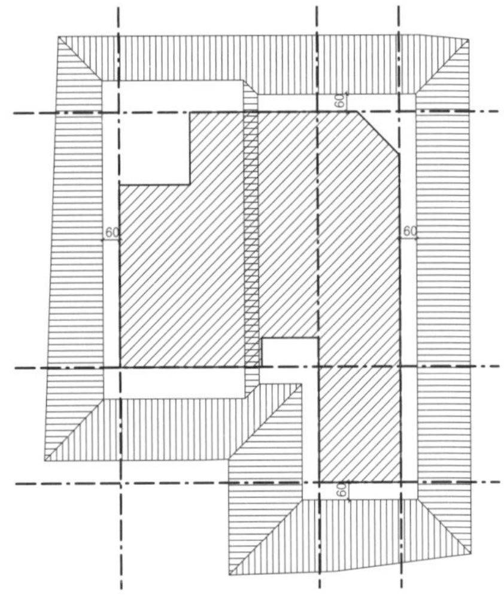

그림 42 : 터파기 공사 평면도 (경사면을 보여준다)

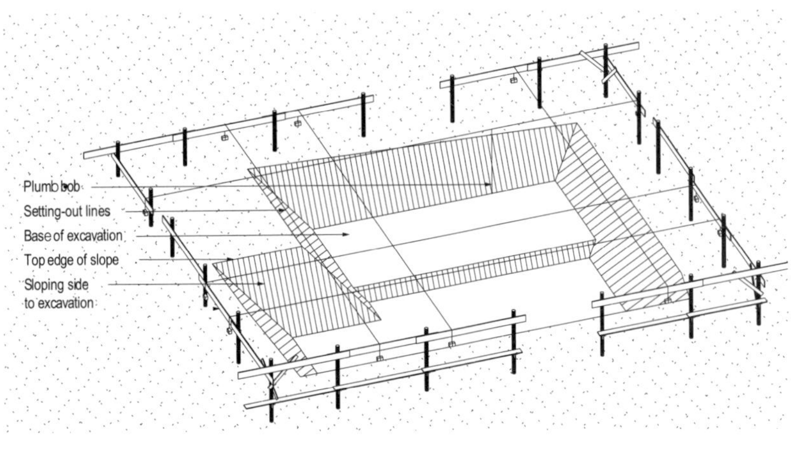

그림 40 : 굴착된 경사면

프로파일 보드(Profile boards)

버림콘크리트에 의한 포장이 완료되고 나면, 프로파일 보드가 만들어진다. 프로파일 보드에는 철사 또는 벽돌을 이용하여 주요 그리드 라인 또는 구조 쉘의 외곽선을 표시한다. 이러한 위치 설정 작업은 건축가에게 책임이 있으며, 이 후 측량기사에 의해 검토된다. 측량기사는 기존에 현장에 설치한 영구 기준점을 바탕으로 작업하게 되며, 프로파일 보드에 건물의 외곽선을 표시한다(오차범위 ±5 mm). 연추를 사용하여 평면 레이아웃을 버림콘크리트 층에 투영한다. 이러한 과정을 통해 건물의 위치가 정확하게 고정되며, 이 후 배수관 또는 바닥 슬라브에 대한 작업에 착수하게 된다.

그림 43 : 플라스틱 막으로 안정시킨 경사면

기초

개요

"건물과 지반이 면하는 방식은 하층토로 하중을 전달하는 과정과 기존 지형과의 연결방식을 결정한다… 단순하게 건물에 있어 기초란 지면 위의 건축적인 관계에 관한 여러가지 결정들에서 나온 직접적인 결과물이라 할 수 있다. 그러나 하층토의 흙이 지형학적 또는 지질학적인 측면에서 문제점을 나타낸다면, 즉시 이러한 상황에 대응할 수 있어야 한다."

출처 : Heinz Ronner, *Baukonstruktion im Kontext des architektonischen Entwerfens*, Haus.Sockel, Basel, 1991.

영향

기계적, 생물학적, 화학적 작용 :

하중	고정하중과 상재하중
침하	시공 기간과 그 이후에 걸친 하층토의 압축 작용
토압	지하 흙막이벽에 대한 (주로 수평적인) 응력의 작용
수분	대기중의 수분 (강수)
	지면의 수분 (지표수)
	지반 내부의 수분 (습기, 서리, 지하수)
	건물 내부의 수분 (증기확산)

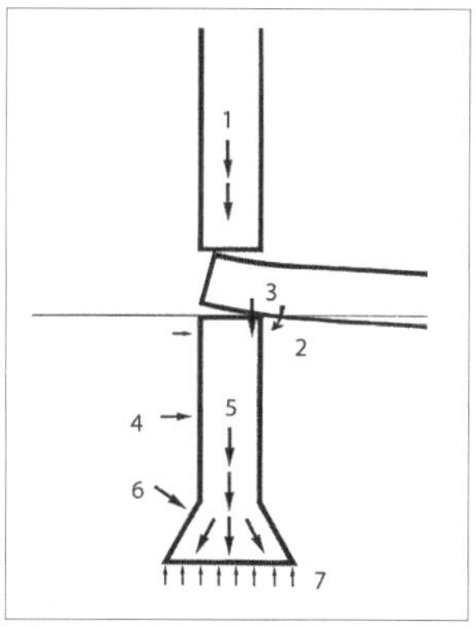

그림 44 : 하중의 전달
1 고정하중과 적재하중
2 바닥판 지지점에 작용하는 휨모멘트
3 지지점에서의 지지압
4 토압, 수압
5 기초의 하중
6 하중의 분산
7 토압 (기초 하부)

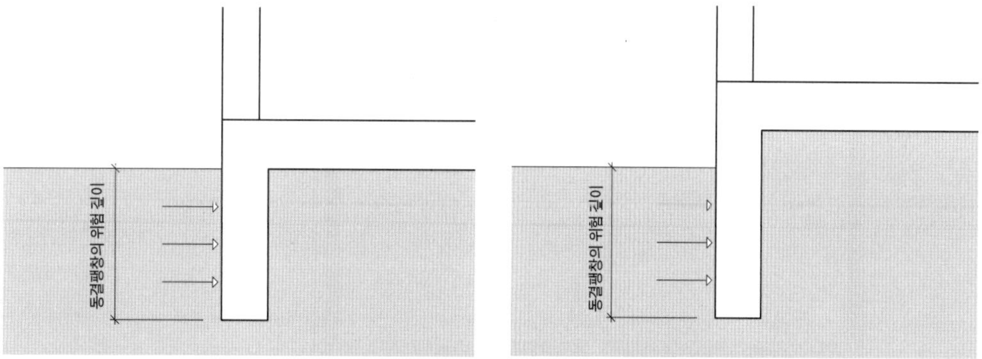

그림 45 : 동결을 방지하는 옹벽
직접적으로 구조적인 역할을 담당하지는 않는다. 동결팽창의 위험이 있는 깊이에 놓인 슬라브 아래로 물이 침투하지 못하도록 한다. 해발고도 800m 까지의 높이에서 지하 동결 한계선은 이로부터 80cm 아래에 계산한다. 해발고도가 800m보다 클 경우에는 고도의 1/10을 사용한다. (즉, 해발고도 1200m에 대하여 120cm)

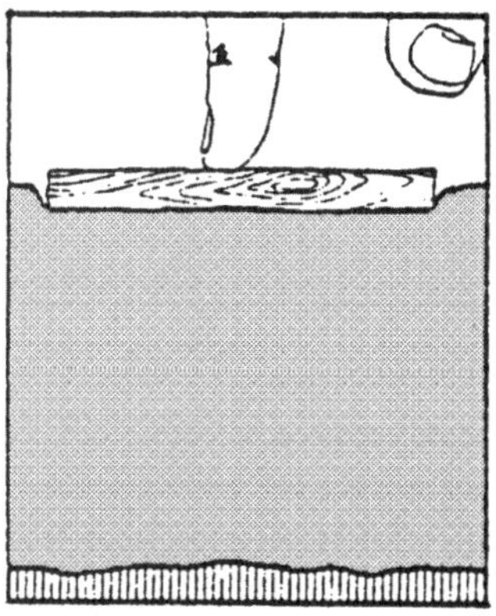

그림 46 : 얕은 기초
하층토의 내력 성능이 안정적일 때 사용한다. 기초의 깊이 = "동결팽창의 위험 깊이" (대책 : 옹벽의 추가)

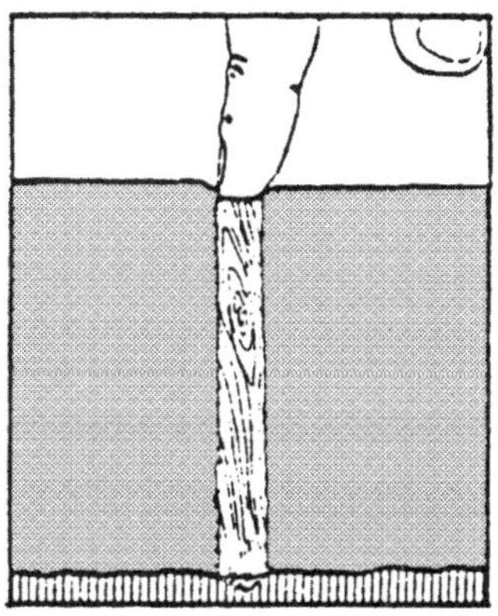

그림 47 : 깊은 기초
하층토의 내력 성능이 불안정하거나 표면이 부적질할 때 사용한다. 기초의 깊이 = 하중을 지지할 지층의 깊이

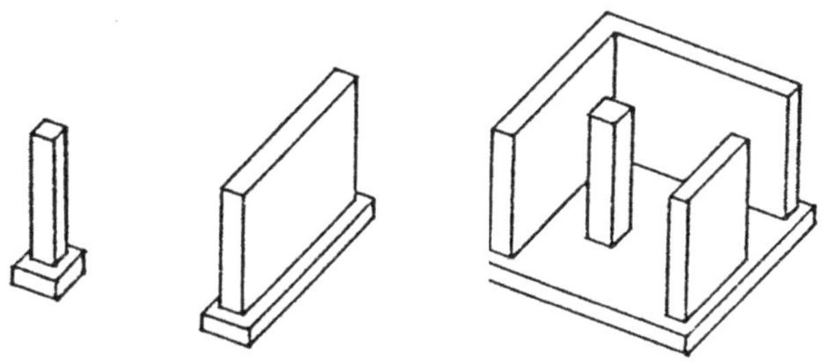

복합기초
불연속적

연속기초
선형

온통기초
평면적

그림 48 : 수직 구조 부재 위로 돌출된 기초
a) 하중의 분산
b) 거푸집 공사를 위한 견고하고 평탄한 표면의 제공 (오늘날 흙과 접하는 요소는 모두 콘크리트를 사용하여 만들어진다)

기초 방식
내력층이 내부에 위치하는 경우

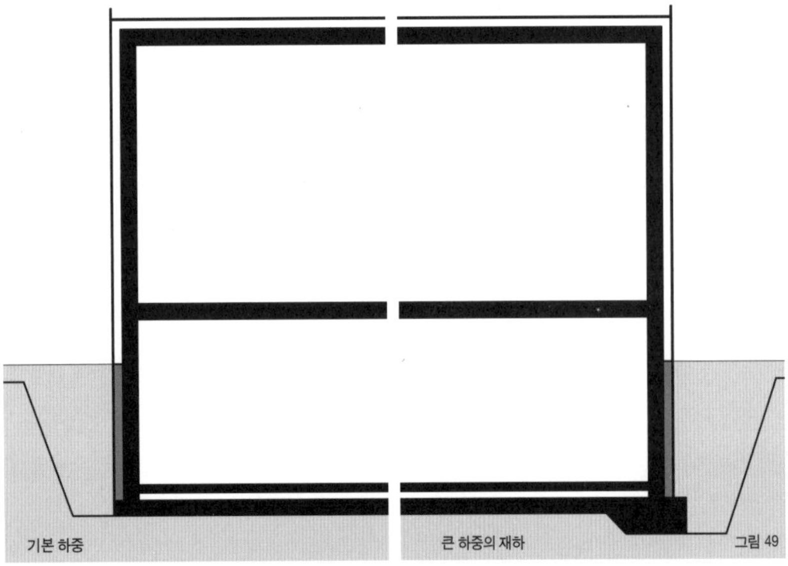

그림 49

온도가 낮은 면에 단열재 설치, 내피는 내력의 기능을 담당한다 (일반적인 경우)
기초에 사용되는 "지하 요소"는 오늘날 일반적으로 철근콘크리트를 사용하여 만들어진다.

온통기초
지면 아래의 구조물

건물은 온통기초에 의해 지지된다
큰 하중을 받는 경우 하부 벽의 두께를 증가시킨다
건물에서부터 단열재의 경계선까지 재료를 변화시킨다
벽의 바닥면에서 단열재가 끊기는 문제점 (난방되는 지하실)

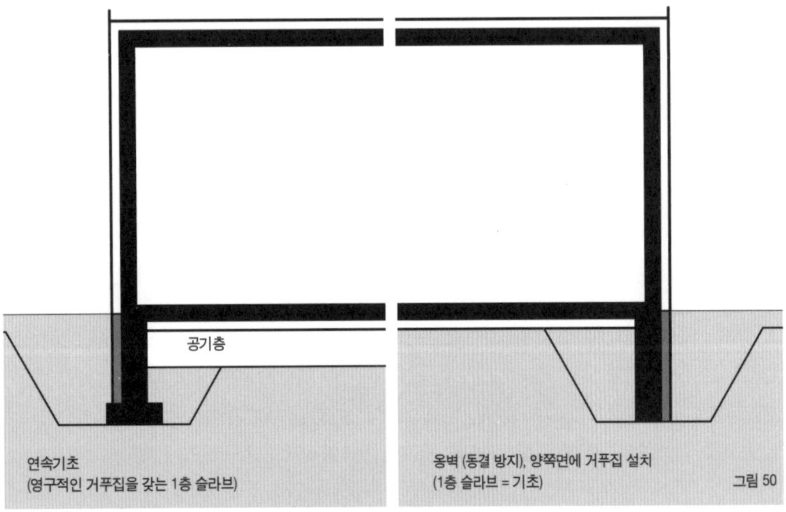

그림 50

연속기초, 옹벽 (동결 방지)
지면 높이의 구조물 (= 지하실 없음)

다음의 경우 건물은 독립 기초에 의해 지지된다 :
- a) 굳은 암반층이 건물로부터 멀리 떨어져 있을 때
- b) 공기층의 삽입 (방습막 없이도 바닥 공사를 할 수 있게 한다)

연속기초의 아랫면을 지하 동결 한계선까지 내려 위치시킨다
건물이 1층 슬라브에 의해 지지되는 경우 옹벽이 필요하다
건물과 경계부 단열재의 재료를 변화시킨다
벽의 바닥면에서 단열재가 끊기는 문제점

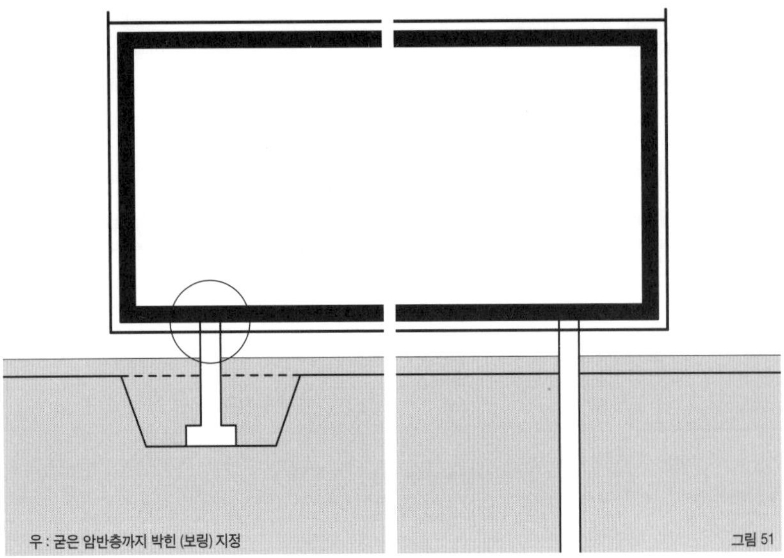

그림 51

독립기초
지면 위의 구조물

범람의 방지 등 실용적인 목적으로 사용되는 경량 건축물
(Mies van der Rohe의 Farnsworth House 참조)
독립기초의 아랫면을 지하 동결 한계선 또는 굳은 암반층까지 내려(지정 사용) 위치시킨다
주두가 단열재로 침투하는 문제점
고정물 또는 풍하중에 대한 가새에 의한 횡적인 안정성은 기둥의 높이에 따라 달라진다

기초 방식
내력층이 외부에 위치하는 경우

온도가 높은 면에 단열재 설치, 내피는 내력의 기능을 담당하지 않는다 (특히 콘크리트 공사와 목조 공사의 경우)

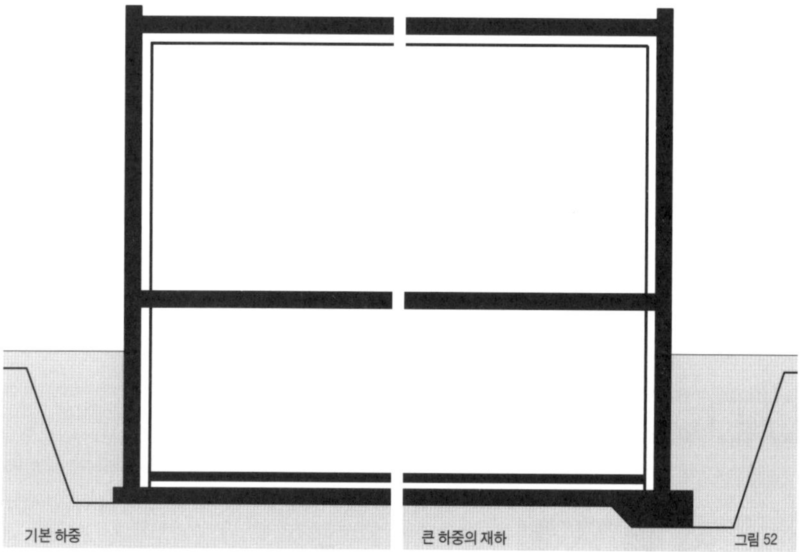

그림 52

온통기초
지면 아래의 구조물

건물은 온통기초에 의해 지지된다
큰 하중을 받는 경우 하부 벽의 두께를 증가시킨다
콘크리트의 경우 지면 높이에서 재료를 변화할 필요가 없다
벽의 바닥면에서 단열재가 끊기는 문제점

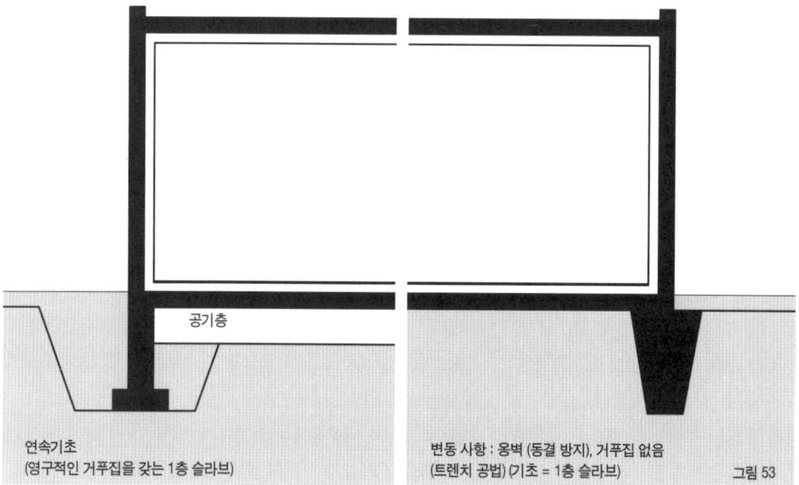

그림 53

연속기초
지면 높이의 구조물 (= 지하실 없음)

다음의 경우 건물은 독립 기초에 의해 지지된다 :

a) 굳은 암반층이 건물로부터 멀리 떨어져 있을 때
b) 공기층의 삽입 (방습막 없이도 바닥 공사를 할 수 있게 한다)

연속기초의 아랫면을 지하 동결 한계선까지 내려 위치시킨다
건물이 1층 슬라브에 의해 지지되는 경우 옹벽이 필요하다
단열재가 끊기거나 다른 요소에 의해 침투당하지 않는다는 장점을 갖는다

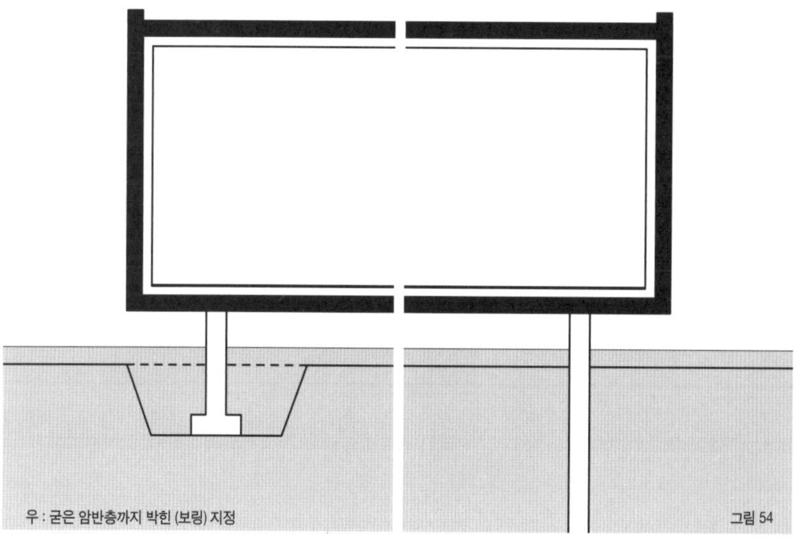

그림 54

독립기초
지면 위의 구조물

기둥, 필로티, 지정 등에 의해 지지되는 건축물
범람의 방지 등 실용적인 목적으로 사용되는 경량 건축물
(Mies van der Rohe의 Farnsworth House 참조)
독립기초의 아랫면을 지하 동결 한계선 내려 위치시킨다
단열재가 끊기거나 다른 요소에 의해 침투당하지 않는다는 장점을 갖는다
고정물 또는 풍하중에 대한 가새에 의한 횡적인 안정성은 기둥의 높이에 따라 달라진다

기단의 기본 원리

Alois Diethelm

그림 55 : 정지작업을 위한 단으로써의 기단
그리스 신전, 500 B.C.

그림 57 : 동일한 용도(주거)를 갖지만 구조적으로 독립적인 건축 요소로 사용된 하부구조와 상부구조
Philip Johnson: Wiley House, New Canaan (미국), 1953

"기단"은 구조물과 지반간의 관계를 조절하는 역할을 한다. 오늘날 기단에 대해서 거론할 때 다뤄지는 기단은 일반적으로 파사드와는 서로 다른 특성을 갖는 독립적인 건축 요소이자, 외피 또는 고형식 벽의 형태로 나타나는 것을 말한다. 그러나 반대로 "기단 없이" 지면과 이어지는 건축물에 관해 언급할 때 다뤄지는 기단이란 특정한 상세를 갖는 물리적인 요소를 말하는 것이다.

그림 56 : 기단의 종류
상에서 하로 : 단, "어스파일", 지하실, 상자형

지상의 기단

기단의 역사적인 발전 과정은 건설 현장에 대한 외부의 위험(동물, 기후, 전쟁 등)으로부터 인명을 보호한다는 실용주의적인 정지작업으로부터, 포스트 모더니즘의 건축적이고 형태학적인 환영에까지 달하는 것이다. 다른 어떠한 건축 요소도 이처럼 그 기원을 구분할 수 없을 만큼 다양한 방법으로 기술적인 요구 조건과 건축적인 의도를 혼합하지는 못했다. 심지어는 지형을 "개간함으로써" 건물의 단을 만들었던 그리스 신전에서조차, 건물이 가지는 힘 중의 일부분은 접근성과 그에 따른 삼차원적인 명시성에서 나온 것이라 할 수 있다. 기단이 더 발전하면서 이러한 "흙으로 만든 제방"은 한 개 층의 높이에 달하는 돌을 사용한 기단으로 대체되었으며(예 : 프랑스 님(Nimes) 지방의 신전, 16 B.C.), 기단의 속을 비워 사용 가능한 공간을 만드는 방식이 나타나게 되는 것은 이로부터 불과 얼마 지나지 않아서이다.

19세기 중반까지 기단은 단지 궁전이나 별장 건축에서만 사용되는 것이었으며, 다른 건축물들은 1층에도 상부층의 바닥판과 구분되지 않는 특징이 없는 바닥판을 사용하였다(중세 시대의 주택 참조). 용도(최초에는 부수적인 공간에서 출발하여 나중에는 주요 공간까지도 확장되었다)와 관계없이, 견고하고, 요새 같은 기단의 특징은 20세기 초반까지도 계속 이어졌으며, 이 당시에 기단은 돌을 사용하거나(석제 고형식 기단 또는 단순히 돌을 외장재로 사용한 기단) 좀 더 저렴한 재료를 사용하여 만들어졌다.

지하의 기단

눈으로 볼 수 있는 기단이 나타나게 된 또 다른 이유는 지하 공간에 자연 환기를 가능하게 하고, 기존 지면의 굴착을 최소화한다는 점을 들 수 있으며, 두 가지 이유 모두에서 1층의 바닥 높이가 들어올려지게 되었다. 이에 따라 지하실의 벽이 지상으로 드러나게 되었으며, 이러한 지하실의 벽은 일반적으로 상부의 파사드와는 다른 조건(습기와 토압에 대한 저항 성능 등)을 만족시켜야 한다는 점에서 독립적인 요소로 나타나게 되었다. 기단의 문제와 관계 없이, 들어올려진 1층의 바닥은 건물의 입구에 새로운 특색을 불어넣는 건축 어휘이기도 한데, 이렇게 형성된 진입부에서 지면과 1층 바닥판의 높이 차이는 건물의 외부에서 파사드의 두께를 고려하여 해결하거나, 또는 건물 내부에 들어서서 처음 접하게 되는 공간인 로비나 홀에서 해결되어야만 하는 문제이다. 외부에서 쉽게 눈에 띄지 않는 지하실의 벽은 1층 슬라브와 무관하게 공간을 경계 짓고 지상으로 공간을 확장시키며, 깔대기 모양의 개구부를 통해 지하 공간에 빛을 끌어들이게 된다.

채광정도 이와 비슷하게 기능한다. 간헐적인 수단으로 사용되는 채광정은 사실상 공간을 둘러싸고 있는 벽과 다르지 않다. 공사를 단순화하기 위해 콘크리트 또는 플라스틱으로 만든 추가적인 사전제작 채광정 재료를 사용할 수도 있지만, 채광정을 만들 경우 지상의 포장 도로나 잔디 등에 구멍이 생기게 되고 이에 따라 격자 모양의 뚜껑으로 덮어야 한다는 단점이 있다.

그림 58 : 서로 다른 용도(주거와 귀족의 회합 대 지하실)를 갖는 하부구조와 상부구조간의 강한 구조적 연결
Hardouin-Mansart, de Cotte: Grand Trianon, Versailles (프랑스), 1687

그림 59 : 들어올려진 1층 바닥 아래로 지하실을 위한 공간이 만들어진다. 기단에 조작을 가하여 지하 공간에 자연 환기와 자연 채광을 도입하고, 입구를 형성한다.
Diener & Diener: Warteckhof, Basel (스위스), 1993 - 96

파사드의 단면을 따라 놓인 선형 부재까지 펼쳐져, 충분한 폭(1~2m)을 갖는 채광정은 지하 공간에 빛을 받아 들이는 좋은 수단이다. 이러한 방법으로 지하실을 외부로의 조망이 부족하지만, 사람이 거주할 수 있는 공간으로 변하게 된다.

"옮겨진" 기단

만약 채광정의 바닥면을 지하층 바닥 슬라브의 높이까지 내린다면 접근이 가능한 외부 공간이 만들어지게 되는데, 이는 영국 등에서 전통적으로 사용된 방법이기도 하다. 외부 계단을 통해 본 건물과 별도로 접근이 가능한 지하실은 소규모 회사를 위한 임대층으로 활용하기에 적합하다. 이에 따라 "지하실 벽"에 대한 성능 요구 조건은 상부의 파사드에 대한 요구 조건과 별 차이가 없다. 이러한 방식을 건물의 모든 면에 적용함으로써 지리적인 조건의 영향을 받지 않고, 모든 층을 동일한 원리(예 : 목조 공법)를 통해 형성하는 "탱크"같은 건물을 얻을 수 있다.

그림 60 : 채광정을 통해 거주할 수 있는 공간으로 바뀐 지하실
Steger & Egender: Art School, Zurich (스위스), 1933

그림 61 : 접근하기 쉬운 정원을 만들기 위해 확장된 "채광정"
Steger & Egender: Art School, Zurich (스위스), 1933

억제된 기단

오늘날의 건축에 있어 기단이란 테마는 주로 시공적 또는 기술적인 측면에서 다뤄진다. 예를 들어 지형적인 조건에 의해 기단을 만들기 어려울 경우, 구조적인 배치는 억제되며 이는 때로 매우 막대한 비용을 필요로 한다. 점차 건물은 구조물이라기 보다는 (예술 작품 같은) 오브제의 느낌으로 나타나게 되었

그림 62 : 지하실의 존재를 암시하는 채광정
Marques & Zurkirchen: Kraan-Lang House, Emmenbrucke (스위스), 1994

그림 63 : 완전히 고정된 것이 아니라, "임시적으로" 잔디 위에 올려진 채광정
Marques & Zurkirchen: Kraan-Lang House, Emmenbrucke (스위스), 1994

그림 64 : 건축물은 언덕과 융합된다
Valerio Olgiati: school, Paspels (스위스), 1998

지만, 여전히 건물은 예전과 동일한 방식으로 지어진다. 50년 전에 사용했던 방법을 단지 조금의 수정만을 덧붙여 오늘날에도 여전히 사용하고 있는 것이다. 여기에서 차이점은 오늘날의 방식의 경우, 정형화의 과정에서 때때로 전통적인 "건축의 규칙"을 무시한다는 점이다.

건물을 지형과 구조물의 관계에 관한 세 가지 원리, 즉 땅에서 솟아난 건물, 땅에 놓인 건물, 땅에서 떨어진 건물이라는 원리를 간조하는 도구라고 생각해 보자. 건축 기술이 관점에서 땅에서 솟아난 건물은 지면 상, 하부를 연결하는 균질한 "외피"가 서로 다른 성능 기준을 따라야 한다는 큰 문제점을 갖는데, 지상층 외피의 경우에는 방수 성능, 기계적 손상에 대한 저항 성능을, 지하층 외피의 경우에는 수분과 토압에 대한 저항 성능을 갖추어야 한다. 현장 타설 콘크리트 또는 수벽 같은 균질한 재료(방수 및 수분 차단층으로 기능한다)를 사용하면 이 문제를 줄일 수 있다. 석재, 프리캐스트 콘크리트, 목재, 판금, 기타 경량 외장재 등으로 만든 부재를 연결하여 건물을 짓는 경우에는 외부에 노출되는 접합부에서 큰 문제가 발생할 수 있다. 줄눈이 새어나온 부분은 매우 약하며, 재료 자체의 수분 차단 성능이 부적절한 경우 또한 문제가 된다(블리딩, 부식 등).

반면, 지면 위로 이어지는 연속기초에서부터 한 층 높이에 달하는 필로티 등의 다양한 방법을 통해 지면과 분리된 건물은 "땅과 관련된" 문제점에서 자유롭다. 위에서 언급한 두 가지의 극단적인 형태의 중간점으로 지면 위에 건물을 올려 놓는 방식을 생각해 볼 수 있으며, 1층 슬라브를 이용한 배치 방식을 통해 구조물을 지면에 고정시키는 효과를 얻는다. 그러나 지면에서 끊기는 파사드 외장재를 통해 건물이 지면에 놓여 있는 듯한 인상을 준다.

그림 65 : 상부의 목조 구조물과 고형식 기단을 조절하기 위해 기존 지형의 높이를 변화시켰다.
Gion Caminada: factory, Vrin (스위스), 1999

그림 68 : 목조 건물을 떠받치는 콘크리트 기단은 굴착의 흔적을 보여주는 부분이다. 콘크리트 단에사용된 수평판이 콘크리트와 목재의 접합부를 덮는다.
Peter Zumthor: Gugalun House, Versam (스위스), 1994

그림 66 : 초벌칠한 단열재와 석제 기단
Dolf Schnebli: apartment block, Baden (스위스), 1990

기단의 이미지

기단을 정형화하려는 경향은 포스트 모더니즘에 대한 대응이 아니며, 전통적인 "건물"의 이미지(표면의 질감을 통해서만 구분할 수 있는 기단과 층, 다락층의 이미지)를 얻기 위해 기술적인 수단을 이용하여 정형화가 아니라, 실존하지 않는 구조적 다양성을 얻고자 했던 포스트 모더니즘의 추종자들에 대한 대응도 아니다.

이러한 종류의 기단은 (두께가 단지 몇 cm에 불과한) 외장재의 형태를 통해서만 파사드를 구분짓는 요소 이상의 것이 된다. 이는 이러한 배열 방식이 기계적인 손상과 오염으로부터 파사드를 보호하기 때문이다.

불가피한 기단

건축적인 선호도를 떠나서, 기단의 필요 여부를 결정하는 것은 지형으로, 이는 건축물의 종류에 따라 달라진다. 평탄한 지면에서는 기단을 손쉽게 억제하거나 제거할 수 있지만, 경사 지면의 경우에는 기단을 수평으로 형성함으로써 지형의 레벨 차이를 극복할지 아니면 지형의 등고선을 따라 기단이 형성되어야 할지에 관한 문제가 생긴다. 전자의 방식이 다양한 방법을 통해 층을 형성할 수 있는 반면, 후자의 방식은 다음과 같은 구조적인 문제를 지닌다. 기단은 상부 파사드를 위한 기초로써 내력 성능을 지녀야 하는가 아니면 토압과 수분으로부터 건물을 보호하는 "보호막"으로써 기능을 해야 하는가?

그림 67 : 기후의 영향과 오염을 막기 위해 사용된 도색 콘크리트와 세라믹 타일은 기단에 조형적인느낌을 부여하기도 한다.
Otto Rudolf Salvisberg: apartment block, Zurich (스위스), 1936

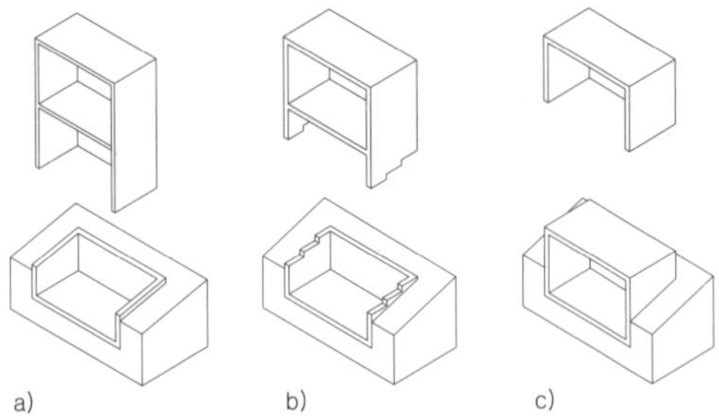

그림 69 : 경사 지형에 대한 기단의 형태
a) 개방된 굴착면에 놓인 건물 ("차단막")
b) 굴착면의 측면을 지지하는 건물 또는 구조체
c) 상부층을 지지하는 "하부층"으로써의 기단

지하 외벽

건물 외피에 미치는 영향

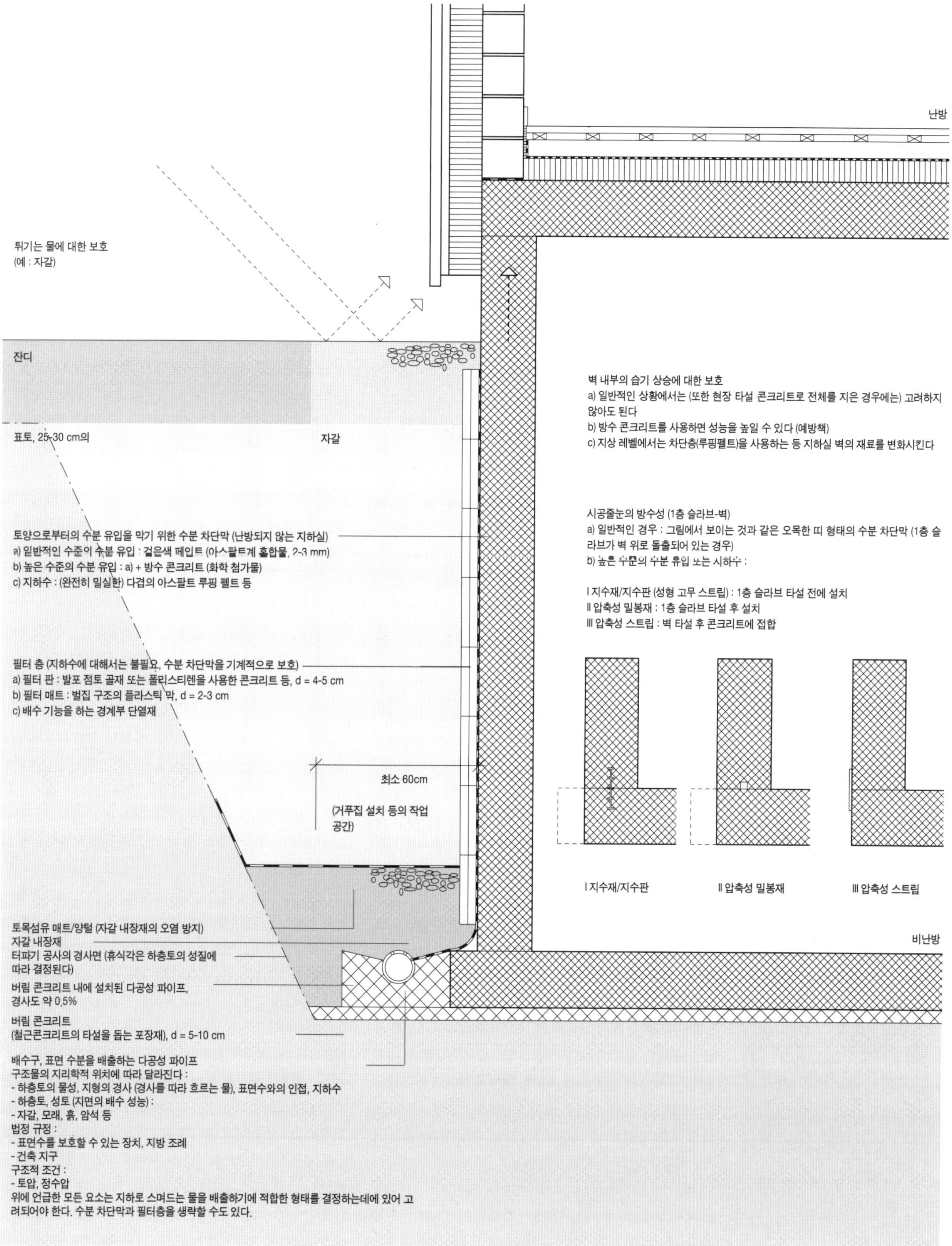

그림 70 : 외벽, 축척 1:20

벽

그림 1 : 원시 오두막의 축조
출처 : Antonio Averlino Filarete: "Treatise on Architecture", Florence, Bibl. Naz., Cod. Magl. II, I, 140 fol. 5v

Cordula Seger

벽에는 문화역사적인 의미가 가득 담겨 있다. "궁지에 몰리다(to stand with one' s back to the wall)" 또는 "불가능한 일을 시도하다(to bang one' s head against a brick wall)" 라는 표현들은 공간을 한정짓는 가시적인 경계이자, 공간을 구속하고 의미를 지니는 인공적인 경계라는 일반적인 벽의 의미를 보여주고 있다.

어떠한 용어라는 것은 언어와 밀접한 관계를 맺으며, 언어의 경계 안에서만 정의될 수 있다. 이는 하나의 단어의 의미란 다른 단어들과 이 단어를 이루고 있는 요소들간의 상호관계를 통해서, 또는 이러한 것들에 의해서 정의될 수 있다는 점을 의미한다. 그러므로 공간에 있어 벽이란 단순한 석조 건축물의 일부분과는 다른 것이라 할 수 있다. 편평하고 얇은 벽은 재질과 양각이 없기 때문에 어떠한 깊이에 대한 느낌도 느껴지지 않는다. 이와 반대로, 석조 건축물은 벽의 양쪽면 모두에 대해 영향을 미치며, 여기저기에서 내부적이고 외부적인 경계를 만들어 낸다. 독립적인 건축 요소로써 벽은 공간을 둘러싸고 공간을 정의하며, 따라서 공간을 형성하는 선천적인 능력을 가지고 있다. 그러나 벽은 어쩔 수 없이 바닥판, 천장 또는 하부의 지지 구조체에 연결될 수 밖에 없으며, 존재를 위해서는 반드시 공간적인 전이에 의존할 수 밖에 없다. 이러한 특징으로 벽은 (전통적인 골조 건축에서 내장재로 나타나듯이) 가구식 건축의 범주에 속하게 되는 반면, 석조 건축물은 고형식 건축의 요소로 간주된다. 독일어에서는 가구식 건축과 고형식 건축의 차이점인 구축술과 절단술에 대한 부분을 언어적인 차이를 통해 드러낸다. "독일어에서 구축술과 절단술의 구분은 두 가지 종류의 벽에 대한 언어적인 차이를 통해 강화되고 있다. die Wand 라는 단어가 나뭇가지를 엮고 초벌칠한 듯한 내장재 등의 막 같은 파티션을 말하는 것인데 반해, die Mauer 라는 단어는 육중한 요새같은 벽을 의미한다."[1]

그림 2 : 아테네 파르테논 신전에 사용된 밝게 채색된 보
After Gottfried Semper: plate V from *Anwendung der Farben in der Architektur und Plastik*, Dresden, 1836

Style in the Technical and Tectonic Arts 또는 *Practical Aesthetics* 같은 저서에서 다뤄진 Gottfried Semper의 이론에 따르면, 벽과 석조 건축의 언어적인 분기점은 매우 중요하게 다뤄져야 한다. 어원론적인 측면에서 Semper는 독일어 *Wand* 가 *Gewand* (의류/의복)와 *winden* (휘감다/말다)에서 유래되었다고 기술하고 있다. Semper는 공예 기술의 종류를 직조, 도예, 구축술(Semper는 구축술을 목조 건축에서 주로 발견할 수 있다고 한다), 절단술의 네 가지 영역으로 구분하며, 벽이라는 요소를 직조의 범주로 분류하고 있다. Semper의 분류에서 각 단어의 어원과 민족지학적인 발달 결정 인자는 상호 의존적이다. "여기에서 우리는 공예의 원시적인 형태를 문법적인 기호로 형상화하고, 각 기호에 부여된 의미를 해석하는 과정을 통해 각 공예의 의미를 언어적으로 표현하는 초기적인 음성학의 사례를 발견할 수 있다. 모든 게르만어에서 *Wand* (단어 *Gewand*와 동일한 어원과 기본 의미를 갖는다)라는 단어는 가시적으로 밀폐된 공간의 기원과 종류를 직접적으로 암시하고 있다."[2] 이러한 언어와 공예의 중첩은 중대한 결과를 나타내는데, 기본적인 추론의 과정은 Semper의 이론을 따라 전개된다. 1860년에 Semper는 언어와 공예적인 형태에 대한 연구와 각 연구간의 풍부한 상호작용이 절실하게 필요하다고 저술했다. 그는 예술 형태의 진실성은 단어를 통해서 더욱 선명하게 드러난다고 생각했다. Paul Valery는 건축에 대한 저술에서 이러한 점을 시적으로 표현하고 있다. "단어가 새로운 형태를 창조할 수 있는 것처럼, 건축할 수도 있지만 또한 망칠 수도 있다."[3]

벽을 특색짓다

석조 건축과 벽의 정확한 경계는 어디에 있는가? 위에서 언급했듯이, 석조 건축의 깊이감과 벽 표면의 광활한 느낌의 사이, 시공적인 독립성과 다른 건축 요소에의 의존성 사이에는 재료적인 차이가 놓여 있다. 그러나 형태의 전이는 충분히 가능한 것으로, 석조 건축은 벽으로 변환될 수 있다. 이는 외장재와 더불어 벽에 직물 같은, 또는 적어도 평면적인 외관을 부여하는 접합 기술에 의해 실현될 수 있다.[4] 그러나 이는 건축적인 흥미를 유발하기 위한 수단으로 여겨져서는 안되며, 어떠한 종류의 외장재라도 특정한 의미를 담고 있다는 점에서 중요하게 다뤄져야 한다.

예를 들어, 단지 페인트를 얇게 칠하기만 해도 석조 건축은 벽으로 변할 수 있다. 이러한 점에서 18세기 후반에 발견된 다양한 색상의 그리스 건축물들은 건축 이론에 관한 논쟁에 중대한 영향을 끼쳤다. 이는 우아한 백색을 추구하고 색채의 풍부함을 억제하려고 했던 당시의 학파를 단순히 반대하는 것, 그 이상의 의미를 가진다. 이는 지금까지의 조소적인 건축 개념이 직물적인 개념으로 변화하고 있음을, 석조 건축에서 벽으로 전환되고 있음을 보여준다. James Stuart와 Nicholas Revett는 1763년에 출판된 저서인 "*Antiquities of Athens*"의 1권에서 일리소스 신전에서 발견한 팔메트(palmette) 무늬와 연꽃 무늬의 프리즈(frieze)의 사진을 보여주고 있는데, 두 종류의 프리즈 모두 밝게 채색된 것이었다. 1806년의 강의를 통해 Quatremere de Quincy는 그리스 건축에 대한 새로운 견해를 발표했으며 널리 인정받게 된다. 이에 따라 Semper는 그를

그림 3 : 벽 디자인의 일부로 사용된 비내력 기둥
Karl Friedrich Schinkel: Friedrich Werdersche Church, Berlin (독일), 1830

이러한 담론의 창시자로 인정하게 된다.[5]

Semper는 공간의 형성에 있어 기호적인 측면이 벽에서 기인한다고 생각했다. 내부와 외부 양쪽에서 노출된다는 점에서, 건물의 장식적인 외피는 건물 전체의 공간적이고 건축적인 표현을 전달하고 겉으로 드러낸다. 내력 기능을 담당하지 않는 벽은 건물을 정의하고 의미를 전달한다. 다음의 글은 시공적인 목적에서 만들어진 석조 건축과 상징적인 의미를 전달하기 위해 만들어진 벽 사이의 차이점과 두 요소의 중첩에 대해 보여주고 있다. "… 벽이 필요한 곳이라 할지라도, 이는 공간에 대한 개념을 진실되고 합리적으로 표현하는 내부적이고 불가시적인 골조에 지나지 않는 것으로, 여기에서 공간에 대한 개념이란 직물 같은 느낌의 벽을 다소간 인공적인 작업을 통해 직물을 짜듯이 조립한다는 것이다."[6] 베를린에 위치한 Friedrich Schinkel의 Friedrich Werdersche Church는 벽이 표현하는 상징적인 측면을 매우 명백하게 보여주는 예이다. 네이브(nave)에서 보이는 고딕 양식의 장선은 어떠한 내력 기능도 담당하지 않고 볼트의 중앙에서 교차하지도 않으며, 일반적으로 볼트의 리브재가 교차하는 부분에 위치하는 장식물 대신에 위치한 틈은 장선이 구조적인 기능을 담당하지 않고 있음을 암시하고 있다. 여기에서 고딕식 장선은 벽 테두리의 일부 또는 벽의 고정을 위한 장치의 역할을 한다.

19세기에 있어 벽의 핵심적인 중요성은 1849년 발표된 John Ruskin의 이론을 바탕으로 드러나게 되는데, 이 이론에서 John Ruskin은 순수한 시공적 측면의 조립체인 "건물(building)"과 장식적 측면의 집합체인 "건축물(architecture)"을 구분하고 있다.[7] 이러한 차이에 의해 서로 다른 결과가 나타나게 된다. 건축물의 상징적이고 의미를 전달하는 특징은 단순한 기술적 완성이라는 "건물"의 특징과 비교해 볼 때 장식적인 가치가 더해졌다는 점에서 부각되는 것이다. 좀 더 분명하게 표현하자면, 건축물의 외피란 건축물과 동등한 것이라 할 수 있다.

Of frames and the framed

19세기 중반에 Eugene Viollet-le-Duc는 구조적 합리주의를 확립한다. 그는 구조적 골조를 필수불가결한 것으로 정의하고 있다. Viollet-le-Duc은 건축물을 이루는 요소를 1차적 요소와 2차적 요소로 구분하고 있으며, 건물의 기계설비와 구조체가 전자에 속하는 반면 후자에 속하는 것은 페인트로 도색되거나 장식될 수 있는 벽과 내장재를 말한다.[8] 이러한 구분을 통해 각각의 건축 요소들은 위계적인 구조로 재조직되게 되는데, 각종 장식적인 요소들은 어떠한 건축적인 기능도 담당하지 않는 경우에만 허용된다. Viollet-le-Duc의 이론은 철골조를 사용한 주택 프로젝트에서 잘 드러나고 있다. 이 건물에서 구조체는 눈으로 볼 수 있을 만큼 드러나 있고 틈새를 에나멜을 입힌 점토 벽돌로 메우고 있다.[9] 내장재에 대한 담론은 더욱 커진 골조와 철근콘크리트의 사용과 함께 21세기로 접어들면서 새로운 국면을 맞게 되었다. Auguste Perret와 그의 작품인 프랑스 파리의 프랭클린 25가 아파트 단지에서 나타나는 철근콘크리트의 선구적인 사용방식은 이에 대한 좋은 예이다. 이 건물에서 Perret는 구조체와 내장재의 개념을 골조의 틀내에서 공식화하고 증명하고 있다.

그림 4 : 철골조가 사용된 건물의 외관
Viollet-le-Duc: coloured plate from *Entretiens sur l'architecture*, 1812

Perret에 따르면 건축의 시작은 목제 골조의 사용에서 비롯되었으며,[10] 이러한 목제 골조 건축은 20세기 초반 새로운 건축 재료인 철근콘크리트가 등장하면서 다시 한 번 새롭게 해석되었다. 골조는 틀에 따라 짜여진 조직체를 정의하고 부각시키며, 순수한 의미를 부여한다. 그러나 프랭클린가의 아파트 건물의 골조는 단순히 노출된 콘크리트 구조물이 아니며 덧붙은 외장재에 의해 뚜렷하게 드러나는 것이다. 이러한 점에서 간결하고, 부드러운 느낌의 세라믹 타일은 장식적인 꽃무늬 장식과 명확하게 구분된다. 벽은 회화 작품이 구조적 골조로 둘러싸여 있는 듯한 같은 이미지로 나타난다. 이는 일반적으로 부드럽고, 교체될 수 있으며, 영구적으로 변화하는 중간 매개체의 기호로 작용한다. 내장재와 이를 둘러싸고 있는 구축적 구조체는 서로 대화하며 맞물려 있다. 이러한 두 요소간의 대화와 건축 양식에 대한 광범위한 논쟁을 통해서만 건물의 특징과 건축가가 의도한 분위기가 드러나게 된다. 두 요소간의 대화는 단순히 실용적인 측면을 넘어, 서로 관계를 가지며 끊임없이 서로 간섭하는 듯한 건물의 특징을 만들게 되며, 이러한 특징을 건축물 내에서 두드러지게 한다. 그러므로 세라믹 판넬을 통해 Perret는 건물을 이루는 주요 건축 요소와 부수적인 건축 요소를 구분할 수 있었으며, 동시에 건물 전체에 걸쳐 건물을 구성하는 논리를 드러낼 수 있었다. 이러한 점에서 외장재는 의미를 표현해야 한다는 Semper의 이론과 구조체 내부의 위계에 관한 Viollet-le-Duc의 이론 모두를 만족시켰다.

그림 5 : 다양하게 장식된 도자 판넬로 꾸며진 상층부
Auguste Perret: apartment block, 25 rue Franklin, Paris (프랑스), 1903 - 04

그림 6 : 입구 상부의 꽃무늬 유리 장식
Auguste Perret: garage, Société Ponthieu-Automobiles de Paris, Paris (프랑스), 1906 - 07

유리벽

Auguste Perret는 골조 건축을 목조 건축에서 진화한 형태라고 정의했으며 설비시설에 이러한 공식을 적용하려고 시도했는데, 이에 대한 일례는 Societe Ponthieu-Automobiles de Paris의 차고 건물로 여기에서 그는 중앙의 큰 장식용 유리 원창과 함께 내장재와 골조에 관한 원리를 극대화시키고 있다. 이와 반대로 독일 Alfeld an der Leine 지방에 위치한 Fagus company의 공장 건물(1911.14)에서 Walter Gropius는 골조와 내장재의 구분을 무너뜨리려고 노력했다. Gropius는 건축적인 컨셉에 따라 주열의 정면과 건물의 코너부에 유리와 철로 이루어진 상자형의 파사드를 형성했으며, 이를 통해 투명성을 표현하고자 했다.

그러나 유리벽은 건물의 외부에서 내부를 바라보는 시선과 내부에서 외부를 바라보는 시선을 아무런 방해도 없이 개방시키고 관찰자의 시선이 표면을 관통하게 된다는 점에서, 과연 유리벽의 표면이 의미를 전달할 수 있는가에 관한 문제가 제기되게 되었다. 투명한 유리벽이 건축적인 의미를 담을 수 있는가, 없는가에 대한 논의는 1851년 런던의 수정궁이 지어지면서 처음 대두되었다. "원예가이자 공학자인 Joseph Paxton은 어떠한 장식도 배제한 채 철과 유리로 이루어진 외피를 축조했다. 건물에 사용된 주요 색인 적색, 황색, 청색은 예술가이자 건축가인 Owen Jones의 솜씨이다. 장식적인 외관과 철제 골조를 덮고 있는 페인트는 모두 의도된 것으로, 건물 전체가 사회적인 상징의 표현으로 작용할 수 있도록 한다는 건물의 전통적인 기능을 위한 것이다."[11] 흥미롭게도, 유리로 만들어진 내장재는 그 자체로는 어떠한 상징적인 기능도 담당하지 않고 있으며, 이에 따라 건축가에 의해 새로운 의미를 부여받게 된 것이다.

수정궁에서 볼 수 있듯이 상품을 화려하게 전시하기 위한 용기로써의 건물이라는 방식은 백화점의 형태로 현재까지 이어지고 있다. 제 1차 세계대전 이후, 상업적인 용도의 건물에 유리 커튼월을 사용하는 방식이 미국에서 개발되었다. 이를 위한 기술적인 전제조건은 더 높은 내력 성능을 갖는 강화 유리의 개발이었다. 커튼월이라는 용어에서 알 수 있듯이 유리 부재는 콘크리트 바닥판의 모서리에 마치 천을 매달아 놓은 듯이 매달리며, 이를 위해 바닥판은 최외곽의 기둥보다 더 돌출된 캔틸레버의 형태를 나타낸다. 외부에서 볼 때, 건물을 감싸고 있는 유리 파사드는 독립적인 외피로 보이게 되며, 따라서 바닥판이나 천장 구조체와의 조합을 통해서만 존재할 수 있는 전통적인 벽의 개념에서 벗어나고 있다.

그림 7 : 알함브라 중정의 외부 경관 ? 건물과 대립하는 구조
Joseph Paxton: Crystal Palace, London (영국), 1851

그림 8 : 건물 전체를 감싸기 위해 코너부를 둘러싸고 있는 유럽 최초의 커튼월
Walter Gropius: Fagus factory, Alfeld a. d. Leine (독일), 1911 - 25; view from south-east, condition after 1914

내부에서 볼 때, 투명한 유리벽은 공간을 한정하는 벽의 능력을 실제적으로, 또한 상징적으로 무효화시킨다. 벽과 창은 구조적 개구부라는 개념에서 그 구분이 모호해지게 되었다. 동시대의 역사주의 학자들이 수정궁에서 부족했던 점이라고 생각했던 점인 유리 외피가 그 자체로는 어떠한 표현력도 지니지 못하고 있다는 점은 고전적인 모더니즘 건축물에서 하나의 특징으로써 나타나고 있다. 모더니즘을 표방하는 건축가들은 오직 "아무런 특징도 없는" 건물만이 사용자들에게 효율적인 자유도를 부여한다고 말한다. 그러나, 고전적인 모더니즘 또한 재료에 관념적인 의미를 담는 작업을 배제하는 것이 아니다. 유리는 빛과 공기를 나타내며 이를 통해 외부를 향한 적극적인 개방성을 표현한다.

유리의 사용이 늘어나고 새로운 개발이 계속적으로 이어지게 된 데에는 경제적인 이유가 큰 부분을 차지했다. 19세기 말에 처음 나타난 백화점이라는 공간에 있어, 가장 중요한 문제는 진열된 상품을 잘 보이도록 하는 것이었다. 이러한 점에서 내부 공간은 체계적으로 정렬되어 외부를 향해 개방되었으며, 유리는 지나가는 행인과 잠재적인 구매자들에게 정보를 제공하는 매개체로써 기능하게 되었다.

커튼월은 전통적인 벽이 가지고 있던, 또한 반드시 가져야 했던 성질들에서 벗어난 대표적인 예이다. 그러나 1차 대전이 발발하기 이전에 유리를 주요한 건축재료로써 사용하고, 벽과 개구부의 기능을 할 수 있도록 하기 위해 이어졌던 여러가지 시도들처럼 또 다른 방식의 흥미로운 접근 방법들도 존재한다. Paul Scheerbart 의 글과 아포리즘에서 영감을 얻은 Bruno Taut의 "유리의 집"은 색다른 분위기의 내부 공간을 연출하기 위해 유리 벽돌과 프리즘, 바닥 및 벽 타일을 이용하여 만들어지기도 했다.

자급자족하는 벽

1920년대 "데스틸" 계열의 건축가들은 철근콘크리트로 만든 얇은 판넬을 이용하여 가구식 건축과 고형식 건축의 원리를 융합했으며, 벽판(wall plate)를 건축적이며, 공간을 형성하는 창조적인 요소로 격상시켰다. 결과적으로 건축에 있어 주 요소와 부수적인 요소라는 위계적인 경계는 시각적으로 사라지게 되었다.

그림 9 : 벽판의 축조
Theo van Doesburg, "Maison particuliere" (in conjunction with C. van Eesteren), "counter construction" (*Analyse de l'architecture*), 1923, pencil and ink, 55 x 38 cm

그림 10 : 측면의 진입구를 보여주는 도로측 입면
Gerrit Rietveld: Rietveld-Schroder House, Prins Hendriklaan 50, Utrecht (네덜란드), 1924

벽판을 두드러지게 표현하고자 할 경우에는 색이 결정적인 역할을 수행했다. "데스틸" 운동을 따르던 건축가들과 예술가들은 벽 전체에 그림을 그렸으며, 이러한 방법을 통해 도색된 벽판의 모서리가 가려지게 되면서 건물의 크기라는 것은 부유하는 구조적 조립물이라는 개념에 대해 부수적인 요소로 작용하게 되었다. 이러한 점에서 Arthur Ruegg van Doesburg의 "개인주택 계획안(Maison particuliere)"은 다음과 같은 제안을 하고 있다. "되돌아 보면, 공간의 형성에 있어 개방적인 해법을 제시한 색의 사용은 아직까지도 구조와 폐쇄된 공간이라는 인습적인 규칙에서 벗어나지 못하고 있는 건축에 대한 진보적인 비평으로 이해될 수 있다."[12] 따라서 옅은 빛깔의 벽이 건물의 추상적인 특징을 강조하기 위해 디자인되어 표면적으로는 전통적인 규칙의 중요성을 부정하는 듯이 보이지만, 벽은 담고 있는 의미를 통해 역사적 콘텍스트에서 의의를 갖게 된다. 전통적인 건축 원리는 공간에 대한 새로운 관념을 전달하기 위해 기저에 감춰지게 된다.

친밀함과 표현성

좁은 관점에서 벽이란 내부공간에서 지각할 수 있는 것이다. 이러한 점에서 각각의 특수한 공간은자신의 영역이 한정지어지게 된다. "벽은 부조적인 설명 없이 그 자체만으로도 폐쇄된 공간을 정의할 수 있는 유일한 건축 요소이다. 벽은 밀폐된 공간에 존재를 부여하며 이를 눈으로 볼 수 있도록 한다."[13] "within one' s own four walls"라는 격언은 밀폐된 내부 공간을 형성하는 강력한 벽의 특성을 나타내고 있다.

19세기에 접어들면서 성장한 중산층의 영향으로 건물의 내부공간은 집합적인 자기 표현의 방법으로써 그 관련성이 더욱 증가하게 되었다. Walter Benjamin은 이러한 벽의 "폐쇄적인" 힘이 19세기의 생활 양식에서부터 나온 것이라고 생각했으며, 이러한 점에서는 그는 "덮개(sheath)"라는 비유를 사용했다. Benjamin은 인간의 "주거"란 그 거주자의 "지문"을 담고 있으며, "가장 극단적인 경우에는 단단한 외피가 될 수도 있다"[14]고 기술했다. 내부 공간을 다른 모든 측면과 응집되도록 디자인하려 했던 아르 누보의 시기에서 Benjamin은 폐쇄적인 구조로써의 공간의 개념이 무너지고 있음을 발견했다. "아르 누보는 주택의 가장 근본적인 기반을 뒤흔들었다."[15] 이러한 사유의 흐름 속에서 우리는 꽃무늬와 유기적인 곡선의 모티브가 주를 이룬 아르 누보는 벽의 평탄함을 두드러지게 함으로써 공간의 분위기가 아닌 시각적 효과로 관찰자의 주의를 집중시키려고 했음을 알 수 있다. 이에 따라 1900년대에 내부공간이 마치 막처럼 평탄해지게 됨에 따라 건물의 안주인이라 할 수 있는 이 내부공간은 표현성이라는 기능을 수행하게 되었으며, 즉 사회를 향해 투사되는 표면으로 병합되었다. 이러한 해석은 Maria Sethes의 사진에서 잘 확인할 수 있는 점으로, 이 사진에서 남편인 Henry van de Valde가 디자인한 드레스를 입은 그녀는 내부 공간과 조화를 이루며 하나의 종합 예술 작품(Gesamtkunstwerk)의 일부로 융화되고 있다. 벽 장식과

그림 11: 사진에 찍힌 여성은 마치 방에 융합되는 듯이 보인다.
오스트리아 비엔나의 패션 디자이너였던 Mathilde Froge가 자신이 직접 디자인한 "개량" 드레스를 입고 찍은 사진, 1905. Froge는 Josef Hoffmann이 디자인한 장신구를 걸고 Kolomann Moser이 디자인한 진열장 앞에 서 있다.

그림 12 : "종합예술(Gesamtkunstwerk)"의 일부로 설치된 옷과 착용자
벨기에 브뤼셀 인근 육클(Uccle) 지방에 위치하는 자신들의 집에서 남편인 건축가 Henry van de Velde가 디자인한 드레스를 입은 Maria Sethe의 사진, c. 1898.

여성의 실내복 간에 융합이 이루어지고 있는 것이다. 건축적 콘텍스트의 역사를 통해 생각해 볼 때, 이는 Semper의 외피 이론을 가장 극명하게 보여주는 사례라고 할 수 있다. 그러나 내부 공간을 생활 공간이라고 정의할 때, 아르 누보의 디자인 원리는 여성에 대해 더 큰 구속을 가하게 되는데 이는 아르 누보에서 내부 공간은 핵심적인 생활 공간으로 지정되어 있기 때문이다. Adolf Loos는 양식에 치중하는 예술에 대해 강하게 반대했으며, 이러한 사례로 Henry van de Velde, 분리파, Wiener Werkstatten 등을 들었다. Loos는 아르 누보의 드라마틱한 정교함에 대해 엄하게 비판했으며, 내부 공간은 사용자의 인격을 반영해야 되는 것으로 예술가인척 하는 건축가들의 나르시시즘적인 자기 만족의 표현이어서는 안된다고 했다.

"clothing"에서 "cladding"으로

오늘날 벽의 표현력은 과거에 비해 줄어든 것처럼 보인다. 1903년에 독일 슈투트가르트에서 출판된 "Handbuch der Architektur"[16]의 제 3권은 각 장에 걸쳐 돌, 종이, 가죽, 직물 등의 다양한 벽 마감재와 도장, 도배, 상감, 치장 벽토 세공, 모자이크, 목제 판넬, "회화" 등의 마감 기법에 대해 다루고 있다. 그러나 현재의 건축물들은 표현보다는 주로 벽의 이면에 감춰진 의도에 대해서 집중하고 있다.

벽의 중요성과 인식에 대한 이러한 변화는 언어적인 측면에서도 나타나고 있다. 1903년에는 건물의 외장재를 칭하는데에 있어 Semper의 이론을 바탕으로 "Wall clothing"이라는 용어가 일반적으로 사용된 반면, 오늘날에는 "Cladding"이라는 용어만이 사용되고 있다. 외피(Cladding)이란 용어는 표면의 뒤에 감춰지거나 또는 표면에 직접 드러나도록 변형될 수 있는 상태의 것을 말한다. 단열재, 방습층, 공극 등이 벽과 외피 사이의 공간을 채우게 된다.

Gottfried Semper는 관습과 인간의 상호작용을 단순화시키는 역할 놀이를 좋아했다. 공적인 논쟁에 참여하기 위해 그는 암호화된 몸짓과 이미지를 사용했다. "나는 정장을 차려입고, 가장 무도회에 참석하는 행위가 인간의 문명 그 자체 만큼이나 오래된 것이라고 생각한다. 이러한 행위를 통해 얻는 즐거움은 한 사람을 조각가, 화가, 건축가, 시인, 음악가, 극작가, 즉 예술가로 만드는 모든 행위에서 얻을 수 있는 즐거움과 동일한 것이다. 현대적인 용어로 표현하건데, 모든 종류의 예술적인 창조물 그리고 모든 종류의 예술적인 즐거움은 모두 약간의 축제 같은 마음에서 나오는 것이라 할 수 있다. 축제에서 초가 타며 피어오르는 연기는 예술의 진정한 분위기를 나타낸다. 현실성, 물질성의 파괴를 통해 형태는 비로소 의미를 담은 상징이자, 인간이 만든 독립적인 창조물로써 나타난다."[17] 축제에 대한 Semper의 선호도는 진정성을 추구한 모더니즘에 의해 반박되었으며, 이는 표현성의 감소로 이어졌다. 이에 따라 모더니즘 이 후의 건축에는 벽에 잠재된 의미 전달의 가능성을 재발견하고, "clothing"과 "cladding"의 원리를 혼합한다는 과제가 주어지게 되었다.

그림 13: 대리석과 회색 대리석으로 만든 페이샤 하부의 입구. 이러한 모티브는 초기 르네상스 건축을 떠올리게 하며, 건물의 중심적인 변화를 강조한다.
Robert Venturi, John Rauch: Gordon Wu Hall, new common rooms for Butler College, Princeton University, New Jersey (미국), 1980

1 Kenneth Frampton: *Studies in Tectonic Culture: The Poetics of Construction in 19th and 20th Century Architecture*, London, 1995, p. 5.
2 Gottfried Semper: *Der Stil in den technischen und tektonischen Künsten*. vol. 1, Frankfurt/M. 1860, p. 229. - 영문판 : Gottfried Semper: *Style in the Technical and Tectonic Arts; or, Practical Aesthetics*, vol. 1, (Semper's emphasis).
3 Paul Valéry: *Eupalinos*, Frankfurt/M., Leipzig, 1991, p. 78.
4 p.22 ~ p.31에 실린 Ákos Morávanszky의 글 "석조 건축의 페이소스"를 참고하라. 고형식 건축과 가구식 건축의 혼합은 Semper에 의해 처음 시작된 것으로, 그는 잘 지어진 모든 석조 벽은 조적의 원리에 의해 직물 같은 느낌을 표현한다고 생각했다.
5 Gottfried Semper: 동일 저서, p. 218.
6 동일 저서, p. 229.
7 디자인과 건축 간의 구분은 1800년 경의 교육에 대한 반향이라고 할 수 있다. 예를 들어 프랑스의 "Ecole Polytechnique"은 기술의 적용에 중점을 두고 1795년에 설립되었다. 점점 특수화됨에 따라 시설은 몇 개의 학과로 나누어지게 되었는데, 이는 디자인과 건축에 대한 이해에 큰 영향을 미쳤으며 두 요소의 통합을 향한 노력은 단지 일부에 불과했다.
8 Robin Middleton: "Farbe und Bekleidung im neunzehnten Jahrhundert"; in: *Daidalos* "In Farbe", No. 51, Berlin, 15 March 1994, pp. 88-89.
9 Eugène Emmanuel Viollet-le-Duc: *Entretiens sur l' architecture*. Atlas, Paris, 1864, PL. XXXVI. 참조
10 Auguste Perret: *Contribution à une theorie de l' architecture*, 1952, quoted by Frampton 1995, pp. 125.26.
11 Susanne Deicher: "Polychromie in der englischen Architektur um die Mitte des 19. Jahrhunderts", in: *Daidalos*, 동일 저서, p. 91.
12 Arthur Rüegg: "Farbkonzepte und Farbskalen in der Moderne", in: *Daidalos*, ibid., p. 69.
13 Gottfried Semper: *Der Stil in den technischen und tektonischen Künsten*, vol I. Frankfurt/M. 1860, p. 227.
14 Walter Benjamin: *Das Passagen-Werk*. Gesammelte Schriften Bd. V1. Frankfurt/M. 1982, p. 292. - English translation: Walter Benjamin: *The Arcades Project*, Cambridge, Mass.,1999.
15 동일 저서, p. 292.
16 Hugo Koch: "Ausbildung der Wandflächen", in: idem: *Die Hochbaukonstruktionen. Des Handbuches der Architektur dritter Teil*. Vol. 3, no. 3: Ausbildung der Fußboden-, Wand- und Deckenflächen, Stuttgart, 1903, pp. 101 - 22.
17 Gottfried Semper: 동일 저서, p. 231, footnote 2.

가로로 긴 창을 위하여 또는 이에 대립하여
Perret과 Le Corbusier의 논쟁

Bruno Reichlin

"Auguste Perret가 *Salon d' Automne*의 건축 부문을 기록했다." 이는 *Salon d' Automne* (1923년 11월 1일에서부터 12월 16일까지 개최되었다)의 한 부문이었던 "건축과 도시 계획(Architecture and Town Planning)"에 관한 Auguste Perret와 *Paris Journal* [1]의 인터뷰 기사의 머릿글이다. 저널리스트인 Guillaume Baderre에 따르면 이 부문은 방문자들의 큰 관심을 끌었다고 한다. "어떤 이들은 젊은 건축가들의 큰 열정이 담긴 대담한 디자인에 호평을 보냈으며, 어떤 이들은 진심으로 충격을 받기도 했다. 그러나 그 누구도 이 작품들에 무관심하지는 않았다… 무엇보다도 Le Corbusier와 Jeanneret의 다양한 모형들[2]이 논쟁을 불러 일으켰다. 이들은 전통적인 모든 규칙들에서 탈피한 새롭고 독창적인 기술들을 선보였다." [3]

이 인터뷰를 통해 Perret은 Loos, Le Corbusier, Jeanneret에 대한 직접적이고 매우 악의에 찬 공격을 가했다. 이들 건축가들에 의해 대두된 논쟁은 Perret이 조소어린 말투로 "우리의 아방가르드 건축가들"이라 그들을 칭하면서 다시 시작되었다. Perret은 이 건축가들이 그들이 표면적으로는 반대했던 것과 매우 유사한 새로운 형식적 아카데미즘을 확립했으며, 결국은 그들이 반대하고자 했던 점과 마찬가지로 주거 건축의 기능적인 측면에 대해 매우 무감각했다고 말했다. Perret은 다음과 같이 주장했다. "볼륨과 벽의 표면에 대한 이 점을 위해, 이들 건축가들은 과거 대칭성, 열주, 아케이드를 선호했던 시기에 나타났던 문제점을 반복하고 있다… 그들은 볼륨에 집착하는데 이것이 바로 그들의 유일한 관심사이며, 인간의 편안함에 대해서는 아무런 주의도 기울이지 않은채 단지 선의 조합에 대한 강박관념에 사로잡혀 있다." Perret은 다음과 같이 비판을 이어간다. "이들 볼륨의 창조자들(faiseurs de volume)은 굴뚝을 더 이상 증기를 흩뿌릴 수 없는 아주 작은 조각으로 줄여버렸다. 이들은 심지어 코니스를 제거하여 결국 노출된 파사드가 빠르게 부식하는 결과를 초래하기도 한다… 이처럼 모든 실용적인 원리를 완전히 부정하는 모습은 그저 놀라울 따름이다." Perret은 격렬한 어조로 다음과 같이 결론짓는다. "Le Corbusier가 실용성의 원리를 표방하는 건축가, 또는 적어도 이를 표방하는 체하는 건축가라는 사실은 매우 명백한 사실이다."

Perret의 비평은 이후에 밝혀지는 것처럼, 벽 표면에 뚫린 개구부의 형태라는 점에 대해 매우 광범위한 영향을 유발시켰다. 또한 이 비평은 Le Corbusier의 열정적인 대응을 불러 일으켰다. 계속적으로 이어진 Perret과 Le Corbusier의 논쟁의 과정에서 두 가지의 대립적인 입장을 발견할 수 있다.

순수한 기술적, 미학적인 논쟁과 더불어 주거 건축에 관한 두 가지의 상반된 개념, 또는 더 나아가 만약 문화라는 용어를 광범위하게 인간학적인 측면에서 정의할 때 두 가지의 문화에 대한 개념이 나타났다. 그러나 이러한 모순되는 두 입장을 세심하게 연대기적으로 접근해보도록 하자. 인터뷰 중에 Perret는 Le Corbusier의 개념적인 건축적 골조에서 발견되는 형태와 기능 간의 모순에 대해 계속적으로 언급했다. "기능은 형태를 필요로 하지만, 형태가 그 기능을 대체해서는 안 된다… 그러나 Le Corbusier의 작품에서 우리는 볼륨을 만들기 위해 클러스터화된 창을 사용하여 완전한 여백 사이에 큰 벽면을 남기거나, 예술적인 변덕에서 가로로 과도하게 길게 늘려진 이상한 모양의 창을 만드는 경향을 볼 수 있다. 외부에서 바라볼 때 이는 독창적인 인상을 줄 수 있지만, 이의 결과로 공간의 절반 이상이 자연광을 받아들이지 못하는 결과를 초래한다는 점에서 내부에서 바라볼 때는 그다지 창의적인 인상을 주지 못하고 있는데, 나는 이러한 문제가 지나치게 독창성을 추구한 결과라고 생각한다."

이러한 비평은 Le Corbusier를 철저하게 깎아내린 것이었다. 깊은 모욕감에서 Le Corbusier는 동일한 간행물, 즉 "*Paris Journal*"을 통해 두 차례에 걸쳐 반박한다. 1923년 12월 14일에 출판된 "A visit to Le Corbusier-Saugnier"은 후에 Baderre가 다시 한 번 다루고 있는 "반대측의 얘기 또한 들어보아야 한다" 라는 글로, Corbusier에게 최초의 반박의 기회를 제공했다. [4]

그림 1 : Franz Louis Catel: Schinkel in Naples, 1824

Le Corbusier는 결국 동료임에도 불구하고 서로에 대한 신의가 부족했던 Perret의 글에 당황했음을 밝히고 무례할 뿐만 아니라 사실에 대해 부정확한 의견을 출판한 것에 대해 Perret을 비난했다. 굴뚝과 코니스의 삭제에 대해 언급한 비평에 대해 잠시 언급한 후 그는 직접적으로 개구부의 문제에 대해 기술하고 있다. "그리고 내 작품에 사용된 창이 충분한 자연광을 받아들이지 않는다고 말한 것이 바로 Perret의 마지막 무례이다. 이 말이 잘못되었다는 점이 너무나도 명백하기 때문에 나는 매우 분노할 수 밖에 없었다. 그가 말하고자 한 것은 무엇인가? 나는 채광이 좋은 내부 공간을 만들려고 노력했다… 이것이 나의 주된 목표였으며, 또한 이것이 바로 인습에 젖어 있는 사람들이 내 작품의 파사드를 외부에서 바라보았을 때 다소 간 기괴하다고 느끼는 이유이다. Perret은 내가 의도적으로 기괴함을 추구했다고 했다. 이는 정확한 말이다. "의도적으로". 그러나 이는 기괴함 그 자체를 위한 것이 아니라 건물 내부로 최대한의 자연광과 외기를 받아들이기 위한 것이다. Perret가 변덕이라고 표현했던 이러한 방식은 거주자의 가장 기초적인 요구에 따르기 위한 나의 의도였다."

1923년 12월 28일자 *Paris Journal* 에는 Guillaume Baderre의 또 다른 저술인 "Le Corbusier에의 두번째 방문(Second visit to Le Corbusier)"[5]을 싣고 있다. 이번 글에서 저널리스트는 자기 자신의 목소리를 내고 있다. 그는 Le Corbusier의 편에 서서 가로로 긴 창에 관한 모든 논쟁을 종합하고 있는데, 이러한 종합은 다른 어떠한 저술이나 강의보다도 먼저 이루어진 것으로 후에 이 글을 유명하게 만드는 이유가 되었다. 글의 내용을 요약하면 다음과 같다. 전통적인 수직 창은 시대에 뒤떨어진 시공 표준(돌과 벽돌)의 산물이라고 할 수 있다. 이러한 창은 그 폭에 있어 제약을 받으며 중량의 벽을 필요로 한다. 건물에서 창 표면을 넓히기 위해서는 그 높이 역시 불균형하게 증가해야만 했으며, 이는 개구부는 물론 창이 달린 공간에 있어서도 그러했다. 그러나 철근콘크리트의 사용은 더 큰 스팬과 더 넓은 통창, 지지체의 감소를 가능하게 했으며, 이를 통해 긴 창을 가능하게 했다. Baderre는 다음과 같이 기술하고 있다. "이러한 긴 [창]은 동일한 면적에서 더 많은 빛을 공간에 받아들이기 때문에 훨씬 더 실용적이라 할 수 있다. 사실 창의 형태는 거주자의 눈높이에서 빛을 받아들이기 위해 맞추어진 것이다. 과거에 사용되었던 형태의 창을 사용할 경우, 빛의 유입량은 절반으로 감소한다. 당연하게도 공간의 바닥은 매우 좋은 채광 환경을 갖게 되지만 가장 많은 양의 빛을 받아들이는 부분은 바로 공간의 중앙, 즉 사람의 머리로부터 발까지의 높이이다."

그림 2: Le Corbusier: La Roche-Jeanneret House, Paris (프랑스), 1923

그림 3: Marcel Duchamp: "Fresh window", 아상블라주, 1920

그러나 Baderre의 글이 큰 의미를 갖게된 것은 제네바 호수의 제방인 꼬르소(Corseaux)에 위치한 작은 주택의 첫 스케치가 함께 실렸다는 점 때문으로, 이 건물은 Le Corbusier와 Jeanneret가 자신들의 부모를 위해서 설계한 건물이었다.[6] 이 작은 주택의 평면은 Perret에게 있어 큰 도전장이나 다름없었다. "주택의 단 한 쪽 면에만 창이 나 있고, 이 창은 파사드의 폭 전체에 걸쳐 형성되어 있다." 창이 단 한 개에 불과했지만 생활 공간 전체를 효율적으로 밝힐 수 있었던 이유를 Baderre는 다음과 같이 설명한다. "창의 치수가 충분한 빛을 받아들일 수 있도록 맞춰져 있었을 뿐 아니라, 양 단부에서 창은 측면 벽과 직각을 이루며 연결되어 있다. 이 흰색 벽은 창문에 의한 어떠한 방해도 없이 외부 경관에 대한 시야를 열어 준다. 공간은 진정 빛으로 가득하게 된다."[7] Le Corbusier가 논쟁의 중심에 있던 가로로 긴 창에 일종의 선언과도 같은 특징을 부여한 것에 대해 Perret는 "저명한 건축가"로써 아무런 의견도 표현하지 않음으로써 자신의 의견을 내비쳤다 (Baderre는 "건축 분야의 진정한 권위자"라고 존경심을 표현한 반면, Le Corbusier는 Perret에 대한 비판을 "올림피아의 신이 입을 열려고 한다")[8] 고 역설적으로 표현했다. 제네바 호수의 주택이 지어지고 30년 후에 출판된 이 소책자에서도 Le Corbusier는 이러한 가로로 긴 창을 스스럼없이 "주택의 주인공(the main protagonist of the house)" 또는 "파사드를 이루는 유일한 주역(the sole protagonist of the façade)"이라고 표현하고 있다.[9] 반면 이때까지 가로로 긴 창에 대한 찬반양론은 오늘날

그림 4: Le Corbusier, Pierre Jeanneret: small house in Corseaux on Lake Geneva, Vevey (스위스), 1923

의 담론과는 다르게 빛의 유입이나 시공적인 사항, 공간의 절약 등 "기술적인" 부분에 대해서만 다루고 있는 듯이 보였다. Le Corbusier의 목표는 Perret과의 계속된 논쟁에 의식하여 주택 작품(petite maison)에서 사용한 가로로 긴 창을 집어넣는 것이었다. 그리고 6개월 뒤 Perret이 갤러리 건물인 "Palais de Bois"를 완성했을 때 논쟁은 자연스럽게 다시 불붙게 되었다. 연감(Almanac)에서 Le Corbusier는 "*petite maison*" 에 대해 언급하고 있으며, "현대적 창의 연구에 관한 소고"라는 제목 아래 다시금 논쟁을 시작했다.

이어지는 두 페이지에서 Le Corbusier는 마치 창을 통해 바라보는 것 같은 호수의 전경 사진과 "Palais de Bois"의 바(bar)를 환하게 밝혀주는 가로로 긴 창 앞에서 안락의자에 앉아 있는 Perret의 모습을 스케치한 그림을 나란히 배치하고 있다. 이 스케치는 Perret, Jeanneret, 그리고 Le Corbusier의 스타일이 만났을 때 나타날 모습을 묘사하고 있다. 아마도 작가가 어떠한 악의를 가졌기 때문이었는지, 스케치는 존경 받는 건축가인 Perret가 지팡이로 긴 창을 가리키고 있는 모습을 보여준다. 건물의 유일한 개구부인 긴 창 앞에서 Perret는 마치 창에 "사로잡힌" 듯이 평화롭게 앉아 있다. Le Corbusier는 "당신의 긴 창은 매우 아름답다"라고 찬사를 보내며, 선배 건축가 역시 이러한 긴 창을 사용했다는 사실에 대해 만족을 표시하고 있다. Perret는 이러한 재기 넘친 암시에 대해서는 대응하지 않았지만, 다시금 공격을 시작했다. "사실 긴 창은 결국 창이라고 할 수 없는 것이다. 창은 인간 그 자체이다!" Jeanneret가 인간의 눈은 수평적인 경관만을 지각할 수 있다고 말한 것에 대해서 Perret는 다음과 같이 냉담하게 반박했다. "나는 파노라마를 혐오한다." [11]

Perret가 창을 "마치 인간과도 같은 것"이라고 표현한 이유는 그가 의인법적인 유추의 과정을 거쳤기 때문이다. Marcel Zahar는 Perret에 관해 다룬 저서에서 이를 자세히 설명했다. "수직 창은 인간의 실루엣과도 같은 선적인 프레임으로 나타났다. 수직선이란 인간의 직립을 표현하는 요소이자 그 자체로 인간의 삶을 나타내는 선이다!" Perret의 신념 뒤에는 개념적인 뼈대가 존재했는데 이는 수세기에 걸쳐 회화 또는 문학을 통해 전승되어 온 것으로 오늘날까지도 유효한 것이다. 이러한 점에서 어찌 Rainer Maria Rilke의 전집인 "The windows" 중 두번째, 다섯번째 시의 첫 연을 떠올리지 않을 수 있겠는가.[12]

너는 간단한 형태이지만,
우리의 대단한 삶에서
노력을 필요로 하는,
기하학, 창문이 아닌가?

창문, 그리고 우리의 관습과 느낌 등의
모든 것에 네가 놓여있는 것처럼,
즉 시작하려 하지 않는 어떤 이처럼,
너의 창은 기다리며 생각한다.

Perret는 긴 창이 중대한 변화를 가져올 수 있다는 점에서

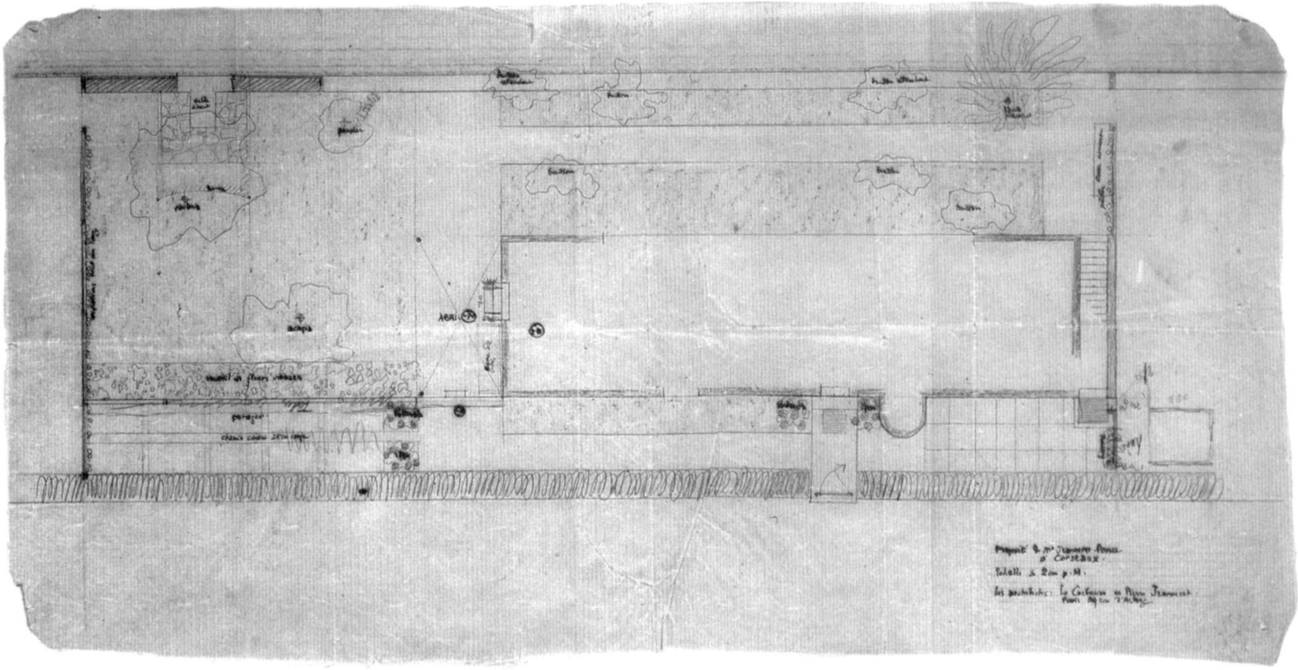

그림 5: Le Corbusier, Pierre Jeanneret: location plan for small house in Corseaux, Lake Geneva (스위스), 1923

이러한 창에 대해 반대했는데, 이는 인간의 문화 속에 깊게 뿌리 내린 가치, 특히 내부 공간의 "체험"에 관한 부분에 대해 의문을 던지는 변화를 말하는 것이다. 그리고 이것이 바로 Perret가 Le Corbusier를 "아름다운 프랑스 전통의 파괴자" [13]라고 믿게 된 원인이다.

전통적인 창은 내부에서 외부로 열려 있다. 그러나 동시에 창은 공간을 정의하고, 물리적, 상징적으로 주변 공간을 "배척하는" 문턱으로써 기능한다. Perret는 긴 창이 "끝없이 펼쳐진 경관의 파노라마를 보도록 사용자를 강요하는" 반면, 수직 창은 "가로, 정원, 하늘 같은 완전한 공간(un espace complet)을 볼 수 있도록 도와준다고 생각했다. 그러나 가장 중요한 다른 것은 이러한 개구부 역시 폐쇄될 수 있어야 한다는 점이었다. [14]

Le Corbusier는 긴 창이 전통적인 창과 대조적으로 내부와 외부를 이어주는 매개체로써 기능할 수 있다고 했는데, 이는 긴 창은 개구부 그 자체로 어떠한 문턱이나 스스로의 경계를 허물 수 있다고 생각했기 때문이다. 그리고 이것이 "연감(Almanac)"에 실린 소주택(petite maison)의 긴 창의 사진이 담고 있는 진정한 의미라고 할 수 있다. 사진에서 건물의 물리적인 요소를 구성하고 있는 모든 부분은 희미하고 어두운 배경으로 흩어져 버리듯이 나타나고 있으며, 건물의 골조는 "세상에서 가장 아름다운 경관 중 하나" [15]를 매혹적으로 보여주고 있다. "마치 옥외정원에 서 있는 것처럼 외부의 경관은 바로 거기에 있었다." [16] 전통적인 창은 경관의 연속성을 보여주지 못하고 그 단면만을 보여준다는 한계를 가지며, 이에 따라 개구부를 통해 비춰지는 경관이 마치 풍경화 같은 느낌으로 나타나도록 조작하게 되는 것에 반해, 긴 창은 "객관적 실체"에 대한 요구에 부응하고 있다. 경관을 있는 그대로 묘사한다는 것은 "모더니즘"과 "순수주의"의 가장 큰 목표이기도 했다. "11m에 달하는 길이의 창은 외부 세계의 광대함을 공간으로 끌어들이며, 궂은 날씨 또는 평온한 날씨와 관계 없이 호수 경관의 순수한 실체를 보여주었다." [17]

그림 6: Le Corbusier: 조명 계획에 대한 스케치, 1923

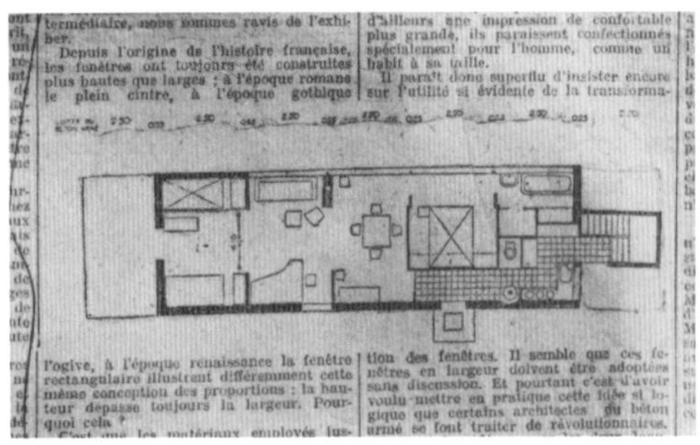

termédiaire, nous sommes ravis de l'exhiber.
Depuis l'origine de l'histoire française, les fenêtres ont toujours été construites plus hautes que larges : à l'époque romane le plein cintre, à l'époque gothique l'ogive, à l'époque renaissance la fenêtre rectangulaire illustrent différemment cette même conception des proportions : la hauteur dépasse toujours la largeur. Pourquoi cela ?

d'ailleurs une impression de confortable plus grande, ils paraissent confectionnés spécialement pour l'homme, comme un habit à sa taille.
Il paraît donc superflu d'insister encore sur l'utilité si évidente de la transformation des fenêtres. Il semble que ces fenêtres en largeur doivent être adoptées sans discussion. Et pourtant c'est d'avoir voulu mettre en pratique cette idée si logique que certains architectes du béton armé se font traiter de révolutionnaires.

그림 7: Le Corbusier, Pierre Jeanneret의 작은 주택에 관한 기사
1923.12.28일자 *Paris Journal*에서 발췌

그림 8: Le Corbusier: small house on Lake Geneva의 스케치, 1923

그러나 긴 창이 경관을 조작하지 않는다는 것이 진정 사실일까? Perret는 가로, 정원, 하늘의 경관을 보여준다는 점에서 수직 창(다른 말로는 "French window"라고 불리기도 한다)이 완벽한 "3차원적 감각"을 형성한다고 했다. Perret의 조력자였던 Marie Dormoy는 다음과 같이 설명했다. "직립한 장방형의 창은 외부 경관의 가장 다채롭고 살아 있는 단편을 보여줄 수 있다는 점에서 수평 창보다 훨씬 생동감 넘치는 것이다."[18] 이 말은 낭만주의 시대에서부터 오늘날에 이르기까지 수직 창의 모습이 미술 작품에서 특별히 선호되는 경향과, 현대의 회화적 내부 공간의 발전에 있어 창이 중요한 역할을 했다는 사실을 상기시킨다. 수직 창을 통해 볼 때, 관찰자의 눈은 먼저 아래로 향하여 인접한 공간인 가로나 정원을 보게 되고, 이 후 수평적으로 이동하여 중간 높이인 맞은편의 집, 나무, 작은 산 등의 배경을 보게 되며, 최종적으로는 위를 향하여 무한하게 펼쳐진 하늘을 바라보게 된다. 수직 창은 크기, 색채, 밝기의 측면에서 매우 다양한 경관을 보여줄 뿐 아니라 경관의 일부를 회화적으로 보여준다. 또한 이는 다양한 분위기를 전달하는 데에 이상적인 도구이기도 하다. 인접하고 친숙한 주변 환경을 향해 펼쳐진 창은 차분하고 정숙한 분위기를 연출하며, 높은 곳에 위치한 창은 이를 통해 밖을 내다 보는 관찰자로 하여금 단절과 격리의 느낌을 갖게 한다.

"창을 통해 내다보는 경관이란 주택에서 생활하는 사람들의 특권 중의 하나이며, 도시에 위치한 아파트에서 생활하는 중산층이 주로 이에 속한다고 할 수 있다. 창은… 유한함과 무한함의 사이에서 개인의 정서적 상태를 투영해 볼 수 있는 정숙한 독백과 대화의 공간이다."[19] 이처럼 Perret는 화가들이 작품의 모티브로써 창에 매혹된 것과 완전히 동일한 이유에서 수직 창을 선호했다.

창이라는 테마는 현대 미술의 중요한 실험적 소재이기도 하다. 최근 작가들은 단순한 엿보기식의 회화작품에서 의식적으로 탈피하여, 르네상스 시대에서부터 지속되어 온 모든 회화란 사실 근본적으로는 "창에서 바라본 경관(window picture)"라는 원리에 의문을 제기하고 있다. "회화의 모든 요소를 회화의 틀 안에 집어넣기 위해"[20] 작가들은 점차 선적인 투시도의 절대성에서 벗어나고, 입체적인 투시도를 부정하며, 촉각적인 질감은 물론, 소재의 겉으로 나타나는 물질성까지도 형상화하지 않게 되었다. 회화는 또한 소재의 정확한 색과 상대적으로 눈에 보이는 색은 물론 해부학적, 투시적으로 정확한 비례를 맞추려는 세부 묘사나 정밀함에서 벗어나고 있다.

이러한 격렬한 변화의 과정 속에서 창이라는 모티브와 그 역할에 대해 Eisenwerth로 널리 알려진 J.A. Schmoll은 다음과 같이 정리했다. "19세기, 20세기 미술에서 나타나는 창의 모티브는 깊이에 관한 어떠한 착시적인 개념도 없는 순수한 2차원적, 추상적 묘사에 대한 이해의 장을 열었다 (1914년에 발표된 Matisse의 작품인 'Porte-Fenetre' 에서 찾아볼 수 있다).

서구 예술에서 나타난 원근 화법은 공간의 깊이가 창을 통해 바라보는 경관에서 만들어지며, 창의 형태를 인지하게 되고 평면적, 회화적인 건축의 이면에 감춰진 원리를 깨닫게 되면서

그림 9 : Le Corbusier: August Perret가 그의 작품인 "Palais de Bois" 갤러리의 가로로 긴 창(fenetre en longeur) 앞에서 안락의자에 앉아 있다, 1924

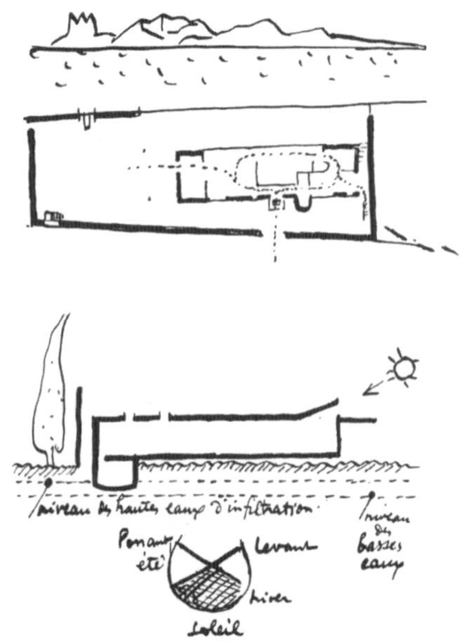

그림 10 : Le Corbusier: 제네바 호수의 작은 주택을 위한 배치 평면도(상)과 스케치(하), 1923

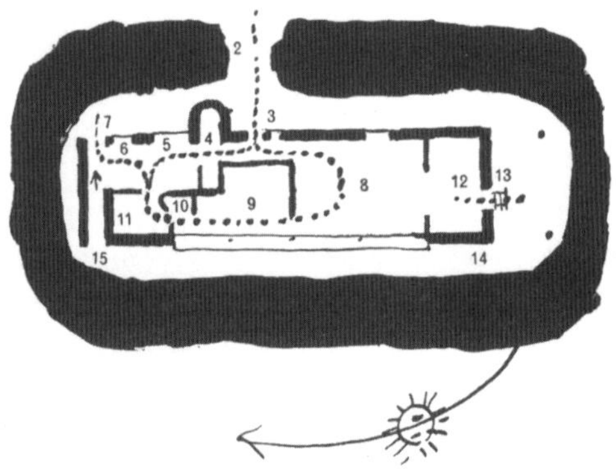

그림 11 : Le Corbusier: 기능에 관한 스케치 (그림의 윗쪽이 북측), 1923

사라지게 된다는 가정에서부터 출발했다." [21]

현대 미술의 중요한 개척자로써 창이라는 모티브가 수행한 역할에 관한 위의 글과의 대조를 위해 긴 창에 대해서는 뒤에서 다시 한 번 다루기로 한다…

Perret는 정원, 가로, 경관 같은 외부 공간의 완전한 모습을 보여줄 수 없다는 점에서 긴 창에 반대했으며, Margherita G. Sarfatti가 회고하는 바에 따르면 "수평 창에서는 거의 대부분의 시간에 걸쳐 하늘을 볼 수 없다는 점에서 특히 그러했다" [22]고 한다. 사실 긴 창은 눈으로 보이는 경관의 깊이에 대한 지각과 정확한 측정을 제한한다. 이는 시야를 제한하는 수직적인 경계 간의 거리가 매우 멀 경우 특히 강조되는 특성으로, 심지어는 "petite maison"의 초안 스케치에서 볼 수 있듯이 공간의 윤곽을 형성하는 모든 요소, 즉 개구부를 둘러싸고 있는 측면 벽과 천장이 시야에서 가려진 것처럼 나타나게 된다. 다른 말로 표현하자면, 긴 창은 인간의 시야 범위를 뚫고 나아가며 이에 따라 그 자체가 관찰자의 수평적 시야에서부터 사라지게 된다는 것이다. 결과적으로 창을 통해 보이는 경관은 프레임이 있는 전통적인 창의 회화적인 특성을 잃어버리게 되며, 창의 프레임은 르뿌수아르(repoussoir)로써 더 이상 기능하지 못하게 된다.

그러나 만약 긴 창이 가파르게 경사진 면과 전통적인 창 프레임을 가진 원근법적 엿보기식 창의 반대라면, 이는 전통적인 원근화법에서 점차 벗어나고자 하는 건축가의 의도에 있어 결정적인 역할을 할 수 있는 건축적 해결책으로 다루어져야 한다. 그러므로 내부 공간의 지각과 영향이라는 측면에 있어 긴 창은 회화에 있어 창이라는 모티브가 "판넬 회화에서 캔버스에 그리는 회화로의 전환"을 가능하게 했던 것과 유사한 역할을 수행하게 된다. [23]

분리와 안정을 위한 어떠한 수단도 사용되지 않았으며, "가까이에 있는 친숙한 물체에서 더욱 멀리 있는 물체로의 전

그림 12 : Le Corbusier와 Pierre Jeanneret
제네바 호수의 작은 주택의 가로로 긴 창을 통해 보이는 외부 경관, 당시의 사진

그림 14: Le Corbusier
제네바 호수의 작은 주택의 가로로 긴 창을 통해 보이는 외부 경관, 1923

그림 15: Le Corbusier
제네바 호수의 작은 주택의 내부 공간, 1923

그림 13: Le Corbusier와 Pierre Jeanneret
제네바 호수의 작은 주택의 가로로 긴 창을 통해 보이는 외부 경관, 현재의 사진

이는 시야에서 사라지며, 이는 공간의 깊이에 대한 지각을 매우 힘들게 한다"는 점에서, 외부 경관은 마치 창에 "접착된" 것처럼 "바로 거기에 있다".

"외부 공간을 향해 개방되고, 이를 받아들이면서도 동시에 이를 제한하는 현대적이며, 완전히 투명한 물체라는 창의 역설"[24]은 19세기 말과 20세기 초의 인테리어 디자이너들과 건축가들을 당황케 했다. Dolf Sternberger는 그의 저서인 *"Panorama of the 19th century"*의 전체에 걸쳐 "파괴적인 창(The Disruptive Window)"에 대해 다루고 있다. 또한 Cornelius Gurlitt는 예술, 공예, 내부공간의 디자인에 관한 그의 출판물[25]의 첫 장에서 유리에 대해 언급하고 있으며, 개구부 그 자체와 각각의 판유리 모두가 점차 커지고 있는 근래의 창의 발전 양상에 대해 논평하고 있다. "임종의 순간에 "빛을 달라!"고 외쳤던 괴테의 유언은 아직까지도 우리의 생활 공간에 울리고 있다." 그러나 그는 다음과 같이 불평하기도 한다. "크기가 큰 창은 내부 공간을 외부 세계에 지나치게 가깝게 연결한다. 크고 완전히 투명한 벽을 만들 수 있게 된 인간의 솜씨는 점차 우리의 눈에서 내부 공간과 외부 세계의 경계를 흐리게 하는 단계로까지 성장했으며, 내부 공간의 예술적인 일관성을 침해하는 결과를 나았다." 18세기 말에서부터 사용된 밝은 색조의 커튼과 블라인드와 정중앙의 판유리를 사용한 좀 더 현대적인 방식은 Gurlitt에게 있어 내부 공간 본연의 느낌인 "격리"의 분위기를 되찾기 위한 수단이었으며, 이러한 느낌은 외부 세계를 향해 관계를 맺기를 과도하게 강요하고, 유입되는 빛의 양이 너무 많아 공간으로부터 황혼의 매혹적인 느낌을 뺏아가 버린 창에 의해 저해되는 것이었다. "앞으로 제거되어야 할 것은 외부를 향하는 모든 것이다." 이는 Gurlitt가 되찾고 싶어한 내부 공간에 적용되어야 한다. "우리는 격리된 내부 공간 안에서 고독함을 느끼고, 자신만의 생각 또는 지인들과 함께 존재한다."

그림 16: Caspar David Friedrich: View from the Artist' s Studio, Window on the Left, 1806

그림 17: Henri Matisse: Open Window, Collioure, 1905

그림 18: Robert Delaunay: Window on the City, 1910

그림 19: Max Beckmann: Interior with Mirror, 1926

Baillie Scott는 영국 근교에 위치한 맨션들에 널리 유행한 큰 창에 대해 조소어린 말투로 비판했다.[26] "외부에서 우리는 마치 진열창 같은 효과를 내기 위해 벽에 형성된 거대한 구멍을 바로 인식하게 된다. 꽃병이 놓인 탁자와 레이스가 달린 커튼 등은 '상점에 전시된 상품'을 떠올리게 한다. 공간 내부로 들어 오는 거칠고, 무자비한 빛은 조용한 은신처의 느낌을 모조리 파괴해 버린다."

Walter Benjamin은 그의 저서인 "*The Arcades Project*"[27]에 다음과 같이 적고 있다. "내부 공간은 개인의 사적인 세계일 뿐만 아니라, 개인을 보호하는 껍질이기도 하다." 마치 그림자나 환영처럼 어슴푸레한 내부 공간은 사물의 지나치게 물질적인 느낌을 완화하고, 사물의 상징적인 존재성은 그것의 실용적인 가치와 구체적이고 상업적인 실체를 "지워버린다". 이러한 환경 속에서 가구, 비품, 개인적인 소품들은 개념적이고 감각적인 일체화를 통해 공간을 안락한 은신처로 변하게 하는데, 왜냐하면 이 소우주는 공간의 사용자 자신이 자신만의 정신적인 성향에 따라 만든 공간이며 이렇게 만들어진 소우주의 중심에서 부드럽게 속임수를 펼치기 때문이다.

그러나 Le Corbusier의 가로로 긴 창은 "개인을 보호하는 껍질"을 찢어서 열고, 외부 세계가 내부 공간으로 침입하도록 한다. 호숫가 주택의 작은 거실에서 날씨와 계절의 변화에 따라 고귀함을 뽐내는 자연은 마치 손에 잡힐 듯 하게 다가온다. "11m 길이의 창은 외부 공간과의 관계를 정의하고, 빛을 받아들이며, 호수와 너무나도 아름다운 색과 빛깔을 띠는 알프스산이 이루는 독특하고 광대한 경관으로 주택을 채운다."[28]

"낮시간은 더 이상 어둡지 않다. 새벽부터 황혼까지 자연은 변신을 거듭한다."[29] 벽이나 커튼에 의해 막히지 않은 채, 빛은 창을 통해 쏟아져 내리며 공간과 사물의 신비감을 해소한다. 감상적이었던 사물은 실용적인 도구로써의 본연의 견고하고 단조로운 느낌을 되찾게 된다.[30]

내부 공간은 개방을 향해 나아간다. 향상된 능력을 통해 순수한 자연은 순수한 기억의 장소이자, 매혹적인 욕망의 대상이 된다. 제네바 호수에 위치한 주택은 자연의 품에서 보호받는 작은 은신처이다.

그러나 이 작은 주택은 내부 공간을 보호하기 위해 주변에 두꺼운 벽을 둘러 싸는 인습적인 "오두막"을 따라가지 않는다. 외부 경관을 향게 넓게 펼쳐진 긴 창은 독특한 시각적, 심리적 "편재성"을 제공한다.

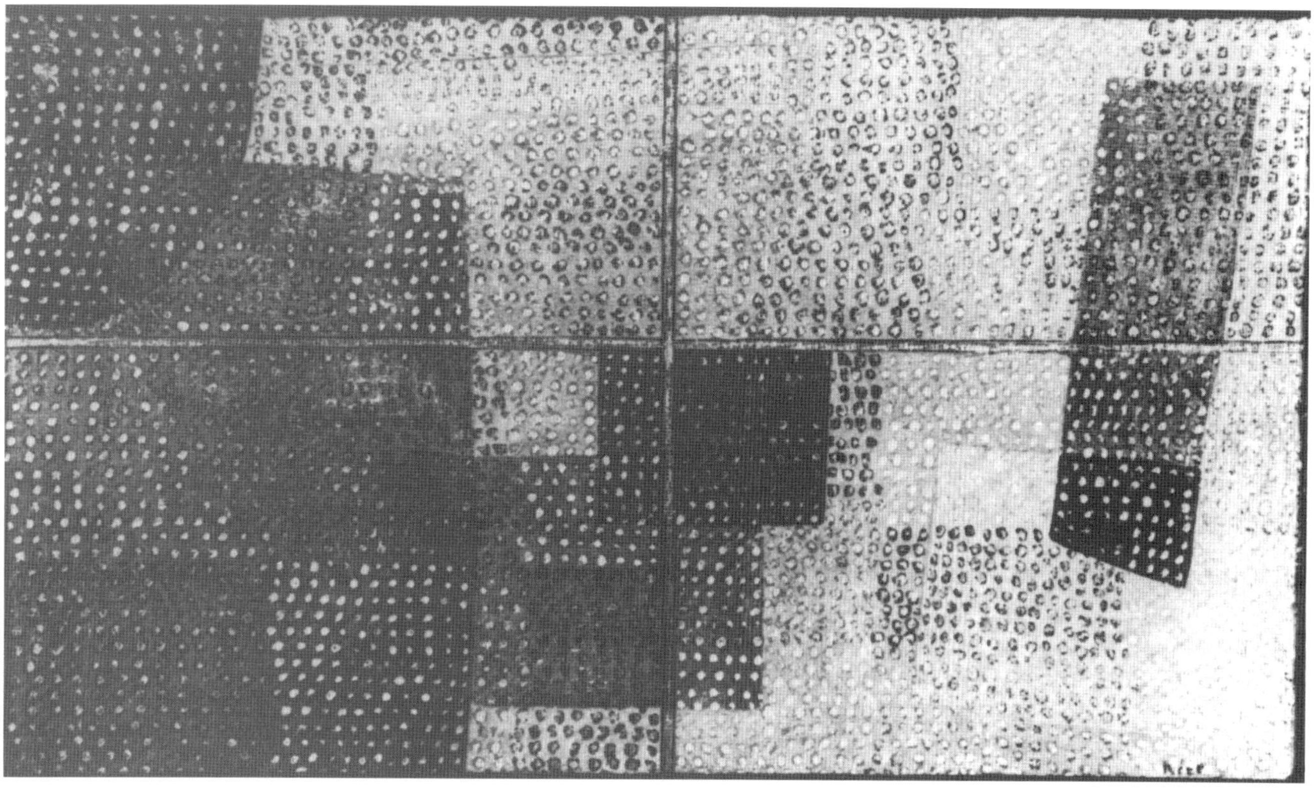

그림 20: Paul Klee: Through a Window, about 1932

물질적인 존재의 공간과 정신적인 열망의 공간이라는 두 가지의 대조된 내부 공간 간의 경계에서, 후자의 경우는 사물과 공간의 친근함이 사라졌을 때 나타나는 것이며, 현대적인 "내부공간"에 놓인 인간은 심리적이고 상징적인 분쟁을 체험하게 되며 이 과정에서 건축은 단지 설명하거나 현혹시킬 뿐이다.[31]

출처 : *Daidalos* 13, "Zwischen innen und aussen", 1984. 6.

그림 21: Henri Matisse: Glass Doors, 1914

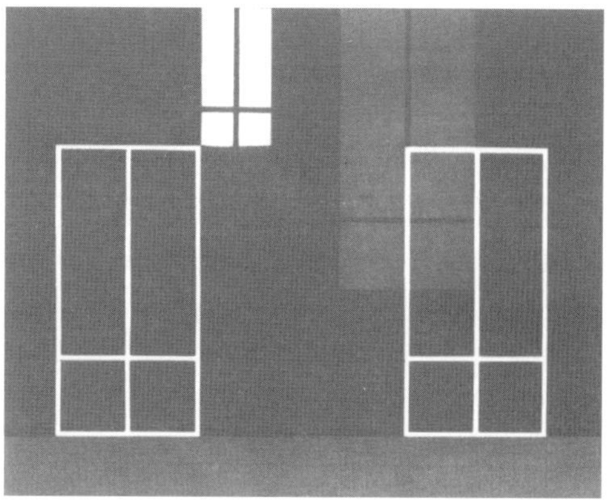

그림 22: Josef Albers: Windows, 1929

참고 문헌

1 1923. 12. 1일자 *Paris Journal*. 이 글은 Le Corbusier Foundation이 소장하고 있다. (hereafter: LCF doc.), Paris.

2 그러나 1923년 Salon d' Automne의 목록은 2개의 고급 호텔 모형에 대해 다루고 있다. (p. 344).

3 Auguste Perret의 말은 *Paris Journal*에서 인용된 것이다.

4 1923. 12. 14일자 *Paris Journal* (LCF doc.)

5 1923. 12. 28일자 *Paris Journal* (LCF doc.)

6 Parts of the diary of Le Corbusier의 아버지인 Georges-Edouard Jeanneret의 일기 중 일부가 La-Chaux-de-Fonds Villa의 서재에 보관되어 있다. 건물의 계획에 관한 첫번째 글이 1923. 9. 5에 쓰여진 글에 나타나 있다. "d' une maison puriste, forme wagon"에 관한 제안은 1923. 12. 27에 쓰여진 글에서 처음으로 언급되었다.

7 1923. 12. 28일자 *Paris Journal*

8 Le Corbusier가 Auguste Perret에게 보낸 편지, 1923. 12. 13 (LCF doc.).

9 Le Corbusier: *Une petite Maison* - 1923, Zurich. 1954, pp. 30 - 33, 36.

10 Le Corbusier: *Almanach d' architecture moderne*, pp. 95 - 97.

11 Perret의 의견은 Marcel Zahar: *Auguste Perret*, Paris, 1959, p. 15. 에서 발췌한 것이다.

12 Rainer Maria Rilke: "Les Fenêtres", Paris, 1927.

13 Notes by Le Corbusier on an undated sheet concerning a view Perret가 *L' Architecture Vivante*, Feb 1926 (LCF doc.)에 발표한 글에 대한 날짜를 알 수 없는 Le Corbusier의 소고

14 After Marcel Zahar, 동일 저서.

15 Le Corbusier: *Une petite Maison*, 동일 저서.

16 Le Corbusier: *Almanach*, 동일 저서.

17 Le Corbusier: *Sur un état présent de l' architecture et de l' urbanisme*, Paris, 1930, p. 30.

18 Marie Dormoy: "Le Corbusier", in: *L' Amour de l' Art*, Paris, March 1930, No. 5, p. 213ff.

19 J. A. Schmoll (아이젠하워로 알려져 있다): "Fensterbilder - Motivketten in der europäischen Malerei", in: *Beiträge zur Motivkunde des 19. Jahrhunderts*, Munich, 1970, p. 152.

20 Cf. Georg Schmidt: *Kleine Geschichte der Modernen Malerei*, Basel, 1955

21 Eisenwerth: 동일 저서., p. 150.

22 Margherita G. Sarfatti: "Perret", in: *L' Architecture d' aujourd' hui*, 1932, p. 11.

23 Eisenwerth: 동일 저서. p. 151.

24 Dolf Sternberger: *Panorama of the 19th Century*, New York, 1977.

25 Cornelius Gurlitt: *Im Bürgerhause*, Dresden, 1888.

26 M. H. Baillie Scott: *Houses and Gardens*, Berlin, 1912, p. 35.

27 Walter Benjamin: *The Arcades Project*, Cambridge, Mass., 1999.

28 Le Corbusier: *Précisions*, 동일 저서., p. 130.

29 Le Corbusier: *Almanach*, 동일 저서., p. 94.

30 Le Corbusier: *L' art décoratif d' aujourd' hui*, Paris 1925, chap. "Besoins-types", p. 69ff.

31 Schmoll: 동일 저서의 "Schlussbemerkungen und literarische Aspekte" 부분 참조

창 - 개구부 패키지

개론

벽, 바닥 또는 지붕에 형성된 구멍을 개구부라고 부른다. 개구부는 기능적 또는 시각적인 이유에서 공간들을 서로 연결하며 이에 따라 공간들 간의 관계를 설정한다. 이어지는 글에서는 수직 외벽에 형성된 개구부로 그 접근 범위를 한정하기로 한다. 개구부의 형성에 의해 만들어지는 벽두께 안쪽의 면들은 문설주(수직적 요소), 하인방과 상인방(수평적 요소)라고 부른다.

창은 개구부를 막는 건축 요소이다. 이는 외부 프레임과 창틀, 유리로 구성되며 구조적 개구부에 맞춰진다. 그러므로 창과 개구부는 함께 건축적인 패키지를 형성하게 된다. 창은 패키지의 구성 요소인 동시에 내부 공간과 외부 공간을 나누는 경계이기도 하다.

창을 통해 투과되는 빛은 내부 공간과 외부 공간 사이에 시각적인 연결을 도모하며, 내부 공간에 자연광을 받아들이는 역할도 한다. 결과적으로 개구부의 위치와 크기는 내부 공간의 설계에 있어 핵심적인 요소라 할 수 있다. 게다가 직사광과 확산광으로 나뉘는 실내로 유입된 빛의 방향을 조정하고, 빛의 양을 조절할 수 있다면 이는 설계에 있어 중요한 개념으로 사용할 수도 있다.

건물 성능의 측면에서 창은 내부 공간과 외부 공간의 미시기후를 분리하여 사용에 적합한 환경을 만들 수 있어야만 하며, 이를 위해 단열 성능을 갖추어야 한다. 창호 공사에 있어 가장 중요한 문제는 안팎의 습기와 수분으로, 이는 공간의 내부(공기중의 수분, 수증기 확산), 외부(비, 눈, 해빙수) 모두에서 작용한 것이다. 본질적으로 창은 수분이 통과하지 못하도록 디자인되어야 하며, 만약 창을 통해 수분이 침투한다면 차단된 구조(방수공사)를 통해 수분을 배수할 수 있어야 한다. 창-개구부 패키지의 밀폐 역시 큰 주의를 요한다. 결국, 창은 건물 내부에 안락한 환경을 만들 수 있도록 조립되어야 하며, 이를 위해 단열, 방음 등을 함께 고려하여야 한다.

시공 상세도면을 만들 때는 허용오차가 반드시 고려되어야만 한다. 예를 들어 창은 석재에 비해 매우 엄격한 허용오차로 생산될 수도 있으며, 이에 따라 개구부에 창을 끼워 맞출 때에는 허용오차를 조정해야 하는 경우도 있다. 반면 창호를 생산하는 업체가 최종 완공 도면의 치수를 사용하여 요구되는 크기에 정확하게 창을 생산할 수도 있다.

창의 상부에는 차양 시스템을 위한 공간을 남겨두어야 하는데, 이는 창의 상부와 상인방의 디자인에 영향을 미치게 된다.

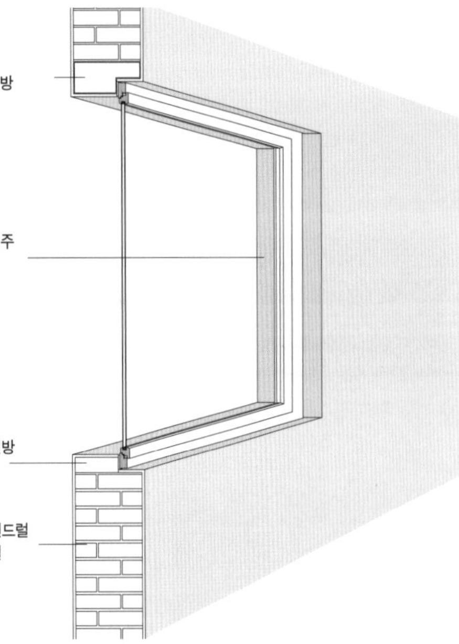

그림 23 : 개구부 이음홈의 아이소메트릭

개구부 이음홈의 원리

개구부의 이음홈은 개구부 주변에 만들어진 단 또는 견각을 말하는 것으로 이를 통해 외부 프레임과 개구부 사이의 접촉면을 형성한다. 창은 단에 맞게 끼워져 나사로 고정된 후, 밀폐된다. 온도와 관련된 거동에 의해 발생하는 응력을 피하기 위해, 프레임은 최소의 허용오차도 안에서 만들어져야 한다. 모든 고정 철물은 부식으로부터 보호되어야 한다.

프레임 이음홈의 원리
(전면 상세도 참조)

창을 만드는데에 있어 가장 중요한 사항은 방수와 방풍이다. 이에 따라 개구부의 이음홈과 프레임 부재의 이음홈은 가장 중요한 요소라고 할 수 있다. 외부 프레임과 개구부, 외부 프레임과 창틀 사이가 빈틈없이 연결될 수 있도록 접합부에는 특히 주의가 필요하다. 외부 프레임과 창틀 사이의 틈마개(weatherstrip)는 바깥 둘레에 걸쳐 동일한 위치에 설치되어야 하며, 모서리는 밀봉되어야 한다. 창의 밀봉 위치는 두 가지 경우로 나뉜다.

외부 프레임 개구부
- 방수 및 방풍
- 온도와 관련된 석재의 거동의 조절

외부 프레임-창틀
축이음은 개폐식 창의 디자인에 있어 본질적인 부분이다.
- 창틀과 외부 프레임 간의 공기 교환 비율을 조절하기 위한 접합부의 투과성
- 강우, 비, 바람에 대한 저항성

창, 개구부 이음홈의 위치

개구부의 깊이에 대한 창의 위치와 개구부 이음홈은 건물의 건축적인 표현에 있어 큰 영향을 미친다. 파사드와 평평하게 외측에 맞춰진 창은 외피에 간결하고 폐쇄적인 느낌을 부여하며, 이는 건물의 형태를 강조하는 요소로 작용한다. 이와 반대로, 개구부의 깊이에 대하여 뒤쪽으로 후퇴하여 위치한 창은 빛과 그림자에 의해 마치 부조와도 같은 느낌을 부여하는데, 이는 건물의 볼륨감을 분해하는 요소로 작용하게 된다. 개구부 이음홈의 형태에 따라 외부에서 보이는 골조의 형태는 단순하거나 또는 두드러지게 나타난다. 내부에서 볼 때, 건물의 외측면에 맞춰진 창은 알코브를 형성하여 사용가능한 바닥 면적을 확장하는데에 반해, 내측면에 맞춰진 창은 뚜렷하게 밀폐된 내부 공간을 형성하고 심지어는 얇은 외피 같은 느낌을 나타낸다. 건물의 내측면 또는 외측면에 맞춰지는 극단적인 창의 위치를 제외하면 창의 위치는 개구부 이음홈의 형태에 크게 구애받지 않는다. 개구부 이음홈의 형태는 다음과 같은 두 가지로 구분할 수 있다.

그림 24 : 안으로 열리는 창(상), 밖으로 열리는 창(하)

안으로 열리는 창

이러한 창은 일반적으로 건물의 내측에 설치된다. 외부 프레임의 폭 전체가 내부에서 눈에 보이게 되는 반면, 외부에서는 단지 창틀만이 보이게 된다. 내측벽면과 평평하게 설치될 수도 있다. 창은 파사드의 표면으로부터 항상 적어도 한발짝 또는 한어깨 깊이 이상의 거리 만큼 떨어져서 설치되기 때문에, 이는 기후의 영향으로부터 상대적으로 잘 보호된다. 접합부는 이러한 단 또는 견각에 의해 덮히고 보호받기 때문에 특별한 문제점을 갖지 않는다.

밖으로 열리는 창

외부 프레임의 폭 전체가 외부에서 눈에 보이게 된다. 외측벽면과 평평하게 설치될 수도 있다. 그러나 이 경우에도 창과 프레임이 기후에 완전히 노출되지는 않는다. 특히 창이 외측면에 평평하게 설치될 경우에 창은 겉에서 쉽게 눈에 보이도록 노출되어 있기 때문에 미학적인 측면과 성능 조건에 대해 고려해야만 한다.

구성 요소로써의 창 - 프레임 부분

외부 프레임 및 창틀의 재료

미처리 목재

목제 창의 내구성을 높이기 위해 다음의 방법들이 사용된다 :

소나무, 가문비나무, 전나무, 낙엽송 같은 적절하고 저항력이 높은 수종을 선택한다. 단면과 표면의 모든 부분에서 수분이 배출될 수 있는지 확인한다.

적절한 표면 처리를 통해 목재를 보호한다. 표면을 도료로 칠하면 변색을 초래하는 곰팡이의 번식을 막을 수 있다. 약품의 주입을 통해 수분에 의한 부패를 방지한다.

도색 목재

목재를 다양한 색으로 도색할 수 있다. 불투명 페인트은 약품을 주입하는 방법보다 수분 투과성이 낮으며 부패를 방지한다. 자외선 복사와 내부로부터의 증기압이 문제가 될 수 있다. (창의 외부에 페인트를 두껍게 도색할 경우)

목재/금속

이는 내구성을 위해 내측에 목재를 놓고 외부에 알루미늄을 덮은 혼합체이다. 알루미늄 외장재가 목재를 보호해 주지만, 창의 건축적인 표현은 내부와 외부가 다양하게 나타난다.

플라스틱

PVC는 플라스틱 창의 생산에 가장 많이 사용되는 재료이다. 프레임 단면은 기본적으로 흰색이며, 이는 염색 또는 도색이 가능하지만, 페인트를 칠할 수는 없다.

프레임의 단면은 비어 있어(단일 챔버 시스템 또는 다중 챔버 시스템), 다양한 형태로 손쉽게 제작된다. 금속제 스티프너의 삽입을 통해 챔버를 강화시킬 수 있지만, 플라스틱 창은 상대적으로 낮은 구조적 강도를 나타낸다.

알루미늄과 철

금속제 창은 높은 열 전도성을 나타내며 이에 따라 프레임의 단면에 단열재를 삽입해야만 한다.

알루미늄제 창 : 상대적으로 안정성이 높기 때문에 알루미늄은 큰 창에 적합한 재료이다. 일반적으로 알루미늄이 불규칙하게 산화되어 흠이 생기지 않도록 표면을 가공한다.

이러한 표면 가공 방식은 그라인딩, 브러싱, 폴리싱 등의 기계적인 방식과 표면에 균일한 산화물 층을 만드는 전기화학적 양극 산화 과정으로 구분된다. 스토브-에나멜 가공은 가열에 의해 금속 표면에 페인트를 도포하는 방식이다.

철제 창 : 산업 건물에 주로 사용된다. 알루미늄제 창에 비해 훨씬 안정적이다. 특히 창유리와 결합하였을 때 대형 창은 매우 무겁기 때문에 설치가 어렵다.

가장 큰 단점은 부식의 위험으로, 이는 페인트 도색 또는 아연 도금 등의 방법을 통해 막을 수 있다. 알루미늄제 창과 마찬가지로 철제 창도 스토브-에나멜 가공을 할 수 있다.

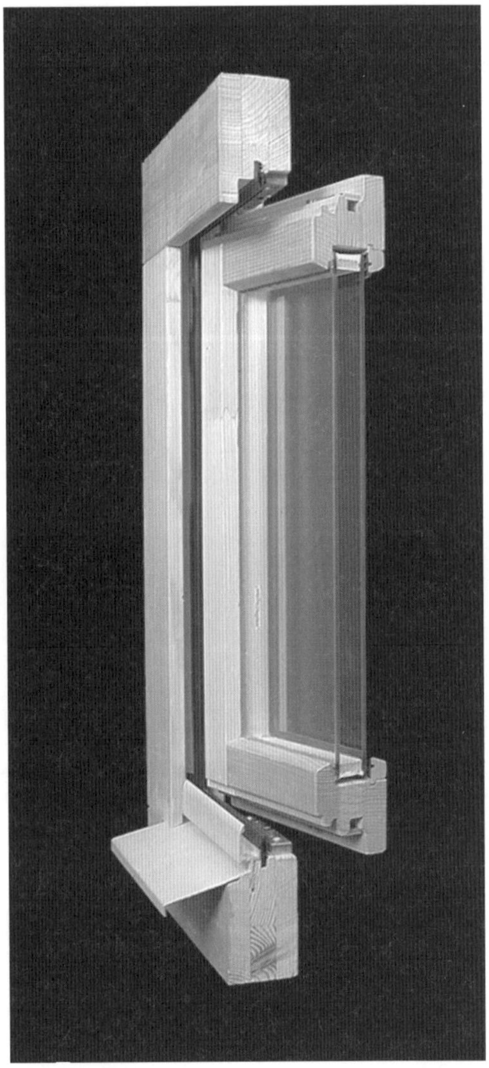

그림 25 : 창틀 모형
프레임 : 미처리 목재; 단열 유리

구성 요소로써의 창 - 유리

유리의 종류

다양한 종류의 유리를 사용할 수 있으며, 이는 제조방법에 따라 구분된다 :

- 플로트 유리는 오늘날 가장 많이 사용되는 유리이며 평평한 표면을 갖는다.
- 창유리는 플로트 유리 이전에 사용되었던 것으로 표면이 약하게 물결 모양을 나타낸다는 특징을 갖는다. (과거 건물에 사용된 창유리 참고)
- 압연 유리 또는 패턴 유리는 표면에 무늬가 있으며, 이에 따라 투명하지 않고 반투명하다.
- 망입유리는 내부에 철망이 들어 있어 내화성능이 높고 유리가 깨어졌을 때 파편이 쉽게 떨어져나가지 않는다.

이러한 기본적인 종류의 유리에, 다양한 도장 또는 표면 처리 방법을 사용할 수 있다. 유리의 도장 또는 표면 처리 방식의 선택은 건축적인 표현과 내부 공간에 들어오는 빛의 느낌, 건물의 성능, 안전성의 측면에 영향을 미친다. 창은 기계적인 가공 방법과 열의 사용 방법에 따라 주로 다음과 같이 구분된다 :

- 일반 유리
- 강화 유리
- 강화 안전 유리
- 합판 유리
- 합판 안전 유리
- 내화유리
- 열처리 유리
- 단열 유리
- 광조절 유리

....

현재는 단열과 사용자의 쾌적성을 위한 성능의 측면에서 단열 유리가 다른 모든 유리보다 가장 많이 사용되고 있다.

단열 유리는 알루미늄 또는 플라스틱 간격재에 두 장 이상의 판유리를 접합하여 만든다. 판유리 사이의 공극을 밀봉하는 데에 접착제를 사용하기도 한다.

단열 유리의 단열 성능은 근본적으로 공극과 충전재(다양한 종류의 기체)의 종류, 표면의 도장 방식 등에 따라 달라지게 된다.

주요 파라미터

U-value : 이는 유리와 건축 요소의 열 전달 성능에 관한 척도이다. 값이 작을수록 단열 성능이 높은 것이다. 일반적으로 1.0, 1.1 W/m2K의 수치를 나타내는 재료가 사용되지만, 0.4 W/m2K 등의 낮은 수치를 나타내는 재료를 사용할 수도 있다. (HIT 유리, 특수한 중간층이 있는 유리)

g-value : 이는 창을 통한 전체 에너지 전달량을 나타낸다. 이 수치는 열 관류에 의한 열 획득과 열 차단을 조절하는 데에 중요하다. g-value는 얼마나 많은 태양 복사 에너지가 창을 통해 내부 공간으로 유입되었는지를 보여준다. 이는 직접 복사 투과와 2차적 열 방사의 두 가지 요소로 구성된다. 후자의 현상은 태양 복사 에너지에 의해 온도가 상승한 유리가 반대로 이 열을 내부 공간과 외부 공간으로 방출하여 나타나게 된다.

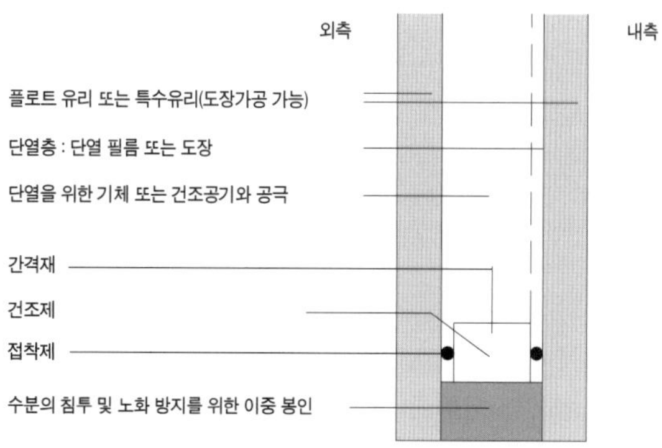

그림 26 : 단열 유리 시공의 개략도

참고 문헌
- Schittich, Staib, Balkow, Schuler, Sobek: *Glass Construction Manual*, Basel, Boston, Berlin, 1998.
- Bruno Keller, Professor of Building Performance Issues, ETH Zurich: *Building Technology I - III, lecture manuscript, Building Performance Issues for Architecture Students.*
- Glas Trösch AG: *Glas und Praxis*, Bützberg, 2000.

창 - 횡단면, 1:1

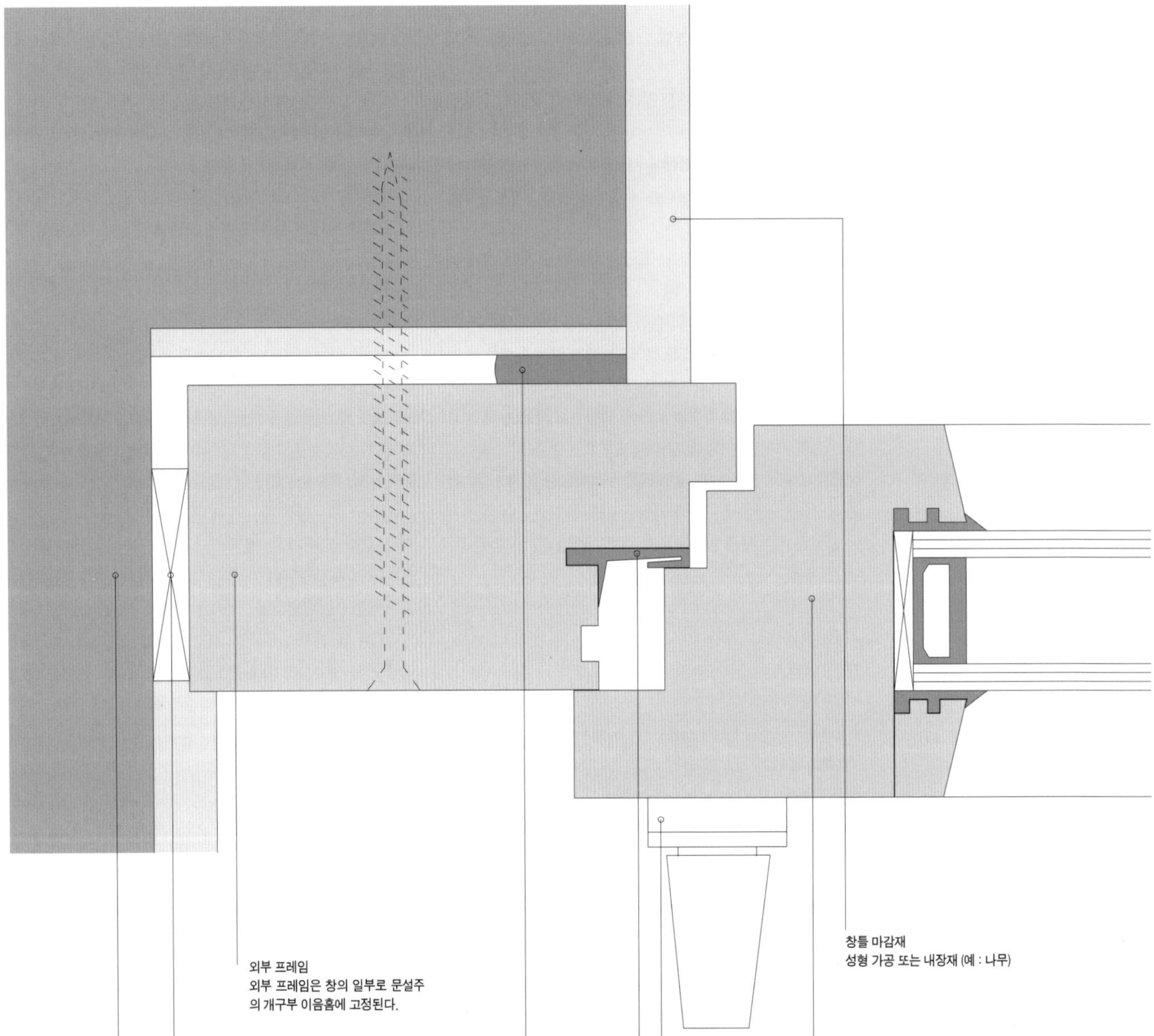
창틀 마감재
성형 가공 또는 내장재 (예 : 나무)
외부 프레임
외부 프레임은 창의 일부로 문설주의 개구부 이음홈에 고정된다.
창틀
창틀은 창유리를 고정하고 운반하다. 다양한 형태의 개구부를 만들 수 있다.
선택사항 : 패킹
패킹(목재/플라스틱 쐐기 또는 이와 유사한 것)은 개구부에서 프레임의 위치를 정렬하기 위해 사용된다.
철물
조정간
프레임 이음홈의 틈마개
창의 모든 면에 설치되며, 소음의 유입을 막기 위해 틈마개는 확실한 방풍 성능을 보장하는 것이어야 한다.
문설주
문설주는 구조적 개구부에서 외부 프레임이 고정되는 수직면이다. 문설주의 깊이는 벽의 두께와 동일하다.
Erection tape
압축성 봉인 스트립은 문설주의 외측 부분을 밀봉한다.

그림. 27

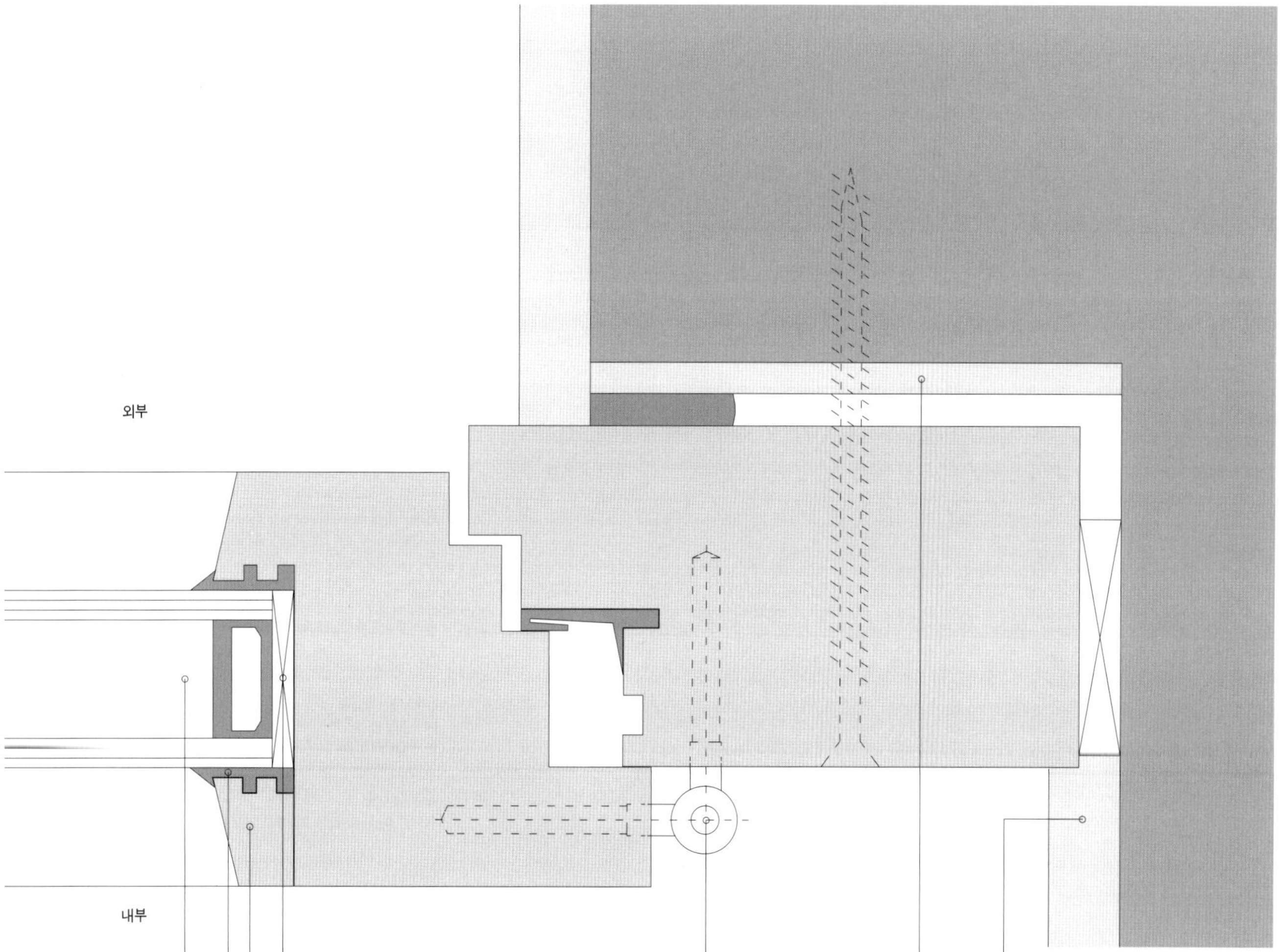
외부
내부
고정 블록
고정 블록은 창유리가 제 위치에 고정되기 전에 임시적으로 정렬시키는 역할을 한다.
글레이징 비드(Glazing bead)
글레이징 비드는 창틀의 일부로 창유리를 제 위치에 고정시키는 역할을 한다. 제거할 수도 있다.
고무 개스킷
개스킷은 창을 밀봉하여 바람을 막으며 창을 프레임에 고정시킨다 (오차 허용)
단열 유리
간격재(모서리의 봉인)에 의해 두 장의 판유리가 모든 면에 대해 접합된 유리이다.
선택사항 : 초벌칠 또는 내장재
문설주와 창틀 간의 접합부를 가린다.
선택사항 : 초벌칠
매우 정밀한 개구부 이음홈을 만들거나 차후에 초벌칠을 통해 평탄하게 표면을 마감하기 위해 사용한다.
철물
창문 힌지
"철물" 은 창의 조립, 고정, 조작 및 보호에 필요한 모든 요소를 통칭하는 용어이다.

그림. 28

창 - 종단면, 1:1

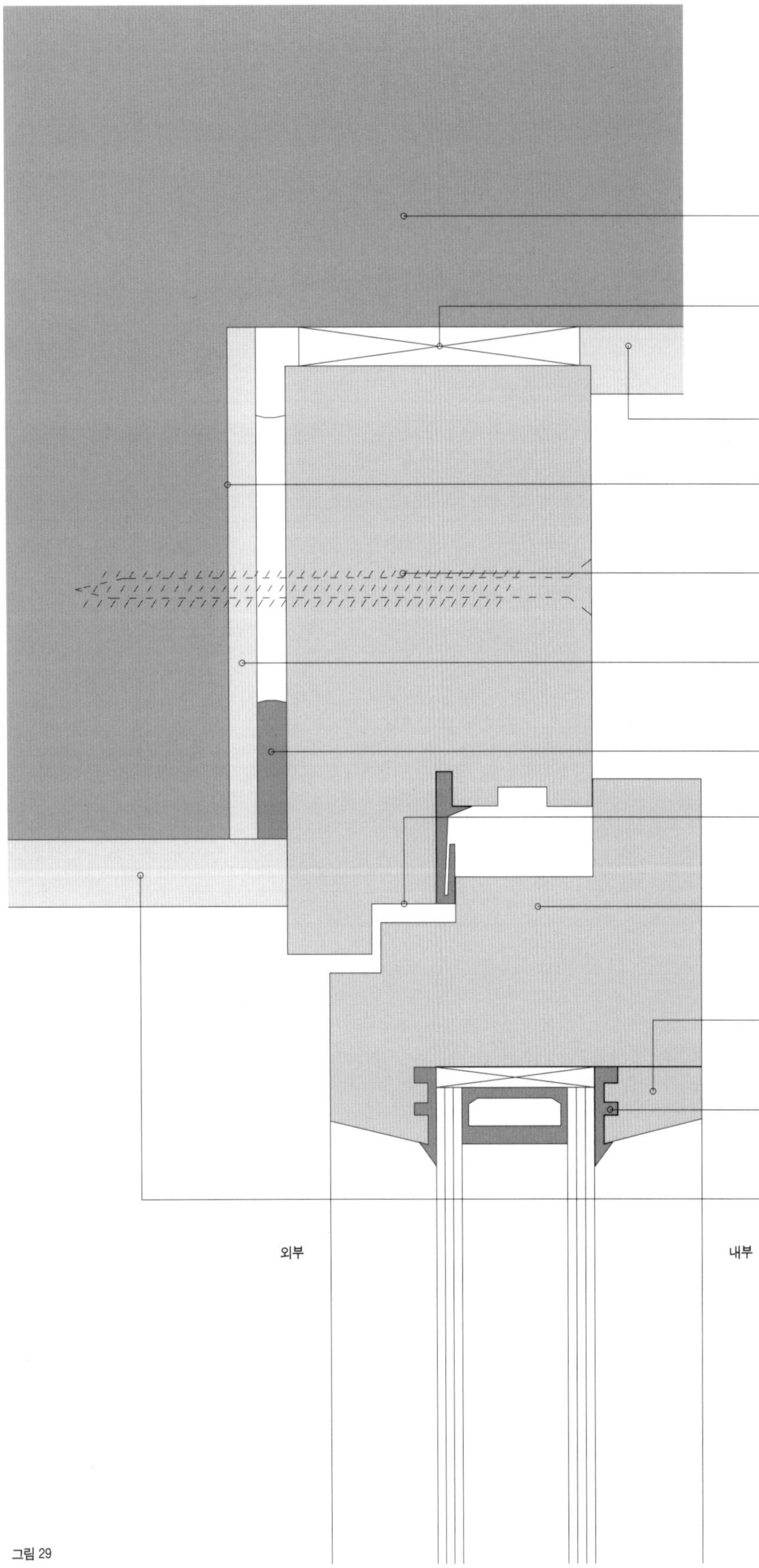

상인방
상인방은 구조적 개구부의 말단(상부)에 위치하는 수평 내력 부재이다.

선택사항 : 패킹
패킹(목재/플라스틱 쐐기 또는 이와 유사한 것)은 개구부에서 프레임의 위치를 정렬하기 위해 사용된다.

선택사항 : 지붕/코니스 하부의 초벌칠
창의 상부와 상인방 간의 접합부를 가린다.

개구부 이음홈
이음홈의 원리 : 구조적 개구부의 주변에 형성되는 개구부 이음홈에 외부 프레임이 고정되게 된다.

상부
창의 상부는 상인방 아래에 위치하는 개구부 이음홈에 고정된다.

선택사항 : 초벌칠
매우 정밀한 개구부 이음홈을 만들거나 차후에 초벌칠을 통해 평탄하게 표면을 마감하기 위해 사용한다.

Erection tape
압축성 봉인 스트립은 문설주의 외측 부분을 밀봉한다.

이음홈
외부 프레임과 창틀 사이의 중간면으로 단이 져 있으며, 주변에 틈마개가 있다.

창틀
창틀은 창유리를 고정하고 운반하다. 다양한 형태의 개구부를 만들 수 있다.

글레이징 비드(Glazing bead)
글레이징 비드는 창틀의 일부로 창유리를 제 위치에 고정시키는 역할을 한다. 이것은 제거할 수 있다.

고무 개스킷
개스킷은 창을 밀봉하여 바람을 막으며 창을 프레임에 고정시킨다 (오차 허용)

지붕 하부 마감재
성형 가공 또는 내장재 (예 : 나무)

그림 29

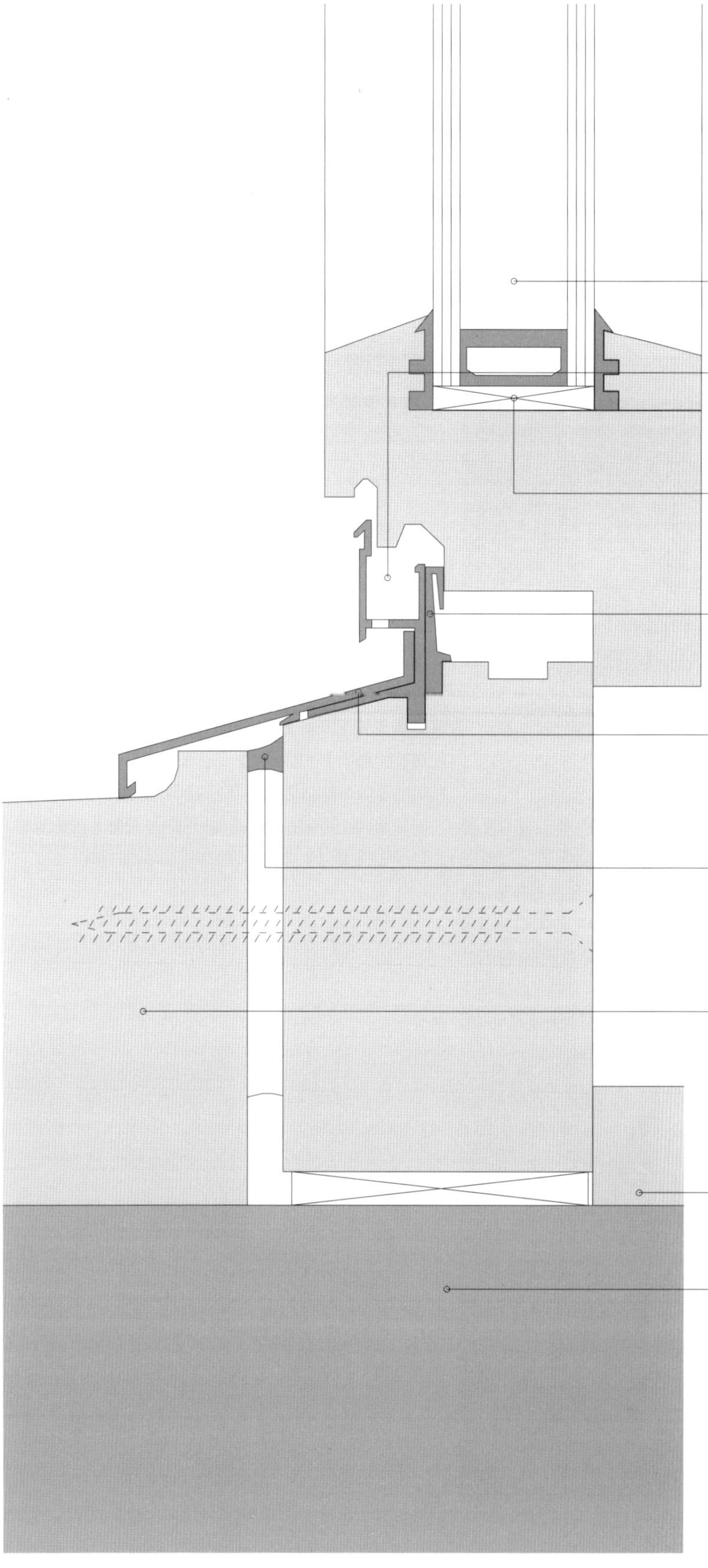

단열 유리
간격재(모서리의 봉인)에 의해 두 장의 판유리가 모든 면에 대해 접합된 유리이다.

빗물 배수 홈
이 홈은 창틀의 외부 이음홈에서 생긴 빗물을 모아 밖으로 배출하는 기능을 한다.

고정 블록
고정 블록은 창유리가 제 위치에 고정되기 전에 임시적으로 정렬시키는 역할을 한다.

프레임 이음홈의 틈마개
창의 모든 면에 설치되며, 소음의 유입을 막기 위해 틈마개는 확실한 방풍 성능을 보장하는 것이어야 한다.

Weather bar
weather bar는 창의 바닥면을 따라서 설치되는 것으로, 창 전면을 타고 흐르는 빗물과 측면의 프레임 이음홈을 타고 흐르는 빗물을 밖으로 배출한다. 하인방 부재와 문설주를 완전히 밀폐시켜야 한다. (합성수지 또는 개스킷)

밀봉 합성수지
적합한 재료(고무 또는 발포수지)를 이용하여 프레임과 하인방 부재 사이를 기밀하게 밀봉한다.

하인방
하인방은 개구부의 말단(하부)에 위치하는 수평 부재이다. 빗물을 밖으로 배출할 수 있도록 약하게 경사져 있다. 하인방의 단부에 대해서는 큰 주의가 필요하다. 빗물이 하인방을 통해 문설주로 스며들지 않도록 해야 한다.

선택사항 : 창 선반
창 선반은 개구부 내측 하부에 덧붙이는 수평 부재로 하인방과 스팬드럴 판넬의 접합부를 가리는 역할을 한다.

스팬드럴 판넬

그림 30

구멍으로써의 개구부

그림 31 : 가파른 연안 절벽에 파묻혀 있는 건물
Adalberto Libera: Casa Malaparte, Capri (이탈리아), 1941

Adalberto Libera: Casa Malaparte

파사드에 형성된 수많은 작은 개구부는 물론, Casa Malaparte는 그 위치가 신중하게 고려된 네 개의 큰 개구부를 갖는다. 내부에서는 사람이 앉아 있던지, 서 있던지 간에 아무런 방해도 없이 카프리섬의 험준한 해안선을 바라볼 수 있다. 각 개구부의 내부는 정교하게 세공된 밤나무 골조로 이루어져 있으며, "회화"의 느낌을 전달하고 있다. 내부 공간과 외부 공간을 물리적으로 분리하는 유리는 별도의 틀을 갖지 않으며, 벽의 바깥쪽 면과 평평하게 고정되어 있어 외벽의 두께를 내부 공간에서 체험할 수 있도록 한다. 그러나 외부에서 바라볼 때 이러한 평평한 배치는 외피의 균일성을 강조하는 요소로 작용하게 된다.

그림 32 : 프레임을 통해 "회화"적인 느낌으로 나타나는 연안 절벽의 경관
Adalberto Libera: Casa Malaparte, Capri (이탈리아), 1941

Rudolf Olgiati: Van Heusden House

마치 요새를 연상시키는 건물 외관의 느낌은 벽에 "구멍을 뚫은 것처럼" 형성된 개구부에서 기인한다. "깔때기" 모양의 깊은 개구부는 중량감을 표현하며 고형식의 균일한 건축 형태를 형성한다. 반면 건물은 얇은 외피로 둘러싸여 있다. 이 건물이 최소한의 재료를 사용한 현대적인 디자인의 건물이라는 점은 건물의 단면도를 통해서만 알 수 있다. 내부 공간을 향해 돌출된 "깔때기" 창은 안에서 보이는 외부 공간의 모습에 테두리를 두르고 있으며, 유입되는 자연광의 방향을 유도한다.

그림 33 : 깊게 벌어진 개구부는 견고한 느낌의 외피를 형성한다.
Rudolf Olgiati: Van Heusden House, Laax (스위스), 1964

그림 34 : 돌출된 퇴창을 통해 아래에 펼쳐진 가로에 대한 좋은 조망을 확보하고 있다.
Alejandro de La Sota: Calle Prior apartment block, Salamanca (스페인), 1963

Alejandro de La Sota: Calle Prior 아파트 단지

Calle Prior는 지나치게 폭이 좁아 거주자가 유용하게 사용할 수 있는 크기의 발코니를 형성할 수 없는 규모이다. 그럼에도 불구하고 거주자들은 여전히 "거리를 내다보고 싶다"는 욕구를 가지고 있었다.

유리 "진열장"은 파사드에서 밖으로 돌출되어 거리의 전경을 볼 수 있도록 한다. 사면에 걸쳐 창유리가 끼워져 있으며 이러한 점에서 전통적인 창 또는 퇴창과 비교할 때 매우 돋보이는 것이라 할 수 있다. 이러한 디자인을 통해 창을 통해 밖을 내다 볼 때 거주자는 거리로 걸어나가는 듯한 느낌을 받게 되며, 이는 건물의 건축적인 특징으로 자리매김했다.

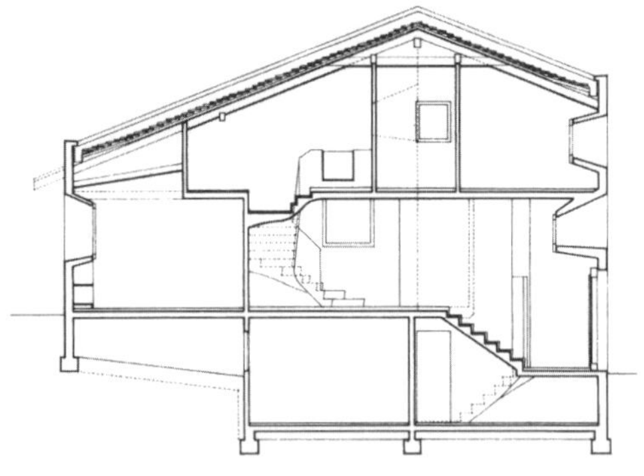

그림 35 : 내부 공간으로 돌출된 개구부
Rudolf Olgiati: Van Heusden House, Laax (스위스), 1964

횡적인 띠로써의 개구부

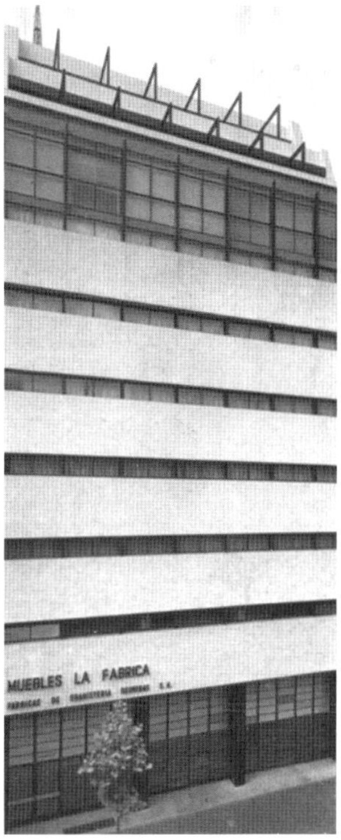

그림 36 : 서로 다른 수평창은 파사드에 뚜렷한 위계를 부여한다.
M. Ponsett, E. Salas: "La Fabrica" furniture manufacturer, Barcelona (스페인), 1961

M. Ponsett, E. Salas:
"La Fabrica" 가구 공장
건물의 내부 구성은 파사드에서 선명하게 들여다 보인다. 지면 높이에서 건물의 창은 마치 전체가 하나의 거대한 진열창처럼 보인다. 그리고 이러한 풍부한 투명성은 계단식으로 물러나 있는 3층의 작업 공간에서 다시 한번 나타난다.

상부 작업공간과 하부의 전시공간에 설치된 수평띠 형태의 창은 파사드의 폭 전체에 걸쳐 형성되어 있다. 이는 파사드를 층별로 횡분할하는 효과를 내고 있으며, 이러한 방식을 통해 건물의 위계를 단순한 방식으로 강조하고 있다.

Herzog & de Meuron: House in Tavole
마치 버려진 아이처럼 건물은 올리브 과수원 한복판에 서 있다. 정교한 콘크리트 골조가 섬세한 외피를 형성하고 있으며, 각 층의 바닥판을 겉으로 보여준다. 내장 판넬은 잡석으로 만들었다.

각각의 창이 성층(成層)의 규칙을 따르고 있는데 반해, 멀리온을 댄 상부의 긴 수평창은 고형식의 외피와 처마를 분리시키고 있다. 내부 공간에 빛을 받아들이기 위해 3면에 걸쳐 뻗어 있는 수평창은 주위에 편재하는 풍경을 선명하게 보여주며 내부 공간에 영향을 미친다.

그림 40 : 상부층의 압도적인 수평창은 내력 구조체를 드러낸다.
Otto Rudolf, Salvisberg: first church of the Christian Science Church, Basel (스위스), 1937

Otto Rudolf Salvisberg:
크리스천 사이언스교(Christian Science Church)의 첫 교회 건물
교회는 도로에서 뒤로 물러나 위치한 안뜰에 위치하고 있다. 개방된 현관을 따라 형성된 진입부는 윗층의 돌출된 집회장에 의해 쉽게 인지할 수 있다.

아름답게 분할된 수평창은 파사드를 규정하는 요소로 작용한다. 이러한 투명성의 연속은 곡선 형태의 집회장을 더욱 강조한다. 일정량의 태양광이 건물 내부 깊은 곳까지 닿을 수 있게 한다.

파사드에서 독립된 기둥들은 내력 구조체를 형성하며, 파사드 자체에는 어떠한 영향도 없이 별개의 요소로써 뚜렷하게 드러나고 있다.

그림 37 : 수평창을 통해 비쳐 보이는 풍경은 내부공간에 뚜렷한 영향을 미친다.
Herzog & de Meuron: House in Tavole (이탈리아), 1988

그림 38 : 수평창은 지붕과 고형식 벽을 분리시킨다.
Herzog & de Meuron: House in Tavole (이탈리아), 1988

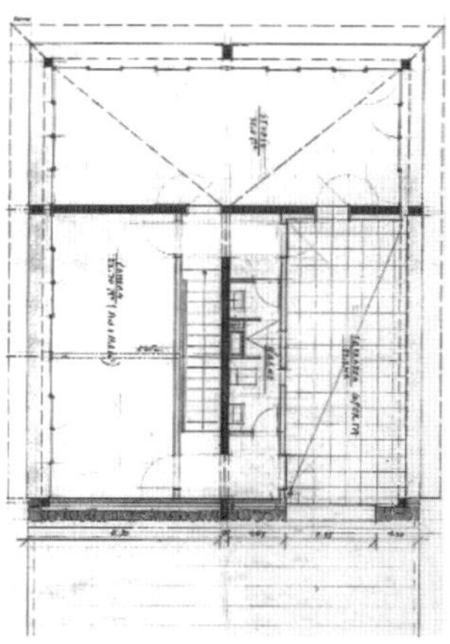

그림 39 : 상부층 평면
Herzog & de Meuron: House in Tavole (이탈리아), 1988

접합부로써의 개구부

그림 41 : 각각의 방을 구분하는 수직 "접합부"
Harry Weese: Metropolitan Detention Centre, Chicago (미국), 1975

Harry Weese: Metropolitan Detention Centre

시카고 중심에 위치한 이 교도소는 철근콘크리트로 지어진 삼각형의 고층 건물이다. 처음 건물을 바라보면, 창의 패턴 때문에 파사드는 마치 컴퓨터에 사용되는 천공 카드처럼 보이며, 이는 규칙적인 간격을 갖는 건물 내부의 공간에 대해 불규칙하게 배치된 석재판넬의 접합부를 통해 수직적으로 다양한 폭을 보여주고 있다.

좀 더 자세히 들여다 보게 되면 별도의 프레임을 사용하지 않기 위해 창의 폭이 정밀하게 계산된 것임을 알 수 있다. 문설주는 외부로 벌어져 있으며, 이를 통해 각 방에서 보이는 가시각을 최대화하고 있다. 건물의 중간 높이에 위치한 실내 정원과 최상층의 운동장에 사용된 수평창은 예외적인 모습을 보인다. 이들 수평창은 이 "교도소 탑"의 기념비적인 외관에 스케일을 더하고 있다.

그림 42 : 높은 창이 기존의 건물과 새 건물 간에 연결성을 만들어 낸다.
Diener + Diener: Pasquart Centre, Biel (스위스), 1999

그림 43 : 공간의 모서리에 위치한 창을 통해 서로 다른 채광 효과를 얻고 있다.
Diener + Diener: Pasquart Centre (museum), Biel (스위스), 1999

Diener + Diener: Pasquart Centre

Diener + Diener에 의해 이루어진 증축동은 "빈약한 관계성"을 보이며 기존 건물과 분리되어 있다. 그러나 기존 건물의 특징이었던 큰 높이의 창을 사용함으로써 두 건물간의 강한 시각적 연결을 꾀하고 있다.

파사드에 형성된 개구부는 구멍 같은 느낌의 전통적인 창처럼 보이지만, 내부에서 이들은 바닥부터 천장까지 뻗어 있는 틈으로 나타나게 되며, 실내 공간에 풍부한 빛을 제공한다. 실내 공간의 구획에 있어 각 구획의 모서리에 위치하고 있는 창은 파사드 부근에서 서로 다른 채광 조건을 갖는 2개의 내부 영역을 형성한다. 따라서 창은 작품의 전시에 있어 독특한 레이아웃을 제공한다.

그림 44 : 비스듬한 모서리 창 "경첩"을 통해 연결된 벽 판넬
Louis Kahn: Richards Medical Research Centre, Philadelphia (미국), 1965

Louis Kahn: Richards Medical Research Centre

이 단지는 선적인 배치에 의해 서로 연결되어 있는 몇 개의 건물로 구성되어 있다. 주 건물 인근에 위치한 탑은 진입부와 서비스 시설들의 샤프트를 담는 공간으로 사용된다.

몇 개 층에 걸쳐 위생설비, 승강기, 계단으로 구성된 탑은 압도적인 경계를 형성한다. 사각형의 탑은 네 개의 벽 판넬로 이루어져 있으며 이들은 모서리에 길게 연속된 틈을 만들며 연결되어 있다. 그러나 2개층 높이의 비스듬한 모서리 창은 벽 판넬이 마치 경첩에 의해 연결되어 있는듯한 인상을 준다.

투명한 벽으로써의 개구부

그림 45 & 46 : "해시계"로써 기능하는 내부 중정
Luis Barragan: Casa Antonio Galvez, Mexico City (멕시코), 1955

Luis Barragan: Casa Antonio Galvez

높은 벽으로 둘러 싸인 부지에 위치하고 있기 때문에 Casa Antonio Galvez는 개구부의 위치를 통해 주변 환경과 매우 다른 관계를 맺고 있으며, 각 공간에서 공간의 친밀도와 분위기를 다양하게 변화시키고 있다.

일례로, 작은 중정은 거실의 보조공간으로 확장되어 있으며, 한편으로는 빛을 받아 들이는 기능을 한다. 태양의 위치에 따라 빛은 공간에 직접 들어오기도 하고, 반대편의 벽에 반사되어 들어오기도 한다. 때문에 창을 통해 보이는 모습은 "해시계"의 기능을 하게 된다. 특수한 색과 요소(예 : 연못)를 사용하여 내부와 외부를 분명하게 구분함으로써, 내부 공간과 외부 공간의 경계의 물리적 구분은 더 이상 의미가 없다.

Bo + Wohlert: Louisiana Museum

Louisiana Museum은 나무로 뒤덮힌 공원에 위치한 일련의 파빌리온 전시장이다. 각각의 파빌리온을 연결하는 것은 창으로 이루어진 복도로 이를 통해 방문자들은 공원 주변에 널려 있는 조각 작품을 관람할 수 있는데, 이러한 점에서 내부 전시 공간을 외부까지 확장하고 있다고 할 수 있다.

여기에서 보이는 파빌리온은 호수로 이어지는 경사지의 꼭대기에 걸려 있다. 스팬드럴 판넬과 상인방을 사용하지 않음으로써 주변의 자연 환경과 더욱 가까운 느낌을 형성하고 있으며, 지면에서 들어 올려진 바닥판은 마치 나무 위의 오두막 같은 느낌을 주고 있다. 반면 시야를 가로 막는 멀리온은 이러한 경관이 마치 회화처럼 보이도록 한다.

그림 49 : 내부 공간과 외부 공간의 경계를 허물기 위해 동일한 재료를 사용하다.
Eduardo Souto de Moura: Algarve House, Quinta do Lago (포르투갈), 1989

Eduardo Souto de Moura: Algarve House

이 단층 별장은 거실 전체가 정원을 향해 열려 있다. 바닥, 벽, 천장의 재료와 표면 처리는 내부에서 외부로 변하지 않은채 연속되고, 이를 통해 내부 공간과 외부 공간의 경계를 흐리게 하며 두 공간을 하나로 섞는다.

공간의 폭과 높이 전체에 걸쳐 형성된 유리 파사드의 형태는 기후적인 필요성에 의한 것이다. 미닫이문은 창을 개방하였을 때 발생하는 문제점을 줄이기 위해 사용되었다.

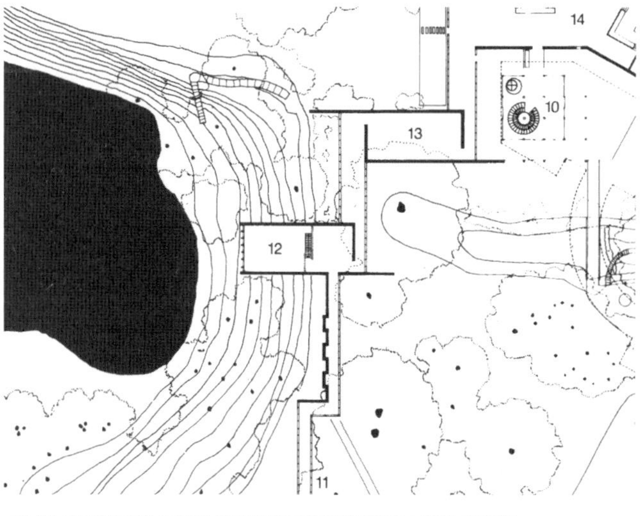

그림 47 : 스팬드럴 판넬과 상인방을 사용하지 않음으로써 더욱 가깝게 느껴지는 자연환경
Bo + Wohlert: Louisiana Museum, Humlebaek (덴마크), 1958

그림 48 : 전시 공간(12)은 마치 "대포"처럼 호수를 가리키고 있다.
Bo + Wohlert: Louisiana Museum, Humlebaek (덴마크), 1958

문에 관하여

Cordula Seger

그림 50 : 대담한 색의 사용을 통해 두드러지게 표현된 입구에서, 문은 주요한 디자인 요소로 사용되고 있다.
Bruno Taut: Hufeisen estate, Berlin-Britz (독일), 1925 - 27

그림 51 : 사적인 영역과 종교적 영역의 연결 : 목제 상인방 위에 놓인 작은 사당을 통해 진입부를 부각시키고 있다.
Old farmhouse in Villa di Zoldo, Dolomites (I)

그림 52 : 거대한 호텔의 상징인 회전문, Olive Street측 입구
The Biltmore Hotel, Los Angeles (미국), 1923

문은 내부 공간과 외부 공간을 연결하며, 서로 다른 영역 간의 관계를 형성한다. 문지방과 함께 문은 공간을 가로지른다는 의미를 표현한다. 문을 통과하는 인간의 물리적인 실재성에 관한 의문과 함께, 한 공간에서 다른 공간으로 이동하는 이러한 전이의 과정은 많은 문화에서 상징적으로 표현되었다. 이 과정에서 어떤 사회적 지위에서 다른 지위로의 이동이라는 물리적이고 비유적인 전이의 의미가 덧붙여지기도 했다. 문을 통과할 수 있다는 것은 자신이 그 집단의 구성원임을 증명하는 일이기도 했다.[1]

일종의 교차점으로서 문은 건물 내부로의 여행의 출발점이며, 앞으로 펼쳐질 것들을 예견하는 것이기도 하다. 이 과정에서 시각적이고 촉각적인 체험이 중요한 역할을 한다. 문 손잡이가 손에 잘 들어맞는가? 문을 열 때 체중을 실어야 되는가 아니면 쉽게 열리는가? 문은 기분 좋은 소리를 내면서 닫히는가 아니면 프레임을 비벼대며 삐걱거리는가?

문의 높이, 폭과 디자인은 지위와 사회에 대한 개방 정도를 보여준다. 넓은 개구부와 재미 있는 디자인으로 이루어진 입구는 개방적인 태도를 나타낸다. 그러나 특히 주거 건축의 발전에 있어 진입부의 디자인은 종종 무시되기도 했다. 이러한 점은 천장고를 최소로 유지하는 과정에서 더욱 두드러지게 되었으며, 이러한 결과로 억지로 끼워 넣은 문은 답답하고 폐쇄적으로 보였다. 다가구 아파트 단지에서 각 건물의 진입부는 공용 복도와 계단을 사적인 생활 영역과 분리시켰다. 때로는 안에서는 밖을 내다 볼 수 있지만 밖에서는 안을 들여다 볼 수 없는 도어 뷰어를 사용함으로써, 문은 모든 방문자를 환영하지는 않는다는 사실을 드러내기도 했다. 문은 원하지 않는 소음, 관음증적인 시선, 열 손실 또는 침입자로부터 보호하는 기능을 한다. 이처럼 점점 더 높아지는 요구를 만족시키기 위해 문은 점차 견고하게 만들어졌다. 사적인 영역을 구분하고 공간의 위계를 형성하는 것은 바로 문이다. 공간의 기능이 개인적일수록, 문은 점점 발을 들여놓기가 힘들어지게 되었다. 결국 가능한 눈에 보이지 않도록 벽으로 파고 들어간 은문(隱門)처럼 개인적인 문은 쉽게 눈에 띄지 않은 채 비밀을 담고 있다.

문의 종류는 방문자의 예상 이동량과 이들을 안내하는 방식을 보여준다. 자동문은 방문자의 흐름을 끊기지 않게 하고 싶다는 욕망을 충족시킨다. 일례로, 백화점에서 이러한 자동문은 구매자들의 출입을 어떠한 장애도 없이 이어지게 한다. 반면 호텔에 사용되는 회전문은 초청의 메시지를 보내며 거리를 향해 열려 있다. 회전문의 원형의 움직임은 끊임없는 출입을 표현하지만 모든 손님이 개별적으로 진입하고, 떠날 수 있게 한다. 여닫이문 역시 호텔에서 사용되는 전통적인 문이라 할 수 있다. 이는 레스토랑이나 주방 같은 문 뒤로 감춰진 영역과 공공 영역을 연결한다. 발로 밀어 원하는 방향으로 문을 열 수 있는 이러한 문은 분주한 종업원들이 아무런 방해도 없이 이동할 수 있도록 한다.

철학자인 Gaston Bachelard는 그의 저서인 "*The Poetics of Space*"에서 다음과 같은 의문을 제기한다. "그렇다면 어디를 향해서, 누구에게 문은 열리게 되는가? 문은 과연 군중을

그림 53 : 북측 파사드의 가장 큰 진입부의 전경
Hans Kollhoff and Christian Rapp: residential development, KNSM-Eiland, Amsterdam (네덜란드), 1991,94

향해 열리는가 아니면 외톨이를 향해 열리는가?"[2] 건축적인 관점에서는 이러한 질문에 대해 적어도 부분적으로는 대답이 가능하다. 건물의 사적인 영역에서 문은 안을 향해 열리며, 들어오는 사람을 공간으로 안내한다. 문의 개폐 여부를 떠나 문의 중요성에 대해 표현하는 수많은 관용구가 있으며, 안으로 열리는 문을 들어갈 때는 문지방을 너무 살짝 밟아서는 안 된다고 알려주기도 한다. 그러나 많은 사람들이 모이는 건물에서 문은 반드시 피난의 방향인 밖을 향해 열려야만 한다. 그러나 "어디로?"라는 의문은 단순히 문이 열리는 방향에 관한 것이 아니다. 이는 문이 열리고 들어가는 공간의 느낌에 관해 말하고 있다. 문이 공간의 대칭성을 강조하며 방문자를 공간의 중심으로 인도하거나, 측면의 벽에 붙어서 가구 놓을 자리를 남기는 등 문의 위치란 내부 공간의 이용과 분위기에 있어 결정적인 영향을 미치게 된다.

1 Arnold van Gennep: *Übergangsriten* (1909), Frankfurt a.M., 1999, p. 184. 참조
2 Gaston Bachelard: *Poetik des Raumes*, Frankfurt a.M., 1994, p. 222.
- 영문판 : Gaston Bachelard: *The Poetics of Space*, Boston, 1969.

문 - 개방 방식의 종류

그림 54 : 개방 방식의 종류
축척 1:100

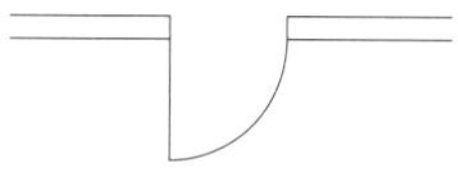

여닫이문

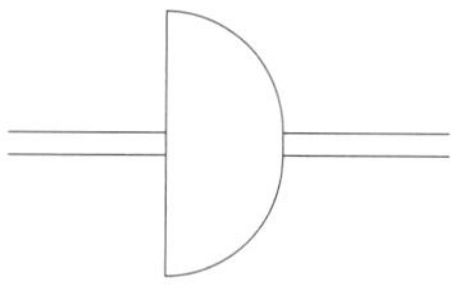

양개문

미닫이문 (벽 앞에서 개폐)

미닫이문 (벽 내에서 개폐)

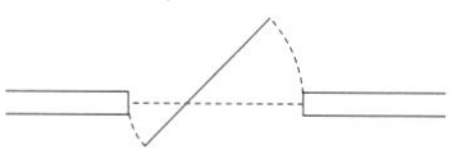

피봇 도어

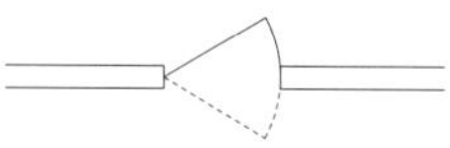

스윙 도어

접문 (개구부 사이에서 접힘)

접문 (개구부 앞에서 접힘)

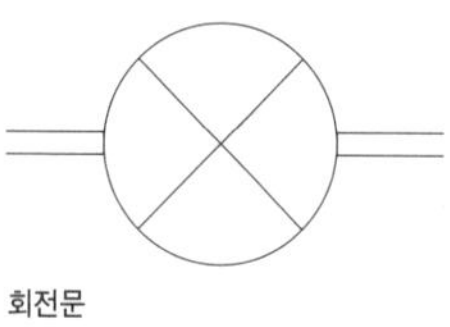

회전문

개방 형태

가장 일반적인 것은 외여닫이문이다. 스윙 도어, 양개문과 함께 외여닫이문은 한쪽 면에만 경첩이 설치된다. 마치 지레와도 같이 문의 무게가 경첩에 직접 작용하기 때문에 이러한 문은 표준적인 폭의 범위에서만 사용되어야 하지만, 쌍여닫이문을 사용하게 되면 폭을 두 배로 늘릴 수 있다.

미닫이문과 접문에 사용되는 철물은 하중의 영향을 보다 적게 받기 때문에 더 큰 개구부에 사용할 수 있다. 미닫이문은 문짝이 공간 안으로 회전하며 들어오지 않기 때문에 여닫이문에 비해 보다 적은 공간을 차지한다. 그러나 문의 측면에 인접한 공간은 문이 충분히 열릴 수 있는 여유가 있어야 한다. 미닫이문은 종종 거실을 분할하거나, 주방의 일부를 식당으로 분리시키는 등 큰 공간을 내부적으로 분할하는 경우에 사용되기도 한다.

미닫이문을 침실 문으로 사용할 경우, 미닫이문은 여닫이문에 비해 방음 효과가 떨어진다는 점을 유념해야 한다. 만약에 수술실처럼 높은 방음 성능이 필요한 공간이라면, 양개문이 바람직하다.

자동 슬라이딩 도어는 사람의 유동량이 높은 개방된 공공건물에 사용된다. 이 문은 최대의 유동량을 수용할 수 있다. 또 다른 형태로는 회전문을 들 수 있다. 회전문의 효율은 그 직경에 비례한다. 회전문은 별도의 로비를 필요로 하지 않는다는 점에서 자동 슬라이딩 도어에 비해 장점을 갖는다.

여닫이문

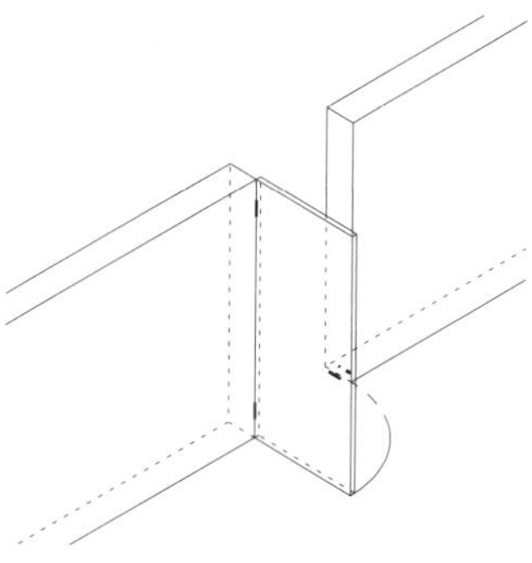

그림 55 : 외여닫이문, 경첩이 좌측에 위치한다

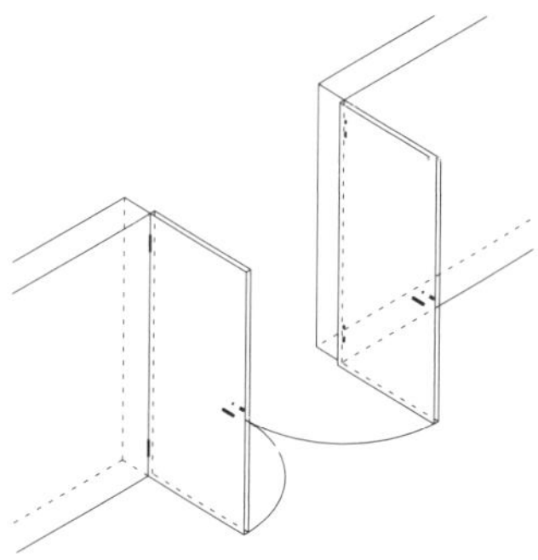

그림 56 : 쌍여닫이문

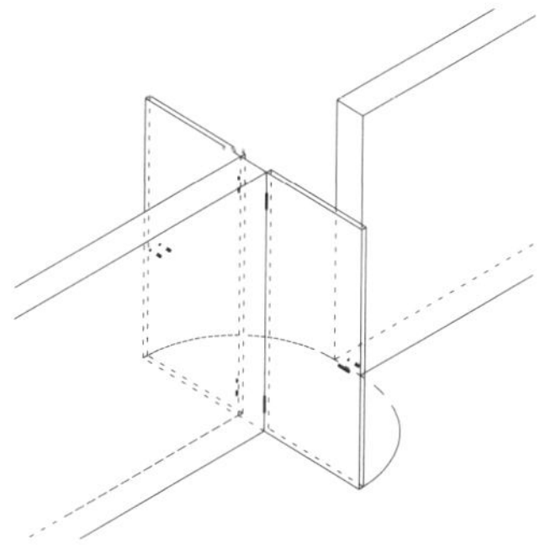

그림 57 : 양개문

미닫이문

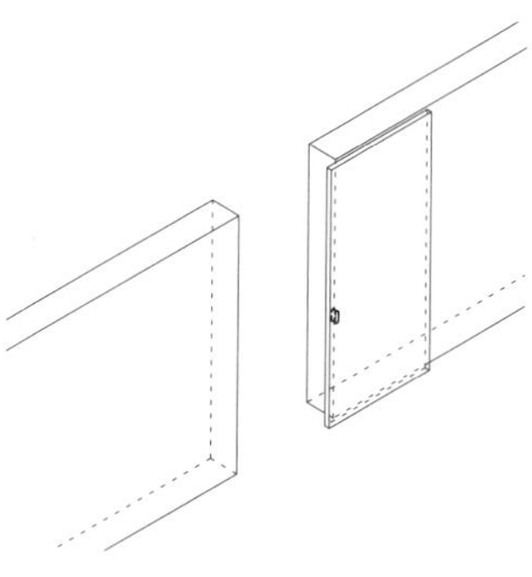

그림 58 : 외미닫이문 (벽 앞에서 개폐)

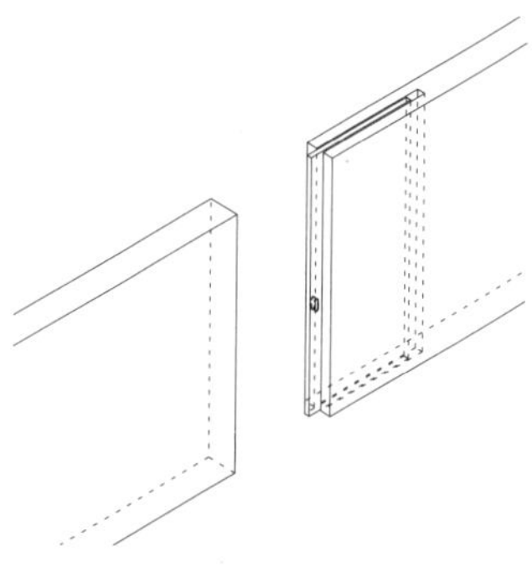

그림 59 : 외미닫이문 (벽 내에서 개폐)

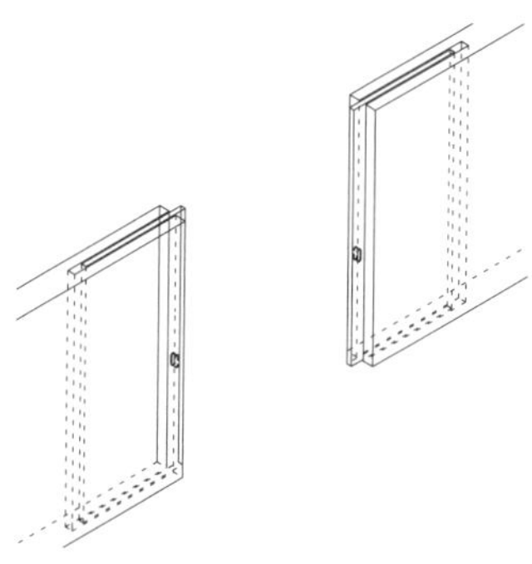

그림 60 : 쌍미닫이문 (벽 내에서 개폐)

문 - 도어스탑의 종류

그림 61 : 도어스탑의 종류
축척 1:50

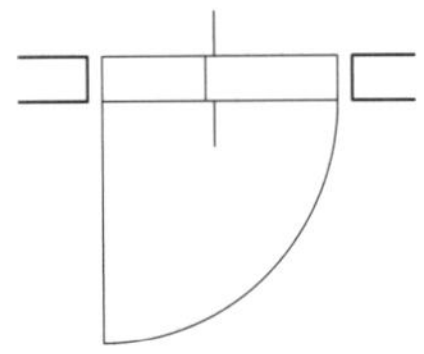

판벽 또는 평방
들어올린 문지방

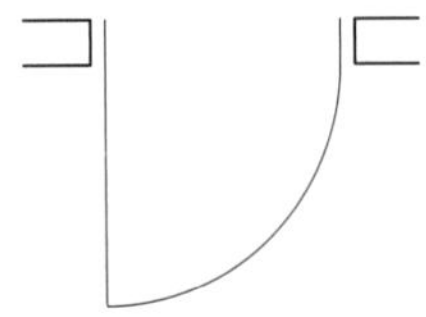

이음홈을 낸 문설주
문지방 없음

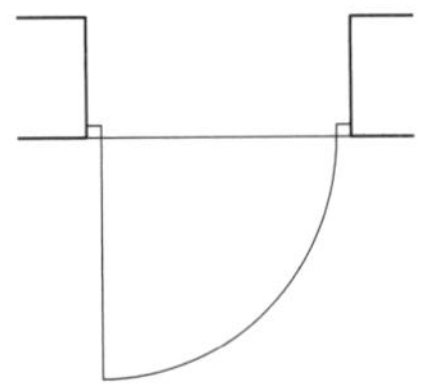

문설주와 편평하게 처리한 프레임
문지방 없음

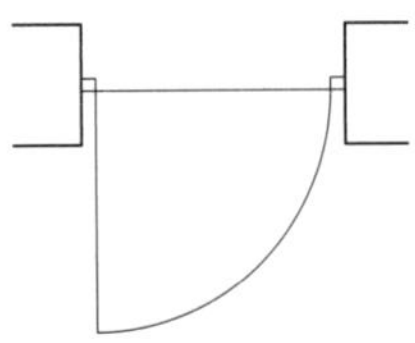

문설주의 중앙에 위치한 프레임
문지방 없음

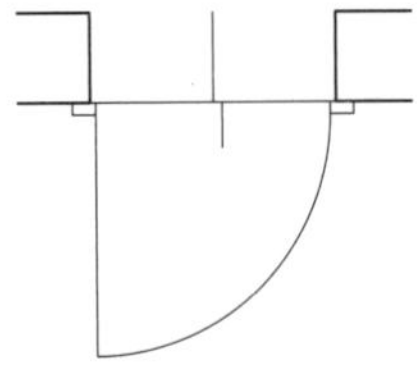

벽의 양측에 위치하는 드러난 프레임
단차가 있는 바닥

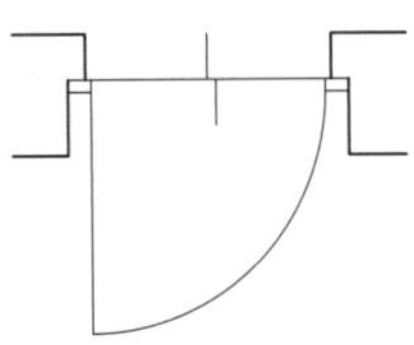

문설주의 견각에 위치하는 드러난 프레임
단차가 있는 바닥

도어스탑의 형태

도어스탑은 문짝과 개구부에 위치한 요소가 만나는 지점이다. 도어스탑의 형태는 문이 갖추어야 할 기술적, 동선적, 건축적인 성능 조건에 따라 달라진다.

문 프레임은 목재, 철 등의 재료를 사용하여 정확한 치수로 제조되며, 이는 벽에 형성된 구조적 개구부에 프레임이 한 번 맞춰지게 되면 이 후 벽에서 발생하는 치수 상의 오차를 보정할 수 있다는 점을 의미한다. 프레임은 경첩, 궤도 등의 문 관련 철물이 부착되는 부재로써도 기능한다.

문이 방수 및 방풍 성능을 갖추어야 하고, 단열 및 방음 기준을 만족시켜야 할 경우에는 부수적인 프레임의 사용이 불가피하다. 문지방에 대해서는 특별한 주의가 요구된다. 문지방은 방수 성능을 갖추어야 함과 동시에 걸어서 또는 휠체어를 이용하여 문지방을 지나갈 때 가능한 한 편안한 환경을 제공해야 한다.

도어스탑의 형태는 문의 시각적인 느낌을 바꾸어 놓는다. 벽과 평평하게 처리되고 같은 색으로 도색된 프레임은 개구부를 벽의 일부처럼 보이게 한다. 프레임이 문설주의 중앙에 위치하게 되면, 이는 개방적인 느낌을 연출한다. 판벽 또는 평방을 사용한 문은 개구부를 "틀에 짜맞추어진" 구멍처럼 보이게 하는데 이러한 느낌은 들어올린 목제 문지방을 사용하면 더욱 강조된다.

이렇게 들어올린 목제 문지방이 과거에는 매우 널리 사용되었던 것에 반해, 오늘날 건물 내부의 문에는 바닥 마감을 저해하지 않도록 문지방을 설치하지 않는 방식이 선호되고 있다. 이러한 점에서 바닥 마감 방식의 변화는 금속 또는 플라스틱의 사용을 통해 가능해진 것이라 할 수 있다. 방음이 필요할 경우, 문짝의 아랫면에 수직 밀봉재를 부착한다.

문틀 도어스탑의 상세

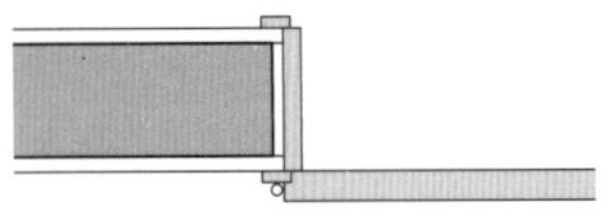

그림 62 : 판벽과 평방 (내부 문, 목조 건축에서는 외부 문에도 사용 가능)
홈이 있는 문짝

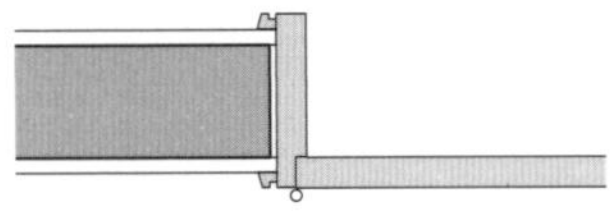

그림 63 : 홈이 있는 문설주 (내부 문)
홈이 없는 문짝

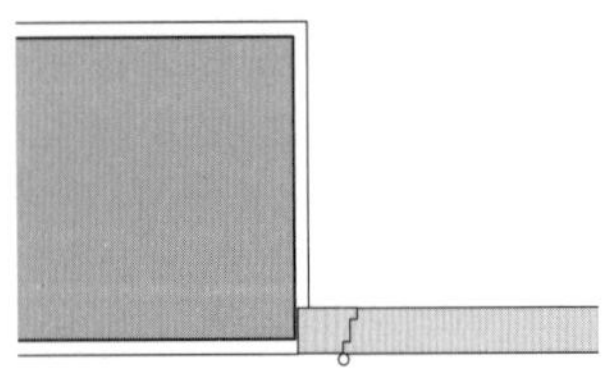

그림 64 : 평평하게 처리된 프레임 (내부 및 외부 문)
프레임과 편평하도록 홈이 있는 문짝

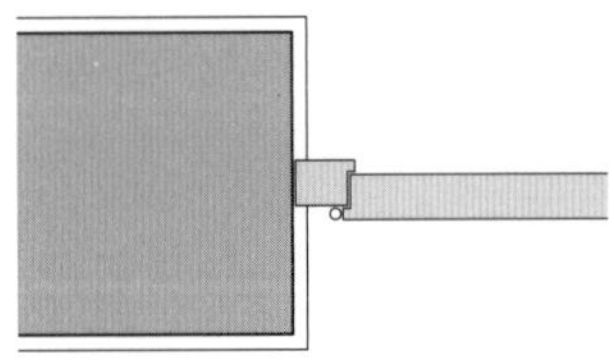

그림 65 : 문설주의 중앙에 위치한 프레임 (내부 및 외부 문)
홈이 있는 문짝

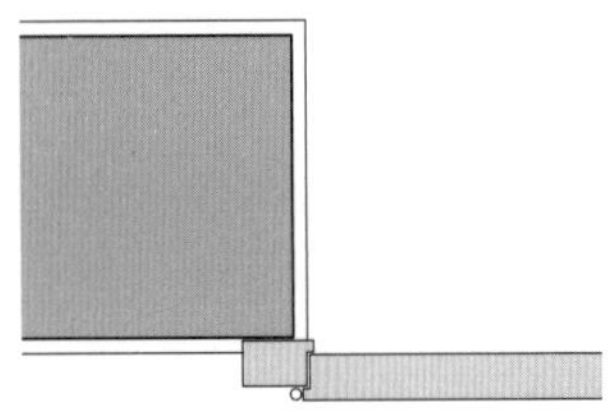

그림 66 : 벽의 양측에 위치하는 드러난 프레임 (내부 및 외부 문)
홈이 있는 문짝

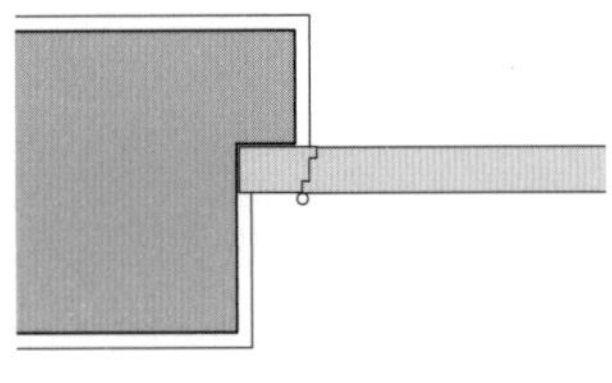

그림 67 : 문설주의 견각에 위치하는 드러난 프레임 (외부 문)
프레임과 평평하도록 홈이 있는 문짝

문지방 도어스탑의 상세

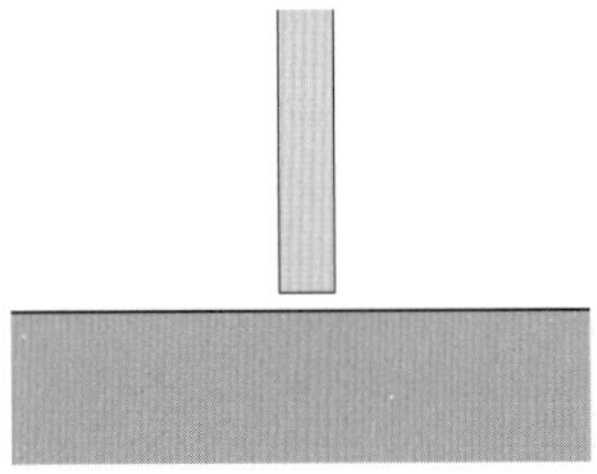

그림 68 : 문지방 없음

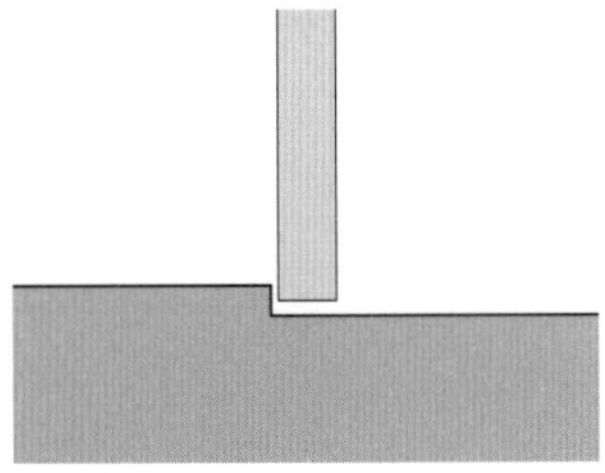

그림 69 : 단차가 있는 바닥

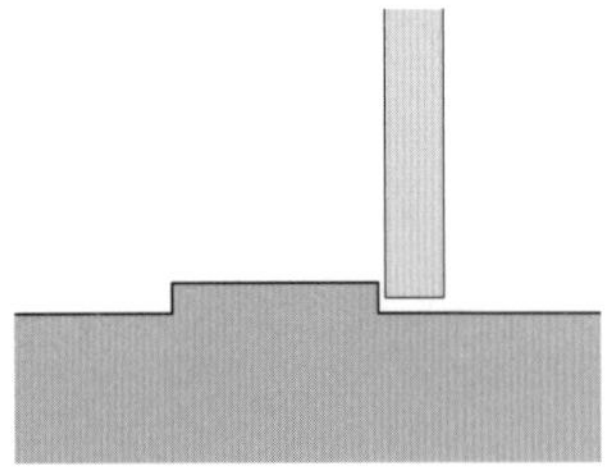

그림 70 : 들어올린 문지방

문 - 철물

외여닫이 철제 프레임 유리문
예 : Forster Profilsysteme, Arbon

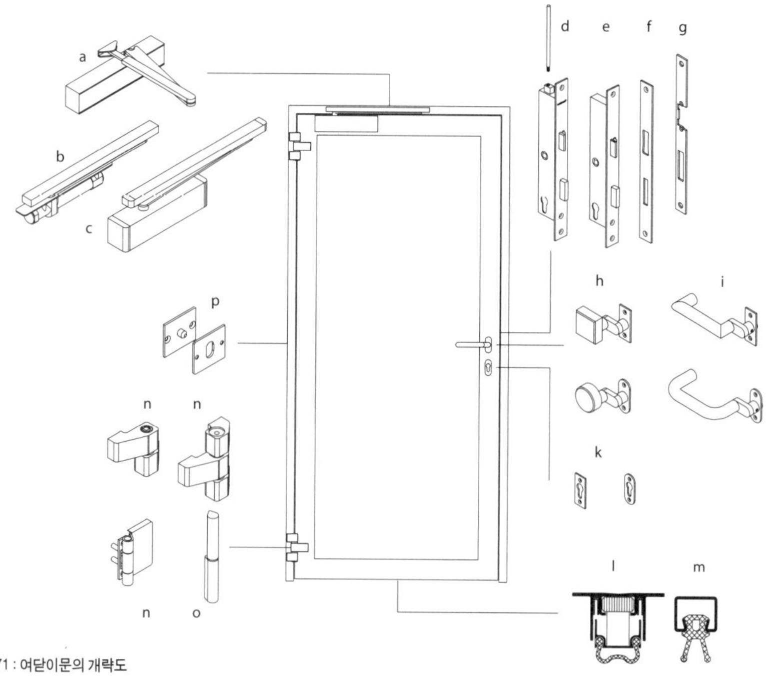

그림 71 : 여닫이문의 개략도

목제 미닫이문
예 : HAWA-Junior hardware

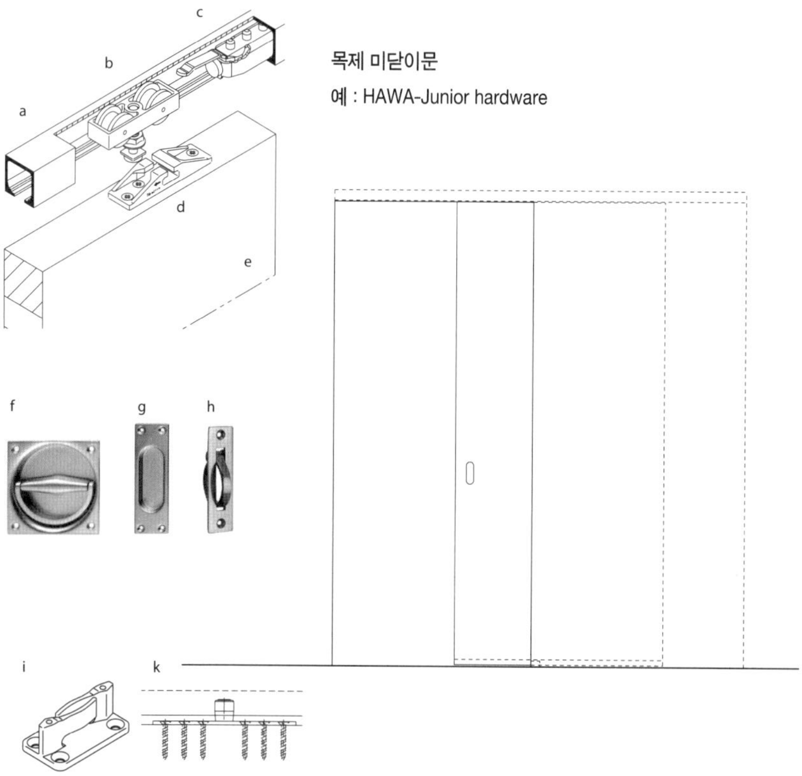

그림 72 : 미닫이문의 개략도

도어클로저
a 관절있는 도어 클로저
b 감춰진 도어 클로저
c 고정 궤도가 있는 도어 클로저

도어록
d 걸쇠와 데드볼트가 있는 장부촉이음 도어록, 상부에 볼트가 추가된 형태
e 걸쇠와 데드볼트가 있는 장부촉이음 도어록
f 스트라이커 플레이트 (프레임)
g 전기식 도어 오프너에 사용되는 스트라이커 플레이트 (프레임)

문 손잡이
h 사각형, 원형 도어 문 손잡이
i 각진 형태, 곡선 형태의 문 손잡이
k 이스커천(Escutcheon)

밀봉재
l 문짝 아랫면에 사용하는 수직 밀봉재
m 밀봉재가 달린 문지방

도어 힌지
n 나사식 (문의 무게가 중요 요소)
o 용접식

힌지 볼트
p 힌지 사이 간격의 중앙에 위치하여 힌지의 방향으로만 문이 열리도록 하는 힌지 볼트

외미닫이문에 사용되는 철물
a 상인방, 천장, 코니스 하부에 고정되는 궤도
b 나일론 롤러가 달린 활차
c 복원 스프링이 달린 완충기
d 문의 개방 방향을 조절하는 갈고리
e 문짝

문 손잡이
f 고리가 달린 오목한 손잡이
g 오목한 손잡이
h 전면 모서리에 사용되는 손잡이

플로어 가이드
플로어 가이드는 개구부에 인접한 벽의 홈의 시작점에 설치되어 궤도를 문짝의 아랫면으로 밀어넣는 역할을 한다.
i T자형 플로어 가이드 (미작동)
k 가이드 핀

벽 - 개구부
건물 외피에 미치는 영향

1. 강우
벽
외피의 부식, 수분 침투의 위험, 결빙의 위험
a) 석조 건축물 (단일벽, 이중벽 또는 외단열) : 초벌칠 / 도색.
b) 회반죽을 칠하지 않은 석조 건축물 : 점토/고온가열벽돌은 방수 및 빙결에 대한 저항 성능을 갖추고 있다. 별도의 모르타르가 필요 (줄눈의 밀봉), 통기공이 필요할 수도 있다.
c) 경량 건축 (철골조, 목조) : 외피, 지붕, 널판, 합판의 보호, 내력 구조체가 외부에 드러나 있을 경우에는 반드시 보호되어야 한다 (도색, 외장재, 캐노피).
d) 노출콘크리트 파사드 : 콘크리트는 근본적으로 방수성이지만, 탄산화에 대한 문제점을 고려해야 한다 : 이산화탄소와 공기 중의 수분이 시멘트의 알칼리 성분과 반응하여 보강 철근을 부식시키고 콘크리트 표면의 폭열현상을 유발한다.

창
창문에 내린 빗물은 하인방의 웨더 바를 통해 배수된다. 창 프레임의 이음홈은 항상 물을 모을 수있는 것이어야 한다. 스팬드럴 판넬과 창의 접합부는 특히 취약하다.

2. 태양광
벽
자외선 복사와 온도 상승에 대응할 수 있어야 한다. 미처리 목재로 만든 파사드 부재가 직사일광에 노출되게 되면 변형, 갈라짐이 발생하기 쉬우며 때로는 "그을음"이 생길 수도 있다. 그럼에도 불구하고 오늘날 목재는 문제점이 적은 건축 재료 중 하나이다. 도색, 유약칠, 약품 주입은 다공성 건축 재료에 물이 침투하지 못하도록 하는 방법이다. 어두운 색조의 마감 처리는 지나치게 온도가 높아질 수 있다는 점에서 외단열을 사용하는 파사드에는 적합하지 않다.

창/개구부
현휘와 열 획득에 대응할 수 있어야 하며, 프라이버시가 보장되어야 한다.
- 유동적 차양 시스템, 외부 :
a) 루버(알루미늄, 다양한 위치에 설치 가능)는 창의 상부 또는 파사드 표면의 공간에 설치된다.
b) 롤러 셔터(목재, 알루미늄, 직물)은 창의 상부 또는 파사드 표면의 공간에 설치된다
c) 경첩식, 접이식, 슬라이딩식 셔터는 목재 또는 판금으로 만들어진다 (문설주에서 접히거나, 파사드 전면에서 경첩 또는 궤도를 이용하는 방식으로 작동한다)
- 고정식 차양 시스템, 외부 (차양판(Brise-soleil), 캐노피, 고정식 루버)

3. 소음
벽
경량 구조(목조, 철골조)의 건물의 경우 부재의 부피가 작기 때문에 소음에 더 취약하다. 필요할 경우 전문가와 상의해야 하지만, 일반적인 경우에는 큰 문제가 되지 않는다.

창
예상되는 소음의 정도에 따라 창유리를 이루는 판유리 각각의 두께, 창유리의 전체 두께, 접합부의 기밀도가 결정된다. 소음이 매우 심할 경우에는 환기를 위해 창을 열 수 없으므로 기계적인 환기 시설이 필요하다.

4. 바람
벽
일반적으로, 모든 파사드 구조는 작은 크기의 부재들을 접합하여 만들게 되며, 목조 건축의 경우 부재의 팽창 및 수축에 의해 접합부에 틈이 생기지 않도록 밀폐 막을 설치해야 한다.

창
창 프레임의 이음홈은 방풍 성능을 갖추어야 한다. 창 프레임과 유리가 매우 높은 풍하중을 받을 수도 있다.

5. 파사드의 오염, 횡줄눈을 통한 수분의 유입
벽, 창
위를 향하여 바람이 부는 날에 비가 내리면 빗물이 횡줄눈으로 들어갈 수 있다. 따라서 상인방, 하인방, 코니스 등의 수평 부재에는 빗물 받이를 설치해야 한다.

6. 온도
(열 전달의 측면에서 다양한 건축 형태에 대한 최소 두께가 표준화되어 있다.)

벽
단열재는 여름의 높은 온도와 겨울의 낮은 온도에 대해 대응할 수 있어야 한다. 시스템에 따라서, 단열층이 별도로 설치되거나 건물에 사용된 재료가 내력과 단열의 기능을 함께 수행할 수도 있으며(외겹 석조 건축물), 단열 성능이 건축 요소에 통합될 수도 있다(경량 목구조 건축물).

창
a) 단열 창유리
b) 단열 프레임을 사용한 이중창

7. 내, 외부로부터의 증기 확산
응축된 수분이 건물로 침투하지 못하도록 한다

벽
사용 가능한 방법 :
a) 통기공 (자연 대류를 통해 단열층 밖의 공기층을 건조시키고 수분을 소산시킨다)
b) 수분에 취약한 부재에서 온도가 높은 면(내측)에 수분 차단막을 설치한다
c) 내부의 방습 내력층, 예 : 현장타설 콘크리트
d) 방습 단열재, 예 : 다공성 유리
e) 증기 확산에 대한 전체 건물의 개방, 예 : 외겹 석조 건축물

8. 기계적 손상
벽, 창
표면이 부드러운 재료(페인트, 일부 목재)는 기계적인 손상에 대해 취약하다. 초벌칠 외단열은 특히기계적 손상에 대해 민감하다. (주로 벽의 하부, 즉 지면에서 2.00m까지의 높이)

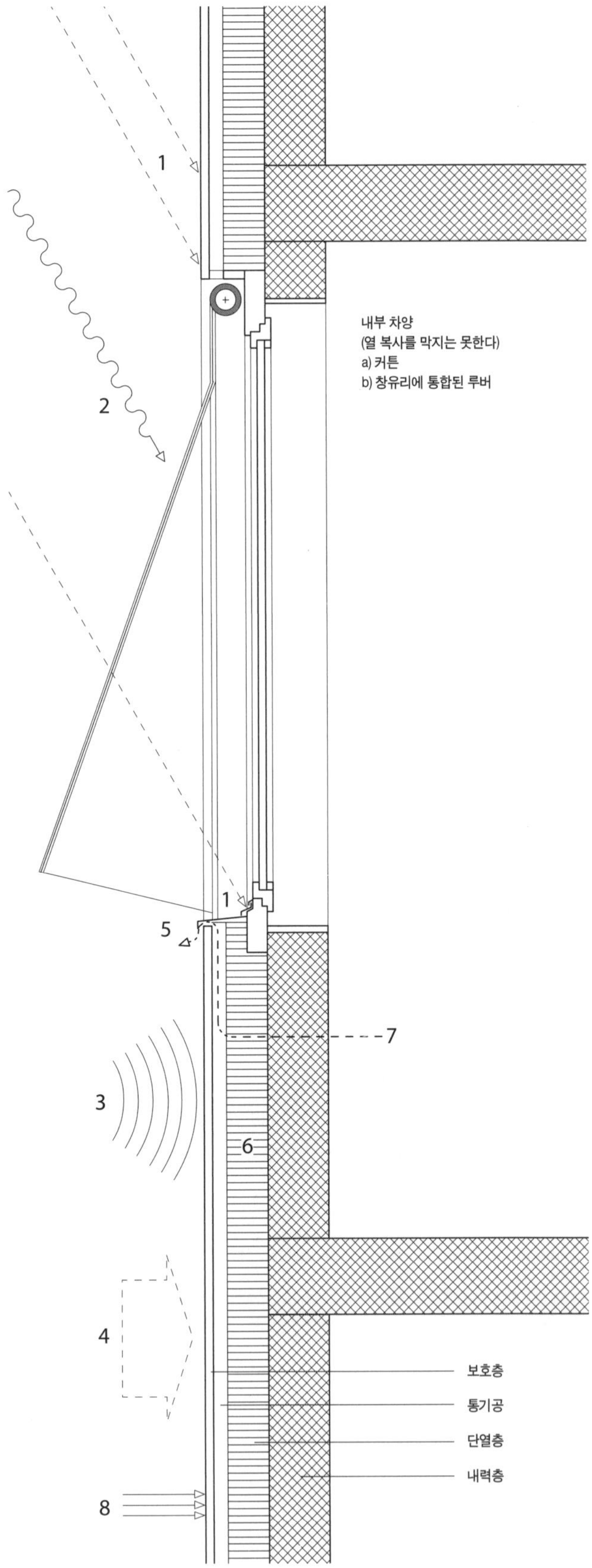

그림 73 : 단면 개략도, 축척 1:20

태양광과 현휘의 차단

Patric Allemann

태양광과 현휘는 개구부 주변에 별도의 장치를 사용하여 막는다. 이러한 장치들의 역할은 내부 공간으로 유입되는 태양광과 태양 복사의 양을 조절하는 것으로, 때로는 이를 완전히 차단해야 한다. 부가적인 기능으로는 밤에 프라이버시를 보호하는 기능을 들 수 있다.

태양광과 현휘를 조절하는 기능을 건축물에 삽입하는 방식은 매우 다양하다. 그러나 효율적이고, 기능적인 보호가 필요하다면 건물의 성능적인 측면이 반드시 고려되어야 한다.

차양 : 개론

건물의 지리적인 위치, 노출 정도, 파사드의 공법에 따라 차이가 있지만, 태양 에너지는 개구부를 통해 건물에 유입되며 봄, 여름, 가을에는 실내 공간의 온도를 높이게 된다. 적절한 차양 시스템을 설치하여 이를 막을 수 있다. 기본적으로 차양은 유입된 빛을 반사함으로써 열 복사량을 줄인다. 전체 열 전달량(g-value)은 차단의 효율을 평가하거나, 다른 시스템과 비교할 때 사용하게 된다. g-value는 전달된 열 복사량과 실내 공간으로의 2차 열 방출량을 합한 것으로 측정 또는 계산을 통해 구하게 된다. 효율적인 차양은 반사의 정도가 높고, 이에 따라 낮은 g-value 값을 나타낸다. 실내 공간의 온도가 과도하게 상승

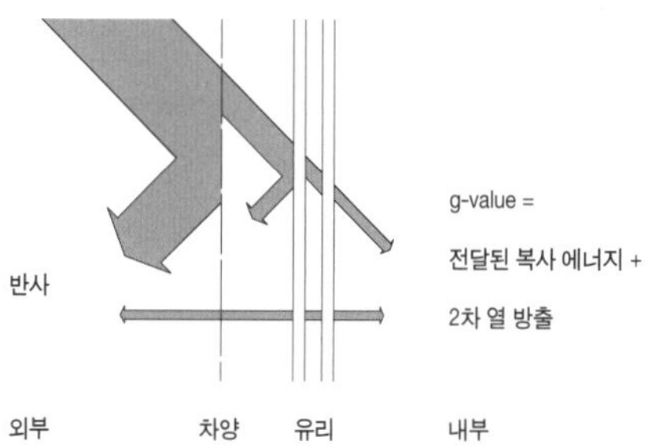

그림 74 : 외부 차양

하는 것을 막기 위해서는 복사 에너지가 유리에 닿기 전에 이를 반사할 수 있어야 한다. 태양 복사 에너지가 유리를 통과할 때, 이 중 일부는 내부 차양에 흡수되며, 파장이 긴 적외선 복사 에너지로 바뀌게 된다. 적외선 복사 에너지는 유리로 다시 반사되지 않으며 건물 내부의 온도를 높인다. 그러므로 차양의 성능을 최적화하기 위해서는 건물의 외부에 설치해야 한다.

차양의 종류

차양은 이동식 또는 고정식으로 디자인될 수 있다. 고정식 차양의 예로는 캐노피, 수평 또는 수직 차양판(brise-soleil), 로지아, 고정식 루버를 들 수 있다. 이러한 요소들은 파사드 디자인에 있어 중요한 역할을 한다. 고정식 차양의 장점 중 하나는 외부 공간과의 시각적인 관계가 방해받지 않는다는 점이다. 차양의 형태에 따라서는 내부 공간과 외부 공간 사이에 흥미로운

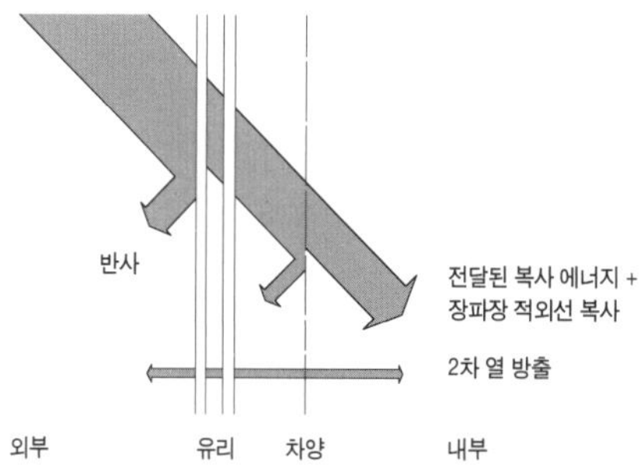

그림 75 : 내부 차양

중간 층이 만들어 지기도 하는데 이러한 공간은 사용 가능한 바닥면을 제공한다(예 : 로지아). 그러나 고정식 차양은 태양의 움직임에 대해 극히 일부만 대응할 수 있다.

이동식 차양은 태양의 위치에 맞게 계속적으로 조정이 가능하며 각각의 요구에 따라 태양광의 유입량을 조절할 수 있다. 종류가 매우 다양하기 때문에 다양한 디자인을 선택할 수 있다. 때문에 계획 단계에서 각각의 차양 시스템에 대한 최소 치수와 최대 치수를 고려하는 것이 중요하다. 그러나 생산되는 차양 시스템의 치수는 그다지 다양하지 않다. 차양의 최소 치수가 개구부의 크기에 따라 결정되는 반면, 최대 치수는 주로 사용되는 재료의 물성과 바람에 대한 노출 정도에 따라 결정된다.

그림 76 : 중간층으로써 사용된 고정식 차양, 차양판(상)과 로지아
Le Corbusier: Unite d' habitation, Marseille (프랑스), 1947

그림 77 : 차양 시스템을 알루미늄 페이샤 뒤에 숨김으로써 사용하지 않을 때는 감출 수 있게 했다. Gigon/Guyer: Broelberg development, Kilchberg (스위스), 1996

이동식 차양의 다양한 종류

롤러 셔터 : 이는 조정이 불가능한 슬레이트로 이루어지며 개구부 측면의 홈에 의해 고정된다. 사용하지 않을 때에는 슬레이트를 창 또는 문의 상부에 설치된 방추에 감기도록 말아 올리거나 슬레이트를 접는 방식(접이식 롤러 셔터)으로 사용한다. 유입되는 빛의 양은 슬레이트의 형태(각각의 부재가 연결되어 있는지 또는 분리되어 있는지)에 따라 결정되며, 빛의 반사 정도는 재료의 종류와 색에 의해 결정된다. 오늘날 슬레이트는 주로 알루미늄으로 만들어지는데, 이는 반사율이 높고 유지비가 적게 든다는 장점이 있다. 과거에 선호되었던 목제 셔터는 보다 높은 유지비가 소요된다. 또한 롤러 셔터는 슬레이트의 방향을 밖으로 향하게 하거나, 위를 향하게 하여 간접적으로 내부 공간에 들어오는 빛을 반사할 수 있다. 이러한 부가장치가 없는 기본적인 롤러 셔터의 최대/최소 치수는 대략 폭에 대해 50/450cm, 높이에 대해 50/400cm이다. 롤러 셔터로 사용할 수 있는 공간의 최대 면적이 약 $10m^2$ 라는 점을 계획 단계에서부터 고려해야 한다. 파사드가 강풍에 노출되어 있다면(예 : 고층 건물의 상층부), 최대치수는 줄어들게 된다.

루버 : 롤러셔터의 슬레이트와 반대로, 장축에 대해서 각각의 루버가 이루는 각을 다양하게 할 수 있으며, 이는 유입되는 빛을 자유롭게 조절하고 빛의 방향을 유도할 수 있도록 한다. 대부분의 경우 알루미늄으로 만들어지는 루버는 개구부의 홈 또는 가는 철선에 설치된다. 루버를 사용하지 않을 때에는 창 또는 문 상부에 간단하게 뭉쳐서 보관할 수 있다. 최소치수는 롤러 셔터와 유사하지만 최대 치수는 루버의 형태에 따라 달라진다. 강풍에 노출되는 루버에 대해서는 특별한 주의가 필요하다.

롤러 블라인드 : 롤러 블라인드는 천으로 만들어지며 사용하지 않을 때에는 창 또는 문 상부에 말아 올린다. 빛의 유입량과 반사 정도는 천의 종류에 따라 달라진다. 밝은 색조의 천은 유입되는 빛을 분산시키며 현휘를 발생시킨다. 롤러 셔터와 달리, 롤러 블라인드는 그 방향을 외부 또는 위로 향하게 할 수 없다. 최대/최소 치수는 대략 폭에 대해 40/300cm, 높이에 대해 40/400cm이다. 사용 가능한 최대 면적은 약 8m2이며, 이상적인 폭-높이의 비율은 1:3이다.

반개방형 차일(Semi-awnings) : 이는 롤러 블라인드의 정교한 변형물로, 롤러와 로프를 추가적으로 사용하여 외부 또는 위를 향하게 할 수 있으며, 이를 통해 부분적으로 외부에 대한 조망을 제공한다. 최소 높이는 120cm이며, 최대/최소 치수와 사용 가능한 최대 면적은 롤러 블라인드와 동일하다.

그림 83 : 창에 설치된 반개방형 차일, 발코니에 설치된 직선 지지대 차일과 수직 블라인드
Max Ernst Haefeli: Rotach development, Zurich (스위스), 1928

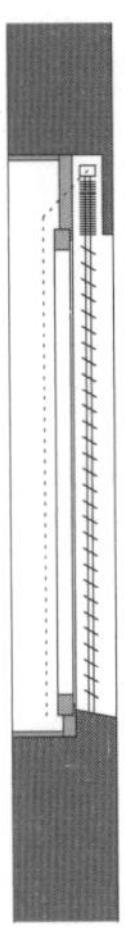

그림 78 : 벽과 통합된 루버 블라인드
건물의 외부에서 접근 가능

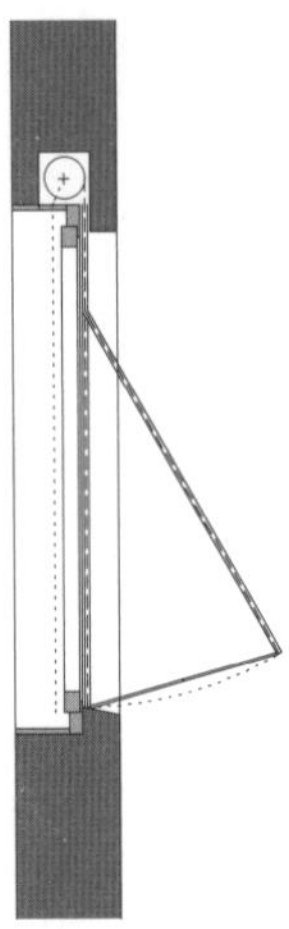

그림 79 : 각도를 변화시킬 수 있는 롤러 셔터 벽에 통합하여 설치
건물의 외부에서 접근 가능

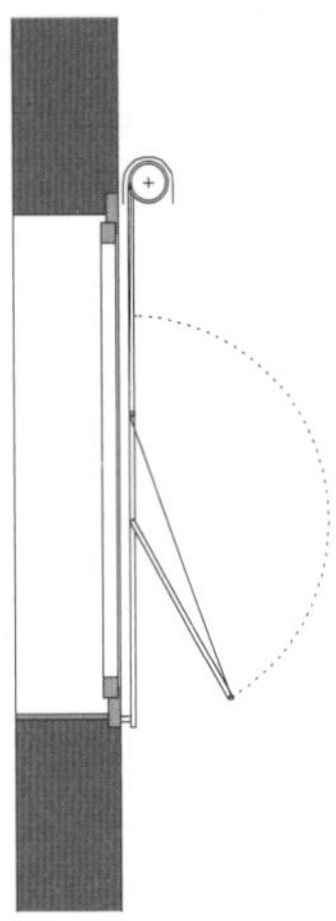

그림 80 : 반개방형 차일
표면에 설치
건물의 내부에서 접근 가능

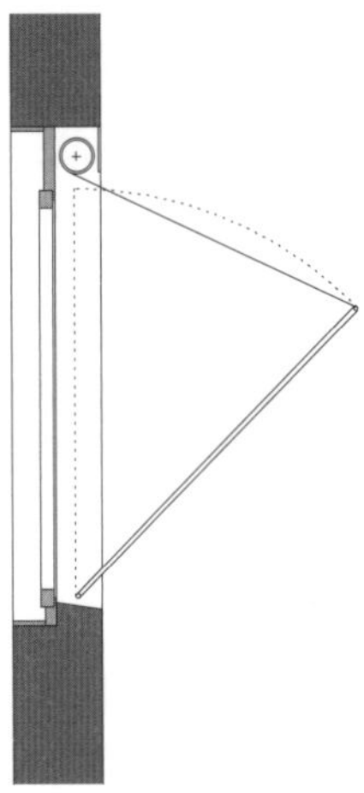

그림 81 : 상인방에 설치된 직선 지지대 차일
건물의 외부에서 접근 가능

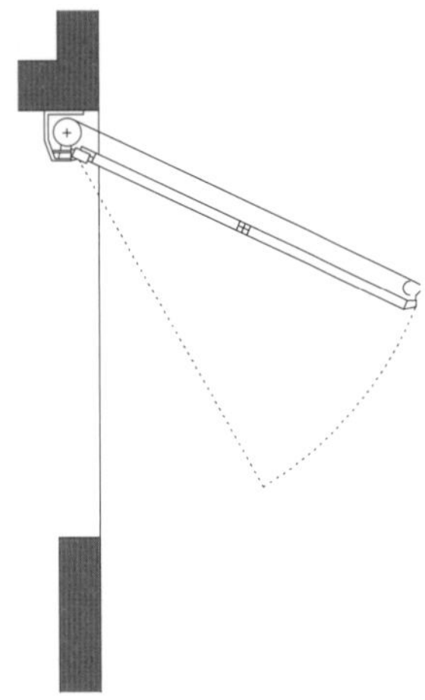

그림 82 : 접이식 지지대 차일
발코니 슬라 하부의 표면에 설치

그림 84 : 대형 접이식 지지대 차일을 이용하여 만든 이동식 캐노피
Oliver Schwarz: factory building, Ebikon (스위스), 1996

직선 지지대 차일(Straight-arm awnings) : 튜브에 외측 말단이 연결된 2개의 직선 로프로 구성되어 있으며 튜브에 작용하는 중력을 이용하여 천으로 만든 블라인드를 펼치는 방식으로, 파사드에 대하여 임의의 각을 이루도록 조절할 수 있다. 이 방식은 과거에 발코니에 많이 사용되었다. 차일에 의해 가려지기 때문에 외부 공간에 대한 조망이 일부 제한받게 된다. 최대/최소 치수와 사용 가능한 최대 면적은 롤러 블라인드와 동일하다. 직선 로프의 길이는 80~150cm이다.

접이식 지지대 차일(Articulated-arm awnings) : 2개 이상의 접을 수 있는 지지대를 이용하여 천으로 만든 블라인드를 사용하지 않을 때에는 말아 올릴 수 있으며, 일정 범위 내에서 원하는 위치에 고정시킬 수 있다. 추가적으로 힌지를 사용하여 각도를 조절할 수도 있다. 이 방식은 발코니와 중정에 가장 많이 사용되는 차양 시스템으로 크기가 큰 (진열)창에도 사용된다. 2~7m의 폭 내에서 사용이 가능하며, 지지대의 최대 길이는 4m이다.

그림 85 : 발코니의 차양으로 사용된 접이식 셔터
Baumschlager & Eberle: Hotting Estate, Innsbruck (오스트리아), 1999

힌지식, 접이식, 슬라이딩 셔터 : 이는 전형적인 이동식 차양으로, 일반적으로 나무 또는 알루미늄으로 만든다. 사용하지 않을 때에는 문설주 근처에 접어 넣거나 파사드 전면에 보관할 수 있다. 치수는 창의 크기에 따라 결정된다.

루버를 포함한 단열 유리 : 루버 블라인드를 두 장의 판유리 사이에 기밀하게 집어넣는 방식이다. 위에서 설명한 바와 같이, 이 시스템은 두 장의 열 복사 에너지를 받았을 때 판유리 사이의 공기층의 온도가 올라가게 되고, 과도한 열이 장파장의 적외선 복사의 형태로 내부 공간에 방출된다는 점에서 열 복사 에너지를 충분히 차단하지 못한다. 그러나 블라인드가 판유리 사이에 위치하여 강풍과 오염으로부터 보호된다는 점에서 고층 건물에 적합하다. 블라인드에 문제가 발생할 경우에는 창 전체를 교체해야 한다.

표면 부착 또는 편평하게?

마지막의 두 가지 방식을 제외한 다른 모든 차양 시스템은 파사드에 보이도록 표면에 부착하는 요소 또는 창이나 문의 상부 상세에 통합되는 요소로 설치될 수 있다. 후자의 경우에는 다양한 방법을 통해 차양을 사용하지 않을 때에 이를 감출 수 있다. 이 두 가지 경우를 혼합한 해결책 중 하나로 파사드와 평탄하게 설치된 페이샤 판넬의 뒤로 감춰진 창 또는 문의 상부 아래에 차양을 설치하는 방법을 들 수 있다. 접이식 지지대 차일 또는 직선 지지대 차일은 주로 상부층의 발코니 아래에 설치된다.

차양을 창 또는 문 상부 상세에 통합할 경우에는 관리 및 교체를 위한 접근성이 보장되어야 한다. 또한, 단열층의 분절 없이 연속되는지 고려해야 한다.

현휘 방지법 : 개론

현휘는 직사일광을 안쪽 표면이 반사하여 발생할 뿐 아니라, 외부 공간에 위치한 물체(예 : 밝은 색조의 건물, 눈이 덮힌 표면 등)가 자연광을 반사하여 발생하기도 한다. 열 복사가 특정한 방향에서부터 유입되는 차양과 달리, 빛의 투사와 이에 따른 현휘는 각각의 조건에 따른 다양한 요소들에 의해 결정된다.

현휘는 사용자의 행동에 따라 개별적이고, 주관적인 영향을 미치게 된다. 예를 들어, 컴퓨터 스크린을 바라보며 작업하는 사람은 책상에서 손으로 글을 쓰는 사람보다 현휘에 대해 더 민감하게 느낀다.

그림 86 : 파사드의 디자인 요소로써 사용된 표면 부착식 롤러 셔터 박스
Ernst Gisel: housing and studios, Zurich (스위스), 1953

내부 공간의 기능에 따라 발생하는 다양한 요구 사항에 대응하기 위해 유입되는 빛을 섬세하게 조절하거나 빛의 방향을 조정해야 하며, 심지어는 완전히 차단해야 하는 경우도 있다(예 : 교실).

차양이 그러하듯이, 현휘를 방지하는 여러가지 방법들은 외부 공간에의 조망과 외부 공간과의 관계를 제한한다. 이는 건축물(부적절한 공간의 내향성)은 물론 사용자의 심리(격리된 듯한 느낌)에도 영향을 미친다.

이러한 점에서 현휘 방지법은 가능한 모든 부분에서 이동할 수 있거나 제거될 수 있는 것이어야 한다. 위에서 언급한 몇몇 형태의 차양이 현휘를 막을 수 있지만, 현휘 방지법은 공간의 안측에 사용될 때 더욱 효과적이다. 이는 태양 에너지의 획득이 반드시 필요한 시간 대에도 현휘가 일어날 수 있기 때문이다.

그림 87 : 현휘를 방지하고 주변 환경에 대한 조망을 부분적으로 차단하고 있는 커튼
Ludwig Mies van der Rohe: New National Gallery, Berlin (독일), 1968

현휘 방지법의 종류

현휘를 차단하는 방법은 크게 두 가지로 나뉘지만, 이들은 다양한 변형물로 세분화될 수 있다.

커튼 : 현휘를 차단하고 프라이버시를 유지하기 위한 이 전통적인 장치는 천으로 만들어지며, 그 종류에 따라 빛의 투과 정도가 결정된다. 서로 다른 투과성을 갖는 2장 이상의 커튼을 사용하여 유입되는 빛을 조절할 수도 있다(예 : 낮에는 그물 형태의 커튼을 사용하고, 밤에는 불투명한 커튼을 사용하는 방식). 그러나 커튼은 수평적으로만 이동할 수 있을 뿐, 태양의 움직임에 따라 수직적으로 이동할 수는 없기 때문에 현휘를 차단하기 위해서는 창 전체를 완전히 덮어야만 한다. 현재는 반사율이 높으면서도 더욱 투명한 고효율의 하이테크 커튼이 만들어지고 있다. 장축에 대해 회전이 가능한 수직 루버는 "커튼"의 종류 중에서 유일하게 태양의 위치에 따라 조정하여 빛을 받아들일 수 있는 방식이다.

그림 88 : 내부에 설치된 루버 블라인드는 내부 공간에 확산된 빛을 퍼뜨리며, 주변 환경의 윤곽은 흐려진다.
Alvar Aalto: Villa Mairea, Noormarkku (핀란드), 1939

블라인드 : 불투명하게 도색된 수직 블라인드는 어두운 공간을 필요로 하는 교실 또는 기타 교육 시설에서 주로 사용된다. 루버 블라인드는 유입되는 빛을 정밀하게 조절할 수 있으며, 완전히 차단할 수도 있다. 외부 공간과의 관계는 루버가 이루는 각을 어떻게 조정하는가에 따라 달라진다. 루버의 색과 재료는 내부 공간에 유입되는 빛에 대해 사용자가 인식하는 주관적인 느낌에 영향을 미치게 되는데, 일례로 목제 루버는 빛을 완전히 차단할 수는 없지만 더 따뜻한 느낌의 빛을 만든다. 알루미늄으로 만든 루버는 적절한 단면 형태를 사용하여 내부 공간에 유입되는 빛의 방향을 유도할 수 있으며, 끊임없이 연속된 조명 환경은 물론 건물의 축열체를 통해 수동적 태양 에너지를 얻을 수도 있다. 또한 이 과정에서 현휘는 모두 차단된다.

천장의 이중 구조

Sascha Roesler

밤에 천장을 바라보면 우리는 처음으로 천장에 감사한 마음을 갖게 된다. 불면증 환자의 꿈이란 천장이 사라지는 것이다. 20세기에 나타난 모든 장르의 문학 작품들은 되새김과 근심, 걱정, 불면증과 균형을 이룬 천장에 바쳐졌고, 천장을 현대적인 정신을 덮는 캐노피로 전환시켰다. "이는 생명의 탄생을 고발하는 특수한 종류의 불면증이다." (E.M. Cioran) 합리적인 관점에서 볼 때, 오늘날의 현실에서 이러한 문제에 대해 답하기 위해서는 구조에 관한 고려 없이, 평면적으로 생각해야 한다는 점에서 철근콘크리트로 만든 평면 슬라브를 가장 일반적인 것으로 만들었다. 오늘날 바닥판의 가장 주된 임무는 주어진 스팬에 대하여 하중을 전달하는 것이다. 건축적인 이유보다는 경제적인 이유로 우리는 항상 평면 슬라브에 의지할 수 밖에 없다. 건물을 용도에 따라 분류할 때, 가장 많은 수를 차지하는 주거시설과 업무시설은 평면 슬라브로 특징지어진다. 프리스트레스 공법은 장선과 보를 점차 슬라브와 플레이트로 변화시키는 기술적 발전의 극단을 보여주었다. 심지어 전통적인 목재 장선의 흔적이라 할 수 있는 다운스탠드 보는 경제적인 관점 등에서 현대적인 콘크리트 공법을 파괴하는 요소로 간주되며, 최대한 지양되고 있다.

건축적인 관점에서 1914년 Le Corbusier가 발표한 "돔이노 구조(Dom-ino)"를 이루는 평면 슬라브는 프로그램적이라 할 수 있다. 골조와 평면 슬라브의 조합은 평면 레이아웃의 설계에 있어 지금까지 겪을 수 없었던 큰 자유도를 부여했다. 그러나 이러한 구조를 통해 만들어진 자유로운 평면(Plan libre)는 여전히 다소간 제한적이라 할 수 있는데, 이는 당시 Le Corbusier가 사용한 바닥 슬라브가 Hourdis형의 속이 빈 점토 블록 조립물이었으며, 계단실이 여전히 내부에 배치된 보에 연결되었기 때문이다. 평면 슬라브를 통해 가능해진 평면 레이아웃의 설계는 평면 슬라브를 점진적으로 중립화하고자 했으며, 벽을 공간을 규정하는 요소로 정의했다. 천장의 모습과 바닥판의 평면적 구성은 벽에 의해 구성된 공간에서 단지 배경으로 변해 갔다. 균질성, 평평함, 방향에 대한 무관심은 평면 슬라브의 건축적인 표현을 결정지을 뿐 아니라, 오늘날에는 일반적으로 공간의 경제적인 효율성을 얻기 위한 평면 슬라브의 전제조건이기도 하다. 물론 바닥의 면적 또한 건축 프로젝트의 경제성을 계산하는 척도이다.

오늘날 문제는 다양한 바닥의 형태를 일상에 사용되는 다양한 건물에 어떻게 다시 도입할 수 있는가이다. 고대부터 2차 대전에 이르는 시기 동안 가장 널리 사용된 지지 구조체이자, 서구 세계를 지배했던 구조 방식인 목재 장선 바닥은 차차 철제 보와 철근콘크리트 슬라브로 대체되었다. 평면 슬라브가 사용되기 이전의 발전사를 돌아 보면, 평면 슬라브의 개발을 통해 다양한 디자인이 나오게 되었음을 알 수 있다. 미국에 위치한 Claude Turner의 작품들과 스위스에 위치한 Robert Maillart의 작품들은 무지향성의 특성을 갖는 평면 슬라브를 사용한 디자인의 주요한 사례라 할 수 있다. François Hennebique가 콘크리트 구조물에 사용한 것과 같은 보 또는 장선으로 지지되는 전통적인 바닥판과 주두가 벌어진 기둥으로 지지되는 평면 슬라브의 차이점은 기둥을 타고 흐르는 힘의 움직임이 인식될 수 있는가의 문제이다.

그림 1 : 벌어진 주두를 갖는 철근콘크리트 기둥 (기둥의 직경은 층과 그에 따른 하중에 따라 달라진다)
Robert Maillart: grain warehouse, Altdorf (스위스), 1912

이러한 공학적인 발전과 더불어 사회 구조의 변화가 일어났다. 서비스업과 소비자 중심 문화의 성장과 다수의 대중을 위한 주거 시설의 요구는 사무소 타워, 쇼핑 센터, 고층 아파트 단지라는 새로운 형태의 건축으로 이어졌으며, 이전에는 상상도 할 수 없던 내부 환경의 조절을 가능케 했다. 오늘날 위생 설비, 전력선, 환기 시설, 조명 시설 등 모든 종류의 건축 설비는 마감재에 의해 가려지건, 또는 겉으로 노출되건 간에 현대적인 바닥판을 이루는 당연한 요소가 되었다. 이에 따라 바닥판은 복잡한 "바닥 시스템"으로 바뀌게 된다. 수평적인 요소는 내부 공간을 떠받친다. 내력 구조체에 사용된 재료의 종류와 관계 없이, 이러한 종합 기술적인 변통성은 이제 바닥(또한 천장)의 기술적인 특징이 되었다. 바닥판을 이루는 하나하나의 켜마다, 위, 아래 모두에서, 하중을 전달할 수 있도록 설계된 구조적인 바닥판은 새로운 사회적 요구에 대응하기 위해 지난 100여년에 걸쳐 새로운 기능들을 부여받게 되었다. "천장"이란 쉽게 말하자면 건물에 사용된 수평적인 층의 아랫면으로 사용자의 머리 위에 걸쳐진 표면이라고 할 수 있다. 반면, 여러 겹으로 이루어진 복잡한 요소로써 천장은 상부층 바닥판의 아랫면이기도 하다. 상부층으로부터의 소음과 화재의 문제에 대해 천장은 분리와 연결이라는 특징을 보인다. 따라서 우리는 천장을 경계로써 기능하는 표면의 현상학과 상부층 바닥판을 포함하는 요소로써 기술적인 가공물로 구분해야 하며, 이들의 상호 의존성에 대해 고려해야 한다. 이러한 상호 의존성은 특히 바닥판의 스팬이 매우 큰, 광대한 내부 공간에서 선명하게 드러난다. "바닥판의 아랫면"은 눈에 보이는 것이지만, 직접 접근할 수는 없는 것이다. 바닥판을 확장하기 위해서는 정교한 구조적 해결책이 필요하다. 아랫면으로써의 바닥과 건축 요소로써의 바닥이라는 두 가지의 의미에서부터 출발하여, 세 가지의 개념, 즉 오늘날 바닥과 그 아랫면을 다루는 특징적인 건축 어휘에 대해 논하기로 한다. 사용된 재료와 관계 없이, 이러한 접근 방식은 바닥의 가시성과 바닥의 기술화 간의 상호관계를 보여주며, 특히 후자의 방식은 모더니즘에서 주로 나타나는 특징이기도 하다.

그림 2 : "밸더킨" 으로써의 지붕
Frank Lloyd Wright: office building for Johnson Wax company, Racine (미국), 1940 - 50

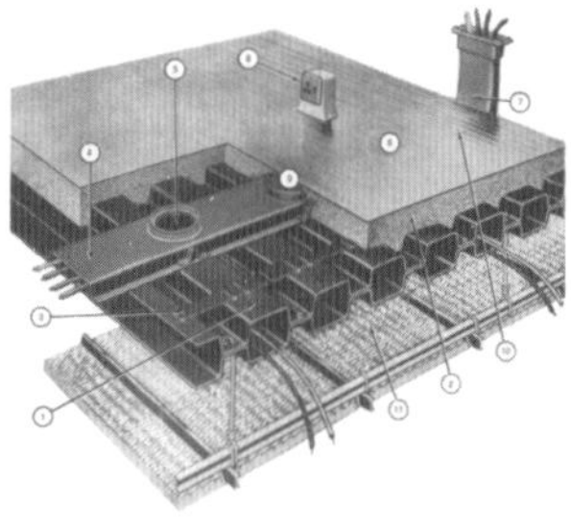

그림 3 : 1950년대 이후 사용된 철제 다공성 바닥판 구조
상에서 하로 : 내화 달천장, 다공성 바닥판, 설비를 위한 교차 덕트, 바닥 마감재

- 캐노피로써의 천장 : 오늘날 천장은 하부에 조립된 부재를 노출시키고, 이들을 한데 묶고, 각각을 부각시키고, 서로 의존하도록 만든다. 인공적인 하늘로써의 천장이라는 천장의 상징적인 특징은 현대적인 천장 마감에서 때로는 크게, 때로는 적게 나타난다.
- 바닥판의 적층 : 고층 구조물의 건축에 있어, 바닥판의 적층은 모더니즘의 추종자들에 대한 기술적인 도전이자, 사회적인 이상향이 되었다. 건축적인 표현과 사회적인 의식을 바닥판의 반복에서 발견할 수 있다.
- 새로운 공간적 순서에의 갈망 : 벽과 바닥의 대조적인 특징은 모든 건물에서 명백하게 나타나는 것이다. 그러나 모더니즘의 시기 이래로 벽과 바닥, 벽과 아랫면, 상부와 하부, 내부와 외부 간의 연속성을 얻기 위해 이러한 대립성을 흐리게 하려는 시도가 계속 이어지고 있다.

밸더킨(Baldachin)

"밸더킨(Baldachin)"은 캐노피를 지칭하는 또 다른 용어로, 이라크의 바그다드를 이르는 이탈리아어 "Baldacco"에서 유래되었다. 원래 이 단어는 유럽에서 바그다드로 수입되는 값비싼 비단의 이름이었다. 비단은 매우 귀한 재료였기 때문에, 강력하고 중요한 권능자가 머무는 장소에서 화려한 천장재로 사용되었다. 단지 네 개의 지지대만 있으면 충분할 만큼 단순한 지지 골조는 공간을 부유하는 표면 같은 비단의 느낌을 더욱 두드러지게 했다. 밸더킨은 벽이 없는 공간의 형성을 가능하게 했으며, 이는 그 뒤에 감춰진 것들을 가까이할 수 없는 것처럼 나타나게 한다. 보호되어야 하는 사람, 개인성이 강조되어야 하는 사람을 위해 그들만의 하늘을 제공한다는 개념은 이러한 방식에서 분명하게 드러난다. 이동이 가능한 종류의 밸더킨은 오늘날까지도 종교 행렬에서 사용되고 있다. 그러나 오늘날까지 남아 있는 것은 임시적인 하늘의 모방이 아니라, 왕좌, 주교의 제단, 왕자의 침소 등의 생활공간 또는 죽은자를 대체하는 상을 덮기 위한 나무 또는 돌로 만든 영구적인, 돔형의 캐노피이다.

이러한 관점에서, 밸더킨은 단순히 실용적인 표면이라기보다는 덮개를 축소한 형태의 표현적인 행위라고 할 수 있다. 이러한 점은 중세 시대의 밸더킨과 오늘날의 천장에 대한 개념을 구분짓는다. 밸더킨은 자신의 아래에 상징적인 공간을 형성하지만, 천장에 접근할 수는 없다. 머리 위의 "바닥면"에 접근하는 것은 신성 모독의 행위로 간주되었다! 오늘날까지도 바닥-천장의 연합체는 상징적인 의미와 불경스런 사용의 사이에 사로잡힌 채, 이러한 딜레마에서 벗어나지 못하고 있다.

그림 4 : Mosque of the Prophet의 중정에 사용된 접을 수 있는 지붕
Frei Otto, Bodo Rasch, Jurgen Bradatsch: Mosque of the Prophet, Medina (사우디 아라비아), 1971

피복

오늘날 매우 다양한 건물에 사용되는 달천장은 밸더킨을 연상시키며, 일상적인 업무 공간의 현대적인 개별성을 표현하며 사용자에게 편안함과 안락함을 느끼게 한다. 개방형 사무소에 사용된 단순한 달천장 조차도 내부 공간의 복잡한 성능 요구 조건과 다소간의 건축적인 표현을 조화시키기 위한 수단이다. 많은 장소에서, 내부적으로 보이는 것은 내력을 담당하는 바닥 요소의 아랫면이 아니라 달천장이다. 그리고 이 경계층은 동시에 무수한 기능을 갖추어야 한다. 기술적인 필요(내화, 차음, 조명설비, 확성기, 스프링클러 시스템 등)에 따른 공간적 표현으로써, 완성된 천장은 건축적인 관점에서 단순한 절충물일 때도 있다. 마감재이자 동시에 사잇 공간을 만드는 달천장의 두 가지 효과는 개인적인 선호도와 관계 없이 건축적인 영향력을 갖는다.

그림 5 : Alvar Aalto: public library, Viipuri (러시아), 1927 - 35

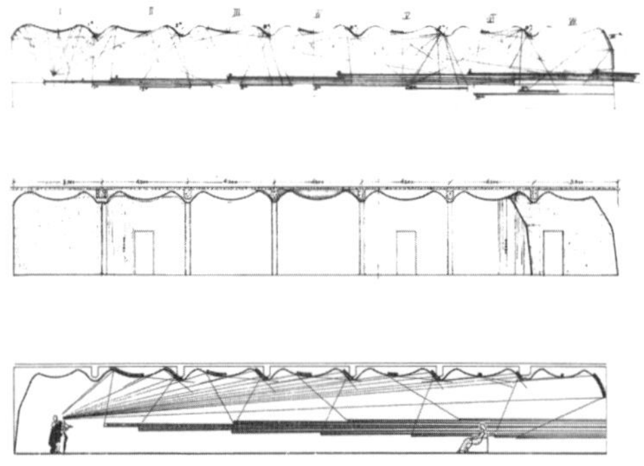

그림 6 : The sections show the wave-like shape of the suspended ceiling. Acoustic considerations governed the shape of this wave.
Alvar Aalto: public library, Viipuri, (러시아), 1927 - 35

달천장의 피복 같은 느낌은 근본적으로 내력 구조체와 분리되어 나타나는 것으로, 그럼에도 불구하고 건축의 역사에 있어 계속적으로 나타났다. Alvar Aalto의 직물 같은 목조 천장

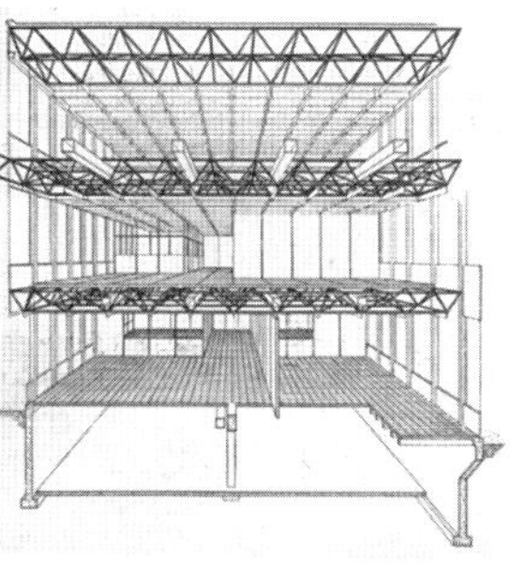

그림 7: 투시도 : 모든 설비가 격자 바닥판 내부에 설치되어 있다.
Eero Saarinen & Associates: General Motors Corporation Research Centre, Warren, near Detroit, Michigan (미국), 1951 - 57

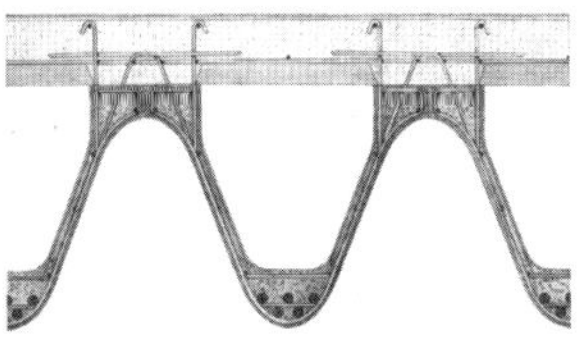

그림 8: 바닥 공사 상세도 : V자형 철분시멘트 부재, 벽의 두께 : 3cm, 바닥의 총 깊이 (마감재 포함) : 50cm
Pier Luigi Nervi: Galbani office building, Milan (이탈리아), 1955 - 56

또는 스위스 루체른 지방에 위치한 Jean Nouvel의 호텔의 회화적인 천장은 하나의 이미지를 형성하는 건축 요소로써의 천장 또는 전체 건물의 중심 사상(leitmotif)을 덮는 천장으로써 나타난다.

Robert Maillart, Pier Luigi Nervi, Frei Otto, Heinz Isler, Santiago Calatrava등의 건축가에 의해 고안되고 사용된 무늬 있는 천장 또한 이와 유사한 피복의 느낌을 나타낸다. 이들의 작품에서 내력 구조체와 피복의 구분은 무의미하다. Gottfried Semper는 분명히 이러한 건축 관점을 강조했던 최초의 사람이다. 그는 독일어인 decken (덮다), entdecken (발견하다), Decke (바닥과 천장을 나타내는 독일어) 간의 연결성을 인식했으며, 이는 단어의 어원에 수반되는 행위적인 특징은 물론 건축물에서 발현된 모습을 보여준다. 공간을 덮고, 폐쇄

그림 9: Galbani office building, Milan (이탈리아), 1955/56
Pier Luigi Nervi가 디자인한 철근콘크리트 바닥판
설계 : E. Soncini, A. Pestalozzo

하며, 보호하기 위한 구조물인 천장은 유형의 것인 동시에 무형의 것이기도 하다. 건축적인 어휘에 의해 나타나는 천장의 직물 같은 특성은 머리 위에 놓인 무거운 바닥의 이미지를 훼손한다. Semper는 공간적으로 분리된 층을 피부, 직물, 옷, 덮개 등의 비물질적인 표면으로 축소시킨다. "모든 게르만계 언어에서 Wand [벽] (Gewand [의복]과 어원이 동일하며, 기본적인 의미가 같다) 이라는 단어는 고대로부터 이어져 오는 근원과 가시적인 공간의 종결의 전형에 관해 말하고 있다. 이와 마찬가지로 덮개, 외피, 장벽, 이음매 등의 수많은 기술적 표현은 후에 건축물에 적용된 어휘를 상징한다기 보다는 이러한 요소의 직물적인 근원을 상징한다."

건물에서 전기, 보온, 급수, 환기 등을 위한 설비는 각자의 공간을 필요로 하며 상당한 깊이를 요구한다. 때로는 이 깊이가 한 층의 전체 높이에 달하기도 한다. Salk Institute in La Jolla (Louis Kahn, 1965)에서 설비 시설을 위한 공간은 설비를 쉽게 관리하고 교체할 수 있도록 접근이 가능하게 만들어졌다. 건축적인 관점에서 Centre Pompidou in Paris (Richard Rogers, Renzo Piano, 1976)는 건물의 진보적인 기술화의 정점에 이른 것이라 할 수 있다. 이 구조물은 Archigram의 초기 개념과 그 뒤로 15년에 걸친 사유들을 적용한 최초의 사례이다. 건축 설비는 더 이상 뒤로 감춰져야만 하는 볼품 없는 것이 아니며, 건물의 공간적인 원리를 지배하는 요소로 나타나고 있다. 기계로써의 현대적인 건물이라는 Le Corbusier의 생각은 설비 시설을 눈에 보이도록 노출시킨 이 건물에서 손으로 만질 수 있는 체험의 공간으로 전환되며, 마치 건물이 설비 시설을 위한 무대인 듯한 느낌을 준다.

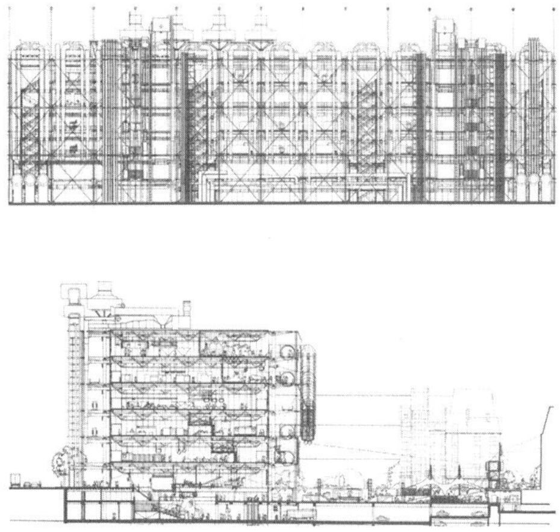

그림 10 : 건물의 중앙 13m 높이에 놓인 라티스 보는 어떠한 중간 기둥도 없이 48m의 스팬에 걸쳐있으며, 이에 따라 내부 공간의 융통성을 극대화시킨다. 건물은 현대 예술 작품의 전시관, 산업 디자인 센터, 공공 도서관으로써 기능한다.
Renzo Piano & Richard Rogers: Centre national d' art et de culture Georges Pompidou, Paris (프랑스), 1976

적층

만약에 신성 모독을 행하는 것이 세속적으로 실요주의를 추구하는 것이라면 바닥-천장의 집합체는 이러한 과정이 잘 드러난다. 과거로부터 전해져 온 모든 상징성에 도전한다는 점에서 이는 모든 건축 요소 중에 가장 신성 모독적인 것이라 할 수 있다. 모더니즘에서 나타나는 기술적이고 기능적인 발전의 측면에서, 어떠한 건축 요소도 이처럼 넓은 범위에 걸쳐 변형되지 않았다. 대의와 기술은 너무나도 짧은 시간 동안 급격하게 변화하며 건축가와 공학자들에게 새로운 디자인의 기회를 열어주었다. 20세기 초에 나타난 마천루는 구조물과 바닥, 특히 천장의 의미를 특징 지었다. 마천루에서 천장은 수직적인 적층 구조를 "분리하는 층"이자, 횡적인 설비 시설들을 위한 "기반 시설의 공간"이었다.

"모든 것에서 신이 빠져 있다." Cioran은 점차 늘어가는 신성 모독의 종언을 위와 같이 간결하게 표현했으나, 이 과정에서 대지에 종교적인 느낌을 부여하는 것이 바로 이러한 신성성의 결여라는 점을 놓치고 있다. 20세기 초에 하나의 가르침으로써 격상된 이러한 신성 모독에 대한 찬미는 주거환경의 늘어난 기술화라는 측면을 빼놓고는 생각할 수 없는 것이다. 이러한 건축적인 찬미는 그 시작에서부터 개인의 구원이라는 구세주적인 느낌으로 가득 차 있었다. 이 안에서 "실행 가능한 생각"은 "집이 없는 듯한"이라는 좀 더 막연한 개념과 일치했다. 새로운 고층건물에서 이 둘은 모두 상징적으로 발현되었다. 다른 어떠한 종류의 건물도 하늘로 치솟은 마천루만큼 상상의 나

그림 11 : 발코니로써 사용되는 돌출된 바닥 슬라브는 두 건물의 적층적인 느낌을 두드러지게 한다.
Bertrand Goldberg: Marina City, Chicago (미국), 1959 - 64

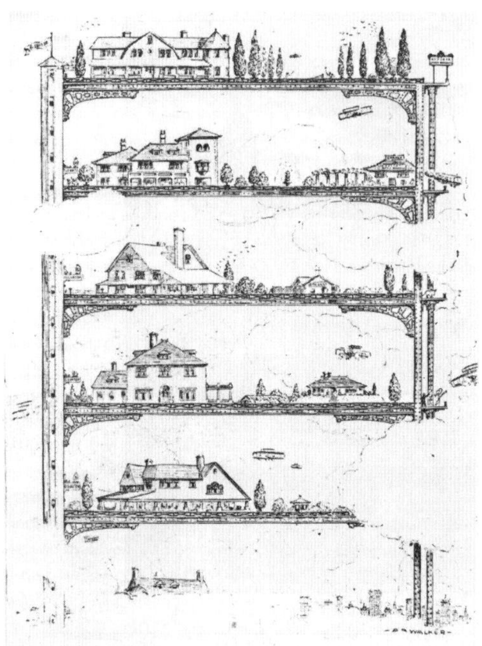

그림 13 : Rem Koolhaas : "단일 도시 공간에 무제한의 공간을 만들기 위한 공상적인 도구로써의 마천루"
1909년 출판된 Life Magazine 의 캐리커쳐를 재현

래를 펼치게 하지 못했다. 이전의 다른 건물들처럼, 마천루 역시 현대화에 매혹되고 놀란 사회의 실현 가능성을 드러낸다. 이 과정에서 바닥은 이러한 가능성의 밑바탕이자 파사드를 지배하는 구조 부재가 된다. 이러한 건축 현상 모두를 눈에 보이게 만드는 것이 바로 바닥판의 적층이다. Peter Sloterdijk는 적층을 통한 "음률"을 "요소주의와 사회적 유토피아주의 간의 변이"라고 표현했다. 적층은 건축적이면서 동시에 사회적인 부가가치를 만든다.

바닥은 파사드의 구조 원리가 된다. 수직적으로 상승하는 건물은 횡적인 요소에 의해 만들어진다. Bertrand Goldberg가 설계한 시카고의 Marina City towers는 이에 대한 좋은 예이다. 이 건물에서 돌출된 바닥 슬라브는 건물의 적층적인 느낌을 부각시킨다. 한 쌍을 이루는 이 건물은 고층건물에서 발코니를 사용한 드문 사례이기도 하다.

적층은 동일한 층의 반복과 건물 전체의 외관 사이의 직접

그림 12 : 바닥판이 파사드에 질감을 부여하고 있다.
Hideo Kosaka: Post Office Savings Bank, Kyoto (일본), 1954

적인 관계를 형성한다. Rem Koolhaas는 이에 대한 공식, 즉 층의 수가 늘어날수록 전체 형태의 느낌이 더 오래 지속된다는 공식을 만들어 냈다. 뉴욕의 마천루 건축에 관한 유명한 저서 (*Delirious New York*)에서 그는 1909년 *Life Magazine* 에 실렸던 마천루의 캐리커쳐를 보여준다. 철골조로 그려진 건물은 교외 주택과 정원을 단순히 쌓아올려 구성된다. 서로 다른 세계를 한층씩 쌓아 올린다는 생각은 건축을 개개인을 위한 기반 시설이자, 층과 관련된 환상으로 변화시킨다. 일반적으로 특정 용도를 위한 기능 단위로써 만들어진 건물은 서로 다른 기능을 갖는 여러 개의 층으로 분해된다. 바닥은 인공적으로 만들어진 텅 빈 섬에서 인간이 사용하고, 주거할 수 있는 공간으로 차차 변화한다. 정렬된 가능성이자, 건물 전체에 대한 표준화된 부재라고 바닥을 생각했던 이러한 건축 개념은 저층 건물에도 계승되어 유익하게 사용되었다. 하노버에서 열린 EXPO 2000에서, MVRDV가 설계한 네덜란드관의 형태는 이러한 개념의 완성을 보여준다. 이 건물에서 바닥은 방문자가 멀리서도 볼 수 있는 인공적이고 독립적인 경관을 위한 단으로써 기능한다.

그림 14 : 적층된 경관 ("건물의 주제가 새로운 자연에 대한 것인가?")
MVRDV: Netherlands pavilion at the World Exposition EXPO 2000 in Hannover (독일)

뫼비우스의 띠

1865년 독일의 천문학자인 August Ferdinand Möbius는 3차원 공간에서 표면이 휘어짐으로써 오직 하나의 면을 가지며, 이에 따라 위와 아래의 구분이 존재하지 않는 무한한 표면에 대해 기술했다. 뫼비우스의 띠를 따라 손가락을 움직여 보면, 처음 출발했던 지점과 반대쪽 면에 도착하게 된다. 이는 표면을 비틀어 만드는 형성 방식 때문이다. 표면에서의 위치에 따라, 이전에는 내부 공간이었던 곳이 이제는 외부 공간이 되기도 하며, 외부 공간이 내부 공간이 되기도 한다. 이렇듯 표면의 모든 부분이 서로 다른 의미를 부여받기 때문에 관습적인 향의 개념은 이 형상에서 아무런 쓸모가 없다. 위와 아래, 왼쪽과 오른쪽, 앞과 뒤 같은 공간을 기술하는 일반적인 단어들은 무의미하다.

건물을 이루는 기본적인 요소인 벽과 바닥을 가지고, 많은 건축가들은 뫼비우스의 띠라는 개념을 건축으로 실현해야 한다는 의무감에 사로잡혔다. 그러므로 뫼비우스의 띠는 3차원적인 반세계였으며, 이를 묘사하고 현실화하는 것은 새로운 건축 어휘를 찾아내는 일에 달려 있었다. 이 반세계를 지배하는 요소는 층이 아닌 공간의 레벨이, 벽과 바닥이 아닌 경사가, 밀폐된 공간이 아닌 유동적인 변이이다. 경관과 도시적인 생활양식은 건축적 현실화의 모델이었다. 상상으로만 존재하던 색다른 공간을 만드려는 시도를 위해 맨 처음부터 건축을 현대화시켜야 했다. 러시아 구성주의에서 나타나는 부유하는 표면의 이상은 지지 구조체를 벗어 던진 바닥의 이상이기도 했다. 이 사회적인 용기의 순간에 있어 심지어 중력의 법칙마저도 그 효력을 잃었다.

대각선

수직적으로 적층된 내부 공간에 대한 인식은 Adolf Loos의 출발점이자 목표였으며, 그는 철근콘크리트로 만든 새로운 골조를 통해 획기적인 작품을 만들고자 했다. Loos는 개별적인 층에 대한 전통적인 개념을 극복하기 위해 그만의 독창적인 설계 방법을 만들어 냈으며, 이는 오스트리아 비엔나의 Goldman & Salatsch (1911)의 전제를 이루며 1920년대 "공간적인 평면"으로 알려지게 되었다. 눈으로 보이는 공간의 레벨과 더 이상 서로 분리되지 않는 층들은 이 건물을 특징 짓는 요소로 작용한다. 바닥은 효과적인 내부 공간의 디자인 요소로 사용되고 있으며, 공간을 폐쇄하는 요소라기보다는 공간을 생성하는 요소로써 기능한다. 다양한 기능 구역들은 층고를 달리하는 방법으로 구분되고 있다. 기계에 앉아 작업하는 재봉사에게는 2.07m, 선반에 서서 작업하는 절단공에게는 3.00m, 증기로 가득찬 인쇄실에는 5.22m의 층고가 주어졌는데 이러한 높이의 차이는 중층의 공간과 회랑, 계단참을 통해 보정되고 있으며, 이러한 보정용 공간의 모서리는 내부적으로 노출되었다. 끊임 없는 층고의 변화는 이를 연결하는 계단에 길 같은 느낌을 부여했다. 현대 건축의 근간을 이룬 적층의 원리는 수직적으로 적층된 레벨을 뒤섞는 대안적인 방법을 통해 발현되고 있다.

Loos의 바닥이 내부 공간의 특수한 느낌을 만들기 위한 단으로써 설계된 것에 반해, 약 40년 후 프랑스 건축가인 Claude Parent는 공간을 형성하는 기본 원리로써 지형의 높이를 변화시켰다. 지면은 자연적인 것이든, 인공적인 것이든 간에 공간의 추상적인 연속성을 표현하며, 유동적인 변이와 연결이 일어나는 공간으로써 기능적이고 분리된 공간과 대조를 이룬다. Parent는 이전의 건축가들과 사뭇 다르게 건축적인 창조의 핵심 개념으로써 경사면을 만들고 있으며, 지형에 비친 모습은 조각적으로 나타난다. 그는 벽과 바닥으로 이루어진 건축물에서 나타나는 데카르트적인 공간 시스템과 대조적인 공간 체험의 가능성으로써 경사진 평면(fonction oblique)을 제안했다. 경사진 평면에서 생활하며 느끼게 되는 불균형과 불안정성은 Parent의 의도에 따라 확실하고 물질적으로 나타난다.

그림 15 : 서로 다른 레벨이 눈에 보인다.
Adolf Loos: Goldmann & Salatsch premises, Vienna (오스트리아), 1909 - 11

Loos와 Parent의 제안과 다른 개념들이 건축 설계에 폭넓게 적용되기 시작한 것은 CAD가 건축가들에게 널리 보급되면서부터이다. 더욱이 1990년대 초에는 도시적 건축의 새로운 모델로써 경관을 들어 올린 랜드스케이프 건축이 발표되기도 했다. 층과 건물에 걸쳐 확장된 연속적인 평면을 형성하는 층에 관한 사유 속에서 바닥과 벽, 내부와 외부의 구분은 그 의미를 잃어버리게 되었다. Unstudio 와 Foreign Office Architects 같은 건축 사무소들이 이전에는 불가능했던 기하학적 형태로써 뫼비우스의 띠를 실험하는 것은 단순한 우연의 일치가 아니다. 수평적, 수직적인 정의를 잃어버린 바닥과 벽은 곡선, 램프, 사선, 주름으로 변하게 되었으며, 그 구분이 불가능한 영역으로 들어가게 되었다.

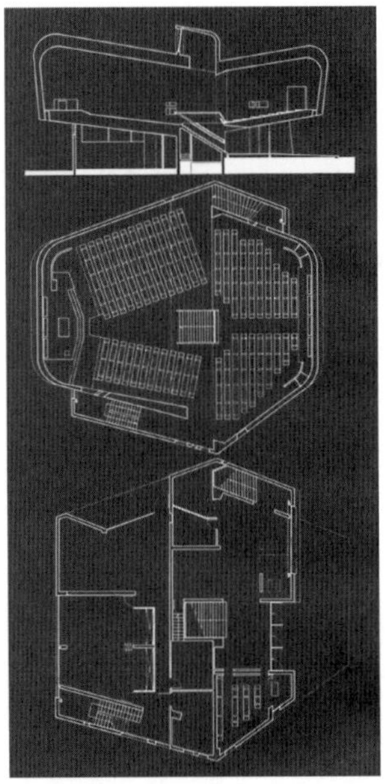

그림 16 : "경사진 평면(fonction oblique)의 첫 완성품 : 네이브는 두 개의 경사진 지붕 슬라브에 의해 지배된다.
Claude Parent & Paul Virilio: Saint-Bernadette du Banlay a Nevers (프랑스), 1965

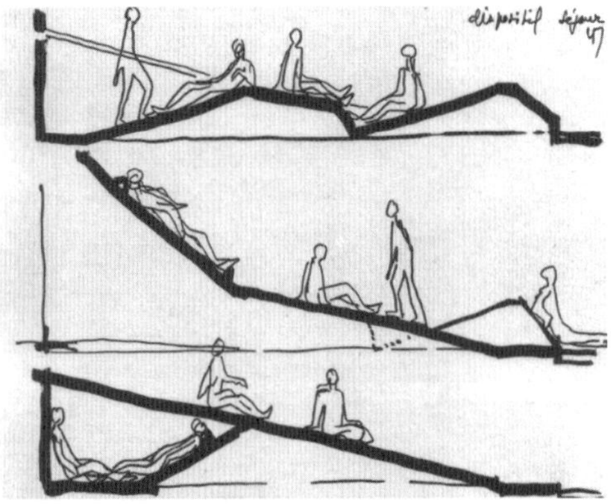

그림 17 : "불안정한 경사면에서의 생활!" : "경사진 평면"을 위한 스케치 (생활공간의 구조)
Claude Parent

그림 20 : 새로운 기하학적 형태를 만드는 뫼비우스의 띠
Foreign Office Architects: Virtual House, 1997

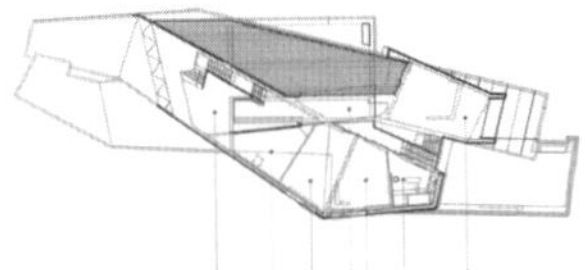

그림 18 : Mobius House의 평면도
UN Studio/Ben van Berkel & Bos: Mobius House, Amsterdam (네덜란드), 1993 - 98

그림 19 : 벽과 바닥, 내부와 외부는 특징적인 요소로써 본연의 의미를 잃어버린다.
UN Studio/Ben van Berkel & Bos: Mobius House, Amsterdam (네덜란드), 1993 - 98

참고 문헌
- E.M. Cioran: *The Trouble With Being Born*, New York, 1976.
- G. Semper: *Der Stil in den technischen und tektonischen Künsten*, Erster Band, Frankfurt a.M., 1860. - English translation: G. Semper: *Style in the Technical and Tectonic Arts; or, Practical Aesthetics*, vol. 1, Munich, 1860.
- P. Sloterdijk: *Spheres III - Foams*, Frankfurt a.M., 2004.

지붕

Francesco Collotti

평지붕인가 아니면 경사지붕인가? 우리는 아는체 하듯이 지붕의 위치를 재구성하려는 이런저런 사람들에게 관심이 없으며, 지붕을 출발점으로 삼아 좋은 건물과 나쁜 건물, 진보와 전통, 지역주의 건축과 국제주의 양식을 논하려는 사람들과 담론을 나눌 마음도 없다. 만약 우리가 1930년대 초에 태어났다면, 어떠한 경향 또는 하나의 경향이 만들어 낸 또 다른 경향 중에 하나를 택해야만 했을 것이다. 모더니즘 또는 혁명적인 시기에 중립적인 입장을 취하는 것에 반대하는 계획적인 과장 중의 하나를 골라야 했을지도 모른다. 또는 과거 건축의 신화를 따르려 하고 잊혀진 과거의 규율을 되살리려는 더욱 전통적인 모더니즘을 선택했을 수도 있다.

오늘날 우리는 더 이상 그런 카테고리에 묶이지 않아도 되며, 자유롭게 서로 다른 양식을 조합함으로써 강압적이지 않은 절충주의를 추구하거나 아주 동일한 구성의 규칙 아래에서 완전히 새로운 형태의 세계를 추구할 수도 있다. 그러므로 우리는 느긋하고 즐거운 마음으로 새로운 경향에 관한 여러가지 담론을 재구성할 수 있다. 한편으로는 과거의 규칙을 재정립하려는 모더니즘을 인정하면서도, 동시에 영구적이고, 지역적인 기념물로써의 건축으로부터 "신건축(Neues Bauen)"을 배척했던 강압적인 불변성을 인식하고 이를 단순한 돌로 치부해 버릴 수도 있다. 반면 지금 우리는 개념적인 논쟁에 관해 숙고함으로써 전통, 지역적인 기념물, 시간의 느린 흐름에 관한 담론들로 인도하는 후위 작용의 모티브를 인식해야 하는 시기를 맞고 있으며, 이러한 담론들은 인습과 반복되는 행위, 일상성, 평범함, 동시성으로 이루어지는 매일매일의 생활과 연결되어 있는 것이다.

오늘날 현명하고 중립적인 자세는 아방가르드의 범주에 속하기 보다는 좀 더 영속적인 것이어야 하며, 격앙된 반응이라기 보다는 좀 더 납득할 수 있는 것이어야 한다. 평지붕과 경사지붕에 관한 논쟁에서 모든 이는 자신의 제안에 대한 정당한 토대를 마련하는 이유를 가지고 있으며, 모든 이가 건물을 보호하고 단순한 지붕을 원한다. 그러나 적절한 지붕이란 무엇인가? 건물을 잘 덮고 있는 지붕이 좋은 지붕인가? 건물을 완결 짓는 것이 좋은 지붕인가? 아니면 가능한 한 배경에 머무르며 건물을 잘 덮으면서도 건물을 완결 짓는 느낌을 주는 것이 좋은 지붕인가? 아니면 건물을 잘 덮고 완결 짓는 것을 넘어 건물을 보호하는 강력한 형태를 나타내는 것이 좋은 지붕인가?

단지 일부 사람만이 지붕을 건축의 원형이자 모티브로써, 지붕을 본질적인 형태와 이미지로써 다루고 있다. 지붕은 건축의 역사와 자신을 보호하고자 하는 원초적인 본능에 관계된 것이다. 아마도 지붕의 근원은 공간에 대한 과거의 개념, 즉 (Asplund와 Lewerentz의 작품에서 그러하듯이 가장 원시적이고 가장 경작된 형태로써) 천막과 관계있을 것이다. 천막을 사용했던 유목민들과 흙 또는 돌로 기단과 피라미드를 만들었던 정착 민족들은 두 가지의 서로 다르고 분리된 세계를 보여준다. 그러나 이 둘 모두를 한 곳에서 함께 찾아볼 수도 있다. 자신을 감싸고 보호하고자 하는 의도에서 출발한 가장 오래된 인간의 행위로써 지붕은 건축의 역사를 따라 계속 전수되었다. Piero della Francesca의 비범한 묘사에 따르면, 성모 마리아의 외투는 동시에 보호, 집, 천막이자 지붕이었다. 또한 심지어 외관상 지붕이 없다고 하더라도 즉, 뚜렷하게 드러나지는 않더라도 지붕은 존재한다(Paul Schmitthenner의 습작에서 나타나는 지붕이 없는 주택을 생각해 보라).

그러므로 지붕은 건물을 완결 짓는 요소임은 물론, 건물의 일부가 되고자 하는 동경, 덮개가 되고자 하는 욕망, 건물을 보호한다는 신뢰의 결정체라고 할 수 있다. 지붕은 건물을 완성한다. 몇몇 국가에서는 지붕을 올리는 작업을 기념하기도 한다. 이러한 행사는 개념적인 이유, 또는 우리가 지붕을 볼 수 없다는 단순한 이유에서 일련의 지붕과는 사뭇 다른 평지붕이 완성되었을 때에도 열린다. 반면 우리는 직접 그것을 볼 수는 없을 때라도 평지붕을 느낄 수 있으며, 또는 인식할 수 있는 것으로 만들려고 한다. 때때로 건축가는 지붕의 느낌을 만들기 위해 정교한 코니스와 섬세한 윤곽선, 회반죽이 칠해진 좁은 줄눈, 아연 또는 구리 판으로 만든 작은 스트립을 사용한다. Tuscolano Estate (로마, 1950~54)에서 Adalberto Liber는 지붕의 자취, 즉 섬세하고 생동감 넘치는 선을 사용하여 파사드의 끝과 지붕의 시작을 두드러지게 표현하고 있다. 이는 신중하고도 중요하게 날아오를 준비를 하는 가벼운 날개를 상징하고 있다. 파리의 Charles de Beistegui를 위한 아파트 작품(1930~31)를 실게했던 Le Corbusier에게 지붕은 재정복된 공간이자, 현대적인 공중 정원의 장소, 지붕 타일과 슬레이트를 판매하는 인색한 상인들로부터 벗어난 장소였다. 지붕은 자연적이면서도 인공적인, 경이로운 공간이며 북적거리는 대도시 안에 위치하면서도 동시에 높은 곳으로 벗어날 수 있는 공간이다. 테라스를 둘러싸고 있는 벽의 높이는 파리의 몇몇 랜드마크만이 보이도록 높게 만들어져 있는데 이것이 가장 중요한 설계 개념이었다. 추상적인 명상의 장소로써 도시가 초현실적으로 보이며, 컨텍스트에서 벗어나 정화되는 공간이다. 지붕은 주택 내부의 넓은 홀로써 기능했다 (Sigfried Giedion은 생활공간으로써의 평지붕이라고 표현했다).

어떠한 경우에서건 지붕은 계속된 변형과 변태, 개조에도 불구하고 건축의 요소로써 인식되어지는 신화적인 건축의 원형과 관계를 맺는다. 수세기 동안 경사각은 파사드에서 지붕을 떠올리게 하는 도구였다 (예 : Heinrich Tessenow).

지붕은 무지각한 것이라는 의미를 담고 있다. 어떠한 경우에 지붕은 겉으로 드러나기 위한 어떠한 방법도 사용하지 않는다. 시실리에 위치한 고대 그리스 신전의 지붕은 풍부한 모티브, 메토프, 트라이글리프로 꾸며진 다채로운 건축적 외관을 선보이는데, 이는 각각의 부분은 과거의 목조 신전에 사용된 장식적인 부재들과 건축 기술들에 대해 표현하고 있다 (지붕의 귀마루 부분에서 물을 내뿜는 반은 사자, 반은 가고일의 모습을 한 형상이 그 예이다). 다양한 형상과 상징을 담고 있는 지붕은 성전을 위협하는 적들에게 공포심을 느끼게 했다 (노르웨이의 교회에서 용의 머리를 찾아볼 수 있는 것처럼 지붕은 동물의 형상을 한 보호막으로써 기능했다).

일반 건물의 지붕과 조선소의 지붕이 유사성을 갖는 것은 우연이 아니다 (베니스의 창고에서 지붕은 조선 작업을 위한 크레인의 기능도 한다). 극장 건축에서 지붕은 특수 효과와 착시를 만들어 내는 무대 설비를 위한 복잡한 부분이기도 하다 (Friedrich Weinbrenner, Karl von Fischer).

지붕과 지역성 : 지붕은 항상 상징적이며 장소에 따라 차이를 나타내는데 이는 단순히 기후적인 이유에서만은 아니다. 지붕과 지붕에 사용되는 재료는 특정 장소, 특정 환경에서 기인하는 것이다. 파리의 구리 지붕은 도시 건축의 개념을 나타낸다. 특정한 장소 또는 지역을 특색 짓는 모든 느낌은 그 지역의 지붕을 통해 표현된다. 이탈리아 피스토리아에 위치한 Giovanni Michelucci의 Borsa Merci에 사용된 지붕은 완전히 보여지지 않는다. 이는 마치 드리워진 그림자와도 같은 느낌을 준다. 투스카니 지방에 사용된 지붕은 섬세한 선을 사용한 거대한 경량구조물로 어둡고 풍부한 색조를 보인다. 우리는 지붕이 그 기능을 다하고 있음을 느낄 수 있지만, 눈으로 보이는 것은 단지 속이 빈 처마에 불과하다.

Mario Ridolfi는 지붕을 과거의 전통적인 형태에서부터 출발하여 건물의 평면에서 요구되는 사항을 만족시키기 위해 점점 더 복잡한 형태를 갖게 된 장인 기술의 결정체라고 생각했다. 테라코타 타일로 만든 두꺼운 지붕은 주요 부재가 강성을 나타내며 모든 부재를 수작업의 전통에 따라 만든다는 강력한 모티브에서 나온 것이다. (여기에는 Borromini가 작은 건축물을 통해 재탄생시킨 것처럼 어딘가 바로크적인 느낌이 있다.) Joze Plecnik은 불균일한 주택의 테라스를 거대한 스케일의 도시적 건축으로 전환시키면서 지붕을 도시적인 상징으로 만들어 냈다 (불가리아 트르노보 지방, 1944). 지붕은 사람들의 정신과 영혼을 하나로 묶는다. 거대한 홀에서는 집단의 구성원 모두가 자신을 다시금 깨달을 수 있는, 소중한 순간을 창조한다. (Tessenow의 작품인 community assembly hall, 1941/42과 local government forum, 1941). 이탈리아 롬바르디아 지방에서 지붕은 명백히 도시의 중심에 위치하는 장소이자 코페르토(coperto)의 전통을 따르는 것이었다. 기둥으로 지지된 지붕에 의해 덮힌 집합적이고 도시적인 공간은 대화를 나누고, 투표를 하고, 공동체를 느낄 수 있는 분수나 벤치가 있는 장소이자, 물건을 교환하고, 구매하며, 거래하는 실용적인 장소이기도 했다. 이 경우 지붕은 건축 요소로써 하나의 양식이 될 수 있다. 코페르토(coperto)로의 변화와 합리화는 신고전주의 작품에서 다시 나타나게 된다. 다양한 건축적 표현에 의해 그 지위가 상승한 지역적인 건축과 계몽적이고, 세련된 탈지역주의적 건축의 사이를 오가면서, 이러한 신고전주의 작품들은 유동성을 드러낸다. 지붕은 도시와 마을을 구분하는 경계 조건이자, 도시와 마을 간의 고리를 끊는 상징이었다… (이탈리아 밀라노 대성당의 Coperto dei Figini, 1850년에 파괴되었다).

지붕, 특징, 독자성 : 많은 궁전과 큰 시골 주택 건물을 개조하면서 Karl Friedrich Schinkel은 지붕의 형태를 변화시켰다. 이는 귀족풍의 전원적인 특징을 좀 더 지성적이고 좀 덜 지방적인 것으로 만들고자 한 의도를 보여준다.

지붕은 자신이 덮고 있는 건물과 완전히 독립적인 구조물이 될 수도 있으며, 건물의 기능에 있어 근본적으로 분리될 수 없는 요소가 될 수도 있다. 이러한 공간은 곡물을 건조시키기 위한 공간일 수도 있으며, 차나 짚단을 들어올리기 위해 도르래나 윈치가 설치되는 공간일 수도 있다. 알프스 지방의 몇몇 사례에서 지붕은 흰색으로 초벌칠된 고형식 벽의 뒤를 지나가는 목제 보를 지지하기 위해 집의 가장 높은 지점에서부터 점차 내려간다. 결과적으로 지붕은 변형된다. 지붕은 구멍이 뚫려 있으며, 수평 보와 빛을 차단하는 투명한 나무 격자로 만든 얇은 두께의 직물이기도 하다.

약점이 있는 지붕 : 기후의 영향에 대응하는 지붕은 항풍과 강우에 대해 민감하다 (오스트리아 Grodnertal 지방에 위치한 Lois Welzenbacher의 주택). 또 다른 경우에서 지붕은 계곡으로부터 태양광을 받아들이고, 산의 경관을 제공하기 위해 열려 있다 (Gio Ponti의 Hotel Valmartello와 Joze Plecnik의 산장).

잠정적인 결론 (불확실성과 의문들, 다양한 미해결 질문을 포함하며) : 모더니즘 시기에는 지붕의 문제를 거리낌 없이 풍부하게 다루었던 다양한 방식이 존재했으며, 공식적인 방식과 분류와 더불어 널리 사용되었다. 좀 더 상세한 조사를 통해 이러한 지붕들이 오늘날 지붕을 다루는 방식처럼 궁극적이거나 절대적 또는 강성적이지 않았음을 알 수 있다. 지붕은 과거 파사드 또는 장식물과 함께 중요한 해답을 찾으려는 시도였으며, 결코 완고하게 이론을 추구한 결과물이 아니었다. Ignazio Gardella의 작품을 예로 들어보자. 전 생애에 걸쳐 그는 지붕을 다뤘으며 오늘날의 건축 문화에 있어 그 건축어휘를 새롭게 만들고 있지만, Rogers, Samona, Quaroni와 함께 그는 모더니즘의 어휘가 새로운 양식이 되는 것을 막으려 했다. 모더니즘은 지성적인 태도이자 실체를 다루기 위한 행동 방식이다. 이러한 점에서 1930년대의 Gardella의 평지붕은 명시적인 태도를 갖는다는 목적 아래 일종의 선언으로써 나타난다. 그러나 전후시기에 나타난 그의 작품인 이탈리아 롬바르디아 지방의 교회 지붕, 알렉산드리아 지방의 노동자 주택의 지붕은 경사진 과수원 사이에 위치한 주택의 지붕이라는 전통적인 형태의 변형물로써 부드럽게 건물에 얹혀 있다…

이는 지붕과 그 형태가 하나의 슬로건으로써 격하되어서는 안된다는 이유에서 기인한 것이다. 우리는 아방가르드 시대의 작품만 아니라, 현존하는 모더니즘 시기의 모든 형태, 모더니즘의 다양한 정신을 읽어야 한다. 이는 건축적인 체험이 모더니즘에서 시작되고 모더니즘으로 끝나는 것이라는 생각에서 탈피하기 위함이다. 오늘날 모더니즘은 새로운 환경 속에서 과거와 관계를 맺으며, 시간의 흐름을 넘어 이어 온 종합적인 건축 체험의 새로운 방법으로 투영될 수 있다. 그리고 모더니즘은 이 과정에서 새롭게 거듭날 것이다.

Excerpt from:
Francesco Collotti: *Architekturtheoretische Notizen*, vol. 1 of the *Bibliotheca series*, pub. by Martin Tschanz, Tschanz, Lucerne, 2001.

경사 지붕
각 층의 기능

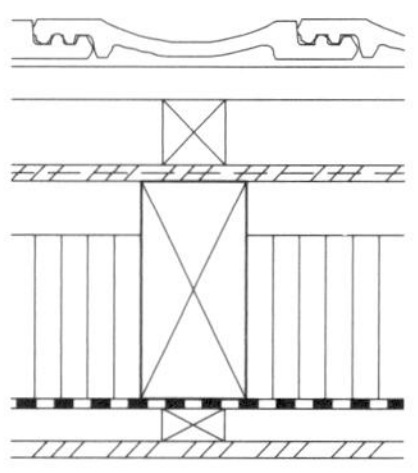

그림 1 : 겹쳐진 판으로 만든 2차 방수 및 덮개층(냉각 데크)을 갖는 경사지붕

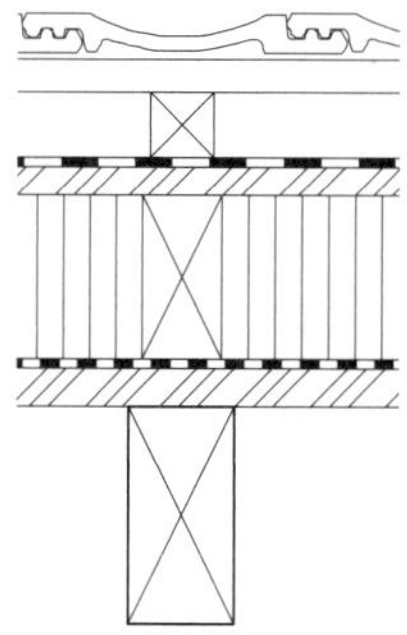

그림 2 : 이음매가 없는 2차 방수 및 덮개층(보온 데크)을 갖는 경사지붕

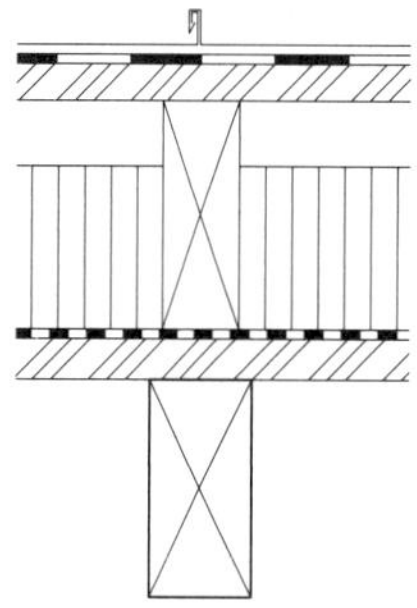

그림 3 : 2차 방수 및 덮개층(보온 데크)이 없는 경사지붕

층의 명칭	기능	재료, 두께
지붕 외장재	- 기후의 영향(강우, 우박, 눈)으로부터 보호 - 화재로부터 보호 - 반사 (태양 복사) - 지붕 표면의 정리 (평면적으로)	- 점토 또는 콘크리트 타일, 슬레이트, 섬유보강 시멘트, 판금 (약 2,40mm)
지붕 외장재를 위한 지지층	- 지붕 외장재의 고정을 위한 널빤지 또는 데크	- 지붕 널, 24 x 48 mm (주로 작은 크기의 지붕 외장재에 사용된다), 간격 약 15,30cm, 이는 지붕 외장재에 따라 결정된다. - 목판, 27mm (주로 두께가 얇은, 판형 지붕 외장재에 사용된다)
통기공 (역보층)	- 지붕 외장재의 환기 - 목재 널의 환기 (건조상태 유지) - 여름에 태양 복사에 의해 온도가 상승한 내부 공기의 소산 (주로 어두운 색의 지붕 외장재에서 문제가 된다)	- 역보 24 x 48, 48 x 48 또는 60 x 60 mm 간격 약 60cm
밀봉층 (2차 방수 및 덮개층)	- 오염(먼지, 매연, 쌓인 눈, 바람)으로부터 보호 - 하부층(단열재)의 보호 - 상부의 지붕 외장재를 통해 침투한 수분의 배수 - 지붕이 완공되기 전까지 공사 기간 동안 구조 쉘을 임시적으로 보호	-아스팔트 펠트, 27mm 목판에 대해 3mm - 특수 플라스틱 판, 수분에 대한 투과성, 27mm 목판에 대해 0,2mm - 섬유보강 시멘트 판, 약 4mm, 겹쳐서 사용한다 - 목제 합판, 6,24mm (방수 하드보드)
통기공 (냉각 데크의 경우)	- 2차 방수 및 덮개층을 통해 침투한 수분의 소산 - 겨울에 따뜻하고 습한 내부 공기의 소산 (결로 방지) - 여름에 태양 복사에 의해 온도가 상승한 내부 공기의 소산	- 최소 40mm 또는 계산에 따른다
단열재	- 겨울의 온도 하강과 여름의 온도 상승을 차단 또는 지연 - 단열재는 내력 부재의 상부, 하부 또는 사이에 놓일 수 있다. (서까래 접합부의 밀봉이 문제가 된다)	- 광물면, 발포플라스틱 (PU + PS), 최소 120mm 또는 계산에 따른다
내력 구조체	- 고정하중과 집중하중(설하중, 풍하중 등)의 전달	- 목재, 철, 철근콘크리트, 단면의 형태는 구조해석에 따른다
밀폐 막, 수분 차단막	- 상부의 공극에서 발생한 통제되지 않은 환기에 따른 손실과 이를 통해 발생하는 결로 방지 - 지붕 공사에서 발생하는 따뜻하고 습한 공기의 확산 방지 - 냉각층에서 발생하는 결로 방지	- PE, PVC판, 크라프트지, 약 0,2mm - PE, PVC판, 알루미늄박, 약 0,2mm
내장재	- 내부 공간, 지붕 내에 생기는 빈 공간의 내측면의 마감 - 표면의 결로 방지 (수분 완충 작용) - 내부의 열을 저장 ("통풍이 좋지 않은" 미시 기후 방지)	- 목재 - 석고 (석고보드) - 목질제품 - 회반죽 마감 - 목모 시멘트판 - 목제 판넬

평지붕
각 층의 기능

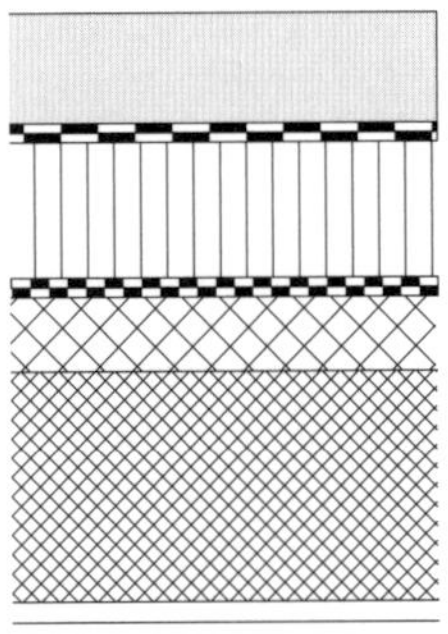

그림 4 : 환기층이 없는 평지붕 (보온 데크)
접근 불가능

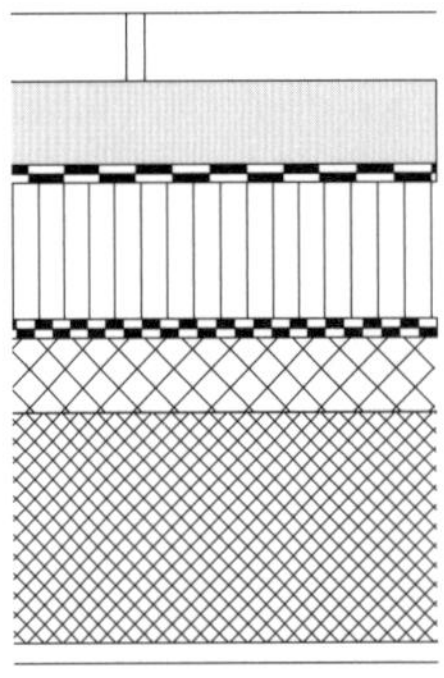

그림 5 : 환기층이 없는 평지붕 (보온 데크)
접근 가능

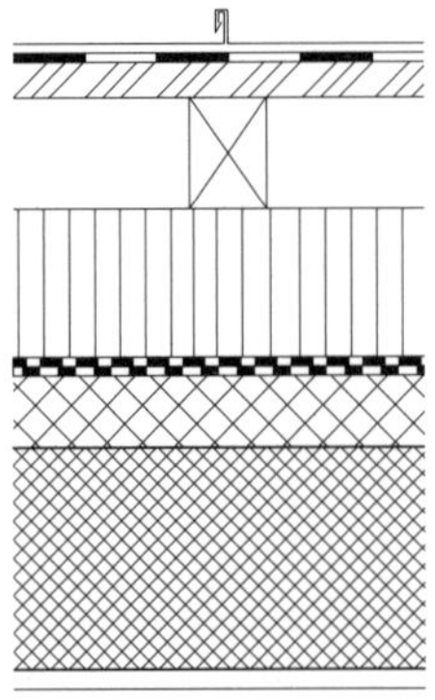

그림 6 : 환기층이 있는 평지붕 (냉각 데크)
접근 불가능

층의 명칭	기능	재료, 두께
외장재	- 보행 또는 차량의 통행 - 넓은 범위 또는 좁은 범위에 대한 식물의 재배를 통한 식재층	- 보행이 가능한 지붕 : 사각형 타일, 배수층의 경우 아스팔트 또는 콘크리트, 약 6 - 20cm - 보행이 불가능한 지붕 : 둥근 자갈 (모래에서는 식물이 자랄 수 있기 때문에 사용해서는 안 된다), 약 6cm - 넓은 범위의 식재 : 6mm의 필터층, 약 8 - 15cm의 식물 재배용 표토, 약 6cm의 식재 - 좁은 범위의 식재 : 3mm의 보호층, 약 12 - 15cm의 수분 유지층, 3mm의 필터층, 약 7 - 20cm의 흙 또는 부식토, 6 - 50cm의 식재
보호 및 배수층	- 기계적인 손상, 자외선 복사로부터 밀봉층(또는 전도 지붕의 경우 단열재)을 보호, 하부층에 대한 안정한 환경 제공 (바람의 차단) 구조체를 비, 눈, 해빙수로부터 보호하기 위한 단겹 또는 다겹의 층	
차단층	- 보호층과 외장재의 설치에 앞서 밀봉층을 보호 - 기계적인 손상으로부터 방수층을 보호 (치핑에 의한 손상)	- 양털
밀봉층 (수분차단막, 방수층)	- 가능한 모든 부분에서 외장재와 보호층은 서로 독립적으로 기능할 수 있어야 한다 (차단층)	보온 데크에 사용되는 일반적인 방수 시스템 : - 아스팔트 판, 3겹, 2개의 아스팔트 층과 1개의 아스팔트 상부 도포(전체 두께 최소 7mm), 아스팔트 펠트 SNV 556 001 : 드라이 펠트, 황마 섬유, 유리섬유, 알루미늄박 - 폴리에스테르계 아스팔트 판, 2겹, 고온의 접착제로 태우거나 접합시킨다(최소 두께 5mm), SIA 281 E : 황마 섬유, 유리 섬유 - 폴리에스테르계 합성수지 판, 1겹, 인접한 재료와의 친화성이 고려되어야 하며, 필요한 경우 차단층을 추가한다, SIA 280 : Sarnafil, Gonon 등
통기공 (냉각 데크의 경우)		
단열재	요구되는 열 전도도에 적합한 단열재의 층	- 광물 섬유 재료(제한적인 압축 강도), 유리솜, 암면 - 다공성 재료 (높은 압축 강도), 다공성 유리(발포 유리), 질석, 펄라이트 (Fesco Board, Heraperm) - 유기 재료 (높은 압축 강도), 발포 폴리스티렌 (발포 또는 사출 성형), 발포 폴리우레탄, 발포 폴리에틸렌, 발포 PVC
차음재	보행 또는 차량의 통행이 가능한 지붕에만 필요하다	- 유기 재료 (높은 압축 강도), 코르크, 목재 펄프, 발포 폴리스티렌, 약 2 - 4cm - 광물 섬유 재료 (큰 용적과 높은 압축 강도가 필요하다), 유리솜, 암면, 약 2 - 4cm
수분 차단막	- 요구되는 수분 투과성에 적합한 재료의 층, 단열재로의 수분의 침투 방지, 전도 지붕에서는 불필요하다 - 불친화성의 두가지 재료 사이를 영구적으로 분리시키는 중간층	- 아스팔트 판 - 고온 아스팔트 혼합물 85/25, F3, 활석 분말 포함, F3과 고온 아스팔트 혼합물, V60, 활석 분말 포함, 알루미늄 10 B, 폴리에스테르계 아스팔트 판, 양면에 알루미늄박, Sarnavap 1000, Golfi D 2,1, 폴리에틸렌, 부틸 고무
차단층, 슬립 플레인	- 평지붕의 조립에 있어 각각의 층을 독립적으로 거동하게 하는 중간층 - 하부 구조의 오차를 보정하는 층	- 다양한 유지 또는 크라프트지, PE코팅
수평층 (경사층)	- 하부 구조에 필요한 경사(최소 1.5%)를 얻기 위해 추가되는 층 - 내력 구조체가 이미 경사져 있는 경우 경사층은 생략될 수 있다	

평지붕
보온 데크 - 일반적 시스템

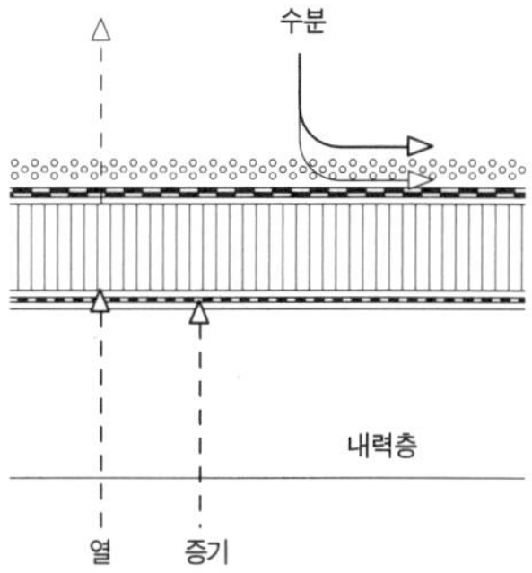

그림 7 : 건물 성능 기준의 개략도

일반적인 보온 데크는 필요에 따라 특수한 기능을 하는 각각의 층(내력층, 방수층, 단열재, 접근이 가능한 경우에는 차음재 포함)으로 이루어진 외겹 지붕이다. 다양한 기능을 하나의 재료층으로 혼합할 수 있지만, 방수층은 항상 단열재 위에 위치해야 한다. 재료의 선택에 있어 재료 상호간의 친화성을 고려해야만 건물 성능 지수가 정확하게 나타난다 (사전 검증된 제품 조합을 사용하라). 보온 데크는 이음매가 없는 지붕 외장재를 사용한다. 결로에 의한 피해를 방지하기 위해 내력층 상부에 위치하는 단열재의 내측면(온도가 높은 면)에 수분 차단막을 설치하는 것이 필수적이다. 수분 차단막의 수분의 침투에 대한 저항 성능은 지붕을 구성하는 다른 층과 조화되어야 한다. 기후의 영향 또는 기계적인 손상으로부터 방수층을 보호하기 위해서는 자갈, 포장용 판석, 도로 포장재, 식재를 외장재로 사용하는 것이 적절하다. 일반적으로 방수층과 이러한 보호층 사이에 양털 등의 차단층을 설치하는 것이 바람직하다. 경사(최소 1.5%)는 내력층, 경사의 형성을 위해 특별히 설치한 층, 또는 단열층에서 형성된다.

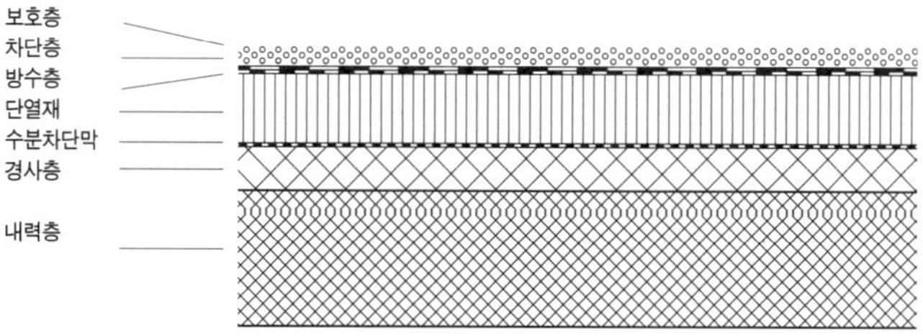

그림 8 : 보온 데크의 단면 (합성수지 지붕 외장재)

보온 데크 (합성수지)

방수층은 가열 또는 접착을 통해 접합한 한 겹의 합성수지 루핑 펠트로 이루어진다. 자외선 복사에 대한 저항 성능은 일반적으로 낮은 편으로 보호층이 반드시 추가되어야 한다.

단열층에는 다양한 제품을 사용할 수 있다. 그러나 단열재와 방수층의 친화성이 고려되어야만 한다. 예를 들어 폴리스티렌은 합성수지 루핑 펠트와 반드시 분리되어야 한다 (연화제의 이동). 접근이 가능한 지붕의 경우에는 단열재의 압축 강도가 적절한지를 고려해야 한다.

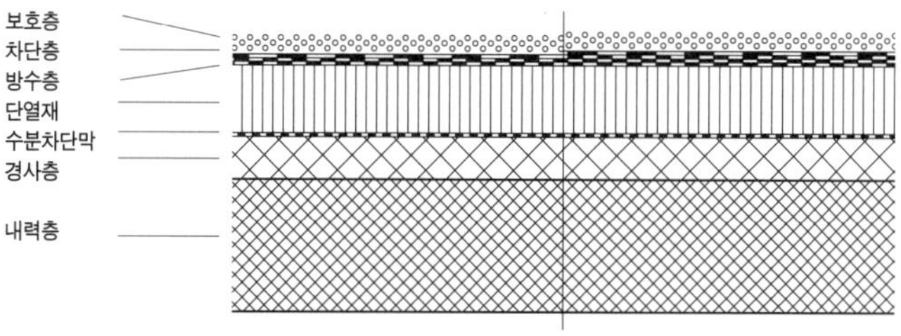

그림 9 : 보온 데크의 단면 (아스팔트 지붕 외장재)

보온 데크 (아스팔트)

방수층은 주로 두 겹의 폴리에스테르계 아스팔트 펠트로 이루어진다. 첫번째 층은 단열재 위에 느슨하게 놓이게 되며 이 다음의 모든 층은 다함께 접착된다. 천연아스팔트 판을 사용할 경우에는 적어도 3장 이상을 사용해야 한다.

단열층에는 다양한 제품을 사용할 수 있다. 접근이 가능한 지붕의 경우에는 단열재의 압축 강도가 적절한지를 고려해야 한다.

평지붕
보온 데크 - 특수 시스템

미학적인 이유 또는 특수한 성능 요구 사항에 따라 일반적인 보온 데크 시스템에서 특수한 지붕 시스템이 개발되었다. 이들 또한 외겹 지붕으로 일반적인 평지붕과 동일한 적층의 원리를 따른다. 방수층은 이음매가 없으며 단열재 위에 위치한다. 수분 차단막은 결로를 방지하기 위해 단열재 내에 설치된다. 이 시스템에서도 경사(최소 1.5%)는 내력층, 경사의 형성을 위해 특별히 설치한 층, 또는 단열층에서 형성된다.

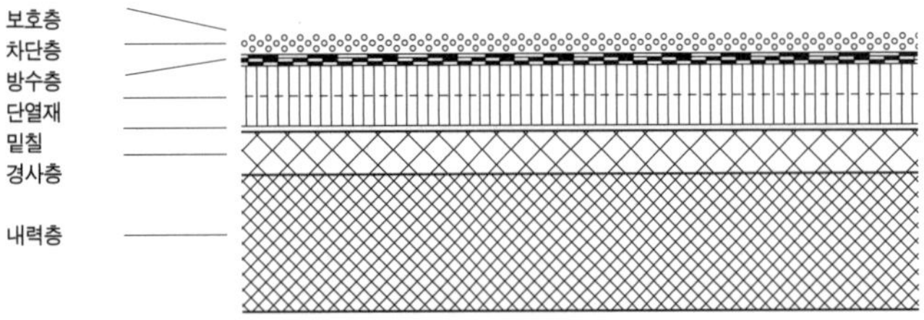

그림 10 : 압축 지붕의 단면

압축 지붕(Compact roof)

압축 지붕은 다공성 유리를 사용하여 특수하게 발전된 것으로 오직 다공성 유리만을 사용한다. 보호층 또는 외장재와 분리된 모든 층은 다 함께 완전히 접착되어 내력층에 고정된다. 이렇게 접착된 층은 방수, 수분 차단, 단열의 기능을 한다.

수분을 차단하는 다공성 유리로 이루어진 단열층은 내력층의 고온 아스팔트 혼합물에 위치되며, 이는 수분 차단막으로 써도 기능한다. 접합부는 맞댐 이음을 이용하며 고온 아스팔트 혼합물로 채워진다. 완전히 접합된 두 겹의 아스팔트 루핑 펠트는 방수층으로써 기능한다. 일반적인 보온 데크와 마찬가지로 자갈, 포장용 판석, 도로 포장재, 식재가 보호층 및 외장재로써 사용된다. 압축 지붕은 공사비가 높은 시스템이다. 그러나 현장타설 철근콘크리트로 만들어진 내력 구조체(가능한 한 높은 강성을 나타내야 한다)는 수분의 침투를 확실하게 차단한다.

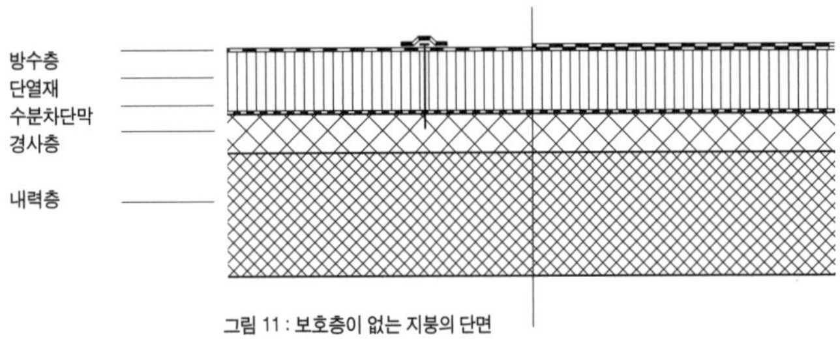

그림 11 : 보호층이 없는 지붕의 단면

보호층이 없는 지붕(Uncoated roof)

보호층이 없는 지붕은 보호층 또는 외장재를 사용하지 않는 평지붕 시스템이다. 보호층이 없기 때문에 "노출된" 지붕이 다양한 영향에 견딜 수 있어야 한다.

방수층에는 아스팔트 루핑 펠트와 합성수지 루핑 펠트 모두 사용할 수 있다(일반적인 보온 데크의 경우와 마찬가지로 여러 개의 층을 사용한다). 각각의 경우에서 제조 업체는 자외선 복사에 대한 저항성의 측면에서 재료가 적절한지를 확인해야 한다. 또한 루핑 펠트는 내화 성능을 갖추어야 한다(내화 성능 6). 보호층(자갈)의 생략은 또한 지붕이 바람에 그대로 노출된다는 점을 의미한다. 응력을 전달할 수 있도록 모든 층은 함께 고정되어야 한다(접착 또는 기계적인 방법). 기계적 고정 장치는 반드시 피복되어야 한다. 단부와 접합부는 특히 보호되어야 한다(바람의 침투). 보호층이 없는 지붕은 하중에 대해 민감하며 따라서 보행에는 적절하지 않다. 지붕은 지역 소방서 등에 의해 승인을 받아야 한다. 주기적으로 방수 성능을 검토하는 것이 필수적이다.

평지붕
전도 지붕

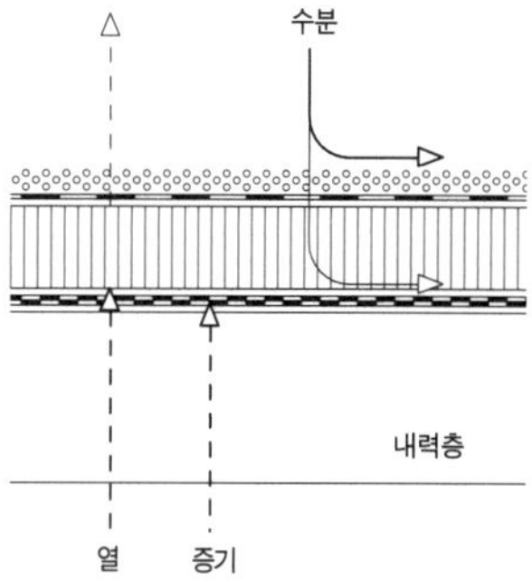

그림 12 : 건물 성능 기준의 개략도

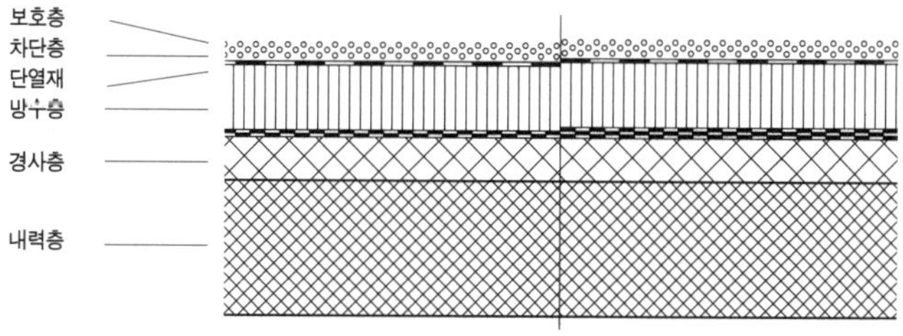

그림 13 : 전도 지붕의 단면

전도 지붕(Upside-down roof)

전도 지붕은 필수적인 기능층들로 이루어진 환기가 되지 않는 평지붕 시스템이다. 그러나 층의 순서가 일반적인 보온 데크와 다르다.

단열층은 방수층 위에 위치하게 되며, 따라서 그 자체가 방수 성능을 지녀야 한다(사출 성형 폴리스티렌). 이는 단일층으로써 촉이음을 사용하여 접합되어야 한다. 단열재가 "수분의 영향" 하에 놓여 있기 때문에 실질적인 단열 성능 기준을 만족시키기 위해서는 일반 단열재에 비해 20% 정도 더 두꺼워야 한다.

양털로 이루어진 차단층은 단열재 위에 위치하며 단열재의 접합부에 자갈이 침투하는 것을 막는다. 특수한 재료의 차단층을 사용하여 대부분의 수분을 제거할 수 있을 경우에는 단열재의 추가되는 두께를 20%에서 3%까지 낮출 수 있다.

이음매가 없는 방수층은 아스팔트 루핑 펠트 또는 합성수지 루핑 펠트로 이루어지며(일반적인 보온 데크의 경우와 마찬가지로 여러 개의 층을 사용한다) 단열재 하부에 위치하며, 내력층에 직접 연결된다. 이는 수분 차단막으로써도 기능하며, 단열재 하부에 위치하기 때문에 손상으로부터 적절히 보호되어야 한다.

보호층은 전도 지붕에 있어 절대적인 요소이다. 보호층은 단열재의 손상을 방지하고, 단열재가 하부층으로부터 분리되지 않도록 눌러서 안정시키는 역할을 한다. 일반적인 보온 데크와 마찬가지로 최소 1.5%의 경사가 고려되어야만 하며, 이는 내력층, 경사의 형성을 위해 특별히 설치한 층, 또는 단열층에서 형성된다.

평지붕
냉각 데크

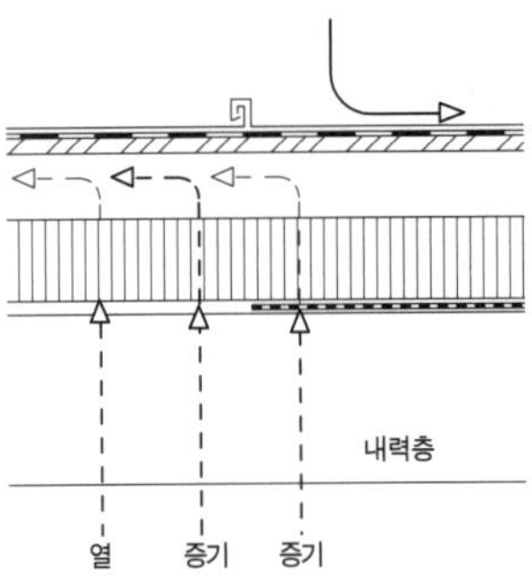

그림 14 : 건물 성능 기준의 개략도

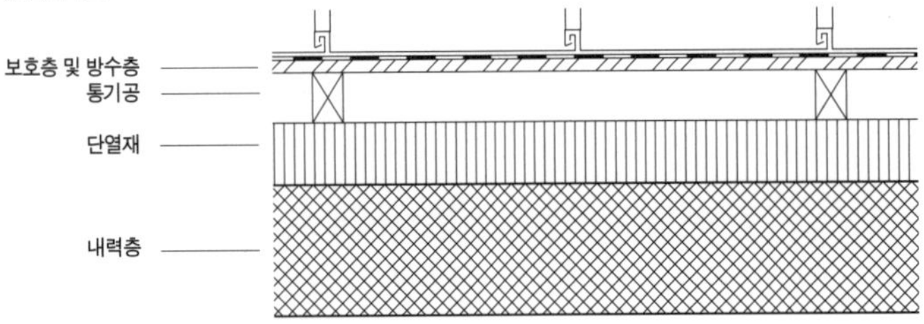

그림 15 : 냉각 데크의 단면

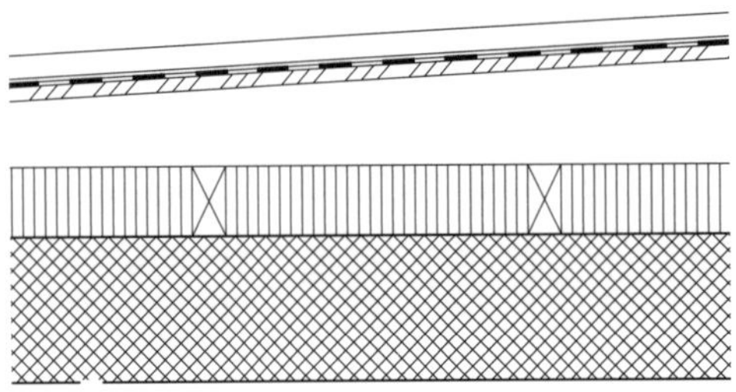

그림 16 : 냉각 데크의 단면

냉각 데크

냉각 데크는 하부에 위치하는 단열층과 차단 및 밀폐막과 상부에 위치하는 풍하중, 설하중, 집중하중을 전달할 수 있도록 설계된 방수층으로 구성된 이중 지붕 시스템이다. 이 두 층 사이에는 통기공이 존재하는데 통기공의 크기는 건물 성능 기준에 따라 결정되며, 적절한 진입구와 배출구를 갖추어야 한다. 통기공의 단면적은 지붕 면적의 1/150 이상이어야 하며, 최소 깊이는 100mm이다. 진입구/배출구의 총 면적은 통기공 자체의 최소 단면적의 반 이상이어야 한다. 이러한 환기 장치는 특히 겨울에 내부 공간과 외부 공간 사이의 증기압의 균형을 맞추는 역할을 하며, 여름에 태양 복사에 의해 높아진 온도를 대류에 의해 소산시킨다. 환기가 되는 지붕의 특수한 예 중 하나로 다보스(Davos) 양식의 지붕을 들 수 있다. 이 지붕에서 통기공은 내부에서 방수층을 볼 수 있는 좁은 공간으로 나타난다.

단열층은 내력층 위에 위치하며 수분을 투과할 수 있는 재료(광물 섬유 또는 유리솜)로 구성되어야 한다. 단열층 위에서 환기가 이루어지기 때문에 단열재 내에는 별도의 수분 차단막을 설치할 필요가 없다. 그러나 이러한 수분 차단막은 증기의 확산을 차단해야 하는 내력층(목재 또는 철)에 사용되며, 증기의 확산을 억제하는 밀폐막으로써 기능한다. 통기공 위에 위치하는 단열층은 반드시 수분에 대한 투과 성능을 갖출 필요는 없다. 그러나, 이는 별도의 내력층을 필요로 한다(이중 지붕). 단열재 상부의 보호층에는 자갈 또는 판금을 사용하는 것이 바람직하다. 판금 외장재의 최소 경사는 3%이다. 냉각 데크에서 지붕의 경사는 일반적으로 통기공에서 형성된다(내력층 또는 방수층). 이렇게 기울어진 표면은 통기공 내에서 열의 대류를 촉진한다.

경사 지붕

복합적인 경사 지붕

Böhler house의 수정결정 같은 형태는 산으로 둘러싸인 경관과 명료한 방식으로 조화를 이룬다. 옥석처럼 경사진 지면에 매달려 있는 건물에서, 불규칙한 형태의 지붕은 건물의 무정형한 느낌을 강조한다. 슬레이트로 덮힌 지붕 표면의 역동적인 실루엣은 산의 윤곽선을 흉내내고 있는 것처럼 보인다. 파사드 디자인에서 전통적인 창내기 방법을 사용하는 것처럼 보이지만 창의 배치에 있어 전통과 차별되는 것과 유사하게, 지붕의 형태는 풍부한 표현과 수작업의 전통 사이를 오간다. 지붕에서 석조 벽으로의 전환은 추상적이지 않은, 고전적인 돌출형 처마를 사용하고 있으며, 처마는 비와 눈으로부터 파사드를 보호한다.

그림 17 : Heinrich Tessenow: Private house (Bohler), St Moritz (스위스), 1918, 1989년에 파괴되었다

지리학적 요소로써의 경사 지붕

Glarus Art Gallery의 전시동은 공원의 남동부에 위치한 L자형의 단지에 다양한 크기를 자랑하며 우뚝 솟아 있다. 각각 단층, 2층으로 구성된 파빌리온은 간결한 사각형의 건물이다. 세 개의 전시 공간은 건물의 초점이라 할 수 있는데, 이 중 한 개는 측창을 이용하여 내부를 밝히며, 두 개는 천창을 이용한다. 전체가 유리로 이루어진 경사 지붕으로 덮힌 이 사각형 벽돌 건물에서 건축적인 디자인은 간결한 형태를 만들고자 했던 건축가의 의도를 나타내고 있다. 모든 면에 걸쳐 지붕의 돌출은 최소화되어 있지만, 여전히 지붕은 아래에 위치한 벽에 그림자를 드리우며 지붕의 형태를 더욱 독립적으로 보이게 한다. 유리 지붕은 단지 먼지 차단막에 의해서만 분리될 뿐 두 개의 전시 공간에 빛을 받아들인다.

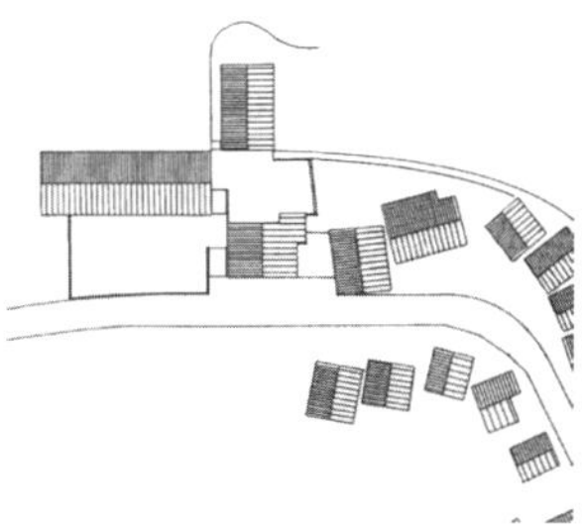

그림 18 : 배치도
Conradin Clavuot: School in St Peter (스위스), 1997

그림 19 : Hans Leuzinger: Glarus Art Gallery (스위스), 1952

통합적인 경사 지붕

school in St Peter의 증축동은 주변 환경에 어떠한 균열도 없이 통합되고 있다. 새로운 건물은 주변의 건축 환경을 보충하며, 이는 건물의 정밀하고 기능적인 위치 선정과 건축물의 종류에 따른 재료의 선택으로 특징지어진다. 그럼에도 불구하고, 새로 지어진 목조 건물의 경사 지붕은 미묘한 차이를 통해 독자성을 얻는다. 지붕의 표면 경사는 주변의 건물들에 비해 다소간 얕으며, 판금으로 마감되었다. 목질 제품 합판은 이들 지붕의 돌출된 캐노피에서 도리를 대체하고 있으며, 이를 통해 섬세한 모서리 상세를 나타낸다. 마찬가지로 가느다란 처마의 상세는 도리와의 접합부를 따라 연속되는 홈통에 의해 특징지어지고, 빗물을 직접 자갈로 흘려 보내는 역할을 하며 가느다란 물줄기를 눈으로 볼 수 있게 한다.

그림 20 : Conradin Clavuot: School in St Peter (스위스), 1997

평지붕

그림 21 : Adalberto Libera: Casa Malaparte, Capri (이탈리아), 1941

접근이 가능한 평지붕

언덕 정상에 자리 잡고 있는 Adalberto Libera의 Casa Malaparte는 인상적인 형태를 나타내며, 빨간 페인트로 마감된 외관은 기존 지형에 인공적인 느낌을 부여한다. 점점 가늘어지는 외부 계단실의 형태는 자연과 인공적인 환경을 연결하고 있는 건물 그 자체와 크게 다르지 않다. 평지붕에 형성된 단에서는 모든 방향에 걸쳐 바다를 볼 수 있으며, 카프리 섬의 엄준한 해안선을 조망할 수 있다. 대지의 노출된 형상은 안전 울타리를 전혀 사용하지 않음으로써 더욱 두드러진다. 지붕 표면의 마감은 파사드와 동일한 색으로 처리되어 건물 전체가 균일한 느낌을 갖도록 한다. 흰색으로 도색된 콘크리트로 만든 우아한 곡선형 벽은 일광욕실에 대한 프라이버시를 보장하고 있는데, 이는 지붕에 만들어진 테라스에서 유일하게 가려진 부분이다.

그림 22 : Adalberto Libera: Casa Malaparte, Capri (이탈리아), 1941

옥상 정원

Villa Savoye는 기둥에 의해 지면에서 들어 올려져 있으며 파리 인근의 약한 경사를 갖는 개간지에 서 있다. 뒤로 물러나 있는 1층의 파사드는 상부층과 조각적인 지붕 구조물을 더욱 압도적으로 보이게 한다. 가로로 긴 창을 사용하여 모든 면에 대해 주변 환경에 열려 있는 주 층과 달리, Villa Savoye의 옥상 정원은 조각적인 벽에 의해 가려져 있으며, 주변 환경에 대한 부분적인 조망만을 제공한다. 이를 통해 옥상정원의 내부 공간은 매혹적이고, 내향적인 느낌을 가지며 하늘을 향해 열려 있다. Casa Malaparte의 지붕 테라스와 달리, 가리워진 지붕 테라스는 여름에 생활 공간으로써 그 기능이 확장된다. Le Corbusier는 그의 저서인 "새로운 건축의 5원칙(*Five Points of a New Architecture*)"에서 옥상 정원을 건물 그 자체에 의해 만들어지는 지상 공간의 대체물로써 표현하고 있다.

그림 23 : Le Corbusier: Villa Savoye, Poissy (프랑스), 1929

그림 24 : Le Corbusier: Villa Savoye, Poissy (프랑스), 1929

그림 25 : Herzog & de Meuron: "Auf dem Wolf" locomotive depot, Basel (스위스), 1995

눈으로 보이는 형태를 갖는 평지붕

스위스 바젤 지방에 위치한 철도 정거장인 "Auf dem Wolf"에서 4개의 평행 플랫폼은 현장타설 콘크리트 벽에 의해 분리되어 있다. 실질적인 형태를 갖는 지붕 구조가 이 콘크리트 벽들을 덮는다. 유리가 덮힌 라티스 보에 의해 만들어지는 정측창의 형태는 매우 깊이가 깊은 내부 공간에 좋은 채광 환경을 제공한다. 건축적인 측면에서 불투명 정측창이 만드는 리듬은 철도 침목의 주기적인 배열을 형상화한 것이며, 철도 레일은 물론 그 위치가 뒤집혀 있기는 하지만 길게 뻗은 벽으로 표현되고 있다.

큰 스케일의 독립적인 구성물로써의 지붕

베를린의 New National Gallery의 1층 단면은 포츠담 거리(Potsdamer Strasse)에서 바로 눈에 보이는 것으로, 이는 사실 단 두 가지의 건축 요소로만 이루어진 건물이다. 철제 보를 조립하여 만든 평지붕은 응접실과 1층의 전시공간 위로 높게 솟은 8개의 기둥에 의해 지지된다. 반면 나머지 한 요소인, 전면에 걸쳐 형성된 뒤로 물러난 유리 파사드는 좀처럼 인식할 수 없는 것이다. 지붕은 42m에 달하는 경간을 가지며 유리벽 위로 뻗어나간다. 지붕은 1.8m의 그리드에 따라 배치된 H형강들로 만들어진 이방향 장선 구조로 구성되며, 총무게는 1250t에 달한다.

그림 26 : Ludwig Mies van der Rohe: New National Gallery, Berlin (독일), 1967

절판 지붕

그림 27 : Gigon & Guyer: Extension to art gallery in Winterthur (스위스), 1995

그림 28 : 공사 중의 모습
Gigon & Guyer: Extension to art gallery in Winterthur (스위스), 1995

빛을 유도하는 톱날 지붕

스위스 아펜첼(Appenzell) 지방과 빈터투어(Winterthur) 지방에 위치하는 미술관은 모두 Gigon & Guyer가 설계한 것으로 톱날 지붕의 골조를 다룸에 있어 근본적으로 서로 다른 두 가지의 방법을 사용한 좋은 예이다. 빈터투어 미술관의 증축동은 3개의 수평적인 층으로 분할된다. 1층의 단열이 되지 않는 환기층은 주차의 용도로만 사용된다. 전시 공간은 건물의 중심층인 2층에 위치한다. 전시 공간의 위에 위치한 톱날 지붕은 적절한 조명 환경을 제공한다. 이러한 기능의 적층은 파사드 디자인에도 반영되었으며, 기능별로 공간이 분할된 것과 마찬가지로 파사드는 전시층, 주차층, 그리고 가장 두드러지게 표현된 톱날 지붕의 세 부분으로 분할된다. 톱날 지붕이 만드는 리듬은 철골조의 그리드와 일치하지만, 전시 공간의 크기에 따라 3~5개의 "톱날"이 각 전시 공간에 할당된다. 내부적으로는 파사드와 반대로 이음매 없는 내장재를 사용하여 전시공간과 채광층을 분할하고 있다. 이에 따라 전시 공간 위에 놓인 톱날 지붕은 효율적인 채광이 가능한 높이로 설계되었으며, 이렇게 높게 형성된 지붕은 건물에서 가장 먼저 식별되는 요소가 되었다. 톱날 지붕의 창은 북쪽을 향하고 있기 때문에 어떠한 직사 일광도 건물 내부로 침투하지 못한다.

그림 29 : Gigon & Guyer: Liner Museum, Appenzell (스위스), 1998

조각적인 요소로써의 톱날 지붕

아펜첼에 위치한 Liner Museum은 완전히 다른 이유에서 톱날 지붕을 사용하고 있다. 지붕의 꾸불꾸불한 형태는 가까이에서 올려다 볼 때, 표현적이고 거대한 실루엣을 만들어 내며, 미술관에 추상적인 느낌을 부여한다. 주변 언덕에서 미술관과 마을을 내려다 봐야 비로소 건물의 톱날 지붕은 인근 공장들의 지붕과 조화를 이루게 된다. 이 건물에서 지붕의 "톱날"은 각각의 전시 공간에 할당되어 있으며, 이에 따라 내부 공간에서는 톱날 지붕을 볼 수 없고 단지 비대칭하게 경사진 지붕만이 보이게 된다. 내부 공간의 리듬(따라서 톱날 지붕 역시)은 북쪽을 향하면서 점차 좁아진다. 반면 지붕의 경사도는 동일하게 유지되기 때문에 각 톱날의 높이가 줄어들게 된다. 이는 건물 단부의 디자인, 균일한 외장재와 함께 톱날 지붕이라는 테마의 외부적인 표현을 더욱 두드러지게 한다. 모래를 뿜어 표면을 꺼칠꺼칠하게 한 크롬강판은 마치 타일처럼 겹쳐져 이 균일한 구조물을 감싸고 있으며, 벽과 지붕 구조 사이에 어떠한 경계도 만들지 않고 있다. 이에 따라 완공된 건물은 물질적인 표현성을 갖게 되었다.

그림 30 : 산에서 바라본 경관
Bearth & Deplazes: Valley station of Carmenna chair- lift, Arosa (스위스), 2000

불규칙한 형태의 절판 지붕

Carmenna chair-lift는 여행자들을 바이스호른 산 측면의 중간 정거장을 경유하여 언덕의 정거장으로 안내하는데, 이는 아로사 지방에 위치하며 후기 고딕 양식으로 지어진 예배당 부근에 놓여 있다.

경관을 그대로 유지하기 위해, 상대적으로 큰 크기의 정거장 건물은 일부분이 경사면 속으로 파묻히게 되었다. 마치 천막처럼 여러 겹으로 접힌 형태의 지붕 위로는 얇은 두께로 흙을 깔아 주변 경관과 끊김 없는 연속성을 얻고 있다. 지붕 형태의 특징을 형성하는 각진 형상은 경량 철골조로 지지되어 자연지형을 이어 가려는 인공적인 수단으로 보인다. 그러나 겨울에 눈으로 덮힌 지붕의 모습은 주변 지형과 조화를 이루며, 천지를 덮은 눈은 자연 요소와 인공 요소 간에 거의 완벽한 융합을 만들어 낸다.

언덕 면에서 비리보게 되면 건물의 모습은 안전히 디르게 나타난다. 여러 번 접힌 입구 파사드는 완전하게 모습을 드러낸다. 이는 마치 조각적인 느낌의 주변 경관을 자른 단면을 보는 듯한 느낌을 준다. 반투명한 "scobalit" 파사드 뒤에서 내부 공간의 윤곽선은 희미하게 나타난다. 좌측 반의 공간은 4인승 리프트를 야간에 보관하는 창고로 사용된다. 우측 반의 공간은 겨울 스포츠 애호가들을 산 위로 빠르게 올려보내기 위해 사용된다. 이 후자의 공간이 실질적으로 리프트 시스템의 정거장 기능을 하는 공간으로, 밝은 형광 오렌지 색으로 도색된 터널이다.

그림 31 : Bearth & Deplazes: Valley station of Carmenna chair- lift, Arosa (스위스), 2000

배럴 볼트 지붕 또는 쉘 지붕

배럴 볼트 지붕

평면에서 대칭을 이루는 Kimbell Art Museum의 세 부분은 대칭축에 수직한 방향으로 놓인 배럴 볼트 지붕에 의해 그 리듬을 갖는다. 내부적으로는 물론 외부적으로도 건물은 지붕의 형태로 특징지어진다. 사이클로이드형 단면을 갖는 배럴 볼트는 각각 장축에 대해 30.5m, 단축에 대해 6.7m의 경간을 가지며, 모서리에 놓인 네 개의 사각 기둥만으로 지지된다. 모든 볼트는 동일한 치수로 만들어 졌으며, 함께 모여 어떠한 기둥의 간섭도 없이 매우 큰 공간을 형성한다. 그러나 이 공간은 이동식, 비내력 칸막이벽을 사용하여 구획된다. 독특한 채광 방식 또한 지붕의 형태에 기인한 것이다. 볼트의 정상에는 장축을 따라 길게 틈이 나 있으며 이를 통해 빛을 받아들인다. 회화 작품이 직사일광에 노출되는 것은 바람직하지 않기 때문에, 이 틈의 아래에 반사체를 설치함으로써 유입된 빛은 볼트의 하부를 밝히게 된다. 박공에는 내력을 담당하지 않는 원형 트레버틴 내장 판넬과 배럴 볼트의 모서리 사이로 다양한 폭의 창이 나 있으며, 이는 단면의 기하학적인 형태를 눈에 보이게 한다.

그림 32 : Louis I. Kahn: Kimbell Art Museum, Forth Worth (미국), 1972

그림 33: Louis I. Kahn: Kimbell Art Museum, Forth Worth (미국), 1972

부가적인 쉘 지붕

Sydney Opera house는 시드니항의 돌출된 대지에 위치하고 있다. Jørn Utzon은 프로젝트의 특수한 상황에 전적으로 기반을 두고 건물을 설계했다. 콘서트 홀, 오페라 극장, 레스토랑을 담고 있는 서로 교차하는 세 개의 쉘은 육중하고 외관상으로는 균일하게 보이는 기단 위에 솟아 있다. 땅에 기반을 둔 중량의 기초와 우아한 경량 쉘의 대조적인 느낌은 지하에 위치한 부수 공간과 상부에 위치하는 포이어, 강당 간의 기능적인 분리를 강조한다. 동시에 기단의 형태는 고대 그리스 극장에서 사용되었던 단처럼 인공적인 지형을 형성하고 있다.

그림 34 : Jørn Utzon: Sydney Opera House (호주), 1973

그림 35 & 36: Eero Saarinen: TWA Terminal, New York (미국), 1958

표현적인 쉘 지붕

Sydney Opera House가 서로 다른 쉘들을 조합하여 만든 건물인데 반해, TWA terminal의 표현적인 지붕의 형태는 큰 스케일의 대칭적인 배열을 보여준다. 터미널을 위한 Eero Saarinen의 컨셉에서 중심이 된 것은 조각적인 형상이라는 점이었지만, 3차원 쉘의 구조적인 가능성에 대한 건물 성능과 단지 네 개의 거대한 기둥만으로 지붕의 하중을 전달할 수 있는가에 대한 검토를 통해 최종적인 형태가 나오기 전까지는 어떠한 도면도 만들 수 없었다. 복잡한 거푸집과 현장 타설 콘크리트를 이용하여 만든 역동적인 형태의 지붕은 당시 건축 공사에 유행하던 비행기 프로펠러의 미학적인 느낌을 형상화하고 있다.

그림 37: Jørn Utzon: Sydney Opera House (호주), 1973

성능기준과 관계

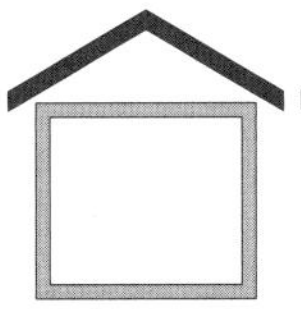

그림 38 : 냉각 데크
경사 지붕 내 공간의 냉각

그림 39 : 냉각 데크
2개의 통기공이 있는 경사 지붕

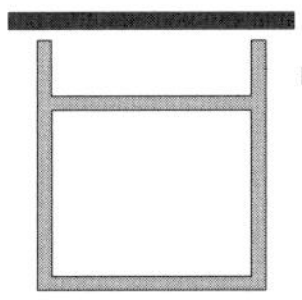

그림 40 : 냉각 데크
접근이 가능한 평지붕

그림 41 : 냉각 데크
통기공이 있는 평지붕

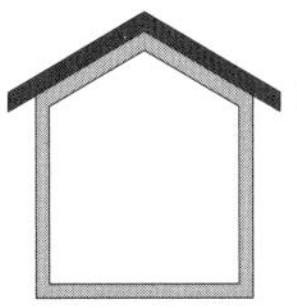

그림 42 : 보온 데크
1개의 통기공이 있는 경사 지붕

그림 43 : 보온 데크
통기공이 없는 평지붕

두 가지 적층 원리

인간에게 은신처를 제공한다는 지붕의 근본적인 보호의 기능은 물론, 수분을 막는 일은 지붕의 중요한 역할 중 하나이다. 외부로부터의 영향(태양광, 비, 바람)은 물론 내부로부터의 영향(증기압), 이에 따른 증기 확산에 따른 변형의 문제는 지붕 공사에 있어 반드시 고려되어야 하는 사항이다. 다양한 요구에 올바르게 대응하기 위해서는 여러 겹으로 이루어진 구조를 사용하는 것이 필요하며, 이에 따라 두 가지의 적층 원리가 나오게 되었다. 지붕의 형태, 내력 구조체, 지붕의 기타 부분과의 접합 조건, 지붕 모서리의 연결 조건 등을 고려하여 두 가지 시스템 중 하나를 선택하게 된다.

냉각 데크

냉각 데크에서 방수층은 단열층과 분리되며, 이 사이 공간은 건조를 위한 통기공이 설치된다. 통기공은 단열재에서 확산된 증기를 외부로 나른다.

경사 지붕에 사용되는 냉각 데크는 두 개의 통기공을 가지고 있다. 이 중 하나는 지붕 외장재와 2차 방수 및 덮개층의 사이에, 나머지 하나는 2차 방수 및 덮개층과 단열재 사이에 위치하게 되는데 사실 이러한 지붕 시스템을 "냉각 데크"라고 부르게 하는 이유가 되는 것이 바로 두번째 통기공이다. (p. 218의 "경사 지붕" 참조)

보온 데크

보온 데크에서 경사 지붕에 사용되는 2차 방수 및 덮개층 등의 방수층 또는 증기 확산을 억제하는 층은 단열재의 바로 위에 설치된다. 때문에 단열재에서 확산된 증기는 환기가 이루어지지 않는 단열재의 온도가 낮은 면에 응축되어 단열재 내부로 침투한다. 따뜻한 포화 수증기가 단열재 내부로 침투하지 못하도록 수분 차단막을 설치해야 하며, 이는 결로를 막는 역할을 한다.

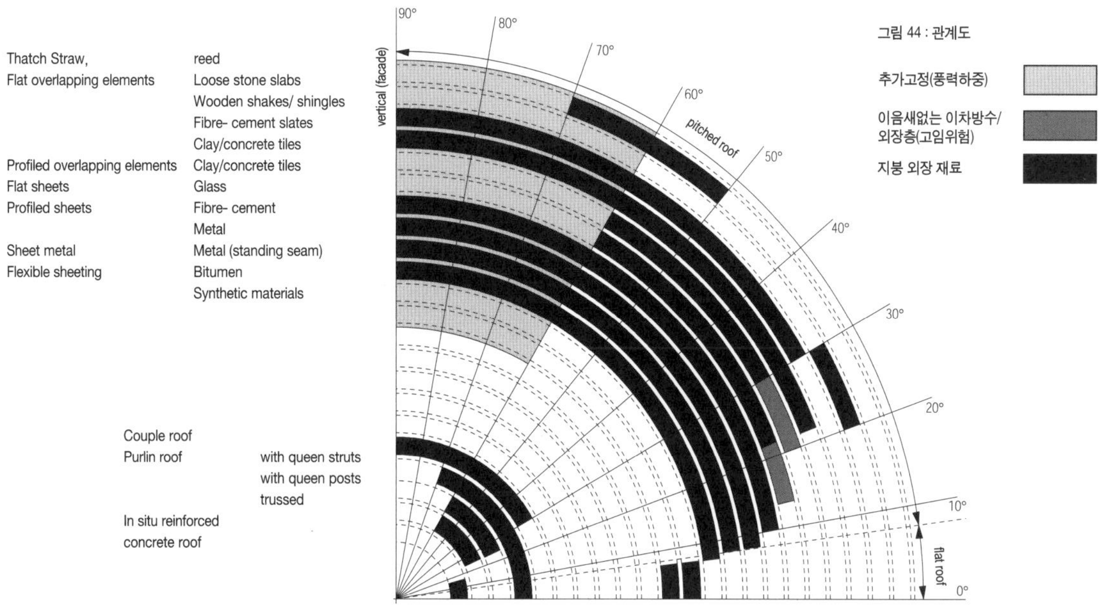

그림 44 : 관계도

지붕 경사와 지붕 외장 재료의 관계

지붕의 경사는 지붕 외장 재료, 지붕의 형태, 고정 방식, 접합 방식에 따라 결정된다. 평지붕은 이음매 없는 방수 외장재를 사용해야 한다. 반면 접합부의 크기가 큰 적층 방식의 외장재는 경사 지붕에 적합하다. 지붕 외장재와 인접하는 부재와 접합하는 부분의 방수 성능이 높을수록, 허용 가능한 경사도는 얕아진다.

평지붕 - 경사 지붕
건물 외피의 영향

1. 강우
평지붕
a) 방수 : 방수층과 배수층은 시스템에 따라 1.5%(전도 지붕)~3%의 최소 경사를 가져야 한다. 방수층은 일반적으로 외장재 또는 보호층 아래에 위치하는 층 중 가장 위의 층 또는 두번째 층에 위치한다. 예외적으로 전도 지붕에서는 방수층이 단열재 아래에 위치한다. 이 경우 단열재는 반드시 방수 성능을 지녀야 한다 (다양한 방법을 사용할 수 있다).
b) 배수 : 빗물은 지붕 표면에서 가장 높이가 낮은 부분에 놓인 수직 홈통 또는 배수구를 통해 배출되며, 건물의 내부 또는 외부에서 배수 시스템으로 작용한다. 지붕 모서리에 설치되는 파라펫은 강우시에 지붕 모서리를 따라 또는 파사드로 빗물이 흐르지 않게 한다. 파라펫은 최소 12cm 이상의 높이(외장재 또는 보호층의 윗면으로부터 판금 커버의 상부 등의 파라펫 부재의 윗면까지의 거리), 여야 하며, 반드시 방수성이어야 한다 (SIA 271).

경사지붕
a) 평지붕과 달리, 경사지붕의 배수층은 방수 성능을 갖추지 않아도 된다(예 : 초가 지붕). 빗물의 배수는 판금, 점토/콘크리트 지붕 타일, 돌, 유리 등으로 이루어진 최상층을 통해 이루어져야 한다. 그러나 빗물이 고이지 않고 잘 배출될 수 있도록 하기 위해서는 경사도가 높아야 한다. 2차 방수 및 덮개층은 외장재가 손상되었을 경우 임시적인 지붕 외장재로써 기능하며, 궂은 날씨에서도 유용한 기능을 한다.
b) 배수 : 배수구는 기본적으로 지붕의 모서리(처마)를 따라 위치된다. 배수구는 눈에 보이도록 노출되거나(외부 홈통) 지붕 모서리와 합쳐질 수 있다(내부 홈통).

총론
a) 돌출된 처마와 모서리는 빗물로부터 벽과 지붕의 접합부를 보호한다. 지붕 외장재와 벽의 접합부는 기후의 영향에 노출되어 있다 (정수압). 그러나 처마/모서리의 아래에서 발생하는 소용돌이가 역류를 발생시키며 수분 침투의 위험을 낮추게 된다.
b) 지붕 배수구의 치수와 홈통의 수는 지붕의 면적과 예상 강우량을 고려하여 계산된다.

2. 태양광
평지붕
몇몇 방수재료는 자외선 복사에 극히 취약하며(예 : 아스팔트판), 자갈 또는 유사한 재료층에 의해 덮히고 보호되어야 한다.

총론
경량 지붕에서는 통기공 내부의 공기순환을 통해, 중량지붕에서는 내력층의 부피를 이용해 열을 흡수함으로써 지붕 내부 공간의 열을 방출한다.

3. 바람
평지붕
보호층이 없는 지붕은 지붕 외장재가 자갈이나 유사한 재료로 고정되어 있지 않기 때문에 바람의 영향이 가장 큰 문제로 작용한다. 외장재는 각각의 지점에서 내력층에 반드시 고정되어야 한다. 지붕 모서리의 파라펫(냉각 데크 시스템에는 적합하지 않다)은 넓은 면적에 걸쳐 바람의 영향을 줄여준다. 최외곽의 보호층은 아래에 위치한 층들을 고정하는 밸러스트(예 : 자갈, 콘크리트 판석)의 기능을 해야 한다.

경사 지붕
외장재를 겹쳐서 마감한 지붕의 경우 바람의 영향이 문제가 되며, 이는 경사도와 재료의 무게에 따라 달라진다. 목제 지붕널 또는 초가 지붕은 항상 안전하게 고정되어야 한다. 자체 무게 때문에 타일은 별도의 고정 없이 간단하게 위치시킬 수 있지만, 지붕의 경사도가 60° 이상일 경우에는 반드시 기계적인 고정장치를 사용해야 한다.

총론
경량 지붕에는 항상 밀폐막을 설치해야 한다.

4. 온도
총론
단열 성능에 관한 표준에는 다양한 종류의 건축물에 대한 단열재의 최소 두께가 명시되어 있다. 중앙유럽의 경우 기후 조건에 따라 항상 사용해야 하는 공간의 외피는 단열층으로 밀폐되어야 한다. 지붕 공사에 있어 단열재의 종류와 위치는 선택된 시스템에 따라 달라진다.

5. 내부에서 외부로의 증기 확산
총론
내부에서 외부로의 증기 확산에 의한 포화 수증기가 단열층과 접촉하지 않도록 해야 한다. 많은 단열재들이 젖었을 경우에는 그 단열 성능이 급격히 저하된다! 이러한 수분의 침투는 내력층에 콘크리트를 사용하거나, 단열재의 온도가 높은 면에 수분 차단막을 설치하거나, 또는 방수 단열 재료를 사용하는 등의 방법을 통해 방지할 수 있다.

6. 강설
평지붕
지붕 주변의 파라펫(최소 12cm)은 내린 눈이 지붕 모서리의 상세로 침투하는 것을 방지하며 눈이 녹은 물을 모으는 역할을 한다.

경사 지붕
지붕을 따라 눈이 흘러 내리지 않도록 해야 한다.

총론
내력 구조체는 임의의 설하중에 견딜 수 있어야 하며, 이는 지붕의 경사도와 대지의 위치 및 고도에 따라 달라진다.

7. 기계적인 손상
평지붕
보호층이 없는 지붕은 기계적인 손상에 특히 취약하며, 이러한 충격은 우박에 의해서도 충분히 일어날 수 있는 것이다. 아스팔트를 사용한 보온 데크의 경우 둥근 자갈로 이루어진 보호층에 모래 성분이 함유되지 않도록 해야 하는데, 이는 모래가 식물의 성장에 필요한 양분을 제공하기 때문이다. 식물의 작은 뿌리는 점차 방수층으로 침투하여 결국에는 이를 쓸모 없게 만든다. 접근이 가능한 전도 지붕의 경우, 단열재는 집중 하중을 견딜 수 있는 것이어야 한다.

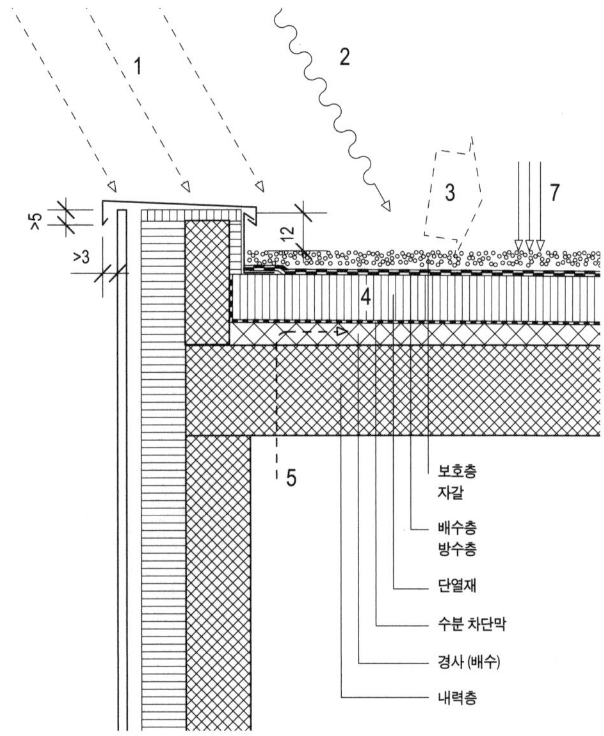

그림 45 : 평지붕, 보온 데크, 축척 1:20

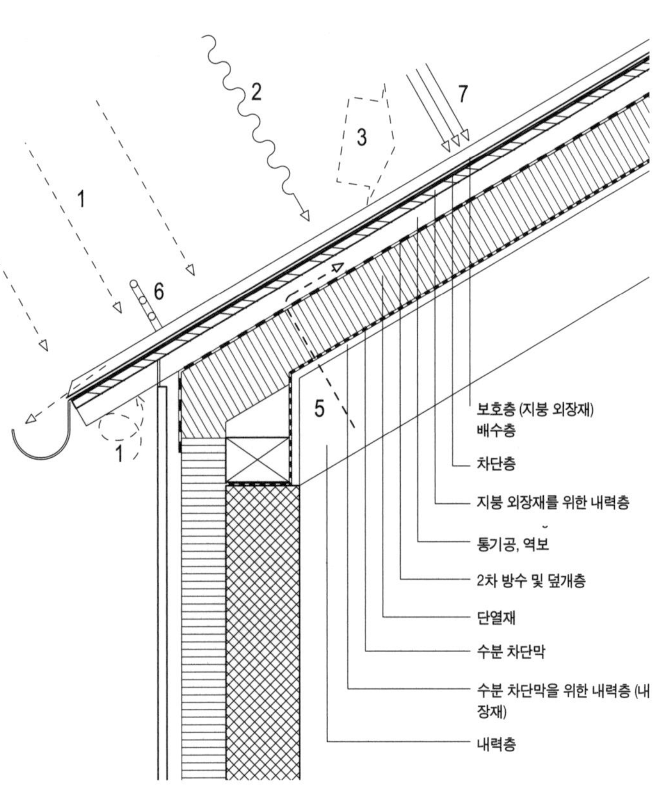

그림 46 : 경사 지붕, 환기성 판금, 축척 1:20

지붕 공사에 관한 현재 스위스와 독일의 표준에 관해서는 www.sia.ch 와 www.bauregeln.de 을 참조하라.

상상의 나래

Daniel Gut

수평면을 증식시키는 계단

인간은 중력에 의해 지면에 얽매여 있기 때문에 인간의 행위가 이루어지는 공간은 사실 2차원 평면으로 제한되게 된다. 우리의 몸은 머리 위로 펼쳐진 공간을 체험할 수 없다. 따라서 세계에 관한 인간의 지각은 수평적으로 향하게 된다. 수 천년의 세월에 걸쳐 건축물은 이러한 개념을 통해 건물의 기능을 수평적으로 배치해 왔다. 그러므로 인간이 받아들일 수 있는 작은 단위로 높이를 쪼개어 인간의 행위가 이루어지는 공간의 범위를 수직적으로 증식시킬 수 있는 기회를 제공한다는 점에서 계단은 건축의 역사에 있어 가장 중요한 발명품 중 하나라고 할 수 있다.

모든 계단은 두 가지의 근본적으로 상반된 움직임을 가능하게 한다. 상승과 하강이라는 용어는 물리적인 용어일 뿐만 아니라, 종교적이고 심리적인 의미 또한 지니는 것이다. 예를 들어 기독교적인 관점에서 천당과 지옥이라는 두 영역은 높은 곳과 낮은 곳, 밝음과 어두움이라는 대립적인 개념으로 대변되면서 특수한 의미를 부여받는다. 이는 상승과 하강에 대한 심리적인 느낌에도 큰 영향을 미쳤다. 인간의 사고에 깊게 자리매김한 이 개념은 더 높은 곳에 위치할수록 더 좋은 것이라는 지식의 사다리 또는 미덕의 사다리를 만들어 냈다. 위로 올라갈수록 우수한 집단에, 아래로 내려갈수록 광기 어린 집단에 속하게 된다는 것이다.

그림 1 : Giovanni Battista Piranesi: Carceri, plate VIII, 2nd ed., 1761

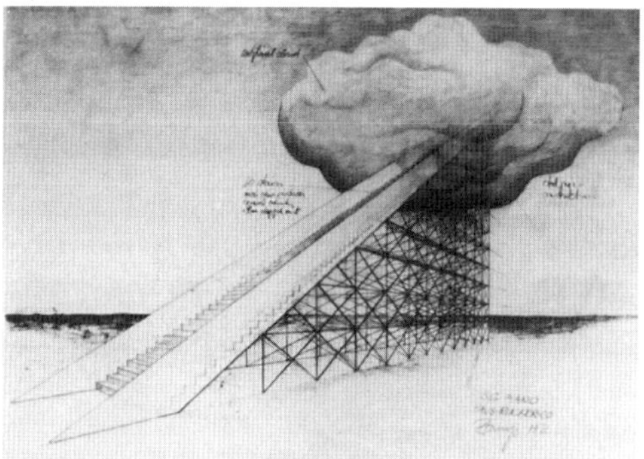

그림 2 : Haus-Rucker-Co: Big Piano, 1972

Piranesi는 건축에 관한 작품집이었던 *Carceri*에서 엉뚱하고, 수수께끼적인 계단을 통해, 자신의 정신분열적이고 우울한 내면의 상태를 드러내고 있다. 계단은 미궁 속으로 이어지며, 균형이 무너진 세계를 상징한다.

상승과 하강의 움직임은, 평면적인 움직임에 대하여 잠재의식적인 반향으로써 리듬의 변화를 나타낸다. 위로 올라가면서 느려지는 리듬에 있어, 인간의 정신은 육체에서 보다 높은 곳으로 빨리 올라가려 하며 목적지를 향해, 즉 그리 멀지 않은 미래를 향해 나아간다. 독일어에는 이러한 점을 표현하는 계단과 관련된 특수한 단어인 Treppengedanke (예상)가 있다. 마찬가지로 반대 방향을 향하는 단어인 Treppenwitz (반성)는 정신을 계단의 위, 그리 멀지 않은 과거 속에 남겨둔 채 계단을 내려오며 드는 생각을 표현하고 있다.

인간은 점차 수평면의 연속이라는 인공적인 느낌에 적응

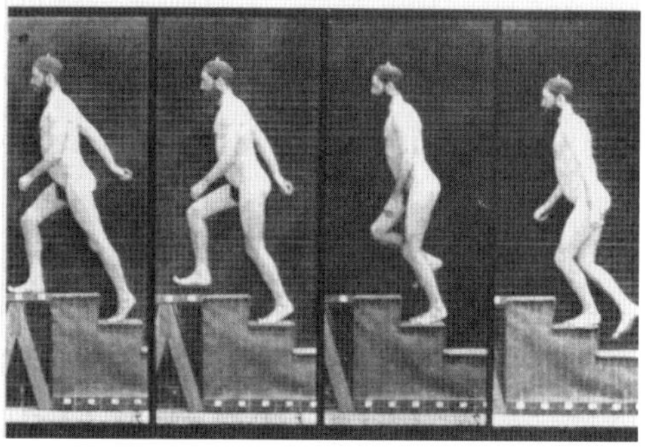

그림 3: Eadweard Muybridge: Human and Animal Locomotion, 1887

했다. 걸음마를 뗀 아이들은 그 다음으로 계단을 오르는 연습을 해야 했다. 긴 시간 동안 이러한 행동은 마치 계획적인 운동 메커니즘처럼 받아들여졌다. 그러나 평면에서의 이동과 상반되는, 이러한 의식적인 움직임의 연속은 필연적으로 계단의 기하학으로 이어졌으며, 계단은 더 큰 주목을 받게 되었다. 이는 건축가에게 있어 새로운 조건을 만족시키기 위해 새로운 재료적 시도를 해 볼 수 있는 기회가 주어졌음을 의미한다. 건축가가 특정한 기하학적 형태의 계단을 사용함으로써 미래로 향하는 움직임의 리듬을 결정할 수 있다는 점은 물론, 건축가에게 있어 계단은 사람이 밟게 될 계단의 미감재를 선택함에 있어 좀 더 신중한 사고를 요구하고, 핸드레일을 쉽게 인식할 수 있어야 하며, 모든 계단참에 있어 필요한 경우 특정 방향으로 통행자를 유도하기 위한 방향 전환이 고려되어야 한다는 새로운 요구 사항을 던지는 것이었다.

이어지는 글에서는 계단의 잠재적인 가능성을 나타내는 모순된 특징 또는 디자인 개념과 건축적인 결정의 결과물을 표현하기 위해 몇 쌍의 단어를 사용할 것이다. 이러한 단어 쌍의 선택은 의도적으로 임의에 따른다. 사용이 가능한 종류가 매우 다양하기 때문에 모든 형태의 계단을 다루지는 못한다.

프로젝트 또는 건물을 형성하는 요소

수직적인 접근성은 건물의 3차원적인 개념과 결부시켜 생각할 수 있는 것으로, 이는 영구적인 요소 또는 개념을 표현하는 어휘로써 나타난다. 따라서 계단은 디자인 단계의 초기에서부터 다루어져야 하며, 디자인 작업에 주요한 요소로 작용한다. 계단의 디자인과 재료의 선택은 건물의 구조 또는 계단에 사용된 영구적인 요소들을 통해 정해진다. 디자인 프로세스의 중간에 계단을 제거하거나 계단의 위치를 변경하는 것은 매우 어려우며 기존 건물의 전체적인 컨셉을 완전히 바꾸거나 해체하지 않는 한 사실 불가능한 것이다. 공간의 느낌을 향상시키는 잠재적인 가능성은 공간의 융통성에 대한 손실과 다소간 상호보완적인 특징을 통해 얻을 수 있는 것이며, 이는 계단이 건물에 있어 강조되는 포인트로써 디자인된 것인가, 다양한 요소들이 이루는 구성의 일부로 디자인된 것인가, 또는 건물 구조의 연속으로써 디자인된 것인가의 여부에 따라 달라진다. 앞에서 언급한 계단과 비교했을 때 이는 디자인 프로세스 이후에 나타나는

그림 4: Le Corbusier: Apartment block, 24 rue Nungesser et Coli, Paris (프랑스), 1934

그림 5: Frank Lloyd Wright: Guggenheim Museum, New York (미국), 1959

것이다. 계단의 위치와 건축적인 표현은 보다 큰 융통성을 제공한다. 이는 디자인 프로세스에 적용되며 이 후 건물을 변화시키기도 하는데, 여기에서 계단실의 전략적인 위치가 결정적인 역할을 한다. 건물의 영속성은 계획적이고, 상대적으로 독립적인 건축 어휘에 대한 가능성을 제공하며, 차례차례 주변 환경과 다양한 방법으로 융합된다.

이러한 접근 방식의 일례를 St Jakob Park의 진입부에서 찾아볼 수 있는데, 수간 같은 형태의 "깔대기" 계단실은 마치 비행기에 승객이 탑승할 때 사용하는 이동식 계단처럼 파사드에 매달려 있다. 이러한 유동적인 위치 선정 방식은 기능적인 요구 조건을 만족시키기에 적합하다. 그러나 사용된 재료의 측면에서 계단실 진입부의 불투명한 마감재는 투명한 플라스틱 "지붕창"을 사용하여 야간의 경관 조명을 통해 희미하게 빛나는 외피로 전환되는 파사드의 테마와 통합되는 것이다.

반면 Le Corbusier의 복층형 아파트에 사용된 나선형 계단실은 평면 레이아웃에 인공물처럼 삽입되었다. 기초 뒤로 감추어진 계단실은 하부층으로 인도한다. 영구성은 재료에 의해 표현되고 있다. 나선형 계단이 이루는 띠는 아파트의 회반죽을 칠한 표면에 융합되지만, 계단 그 자체는 삽입된 요소가 이루는 구성의 일부로 나타나고 있다.

이벤트로써의 계단과 장애물로써의 계단

어떤 계단은 이를 바라보고 있는 사람으로 하여금 계단을 사용하도록 인도하기도 한다. 반면에 어떤 계단은 인식하지 못하고 지나치게 되기도 하며, 이 계단을 이용하려 할 때 마치 자신이 불청객인 듯한 느낌을 갖게 되기도 한다. 결정적인 요인 중 하나는 계단 또는 계단실의 사용을 시작하는 부분에서 나타나는 개방 정도의 차이이다. 이러한 개방성이 계단을 사용하는 동안 계속적으로 유지되거나 또는 오히려 향상된다면, 계단은 더욱 큰 공공성을 얻는다. 이러한 느낌을 다루기 위해 다양한 방법들이 사용된다. 계단의 매스와 주변 공간과의 관계가 중요한 역할을 한다. 계단을 오르는 행위를 감각적인 행위 또는 사회적인 행위로 전환시키기 위해 3차원적인 방법을 사용하기도 한다. 아름다운 외관과 값비싼 재료의 사용은 계단을 오르는 행위를 더욱 강조한다.

그림 6: Adalberto Libera, Curzio Malaparte: Casa Malaparte, Capri (이탈리아), 1941

러시아 비푸리(Viipuri)의 공공 도서관에서 주 계단은 공간적이고 유기적인 개념을 통해 하나의 이벤트로써 전환된다. 방문자는 도서관의 정중앙에 위치한 넓은 계단참에 도착하기 위해 먼저 좁은 계단을 올라가야 한다. 난간이 방문자를 상부층으로 유도하지만, 방문자는 내부 공간의 중심축을 기준으로 대칭되는 계단의 공간적인 확장을 느낄 수 있다. 난간을 다루는 방식을 통해 이 계단은 입구와 내부 동선의 조합체로 전환되며, 건물의 중심부를 차지하는 위엄 있는 계단으로 나타난다.

그림 7: Herzog & de Meuron: St Jakob Park, Basel (스위스), 2001

그림 8: 미국 세인트 어거스틴 지방의 부두에 사용된 계단

그림 9: Alvaro Siza: House of Dr A. Duarte, Ovar (E), 1985

오스트리아 비엔나 지방의 Hofburg Palace에 대한 Balthasar Neumann의 계획안에서 계단의 상승은 공간적인 매력을 느낄 수 있는 주요 요소로써 사용되었다. 이 기념비적인 계단은 Hofburg Palace 내부에서 가장 큰 공간에 사용되었으며, 측면에 위치한 두 개의 중정으로부터 빛을 받으며 건물의 중심축을 따라 두드러지게 위치하고 있다. 진입구 레벨에서 시작되는 두 개의 계단은 마치 미궁처럼 계단과 계단참이 복잡하게 가지를 뻗고 있는 거대한 홀로 인도한다. 이는 영주의 힘을 상징하고 있는 듯이 위협적인 느낌마저도 주고 있다.

이와 반대되는 상황으로부터 흥미로운 의문점을 끌어낼 수 있다. 어떻게 하면 통행자가 계단을 오르지 못하게 할 것인가? 건축적인 측면에서 어떻게 하면 계단을 사용하면 안 된다는 점을 표현할 것인가? 계단이 더욱 사적인 느낌을 갖도록 개방 정도를 줄이거나, 공간적, 지리학적인 제한을 가함으로써 계단은 장애물로 변하게 된다. 이러한 변화가 갑작스러울수록, 이러한 어휘는 더욱 선명하게 드러난다. 또한 계단의 건축적 표현은 이용자로 하여금 계단을 그저 들여다 보게만 하거나 또는 계단의 이용을 망설이게 할 수 있다. 가파른 경사 또는 안전장치(난간)의 생략을 통해 이러한 느낌을 강조할 수 있다. 주변 환경과 동일한 재료를 사용하여 계단을 마치 "우연인 것처럼" 주변 환경에 묻히게 함으로써 유사한 효과를 얻을 수 있는데, 이는 특히 이러한 균질화가 공적인 공간과 대조되는 모습으로 나타날 때 더 강해진다.

미국 세인트 어거스틴 지방의 부두에 사용된 계단의 사진(그림 8)은 이 계단이 일반인들이 이용하기 위한 것이 아니라 배에 오르기 위해 계단을 내려가는 어부와 선원들을 위한 것임을 너무나도 명백하게 보여주고 있다. 이러한 건축적 어휘는 광대한 선창과 매우 작은 크기의 계단 사이에 나타나는 갑작스런 스케일의 변화와, 선창의 벽과 동일한 재료인 사암을 사용한 계단 재료의 선택으로부터 나오는 결과이다.

Dr Avelino Duarte를 위한 주택에서 Alvaro Siza는 주택의 사적 공간으로 이어지는 계단에 뉘앙스를 담았으며, 이를 통해 계단을 보다 사적인 생활 공간에 대한 방어막으로 만들고 있다. 반공적인 영역에 속하는 계단의 아랫단이 높게 솟은 기단을 깎아서 만든 듯이 보이는데 반해, 계단을 덮고 있는 따뜻한 느낌의 나무는 위로 올라갈수록 점점 좁아지는 계단의 형태와 함께 공적인 영역과 사적인 영역 사이에 분명한 경계를 형성한다.

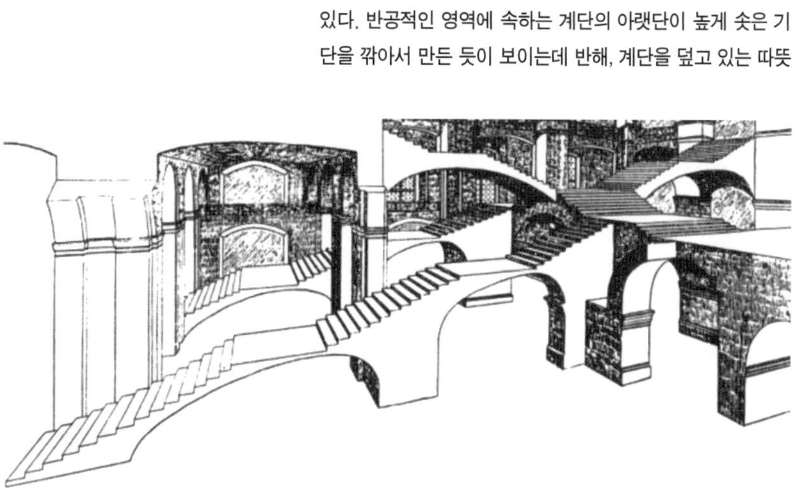

그림 10: Balthasar Neumann: Proposal for the Hofburg Palace in Vienna (오스트리아), 1747

3차원적인 공간 조직 또는 계단 코어

계단 코어는 동일하거나 평면적으로 동일하거나 또는 유사한 형태를 유지하며 몇 층에 걸쳐 감겨 올라간다. 이는 일반적으로 건물 내부에서 각각의 층을 연결하거나 또는 분리하는 준자

그림 11: Alvar Aalto: Public library, Viipuri (러시아), 1935

동(quasi-autonomous) 축이다. 공간적인 분리는 계단과 각각의 층의 연결 방식 또는 코어 공간의 수직적인 "투명성"을 통해 확장될 수 있지만, 각각의 층 사이에서 일어나는 "중립적인" 계단축을 통한 움직임의 상징으로 나타난다. 이러한 방법은 진입 공간과 사용 가능한 바닥 면적 간의 관계를 최적화할 수 있으며, 동일한 건축 요소의 반복을 통해 합리적인 시공을 가능하게 한다는 점에서 경제적이다. 일정 높이 이상의 건물에서 계단 코어는 불가피한 것이다.

계단축 또는 계단의 외벽은 단열, 차음, 내화의 성능을 위해 고형식으로 나타나기도 하며, Pirelli Headquarters의 평면에서 보여지는 것처럼 건물의 버팀대로써 사용되기도 한다. 계단축과 부수적인 공간을 분리하는 벽의 구조는 장방향에 대하여 건물을 보강하는 요소로 작용한다. 주로 사용되는 수직동선은 건물의 중앙에 위치한 승강기이기 때문에 계단축은 최소의 면적만을 차지하며 내부 공간이 꺾이는 지점에 포치 같은 공간으로 위치한다.

Palazzo Barberini의 계단은 피난 계단과는 대조적인 관점에서 바라봐야 한다. 이 계단은 미학적인 목표와 각 층을 합리적인 방법을 통해 수직적으로 연결하려는 목표를 인상적으로 조합하고 있다. 계단통의 크기는 6층에 달하는 3차원 공간을 형성하고 있다.

3차원적인 내부 공간의 레이아웃은 3차원적인 연속성이라는 개념 아래 수평 동선과 수직 동선을 융합함으로써 수직적인 움직임과 수평적인 움직임 간의 대비를 최소화하려는 의도를 표현한다. 각 층 간의 공간적인 경계는 단차의 분리, 경사진 평

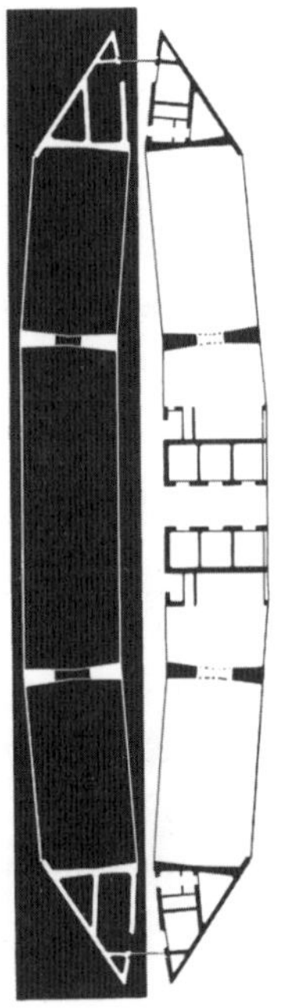

그림 12: Gio Ponti: Pirelli Headquarters, Milan (이탈리아), 1961

면과 램프를 통해 허물어진다. 이를 통해 각 층 간의 위계를 거의 무한하게 조절될 수 있다. 건축적인 산책로가 형성된 것이다. 최상층은 산책로의 종점이 되며, 승강기는 타임머신이 된다.

Adolf Loos의 공간 계획은 여러 개의 층으로 건물을 분할하는 인습적인 방법에서 벗어나려고 한 시도로써, 3차원적인 내부 공간의 레이아웃을 형성하고 있다. 서로 다른 공간은 그 용도에 따라 서로 다른 천장고를 갖는다. 바닥 레벨의 변화는 생활 공간의 디자인에 높은 자유도를 부여한다. 내부 공간을 따라 형성된 수 많은 작은 계단은 계단을 오름에 따라 점점 더 사적인 공간으로 이용자를 유도하고 있다.

O.M.A는 이와는 완전히 다른 사유(zeitgeist)에 기반을 두고 있지만 이들의 몇몇 작품 또한 유사한 공간의 개념을 보여준다. 현대 기술은 수평과 수직이라는 고전적인 구획을 극복하려는 의도에 따라 바닥 슬라브를 자유롭게 변형할 수 있게 하였으며, 이러한 변형을 통해 계단 없이도 지면으로부터 상층부로 사람이 이동할 수 있게 되었다.

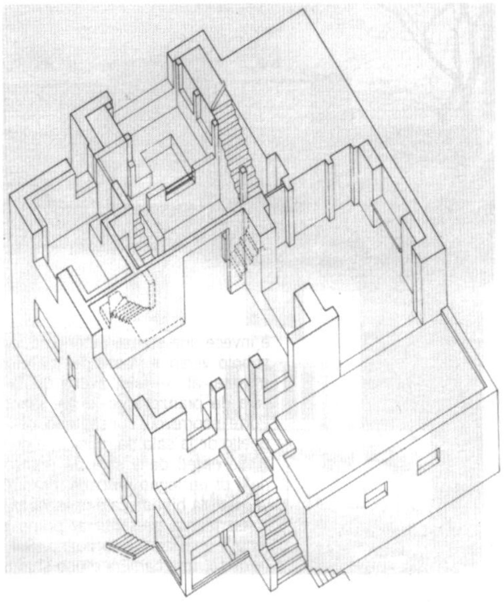

그림 14: Adolf Loos: Moller House, Vienna (오스트리아), 1928

통로 또는 휴게소

실용적인 기능이 줄어들게 된 계단은 서로 다른 레벨을 연결하는 수직적 다리를 형성하며 순수하게 통로로써 기능하게 된다. 계단에서 다른 사람과 대화를 나누거나, 휴식을 취하기 위해 멈춰 서는 경우는 극히 드물다. 또 어떤 계단은 한 공간으로부터 다른 공간으로 이용자를 유도하는 순수한 동선의 공간이기도 하다. 예상 통행량과 계단의 치수의 비율에 따라서는 계단에서 잠시 멈춰 서는 것이 뒤따라 오는 사람들을 방해하는 것이 될 수도 있으며, 심지어는 안전을 위협하는 것이 될 수도 있다. 사실, 특수한 방법을 통해 계단에서의 보행자의 흐름을 촉진할 수도 있다. 지하철 역사의 셀 수 없을 만큼 많은 단을 갖는 계단은 이동의 방향에 놓인 역동적인 평행선이 군중의 움직임을 얼마나 촉진할 수 있는가를 여실히 보여주는 예이다.

그렇다면 과연 무엇이 계단을 휴식의 공간이자 대화를 나눌 수 있는 장소로 만드는가? 계단의 폭과 경사의 측면에서 볼 때, Bouca publicly assisted housing development의 각각의 입구로 이끄는 계단은 위에서 언급한 통로로써의 계단과 아무런 차이점이 없다. 그러나 이 건물에서 사람들은 계단에 걸

그림 13: Francesco Borromini: Palazzo Barberini, Rome (이탈리아), 1633

그림 15: O.M.A.: Jussieu University library project, Paris (프랑스), 1993

그림 16: 파리의 지하철 역사에 사용된 계단

터 앉아, 잡담을 나누며 행복한 시간을 보낸다. 이러한 차이를 만드는 결정적인 요소는 단의 높이와 예상 통행량, 계단폭의 관계이다. 계단이 이용자들의 대화를 이끄는 촉매의 역할을 하는지의 여부는 당연히 계단 양 단부의 사용 여부와 계단이 얼마나 주변 환경과 관계를 맺고 있는지의 여부에 따라 결정된다. 조명, 미시기후, 그리고 경관 또한 계단에 생기를 주는 요소가 될 수 있다. 제한된 시야보다 넓게 트인 경관을 좋아하지 않을 사람이 어디 있겠는가?

반면 계단은 바로 앞에 서 있는 사람 너머를 볼 수 있는 기회를 제공하기도 하며, 이러한 사실은 수 천년 동안 객석에 사용되었던 것이다. 이러한 공간에서 의사 전달은 일반적으로 일방향으로 이루어진다. 객석에 앉아 있는 사람들은 말하자면 소비자의 역할을 한다고 볼 수 있다. 단의 경사가 클수록 더 넓은 시야가 확보되며 전면에서 제공되는 정보를 받아들이는 느낌도 더욱 커지게 되며, 앞에 앉은 사람의 뒤로 숨는 것은 점점 더 어려워진다. 그러나 만약에 두 개의 객석을 서로 마주보게 배치한다면 쌍방향의 의사 소통이 가능해진다. 역사적인 회의장들은 이러한 배치를 사용하였으며, 이는 오늘날 TV에서 방영되는 토론 프로그램에서 재현되고 있다. 이러한 집합적인 대화의 장의 변형물 중 하나가 많은 팬들이 모이는 스타디움이다. 이는 계단처럼 단이 진 객석의 형태를 통해서만 가능한 것이다.

그림 19: 그리스 에피다우로스 지방의 극장 (그리스), 기원전 4세기

그림 17: Edward Hopper: Sunlight on Brownstones, 1956

그림 18: Alvaro Siza: Bouca publicly assisted housing project, Porto (포르투갈), 1977

참고 문헌
- Karl J. Habermann: *Staircases - Design and Construction*, Basel, Boston, Berlin, 2003.
- John Templer: *The staircase Vol.1+2*, Cambridge, Mass., 1992.
- Cleo Baldon: *Steps & stairways*, New York, 1989.
- Walter M. Förderer: "Treppenräume", in: *Daidalos*, No. 9, 1983.
- Wolfgang Meisenheimer: "Treppen als Bühnen der Raum-Anschauung", in: *Daidalos*, No. 9, 1983.
- Ulrich Giersch: "Auf Stufen", in: *Daidalos*, No. 9, 1983.

출처 : Ernst Neufert의 "Bauentwurfslehre (Building Design Textbook)"

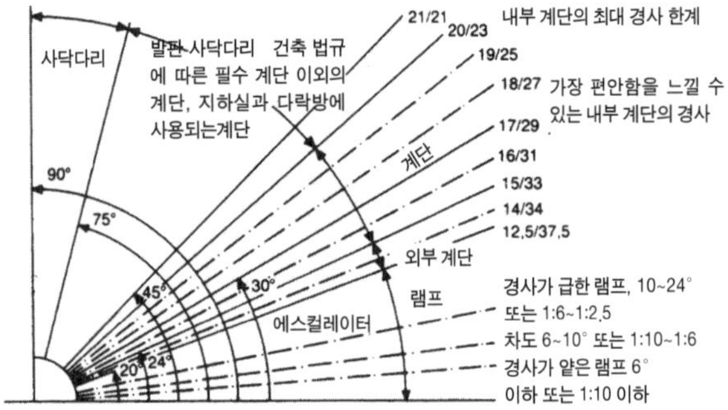

① 램프, 외부 계단, 내부 계단, 발전소 계단, 사닥다리의 경사

층고	돌음계단 (바람직한) 얕은 경사		직선계단과 분기점이 있는 계단, 건물의 진입구 (바람직한) 얕은 경사	
	단의 개수	단의 높이	단의 개수	단의 높이
a	b	c	f	g
2250	–	–	13	173,0
2500	14	178,5	15	166,6
2625	–	–	15	175,0
2750	16	171,8	–	–
3000	18	166,6	17	176,4

② 2. 층고와 계단 경사

건물의 종류	계단의 종류		사용 가능한 계단 폭	단높이 a[2)]	단너비 a[3)]
두 동 이하의 주거 건물	건축법규에 따른 필수 계단	사용자가 상시 거주하는 공간으로 이어지는 계단	≧ 80 ≧ 80	17±3 ≦21	28^{+9}_{-5} ≧21
	건축 법규에 따른 필수 계단 이외의 (부가) 계단, DIN 18064, 1979년 11월, 2.5절 참조		≧ 50	≦21	≧21
한 세대 내에서 사용되는 건축 법규에 따른 필수 계단 이외의 (부가) 계단			≧ 50	별도의 조건 없음	
기타 건물	건축 법규에 따른 필수 계단 이외의 (부가) 계단, DIN 18064, 1979년 11월, 2.5절 참조		≧100 ≧ 50	17^{+2}_{-3} ≦21	28^{+9}_{-2} ≧21

1) 3세대 이상이 사용하는 건물에 사용된 복층형 구조를 포함한다. 2) 14cm 미만이어서는 안 된다. 3) 37cm를 초과해서는 안 된다. 이는 단의 높이와 너비의 비율의 정의인 a/a와 일치하는 것이다.

③ 건물에 사용되는 계단, DIN 18065

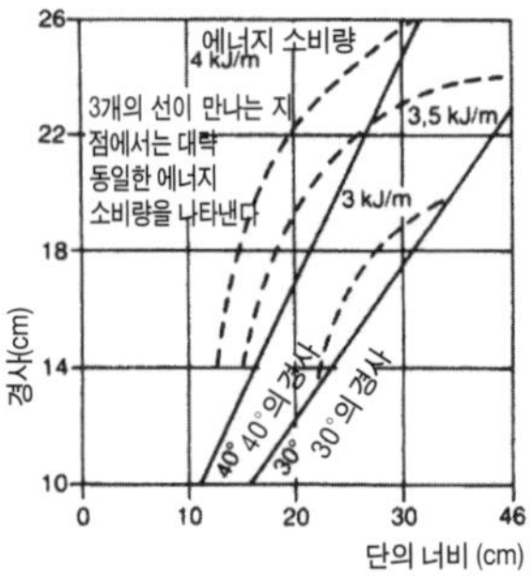

④ 계단을 오르는 성인의 에너지 소비량

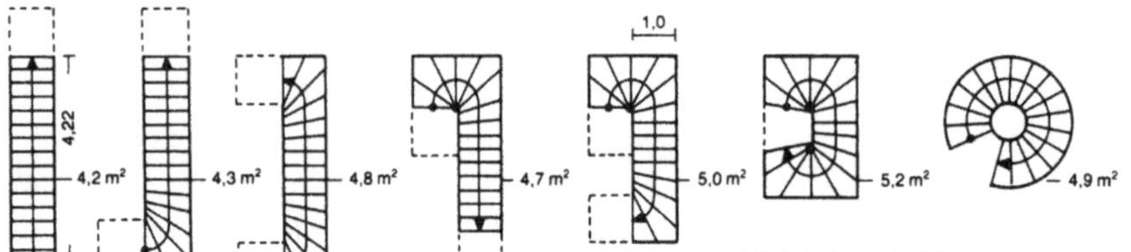

그림 5~16 : 16개의 단을 갖는 계단 17/19, 17,2/28,1, 층고 2,75m, 폭 1,0m

⑤ – ⑪ 계단참을 갖지 않는 모든 형태의 계단은 평면에서 동일한 면적으로 나타나지만, 나선 계단을 사용할 경우 한 계단이 끝나는 마지막 단에서부터 다음 계단이 시작되는 첫 단에 이르는 거리를 크게 줄일 수 있다 -> 6~10° 또는 나선 계단. 따라서 이는 다층 건물에서 선호하는 방식이다.

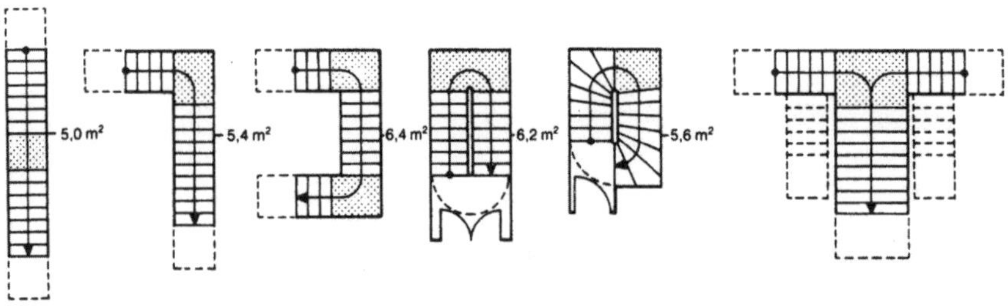

⑫ – ⑯ 하나의 단 + 층계참의 면적 - 1개의 디딤판 면적 만큼의 면적을 사용하는 계단참을 갖는계단. 계단참을 갖는 계단은 층고가 2,75m인 건물에 필수적이다. 계단참의 폭은 계단의 폭과 동일하다.

⑰ 분기점이 있는 계단 : 공사비가 높고, 실용적이지 못하며, 공간의 낭비가 크다.

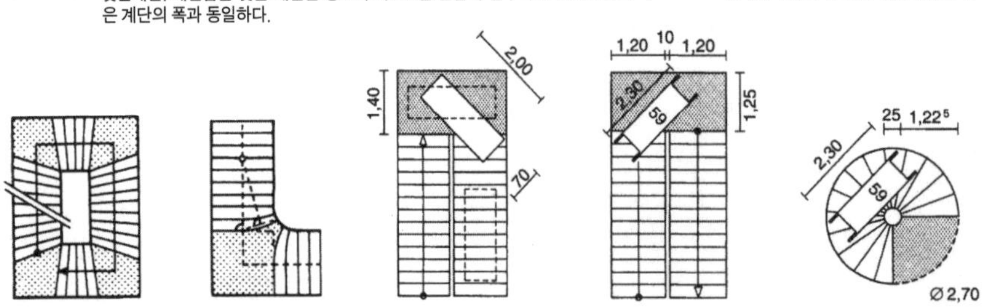

⑱ 계단을 시작하는 사선형 단과 공간을 절약하는 왜곡된 형태의 단

⑲ 폭이 좁은 계단에서 단을 구부림으로써 계단참의 폭을 줄인 형태

⑳ 가구의 운반을 위한 공간의 최소 크기

㉑ 들것의 운반을 위한 공간의 최소 크기

㉒ 나선 계단 : 들것의 운반을 위한 공간의 최소 크기

계단

DIN 18064, 18065, 4174

계단의 가능성과 접근 방식에 관한 범위는 일반적으로 주택에 사용되는 매우 다양한 형태의 계단 디자인으로부터 큰 걸음으로 오르내려야 하는 넓은 외부 계단에 이르기까지 매우 다양하다. 일반적으로 계단을 이용할 때에는 수평면을 걷을 때보다 7배의 에너지를 소모한다. 계단을 오를 때 생리학적으로 유리한 계단은 30°의 경사 또는 계단의 높이 대 깊이의 비율이 다음과 같은 것이다.

$$\frac{\text{한 개의 단의 높이 H}}{\text{한 개의 단의 깊이 T}} = \frac{17}{29}$$

계단의 높이/깊이 비율은 성인의 보폭(약 61~64cm)을 기준으로 결정된 것이다. 편하게 오르기에 알맞은 계단의 높이/깊이 비율은 다음의 공식을 통해 구할 수 있다.

2h + t = 63 (한 개의 단).

전술한 관계 이외에, 계단의 기능적이고 건축적인 목적은 계단의 치수를 정하고 디자인하는데에 있어 매우 중요하다. 이는 사전에 정한 높이로부터 정해지는 것이라기 보다는 높이를 산출하는 과정에서 정해지는 것이라고 볼 수 있다. 많은 인원이 동시에 이용하도록 설계된 외부 계단은 10cm의 단 높이(30cm의 깊이)를 주로 사용한다. 반면, 사무소 건축에 사용되는 계단 또는 피난 계단의 경우에는 좀 더 빠르게 높이를 변화시킬 필요가 있다. 피난 계단은 대피 수단으로 안전하게 사용될 수 있도록 설계되고 위치되어야 하며, 이를 위해 진입부에서 외부로의 출구에 이르기까지 연속되어야만 한다. 출구의 폭 ≥ 계단의 폭. 거주의 용도로 사용되는 공간 또는 지하층의 전부분에서부터 피난계단 또는 외부로의 출구까지의 거리가 35m를 넘어서는 안된다. 한 개 이상의 계단이 필요할 경우에는 최대한 빨리 대피할 수 있도록 적절하게 분포되어야 한다. 지하층까지 개방된 계단실의 지붕 공간은 주거시설, 업무시설, 상업시설, 저장시설의 용도로 사용되어서는 안 되며, 이와 유사한 용도의 건물의 경우에 방화 성능 T30의 자동으로 닫히는 방화문을 사용해야 한다.

그림 20 : 출처 :
Ernst Neufert, Bauentwurfslehre, Braunschweig/Wiesbaden, 2002. - 영문판 : Ernst and Peter Neufert, Architect' s Data, Oxford, 2004.

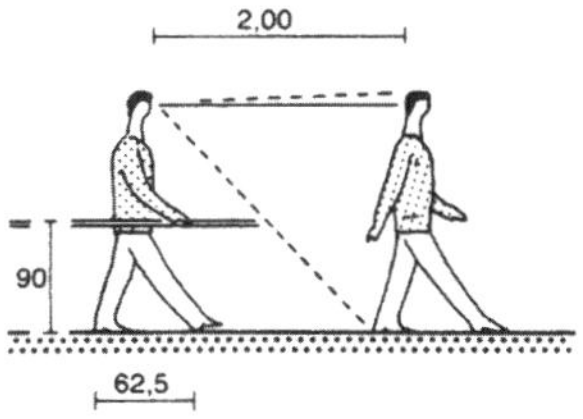

① 수평면 상에서의 성인의 보폭

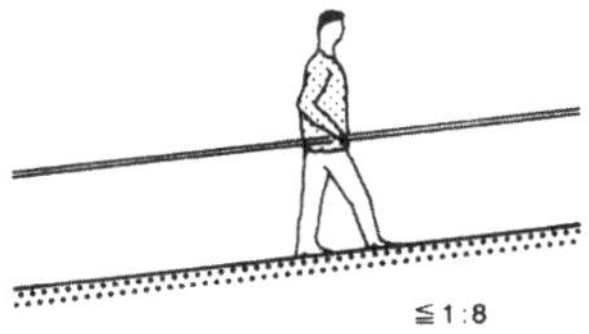

② 오르막 경사가 있는 면에서 보폭은 줄어든다. 보행이 편안한 경사도 : 1:10~1:8

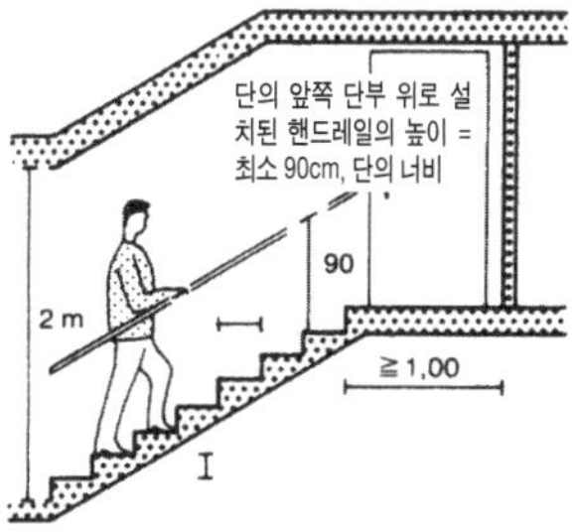

③ 단의 높이와 너비의 바람직한 비율 : 17/29, 단의 길이 = 단의 너비의 2배 + 단의 높이 = 62.5cm

④ 난간이 있는 발판 사닥다리

⑤ 표준 계단 17/29, 최대 18개의 단

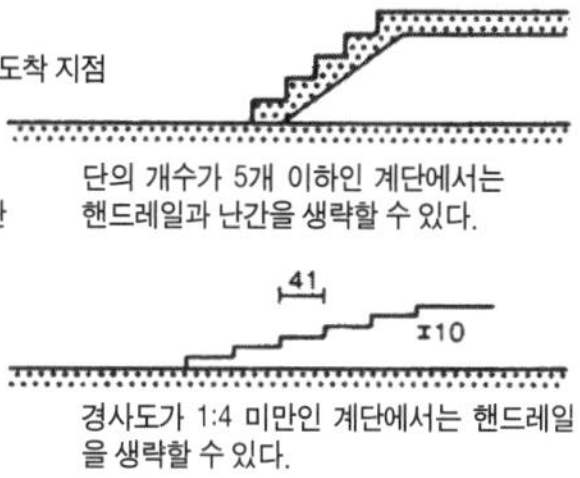

⑥ 핸드레일이 없는 계단

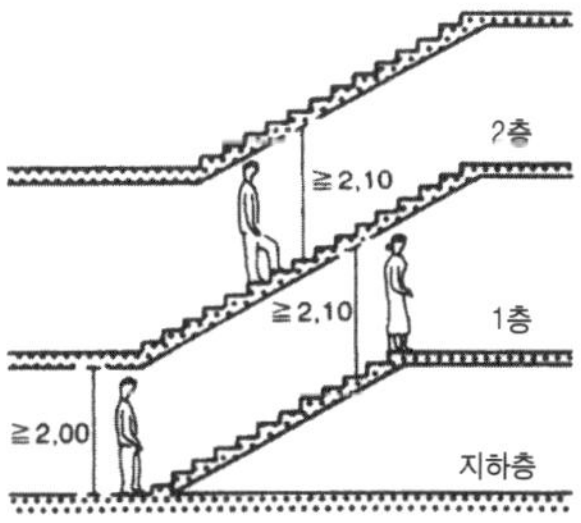

⑦ 계단을 수직적으로 적절하게 배치할 경우 공간을 절약할 수 있다.

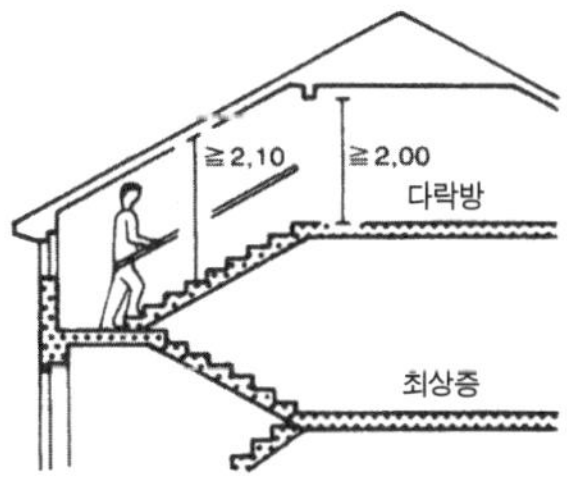

⑧ 서까래와 보가 계단과 동일한 방향으로 배치된 경우, 공간을 절약하고 값비싼 장선받이 보의 사용을 줄일 수 있다.

⑨ 지하층의 출입구와 뚜껑문은 피해야 한다. 그러나 상부층에서 이러한 요소를 조합하여 사용하는 것은 유리한 방식으로 별다른 위험이 없다.

계단

DIN 18064, 18065, 4174

계단의 디자인에 관한 규정은 건축물의 종류에 따라 다양하다. DIN 18065은 계단이 갖추어야 할 주요 성능 기준에 대해 다루고 있다.

2동 이하의 주거용 건물 : 최소 폭 0.80m , 높이/깊이 비 17/18 ; 건물 규정에 따라 피난계단으로 사용되지 않는 계단 : 0.50m, 21/21 ; 건물 규정에 따라 피난 계단으로 사용되는 계단 : 1.00m, 17/28. 고층 아파트 단지의 계단 : 폭 1.25m. 공공 건물에서 계단의 폭은 p. 466 "극장" 부분에 제시된 대피 시간을 보장할 수 있는 것이어야 한다. 계단의 길이 : ≥ 3 단, ≤ 18 단. 계단참의 길이 : 단 길이의 n 배 + 1 단의 길이 (예 : 17/29의 높이/깊이 비에 대하여 = 1 x 63 + 29 = 92 cm or 2 x 63 + 29 = 1.55 m). 계단실의 문은 법정 폭을 준수해야 한다.

정원 등에 사용되는 경사가 얕고, 오르기 편한 외부 계단은 3단마다 계단참을 추가함으로써 만들어진다. 이는 극장 또는 외부 공간에 사용되는 계단에서 오르내리는 속도를 늦추는 기능을 하며, 필요에 따라서 더 경사를 얕게 만들 수도 있다. 그러나 부수 공간으로 통하는 계단 또는 피난 계단은 경사도가 커야 한다.

그림 21 : 출처 : Ernst Neufert, *Bauentwurfslehre*

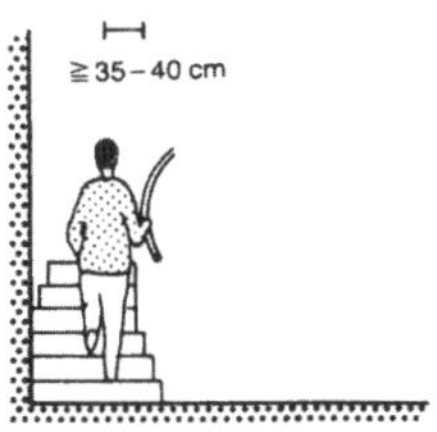

⑩ 나선 계단에서 통행하는 지점과 난간 사이의 거리는 35~40cm여야 한다.

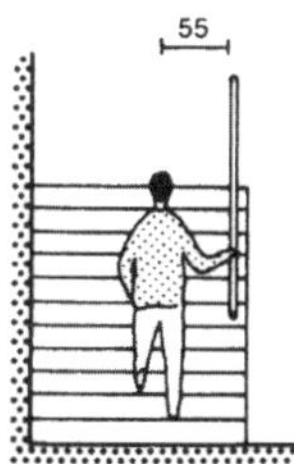

⑪ 직선 계단에서 통행하는 지점과 난간 사이의 거리는 55cm여야 한다.

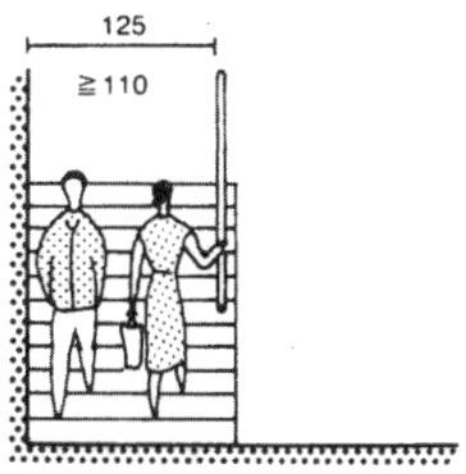

⑫ 두 명의 사람이 불편함 없이 통행할 수 있는 계단

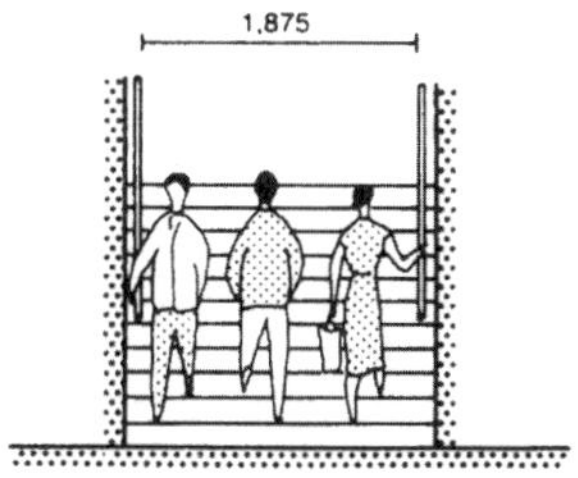

⑬ 세 명의 사람이 통행하기 위한 최소 폭

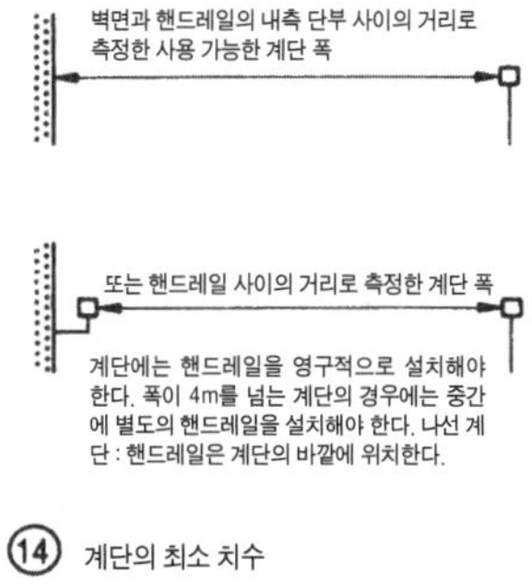

⑭ 계단의 최소 치수

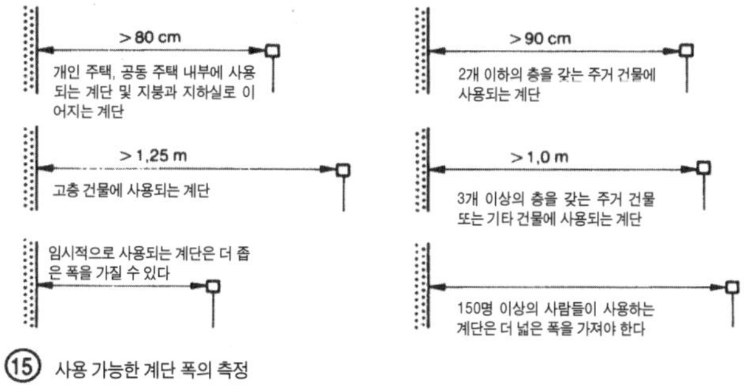

⑮ 사용 가능한 계단 폭의 측정

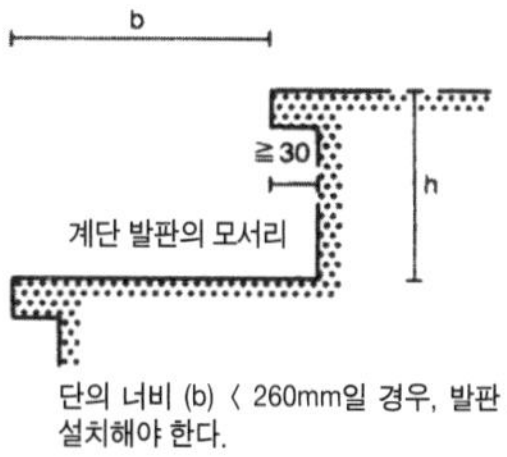

단의 너비 (b) 〈 260mm일 경우, 발판 모서리를 설치해야 한다.

⑯ 단의 높이와 너비의 비율은 하나의 계단 안에서 동일하게 유지된다.

계단의 기하학적 변화

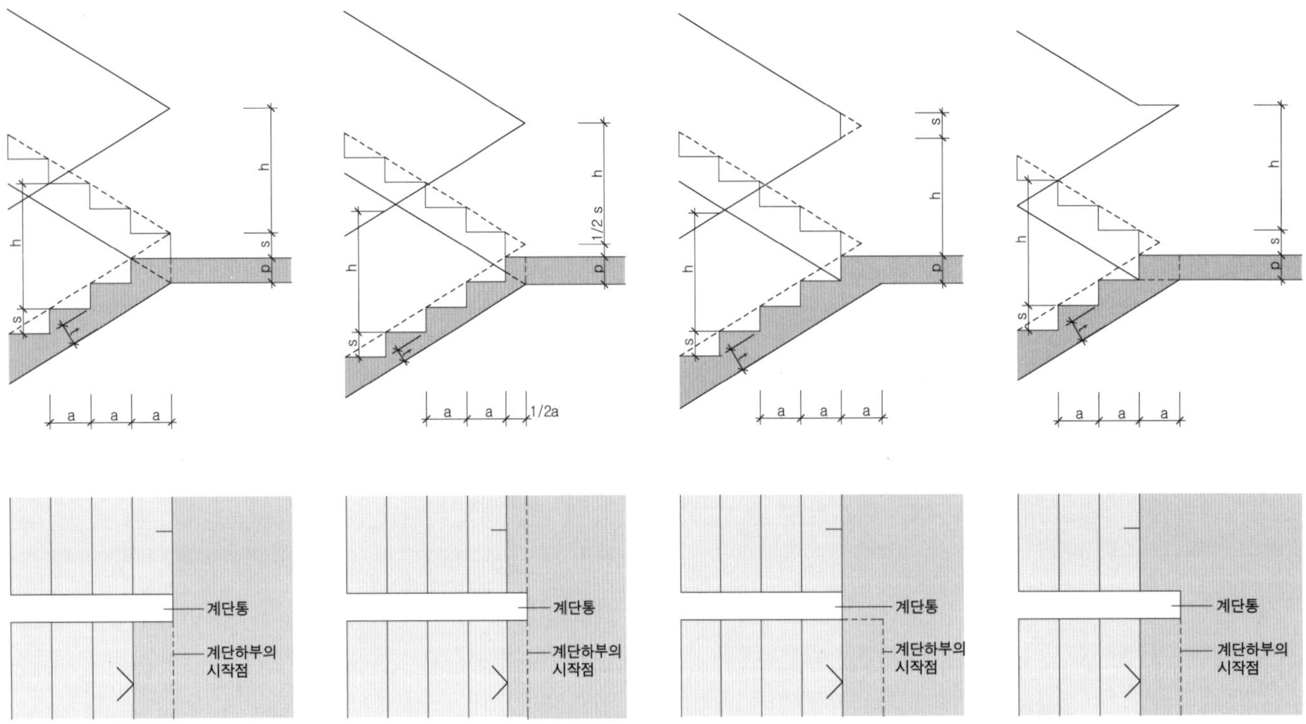

방식 1 방식 2 방식 3 방식 4

그림 22 : 여러가지 방식 (상)
a 단의 깊이
s 단의 높이
h 난간의 높이
p 계단참 슬라브의 두께
t 계단 슬라브의 두께

계단 부재의 두께, 난간의 기하학적 형태, 계단참의 기하학적 형태 간의 관계
설계자는 계단실의 설계에 있어 다양한 기하학적 관계를 고려해야 한다. 이러한 변화는 계단과 난간의 종류에 따라 다르게 나타난다. 그러므로 위에 보여지는 여러가지 방식은 보편적으로 타당한 해법이라기 보다는 단의 기하학적 형태, 난간의 기하학적 형태, 계단참과 계단에 사용된 부재의 두께 간의 전형적인 관계를 보여주는 균일한 계단의 예라고 할 수 있다.

방식 1
아래쪽 계단의 마지막 단을 계단통 방향으로 단의 깊이(a) 만큼 돌출시키며, 계단통과 계단 하부의 시작점, 난간 방향의 변화점은 모두 일직선 상에 놓이게 된다. 계단 하부 시작점의 정확한 위치는 계단 슬라브의 두께와 계단참 슬라브의 두께의 비율(p/t)에 따라 결정되지만, 이는 형태를 맞추기 위해 구조적으로 합당한 범위 내에서 조정이 가능하다. 난간 방향의 변화점은 두 난간의 교차점의 높이를 단의 높이 만큼 들어올려(h + s) 맞출 수 있다. 이 지점에는 수평 난간이 놓이게 되며 h + s의 높이에 위치된다.

방식 2
아래쪽 계단의 최상부 단과 위쪽 계단의 맨 아랫단을 계단통 방향으로 단의 깊이의 반 만큼(a/2) 돌출시키며, 계단통, 계단 하부의 시작점, 난간 방향의 변화점은 모두 일직선 상에 놓이게 된다. 이 방식에서도 계단 하부 시작점의 정확한 위치는 계단 슬라브의 두께와 계단참 슬라브의 두께의 비율(p/t)에 따라 결정된다. 반면, 난간 방향의 변화점은 단 높이의 반 만큼(h + s/2) 들어올려진다.

방식 3
아래쪽 계단의 최상부 단과 위쪽 계단의 맨 아랫단을 계단통의 끝에 정렬시키고 아래쪽 계단 하부의 시작점을 단의 깊이(a) 정도 계단참 방향으로 이동시킨다. 난간의 교차점은 단의 깊이의 반 만큼(a/2) 계단참 방향으로 이동하게 된다. 이 문제는 계단통의 폭에 맞게 곡선 난간을 사용하거나 난간을 가로 놓음으로써 해결할 수 있다.

방식 4
아래쪽 계단의 최상부 단과 위쪽 계단의 맨 아랫단을 계단통의 방향으로 단의 깊이(a) 만큼 돌출시키고, 아래쪽 계단 하부의 시작점을 계단통의 끝에 맞춘다. 이에 따라 난간은 동일한 높이를 얻기 위해 그 방향을 두 번 바꾸어야 한다.

난간과 스팬드럴 판넬

스위스 표준 SIA 358, 1996년 판에서 발췌

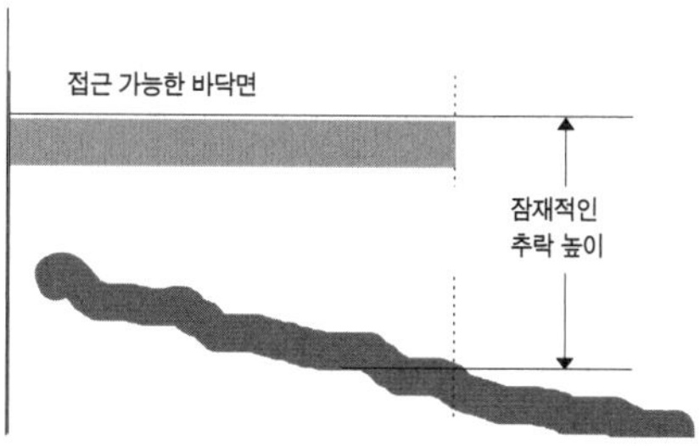

그림 23 : 사람이 추락할 수 있는 높이의 정의

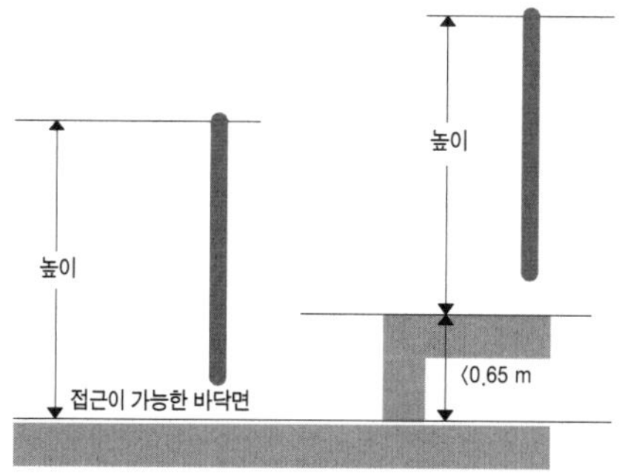

그림 25 : 안전 장치의 높이

보호의 목표

난간, 스팬드럴 판넬과 핸드레일은 높은 곳에서 낮은 곳으로 사람이 떨어지는 것을 방지하기 위한 보호 장치이다. 추락을 막기 위한 적절한 방법을 사용할 경우 위험은 충분히 낮은 수준으로 줄어들게 된다.

강도

난간, 스팬드럴 판넬, 기타 유사한 보호 장치의 설계와 시공에 있어 이러한 장치들이 예상되는 하중과 응력에 견딜 수 있도록 해야 한다. 이러한 성능 요구 조건은 보호 장치의 고정 장치와 내장 판넬에 대해서도 동일하게 적용된다.

재료

부식성 재료 또는 기후의 영향에 취약한 재료를 사용할 경우에는 반드시 적절하게 보호 및 관리해야 한다. 유리, 플라스틱, 기타 유사 재료로 만든 내장 판넬은 손상되었을 경우 부상의 위험이 있기 때문에 적절한 재료를 선택하여 이를 방지해야 한다.

안전 장치의 배치

난간과 스팬드럴 판넬

일반적인 상황에서 추락의 위험이 있는, 사람이 이용하는 모든 장치의 표면, 즉 사람이 접근할 수 있는 모든 표면은 안전 장치로 보호되어야 한다. 일반적으로 1.0m 이상의 높이에서 사람이 추락할 경우에는 위험하다고 가정한다. 여기에서 높이는 접근이 가능한 표면과 하부에 위치하는 인접한 표면의 모서리 간의 수직적인 차이를 말한다. 추락의 위험이 높다면, 이보다 더욱 낮은 높이에서도 안전 장치를 사용해야 한다. 높이가 1.5m 이상인 안전 장치는 접근 가능한 표면의 모서리에 대해 간단하게 접근을 제한할 수 있는 방법으로 식재 등을 예로 들 수 있다.

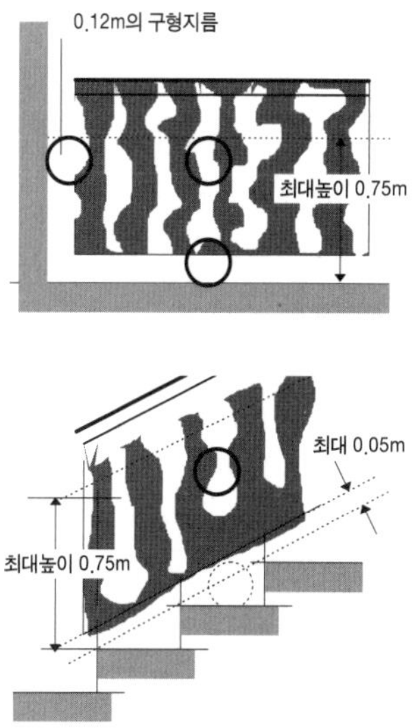

그림 24 : 안전 장치의 기하학적 형태

핸드 레일

5개 이상의 단을 갖는 계단에는 일반적으로 핸드 레일이 설치된다. 일반적으로 장애인, 노인, 환자들이 사용하는 두 단 이상의 피난 계단과 계단의 경우, 양쪽 면 모두에 핸드 레일을 설치한다.

안전 장치의 성능 요구 조건

높이

높이는 접근이 가능한 바닥면으로부터 측정하며, 계단의 경우에는 단의 앞 모서리로부터 안전장치의 정상까지의 거리이다.

스팬드럴 판넬의 경우에는 창 프레임 부재의 아래쪽 부분에 위치하는 고정장치의 정상까지의 거리를 사용한다.

접근이 가능한 바닥면에서 안전 장치 앞에 놓인 가로대, 라디에이터 등의 요소는 바닥면으로부터 0.65m 미만의 높이일 경우에만 접근이 가능하다고 판정된다. 이 경우 안전 장치의 높이는 요소의 윗쪽면으로부터 측정한다. 안전 장치의 일반적인 높이는 최소 1.0m이다. 영구적으로 사용되는 스팬드럴 판넬의 경우 최소 0.2m의 두께, 최소 0.9m의 높이여야 한다.

계단을 따라 설치된 스팬드럴 판넬과 난간의 최소 높이는 0.9m이다. 사람이 추락할 수 있는 매우높은 높이에서는 실용성(불안함과 어지러움이 생기지 않도록 해야 한다)을 위해 안전 장치의 높이를 높여야 한다.

기하학적 배치

난간, 스팬드럴 판넬, 기타 유사한 안전 장치는 이를 통과하여 사람이 추락하지 못하도록 해야 한다. 안전을 위한 최소 성능 기준은 가장 높은 위치에 있는 긴 부재로부터 높이가 반으로 줄어들 때마다 긴 부재를 배치하거나, 수직 부재를 최대 간격 0.3m로 배치하는 방식이다. 교육의 정도가 낮은 미취학 아동이 접근할 수 있는 건물의 경우에는 다음의 특수한 성능 기준을 적용해야 한다.

안전 장치에 생기는 개구부의 높이는 최대 0.75m이며, 직경이 0.12m인 구가 통과할 수 없어야 한다. 이러한 성능 기준은 안전 장치 사이에 생기는 개구부와 안전 장치와 인접한 건축 요소 사이에 생기는 개구부에도 동일하게 적용된다 (계단의 모서리와 난간 사이에 생기는 개구부는 제외된다). 계단에서 단의 앞 모서리와 난간의 거리는 0.05m를 초과하지 않아야 한다. 적절한 방법을 사용하여 안전 장치를 기어오르지 못하도록 하거나 기어오르기 힘들게 해야 한다.

승강기

그림 26 : 계단통과 분리되어 설치된 승강기
Arne Jacobsen: Sollerod Town Hall (덴마크), 1942

한 층에서 다른 층으로 사람과 화물을 수직적으로 이동하는 데에는 다른 무엇보다도 승강기가 사용된다. 이는 항상 기반 시설의 일부로 여겨진다. 승강기는 건물의 서비스 시설과 직접적으로 연결되는 것이라기 보다는 건물을 이용하는 사람들의 수직적, 수평적 동선 영역과 연결되는 것이라고 할 수 있다.

수직적, 수평적으로 확장될 수 있고 층마다 위치를 달리할 수 있는 계단과 달리, 승강기는 지지와 내화의 측면에서 수직적인 축 안에 담기게 된다. 승강기는 각각의 층으로 사람과 화물을 이어주는 동선을 형성하며, 이러한 점에서 계단과 인접한 장소에 위치하게 되는데 무엇보다도 쉽게 설치할 수 있는 장소에 위치되어야 한다.

승강기에 대한 성능 요구 조건은 근본적으로 건물의 용도와 기능에 따라 결정된다. 승강기는 통행자를 위한 승강기와 화물 승강기로 구분된다. 그러나 구매자들의 요구 조건과 기술적인 발전에 따라 승강기의 종류에 대한 경계는 유동적인 것이 되었다.

ISO 4190는 휠체어를 탄 사람도 이용할 수 있도록 승강기의 바닥 면이 최소 1.40 x 1.10 m (깊이 x 폭)여야 하며, 문의 폭이 최소 0.80m여야 한다고 명시하고 있다. 모든 승강기 제조 업체에서 생산되는 승강기의 표준 모델은 최대 8명, 최소 630kg을 운반할 수 있는 크기와 내력 성능을 갖추어야 한다. 이는 대부분의 휠체어에 충분한 공간을 제공함은 물론 2명을 더 태울 수 있는 치수이다. 승강기 문 앞의 공간은 승강기를 기다리는 사람들에게 충분한 공간을 제공할 수 있어야 한다. 로비의 최소 크기로는 1.40 x 1.40 m가 바람직하다.

그림 27 : 다양한 크기의 승강기와 샤프트 ; 출처 : AS Lifts AG

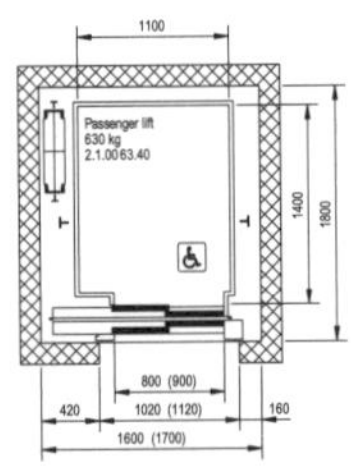

승용 승강기, 소형, 1면 개방형

- 주거 시설, 업무 시설
- 내력 성능 : 630kg
- 최대 8명 탑승 가능, 대부분의 휠체어와 유모차에 적합한 표준형
- 1면 개방 = 최소 샤프트 치수
- 2개의 판넬이 측면으로 열리는 슬라이딩 도어

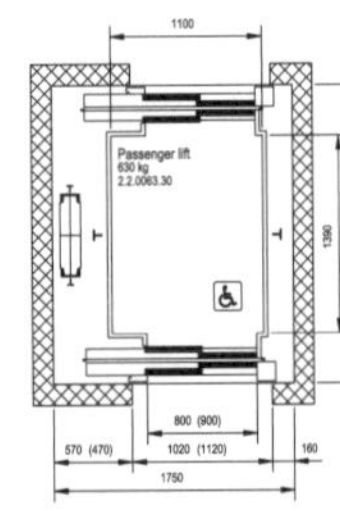

승용 승강기, 소형, 2면 개방형

- 주거 시설, 업무 시설
- 내력 성능 : 630kg
- 최대 8명 탑승 가능, 대부분의 휠체어와 유모차에 적합한 표준형
- 2면 개방 = 더 깊은 샤프트 필요
- 2개의 판넬이 측면으로 열리는 슬라이딩 도어

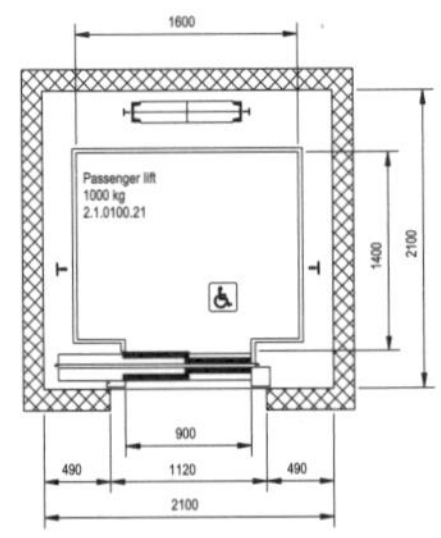

승용 승강기, 중형, 1면 개방형

- 업무 시설
- 내력 성능 : 1000kg
- 최대 13명 탑승 가능, 휠체어 탑승 가능
- 폭이 넓은 승강기가 주로 사용된다
- 1면 개방
- 2개의 판넬이 측면으로 열리는 슬라이딩 도어

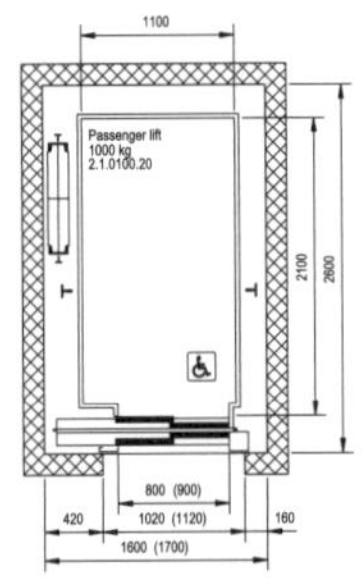

승용 승강기, 중형, 1면 개방형

- 주거시설, 업무 시설
- 내력 성능 : 1000kg
- 최대 13명 탑승 가능, 휠체어 및 들것 탑승 가능
- 깊이가 깊은 승강기를 사용하면 손쉽게 가구를 운반할 수 있다
- 1면 개방
- 2개의 판넬이 측면으로 열리는 슬라이딩 도어

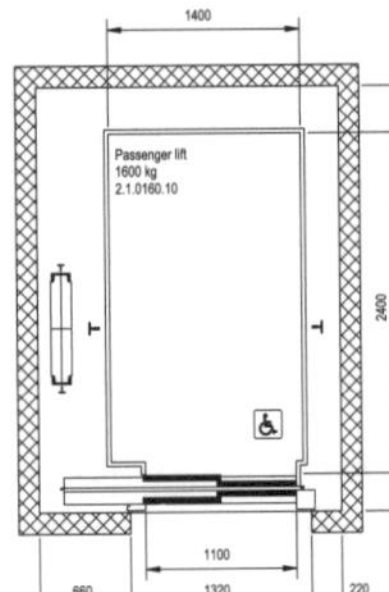

승용 및 화물용 승강기, 대형, 1면 개방형

- 업무 시설, 산업 시설, 백화점
- 내력 성능 : 1600kg
- 최대 21명 탑승 가능, 팰릿 탑승 가능
- 1면 개방
- 2개의 판넬이 측면으로 열리는 슬라이딩 도어

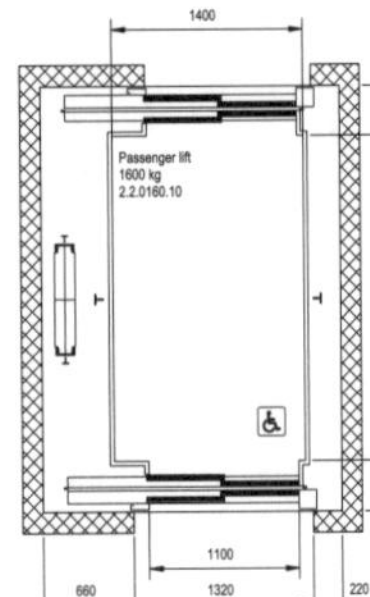

승용 및 화물용 승강기, 대형, 2면 개방형

- 업무 시설, 산업 시설, 백화점
- 내력 성능 : 1600kg
- 최대 21명 탑승 가능, 팰릿 탑승 가능
- 2면 개방 = 샤프트의 치수를 유지하고 승강기의 치수를 줄인다
- 2개의 판넬이 측면으로 열리는 슬라이딩 도어

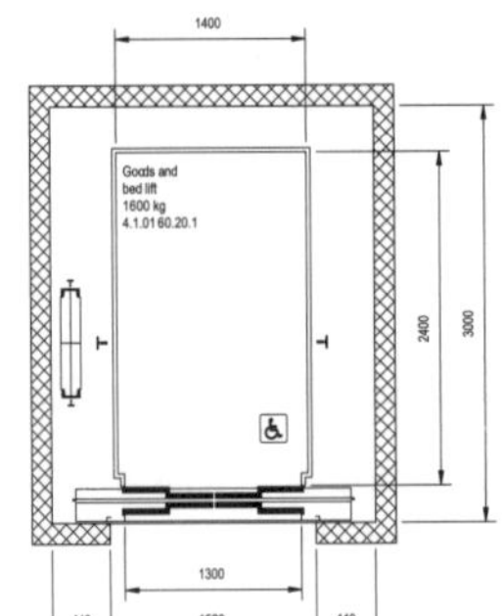

병상용 및 화물용 승강기, 대형, 1면 개방형

- 병원, 산업 시설, 백화점
- 내력 성능 : 1600kg
- 최대 21명 탑승 가능, 팰릿 및 병상 탑승 가능
- 1면 개방
- 4개의 판넬이 중앙에서 열리는 슬라이딩 도어

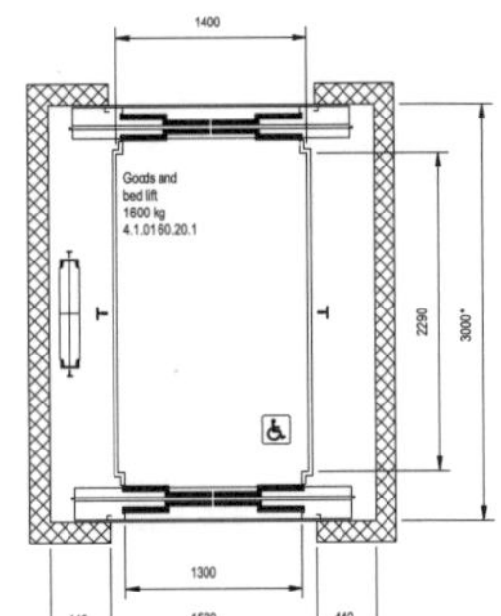

병상용 및 화물용 승강기, 대형, 2면 개방형

- 병원, 산업 시설, 백화점
- 내력 성능 : 1600kg
- 최대 21명 탑승 가능, 팰릿 및 병상 탑승 가능
- 2면 개방 = 샤프트의 치수를 유지하고 승강기의 치수를 줄인다
- 4개의 판넬이 중앙에서 열리는 슬라이딩 도어

승강기 운행 시스템

세 가지 방식의 승강기 운행 시스템을 다루기로 한다. 이는 현재 전형적으로 사용되는 방식들이다. 기본적으로, 와이어 로프와 평형추를 사용하는 전기기계식 승강기와 펌프와 피스톤을 사용하는 전기수력식 승강기로 구분할 수 있다.

로프에 의해 조작되는 단순한 승강기는 오늘날 널리 사용되고 있다. 다양한 기어의 비율을 통해 구동 전원을 낮추거나 더 무거운 화물을 들어올릴 수 있다. 이에 따라 운행 속도는 다양하게 나타난다. 단순한 운행 시스템을 사용한다는 점에서 이 방식은 고층 건물에 이상적이다.

전기수력식 승강기는 제한적인 운행 속도와 운행 높이를 가지며, 이는 펌프의 최대 압력에 따라 결정된다. 이 승강기는 낮은 건물에 유용하다. 구동장치를 샤프트 주변 어디에든 설치할 수 있다는 장점이 있다.

혼성식 운행 시스템은 상부의 헤드 룸과 샤프트 하부의 승강기 피트의 디자인은 물론 구동 장치의 성능과 위치에도 영향을 미치며, 다양한 제품을 사용할 수 있다.

그림 28 : 동일한 크기의 승강기에 대해 서로 다른 샤프트의 형상을 보여주는 세 가지 구동 방식 ; 출처 : AS Lifts AG

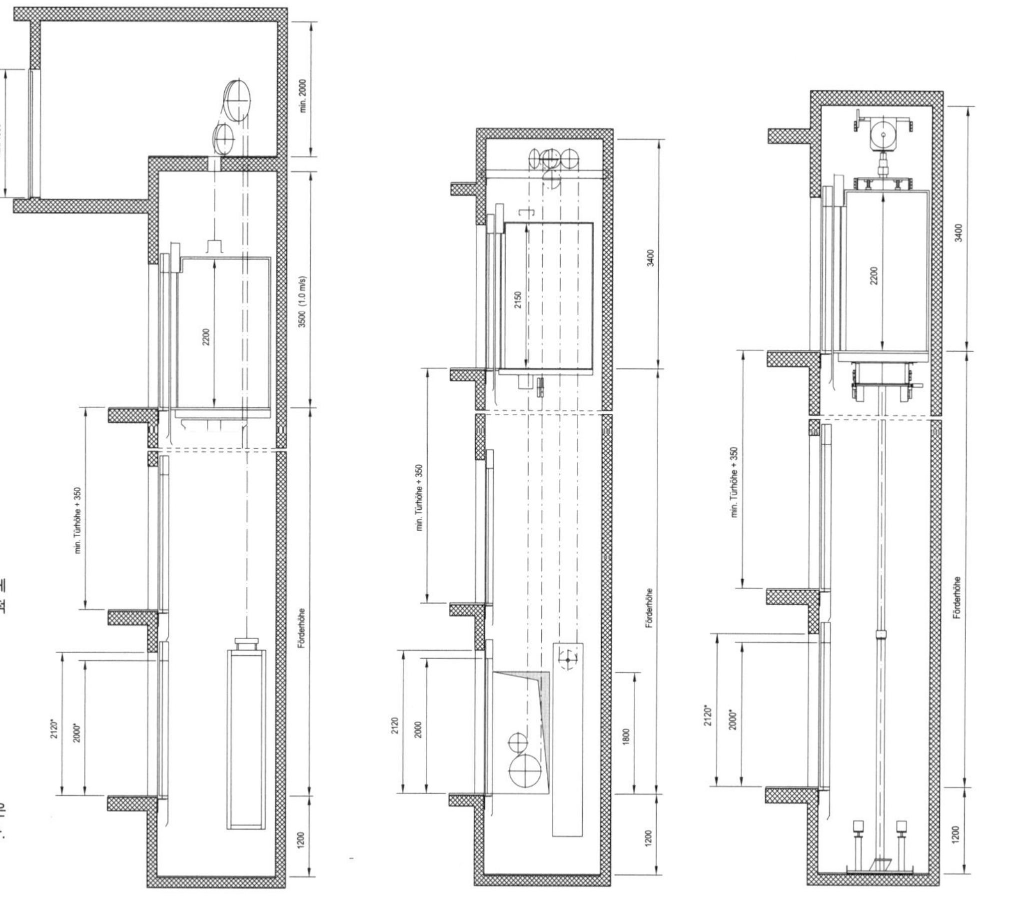

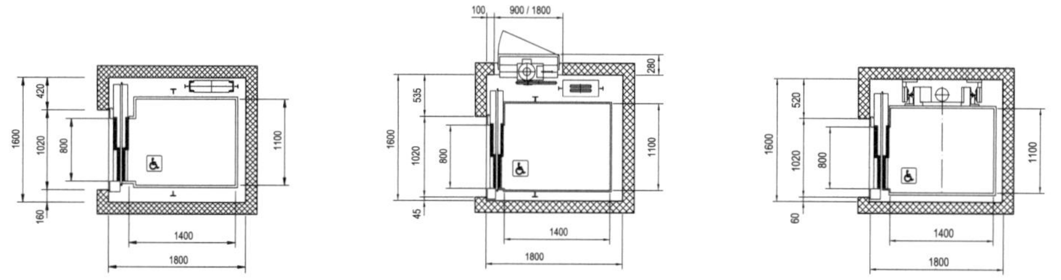

전기기계식 단순 로프 구동 승강기
구동장치는 승강기 샤프트의 바로 위 또는 바닥 측면에 위치하는 별도의 기계실에 설치된다. 내력 성능은 약 1600kg으로, 더 무거운 화물을 싣기 위해서는 기어의 비율(최대 4:1)을 늘려야 한다.
- 기어 비율 1:1, 중앙 구동식
- 운행 높이 최대 30 m 정도
- 운행 속도 최대 2.0 m/s

전기기계식 기어 사용 로프 구동 승강기
구동장치는 승강기 샤프트 내에 설치되며, 별도의 문을 통해 쉽게 외부에서 접근할 수 있다. 따라서 지붕 높이 또는 그 위에 설치되는 승강기 기계실이 일반적으로 불필요하다. 제조업체에 따라 구동장치가 샤프트의 꼭대기에 위치하거나 승강기 자체에 설치될 수도 있다.
- 기어 비율 4:1, 측면 구동식
- 운행 높이 최대 15m 정도(5층)
- 운행 속도 최대 1.0 m/s

전기수력식 캔틸레버 방식 승강기
수력식 구동장치는 샤프트로부터 약 10m의 범위 내에서 별도의 기계실에 담아 자유롭게 설치될 수 있다. 승강기에 인접하게 설치되는 피스톤을 사용하기 때문에 최대 3면을 개방할 수 있다. 적어도 1개의 내력 샤프트 벽이 필요하다.
- 기어 비율 2:1, 측면 구동식
- 운행 높이 최대 18m 정도
- 운행 속도 최대 0.6 m/s

그림 29. 승강기 문

2장의 판넬이 옆으로 열리는 슬라이딩 도어
판넬은 한쪽 면에 끼워 맞춰지며 샤프트의 폭에 영향을 미친다. 이 방식은 개구부가 좁은 일반적인 승강기에 적합하다.

4장의 판넬이 중앙에서 열리는 슬라이딩 도어
판넬은 양쪽 면에 끼워 넣어진다. 샤프트의 폭은 기본적으로 문이 아닌 구동방식에 의해 결정된다.

6장의 판넬이 중앙에서 열리는 슬라이딩 도어
판넬은 양쪽 면에 끼워 넣어지며, 개방되었을 때 속으로 깊게 들어가지 않는다. 이 방식은 넓은 개구부를 필요로 하는 승강기에 적합하다 (예 : 병원, 산업 시설).

2장의 판넬이 중앙에서 열리는 슬라이딩 도어
판넬은 양쪽 면에 끼워 넣어지며, 개방되었을 때 속으로 깊이 들어간다는 점에서 샤프트의 폭에 결정적인 영향을 미친다. 이 방식은 승객이 빠르게 하차할 수 있도록 넓은 개구부를 필요로 하는 승강기에 적합하다 (예 : 고층 업무시설).

단순 지지보의 조립물로써의 계단실

Burkard, Meyer & Partner: Services centre in Winterthur (스위스), 1999

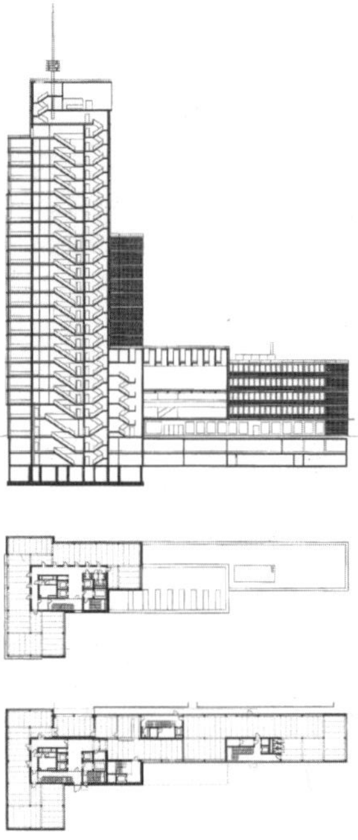

그림 30 & 31 : 단면도 및 평면도

그림 32 : 계단실
Burkhard Meyer & Partner: Service centre, Winterthur (스위스), 1999

이 고층 건물의 진입 타워에서 주로 단일한 계단의 조합으로 이루어진 계단실은 층고가 4.5m에 달하는 각 층을 연결한다. 이로 인해 사전 성형된, 고형식의 어두운 재가공 석재로 만든 각각의 계단은 큰 스팬을 갖는다.

이 재가공 석재의 내력 성능은 일반적인 콘크리트보다 낮기 때문에 계단의 내력 기능을 위해 4개의 프리캐스트 콘크리트 부재가 사용되었다. 이는 지지체 사이를 연결하는 주보로써 기능한다. 이 중 하나는 일반적인 다운스탠드 보의 형태이며, 나머지는 깊은 보의 형태로 동시에 난간의 기능을 하기도 한다. 각 보의 단부에는 2개의 지지 부재(단면이 L자형인 부재)가 추가되었다. 재가공 석재로 만든 계단 부재는 이 내력 부재 위에 위치되며, 네오프렌 패드를 사용하여 소음이 내력 부재에 전달되지 않도록 했다. 프리캐스트 부재의 수직성, 물질적인 느낌과 정밀함이 계단실의 느낌을 결정짓는다.

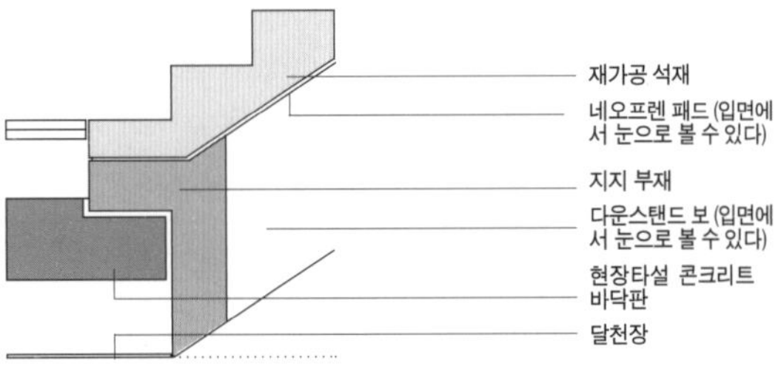

그림 33 : 지지체 상세

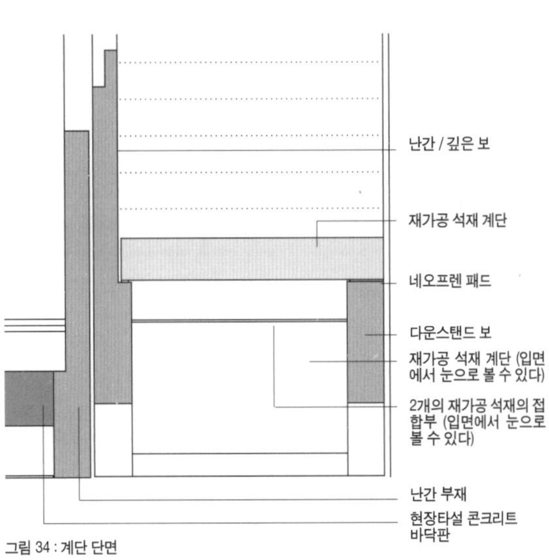

그림 34 : 계단 단면

그림 35 : 계단실 단면

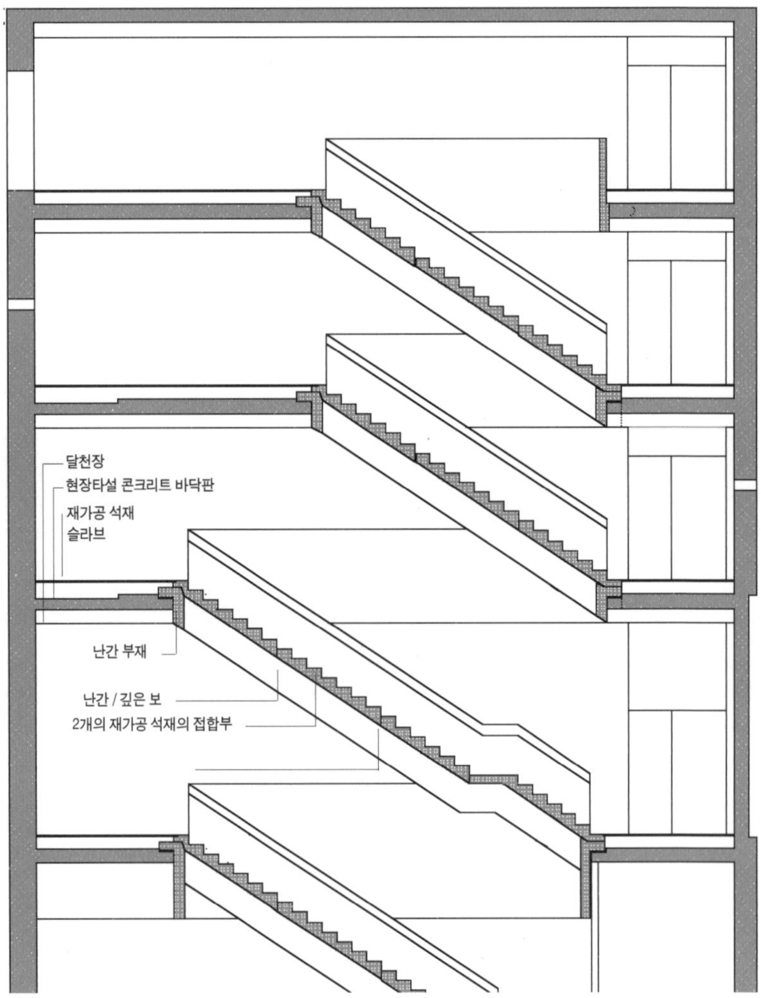

균일하고 유기적인 형태로써의 계단실

Herzog & de Meuron: Kuppersmuhle Museum in Duisburg (독일), 1999

그림 36 : 유기적으로 보이는 계단통

그림 37 : 어떠한 접합부도 보이지 않는다

표현적으로 디자인된 수직 구조물로써, 5각형의 외부 계단탑은 산업시설로 사용되었던 건물을 전시공간으로 바꾼 이 건물의 현대적인 건축 어휘와 대조적인 면모를 보인다.

돌출된 노출콘크리트 계단은 각진 외벽 사이에서 감겨 올라가며 유기적으로 보이는 계단통을 형성한다. 이 공간은 수차례의 콘크리트 타설에 따른 줄눈을 보이지 않게 처리함으로써 더욱 균일한 느낌을 얻고 있다.

콘크리트 외벽은 콘크리트 난간과 계단을 성형하기 전에 단 한 차례의 타설 작업을 통해 먼저 만들어 졌다. 이에 따라 계단의 단면은 L자형으로 성형되었다. 그러나 이는 삽입 진동기를 90도 정도의 각도로 집어넣을 수 없다는 점에서 다짐 작업을 매우 어렵게 했다. 이로 인해 거칠어진 표면, 즉 계단과 바닥판은 이 후 유사하게 균일한 테라초로 마감되었다. 수직 합판은 난간을 위한 거푸집으로 사용되었으며, 하부 거푸집을 위해 사용된 합판은 4층에 걸쳐 굽이쳐 흐르는 계단에서 시공 줄눈을 가릴 수 있게 했다. 난간의 상부는 차후에 마감 처리를 거쳐야 하는 유일한 표면이었다.

모든 노출콘크리트 부재는 적갈색으로 착색되어 기존 건물의 벽돌 색을 반영한다. 테라초 마감 역시 같은 색을 사용함으로써 단색으로 이루어지게 된 공간을 통해 구조물의 균일성을 높이고 있다.

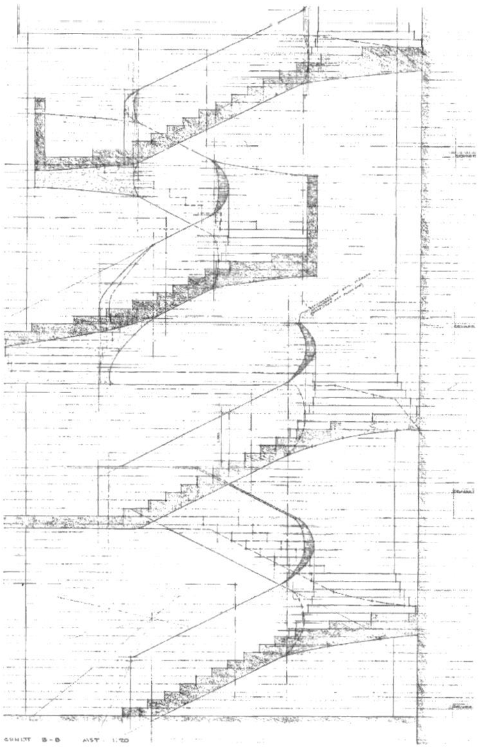

그림 38 : 단면도

그림 39 : 1층, 2층, 3층 평면도

스페이스 프레임으로써의 계단

Otto Rudolf Salvisberg: District heating power station, ETH Zurich (스위스), 1935

그림 40 : 계단의 모습

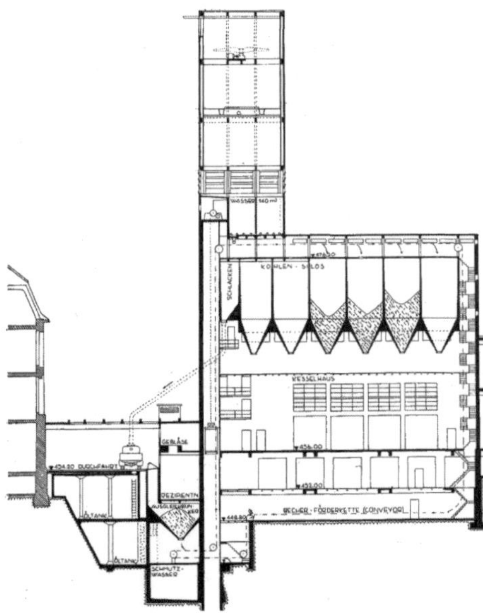

그림 44 : 화력소 단면도

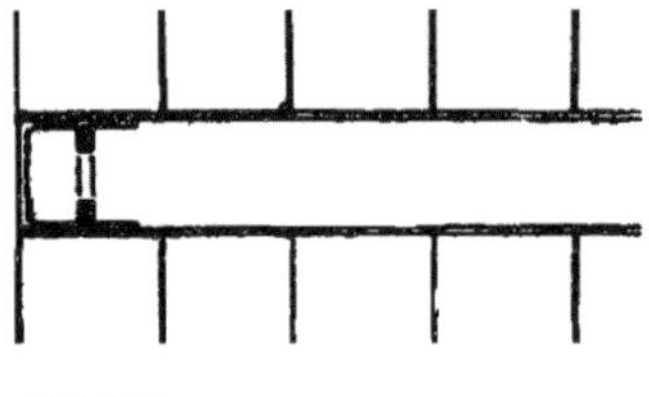

그림 41 : 계단통 상세도

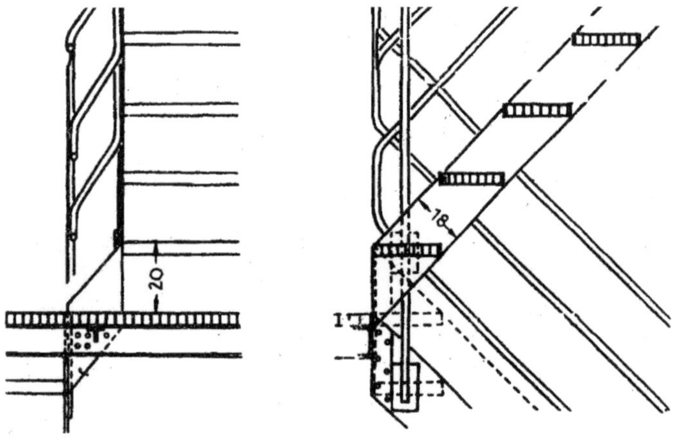

그림 42 : 계단/계단참 접합부 상세도

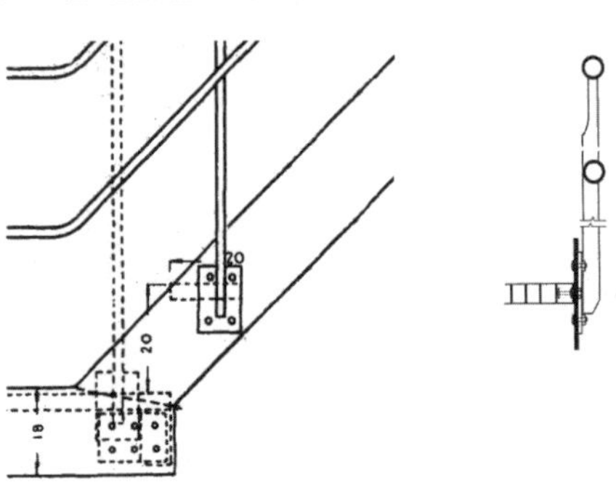

그림 43 : 외측 띠와 계단참의 연결 상세도

격자 계단참과 디딤판으로 만들어진 2개의 "투명한" 철제 계단실은 화력소 내에 위치하고 있다. 이 계단들은 고형식 콘크리트 벽과 사일로 깔대기로 둘러싸인 길게 뻗은 내부 공간에 질감을 부여하고 있으며, 어떠한 공간도 차지하지 않는다.

모서리에 위치하고 있는 이 3차원 구조물은 지그재그 형태를 이루며 사일로에 재료를 담는 까마득한 높이까지 뻗어 있다. 사일로 깔대기의 개구부 아래의 철제 보와 격자 바닥 판넬은 내부 공간을 가로지는 "투명한" 중층을 형성하며 인부가 사일로 배출구에 접근할 수 있게 한다.

18cm 깊이의 철제 띠는 계단과 계단참의 주요 내력 부재로 사용되었다. 이는 콘크리트 벽에 직접볼트로 연결된다. 계단참에 사용된 계단 띠는 가로 방향의 경사도를 변화시키지 않으며 변화 없이 계단통을 따라 나선형으로 휘어지고 있다. 이는 계단참에서 일어나는 변화의 기하학적 형태를 규정하며, 전체적으로 봤을 때 자유롭게 용접된 외측 띠가 그럼에도 불구하고 내측 띠의 상세와 조화를 이루며 보충할 수 있도록 한다. 격자 바닥판으로 만든 디딤판은 띠 사이에 어떠한 기타 내력 부재도 없이 직접 볼트로 연결되며, 이에 따라 배경에 흡수된다. 철제 평판과 고정 플레이트는 난간의 튜브형 수직 부재를 띠에 연결한다. 튜브형 난간과 중간에 위치하는 핸드 레일이 콘크리트 벽과 접촉하는 부분에서 난간은 볼트를 이용하여 간단히 벽에 직접 연결된다.

구조물의 "가벼운 중량"은 물론, 구조물의 단순한 형태, 계단 부재와 벽의 직접 연결은 계단이 스페이스 프레임의 느낌을 갖게 하는데에 있어 중요한 역할을 하고 있다.

고형식 목조 건축으로써의 계단실

Conradin Clavuot: School in St Peter (스위스), 1998

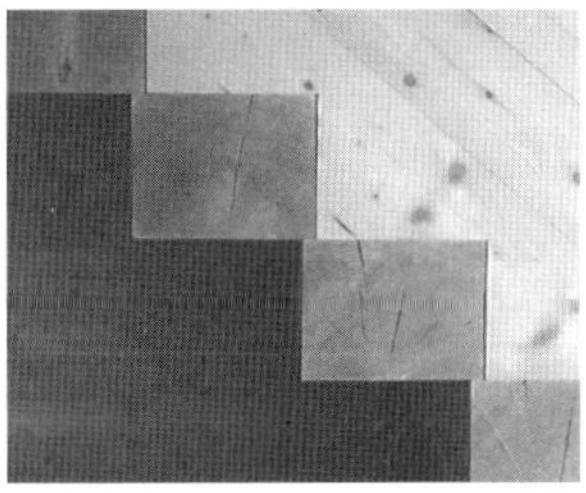

그림 45 : 단의 모서리

그림 46 : 계단의 모습

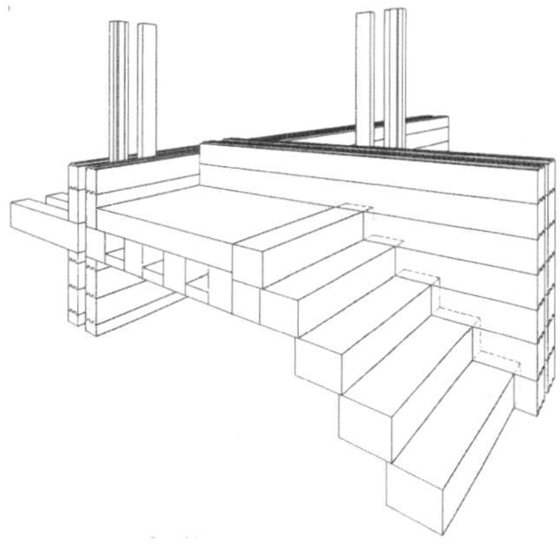

그림 49 : 투시도

School in St Peter의 내부 공간은 통나무 구조로 사용된 소나무 보의 재료적인 존재성으로 결정지어진다. 계단실의 디자인은 자연스럽게 이러한 건축적 컨셉과 융합된다. 미처리 목제 보로 만든 단은 고형식 목조 벽의 모듈을 따르는 듯이 보이며, 벽과 난간 사이를 가로지른다. 초기 도면(그림 49 참조)에서 단은 벽 안으로 파고 들어가는 모습을 보이지만, 전단벽 중 하나인 고형식 목조 벽에 단을 삽입할 경우 구조적인 거동이 방해를 받는다는 점 때문에 실제 현장에서는 다르게 적용되었다. 이에 따라 벽 쪽 면의 지지부는 장부촉이음(mortise and tenon joint)으로 연결되었으며, 안전성을 강화하기 위해 벽에서 먼 쪽의 면은 금속 볼트를 사용하여 고정되었다(그림 48 참조). 단은 볼트를 이용하여 고형식 목조 부재로 만든 난간에 매달리게 되었으며(가짜 장부촉이음으로 감춰지고 있다), 난간은 바닥판 사이의 거리에 걸쳐 형성되었다. 난간을 이루는 각각의 부재는 여러 개의 나사 모양의 봉에 의해 연결되고 있으며, 이에 따라 난간은 깊은 보로써 기능하고 바닥판 사이의 거리 전체에 걸쳐 형성될 수 있었다.

고형식 목재는 수축되기 때문에 구조물이 지어지고 1년 동안 침하했다. 이 학교 건물에서 각 층의 침하량은 10cm에 달한다. 이는 바닥판 사이에 놓인 난간에 대해 약간의(계산된) 회전적인 움직임으로 작용했다. 부재의 침하에 따라 두 지지체가 서로 다른 거동을 받게 되어 단에 있어서도 차례차례 약간의 뒤틀림이 발생하게 되었다. 이러한 점과 계단실을 구성하는 각각의 요소 간의 작용은 각각의 목조 부재 사이에 작지만 인식할 수 있는 틈을 만들었다. 그러나 이는 구조물 전체의 느낌을 저해하는 것은 아니다. 고형식 부재의 가공되지 않은 우아한 느낌은 이러한 결점을 쉽게 덮어버렸다. 사실 이는 계단의 표현적인 느낌을 오히려 강조하기도 한다.

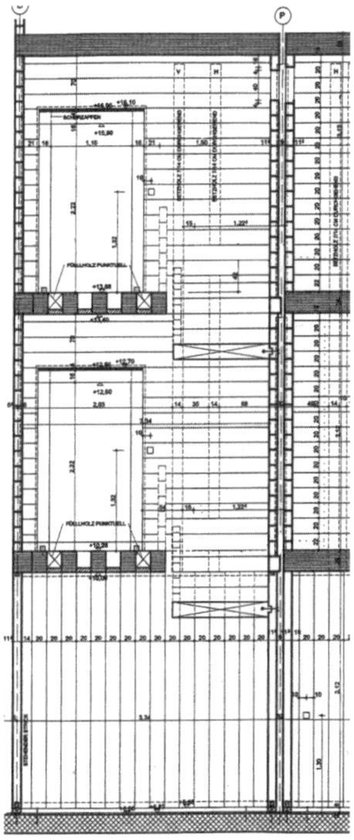

그림 47 : 단면도

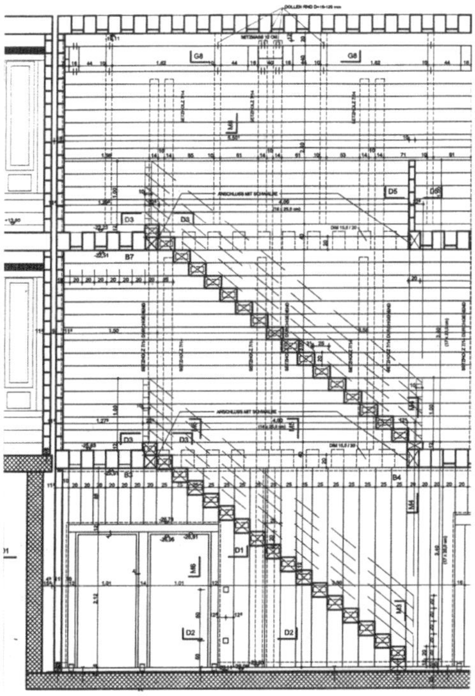

그림 48 : 종단면도

구조
STRUCTURES

	시공 형태	건물의 에너지, 성능
Introduction	공간의 수평적, 수직적 전개를 분류하려는 시도	유지 가능성 - 건축의 근본
개념	고형식 건축에서의 수직적 내력 구조체 - 단면 개념 고형식 건축에서의 수직적 내력 구조체 - 평면 개념 고형식 건축에서의 수직적 내력 구조체 - 압축구조 : 아치와 배럴 볼트 고형식 건축에서의 수직적 내력 구조체 - 압축구조 : 돔	열 유동과 증기 확산의 문제 보호층 - 단열층 단열 방식 - 상호보완적인 시스템 - 내력층이 내부에 위치하는 방식 단열 방식 - 상호보완적인 시스템 - 내력층이 외부에 위치하는 방식 에너지 절감형 주택의 설계를 위한 7가지 규칙
사례	중량 매스와 눈으로 보이는 중량감 Ksar Ferich - 튀니지 남부의 요새화된 창고 조각된 건축물 - 스코틀랜느 타워 하우스	낮은 수준의 기술 - 높은 수준의 구축술
프로세스	프로젝트 진행에 따른 업무 준비 사항 건축 공정	
시스템	구획에 의한 구조 벽식 구조 골조 구조 기둥 - 보 구조 단층 격납고 구조	
건축물에서의 시스템	사전 제작 - 시스템 빌딩	

공간의 수평적, 수직적 전개를 분류하려는 시도

Andrea Deplazes, Christoph Wieser

건축가의 일이란 사실 무한한 공간에서 일부를 구분하여 이를 어떠한 틀 안에 가둬 놓는 것이다. 이러한 구분된 틀의 가장 기초적인 형태라고 할 수 있는 간단한 격실(인간의 은신처에 있어 가장 근본적인 형태라 할 수 있다)은 앞으로 우리가 다룰 내용의 출발점이 된다. 하나의 공간을 수평적으로 또는 수직적으로 전개하여 복합적인 공간의 집합체로 만들기 위해서는 어떠한 원리를 적용해야 하는가? 그리고 이 과정에서, 결과물인 건물의 구조체를 어떻게 바꿀 수 있는가?

실재적이면서도 추상적인 관점에서, 공간에서 구조를 전개해 나가야 한다(또는 이와 반대 방향). 이 목적을 위해 신중하게 단순화시킨 가상의 모델은 임시적인 분류를 확립시키는데, 이러한 분류 체계는 몇몇 실제 사례를 통해 더욱 강화되어 올바른 관성을 형성하게 될 것이다. 이는 여기에서 제안된 공간의 확장 방식이 보편적으로 모든 상황에 적용할 수 있는 것이 아니며, 오늘날에는 보다 복잡한 형태와 다양한 종류의 혼성적인 형태들이 널리 사용되고 있기 때문이다.

그림 1 : Palladio 사후에 그려진 단면도 , 1570
Pantheon, Rome (이탈리아), 118-128 AD

수평적 공간 전개

단순하게 설명하기 위해 원시적인 격실, 즉 4 x 4m 크기에 2~3m의 높이를 갖는 정방형 오두막을 생각해 보기로 하자. 이 공간의 유효 규모는 달팽이의 껍데기와 반대로 공간의 용도에 의해 주로 결정되며, 유추할 수는 있을지라도 인체의 치수가 공간의 크기를 직접 결정짓는 것은 아니다. 왜냐하면 건축적인 형태와 인체의 생리 기능 간에는 직접적인 발생요인이 없기 때문이다. 그러나 형태란 "저절로 나타나는 것"이 아니다. 재료

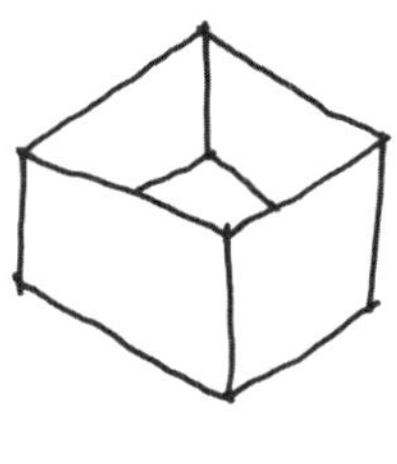

적, 구조적, 문화적, 사회적인 요소 이외에도 사용자의 팔의 행동 반경과 사용자의 힘 같은 요소들 또한, 재료 등의 요소들이 원시적인 오두막 또는 천막의 최종적인 치수를 결정하는 데에 동일하게 중요한 요소로 작용한다.

하나의 방을 갖는 주거 모델에서 출발하여 수평적으로 공간을 전개하는 방법은 a) 공간의 볼륨을 증가시키거나, b) 격실의 수를 늘리고 이를 서로 연결시키는 두 가지 기본적인 방식으로 분류된다.

그림 2 : 배열 방식의 모듈화와 부재 길이의 표준화를 통한 가구식 내력 구조체
Konrad Wachsmann : 3차원 스페이스 프레임 모델

방에서 홀로

각각의 격실의 크기를 늘리려는 데에는 여러가지 이유가 있다. 가장 근본적이고도 명료한 이유 중 하나는 축제 또는 기타 용도를 위해 집단이 집회에 적합한 공간을 필요로 하는 경우이다. 그러나 공간의 볼륨을 늘리게 되면, 지붕의 구조적 깊이와 벽의 두께 등 구조적인 측면에서 연관된 부분의 크기도 함께 늘어나게 된다. 그러나 이러한 방법은 단지 재료의 내력 성능이 허용할 수 있는 일정 범위 내에서만 가능하며, 시공법의 변경을 의미한다. 전체적인 볼륨을 늘림으로써 내부 공간을 확장할 수 있기는 하지만(한 가족을 위한 생활 공간을 마을 전체가 사용하는 집회 홀로 변경할 수 있다), 구조적인 관점에서 서로 이해 상충적인 문제가 발생하게 된다. 더 큰 경간을 얻기 위해

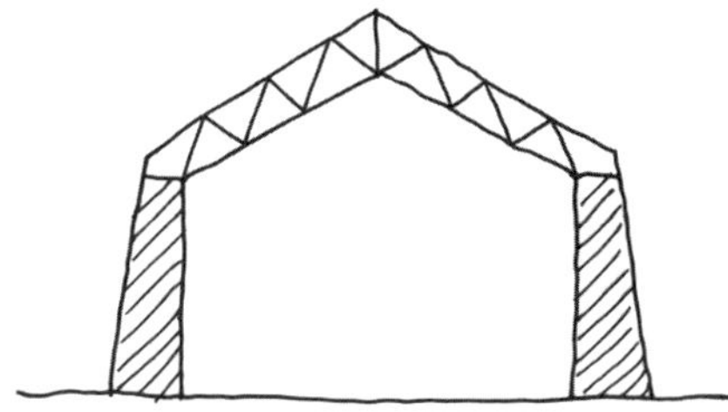

서는 더 많은 재료를 사용해야 하며 이는 구조물의 자중을 증가시킴으로써 내력 구조 시스템의 복잡함을 의미하며 결과적으로 최대 가능한 경간길이에 영향을 준다.

재료의 물성에 따라 내력 구조체는 "유효 단면" 또는 "유효 형상"을 갖도록 설계될 수 있다. 여기에서 주목할 만한 부분은 구조 공학적인 관점에서 기술적인 개념에 대한 이해가 아닌, 건축적 구조의 측면에서 이들이 수행하는 기능에 대한 관점이다. 유효 단면으로 시공된 구조물에서는 명시되지 않은 부재가 힘을 받음으로 구조적으로 유효하지 않은 영역이 생김으로 부재가 필요이상으로 커지거나, 관련된 단면이 보편화된다. 그러므로 자중을 줄이기 위해 경량 재료를 종종 사용하기도 한다. 일례로, 로마의 Pantheon (118, 128 AD)의 원형 돔은 정상으로 갈수록 더 가벼운 콘크리트 배합물을 사용하여 만들어진 것이다.

반면 Pantheon의 돔은, 구조 쉘의 두께를 줄이고 부분적으로 유효 형상을 갖는 최적화된 내력 구조체를 사용한 좋은 사례이다. 이러한 구조 시스템에서 힘의 흐름은 형태를 정의하는 변수로써 작용하며, 구조적으로 적용된 부분들만 유지하고 나머지 형태는 줄여나갈 수 있다. 모든 종류의 골조가 이러한 유효 형상의 전형적인 예가 될 수 있으며, 로마 시대의 바실리카를 덮고 있는 단순 트러스 또는 독창적인 결절점의 디자인을 통해 대담한 철제 스페이스 프레임을 창조해 낸 Konrad Wachsmann의 실험 등도 좋은 예이다. 유효 단면을 갖는 내력 구조체와 달리, 유효 형상은 "순수한" 힘의 흐름을 보여준다. 이러한 점에서 근대 건축 운동의 시기에서 후자의 경우가 "순수한" 건축 어휘로써 널리 사용된 것은 놀랄 일이 아니라 할 수 있다.

20세기까지도 돔의 직경인 43.3m를 능가하거나 따라잡을 수 없었던 Pantheon의 예가 보여주는 것처럼, 매우 높은 성능의 내력 구조체를 사용하여 중간에 별도의 지지체를 사용하지 않고 넓은 경간을 얻는다 하더라도 일정 범위를 넘어서면 당대의 기술적인 실현 가능성의 한계에 부딪치게 된다. 또한 비율의 측면에서 매우 바람직하지 않은 경우도 있다. 그러므로, 바

그림 3 : 두 개의 아일을 갖는 바실리카의 단면
St Peters 지방의 초기 건물, Rome (이탈리아), 4 세기경 AD

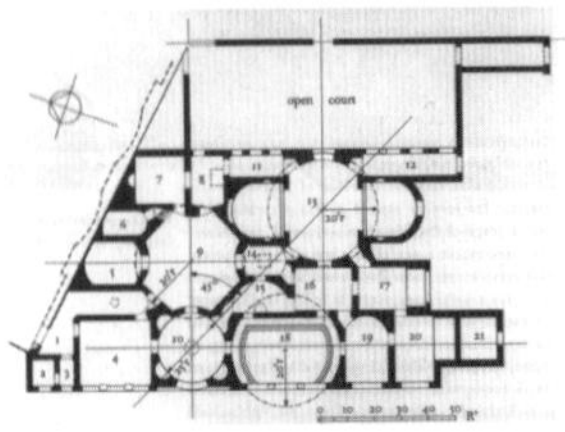

그림 4 : 작은 공중 목욕탕의 평면도
Hadrian' s villa, Tivoli (이탈리아), 118 - 134 AD

실리카는 하나의 방을 갖는 건물의 초기 형태로써 여러 개의 베이(bay)를 갖는 배치 방법을 통해 영리하게 하중을 분배하고 있다. 네이브(Nave) 위에 반복적으로 걸쳐 있는 스러스트(Thrust)를 이루는 수평 부재는 아일(Aisle)에 의해 지지된다. 이러한 방법을 통해 균일하고 큰 내부 공간을 형성할 뿐 아니라, 하중을 분배함으로써 보다 세장한 내력 부재의 사용을 가능하게 하고 있는데, 여기에서 내력벽은 고딕 성당에서 나타나는 것처럼 열주로써 분해되고 있다. 건물의 외부에 줄지어 놓여 있는 플라잉 버트레스(Flying buttress)는 빛으로 가득찬 장엄한 내부 공간을 만들고, 힘의 균형을 이루게 하며, 외부에서 보이는 건물의 형태에 세속적인 실체성을 부여한다.

격실에서 공간의 집합체로

하나의 격실에 계속적으로 격실을 추가함으로써 공간의 집합체를 형성할 수 있으며, 여기에서 각각의 부분은 좀 더 복잡한 전체 구조를 형성한다. 이러한 수평적인 공간 전개 방식은 일상적인 요구에서 기인하는 것으로, 사용 가능한 공간의 선택 범위가 확장되어야 한다. 이와 동시에 각각의 공간은 다양한 기능에 맞추기 위해, 또는 기타 목적에 의해 서로 구분되어져야 한다. 왜냐하면 추가되는 격실들이 동일한 형태 또는 동일한 치수를 가질 필요는 없기 때문이다. 따라서 하나의 핵심적인 주 공간을 중심으로 부수적인 공간들이 고리 형태를 이루며 이를 둘러 싸는 배치 방식을 생각해 볼 수 있다. 만약에 이 중심 공간이 하늘을 향해 열려 있는 공간이라면, 이는 이미 기원전 2000년대부터 사용되었던 중정형 주택의 형태를 만들 수도 있다. 또는 Hadrian의 villa in Tivoli (118. 134 AD)에서 나타나듯이, 집합체를 이루는 각각의 공간이 다양한 비례, 치수, 방식에 따라 긴밀하게 연속되도록 그룹화시킬 수도 있다. Villa in Tivoli는 이 원리를 예술적이면서도 열정적으로 표현하고 있으며, 이는 특히 건물 내의 작은 공중목욕탕(Thermae)에서 잘 나타나는 것이기도 하다.

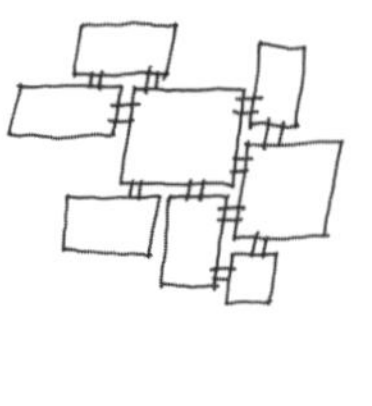

이러한 공간의 집합체의 특징이라 하면 차후의 확장에 대한 융통성을 들 수 있는데, Hadrian의 villa in Tivoli는 이에 대한 모범적인 사례라고 할 수 있다. 로마의 황제였던 Hadrian은 면적이 300 헥타르에 달하는 지면에서 솟아 오른 평탄면에 거대한 도시를 건설했다. 건물은 네 개의 서로 다른 축을 포함하고 있다. 단계적으로 지어진 건물의 외부 형태는 대칭성 같은 인습적인 제약을 따르지 않고 있기 때문에, 원칙적으로 새로운 공간을 추가할 때마다 건물의 전체 형태가 완전히 변화하게 되었다.

물론 이는 외부 경계선이 규정된 또는 외부 형태에 크게 영향을 주는 도시적인 컨텍스트와는 사뭇 다른 것이다. 이 경우, 공간의 전개는 추가적인 것이라기 보다는 분열적인 것이라 할 수 있다. 사전에 정의된 외부 형태에서 출발하여 건물은 각 공간에 따른 요구 사항과 요구 성능에 맞게 개별적인 공간들로 나누어지게 된다. 우연하게도 이러한 방법은 하나의 큰 공간을 개별적인 공간으로 구획했던 고대 원룸 주택에서 나타나는 것이기도 하다. 그러나 때때로 벽이 지붕의 아랫면까지 연장되지 않고, 대신에 내부 칸막이벽이 일정 높이까지 연장되기도 한다. 이러한 예를 통해서, 구획된 내부 공간을 갖는 건물은 주로 고형식의 외벽으로 이루어지지만 내부 구조는 가구식 건축에서 그 기원을 찾을 수 있다는 구조적인 경향을 볼 수 있다. 이

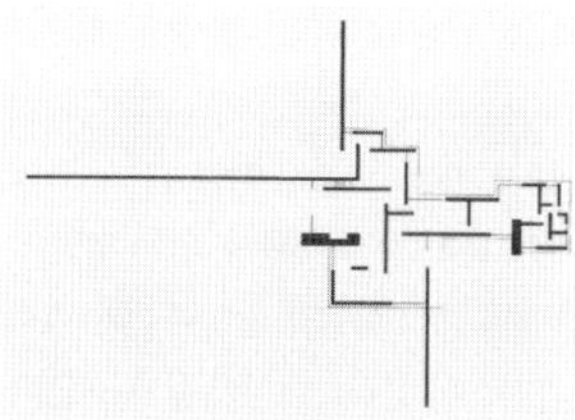

그림 5 : Ludwig Mies van der Rohe:
brick country house project (1923 - 24)

는 중세 시대의 성에서 찾아볼 수 있는 것으로, 여기에서 외부의 방어벽은 상대적으로 경량인 목조 구조물에 의해 내부로부터 보강되고 있다. 오늘날에도 건물의 외부 경계벽은 내화를 위해 여전히 고형식 건축 방식으로 만들어지지만, 내부 구조에 대해서는 제약이 상대적으로 적다.

구조적인 측면에서 볼 때, 각각의 격실을 연결하는 것은 개방성의 원리와 시공 시스템 간에 직접적인 관계를 맺게 한다는

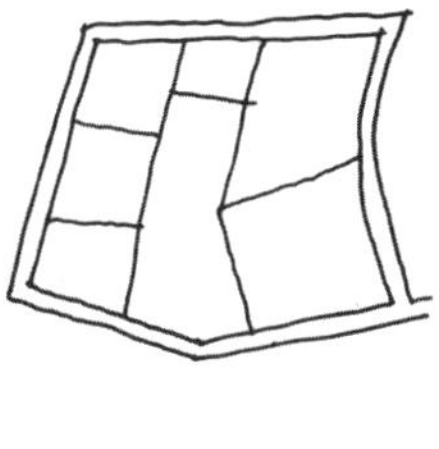

점에서 흥미로운 것이다. 고형식 건축의 경우에는 기술적인 발전에 의해 내력벽을 내력 기둥의 형태로 그 폭을 줄일 수 있게 되었음에도 불구하고, 여전히 각 공간 간의 개방성은 물론, 각 격실과 외부 공간와의 개방성에 있어 큰 제약을 받는다. 고형식 벽은 고형식 건축에 있어 지배적인 요소이며, 개구부는 차후에 이 벽에 구멍을 뚫음으로써 형성되는 것이라 할 수 있다. 반면 가구식 건축에서 개구부와 접합부는 내력의 기능을 담당하는 "스켈레톤(Skeleton)"을 저해하지 않는 한 어디에든, 또한 어떠한 크기로든 형성할 수 있다. 다소 과장된 표현으로, 가구식 건축에서 공간들은 서로 연결될 필요가 없으며, 구조체가 삼차원 골조에 대한 틀만을 제시하기 때문에 각각의 공간은 공간을 분리시키는 요소에 의해 만들어진다고 할 수 있다.

공간의 추가를 통해 내부 공간을 전개하는 방식은 레이아웃과 구조적인 측면으로부터 독립된 각각의 격실을 함께 결합하여 집합체를 형성한다는 가정을 기반으로 한다. 그러나 이 경우 벽은 이중으로 형성되게 되며, 이에 따라 경제적이지 못하다는 점에서 실제로 사용되지는 않는다. 결과적으로 구조적인 관점에서 증설된 부분은 "오직" 다양한 형태와 크기의 벽 조각으로만 이루어진다. 오직 기존의 공간(들)과의 연결을 통해서만 이러한 벽의 단편들은 추가적인 공간을 형성하고, 힘의 균형을 이루어 하중을 전달하게 된다.

원칙적으로, 데 스틸(De Stijl) 운동에서 나타나는 흐르는 공간의 개념 또는 Mies van der Rohe의 벽돌로 만든 전원 주택 작품(1923.24)은 이러한 방식을 급진적으로 발전시킨 형태

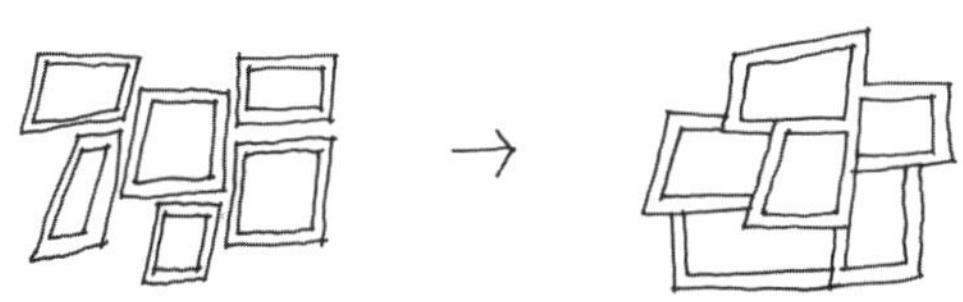

라고 볼 수 있다. 서로 교차하는 벽 조각들의 독립적인 구조는 분해되고, 내력의 기능을 담당하지 않는 벽은 생략되었다. 평면형, L자형, 원형 조각들은 그 자체의 독립 구조로 서 있으며, 그 사이에서 막연하게 공간을 정의한다. 반면 이러한 공간을 덮는 덮개는 조금 다르게 실현된다. 전통 건축물에서는 실용적, 경제적인 이유에서 모든 격실이 개별적인 덮개로 덮이게 되는 반면, 근대 건축 운동에서 나타나는 지붕은 어느 정도 밖으로 돌출될 수도 있는 균일한 내력 구조체로써 기능한다 (예 : 철제 지붕 또는 철근 콘크리트 평면 슬라브).

공간을 덮는 지붕의 기본적인 종류

단순한 형태의 격실로 돌아가보자. 격실의 구조적인 배치 방법은 공간을 덮는 시스템의 종류에 따라 좀 더 상세하게 구분되어질 수 있는데, 이는 즉 a) 볼트, b) 돔, c) 평판을 말한다.

과거 오두막을 덮을 지붕의 종류는 사용 가능한 재료의 종류에 따라 결정되었으며, 오늘날까지도 재료의 물성이 최장 경간을 결정하는 요소이다. 재료는 또한 지붕의 건축적이고 양식

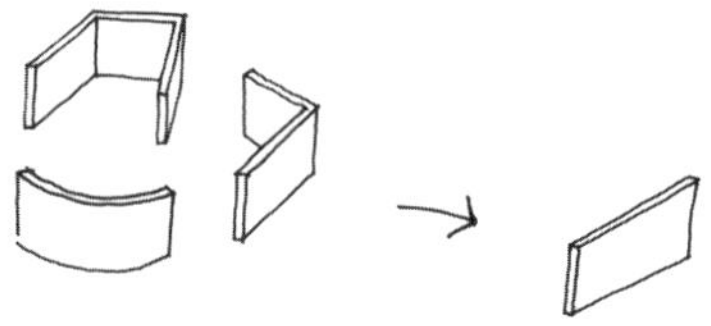

적인 배열을 규정하기도 하는데, 일례로 중량 돔은 목재 또는 철로 만들어진 응력 외피 구조나 바닥판과는 사뭇 다른 특성을 보인다. 20세기에 들어서며 철근콘크리트 슬래브라는 새로운

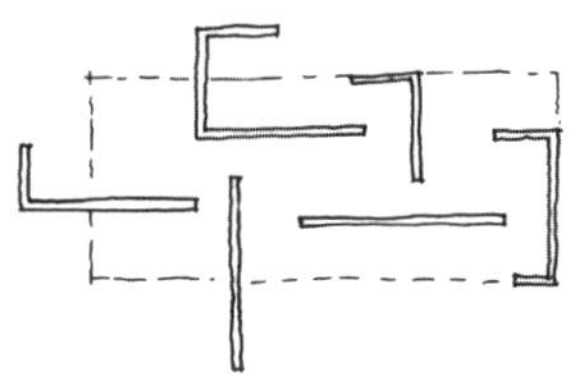

선택 사양이 나타나기도 했다. 볼트와 돔은 주로 고형식 건축과 관계가 있다. 고대 건축물의 사례에서 볼 수 있듯이, 이러한 내력 구조체는 양식적인 측면에서 가구식 건축의 방법을 통해서도 실현할 수 있다 (그러나 구조적인 거동의 측면에서는 가구식 건축을 따르지 않는다).

a) 격실의 상부에 볼트를 이용하여 지붕을 덮을 경우 공간은 지향성을 나타내게 되는데 이는 볼트의 하중이 격실을 둘러싸고 있는 네 개의 벽 중 두 개의 벽에 전달되기 때문이다. 결과적으로 구조적으로 관계가 없는 벽에는 큰 개구부를 형성할 수 있으며, 기타 방법에 의해 횡방향에 대한 안정성이 보장된다면 심지어 벽을 완전히 제거할 수도 있다. 이러한 간단한 전단벽의 원리를 기반으로 벽에서부터 아치나, 기둥으로 점차 그 부피를 줄여나갈 수 있다.

b) 돔으로 지붕을 덮은 정방형의 공간은 종종 "무지향성" 구조라고 묘사할 수 있지만, 이는 사실 실제 거동을 부정확하게 기술하고 있는 것이다. 돔의 추력이 네 개의 벽 모두에 동등하게 전달된다는 점에서 "양지향성"이라고 말하는 것이 보다 정확하다. 돔 하부에 인장링을 사용하면 바깥으로 벌어지려는 추력을 중화시킬 수 있으며, 이에 따라 필요한 내력 성능의 범

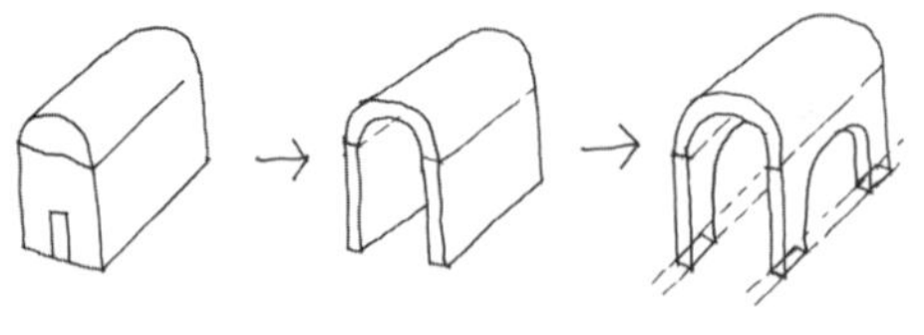

위 내에서 벽을 아치나 기둥의 형태로 줄일 수 있다. 물론, 동일한 원리를 사용하여 원형의 공간을 만들 수도 있다. 그리스와 로마의 사원 건축물에서 이러한 예를 찾아볼 수 있는데, 여기에서 벽은 연속된 기둥이 이루는 집합체 형태로 대체되어 있다.

c) 격실을 덮는 세 번째 방법은 목제 장선 또는 철제 보를 사용하는 평면 형태의 것으로, 볼트나 돔과 달리 축 방향의 추력이 아닌 휨 모멘트를 받는다. 하부공간을 감싸는 벽체는 고형식 건축의 방식, 또는 골조를 사용하는 가구식 건축의 방식으로도 형성할 수 있다. 구조적인 측면에서 공간은 지향성을 나타내기 때문에 지붕은 고형식 건축과 관련이 있다고 할 수 있다. 내력을 담당하는 지붕은 벽이나 골조의 네 면 중 두 면에 의해 지지된다. 그러나, 오늘날 너무나도 많이 사용되는 철근콘크리트 슬라브는 이와 다른 양상을 나타낸다. 보강 철근을 어떻게 사용했느냐에 따라, 경간의 방향을 선택하고 조절할 수 있다. 다운스탠드 보의 개발을 통해 이 세번째 방식에서 내력벽 또는 골조는 더 가느다란 기둥으로 대체될 수 있게 되었다. 그러나 벽이나 골조에서 기둥으로 그 부피를 줄여나감에 따라, 가로 방향과 세로 방향의 안정성이 심각하게 흔들릴 수도 있다는 점을 반드시 명심해야 한다.

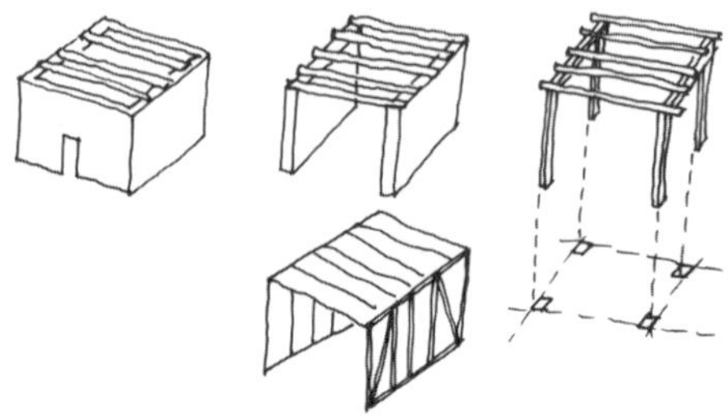

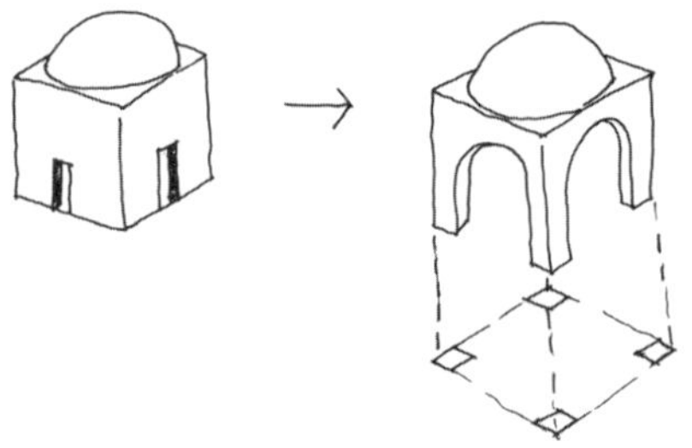

그림 6 : 기둥과 아치로 분해된 벽과 교차하는 방향성을 지니는 홀의 전경
Great Mosque, Cordoba (스페인), 785 - 961 AD

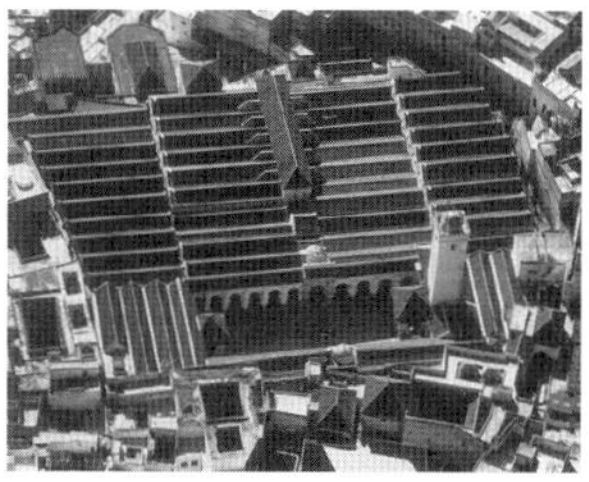

그림 7 : 항공 사진
Qarawiyin Mosque, Fez (모로코), 857 - 1613

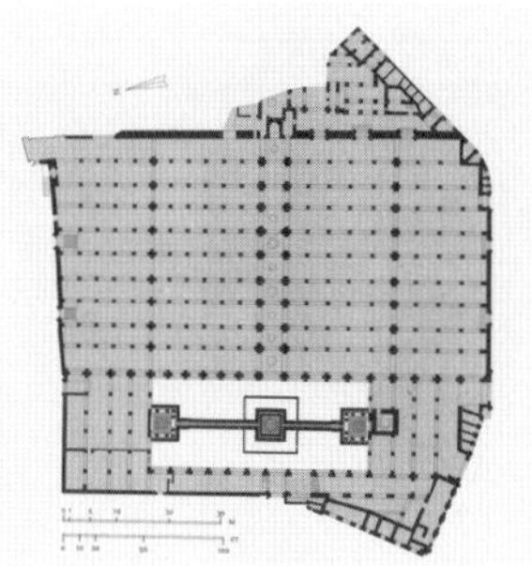

그림 8 : 평면도
Qarawiyin Mosque, Fez (모로코), 857 - 1613

복잡한 레이아웃을 덮는 지붕

다양한 지붕의 구조적인 효과를 알아보기 위해 이러한 세 가지 기본 원리로부터 출발하여 기하학적으로 "조정된" 공간의 집합체, 즉 다소간 규칙적으로 배열된 내부 공간들에 대해 다루어 보도록 하자.

a) 둥근천장 지붕으로 덮인 내력벽 사이에서 공간이 연속되면, 기존에 구조가 가지고 있던 지향성을 기하급수적으로 늘리게 된다. 내부 공간의 축은 벽과 평행하게 형성된다. 이 방향에서 각각의 공간은 무한히 확장될 수 있지만, 이와 직각 방향으로 공간을 확장하기 위해서는 매번 완성된 "둥근천장으로 덮은 단위 공간"을 덧붙이는 수 밖에 없다. 벽 사이의 거리는 물론 다양하게 설정할 수 있지만, 평면 레이아웃의 주요한 지

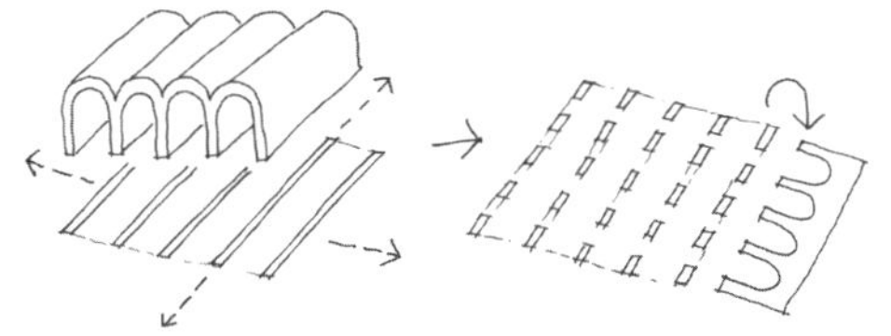

향성을 변화시켜서는 안 된다. 건축적인 면은 물론 구조적인 측면에서, 이처럼 벽에 수직한 방향으로 길게 연장되는 각 실간의 연결은 매우 흥미로운 것이다. 이러한 연결 방식에 관해서는 개구부의 크기를 최소로 줄이는 방법에서부터 벽 구조체를 보다 작은 부재로 분해하는 방법에 이르기까지 매우 다양한 연출이 가능하다.

열주로 이루어진 이슬람 사원의 예배당은 이를 매혹적으로 보여주는데, 600개의 기둥을 사용하여 압도적인 느낌의 내부 공간을 연출하고 있는 스페인 코르도바(Cordoba)의 Great Mosque (785-961)를 예로 들 수 있다. 모로코 페스(Fez)의 Qarawiyin Mosque (857-1613) 역시 좋은 예이다. 대부분의 열주 예배당이 그러하듯이, 이 두 건물에서도 벽 사이에 평평한 목조 천장이 놓여 있다. 지붕은 목조 트러스로 이루어져 있으며 경사진 지붕은 하부의 벽 구조체에 대응한다.

배럴 볼트를 사용한 건물의 초기 예로는 Qusayr Amra (711 AD) 궁전의 목욕탕을 들 수 있는데, 이 건물은 현재 요르단 사막의 한 가운데에 위치하고 있다. 진입 홀은 세 개의 평행한 배럴 볼트 지붕으로 덮혀 있는데, 이를 지지하는 벽은 거의 아치로써 분해되어 거대하고 교차하는 공간을 만든다. 그럼에도 불구하고, 평면의 레이아웃을 결정하는 것은 배럴 볼트가 이루는 세로 방향의 축이다.

이렇듯 벽 구조체를 분해시킨 현대적인 사례로는 텍사스 포트워스(Fort Worth) 지방에 위치한 Louis I. Kahn의 건물 (1972)을 들 수 있다. 이 Kimbell Art Museum에서 Kahn은 건물을 지배하는 요소로 세로 방향의 볼트를 사용하고, 방문자의 동선의 흐름이 볼트와 90도의 각을 이루도록 설계하였다. 볼트 파사드의 중앙에 위치한 진입부에 다다랐을 때 방문자는 건물의 세로 항과 수직을 이루는 방향으로 움직이도록 유도되며, 그 후에야 비로소 전시 공간의 세로 방향을 따라 이동할 수 있다. 전시 공간의 주요 항은 벽에 대해 교차하는 방향으로 배치되어 있으며, 이에 따라 방문자는 다시 한번 구조체를 가로질러 움직이게 된다.

b) 돔 지붕 아래에 위치한 공간 역시 모듈화된 형태로써 조립되어 복잡한 내부 배치를 형성하는 데에 사용될 수 있다. 중간 벽체를 기둥으로 분해하게 되면, 더욱 큰 하나의 내부 공간을 얻을 수도 있다. 이러한 내부 공간의 특징 중 하나로는 조립된 후에도 각각의 격실의 중요성이 뚜렷하게 보이거나, 적어도 넌지시 드러나게 된다는 점으로 이는 돔이 중앙으로 집중시키는 강력한 영향 때문이다. Aldo von Eyck는 암스테르담에 위치한 보육원 건물(1955.60)에서 이러한 특징을 독창적인 방법으로 사용하고 있다. 아프리카의 전통 시장인 "souk"를 바탕

그림 9 : 목욕탕
Palace of Qusayr Amra (요르단), 711 AD

그림 10: 목욕탕의 거대한 진입 홀
Palace of Qusayr Amra (요르단), 711 AD

그림 11 : 배럴 볼트를 사용한 벽 구조체
Louis I. Kahn, Kimbell Art Museum, Fort Worth (Texas, 미국), 1972

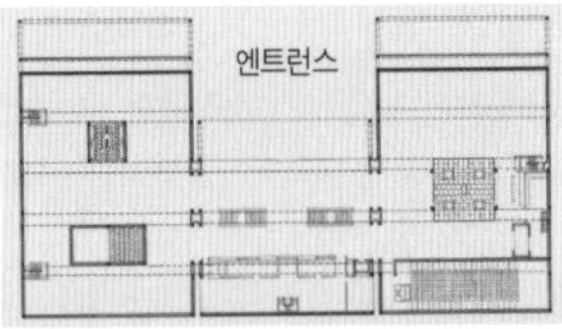

그림 12 : 평면도
Louis I. Kahn, Kimbell Art Museum, Fort Worth (Texas, 미국), 1972

그림 13 : 벌집 모양의 돔-볼트 구조
Aldo von Eyck: children' s home, Amsterdam (네덜란드), 1960

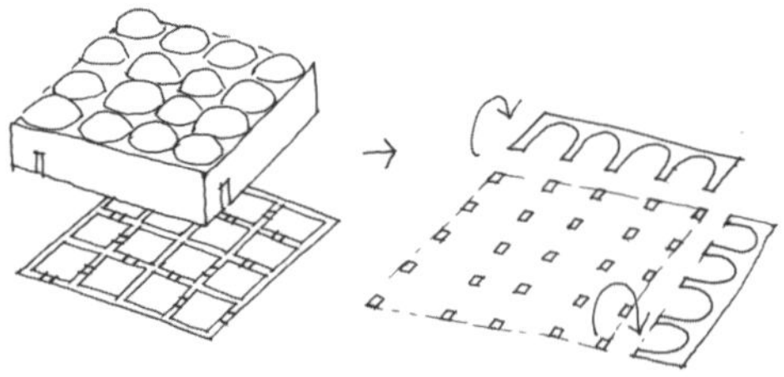

으로, 그는 돔으로 덮힌 격실들이 벌집 같은 형태를 이루는 건물을 설계했다. 특별한 공간은 더욱 큰 크기로 설계하였고, 이와 함께 독립적인 천창 또는 고리 형태의 천창을 사용하여 이 공간을 특징지었다. 또한 각각의 요구 조건에 정확하게 부합할 수 있도록 공간을 추가하여 평면 레이아웃을 확장시키는 융통적인 방법을 보여주고 있기도 하다.

Henri Labrouste는 파리에 위치한 Bibliotheque Nationale (1854.75)의 열람실에 동일한 둥근천장 기법을 사용하고 있으나, 이 경우에는 준이상적이고, 기하학적으로 "중립적인" 명상의 공간을 만들기 위함이었다. 정방형 열람실을 덮고 있는 9개의 돔은 바닥을 9개의 정방형으로 분할하는 16개의 주철제 기둥에 의해 지지되고 있다. 열람실에 풍부한 빛을 제공하기 위해 9개 돔의 꼭대기에는 천창이 달려 있다.

c) 목재, 철, 철근콘크리트로 만든 평지붕을 여러 개의 격실을 갖는 밀폐된 건물 위에 덮음으로써 또 다른 형태를 만들 수 있으며, 이는 특히 각각의 격실을 보다 큰 단위로 확장한다는 점에서 특징을 갖는다. 상대적으로 제한된 경간의 길이 때문에, 집성재 보를 사용하지 않은 목조 장선 바닥판은 밀폐된 격실들의 집합체를 형성하기에 적합하지만, 동시에 각 공간에 있어 평면 치수의 확장을 제약하는 요소가 되기도 한다. 횡방향의 강성을 높이기 위해서는 한 공간에서 다른 공간으로 넘어갈 때마다 장선의 방향을 90도씩 돌려주는 것이 바람직하다. 반면, 철제 평지붕은 한 공간의 폭을 넘는 경간을 가질 수 있다는 점에서 구조체를 광범위하게 분해할 수 있도록 한다. 그리고 마지막으로 Robert Maillart가 개발한 주두가 벌어진 기둥을 사용한 구조는 철근콘크리트 평면 슬라브의 사용을 가능케 했으며, 기존의 내력 부재였던 벽과 보에서 그리드에 따라 배치된 기둥으로 전환시키며 구조체의 부피를 줄였다.

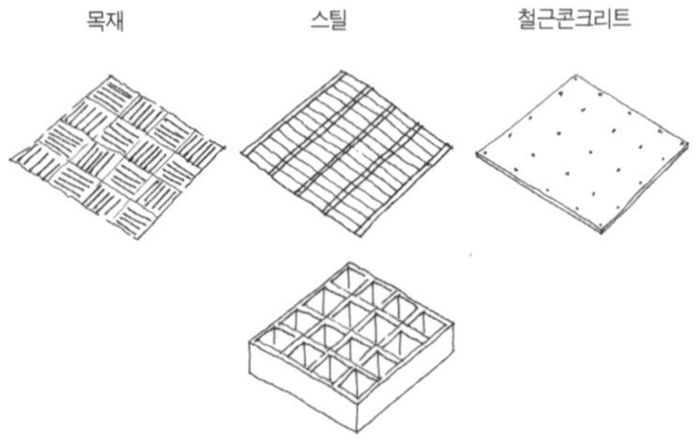

이러한 공간의 집합체에서 구조적이고 재료적인 "뚫림의 정도"는 서로 다르게 나타나며, 다양한 응용을 가능케 한다. 예를 들어, 여러 개의 밀폐된 공간이 연속적으로 이어지는 평면 레이아웃들은 전시에 사용할 수 있는 벽면의 수를 늘릴 수 있다는 점에서 전시관에 이상적인 방식이라 할 수 있다. 이렇게 만들어진 건물에서 각 격실의 조명은 일반적으로 천창을 사용하여 이루어진다. 천창은 벽을 기둥으로 분해하여 만들어진 넓은 내부 공간을 조명하는 데에도 유리한 채광 방식이다. 이러한 예로는 공장 건물과 전시 홀을 들 수 있다.

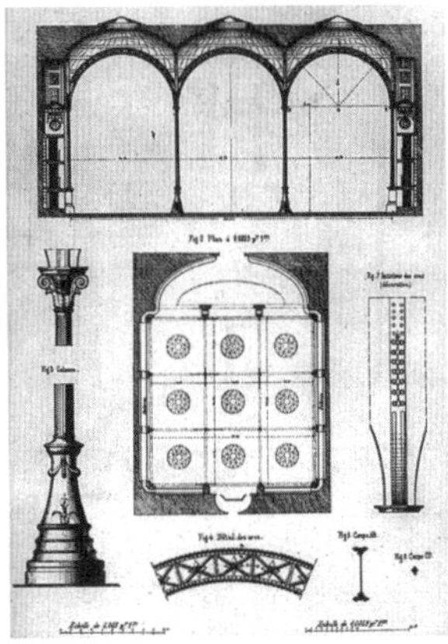

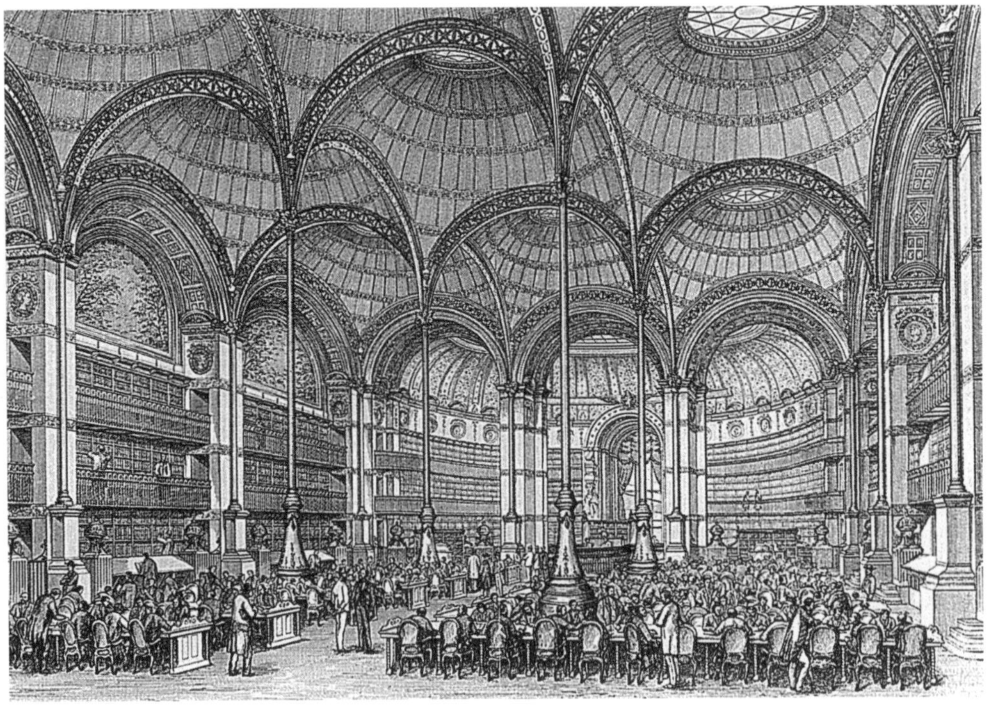

그림 14 : 열람실의 모습 (우)
평면도, 단면도, 상세도 (상)
Henri Labrouste, Bibliotheque Nationale의 열람실, Paris (프랑스), 1854 - 75

그림 15 : 건물의 후면에는 비계를 설치했던 구멍의 흔적이 쉽게 보인다.
Town Hall, Siena (이탈리아), 1288 - 1309, Torre della Mangia이 함께 보인다, 1338 - 48

수직적 공간 전개

수직적인 공간 전개를 다루기에 앞서 다시 한 번 가상의 원시적인 격실로 돌아가보기로 하자. 만약 공간의 높이를 높여야 한다면, 이는 단순히 벽을 더 위로 솟게 하면 되는 듯 하다. 그러나 행동보다는 말이 쉬운 것처럼, 이러한 방법은 언제가 되던지 간에 강도, 안정성, 재료의 내력 성능 같은 시공성의 문제점을 보이게 된다. 즉, 건물을 점점 더 높게 지을수록 중력은 점점 더 그 존재를 강하게 드러내며, 중력을 극복하는 방법이 바로 시공 방식을 결정하는 요소가 된다. 이러한 점은 지면으로 갈수록 벽의 두께가 두꺼워지는 단순한 건물에서 볼 수 있는 것이다. 게다가 일정 높이를 넘어서게 되면 비계가 필요하게 된다. 비계는 건물이 완공되고 난 뒤에는 제거된다는 점에서 독립적이고 임시적인 구조물로 볼 수 있다. 그러나 비계가 설치되었던 흔적이 건물에 남는 경우도 있는데, 일례로 이탈리아 시에나(Siena) 지방 시청사(1288-1309)의 후면과 부설 탑(1338-48)에는 벽돌 벽의 표면에 불규칙한 무늬를 이루며 비계가 설치되었던 구멍이 여전히 남아있기도 하다.

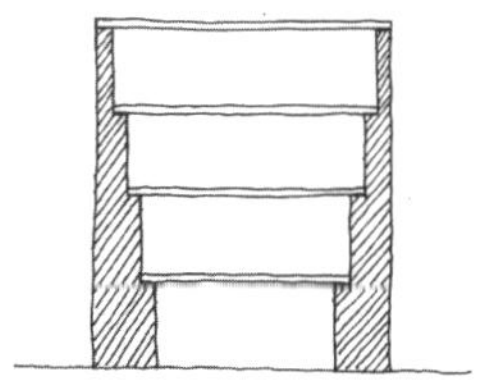

단순한 형태의 격실의 높이를 일정 수준 이상 높이게 되면 2층을 증축할 수 있게 된다. 건물의 높이와 층수를 예상할 때 일반적으로 2~3m의 배수를 사용하게 되는 것은, 이것이 수직적인 공간을 수평적인 단위로 분할하는 일반적인 모듈이기 때문이다. 수평적인 공간 전개와 비교했을 때, 수직 방향으로의 공간 전개는 더 많은 제약을 받는 듯하다. 모든 수직적인 공간 전개 방법이 결국은 공간을 쌓아 올리는 것이지만, 추가적인 성격인가 아니면 분열적인 성격인가, 대지를 활용하고 있는가 아니면 독립적으로 서 있는가, 반복적인 공간의 겹침인가 아니면 공간의 복잡한 얽힘인가 등의 다양한 방식으로 나타난다.

그림 16 : 2층 ghorfa의 외부 전경
Ksar Ferich, 요새화된 창고 (튀니지)

그림 17 : 단면도
Ksar Ferich, 요새화된 창고 (튀니지)

상부층을 투영하는 평면의 형태

공간을 쌓아 올리는 가장 간단한 방법은 동일한 평면을 갖는 공간을 수직적으로 겹치는 것이다. 간단하게 표현하자면 이 방법은 1층의 평면 형태를 상부로 증식시키고, 내력벽 또는 기둥을 전 층에 걸쳐 연속되게 위치시키는 방법이라 할 수 있다. 그러므로 격실의 원리를 사용하던지, 벽 또는 기둥을 사용하던지 간에 상부층의 형태는 1층에 나타나게 된다. 각각의 층을 덮는 데에 둥근천장을 사용했는지 아니면 평면적인 구조를 사용했는지는 이러한 적층에 있어 무관한 것으로, 적층의 원리는 동일하게 나타난다.

둥근천장을 사용한 2층 건물의 일례로는 튀니지에 위치한 요새화된 창고이자 시장인 Ksar Ferich를 들 수 있다. 이 건물은 배럴 볼트로 지붕이 덮힌 여러 개의 "Ghorfa (방을 의미하

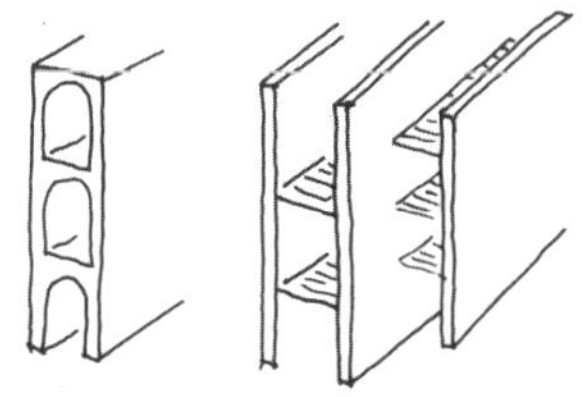

는 아랍어)"들로 구성되어 있는데, 각각의 공간을 한 세대가 사용한다. 아래에 놓인 볼트의 곡면이 완전하게 보정되지 않아 상부층의 바닥은 평평하지 않다. 현대적인 관점에서 볼 때, 이러한 구조의 단면은 정교한 건축적 형태를 보여준다. 따라서 상황과 물자가 적당할 경우 평평한 바닥판이 더 선호되며, 내력벽 사이에 삽입되는 것은 그리 놀랄만한 일이 아니다. 층을 추가하는 방식과 대조적으로 이러한 방법은 분열적인 성격을 지닌다고 할 수 있는데, 장선 바닥은 벽의 축조 과정에 있어 안정성을 보장하게 된다. 임의의 높이를 갖는 벽을 바탕으로, 사용에 따른 성능 요구 조건에 따라 각각의 층은 내력 구조체 안에 위치하게 된다. 건물 전체 높이에 걸쳐 연속적으로 형성된 내력벽은 내부 공간을 서로 다른 높이를 갖도록 배열할 수 있게 하며, 이는 심지어 동일한 층 내에서도 가능하다. 즉, 벽으로 이루어진 수직적 건축물에서 1차적인 요소는 벽이며, 바닥판은 2차적인 요소라고 할 수 있다.

자유로운 평면 (Le plan libre)

두번째 방식은 여러 개의 층을 쌓아 올린다는 방식의 반대가 되는 "기둥-보 구조"로, 이는 20세기 초 철근콘크리트 바닥 슬라브가 등장함에 따라 가장 보편적으로 사용되는 방식이 되었다. 여기에서 지배적인 요소가 되는 것은 수평 바닥 슬라브로, 내력을 담당하는 기둥 사이에서 공간은 사실 어떠한 형태로든 배치될 수 있다. 일반적으로는 건물 전체에 걸쳐 규칙적인 그리드에 따라 배치된 기둥과 보강을 위한 코어 또는 적적하게 배치된 전단벽에 의해 안정적인 구조를 형성하게 된다. 특히 고층 건물에서 쉽게 볼 수 있는 것처럼, 층의 개수가 늘어나게 되면 내력 기둥은 기초를 향해 내려감에 따라 더욱 큰 부피를 갖게 된다.

Le Corbusier의 "돔-이노" 구조(1914)는 기둥과 슬라브의 조합을 통해 만들어진 방식으로, 그의 유명한 저서인 *Five Points of Architecture* (1927)에서 자세하게 다루어졌다. Le Corbusier는 이를 근대 건축에 대한 그의 이론을 특징짓는 포괄적인 프로그램으로써 다루었다. 그는 특히 이 혁명적이고 "공학적인" 건축 방식이 불러 온 건축적인 자유도, 즉 "자유로운 평면(plan libre)"과 "자유로운 입면(façade libre)"의 가능성에 대해 큰 관심을 가졌다.

1980년대 후반 Rem Koolhaas는 독일 칼스루에(Karlsruhe) 지방의 Centre for Art and Media Technology (1989)와 벨기에 쩨브뤼헤(Zeebrugge) 지방의 여객 터미널(1989)를 위한 현상 설계 안에서 분리된 구조체(구축술)와 공간의 조직에 관한 이론을 바탕으로 공간적으로 복잡하고, 여러

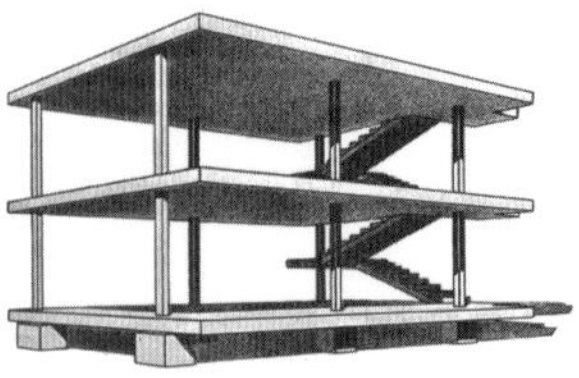

그림 18 : 기둥-보 구조의 원리를 보여주는 스케치
Le Corbusier: "Dom-Ino" construction system, 1914

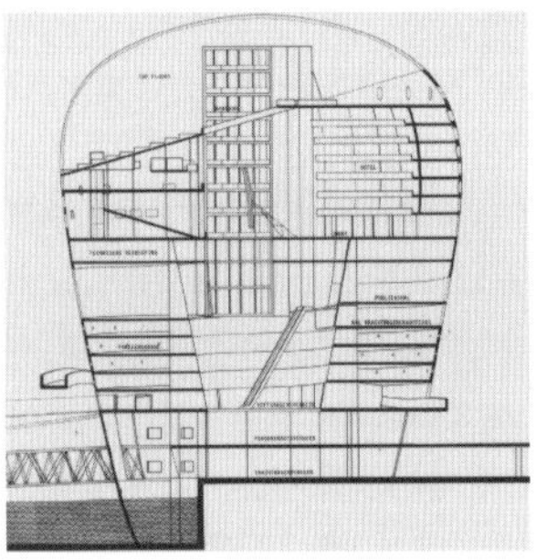

그림 19 : 현상 설계 안의 단면도
OMA, Rem Kolhaas: ferry terminal, Zeebrugge (벨기에), 1989

개의 켜를 갖는 한층 진보적인 건축물을 선보였다.

공간적인 평면

수직적 공간 전개에 관한 세 번째 방식은 가장 복잡한 방법으로, 이 방식에서 각각의 공간과 층은 단순히 위에 쌓아 올려지는 것이 아니라 수직적, 수평적으로 얽히게 된다. Adolf Loos는 공간적인 평면을 선호한 건축가로 널리 알려져 있다. 공간적인 평면은 Le Corbusier의 "5원칙"과 반대로 각각의 요소를 하나하나 도출해내고 예를 들 수 있는 것이 아니라, 프로젝트들의 비교를 통해서만 도출할 수 있는 공간 지향적이고, 복잡한 설계 개념을 현실화한 것이다.

공간적인 평면의 목표는 서로 다른 크기의 평면와 서로 다른 높이를 갖는 (레벨의 분화), 서로 다른 볼륨의 공간들을 조직화함으로써 조밀한 공간 구성을 형성하는 것이다. 그러므로 3차원적인 산물이라는 측면에서 공간적인 평면은 분명히 경제적인 건축 방식이지만, "최소 거주를 위한 생활 공간 (home for a minimal existence)" 이라는 개념처럼 최소한의 수요에 대해 대응하는 것이 아니라 저층부의 부수 공간과 고층부의 호화로운 생활 공간 간의 균형에 대해 최대한의 가능성을 보장하는 방식이라고 할 수 있다. 이 방식은 또한 벽으로 이루어진 다층 구조체에 대해서도 사용할 수 있다. 그러나 극단적으로 말하자면 공간적인 평면은 전 층에 걸치는 내력벽이나 기둥이 없는 방식이다. 또한 다양한 형태를 가지면서 그 와중에 "무의식적인" 조닝을 형성하는 연속적인 접근 코어도 이 방식에서는 찾아보기 힘든 것이다. 구조적인 관점에서 각각의 격실은 큰 자유도를 보장하는 복잡한 네트워크 내에서 독립적으로 연결되어 있지만, 이보다 더욱 큰 상호 의존성을 나타낸다. 결과적으로, 구조체와 공간의 조직은 (명백히) 인공적인 것이다. 이러한 조직체를 가장 효과적으로 활용하기 위해 내력 구조체의 일부를 비내력 요소로 설계함으로써 구조를 단순하게 할 수 있다.

공간적인 측면에서 Adolf Loos의 Müller House (1930)는 공간적인 평면에 관한 그의 견해를 가장 다양하게 보여주는 예이다. 복잡한 공간에도 불구하고 건물의 구조는 놀라울 만큼 간결하다. 벽돌 외벽이 내력을 담당하며, 건물 내부에는 내력벽이 없고 단지 네 개의 철근콘크리트 기둥과 장선 바닥판을 지지하는 다운스탠드 보만이 있을 뿐이다. 이러한 방식을 통해 기둥은 건물의 평면 형태를 여러 개의 사각형으로 분할하고 있다. 따라서 내부 공간의 요구 조건에 따라 필요한 높이에 바닥판과 지붕을 위치시킬 수 있었다. 독립적인 볼륨을 갖게 된 각각의 공간들은 마치 내장 판넬처럼 골조를 감싸며 형성되었고,

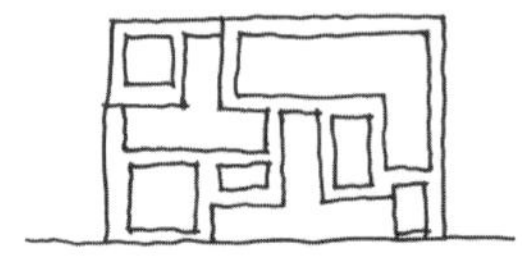

정밀하게 위치된 개구부를 통해 서로 연결되고 있다. 이처럼 Loos는 공간적인 평면에 관한 그의 생각을 가장 효율적이면서도 놀랄 만큼 복잡한 어휘로 풀어냄으로써 매우 융통적이면서도 경제적인 건축 시스템을 만들어 냈다.

Loos는 기둥-보 구조처럼 구조체를 형성하는 부분과 공간을 형성하는 부분이 분리된 실용적인 혼성 시스템에 관해 연구했다. 그러나 오늘날 철근콘크리트로 만들어진 슬라브와 플레이트를 통해 가능해진 것처럼 벽과 슬라브가 균일한 내력 요소로써 조직적으로 사용될 경우, 두 시스템은 융합되고 결국 고형식 건축의 원리로 복귀하게 된다.

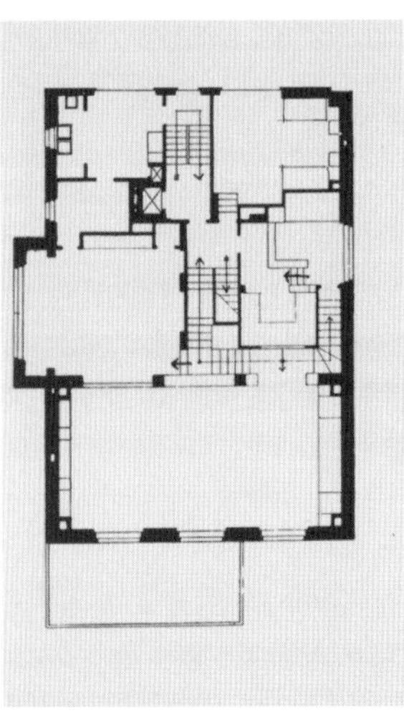

그림 21 : 1층 평면도
Adolf Loos: Muller House, Prague (체코), 1930

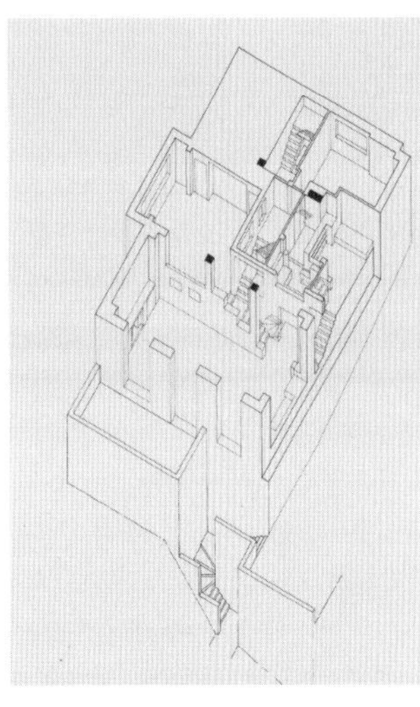

그림 22 : 주요 공간과 철근콘크리트 기둥(음영 부분)을 보여주는 엑소노메트릭
Adolf Loos: Muller House, Prague (체코), 1930

그림 20 : 거실에서 더 높은 레벨에 위치한 식당을 바라본 모습
Adolf Loos: Muller House, Prague (체코), 1930

고형식 건축에서의 수직적 내력 구조체
단면 개념

고형식 건축의 원리는 중력의 작용을 이용한 것이다 :
- 재료 - 자중
- 벽을 이루는 부재 간의 연결 : “잠금”의 원리 (벽돌, 돌, 혼합형)
- 벽을 이루는 부재 사이의 모르타르 접합 : “접착”의 원리를 통한 부재간 마찰 저항(부착력)의 증대
- 안정성과 내력 성능 : “하부는 넓게, 상부는 좁게” 만드는 원리를 통한 재료의 효율적인 이용

그림 27 : 잡석으로 속을 채운 석조 “외벽”의 하부 폭은 6~7m, 상부 폭은 4~6m이다.
Great Wall of China, c. 700 - 100 BC

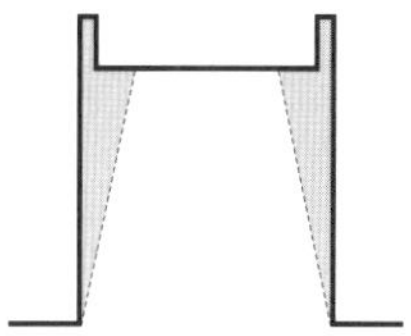

그림 23 : 수직 벽
과도하게 큰 단면 형태

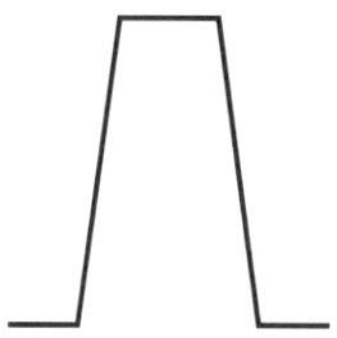

그림 24 : 위로 갈수록 좁아지는 벽
최적화된 단면 형태

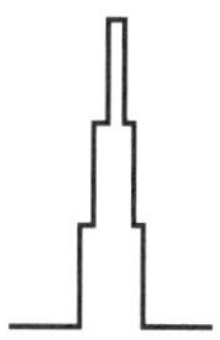

그림 25 : 단이 형성된 벽
예 : 보 또는 장선을 지지해야 하는 경우

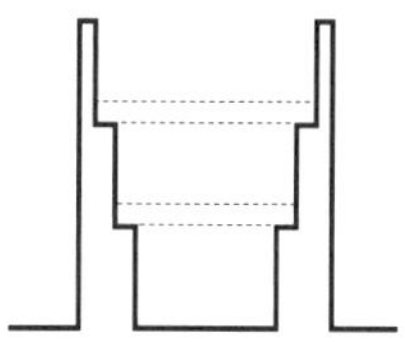

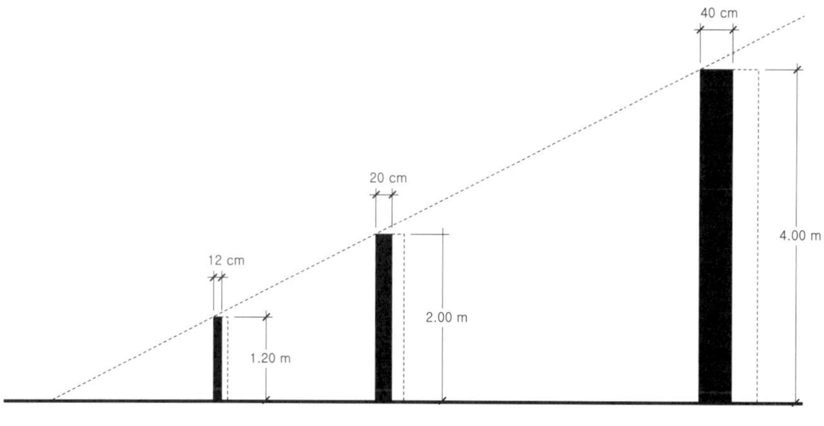

그림 26 : Rondelet(건축 예술의 이론과 실무에 관한 논문)에 따른 크기 결정법
실제로는 독립적으로 서 있는 벽의 높이가 높아질수록, 단면의 폭이 커져야 한다. 풍하중만을 받는 독립 구조의 벽을 기준으로 한다 (평균적인 안정도) :
b = 1/10 h; 잡석으로 벽을 만들 경우 1.75, 각석으로 벽을 만들 경우 0.75를 곱한다.

벽 단면의 형태는 다양한 요소에 따라 결정된다. 첫번째 결정적인 요소는 벽이 별도의 지지 구조 없이 독립적으로 서 있는 것인지, 아니면 다른 벽에 의해 보강되거나 강화되어 있는지의 여부이다. 이 요소는 벽 하부의 폭에 영향을 미친다. 그러나 어떠한 경우에서도 재료의 이용을 최적화시키기 위해 벽의 단면은 높이에 따라 줄어들어야 하며, 이를 통해 벽이 높이가 올라감에 따라 건물의 자중과 건물의 사용에 따른 적재하중을 점차 줄일 수 있다.

단면의 변형물은 선형이거나 단을 갖는 것일 수도 있다. 이는 모르타르를 사용하는지 아니면 사용하지 않는지, 건축물이 균일한 재료로 만들어졌는지 아니면 서로 다른 재료를 사용해 만들어졌는지의 여부 등 건축물의 형태와 시공 과정(조립식 승강기의 높이)에 따라 결정되지만, 일반적으로는 건물의 용도를 고려하여 결정된다. 일례로 다층 건물의 경우에는 각 바닥판의 높이에서 단면에 단을 형성하는 것이 바람직하다 (이렇게 만들어진 단을 바닥판의 보와 장선을 지지하는데 활용하게 된다).

지난 몇십년간 재료비보다 빠른 속도로 인건비가 상승함에 따라, 오늘날에는 옹벽이나 댐 같은 특수한 구조물을 제외하고는 이렇게 높이에 따라 벽의 두께가 줄어드는 건물을 찾아보기 힘들게 되었다. 고형식 건축에서는 일반적으로 저층부의 벽이 상층부 벽 단면의 크기를 결정한다. 이는 특히 동일한 평면 레이아웃을 반복적으로 적층하는 경우에 그러하다.

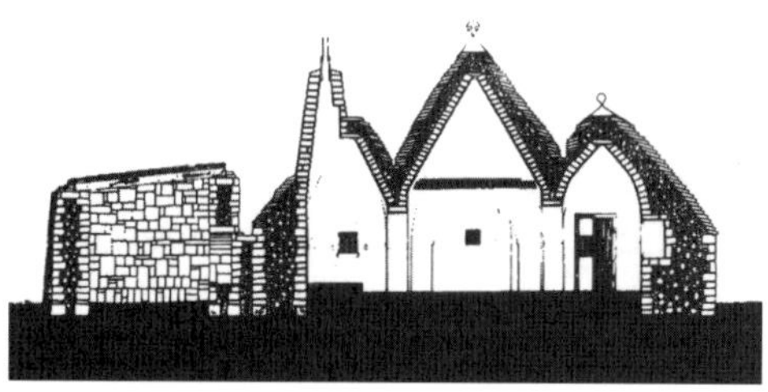

그림 28 : 질이 좋지 않은 재료로 채워진 다겹의 벽 (단면도)
이탈리아 남부 지방의 전통적인 석조 건물인 Trulli, Sovero (이탈리아)

고형식 건축에서의 수직적 내력 구조체
평면 개념

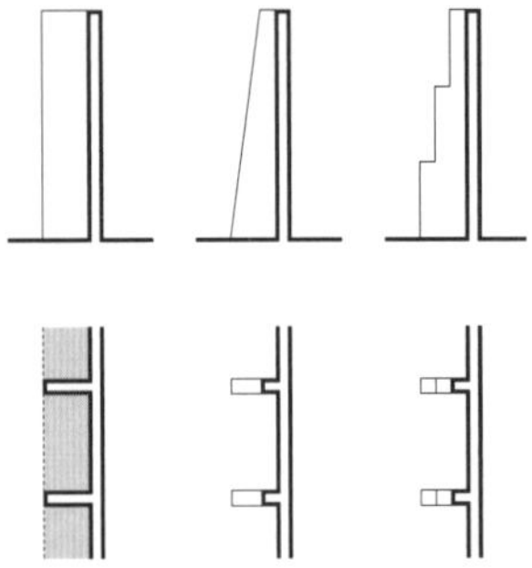

그림 29 : 리브를 사용하여 보강한 벽, 단면(상)과 평면(하)
안정성을 늘리기 위해 사용된다

그림 30 : 벽토로 외피를 보강한(횡방향 리브) 목재 보강(내부 골조) 벽토 건물
도곤족(Dogon)의 전통적 건축 형태 (말리)

그림 34 : 콘크리트로 만든 25m 높이의 반원통형 구조물, 상부에 놓인 타이 바가 구조물의 안정성을 높인다.
Maarten Struijs: Rotterdam 항구의 방풍벽 (네덜란드), 1985

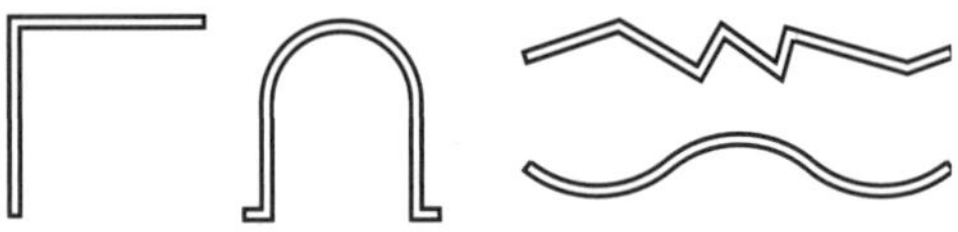

그림 35 : 안정성을 높이기 위한 벽의 형태 : L자형, 곡선형, 굴절된 형태, 구부러진 형태

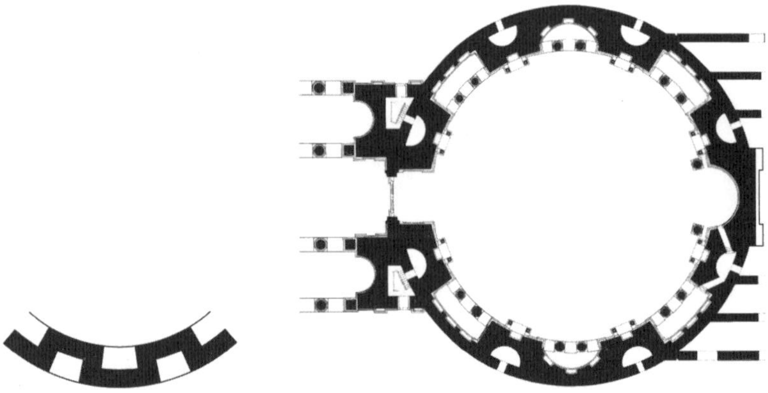

그림 31 : 원형 벽에 알코브를 만들기 위해 재료를 제거함으로써, 리브와도 같은 효과를 얻는다. (좌)
Pantheon, Rome (이탈리아), 118 - 125 AD, 내력 구조체 (우)

경제적인 재료의 이용이라는 측면에서 볼 때, 벽을 안정시키기 위한 다양한 평면 개념을 생각해 볼 수 있다. 예를 들어 횡방향 장선을 추가함으로써 벽의 안정성과 좌굴 저항 능력을 높일 수 있는데, 이는 동일한 재료 또는 다른 재료를 덧붙여 형성하거나 매우 넓은 단면을 갖는 벽에서 불필요한 재료를 제거함으로써 형성할 수 있다 (그림 31 참조).

벽 모퉁이, 굴절된 형태의 벽, 곡선형 벽 등 방향에 변화가 있을 때에도 안정 효과를 얻을 수 있다. 여기에서 벽의 높이와 길이는 방향이 변하는 횟수를 결정한다. 일정 높이 이상에서 보조적인 구조 부재를 추가할 필요가 있을 때까지는 재료를 계속 제거할 수 있다 (그림 34 참조).

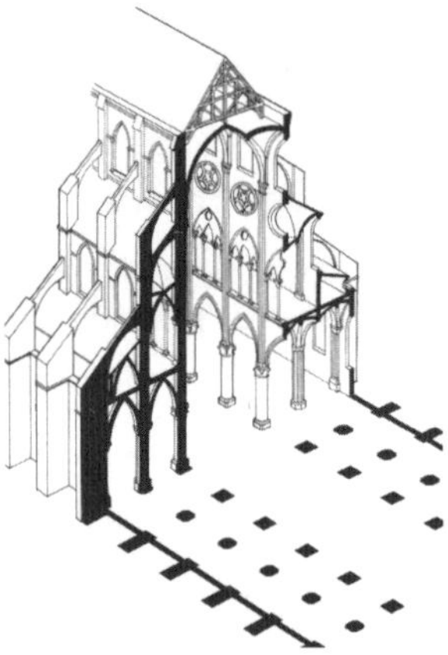

그림 32 : 볼트 등에서 발생한 추력을 전달하는 플라잉 버트레스
고딕식 성당의 절개면을 보여주는 엑소노메트릭

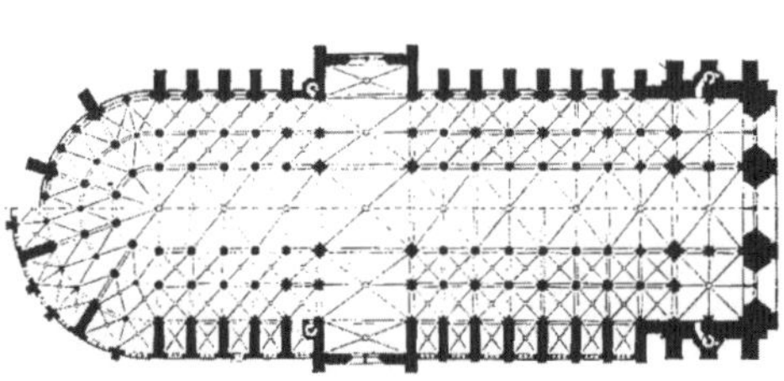

그림 33 : 외부 내력 구조체(플라잉 버트레스)를 사용하여 만들어진 우묵한 공간은 이 후 예배당으로 전환된다 (평면도에서 아랫쪽 모서리 부분).
Notre Dame Cathedral, Paris (프랑스), 1163년에 공사 시작

고형식 건축에서의 수직적 내력 구조체
압축 구조 : 아치와 배럴 볼트

그림 36 : 연속적으로 적층된 아치 : 불필요한 재료의 사용을 줄이기 위한 단면 개념. 아치는 공학적, 경제적인 관점에서 유용한 방식이다.
Pont du Gard, Nimes 지방에 위치한 로마 양식의 수로(프랑스), 1세기 AD

그림 39 : 상부의 콘크리트에 대한 영구적인 거푸집으로써 기능하는 벽돌조 볼트와 추력을 조절하기 위한 타이 바. 이 건물에서 볼트는 공간을 형성한다.
Le Corbusier: Jaoul houses, Paris (프랑스), 1955

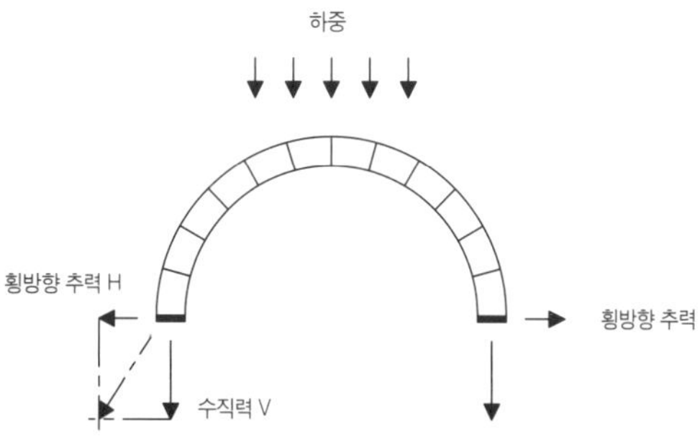

그림 37 : 아치 (큰 경간이 필요한 공간에서 문 또는 창의 상인방으로 사용된다)

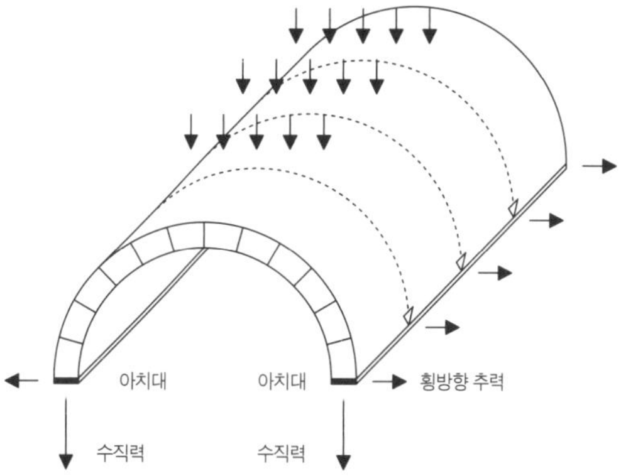

그림 40 : 배럴 볼트

압축 구조는 구조체의 자중이라는 "단점"을 내력 구조체의 장점으로 승화시킨 형태이다.

배럴 볼트는 사실 아치 형태의 곡면 또는 평행 아치가 연속된 형태나 다름 없기 때문에, 아치와 볼트 구조물을 축조하는 일은 동일한 기준을 따르게 된다. 일반적인 경우 아치는 앞에서 언급한 조건들에 의해 제약을 받는 벽의 일부분이기 때문에 횡방향 안정성의 문제가 중요하다 ("수직적 내력 구조체" 부분 참조).

그림 38 : 철근콘크리트 타이가 추력을 조절하고, 아래에 놓인 벽이 받는 응력을 경감시킨다.
Louis I. Kahn: Indian Institute of Management, Ahmedabad (인도), 1962 - 74

Louis I. Kahn의 작품에서 이중 아치는 아래에 위치한 벽이 받는 응력을 경감시키고, 구조체에 작용하는 힘을 지지단에 집중시키고 있다. 여기에서 모든 하중이 수직적으로 전달되도록 아치 아래에 위치한 철근콘크리트 타이가 추력을 받기 때문에 벽은 보강될 필요가 없다. 아치 아래에 위치한 벽의 두께가 마치 깔대기처럼 줄어드는 형태는 사실 벽이 어떠한 수직 하중도 전달하고 있지 않음을 보여줄 뿐이다.

아치의 높이가 줄어들수록 횡방향 추력은 커지게 된다. 이러한 점에서 Le Corbusier의 Jaoul houses에 사용된 얇은 배럴 볼트 지붕은 철제 타이에 의해 보강되었다. 반면 프랑스 님(Nimes) 지방의 수도관의 경우에선 이러한 타이가 필요하지 않았는데, 이는 동일한 아치를 연속적으로 배치함으로써 추력에 대응하는 동일한 횡력이 함께 발생하게 되며, 이에 따라 아치는 순수하게 수직 하중만을 받기 때문이다. 그러나 말단부의 경우에는 특수한 조치가 필요하다.

고형식 건축에서의 수직적 내력 구조체
압축 구조 : 돔

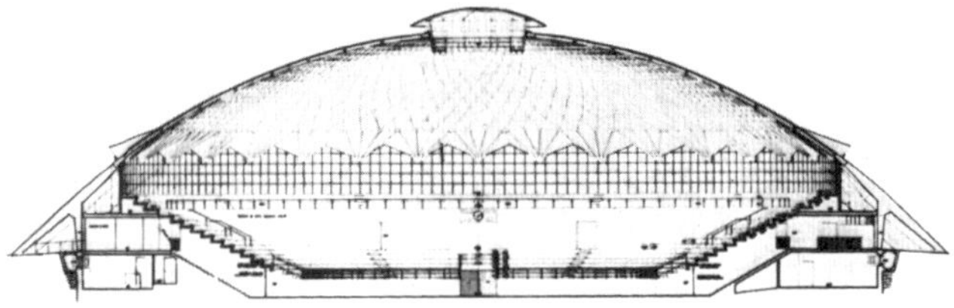

그림 41 : 인장 링은 지면 아래, 기둥 기초(아치대)의 하부에 위치한다.
Pier Luigi Nervi: Palazetto dello Sport, Rome (이탈리아), 1957

그림 44 : 돔은 Y자형의 경사진 기둥이 이루는 고리로 분해된다.
Pier Luigi Nervi: Palazetto dello Sport, Rome (이탈리아), 1957

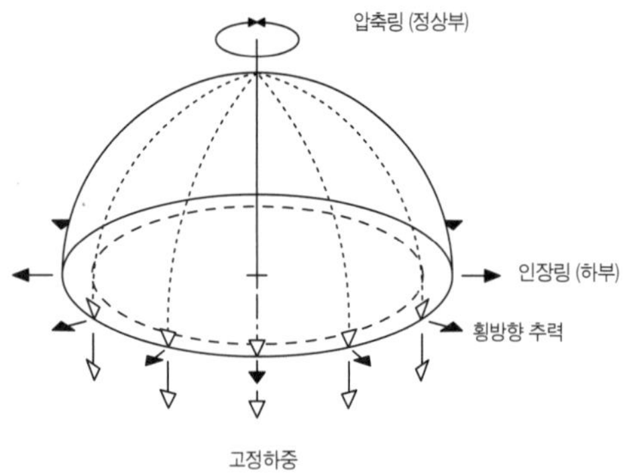

그림 42 : 돔 (회전체)

배럴 볼트와 아치의 경우처럼 돔 역시도 다음과 같은 문제에 항상 직면하고 있다 : 어떻게 하면 횡방향 추력을 조절하고, 절감시키고, 기초에 전달할 수 있는가?

이러한 문제에 대응하기 위해 이탈리아 로마의 Pantheon에서 건축가는 다양한 방법을 사용하였다. 이 건물에서 돔의 자중은 높이가 올라감에 따라 줄어들게 되는데, 이는 단면의 크기를 줄이는 방법은 물론 더욱 경량의 재료를 사용함으로써 가능하게 되었다. 돔의 크기는 돔의 정점에서 시작되는 힘의 흐름이 돔의 단면 내부를 따라서만 전달되도록 맞춰졌다. 여유 있게 만들어진 높이의 벽은 외부적으로 중량을 증가시켜 인장력이 벽 내부에서 조절될 수 있도록 한다. 마찬가지로 철제 스트랩은 인장 링으로써 기능하며 동일한 작용을 하고 있다.

Pier Luigi Nervi의 Palazetto dello Sport는 복잡한 형태의 돔을 차용하고 있다. 콘크리트 쉘은 만곡부를 통해 보강되고 있으며 Y자형의 경사진 기둥으로 분해되고 있는데, 이러한 방식으로 돔을 확장함으로써 추력을 조절한다. Y자형 기둥의 아래에 위치한 수직 기둥은 응력을 지면에 수직적으로 전달한다. 지면에는 철근콘크리트 인장 링이 설치되었다. Nervi는 이러한 방식을 통해 공간 내에 어떠한 수직적 내력 구조체도 없는 완전히 자유로운 내부 공간을 형성할 수 있었다.

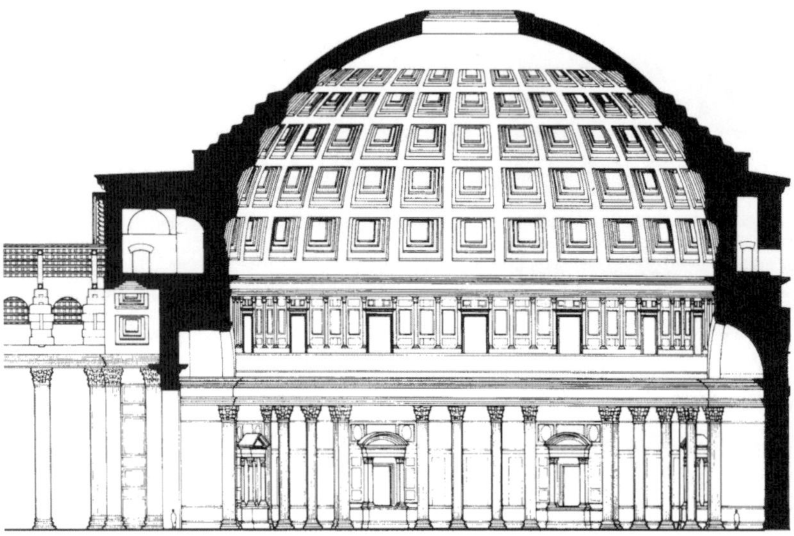

그림 43 : 돔에 보이드를 형성함으로써 구조물의 자중과 재료의 소비를 줄인다 (불필요한 재료의 제거). 이는 보강용 내력 리브의 그리드를 만든다. 또한 돔의 정상부로 향할수록 경량의 재료를 사용하고 있다. Pantheon, Rome (이탈리아), 118 - 125 AD

그림 45 : 로마 콘크리트(Roman concrete ; *opus caementitium*)로 만든 건물의 초기 사례 Pantheon, Rome (이탈리아), 118 - 125 AD

중량 매스와 눈으로 보이는 중량감

Martin Tschanz

그림 46 : 취리히 위핑겐 지방의 리마트(Limmat) 강에 놓인 다리, 동쪽 교각

저항능력

매스는 재료들의 상호 작용과 관성을 통해 자신을 표현하는 재료 본연의 성질을 말한다. 전자의 경우가 건축물의 중량에 관한 오래된 문제를 발생시키는 요인이라면, 후자는 재료가 저항능력을 가질 수 있도록 한다. 스위스 취리히(Zurich)의 위핑겐(Wipkingen) 고가교의 교각은 이러한 두 가지 측면을 모두 보여준다. 교각의 무게는 다리가 하천 바닥의 끝 부분에 안전하게 서있을 수 있도록 함은 물론, 홍수시의 최대 수량에 대해서도 견딜 수 있도록 한다. 그러나 이 교각을 만든 이는 이렇듯 효율적으로 교각의 질량을 사용한 방식에 만족하지 않고, 장식적인 요소를 추가함으로써 이러한 작용을 더욱 강조했다. 정교하게 절단된 석재는 규칙적이라기 보다는 상대적으로 거칠게 만들어졌고, (특히 먼 거리에서 다리를 바라볼 때) 마치 다리가 지지단 위에서 길게 늘려져 수면 위 양 끝부분에 위치한 완만한 경사, 단이 형성된 기단, 거의 조잡한 느낌에 가까운 거친 석재에 닿는 것처럼 보이도록 하는 방법을 통해 다리의 볼륨을 시각적으로 강조했다. 더욱이 정교하게 만들어진 단단한 아치는 하중을 견디는 작용을 시각적으로 형상화하며, 측면에 형성된 작은 개구부들과 함께 관찰자가 다리를 봤을 때 첫인상만큼 중량감 있게 느껴지지 않도록 한다. 볼트는 후에 벙커의 형태로 요새화되어 콘크리트로 채워졌다. 마치 종양처럼 겉으로 돌출된 콘크리트는 비활선저인 질량을 통해 추력에 의한 영향에 대해 저항한다. 벙커의 원형 형태는 구조물의 직접 공격 받지 않도록 수류탄을 튕겨나가게 하기 위해 만들어진 형태로, 조각적이고, 반죽해서 만든 듯한 느낌의 매스를 보여 준다. 다리의 교각에서 나타나는 매스의 중량감과 관성은 한 편으로는 교각이 담당해야 할 기능을 위한 것이지만, 다른 한 편으로는 디자인의 테마로써 만들어진 것이다. 이러한 방법을 통해 교각의 외관은 안정성과 완고한 저항성을 나타낸다.

기능적인 측면에서 건축물에 큰 매스를 사용하는 것은 특수한 경우라 할 수 있다. 큰 매스로 이루어진 구조물이라 하면 대개 옹벽, 댐, 벙커, 눈사태 방지용 구조물, 또는 이와 유사한 구조물들을 떠올릴 수 있다. 다른 말로 하면 이들은 일반적으로 공학자의 영역에 속하는 것으로, 공학자들에 의해 구조물의 성능이 보장된다. 그러나 건축가 또한 자신만의 역할을 통해 건물의 안전성을 표현할 수 있다.

중량감

무엇보다도 주목해야 할 점은 매스의 물리적, 형태적인 성질과 이러한 성질이 내포하고 있는 사항들이다. 중량 재료는 조각되거나, 주조될 수 있다. 즉, 재료의 균질성과 안정성이 상대적으로 높기 때문에 재료의 속을 비워내거나, 형을 만들 수 있다는 것이다. 예를 들어 중량 벽은 국소적으로 홈을 파내어 두께를 얇게 만들거나, 단면의 형태에 변화를 주어 특정한 질감을 나타내게 할 수 있다. 이러한 가능성은 스위스 모그노(Mogno) 지방에 위치한 Mario Botta의 교회 작품에서 잘 드러나고 있다. 타원 기둥 형태의 구조물은 무지향적인 기하학적 형태인 정방형, 원형과 지향적인 형태인 장방형, 타원을 통합하며 공간을 감싸고 있다. 이러한 형태는 벽의 매스를 조형적으로 성형함으로써 가능해진 것이다. 벽에 형성된 홈은 정방형의 공간 형태를 더욱 뚜렷하게 만드는데, 진입부의 축을 따라 놓인 원기둥과의 사선적인 관계를 통해 더욱 강조된다. 계속적으로 변하는 형태와 얇아지는 두께를 통해 평면의 장방형의 형태는 유리 지붕의 시작점에서 점차 타원형으로 변화하며, 타원은 곡면 지붕에서 종결된다.

물론 벽의 매스를 조성적으로 조형적으로 공간을 형성한다는 개념은 새로운 것이 아니다. 건물의 외부적인 볼륨은 종종 내부 공간의 설계 원리를 따르지 않기도 하는데, 이는 한 편으로는 도시 계획적인 요구 사항에, 한 편으로는 건물 내부의 사용에 따른 요구 사항에 의한 것이다. 기능적 또는 "경관적인" 측면보다 구축술 등의 요소가 건축적인 어휘를 결정하는 경우 내부 공간과 외부적인 볼륨은 충돌하게 된다. 벽의 매스는 이러한 대립이 일어나기에 적합한 장소이다. 특히 바로크 양식의 건축물은 이를 보여주는 분명한 예이다. 그러나 모그노 지방의 교회 건물과 달리, 공간적인 경계의 사이에 "음영의 부분"을 만드는 중량 재료의 외관은 가장 중요한 요소가 아니다. 이는 내력 구조체와 함께 각종 기능과 모든 기술적 가능성을 내재하고 있는 부분이다. 이러한 점에서 "매스"는 매우 제한적인 반면, 매스가 이루는 구조와 조직은 그 제약이 적고, 막연하다. 매스가 보이드로 이루어졌는지, 아니면 재료로 채워져 있는지의 여부는 모두 하나의 형태로써 재료의 외관에 대해 동등한 영향력을 가지며, 재료의 내부 구조는 그다지 큰 관련이 없다.

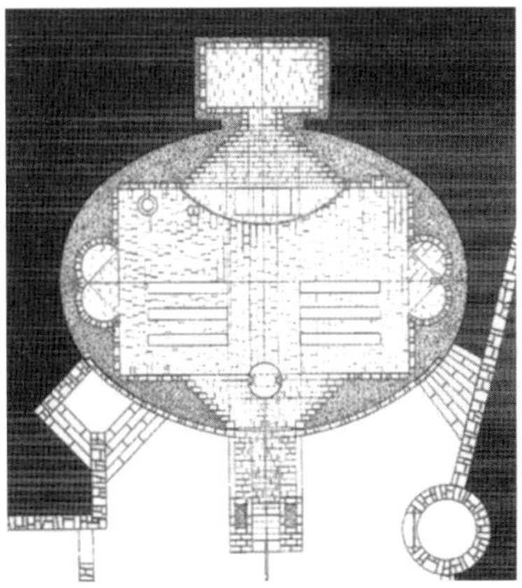

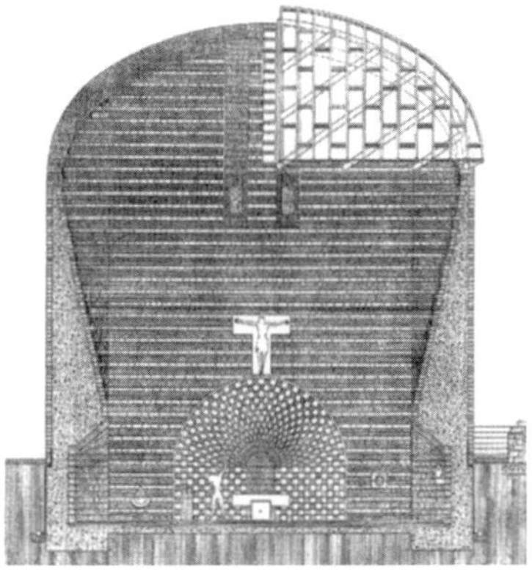

그림 47 : 평면도 (상), 단면도 (우)
Mario Botta: church in Mogno (스위스), 1986 - 95

그림 48 : Cassina de Camadra, Bleniotal

그림 49 : Rudolf Fontana, Christian Kerez: Oberrealta Chapel (스위스), 1994 - 95

우리는 중량감이 구조물을 이루는 재료의 (상대적인) 균질성을 표현한다고 알고 있다. 중량감은 재료에 흥미로운 성질을 부여한다. 굳이 "폐허"를 생각해보지 않더라도, 중량감이 구조물에 연대와 위엄, 내구성과 긴 수명을 부여한다는 것을 알 수 있다. 또한, 이는 간결하고 직접적인 디자인을 가능케 한다. 전체가 돌로 만들어진 알프스 산맥의 건물들은 이런 점에서 매우 인상적인 예라고 할 수 있는데(스위스 남부에서 찾아볼 수 있다), 벽과 지붕은 동일한 지역에서 찾을 수 있는 동일한 재료를 사용하여, 동일한 느낌으로 건물을 감싸고 있다. Christian Kerez는 Oberrealta Chapel을 설계하면서 이러한 건물들을 염두에 두고 있었다. 그의 디자인은 전적으로 본질에 집중하고 있다. 믿음직스러운 형태로 만들어진 보호 외피, 문과 문지방, 창이 이루는 구조는 이 건물이 순수한 생활의 공간임과 동시에 보호를 위한 은신처임을 상징하고 있다. 친숙함을 실체화시키면서도 극도로 추상적인, 이 간결하고 비례가 잘 잡힌 형태와 견고한 구체성은 건물에 신성한 위엄을 부여하며, 건물의 기능과 위치를 분명하게 만들고 있다. 이러한 집중적인 효과는 "단 한 번의 주조를 통해" 만들어진 것으로, 이를 통해 별다른 상세 시공 없이도 건축물을 형성할 수 있게 한다.

단일체와 "균질함"

"벙커의 가장 두드러진 특징 중 하나는 바로 벙커가 근대에 몇 안 되는 단일체 건축물이라는 점이다.

"대부분의 건축물이 기초를 통해 지면에 연결되어 있는 데에 반해, 벙커는 전혀 그렇지 않다. 벙커의 무게중심이 이를 대체한다. 이는 벙커의 이동 가능성을 설명해주는 것이기도 하다..."

Paul Virilio는 자신의 저서인 "*Bunker-Archäologie*" [1]의 첫 장을 "단일체 (The monolith)"라고 명명하고 있으며, 이를 통해 그 용어 자체와 밀접한 관련이 있는 건축적 단일체에 관해 대해 정의하고 있다. 이는 마치 돌처럼 전체가 하나로써 거동하는 건물을 말한다. 그러나, 이러한 정의를 정확히 따르는 건축 형태는 거의 없다. 따라서 단일체라는 용어는 일반적인 하중을 지지하는 모습을 보이지만, 그 형태가 단일체로써 보이는 구조물의 경우에도 사용된다고 보는 것이 옳다. Rodolfo Machado와 Rodolphe el-Khoury는 자신들의 저서인 "*Monolithic Architecture*" [2]에서 단일체를 다음과 같이 정의하고 있다. "단일체 같다는 의미로 단일체를 이해해야 한다. 이는 한 편으로는 완전히 균질하지는 않지만, 매우 균일하고 견고한 구조물에 적용되는 과장적이면서도, 은유적인 표현이다. 반면 단일체가 갖는 물리적인 재료의 성질을 나타내지는 않지만, 이러한 성질을 갖는 듯이 '거동하거나' 또는 '거동하는 듯이 보이는' 건물에 대해서도 적용될 수 있는 "우의적인" 용어이기도 하다. 이러한 우의적인 표현에서 단일체라는 용어는 재료적인 성질보다 겉으로 드러나는 표현적인 전략에 초점을 맞추고 있는 것이다."

이러한 점에서 단일체는 밀폐되고, 내용물을 겉으로 드러내지 않는 견고한 건축적인 형태를 말하는 것이다. 이는 독립적으로 서 있는 구조물로 종종 외딴 건물인 경우도 있지만, 그 자체가 특정한 향을 나타내기도 한다. 이는 인상적이고, 특징적이며, 독립적인 형태를 갖는 크기가 없는 구조물로, 이에 따라 종종 의인화되어 이름을 갖기도 한다. 건물을 이루는 재료는 균일한 외관을 보여주는 얇은 외피로 제한된다. 볼륨의 디자인은 매스에 따른 것으로, 중력 또는 기타 힘의 영향 하에서 가소적인 변형을 늘림으로써 얻어진다.

이러한 건물에서는 항상 내부 공간과 외부 공간 간의 관계가 문제가 된다. 건물의 중량 매스에 따라 확산된 "매스"라 할 수 있는 내부 공간의 구성이 단조롭게 될 수 있다. 내부 공간은 건물의 외관에 어떠한 영향도 끼치지 못하며, 이러한 점에서 단지 외부 형태와 약간의 관련이 있는 사항일 뿐이다. 내부 공간이 외부 형태에 영향을 미치지 못한다는 점은 단일체를 밀폐된 건축 형태로 만드는 데에 일조하는 것이다. 전적으로 볼륨과 표면의 측면에서 단일체의 느낌을 그대로 유지하기 위해서는, 앞에서 언급한 내용에 따라 외부 형태는 유사하게 위압적으로 형성된 내부 공간과 균형을 이루어야 한다. 이에 따라 단일체는 Virilio가 말한 벙커의 형태를 닮게 되며, 이를 보여주는 가장 좋은 예로는 OMA의 National Library of France와 Jean Nouvel의 Tokyo Opera를 들 수 있다. 그럼에도 불구하고 "균질하다"라는 용어는 이 두 건물의 조형적인 측면에서 완전히 적용될 수 없는데, 이는 먼 곳에 대한 조망을 제약하지 않

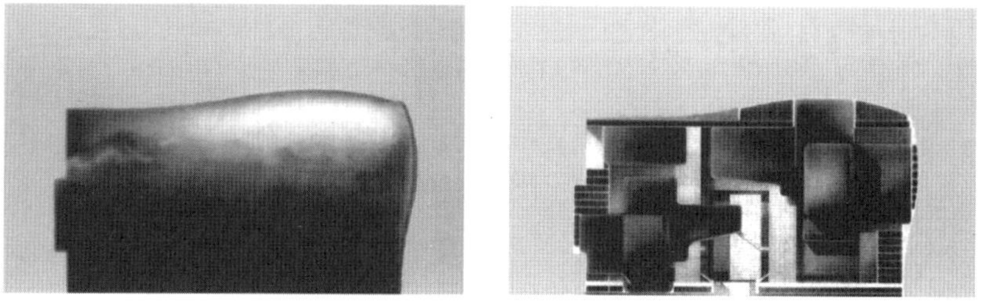

그림 50 : Jean Nouvel: National Thearte, Tokyo (J), 1986; view of model (left) and longitudinal section

그림 51 : Bunker in French Atlantic Wall "buried" in the sand (left), longitudinal section (right)

는 고형 재료의 느낌이 너무 강하기 때문이다. 따라서 단일체에 관해 다루고자 할 때는 가소적으로 성형되고 밀폐된, 외딴 건물에 관해서 다루는 것이 바람직할 것이다.

1 kg…

모든 것이 겉으로 보이는 것은 아니다. 심지어는 매스 그 자체도 많은 놀라움을 담고 있다. 일례로 스위스 샤프하우젠(Schaffhausen) 지방에 기반을 두고 있는 예술가인 Katharina Burgin의 작품은 제목을 모르더라도, 그 간결하고 분명한 형태 때문에 우리는 그것이 주택임을 바로 알 수 있다. 마치 닳은 듯이 살짝 흠이 나 있는 백색의 백악질 표면은 완전히 직선이 아니라, 살짝 튀어 나와 있으며, 이에 따라 측면에서 볼 때, 작품 아래 바닥 표면으로부터 분명하게 건물을 들어올리며 마치 작품이 떠 있는 듯이 보이게 한다. 이 작품은 그 자체로 고형의 주조된 형태를 보여주며, 석고 모델을 연상시킨다. 작품의 제목인 "큰 주택(Large house)"에서 "크다"는 표현은 그 규모에 대해 말하고 있지만, 실제로 작품의 길이인 48cm는 그다지 큰 것이 아니라 할 수 있다. 작품에 손을 대보면 먼저 표면의 부드러움과 따뜻함에 놀라게 되고, 다시 큰 충격을 받게 된다. 작품의 무게는 모두 어디로 사라진 것인가? 혼응지(paper mâché,어떤 물체에 종이를 축축한 접착제로 붙여서 물제를 만드는 공예방법. 한국의 한지 공예와 비슷함-역주) 로 만들어진 작품은 중량감있게 보이지만 실제로는 놀랄만큼 가벼운 것이다. 그렇다면 1Kg의 무게는 도대체 무엇이란 말인가? [3]

주

1 Paul Virilio: *Bunker-Archäologie*, Munich, 1992 (1975), p. 37.
2 Rodolfo Machado, Rodolphe el-Khoury: *Monolithic Architecture*, Munich, 1995 (catalogue of The Heinz Architectural Center, Pittsburg, 1995/96), pp. 15 - 16.
3 이는 1994년 Manor-Kunstpreis의 도록에 실린 Gertrud Ohling의 글이다. : *Katharina Bürgin, Objekte 1992 bis 1994*, Museum zu Allerheiligen, Schaffhausen 1995.

그림 52 : Katharina Burgin: "Large House" (1993)
종이, 28 x 48 x 26 cm

Ksar Ferich
튀니지 남부의 요새화된 창고

그림 53 : Ksar Ferich
중정이 전개되는 모습

그림 56 : 내부 중정
입구 방향 전경

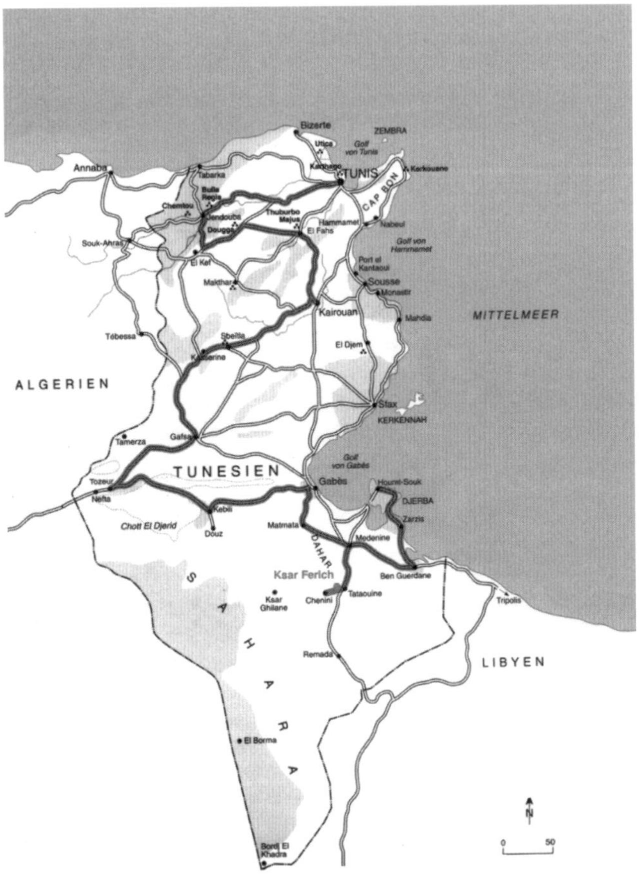

그림 54 : Ksar Ferich
Ksar는 거주 지역과 사하라 사막 사이에 위치한다.

그림 55 : Ksar Ferich
온전하게 남아 있는 단지의 경계

그림 57 : 내부 중정
Ksar의 중심에 위치한 단지

Ksour와 ghorfas

튀니지 남부의 Ksour(Ksar의 복수형)는 주로 산지 고원이나 가파른 경사지에 지어지는 요새화된 생활 공간과 창고의 복합체이다. 단지의 중심부는 주로 Kalaa(요새)로 이루어진다. 집 또는 동굴은 아래에 위치한 암반 안에 모여 있으며, 항상 배럴 볼트로 덮힌 벌집 형태의 Ghorfa(공간을 의미하는 아랍어)가 함께 위치하게 된다. Ghorfa는 적층을 통해 여러 개의 층을 갖도록 만들어지기도 하며, 주로 창고로써 사용된다.

자연 지형 내에 만들어진 고립된 Ghorfa 단지는 Ksour라고 불리기도 한다. 이는 (주로) 연속적으로 형성된 높은 벽으로 둘러싸여 있는 장방형 단지로, 벽에는 단지 하나의 문만이 뚫려 있어 방어적인 인상을 준다. 이는 주로 유목 민족들이 가축 떼를 이끌고 목초지에서 목초지로 옮겨 다니는 과정에서 부족이 공동으로 사용하는 저장 공간으로써 기능한다. 초병은 물론, 가축 떼를 이끌고 이동할 수 없는 환자와 노인들도 Ksar에서 생활하며 Ksar를 지켰다. 몇 백개에 달하는 저장 공간이 있는 경우도 있었으며, 이러한 저장 공간 중 일부는 6층 높이에 달하기도 했다. 저장소는 하나 이상의 내부 중정을 둘러싸며 벌집의 형태를 이루었다.

모든 세대는 자신의 식량을 저장할 수 있도록 이러한 볼트로 덮힌 공간을 적절한 수 만큼 소유했다. 이 공간은 깊이가 10m, 약 3m의 폭, 약 2m의 높이에 달하는 것으로 야자나무로 만든 작은 문으로 닫혀 있었다. 난간이나 계단의 단, 목제 연결부 없이 벽에서 돌출된 조악한 외부 계단을 통해, 상층부로 올라갈 수 있었다. 손이나 발, 장식적인 무늬, 글자의 형태로 내부 공간에 칠해진 회반죽에 장식적인 요소를 새겨 넣은 모습을 여러 곳에서 찾아볼 수 있다. Ksar는 무역의 장소이자 평화로운 시기에는 집회의 장소, 전쟁의 시기에는 피난의 장소였다. 건물 내에 저장된 식량과 내부 중정의 우물 덕분에 Ksar의 주민들은 유사시에 기나긴 포위 공격에도 견딜 수 있었다.

이러한 거대한 Ghorfa 단지는 유목민들이 점차 영구적인 정착지를 만들기 시작하면서 그 의미를 잃게 되었다. Ghorfa는 쇠퇴하거나 새로운 건물을 만들기 위해 파괴되기도 했다(일례로 메데니느(Medenine) 지방에서는 30개가 넘는 Ksour가 파괴되었다). 시간이 흐름에 따라 이제는 찾아보기도 힘들 만큼 많은 수의 요새화된 창고가 파괴되었다. 이 중 몇몇은 아직까지도 창고나 외양간으로 사용되고 있으며, 몇몇은 관광객을 위한 간단한 숙박시설로 전환되기도 했다. 오늘날까지 잘 보존되었거나, 복원된 단지들에는 현재도 이따금씩 관광객들이 찾아오고 있으며, 이 중 몇몇은 지역 주민들에 의해 다시 사용되고 있기도 하다.

출처 : Dorothy Stannard, *Tunesien*, Berlin, 1992

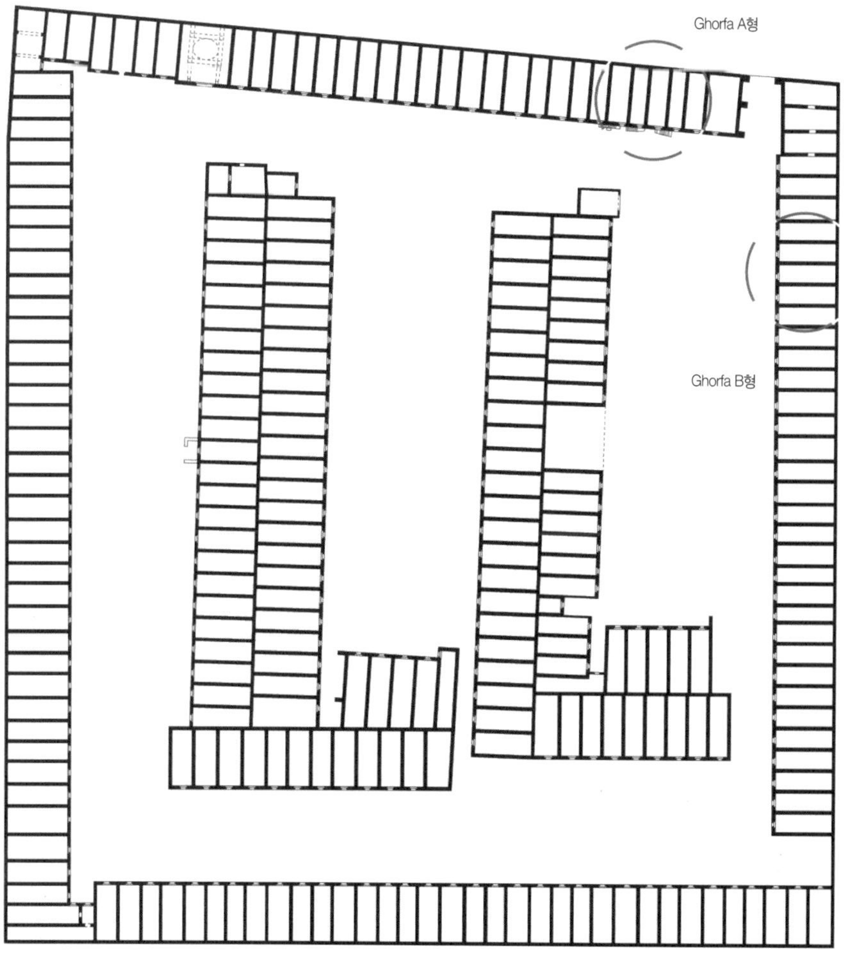

그림 58 : Ksar Ferich
1층 평면도, 1:1000

그림 59 : Ghorfa A형
단면도, 1:200

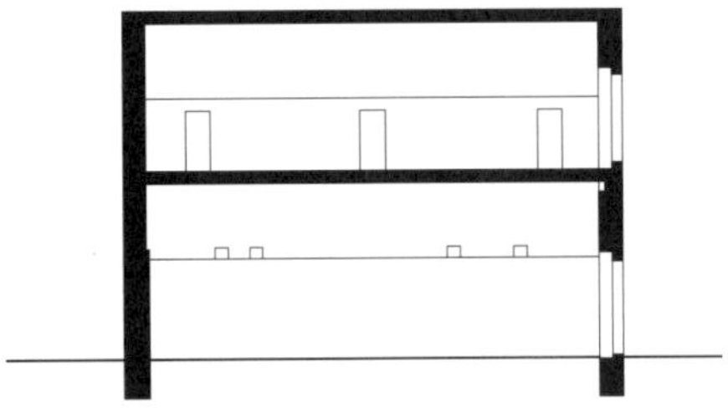

그림 61 : Ghorfa A형
횡단면도, 1:200

그림 60 : Ghorfa A형
평면도, 1:200

그림 62 : Ghorfa A형
전면 파사드

그림 63: Ghorfa A형
측면 파사드

그림 64 : Ghorfa
특수하게 만들어진 파사드 상세

그림 65 : Ghorfa B형
전면 파사드

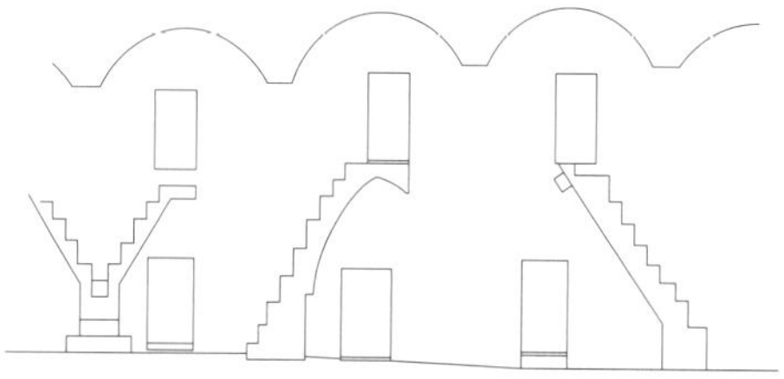

그림 68 : Ghorfa B형
입면도, 1:200

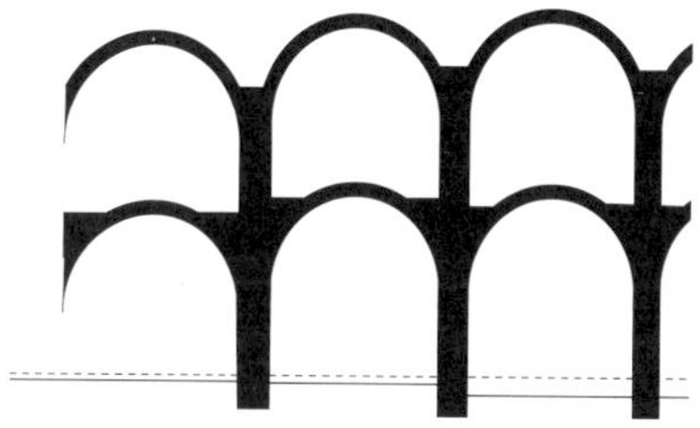

그림 69 : Ghorfa B형
단면도, 1:200

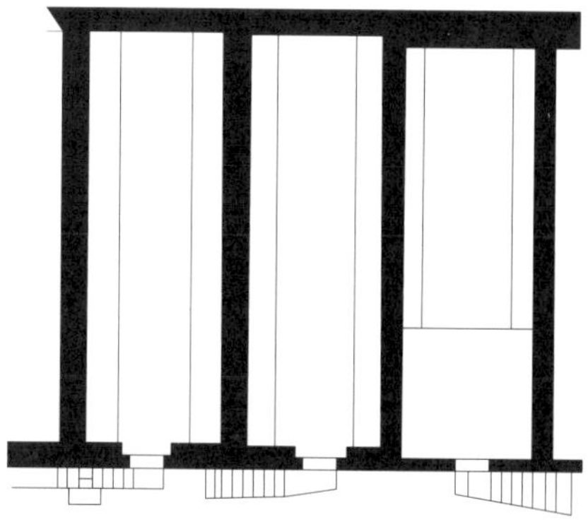

그림 70 : Ghorfa B형
평면도, 1:200

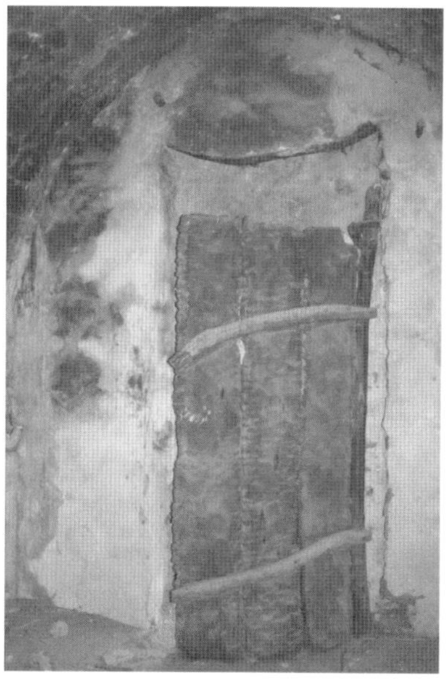

그림 66 : Ghorfa
1층 내부 전경

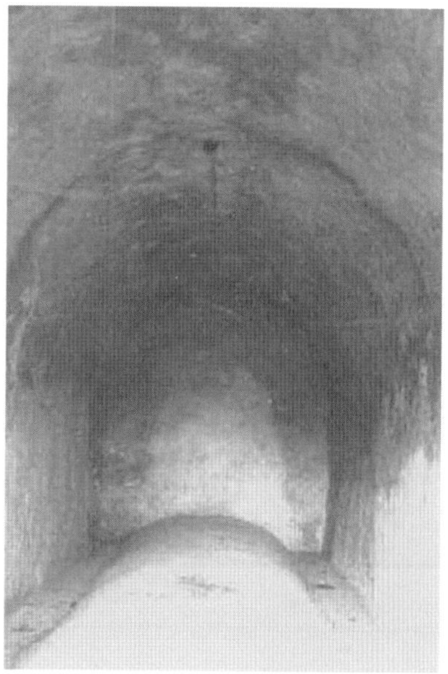

그림 67 : Ghorfa
상층부의 곡면 바닥을 보여주는 내부 전경

Ghorfa의 제작법 :

튀니지 남부에서는 Ghorfa라고 불리는 돌로 만든 작은 공간에 곡식을 저장했다. 이 공간은 높이와 길이가 각각 약 2m, 6.10m였다. 필요한 경우에는 공간의 측면이나 위에 공간을 덧붙일 수 있었으며, 때로는 높이 방향으로 8개의 공간이 쌓이기도 했다. 이렇게 모인 공간들은 최종적으로 중정을 형성했으며, 이는 침입자를 막는 외벽으로써 기능했다. Ghorfa의 제작법은 다음과 같다 :

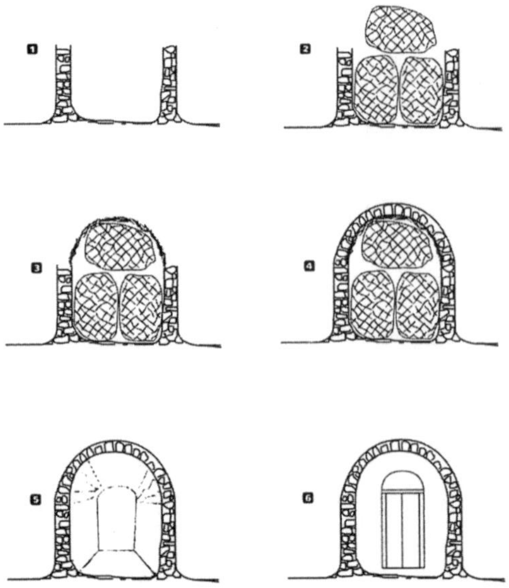

그림 71

1. 암석과 진흙을 사용하여 두 개의 벽을 약 1.5m 높이, 2m의 간격으로 세운다.
2. 벽 사이에 짚으로 만든 곡물 바구니 두 개를 흙으로 채워 수직적으로 위치시킨다. 이는 벽을 지지할 수 있도록 벽 사이 간격에 정확하게 맞아야 한다. 또 하나의 흙으로 채운 곡물 바구니를 수평 방향에서 처음에 위치시킨 두 바구니의 위에 위치시킨다.
3. 사전에 갈대나 짚으로 만든 매트를 이 위에 위치시켜 아치를 만든다.
4. 매트와 곡물 바구니를 지지체로 사용하여, 암석을 정제된 점토와 석고 모르타르로 접합하며 아치 지붕을 차례대로 형성한다.
5. 필요할 경우 후면에 벽을 만든다. 지지체로 사용한 바구니를 제거하고 내벽에 석회와 진흙을 바른다. 필요할 경우 도형이나 손도장, 악마를 쫓는 물고기의 형상 등으로 장식한다.
6. 전면에 벽을 만들고 야자나무를 이용하여 진입문을 단다.

출처 : Anne & Keith McLachlan: *Tunisia Handbook*, Bath, 1997.

튀니지에 관한 문헌 :
- Jellal Abdelkafi: *Tunesien: Geographie - Geschichte - Kultur - Politik*, Stuttgart, 1994.
- Myron Goldfinger: *Villages in the Sun*, New York, 1969.
- Derek Hill: Islamic Architecture in North Africa, London, 1976.
- Peter Andreas Kroehnert, Josef Schramm: *Tunesien, Land zwischen Sand und Meer*, Freilassing, 1969.
- Hans-Georg Roth, Anne Brakemeier: *Tunesien*, Breidenstein, 1995.
- Konrad Schliephake: *Tunesien: Geographie - Geschichte - Kultur - Religion - Staat ···*, Stuttgart, 1984.

조각된 건축물
스코틀랜드의 타워 하우스(Tower house)

Nik Biedermann,
Andrea Deplazes

그림 72 : Neidpath Castle, Peebles (Scotland, 영국), 14세기

그림 73 : Montebello Castle, Bellinzona (스위스), 14세기

요새화된 주택

중세 시대의 타워 하우스는 스코틀랜드 건축의 전형이라 할 수 있는 것으로, 성과 주택을 혼합한 간결하고, 수직적으로 조직화된 공간이다. 이러한 전형적인 스코틀랜드 건물의 초기 사례는 사회 내적인 불안과 귀족들의 세력 다툼으로 인한 지역전으로 대표되던 당시의 국가 상황을 보여준다. 계속적인 재건축이 불가피했다. 지방에서 시작하여 점차 평화로운 국가 분위기가 조성되면서, 자신의 부를 과시하고자 했던 당시의 영주 들의 욕망에 따라 이들 타워 하우스의 외관은 더욱 장식적이고, 회화적이고, "낭만적으로" 변했다. 반면 더 견고한 성벽을 쌓는다는 요새화의 필요성은 점차 뒤로 물러나게 되며, 킵(keep)은 요새화된 영주의 주택이 되었다. 3세기에 걸쳐 널리 보급되었던 타워 하우스는 지역적인 영향에 따라 특징지어지며 혼성적인 형태로 변하게 되었다. 그러나 이러한 수많은 변종들 속에서도 근원적인 형태는 항상 분명하게 인식될 수 있는 것이다.

이러한 연구의 핵심은 타워 하우스의 시간에 따른 발전사와 동시대에 일어난 또 다른 측면들에 관한 연구가 아니라, 타워 하우스 그 자체에 관한 연구이다. 다음에 제시할 사례들은 타워하우스의 모든 측면을 보여주는 건물이라기 보다는 타워 하우스의 다양성, 공간적인 풍부함, 특이성을 보여주는 건물들이다.

타워 하우스 VS 성채

스코틀랜드의 타워 하우스는 별도의 지지 구조 없이 독립적으로 서 있는 건축물이라는 점에서 놀라운 것이다. 전체적인 방어 시스템은 "밤의 원리"를 따른다. 무방비의 목조 부속 건물들이 가시가 많지만 부드러운 밤 껍질처럼 중정을 형성하며 뭉쳐 있고, 이 중앙에 견고한 핵처럼 타워 하우스가 자리잡는다. 타워 하우스는 영주의 생활 공간이자 작업 공간이면서 최후의 피난처로 기능한다. 지형적인 상황에 따라 건물은 울타리, 벽, 도랑 등의 방법을 이용하여 적으로부터 보호된다. 험준한 언덕에 지어진 Smailholm Tower이나, 가파른 경사면에 지어진 Neidpath Castle처럼 특수한 지형 조건에도 적합하며, 정교한 방어 구조물들을 대체할 수 있다. 덜 견고한 부속 건물에서부터 요새화된 타워로 방어 전략의 중심이 옮겨감에 따라, 타워 하우스는 장기간 생활이 가능한 공간으로 기능하게 되었다.

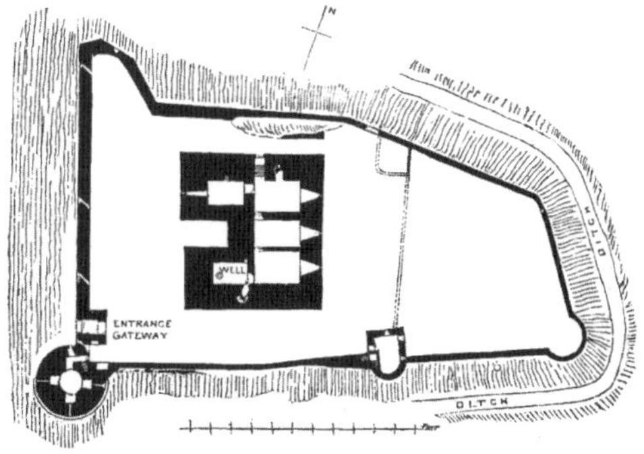

그림 74 : 단지 전체 평면도
Borthwick Castle, Midlothian (Scotland, 영국), 15세기

스코틀랜드의 타워 하우스와 달리, 동일한 시기에 유럽 본토에서 건설되었던 성채는 "양파의 원리", 즉 성채의 중심이 되는 킵을 중심으로 방어를 위한 여러 개의 동심원 고리를 두르는 방식을 사용한다. 고리는 주거 시설이자 부속 시설로 사용되었기 때문에 모든 고리가 최대한 보호되어야만 했다. 반면 킵은 (일반적으로) 주거 용도로 사용되지 않는 순수한 방어용 탑으로써 기능하며, 성채의 최종적인 방어 체계를 구성했다. 항상 주거 시설로 기능할 수 있도록 설계된 스코틀랜드의 타워 하우스와 비교했을 때, 대륙 본토의 킵은 평면적으로 훨씬 간결한 것이었다. 이러한 점에서 스코틀랜드의 타워 하우스는 수직적으로 조직되어야 했으며, 따라서 상향으로 발전하게 되었다. 타워 하우스의 방어 전략은 건물의 한 층을 점령하기가 쉽지 않다는 점에서도 찾아볼 수 있는데, 이는 계단실이 나선 형태로 좁게 만들어져 방어에 유리했기 때문이다.

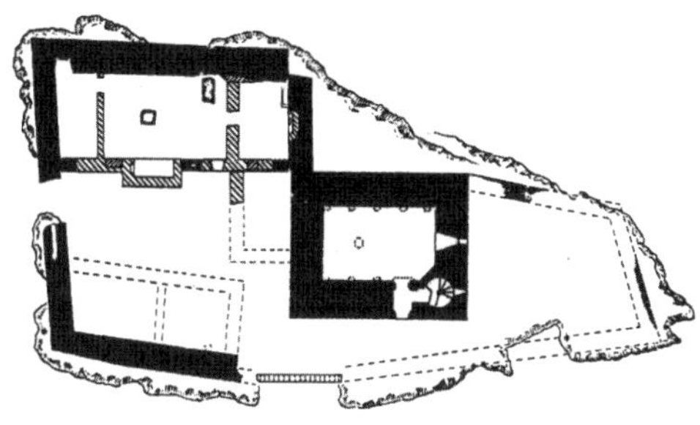

그림 75 : 단지 전체 평면도
Smailholm Tower, Roxburgh (Scotland, 영국), 16세기

건축적 관찰

매스와 보이드

오늘날 스코틀랜드의 타워 하우스, 또는 적어도 초기의 타워 하우스들은 마치 언덕면이 침식되어 겉으로 튀어 나온 암석처럼 서 있다. 이 건물들은 올곧고, 견고하며, 초보적인 느낌을 나타낸다. 단지 어떠한 규칙도 따르지 않는 것처럼 불규칙하게 배치된 몇 개의 개구부만이 이 돌 덩어리 안에서 생활이 이루어지고 있음을 넌지시 알려줄 뿐이다. 사실, 이러한 부동의 돌 건물은 속이 비어 있으며 건물을 감싸고 있는 외벽 또한 속이 비어 있거나 매우 두께가 얇은 것이다. 이렇게 뒤로 감춰진 내부 공간은 궂은 자연환경으로부터 거주자에게 편안함과 안락함을 제공한다. 건물을 외부에서 볼 때는 매우 요새화된 성벽처럼 보이지만, 건물의 내부는 다양한 내부 공간들을 통해 놀라울 정도로 친숙한 환경을 형성한다. 스코틀랜드의 타워 하우스가 보여주는 독특한 특징들은 이러한 역설에서 나오게 되는 것으로, 공간적인 측면에서 주거 공간과 요새를 결합한 가장 간결하고 가장 효율적인 형태라고 할 수 있다.

그림 76 : Eduardo Chillida: "Lurra" G-306, 1994

Eduardo Chillida
추위를 경험해 봐야만 열의 소중함을 절실히 느끼게 되는 것처럼, 건축 공간은 그 공간의 물리적인 경계를 통해서만 지각할 수 있다. 건물의 매스는 이상하게도 보다 경량의 건물이 나란히 위치하거나, 보이드 또는 격실 같은 공간이 삽입됨으로써 건물에 구멍이 뚫리게 되는 경우에 더욱 크게 다가오게 되는 것이다.

이러한 원리는 스스로를 "빈 공간의 건축가"라고 불렀던 스페인 예술가 Eduardo Chillida의 작품에서 잘 드러난다. 특히 그의 미립 점토 조각인 "Lurra"에서는 함축적이면서 현실적인 공간의 삽입, 속이 빈 내부 공간을 만드는 공간의 절개를 통해 무게감과 중량감이 더욱 크게 다가오도록 하고 있다. 매스와 공간, 무거움과 가벼움의 풍부한 대화가 연속적으로 나타난다. 앞에서 암시했던 것처럼, 스코틀랜드의 타워 하우스 또한 이러한 방법으로 해석될 수 있다. 타워 하우스는 서로 반대되는 것들을 융합함으로써 개별적인 요소들의 특이성을 얼마나 강조할 수 있는지를 보여주는 좋은 예이다.

내부와 외부
스코틀랜드 타워 하우스의 외형은 일반적으로 주요한 내부 공간인 홀의 형태를 따르게 된다. 마치 바로크 시대의 교회 건축물이 보여주는 것처럼 건물이 담고 있는 내용물과 건물이 표현하는 것이 반드시 일치해야 하는 것은 아니다. 건물의 외형과 내부 공간은 종종 서로 다른 기준을 따르기도 한다. 이는 대지의 위치와 지역성에 의해 규정된 외부 상황에 대응할 수 있는 기회를 제공한다는 점에서 도시적인 컨텍스트를 통해 이해되어야만 한다. 반면 타워 하우스 내부에 "중간에" 감춰진, "중량의" 켜이자, 매우 다양한 방법으로 삽입될 수 있는 공간인 "호주머니 공간(Poche space)"이 있다는 점은 흥미롭다. 이러한 공간으로는 수직적인 진입 동선, 때때로 서로 연결되기도 하는 작은 방들 뿐만이 아니라 방이 밖으로 돌출되어 형성된 창 알코브 등을 들 수 있다.

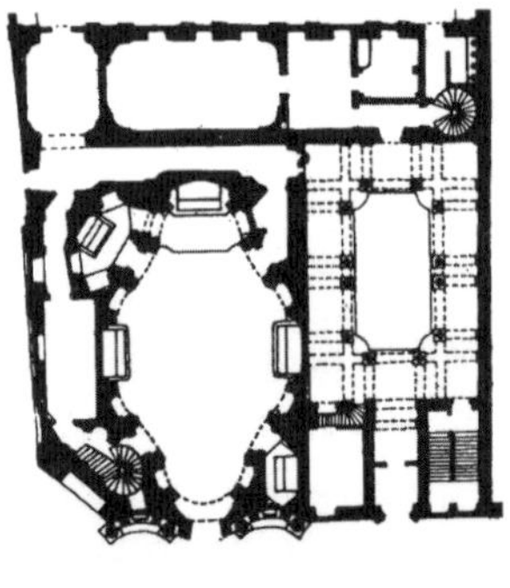

그림 77 : 평면도
Francesco Borromini : San Carlo alle Quattro Fontane, Rome (이탈리아), 1634 - 67

외벽의 두께가 무려 4m에 이르며, 두터운 외벽 때문에 내부에 많은 공간을 만들지 못했던 초기 형태의 타워 하우스의 경우, 벽은 일반적으로 말하는 외벽이라기 보다는 "돌로 만든 갑옷"이라고 하는 것이 더욱 나은 표현일 것이다. 이렇듯 일반적이지 않고, 사실 믿을 수 없을 정도인 크기의 벽은 생활 공간을 보호한다는 목적의 직접적인 결과이다. 격실에서부터 타워 하우스라는 석조 건축물로 점차 전이되는 과정은 얼핏 보기에는 이러한 목적과 모순되는 것으로 보인다. 그러나 이는 중앙 홀에 인접하면서도 석조 건축물의 강도를 치명적으로 약화시키지 않는, 개별적인 실들로 이루어진 "중간" 켜를 형성한다. 개구부가 적게 형성되어 있기 때문에 이렇듯 속을 비우거나 내벽의 두께를 얇게 함으로써 내부 공간을 확장하는 과정은 외부에서는 보이지 않는다. 이러한 방식으로 형성된 추가적인 공간은 모든 부수적인 생활 기능이 벽 그 자체에서 이루어질 수 있도록 한다. 중앙 홀은 상대적으로 제약을 덜 받게 되며, 이에 따라 타워 하우스의 전체 부피를 늘리지 않고도 중앙 홀의 크기를 늘릴 수 있게 된다. 이를 통해 Louis I. Kahn이 "제공하는(servant)" 공간과 "제공받는(served)" 공간이라고 표현한 것처럼 주요 공간과 부속 공간이 명확히 구분되어진다. 이러한 구분은 ("음화" 처럼) 외벽을 고려하지 않고 내부 공간의 레이아웃만을 생각해 봤을 때 더욱 명확해진다. 중앙 홀로부터 출발하여 모든 내부 공간은 마치 태생적인 규칙에 따라 움직이는 벡터화된 섬모들처럼 전개되고, 분기된다.

공간의 삽입
이러한 부속 공간들은 사실 중앙 홀이 공간을 둘러싸고 있는 벽 속으로 "파고 들어간" 결과물이며 각각의 특수한 기능에 따라 구분되어진다. 중앙 홀의 알코브에서 주변의 부속 공간들을 바라볼 때 이 공간들이 과연 중앙 홀의 일부로 간주되어야 하는지, 아니면 독립적인 공간으로 다루어져야 하는지에 관한 의문이 생기게 된다. 벽난로를 제외한 모든 알코브(한적한 구석 또는 창가에 위치한 알코브, 또는 성벽 총구멍에 형성된 알코브 등)가 외부를 향하고 있다는 점, 즉 자연광을 직접 받는다는

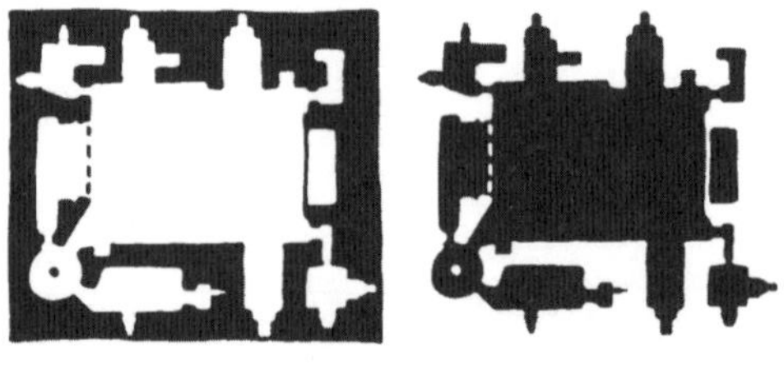

그림 78 : "양화" 와 "음화"
Comlongan Castle, Dumfries (Scotland, 영국), 15세기

그림 79 : 좌석이 있는 알코브
Comlongan Castle, Dumfries (Scotland, 영국), 15세기

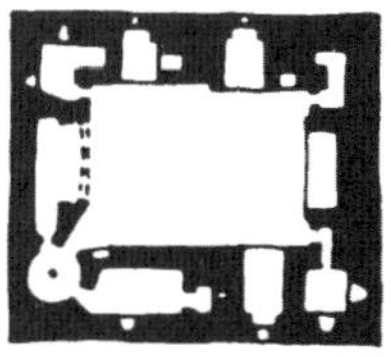

그림 80 : Comlongan Castle

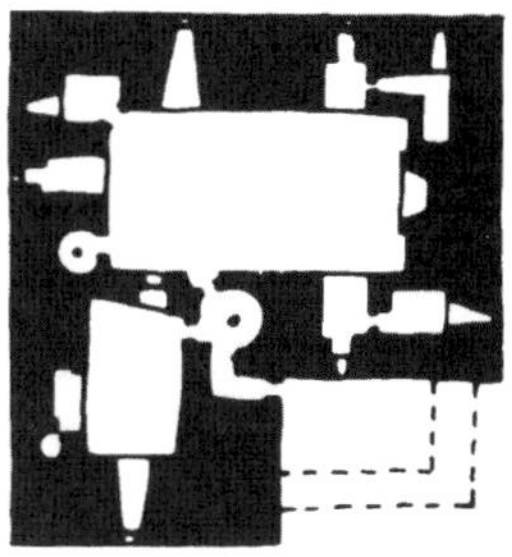

그림 81 : Cessford Castle

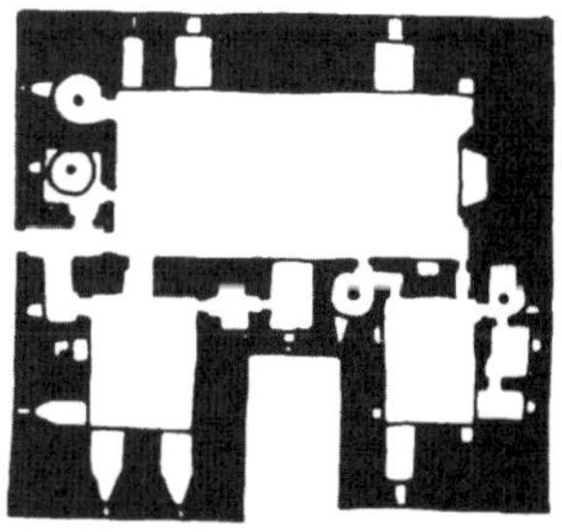

그림 82 : Borthwick Castle

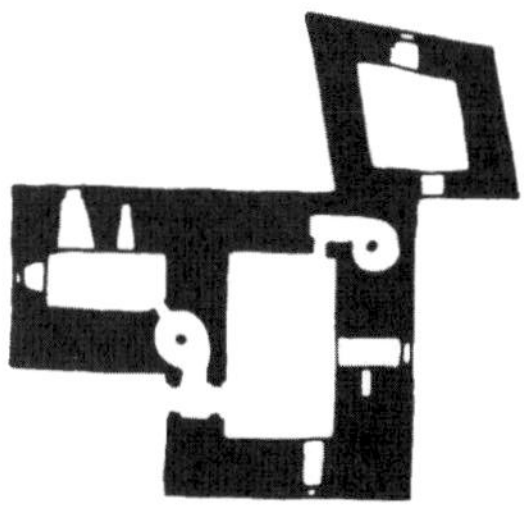

그림 83 : Dundas Castle

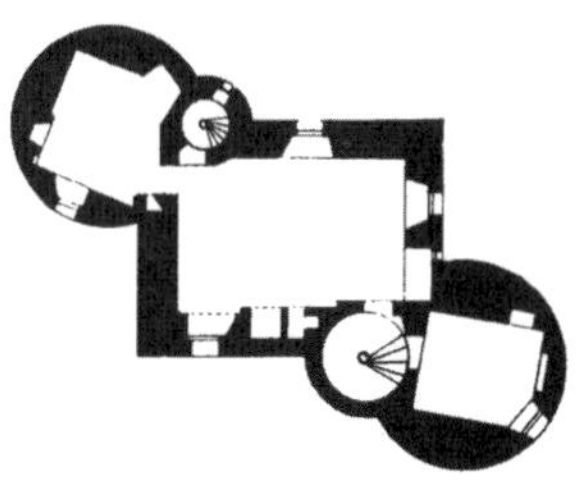

그림 84 : Claypott Castle

점은 분명하다. 중앙 홀과 같은 높이에 형성된 알코브는 마치 알코브가 중앙 홀의 확장되어 만들어진 것처럼 보이도록 한다. 이와 반대로 계단을 통해 접근할 수 있는 알코브나 고정식 가구가 배치된 알코브는 독립적인 격실처럼 다루어지게 된다. 중앙 홀로 통하는 작은 개구부가 감춰졌을 경우에는 이러한 분리의 효과가 더욱 분명하게 드러나는데, 사실 이러한 효과는 알코브에 의한 것이다. 이러한 공간들은 중간에 개입되는 벽에 의해 중앙 홀과의 직접적인 연결이 방해받게 된다는 점에서 구획의 원리를 따른다고 할 수 있다.

개구부

전면에 걸쳐 밀폐된 중앙 홀에 유입되는 빛은 빛을 받아들이는 알코브의 디자인과 형태에 따라 서로 다르게 나타난다. 기본적으로 두 가지 종류의 개구부로 나눠볼 수 있다 :

바깥쪽으로 문설주가 벌어진 개구부

바깥쪽으로 문설주가 벌어진 좁고 깊은 개구부는 반사 작용에 의해 내부 공간에 균일한 확산광을 퍼뜨린다. 창을 통해 들어오는 빛은 특정 영역에 국한되는 것이 아니기 때문에 이러한 창은 기능적인 요구 사항에 더욱 잘 대응할 수 있다. 창은 중앙 홀의 모퉁이 또는 끝에 위치한 벽에 교묘하게 위치하고 있어 길게 늘어진 벽에 간한 측광을 퍼뜨리게 되며, 이에 따라 벽은 Borthwick Castle에서 볼 수 있는 것처럼 밝게 빛나는 "채광벽"으로 변하게 된다. 따라서 중앙 홀의 향은 공간의 기하학적 구조만이 아니라, 서로 다른 명도를 갖게 되는 벽의 작용에 의해서도 결정되는 것이다. 밀폐된 중앙 홀의 저층부가 단지 몇 개의 개구부를 정교하게 위치시킴으로써 놀라울 만큼 효율적으로 조명이 이루어지게 되는 반면, 중앙 홀의 고층부는 어두운 천장이 된다.

알코브

깊숙이 자리잡은 알코브은 완전히 다른 방식으로 빛을 받아 들인다. 알코브는 주로 직각을 기반으로 배치된 평면에 사용되는데, 유입된 자연광의 확산을 일부 방해하는 특징이 있다. 이에 따라 중앙 홀의 "내부" 파사드는 빛과 그림자가 극명하게 대비되며 역동적인 느낌을 갖게 될 뿐 아니라, 무엇보다도 주위 환경과의 시각적인 관계를 통해 음울한 분위기의 건물 외관의 느낌과는 반대로 매우 넓고, 밝으며, 포근한 느낌을 갖게 된다. 이러한 점은 평면에 관해 연구하기 전에는 예측할 수 없는 매우 놀라운 특징이다!

수직적인 침투와 체계

몇 가지 예외적인 사례를 제외하고, 전 층에 걸친 평면의 개념이 복도를 사용하지 않고 체계화되어 있다는 점은 주목할 만하다. 대신에 다양한 나선 계단들이 (Hermann Muthesius이 그의 저서인 Das Englische Haus에서 표현한 것처럼) 수직적인 복도 시스템으로써 사용되며, 일반적으로 외벽의 모퉁이 또는 차후 증축된 부분과 연결되는 지점에 놓여진다. 이러한 "복도 시스템"의 특징이라 하면 전 층을 연결하는 계단실이 없다는 점을 들 수 있다. 일반적으로 타워 하우스에 사용되는 나선 계단은 기능적인 필요성에 의해 불가피할 경우에만 여러 개의 층을 연결한다. 결과적으로 타워 하우스는 복잡한 3차원 미궁이 된다.

이러한 방식은 타워 하우스 내부로 들어온 적을 혼란스럽게 하고 길을 잘못 들어서게 하는 핵심적인 방어 기법이었다. 마치 "바늘 구멍"을 통과하기가 힘든 것처럼 입구와 출구의 폭이 좁은 나선 계단에서, 단의 위치를 바꾸거나 방향을 회전시키는 등의 방법을 통해 계단을 손쉽게 방어할 수 있었다. 각 층이 서로 다른 지점에서 연결되기 때문에 침입자는 향에 대한 감각을 잃어버리게 된다. 이렇게 적을 혼란시키는 데에 또 다른 방식이 추가적으로 필요하지는 않았다. 이러한 방식은 타워 하우스의 동선에 관한 개념의 정수를 이루는 것이었다. 또한 다양한 방법을 통해 적이 예상치 못하게, 불시에 방어자가 대피할 수 있게 했던 감춰진 피난 통로 역시 과소 평가되어서는 안 되는 것이다.

조직

초기 타워 하우스의 진입부는 이 후 나타났던 타워 하우스들처럼 지면 높이에 위치하지 않았으며, 건물의 외부에 위치한 목조 계단 또는 건물의 측면에 위치한 다리를 통해 생활공간인 2층으로 직접 진입하는 방식을 사용했다. 하나의 층에 하나의 공간만을 담는 타워 하우스의 전형적인 수직적 공간 배치 방식에 따라, 일반적으로 1층에는 창고와 감옥(지하감옥, 내성), 2층에는 일상 생활을 위한 가장 중요한 홀, 3층에는 영주를 위한 방, 4층에는 영주의 식구와 하인들을 위한 방이 배치되었으며 그 위에 총안이 있는 흉벽이 배치되었다.

평면 레이아웃

건물의 방어적인 기능과 함께 각각의 층에 생활을 위한 공간을 추가하고 싶다는 요구가 늘어나면서 두 가지 목적을 모두 만족시키기 위해 독특한 평면 형태(장방형, L자형, C자형, H자형, Z자형)가 나오게 되었다. 기본적인 형태(단순한 장방형)에서 출발하여 타워 하우스는 항상 동일한 패턴에 따라 공간을 확장했는데, 이는 기존의 중앙 홀과 유사한 특징을 갖지만 크기가 좀 더 작은, 새로운 "주요 공간"을 형성하고 기존의 외벽을 확장함으로써 이를 밀폐한다는 방식이다. 벽의 일부에서 새로운 공간으로 전환되는 것은 대개 가장 중요한 부속실들이었다. 그러나 대부분의 타워 하우스의 경우 평면 레이아웃을 변경함으로써 기존의 건물을 변화시키는 방식을 사용할 수 없었다. 따라서 방어에 대한 현대적인 개념과 영주의 힘을 과시할 수 있는 외관에 대한 요구라는 두 가지 측면 모두를 만족시키기 위해서 기존 건물을 파괴하고, 재건축하게 되었다.

변형

타워 하우스의 방어적인 측면이 줄어들면서 영주의 힘을 과시할 수 있는 외관에 대한 요구가 점차 늘어나게 되었으며, 그 동

그림 85 : 상에서 하로 : 파사드, 단면도, 5층 평면도, 2층 평면도
Craigievar Castle, Aberdeen (Scotland, 영국), 17세기

안 외벽 안에 감춰져 있던 알코브와 방들이 파사드 표면으로 튀어 나오기 시작했다 (즉, 이러한 공간들은 마치 외피를 꿰뚫고 나오려 하는 고형체처럼 외부를 향하게 되었다). 타워 하우스 본연의 정적이고 중량감 있는 외관은 점차 돌기가 달린 건축적인 형태로 변하게 되었다. 이러한 돌기는 중앙 홀이 위치하는 가장 중요한 층이 아니라 오히려 그 위에서부터 시작되었으며, 파사드의 표면과 단면의 내부에서 확인할 수 있다. 모퉁이에 위치한 여러 개의 첨탑과 옥상 구조물은 건물의 실루엣을 특징지으며, 왕관의 형태를 공간적으로 재현했다. 이 후 나타난 타워 하우스들의 회화적이고 낭만적인 건축 어휘는 각 시대의 매우 다양한 경향을 따르고 있으며, 불필요한 방어 장치들은 모두 제거되었다.

이와 마찬가지로 건물의 내부 조직 역시 Craigievar Castle에서 볼 수 있는 것처럼 클러스터를 이루는 공간의 집합체로 변하게 되었다. 중앙 홀은 더 이상 다른 공간보다 높은 위계를 갖는 공간이 아니게 되었으며, 다양한 방향에서 상부층과 접하고 필요에 따라서 구획되고, 향을 변화시킬 수 있는 공간이 되었다. L자형 평면을 갖는 타워 하우스의 경우, 중앙 홀보다 더 큰 부속 공간들을 파사드에서 쉽게 확인할 수 있었다. 공간의 수직적인 연결은 중앙 홀에서부터 출발하거나 또는 중앙 홀에 직접적으로 이어졌다. 내부 공간의 레이아웃을 지배하는 여러 층에 걸친 접근성과 상호연결의 원리는 건물 전체에 걸쳐 형성된 다양한 계단과 계단으로부터 분기된 수평, 수직 동선들에 의해 이어지며, 이러한 방식을 통해 각 층은 체계화된다. 기존의 타워 하우스에서 찾아볼 수 있었던 주요 공간과 부속 공간의 명확한 위계 구조는 복잡한 "공간의 집합체"로 변하게 되었다.

형태의 감소

두꺼운 벽은 길게 늘려진 장방형 공간을 감싼다. 벽의 두께와 기하학적 형태는 내부적 또는 외부적으로 동일하지 않다. 그러나 내부 공간의 기하학적인 형태는 공간을 감싸는 네 개의 코너에 의해 정밀하게 정의된다.

외부 세계와의 공간적인 관계를 형성하는 것은 오직 벽에 난 개구부 뿐이다. 동시에 공간을 감싸는 벽은 L자형의 개별적인 단편으로 분할된다. 벽의 두께는 개구부에 달린 문설주의 깊이를 통해 시각적으로 확인할 수 있다. 벽 표면에 개구부가 위치되면 공간 본연의 기하학적 형태가 명확하게 드러나게 된다.

그러나 개구부가 내측 모퉁이에 위치하거나, 문설주를 통해 벽면을 확장하기 위해 층 높이에 다소간 맞춰지게 되면, 내부 공간의 느낌은 "빠져나가게 되고", 공간은 기하학적인 형태를 잃어버리게 된다. 개구부에 의해 분할된 벽의 단편은 선형의 것이 되어 공간을 "감싸는" 능력을 잃게 된다.

또한 이러한 벽의 단편이 공간을 담고 있을 때, 이는 중앙 홀의 공간적인 성질에는 별다른 영향을 끼치지 않지만 경제적인 관점에서 바닥 면적을 분명히 확장시키는 것으로, 이는 벽체, 즉 내력 구조체를 줄일 수 있는 최대 한계에 따라 결정된다. 그러나 이러한 고형식 벽의 진정한 크기는 오직 벽이 담고

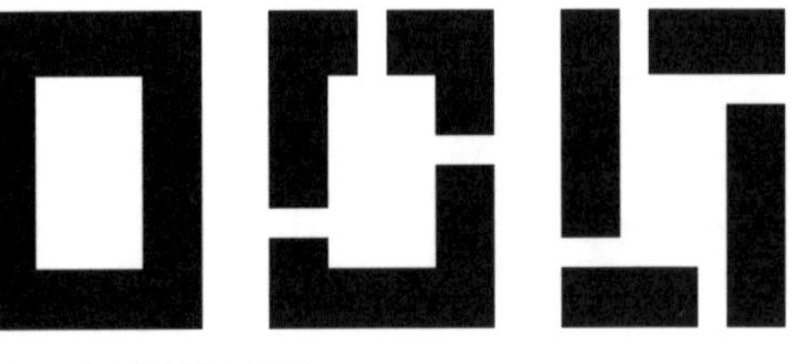

그림 86 : 평면 레이아웃의 개략도
밀폐된 공간 - 개구부가 형성된 공간 - 개구부가 모퉁이에 형성된 공간

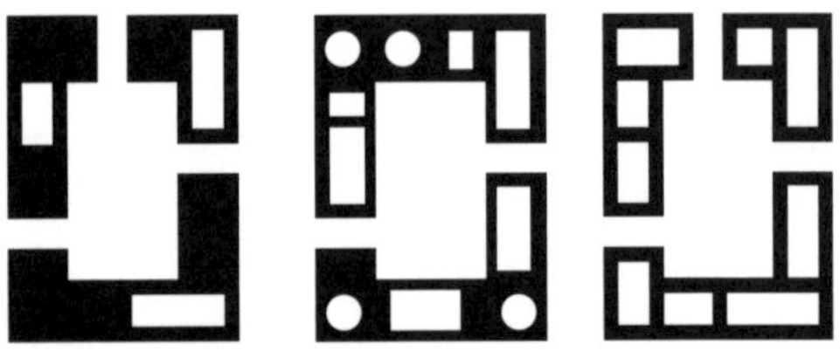

그림 87 : 평면 레이아웃의 개략도
개별적인 공간 - 다양한 공간의 삽입 - 벽 두께를 최대로 이용한 형태

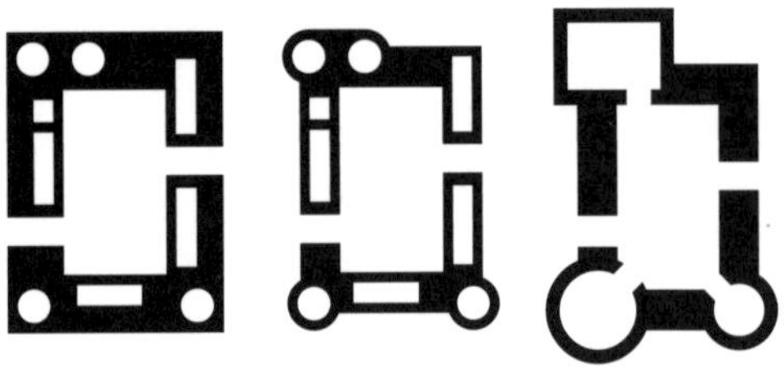

그림 88 : 평면 레이아웃의 개략도
"순수한" 기본 형태 - 기본 형태의 확장 - 조각적인 표면

있는 공간을 직접 바라봐야지만 알 수 있는 것이다. 공간의 기하학적 형태와 크기가 (예를 들어 성능적인 요구 조건에 부합하기 위해) 다양하다면, 이들이 건물의 내부와 외부에 미치는 영향은 작다. 오직 공간을 담고 있는 벽의 두께가 얇은 경우에만 이러한 영향은 매우 크게 나타나며, 외부를 향하여 "돌출된" 공간은 쉽게 시각적으로 인식할 수 있게 된다. 이 과정에서 겉으로 돌출된 공간들은 건물의 외관을 조각적으로 만들지만, 여전히 본연의 각진 기본 형태를 찾아볼 수 있기도 하다.

그러나 만약에 이러한 공간들이 건물의 모퉁이에서 확대되어 벽의 경계를 넘어 크게 돌출된다면, 타워 하우스 본연의 기본적인 형태를 더 이상 찾아볼 수 없는 단계에 이르게 된다. 이는 벽 사이에 놓인 큰 공간들로 정의되는 새로운 구성 방식으로, 기본적인 형태와는 큰 관련이 없는 것이다. 반면 이러한 과정에서 내부 공간, 즉 중앙 홀의 기하학적 형태는 묘하게도 원형을 유지하게 되는데, 이는 스코틀랜드 타워 하우스의 공간적인 확장에 관한 가설을 입증하는 것이다.

연속적인 팽창의 개념

영국 및 유럽 본토의 건축적 발전과 대조적으로, 타워 하우스의 수직적인 공간 체계가 이 후의 스코틀랜드에서 나타나는 "성채"를 지배하는 기본 원리였다는 점은 매우 특이한 것이다. 수평 방향으로 공간을 확장시키기 위해서 별도의 구조물 ("jam"이라고 불린다)이 덧붙여지게 되었는데, 이는 더 이상

그림 89 : 단지 전체의 2층 평면도
Glamis Castle, Tayside (Scotland, 영국), 13세기 - 17세기

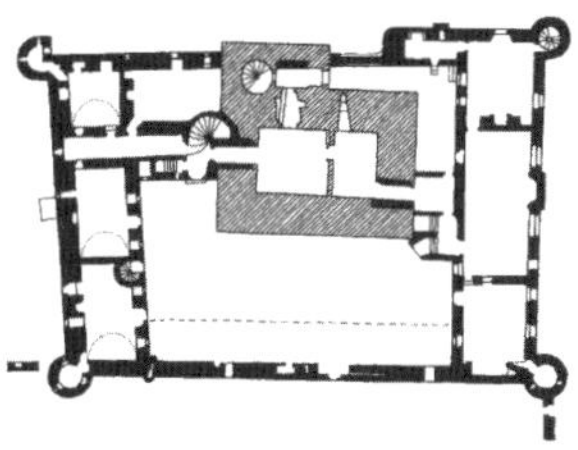

그림 90 : 단지 전체의 1층 평면도
Craigmillar Castle, Edinburgh (Scotland, 영국), 14세기 - 16세기

공간을 추가하는 형태가 아니라 서로 연결된 "타워 하우스군"의 형태로 이루어졌다 (이러한 점은 사실 건물의 외부가 아니라 단순한 구획의 원리로 만들어진 내부 공간의 레이아웃에서 찾아볼 수 있다). Glamis Castle은 17세기 양측의 보조탑과 함께 "L자형" 평면을 사용한 좋은 예이다.

프랑스 궁전에 사용된 Jam

Craigmillar Castle은 건물을 둘러싸고 있는 주변 건물들과 함께 타워 하우스의 역사에서 나타나는 또 다른 현상을 보여주는 사례이다. 최초로 형성된 타워 하우스는 새로운 단지가 이루는 공간의 연속에 혼합되었다. 그러나 Glamis Castle와 달리 이 타워 하우스는 다분히 "유혹적"이다. 두꺼운 외벽이 단지 전체에 섞이게 되는 모습은 오직 횡단면도에서만 찾아볼 수 있다.

Adolf Loos와 스코틀랜드 타워 하우스?

1920년대 후반부터 나타난 Adolf Loos의 중산층을 위한 도시 주택들의 검소한 표현과 단순성, 수직성, 입방형을 강조한 형태는 스코틀랜드의 타워 하우스와 밀접한 관계를 맺고 있는 것이다. 이 주택들은 한 편으로는 용도에 맞도록 적절하게 세워진 벽이 공간을 정교하게 감싼다는 점에서, 다른 한 편으로는 공간의 위계라는 고전적인 개념에 따라 복잡하게 연결된 공간들이 풍부한 다양성을 보인다는 점에서 인상적이다.

타워 하우스도 이와 유사하다. 근본적으로 타워 하우스의 외관은 검소하고 장식이 배제되어 있으며, 내부 공간은 기능적인 배치에서 다양한 위계를 갖는 미로 같은 내부 구성으로 발전하였다. 내부 공간의 측면에서 Loos의 작품과 연관된 것은 Craigievar Castle 등 가장 최근에 나타난 타워 하우스들이다. 이 건물들의 공간적인 복잡성과 정교하게 장식된 내부 공간의 표면, 특히 중앙 홀을 덮고 있는 볼트에 칠해진 벽토나 외벽 밖으로 돌출된 공간에 사용된 목제 내장재는 앞에서 언급한 Loos의 도시 주택에 사용된 다양한 재료의 내장재에 필적하는 것이다.

공간적인 평면

Adolf Loos는 공간들이 수평적, 수직적으로 얽히는 조직을 설계하며 공간적인 평면이라는 용어를 사용했다. 이러한 전략은 타워 하우스에서도 적용해볼 수 있다. 그러나 사실 타워 하우스에서 공간적인 평면은 중앙 홀과 다양한 알코브 및 발코니에 국한되는 것이다.

Loos는 다양한 크기와 다양한 높이를 갖는 공간들의 상호 의존이라는 주제에 대해 연구했다. 이러한 이론의 요지는 다양한 공간들을 외부적으로 간결한 크기를 갖는 밀도 높은 집합체로 압축함으로써 공간적인 경제성을 얻는다는 것이었다. 정밀하게 배치된 개구부는 각 공간을 연결하고, 개구부의 크기를 통해 각 공간들의 공간적이고 위계적인 결합을 형성했다.

전혀 다른 체계로 이루어져 있음에도 불구하고, 타워 하우스와 Loos의 작품은 어떠한 관계성을 지닌다. 두 건물 모두 중앙 홀 또는 하나의 층에 걸쳐 복도를 배제하고 있으며, 두 건물에 사용된 몇 개의 계단실은 전 층을 연결하지 않는다. 타워 하우스에서 이러한 방식은 침입자를 혼란스럽게 한다는 목적에 의해 사용되었지만, Loos의 작품에서는 연속적으로 이어지는 내부 공간을 형성하기 위해 사용되었다. 타워 하우스에서 한 층 전체의 크기 만큼 확장되었던 핵심 공간인 중앙 홀은 Loos의 설계에서도 쉽게 찾아볼 수 있는 것이다.

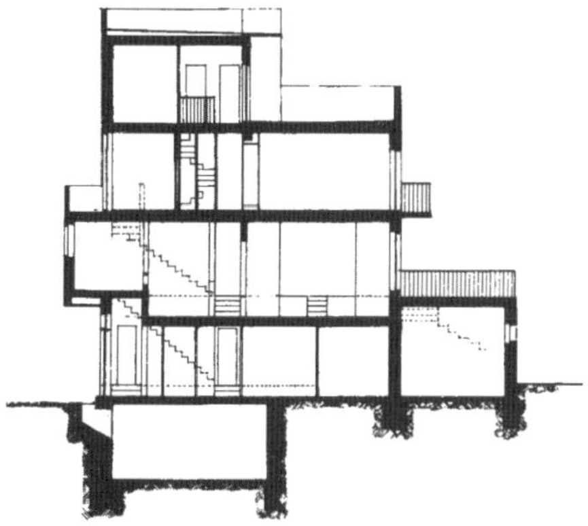

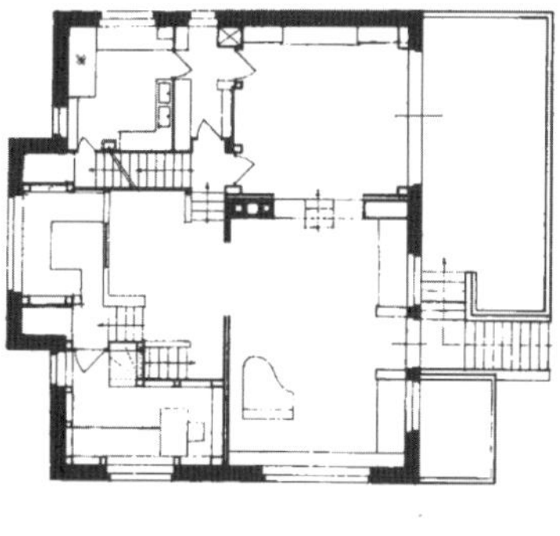

그림 92 : 단면도, 2층 평면도
Adolf Loos: Moller House, Vienna (오스트리아), 1928

그림 91 : 주요 층 모형의 일부, 졸업 논문을 위한 연구, ETH Zurich, 2002
Adolf Loos: Moller House, Vienna (오스트리아), 1928

Louis I. Kahn과 스코틀랜드 타워 하우스?

David MacGibbon과 Thomas Ross의 5권 짜리 저서인 *The Castellated and Domestic Architecture of Scotland*는 스코틀랜드의 성채에 관한 가장 표준적인 참고 자료로 알려져 있다. Kahn이 이 책에서 자세하게 다뤄지는 Comlongan Castle에 대해 종종 언급하는 것을 볼 때, 그가 적어도 이 출판물의 1권에 대해서 매우 잘 알고 있었음이 분명하다.

Kahn은 (스코틀랜드 타워 하우스의 초기 사례에서 볼 수 있는 것처럼) 그 자체의 내부에도 공간을 담고 있는 방어벽으로 둘러싸인, 단순하고, 명료하며, 거의 고대의 산물이나 다름없는 이 공간에 큰 매력을 느꼈으며 이는 그의 작품에서도 찾아볼 수 있다. Kahn이 흥미를 느낀 부분은 매스 그 자체가 아니라 벽에 공간을 삽입함으로써 주요 공간을 감싸고, 서로 다른 공간적 관계를 형성한다는 개념이었다. 중앙 홀과 이를 둘러싼 몇 개의 부수 공간이 이루는 단순하지만, 쉽게 이해할 수 있는 공간의 위계는 Kahn의 작품에서 나타나는 특징이기도 하다.

그림 93 : 상에서 하로 : 파사드, 내부 홀, 주변에 위치한 열람용 알코브
Louis I. Kahn: Phillips Exeter Library, Exeter (New Hampshire, 미국), 1968 - 72

Phillips Exeter library

대칭적인 구조를 이루는 Phillips Exeter Library (1968~72)의 정방형 평면에서는 공간들이 이루는 두 개의 고리가 다층의 홀을 둘러싸고 있다. 내측 고리는 네 개의 진입구와 건물의 모퉁이를 표시하는 서비스 코어를 포함한다. 외측 고리는 소규모 파사드의 배열의 규칙성을 고려하지 않는 듯이 내측 고리를 둘러싼다. 오직 건물의 모퉁이에서만 두 고리는 만나게 된다.

각 층을 연결하는 홀에서부터 2층 규모의 열람실에 인접하여 각 층에 위치한 서가에 걸쳐 나타나는 공간적인 압축은 건축주의 특수한 요구 사항에 정확하게 대응하는 것이다. 건물의 바깥 둘레를 보강하는 것은 창틀 문설주 사이에 마치 가구처럼 삽입된 열람용 알코브의 입체적인 느낌이다.

Kahn은 타워 하우스의 방어벽 안에서 나타났던 주요 공간과 무작위로 형성된 듯한 부속 공간들의 구분을, 동심원의 형태로 배치되고 서로 다르게 구성된 공간의 켜가 이루는 엄격한 위계로써 재해석하고 있다.

두꺼운 벽돌 벽의 각주가 위로 향하면서 점차 가늘어져, 건물은 외부에서 볼 때 마치 "나무줄기" 처럼 보이게 된다. 서로 다른 높이에 배치된 개구부는 대좌, 기둥, 엔타블러처(Entablature)라는 고전적인 건축 규칙에 따라 건물을 분할한다. 건물의 모서리는 다듬어져 뒤에 감춰진 개방적인 내부 공간을 드러낸다.

이러한 방법이 건물 전체의 연속적인 느낌을 저해하는 것이기는 하지만, 건물 모서리에서 외측 고리의 깊이를 볼 수 있도록 한다. 외벽이 모서리에서 만나지 않는다는 점에 의해 건물의 압축된 매스는 부드러워진다. 그리고 이러한 방법을 통해 내부 공간의 풍부함을 표면에서도 쉽게 인식할 수 있도록 하고 있다.

최근의 주택 작품과의 비교 : 일본

일본의 소규모 주택

마치 카펫처럼 도시의 중심부를 따라 산발적으로 일어나는 지진의 위험 때문에 연담화 현상이 일어나게 된 일본의 인구 밀집 지역에는 독특한 형태의 소규모 주택이 건립되었다. 엄청난 경제적 압력에 따라 이에 따른 각종 건축 규제들이 제정되면서, 건물의 평면이 필지의 거의 전 면적을 덮는 수준에 이르게 되었다. 이에 따라 경제적인 건축 형태에 대한 필요성이 증대되었는데, 특히 중요했던 점은 새로운 건축 방식이 이렇듯 매우 제한적인 공간의 관계에 대응할 수 있어야 한다는 점이었다. 새롭게 나타난 "소규모 주택"들이 공통적으로 나타내는 특징은 이들의 공간적인 대응 방식이 근본적으로 내향적이라는 점으로, 이는 외부 공간에 파사드(이탈리아어에서 faccia는 얼굴(face)을 의미한다)를 형성할 수 있는 여유 공간이 거의 없었기 때문이다. 간결하게 만들어진 건물들은 건물 사이에 최소한의 여유 공간만을 남기고 지어지거나, 기존에 지어진 건물 사이에 파고 들어 만들어짐으로써 파사드를 위한 공간은 거의 없었다.

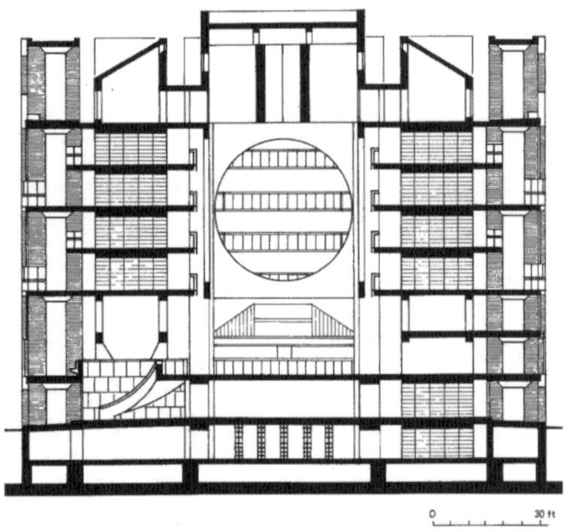

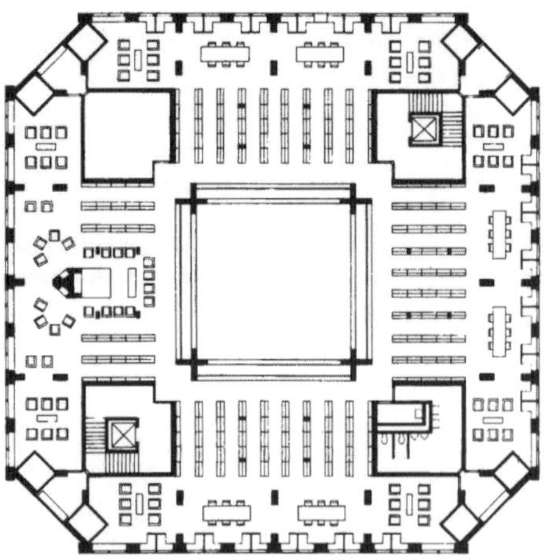

그림 94 : 단면도, 4층 평면도
Louis I. Kahn: Phillips Exeter Library, Exeter (New Hampshire, 미국), 1968 - 72

그림 95 : 밀봉된 매스 내부로 개구부가 파고 들어간다.
Jun Tamaki: Hakama House, Kyoto (일본), 1998

Hakama House

교토 우지(Uji-shi)지방에 위치한 Jun Tamaki의 Hakama House (1998)는 낡은 가옥과 길에서 멀리 떨어진 필지의 진입부 사이 소로 위에 위치하고 있다. 외부에서 볼 때, 건물은 인접한 환경에 자폐적으로 대응하고 있다. 이음매 없이 한 덩어리를 이루고 있는 건물을 덮는 평지붕은 두터운 줄눈에 의해 벽으로부터 분리된다. 균일하게 보이는 건물의 디자인은 매스 안쪽으로 깊게 파고 들어가는 깔대기 형태의 개구부에 의해 두드러지게 나타난다. 심지어 몇몇 개구부는 건물의 시각적인 효과를 약화시킬 수도 있는 단계에 이르고 있기도 하다. 외벽과 평면을 이루도록 만들어진 개구부도 있지만 그 크기와 위치 때문에 시각적으로 두드러지는 깔대기형 개구부에 비해 부수적인 요소로 작용하며, 건물의 균일한 느낌에 영향을 미치지 못한다. 따라서 중앙의 2개 층에 걸친 홀을 중심으로 부속 공간들이 이를 둘러싸며 띠를 만드는 건물의 체계가 현저하게 드러나게 되는데, 이는 건물이 서 있는 위치에서 외부로의 조망이 큰 의미를 갖지 못하기 때문이다. 이보다 더욱 중요한 것은 건물의 중앙에 "포획된" 주요 공간과 이 공간의 채광, 인접 공간과의 관계이다.

원룸 주택?

중앙 홀은 복도 없이도 자유로운 접근성을 보장할 뿐 아니라, 동선의 영역이자 거주가 가능한 공간으로써 기능한다. 중앙홀로부터 건물 내에 유일한 계단을 통하여 상부층으로 갈 수 있다. 두 공간의 대립적인 양상은 커튼으로 주요 공간을 가리거나, 커튼 뒤에 위치한 알코브가 보이도록 커튼을 열어두는 방식을 통해 조절되어진다. 이러한 방식을 통해 거주자는 커튼을 닫아 사유적인 느낌을 갖게 되는 "단일 공간"을 만들거나, 커튼을 열어 중앙 홀을 주변으로 연장시킴으로써 실제보다 내부 공간을 커 보이게 하는 광범위한 효과를 얻을 수 있다.

졸업 논문, ETH Zurich

한 쌍을 이루는 타워 하우스

Catherine Gay는 1999년의 졸업 논문에서 스위스 취리히 크로이츠 광장(Kreuzplatz)에 위치한 고층 건물을 예로 들며 분리되고, 밀집된 건물에 대해 다루고 있다. 두 개의 육중한 고층 건물은 크로이츠 광장의 도로변, Arterpark의 나무들 사이에 위치하고 있다. 두 건물은 이 지점에서 공원을 분할하며, 크로이츠 광장에서 공원으로 들어가는 진입구를 형성하고 있다. 건물의 중량감 있는 외관은 사암 외장 석재와 규칙적으로 형성된 개구부에서 기인하는 것이다. 건물의 상부가 뒤로 후퇴한 파사드는 고층의 느낌을 두드러지게 한다. 내부 공간은 이러한 단단한 격자형 파사드 뒤에 감춰져 있으며, 건물 내부로 들어가기 전에는 드러나지 않는다.

하중지지 구조체 VS 공간적인 구조

각 건물의 내력 구조체는 건물 자체의 윤곽에 거대한 축을 형성하고 있으며 ("튜브-인-튜브(tube-in-tube)" 구조), 이는 다양한 깊이의 홀 같은 공간들이 고리 형태를 이루는 내부 공간을 형성한다. 이러한 고리형 내부 공간이 콘크리트 바닥판에 의해 각 층으로 분리되는 반면, 건물의 중앙 축에 위치한 홀은 경량 구조의 바닥판에 의해 다양한 높이로 분할된다. 평면 레이아웃의 배치는 다소간 내력 구조체에 부합하며, 고리형 공간을 세분하거나 중앙 홀의 높이를 변화시키는 방법을 통해 다양하게 변화된다.

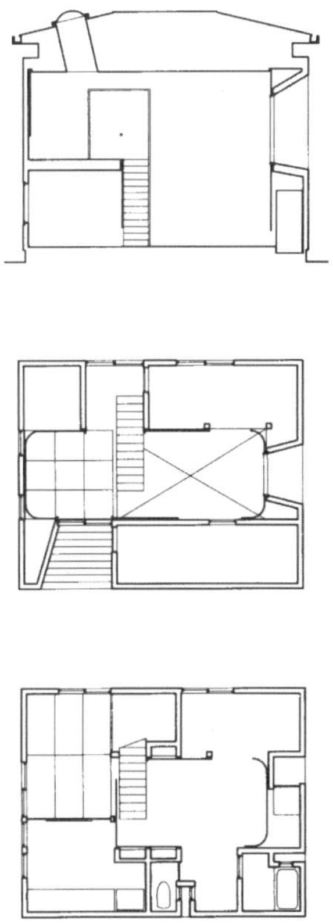

그림 96 : 단면도, 1층과 2층 평면도
Jun Tamaki: Hakama House, Kyoto (일본), 1998

그림 97 : 커튼을 젖힘으로써 주요 공간이 확장된다.
Jun Tamaki: Hakama House, Kyoto (일본), 1998

그림 98 : 커튼을 닫음으로써 주요 공간은 경계지어진다.
Jun Tamaki: Hakama House, Kyoto (일본), 1998

그림 99 : Catherine Gay : Towers at Kreuzplatz, Zurich
(졸업 논문, ETH Zurich), 1999

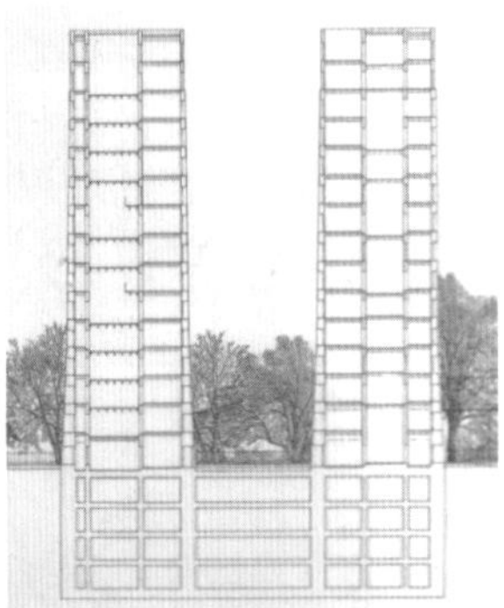

그림 100 : 건물의 단면도
Catherine Gay: Towers at Kreuzplatz, Zurich (졸업 논문, ETH Zurich), 1999

그림 101 : 내부 홀은 삼면에서 빛을 받아들인다.
Catherine Gay: Towers at Kreuzplatz, Zurich (졸업 논문, ETH Zurich), 1999

공간 이용의 자유로움

기준층은 침실과 로지아, 부엌, 욕실이 딸린 두 개의 방과 중앙 홀을 중심으로 모여 있는 연속적인 승강기와 계단실로 구성된 "전통적인" 레이아웃을 나타낸다. 중앙 홀은 그 크기 때문에 주로 사용되는 공간으로 석조 각주로 둘러싸여 있으며, 홀의 바닥은 다른 부분보다 약간 낮은 레벨에 위치한다. Jun Tamaki의 Hakama House에 사용된 직물 커튼과 대조적으로 이 건물에서 공간을 규정하는 경계는 고형의 것으로, 이동이 불가능하다는 점으로 특징지어진다. 공간의 위계는 공간의 위치와 크기는 물론, 경계 요소의 물성에 따라서도 결정된다.

밀폐된 홀을 둘러싸는 이중벽의 고리와 비내력 칸막이벽을 수직적으로 적층한다는 원리는 공간을 다양하게 이용할 수 있도록 한다. 예를 들어 이 고층 건물은 내력 구조체를 크게 변화시키지 않고도 아파트는 물론 사무소, 레스토랑, 보육원 등으로 사용할 수 있다. 각각의 단위 공간은 바닥판을 따라 수평적으로 확장될 수 있을 뿐만 아니라 홀을 통해 수직적으로 확장될 수도 있는데, 이는 단일 층을 넘어서는 공간의 관계를 두드러지게 한다.

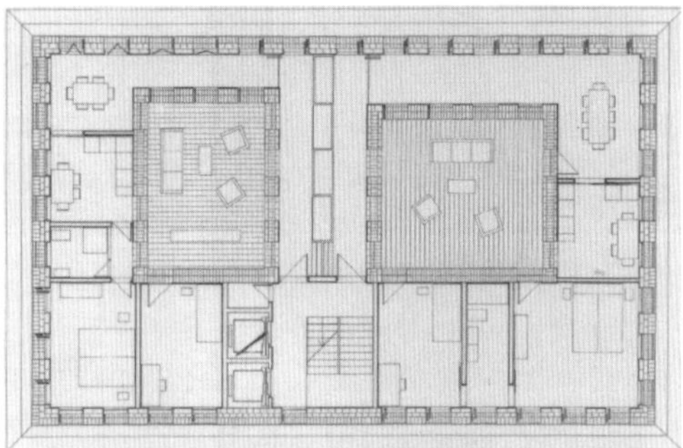

그림 102 : 기준층 평면도
Catherine Gay: Towers at Kreuzplatz, Zurich
(졸업 논문, ETH Zurich), 1999

프로젝트 진행에 따른 업무 준비 사항

Project phase	Services	Fee in % to SIA 102		Drawings sent to...	Which drawings?	Scale(s)	Accuracy of costs		Method of calculating costs	Dates, key parameters
Strategic planning	Formulation of needs, solution strategies	Reimbursement of costs								
Preliminary study	Definition of project, feasibility study, selection procedure	Reimbursement of costs		Client	Location drawings, block plans	1:10.000 1:5.000 1:2.000				
Draft project	Survey of potential options and rough estimate of costs	3 %		Client, authorities, some consultants	Site plans, cadastral surveys, plans, sections, elevations	1:1.000 1:500 1:200	Rough estimate	±25 %	Building volume (㎥), components	Preliminary clarification, preliminary decisions
	Draft project and estimate of costs	6 %	9 %				Estimate	±20 %	Building volume (㎥), components	
Building project	Building project	13 %		Client, authorities, consultants, specialists	Site plans, cadastral surveys, plans, sections, elevations	1:1.000 1:500 1:100				
	Detailed studies	4 %			Detailed sections, detailed plans, detailed elevations	1:20 1:5 1:1				
	Estimate of costs	4 %	21 %				Estimate	±10 %	Components, company prices	
Approval procedure	Approval procedures		2.5 %	Client, authorities	Site plans, cadastral surveys, plans, sections, elevations	1:1.000 1:500 1:100				Application for building
Tenders	Tender drawings (provisional working drawings)	10 %		Client, consultants, contractor(s)	Plans, sections, elevations, earthworks, drainage	1:50				Approval for building
	Issuing and comparing tenders, award of contract(s)	8 %	18 %				Tender for work required			
Detailed design	Working drawings	15 %		Client, contractor(s)	Publication and detailed drawings, plans, sections, elevations, earthworks, drainage, details of kitchens and sanitary facilities	1:50 1:20 1:5 1:1				
	Contracts with manufacturers	1 %	16 %				Preparation of contract principles			Release for construction
Construction	Design supervision	6 %								Start on site
	Site supervision and cost control	23 %	29 %				Cost control by means of estimate(s)			
Completion	Commissioning	1 %								
	As-built documentation	1 %		Client, authorities	As-built drawings, drawings for publication	1:500, 1:200, 1:100 as required				
	Management of guarantee work	1.5 %								
	Final invoice	1 %	4.5 %				Final invoice			
Management	Operation, maintenance	Reimbursement of costs								

주
이 목록은 스위스 표준 SIA 102, 2003년판(건축가의 업무와 보수에 관한 규정)에서 발췌한 것이다. 독일에서는 HOAI, 1991년판(건축가와 기술자의 보수의 범위)을 이와 유사하게 적용한다.

건축 공정

사전 공사	BKP1	- 토질 조사 - 정지 작업 - 공통 가설 배치 - 토공사
구조 쉘1	BKP2	- 현장 소장의 업무 비계 설치 공사 현장의 배수 콘크리트, 철근콘크리트 공사 석조 공사 - 콘크리트/철골/목조 구조물의 축조
구조 쉘2	BKP2	- 창문, 외부 문 - 굽도리 널 - 지붕 공사 - 특수 밀봉 및 단열 - 초벌칠 - 외부 표면 처리 - 차양, 외부 마감 공사
중위/기반시설	BKP2	- 전기 설비 - 보온, 환기, 공기 조절 설비 - 위생 설비 - 운송 설비 (승강기)
마감공사1	BKP2	- 회반죽 처리 - 철물 공사 - 줄눈 마감
마감공사2	BKP2	- 바닥 마감 - 벽 마감 - 천장 - 내부 표면 처리 - 건조 - 세척
외부 공사	BKP4	- 조경 - 구조 및 마감 공사 외부 시설의 배수 옹벽 설치 도로 및 주차장 - 정원 식재 담장 기타 설비 및 장치

주

위의 내용은 건설 현장에서 이루어지는 공정을 대략적으로 보여준다. 각각의 단계는 반드시 순서대로 진행되는 것이 아니라, 동시에 이루어지기도 한다. 몇몇 작업은 하나의 공정을 완료하기 위해 반드시 다른 시기에 진행되어야 한다.

이 목록은 Swiss Central Office for Building Rationalisation (CRB)의 Building Costs Plan (BKP)에 따라 다양한 공정을 분류한 것이다.

다음의 표준들도 이와 유사하게 적용된다 :
독일 DIN 276 "Building costs"
오스트리아 ONORM B 1801-1 "Building costs - cost breakdown"

구획에 의한 구조

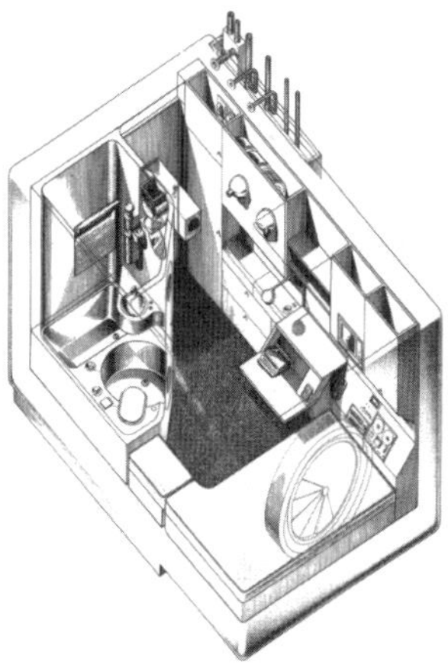

그림 103 : 단위 캡슐의 내부도를 보여주는 엑소노메트릭
Kisho Kurokawa: Nakagin Capsule Tower, Tokyo (일본), 1972

Kisho Kurokawa: Nakagin Capsule Tower

Kisho Kurokawa의 Capsule Tower는 두 개의 계단탑 주변에 144개의 동일한 단위 공간을 쌓아서 만든 조립물이다. 사전 제작된 각각의 단위 공간은 일반적인 화물 컨테이너의 크기와 동일하며, 욕실과 주방, 침대를 담고 있다.

건물의 배열은 설계와 건축에 적용된 원리를 조화롭게 표현하고 있다. 건물의 외형은 이러한 디자인의 잔유물이라기보다는 각각의 단위 공간은 서로 다른 향에 면한다. 적층의 원리를 적용함으로써 만들어진 산물이라고 할 수 있다.

그림 106 : 외부 전경, 높은 계단탑이 뚜렷하게 보인다.
Kisho Kurokawa: Nakagin Capsule Tower, Tokyo (일본), 1972

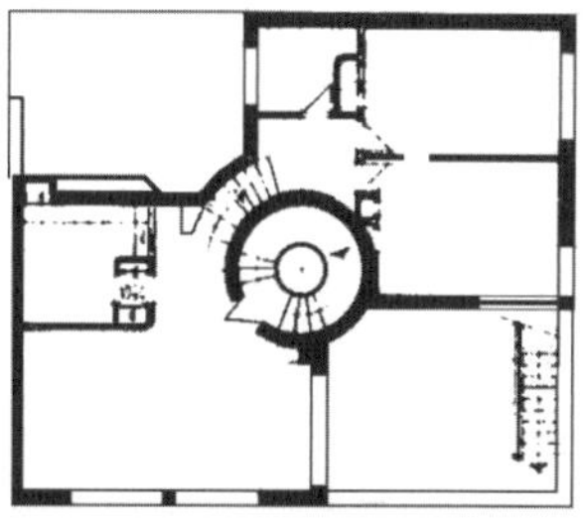

그림 104 : 2층 평면도, 우측에는 1층의 작업실 위로 테라스가 형성되어 있다.
Rob Mallet-Stevens: Martel Villa, Paris (프랑스), 1926 - 27

그림 105 : 노출된 계단실을 보여주는 작업실의 외부 전경
Rob Mallet-Stevens: Martel Villa, Paris (프랑스), 1926 - 27

Rob Mallet-Stevens: Martel Villa

이 건물은 추가적이면서도 분열적인 내부 공간의 모습을 보여준다. 평면은 장방형에 기본을 두고 있으며, 중앙의 원형 계단탑이 중앙축으로 전 층을 연결한다. 내부 공간은 마치 독립적인 격실처럼 이 중앙 축에 붙어 있는데, 건물 위로 올라갈수록 중앙 축에 붙은 공간의 수가 줄어들며 옥상 정원을 형성하고 있다.

건물 전체를 통합하며 정교하게 시공 줄눈을 가리는 초벌칠 마감과 개구부의 배치는 외피 디자인의 조각적인 느낌을 두드러지게 한다. 따라서 내부 공간의 공간적인 구성은 건물의 전체적인 형태를 형성함은 물론, 이러한 조각적인 느낌에도 영향을 미친다.

벽식 구조

그림 107 : 전단벽이 각 세대 간의 경계벽을 형성한다 (좌 : 기준층, 우 : 상부층)
Atelier 5: Flamatt 1 residential development, Bern (스위스), 1957 - 58

그림 109 : 남쪽 파사드는 전단벽 구조체를 보여준다.
Atelier 5: Flamatt 1 residential development, Bern (스위스), 1957 - 58

Atelier 5: Flamatt 1 residential development

Atelier 5가 설계한 이 아파트 단지는 평행 전단벽(또는 횡단벽)을 사용한 전형적인 사례이다. 전단벽은 각 세대를 분할하며, 기준층에서 거실의 크기를 결정한다. 남쪽 파사드는 이러한 내력 구조체를 그대로 보여주는데, 내력 구조체는 전 방향에 형성된 개구부(구조적 개구부)의 크기를 제한하고 있다. 벽식 구조의 원리는 로지아를 통해 더욱 두드러지게 표현된다.

주요 구조체를 형성하는 전단벽과 바닥판이 현장 타설 콘크리트로 만들어진 반면, 건물 내부의 칸막이벽은 한 층 높이의 프리캐스트 콘크리트 부재로 만들어졌다.

카이로의 El-Azhar Mosque

이슬람 세계의 예배당은 개방형 평면의 큰 내부 공간을 보여주는 초기 사례이다. 이 건물들은 El-Azhar Mosque에서 나타나는 것처럼 직교하는 기둥 그리드를 기반으로 하고 있다.

그럼에도 불구하고 내부 공간에 사용된 선형 아치는 내부 공간에 특정한 방향성을 부여하고 있는데 이는 다시 교차하는 보(횡방향의 안정성을 위해 사용되었다)에 의해 약화되며, 내부 공간은 중립적인 방향성을 나타내게 된다. 내력 구조체의 측면에서, 이 건물은 평행 벽과 바닥판이 하부 공간에 걸쳐 형성된 고전적인 벽식 구조라고 할 수 있다. 그러나 전단벽은 기둥과 아치로써 최대한 분해되어 내부 공간에 넓게 개방된 느낌을 부여하고 있다.

그림 108 : 기둥으로 분해된 벽은 평면에서 지배적인 요소로 작용한다.
El-Azhar Mosque, Cairo (이집트), c. 970

그림 110 : 예배당은 교차하는 보에 의해 중립적인 방향성을 갖는다.
El-Azhar Mosque, Cairo (이집트), c. 970

골조 구조

그림 111 : 철골조는 공간 형성의 원리를 보여준다 ("격자 구조").
Craig Ellwood: Smith House, Los Angeles (미국), 1957 - 58

그림 113 : 철골조와 보는 같은 높이에 위치하고 있으며, 바닥판은 하부 조직으로써 기능한다.
Fritz Haller: canton school, Baden (스위스), 1962 - 64

Craig Ellwood: Smith House

이 개인 주택은 구조적인 조립에 있어 어떠한 위계도 갖지 않는 철골조를 기반으로 만들어졌다. 기둥과 보의 크기가 모두 다르지만, 동일한 느낌으로 나타난다. 오직 대각선 가새만이 매우 작은 크기로 보일 뿐이다.

철골조가 지형적인 상황을 균일하게 조정함으로써 별도의 토공사나 기초공사 없이도 건물은 매우 경량의 구조를 가질 수 있었다. 모듈화된 내력 구조 부재 사이에 수평, 수직 내장 판넬이 끼워져 각각의 공간을 형성한다.

Fritz Haller: canton school, Baden

Fritz Haller가 설계한 이 철골조 건물의 기본이 되는 것은 정방형 기둥 그리드로 평면에서 양 방향에 걸쳐 동일한 간격으로 배치되었다. 사진에서 보이듯이, 기둥은 층마다 축조된 것이 아니라, 여러 층에 걸쳐 연속적으로 형성된 것이다. 수평 보는 볼트로 제 위치에 고정되기 전에 기둥에 달린 쐐기에 놓여졌다.

바닥판은 보가 이루는 하부 조직에 의해 형성되었으며, 보와 동일한 높이에 위치되었다. 격자 바닥 판은 건물의 자중을 줄임은 물론, 설비(보온시설, 폐기물 처리 시설 등)가 횡방향으로 쉽게 지나다닐 수 있도록 한다.

Artaria & Schmidt: Schaeffer House

시공 기간 동안 이 건물에 사용된 철골조는 주요 내력 구조체와 부수적인 내력 구조체 간의 명확한 구분을 보여주었다. 건물은 I형강과 이를 통해 연결되는 두 개의 원형 기둥으로 구성된 이음보 형태의 골조로 구성되었다. 보조물로써 사용된 철제 앵글은 부수적인 내력 구조체로써 기능하며 골조를 연결한다.

그러나 완공된 건물은 초벌칠된 석재로 덮혀 구조체의 형태는 찾아보기가 힘들다. 구조적 철골조는 건물을 완공하기 위한 하나의 수단이었으며, 단지 시공을 빠르게 하기 위해 사용되었다.

그림 112 : 주요 내력 구조체는 연속적으로 이어지는 수평, 수직 이음보이다.
Artaria & Schmidt: Schaeffer House, Riehen (스위스), 1927 - 28

그림 114 : 구조체의 모든 흔적은 석제 판넬과 초벌 뒤로 감춰진다.
Artaria & Schmidt: Schaeffer House, Riehen (스위스), 1927 - 28

기둥-보 구조

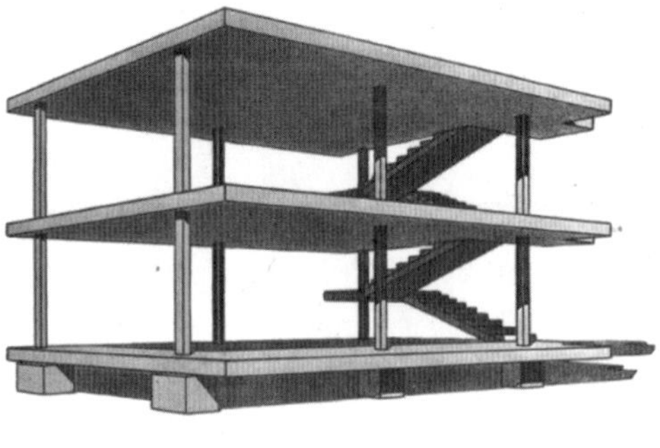

그림 115 : 바닥 슬라브를 돌출시킨 콘크리트 내력 구조체, 계단실이 구조체를 보강한다.
Le Corbusier: Dom-Ino project, 1914

Le Corbusier: Dom-Ino project

Le Corbusier는 콘크리트 바닥판의 모서리 부분에 현장 타설 콘크리트 기둥을 위치시키는 Hennebique 스타일의 골조를 차용하되, 기둥을 바닥판의 모서리로부터 조금 뒤로 물러나게 했다. 이러한 구조는 첫째로 경간을 짧게 하며 (이를 통해 슬라브의 깊이를 줄일 수 있다), 둘째로 개구부가 내력 구조체와 독립적으로 배치될 수 있게 한다. 훗날 Le Corbusier가 주장하는 가로로 긴 창이나 커튼 월(자유로운 입면)은 모두 이러한 건축 구조와 밀접하게 관련된 것이다.

플랑드르(Flanders) 지방 내전의 종결 후 도시의 재건축 방법에 관해 제안한 Le Corbusier의 발상은 파사드에서 내력의 기능을 덜어냄으로써 내력 성능이 좋지 않은 질 나쁜 재료(예 : 파괴된 건물의 파편)도 파사드에 사용할 수 있도록 했다.

그림 116 : 건물의 전면에 위치한 "비상하는" 투명한 거실은 후면에 위치하는 격실형 침실에 의해 안정성을 얻는다.
Lina Bo Bardi: Casa de Vidro, São Paulo (브라질), 1951

Lina Bo Bardi: Casa de Vidro

건축가 자신의 집이기도 한 이 건물은 언덕 사면에 위치하고 있다. 건물은 기둥-보 구조와 구획의 구조를 통합시키고 있다. 원형 기둥으로 지지되는 거실은 돌출된 듯이 표현되고 있으며, 두 개의 슬라브와 이 사이를 마치 피부처럼 감싸고 있는 유리 파사드를 통해 내부 공간에 풍부한 빛을 제공하고 있다.

건물의 뒤쪽에 위치한 침실들은 구획의 원리에 따라 만들어진 것으로 건물의 안정성을 보장한다. 침실들은 정원을 가운데에 두고 두 줄로 배치되어 있다. 개방된 1층은 차고로 사용이 가능한 앞마당이자, 거실로 향하는 진입구로 이용된다.

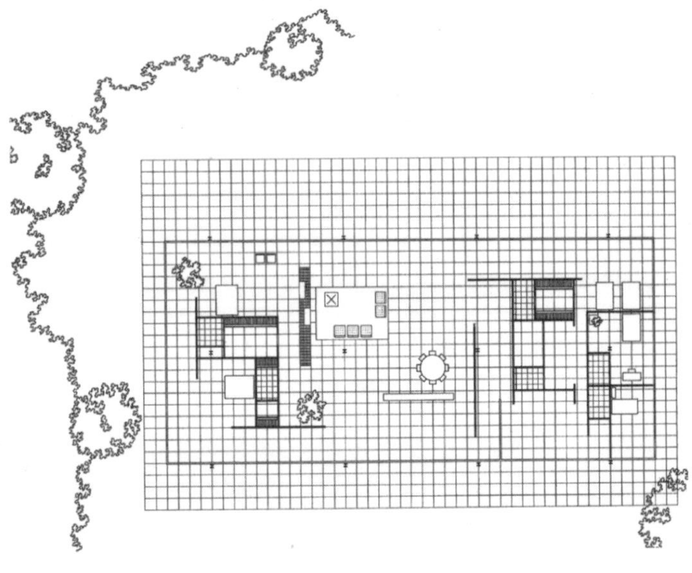

그림 117 : 유동적인 공간의 연속체, 내부 공간과 외부 공간의 융합
Ludwig Mies van der Rohe: Caine House project, 1950

Ludwig Mies van der Rohe: Caine House project

이 단층 건물은 기둥 그리드 사이에 임의로 배치된 비내력 벽 플레이트를 통해 내부 공간을 구성하고 있다. 각각의 벽이 다른 벽과 관계를 맺는 방식에 따라 뚜렷하게 구분된 격실을 형성하거나 유동적이고, 상호연결적인 공간을 창조하게 된다. 사용자는 위치에 따라, 두 개 또는 심지어 세 개의 공간에 동시에 위치할 수도 있다!

건물을 이루는 공간들은 우측으로 몰려 있으며, 주부와 자녀들을 위한 몇몇 공간은 파사드에 직접 면해 있기도 하다. 그러나 이러한 공간을 제외한 여타 공간에 대해 파사드는 정돈되어 있다.

건물에 사용된 전면에 유리를 끼운 기둥-보 구조는 내부 공간과 외부 공간간의 융합을 극대화하기 위해 사용되었다.

단층 격납고 구조

그림 118 : MAXI 철골 구조 시스템 (상), 외피를 입히기 전의 파사드 시스템 (우)
Fritz Haller: USM plant, Buhl (독일), 1983 - 87

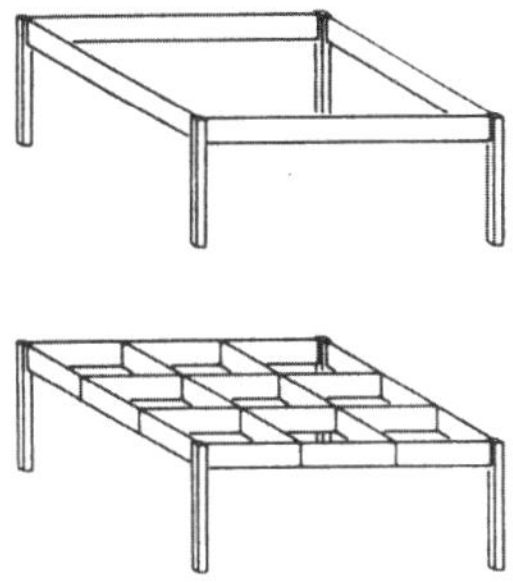

그림 119 : 모듈화된 건축 시스템

Fritz Haller: USM plant, Buhl

USM plant에 사용된 모듈화된 철골 구조 시스템인 MAXI는 Fritz Haller에 의해 개발된 것으로, 내력 구조체는 물론 파사드와 지붕 부재에도 적용되었다.

기둥 그리드의 최대 간격은 2방향 스팬 구조의 경우 14.40m, 1방향 스팬 구조의 경우 9.60 x 19.20m이다. 바닥판은 Jean Prouve의 "Palais des Expositions"와 다를 바 없이 라티스 보로 만들어졌지만, 이 건물에서 바닥판은 독립적인 시스템으로 사용되지 않았다. 바닥판은 기둥과 기둥 사이에 걸치게 놓인 주 보, 이러한 주 보와 동일한 높이에서 직교하는 중간 보들로 구성된다 (보 그리드).

내력을 담당하지 않는 파사드는 2.40m의 그리드로 이루어진 보조 골조에 연결되어 있으며, 주 내력 구조체를 감춘다. Fritz Haller는 이와 유사한 스팬을 갖는 MIDI 모듈 시스템, MINI 모듈 시스템을 고안하기도 했다.

소금 창고

이 단층의 창고는 집성재 부재를 사용하여 만들어진 것으로 부분적으로 사전 제작의 방식을 도입하기도 했다.

기본적으로, 목제 합판을 접합하여 보를 만드는 방식을 사용함으로써 목재의 자연적인 불규칙성 (불균일함)을 보정함은 물론, 자연 상태의 목재에서는 얻을 수 없는 길이의 부재를 형성할 수 있었다. 이 소금 창고에 사용된 부재들의 형상은 힘의 흐름에 대응하는 것으로, 이를 통해 3힌지 아치를 형성한다.

한 쌍으로 이루어진 평행 부재들과 풍하중에 대한 저항과 안정성을 위해 사용된 가새는 함께 조립되어 쉘의 반쪽을 형성하며, 나머지 반 쪽의 쉘에 접하도록 세워 올려진다 (두 개의 쉘은 서로 지지한다). 아치 사이의 가새와 도리는 현장에서 덧붙여지며, 완공된 건물에서 들어올려진 듯한 쉘의 형태를 감춘다.

Jean Prouvé: Palais des Expositions

36m의 기둥 그리드를 사용하여 "Palais des Expositions"는 23,800 m^2에 달하는 면적에 걸쳐 형성되었다. 주요 구조체는 기둥과 1.5m 깊이의 철제 보의 강접합을 기반으로 하여 만들어졌다.

동일한 기초에서부터 뻗어져 나온 5개의 철제 강관으로 이루어진 각각의 기둥은 가새의 기능을 하기도 한다. 탁상을 닮은 스페이스 프레임은 라티스 보를 교차하여 만든 것으로, 주 보 사이에 보조적인 구조체로써 놓여진다. 스페이스 프레임은 지면에서 조립된 후 들어올려져 제 위치에 놓이게 되고 고정된다.

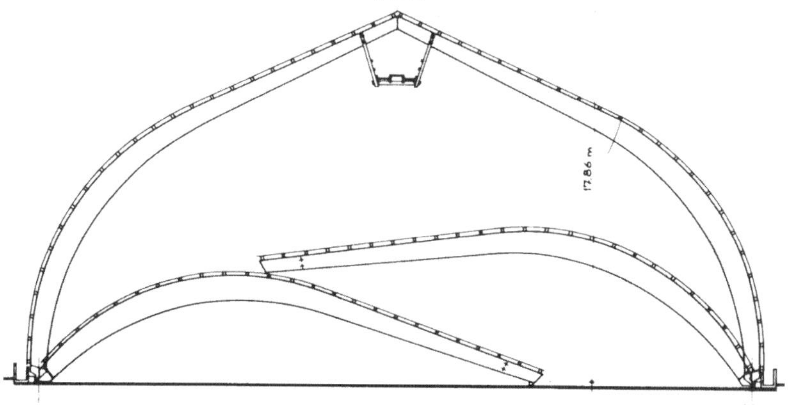

그림 120 : 보가 주요 내력 구조체로, 응력을 받는 외피가 보조 내력 구조체로 기능한다.
Salt warehouse

그림 121 : 사전 제작된 쉘의 축조
Salt warehouse

사전 제작
시스템 빌딩

Alois Diethelm

모든 건축 형태는 사용된 재료의 물성과 상태, 건물의 성능적인 요구 조건으로부터 나오는 일련의 규칙들을 통해 만들어진 것이다. 건축물을 이루는 요소의 특성은 결국 경험적이고 분석적인 체험을 통한 인식 과정의 결과물이라 할 수 있다. 결과적으로, 이러한 체험은 건축 요소들의 사용과 처리에 관한 규칙을 만들어 낸다("건축의 규칙"). 따라서 모든 건축 형태는 건축물과 시스템이 함께 연관된 것이다.

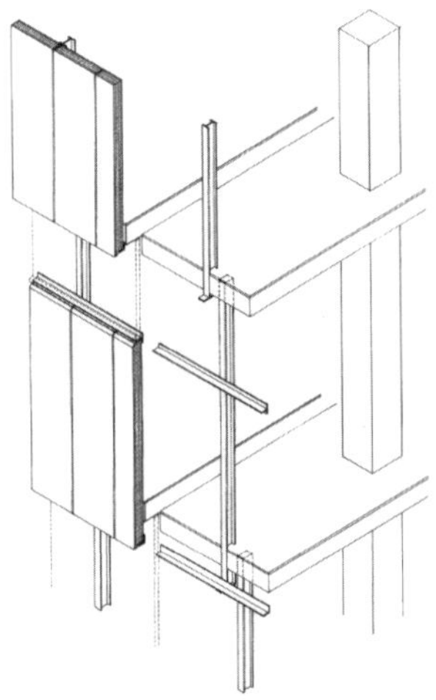

그림 122 : 엑소노메트릭 : FCW warehouse
Durisol 판넬이 보조 구조체에 부착된 모습

지령 - 표준

시스템화된 건물(이 용어는 아직 분명하게 정의된 용어는 아니다)이 가지고 있는 힘은 다양한 원인으로부터 기인한 것이다. 그러나 이는 항상 계획, 생산, 시공 단계에 걸쳐 공정을 최적화 시키려는 의도에 따른 것이다. 하나의 예로 들 수 있는 것이 바로 조적재의 치수 조정으로("건축 방식의 종류" 부분 참조), 이를 통해 건축가는 자신만의 기준 치수를 사용할 수 있고, 제조업체는 한 번의 공정을 통해 더 많은 재료를 생산할 수 있으며, 벽돌공은 손쉽게 재료를 접합할 수 있다.

건축 요소의 치수 조정에 관한 작지만, 상대적으로 광범위하게 지지되는 이러한 견해는 현대 건축 산업의 근간을 형성했다. 이에 따라 각각의 요소(주로 반가공제품, 예 : 목질재료 합판, 금속 섹션 등)의 품질과 치수가 관련 표준(SIA, DIN 등)을 따라 정해진 시스템화된 건축물에 관해 생각해 볼 수 있다.

사전 제작의 종류

시스템화된 건축물과 시스템 빌딩 간의 차이는 사전 제작의 정도와 연관되어 있다. 이러한 정도의 차이를 통해 특정한 건축 형태를 선택할 수 있게 된다. 일반적으로 사전 제작은 공사비와 공사 기간을 절감하고, 작업 능률을 향상시키기 위해 사용된다. 그러나 특수한 프로젝트를 위한 최적화된 시스템을 선택하기 위해서는 이와 다른 기준에서 접근해야만 한다.

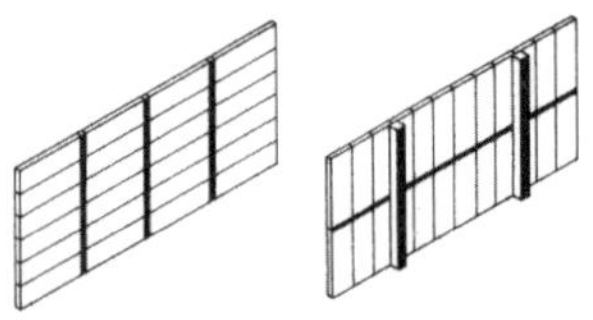

그림 123 : Durisol 시스템
내력 기둥 사이에 위치한 수평 판넬, 커튼월로써 기능하는 수직 판넬

오늘날, 소규모에서 중규모에 이르는 건축 프로젝트들은 근본적으로 서로 다른 두 가지의 사전 제작 원리를 사용하고 있는데, 이는 a) 도구화된 모듈에 따른 치수 조정을 통한 치수 관련 시스템과 b) 특수한 접합 원리(예 : 경량 목구조)에 따른 개별적 사전 제작이다. 그 동안 큰 규모의 생산을 통해 두 가지 시스템 모두 고도로 발전해 왔다. 그럼에도 불구하고 이 둘은 큰 차이를 보이지 않았다. 모듈화된 건축 방식은 각각의 부재를 교체할 수 있도록 하며(환경의 변화나 새로운 조건에 대해 쉽게 대응할 수 있다), 이를 통해 건축물을 만들어 낸다. 모듈에 따른 치수 조정은 건축가들로 하여금 창의 크기와 위치 같은 미학적인 측면에서 유래되었으나, 동시에 설계의 자유도를 제한할 수도 있는 결정에 대한 부담을 덜게 해준다. 기껏해야 부재의 표면 마감 방법만을 개별적으로 선택할 수 있는 것이다.

자체 지지 구조와 내력 골조를 필요로 하는 구조 간의 구분은 필수적이며, 부재의 형태(2차원적/3차원적)에 대한 고려 또한 필요하다. 몇 가지 예외를 제외할 때, 모든 성능 요구 조건(단열, 방음, 기후로부터의 보호)을 만족시키면서도 동시에 현장에서 건축 요소로써 바로 사용할 수 있는 유일한 시스템은 샌드위치 판넬로 만들어진 다겹의 구조 또는 균질한 "종합적" 구조이다.

비내력 부재 - 파사드

개별적인 내력 구조체를 필요로 하는 대부분의 시스템은 파사드에 사용되는 2차원 부재이다. 이러한 부재들은 다양한 내력 시스템과 내부 공간의 레이아웃을 사용할 수 있다는 점에서 널리 보급되었다. 그러나 부재의 크기와 기둥의 위치에 맞추기 위해 부재를 고정시키는 보조 골조가 필요하게 된다. Durisol 시스템은 하나의 판넬로 두 가지의 서로 다른 건축 형태를 만들 수 있는 시스템으로, 여러가지 면에서 좋은 예라 할 수 있다. 수평 부재는 1.5m 간격을 이루는 내력 기둥의 사이 또는 앞에 위치하게 되며, 수직 부재는 마치 커튼 월처럼 보조 골조에 매달리게 된다. Durisol 시스템(Durisol 부재 : 중심부에 방청 시멘트 목질 섬유를 충전시키고, 외측에는 공장 가공에 의한 방수 재료, 내측에는 강화 석고를 도포한 부재)은 초보적이고, 쉽게 이해할 수 있는 시스템이며, 판넬과 달리 특정한 제조업체만 생산할 수 있는 제품이 아니라는 점에서 성공을 거둘

그림 124 : Durisol 시스템을 이용한 파사드
Rudolf Kuhn, Heinz Ronner: FCW warehouse, Zurich (스위스), 1954 - 55

수 있었다. 따라서 이는 기본적인 조적재 단위인, 벽돌과 필적할 만한 것이다. 오늘날 판금 판넬이 건축적인 어휘를 주로 외장재를 통해서 표현하게 되는 단층의 격납고에 널리 사용되는 데에 반해, Durisol 파사드는 부재의 구축적인 특성과 직접적인 관계를 맺는다. Durisol 시스템은 "온화한" 시스템이자(변수가 적다), 판넬의 작고 지향성을 갖는 형태가 만들어 낸 직접적인 결과물이라는 점에서 디자인적인 잠재력을 갖는다(Max Bill 또는 Rudolf Kuhn의 작품과 Heinz Ronner 등의 작품을 비교해 보라). 관습적인 제품을 관습적이지 않은 방식으로 사용하는 방법이 여기에서 명백하게 드러난다.

자체 지지 부재 - 단위 공간

단위 공간이 내력 골조에 매달리게 되는 3차원 시스템과 단위 공간이 내력 골조에 의해 지지되는 3차원 시스템은 정반대의 방식으로 거동한다. 시간의 경과에 따른 조건의 변화 또는 재개발(노후화 또는 유행의 측면에서의 구식화에 대응하기 위함이다)에 대응하기 위해서는 단위 공간 전체를 교체해야 한다. 1960년대에 이러한 단위 공간의 교체에 관한 개념이 주로 사회적인 이상향을 실현하려는 욕망에서 나온 것이었던 반면 (메타볼리즘(Metabolism)을 참조하라), 오늘날에는 주로 생산 기법에 관한 것이다. 그러나 대규모의 생산에 따라 이는 주로 하나의 건물 내에서 동일한 단위 공간을 반복하는 방식으로 제한되게 되었으며, 이러한 공간을 광범위하게 적용하는 것은 사실상 불가능한 일이 되었다. 반면 단위 공간이 주요 구조체의 일부가 아니라, 독립적으로 기능하는 공간일 경우에는 이와 다르다. 이러한 방식을 가장 잘 보여주는 사례는 사전 제작을 통해 만든 격납고와 임시적인 현장 가설 건물로써 사용되는 표준 규격의 (화물) 컨테이너이다.

또한 단위 공간은 사전 제작의 가능성이 매우 높은 요소이기도 하다. 마치 이동식 주택처럼 단위 공간은 내부가 완전히 마감된 상태로 제작되어 공사 현장으로 옮긴 후 바로 사용할 수 있다. 20세기 나타난 이동식 주택은 물론, 화물차, 항공기, 선바 등은 인간의 주거지를 최소로 압축한 형태로써 간결하고, 다기능적인 단위 공간을 만드려는 다양한 시도에 무한한 영감을 제공했다. 플라스틱의 출현에 따른 시대의 도취감에서, 1960년대 후반에는 마치 가구처럼 내부 공간에 삽입될 수 있

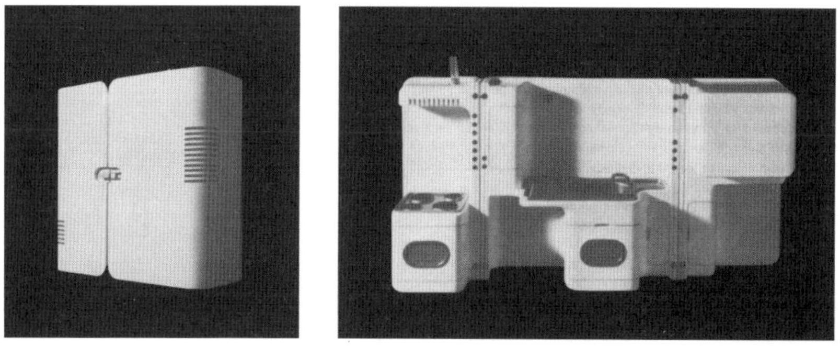

그림 125 : 단위 공간은 플라스틱제 가구로써 해석된다. 좌측의 사진은 닫혀진 상태의 주방 공간을 보여준다.
Masonari Umeda: mobile kitchen, 1968

는 다양한 주방, 욕실 단위들이 나타나게 되었다. 플라스틱은 욕실 선반에서부터 높은 벽에 이르기까지 무한대로 변화할 수 있는 듯 했으며, 건물의 자중을 줄여주기도 했다. 그러나, 이동식 욕실의 가능한 이동 반경이 제한적이었고(파이프와 전력 케이블 때문에!), 플라스틱은 제품의 교체를 통해서만 갱신될 수 있다는 점에서 이러한 단위 공간들은 그다지 널리 보급되지 못했다. 현장 작업을 통해 전 층에 걸쳐 규격에 맞게 설치되는 위생 공간들도 사용되곤 한다 (주로 호텔에서). 이 견고한 단위 공간은 건축주의 특수한 요구 사항에 맞게 세라믹 타일과 통상적인 설비가 갖춰진 상태로 제작된다. 이는 명백히 작업의 능률과 공사비를 최적화하기 위한 시도라 할 수 있다. 사전 제작은 교체의 가능성이나 미학적인 측면과 관계된 것이 아니다.

그림 126 : 철골조로 지지되는 컨테이너 (응접실 등으로 사용된다)
Dollmann + Partner: office building, Fellbach (독일), 1999

내력 구조체 - 바닥, 벽, 지붕

개별적인 사전 제작 방식은 건물을 이동 가능한 여러 개의 부분으로 쪼개고, 차후에 재조립을 통해 완성하지만 재조립이 과정을 감추는 건축 형태라는 점에서 기본적으로 경량 목구조와 유사하다고 할 수 있다. 그러나 이러한 방법은 좀 더 중량의 건축 형태에서도 사용되는데, 독일의 경우에는 한 층에 달하는 높이의 부재로써 만들어진 벽돌 벽이 사용되고 있기도 하다. 사전 제작의 방식을 사용한다고 해서 주요한 건축적 특성이 변하는 것은 아니기 때문에, 이러한 건축 방식을 사용한다고 해서 새롭고 독창적인 건축물을 만들 수 있는 것은 아니다. 반면 바르샤바 조약 가맹국에서 널리 사용되는 판넬을 사용한 중량 건축물의 경우에는 상황이 달라진다. 부재는 완전히 마감 처리되어(페인트칠, 초벌칠 또는 타일 마감) 현장으로 운반되며, 현장에서 들어 올려 제 위치에 설치된다. 겉으로 노출된 줄눈은 노출 정도가 높을수록 바람직하며, 내부 공간의 레이아웃을 반영한다 (부재는 바닥판에서부터 바닥판에 걸쳐, 벽에서부터 벽에 걸쳐 설치된다). 개구부는 일반적으로 판넬에 뚫린 구멍의 형태이며, 진입부나 계단실의 경우에는 판넬 전체를 제거하거나 유리로 대체되기도 한다.

Rudolf Schindler는 미국 Los Angeles에 위치한 자택 건물(1922)에서 이러한 판넬 사이의 틈새에서 만들어지는 "빈 공간"을 표준화시키고자 했다. 공간의 모퉁이에 위치하는 큰 크기의 유리와 비단열 콘크리트 부재 사이에 끼워 맞춰진 슬릿 같은 창이 번갈아서 나타난다. 현대적인 건물 성능 요구 사항은 프랑스 툴루즈(Toulouse) 지방의 업체인 Guiraud Freres에서 제조한 점토 제품 등을 통해 만족시키고 있다. 벽은 물론 바닥판으로도 사용할 수 있도록 만들어진 한 층 높이의 부재는 중단열의 방식을 사용할 수도 있고, 사용하지 않을 수도 있다. Nivilliers 지방의 hotel training school에 사용된 것처럼 이러

그림 127 : 내력과 단열의 기능을 담당하는 한 층 높이의 점토 부재. (좌) 지면 높이에서의 내력 구조체 축조 (상) 완공된 건물
Tectone: hotel training school, Nivilliers (프랑스), 1999

한 부재들은 초벌마감 또는 모르타르 마감을 사용하지 않을 수도 있으며, 이러한 방법을 통해 구축적인 특성을 직접적으로 표현할 수 있다.

내력 구조체 - 공간 구획

앞에서 다룬 2차원 부재와 단위 공간의 중간에 3차원적이지만 완전한 내부 공간을 형성하기 위해서는 서로 결합되어야 하는 부재가 존재한다. 이는 a) 동일한 공간 구획을 반복한 형태 또는 b) 동일하지만 서로 다른 부재의 조합 형태이다. L자형의 부재는 한 변을 벽으로, 한 변을 지붕으로 사용할 수 있는 혼성적인 형태이다. 이는 분리된 단위 부재의 조합이라는 점에서 b)의 범주에 속하는 것이기도 하지만, 한 쌍으로 조립된 형태라는 점에서 a)의 범주와도 유사하다.

그림 128 : 콘크리트 판넬은 지면에서 타설되어 (상) 이 후 들어 올려져 제 위치에 놓인다 (하).
Rudolf Schindler: Schindler House, Los Angeles (미국), 1921 - 22

크기가 작기 때문에 조작이 간편하다는 장점을 가지며, 자중을 줄일 수 있다는 직접적인 장점 또한 갖는다. 지면에 고정된 하나의 L자형 부재를 이용하여 공간을 형성하는 방식에서부터 (예 : 버스 정류소) L자형 부재 2개가 서로 지지하도록 하거나, 한쪽 변을 현장 타설 콘크리트 벽이나 보 등으로 지지하는 다양한 공간 형성 방식을 사용할 수 있다. 이러한 L자형 부재의 사용에 있어 단층 구조물 또는 다층 건물의 최상층에서 부재의 횡변으로 지붕을 형성하는 방식은 매우 흥미롭다. 각

그림 129 : 폴리우레탄으로 만든 쉘 형의 외피
자체 지지 구조의 공간 구획의 추가

변의 구조적, 단열적인 요구 조건은 거의 동일하기 때문에 두 변의 표면 또한 동일하게 처리될 수 있다. 만약 두 변의 표면을 동일하게 처리할 경우, 지붕에서 벽으로 이음매 없이 전환되는 형태를 얻을 수 있으며, 이를 통해 건축물에서 나타나는 몇 가지 약점(재료의 변화 등)을 극복할 수 있다.

내력 구조체 - 단위 공간

모든 단위 공간에 있어 가장 기본적인 선결 조건은 각각의 단위 공간이 반드시 자체 지지 구조여야 한다는 점이다. 단위 공간이 "내력의 기능"을 갖게 된다는 것은 이러한 공간을 쌓아 올릴 수도 있다는 점을 의미한다. 독립적인 주요 내력 구조체가 없다는 점으로 공간의 호환성은 더 이상 유효하지 않지만, 임시적인 이용의 가능성이 더욱 두드러지게 된다. 단위 공간들이 건물 단지처럼 서로 연결됨에 따라, 각각의 공간은 아무런 손상 없이도 해체될 수 있으며 다른 장소에 다시 축조될 수도 있다. 이러한 건축 형태의 사례로는 공사 현장에 사용되는 가설 건물이나 학교의 임시 교실을 들 수 있다.

그러나 단위 공간을 갖는 건물은 교체의 가능성이나 임시적인 이용의 측면에서 사용되는 것은 아니다. 결정적인 요소로 작용하는 것은 바로 공사비의 절감과 작업 능률의 향상이다. 기타 방법들이 벽, 바닥판, 지붕을 조립하여 내부 공간을 어떠한 크기로든 만들 수 있는 데에 반해, 이 방식에서 단위 공간의 크기는 운송 수단의 크기와 밀접한 관련을 맺는다. HABITAT 67에서 단위 공간의 크기와 중량은 (19.75 x 5.35 x 3.65 m, 85 t) 사전 제작이 현장에서 이루어져야 했음을 보여준다.

단위 공간들이 서로 다른 방향을 향하도록 적층시킴을 통해 개방된 테라스를 만듦은 물론, 외부 공간을 덮고 있다. 또한

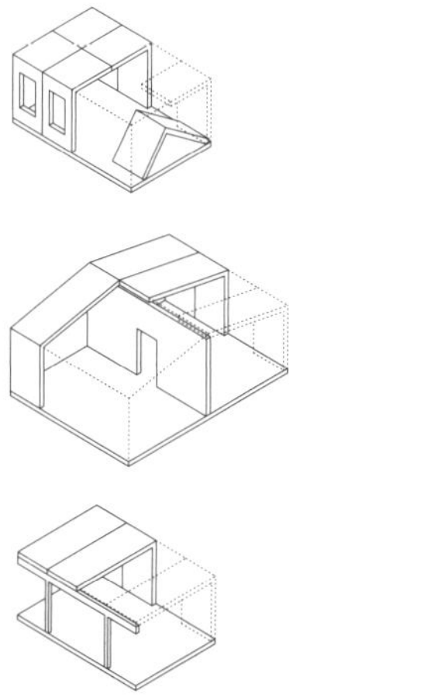

그림 130 : 공간 구획 : L자형 부재
공간 구획을 서로 접합하거나 지지 구조체에 접합하여 내부 공간을 형성한다.

그림 131 : 플라스틱제 벽과 지붕
James Stirling: Olivetti training centre, Haslemere (영국), 1969

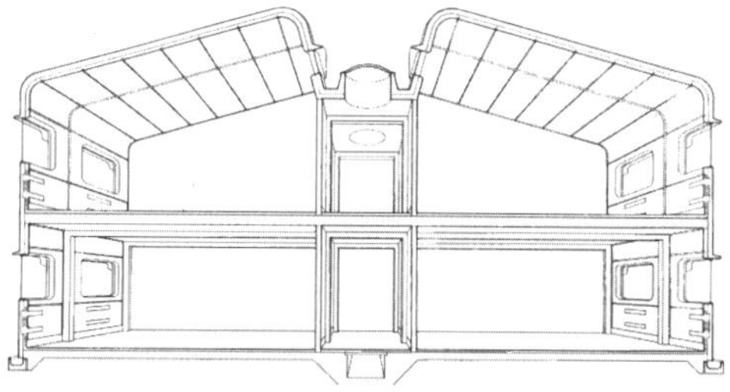

그림 134 : 선형 부재로 이루어진 내력 구조체를 갖는 중간층, 지붕과 벽에 사용된 부재도 내력을 담당한다.
James Stirling: Olivetti training centre, Haslemere (영국), 1969

적층을 통해 건물의 외부적인 느낌을 얻음은 물론, 공간의 내부에서 복층형 공간을 만들어 내고 있기도 한다.

가까운 미래의 전망

건축적인 측면에서 사전 제작의 방식은 "상호보완적인 시스템"과 "종합적인 시스템"으로 분류될 수 있다. 전자의 방식은 상호 보완적이고, 부분적으로 독립적인 켜들의 집합을 통해 구성되는 시스템인 반면, 후자의 방식은 각각의 요소들이 외견상으로는 영구적으로 연결되는 듯이 보이는 시스템으로 이를 구성하는 재료가 "내력-단열-보호"의 성능을 동시에 만족시키는 시스템이다. "상호보완적인 시스템"을 기계적인 조립물이라고 한다면, "종합적인 시스템"은 "서로 얽혀 새로운 것을 만들어 내는 덩어리"라고 할 수 있으며, 이에 따라 재활용의 가능성의 문제가 대두되게 된다. 교체를 통해 제거된 부재는 대개 특수 폐기물로 분류된다.

따라서 최근의 재료 기술에 관한 연구는 재사용 또는 적어도 재활용을 그 목표로 하고 있다. 이러한 연구에 따른 첫번째 시도는 플라스틱을 적절하게 정제된 유기 재료로 대체하는 것이다. 이 경우에서 사전 제작은 환경적인 문제를 해결하려는 목표를 기지고 있으며, 이러한 점에서 시스템 빌딩의 의미가 대두되고 있다.

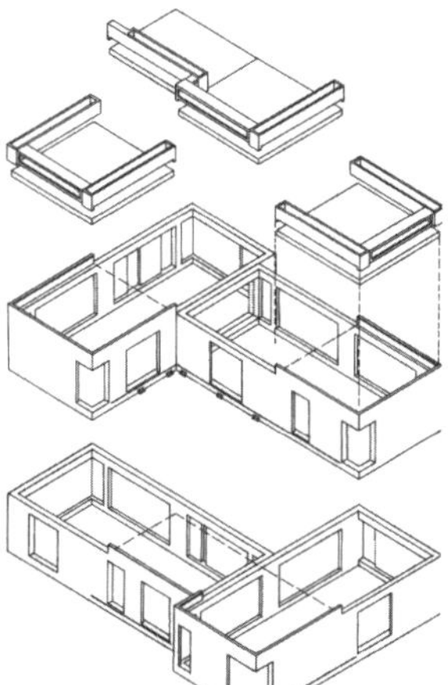

그림 132 : 지붕은 상부에 단위 공간이 없는 부분에만 형성된다.
Moshe Safdie: HABITAT 67, Montreal (캐나다), 1966 - 67

그림 133 : 콘크리트로 만든 단위 공간의 적층 ("중량 사전 제작")
Moshe Safdie: HABITAT 67, Montreal (캐나다), 1966 - 67

그림 135 : 단위 공간은 "구조 쉘"로써 지붕 없이 축조된다.
Moshe Safdie: HABITAT 67, Montreal (캐나다), 1966 - 67

유지 가능성
건축의 근본

Andrea Deplazes

그림 1 : Hans Kollhoff: High-rise office block, Potsdamer Platz, Berlin (독일), 1999

그림 2 : Jean Nouvel: Arts and Congress Centre, Lucerne (스위스), 1999

그림 3 : 고형식 건축, 절단술

그림 4 : 가구식 건축, 구축술

2000년 가을 스위스 폰트레지나(Pontresina) 지방에서 제 3차 국제 건축 심포지움이 개최되었다. 여기에서 건축에 관한 두 가지의 분명하지만 상반된 건축적 관점이 서로 대립되었는데, 이는 "건축의 유지 가능성과 자아 개념(sustainability and self-conception in architecture)"이라는 주제에 대한 담론들로 독일 베를린 포츠담 광장에 위치한 고온 가열벽돌로 만든 고층 사무소 작품을 통해 이미 큰 주목을 받았던 베를린의 Hans Kollhoff, 그리고 스위스 루체른(Lucerne) 지방의 Arts and Congress Centre 등의 작품들에서 건물이 이루는 서사적인 비례를 통해 회화적인 감성을 표현해 온 파리의 Jean Nouvel은 이에 대해 너무나도 상반된 접근 방식을 보였다. 이 두 명의 라이벌은 오늘날 그리고 미래에 이르기까지 계속적으로 일관성을 유지할 수 있는 건축의 적절성에 대해 명백히 서로 다른 견해를 나타냈다. Kollhoff는 장인정신과 높은 기술, 유지 가능한 건축을 통해 고형식 건축(절단술)과 가구식 건축(구축술)이라는 건축의 근본으로 돌아가고자 했다. 그는 "진정으로 묻고 싶은 것은 과연 어떤 건물이 지금부터 75년이 지난 후까지도 제 모습을 유지하고 있을 것인가의 문제이다. Jean Nouvel의 작품을 보라. 그의 작품들은 5년도 채 못 되서 허물어질 준비를 하고 있다!"라고 말했다. 반면 Jean Nouvel은 19세기의 건축 개념에 관해 언급하며, 건축 공정이 급격하게 변화했다는 점을 통해 이에 반박했다. 그는 산업화된 생산과 조립에 따라 현대적인 건축 기술은 완전히 새로운 건축 개념과 태도를 필요로 한다는 점에 대해 다음과 같이 말했다. "벽돌을 사용하여 건물을 짓고, 적은 수의 창을 끼워 넣는 건축가는 건축물을 높게 올리지 못할 것이다!" 두 사람 사이에 최초로 오갔던 이러한 말들은 앞으로 이어질 논쟁을 예고하는 것이었다.

물론 Hans Kollhoff는 고형식 건축을 선호했다. 그가 경멸했던 것이 바로 Jean Nouvel 등의 건축가가 추구했던 가구식 건축이었다. 고형식 건축과 가구식 건축이라는 용어, 그리고 각각 절단술과 구축술로 대변되는 두 방식의 건축적인 이론은 형태적이고 현상학적인 관점에서 건축의 가장 근본적인 두 범주라고 할 수 있다. 역사적인 관점, 동시대적인 관점 또는 양식적인 관점이 아닌 서로 다른 문화에서 유래된 구조적인 특징 등의 측면에서 두 방식을 비교해 보면, 놀랍게도 두 방식이 동시에 만들어진 것임을 쉽게 알 수 있다.

중국에서 나타나는 이긴 흙 또는 벽토로 만든 건물과 근대 유럽의 철근콘크리트 건축물은 건축 공정("mould" 과 "casting")과 완성된 벽의 외관의 측면("형틀의 패턴")에서 동일한 것이다. 재료와 주조 기술만이 유일한 차이점이다. 콘크리트는 여기에서 더욱 발전되고, 가공된 영구적인 "벽토"로써 기능한다. 두 경우 모두 입자 크기가 다양한 자갈과 모래 같은 고형물과 물을 첨가하면 무기질 "접착제"로써 기능하는 마치 먼지 같은 미세한 성분, 공극, 시멘트로 이루어졌다. 단순한 목제 판넬을 사용했는가 아니면 최신의 철골 시스템을 사용했는가의 문제는 단지 완공된 벽의 표면에서만 드러나는 것이다.

이와 유사하게, 코카서스(Caucasus) 산맥에서 사용되는 천막집(Yurt)의 골조와, 스위스의 전통적인 목제 골조 건물, 산업적으로 생산된 철재로 3차원 격자를 만듦으로써 내력 구조체를 형성하는 미국의 마천루를 비교해볼 수 있다. 이들은 선형 부재를 조립하여 2차원 또는 3차원 골조를 형성하고 있다는 동일한 구축 원리를 갖는다. 유일한 차이점은 경간의 길이와 선형 부재의 안정성 (각 건물에 사용된 부재가 각각 껍질을 벗긴 나무 막대기, 톱질한 사각형 목재, 압연을 통해 만든 I형강이기 때문에 차이가 나타난다), 부재간의 접합 상세 (대칭적인가 아니면 편심적인가, 또는 인장에 대해 저항하는가 아니면 압축에 대해 저항하는가 아니면 둘 모두에 대해 저항하는가), 고정 장치의 종류이다. 이에 대해서는 다양한 예가 있으며, 이들 간의 차이를 구체화시키고 설명할 수도 있으나 이는 이 글의 의도와 무관한 것이다.

이를 통해 두 가지의 초기 결론을 얻을 수 있다. 절단술과 구축술의 두 범주는 건축의 근본적인 구조적 특성과 건축 공정의 특성을 표현하는 데에 적절한 도구로, 시간, 장소, 문화 등의 요소와 비교했을 때 건축 형태의 기원과 진화를 잘 보여준다. 이들은 Jean Nouvel이 굳게 믿었던 것처럼 건축의 역사에서 나타나는 낡고, 먼지 덮인 교리에 불과한 것이 아니다. 또한 이러한 비교를 통해, 서로 다른 문화라 할지라도 건축 재료로 사용할 수 있는 자원이 같은 경우에는 놀라울 만큼 유사한 형태를 만들어내고 있음을 알 수 있다. 실제로는 건축 기술의 발달과 과학, 연구, 기술의 상호 작용이 건축 공정에 엄청난 영향을 미치고 있으며, 이에 따라서 눈으로 볼 수 있는 건축적인 결과물에도 영향을 미치게 된다. 그러나 이는 생산과 가공 방법, 즉 수가공 과정 또는 산업 생산 공정의 최적화와 정제, 그리고 공정의 산물인 건축 재료에 대해서만 영향을 미치는 것이다. 이러한 기술은 건축 재료를 보다 영구적으로 또는 보다 강하게 만들기 위해 계속적으로 발전하고 있는데, 두 가지 목적이 반드시 동일한 것은 아니다. 기후와 날씨의 영향에 대응하기 위해 목재는 석재로, 유기질 재료는 광물로 대체되었는데 이러한 과정은 완전히 새로운 건축 공정의 탄생을 불러 왔다. (Gottfried Semper의 저서인 "*theory of metabolism*"에서 건축 기술 그 자체에 대해 다루기 보다는 구축술에서 절단술로 변해가던 시기, 즉 목조 건축에서 고형식 건축으로 전이되던 시기의 건축적 양식에 관해 자세히 다루고 있다. 나는 이러한 두 요소의 대립을 "기술적 내재성과 문화적 영속성의 대립"이라고 부른다.)

이에 따라 건축가들은 가능하기만 하다면 고형식 건축을 더 선호하게 되는데, 이는 공공 건축물, 상징적인 기념물에 특히 많이 사용되었다. 그러나 고형식 건축은 전통적인 목조 건축에 대한 실용주의적인 접근 방식으로도 많이 사용되었는데, 이는 목조 부재 사이의 판넬을 벽돌을 쌓아 채운다거나 파사드를 마치 피부처럼 석회로 초벌칠하는 방식이다. 또한 하중에 대한 내구성과 재료사용 간의 효율을 위해 더욱 강한 재료를 사용하게 된다. 이에 따라 1800년대 건축에 철재를 사용하기 시작하면서 나타난 것처럼 건축물에 사용되는 부재는 더욱 정밀해지고, 더욱 세장해지게 되었다. 건축가의 건축관에 있어

그림 5 : 1800년대 이후 산업 생산 방식이 발달하면서 고형식 건축에서 가구식 건축으로의 역전환이 이루어지게 되었다.

그림 6 : 시카고 학파
"고형식" 고층 건물을 만드는 철골조

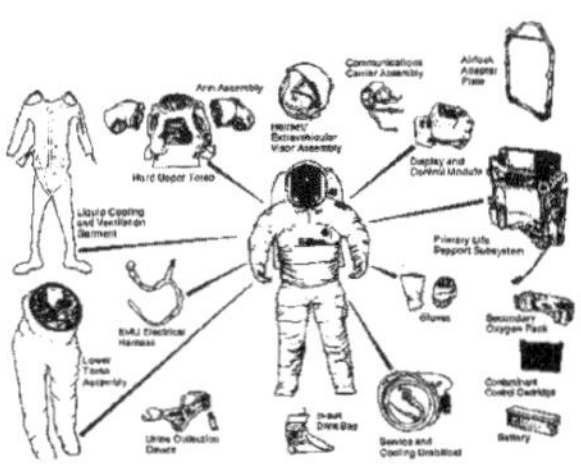

그림 7 : 우주복
구조와 구성 요소

얼마나 큰 변동이 생기게 되었을지 생각해 보는 것은 어려운 일이 아니다. 돌과 벽돌로 만들던 견고하고 순수한(!) 구조물이 철제 형강으로 만든 가구식 격자 구조와 영구적인 석제 내장재, 돌 외장재를 사용한 구조물로 일순간 변화된 것이다. 이는 시카고에서 최초의 고층 건물이 고안되고 축조되면서 나타난 현상으로, 산업 생산에 의해 고형식 건축에서 가구식 건축으로 반전이 일어나게 되었음을 보여주는 예이기도 하다.

구조적 철골조를 다루는 기술자와 공학자들은 부식이라는 새로운 문제에 직면하게 되었는데, 이는 오늘날까지도 남아 있는 문제이다. 철제 형강과 판넬을 녹으로부터 보호하기 위해서는 철골 구조물의 전체 유지비에 비해 막대한 비용을 필요로 했다. 루체른 지방에 위치한 Jean Nouvel의 Arts and Congress Centre 역시 이러한 문제를 해결하기 위해 전력을 다하고 있다. 끊임 없는 보수와 부식 방지 시스템의 갱신만이 녹을 방지할 수 있는 유일한 방법이었다.

건축 재료 기술이 영구적이고 강한 재료를 만들기 위해 끊임 없이 시도하고 있지만, 아직까지 종합적이고, 모든 문제를 해결할 수 있는 건축 재료가 개발되지 않았다는 점에서 딜레마에 빠지게 된다. 철근콘크리트 내부 보강 철근의 부식에 대해서도 이와 유사한 문제가 남겨져 있다. 그러나 심지어 절단술의 초기 산물(incunabulum)이자 역사적인 구조물의 불멸성을 표현하는 파괴되지 않는 돌마저도 산성비와 공격적인 도시 환경에 의해 침식되고 있으며, 이는 특히 사암, 응회암, 석회암 등 약한 석재의 경우에 더욱 그러하다. 그러므로 돌이 철에 비해서 더욱 영구적이기는 하지만, 돌 역시도 모든 문제를 해결할 수 있는 건축 재료는 아니라 할 수 있다.

이러한 관점에서 현대적인 기술이 오늘날의 건축의 생성원이자, 유지 가능성의 요구에 대한 해결책이라고 주장했던 Nouvel의 생각은 한계에 다다르게 된다. 현대 기술은 절단술과 구축술에 이어지는 세 번째 범주가 아니라, 절단술과 구축술 양쪽 모두에 속하는 혼합물에 불과한 것이기 때문이다.

그러나 현대 기술이 더욱 강하고 더욱 세장한 건축 부재를 개발하고자 하며, 이를 통해 큰 창을 사용한 (고형식 벽에서부터 세장한 벽돌 또는 콘크리트 쉘로, 다겹의 이중창에서 얇은 단열 유리부재로) 가구식 건축을 향해 나아가고 있다는 사실을 바탕으로 Nouvel의 견해를 되짚어 보면, 대담한 가설에 이르게 된다.

현재의 유리 기술과 이와 관련된 커튼월 파사드 시스템이 앞으로 지난 십년간 발전해 온 것 만큼 빠르게 발전한다면, 지금부터 10년 뒤에 우리는 더 이상 물질을 승화시킬 수 없는 단계에 이르게 될 것이다. 즉 에어로젤(Aerogel)로 사이를 채운 두 장의 막 같은 외피로 초경량 탄소 섬유 구조체를 덮는다는 공상처럼 나노 분자의 크기로 만들어진 파사드 막을 사용할 수 있게 된다는 것이다.

이러한 가설이 믿어지지 않는다면, 앞에서 언급했듯이 유리 산업이 급속히 발전하게 된 계기가 되었던 우주 산업 기술에 대해 살펴 보라. 과거 달 탐사 시에 우주인이 입었던 우주복은 다겹의 구조로 디자인되었다. 각각의 층은 서로 다른 보호의 기능을 담당한다. 따라서 과거의 우주복은 하나의 기능을 담당하는 요소들로 이루어진 상호보완적인 시스템이라 할 수 있으며, 무겁고 우주인의 움직임을 크게 제약한다는 부작용을 가지고 있었다. 이와 대조적으로 미래의 우주복은 최신 기술로 만들어진 다기능 섬유를 사용하여 단지 몇 겹, 또는 한 겹으로만 이루어지는 종합적인 시스템일 것이다. 만약 이러한 최신 기술이 건물의 파사드에 영향을 미치지 못한다면…,

이는 과연 어떤 방식으로 건축물에서 기능할 것인가?

폰트레지나에서 열린 Nouvel의 강의를 들으며, 나는 "Déjà Vu"라는 영화를 떠올리게 되었다. 이 영화에서 글자와 그림으로 뒤덮힌 밝게 빛나는 유리 건물은 여러 겹의 투명한 벽이 만들어 내는 이미지, 밝게 빛나는 도시의 인공 조명의 광채가 반사되어 나타나는 착시 효과를 드러내고, 신기한 형태의 다양한 건물들은 모두 비르투오소적으로 표현되었다. 찾아보시길! 그럼에도 불구하고 건축에서 "2차원적인 이미지"를 제외하면 남게 되는 것은 과연 무엇인가? 건축이 단순한 이미지의 모조품이 아니라면, 이렇듯 "이미지의 투영물"로써 격하된 건축은 어디로 향해야 하는가? 그동안 시도되지 않았던 새로운 것을 만들 수 있는 무언가가 남아 있기는 할 것인가? 기술이 완성되면 환상적이고 역동적인 환상으로 가득찬 가상 세계로 들어갈 수 있게 되는 것인가? 정도의 차이는 있지만 이러한 기술적이고 건축적인 승화의 과정은 계속적으로 순환하는 변화의 공간을 만들 뿐이다! 오늘날의 건축가들이 그리고 있는 무시무시한 환상은 앞으로 3~5년 동안 그들이 진정 배워야 할 것이 무엇인가를 말해주고 있다!

따라서 가구식 건축이 임시적으로 막다른 골목을 향해 나아가고 있다면, 고형식 건축은 마치 기원적인 보상 프로그램을 따르는 것처럼 우연하게도 새로운 영예를 얻고 있다. 이는 단지 고형식 건축이 아직 건축적으로 새로운 것을 발견할 수 있는 광대한 미개척지이기 때문이다.

예를 들기 위해 현대 건축 기술이 다겹의 파사드 구조에서부터 균질하고 종합적인 건축 방식에 이르는 1970년대의 건물 성능 기준을 모두 극복할 수 있다고 가정해 보자. 이는 기술을 찬미하기 위함이 아니라 (그러나 건축가에게 있어서는 작은 전문 기술이라 할지라도 중요하게 작용한다), 건물 매스와 공간의 삽입, 건물의 중량감과 고형식 벽, 겹겹이 쌓인 층과 개구부에 대한 조형적인 가능성에 대해 알아보기 위함이다. 이들 모두가 너무나도 풍부하면서도 기초적인 건축적 테마가 될 수 있는 것이다.

3m 두께의 벽 안에 공간을 구성했던 스코틀랜드의 돈존(Donjon, 또는 킵(Keep))의 분명한 공간적 개념에는 매번 감탄하게 된다. 이 건물은 재료의 내부를 "비워냄으로써" 최소한의 재료를 사용하여 최대의 방어 효과를 얻고 있다. 이는 역사적인 관점 또는 양식적인 측면에서 나타나는 중량감이나 불멸성보다는 시대적 흐름과 여건을 통해 새로운 건축 디자인 전략을 발견할 수 있는 원천으로써 해석되어야 한다. 철근콘크리트 기둥과 평면 슬라브를 이용하여 격실 형태의 평면적인 내부 공

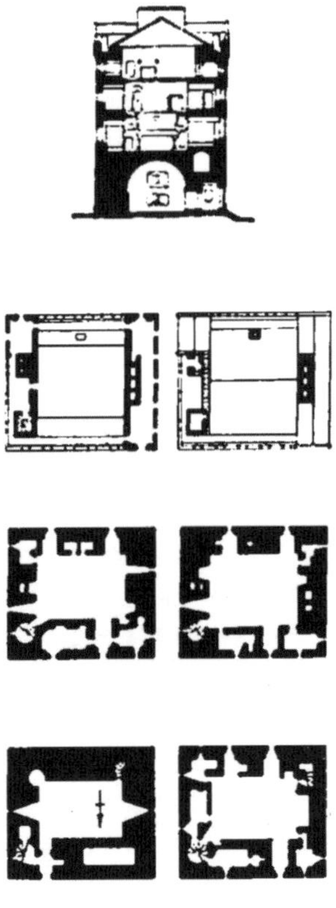

그림 8 : Comlongan Castle, Dumfries (Scotland, 영국), 15세기

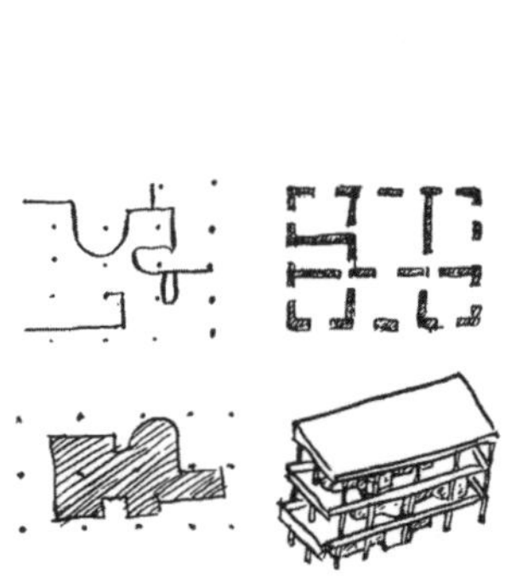

그림 9 : Le Corbusier: *"Five Points of Architecture"*에 실린 스케치

간을 극복하려고 했던 Le Corbusier의 개념과 비교해 볼 때, 물론 공간의 개방적인 전개와 창으로 이루어진 막("파사드"라는 용어는 여기에서 의문스러운 점이 있다)에 대한 그의 생각, 그리고 Mies van der Rohe의 생각이 새롭고 옳은 것이었음이 분명하긴 하지만, *"Five Points of Architecture"*에 실린 Corbusier의 유명한 스케치마저도 이 건물에 비하면 소모적인 것으로 생각될 정도이다. 그러나 이는 이미 70여년이 지난 일이며, 이러한 점에서 Nouvel의 주장은 부득이하게 시대착오적인 발상으로 받아들여진다.

Kollhof의 고형식 건축은 구식이고, Nouvel의 가구식 건축은 현대적인 것으로 여겨져야 하는 이유가 도대체 무엇인가?

두 방식의 관계성, 그리고 유지 가능성과의 관계를 알아보기 위해 두 방식의 기본적인 특징과 구조적인 차이점에 대해 살펴보기로 하자. "건축 구조"라는 용어는 명백히 내구성, 관성, 강성, 변화의 가능성, 그리고 플렉시빌리티와 관계가 있다.

고형식 건축에서는 용어에서 드러나듯이, 균질한 벽을 먼저 축조하고 그 즉시 또는 건축 공정 중에 (개구부를 형성하기 위해) 벽에 구멍을 뚫게 된다. 이는 내부 공간을 직접적으로 형성하는 방법으로 내부 공간을 외부 세계와 분리시키기 위해 평면과 단면상의 공간계획을 하게 된다. 고형식 건축은 불규칙적이고 영구적이며, 또 다른 관점에서 보면 융통성이 없는 방식이다. 이러한 개념은 고형식 건축물의 사용 가능성에 명백히 영향을 미침은 물론, 심지어 건물의 유용성을 평가하는 경우에도 영향을 미친다.

가구식 건축에서는 세장한 선형 부재로 만든 격자 구조가 먼저 축조된다. 이러한 골조는 주변 환경 속에서 내부와 외부 공간의 경계를 모호하게 만드는데, 축조가 완료되면 골조를 외피로 덮거나, 표면을 형성할 수 있도록 선형 부재 사이의 공간을 채워넣게 된다. 이것이 내부 공간과 외부 공간, 위와 아래를 구분할 수 있게 하는 유일한 방법이다. 구획이 닫혀 있는지 아니면 열려 있는지의 여부는 격자 구조체에 의해서 정의되는 것이 아니며, 이를 통해 완공 후 건물을 실제 사용하는 동안에도 공간은 융통성을 가지게 된다.

오늘날, 새로운 건축적 형태의 발생은 모두 독특한 특징을 통해 다른 방식들과의 차별된다. 이는 단시간의 순간적인 유행이 아니다. 현대 건축의 다원론을 구성하는 다양한 가치관들을 그 사이 경계가 없이 합쳐지는 과정에서, 필수적인 건물 성능 기준에 대해 판단할 수 있는 기준이 되는 개념이 부재하는 문제가 발생했다. 또한 생물학적인 측면에서 재평가와 변화가 일어나기도 하는데, 예를 들어 부부가 함께 주택에 살기 시작하고, 자녀가 생기고, 이 자녀가 같은 공간에서 성장하고, 성인이 되어 이 공간을 떠나는 일련의 과정을 건물도 함께 거치게 되는 것이다. 이러한 변화가 거주자의 전 생애에 걸친 각종 상황에 대응할 수 있는 건축물이라는 개념과 목표에 직접적인 영향을 미치게 된다는 사실은 너무나도 당연한 것이다.

고형식 건축에 있어 이는 정형화된 내부 공간의 레이아웃에도 불구하고, 사용상의 융통성을 효율적으로 보장해야 할 수 있어야 한다는 점을 의미한다. 내부 공간은 특수한 목적을 위해서 설계되는 것이 아니라, "개방적"으로 만들어짐으로써 다양한 행위를 수용할 수 있어야 한다. 기능의 변화가 곧 공간의 변화로 이어지는 것은 아니며, 공간과 관련된 에너지 성능 기준과 배치의 문제에 대해서도 이와 동일하다. 반면 이러한 개념은 단조롭고, 판에 박힌, 재미없는 건축물을 만들어낼 수 있다는 단점을 갖는데, 이는 도시의 일상 생활에서 나타나는 영원한 과제이기도 하다. (놀랍게도 이러한 딜레마에 대한 확실한 해결책을 제시했던 것은 19세기의 고전주의였다.)

내부 공간의 융통성이 시스템의 기본을 이루는 가구식 건축은 이와 다른 양상을 보인다 "융통적인" 공간 사용의 문제는 가구식 건축에서 큰 문제가 되지 않는 반면 (내부 공간의 레이아웃에 관한 특수한 성능 기준은 각 공간에 따라 완전히 개별적으로 적용된다), 내부 공간을 구획하고 공간을 형성하기 위한 영구적인 부재와 융통적인 부재의 조달과 이러한 부재들의 환경 친화적인 처리와 재사용이 중요한 문제가 된다. 이 점에 관해서는 수명에 따른 재료의 분류와 기후 조건, 내력 성능과 안정성 뿐만 아니라 사용자의 요구에도 광범위하게 대응할 수 있는 부재의 선택이라는 새로운 개념을 도입할 필요가 있다. 이를 통해 고형식 건축과 가구식 건축의 경계를 없애거나, 적어도 경계를 흐릿하게 함으로써 두 방식을 모두 차용한 새로운 건축 방식들의 발생이 가능하게 된다. (물론 건축의 양극을 이루는 이 두 방식 사이에서 새로운 해결책을 모색하려던 시도는 건축의 전 역사에 걸쳐 끊임없이 이어졌다. 고딕 성당은 결국 가구식의 장엄한 설계를 고형식으로 축조한 것이 아닌가? 고대 신전은 가장 고형적인 구축술을 보여주는 예가 아닌가? 그러나 이 글에서 나는 매우 복잡한 건축 용어인 "구축술"에 대해 자세히 다루지 않으려 한다.)

따라서 우리는 건축물의 전 생에 중반 정도 차지하는 부분에 대해 다루고 있는 것으로, 구조체의 가장 기본적인 조직이 마감 처리 방법에도 영향을 미친다는 것을 알 수 있다. 고형식 건축에서 구조 쉘은 완공된 건축물 그 자체나 다름 없다고 할 수 있다 (기본적으로 설비 시설, 개구부를 덮는 덮개, 표면 마감만 없을 뿐이다). 반면 가구식 건축의 경우에는 영구적인 구조체가 차지하는 비율이 매우 작기 때문에, 건축물의 내부 공간은 구획되어야 하고 마감 처리 되어야 한다. 이러한 점에서 건축에 사용되는 부재는 우선 순위에 따라 세 가지 범주로 구분될 수 있다. 구조체의 기본 조직인 구조 쉘은 내력 구조체와 건물의 외피로 이루어져 있다. 이는 수명이 길고(100년을 목표로 한다) 변하지 않는 특성, 즉 영구성을 지닌다. 이러한 점에서 구조 쉘은 주요 구조체라고 불린다. 내부 공간의 구획, 내부 마감 처리, 주요 설비 시설은 보조 구조체로써 기능한다. 보조 구조체는 약 20여 년 정도의 수명을 가지며, 이에 따라 교체가 가능하고 가변적이어야 한다. 3차 구조체는 수명이 짧은(평균 5~10년) 기타 설비 시설, 기계 장치, 가구 등으로 이루어진다. 3차 구조체는 쉽게 교체가 가능하고 융통적이다. 이렇듯 재료의 수명을 기준으로 구분한 세 가지의 단계는 각각 서로 다른 재료와 요소로 이루어진다는 점에서 그 경계가 더욱 뚜렷해진

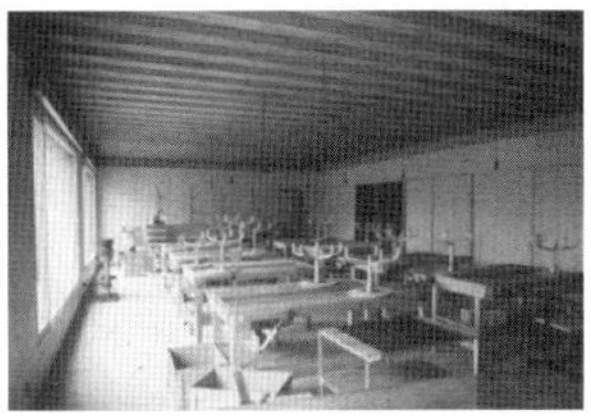

그림 10 : 축열 방식
Bearth & Deplazes: school complex, Vella (스위스), 1997

그림 11 : 단열 방식
Bearth & Deplazes: private house (Bearth-Candinas), Sumvitg (스위스), 1998

다. 보조 구조체와 3차 구조체는 완공 후에도 전체 구조 시스템을 변화시키지 않으면서 자유롭게 설치, 해체, 재조립할 수 있어야 한다. 이렇게 구조체 내부에 형성된 "틈"은 재료의 재활용을 가능케 하기도 한다. 그렇다고 해서 내가 모든 것이 완비된, 독립적인 건축 시스템을 옹호한다는 것은 아니다 (표준화를 통해 건축물에 사용되는 부재를 공장에서 미리 만든다는 사전 제작의 개념을 다시 다루고 싶지는 않다). 대신에 나는 수명이 긴 재료를 통해 융통성 있는 디자인을 만들어 낸다는 개념이자 새로운 형태를 만드는 기준으로써, 새로운 건축 디자인 전략이 나아가야 할 방향에 대해서 다루고자 한다.

이러한 관점에서 고형식 건축과 가구식 건축에 관한 비교의 마지막 결론에 도달하게 된다. 우리는 그동안 1970년대의 건물 단열에 관한 기준에 지나치게 현혹된 나머지, 건물의 매스에 너무나도 신경쓰지 않았었다. 오늘날에는 여름에, 특히 창이 많이 달린 단열 성능이 높은 건물에서 실내 온도가 지나치게 높아지는 것을 막기 위해 고형 매스를 통해 열을 흡수하는 방식이 큰 주목을 받고 있다. 에너지를 절감하기 위한 설계 방법으로는 축열 방식과 단열 방식의 두 가지가 있다. 두 방법 모두 고형식 건축과 가구식 건축 시스템의 특성을 이용한다. 축열 방식은 쉽게 예상할 수 있듯이 바닥판, 벽 등의 고형 매스를 사용하는 방식이다. 이러한 매스는 열을 저장하는 단위로써 이용되는데, 예를 들어 남쪽에 면한 창을 통해 유입되는 태양 에너지를 매스에 저장하는 등의 방식으로 사용된다 (예 : 스위스 벨라(Vella) 지방의 학교 건물).

이와 반대로, 현대적인 목조 주택(경량 목구조 또는 판넬로 만든 건물, 예 : 스위스 Sumvitg 지방의 Bearth-Candinas private house) 등의 가구식 건축에서 건물의 매스는 존재하지 않으며, 이에 따라 남쪽으로 창이 나 있는 경우 내부 공간의 온도는 과도하게 높아질 수 있다. 이 경우 목조 부재 사이의 공간을 두꺼운 단열층으로 채우고, 창을 파사드 전체에 분포시킴으로써 열 획득량과 열 손실량의 균형을 유지하는 것이 바람직하다.

끝으로 몇 가지 결론을 내려보자. 여기서 내린 결론들이 앞으로의 사유를 위한 자양분이 되기를 바란다.

건물의 유지 가능성은 건축의 기본적인 요소이다. 이상적인 경우에는 사회적으로, 도시 계획적으로, 경제적, 환경적인 측면에서, 생활 공간(달팽이의 껍질이 달팽이의 일부인 것처럼 생활 공간은 인간 생활의 일부이다)의 형성에 있어 에너지와 재료의 진단에 있어, 즉 다양한 인간 문화의 전 단계에 걸쳐 영구적인 가치를 지니게 된다. 이러한 점에서 유지 가능성의 측면에 대해 성공적인지, 아닌지의 여부는 높은 수준의 기술을 사용했는지의 여부에 따라 결정되는 것이 아니다. 투명 단열재, 집광기, 기계적 환기 설비를 사용한다고 해서 건물이 자동적으로 에너지를 효율적으로 소비하지는 않는다. 최신 기술을 사용한 건물, 즉 에너지 집약적인 공정을 통해 만들어진 건물의 경우, 열 손실보다 전기 에너지의 소비가 환경적으로 더 중요한 요소이다. 바람직한 방법이지만 많은 비용을 요구하는 재활용처럼, 이러한 기술적 성과는 일련의 결정과 처리 과정에 있어 가장 마지막 단계의 것으로, 성공 여부는 초기 단계에 분명한 건축적 개념하에 계획되어졌는가 여부에 따라 결정된다. 이에 따라 유지 가능성의 문제는 "건축"이라는 분야 내에서 새로운 디자인 전략을 만들어 내기 위한 기회로써 다루어져야 하며, 이를 통해 학교 교육 과정 또는 실무에서 종종 나타나는 건축적인 관련성에 관한 논쟁들은 새로운 국면으로 전환된다. 따라서 논의되어야 할 문제는 다음과 같다.

"지금까지 알려지고 증명된 건축 원리들 중에서 과연 어떤 것이 현대 기술을 통해 새롭게 바뀔 수 있는가? 이렇듯 현대 기술과 결합함으로써 얻을 수 있는 새로운 건축적 테마의 가능성은 무엇인가? 이러한 문제에 대해 오늘날의 건축에 있어 진정한 의미는 무엇인가?"

2000년 11월, 스위스 연방 공과대학에서 열린 *"Novatlantis* for the 2000-Watt-Society" 에서의 강의 내용

열 유동과 증기 확산의 문제

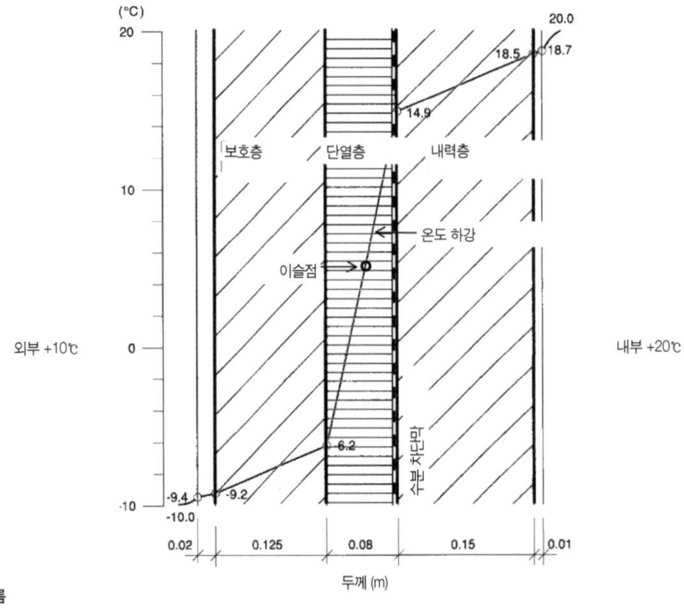

그림 12 : 벽(파사드)을 통한 열의 흐름

증기 확산 현상
찬 공기는 적은 양의 증기를 담고 있다
(외부 - 건조공기),
더운 공기는 많은 양의 증기를 담고 있다
(내부 - 높은 습도).
더운 공기가 찬 공기와 접촉하거나 빠르게 냉각되면, 결로가 발생한다(이슬점). 이는 건축물 내부의 단열층(Δt = 21.1°C)에서 일어나는 온도 하강에 의해서도 일어날 수 있다.
건축물 내부의 습기는 건물 시스템에 나쁜 영향을 미친다 :

- 부패 (나무)
- 세균의 번식
- 미세 구조의 분열 (재료)
- 내력 구조체의 붕괴
- 단열재가 습기를 머금으면 제 기능을 하지 못한다

따라서 건축물 내부의 결로(간극 응결)를 방지하거나, 모든 수분을 건조시키거나 배출하기 위한 수단이 필요하다.

기본 원리
결로를 막기 위해서는 "방습층"을 반드시 설치해야 한다. 이와 관련하여 두 가지의 규칙을 지켜야 한다 :

- 방습층은 단열재를 설치하기에 앞서 온도가 높은 면(내측)에 부착해야 한다.
- 재료의 (증기에 대한) 불투과성은 내측에서 외측으로 갈수록 줄어들어야 한다. "밀폐된 내력층을 내측에, 증기가 침투할 수 있는 보호층을 외측에 배치"

다음의 기호는 도면에서 방습층의 위치를 표시할 때 사용된다 :

응결 방지 방법
간극 응결, 특히 단열재 내부의 응결을 방지하기 위한 특수한 기술적 조치는 다음과 같다 :

방법 1
내부 내력층을 현장 타설 콘크리트, 집성재 판넬 (목조 건축에서 사용되는 샌드위치 판넬), 판금 내장재 등 수분을 차단할 수 있는 재료로 만든다.

또는

방법 2
방습층을 단열재 전면 온도가 높은 측에 부착한다.

또는

방법 3
단열재를 다공성 유리 등 수분을 차단할 수 있는 재료로 만듦.

또는

방법 4
단열층과 보호층 사이에 환기를 위한 공극을 설치한다.
조건 : 환기(열 교류)가 잘 이루어지기 위한 공극의 폭 : 3 - 4cm

단열 방식
각 층의 배치에 관한 다이어그램

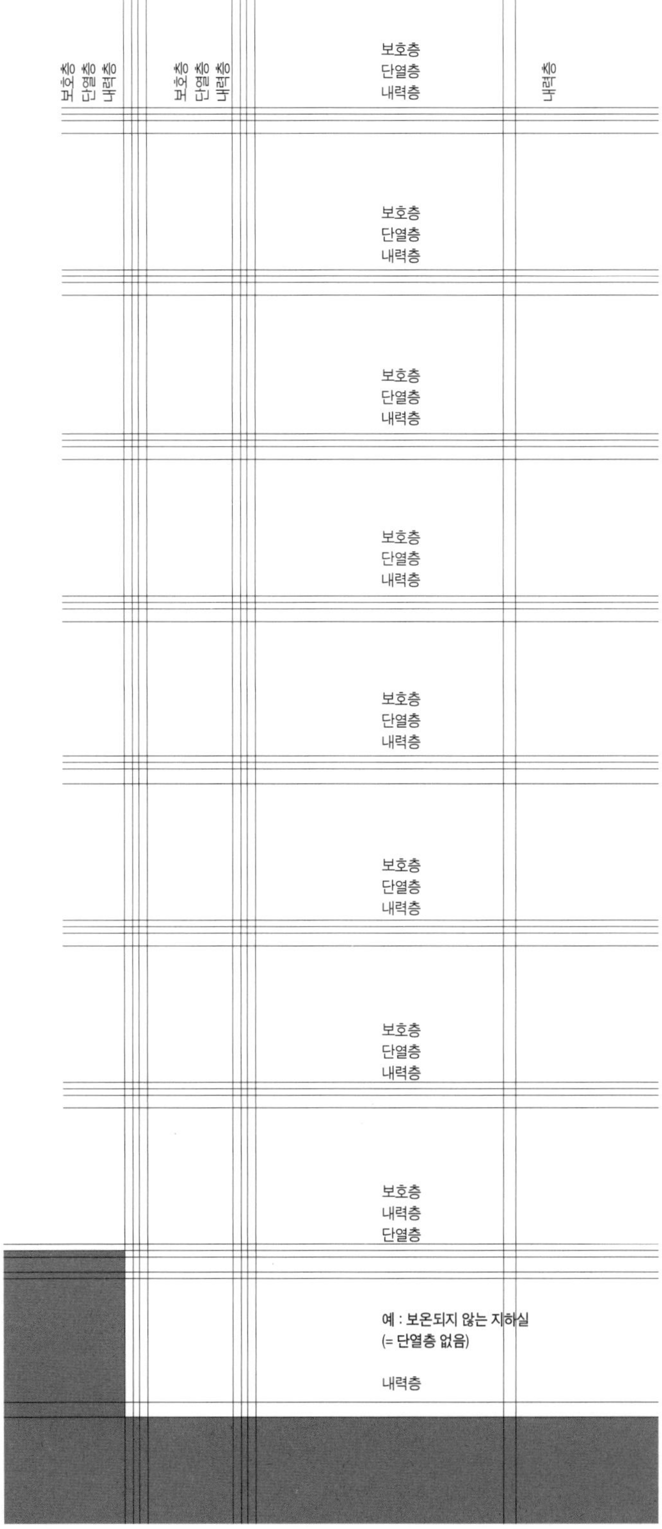

그림 13 : 각 층의 배치에 관한 다이어그램 (보기)
외벽, 바닥판, 지붕은 개략적으로 3개의 층으로 그려진다. 각각의 층의 치수는 여기에 명시되지 않았으며, 이는 건물 성능 기준, 구조적인 기준, 건축적인 기준에 따라 결정된다.

기본 설계를 완료함에 있어 건축가의 의도에 따른 건물의 외관과 관련하여 어떠한 단열 방법을 사용하는 것이 적절한가에 관한 문제가 대두된다. 이 경우 "단열재"는 물론 차음재도 함께 고려된다. 내부 기후와 외부 기후 사이에 위치하는 단열재는 파사드, 지붕, 기초, "지하 공간 위에 놓인 바닥판"에 사용된다. 차음재는 각 층의 사이 또는 아파트의 각 세대, 사무소 등 방음이 필요한 각 실 사이의 벽에 설치된다. 건축가는 먼저 어떠한 단열 시스템을 사용할 것인지 선택하게 된다. 종합적인 시스템 또는 컴팩트 시스템에서 각각의 부재는 단열과 내력 등 다양한 기능을 담당한다. 이에 대한 예로는 외겹 석조 벽과 목제 판넬을 들 수 있다. 이와 대조적으로 상호보완적인 시스템은 내력, 단열, 보호의 기능을 담당하는 여러 개의 층이 이루는 위계적인 관계로 구성된다. 따라서 상호보완적인 시스템은 구조 부재와 단열재의 설치에 있어 "구조체(내력층)를 내부에 위치시키는 방식"과 "구조체를 외부에 위치시키는 방식"의 두 가지 단열 방식 중 하나를 선택해야 한다.

상호보완적인 시스템을 사용하는 경우, 각 층의 배치에 관한 다이어그램은 건물의 구조 해석을 위한 참고 자료가 된다. 이는 단열 방식의 연속성과 결합을 검토하고, 내부에서 발생하는 문제를 최소화하는 데에 적합하다. 각각의 층이 서로 간섭하지 말아야 한다는 원칙 아래 구조체, 단열층(단열재와 차음재), 보호층이 배치에 관한 평면도와 단면도가 개략적으로 명시되어 있다. 개구부, 돌출된 구조(돌출부, 옥상 테라스 등), 각 층의 절점(접합부)에 대해서는 특히 주의가 필요하다. 이러한 주요 사항을 상세하게 검토함으로써 단열 방식이 결정되며, 심각한 결점이 발견되었을 경우에는 다른 방식으로 대체된다.

단열 방식
상호보완적인 시스템 - 내력층이 내부에 위치하는 방식

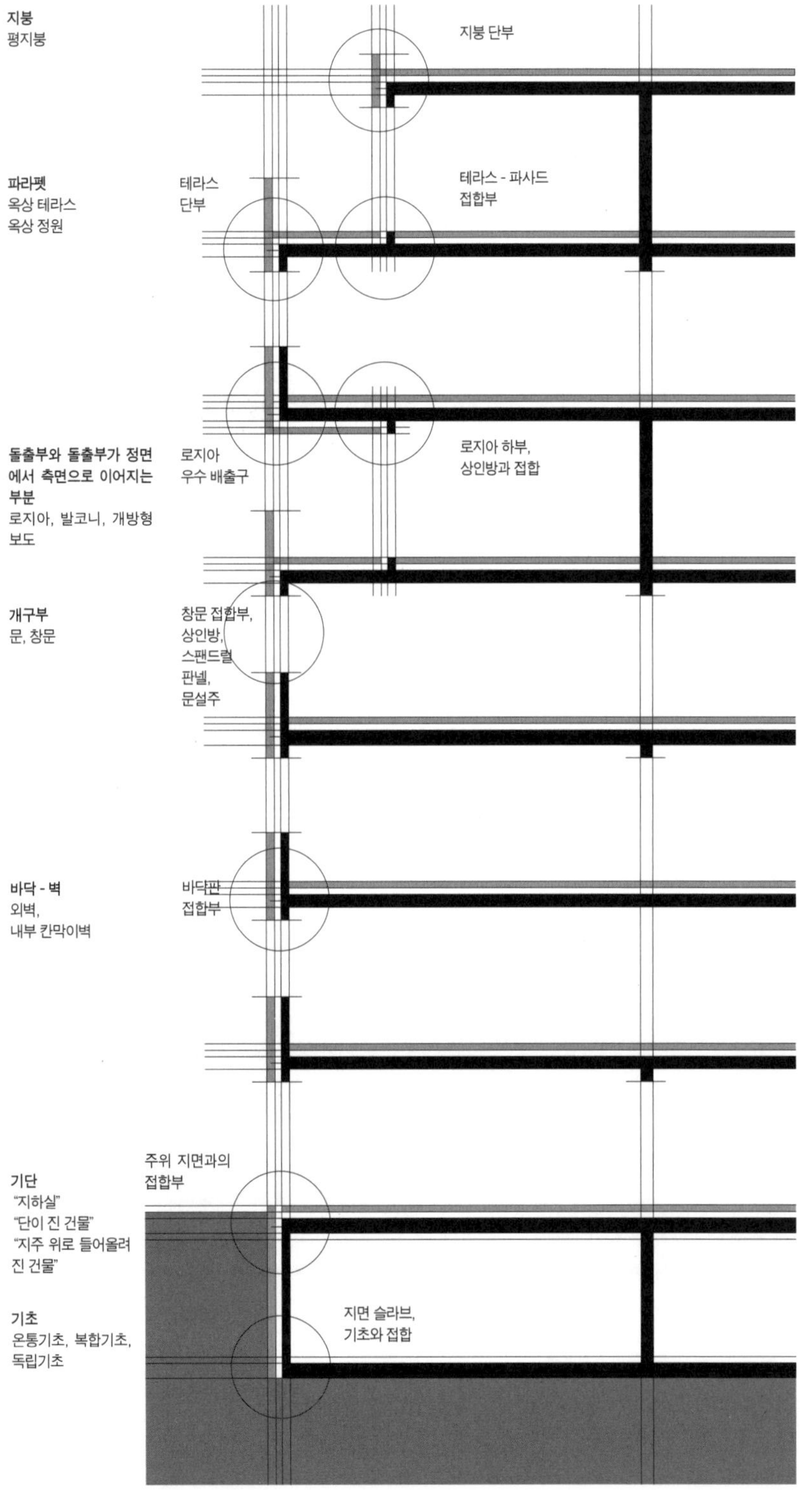

그림 14 : 각 층의 배치에 관한 다이어그램, 내력층이 내부에 위치하는 방식
단열층은 "두번째 층"으로써 아무런 간섭도 없이 연속적으로 형성된다. 원으로 표시된 부분은 서로 다른 층이 접합되는 부분을 보여준다. 접합부의 자세한 상세는 상세도에 표기한다.

이 방식에서 구조체는 "온도가 높은 면"에 위치하게 되며, 단열층에 의해 완전히 감싸지게 된다. 최외곽층은 우선적으로 물리적인 손상과 기후의 영향으로부터 단열층을 보호하는 기능을 담당하며 내력의 기능을 담당하지는 않는다. 얇게 바른 초벌에서부터 외장 벽돌 또는 외기와 접하는 콘크리트에 석제 슬라브를 매다는 방식에 이르기까지 다양한 재료를 사용할 수 있다. 이에 따라 보호층의 두께는 매우 다양하게 나타난다. 단열재 내부로의 침투는 단열재에 부착된 파스너와 내력층에 대해 자체 지지적인 외피를 형성하는 외장재와 타이에 의해 제한된다. 열교현상은 최소화된다.

단열층은 아무런 간섭도 받지 않고 전개되며, 열교현상이 최소화된다는 점에서 "내력층이 내부에 위치하는 방식"은 건물의 성능에 어떠한 영향도 끼치지 않으며, 가장 일반적인 파사드 구성 방식 중 하나이다. 이는 단열처리하지 않았거나, 단열 성능이 취약한 건물의 개조에도 주로 사용되는 방식이다.

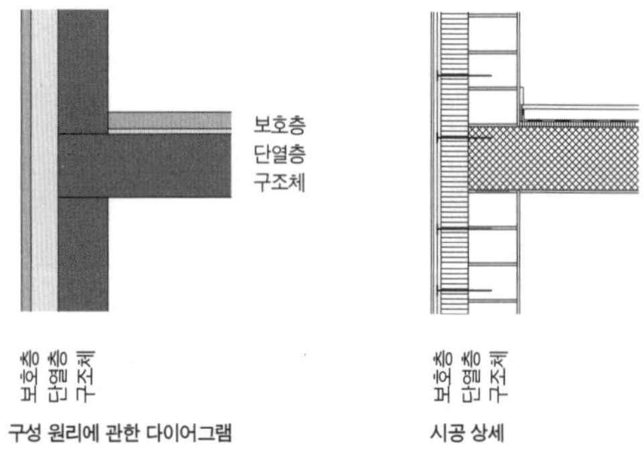

그림 15 : 사용 예 : 모르타르를 바른 외단열 방식, 벽 - 바닥판 접합부
모르타르를 단열층에 발라 보호층을 형성한다. 이 방식은 벽의 두께를 얇게 만들 수 있지만 물리적인 손상에 대한 보호가 취약하다는 단점을 갖는데, 이는 특히 기단 주변에서 문제가 될 수 있다 (보행, 차량 통행 등에 의한 단열재의 손상).

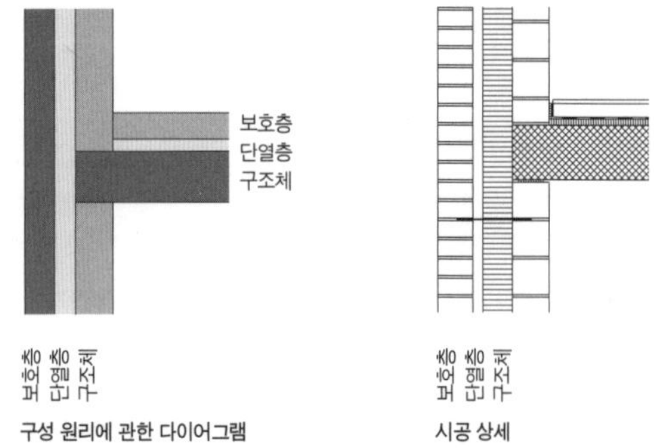

그림 16 : 사용 예 : 이중 석조 벽, 벽 - 바닥판 접합부
점토, 규산칼슘 벽돌 등으로 이루어진 자체 지지 구조의 석조 벽을 통해 보호층을 형성하며, 다층 건물의 경우에는 구조체 역할을 하지 않는 외측 겹의 불안정성 때문에 부분적으로 내력층에 연결해야 한다. 이중 석조 벽의 사용은 벽의 두께를 두껍게 한다.

단열 방식
상호보완적인 시스템 - 내력층이 외부에 위치하는 방식

"내력층이 외부에 위치하는 방식"은 모르타르를 바르지 않은 콘크리트 건물, 외장 석재를 사용한 파사드, 단일한 내부 공간을 형성해야 하는 경우에 주로 사용된다.

이 방식에서는 단열층이 내측에 위치한다. 다층 건물에서 하중은 바닥판으로부터 외부에 위치하는 내력 내력층으로 전달되기 때문에 단열층은 바닥판이 구조체와 접합되는 전 부분에서 간섭받게 된다. 열교 현상을 줄이기 위해서는 중간 바닥판의 하부를 적어도 주변 1m에 걸쳐 단열 처리해야 한다. 단열재와 차음재는 통합하여 바닥판 상부에 설치할 수 있다. 모르타르를 바르지 않은 콘크리트 건물의 경우에는 부식 방지 처리된 크롬 앵커를 사용하여 벽과 슬라브 단부를 구조적으로 연결함은 물론, 압축 저항성 단열재를 채우기 위한 공극을 형성할 수 있다. 이러한 방식을 통해 단열층을 간섭 없이 연속적으로 형성할 수 있지만, 그러나 (좁은 간격을 유지하는) 앵커를 통해 여러 부분에서 열교 현상이 일어날 수 있다.

"방습층의 잘못된 위치 (가장 투과성이 높은 층이 내측에, 가장 조밀한 층이 외측에 위치하고 있다)" 때문에, 내단열을 사용하는 건물은 결로를 막기 위해 반드시 단열재 내부에 방습층을 설치해야 한다.

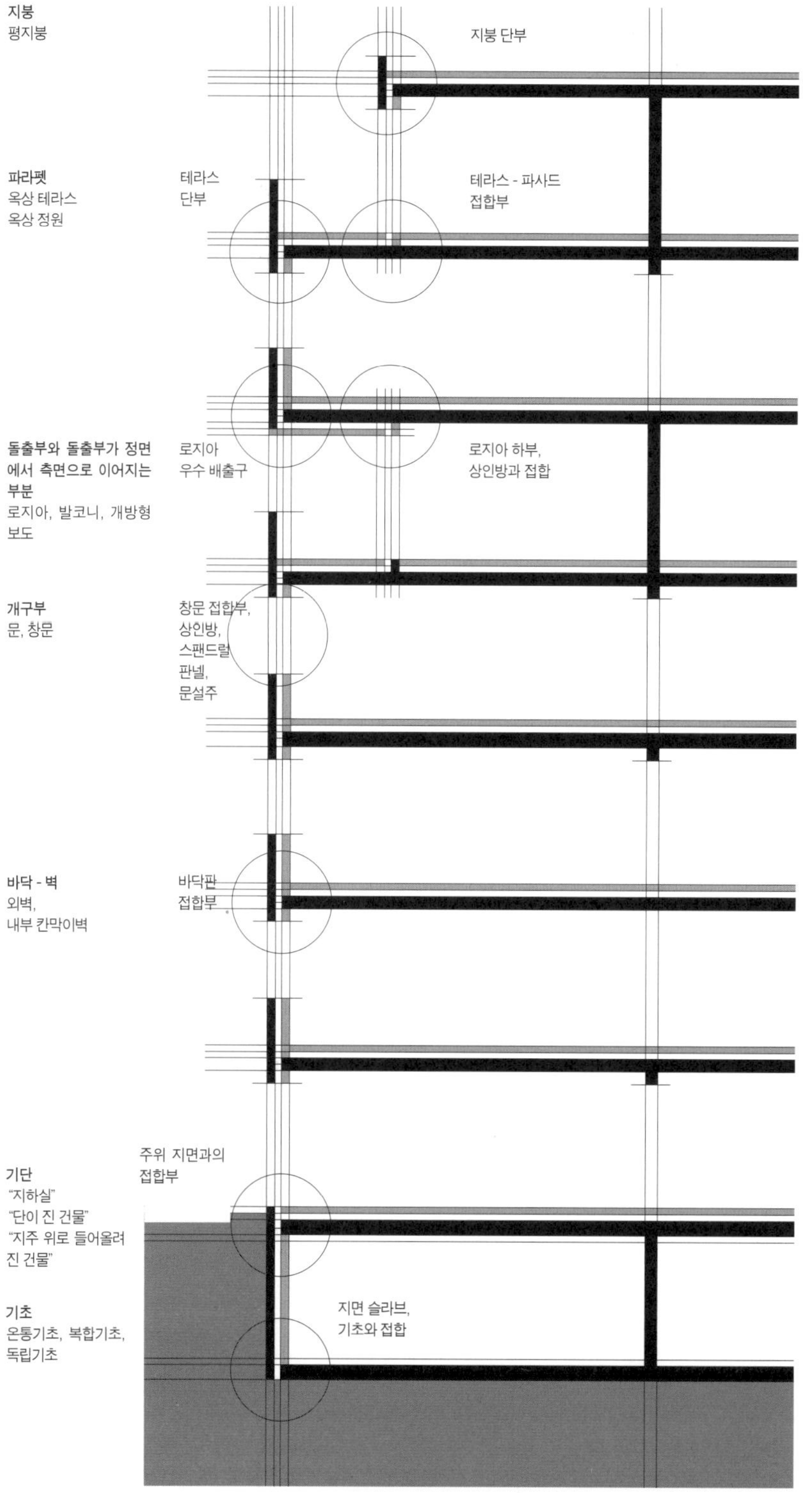

그림 17 : 각 층의 배치에 관한 다이어그램, 구조체가 외부에 위치하는 방식
바닥판과 내력층의 연결을 위해 사용된 (크롬 앵커를 사용하는) 시스템을 통해 단열층을 간섭 없이 연속적으로 형성할 수 있다. 원으로 표시된 부분은 서로 다른 층이 접합되는 부분을 보여준다. 접합부의 자세한 상세는 상세도에 표기한다.

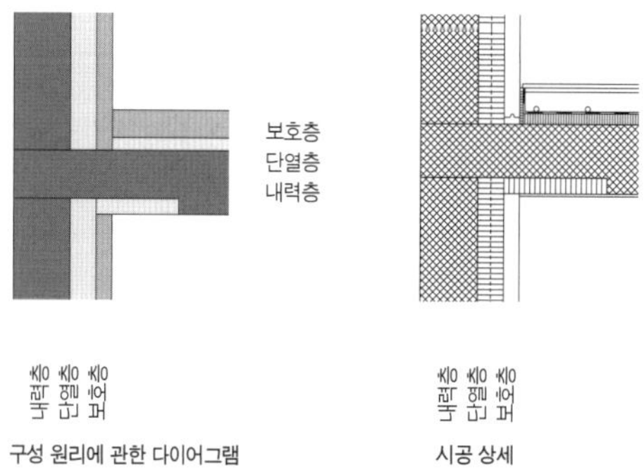

그림 18 : 사용 예 : 바닥 지지부가 분리되지 않는 방식, 불연속적인 단열층
간섭 받는 단열층을 보충하기 위해 적어도 100cm 폭의 단열재 띠를 지지단 하부 주변에 설치해야 한다 (거푸집에 위치시키거나 바닥판의 아랫면에 고정시킨다). 바닥판의 하부를 모르타르 마감하거나, 하부에 내장재를 덧붙여야 한다는 단점을 갖는다 ("치장재"). 단열재와 차음재는 통합하여 바닥판의 상부에 설치한다. 수직 내력층은 콘크리트 또는 석조 건축의 방식으로 만들어진다.

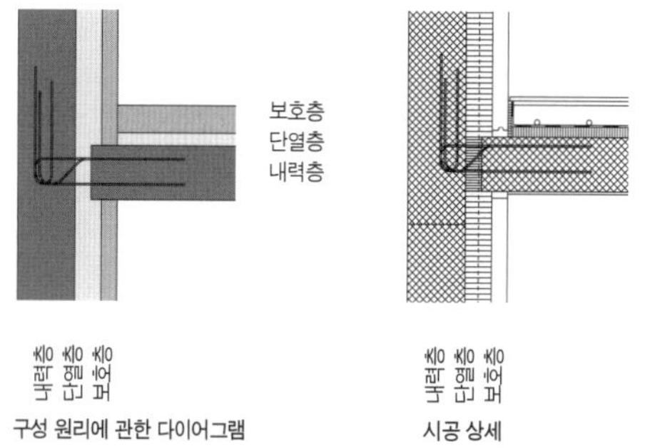

그림 19 : 사용 예 : 바닥 지지부가 분리된 방식, 연속적인 단열층
크롬 앵커가 벽과 바닥의 보강 철근과 통합되어야 하기 때문에 이 방식은 철근콘크리트 건물에만 사용할 수 있다. 압축 저항성 단열재는 벽 표면과 바닥판 단부 사이에 위치되어야 한다. 단열층에 대해 별도의 앵커 시스템을 사용하는 경우도 있다 (예 : Schock-Isokorb).

에너지 절감형 주택의 설계를 위한 7가지 규칙

에너지 절감형 주택을 계획하는 데에 있어 가장 주요한 요소가 되는 것은 무엇인가? 다음에 제시하는 7가지 규칙은 이에 대한 개괄적인 지침을 보여준다.

1. 에너지 절감의 개념에 따른 작업

건물의 형태, 위치, 내부 공간의 레이아웃은 에너지 소비에 큰 영향을 끼친다. 명료하고, 간결한 해결책을 강구해야 한다. 만약 당신이 창의성이 부족한 사람이라면 저렴하고, 쉽게 구할 수 있는 재료를 조립하여 주택을 짓는 것이 현명하다.

2. 높은 수준의 단열 성능을 갖도록 계획하라…

에너지 절감형 주택에 사용되는 단열재는 20cm 두께이다. 단열 방식에 따라 완공된 외벽의 전체 두께는 25~60cm에 이르게 된다.

… 그리고 열교현상을 피한다

건물의 외피에 사용된 단열재가 기타 요소에 의해 간섭을 받아 건물 내부로 향하는 열이 흐를 수 있는 통로가 형성될 때 열교현상이 나타나게 된다. 많은 건물에서 간섭 받지 않는 벽 전체가 잃는 열보다 더 많은 열을 열교 현상을 통해 잃는다. 부재가 변화하는 부분, 부재 간의 접합부에 대해서는 각별한 주의가 필요하다 :

- 창문과 벽, 지붕과 창문의 사이,
- 문과 벽 사이,
- 벽과 지붕 사이,
- 롤러 셔터와 벽 사이,
- 벽과 지붕에 위치하는 굴뚝과 연도
- 문지방, 창문 틈의 봉인, 바닥판과 벽에 사용되는 상인방,
- 발코니 등에 사용되는 파스너.

3. 태양열의 이용

태양에 면해 있는 큰 창문 등을 이용하여 태양 에너지를 받아들이는 것이 바람직하다. 복사 에너지를 흡수하기 위해서는 적절한 축열 성능이 필요하다. 따라서 내부 칸막이벽과 바닥판에 중량 구조물을 사용하는 것이 바람직하다. 거실, 자녀의 방 등 항상 사람이 머무르는 공간은 가능한한 태양 에너지를 받아들일 수 있는 위치에 배치한다.

4. 건물을 기밀하게 짓는다...

열의 대류가 일어나지 않는 건물이란 존재하지 않는다! 호흡하는 것은 벽도, 지붕도 아닌 건물을 이용하는 사람이다. 공간을 밀폐시키고, 특히 문제가 발생할 수 있는 부분의 상세에 대해 점검해야 한다.

... 그리고 환기 설비를 설치한다.

이 방법은 거주 환경의 질을 높이며, 열 손실을 만회할 수 있다는 점에서(열 교환기) 에너지 소비를 줄일 수 있는 방법이기도 하다. 환기 설비의 크기는 신중하게 결정되어야 하며, 발생하는 소음을 줄여야 한다.

5. 재생에너지를 이용하여 부족한 열 성능 요구 조건을 보충한다.

태양 에너지, 나무, 열의 순환은 에너지 절감형 주택에 있어 이상적인 조합이라 할 수 있는데, 이는 에너지 절감을 위해서는 작은 크기의 설비(난방장치, 집열기)가 적절하며 이에 따라 적은 양의 연료(나무)만이 필요하기 때문이다.

6. 낮은 온도로 열을 저장하고 분배한다...

매개체의 온도가 낮을수록, 열 손실을 적어진다. 이는 열의 발생과 분배에 있어 공통적으로 적용되는 사항이다.

... 주택에서 난방이 이루어지는 공간에 축열체를 설치한다...

모든 축열체는 열을 방출한다. 에너지 절감형 주택에서는 이렇게 방출된 열을 최대한 이용한다.

... 그리고 파이프의 길이를 짧게 한다.

어떤 에너지 절감형 주택의 경우에는 (파이프의 큰 표면적 때문에) 라디에이터에 공급되는 열보다 훨씬 큰 열을 순환 파이프에 보내야 하는 경우가 있다. 이는 난방 시스템의 조절에 있어 문제를 일을 킬 수 있으며, 불필요한 열 손실을 초래한다.

7. 에너지를 절약할 수 있는 가정용 기구를 사용한다.

에너지를 절약할 수 있는 가정용 기구를 사용하면 발전소에서 발생하는 방사열과 환경 부하를 줄일 수 있다.

출처 : Othmar Humm: *NiedrigEnergie- und PassivHäuser*, Staufen bei Freiburg, 1998

낮은 수준의 기술 - 높은 수준의 구축술

Andrea Deplazes

에너지 개념

이 프로젝트는 일반적인 골조 건축의 방식을 통해 에너지 절감형 건축물을 만들고자 했던 사례들 중 하나이다. 본디 입찰 단계에서 일반적인 학교 건물로써 디자인되었던 프로젝트는 이후 스위스 "Minergie" 표준을 따르는 컨셉으로 변경되었다. 이 과정에서 에너지에 관한 문제는 건축 설비 시설이 전담함으로써 종합적인 구조체를 구축할 수 있었다.

스위스 벨라(Vella)지방에 위치한 이 학교 건물에 방문한 사람은 건물 내에서 일반적인 학교와 다른 점을 거의 찾을 수 없다. 건물은 고형식 건축의 방식을 사용하여 지어진 것으로, 내부 공간은 모르타르를 바르지 않은 콘크리트 벽으로 구성되어 있으며, 교실과 체육관, 강당은 고형식 목조 판넬 벽으로 이루어졌다. 건물은 12cm 두께의 단열층으로 감싸져 있으며, 이 단열층은 다시 3cm 두께의 모르타르에 의해 보호된다. 이러한 방식은 얇은 모르타르 "막"으로 건물을 감쌌던 전통적인 목조 주택과 완전히 동일한 것이다. 내부 공간의 레이아웃은 학교 건물에서 요구되는 사항을 모두 만족시키고 있다. 그러나 좀 더 자세하게 건물을 관찰해 보면 몇 가지 특이한 점을 발견할 수 있다. 건물의 내부 공간에는 라디에이터가 없고, 지하실에도 중앙 난방 시설이 있지도 않으며, 지붕은 물론 건물 안 어디에서도 집광기를 찾아볼 수 없다! 대신에 기계적인 환기 설비를 이용하여 열 교환 수치를 낮게 유지하면서도(0.5) 신선한 공기를 공급하고 있으며, 통제되지 않은 환기(예 : 예기치 않은 창문의 개방)로 인한 열 손실을 막고 있다. 열 교환기는 이러한 시스템의 하부에 설치되어 공간 내부의 공기를 배출하고, 신선한 공기를 받아들인다. 이는 학교 건물에서 유일하게 사용된 기계적 요소로, 건축적인 관점에서 볼 때 건물 전체를 구성하는 에너지 개념 중 그다지 흥미롭지 않은 부분이기도 하다. 이보다 더욱 눈에 띄는 것은 장선을 사용한 콘크리트 바닥판, 발스(Vals) 지방의 규암으로 마감한 석조 슬라브, 그리고 깔대기형 문설주를 사용한 큰 크기의 창문으로, 이 창에서 문설주에 사용된 목제 골조는 단열재에 의해 가려져 외부에서 보이지 않는다. 이는 건물 뒤에 숨겨진 에너지 개념으로, 태양 에너지를 이용하는 것이다.

기술적인 문제점?

건물의 계획이 시작되고 얼마 지나지 않아, 새로운 학교 건물의 위치가 태양 에너지를 이용하기에 매우 이상적인 조건을 갖는다는 점을 알 수 있었다. 예산의 문제가 해결되지는 않았지만, 지방 당국의 관계자들은 건축가를 찾아가 지붕 표면에 집광기를 설치하고자 한다는 의사를 전했다. (그러나 예산이 더 올라가서는 안 된다는 조건이 전제되었다.)

우리는 너무나도 자주 대두되는 "상징적인 의미의 표면적 에너지" 개념에 큰 흥미를 느끼지 못했다. 건물에 기계 장치를 덧붙이게 되면, 이는 결국 아름다운 고주택들로 이루어진 산지 마을의 건축적인 환경을 저해할 뿐 아니라, 다양한 요소, 심지어는 서로 상반되는 요소들을 디자인 과정에서 한데 묶어내는 건축가의 역할을 상당 부분 저해할 수도 있는 것이다. 이러한 점에서 우리는 지붕 또는 건물의 기타 표면에 집광기를 미학적으로 아름답게 결합시킬 수 있는 방법을 찾아야만 했다.

구축적 해결책

이에 따라 고형 부재에 태양 에너지를 저장하는 개념을 사용하게 되었다. 여기서 주목할만한 점은 일반적인 학교 건물과 동일한 벽의 두께와 바닥 깊이를 사용할 수 있었다는 점으로, (창을 통해) 건물에 유입되는 태양 복사 에너지를 가능한 빠르게 흡수하여 내부 공간의 온도가 지나치게 높아지지 않도록 하기 위해 모든 건축 요소는 고형식으로 만들어졌다. 그러나 교실 벽에는 칠판, 자석식 게시판, 찬장, 진열장 등의 비품이 위치되어 축열을 위한 매개체를 설치할 수 없었다. 이에 따라 열을 흡수하는 축열체의 표면에 장선을 다는 방법을 택했으며, 복사열이 약 10cm 가량 축열체 내부로 직접 침투해 들어간다는 가정하에 최적의 효율을 가질 수 있도록 바닥판의 매스를 분포시켰다 (1차 축열). 겨울에 여러날 동안 날씨가 좋다면 축열 매개체는 계속적으로 열을 모으게 된다 (2차 축열).

다양한 사용 전략

이러한 축열 방식은 다양하게 사용될 수 있다. 바닥판은 장선이 달려 있어 최소의 재료 소비만으로도 교실의 7.5m 경간에 걸쳐 형성될 수 있었다. 또한 바닥판의 하부 단면이 요철의 형태로 이루어져 있기 때문에 음 확산 효과가 매우 높아져 별도의 음향적인 (흡수) 장치가 필요하지 않게 되었다. 저렴한 에너지 절약형 조명은 장선 사이에 쉽게 설치되며, 현휘를 발생시키지 않는다. 장선 바닥판은 또한 앞에서 언급했던 이 지역 전통 주택의 바로크 양식 지붕을 연상시키는 강력한 건축적 모티브로써 작용하고 있다. 반면, 태양 복사를 최대한 바닥판 하부

그림 20, 21 : 교사동과 다목적 홀 (좌), 큰 창이 끼워진 남측 파사드 (우)
Bearth & Deplazes: school complex, Vella (스위스), 1997

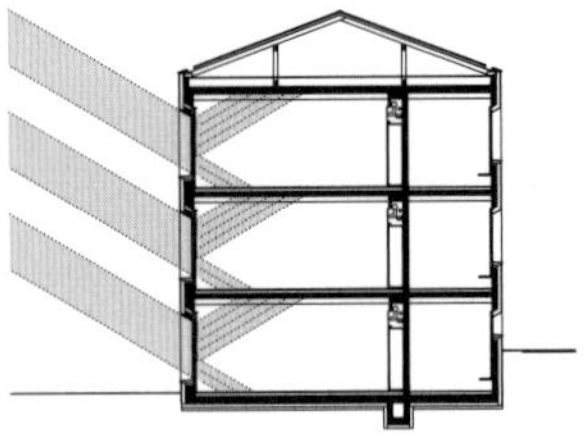

그림 22 : 교사동 단면도
프로젝트명 : School complex with multipurpose hall, Vella (스위스)

로 보내기 위해 하나의 건축 요소가 생략되었는데 이는 바로 창 유리 내부에 설치되는 루버이다.

그러나 유입광의 방향을 유도하는 특수한 시스템을 새로 디자인하려면 너무 큰 비용이 소요되기 때문에, 이 건물에서는 일반적인 알루미늄 루버를 조정 코드에 부착하고 180° 회전시키는 방법을 차용했다. 루버는 겨울철에 눈이 쌓여 더 눈부신 빛이 창가에 앉은 학생에 직접 닿지 않도록 드리워진다. 그러나 창에 인접한 바닥 표면 중 1/3 정도는 열을 흡수하고, 마치 방의 깊이에 걸쳐 놓인 흡수지처럼 열을 "저장한다". 루버를 회전시킴으로써 태양광을 반사하여 학생들에게는 태양광이 닿지 않도록 하면서, 장선 바닥 슬라브로 빛을 보낼 수도 있다. 이를 통해 바닥 슬라브가 가장 효율적으로 열을 흡수할 수 있도록 함은 물론, 공간 전체에 걸쳐 자연광을 퍼뜨리게 되어 조명에 필요한 전기 에너지를 절약할 수 있게 한다. 이 과정에서 루버는 외부를 향해 "개방되어" 있으며, 이에 따라 주변의 자연 경관으로의 조망을 방해하지 않는다는 점도 무시할 수 없다.

자유자재로 응용이 가능한 개념

바닥판이나 벽 등의 고형 부재에 태양 에너지를 저장한다는 개념은 학교 건물에만 사용할 수 있는 것이 아니다. 그러나 경제적인 측면에서 일반적인 건축 방식에 필적하는 방식이 되기 위해서는, 이러한 고형 부재를 다양하게 사용할 수 있는 전략이 필요하다. 지금이야말로 단일 기능의 개별적인 부재들로 이루어진 상호보완적인 시스템이라는 근대적인 사고방식에서 종합적이고, 복잡하며, 다기능적인 부재들로 의식을 전환할 시기인지도 모른다. 이러한 생각이 바로 전체론적인 관점이라 불리는 것으로 이를 통해서만 경제적, 에너지적, 문화적인 측면에서 향상된 성능을 "한 번에" 얻을 수 있으며, 곧 "유지 가능성"을 얻게 되는 것이다. 벨라 지방의 학교 건물에서 축열체의 중량 매스가 가소성이라는 건축 어휘가 건물의 "균질한 매스"로서의 의미와 결합되지 못했다면, 축열체를 이용한 전체적인 에너지 개념은 건축적으로 무의미했을 것이다. 건물의 표면, 내부 공간의 깊이, 얇은 벽으로 구성된 파사드 외피 같은 물질적인 표현과 이러한 건축 요소들의 상세에 관한 모티브, 그리고 자연경관 속에서 도시적인 맥락에 의해 계획된 큐빅 형태 속에서 축열을 통한 에너지 개념은 건물 매스 속에서 정립된다.

그림 23 : 아랫면에 장선을 부착한 콘크리트 바닥판을 사용한 교실

건축주 : 벨라(Vella) 지방 당국, Lugnez (스위스)
건축가 : Valentin Bearth, Andrea Deplazes
에너지 관련 자문 : Andrea Ruedi
건축 설비 : Nold + Padrun

주요 파라미터
SIA 380/1 "Energie im Hochbau", 1998년판에서 추천한 사항, 목표값 : 260 MJ/m²a

SIA brochure D 090 "Energiegerechte Schulbauten";
표준 목표값 : 150 MJ/m²a
최적 목표값 : 76 MJ/m²a

프로젝트에 사용된 각종 수치는 "Handbuch der passiven Sonnenenergienutzung"에 따라 계산되었다.
SIA/BEW document D 010 : 24 MJ /m²a
완공된 건물에서 측정한 수치 (IBT diploma thesis 98/99): 34 MJ/m²a

완공된 건물의 실제 에너지 소비 값과 계산 값이 차이가 나는 원인은 계산 방법에 따른 오차 때문이다.

축열 성능 (악천후에 대비) Storage capacity (reserve for poor weather):
4일 동안 지속되었던 악천후 기간에 외부 기온은 -5°C로 떨어졌으며, 이렇게 태양 에너지의 유입이 줄어듦에 따라 축열체가 열을 방출하여 축열체의 온도는 평균 21°C에서 19°C로 떨어졌다. 그러나 이러한 축열체의 온도 하강 곡선은 기계적 환기 시스템에 의해 덮혀진 공기(열 교환기)가 그리는 온도 곡선과 맞물려 내부 공간의 온도를 일정하게 유지한다. (1999년 1월 12 - 15일에 측정한 값, 1998/99년 겨울에 측정이 이루어졌다).

출처 :
Bulletin, *Magazin der Eidgenössischen Technischen Hochschule Zurich*, issue No. 276, "Energie - im Umbruch", 2000. 1., pp. 32 - 33.

건물
BUILDINGS

대표 사례

Introduction

구조적 쟁점 - 내부 공간의 구조, 내력 구조, 인프라스트럭쳐 간의 관계

사례

Apartment blocks, Martinsbergstr, Baden: Burkard, Adrian Meyer+Partner

Gallery for Contemporary Art, Marktoberdorf: Bearth + Deplazes

Detached family home, Grabs: Perter Märkli

Paspels School: Valerio Olgiati

Volta School, Basel: Miller + Maranta

사례

Sihlhof School, Zurch: Giuliani Honger

"Im Birch" School, Zurich: Peter Markli

Chur Teacher Training College, science wing: Bearth + Deplazes

Swiss School of Engineering for the Wood Industry, Biel: Meili + Peter

Private house, Sevgein: Bearth + Deplazes

구조적 쟁점

내부 공간의 구조, 내력 구조, 인프라스트럭쳐 간의 관계

Alois Diethelm,
Andrea Deplazes

내부 공간의 구조, 내력 구조, 인프라스트럭쳐는 건물의 디자인에 관계 있는 요소로써, 건물의 이용 방식에 따라 각기 다른 정도로 서로 영향을 미치며 다양한 관계를 맺는다. 내부 공간의 구조와 내력 구조가 원시적인 오두막의 형태에서부터 현대적인 건물에 이르기까지 적용되는 개념인 반면, 인프라스트럭쳐—기본적인 빌딩 서비스와 관련되어 사람과 미디어가 소통되며 현대인들에게 있어서는 기본적인 시설로 여겨지는—는 사실 전통적인 건물에서는 의미를 찾기 어렵다. 왜냐하면 대부분의 산업화 이전의 건물에서 일시적인 구조로 존재해 왔거나 심지어는 전혀 나타나지 않는다는 점에서 전통적인 건축물과는 관계가 없는 것이라 할 수 있다. 과거 로마인들이 지하 난방 시설과 급수 시설 등 고도로 발전된 기반 시설을 사용했었다는 사실이 널리 알려져 있지만, 이러한 건축적인 성과물은 산업 혁명 이전에는 일상적인 건설 현장에 적용할 수 없는 것이었다. 산업 혁명 이후 대량 생산이 가능해지고, 19세기 도시와 마을의 열악한 위생 상태를 개선하고자 하는 시도가 이어짐에 따라 인프라스트럭쳐는 건축물의 설계에 있어 점점 더 큰 영향을 미치게 되었다.

이 때부터 건추가와 건축주는 건축물의 용도에 따라 설비 수준을 정의하기 시작했다. 만약에 건물의 용도가 높은 수준의 안락함을 필요로 하지 않는다면, 20세기 이전에 지어진 낡은 건물만으로도 많은 이용자를 만족시킬 수 있을 것이다. 이러한 건물에 사용된 설비 배관들은 벽 내부에 간취져 있는 경우가 거의 없고, 설비 배관 자체가 많지 않기 때문에 오래된 건물을 필요에 따라 변경하는 것은 상대적으로 단순한 작업이다. Bernoulli는 이미 1942년도에 다음과 같이 말하기도 했다. "오늘날 새로이 지어지는 건물에서 건물의 몰락을 예고하고, 건물의 수명을 줄이는 것은 명백히 특수한 상황을 위해 고안되고, 설치된 설비 시스템이다. 왜냐하면 복잡한 건물은 단순한 건물처럼 상황의 변화에 쉽게 적응할 수 없기 때문이다."[1] 이에 따라 설비 시스템은 더욱 광대해져 건물의 모든 구성 요소 내부로 파고 드는 고밀도의 신경망으로 발전하게 되었다. 설비 시설의 기능을 제외하고는 현대적인 건물을 생각할 수 없을 정도이다. 몇몇 건물의 경우에는 설비를 보다 간소화시킬 수 있는 경우도 있지만, 오늘날의 모든 건물은 Bernoulli가 말한 것처럼 복잡한 건물이라는 점은 매우 분명하다. 적응 가능성이란 점은 더 이상 내력 구조체에만 적용되는 개념이 아니라, 인프라스트럭쳐에 대해서도 동일한 만큼 적용되는 개념이다. 그리고 적응 가능성이 중요하다는 사실은 설계의 전 과정에 걸쳐 계속적으로 나타나는 것이다. 이것이 바로 Marcel Meili가 최근의 인터뷰에서 던진 질문 뒤에 감춰진 의도라 할 수 있다. 그는 설비 시스템의 사용방식이 어떻게 물질화되어야 하는가에 대하여 다음과 같이 말했다. 건물의 앞날을 예측할 수 없기 때문에 아무런 레이아웃도 없다면?[2]

이러한 점에서, 구조적인 문제는 다음의 3가지 과정에 걸쳐 연구되어야 한다 :

1. 현장에서 공사가 시작되기 이전
2. 완공 후 (단기, 중기, 장기)
3. 공사 기간 중

차별화된 융통성

여기에서 주목해야 할 부분은 상상할 수 있는 모든 상황에 적응할 수 있고, 전환될 수 있는 절대적인 융통성이 아니라, 경제적인 여건에 기반을 두고 있는 실무 상황에 대응할 수 있고 완공 후 건물이 사용되며 중장기적으로 나타날 여러가지 요구 사항을 충족시킬 수 있는 설계 전략이다. 이러한 견해는 어떠한 점에서 오늘날 널리 퍼진 경제적인 건축 방식, 건축물의 생애 비용을 줄이는 것은 완공 후 건축가가 아닌 다른 누군가가 지불할 유지 비용에 의해서 결정된다는 시각과 대조되는 것이라고도 할 수 있다. 물론 중간자가 필요할 것인가, 언제 필요할 것인가, 어떠한 중간자가 필요할 것인가를 가늠하는 문제는 항상 존재한다. 첫 개입전의 시간이 길어질 수록 건물의 적응성은 심각하지 않아진다. 이는 특히 이제는 사용되지 않는 공장 건물이 주택, 사무소, 학교 등으로 전환되고, 불필요한 모든 요소를 없애기 위해 내력 구조체와 관계 없는 모든 부분을 해체하는 경우처럼 건축물이 최초에 지어질 때 정해진 용도가 더 이상 적용되지 않는 상황일 때 더욱 명백하게 나타난다. 인프라스트럭쳐는 30년, 40년, 또는 50년의 세월이 지나고 나면 구식의 것이 된다. 파사드는 더 이상 변화한 단열 성능에 부합하지 못할 수도 있고, 이전에는 무해하다고 알려졌던 건축 재료가 시간이 지남에 따라 유해성을 나타낼 수도 있다. 결과적으로 변하지 않는 유일한 요소는 내력 구조체이다. 그리고 새로운 용도에 대해 기존의 내력 구조체가 적절한가의 여부는 내부 공간의 구조와의 조합을 통해서만 판단할 수 있는 것이다.

그림 1 : 확장 가능성이 있는 내력 구조체
Tirana 지방 중심부의 아파트 단지(알바니아), 2002

만일 내부공간이 가변적이어야 한다면 같은 용도의 크기가 다른 방 또는 구획을 하는 것이 필요하다. 주택에서 사용되는 (미닫이 문의 탈부착을 통한) 가변형 공간이나 사무소 건축에 사용되는 그리드 시스템이 보편적인 방식이다. 그러나 이러한 방식은 건물이 완공된 이후의 사용상의 융통성에 대한 해법이다.

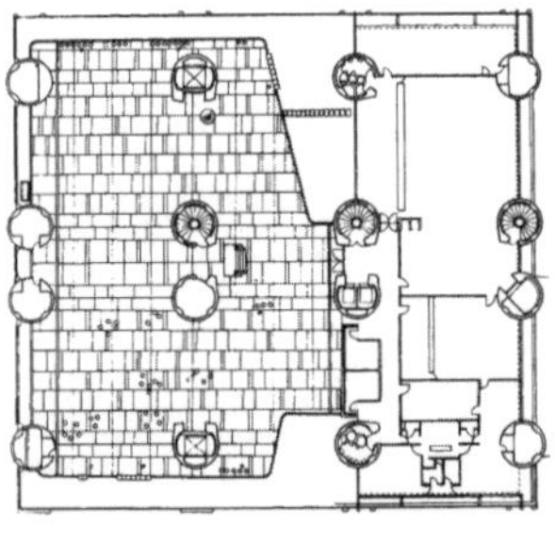

그림 2 : 화장실, 계단 등을 담고 있는 기둥
Kenzo Tange: communications centre, Kofu (일본), 1964 - 67

그러나 수직 동선 등의 일부 요소는 한 번 설치되고 나면 다시는 이동이 불가능한 반면, 주택에서 급수 시설을 사용하는 공간의 크기, 가끔은 위치를 변화시킬 수 있는 것처럼 건축물을 구성하는 일부 요소는 동일하게 영구적인 사용이 가능하도록 설치되지만 최초 설치 시기부터 어떠한 한계점까지는 계속적으로 변환이 가능하다는 점에서 계획상의 융통성에 대해 다뤄볼 수 있다. 건물에 사용된 내부 칸막이벽이 내력 구조라면, 내부 공간의 구조는 경제적인 바닥 스팬과 파사드의 개구부에 영향을 미치게 된다. Burkard Meyer & Partner는 스위스 바덴 지방의 Martinsbergstrasse에 위치한 아파트 단지(1998/99) 설계에서 이러한 계획상의 융통성을 최대한 활용했다. 평면의 레이아웃은 내력 파사드와 중앙 코어를 기반으로 만들어진 것으로, 이는 욕실, 주방 등의 기타 내부 시설이 각 세대의 세입자에 의해 결정될 수 있는 것과는 매우 대조적인 것이다. 심지어는 한 층 높이인 창문의 위치와 크기까지도 세입자가 결정할 수 있는 특이한 면모를 보인다. 그러나 세입자

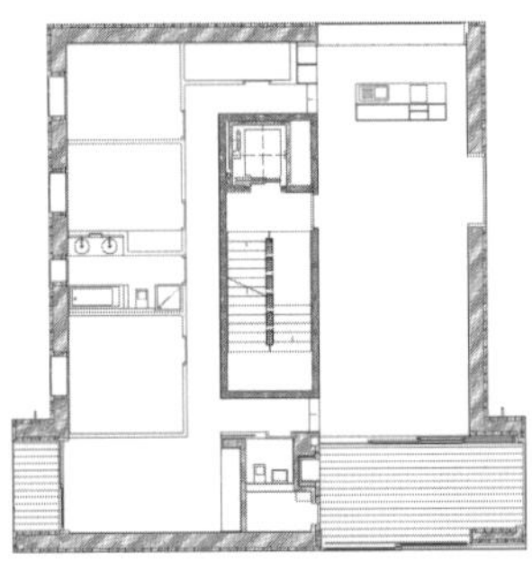

그림 3 : 계단실의 위치만이 현장 작업 이전에 결정되었다.
Burkard, Meyer: apartment blocks, Martinsbergstrasse, Baden (스위스), 1998/99

그림 4: 계획상의 융통성 : 창의 위치는 각 세대의 세입자에 의해 결정되었다.
Burkard, Meyer: apartment blocks, Martinsbergstrasse, Baden (스위스) 1998/99

의 선택이 끝나고 현장에서 공사가 한 번 시작되고 나면, 개구부와 위생 설비 등의 설비 시설이 배치되어 평면의 레이아웃이 다소간 고정되어 버리기 때문에 미분양된 건물의 융통성은 급격하게 떨어지게 된다. 설비 시설의 이동성을 제한하는 가장 큰 요인은 특히 주택에서 볼 수 있는 것처럼 벽 내부에 설치된

그림 5 : 기둥 샤프트 내부에서 내력 구조체와 인프라스트럭처가 통합되어 있다.
Kenzo Tange: communications centre, Kofu (일본), 1964 - 67

파이프 배관으로, 현재까지도 가장 일반적으로 사용되는 방식이다. 이러한 방식은 공사 기간 중의 위치 조정을 어렵게 하며, 용도의 변경 또는 수명의 만료에 의해 설비 시스템을 교체해야 할 경우에도 난점을 지닌다.

속이 빈 기둥 - 세장한 바닥판

다세대 주택을 게스트 하우스나 호텔로 그 용도를 변경하려 한다고 가정해 볼 때, 많은 문제가 발생함을 알 수 있다. 기존 건물에서 각 세대 내부에 위치하던 수평 동선은 복도로 전환되어 방화구획을 형성해야 한다. 더욱 많은 사람이 건물에 머무르게 되기 때문에 추가적으로 피난 계단을 설치해야 하고, 건물에 위생 설비의 수를 늘리고 분산시켜야 하기 때문에 중앙 서비스 코어의 실현 가능성을 검토해보게 될 수도 있다. Kenzo Tange같은 구조주의 건축가들은 수직적 인프라스트럭쳐(설비 배관, 계단실, 승강기)와 건물에 존재할 수 밖에 없는 내력 구조체를 통합함으로써 이러한 문제를 해결하려 시도했다. 전통적인 기둥-바닥판 시스템의 세장한 기둥은 샤프트로 변환된다. 다기능적인 건축 요소를 사용한 초기 사례는 19세기 후반의 공장 건물에서 찾아볼 수 있는데, 수직 설비들이 기둥 사이로 지나가는 모습을 보여준다.

19세기와 20세기 초반에 지어진 다층 아파트 단지에서는 방화벽을 따라 놓인 일련의 굴뚝의 모습에서 유사한 사례를 찾아볼 수 있다. 수직 shaft의 분산 배치는 수평 설비 시설의 사용을 최소화시키고 있으며, 이러한 효과가 극대화된 경우 수평 설비 시설이 불필요한 경우도 있었다. 이렇게 수평 설비 시설로부터 자유롭게 된 바닥판은 단지 내력 성능과 방음 성능만을 갖추기만 하면 됐다. 철근콘크리트 슬라브가 개발되고 슬라브 내부에 설비 시설을 담는 방법이 개발되기 전까지는, 수직적인 설비 방식이 가장 명쾌한 해답이었다 (특히 주택 건축에 있어 그러하다).

구조주의 건축가들은 이와 반대되는 결과물을 얻으려 시도하고 있지만 Tange조차도 어느 정도는 이러한 방식을 사용했는데, 이는 외관상 중립적으로 보이는 샤프트 역시도 우선적으로 승강기를 담고 있으며, 다음으로는 계단, 마지막으로 위생 설비와 환기 덕트를 담고 있기 때문이다. 즉, 외관상의 첫 느낌은 융통적인 구조인 듯이 보여도 이 구조 역시 100% 융통적이지는 않다는 것이다. 한 편으로 평면의 레이아웃이 요구되

는 방향에 따라 놓인 적절한 인프라스트럭쳐 요소의 존재에 의존하며, 다른 한 편으로는 물리적인 기능을 하는 코어가 평면의 레이아웃에 있어, 파사드에서 파사드까지 걸쳐 놓여 있다기보다는 코어 사이에 형성된 각각의 내부 공간을 따라 형성된 일종의 골조를 형성한다고 할 수 있다. 그러나 건물에 사용된 모든 코어가 계단실, 승강기, 위생 설비, 설비 샤프트를 담고

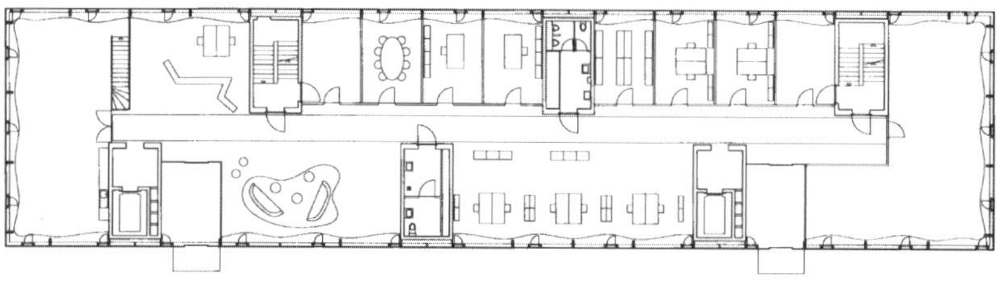

그림 6 : 기둥으로부터 자유로운 평면의 레이아웃과 내력 파사드, 코어(승강기, 급수 설비, 계단실)의 모습
Bearth & Deplazes: OKK offices, Landquart (스위스), 2001/02

있다면 이는 명백히 "과도하게 설계된" 인프라스트럭쳐이며, 건물은 지나치게 과도한 코어의 사용으로 융통성이 크게 줄어들게 된다.

일례로, Tange의 건물(그림 5 참조)은 스위스 Landquart 지방에 위치하는 Bearth & Deplazes의 ÖKK offices처럼 코어 내부에 어떠한 위계 구조도 가지고 있지 않다. 코어는 회장실 등 인프라스트럭쳐를 담기 위한 각각의 내향적인 격실로 나뉘어진다. 이와 반대되는 개념인 연속된 수직 샤프트는 필요한 만큼의 파이프, 케이블, 덕트를 담을 수 있는 최소한의 크기로 맞춰져 있다. 샤프트는 평면 레이아웃의 출발점이자, 기본 뼈대로서 매 층마다 서로 다르게 나타난다. "수직 설비를 중심에 집약시키고 수평으로 넓게 분배할 것인가, 아니면 수직 설비를 분산시킴으로써 수평적인 분배를 줄일 것인가"의 문제는 이러한 점에서 흥미롭다. 계단과 승강기 같은 수직 동선의 수는 방화 규정에 의거하여 각 내부 공간에서의 최대 피난 거리에 따라 결정된다는 점에서 수직 설비에는 영향을 미치지 못한다.

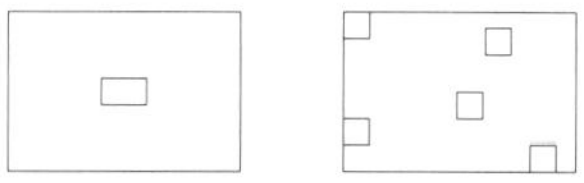

그림 7 : 집중화와 분산화
주택의 중앙에 스토브와 욕실을 집중한 형태 (좌 : 짧은 길이의 설비 공간), 분산화된 레이아웃 (우 : 다수의 설비 공간)

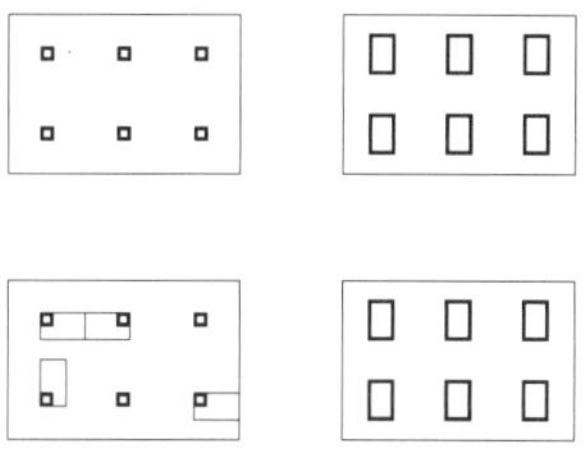

그림 8 : 속이 빈 기둥 - 세장한 바닥판
내력 구조체의 모습(상)과 내부 마감재의 설치 모습(하), 급수 설비는 설비 시설을 담고 있는 내력 구조체에 연결되어 있다.

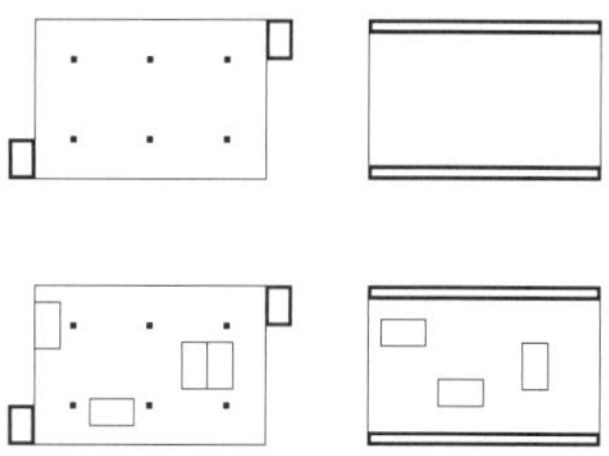

그림 9 : 세장한 기둥 - 속이 빈 바닥판
내력 구조체의 모습(상)과 내부 마감재의 설치 모습(하), 급수 설비는 내력 구조체와 독립적으로 위치한다. 샤프트 주변에 위치하는 여러 층에 걸친 수직 동선은 내력 부재로써 기능하기도 한다 (그림 24 - 27 참조).

세장한 기둥 - 속이 빈 바닥판

인프라스트럭쳐 또는 내력 구조체의 일부인 연속적인 수직 요소가 이루는 조밀한 네트워크는 내부 공간의 구조가 작은 크기의 부재들로 구성되어 층마다 서로 다른 내부 구조를 가질 수 있을 경우 사용되는 것이다. 그러나 또 다른 측면에서 파이프 배관, 환기 덕트, 기둥은 내부 공간의 사용성을 제한한다.

따라서, 아무런 제약 없이 각각의 층을 설계하기 위해서는 수직 인프라스트럭쳐를 중앙에 밀집시키고, 바닥판의 빈공간, 달천장 또는 바닥판 내부를 통해 설비 시설을 수평적으로 분배하는 방식을 사용하게 된다. 케이블 덕트와 환기 덕트 등 적어도 두 개 이상의 설비 시설이 교차되는 지점은 이를 위한 빈 공간의 전체 깊이를 결정한다. 설비 시설의 설치와 유지 관리를 위해 쉽게 접근할 수 있어야 한다는 점 이외에도, 이는 설비 시설이 바닥판의 공극과 달천장 내부에서 교차함으로써 같은 공간을 동시에 사용하는 경우를 피한다는 의도를 담고 있는 것이기도 하다.

철근콘크리트 바닥 슬라브와 함께 사용될 때, 이러한 구조의 총 깊이는 70 - 80cm에 이를 수도 있지만, 내력 성능의 측면에서는 25 - 30cm 정도가 바람직하다. 바닥판에서 서로 다른 기능을 하는 각각의 층이 서로 이점을 갖지 못한다는 점에서 이는 구조의 잠재적인 가능성을 최대로 사용하지 못하는 것이라 할 수 있다. Fritz Haller가 만든 MINI, MIDI, MAXI 시스템 등의 철, 콘크리트, 목재로 만든 "속이 빈" 내력 시스템을 사용할 경우 전체 깊이를 동일하게 유지하면서도 구조 깊이를 2배로 늘릴 수 있다. 이는 더 큰 경간을 가능하게 하며, 이에 따라 설비 시설의 배치에 있어 보다 융통적이다. 과거에 설비 시설이 서로 교차되는 부분이 부재 내부 빈 공간의 깊이를 결정하는 유일한 요소였던데 반해, 오늘날에는 배수관의 경사 또한 매우 중요한 요소로 작용한다. 이는 특히 각각의 층에 걸쳐 서로 다른 위치에, 서로 다른 수의 급수 시설을 필요로 하는 공간이 필요한 경우 크게 영향을 미친다. 이러한 구조에서 나타나는 넓은 빈 공간은 설비 시설의 수평적 분배에 있어 이점을 갖는다.

Louis Kahn의 Salk Institute에서 연구실의 바닥판은 그 자체로 설비 시설의 유지 관리와 차후의 추가적인 설비 시설의 설치를 위한 접근로를 제공하기도 한다. 비렌딜(Vierendeel) 거더, 개구부기 없는 벽 플레이트, 철근콘크리트 바닥판은 속이 빈 강성 박스를 형성하며, 하부에 별도의 중간 기둥 없이 공간 위에 놓여 있다. 설비 시설이 지나는 바닥판은 고층 건물(예 : PSFS Building, 1932, Howe & Lescaze)에 있어서는 새로운 것이 아니며, 처리 과정을 거친 공기와 물 등을 보다 짧은 거리

그림 10 : 내력 구조체를 관통하는 설비 시설
Fritz Haller: SBB Lowenberg Training Centre, Murten (스위스), 1980 - 82

로 필요한 공간에 전달하기 위해 사용된다. Louis Parnes가 설계한 백화점 건물은 몇개 층 높이의 장스팬 바닥판을 사용하고 있는데, 이는 설비 시설을 담고 있을 뿐만 아니라 상부의 판매 공간을 위한 창고로도 이용된다.

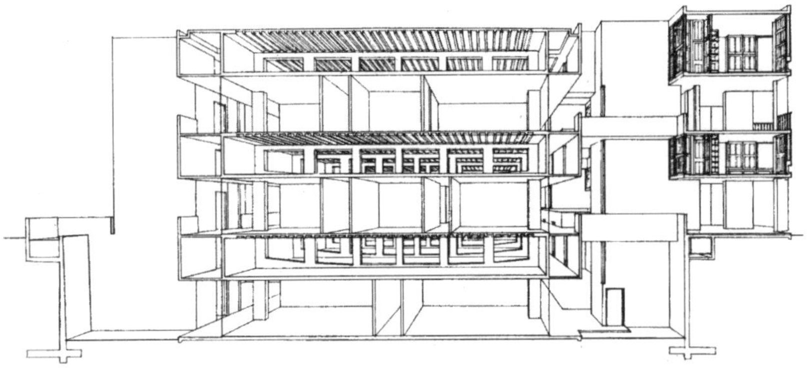

그림 11 : 한 층 높이의 바닥판에 설비 시설이 설치되었다.
Louis I. Kahn: Salk Insitute, La Jolla (미국 캘리포니아주), 1959 - 65

안락함과 기술

주택은 기본적으로 기후 조건이나 타인 또는 동물로부터 보호받을 수 있도록 설계되어야 한다. 지구 상의 많은 지역에서는 낮은 온도로부터 내부 공간을 보호하는 것이 가장 중요한 사항이기도 하다. 모닥불은 이러한 필요에 부합하는 가장 원시적인 형태로, 열의 발생과 방출이 동일한 장소에서 이루어진다는 특징을 갖는다. 스토브와 오븐은 이러한 원리를 이용한 것으로, 둘 모두 유일한 열원으로써 주택의 중앙에 위치하거나, 각 공간에 분배되는 방식으로 설치된다. 열의 발생과 방출을 동일한 장소에서 수행하는 이러한 단위 시설은 배치에 있어 무제한의 자유도를 갖는데, 이러한 특징은 수직적인 요소인 굴뚝이 개발되면서 크게 줄어들게 된다(전기식 장치처럼 열원이 배기 가스를 만들지 않는 경우에는 적용되지 않는다). 굴뚝은 매연과 배기 가스를 운반하며, 다층 건물에서 굴뚝에 인접한 공간을 난방한다. 또 다른 방식으로 개발된 것이 뜨거운 공기를 이용해 공간을 난방하는 시스템인 로마 시대의 하이퍼코스트(hypocaust)로 열원이 공간에 노출되어 있을 경우 위험할 수 있기 때문에 열원을 공간의 외부에 위치시키고, 발생된 열만을 내부 공간으로 전달하여 난방하는 방식을 사용하고 있다. 뜨거운 공기는 바닥판의 공극을 통해 벽의 내부 또는 벽의 내측면에 위치하는 굴뚝으로 전달된다. 이러한 방식을 통해 바닥판과 벽이 동일하게 난방될 수 있게 된다. 하이퍼코스트는 중앙 난방과 바닥 하부 난방의 두 가지 방식을 하나의 시스템으로 사용하는 방식으로, 열이 가장 빨리 빼앗기는 곳으로 열을 공급하는 원리이다. 또한 복사열을 이용한 난방 방식으로써, 하이퍼코스트 시스템을 통해 전달되는 열은 오늘날 사용되느 라디에이터나 방열기보다 더욱 효율적이며, 방열기를 사용했을 때 열 교류 현상에 의해 먼지가 부유하게 되는 문제점도 발생하지 않는다. (하이퍼코스트 시스템을 현대적으로 재해석한 사례는 Marktoberdorf 지방에 위치하는 Bearth + Deplazes의 Gallery for Contemporary Art (2000)에서 찾아볼 수 있다.)

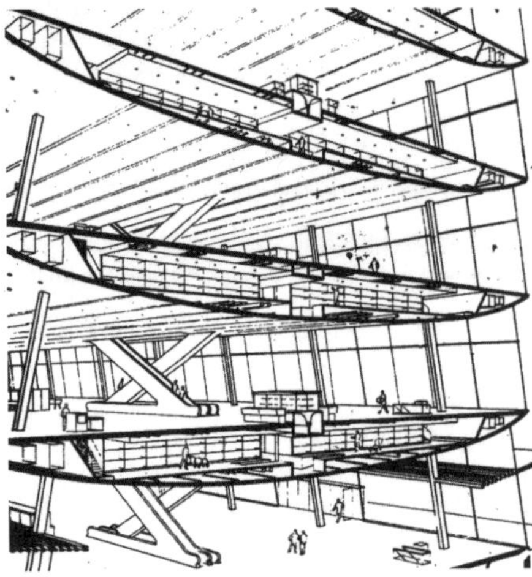

그림 12 : 한 층 높이의 바닥판은 상부 판매 공간을 위한 창고로써 기능한다.
Louis Parnes: department store project, c. 1947

Rayner Banham는 새로운 내부 레이아웃에 관한 모더니즘의 개념을 기본 원리로 사용하여 공간 또는 각각의 건축 요소를 직접 난방하는 새로운 기술적 가능성에 대해 연구했다.[3] 큰 창을 사용함으로써 내부 공간의 안락함이 줄어들게 된다는 치명적인 단점은 난방을 통해 보충된다. Banham은 영국 글래스고우(Glasgow) 지방에 위치하는 Mackintosh' s School of Art (1896-99)의 설계실에 사용된 북향 창을 예로 들고 있다. Frank Lloyd Wright는 온수를 사용한 난방 시스템을 설계함에 있어 열원을 건물의 중앙에 위치시키고 난방 설비를 분산시킴으로써 보다 복잡한 볼륨을 구현해 냈다. "이러한 난방 시스템은 건물을 이루고 있는 다양한 부분들이 보다 다양한 방식으로 전개될 수 있도록 하며, 내부 공간들은 여러 방향에서 빛과 공기를 받아 들인다."[4] 이에 따라 건축 설비는 겨울철의 난방 또는 여름철의 냉방에 있어 단열 성능이 떨어지는 건축 재료들(예: 유리)을 보충하기 위해 사용되었다. 이러한 상황은 1970년대의 석유 파동까지 계속 이어졌으나, 1980년대 환경에 대한 인식이 대두되고 재료에 대한 연구를 통해 설비 시스템의 사용을 줄이는 방법에 대한 논의가 이어지며 차차 줄어들게 되었다. 1950년대에 열을 흡수하는 필름과 내부 공극을 채우는

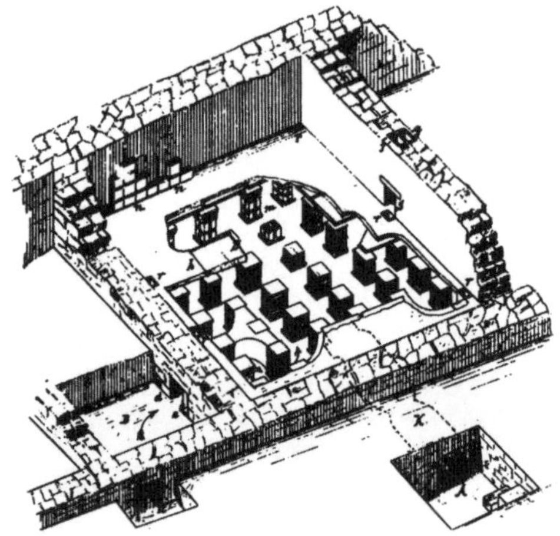

그림 13 : 로마의 하이퍼코스트 난방 시스템
a) 건물 외부의 열원, b) 공극이 있는 바닥판, c) 굴뚝 (*tubuli*)

불활성가스가 개발된 이래 급속한 발전을 이룬 유리는 더 이상 에너지 손실이 높은 재료의 동의어가 아니게 되었다.

20세기 전반기에 급격하게 그 사용이 늘어난 중앙 난방 방식은 열의 분배와 배출을 위해 필요한 인프라스트럭쳐가 건물에 추가적으로 설치되거나 건축 요소 내부에 통합되어야 한다는 조건을 전제로 한다. 이 시기까지 주택 건물에 사용되는 설비 시설이 각각의 보조 공간에 사용되는 위생 설비에 국한되었던 것에 반해, 이제 건축 설비는 주택의 모든 부분에 사용되기 시작했다. 이러한 새로운 방식을 주택에 적용하는 건축가의 방식은 설비 배관을 그대로 노출시키는 실용주의적인 접근 방식에서부터, 배관과 라디에이터를 칸막이벽이나 마감재 뒤에 감추는 상반된 접근 방식에 이르기까지 다양하게 나타났다. 난방을 위한 기계 설비를 건물의 구성 요소로써 다룬 건축가들은 난방 설비를 공간에 새로운 특징(색, 배치 등)을 불어넣는 도구로 사용하거나, 다른 기능과 혼합하는 방식(난간)으로 사용하는 또 다른 접근 방식을 취하기도 했다.

Bruno Taut에게 있어 두드러지게 배치되지는 않았지만, 독특한 색을 나타내는 라디에이터와 파이프는 전체 공간을 둘러 싸는 다색주의적인 경향과 대조되는 요소로써 해석되었다. 스위스 Vevey 지방에 위치하는 Hermann Henselmann의 Kenwin Villa (1929)는 몇개의 평행한 파이프가 긴 수평창의 모습을 규정하고 있으며 이러한 요소가 건물 외부에 투영된다. 이를 통해 횡적인 형태의 내부 표면을 이루고 있다. 그러나 오스트리아 비엔나 Kundmanngasse 지방에 위치하는 Ludwig Wittgenstein의 주택(1928)은 감춰진 바닥난방은 1층 공용공간과 프랜치창 전면에 설치되어 지하로부터 열원이 공급되는 에어덕트로 특징지워질 수 있다. Christoph Bürkle에 따르면 독일 베를린 Ruppenhorn 지방에 위치하는 Luckhardt 형제의 주택(1928)의 내부 공간을 보여주는 두 장의 사진은 건축가가 라디에이터를 바람직하지 않은 장애물로써 생각하기도 한다는 점을 보여준다고 한다. 출판물에 실린 사진에서는 라디에이터의 모습이 신중하게 지워져 있다.

그림 14 : 바람직하지 않은 건축 설비 : 라디에이터가 보이는 실제 모습!
Hans and Wassili Luckhardt: house on Rupenhorn, Berlin (독일), 1928

그림 15 : 바람직하지 않은 건축 설비 : 사진에서는 라디에이터의 모습이 지워졌다!
Hans and Wassili Luckhardt: house on Rupenhorn, Berlin (독일), 1928

그림 16 : 내부 표면을 이루는 난방 파이프
Alexander Ferenczy, Hermann Henselmann: Kenwin Villa, Vevey (스위스), 1929

그림 17 : 바닥 하부 난방 설비와 지하실로부터 전달된 뜨거운 공기를 공급하는 난방 덕트(프렌치 윈도우 전면에 설치되어 있다)의 모습
Ludwig Wittgenstein: house in Kundmanngasse, Vienna (오스트리아), 1928

세월을 거치며, 내부 공간을 난방 설비로부터 자유롭게 하기 위해 설비를 바닥판 내부에 설치함으로써 무제한적인 공간의 투명성을 얻는 방식이 차차 라디에이터를 대체하기 시작했다. 이러한 무제한적인 공간의 투명성은 천장과 바닥 난방 시스템을 사용하여 파이프 배관을 별도의 마감재로 덮지 않고 콘크리트나 시멘트 스크리드 안에 각각 설치함으로써 내부 공간에서 보이지 않게 하는 방식을 통해서도 얻을 수 있다. 바닥 하부 난방 시스템이 건물의 용도와 관계 없이 균일하게 난방되는 표면을 제공한다는 점은 매우 흥미로운 것이지만, 실제로는 공간마다 개별적으로 라디에이터를 사용하는 난방 시스템과 동일하게 파이프의 간격과 이들의 위치는 내부 공간의 레이아웃에 의존하게 된다. 예를 들어 한 층 높이의 창 주변에서는 바닥판에 사용되는 난방 파이프의 수가 늘어나게 되고, 이에 따라 파이프 간의 간격이 줄어들게 되며, 깊이가 깊은 공간의 경우에는 내부적으로 태양 복사열의 유입량이 서로 다르기 때문에 몇 개의 영역으로 분할되어 서로 다른 온도로 조절된다.

인프라스트럭쳐의 매개체로써의 파사드

1960년대 초에 이르기까지 건축 설비는 파사드의 설계에 있어 매우 작은 영향을 미쳤으며, 이 시기까지는 모든 설비 시설이 건물 내부에 위치했기 때문에 파사드에 영향을 미치더라도 투명한 유리 커튼월 뒤에 감춰지는 정도에 불과했다. 그러나 1960년대 초에 이르러 건축 설비는 파사드의 구성에 있어 좀

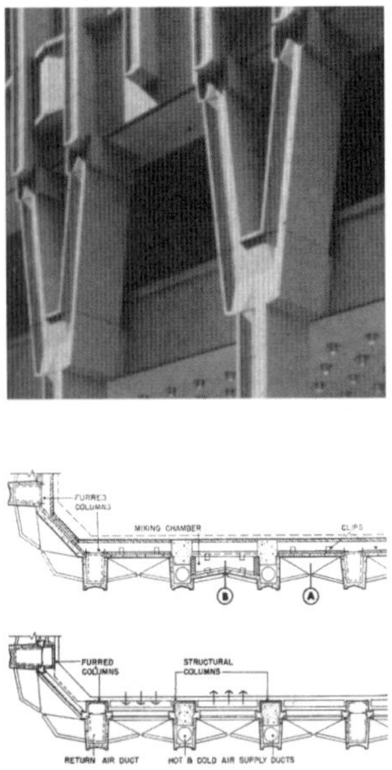

그림 18, 19, 20 :
상 : 매 세번째 "기둥"은 비내력 부재이다.
중 : 스팬드럴 판넬의 단면도
하 : 창 단면도
Paul Rudolph, with Anderson, Beckwith & Haible: Blue Cross Building, Boston (미국 메사추세츠주), 1958

더 능동적인 요소로 작용하기 시작했다. 주로 콘크리트로 만들어진 브루탈리즘 경향의 건축물에서 설비 샤프트는 일련의 파이프, 케이블, 덕트를 감싸며 계단이나 "기타 용도의" 돌출물과 결합하여 건물의 외피에 기복을 형성하는 요소로 작용했다. 이와 상반된 개념에서 하이테크적인 건축물과 이보다 앞선 메타볼리즘(Metabolism) 경향의 건축물에서 설비 시설은 시야에 그대로 드러나거나, 필수기능을 갖는 독립요소로써 작용하며 건물의 외관에 영향을 미치고 있다. 그러나 건물의 외부에 위치하는 설비 시설은 불가피하게 기후의 영향에 직접 노출될 수 밖에 없었고, 이에 따라 높은 단열 성능을 필요로 한다는 점에서 외부 설비는 더 이상 선호되지 않게 되었다.

건축 설비를 장식적인 요소로 사용하거나 눈에 보이지 않는 필수품으로 사용한 두 가지의 극단적인 방식(들의 공통분모는 설비의 구조적 분리임) 사이에는 내력 구조체와 건축 설비, 내부 공간에 사용된 마감재를 다기능적인 배치 방식으로 융합하는 또 다른 방식이 존대한다. Paul Rudolph가 Anderson, Beckwith & Haible와 함께 설계한 미국 보스톤의 Blue Cross Building (1958)은 이를 보여주는 좋은 사례이다. 보스톤 중심에 위치하는 이 13층 건물은 내력 파사드를 기반으로 하고 있으며, 파사드에 보이는 1.53m 간격의 수직 기둥은 내력 구조체의 형태를 겉으로 드러내고 있다. 그러나 1층에서 "없어지는" 파사드 상부의 "기둥"은 비내력 부재이다. 이에 따라 상부 파사드를 반복되고 있는 기둥 중에서 매 세번째마다 위치하는 기둥은 속이 비어 있으며, 단면 전체가 배기 덕트로 사용되었다. 인접하는 내력 기둥 역시 눈에 보이는 것처럼 내력 기능만을 담당하는 것이 아니며, 각 기둥의 깊이에서 절반의 부분은 외부 공조용 덕트로 사용되고 있다. 파사드 전체에 그물망처럼 퍼져 있는 스팬드럴 판넬은 환기 시스템에 있어 공기의 혼합을 위한 공간으로 기능하고 있는데, 이러한 원리는 하이테크 건축물의 겉으로 노출된 설비 시설과는 매우 다른 점이라 할 수 있다. 그러나 진정한 차이점은 설비 시설이 내력 구조체와 내부 공간의 구조와 함께 형성되었다는 점이다. 기둥 형태의 공조 덕트는 마치 창틀처럼 내부 공간의 칸막이 벽이 고정되는 부재로 기능하기도 한다. 외부에서 보이는 파사드의 기복은 단지 몇 cm 두께의 프리캐스트 콘크리트 부재로 만들어진 것으로, 이는 건물에 적용된 접합방식에 따른 cladding이 필요했기 때문이다. 이러한 외피가 1950년대의 (스위스) 격자 파사드에서 보다 발전된 것이긴 하지만, 격자 파사드가 건물의 내력 구조체에 직접 적용되는 것인데 반해, Rudolph의 건물에서 파사드

그림 23 : 내력 구조체와 수직 설비 덕트의 융합
Paul Rudolph, with Anderson, Beckwith & Haible: Blue Cross Building, Boston (미국 메사추세츠주), 1958

그림 21 : 조각적인 느낌의 설비 샤프트, 파사드와 동일한 재료를 사용했다.
Greater London Council, Hubert Bennett: Queen Elizabeth Hall, London (영국), 1966

그림 22 : 건물의 특징을 이루는 모티브로써 사용된 노출된 인프라스트럭쳐
Renzo Piano & Richard Rogers: Centre Pompidou, Paris (프랑스), 1971 - 78

그림 27 : 중간 지지체가 없는 바닥 슬라브의 모습, 장선 사이에는 환기 덕트와 조명 설비가 설치되었다.
SOM: American Republic Insurance Company, Des Moines (미국 아이오와주), 1965

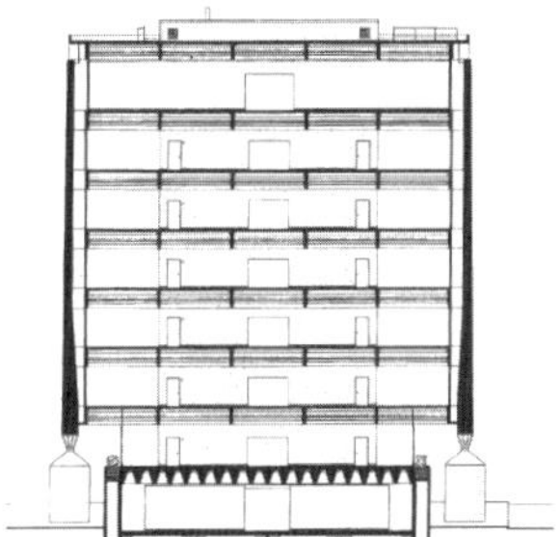

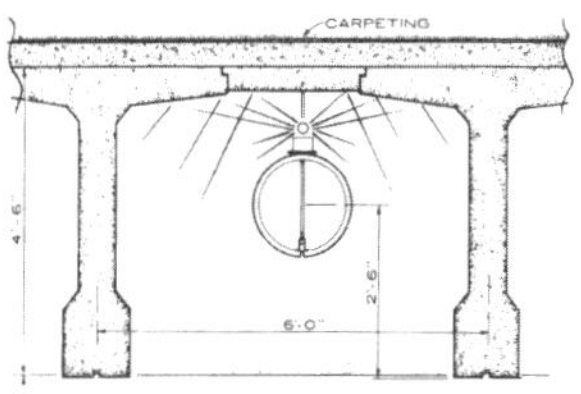

그림 24, 25, 26 :
상 : 설비 시설을 담고 있는 내력 플레이트로써 기능하는 개구부가 없는 파사드의 모습
중 : 구조로부터 독립적인 영역인 1층과 지하층
하 : 바닥판 단면도, 1:60
SOM: American Republic Insurance Company, Des Moines (미국 아이오와주), 1965

는 속이 빈 배경막에 불과하다. 그러나 스팬드럴 판넬의 굴절부가 판금 판넬의 접힌 부분을 연상케 한다는 점에서 과연 콘크리트가 건물에 적절한 재료였는지의 여부는 의문의 여지가 있다.

Blue Cross Building에서 내력 구조체, 건축 설비, 창문은 건물의 전면에 동일한 그물망을 형성하고 있다. 반면 미국 디모인(Des Moines) 지방에 위치하는 Skidmore Owings & Merrill의 American Republic Insurance Company 사옥(1965)에서는 각각의 기능이 서로 분리되어 있다. 이 건물에서 설비 시설은 개구부가 없는 콘크리트 내력 플레이트 내부에 설치되었고, 한 층 높이의 창은 건물 단부에 설치되었다. 파사드를 특징 짓고 있는 속이 빈 내력 구조체는 바닥판에서도 다시 나타나는 것으로, 1.36m 깊이의 T자형 콘크리트 보는 별도의 중간 지지체 없이 30m 경간의 건물 전체를 가로질러 놓여 있다. 이 보는 보 사이에 설치된 공조 덕트와 함께 상자 같은 형태의 외관을 형성한다. 내부 공간에 원형 공조 덕트의 상부에 설치된 형광등은 장선 바닥판을 반사체로 사용하고 있다. 인프라스트럭처를 위한 매개체로써의 기능은 물론, 벽 플레이트는 하부에 위치하는 4개의 기둥 사이에 놓여 깊은 보로써 기능하기도 한다. 단면에서 볼 때, 건물은 하부에 위치하는 2층 규모의 공간 위에 마치 다리처럼 놓여 있으며, 전면이 창으로 덮힌 카페테리아와 식당은 내력 부재로부터 자유롭다. 이 건물은 1층과 상부층의 내부 공간이 서로 다른 조건을 필요로 하는 큰 규모의 건물의 구조에 변화를 줄 수 있다는 점을 보여준다.

구조적 변화

건물 전체가 하나의 용도를 갖는 건물도 도시 중심부에 위치할 경우, 1층에는 다른 용도를 갖게 되는 경우가 있다. 이에 대한 이유는 분명하다. 공공 공간과의 직접적인 연계를 위해서는 상점, 레스토랑 등 수익을 올릴 수 있는 공간이 배치되는 것이 바람직하며, 주변 대지와 연결되는 위치적 조건에 의해 1층은 차량이 직접 접근할 수 있는 공간이기도 하기 때문이다 (스위스 취리히의 소방서 건물 참조). 특히 19세기 후반 고전주의의 독일 건물에서는 1층의 주철 기둥이 장선 바닥판에 사용된 다운스탠드 보를 지지하는 방식이 매우 널리 사용되었다. 이는 쉽게 인지할 수 없는 구조적 변화라고 할 수 있다. 그러나 이러한 상황은 하중을 전달하는 구조체를 갖는 건물의 경우 완전히 다르게 나타나며, 내력 부재는 강한 표현력을 갖게 된다. 스위스 취리히에 위치하는 Haefeli Moser Steiger의 고층 건물인 "Zur Palme" (1961~64)는 이에 대한 좋은 사례이다. 풍차형의 평면에 사용된 쐐기형 기둥은 지면으로부터 12m 높이에 위치하는 콘크리트 단의 하중을 전달하며, 하부에 위치한 2층 규모의 내부 구조에 충분한 여유 공간을 만들고 있다.

Lina Bo Bardi는 브라질 상파울로에 위치한 Museum of Modern Art (1957~68)에서 이와 다른 접근 방식을 취하고 있는데, 이 건물에서 상부층은 기둥 등의 구조체에 의해 지지되는 것이 아니라 구조체에 매달려 있다. 50m의 경간을 갖는 밀폐된 콘크리트 골조가 이러한 구조를 보여준다. 실제로 이 유리 건물 내부에는 보가 추가적으로 사용되었으며, 따라서 진정으로 구조체에 매달린 것은 최하층 바닥판에 불과하다. 구조 방식과 관계 없이, 건물의 하부는 지붕이 덮힌 광장의 형태로 외부에 개방되어 있다.

스위스 Volta 지방에 위치하는 Miller & Maranta의 학교 건물 등의 건물은 구조체의 모습을 겉으로 드러내지 않고도 구조적인 변화가 가능하다는 점을 보여준다. 컨설팅 엔지니어인 Conzett Bronzini Gartmann와 함께 만들어 낸 현장 타설 콘크리트 내력 구조체는 상부층에 위치하는 벽 플레이트로 구성되어 있으며, 이는 바닥 슬라브에 높은 강성을 나타내도록 연결되어 있다. 이러한 방식을 통해 체육관을 가로지르는 28m의 경간 위로 단일체적인 구조체가 형성되었으며, 진입부에는 12m 이상의 캔틸레버가 형성될 수 있었다. 파사드에서 파사드까지 연속되지 않고, 두 개의 부분으로 분리된 벽 플레이트는 학교 건물의 전 층에 줄지어 놓여 있다. Jürg Conzett는 한 기사에서 이러한 구조는 "[다른 플레이트 위에 놓인] 벽 플레이트가 임의의 한 점에서 연결될 때" 성능을 발휘하게 된다고 말했다.[5] 결과적으로 이러한 구조 원리는 층마다 서로 다른 내부 구조를 가능하게 하는 것으로, 이 건물의 경우에는 비내력 벽으로 보강될 경우에만 그 성능을 발휘하고 있다. 어떠한 단계

그림 28 : 각각 독자적인 내력 구조체를 갖고 있는 고층동과 저층동
Haefeli Moser Steiger: "Zur Palme" Tower, Zurich (스위스), 1961 - 64

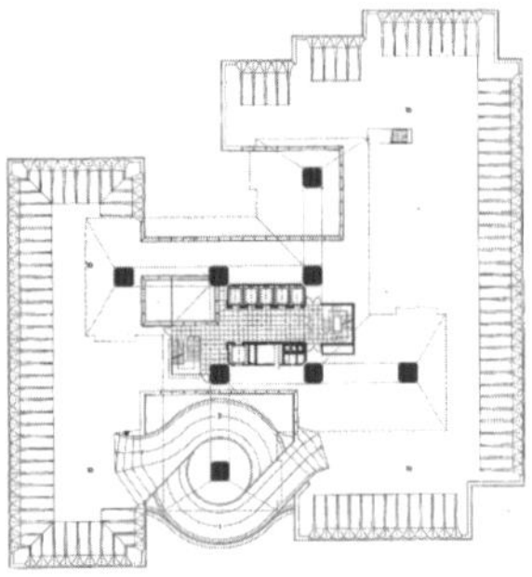

그림 29, 30, 31 :
주차층(하)에서 중량 기둥은 상부층의 풍차형 평면을 따라 놓여 있다(중), 건물의 전경(상)
Haefeli Moser Steiger: "Zur Palme" Tower, Zurich (스위스), 1961 - 64

(현장 공사 이전, 공사 중, 완공 후)에서 이러한 시스템을 통해 어느 정도의 가변성을 얻을 수 있는지 조사해 보는 것은 흥미로운 일이다.

대안

글의 처음에서 오늘날의 건물은 복잡한 구조를 갖는다는 점에 대해 밝혔다. 그러나 이는 물론 부분적으로만 맞는 말이라 할 수 있다. 특히 건축 설비의 영역에서 좀 더 지능적이지만, 낮은 수준의 기술 개념이 점점 더 많이 사용되고 있는데, 이러한 개념은 수세기 이전의 건축 지식에 기반을 두고 있는 것으로 건물의 전면으로 대두되거나 재해석되고 있다. 오늘날 사무소 건물 등의 자연 환기를 위해 사용되는 굴뚝 효과(열 대류 현상)는 이미 15세기 인도에서 건물을 냉방하기 위해 내부 중정과 개방된 1층 공간을 이용하는 방식으로 널리 사용되었던 것이다. 건물을 이루고 있는 부재와 공간의 물리적인 작용은 피할 수 없는 것이다. 그러므로 전통적인 건물에서 건축 설비는 높은 수준의 기술을 사용하는 부속물이라기보다는, 내부 구조와 내력 구조체를 이루는 일부로써 사용되었다. 적어도 건축 설비 중에서도 이 전통적 "공조 샤프트"는 인접 공간에 빛을 받아들이는 부가적인 기능을 하기도 한다!

그림 33 : 골조와 구조체에 매달린 바닥판의 모습
Lina Bo Bardi: Museum of Modern Art, Sao Paulo (브라질), 1957 - 68

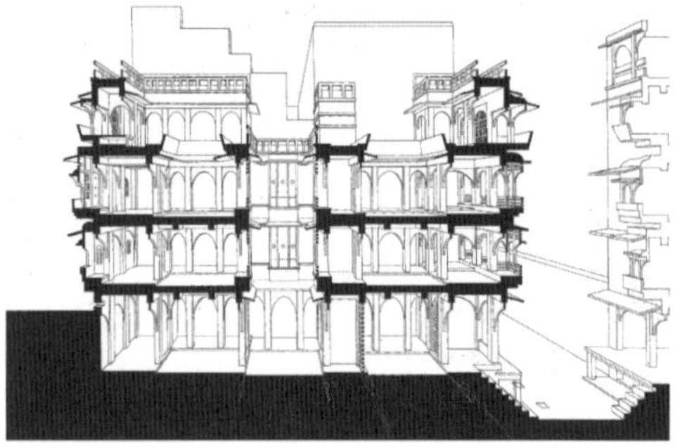

그림 34 : 굴뚝 효과의 이용 : 신선한 외부 공기는 개방된 1층을 통해 유입되어 내부 중정을 따라 상승한다.
House, Jaisalmer (인도), 15세기 경

그림 32 : 창문의 위치만이 구조적인 변화를 가능케 한다.
Miller & Maranta: Volta School, Basel (스위스), 1999

참고 문헌
1 Hans Bernoulli: "Vom Altwerden der Hüuser"; *Die organische Erneuerung unserer Städte*, Basel, 1942; cit. in Fredi Kölliker (ed.): *Zahn der Zeit - Baukonstruktion im Kontext des architektonischen Entwerfens*, Basel, 1994.
2 Marcel Meili: "Dinglichkeit und Idee", Marcel Meili과 Hubertus Adam, J. Christoph Bürkle, Judit Solt의 대담; *archithese* 2003/1, p. 7.
3 Rayner Banham, "Die Architektur der wohltemperierten Umwelt", *ARCH+*, Feb 1988, p. 36.
4 Frank L. Wright, 1910; cit. Rayner Banham, p. 43.
5 Jürg Conzett, "Raum halten"; *Werk, Bauen und Wohnen*, 1997/9, pp. 34 - 39.

Apartment blocks, Martinsbergstrasse, Baden

Urs Burkard, Adrian Meyer + Partner

Alois Diethelm

위치와 테마

바덴(Baden) 지방 중심부에 위치한 Merker 지구는 과거 공업 단지였던 장소로, 프로젝트는 이 지구의 남동부에서 진행되었다. 단지를 이루는 세 개의 분동은 20세기 초 Martinsbergstrasse를 따라 지어졌던 단독주택의 양식을 계승하고 있으며, 이 중 두 개의 분동은 프로젝트의 첫 단계에서 건설되었다.

Martinsbergstrasse에서 건물로 들어가는 주 진입구에는 콘크리트 벽과 울타리로 둘러쌓인 전정이 위치하고 있다. 도시적인 맥락과 조화를 이루면서도 사적인 성격이 강한 이 외부 공간은 자갈로 덮혀 있으며, 벽에 의해 공공 가로와 차단되어 있다. 반면, 건물의 뒤쪽에 위치하는 가로는 차고와 “Merker” 초원으로의 접근성을 보장하는데, “Merker” 초원은 개방된 휴게 공간으로써 두 개의 아파트 건물과 함께 부지 전체의 개발 계획을 구성하는 중요한 요소이다.

남측에서 볼 때 건물들이 모두 분리되어 독립적으로 서 있는 것처럼 보이는 반면, 지면의 높이가 낮은 북측에서는 건물의 지하실이 그대로 노출되어 보임으로써 각각의 분동이 동일한 하나의 건물을 이루는 일부임을 알 수 있다. 지하 레벨에서는 각 분동의 아래에 위치하는 개방된 주차 공간과 이 그 사이에 위치하는 문으로 막혀 있는 차고가 연속적으로 나타나는데, 이는 지상 레벨에서 두 개의 분동과 그 사이의 오픈 스페이스가 번갈아 나타나며 만들어지는 리듬과 맞물려 마치 바둑판 무늬와도 같은 느낌을 얻고 있다. 지하 레벨의 주차 공간과 지상의 건물이 서로 다른 재료로 이루어져 있음에도 (모르타르를 바르지 않은 콘크리트와 외장 벽돌), 두 영역의 연속성은 그대로 유지되고 있다.

건축가 :	Burkard, Meyer, 스위스 바덴(Baden)
공사기간 :	1998 - 1999
프로젝트 매니저 :	Roger Casagrande, Alois Diethelm
구조 엔지니어 :	Minikus Witta Voss, 스위스 취리히 (Zurich)

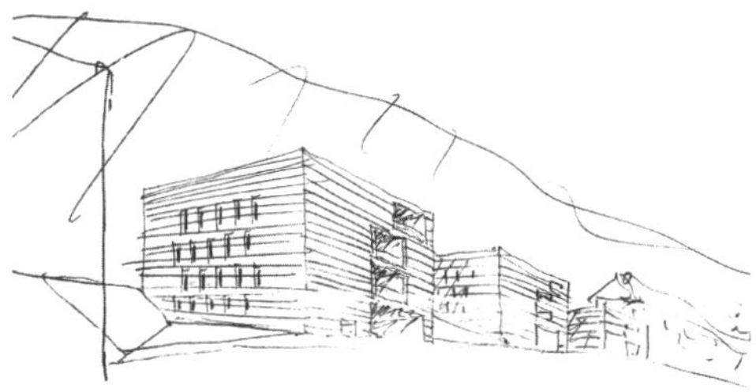

그림 36 : 도시적 컨텍스트 안에 놓인 간결한 형태의 건물
스케치

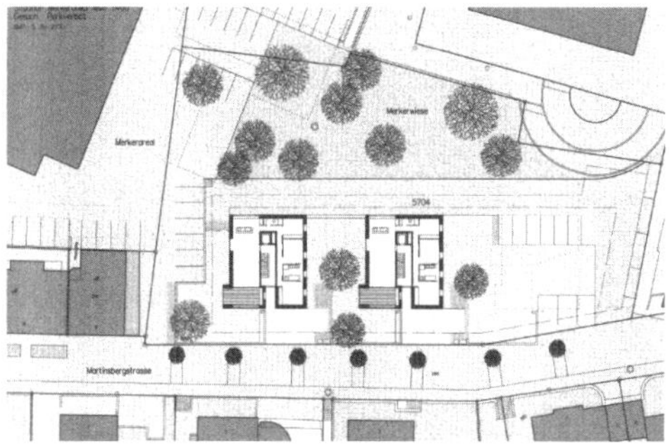

그림 37 : 3단지를 제외한 대지 상황
3단지는 반대편에 위치한다

그림 35 : “Merker” 초원에서 바라본 전경
지면 높이의 차이를 통해 지하실이 겉으로 드러난다.

레이아웃과 내력 구조

최상층에 위치하는 세대가 한 개 반의 층을 사용하는 A단지를 제외하면, 각각의 동은 각 층에 하나씩, 총 네 세대가 건물의 중앙에 위치하는 코어를 중심으로 조직되어 있는 구조로 이루어져 있다. 코어는 각 세대를 두 개의 영역으로 나누는데, 이는 각각 천장고가 2.46m인 침실 영역과 천장고가 3.06m인 거실/주방 영역이다. 한 쪽 파사드에서 반대편 파사드까지 건물의 깊이 전체에 걸쳐 위치하고 있는 후자의 영역은 층이 바뀔 때마다 코어의 한쪽 편에서 반대편으로 위치가 바뀌게 된다. 이를 통해 전체 높이를 늘리지 않으면서도 공간들이 다양한 천장고를 가지면서, 위, 아래로 배치될 수 있도록 하고 있다. 이러한 "적층"의 원리는 파사드에서 보이는 바닥 슬라브의 단부가 평평하지 않고 엇갈리게 위치하고 있는 점을 통해 눈으로 확인할 수 있다. 거실은 베란다를 통해 외부로 열려 있다. 이 공간은 난방이 이루어지지는 않지만, 파사드에 이중창을 사용하고 있다. 따라서 여름에는 전체 면적을 완전히 개방하여 완충 공간으로써 기능할 수도 있다.

파사드를 이루는 석재와 콘크리트 코어는 현장 타설을 통해 만든 철근 콘크리트 바닥판과 함께 내력 구조체를 형성한다. 내부 공간을 이루는 벽은 목제 스터드에 석고보드를 부착하여 만든 비내력벽이다.

그림 40 : 목조 모형
각각의 세대들이 서로 다른 천장고를 가지며 "적층된" 원리를 보여준다.

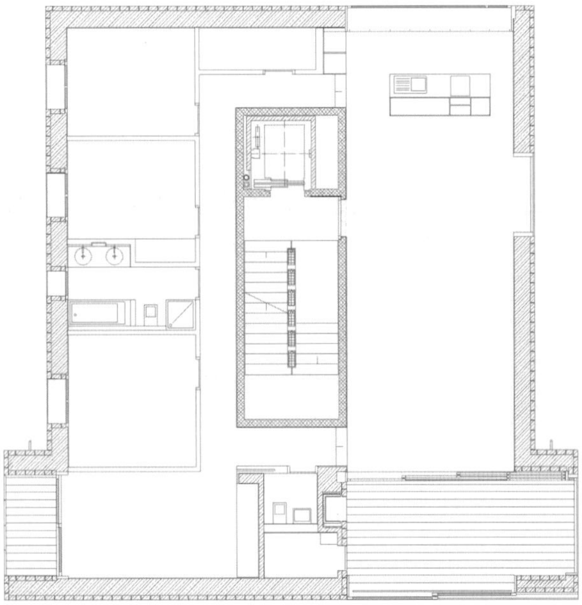

그림 38 : 2층 평면도
거실은 파사드의 한 쪽에서 출발하여 반대편의 파사드에까지 걸쳐 형성되어 있다.

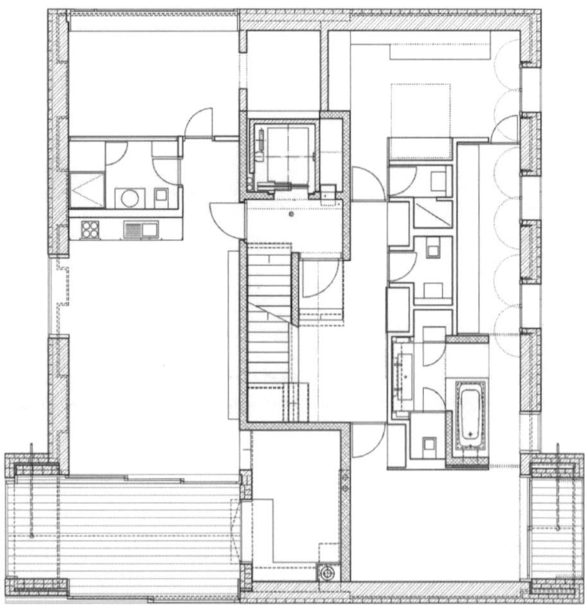

그림 39 : 3층 평면도
3층은 소규모 주택과 펜트하우스를 위한 공간으로 사용된다.

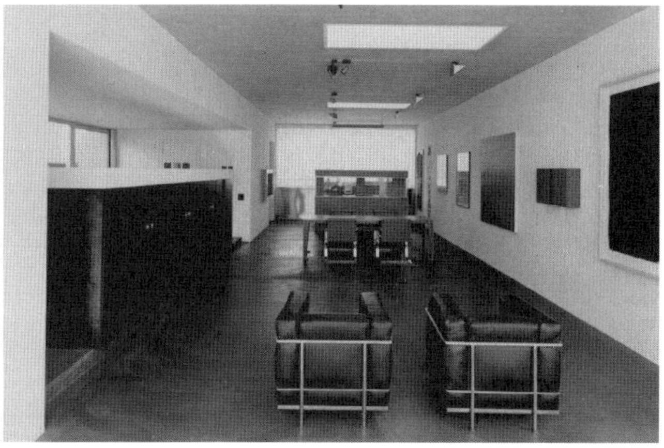

그림 41 : 펜트하우스
주방을 바라본 전경, 내부 공간의 조명은 옥상 테라스와 지붕창을 통해 이루어진다.

그림 42 : 펜트하우스
멀티미디어 가구를 통해 공간을 구획하고 있다, 옥상 테라스가 뒤로 보인다.

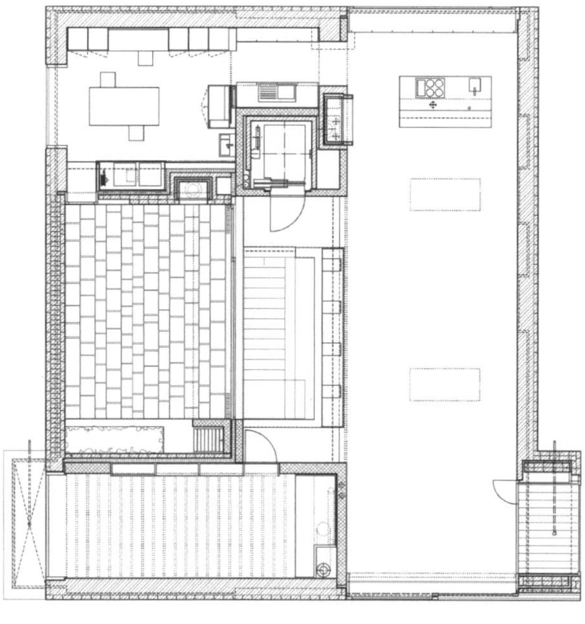

그림 43 : 4층 평면도
베란다가 없는 거실

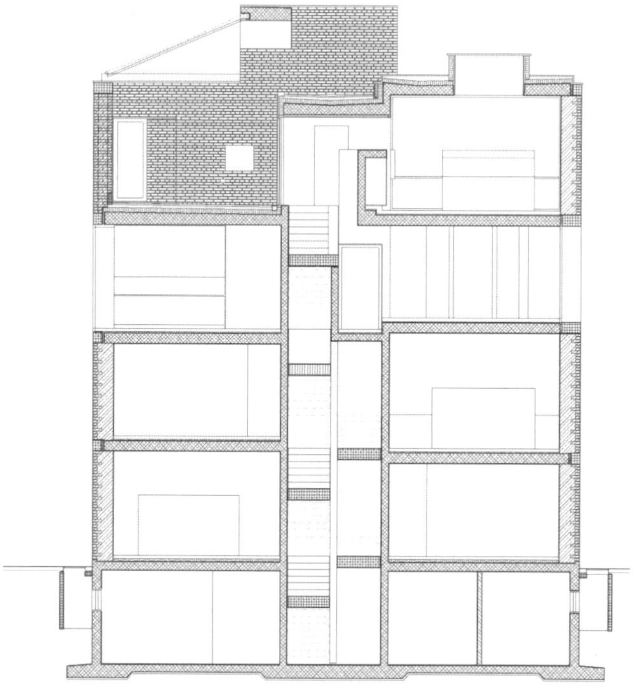

그림 44 : 단면도
펜트하우스로 이어지는 옥상 테라스를 보여준다.

그림 45 : A단지의 외부 전경
전정에서는 Martinsbergstrasse를 따라 놓인 정원의 벽을 볼 수 있다.

개구부와 내력 구조

건물의 개구부 중 일부는 평면 레이아웃에 따라, 나머지는 건축주의 요구에 따라 만들어졌다. 개구부는 두 경우 모두에서 상, 하 슬라브의 단부 사이에 형성되어 있다.

전자의 유형의 개구부는 북측과 남측 입면에서 찾아볼 수 있는 것으로, 거실을 확장하고 있다. 입면에서 개구부들이 배치된 형태는 층마다 거실의 위치가 대칭적으로 바뀌는 평면 레이아웃의 구성 원리를 보여준다. 그러나 약 4.60m의 경간에 걸쳐 형성된 창은 활용의 가능성에 있어 제약을 받게 되는데, 이는 개구부 주변에 사용된 Optitherm 석재가 다공성 구조로 이루어져 일반적인 벽돌보다 낮은 압축 강도를 가지며, 이에 따라 추가로 발생하는 하중만을 전달할 수 있기 때문이다.

반면, 동측과 서측 입면은 파사드와 평면을 이루도록 설치된 "프레임이 없는" 창과 문설주 깊이 설치된 프렌치 윈도우(French window)가 층마다 번갈아 가면서 나타나는 배치 방식으로 특징지어진다. 개구부의 조적 벽체는 상하부 벽에 대해 독립적인 전단벽의 역할을 한다. 디자인적인 관점에서 볼 때, 이는 현장에서 공사를 시작하기 직전까지 창의 위치를 다양하게 변화시킬 수 있다는 점을 의미한다.

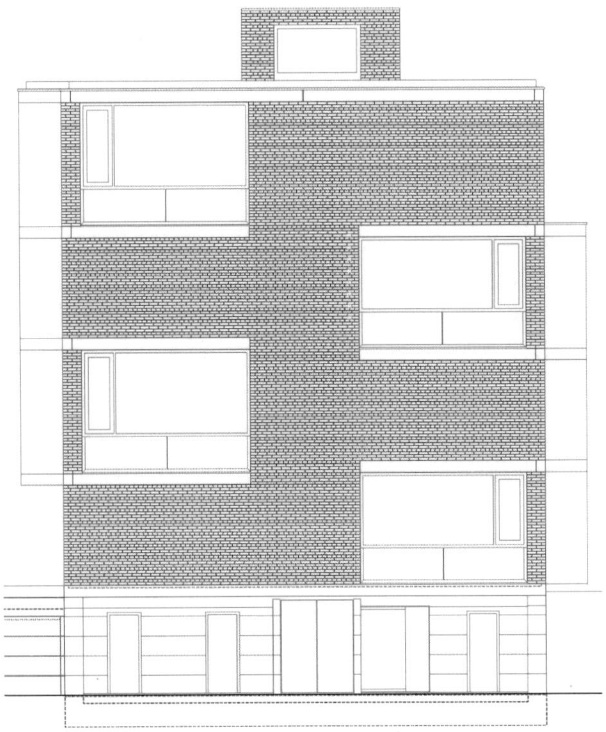

그림 46 : 북측 입면도

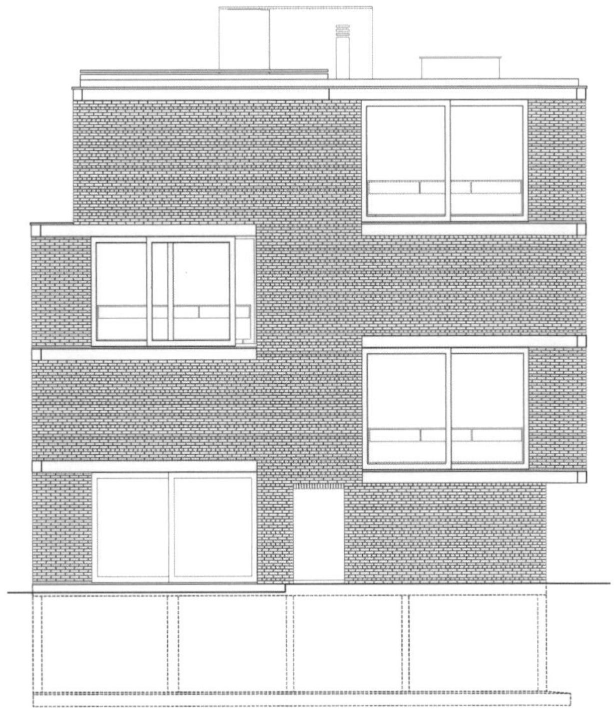

그림 47 : 남측 입면도

그림 48 : 1층 벽에서 건물의 외부 표면과 창이 평면을 이루는 지점의 모습
석재 쌓기법이 분명하게 보인다.

설계와 구현 I

벽돌로 이루어진 파사드는 Optitherm 석재와 Kelesto 석재를 조합하여 만든 것으로, 이들은 건축가에 의해서 직접 개발되어져 Gebenstorf 지방의 Bruhl School에 처음으로 사용되었던 건축 자재이다.

벽은 Optitherm 석재(단열 벽돌)를 400mm 두께로 쌓고, 추가적으로 Kelesto 석재(소결점 아래에서 가열하여 만든 외장 벽돌)를 120mm 두께로 쌓아 만든 것이다. 두 겹의 석조 벽은 동시에 만들어지며, 벽돌을 4개층 쌓을 때마다 벽돌의 단변을 밀어 넣어 두 겹을 접합시킴으로써 석조 벽을 긴밀하게 접합하고 있다. 이렇게 만들어진 벽은 별도의 단열재를 필요로 하지 않는다 (U-value 0.38 W/m²K). 벽돌 사이의 틈에도 단열재가 삽입되지 않았다.

비활성적인 벽 구조체를 통해 내부 온도에 있어 이점을 얻게 됨은 물론 (위상변위효과 (Phase shift effect)), 이러한 디자인은 두 겹의 석조 벽 사이에 공극을 두어 단열 성능을 얻는 일반적인 외장 석재와 달리, 석재를 쌓아 올리는 과정에서 두 겹이 서로 얽히게 된다는 점에서 신축 이음이 불필요하다는 장점을 갖는다. 건물의 조각적인 외관(건물의 모퉁이와 파사드의 중앙에 신축 이음에 따른 어떠한 간섭도 나타나지 않는다)은 기본적으로 이러한 건축 요소에서 비롯된 것이다.

외장 석재의 줄눈의 종류는 건물 성능 기준을 바탕으로 결정되었다. 성능 기준에 따르면, 습기를 환기할 수 있도록 함은 물론, 강우에 대해서 내부 공간을 보호할 수도 있어야 한다. 따라서 외부 표면에 나타나는 모르타르 줄눈은 벽을 축조하는 과정에서 전기식 진동기를 이용하여 다져야만 하는데, 이는 벽 내부에 환기를 위한 공극이 없어 줄눈 사이로 침투한 수분이 밖으로 배출되지 않기 때문이다. 줄눈을 흙손으로 다져서는 성능을 보장하기 힘들다. 이와 마찬가지로 습기 확산에 대한 저항성이 높은 외장 벽돌은 부적합한데, 이는 뒤쪽 벽에 사용되는 Optitherm 벽돌이 습기 확산에 대해 개방적이기 때문이다. 고온 가열 외장 벽돌은 지나치게 입자가 조밀한 편이다.

탄성의 측면에서 Optitherm 석재는 적당히 부드러운 재료로 알려져 있다. 이는 내부 공간을 모르타르로 마감 처리하는데 있어 순수한 시멘트 모르타르를 사용할 수 없다는 점을 의미한다. 대신에 석회를 희석시켜(수경성 석회와 시멘트를 더한 것) 밑칠을 하거나 경량 재료로 밑칠을 하는 방식이 사용된다. Optitherm 벽돌은 일반적으로 경량 모르타르와 함께 사용되는데, 이는 점토 모래의 함유량이 많아 일반 모르타르에 비해 단열 성능이 높은 반면, 상대적으로 낮은 내력 성능을 보인다. Optitherm, Kelesto 자재를 외장 석재로 사용할 경우에는 높은 수분 침투율 때문에 경량 모르타르를 사용할 수 없으며, 두 자재 간에 동일한 구조적인 관계를 형성하기 위해 외장용으로 사용할 수 있는 등급의 모르타르를 사용해야 한다.

다공성의 Optitherm 벽돌(단열재)은 매우 빠르게 수분을 흡수하기 때문에 시공 과정에 있어 석재가 건조 상태를 유지하도록 큰 주의가 필요하다. 내부 공간을 처음 난방하게 되면 벽돌 내부의 수분이 건물의 외부를 향해 이동하게 되며, 이 과정에서 벽돌의 성분인 석회질이 표면으로 함께 따라 나오며 백화현상이 일어나게 된다. 그러나, 이러한 백화는 빗물과 함께 곧 씻겨 나간다.

Urs Burkard, Adrian Meyer & Partner에서 설계한 다른 건물에서도 이와 유사한 석재를 사용하고 있지만, 일반 Kelesto 벽돌이 아닌 함침 Kelesto 벽돌을 사용하였다. 이는 백화 현상을 방지하기 위함이다.

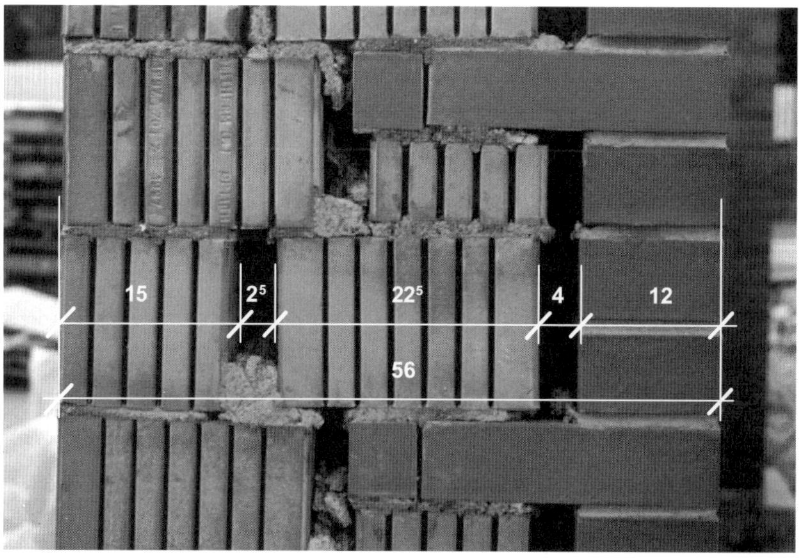

그림 49 : 석조 벽 상세
Optitherm, Kelesto 외장 석재의 조합

설계와 구현 II

건물 파사드의 외관을 특징 짓는 바닥 슬라브 단부는 사전 제작된 콘크리트 부재로 만들어 졌으며, 일반적인 경우 외벽의 단면에서 바깥쪽 절반의 면적에 의해 지지된다. 이는 건물의 안쪽으로 열리는 프렌치 윈도우에서 상인방과 하인방을 만들기 위해서는 부재의 단면적을 두 배로 늘려야 한다는 점을 의미한다.

이러한 콘크리트 부재가 설계 단계에서 개구부의 위치를 선정하는 데에 있어 무제한의 자유도를 제공하는 것에 반해, 시공 단계에서는 완전히 반대의 효과를 낸다. 석제 슬라브의 두께에 걸쳐 콘크리트로 소핏 또는 상인방을 만든다는 개념은 개구부의 무작위한 배치 방식과 함께 부재의 반복적인 사용을 제한하게 된다. 따라서 사전 제작의 방식은 합리적인 시공을 위해서 사용된 것이 아니라 표면 마감의 품질을 높이기 위해서 사용된 것이다.

콘크리트 부재는 영구적인 거푸집으로써 작용하며, 상대적으로 큰 "자중" 때문에 별다른 고정 장치를 필요로 하지 않는다. 슬라브 단부를 따라 놓여 있는 사출 성형 폴리스틸렌 단열재와 콘크리트 부재 사이에는 10mm의 틈이 만들어져 있어 바닥 슬라브와 슬라브 단부의 부재를 개별적으로 이동시킬 수 있다. 석고 보드는 콘크리트를 타설하는 과정에서 간격재의 역할을 하게 되며 차후에 제거된다.

콘크리트 부재의 위, 아래에는 폴리에틸렌 필름을 위치시켜 석재와 부재를 분리시키고, 각각의 재료를 개별적으로 이동시킬 수 있게 한다. 따라서 줄눈은 퍼티를 이용하여 밀봉된다.

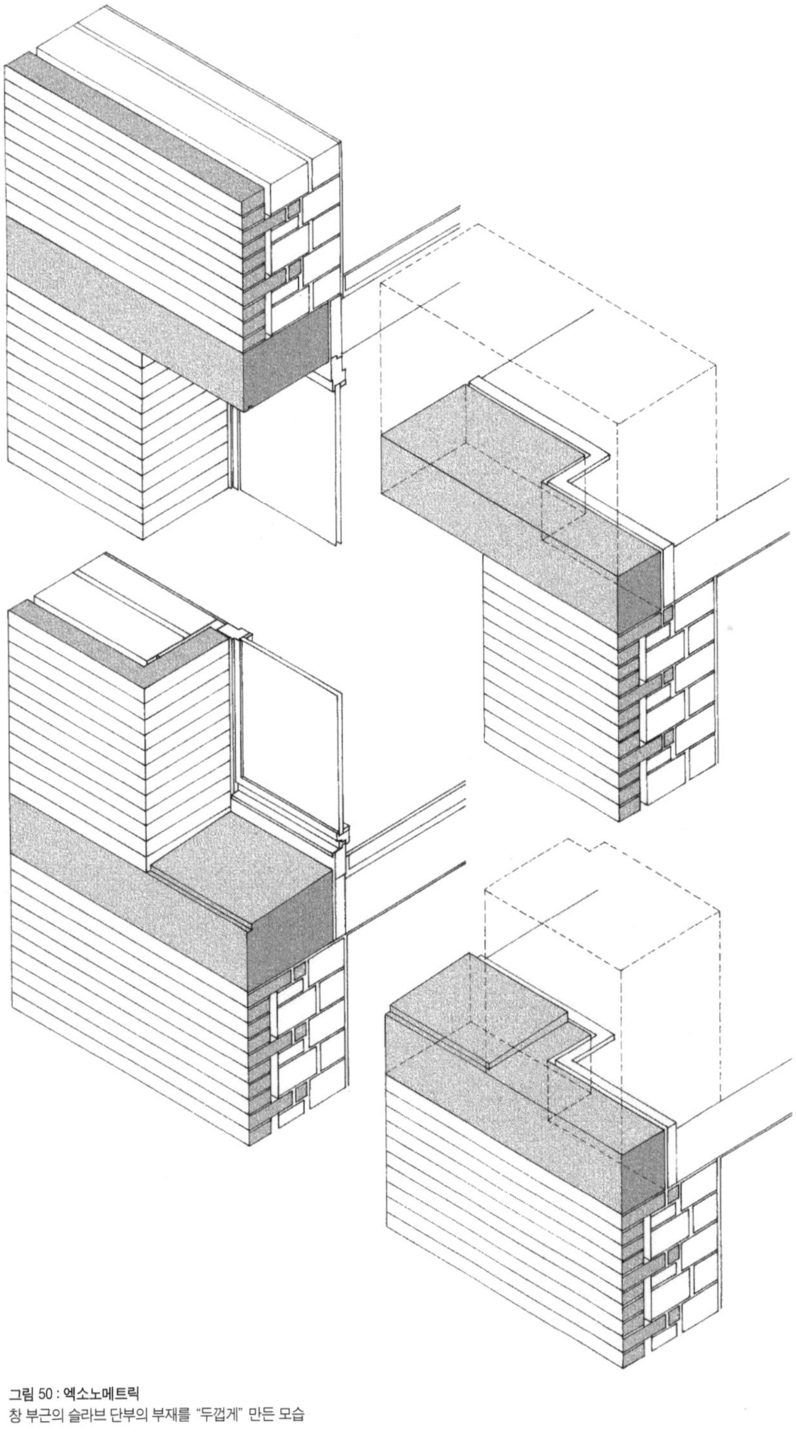

그림 50 : 엑소노메트릭
창 부근의 슬라브 단부의 부재를 "두껍게" 만든 모습

그림 51 : 거푸집 상세
슬라브 단부의 부재는 영구적인 거푸집으로써 기능한다. 석고 보드를 통해 단열재를 설치할 공간을 마련한다.

그림 52 : 2층 바닥 슬라브
슬라브 단부의 부재에 반복적으로 나타나는 돌출부는 프렌치 윈도우의 위치를 가리킨다.

설계와 구현 - 프렌치 윈도우

창은 외부로의 노출 정도가 적은 위치에 배치되어 안쪽으로 열리며, 페인트칠한 목재를 이용한 단순한 형태이다. 외부에 설치된 산화피막(anodised) 알루미늄제 내후성 스크린의 아래 부분은 파사드와 평평하게 설치되어 난간으로써 기능한다. 윗부분은 안쪽으로 열리는 두 개의 덧문으로 이루어져 프라이버시를 보장한다. 따라서 스크린과 창 사이의 공간은 마치 베란다와도 같은 전이공간이 되며, 흡연자를 위한 발코니는 물론, 비를 피하면서도 옷을 널어 말릴 수 있는 공간으로써 유용하게 사용된다. 덧문의 위치에 따라 파사드의 표현은 어떠한 요철도 없는 아주 평면적인 느낌에서부터 석재의 깊이가 그대로 드러나는 조각적인 느낌까지 다양하게 나타난다.

Optitherm 석재에 비해 매우 낮은 단열 성능을 갖는 Kelesto 벽돌로 문설주를 만들고, 여기에 창틀을 부착하기 위해서 Optitherm 석재와 Kelesto 석재 사이에 사출 성형 폴리스틸렌 단열재를 추가적으로 설치해야 했다.

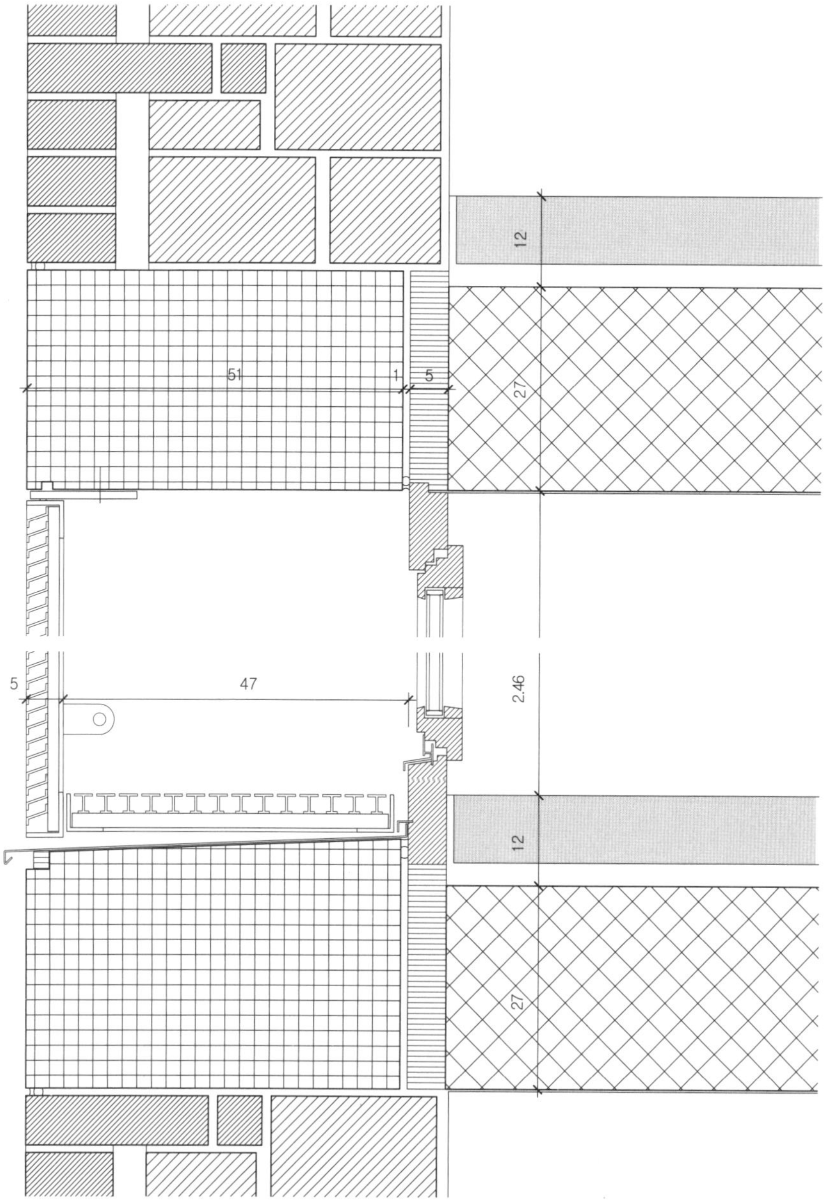

그림 53 : 단면도, 1:10

슬라브 단부
- 사전 제작 콘크리트 부재, 500 x 290/340 mm
- 양극 산화(Anodised) 알루미늄제 하인방, d = 3 mm, 부드럽게 마감 처리한 콘크리트 부재에 연결되며, 문설주 석재와의 접합부에서 뒤집힌다.
- 내화 에나멜 처리된 철골조에 놓인 알루미늄제 오픈 그리드 바닥, 각 세개의 바닥과 동일한 높이로 설치한다.

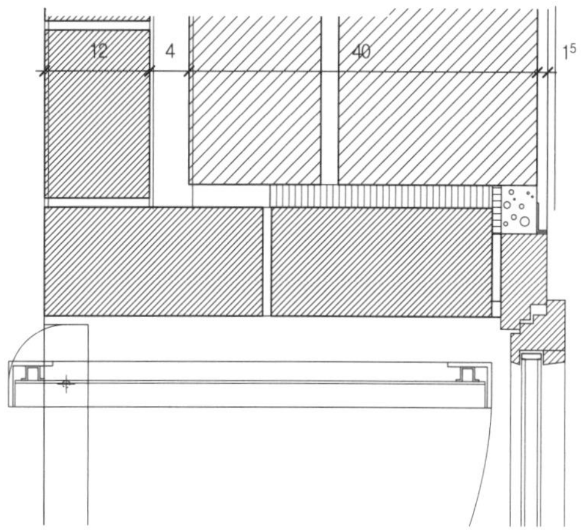

그림 54 : 평면도, 1:10

그림 55 : 프렌치 윈도우 상세
비바람에 견디기 위한 칸막이가 난간이자 덧문으로써 기능한다.

설계와 실현 - "프레임이 없는" 창

파사드와 평평하게 설치된 창은 공간의 내부에서 석재의 깊이를 그대로 볼 수 있게 하며, 윤이 나지는 않지만 벽돌을 쌓는 과정을 통해 큰 질감을 얻게 된 파사드에 매우 추상적인 느낌을 부여한다. 이러한 효과는 단이 난 단열 유리를 사용하여 창에 프레임이 없는 듯한 느낌을 줌으로써 더욱 강조된다.

안전을 위해 내측 판유리는 라미네이트 안전 유리로 만들어졌으며, 이에 따라 창을 통해 내부 공간에서 외부 공간으로 직접적인 이동하지 못하도록 하기 위한 별도의 난간은 불필요하게 되었다.

문설주와 상인방에 부착된 내장재는 창을 지지하는 골조와 단열재를 가린다.

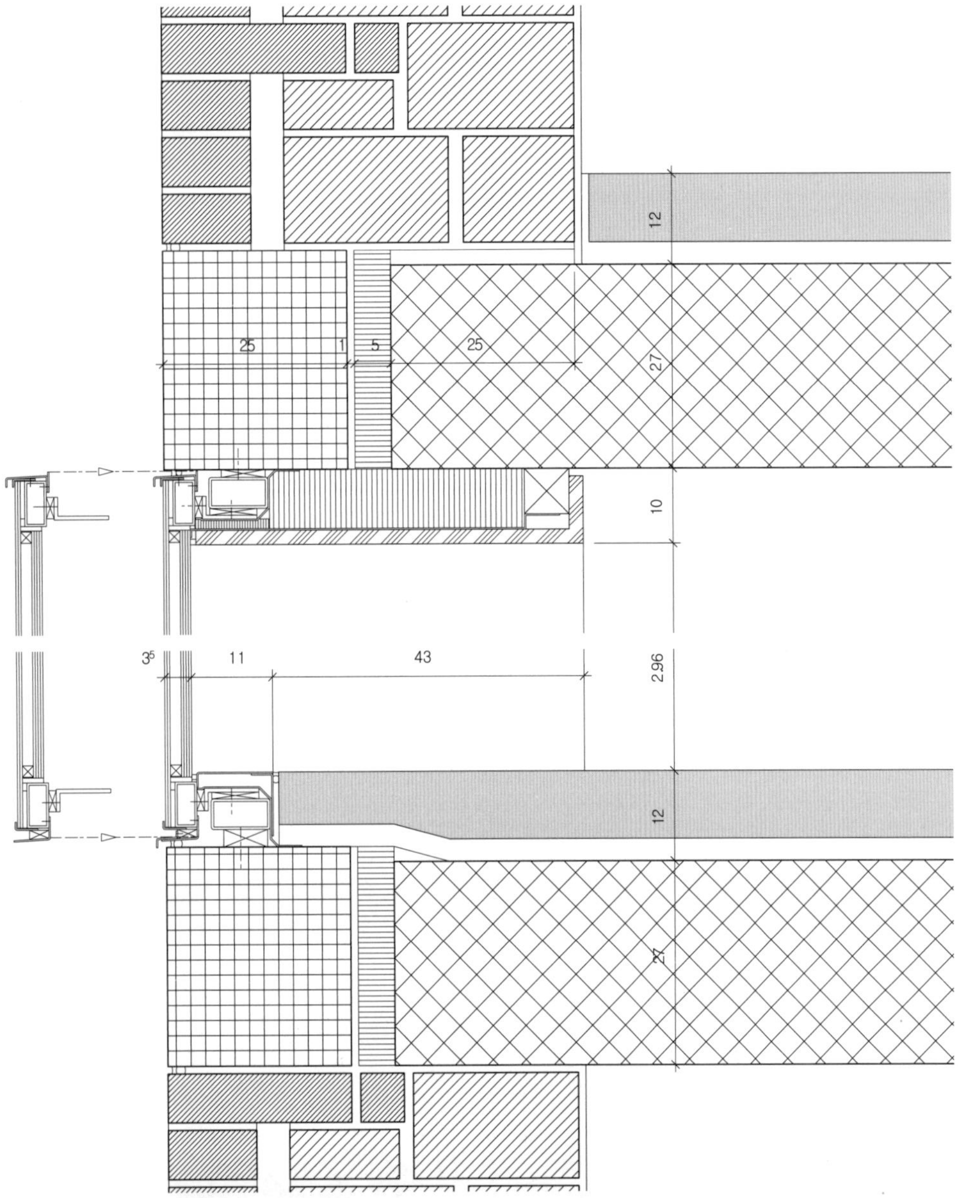

그림 56 : 단면도, 1:10

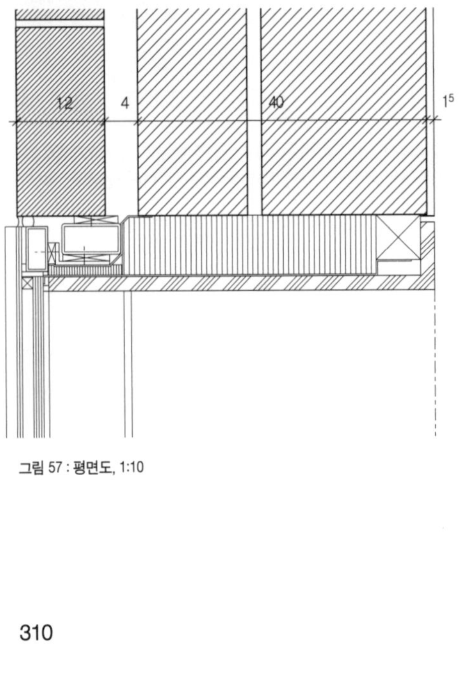

그림 57 : 평면도, 1:10

그림 58 : "프레임이 없는" 창을 내부에서 바라본 전경
문설주를 통해 석조 벽의 두께를 인식할 수 있다.

창에 사용된 부재

- 알루미늄제 프레임에 부착된 단이 난 단열 유리 (사전 제작 S.S.G 시스템(structural sealant glazing))
- 부가적인 고정 장치로써 기능하는 상, 하부의 글레이징 비드(Glazing bead)
- 사전에 철제 프레임에 설치된 창 부재

설계와 실현 - 슬라이딩 창

외부로 노출되어 있기 때문에 두 장의 창문은 목재와 철재를 조합하여 만들었으며, 석조 벽의 전면에서 미끄러져 창의 폭 전체를 개방할 수 있다. 이에 따라 봄, 가을, 겨울에 기후의 영향에 대한 완충 공간으로써 기능하는 베란다는 또한 훌륭한 발코니가 된다.

일반적인 슬라이딩 창과 달리, 이 건물에 사용된 슬라이딩 창의 경우 장방형의 프레임이 사용되지 않았다. 이는 곧 창문이 차지하는 면적이 상, 하부에 설치된 가이드 트랙(guide track)으로 축소되었다는 점을 의미한다. 벽의 깊이 안에서 병렬적으로 위치된 창과 석재를 통해 슬라이딩 창은 파사드에 기복을 형성한다. 이러한 양각의 느낌은 이러한 방법을 사용하지 않을 경우 건물의 외피를 변화시키는 방식으로만 얻을 수 있는 것이다.

가이드 트랙의 폭에 따라 벽의 두께가 줄어들어야 했으며, 베란다의 내부에도 외벽과 동일한 외장용 석재를 이용하여 벽을 만들고자 했던 건축가의 의도에 따라 부분적으로 이중겹 석조 벽이 사용되었다.

바닥 구조, 작업실

바닥 마감재	10 mm
시멘트 스크리드(cement screed)	80 mm
차음재	30 mm
폴리우레탄 단열재	50 mm
콘크리트 슬라브	240 mm

슬라브 단부

사전 제작 콘크리트 부재	120×290 mm
OMEGA anchor	
사출 성형 폴리스틸렌 슬라브 단부 단열재	50 mm

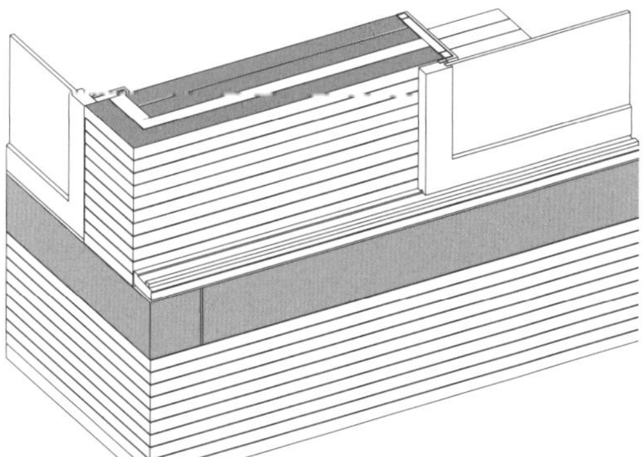

그림 59 : 슬라이딩 창의 엑소노메트릭
슬라이딩 창 뒤에 위치하는 벽은 이중 석조 벽 또는 혼합 석조 벽으로 만들어진다.

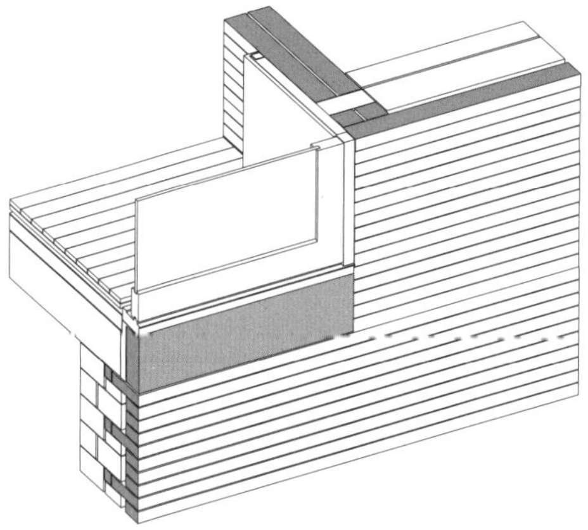

그림 60 : 바닥 구조, 베란다

목제 마감재 (미송)	27 mm
하부 단열재에 접착된 고무 매트 (안정성을 위해)	
사출 성형 폴리스틸렌 단열재	80 mm
2겹의 역청 루핑 펠트(roofing felt)	
콘크리트 슬라브	220 - 240 mm

그림 61 : 1층 베란다
베란다에 달린 슬라이딩 문이 파사드에 깊이감을 부여한다.

그림 62 : 베란다
난방되지 않은 중간 영역은 거실의 확장이자 발코니로써 기능한다.

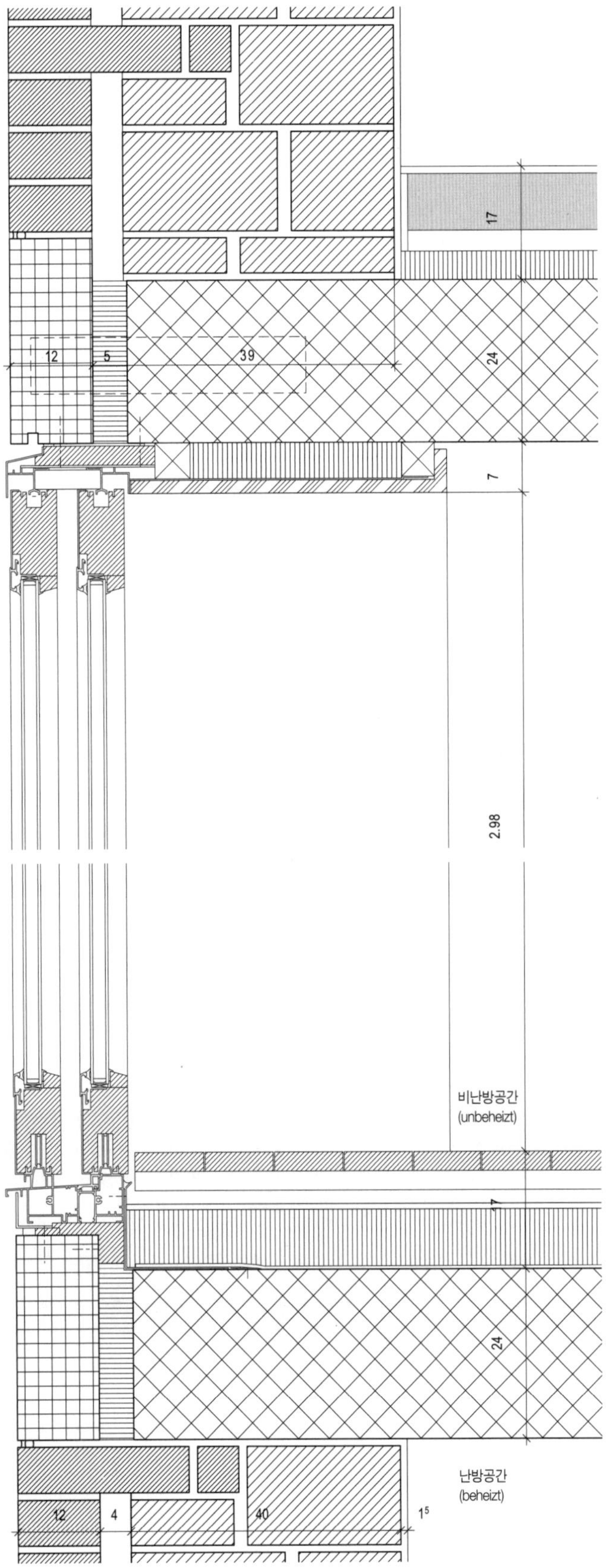

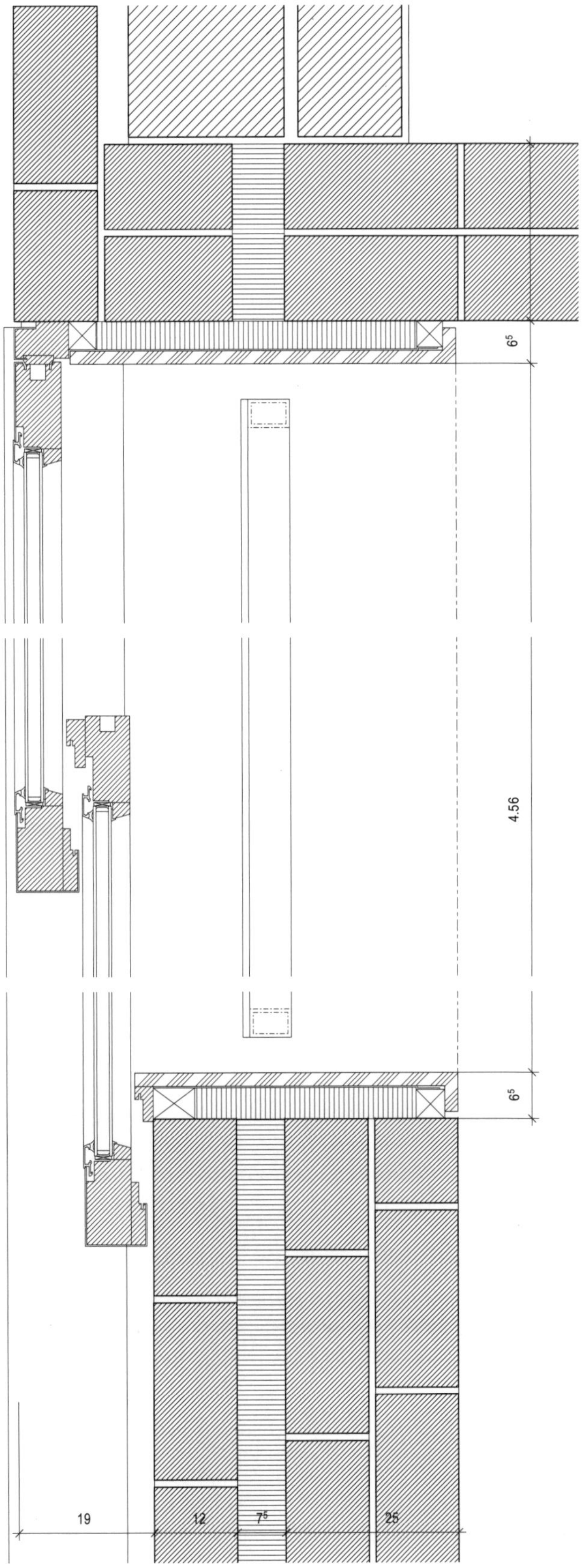

그림 63 : 단면도, 1:10
슬라이딩 창에서 슬라브 단부는 OMEGA anchor를 통해 고정된다.

그림 64 : 평면도, 1:10
창은 사각형 프레임 없이 끼워 맞춰진다.

Gallery for Contemporary Art, Marktoberdorf
Bearth + Deplazes

Katharina Stehrenberger

그림 65 : 북쪽에서 바라본 전경

위치와 테마

독일 알가우(Allgau) 지역 Marktoberdorf의 중심부에 위치하고 있는 Dr. Geiger Foundation의 미술관은 시청사와 1920년대 지어진 개인 주택들 사이에 놓여 있다. 다양한 기능을 수용할 수 있는 공간으로써, 건물은 기획 전시 공간, 재단 소유의 예술품을 위한 상설 전시 공간, 또는 작업실로써 사용하기에 이상적이다. 이 건물은 Marktoberdorf 지방의 전형적인 단독 주택들로 이루어진 만들어 내는 주변 환경 속으로 훌륭하게 녹아든다. 그러나 단순한 입방체 형태는 주변의 건물들과 매우 구별되어지는 것이기도 하다. 건물은 대지를 최적으로 이용하면서도 기존의 재단 건물과의 내부 조직을 이룰 수 있도록 배치되었다. 기존 건물과 증축동의 배치 과정에서 단지 내부에 만들어진 개방된 전정은 벽으로 둘러 쌓인 사변형 공간으로, 조각물을 전시할 수 있는 공간으로 활용된다. 이 공간은 단지의 중추적인 지점으로써 핵심적인 요소가 된다. 벽돌로 만들어진 두 개의 입방형 건물은 서로 다른 높이를 가지며, 인도에서 약간 후퇴되어 있다. 각각의 건물은 평면에서 10 x 10m의 치수를 갖는다. 특징적인 점은 적갈색의 고온 가열 외장 벽돌로 된 건물의 외피의 콤팩트함이다. 동일한 외장 벽돌을 내부 공간에도 사용함으로써, 이 미술관은 일종의 작업장 같은 느낌을 얻고 있으며, 단순히 예술 작품을 담고 있는 정적인 공간이 아닌 "동적인" 미술관이라는 개념을 표현하고 있다.

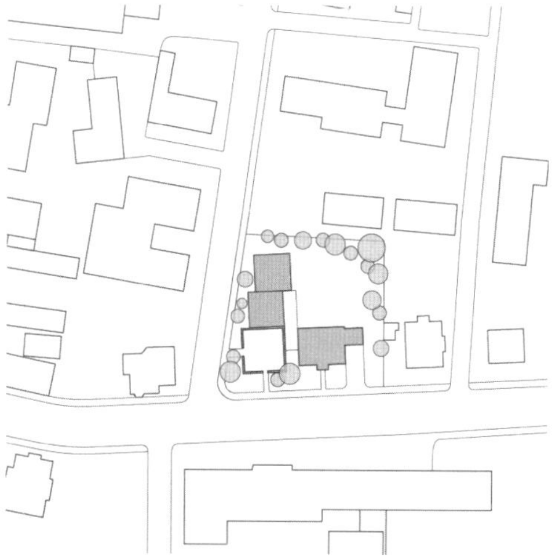

그림 67 : 배치도, 1:2500

그림 68 : 전정이 있는 주 진입부

건축가 : Bearth + Deplazes, 스위스 쿠어(Chur)
공사 기간 : 1998 - 2000
프로젝트 매니저 : Bettina Werner
구조 엔지니어 : Jürg Buchli, 스위스 할덴슈타인(Haldenstein)

그림 66 : 시청에서 바라본 전경

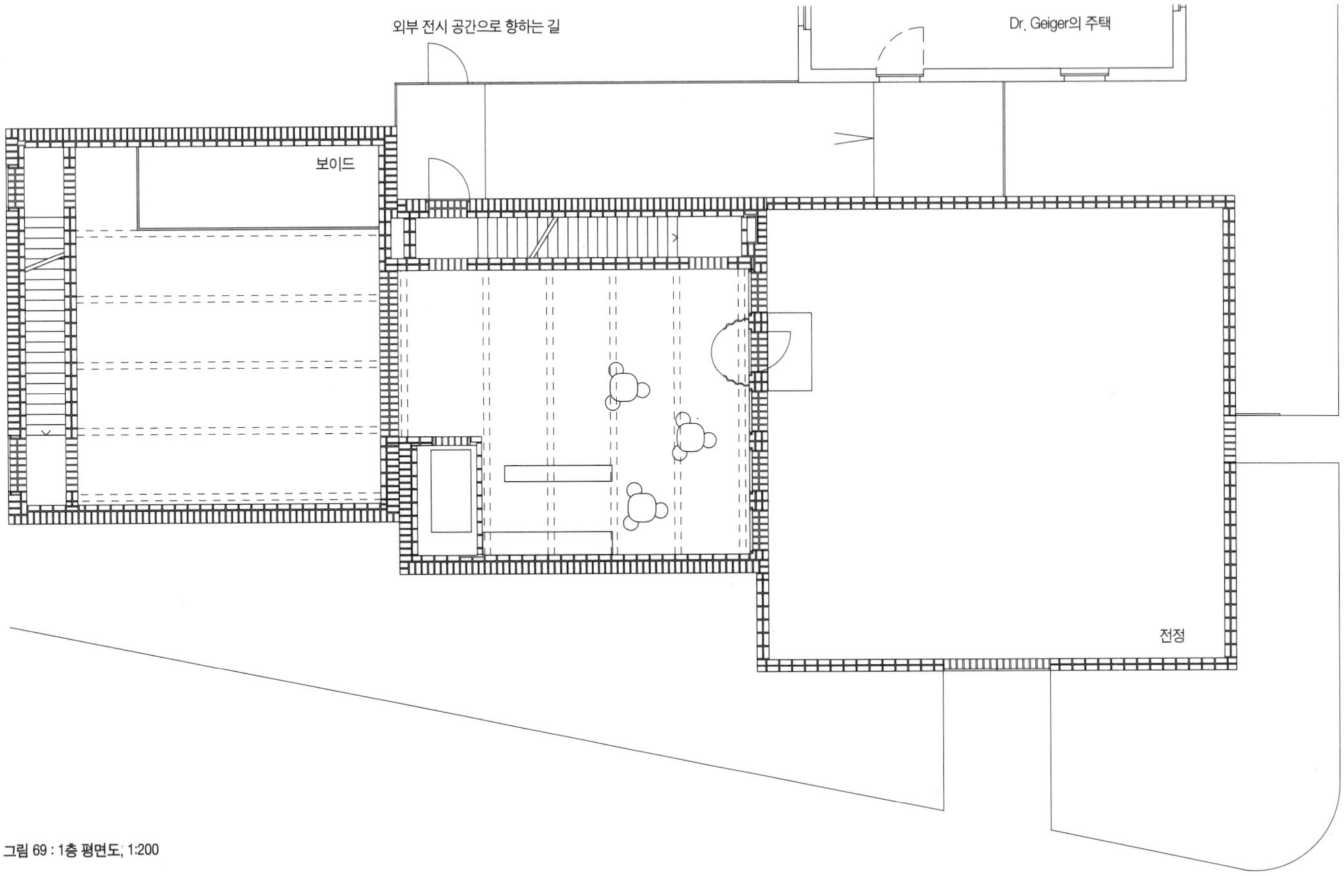

그림 69 : 1층 평면도, 1:200

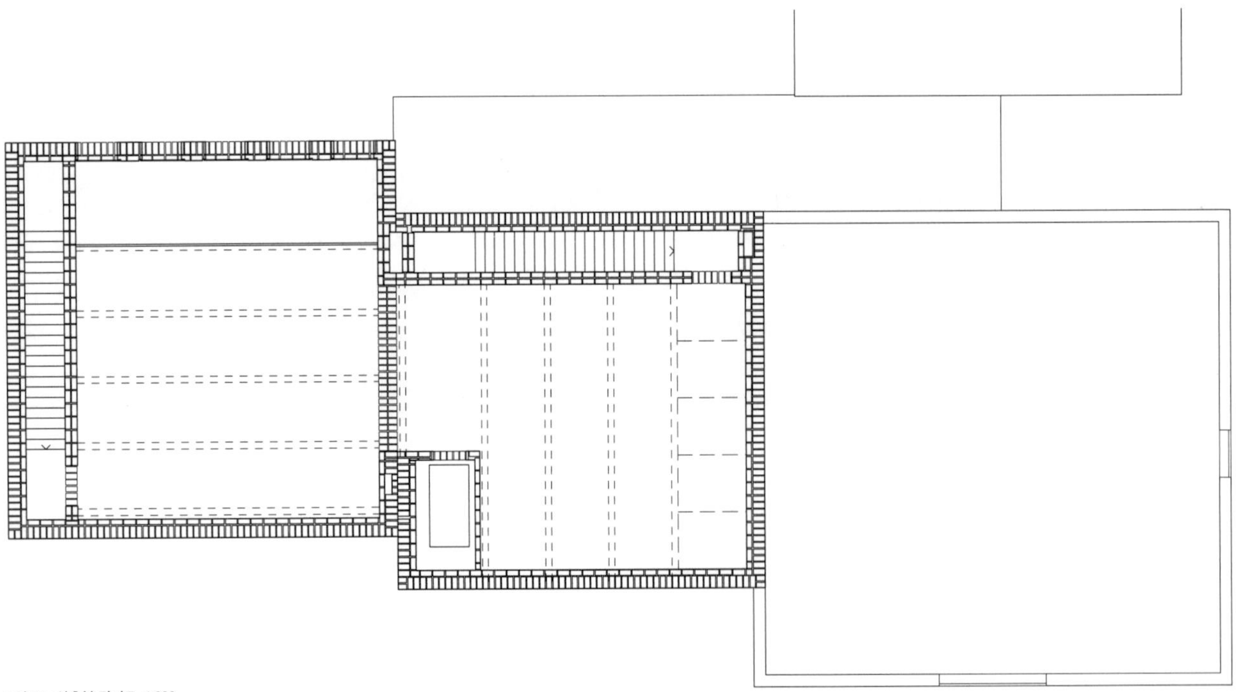

그림 70 : 상층부 평면도, 1:200

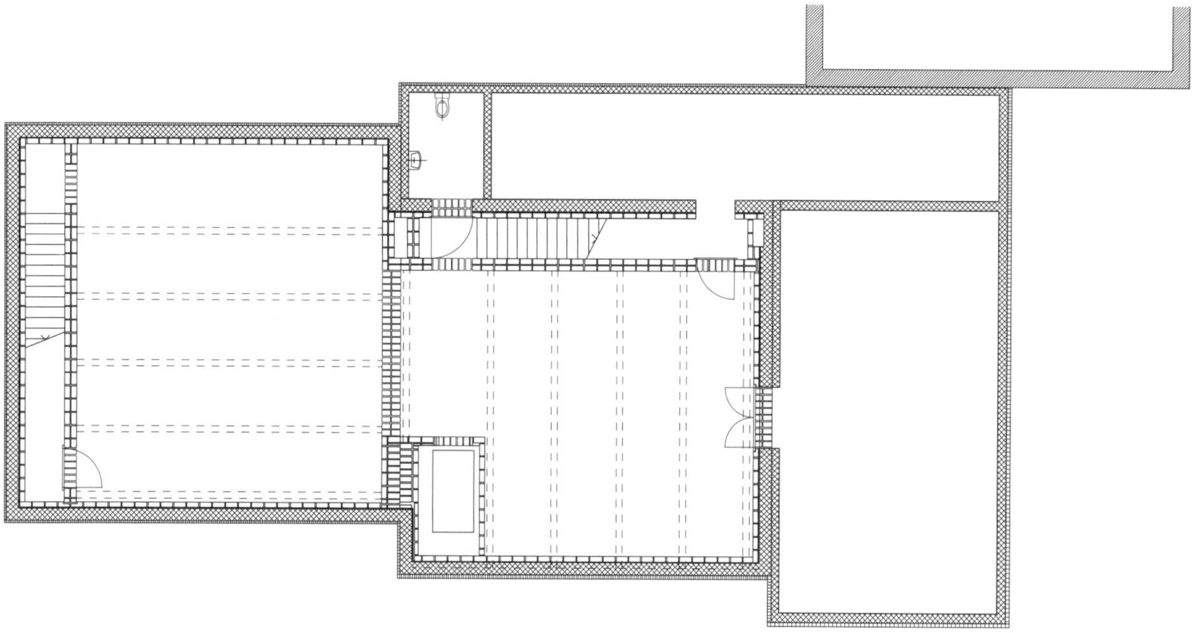

그림 71 : 지하층 평면도, 1:200

내력 구조

분류적인 측면에서 건물은 두 개의 동일한 volume으로 구성되어 있으며, 이 중 하나의 동은 90° 회전한 형태로 맞댐 이음을 통해 서로 연결되어 있다. 두 동 사이의 틈은 보 경간 방향과 두께에 변화를 주어 시각적으로 형상화된다. 내부 공간의 레이아웃을 조적 쉘 뒤에 감춰 놓음으로써 전시 공간을 다양한 용도로 사용할 수 있게 했으며, 공간 내부에 코어 또는 칸막이 벽을 배제하고 있다. 계단과 서비스 샤프트는 전시 공간이 통일성 있게 유지되면서도 최대의 면적을 가질 수 있도록 공간을 감싸고 있는 벽 안으로 통합되었다. 기본적으로 건물은 자체 지지 구조의 외피와 철제 보에 의해 지지되는 바닥판 간의 상호작용으로만 구성되어 있다. 단일 구조인 지하실과 건물 내부의 바닥판과 유사한 방식으로 기능하는 지붕 구조체는 벽돌로 만든 외피를 논리적으로 종결짓는다.

미술관 건물의 기초는 벽돌로 표면을 감싼 탱크의 형태로 지면 아래까지 확장된다. 이는 마치 석조 외피가 지면 아래로 가라 앉은 듯한 인상을 준다. 고형식 조적 건축의 방식을 따르는 건물의 외피는 실제로는 지하실과 분리되어 만들어진 것이다. 점토 석재는 "벽돌-모르타르 혼합 재료"처럼 기능하며 높은 압축 강도와 낮은 인장 강도를 보인다. 건물의 실제 내력 성능은 두 재료가 3방향에 걸쳐 상호작용함으로써 얻어지게 된다. 가문비 나무 널을 단단하게 끼워 맞춰 만든 중간 바닥판은 석조 쉘의 기능을 저해하지 않으면서도 내부 공간의 수직적 레이아웃에 통합된다. 따라서 이 견고한 석조 건물은 외부에서 볼 때 내부 바닥판이 없는 듯한 느낌을 주게 된다.

그림 72 : 조적 벽

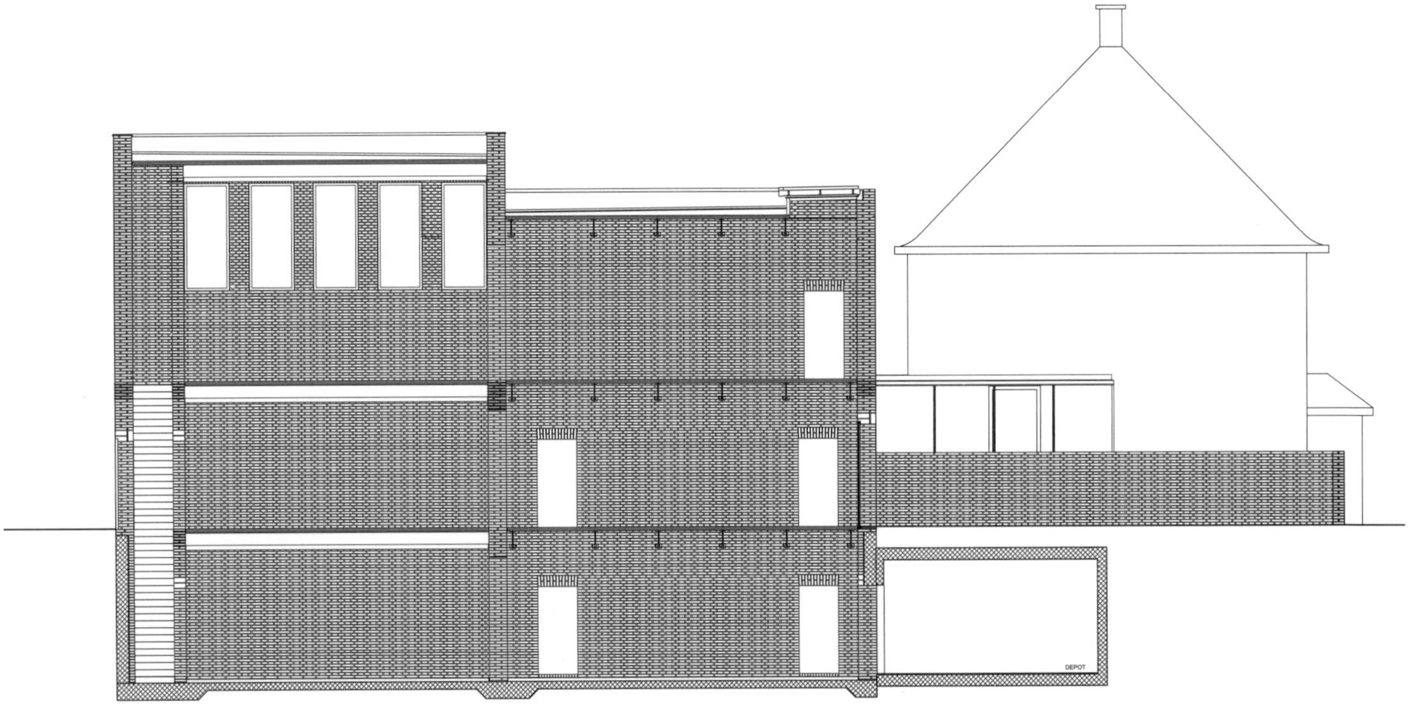

그림 73 : 종단면도, 1:200

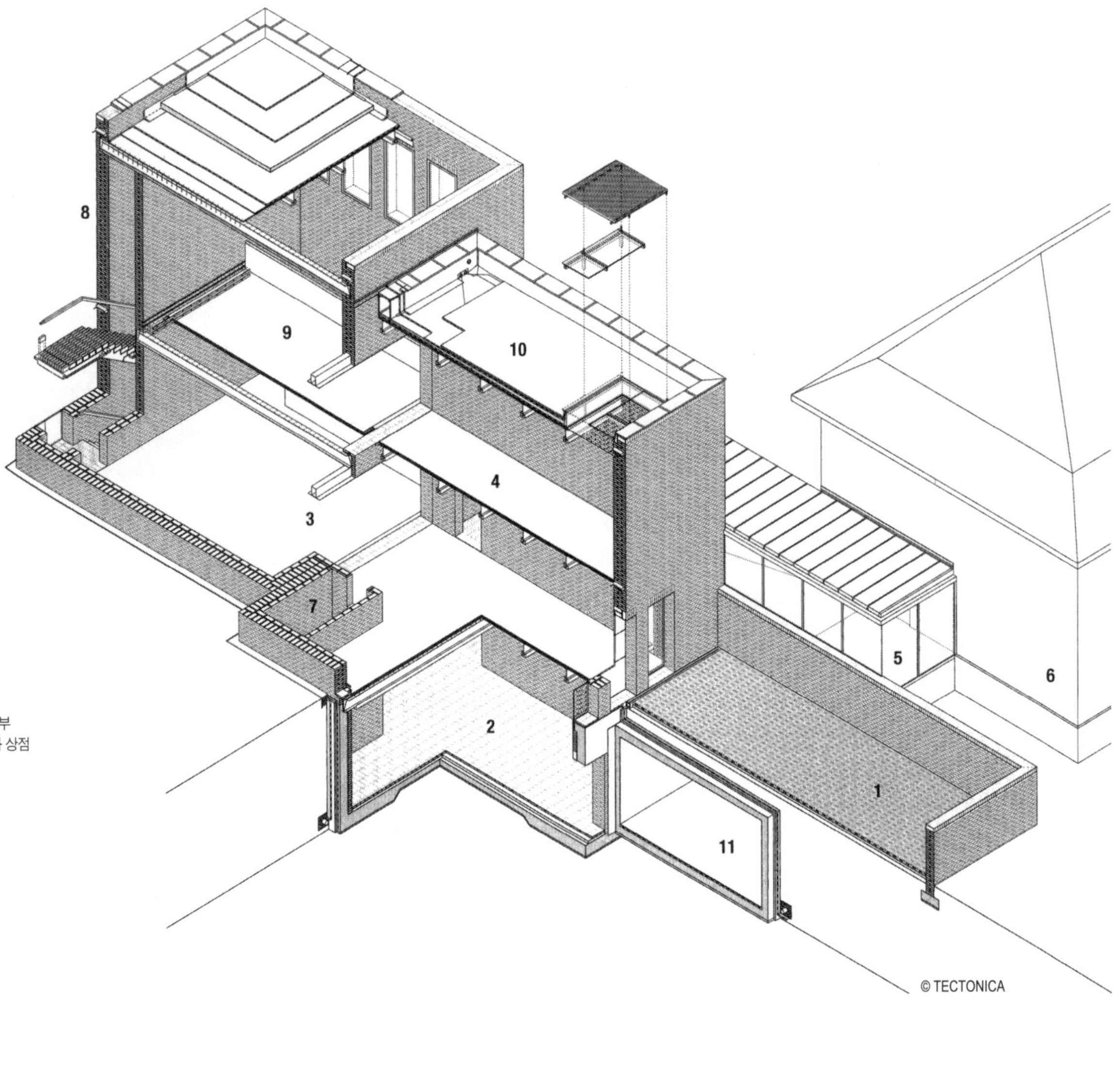

그림 74 : 엑소노메트릭
1 전정
2 전시 공간, 지하층
3 전시 공간, 1층
4 전시 공간, 2층
5 재단 건물과의 연결부
6 재단 건물, 사무소와 상점
7 승강기
8 외벽과 계단실
9 갤러리
10 천창
11 상점

© TECTONICA

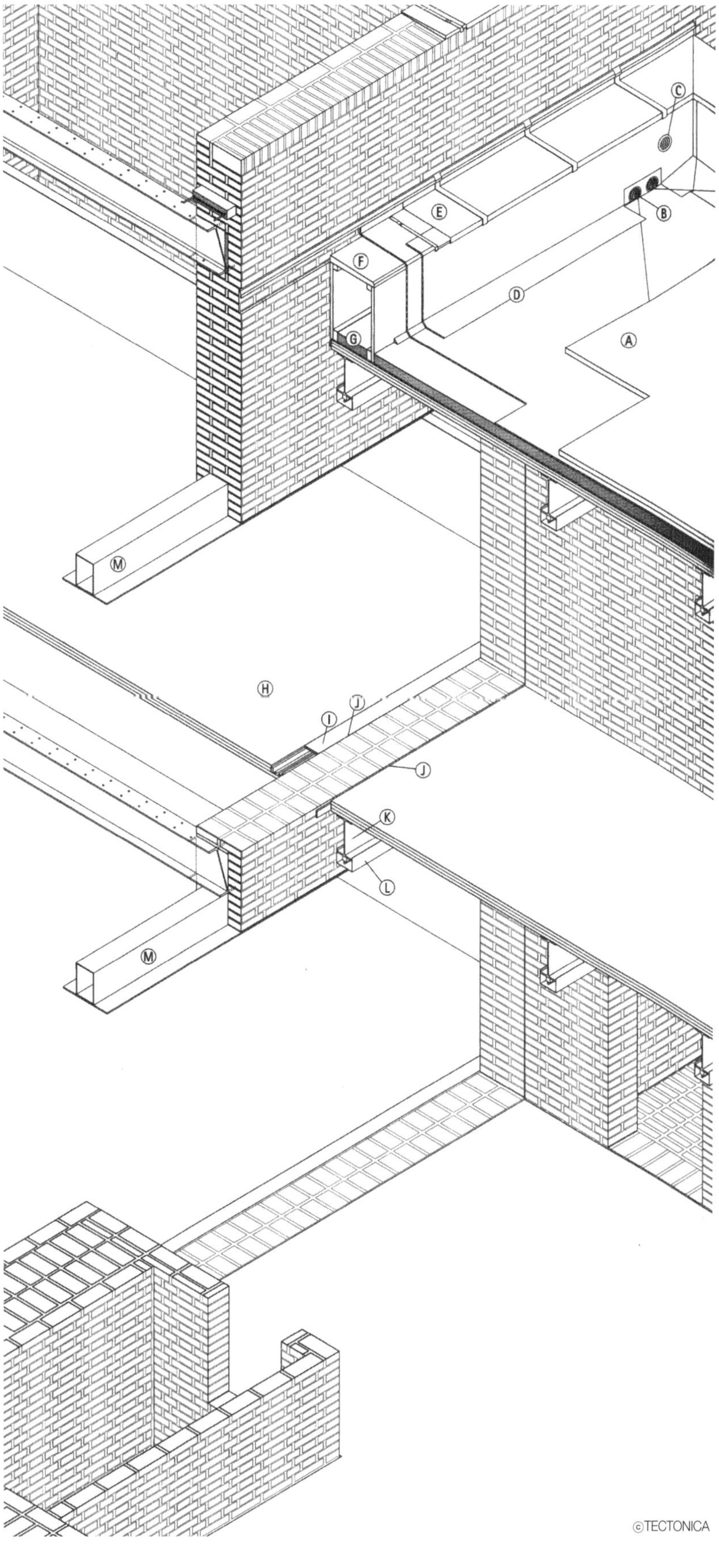

바닥판, 지붕, 지붕의 단부와 내력 구조

입방체형 건물에 사용된 철제 보는 90°의 각을 이루면서 서로 이웃하게 위치되어 있으며, 건물의 개구부와 평행을 이룬다. 두 개의 분동을 하나의 건물로 융합하는 과정에서 파라펫을 완성하기 위해 "가상의 지붕 단부 (dummy roof edge)"를 사용했다. 이는 판금으로 덮힌 목조 구조체로써 고형 파라펫을 흉내내는 것이다. 속이 빈 철 부재와 철제 플레이트를 조립하여 만든 보는 건물 안에서 갤러리의 두 부분 사이의 큰 개구부 위에 놓인 바닥판 보(IPE 자재)를 지지하는 데에 사용된다. 내부 공간에서 볼 때는 하부 플랜지 만을 눈으로 볼 수 있다. 주 보에 연결되는 철제 바닥판 보는 영식십자쌓기의 방식으로 조적된 석조 벽의 첫 번째 층과 결합된다. 보를 석조 벽과 결합하는 데에는 핀이 사용된다. 이는 건물 외피의 내측면을 심각하게 간섭하지 않으면서도 바닥판이 석조 벽과 연결될 수 있다는 것을 의미한다.

우선 벽은 보를 지지할 수 있을 만큼의 높이까지만 만들어진다. 다음으로는 바닥판 보의 위치에서 원형봉강과 모르타르를 결합한다. 그 후 벽을 일반적인 방식으로 계속 쌓아 올리게 된다. 차후에 건물의 석조 외피와 보 사이에 30mm 두께의 폴리스티렌 단열재를 설치할 수 있도록, 보의 단부 주위 공간은 여유를 두고 남겨진다. 마지막으로 보 포켓(beam pocket)을 콘크리트로 채운다.

그림 75 : 바닥판 보의 지주

그림 76 : 엑소노메트릭
A 50mm 두께의 자갈
B 배수구
C 배기구
D 2겹의 역청 루핑 펠트, 3 mm
E 모르타르층 위에 덮힌 판금
F 방수성 목질 합판으로 만든 지지 구조체
G 암면 단열재, 100 mm
H 3겹 합판, 95 mm
I 케이블 덕트와 제거 가능한 덮개 (배전용)
J 분리용 띠, 1.5 mm
K 철제 보, IPE 360
L 형광등과 투명 플라스틱 확산장치
M 보 : 200 x 300 x 8 mm 장방형 강관 + 495 x 12 mm 하부 플랜지

그림 77 : 문 설치 전 문설주용 특수 벽돌의 모습

그림 79 : 큰 천창을 통해 들어오는 자연광

개구부

바닥판을 석조 벽과 통합시키는 데에 사용되는 방식은 문과 창문 같은 개구부의 배치에 관해서도 동일하게 적용되는 것이다. 건물에 단지 몇 개의 개구부 만을 형성함으로써, 이 예술 공방의 단일체적인 느낌은 더욱 강화된다. 경제적으로 배치된 창의 위치와 좁고 높이가 낮은 개구부의 형태는 전시 벽면의 면적을 늘리고, 개구부에 의해 전시 벽면이 방해받는 양을 최소화한다. 문과 창문의 프레임을 벽 표면과 평평하게 결합시키기 위해 특수한 벽돌과 이를 위한 은촉(rabbet)이 사전 제작되었다. 상층부 벽의 하중을 효율적으로 분배하는 기능을 하는 석조 구조체인 아치형 문과 창 상인방은 현장에서 제작되었다.

조명

건물은 3개의 영역으로 분할된다. 이는 서로 다른 조명 환경을 갖는 3개의 층으로 특징지어진다. 입방체의 바닥면인 지하층이 고온 가열 외장 벽돌과 인공 조명으로 특징 지어지는 반면, 상부의 전시 공간은 공간의 한 쪽 면에 위치한 큰 창문을 통해 들어오는 풍부한 자연광으로 특징 지어지는 공간이다. 지하층과 1층에 사용된 인공 조명 방식은 매우 신중하게 결정된 것이다. 오직 2층만이 창문과 천창을 통해 자연광을 받아들인다. 건물을 구성하는 구조적 개념이 간결하기 때문에 인공 조명에 대해서도 좀 더 정돈된 해결책이 필요했다. 이에 따라 인공 조명은 흰색으로 도색된 철제 보 아래에 설치되었다. 조명 장치는 형광등과 투명한 플라스틱 확산장치로 구성되었으며, 각각의 확산기는 개별적으로 조정될 수 있다.

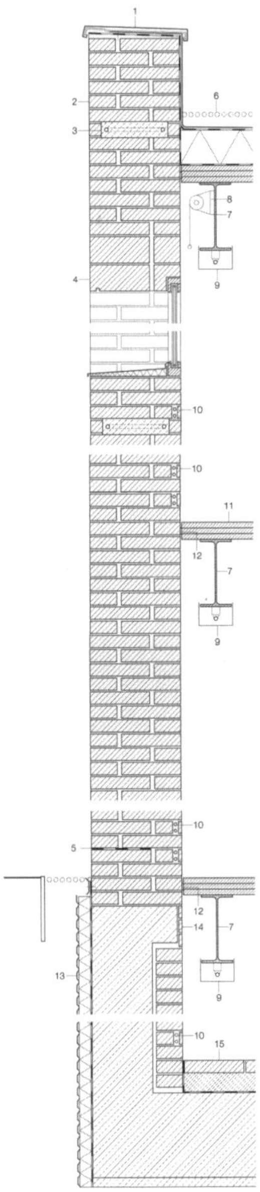

그림 78 : 상세 단면도
1 구리 박판 덮개
2 고온 가열 외장 벽돌, 320 x 145 x 65 mm, 용암 무늬, 갈색
3 철근 콘크리트 링빔(ring beam)
4 창 상인방, 점토
5 방습층
6 지붕 구조 :
- 50mm 두께의 자갈
- 방수층
- 단열재
- 수분 차단막
- 95mm 두께의 집성재 널
7 철제 보, IPE 360
8 직물 차일
9 형광등과 투명 플라스틱 확산장치
10 모르타르 속을 지나는 난방 파이프
11 집성재 널, 전나무/가문비나무, 95mm, 백색 안료로 도색
12 밀봉 띠
13 지하층 벽 구조 :
- 플라스틱제 흙막이널
- 주변 단열재
- 방수층
- 330mm 두께의 철근 콘크리트
- 고온 가열 외장 벽돌, 320 x 145 x 65 mm
14 벽돌 조각, 320 x 15 x 65 mm
15 바닥 구조 :
- 고온 가열 외장 벽돌, 320 x 145 x 65 mm
- 105 mm 두께의 모르타르 베드 (mortar bed)
- 분리층

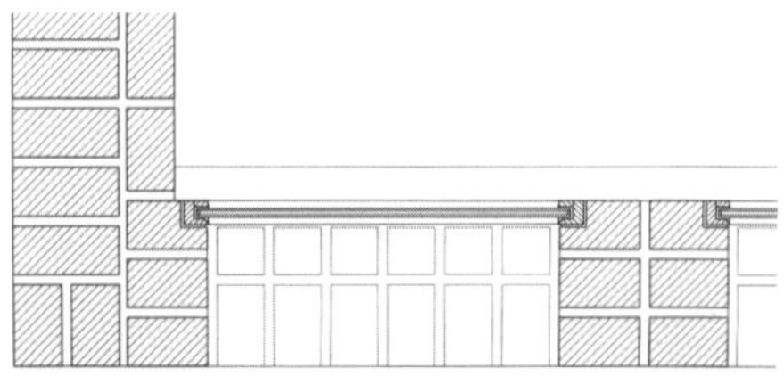

그림 80 : 문설주용 특수 벽돌을 보여주는 횡단면도

그림 81 : 2층의 높이가 높은 창을 통해 들어오는 자연광

그림 83 : 보의 하부 플랜지에 설치된 인공 조명

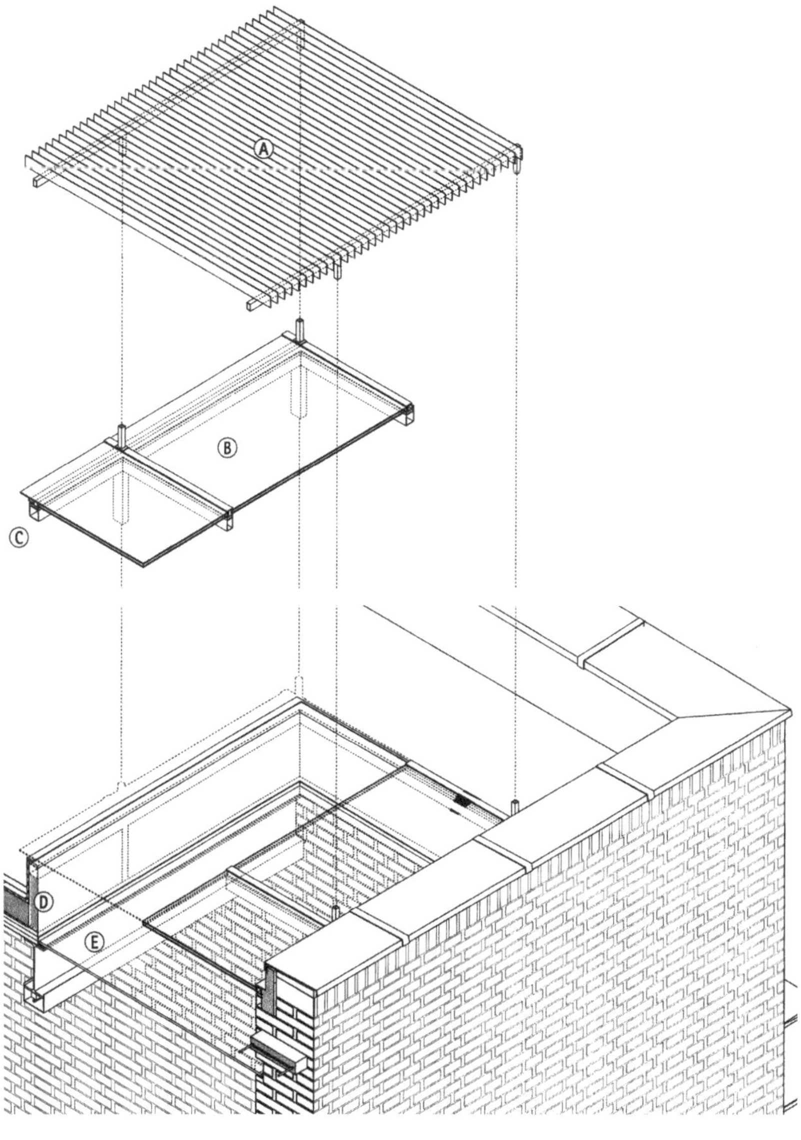

내부 표면

지하층의 바닥 마감은 고온 가열 외장 벽돌과 광폭 접합부(wide joint)를 사용하였다. 이와 대조적으로, 상부층의 바닥은 철제 보와 목제 널로 만들어졌다. 흰색으로 도색한 철제 보 위에 별도 마감없이 유약칠한 80mm 두께의 가문비나무 널을 올려 놓는 이러한 방식은 매우 "타당하고" 검소한 것이다. 이 결과 건물에 걸쳐 수직 방향으로 소음이 전달되는 문제점이 발생하게 되었다. 그러나 이는 건축물의 미니멀한 설계 개념을 지키기 위해서 충분히 감수할 만한 정도이다.

그림 82 : 천창의 분해도
A 단열재로써 기능하는 알루미늄 루버, 현휘와 직사일광을 차단하는 역할도 한다.
B 안전 합판유리, 15mm 두께의 공극, 8mm 두께의 강화 안전 유리
C 장방형 강관으로 만든 철제 프레임, 80 x 50 x 2 mm
D 내력 샌드위치 판넬, 7mm 두께의 판금과 70mm 두께의 암면으로 만든 지주
E 안전 합판 유리, 16 mm, 도색

그림 84 : 이음부 단면을 보여주는 건물 모퉁이의 모습

점토 벽돌 공사의 설계와 실현

엄격히 말해서 Marktoberdorf 지방은 과거 실질적으로 점토 벽돌을 사용했던 지방은 아니지만, 건물에 사용된 Bavarian 고온 가열 외장 벽돌은 중세 시대 이 지역에서 사용되었던 재료와 유사한 것이다. 지역적인 특징 이외에도 역사적인 관점에서 볼 때, 점토 벽돌이란 재료는 이 작업장 같은 건물에 매우 적합한 것이라 할 수 있다. 건물 외피는 표면에 역동적이고 불규칙한 용암 무늬가 있는 320 x 145 x 65 mm 크기의 고강도 고온 가열 외장 벽돌로 만들어졌으며, 이러한 벽돌 외피는 내부 공간과 외부 공간에 그대로 노출되며 건물 전체에 걸쳐 사용되었다. 매혹적인 무늬 뿐만 아니라 그 자체에 그 자체로 부조적인 느낌을 갖는 고온 가열 외장 벽돌의 사용은 건물이 전체적으로 균질한 느낌을 갖도록 하는 가장 본질적인 요소이다. 점토 벽돌의 불규칙한 무늬와 굵은 입자의 모르타르를 사용함으로써 벽 표면은 직물 같은 느낌을 갖게 된다. 기후의 영향에 대한 벽의 안정성과 관성은 벽돌의 미학적인 특징을 강조한다. 이러한 요소들은 영식십자쌓기의 방식으로 만들어진 540mm 두께의 석조 건축물의 디자인에 단일체적인 느낌을 부여한다. 이러한 두껍고 균질한 벽구조는 기후에 적합한 시공성의 이점 외에도 신축이음이 필요없게 된다는 이점도 얻을 수 있다. 고형식 벽돌 벽의 경우 일반적으로 예기치 못한 균열 (서로 다른 종류의 하중 재하시 또는, 각각의 건축 요소들의 서로 다르게 침하 또는 열적 거동함에 따라 발생한다) 을 막기 위해 연속된 수직 줄눈, 즉 신축이음을 필요로 한다. 그러나, 파사드의 제한된 치수에 따라, 이 건물에서는 신축이음이 필요하지 않게 된다. 벽이 어떠한 간섭도 받게 되지 않음에 따라 건물의 조각적인 느낌은 더욱 강화된다.

석재 쌓기에 있어 매우 중요한 것은 줄눈과 벽돌이 조화를 이루는 방식으로, 이는 줄눈의 크기(30mm 두께의 세로줄눈, 10mm 두께의 가로줄눈)에 관한 부분만이 아니라 줄눈의 색과 질감에 관한 부분까지도 아우르는 것이다. 고풍스러운 느낌을 주는 적갈색 벽돌 특유의 표현을 줄이기 위해, 건물의 내부, 외부 모두에 회색의 입자가 거친 줄눈이 사용되었다. 미술관에 점토 석재를 사용함으로써 얻을 수 있었던 또 하나의 중요한 이점은 내부 공기의 습도가 항상 일정하게 유지된다는 점으로 이는 전시물의 보존에 있어 결정적인 요소이다. 공간의 습도는 미술관 방문자와 전시품 모두에 적합한 수준으로 유지된다.

이 점토 벽돌 건물은 체코로부터 수입한 전문 기술을 차용하고 있다 (고대 석재 쌓기법과 외장 벽돌로 만든 건물의 방음에 관한 지식). 일반적인 고형 벽돌과 외장 벽돌은 물론 상인방과 문설주에 사용된 특수 벽돌까지 총 18가지 서로 다른 종류의 약 100,000여 개의 벽돌이 사용되었다.

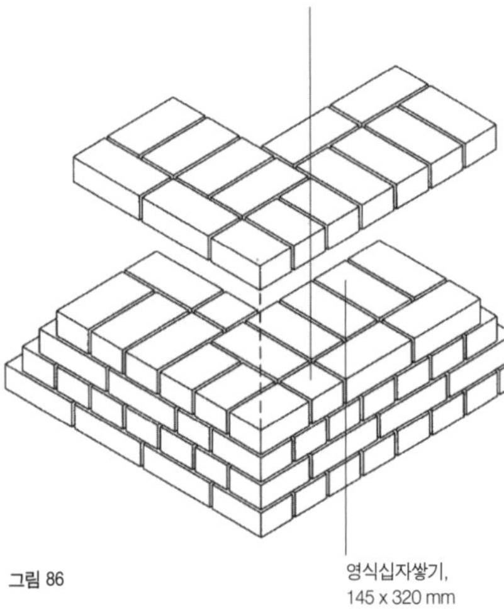

그림 86

그림 85 : 영식십자쌓기와 광폭 접합부

그림 87 : 벽 기단부 난방 시스템은 완전히 가려져 있다!

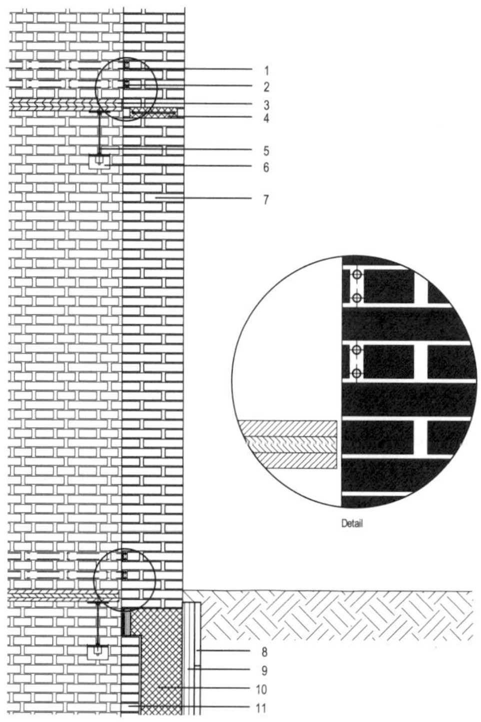

그림 88 : 벽 구조
1 구리 파이프, D = 18 mm, 공급 파이프와 리턴 파이프는 모르타르로 완전히 덮힌다.
2 벽돌 조각, 5 mm 두께
3 집성재 널, 95 mm 두께
4 링빔 (횡방향 안정성을 위해 사용된다)
5 철제 보, IPE 360, 석재 내부에 설치된다.
6 형광등과 투명 플라스틱 확산장치
7 석재, 495 mm
8 시멘트보드(Cementboard)
9 다공성 유리 단열재, 100 mm
10 철근콘크리트, 320 mm
11 외장 벽돌, 145 mm

하이퍼코스트(hypocaust)에서 벽 기단부 난방(wall plinth heating) 시스템까지

건물 매스(석재)와 공간 난방의 원리 간의 상호작용에 대해 알아보도록 하자. 다공성 건축 재료에서 높은 단열성능을 나타내게 하는 것이 공기가 채워진 미세 공극이라는 점을 감안할 때, 공기는 열을 전달하는 데에 있어 완전히 부적합한 매개체임을 알 수 있다. 과도한 열이 발생하고 내부 공기에 먼지나 세균 같은 미세 입자들이 계속 떠다니게 된다는 단점에도 불구하고 대류식 난방기(내부 공기의 무제한적인 움직임을 기본 원리로 사용한다)는 여전히 사용되고 있다. 복사에 의한 난방의 원리(내부 공기의 움직임을 통제한다)는 고대 로마인들에 의해 발명된 것으로, 이들은 하이퍼코스트(hypocaust)라고 불리는 바닥판 하부 난방 방식을 사용했다. 열원(praefurnium)에서 발생한 열은 바닥판의 틈새로 흘러 들어가 점토 연도(tubuli)를 따라 내부 공간으로 향한 뒤, 가장 편한 방법으로 벽의 내측 표면에서 발산된다. 복사열은 공기 속으로 거의 아무런 손실 없이 전달되지만 벽 내부에서는 분자의 진동을 통해서만 전달되는데, 이는 벽 내부에서 복사열이 전달되는 데에는 일이 필요함을 의미한다. 결과적으로 복사열은 벽의 단면 내에서 거의 손실되지 않고 그대로 공간의 난방에만 사용된다. 이러한 작용은 벽의 외측 표면에 작용하는 태양 복사열에 의해 더욱 강화되는 것으로, 태양 복사열은 단열재에 의해 간섭받지 않고 그대로 석재 매스에 저장된다.

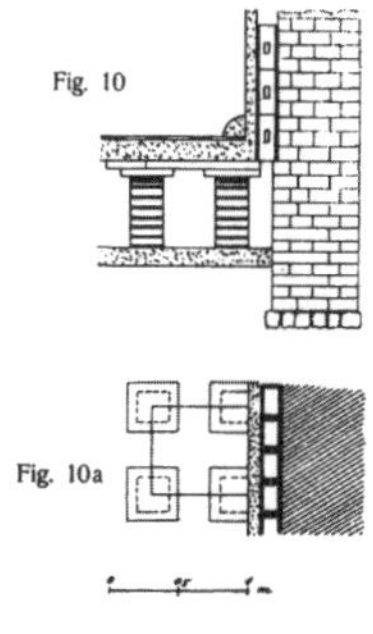

그림 89 : 하이퍼코스트(Hypocaust), 단면도와 평면도

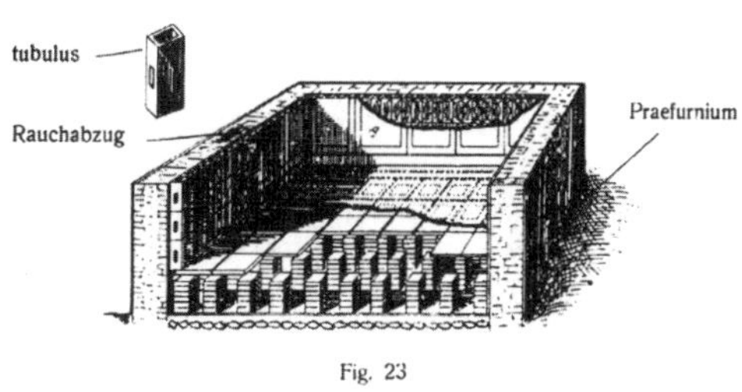

그림 90 : 하이퍼코스트의 아이소메트릭 (하이퍼코스트 - 아래로부터의 난방)

벽 기단부 난방(Wall plinth heating)

앞에서부터 다루고 있는 Marktoberdorf 지방의 미술관 건물은 하이퍼코스트(hypocaust)의 개념을 매우 단순화시켜 적용하면서도, 그 효율을 저해시키지 않고 있다. 내벽 안에 뜨거워진 공기가 상승하는 수직 점토 연도를 설치하는 대신, 2개의 물이 채워진 구리 파이프 배관을 석조 벽 내부, 각 바닥판 바로 위에 설치하고 이를 통해 열을 전달하는 방식을 사용하고 있다. 일반적으로 사용되는 기름 보일러가 이 난방 시스템의 열원으로 사용된다.

결과적으로 벽 기단부 난방 시스템은 내력 석재를 통해 복사열을 전달하는 원리를 이용하는 것이다. 건물에 사용된 열원, 열 전달 매개체, 건축 자재 등은 하이퍼코스트의 바닥판 하부 난방 시스템과 완전히 다른 것이다. 벽을 통한 난방 방식은 놀라울 만한 효율을 나타내었다. 고형 석재의 관성에 따라, 열 복사를 조정함으로써 내부 공간의 온도를 효율적으로 통제할 수 있게 되었다. 복사를 통해 공간을 난방하는 이 시스템은 열을 매우 고르게 분배하며, 이에 따라 난방에 사용되는 물의 온도를 낮출 수 있어 유지비가 더 적게 든다. 이러한 설비는 미술관과 박물관에 특히 실용적이라 할 수 있다. 오늘날까지도 귀중하고 취급에 큰 주의를 필요로 하는 예술 작품을 보관하는 건물에 있어 내부 공간의 미시 기후는 일반적으로 매우 큰 비용을 필요로 하는 기술들을 사용하여 조절되고 있다. 그러나 복잡한 건축 설비와 환기 설비를 사용하는 대신에, 이 건물은 단지 구리 파이프 배관을 각 층의 바닥판 바로 위의 높이에서 외벽 내부에 설치함으로써 내부 공간의 미시 기후를 조절하고 있다. 석조 벽의 내측 표면은 열을 균일하게 발산하며, 안락한 내부 미시 기후를 만든다. 이처럼 외겹 석조 벽과 벽 기단부 난방 시스템의 조합은 단순하지만 매우 효율적인 방식이라 할 수 있다.

Detached family home, Grabs

Peter Märkli

Thomas Wirz

위치와 테마

Grabs 지방은 스위스에서 전형적으로 나타나는 산발적인 정착지 중 하나로, 라인(Rhine) 계곡 인근 생 갈렌(St. Galler) 지방의 평지에 위치하고 있다. Peter Märkli의 주택 작품은 농장과 다른 주택들 사이의 약간 낮은 대지에 서 있다. 건물은 남쪽을 향하고 있으며, 진입은 북쪽의 좁은 아스팔트 도로를 통해 이루어진다.

설계 초기 단계에는 거주자의 요구를 염두에 두고 건물의 입지와 내부 공간의 레이아웃에 관한 분석이 강도 높게 이루어졌다. 작품의 설계에 있어 건축가는 몇 가지의 테마, 즉 "하나의 선택을 통해 전체에 이익을 가져올 수 있는" 건축적 개념에 집중하고자 했다. 마침내 건물의 설계에 있어 가장 본질적인 부분을 형성하는 모든 요소를 형상화시킨 한 장의 스케치가 완성되었다.

Märkli는 주어진 여러 가지 상황에 대해 독립적으로 서 있는 간결한 건물이라는 해결책을 제시했다. 주택은 주변의 건물들과 조화를 이루려고 하기 보다는 오히려 주변 환경으로부터 거리를 두고 있다. 이러한 점은 건물의 추상적인 느낌으로부터 얻어지는 것이다. 건축가의 의도는 "미니멀 아트(minimal art)"나 "단순함에 대한 새로운 정의"를 표현하기 위함이 아니라, 건물을 이루는 모든 부분들이 다 함께 눈으로 보이도록 하는 솔직하고 직접적인 표현이라 할 수 있다.

그림 91 : 배치도

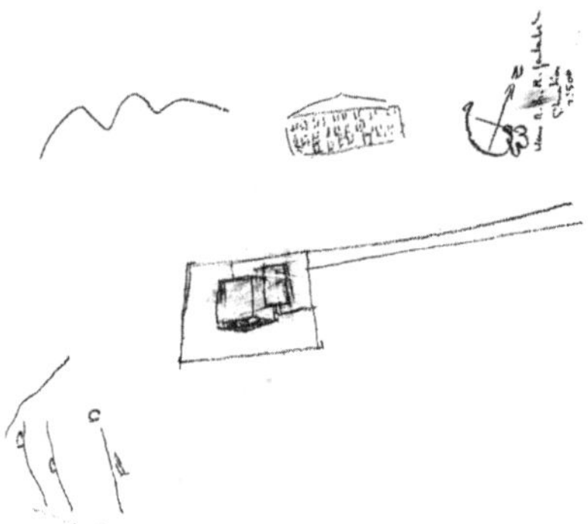
그림 92 : 입지와 컨텍스트를 보여주는 스케치

그림 93 : 건물은 마치 조각 작품처럼 대지 위에 서 있다.

건축가 : Peter Märkli, 스위스 취리히(Zurich)
공사 기간 : 1993~1994
프로젝트 매니저 : Gody Kuhnis, 스위스 Trubbach
구조 엔지니어 : Kurt Gabathuler, 스위스 스쿠올(Scuol)

지형과의 관계

주택이 서 있는 개방적인 대지는 가능한 한 있는 그대로의 상태로 유지되어야만 했다. 따라서 베란다의 돌출된 부분은 마치 지면 위에 떠 있는 것처럼 보이게 되었다. 모든 부재들은 건물 외피 자체로부터 나오고 있으며, 이를 통해 건물에 단조롭고, 심지어는 내향적인 표현성을 부여한다. 건물의 외부 시설은 인근 주택의 마당과 대립하지 않도록 계획되었다. 주택은 주변 환경과 사뭇 다른 느낌을 나타내며, Ines Lamuniere는 이러한 점에 대해 다음과 같이 표현했다. "건물은 사람을 건물의 내부 또는 외부에 국한시키는 어떠한 금욕적인 느낌을 가지고 있다." 일반적으로 주택에서 생각해볼 수 있는 개인 정원은 이 건물에서는 찾아볼 수 없는 것이다. 대신에 건물의 일부인 베란다가 개인적인 외부 공간로써 기능하고 있다.

그림 94 : 베란다는 외관상 건물의 볼륨을 깎아내는 듯이 보인다.

그림 95 : 지면 위에 "떠 있는" 베란다

그림 96 : 외부에 위치하고 있지만 밀폐되어 있는 베란다

내부 공간의 레이아웃

평면 레이아웃은 "양파 껍질의 원리" 처럼 하나의 점을 중심으로 이를 둘러 싸며 전개되고 있다. 건물의 진입부에서 낮은 계단을 오르면 2층, 지하층으로 통하는 계단이 있는 홀에 다다를 수 있다. 거실과 주방은 홀의 두 면에 L자형으로 배치되어 있다. 큰 크기의 슬라이딩 창은 베란다와 주변 환경에 대한 좋은 조망을 제공한다. 슬라이딩 창에 사용된 알루미늄제 슬라이딩 셔터는 프라이버시를 보호하고 직사일광으로부터 내부 공간을 보호하며, 슬라이딩 창의 효과를 더욱 크게 한다. 모퉁이와 벽 단면 간의 관계에 의해 내부 공간은 외부를 향해 개방된다. 따라서 공간 내에 어떠한 중간 기둥도 없는 이 공간은 주방과 거실 사이에 놓인 접이식 칸막이벽, 시멘트 스크리드(cement screed) 바닥 마감과 함께 놀랄 만한 확장성을 얻고 있다.

2층 내부 공간의 레이아웃 역시 L자형의 공간을 사용하고 있다. "L" 자형 공간 중에서 남쪽에 접하는 부분은 중앙 홀과 맞닿아 있으며, 천창을 통해 밝게 조명된다. 2층에서 베란다 위로 돌출된 부분들은 서로 다른 크기로 이루어져 있으며, 석고보드와 붙박이식 찬장을 통해 서로 분리된다. 타일을 붙인 욕실은 건물의 북쪽면에 위치하고 있다.

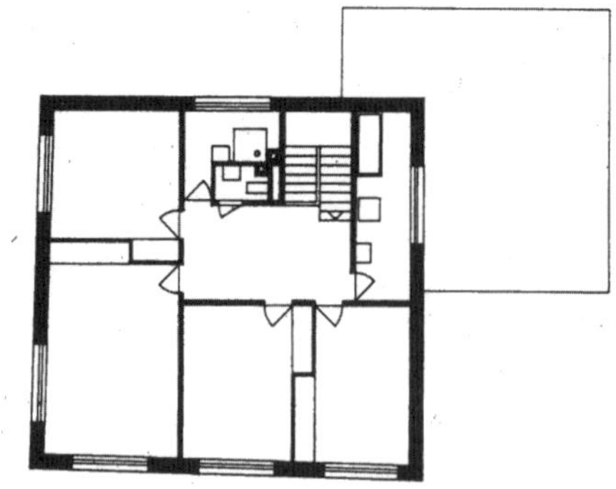

그림 97 : 2층 평면도

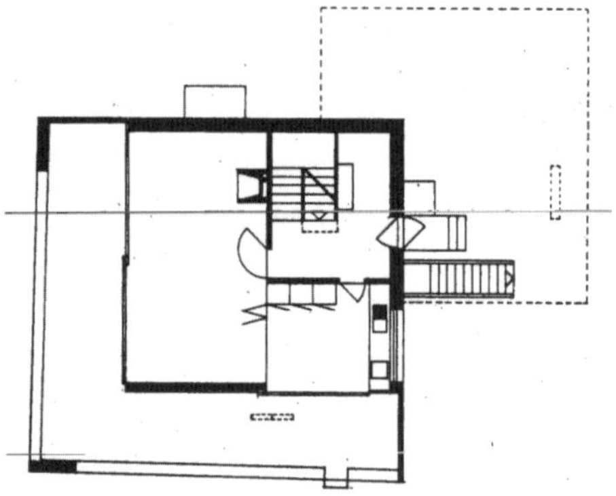

그림 98 : 1층 평면도

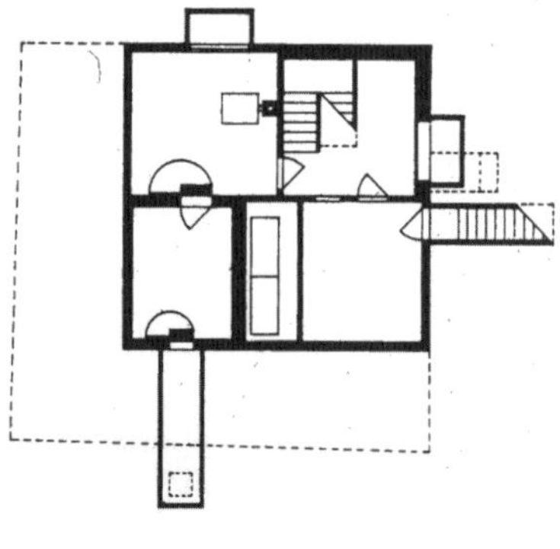

그림 99 : 지하층 평면도

그림 100 : 공간의 중첩을 보여주는 스케치

시공적, 구조적 측면

직각으로 이루어져 있지 않은 건물의 형태는 현장 타설 콘크리트의 효과를 강조하는 것으로, "콘크리트의 타설을 통해 주조된 건물의 형태가 공간을 분할하는 이상적인 경계처럼 보이도록 하는" 효과를 거두고 있다. 건물의 균질함은 시공적인 분리를 통해 얻어지는 것이다. 건물의 하중이 프레스트레싱과 켄틸레버를 통해 전달되기 때문에 콘크리트로 이루어진 건물의 외피는 구조적으로 독립적이다. 건물의 내부 표면은 석재에 벽토를 바르는 방식으로 마감되었다. 1층의 콘크리트 벽은 별도의 지지 구조 없이 독립적으로 서 있는 구조 부재이다. 이는 내력을 담당할 뿐 아니라, 평면 레이아웃의 구조를 형성하고 거실의 크기를 제한한다.

그림 102 : 진입부 입면

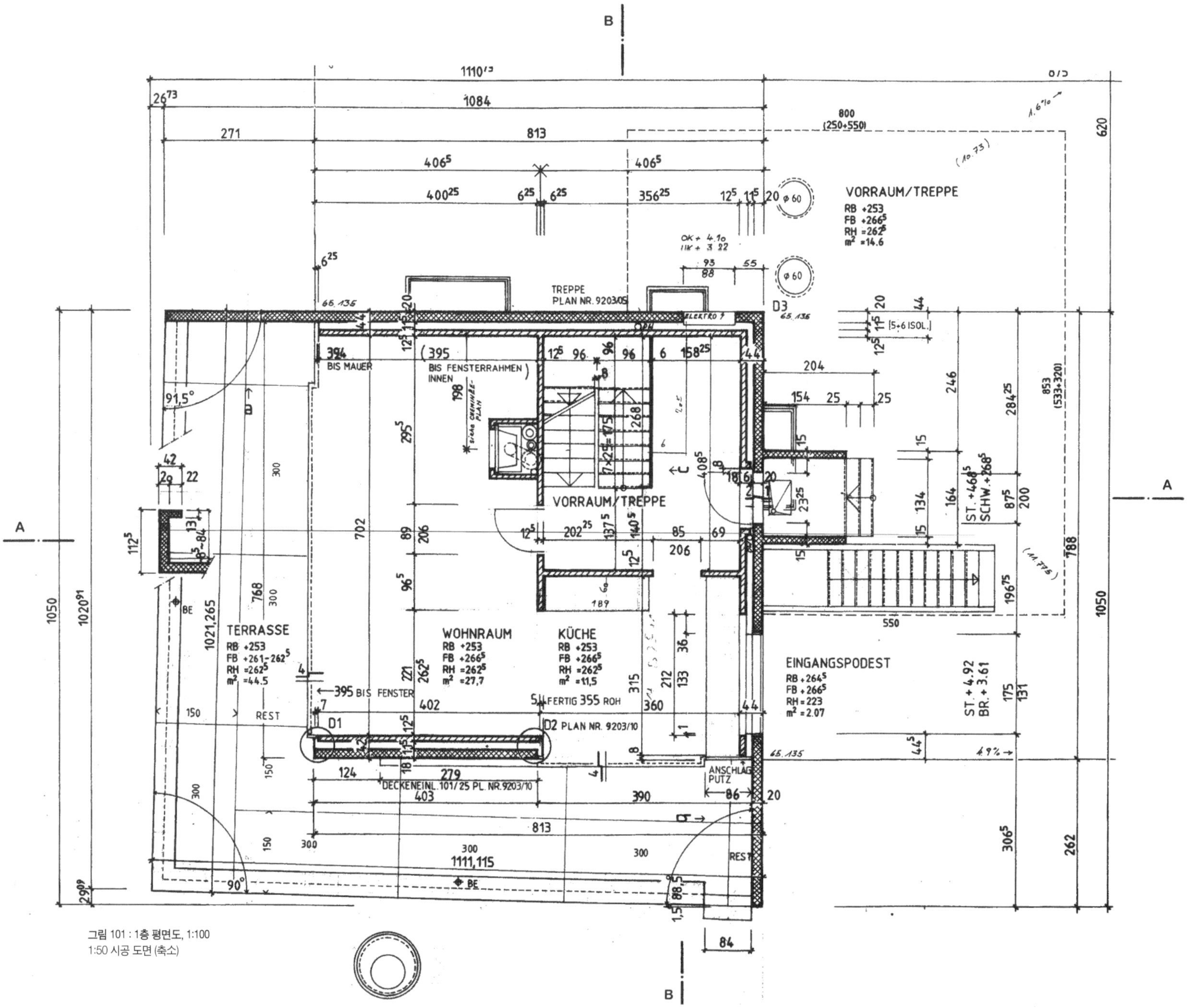

그림 101 : 1층 평면도, 1:100
1:50 시공 도면(축소)

내부 공간의 표면, 석재와 콘크리트로 만든 바닥판은 차후에 제거될 수 있는 것이다. 콘크리트로 이루어진 건물의 외피는 구조적인 측면에서 이러한 부재들과 완전히 개별적인 것이다. 2층 슬라브에서 외측 표면과 내측 표면이 만나는 지점(그림 103의 원형으로 표시된 부분)에는 베란다로 향하는 큰 슬라이딩 창이 설치되었다. 별도의 커버 스트립(cover strip)을 사용하지 않으면서 이런 큰 창을 사용하기 위해서는, 창의 제조와 설치 과정에 걸쳐 높은 수준의 정밀도(엄격한 오차 허용도)를 필요로 하였다.

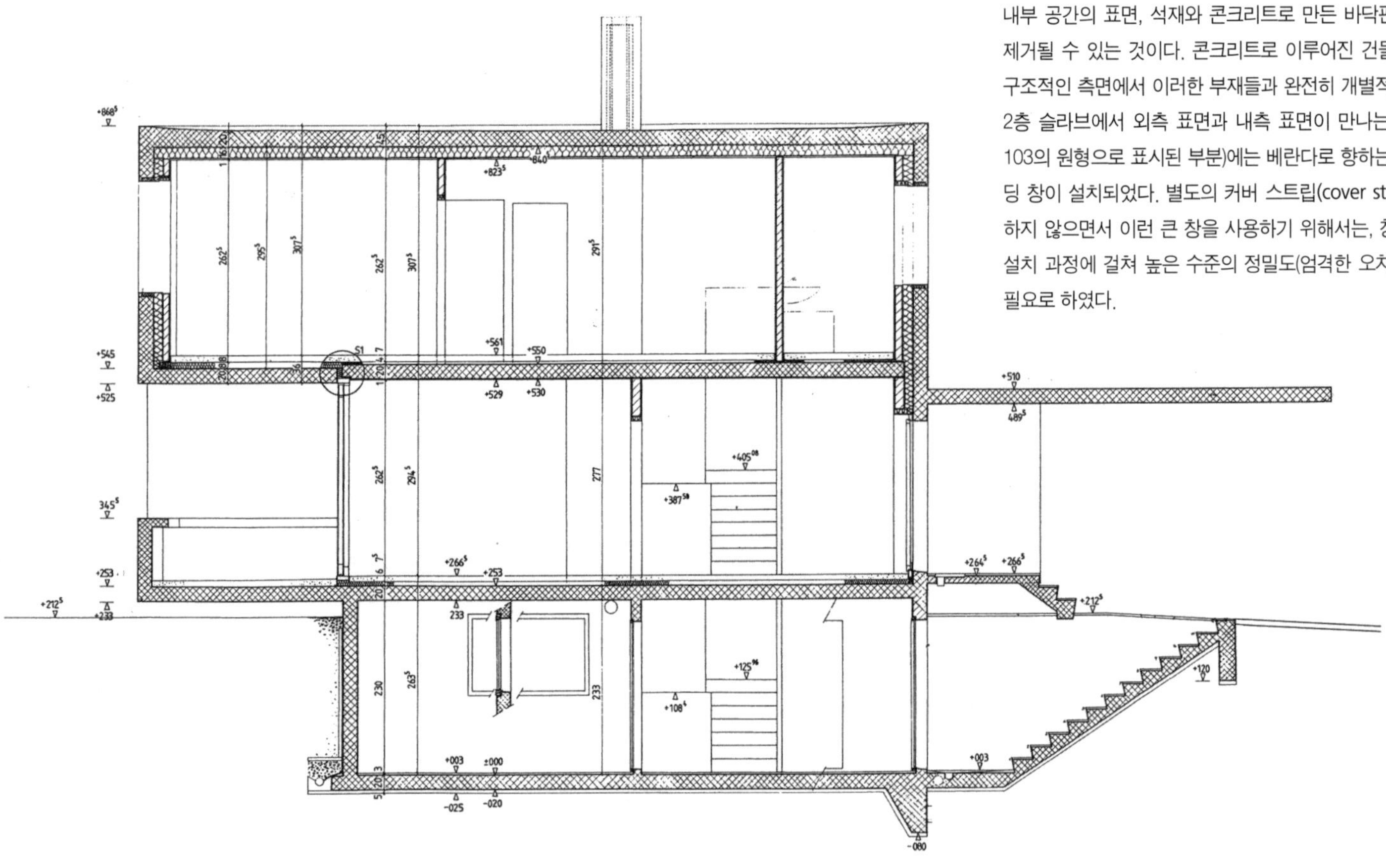

그림 103 : 단면도 A-A, 1:100
1:50 시공 도면 (축소)

지붕

Triflex 방수재	200 mm
콘크리트	80 mm
사출성형 폴리스티렌	80 mm
금속 틀 사이에 설치한 암면	
수분 차단막	
석고보드	15 mm

외벽, 2층

벽토, 부드러운 표면 마감 처리	10 mm
벽돌	100 mm
사출 성형 폴리스티렌	140 mm
콘크리트	200 mm

2층 슬라브

에폭시 수지 바닥 마감재	
시멘트 스크리드	40 mm
사출 성형 폴리스티렌	800mm
콘크리트	200 mm

외벽, 1층

벽토, 부드러운 표면 마감 처리	
벽돌	125 mm
사출 성형 폴리스티렌	120 mm
콘크리트	200 mm

1층 슬라브

그라놀리딕(Granolithic) 콘크리트 바닥 마감재	
시멘트 스크리드	75 mm
사출 성형 폴리스티렌	60 mm
콘크리트	200 mm

그림 104 : 단면도 B-B, 1:100
1:50 시공 도면 (축소)

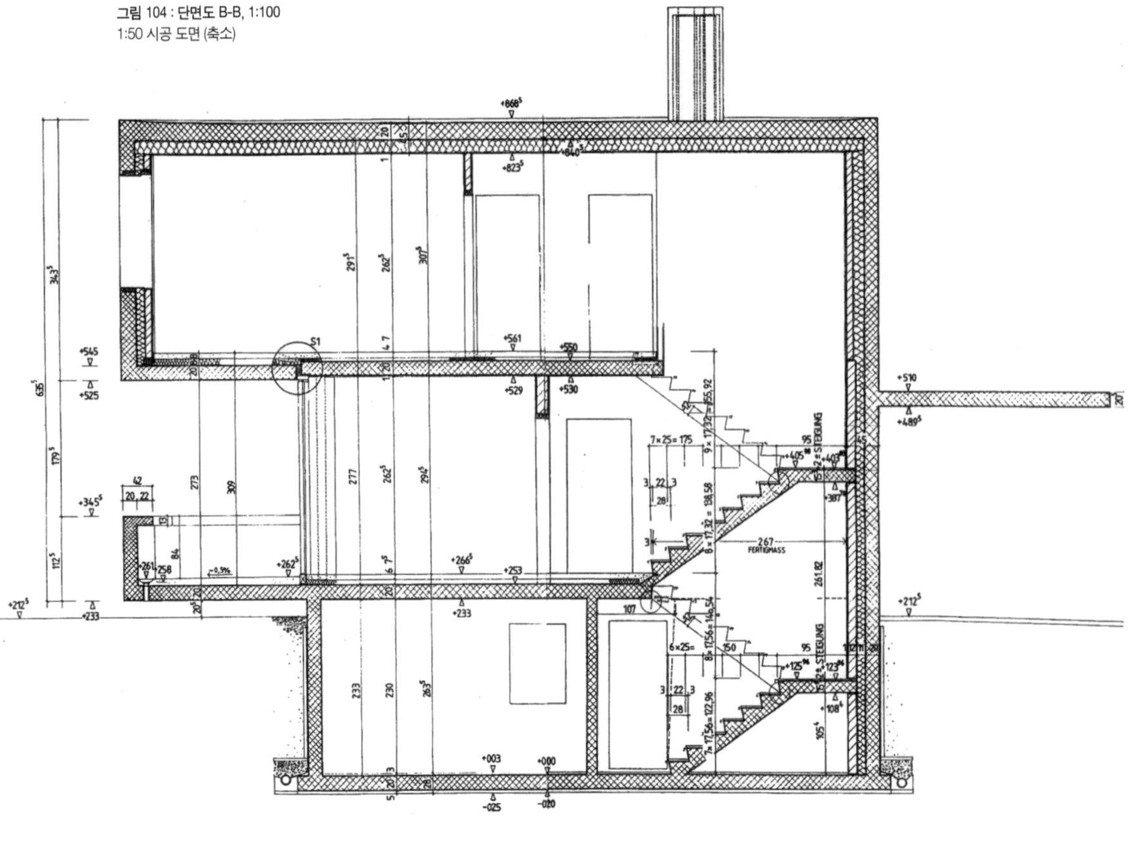

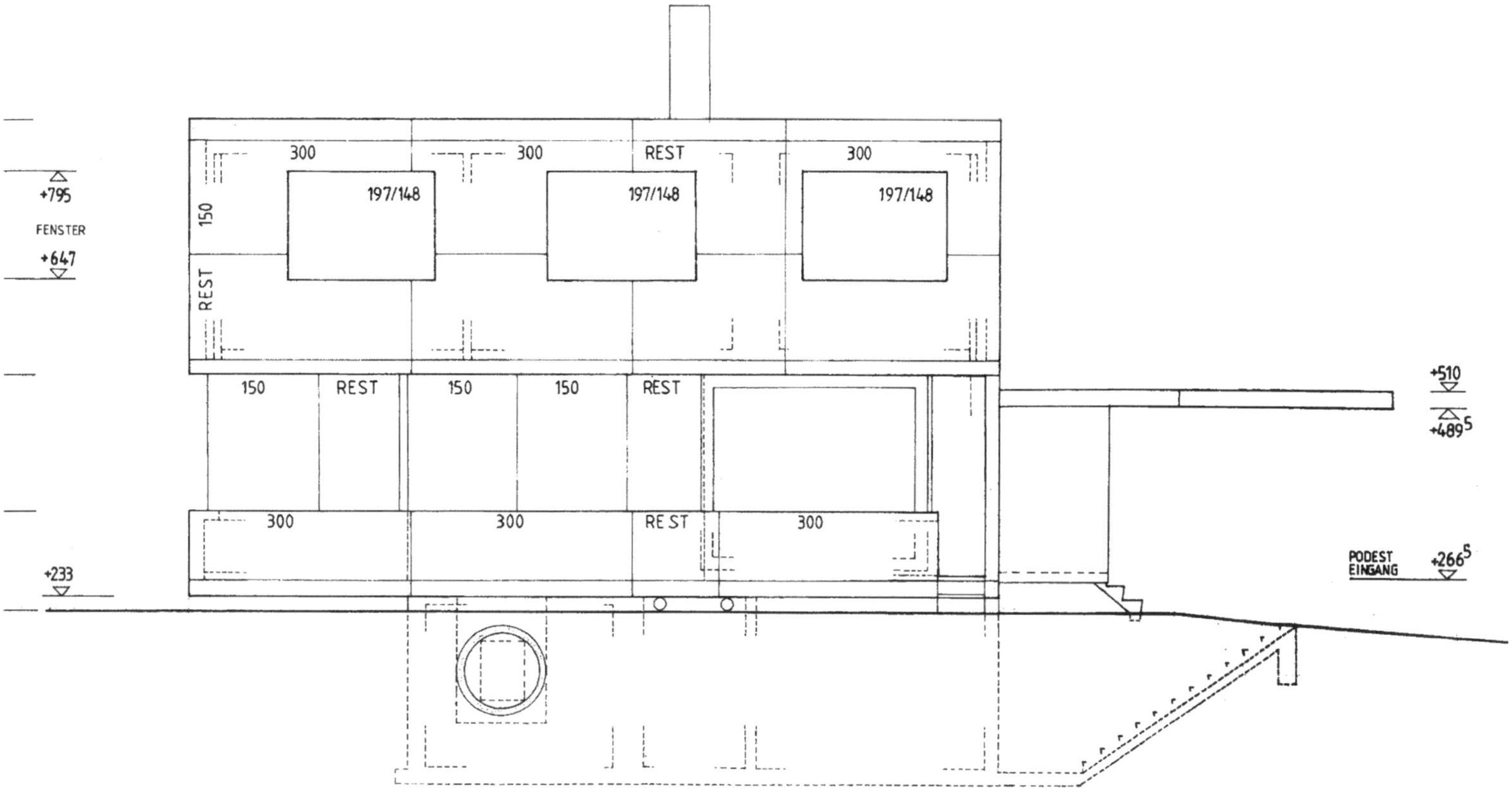

그림 105 : 남측 입면도, 1:100

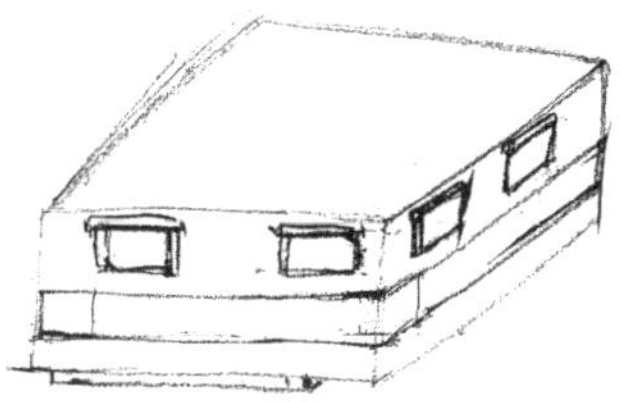

그림 106 : 파사드의 비례를 보여주는 스케치

파사드

건물의 파사드에서도 각각의 요소간의 분명한 위계는 나타나지 않는다. 내부 공간의 레이아웃에서 그랬던 것처럼, 파사드에 있어서도 가장 중요한 요소는 비례이다. 각각의 부분과 전체 건물이 이루는 관계, 각 부분간의 관계, 개구부와 벽 표면이 이루는 관계는 건물의 표현성에 결정적인 영향을 미치는 것이다. 내부적으로 Märkli는 치수에 관하여 동일한 시스템을 계속적으로 적용함으로써, 모든 공간의 파사드와 개구부의 위치를 조절하고 있다. 위계상으로 가장 낮은 위치에 있는 것은 거푸집의 줄눈으로, 이 또한 건물의 표면에 영향을 미치는 요소이기도 하다.

건물의 입면에 관한 두 장의 스케치는 각 요소들간의 관계를 보여준다.

그림 107 : 동측 입면도, 1:100

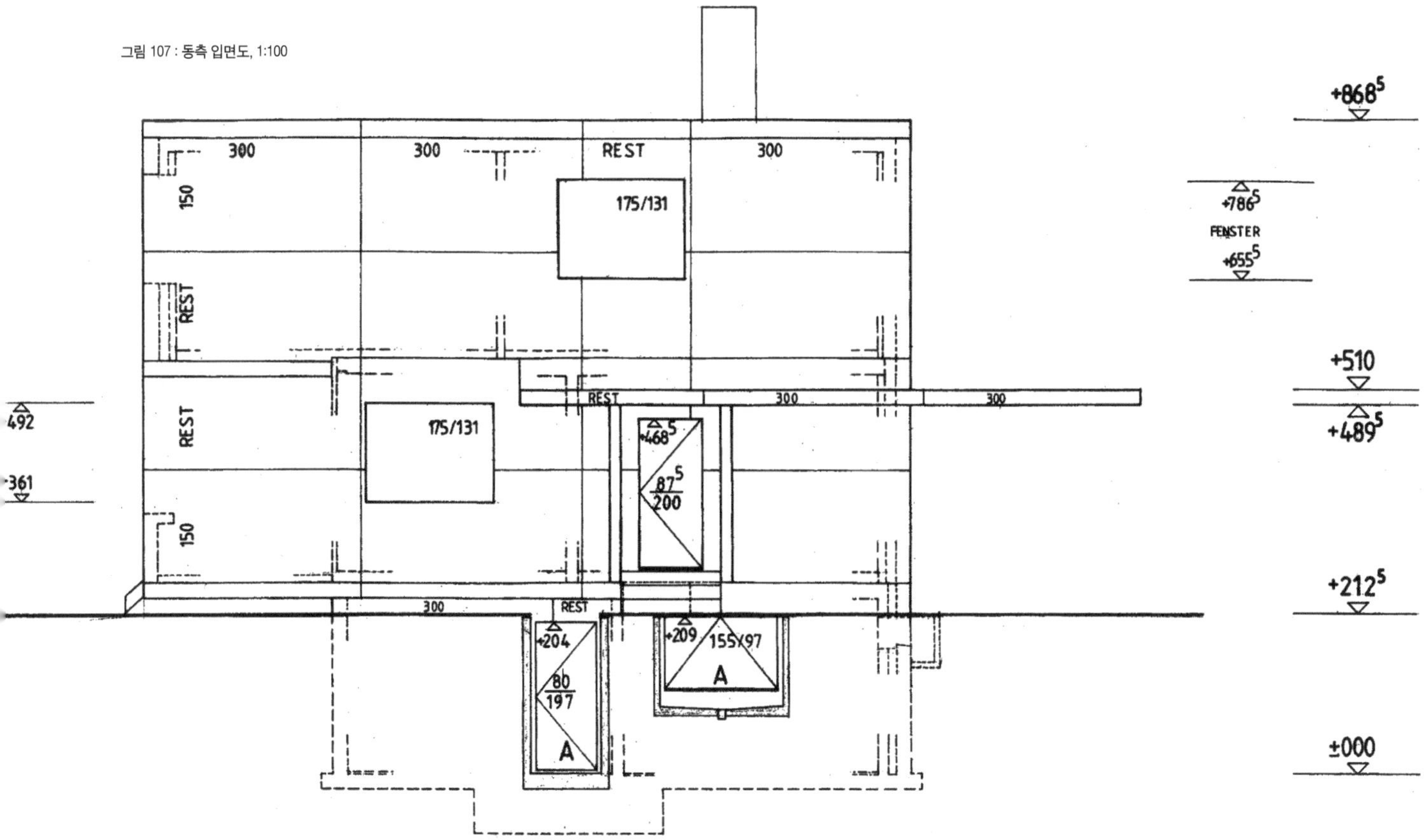

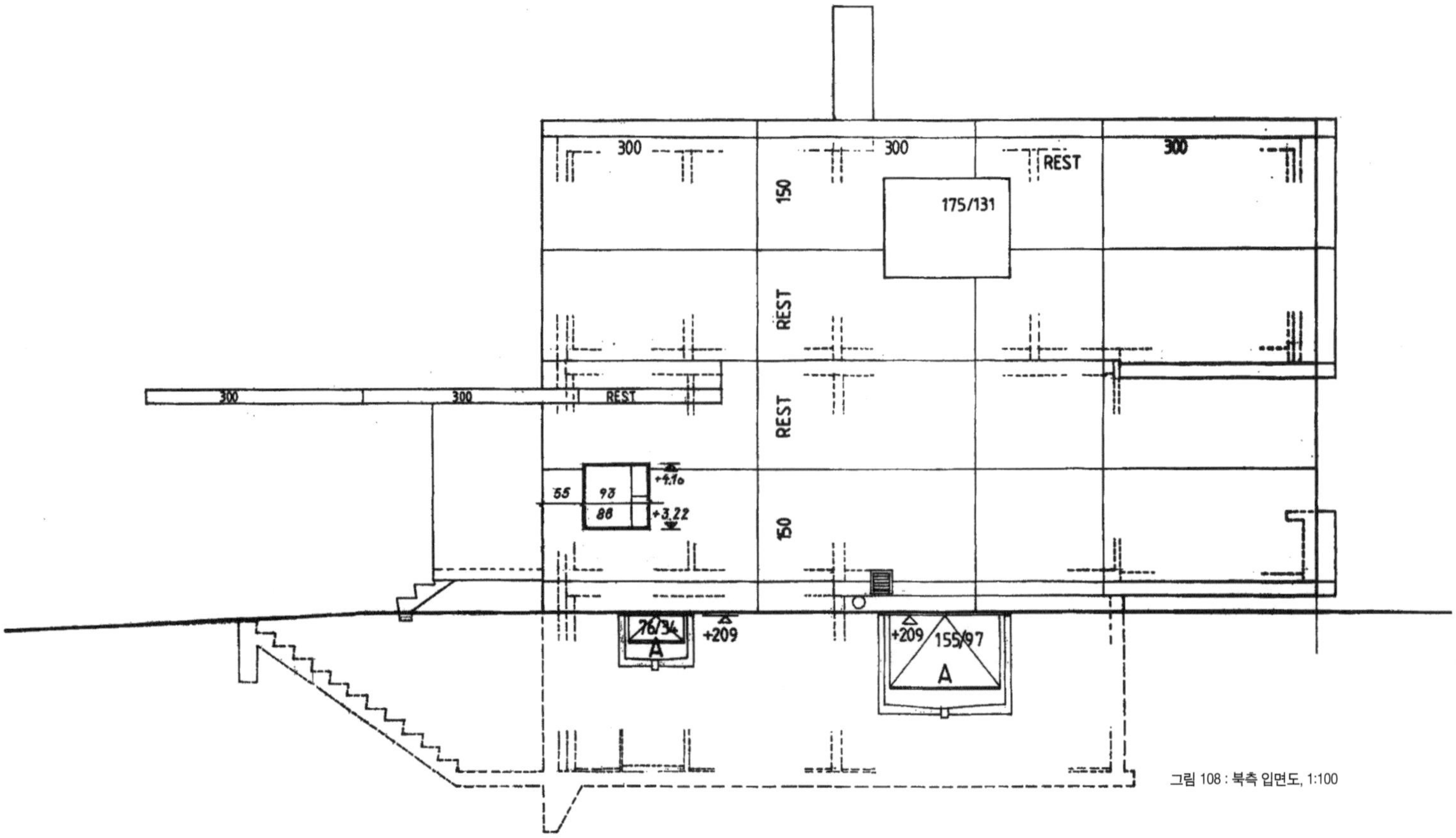

그림 108 : 북측 입면도, 1:100

Märkli는 시각적인 규칙에 따라 건물을 설계했다. 예를 들어 북측 입면은 서로 다르게 뻗어나가는 두 개의 캔틸레버와 진입부와 베란다를 덮고 있는 캐노피에 의해 지배되며, 이는 어떠한 긴장감을 파사드에 부여하고 있다. 반면 개구부는 이러한 요소들과 시각적인 균형을 이루도록 배치되었다. 이는 건물 내부로 들어온 관찰자에게 "중력의 중심"으로 다가온다는 점을 의미한다 (건물의 모퉁이를 바라보면서도 이러한 점을 느낄 수 있다).

길게 돌출된 캐노피 같은 단일 부재는 한 가지 이상의 기능을 수행한다. 캐노피는 앞에서 언급했던 건축적인 용도 이외에도 진입부를 인지하기 쉽도록 하는 상징물로써 기능하기도 하며, 진입부를 기후로부터 보호하고, 간이 차고로 이용되기도 한다.

그림 109 : 서측 입면도, 1:100

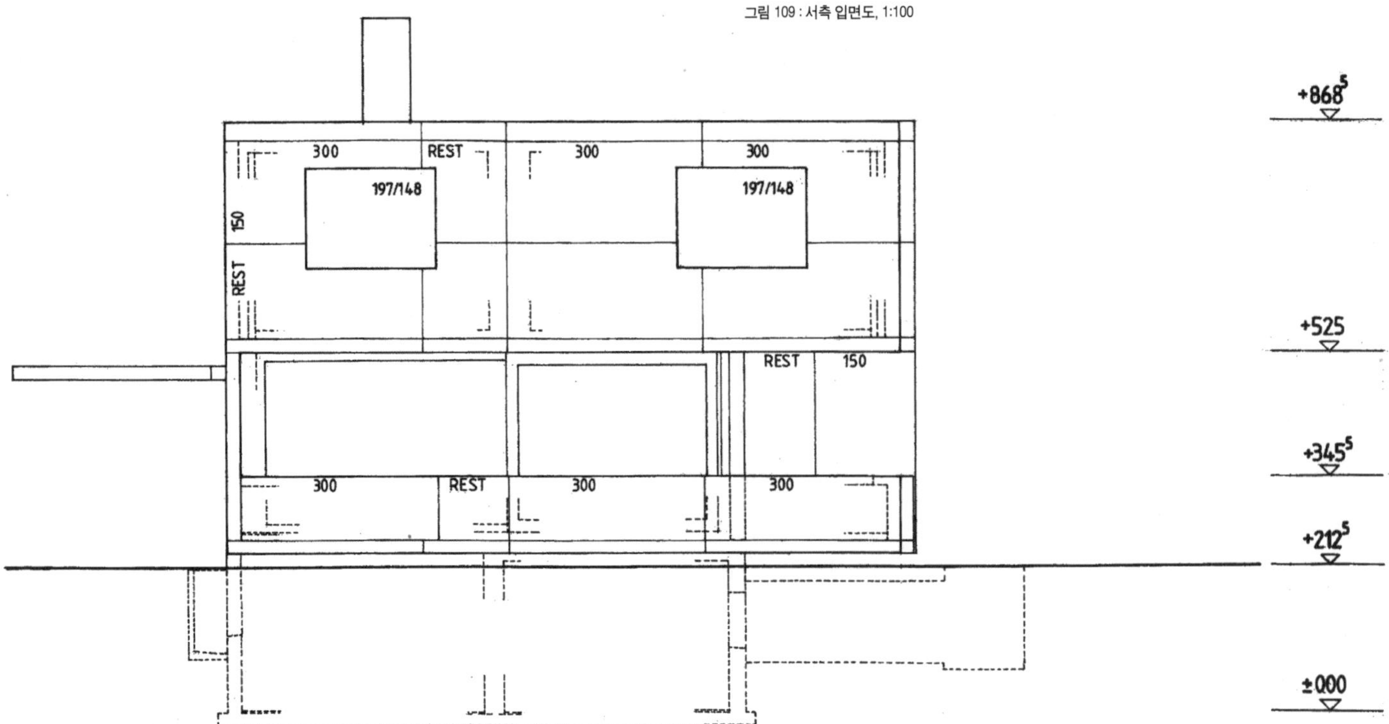

개구부

구축적인 이유로 창은 건물의 외측 표면과 평평하게 마감되었는데, 이는 건물 외피의 응집성을 더욱 강조하는 역할을 하고 있다. 이에 따라 건물 내부에서 보이는 문설주의 깊이가 깊어지게 되었는데, 이렇게 깊게 만들어진 문설주는 특유의 "고풍스런" 느낌 때문에 일반적으로는 이러한 주택의 느낌에 어울리지 않는 것이다. Märkli는 내부에 목제 내장재를 사용하고, 셔터를 보관할 수 있는 벽감을 설치함으로써 이러한 문제를 해결하고 있다. 조명 장치 또한 창 바로 위에 설치됨으로써, 건물의 모든 기술적인 사항은 개구부 주변으로 집중되게 되었다. 따라서 벽과 천장은 본연의 균일성을 유지할 수 있었다.

건물에 사용된 창은 두 종류로, 두 종류 모두 알루미늄제 프레임에 설치된 수평 회전 창이다. 돌출된 베란다 위 공간에 설치된 "목제 상자(wooden box)"는 인조 가죽제 접이식 셔터를 담고 있으며, 내부 공간 안쪽으로 돌출되어 있다. 건물의 북쪽에 위치하는 주방과 욕실에서는 이 보관함이 내벽과 평평하게 설치되었다. 보관함은 도색된 목제 접이식 셔터를 담고 있으며 거주자의 프라이버시를 보호하고, 내부 공간으로 유입되는 직사일광을 차단한다. 건물에 사용된 접이식 셔터들은 모두 표준화된 기성 제품으로 정밀한 설계를 통해 사전 제작되어 쉽게 건물에 설치될 수 있었다.

그림 110 : 파사드의 표면과 평평하게 설치된 창
이러한 방식으로 창을 설치하기 위해서는 강우와 풍압에 대해 창을 밀봉하는데 있어 세심한 주의를 필요로 한다 (반턱이음).

그림 111 : 알루미늄제 수평 회전 창

그림 112 : "인조 가죽 주름문"이 사용된 창

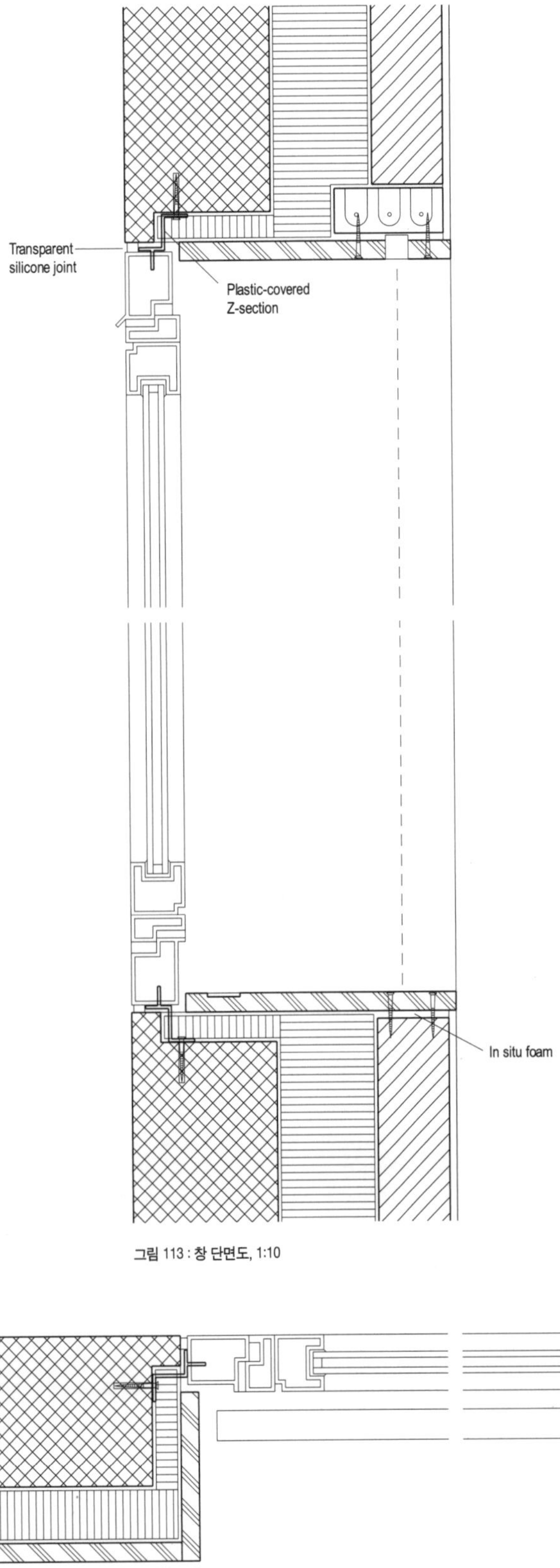

그림 113 : 창 단면도, 1:10

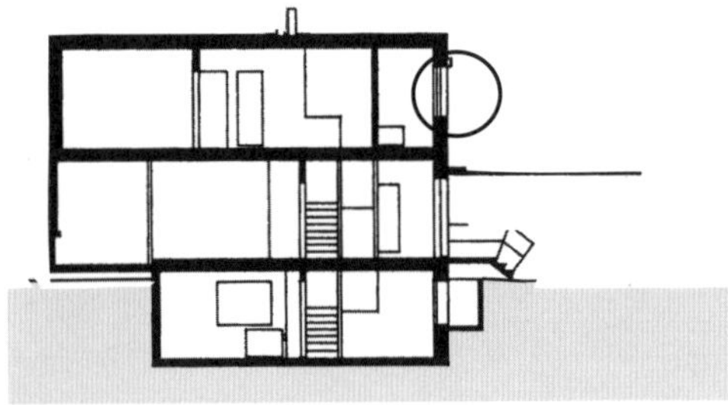

그림 115 : 창 I

그림 116 : 외부에서 바라본 "인조 가죽 주름문"

그림 117 : 내부에서 바라본 "인조 가죽 주름문"

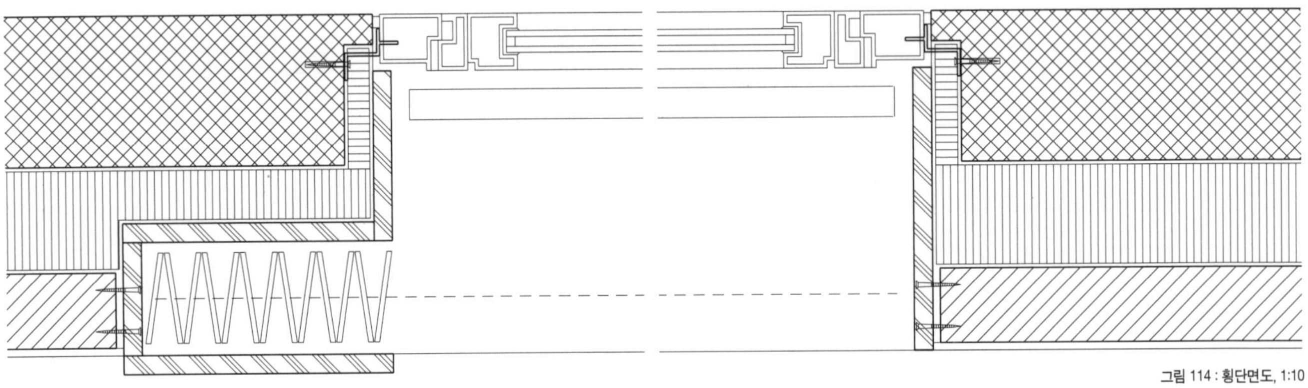

그림 114 : 횡단면도, 1:10

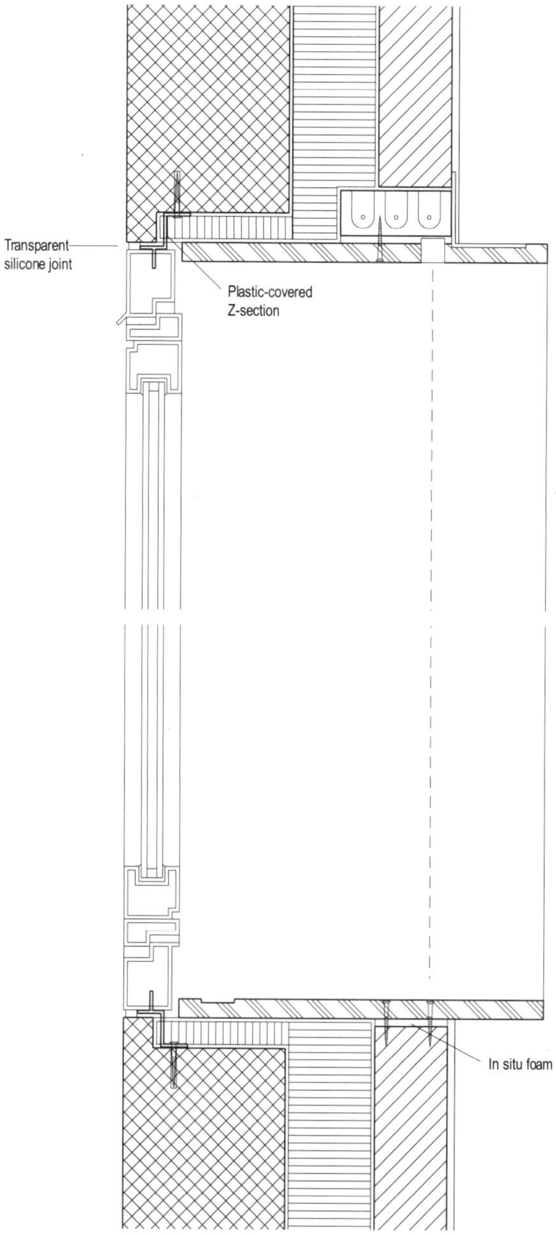

그림 118 : 창단면도, 1:10

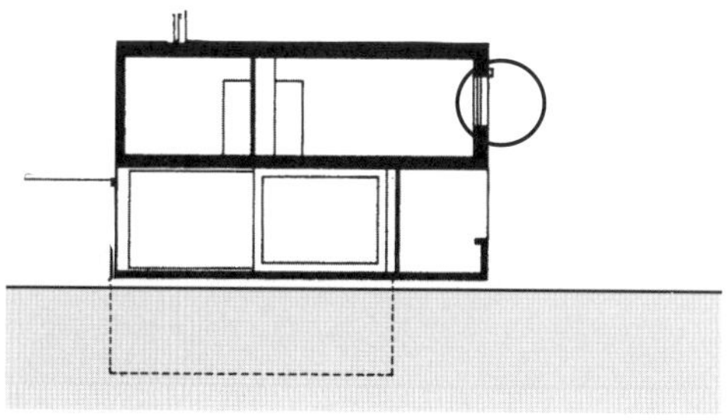

그림 120 : 창 II

그림 121 : 외부에서 바라본 수평 회전 창

그림 122 : 내부에서 바라본 수평 회전 창

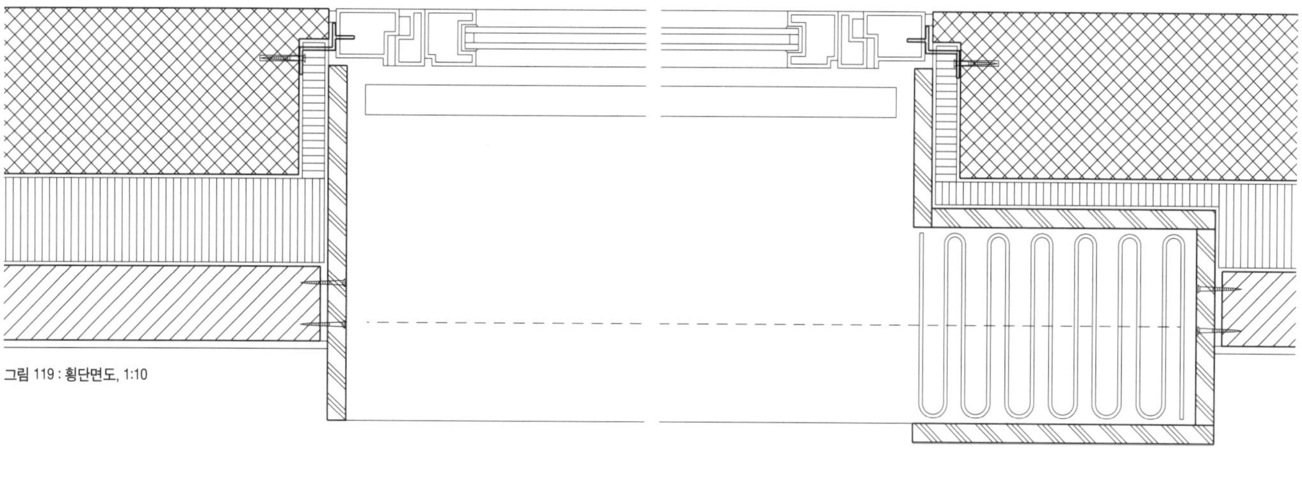

그림 119 : 횡단면도, 1:10

Paspels School
Valerio Olgiati

Martin Tschanz

Paspels School

학교 건물은 Paspels 마을의 최상부, 남서쪽을 향하는 경사지에 위치하고 있다. 기존에 학교 단지를 이루고 있던 세 개의 건물은 경사지의 등고선을 따라 줄지어 놓여 있으며, 각각의 건물은 국소적인 지형에 적합하게 위치되었다. 이 건물들은 넓게 산개되어 있는 마을의 건물들 속으로 자연스럽게 섞여 들어간다.

동일한 논리에 따라, 새로운 학교 건물은 마을의 최상부에 덧붙여졌다. 평면적으로 정확한 정방형이 아니라, 각 면이 서로 정확히 직각을 이루지 않고 다소간 왜곡된 정방형인 건물의 형태, 건물과 건물이 놓인 경사지의 등고선을 따라 가는 지붕의 경사는 매우 간결한 건축적 느낌을 표현하고 있다. 이는 마치 건물이 중력의 영향에 따라 형태가 변하는 점소성재를 사용하여 만들어진 듯한 느낌을 준다.

1층의 중앙 복도에서 2, 3층에 위치하는 교실로 접근하기 위해서는 계단참이 없는 직선계단을 통해야 한다. 상부 층에는 각 층마다 3개의 교실과 1개의 부속실이 위치하며, 이들은 건물의 네 모퉁이에 배치되어 서로 다른 향을 향하고 있다. 이 결과 중앙의 공용 공간은 모든 면으로부터 빛을 받아들이는 십자형의 공간으로 만들어졌으며, 십자형 공간 중 북동쪽 부분은 학생들이 휴게 공간으로 사용할 수 있도록 다른 부분에 비해 넓은 면적을 차지하고 있다. 십자형 공용 공간 중 나머지 3개의 부분이 시간에 따라 변화하는 직사일광을 받아들이는 반면, 북동쪽의 넓은 공간은 확산광을 이용하여 공간을 조명한다.

교실로 들어가는 문이 각각의 십자형 팔에서 가장 끝에 위치하기 때문에, 각 교실은 독자적인 로비 공간을 확보하게 된다. 내부 공간의 내측 모퉁이는 직각을 이루며, 각 공간의 내벽 중 단변이 파사드와도 직각을 이루며 연결되기 때문에 건물의 불규칙한 기하학적 형태는 매우 두드러지게 나타난다.

2, 3층에 위치하는 공간의 레이아웃은 동일하지 않다. 이는 각 공간이 동일한 듯이 보여도, 근본적으로 서로 다른 위치에 위치하기 때문에 시간에 따른 태양광의 변화에 따라 완전히 서로 다른 공간이 되기 때문이다. 2, 3층에서 공간들을 서로 다르게 위치시킴으로써 외부에서 볼 때 일종의 대칭적인 효과를 거두고 있다. 창에 사용된 값 비싼 청동제 프레임은 가공하지 않은 콘크리트 벽면의 단순함과 대조되는 고상함을 건물에 부여하고 있다.

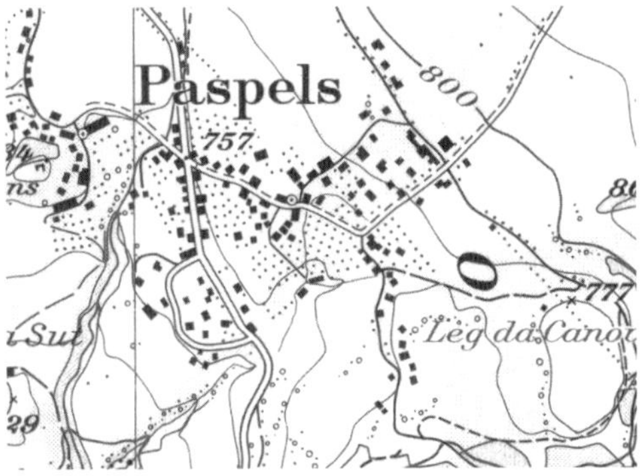

그림 124 : 마을을 이루는 건물들의 산개된 배치

시공적인 측면에서, 이 학교 건물은 그리슨(Grisons) 주의 전통적인 주택 건축 방식을 따르고 있다. 고형식 콘크리트 벽이 내력 구조체를 형성하고, 내부 공간을 목재로 마감함으로써 이와 대조적인 친숙한 느낌을 연출하고 있다. 이에 따라 교실이 따뜻하고 친숙한 느낌을 주는 교실과 견고하고 차가운 느낌을 주는 공용 공간(전이 공간), 외부의 소음으로부터 조용하고 완전히 차음된 교실과 소리가 울리는 공용 공간, 공간 전체가 밝게 빛나는 교실과 서로 다른 자연광이 내부로 직접 유입되는 공용 공간이라는 두 공간의 서로 다른 특징이 더욱 강조되게 된다.

양식적인 측면을 제외하더라도, 내부 공간의 특성과 건물의 특징, 시공 방법에 있어 이 학교 건물은 지역에 가장 적합한 방식으로 어울리고 있다.

출처 : Archithese 97년 2월호

그림 123 : 2개의 조각적인 부재가 입방체형 건물로부터 돌출되어 있다 : 진입부를 덮고 있는 캐노피와 배수구

건축가 : Valerio Olgiati, 스위스 취리히 (Zurich)
공사 기간 : 1996 - 1998
어시스턴트 : Iris Datwyler
Gaudenz Zindel
Raphael Zuber
현장 매니저 : Peter Diggelmann, 스위스 쿠어 (Chur)
구조 엔지니어 : Gebhard Decasper, 스위스 쿠어

설계 개념

그림 125 : 건물 외피

그림 126 : 교실을 따라 굽이쳐 흐르는 내벽이 고리를 형성한다.

그림 127 : 내부 단열층

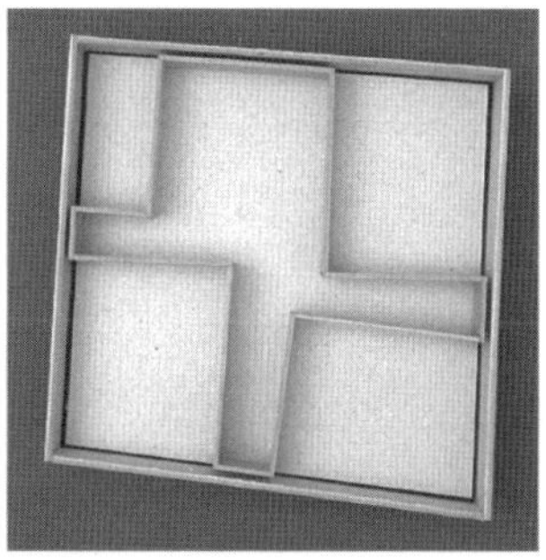

그림 128 : 외벽을 사용하는 구조 시스템을 통해 상층부의 레이아웃을 재배치할 수 있게 된다.

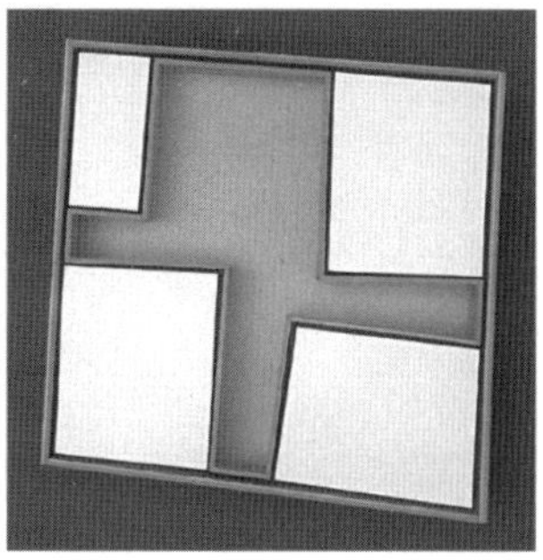

그림 129 : 교실은 목재 판넬로 마감된다.

기본 설계

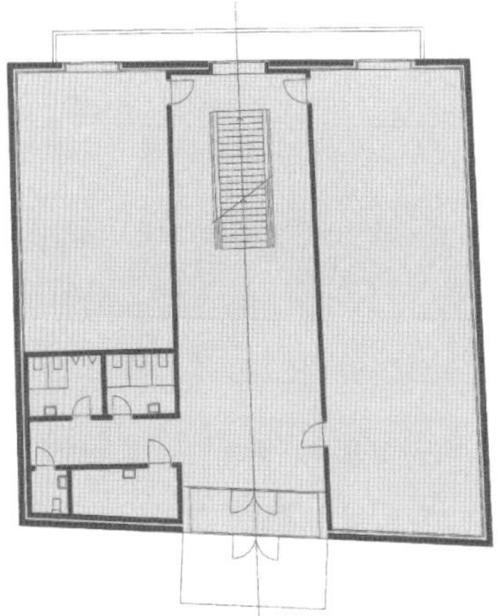

그림 130 : 기본 설계, 1층 평면도

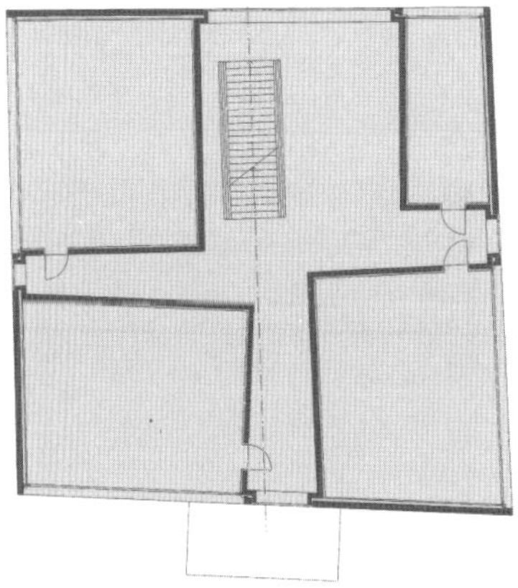

그림 131 : 기본 설계, 2층 평면도

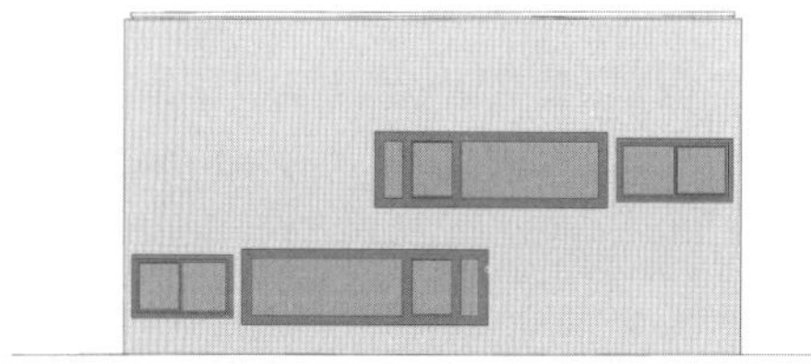

그림 132 : 기본 설계, 동측 입면도

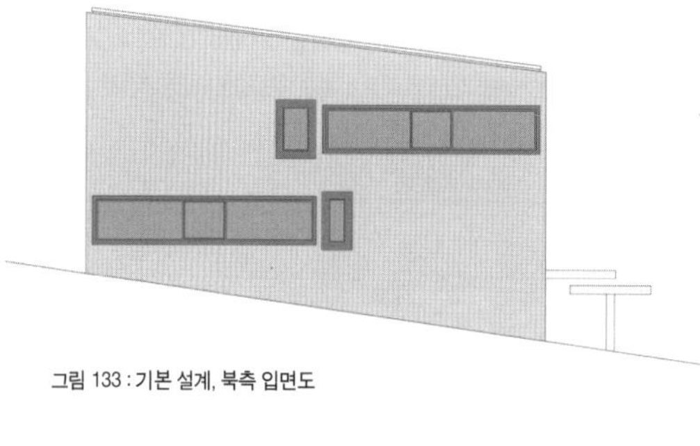

그림 133 : 기본 설계, 북측 입면도

Gebhard Decasper

구조적 측면

엔지니어의 보고서

건축가의 설계 개념을 실현하기 위해서는 건물의 내부 공간이 120mm의 단열재에 의해 외부 파사드와 분리되어야만 했으며, 바닥 슬라브를 지지하기 위한 별도의 내부 내력벽이 사용되어서는 안되었다. 이는 다시 말하자면 내벽과 바닥으로부터 외부 파사드로 응력을 전달할 수 있는 최적화된 공학적 해결책이 필요함을 의미하는 것이었다.

이에 대한 해결책은 고강도 이중 전단 스터드를 사용하는 것이었다.

1층에서 계단의 좌우에 위치하는 두 개의 벽은 2층 슬라브를 지지하는 주요 구조 부재로 기능한다. 2층과 3층의 내벽은 각각 위에 놓인 3층 슬라브와 지붕을 지지하는 구조 부재이다. 이를 위해 벽과 바닥 슬라브, 벽과 지붕 슬라브이 상호작용하며 안정적인 구조를 형성하는 방식(마치 내벽이 보의 웨브의 역할, 슬라브가 플랜지의 역할을 하듯이 거동한다)이 고려되어졌다. 슬라브를 지지하는 반력은 외벽을 횡단하는 벽의 접합부를 통해 전달된다. 이 접합부에 있어 무엇보다도 중요한 역할을 하는 것은 파사드에 통합된 이중 전단 스터드이다. 필요한 전단 스터드의 수는 한 개의 스터드가 담당할 수 있는 내력 성능에 따라 결정되었다.

파사드를 따라 놓인 슬라브 단부 중에서 지지되지 않는 구간(슬라브의 경간은 8.0~10.0m이다)이 침하하지 않도록 하기 위해, 각 슬라브 경간 중앙, 파사드 모퉁이에는 전단 스터드를 사용하여 추가적으로 지지점을 만들었다.

전단 스터드를 통해 전단력이 전달될 수 있도록 세심한 주의가 필요했다.

전단 스터드 주위에서는 단열재의 두께가 50mm로 줄어들 수 밖에 없었다. 그러나 이러한 국소적인 단열재의 감소는 건물이 요구하는 단열 성능을 만족시킬 수 있는 것이었다. 외벽의 균열을 최대한 방지하기 위해 균열의 가능성이 있는 부분에 대해서는 세로 방향 보강재가 추가적으로 설치되었으며, 이는 특히 건물의 긴 창 주변 공간에 대해 적용된 것이다. 이 새로운 건물에 대한 구조 해석 작업은 구조 엔지니어에게 있어서는 새로운 도전이었다.

그림 136 : 콘크리트 타설 전 보강 철근과 전단 스터드가 담긴 케이지의 모습

그림 134 : 전단 스터드 주위에서 단열재의 두께는 얇아진다

그림 135 : 내부 복도에서 보이는 전단 스터드의 모습

그림 137 : 3층 평면도, 남측에 면한 교실

그림 138 : 2층의 공용 공간

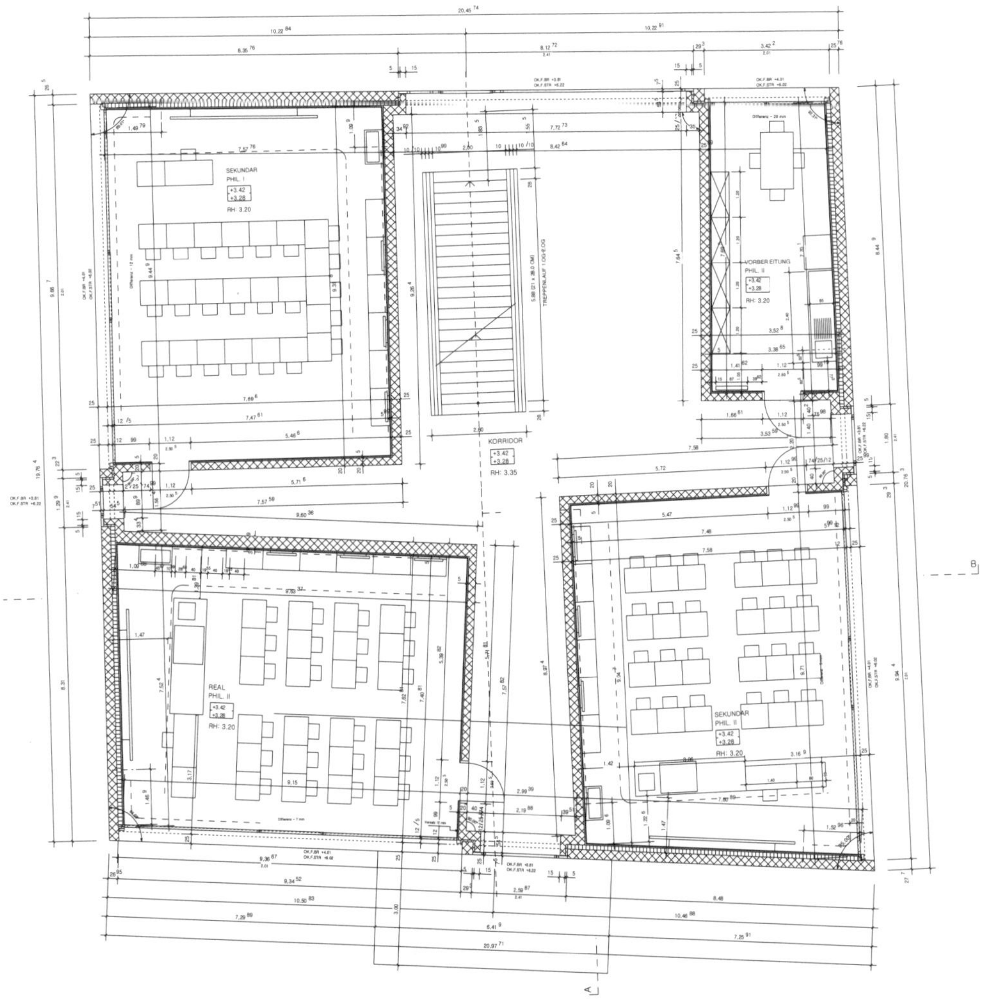

그림 139 : 2층 평면도, 1:200
1:50 시공 도면 (축소)

그림 140 : 3층의 공용 공간

그림 141 : 복도, 3층

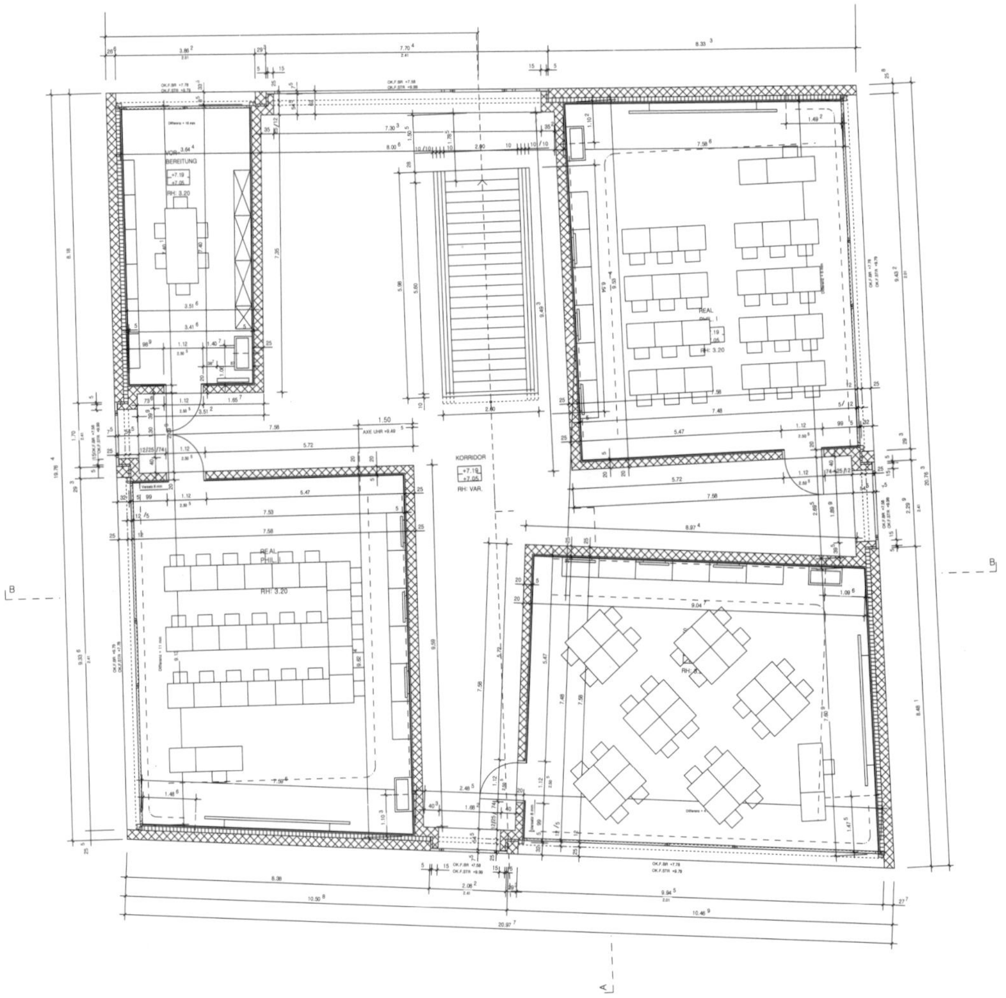

그림 142 : 3층 평면도, 1:200
1:50 시공 도면 (축소)

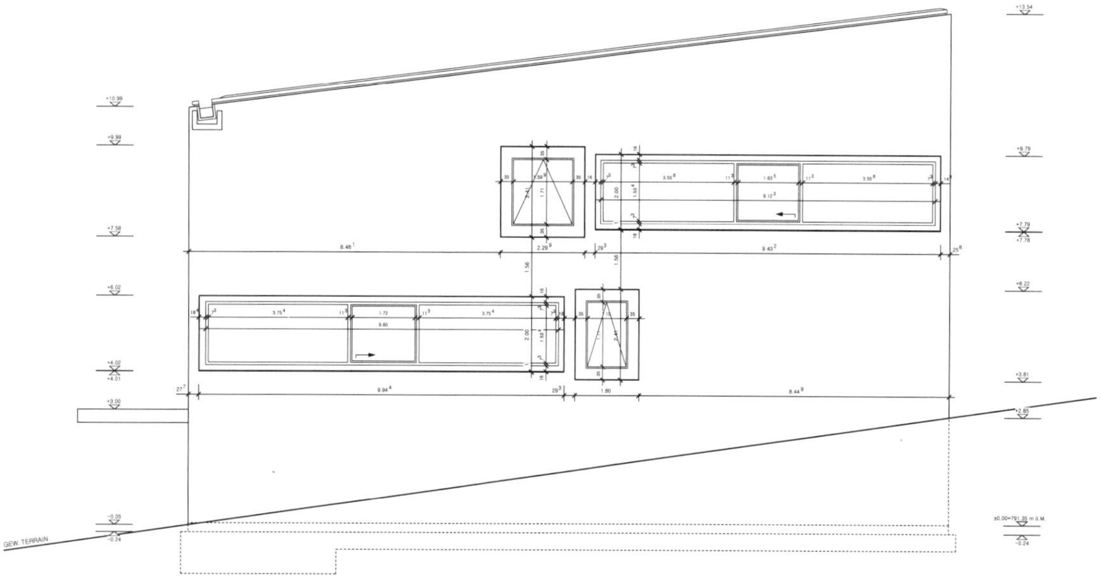

그림 143 : 남측 입면도, 1:200
1:50 시공 도면 (축소)

그림 144 : 단면도, 1:200
1:50 시공 도면 (축소)

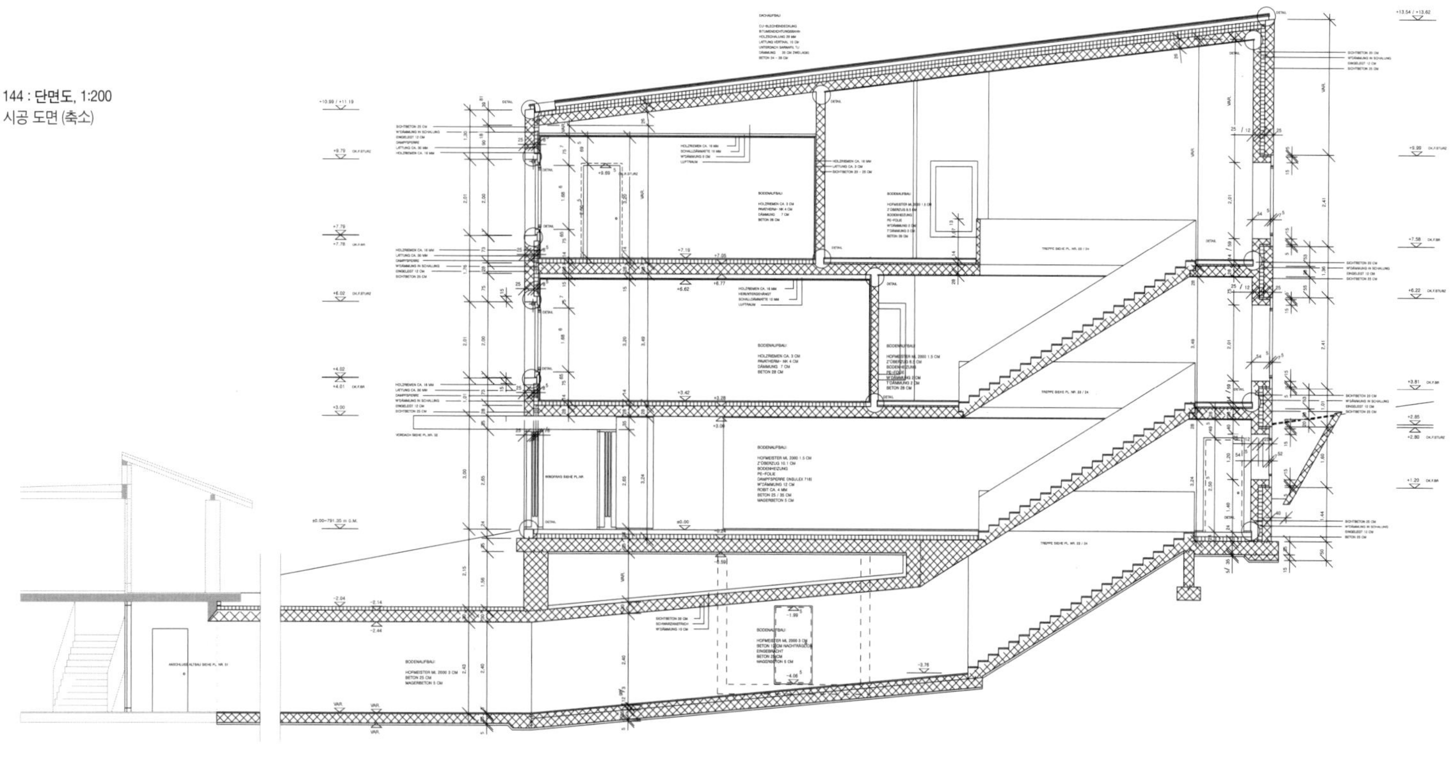

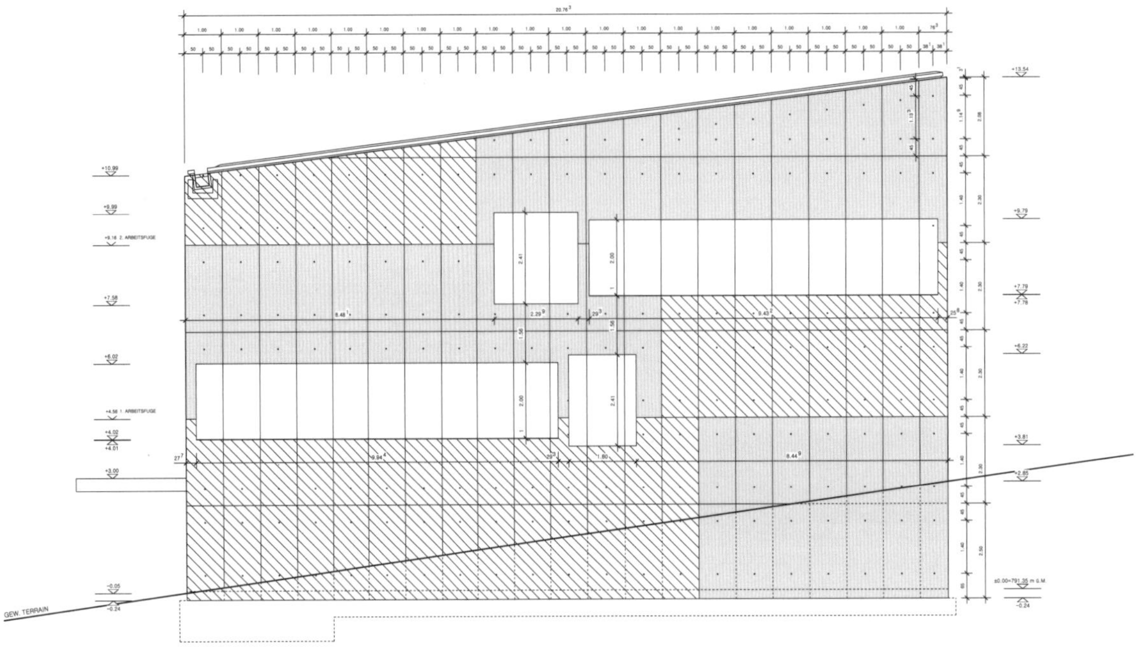

그림 145 : 남측 입면도, 거푸집의 레이아웃, 1:200
1:50 시공 도면 (축소)

그림 146 : 남측 파사드

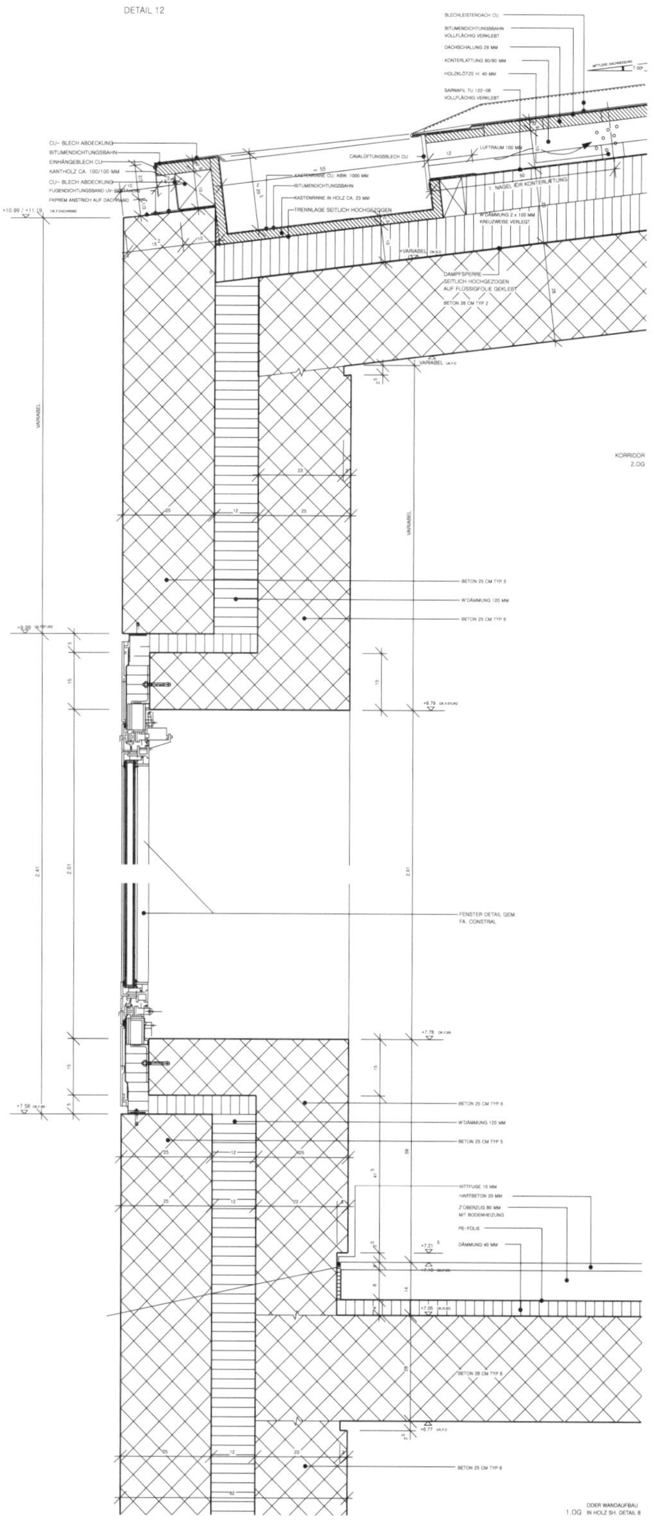

그림 147 : 교실 창의 단면도, 1:20
1:50 시공 도면 (축소)

그림 148 : 안쪽으로 열리는 교실 창의 내부 모습

그림 149 : 안쪽으로 열리는 교실 창의 외부 모습

바닥판

나사머리를 감춘 제혀쪽매 합판	
(Tongue and groove boards),	26 mm
Pavatherm NK 방음재	40 mm
단열재	74 mm
콘크리트, 제6종	280 mm

벽

콘크리트, 제5종	250 mm
단열재	120 mm
수분 차단막	
역널	30/60 mm
나사머리를 감춘 제혀쪽매 합판	18 mm

지붕

판금	
역청 루핑 펠트, 완전 접착	
널	29 mm
역널	60/60 mm
누름대	40 mm
Sarnafil TU 122/08, 완전 접착	
단열재,	
엇갈리게 놓인 2개의 층	2 x 100 mm
수분 차단막	
콘크리트, 제2종	260 mm

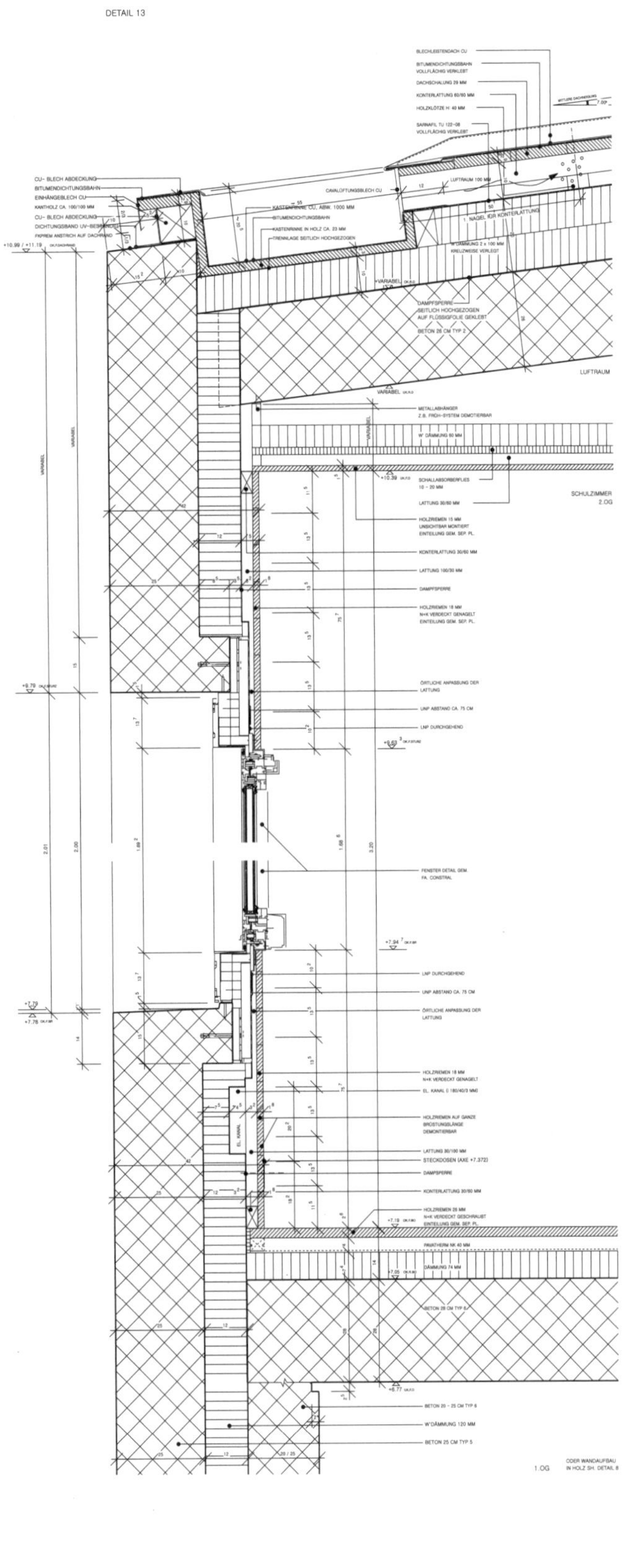

그림 150 : 복도 창의 단면도, 1:20
1:5 시공 도면(축소)

그림 151 : 밖으로 열리는 공용 공간의 창

그림 152 : 안으로 열리는 창과 밖으로 열리는 창의 대조적인 느낌

바닥

그라놀리딕(Granolithic) 콘크리트	20 mm
스크리드와 하부 난방 시설	80 mm
폴리스티렌 시트	
단열재	40 mm
콘크리트, 제6종	280 mm

벽

콘크리트, 제5종	250 mm
단열재	120 mm
콘크리트, 제5종	50 mm

지붕

판금	
역청 루핑 펠트, 완전 접착	
널	29 mm
역널	60/60 mm
누름대	40 mm
Sarnafil TU 122/08, 완전 접착	
단열재, 엇갈리게 놓인 2개의 층	2 x 100 mm
수분 차단막	
콘크리트, 제2종	260 mm

Volta School, Basel

Miller + Maranta

Judit Solt

위치와 테마

스위스 바젤(Basel)의 생 요한(St. johann) 지방은 서로 다른 스케일의 환경이 팽팽하게 대립하고 있는 지역이다. 주거지구와 노바르티스(Novartis) 공장지구, 북부 순환 도로, 라인 강변에 위치한 생 요한 내륙 항구가 하나의 지역 안에서 매우 근접하고 있기 때문이다. 이러한 극단적인 상황 사이에는 아무런 간섭도 없이 길게 뻗어 있는 개발 지구, 과거에 석탄 창고로 사용되었다가 1960년대 화력 발전소 건립 이후 발전소에 사용할 석유를 저장하는 공간으로 사용되었던 거대한 볼륨의 건물이 위치하고 있다.

바젤 지방 교육 시스템이 개정되고, 최근 이 도시로 엄청난 수의 인구가 유입됨에 따라 지역의 새로운 교육 시설에 대한 조속한 필요성이 대두되었다. 이에 따라 1996년에 바젤시 당국은 12개의 교실과 이에 따른 부속 공간, 그리고 큰 체육관을 포함하는 새로운 학교 건물에 대한 현상설계를 개최하였다.

프로젝트는 침체된 도시 내부에 새로운 활기를 불어넣기 위해 계획된 것이 아니라, 오히려 이와 반대로 이 지역을 통해 도시 구조가 붕괴한 모습을 더욱 강조하기 위해 계획된 것이었다. 그러나 이를 통해 이 장소에 공존하는 다양한 용도와 서로 대립하는 건축적인 스케일의 건물 간의 관계를 매우 세심하게 중재하고 있다.

창고 건물의 강력한 존재는 이 구역의 이미지를 지배하는 요소로 작용하며, 설계의 출발점이 되었다. 새로운 학교 건물은 과거 무거운 석유 탱크가 놓였던 자리에 건축되었다. 건물은 아직까지도 그대로 남아 있는 창고에 직접 연결되며, 동일한 건축 노선을 따른다. 두 건물 간의 유일한 차이점은 단지 새 건물의 높이가 더 높다는 점이다. 석유 탱크가 놓였던 자리에 남은 6m 깊이의 터는 체육관을 위한 장소로 사용되었다. 학교 건물 전면의 개방된 공간은 자갈이 깔려 있고, 여름에는 나뭇잎으로 그늘이 드리워지는 공간으로, 학생들의 휴게공간으로 이용될 뿐만 아니라, 지역 사회를 위한 공동 공간으로써 사용되기도 한다.

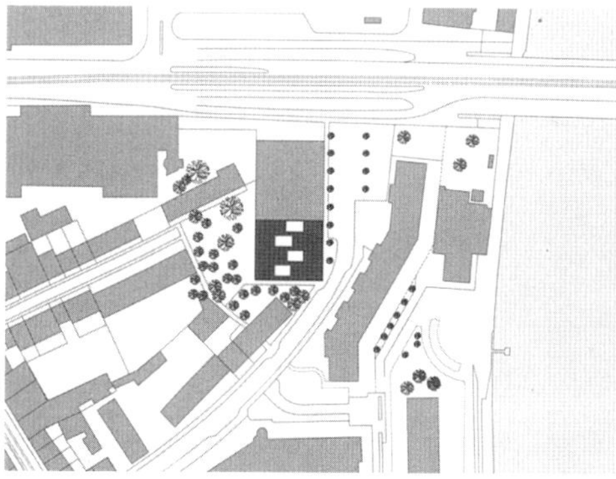

그림 154 : 배치도

노출 콘크리트로 마감한 파사드는 학교 건물이 주거 지구와 공업 지구 사이를 연결하는 중간 영역임을 보여준다. 비록 동, 서측 입면에 크기가 큰 개구부가 나 있기는 하지만, 거푸집 판넬의 레이아웃 덕분에 파사드는 건물에 균질한 느낌을 부여한다. 이러한 건물의 집약적인 느낌과 외피에 평평하게 맞춰진 목제/알루미늄제 창은 지역 화력 발전소 등 인근에 위치하는 공장 건물의 특징을 차용한 사례라고 할 수 있다. 그러나 여기서 차용한 것은 공장의 인간미 없는 느낌이 아니다. 이는 건물과 연결된 창고 건물처럼, 파사드를 이루는 콘크리트의 엷은 황색은 따뜻하고, 색이 바랜듯한 느낌을 주는 반면, 동시에 섬세하고 부드러운 느낌을 나타냄으로써 이 건물이 다른 건물들과 완전히 다른 건물로써 인지되도록 한다.

출처 : *Archithese* 1.01

그림 153 : 전면의 개방된 공간에서 바라본 진입부 입면

건축가 : Miller + Maranta, 스위스 바젤(Basel)
공사 기간 : 1997 - 2000
어시스턴트 : Peter Baumberger
Othmar Brugger
Michael Meier
Marius Hug
구조 자문 : Conzett Bronzini Gartmann, 스위스 쿠어 (Chur)

Jüng Conzett

내부 공간의 레이아웃

학교 건물의 주 진입은 학생들의 휴게 공간으로 이용되는 개방된 공간을 통해 이루어진다. 건물의 폭 전체에 걸쳐 형성된 진입 홀은 외부를 향해 개방되어 외부의 오픈 스페이스와 함께 대공간을 형성할 수 있다. 건물의 한쪽 면에 놓인 계단은 관람석과 물품 보관소가 있는 지하 1층으로 통해 있으며, 여기에서 다시 또 다른 계단을 통해 지하 2층의 체육관으로 이동할 수 있다. 공용 공간이 위치하는 2층으로 통하는 계단은 진입 홀에서 지하로 통하는 계단과 반대쪽 면에 위치하고 있다. 2층에서는 두 개의 작은 계단을 통해 상부층으로 이동할 수 있다.

기타 층의 레이아웃은 기본적으로 건물의 깊이와 내력벽에 의해 결정된다. 내부 공간을 이루는 네 개의 "띠"는 단순한 형태를 지닌다. 각각의 띠에서 파사드에 면하게 배치된 교실에 인접하여 넓은 면적의 아트리움이 위치하며, 반대편에는 특별한 수업을 위한 공간이 위치하고 있다. 그러나 이러한 공간의 띠들이 모여서 만들어 내는 결과물은 복잡한 형태를 이룬다. 아트리움에서 뻗어 나온 복도는 미로처럼 얽혀, 아트리움, 주변 환경, 교실에 대한, 심지어는 공간의 "띠"를 관통하며 향하는 다양한 시야를 확보하고 있다. 이는 시간과 관계 없이 내부 공간에 다양한 향을 제공함은 물론, 주거 지구와 공업 지구 사이에 위치하는 대지의 독특한 성격을 다채로운 방법으로 실체화하고 있는 것이기도 하다.

학교 건물의 진입부는 이 지역의 "주거 용도 지구"을 향하고 있는데, 100m에 달하는 굴뚝을 갖는 인근의 화력 발전소만

그림 156 : 교실과 아트리움, 라인 강변 내륙 항구의 모습이 멀리 보인다.

이 지역 사회의 발전에 급격한 변화가 찾아왔었음을 대변하고 있을 뿐, 이 구역은 대부분 작은 크기의 건물들로 이루어져 있다. 학교 건물 안으로 들어가 한 층씩 올라가다 보면 도시의 또 다른 부분을 차차 볼 수 있게 된다. 건물을 올라가며 보이는 공장 건물과 라인 강변 내륙 항구의 크레인은 너무나도 크게 보여 새삼스레 이들이 얼마나 가까운 거리에 있는지를 깨닫게 될 정도이다. 이러한 배치는 이 지역에서 나타나는 건축적 스케일의 다채로운 변화를 잘 보여주며, 가장 순수한 어휘를 사용하여 지역의 새로운 전망을 제공한다.

그림 155 : 아트리움 사이에 위치한 복도

내부 공간의 레이아웃

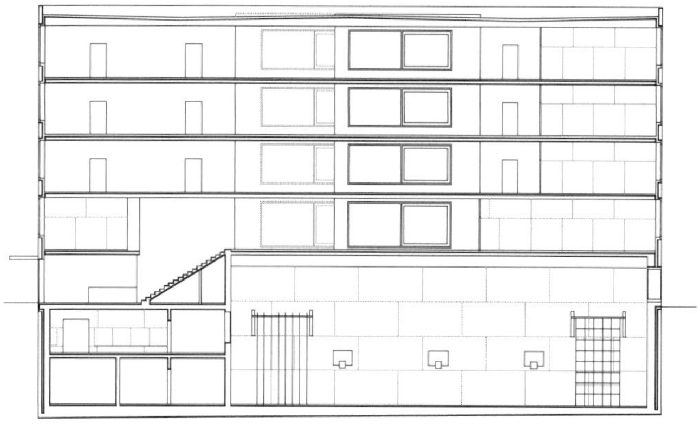

그림 157 : 단면도, 1:500

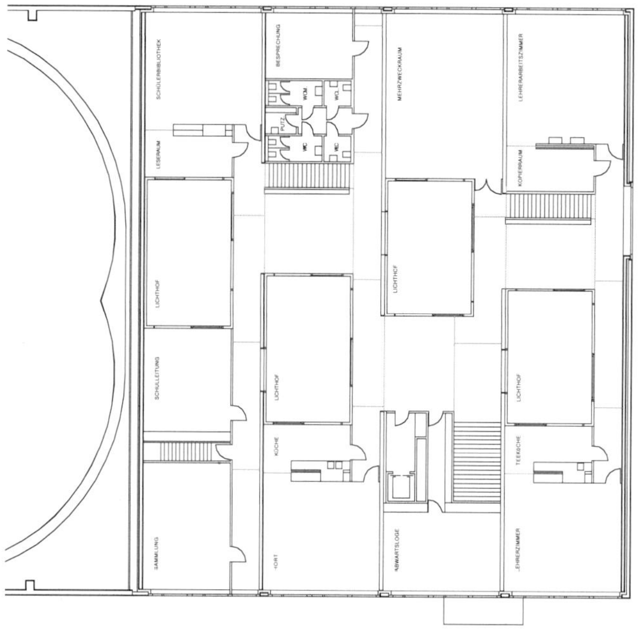

그림 158 : 2층 평면도, 1:500

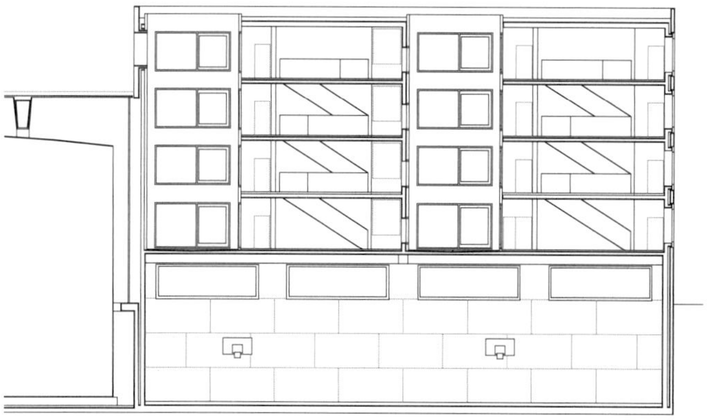

그림 159 : 종단면도, 1:500

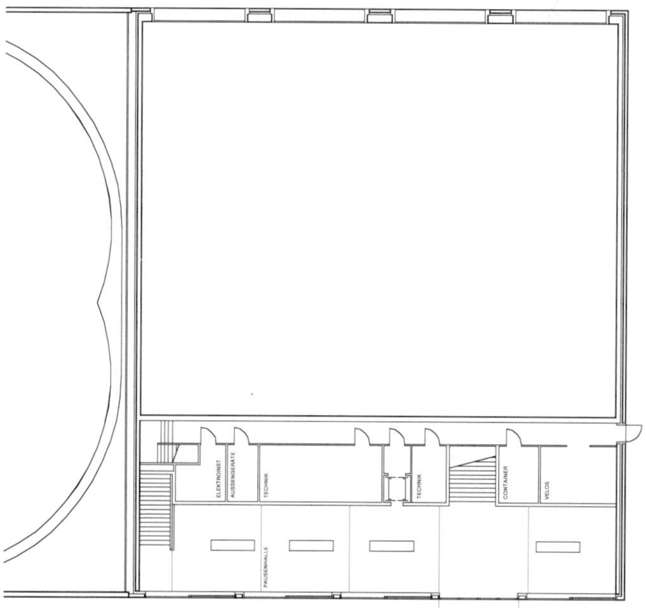

그림 160 : 1층 평면도, 1:500

구조 시스템

큰 크기의 체육관과 상부층의 공간들로 이루어진 건물의 다양한 용도와 약 40m에 달하는 건물의 깊이를 실현하기 위해서는 단일체 건축에 대한 인습적이지 않은 새로운 해석이 필요했다. 스위스 쿠어(Chur) 지방의 구조 엔지니어인 Conzett Bronzini Gartmann AG의 자문을 받아 고안해 낸 건물의 구조 시스템은 콘크리트 평면 슬라브(즉 다운스탠드 보는 사용되지 않는다)와 벽의 혼합 작용으로 이루어진다. 체육관에서 평행을 이루는 두 장의 벽은 28m의 경간에 걸쳐 놓인 슬라브와 학교 건물 전면의 공지를 향해 돌출된 12m의 캔틸레버를 지지한다. 이 슬라브는 다시 건물의 내부 공간을 네 개의 "띠"로 구획하는 내력벽을 지지한다. 휨모멘트에 대해서는 각 부재의 프레스트레싱을 통해 저항한다.

단일체 건축에 있어 가장 본질적인 부분이라 할 수 있는 분리 구조와 지지 구조 간의 인위적인 연결은 모든 부재가 각각의 자리에서 특정한 의미를 갖게 된다는 점을 의미한다. 이 건물에서 나타나는 것처럼, 이러한 점은 특히 건물의 구조적인 개념과 내부 공간의 레이아웃이 하나로 통합된 경우 더욱 두드러지게 나타난다. 건물의 구조와 공간의 레이아웃을 통합한다는 원리를 적용함으로써 벽이 특정 부분에서만 지지될 수 있게 되었고, 이에 따라 단일체 건축의 범주 안에서 내부 공간의 레이아웃을 새롭게 정의하고, 또 실험하고 있다는 점은 이 건물에서 매우 흥미로운 점이라 할 수 있다.

건물 뒤에 감춰진 시공의 원리는 눈으로 볼 수 있게 드러나 있지만, 부담스럽게 다가오지는 않는다. 파사드는 세로 방향에 대하여 건물의 안정성을 보장한다. 그러나 파사드 자체는 비내력 부재로, 일부 지점에서만 내력 구조체에 연결된 것이다. 이러한 모습을 볼 수 있는 부분 중 하나가 바로 건물의 서측 입면으로, 여기에서는 파사드의 그리드 체계가 겉으로 나타나지 않는다. 사용된 재료 역시 구조 원리에 따라 결정되었다. 내력 부재인 슬라브와 벽은 노출 콘크리트로 만들어진 반면, 비내력 부재들은 경량 건축의 방식으로 만들어졌다.

그림 162 : 보강 철근과 프레스트레싱 인장재가 보이는 전단 벽의 모습

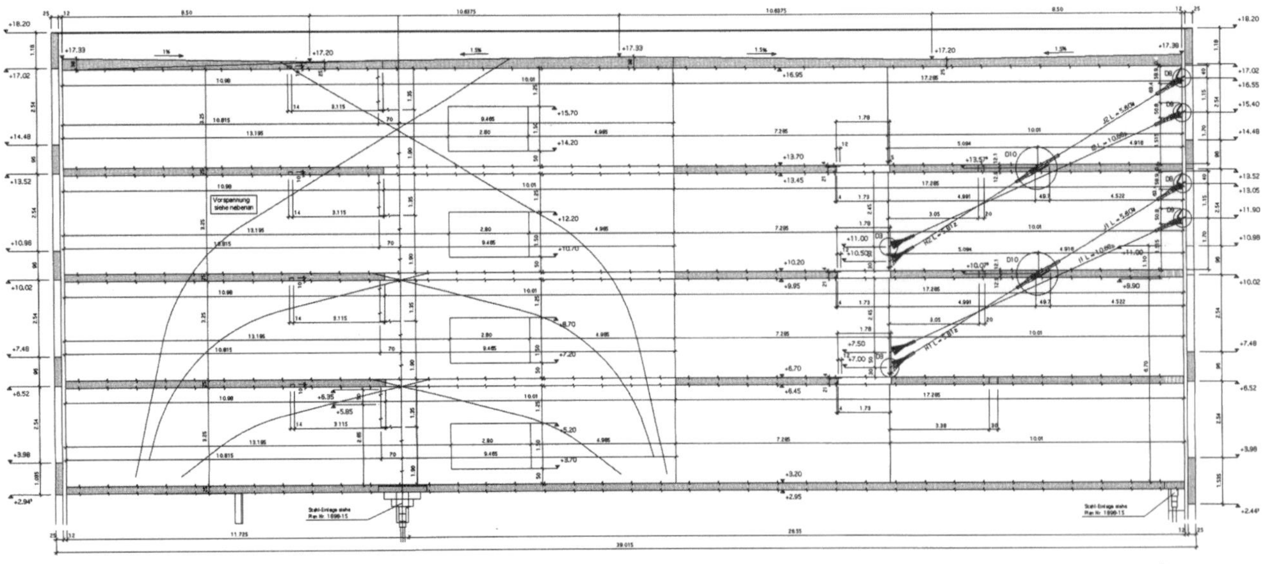

그림 161 : 건물의 단면도, 1:250
전단벽의 입면은 프레스트레싱 장선의 위치를 보여준다.

그림 163 : 동측 파사드

그림 164 : 아트리움

건물의 외부와 아트리움의 파사드

외부 파사드

파사드의 디자인은 근본적으로 파사드 뒤에 감춰진 내부 공간의 레이아웃에 따라 결정되는 것이 아니다. 파사드는 내력벽에 접합된 외겹의 구조로 형성되어 있으며, 각각의 파사드 부재는 개별적으로 연결되어 있다. 신축 줄눈이 없고, 구조적으로 독립적인 파사드는 완전히 분리된 외피처럼 내력벽을 감싼다. 파사드와 벽에 동일한 재료를 사용함으로써 건물이 서로 다른 단편의 종합체 같이 느껴지지 않고 하나의 단일체로써 인지될 수 있도록 한다.

노출 콘크리트로 만든 파사드에서는 내부 공간의 레이아웃은 물론 공간의 깊이도 볼 수 없다. 금속 프레임을 사용한 창은 수평의 띠를 이루며 배치되어 있다. 내부적으로, 구조 방식과 마감의 방식은 구조 쉘과 내장재라는 상호보완적인 요소로 간결하게 처리되고 있는데, 이는 건물의 구조 방식이 두드러지게 나타나지 않는다는 점을 의미한다.

아트리움의 파사드

아트리움의 파사드는 자개빛의 목질 판넬로 덮혀 있으며, 목제 창은 파사드 표면에 평평하게 설치되어 있다. 두 요소는 함께 작용함으로써 콘크리트 단일체 안에서 세련되고, 간결한 산입의 효과를 낸다.

그림 165 : 거푸집 판넬의 레이아웃을 보여주는 동측 입면도, 1:500

건물의 외부와 아트리움의 파사드

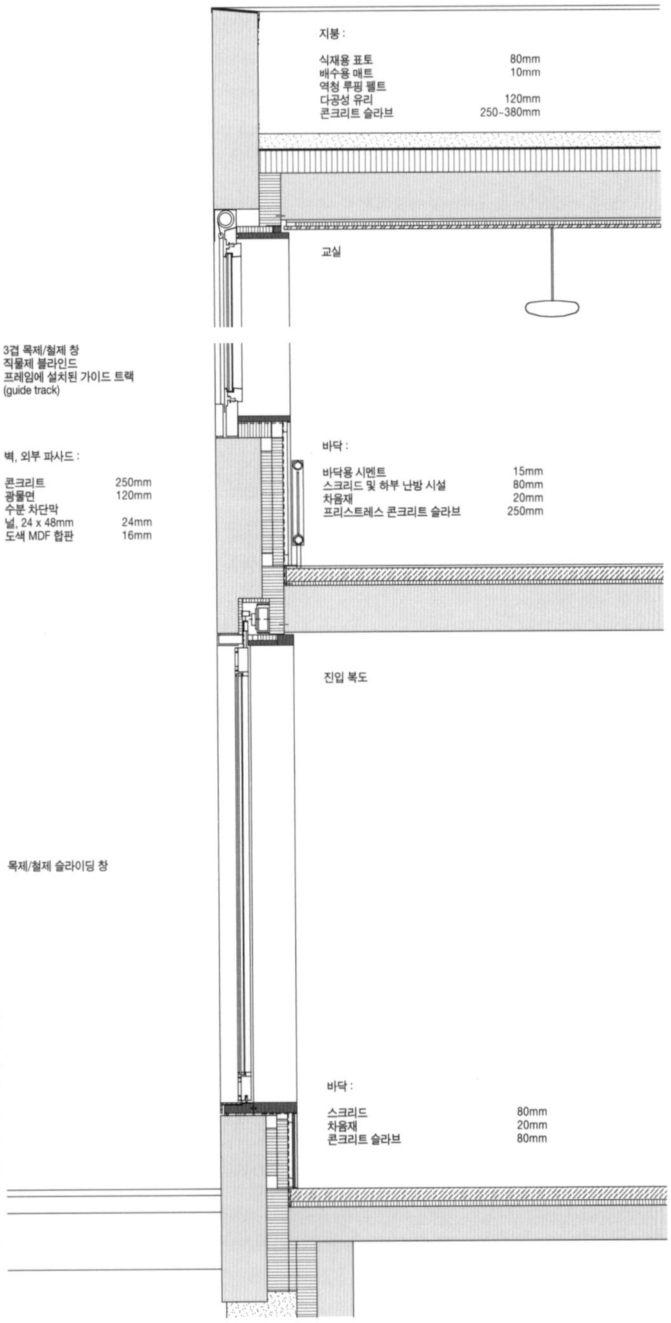

그림 166 : 외부 파사드 단면도

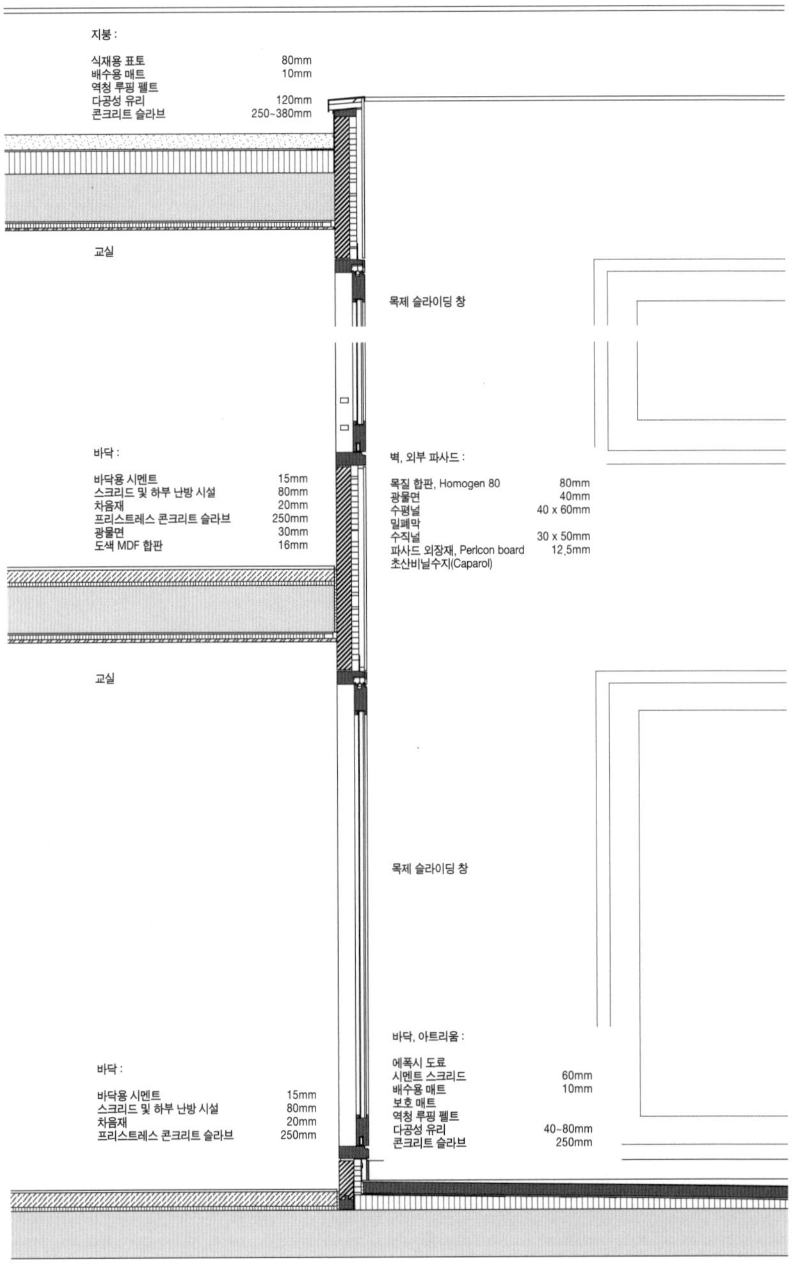

그림 167 : 아트리움 파사드 단면도

0 1 2.5 m

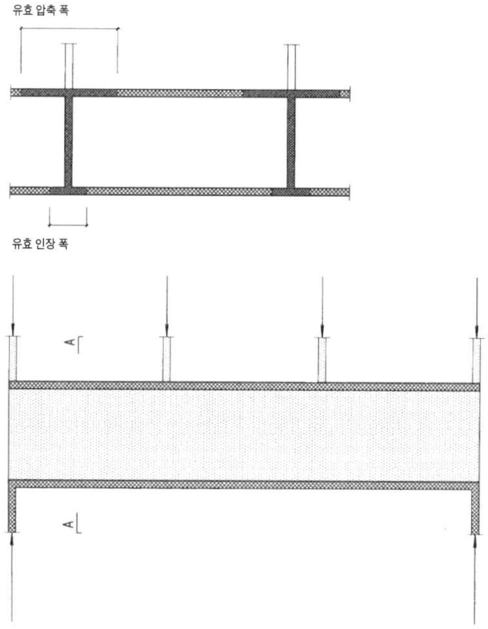

그림 168 : 전단벽의 원리
내력 전단벽은 각각의 기둥에 있어 하중을 전달하는 구조로 기능한다 (입면과 단면).

구조 시스템의 주안점

"건물에 사용된 전단 격판(Shear diaphragm)"

벽과 바닥 슬라브를 서로 연결시켜 내력 부재로 사용한다는 개념은 새로운 것이 아니다. 그러나 이러한 원리는 주로 다른 구조 방식이 모두 적절하지 않을 경우, 예를 들어 하중을 전달하는 구조체나 중량 고층 건물의 캔틸레버 등의 경우에만 국소적으로 사용되는 방식이다. 그러나 이러한 원리를 건물의 전체적인 건축 개념으로써 체계적으로 적용하게 되면, 매우 유용한 해법으로써 사용될 수 있다. 이는 특히 복잡한 내부 레이아웃을 갖는 건물에 유용하며, 즉 골조 건물에 있어 합리적인 대안으로써 활용될 수 있다.

먼저 철근 콘크리트 벽 플레이트의 위, 아래로 바닥 슬라브가 한 덩어리를 이루며 구성된 형태를 생각해 보도록 하자. 이러한 벽 플레이트는 마치 I형강과도 같은 거동을 하며, 기둥을 통해 전달된 하중을 외벽으로 전달한다 (그림 169). 그러나 대부분의 건물에서 바닥 슬라브가 내부 코어와 외벽에 의해 지지되어 수평을 이룬다는 점을 생각해 보면, 더욱 흥미롭고 다양한 적용 방법을 생각해 볼 수 있다. 이러한 조건이 만족될 경우, 벽 플레이트가 안정적이고, 강성이 높은 내력 부재로써 작용할 수 있도록 벽 플레이트에서 임의의 한 부분만을 지지하는 것이 효율적이다 (그림 170). 따라서 그림 168에 보이는 보는 내력 성능에 어떠한 지장도 주지 않으면서 서로 다른 크기를 갖는 두 개의 독립적인 벽 플레이트로 나뉠 수 있다 (그림 171).

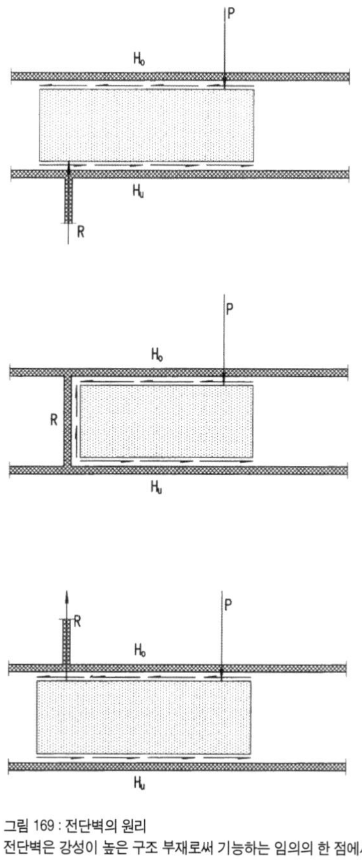

그림 169 : 전단벽의 원리
전단벽은 강성이 높은 구조 부재로써 기능하는 임의의 한 점에서 지지된다. 하중 P에 의한 회전력과 지지 반력 R은 바닥 슬라브에서 발생하는 응력인 Ho와 Hu에 의해 균형을 이루게 된다.

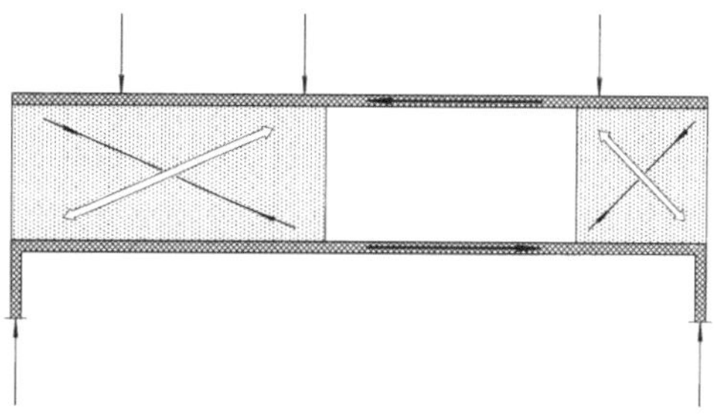

그림 170 : 전단벽의 원리
두 개의 서로 다른 전단벽으로 이루어진 보

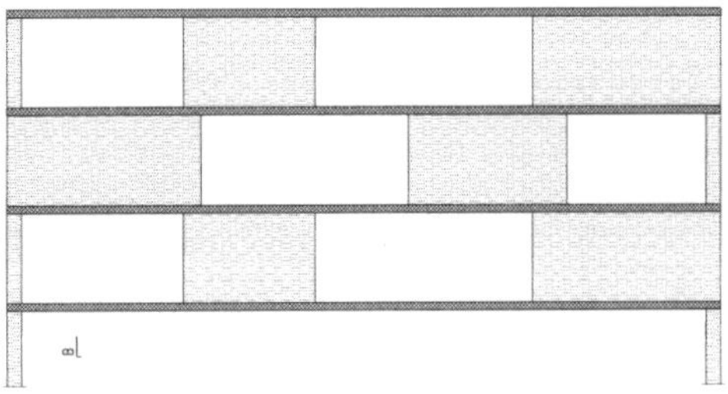

그림 171 : 평면 강성 벽 시스템 (A형)

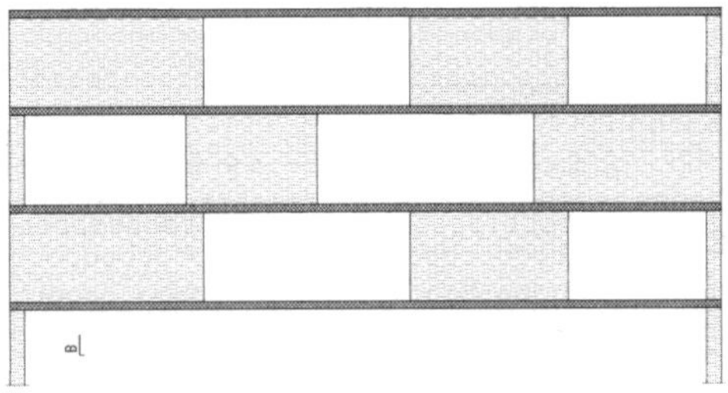

그림 172 : 평면 강성 벽 시스템 (B형)

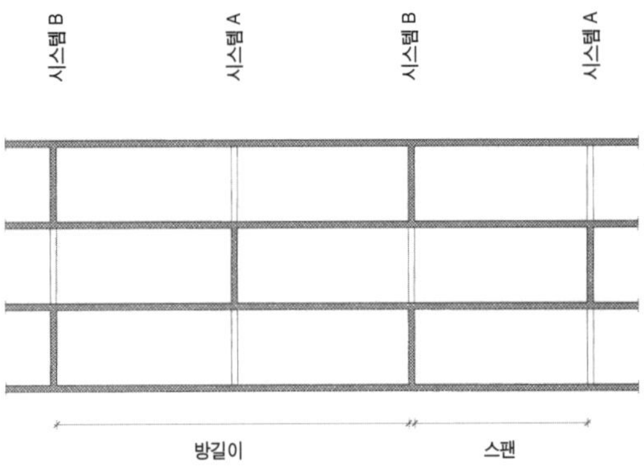

그림 173 : 그림 171과 172에서 나타나는 시스템의 단면도 B-B

그러나 앞에서 언급한 조건들을 만족시킴과 동시에, 벽 플레이트로부터 바닥 슬라브에 작용하는 불균일한 횡응력은 강성이 높은 코어나 외벽을 통해 기초까지 전달될 수 있어야만 한다. 바닥 슬라브는 서로 다른 두 방향으로부터 하중을 받는다. 구조적으로 바닥 슬라브는 휨에 의해 슬라브에 분포된 하중을 내력 벽 플레이트로 전달하는 슬라브의 기능을 수행하지만 (이는 바닥 슬라브의 일반적인 구조 거동 방식이다), 다른 한편으로는 벽과 연결됨으로써 플레이트처럼 거동하기도 한다 (또한 이 과정에서 마치 철제 압연 형강의 플랜지와 유사한 역할을 수행하게 된다). 이에 따라 바닥 슬라브는 여러 가지 구조적인 거동을 동시에 수행하는 상호작용적인 내력 부재로써 기능하게 된다. 이렇듯 하중을 받는 부재들이 서로 작용하는 구조 방식은 교량 건축에서는 이미 오래 전부터 사용된 방식이다. 예를 들어 상자형 거더를 사용한 교량에서 차량이 통행하는 데크는 교량의 축을 가로질러 차량의 하중을 상자형 보의 웨브에 전달하며 슬라브의 역할을 하기도 하지만, 동시에 교량의 종단면에 대해 상부 플랜지로써 거동하기도 하는 식이다. 건물에서 슬라브가 플레이트처럼 작용함에 따라 발생되는 응력은 매우 낮기 때문에 바닥 슬라브의 두께를 결정하기 위해서는 슬라브의 휨에 기반을 두는 통상적인 설계 방식이 효율적이다. 플레이트 작용에 따른 응력은 보강 철근의 크기를 결정하는 경우에만 고려된다.

강성이 높은 벽 플레이트는 또 다른 플레이트를 지지하거나, 또 다른 플레이트를 매달 수 있는 지점으로써 기능하기도 한다. 이러한 방식을 통해 강성 플레이트만으로 구성된 완전한 시스템을 만들 수 있다 (그림 171, 172). 앞에서 언급한 것처럼, 이는 각각의 플레이트들이 임의의 한 점에서 서로 연결될 때 유효하다. 바닥 슬라브는 벽 플레이트에 의해 지지되거나 벽 플레이트에 매달리게 된다. 바닥 슬라브의 위와 아래에 놓인 벽 플레이트는 둘 모두 동일하게 슬라브를 지지한다. 이처럼 상호보완적인 벽 플레이트 시스템을 사용하게 되면 바닥 슬라브의 지지점이 줄어 들어 경간을 공간의 길이의 절반 정도까지 확장시킬 수 있다 (그림173).

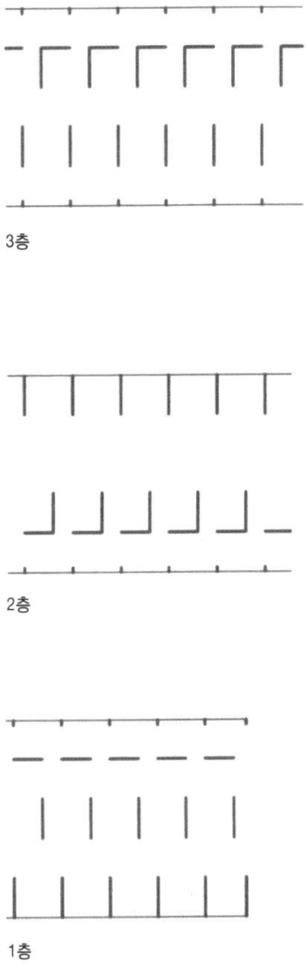

그림 174 : 그림 175의 엑소노메트릭에 대한 개략적인 평면

강성이 높은 벽 플레이트로 구성된 시스템의 용법은 한 가지의 형태로만 국한되는 것이 아니다. 구조적인 효과를 저해하거나, 시공을 복잡하게 만들지 않으면서도 각각의 플레이트를 서로 굴절시키거나 회전시킬 수도 있다 (그림 175). 횡방향에 대해 강성이 높은 바닥 슬라브와 벽 플레이트를 적어도 한 점 이상에서 연결시킨다는 조건을 만족하기만 하면 되므로, 매우 다양한 조합 방법이 사용될 수 있는 것이다. 이러한 다양한 사용 방식에도 불구하고 별도의 내력 부재 없이 기본적인 시스템만으로도 응력을 전달하 수 있다. 따라서 장선, 다운스탠드 보 또는 선형 구조부재는 필요하지 않다.

제시된 몇몇 상세 사례를 통해 이러한 구조 방식을 통해 3층 이상의 건물이 어떠한 부작용 없이도 40m 이상의 무지지 경간을 가질 수 있음을 알 수 있다. 이 건물에 사용된 콘크리트 벽 플레이트의 두께는 200~350mm이다. 이러한 구조 시스템의 설계와 시공은 단순하고 경제적이지만, 초기 단계에서부터 계속적으로 건축가와 엔지니어 간의 협조를 필요로 하며 공간의 자유도가 낮다는 단점을 갖는다.

출처 : *Werk, Bauen+Wohnen* 9/97

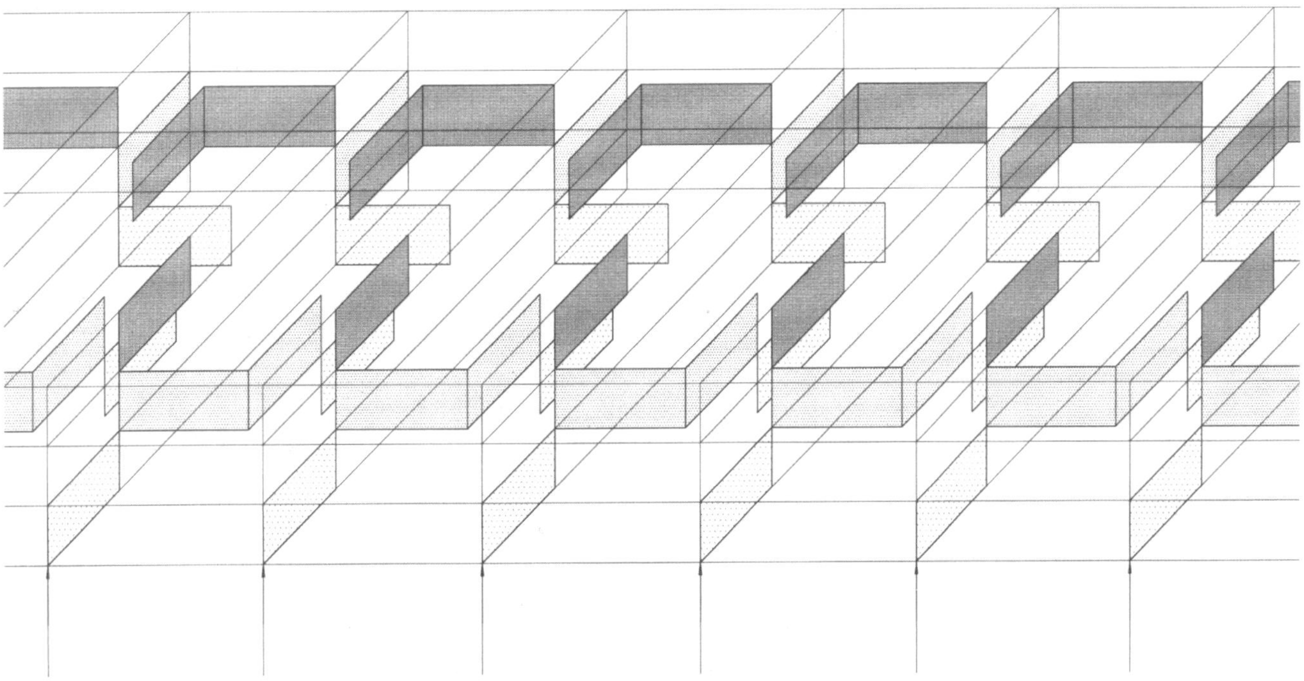

그림 175 : 강성 전단벽을 사용한 3차원 구조 시스템을 보여주는 엑소노메트릭

Sihlhof School, Zurich
Giuliani Honger

Lorenzo Giuliani,
Christian Hönger,
Patric Allemann

건축가 : Giuliani Hönger, 스위스 취리히 (Zurich)
공사 기간 : 2001 - 2003
프로젝트 매니저 : Lorenzo Giuliani
Christian Honger
Marcel Santer
현장 매니저 : Bosshard + Partner, 스위스 취리히
구조 엔지니어 : Dr Luchinger + Meyer, 스위스 취리히

설계 개념, 도시적인 통합

건물의 설계 개념은 간략한 건축 어휘 뒤에 감춰진 복잡성으로써 표현될 수 있는데, 매우 확장가능성이 높은 2개의 서로 다른 단과대학(설계 초기에는 내부 기능이 정해지지 않은)을 단일 건물에 구현하는 것이었다. 건물 설계 승인 과정에 맞추기 위해서는 여유 시간이 부족했으며, 이에 따라 설계와 시공 기간을 최소화하기 위해 이 규모가 큰 새 건물은 적절한 건축 법규를 따라야만 했다. 그럼에도 불구하고 주변 환경의 이질적인 컨텍스트에 대해 설득력 있는 도시적, 건축적 표현을 만들어 낸다는 목표는 계속 유지되었다.

건축 법규에 따른 최대 용적을 사용함에 따라, 건물은 주변의 다양한 건축 환경에 대해 독특한 형태를 지니게 되었다. 크기가 큰 부재를 사용한 5~7층 높이의 파사드가 Lagerstrasse에 면하게 만들어졌다. 이는 1950년대에 만들어져 보호 규정이 적용된 인근 사무소 건물이라는 컨텍스트와 정중한 방식으로 "연결"을 꾀한다. 건물은 후면으로 향하며 그 높이가 점차 낮아져 건물의 후면에 인접한 작은 건물들과 건축적 스케일을 맞추고 있다. 건물의 돌출부에 관한 건축 법규에 따라 만들어진 이런 단차의 효과는 건물에 조각적인 느낌을 부여하면서도, 여전히 건물이 응집된 하나의 단위로써 느껴지게 한다. 건물의 외곽선을 건축 법규에 따라 가능한 최대치까지 확장시킴으로써 내부 공간의 레이아웃은 가능한 최대 용적을 사용할 수 있게 되었다.

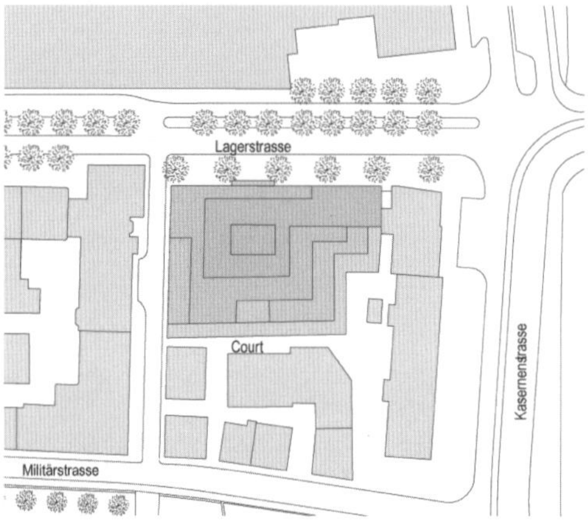

그림 177 : 배치도

건물의 형태와 마찬가지로, 파사드 역시 도시적인 컨텍스트에서 해석될 수 있다. 베이지색의 석재를 외장재로 사용한 건물은 주변 환경과 자연스럽게 융합된다. 반면 다른 한 편으로 파사드의 주된 형태를 이루는 벽면 너비에 약간의 변화감을 주어 다소 기묘한 인상을 주며 학교 건물이 주변 환경과 차별화된 느낌을 갖도록 하고 있다.

그림 176 : Kasernenstrasse에서 바라본 전경
파사드에서 돌출된 대강당은 주 진입부를 쉽게 인지할 수 있도록 한다. 새로운 건물의 좌측 부분은 인근 건물과 "연결"을 시도하고 있다.

그림 178 : 건물 후면의 전경

내부 공간의 레이아웃

외벽에 대해 단이 진 두 개의 아트리움은 이 건물에서 큰 깊이를 차지한다. 두 개의 아트리움은 한 점에서 연결되어 하나의 응집된 구조를 형성함으로써, Zurich University의 아트리움과 ETH University의 본관 중앙 홀에서 나타나는 것처럼 강력한 특징을 만들어내고 있다. 관찰자의 위치와 시각(viewing angle)에 따라 아트리움은 "굴절된" 하나의 내부 공간으로 보일 수도 있고, 두 개의 서로 다른 내부 중정으로 보일 수도 있다. 이렇듯 두 가지의 방식으로 나타나는 아트리움은 각각 하나의 단과대학과 연결되어 있다. 경영대학(Business and Management School)이 상부 아트리움(상부로부터 직접 채광된다) 주변에 배치되어 있는 반면, 사범대학(Teacher Training College)은 하부 아트리움(측면에서 들어오는 확산광으로 조명된다)을 감싸며 배치되어 있다. 공간의 수직 크기를 여유롭게 설계함으로써, 이들 공간은 교육 시설의 내부 활동에 이상적으로 적합한 도시적 내부 공간으로써 만들어졌다.

대강당은 진입부 바로 위에 위치함으로써 각 단과대학에서 작은 포이어(foyer)를 통해 직접 접근할 수 있음은 물론, 외부에서 방문하는 사람이 직접 접근할 수도 있다. 대강당을 파사드 면으로부터 약간 돌출시킴으로써 주 진입부를 쉽게 인지할 수 있도록 하고 있으며, 상부로 이어지는 첫 번째 아트리움 공간에 이르기까지의 진입공간을 규정하고 있다.

특수 교실인 대강당이 마치 퍼즐 조각처럼 평면에 끼워 넣어진 것과 달리, 세미나실과 교실은 다채로운 파사드의 윤곽을 따라 형성되었다. 구부러진 형태의 복도는 이러한 평면 레이아웃과 아트리움, 이에 인접한 주변 공간의 결과물이다. 파사드는 복도의 배치가 그러하듯이, 건물의 위로 올라갈수록 뒤로 후퇴한다. 내부 공간의 레이아웃은 두 개의 아트리움을 고려하여 만들어진 것이기도 하다. 그러나 아트리움의 반복적인 배치에 따라, 매우 복잡한 내부 공간의 레이아웃에도 건물은 일정한 향을 유지하고 있다. 내부 공간에서 계단실이 차지하는 면적을 최소화하기 위해 계단실은 아트리움에 배치되었다. 건물에 배치된 세 개의 계단실은 모두 피난계단으로써 사용될 수 있는 것이다.

그림 179 : 하부 아트리움
상부 우측으로는 강의실로 향하는 포이어가 위치하고 있다.

그림 180 : 단면 모형
상하부의 아트리움은 함께 모여 하나의 거대한 내부 공간을 형성한다.

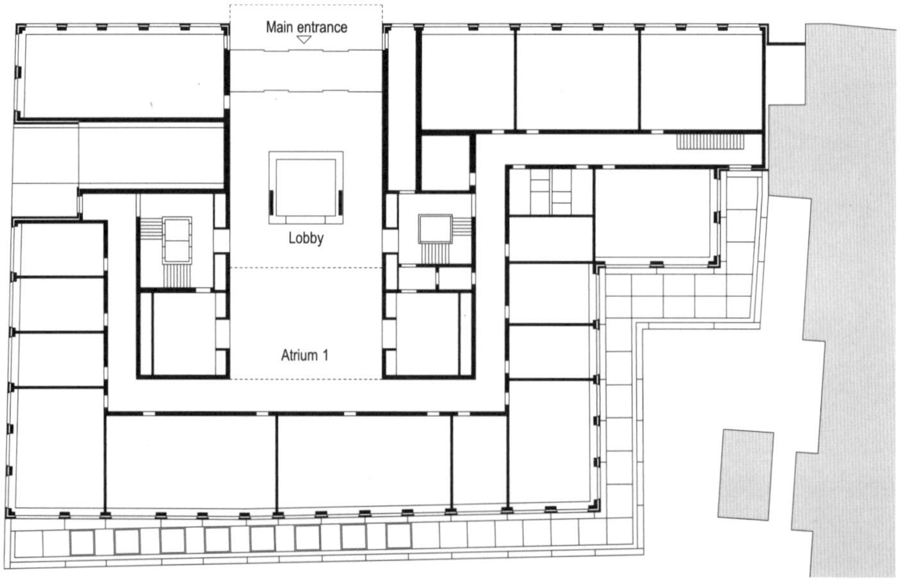

그림 181 : 1층 평면도, 1:600

그림 182 : 2층 평면도, 1:600

그림 183 : 3층 평면도, 1:600

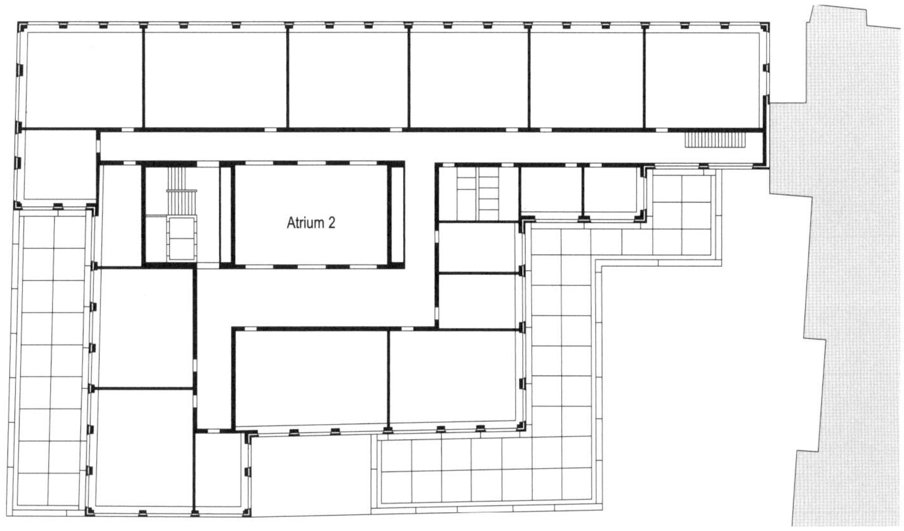

그림 184 : 4층 평면도, 1:600

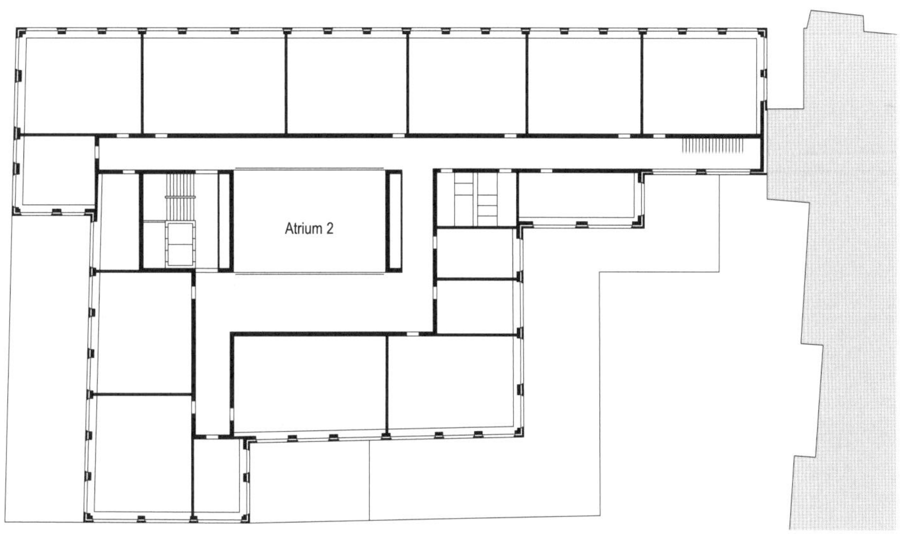

그림 185 : 5층 평면도, 1:600

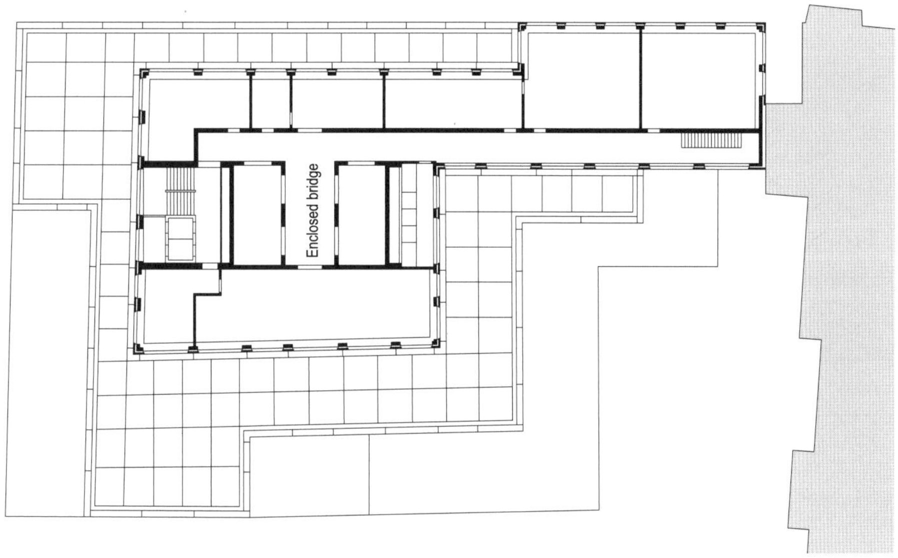

그림 186 : 6층 평면도, 1:600

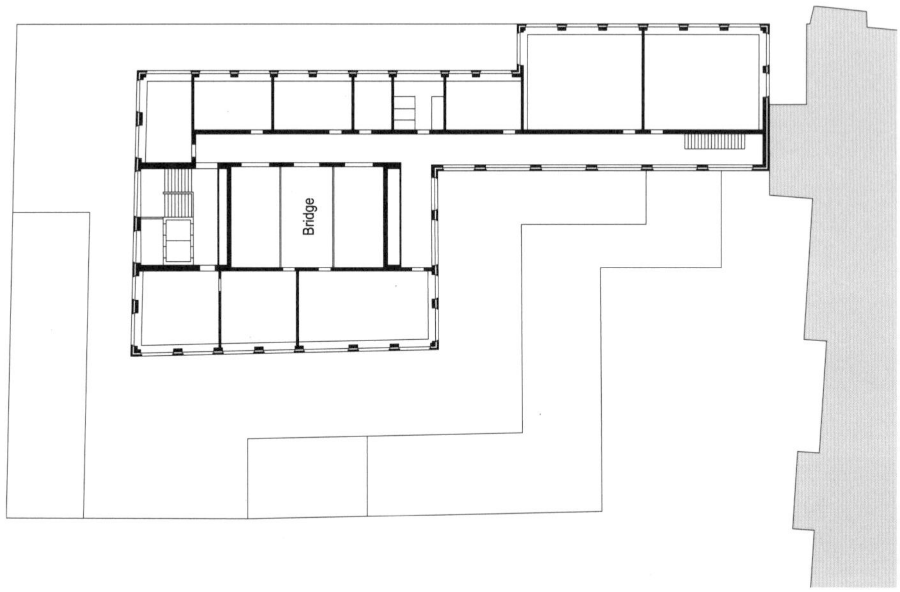

그림 187 : 7층 평면도, 1:600

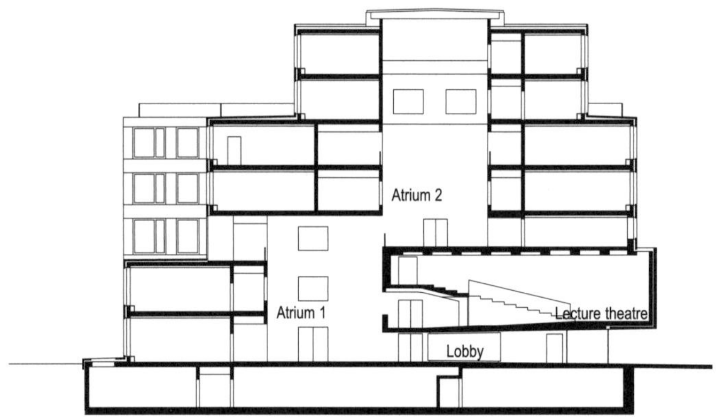

그림 188 : 단면도, 1:600

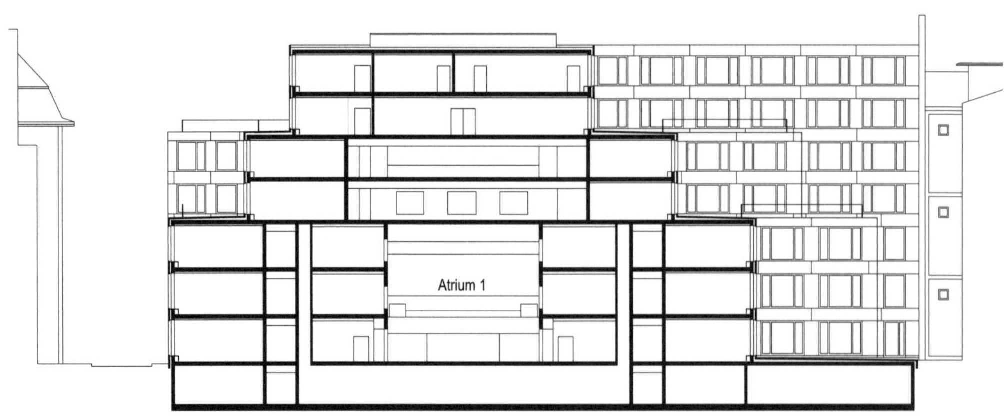

그림 189 : 종단면도, 1:600

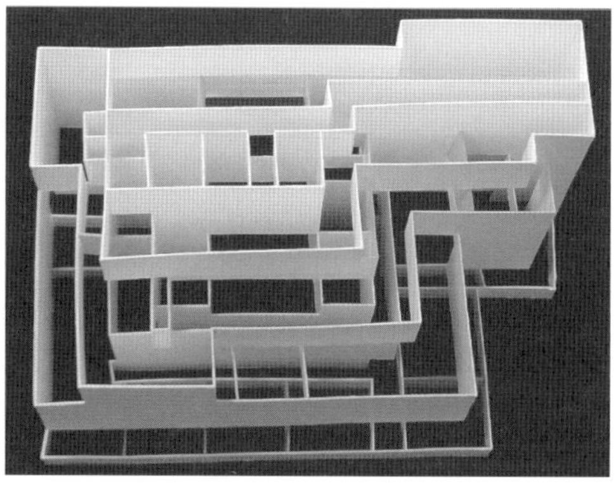

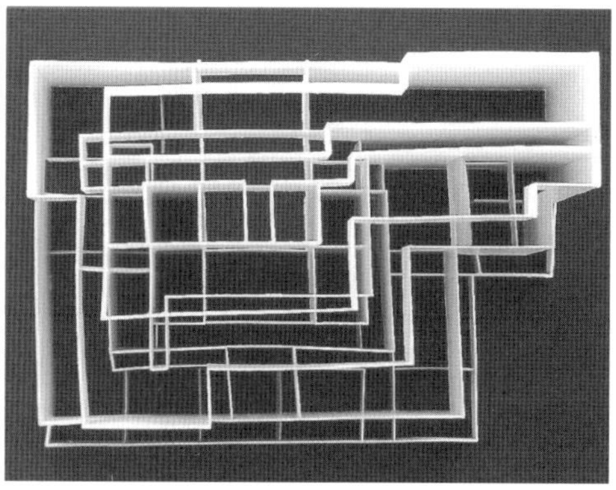

그림 190, 191 : 수직 내력 구조의 원리를 보여주는 모형
내력벽은 서로 다른 방향으로 적층되어 층이 바뀌는 지점에서 서로 교차된다.

그림 192 : 상부 아트리움에서 1층을 바라본 모습
중간 지지체가 없는 벽은 마치 한 층 높이의 깊은 보처럼 거동한다.

내력 구조

건물의 후면에 형성된 단차와 외벽에 대해 단이 진 아트리움에 의해 수직 내력벽을 전 층에 걸쳐 배치할 수 있는 위치가 일부에 국한되게 되었다. 이에 따라 철근콘크리트 내력벽을 열십자로 교차되게 적층시킴으로써 주요 수직 내력 구조를 만들었다. 이는 동시에 건물의 파사드로써, 구부러진 내부 복도에 있어서는 노출 콘크리트 벽으로써 기능하기도 한다 (그림 190, 191). 하중은 내력벽에 직접 작용하여 내력벽의 교차부에서 모아진 뒤, 아래로 향하여 기초에 전달된다.

이러한 구조 시스템에 따라 벽 플레이트에 문과 창문 등 개구부를 형성하는 데에 문제가 발생하게 되었다. 구조적인 성능을 유지하기 위해서는 모든 개구부의 상하부에 현재(문 상인방, 창 상인방, 문지방, 스팬드럴 판넬)를 배치하거나, 적절한 크기의 바닥 슬라브의 크기를 배치해야만 했다. 이에 따라, 건물의 후면 단차 부분에 놓인 개구부가 많이 뚫린 파사드 내력벽은 300mm 두께의 콘크리트 바닥 슬라브와 혼성적으로 거동하게 된다. 아트리움 주변의 콘크리트 벽에는 개구부가 적게 형성되어 있어 더 큰 경간을 가질 수 있다. 하부 아트리움 위의 슬라브, 대강당의 바닥 슬라브 등 몇몇 슬라브는 이러한 내력벽에 매달리는 방식으로 지지된다.

이러한 대규모의 구조 방식에도 불구하고, 거푸집의 레이아웃에 대한 엄격한 건축 법규와 노출 콘크리트 벽에 대한 표면의 품질 요구 사항은 여전히 내부적으로 만족되어야 할 여지가 남아 있다.

단일체적인 건축물의 구조에도 불구하고, 세미나실과 교실들은 창의 위치와 벽에서 복도로 통하는 문의 위치에 방해가 되지 않는 범위 내에서 융통성 있게 재구획될 수 있다.

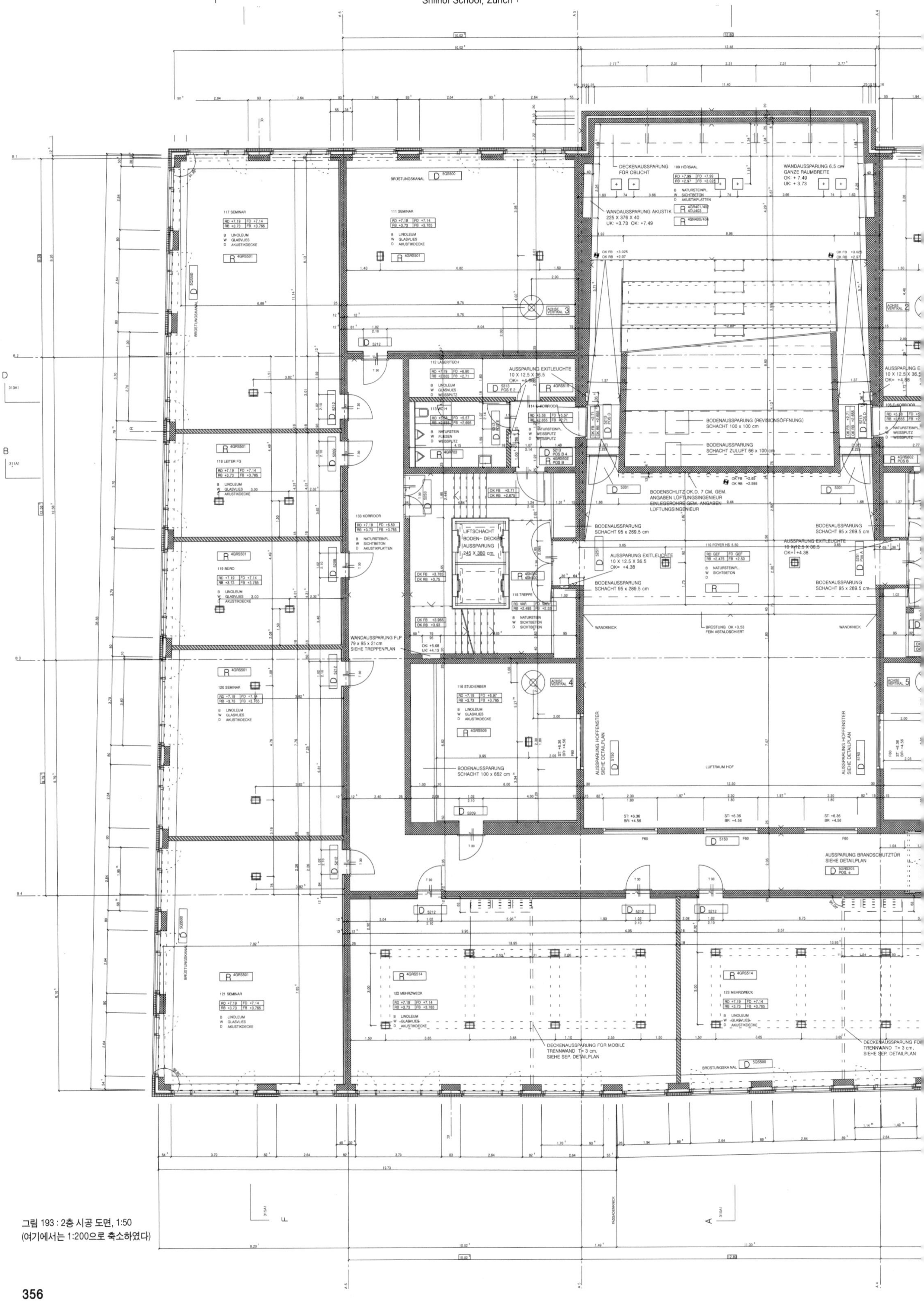

그림 193 : 2층 시공 도면, 1:50
(여기에서는 1:200으로 축소하였다)

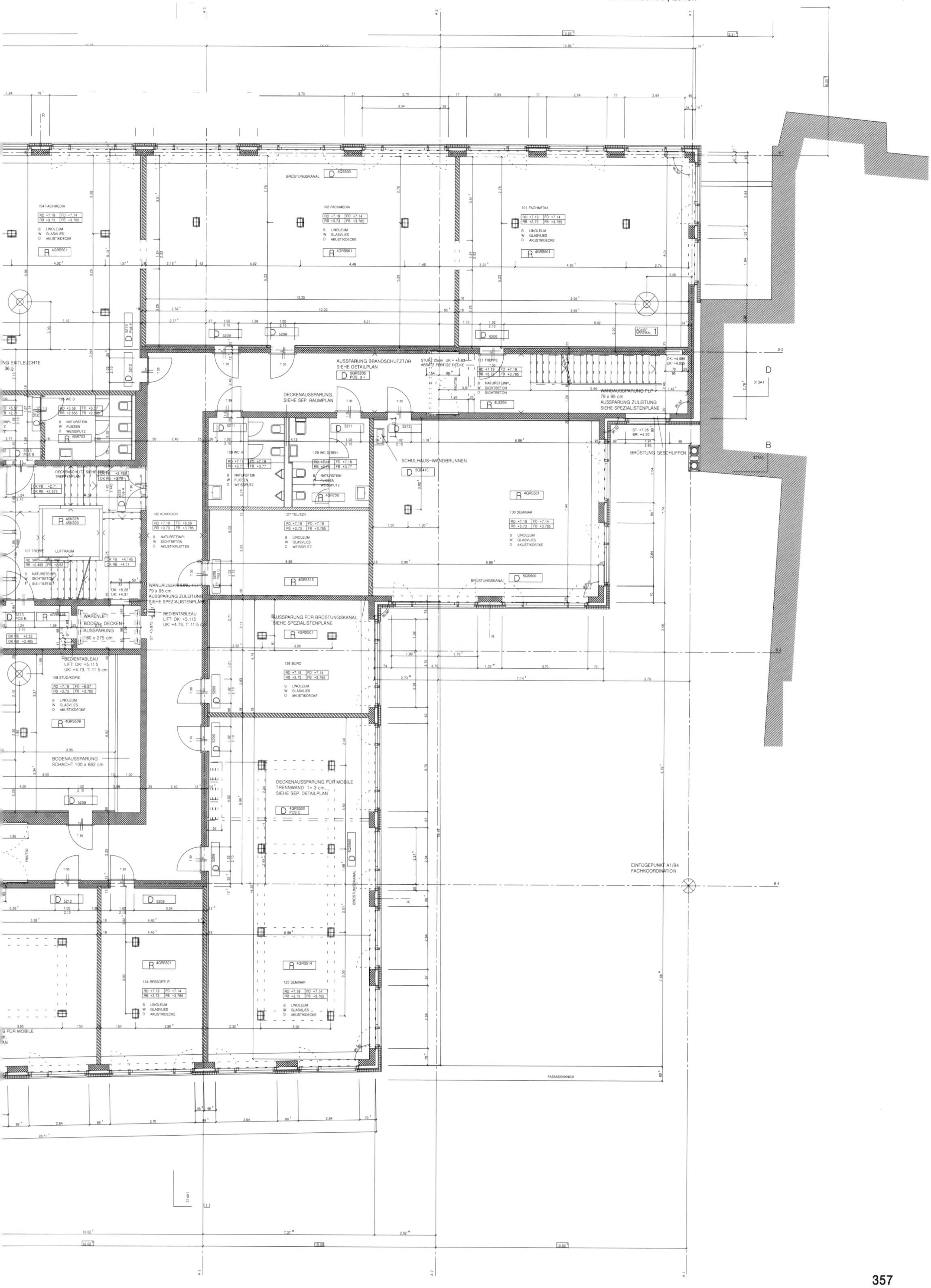

재료와 설계

파사드와 테라스에는 사전 제작된 광택 석제 판넬을 외장재로 사용했다. 쥐라기에 형성된 석회암의 베이지색은 연마 작업을 통해 더욱 선명하게 나타나며, 건물 모퉁이에 위치하는 우체국과 사무소 건물(보호 규정에 따라 보호되는 건물이다) 등의 인근 건물의 색과 어우러진다. 파사드는 유사한 크기의 수직 pier와 수평 스팬드럴 판넬로 만들어져 있으며, 마치 커튼월처럼 내력 구조 부재 앞에 매달려 있다. 줄눈은 보이지 않게 처리되었다. 처음 건물을 보게 되면 건물의 파사드는 마치 일반적인 내력벽 구조에서 나타나는 큰 크기의 구조적 파사드를 보는 듯한 느낌으로 다가온다. 그러나 내부 공간의 레이아웃에 따라 각주의 위치가 층마다 서로 다르게 나타나게 됨으로써 일반적인 내력벽 구조에서 나타나는 모눈 같은 파사드와 차별화된 새로운 외관을 갖게 되었지만, 이는 건물의 강성을 약화시키는 단점을 갖기도 한다. 120mm 두께의 환원처리 석제 판넬의 단부는 감춰져 볼 수 없다. 대신에 건물의 모든 모퉁이와 단부에는 3차원 부재가 사용되어 건물의 물질적인 느낌을 더욱 강화시키고 있다.

그림 195 : 세미나실

그림 194 : 건물 후면의 테라스
테라스와 파사드는 환원처리 광택 석제 판넬로 마감되었다. 모퉁이와 단부는 삼차원 부재로 만들어졌다.

건물에 사용된 창은 크기에 따라 3종류로 구분되며 이들 모두 이중창으로 만들어졌다. 이중창에서 내측 유리가 건물 외피의 단열 성능 기준을 만족시키는 반면, 외측 유리는 방음 효과를 얻고 내측 유리와 외측 유리 사이에 설치된 차양을 보호하는 기능을 한다. 창은 외장재보다 조금 뒤로 물러나 설치되어 섬세한 양각의 느낌을 내고, 태양의 운동에 따라 파사드에 다채롭게 그림자를 드리우는 효과를 낸다.

밝은 노출 콘크리트 벽과 베네치아 풍의 조면암으로 마감한 바닥은 건축가가 아트리움과 진입부 공간을 도시 공간의 일부로써 기능하도록 의도했음을 보여주는 단적인 예이다. 이와 동일한 개념에 따라 집회의 장소인 대강당 역시 동일한 재료로 만들어졌다. 이와 반대로 세미나실은 바닥에 리놀륨 또는 카펫을 깔고, 벽에는 백색의 유리섬유 벽지를 사용했으며, 목제 문과 목제 창을 사용함으로써 좀 더 따뜻하고 친근한 분위기의 공간을 만들려 했다. 바닥 슬라브는 구조적인 이유에 따라 300mm의 두께로 만들어졌는데, 이는 모든 바닥 마감재가 별도의 차음재나 고름작업 없이 콘크리트 위에 직접 놓일 수 있다는 점을 의미한다. 따라서 일반적으로 고름작업에 필요한 (오랜) 건조 기간이 필요하지 않으며, 이를 통해 공사 기간을 크게 줄일 수 있었다.

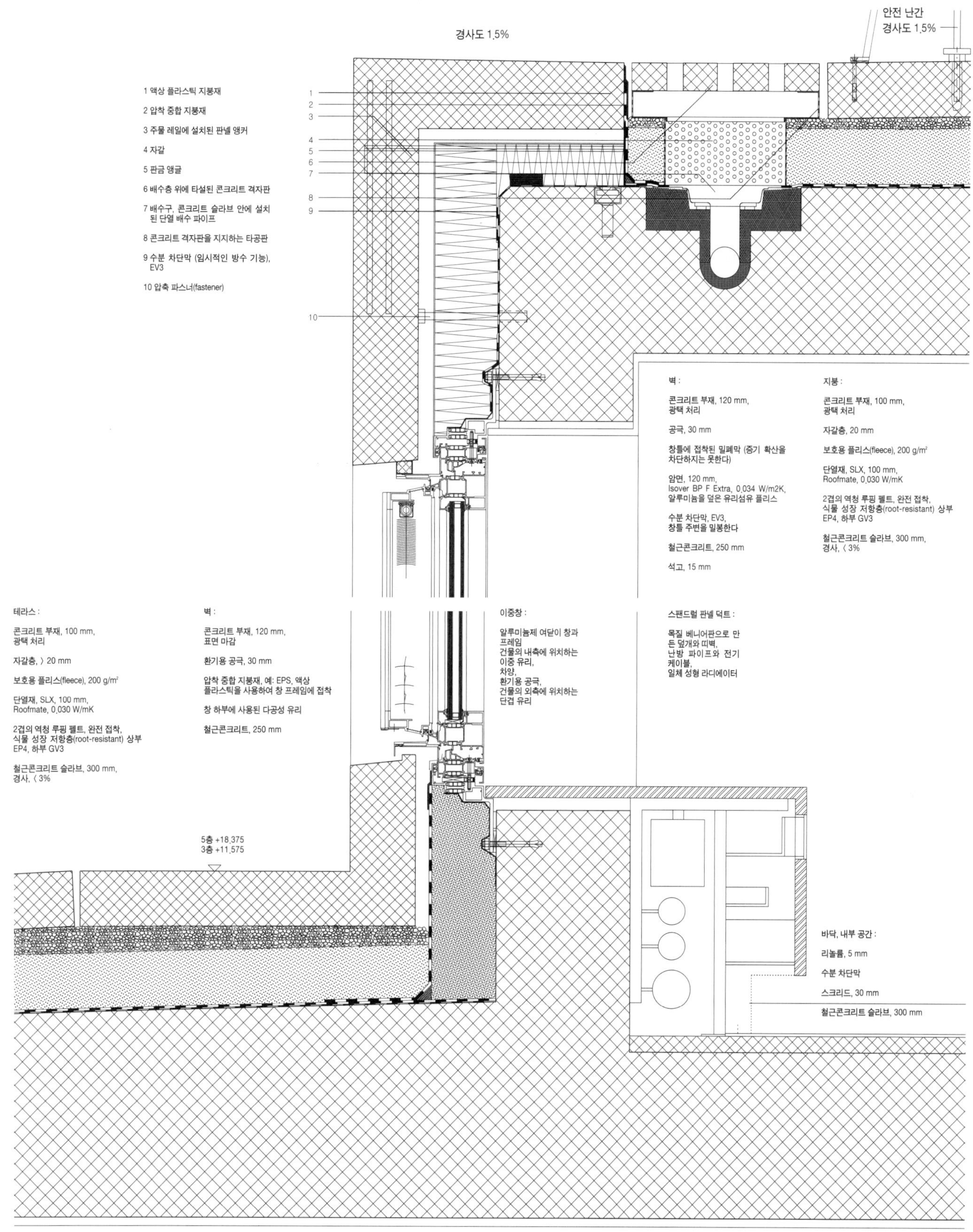

그림 196 : 테라스 단부 및 파사드와의 연결부 단면도, 1:5
(여기에서는 1:10으로 축소하였다)

건축 설비

건물은 두꺼운 고형식 바닥판을 사용하고 있기 때문에 축열체로 사용할 수 있는 매스가 매우 풍부하며, 이러한 부재들의 축열 성능 덕분에 내부 공간은 일년 내내 항상 쾌적한 환경을 유지하고 있다. 쾌적한 환경을 위해 (Lagerstrasse로부터 많은 양의 소음이 유입되기 때문에) 세미나실은 모두 기계적으로 환기되고 있지만, (창문을 열어) 자연 환기 또한 가능하다. 대강당과 IT 강의실에는 공조 설비가 사용되었다. 루버 블라인드는 태양광의 유입 정도에 따라 변화하며 내부 환경을 조절한다. 이를 통해 건물은 내, 외부의 에너지 균형을 최적화시키고 있다. 열의 발생과 분배는 일반적인 방법을 이용한다. 빠르게 내부 공간의 온도를 조절할 수 있어야 하는 건물의 용도에 따라 공간의 난방은 스팬드럴 판넬을 따라 설치된 라디에이터를 통해 이루어진다.

흡기 덕트와 배기 덕트는 진입 복도 위의 달천장을 통해 연결된다. 전기 케이블, 난방 파이프, IT 전산망 케이블은 스팬드럴 판넬을 따라 설치된 덕트를 통해 연결된다.

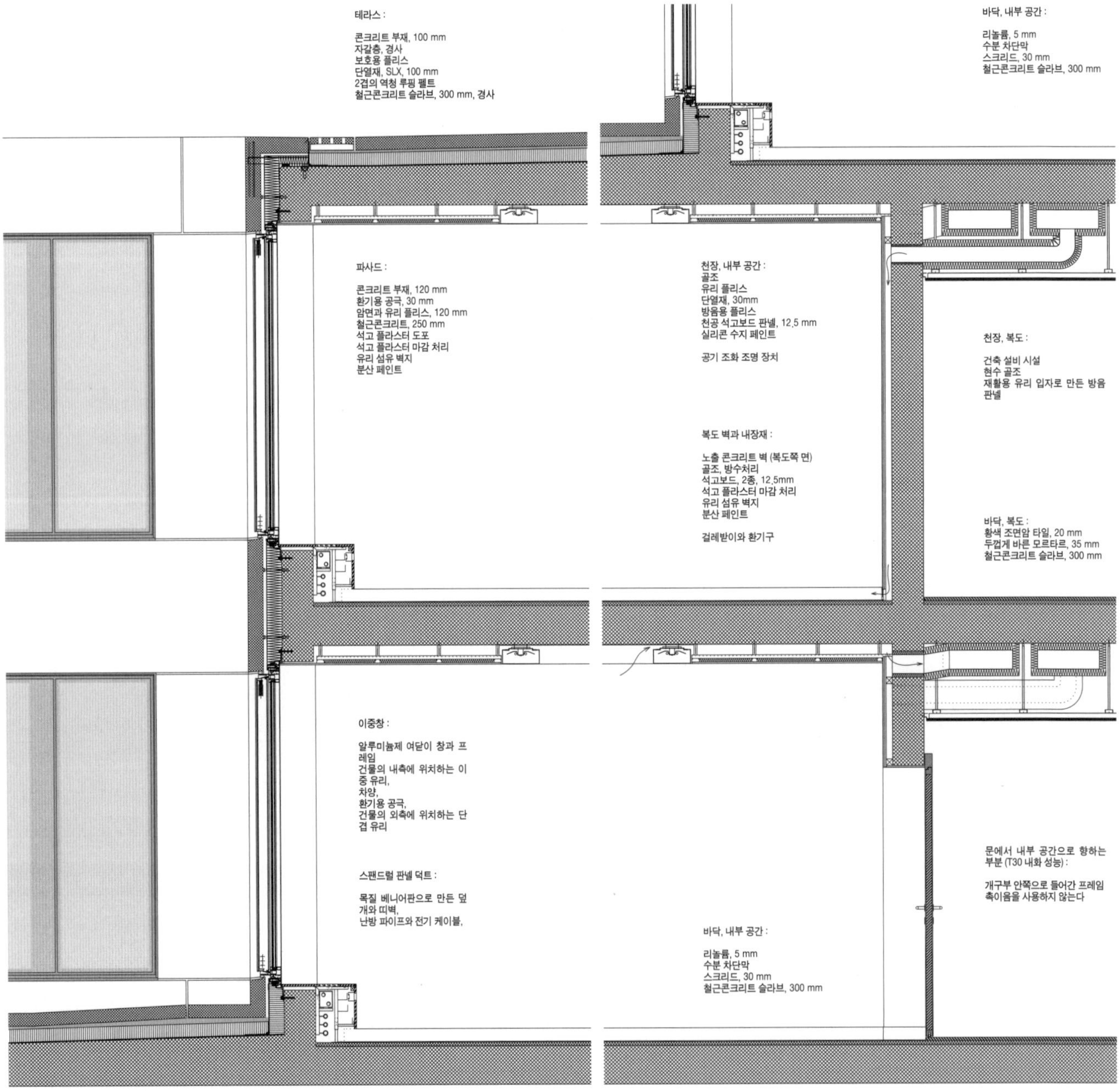

그림 197 : 세미나실과 복도의 단면도
설비 시설은 스팬드럴 판넬을 따라 놓인 덕트와 복도 위의 달천장 상부를 통해 연결된다.

"Im Birch" School, Zurich
Peter Märkli

Marius Hug

Zentrum Zurich Nord

스위스 오리콘(Oerlikon) 지방에 기반을 둔 각종 산업들의 구조가 개편되고, 공장들의 위치가 옮겨지면서 약 60 헥타르 정도의 면적에 달하는 도시간 구역은 급격한 변화를 겪게 되었다. 기존에 이 구역에 위치하던 큰 규모의 생산 시설들과 이러한 생산 시설들의 발전 양상, 그리고 지역 개발 계획의 일환이었던 4개의 서로 다른 개방된 휴게 공간이라는 프로그램에 따라 도시 재개발의 틀이 갖추어지게 되었다. 이러한 지침은 5,000명을 위한 주거지와, 12,000개의 일자리를 재창출하게 될 Zentrum Zurich Nord에 관한 1992년의 도시 계획 현상 설계를 통해 제시된 것이다.

구역의 북측 경계선에 위치하고 있는 "Im Birch" School은 스위스 취리히에서 가장 큰 학교 단지이다. 건물은 법규상으로 가능한 최고 높이 한도에 맞춰 만들어진 두 동의 건물로 이루어져 있으며 약 700명의 학생을 위한 각종 시설을 담고 있다. 한 지붕 아래에서 다양한 교육 단계의 학생들을 함께 가르치기 위해서는 매우 다양하고 복잡한 성능 기준을 만족시켜야 했으며 (보육원, 초등학교, 중학교, 방과 후 활동을 위한 각종 시설, 공용 공간, 체육관), 이에 따라 학교 건물의 레이아웃에 관한 다양한 요구 사항이 나오게 되었다. 동시에 건물은 현재의 교수 기법에 따른 각종 조건을 만족시키면서도 장래의 변화에 따른 사항을 수용할 수 있도록 유동적으로 변화할 수 있어야만 했다.

그림 198 : 모형 사진
Zentrum Zurich Nord, 완공 후 모형, 1:1000, 남측에서 바라본 모습

그림 199 : 학교 건물의 전경

건축가 : Peter Märkli, with Gody Kühnis, 스위스 취리히(Zurich)
공사 기간 : 2001 - 2004
프로젝트 매니저 : Jakob Frischknecht Christof Ansorge
조경 설계 : Zulauf Seippel Schwein gruber, 스위스 바덴(Baden)
구조 엔지니어 : Bänziger + Bacchetta + Fehlmann, 스위스 취리히
시공 : Die Bauengineering AG, 스위스 생 갈렌(St, Gallen)

위치

Peter Märkli는 평평하고 길게 느려진 대지와 좀 더 아담하고 높은 대지에 각각 한 동씩, 두 동의 건물을 배치했다. 두 건물 간의 관계는 각각의 위치와 크기의 "차이"에 의해 매우 뚜렷하게 드러난다. 이들은 마치 하나의 단일한 조각 작품처럼 섞인다. 두 동 중에서 북쪽에 위치하는 건물은 체육관의 영역과 4층으로 이루어진 학교 영역이라는 두 개의 서로 다른 영역으로 구분된다. 후자의 영역은 초등학교와 다목적 홀 등의 공용 공간, 도서관과 식당으로 구성되어 있다.

남쪽 대지에 위치하는 4층의 건물(북측 건물이 3.0m의 천장고를 갖는데 반해, 이 건물은 3.5m의 천장고를 갖는다)은 중학교와 보육원으로 구성되어 있으며, 외부의 자전거 보관소와 함께 학교 단지의 남쪽 경계를 정의한다. 전체 단지에서 개방된 녹지 공간인 전정은 Oerliker Park와 동측의 Friedrich Traugott Wahlen Park를 잇는 연결부로써 기능하기도 한다. 큰 판형의 현장 타설 콘크리트 슬라브로 포장된 인접 영역은 재료의 선택과 형태적인 측면에서 인근의 보도 또는 도로와 뚜렷하게 구분되며, 이 학교 단지를 Zentrum Zurich Nord에서 두드러진 공용 시설로써 자리잡게 하고 있다.

단지 주변의 개발 지구 및 공원과 함께, 단지를 이루는 건물들의 배치는 서로의 경계를 계속적으로 변화시키며 외부 공간을 정의한다. 이러한 방법을 통해 서로 다른 학업 수준의 학생들이 단지 내에서 각자 독자적인 진입구와 외부 공간을 갖도록 하고 있다. 동시에 이는 단지를 이루는 건물군이 주변 환경과 더욱 잘 융화될 수 있도록 한다.

그림 200 : 모형, 1:500

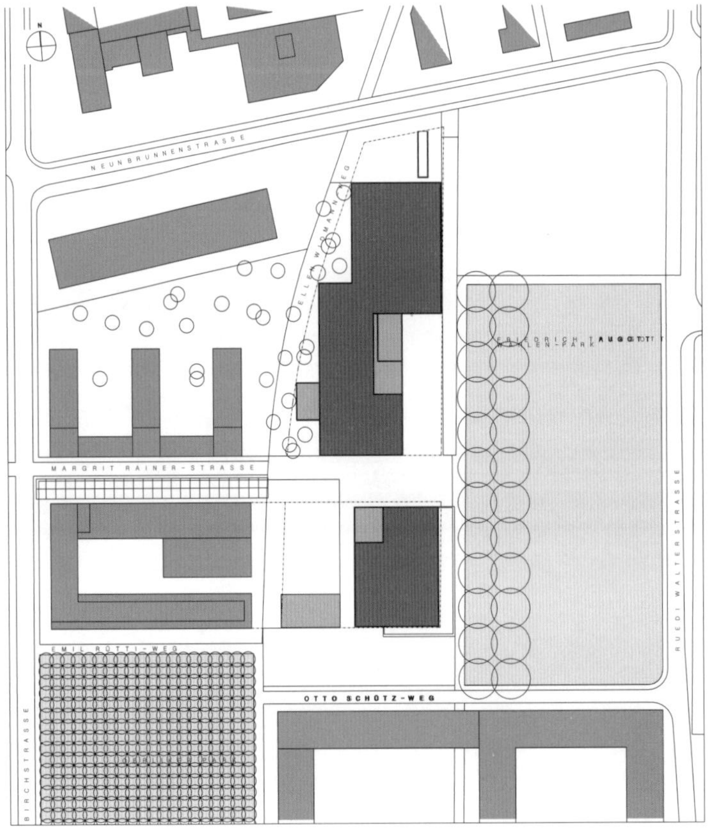

그림 201 : 배치도, 1:3000

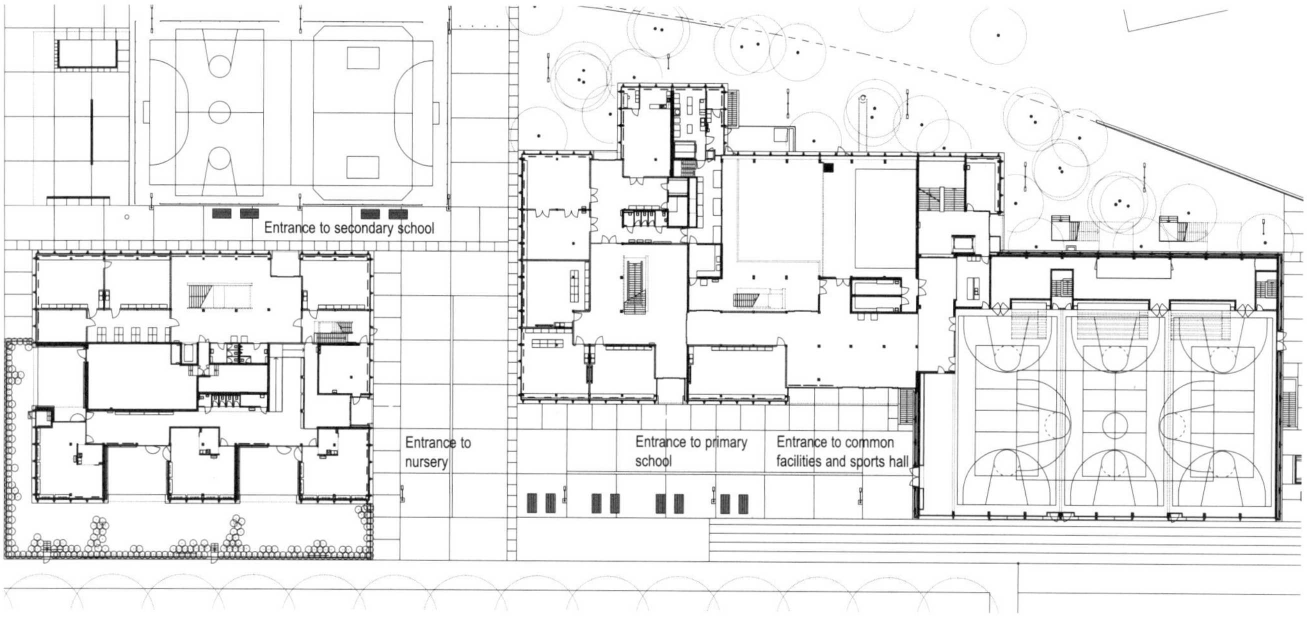

그림 202 : 1층 평면도

그림 203 : 2층 평면도

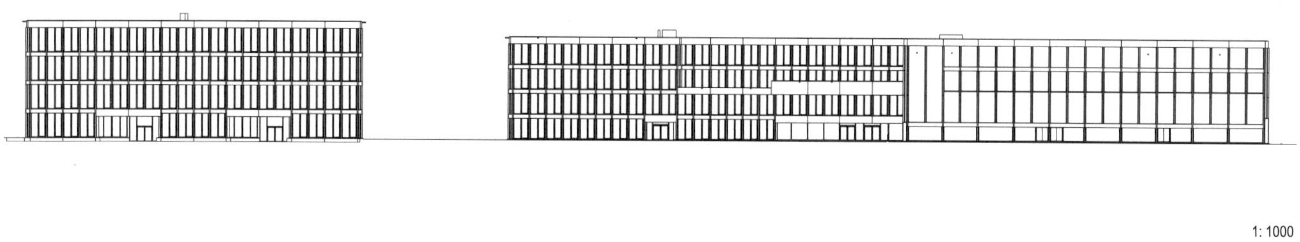

그림 204 : 동축 입면도

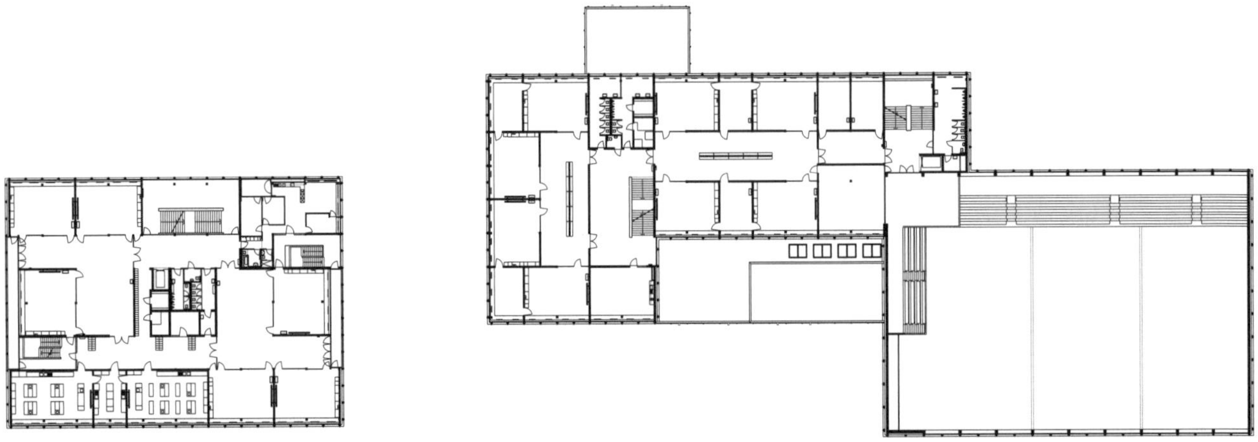

그림 205 : 3층 평면도

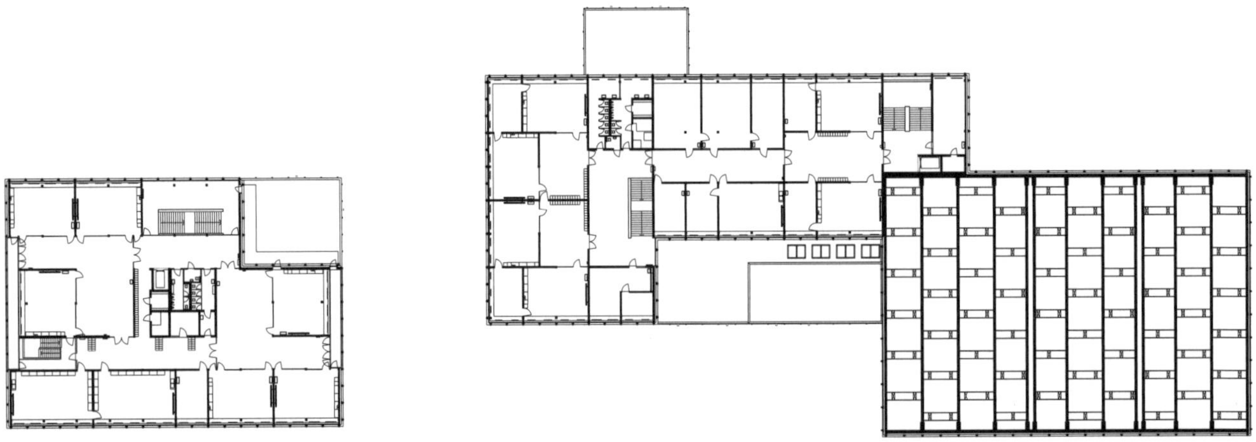

그림 206 : 4층 평면도

그림 207 : 중학교 단면도

그림 208 : 초등학교와 공용 공간의 단면도

그림 209 : 체육관 단면도

1: 1000

그림 210 : 중학교 내부 학습 단위의 로비

내부 공간의 레이아웃과 분류

서로 다른 수준의 교육 시설에 서로 다른 공간을 배정한다는 개념은 건물 안으로도 이어져 내부 공간에서도 나타나게 된다. 각각의 교육 시설은 여러 개의 공간으로 이루어져 있으며, 이러한 공간군은 건물 내에서 개별적인 영역을 형성한다. 2~4개의 교실과 1~2개의 소강당으로 이루어진 공간군은 공용 공간과 함께 하나의 학습 단위를 이루게 되는데, 이는 다시 말해 큰 건물 안에 자리 잡은 작은 학교라고 할 수 있다.

교실이 중앙 홀을 3면에서 둘러싸고 있는 형태의 내부 레이아웃은 건물의 깊이에 따라 만들어진 것이다. 중앙 공간을 적절하게 조명하기 위해, 홀을 둘러싸고 있는 벽은 모두 유리로 만들어졌다. 이러한 투명성과 내부 공간의 배치는 두 공간을 동시에 사용하는, 매우 조직화된 교수 기법을 가능하게 하며, 중앙의 홀을 공유함으로써 더욱 다양한 교수 기법을 사용할 수도 있다. 각각의 교실을 다른 공간으로부터의 시선으로부터 차폐하고자 할 때는 커튼을 이용한다.

중앙 홀 또는 중앙 로비로 특징 지어지는 이러한 레이아웃은 이 학교 건물을 주로 복도 체계를 따라 각각의 교실에 접근하게 되는 일반적인 학교와 차별화시키는 요소이다. 각각의 학습 단위는 학교 단지 내에서 동일한 위치에 수직적으로 만들어짐으로써 각 수준의 학생들의 영역을 더욱 확실하게 규정짓고 있다. 이러한 내부 레이아웃의 또 다른 중대한 측면은 바로 "분산 시스템 (deconcentration system)"으로 이는 지역 소방서의 규정에 따른 것이다. 분산 시스템은 학생들이 어느 교실에 서건 중앙 홀을 통과하지 않고도 피난할 수 있도록 제 3의 비상구를 제공한다. 이에 따라 중앙 홀에는 어떠한 제약도 없이 자유롭게 각종 설비를 비치할 수 있다.

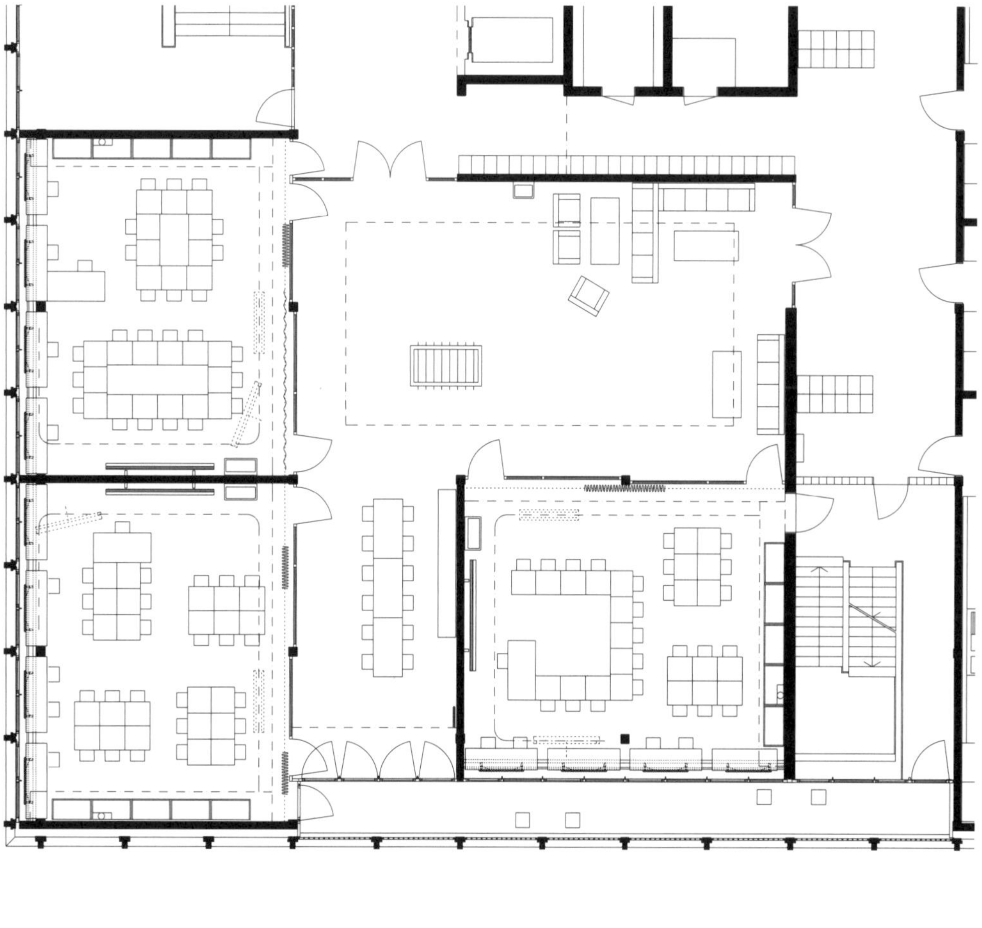

그림 211 : 학습 단위를 보여주는 평면도, 1:200
중학교

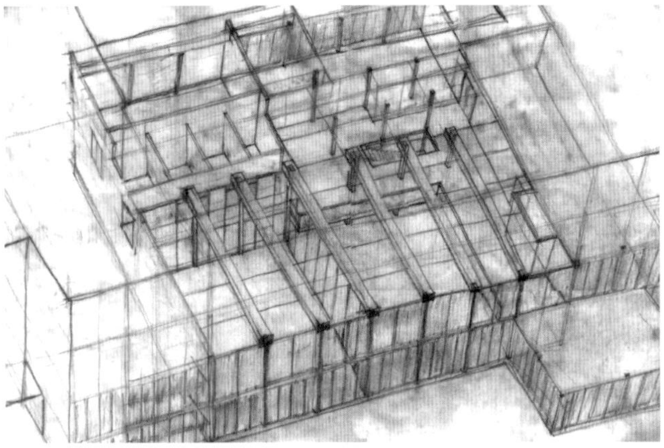

그림 212 : 아이소메트릭
음악실, 식당, 도서관을 둘러싸고 있는 공간의 레이아웃과 내력 구조체의 모습을 볼 수 있다 (스케치).

설계와 내력 구조

내력 구조체는 기둥과 슬라브로 구성된 시스템으로 횡응력에 저항하기 위해 노출 콘크리트 벽이 추가적으로 사용되었다. 경량 부재인 벽돌과 유리 블록으로 만든 벽은 비내력 부재이다.

벽기둥 띠가 돌출된 파사드의 규칙적인 레이아웃은 파사드 뒤에 감춰진 내력 기둥의 배열을 겉으로 드러내는 듯이 보인다. 그러나 좀 더 자세히 건물을 들여다 보게 되면 기둥의 레이아웃과 내력벽의 배치가 다양하게 변화하고 있음을 알 수 있다. 음악실, 체육관 등 서로 다른 구조와 크기를 갖는 공간들과 학습 단위를 한데 섞기 위해서는 내력 구조체 역시 이에 따라 조정되어야만 했다. 특히 1층의 내력 구조는 외부 공간과의 관계와 진입구의 위치를 고려하여 결정된 것이다. 공용 공간 및 체육관으로 향하는 진입구와 보육원으로 향하는 진입구 주변에서 기둥을 통해 전달된 하중은 하중 전달 구조체로써 기능하는 다운스탠드 보를 통해 전달된다.

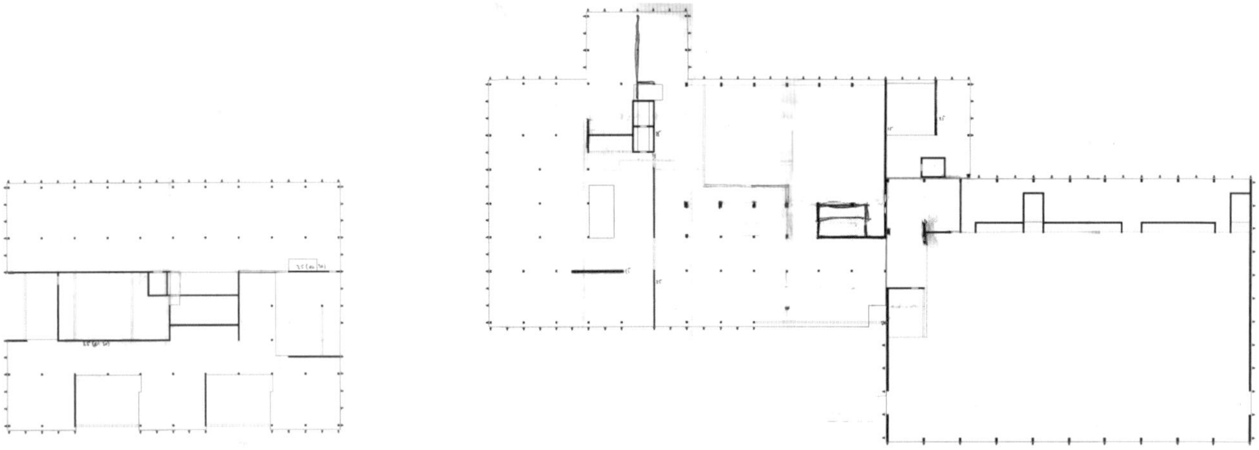

그림 213 : 내력 구조체, 1층, 1:1000
설계 프로세스 중 수작업으로 그린 평면도

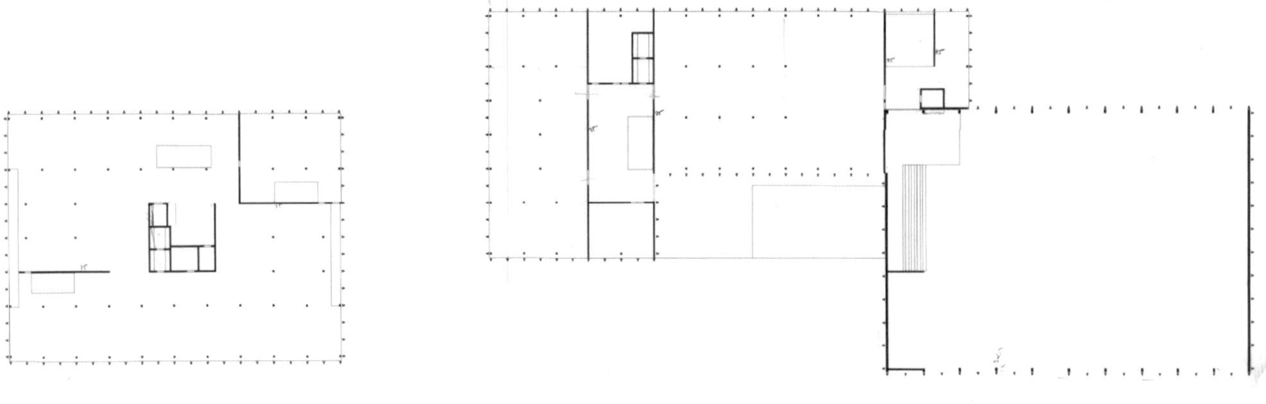

그림 214 : 내력 구조체, 3층과 4층, 1:1000

그림 215 : 공사 중의 모습
중학교로 향하는 진입구, 2층 바닥 슬라브, 프리캐스트 콘크리트 부재의 모습

27m에 달하는 지정으로 이루어진 콘크리트 지정 기초를 통해 하층토에 전달된다.

노출 콘크리트 내력벽의 마감은 제2종 거푸집을 사용하여 이루어졌으며, 이는 시공 과정에서 어떠한 거푸집을 사용하는가의 여부에 따라 달라지는 거푸집 판넬의 크기를 굳이 명시하지 않더라도 동일한 부재를 사용하여 균일한 표면 질감을 얻을 수 있음을 의미한다. 건축가가 지정할 수 있는 것은 판넬 사이에 만들어진 줄눈의 방향 뿐이다. 줄눈의 위치와 외관은 모두 사용자에 의해 결정된다.

큰 경간을 갖는 공간들을 덮기 위해 바닥 슬라브의 두께는 340mm로 만들어졌다. 그러나 경제적인 이유에 따라 큰 경간이 필요하지 않은 부분에 대해서도 슬라브의 두께는 동일하게 유지되었다. 이렇듯 엄청난 부피의 콘크리트 슬라브에 따라 건물에는 별도의 차음재가 필요하지 않았다.

사전 제작을 통해 만든 세장한 (250 x 250 mm) 노출 콘크리트 기둥이 나타내는 어두운 색조는 사용된 골조의 물성과 높은 시멘트 비율에 따른 것이다. 이러한 고강도 콘크리트는 압축 강도에 있어 더욱 향상된 구조 성능을 나타낸다. 하중은

그림 216 : 기둥과 벽
중학교 진입부, 제2종 거푸집을 사용하여 만든 노출 콘크리트 벽, 프리캐스트 콘크리트 기둥의 모습

그림 217 : 공사 중의 모습
현장 타설 콘크리트 기둥과 체육관의 노출 콘크리트 벽, 현장 타설 콘크리트에 사용된 보강 철근의 모습

그림 218 : 벽기둥 띠
프리캐스트 콘크리트 부재
이러한 벽기둥 띠는 별도의 받침이나 주추 없이도 벽으로부터 돌출된 각주 형태의 수직 부재로 기능한다.

설계 I

파사드의 느낌은 건물의 표면을 수직적으로 분할하는 사전 제작 콘크리트 벽기둥 띠로 특징지어진다. 이 부재는 단순히 장식적인 기능을 할 뿐만 아니라, 창문을 고정하는 기능을 하기도 한다. 교사동과 체육관 등 모든 파사드가 이러한 시스템을 사용하여 만들어졌다.

지붕 단부, 벽기둥 띠, 슬라브 단부, 기단 등에 서로 다른 사전 제작 콘크리트 부재를 사용함으로써 차분하고, 정적이며, 고전적인 파사드의 느낌을 형성하고 있다. 벽기둥 띠의 간격은 구조 레이아웃의 그리드 간 거리의 절반으로, 이를 통해 내장재로 유리, 회반죽 마감, 기타 콘크리트 부재, 철제 판넬(피난 계단의 안전 난간) 등의 다양한 재료를 사용할 수 있었다. 이러한 내장재들은 공간을 둘러싸고 있는 주변 공간들과의 관계에 따라 다르게 사용되었다.

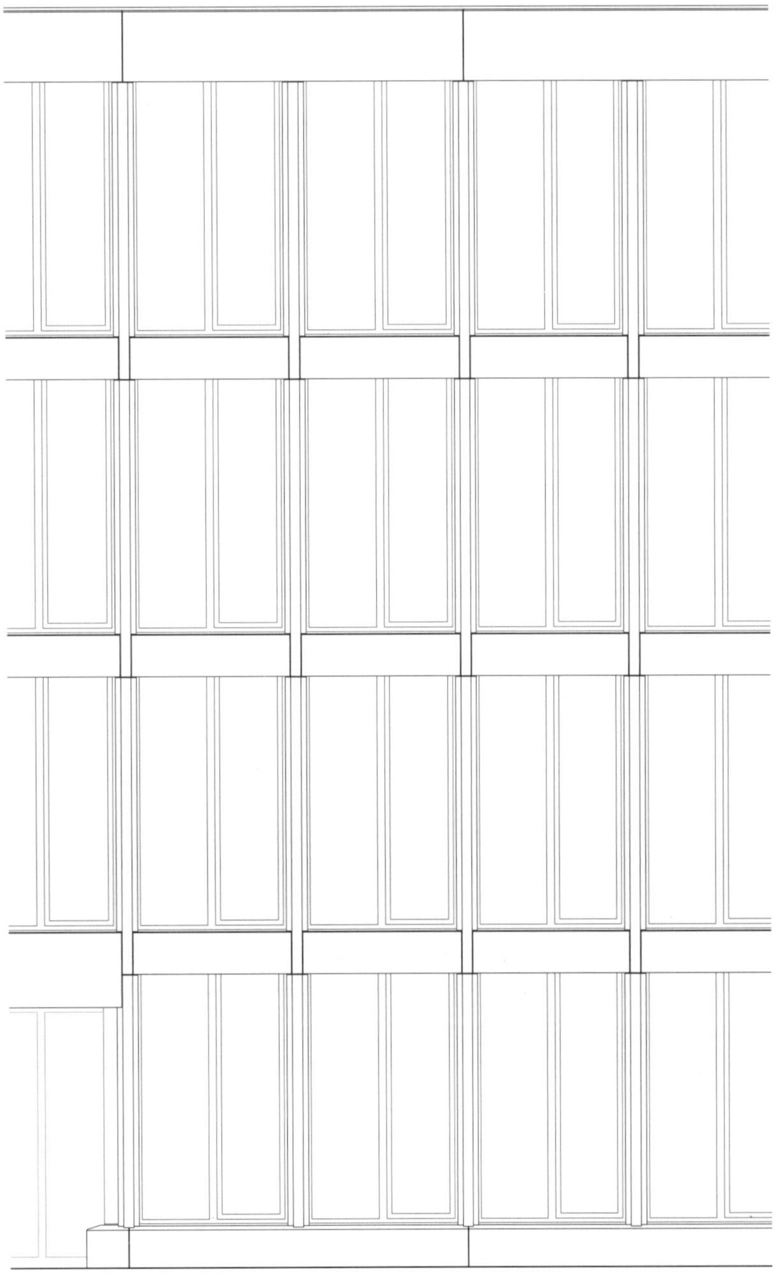

그림 219 : 입면도, 1:50

그림 220 : 건물의 모퉁이와 지붕 단부의 모습
철제 안전 난간, 모르타르를 바른 벽돌 벽의 모습

그림 222 : 초등학교와 체육관을 담고 있는 건물의 모습

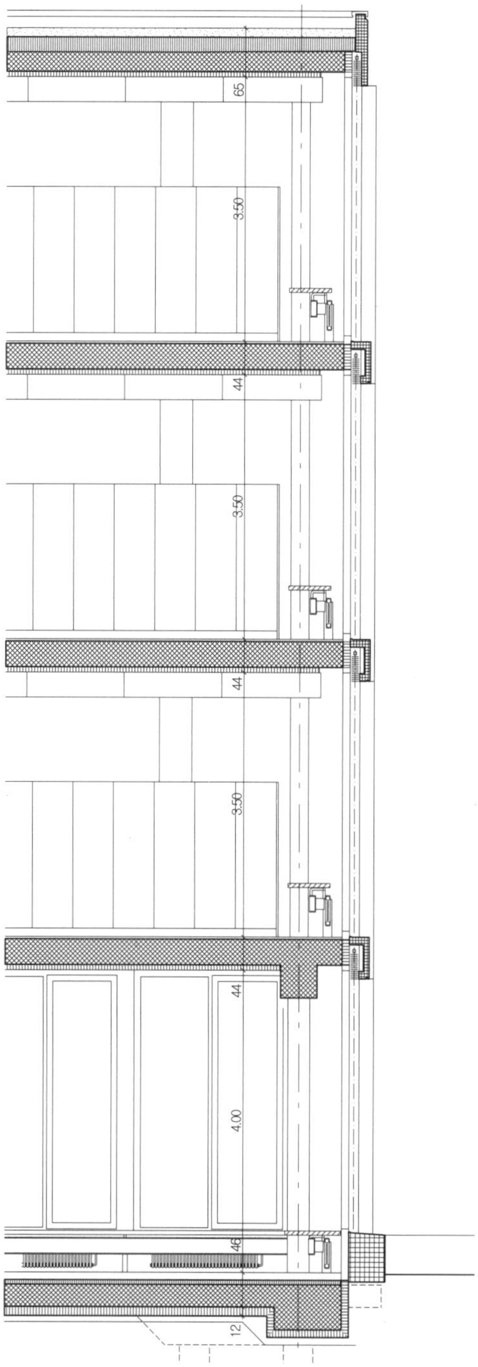

그림 221 : 단면도, 1:50

지붕	
옥상 식재(계획되지 않음)를 위한 하층토, 배수용 매트	100 mm
분리층	
방수층, 식물 성장 저항층 EP 4	10 mm
광물 섬유 단열재	200 mm
수분 차단막, VA 4, 완전 접착	10 mm
노출 콘크리트 슬라브	260 mm
방음 천장 판넬	70 mm
합계	*650 mm*

바닥, 상부층	
리놀륨 / 접착제	5 mm
수분 차단막	
섬유 보강 스크리드	25 mm
노출 콘크리트 슬라브	340 mm
방음 천장 판넬 (도색된 천공 석고보드)	70 mm
조명 장치	
합계	*440 mm*

바닥, 1층	
리놀륨 / 접착제	5 mm
섬유 보강 스크리드	85 mm
또는	
(12mm 두께의 판석 접착	
78mm 두께의 스크리드)	
광물 섬유 차음재	20 mm
단열재, 발포 폴리스티렌	
(F20)	40 mm
수분 차단막	10 mm
콘크리트 슬라브, 방수	300 mm
폴리스티렌 시트, 0.2 mm	
단열재, 사출 성형 폴리스티렌	120 mm
포장층, 버림 콘크리트	
합계	*580 mm*

설계 II

기둥-보 구조(예 : Le Corbusier의 도미노 구조)를 차용한 기존의 구조와 비교해 볼 때, 건축가는 이 건물에서 파사드를 구조로부터 독립적으로 배치한다거나, 내부 공간의 레이아웃을 완전히 자유롭게 만들려고 하지 않았다. 대신 건물에 사용된 시스템은 파사드의 구조에 대한 중립적인 골조라고 할 수 있다.

각각의 콘크리트 부재를 간결하고 단순하게 조립하여 건물을 만드는 이 시스템은 사전 제작과 축조의 원리를 통해 가능해진 것이다. 공사의 첫 단계는 바닥 슬라브의 단부를 단열 처리하고 차후에 창문을 설치할 수 있도록 앵글(angle)을 부착하는 일이다. 1층에서 첨두를 포함한 슬라브 단부의 크기는 440 x 330 x 300mm로 이 위에 사전 제작된 기단이 놓이게 된다. 벽기둥 띠는 매 층마다 내력 구조체, 즉 콘크리트 슬라브의 단부에 고정된다. 그 후 차양을 가리고 보호하며 상부에 놓일 창문의 밀봉재로써 기능하는 수평 콘크리트 부재를 벽기둥 띠에 고정한다. 벽기둥 띠에는 내력 파사드 앵커와 스페이서 볼트(spacer bolt)가 사용되는 반면, 지붕 단부 부재는 Omega 익스팬션 앵커(expansion anchor)를 사용하여 고정된다. 벽돌 내장 판넬은 현장에서 만들어진다. 공사의 두번째 단계에서는 단열재가 부착된다. 단열재는 220mm 두께의 발포 폴리스티렌으로 벽돌 내장재에 직접 부착된 후 모르타르를 사용하여 마감 처리된다. 알루미늄제 창은 사전에 설치된 벽기둥 띠 사이의 앵글에 부착된다. 모든 프리캐스트 콘크리트 부재들은 오픈 조인트(open-joint) 공법을 사용하고 있는데, 이는 부재의 형태와 이들의 접합 방식이 별도의 밀봉재를 필요로 하지 않도록 설계되었음을 의미한다.

그림 224 : 공사 중의 모습
벽기둥 띠, 수직 콘크리트 부재, 조적재 내장 판넬의 모습

그림 223 : 벽기둥 띠의 고정
벽기둥 띠와 파사드 앵커, 수직 콘크리트 부재를 지지하는 스페이서 볼트가 보이는 슬라브의 하부 모습

그림 225 : 기단
돌출된 1층 슬라브와 기단의 영역

그림 226 : 중학교 건물의 파사드
고정된 부분과 바닥에 매달린 부분, 고정식 책상과 라디에이터의 모습

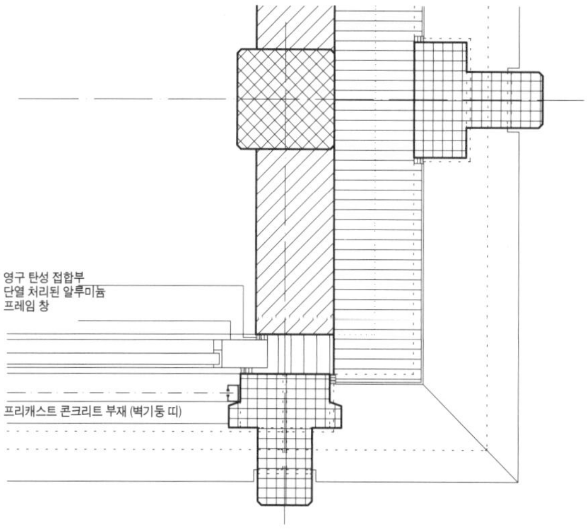

그림 227 : 상세도, 1:20
석제 내장재와 외부 단열재의 연결방식을 보여주는 건물 모퉁이의 상세, 초벽마감

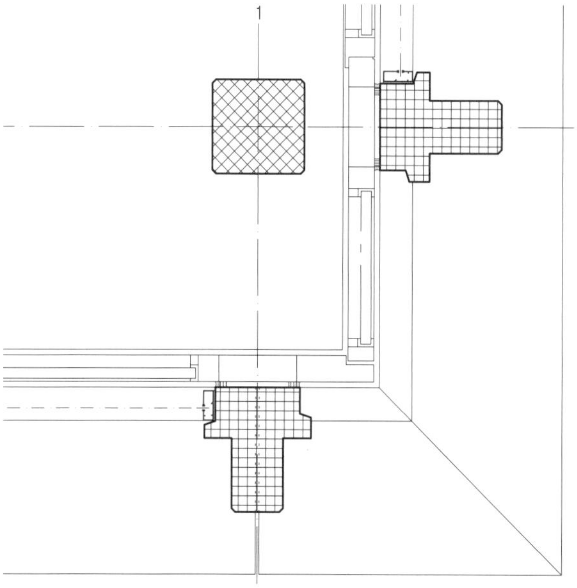

그림 228 : 상세도, 1:20
1층의 비대칭적인 모퉁이의 모습에서 기단 부재를 확인할 수 있다.

벽기둥 띠가 이루는 그리드 사이에 놓인 한 층 높이의 개구부는 다시 둘로 나뉜다. 각각의 창은 고정된 부분과 바닥에 매달린 부분으로 구성된다. 건물에 설치된 공조 시스템와 열회수장치는 스위스 "미너기 표준(Minergie Standard)"을 따르는 것이다. 교실에는 강의에 필요한 각종 기구들을 담기 위해 고정식 선반이 설치되어 있으며, 선반의 아랫면에는 신선한 외부 공기를 공급하는 송풍구가 나 있다. 배기는 내벽을 따라 전개되는 달천장 내부 덕트를 통해 이루어진다.

모든 교실에는 공용 공간인 중앙 홀의 유리벽을 따라 블라인드 또는 커튼이 설치되었다 (그림211 참조). 교실은 루버 블라인드를 사용하여 채광량을 줄일 수도 있다. 또 한가지 특징적인 점으로는 고정식 탁자를 들 수 있는데, 이는 기둥 사이에 설치되어 라디에이터를 감추는 기능을 하기도 한다. 각종 설비 시설은 창문 하부의 스팬드럴 판넬을 따라 전개되는 덕트를 통해 연결된다.

그림 229 : 파사드의 모습
초등학교 건물에서 1층과 2층 사이 모퉁이의 모습

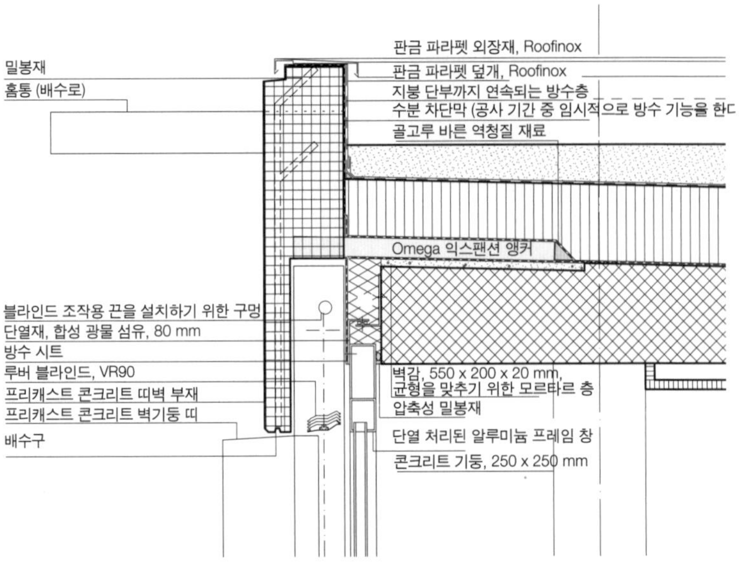

그림 230 : 지붕 상세도, 1:20

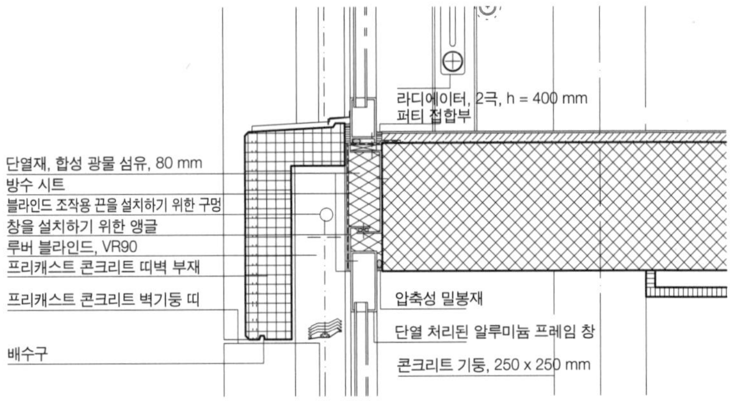

그림 231 : 바닥 슬라브 단부 상세도, 1:20

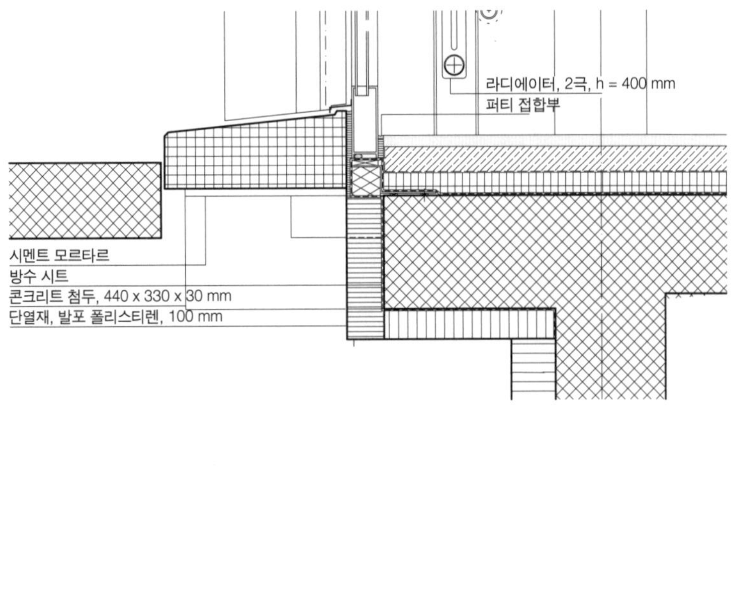

그림 232 : 기단 상세도, 1:20

그림 233 : 계단의 모습
현장 타설 콘크리트와 석회화의 접합부

재료

건물의 외부에서 볼 수 있는 재료는 프리캐스트 콘크리트 부재(벽기둥 띠, 스팬드럴 판넬, 기단을 이루는 부재)와 회색으로 산화피막 처리된 알루미늄 창이다. 이들 재료와 각 재료들이 사용된 방식은 건물의 전체적인 색을 결정하고 있는데, 파사드에 사용된 콘크리트 부재들이 밝은 색조를 나타내는데 반해, 어둡게 보이는 창유리와 어두운 색조의 초벌칠을 사용함으로써 단지 전체의 느낌은 억제된 듯한 느낌의 "색조"로 다가온다.

건물을 이루는 내력 구조체는 내부 공간에서 항상 눈으로 볼 수 있게 드러나 있다. 노출 콘크리트 표면의 울퉁불퉁하고, 거친 질감은 투명 래커칠로 마감되어, 벽을 마치 돌처럼 보이게 하는 효과를 얻고 있다. 유리 블록 벽, 건물에 사용된 창유리, 흰색의 유리 섬유 벽지로 마감된 벽돌 벽 등의 비내력 부재들은 구조 부재를 보충하는 역할을 한다. 계단실과 진입부 로비 주변에는 다공질 트래버틴(대리석의 일종)포석이 사용된 반면, 교실들에는 베이지색의 리놀륨이 사용되었다.

건물에 사용된 각종 재료와 재료들의 서로 다른 표면의 느낌은 하나로 모여드는 듯이 보인다. 이는 건축에 대한 실용적인 접근 방식을 제안하고 있는 것으로, 재료간의 접합, 유리에 프레임을 입히는 방식, 기단의 상세 등에 있어 규칙을 확립한다는 것이 건축가가 최우선적으로 의도했던 것이다. 이러한 재료의 통합은 건물의 계획 과정에서 어러가지 사항을 쉽게 조절하게 하는 도구일 뿐 아니라, 건물의 크기에 적합한 접근 방식이 된다.

계단 단부의 상세와 계단에 사용된 대리석을 예로 들어 보면, 재료간의 접합에 관하여 건축가가 어떻게 생각하고 있는지를 쉽게 알 수 있다. 재료의 정확성에 있어 실무상 차이가 발생하는 부분은 모두 그 상태 그대로 유지된 채 현장 타설 콘크리트의 타설 과정에서 이런 치수상의 오차를 보정하고 있는데, 이에 따라 계단의 단부는 눈에 잘 띠는 돌출된 형태로 만들어지게 되었다.

그림 235 : 식당 및 체육관으로의 진입부
진입부 기둥은 석회화로 마감되었다.

각 부재와 재료의 건축적인 배치와 사용은 건축 설비 시설의 배치를 통해서도 명백하게 확인할 수 있다. 덕트는 바닥 슬라브 내부에 수평적으로, 바닥 슬라브 단부를 따라 로비 주변에 배치되는 효율적인 방법을 사용하고 있다. 설비 덕트는 회색의 메탈시트로 덮혀 있으며 모든 교실에 서비스를 제공하기 위해 바닥판을 따라 스스로 길을 찾아가는 듯한 느낌으로 배치되어 있다.

그림 234 : 교실에 사용된 재료
노출 콘크리트 하부와 조명 장치가 설치된 석고 방음 판넬, 회색 판금으로 덮힌 환기 덕트, 유리벽과 커튼, 자료를 걸기 위한 알루미늄 레일, 개수대와 칠판, 바닥을 덮고 있는 베이지색 리놀륨의 모습

Chur Teacher Training College, science wing

Bearth + Deplazes

Valentin Bearth, Andrea Deplazes, Alois Diethelm

위치와 테마

과학 연구동은 Grisons Teacher Training College에서 새롭게 증축된 건물이다. 4개의 콘크리트 단이 차례대로 적층된 건물의 건축적 어휘와 교실과 준비실로 나뉘는 건물의 구획은 간결한 공간 체계와 경제적인 건축 방식을 보여준다.

내부 공간과 파사드의 투명성은 모든 사람이 과학 활동을 있는 그대로 볼 수 있기를 바란다는 의도에서 만들어진 것이다. 생명과 자연을 연구하는 건물로써, 결정 구조에서 보이는 정밀한 격자 형태와 분자 구조에서 모티브를 얻어 만들어진 이 각이지고, 광택이 나는 유리 상자 형태의 합리적이고 과학적인 건물은 야외 경작지 속에 자리잡고 있다. 건물은 마치 낭만적인 느낌의 인공물들 사이에 자리 잡은 합리적인 느낌의 인공물이자, 자연의 "모형" 옆에 놓인 자연의 "반영"이라고도 할 수 있다.

건물에서 찾아볼 수 있는 색이 오직 실험실에 사용된 회색뿐인 것처럼 건물은 색의 사용을 최소화하고 있으며, 이러한 과학 실험실의 간결하고 인공적인 느낌은 대지를 덮고 있는 식재들에서 찾아 볼 수 있는 강렬하고, 다양하며, "회화적인" 푸르름과 대조적으로 나타난다. 건물의 주변에 자라난 나무, 수풀, 덩굴, 고비 등은 유리 건물 높이 만큼 자라 건물을 에워싸고 있다. 관찰자와 피관찰자가 돌연 뒤바뀌게 되는 것이다.

건축가 : Bearth + Deplazes, 스위스 쿠어 (Chur)
공사 기간 : 1997 - 1999
프로젝트 매니저 : Bettina Werner
구조 엔지니어 : Fredy Unger, 스위스 쿠어

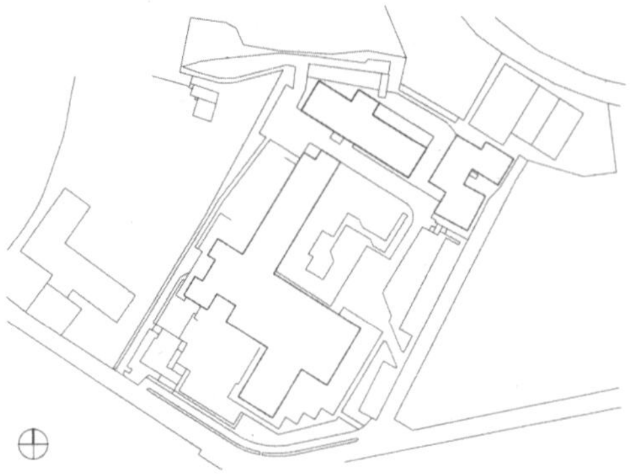

그림 237 : 배치도
스위스 쿠어 Hoffelsen 지방의 아래쪽에 위치하는 새로운 건물

그림 236 : 남측 파사드
정면에서 바라보면, 건물을 관통하여 건물 뒤의 모습을 볼 수 있다.

내부 공간의 레이아웃과 내력 구조 I
현장 타설 콘크리트로 만든 내력 구조체는 4개의 단을 차례대로 적층시킨 형태로 이루어져 있으며, 각각의 단이 한데 모여 만들어 내는 집합체는 한 편에 위치하는 코어를 통해 보강된다. 기둥이 이루는 열은 다운스탠드 보와 결합하여 건물의 장변과 평행한 방향으로 전개되는, 골조 같은 느낌의 5구획 짜리 이음보를 형성한다. 달천장은 두 개의 이음보에 걸쳐 놓이게 되며 보에 의해 둘러 싸이게 된다.

건물의 장변에 수직하게 위치된 보와 대조적으로, 이러한 배치 방식은 건물에 필요한 각종 설비 시설(전력, 급수, 배수, 가스, 실험실에 필요한 정보 시설)이 수평적으로 전개될 수 있도록 한다. 코어를 떼어놓고 생각해 볼 때, 내력 구조체는 내부 공간의 용도나 내부 공간의 레이아웃을 제한하지 않는다. 교실, 부속실, 진입부의 구분은 주로 세로 방향으로 놓인 유리벽(건물의 투명성을 위해 사용되었다)등의 비내력 부재에 의해 이루어진다. 건물 내에서 주요 공간은 적절한 크기의 기둥(600 x 600 mm) 사이에 설치된 고정식 찬장 등의 내벽을 통해 구획이 이루어진다.

이상적인 내력 구조체 덕분에 건물의 내벽은 사용자가 자유롭게 배치할 수 있고, 계속적으로 그 위치를 변화시킬 수도 있으나, 층뒤판과 배수관의 위치에 따라 다소간의 제약을 받게 된다. 이러한 수직 설비 시설의 샤프트는 코어 좌, 우측 두 개의 기둥을 따라 위치되어 있으며, 그 위치를 변경할 수 없다 (그림 238의 "a" 부분 참조). 반면 단에 위치하는 건축 설비들은 구조로부터 자유롭다. 설비 샤프트 등의 방법으로 설비 시설의 연결에 코어를 이용하기 위해서는 이 부분에 위치하는 다운스탠드 보에 구멍을 뚫거나 달천장을 필요로 하기 때문에, 코어를 사용하는 방법은 불필요하며 단 자체를 이용한 방식을 사용한다.

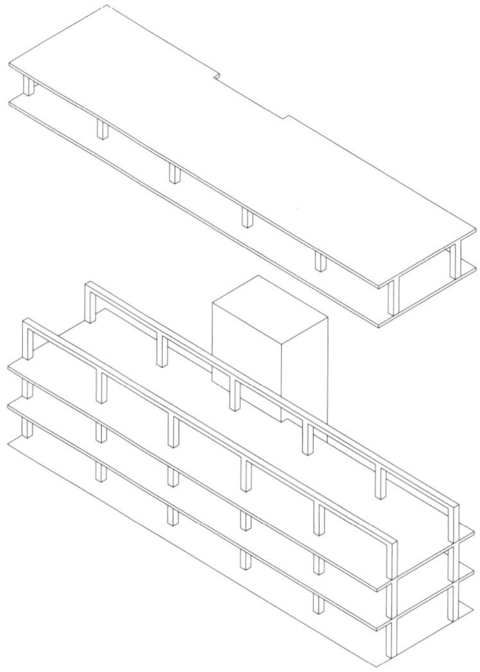

그림 239 : 구조 시스템의 엑소노메트릭
적층된 콘크리트 "단"

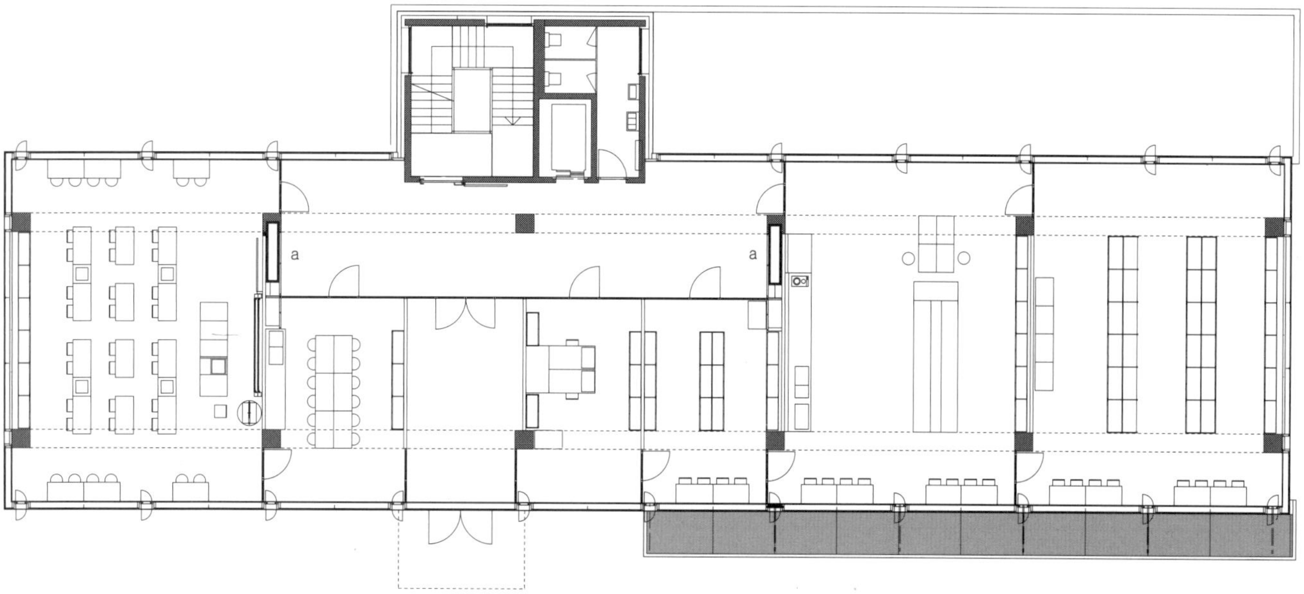

그림 238 : 1층 평면도
복도 없이도 각 공간에 직접 접근할 수 있다.
a) 수직 설비 샤프트

내부 공간의 레이아웃과 내력 구조 II

그림 240 : 세미나실
다운스탠드 보 사이의 달천장이 사용되었으나, 노출콘크리트의 하부만이 파사드 쪽에 면한다 (단면도 참조).

그림 241 : 세미나실
차일을 내렸을 때도 외부 경관을 볼 수 있다.

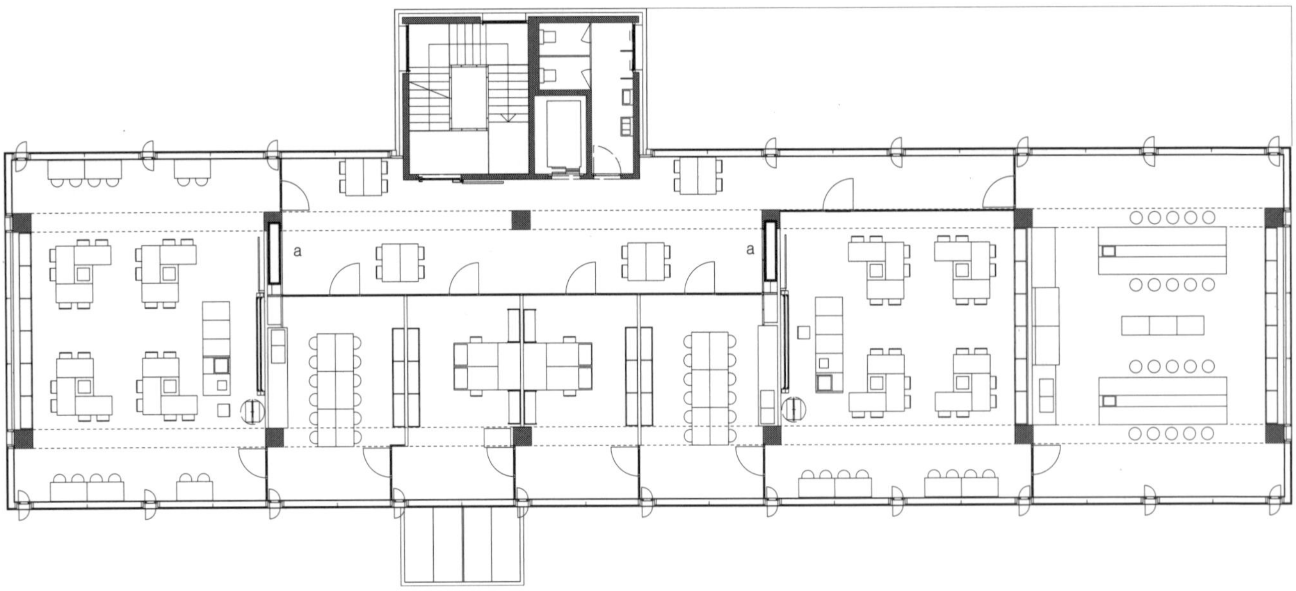

그림 242 : 2층 평면도
계단실 근처의 로비와 동쪽에 위치하는 공간에 접근하기 위한 내부 복도의 배치
a) 수직 설비 샤프트

0 1 5 m

내부 공간의 레이아웃과 내력 구조 III

그림 243 : 북측 파사드
계단실이 위치하는 코어는 전체 구조를 보강한다.
프레임이 없는 유리 커튼월의 모습

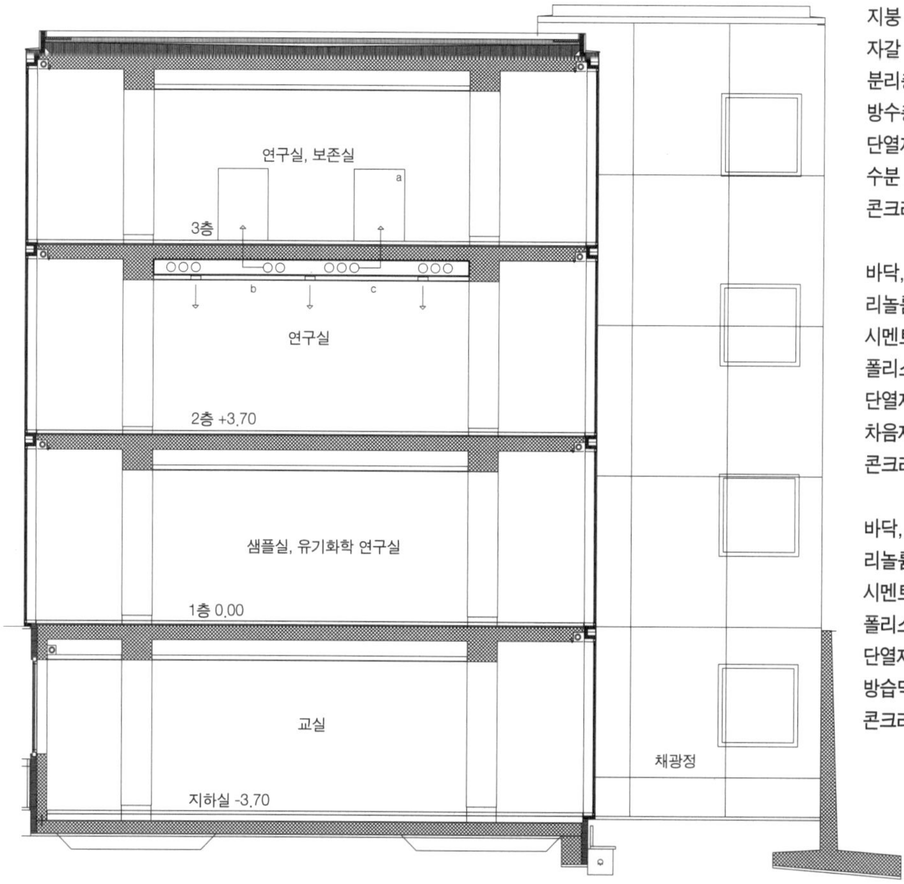

지붕
자갈
분리층 (필터 플리스)
방수층, GV3 + 식물 성장 저항층 EP4
단열재 (다공성 유리, T4)
수분 차단막 (임시적인 방수 기능), GV3
콘크리트 슬라브

바닥, 상부층
리놀륨
시멘트 스크리드
폴리스티렌 시트
단열재
차음재
콘크리트 슬라브

바닥, 지하실
리놀륨
시멘트 스크리드
폴리스티렌 시트
단열재
방습막, VA4
콘크리트 슬라브

그림 244 : 단면도
적층된 콘크리트 "단" 과 코어의 모습, 지하실에는 채광정이 사용되었다.
a) 연구실 작업대 / 설비 공급 시설 b) 설비의 수평적 분배 c) 조명 장치

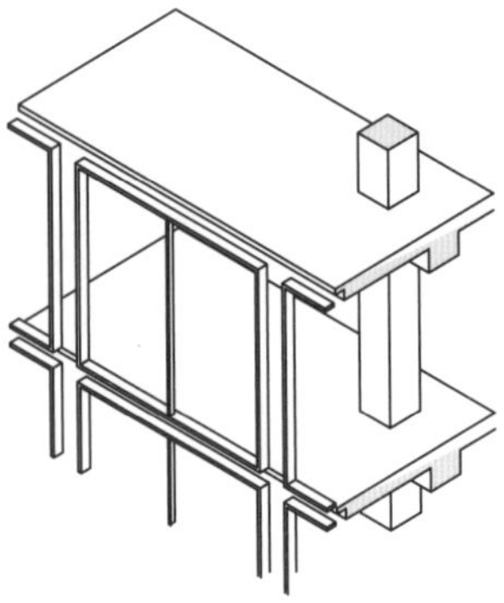

그림 245 : 콘크리트 부재(주요 내력 구조체)와 경량 철제 프레임(보조 구조체)
프레임은 바닥판 단부에 설치된다.

설계와 실현 - 커튼월

파사드는 정방형에 가까운 골조 시스템을 기반으로 하고 있으며, 각각의 프레임의 상, 하부는 바닥판 단부에 고정되었다. 프레임(post-and-rail 방식)은 사이에 적절한 여유 공간이 형성될 수 있도록 위치되었다. 이렇게 만들어진 수평 공간은 외부 차양을, 수직 공간은 환기용 덮개를 담게 된다.

양극 산화 처리된 알루미늄 플레임의 중앙에 사용된 T형 부재는 창에 사용될 유리의 폭을 반으로 줄여, 유리 구입에 쓰이는 비용을 크게 줄이는 효과를 얻고 있다. 이중창의 내측 유리는 안전 합판 유리를 사용하고 있어 별도의 난간(안전용 울타리)을 필요로 하지 않는다. 앞에서 언급했던 내측으로 열리는 환기용 덮개를 통해 자연 환기가 가능하다. 덮개 바깥쪽에 위치하는 루버는 날씨에 관계 없이(예 : 하절기의 야간 환기, 강우시의 환기) 자연 환기를 가능하게 함은 물론, 침입자가 건물 내부로 쉽게 접근할 수 없도록 하는 역할도 한다. 중앙의 덮개는 내부 공간이 외부 세계와 물리적으로 연결되기를 바란다는 교수진의 요구에 따라 설치되었다.

프레임 사이의 공간을 위와 같은 방법(차일과 환기용 덮개의 설치)으로 사용함에 따라 창유리를 프레임과 평평하게 설치할 수 있었고, 이는 창과 프레임이 동일한 평면 상에 위치하는 마치 한 겹의 껍질과도 같은 형태의 외피를 만들어 냈다. 건물의 모퉁이에는 단이 나 있는 유리(유리를 프레임 없이 설치할 수 있다)를 사용함으로써 파사드의 느낌을 더욱 강조하고 있다. 건물 내에 사용된 모든 공학 설비들은 고정식으로 설치되어, 외부에서 파사드를 바라볼 때 모든 요소가 마치 시계장치처럼 정밀하고 규칙적으로 나타나게 했다.

그럼에도 불구하고, SFr 970/m²(차일, 환기용 덮개, 내부 블라인드의 연결 등을 포함한다, 1999년 판)에서 이는 비용 효율이 높은 커튼월 시스템이라 할 수 있다.

그림 246 : 파사드의 모습
프레임이 사용되지 않은 모퉁이 창의 상세 (단이 있는 유리)

파사드
1 알루미늄제 파사드 부재, 60 x 180 mm
2 이중창, 내측 창은 안전 합판 유리로 만들어졌다.
3 유리를 고정시키기 위한 외부 고정 장치
4 벽감 : 60mm 두께의 암면 단열재와 알루미늄 박판 내장재
5 외부 차양으로써 기능하는 차일 (아크릴 직물)
6 슬라브 하부 벽감에 설치된 내부 블라인드
7 내부 공간과 동일한 높이의 환기용 덮개
8 "심리적인 효과를 위해" 밖으로 개방되는 덮개 (4번과 유사한 벽감)

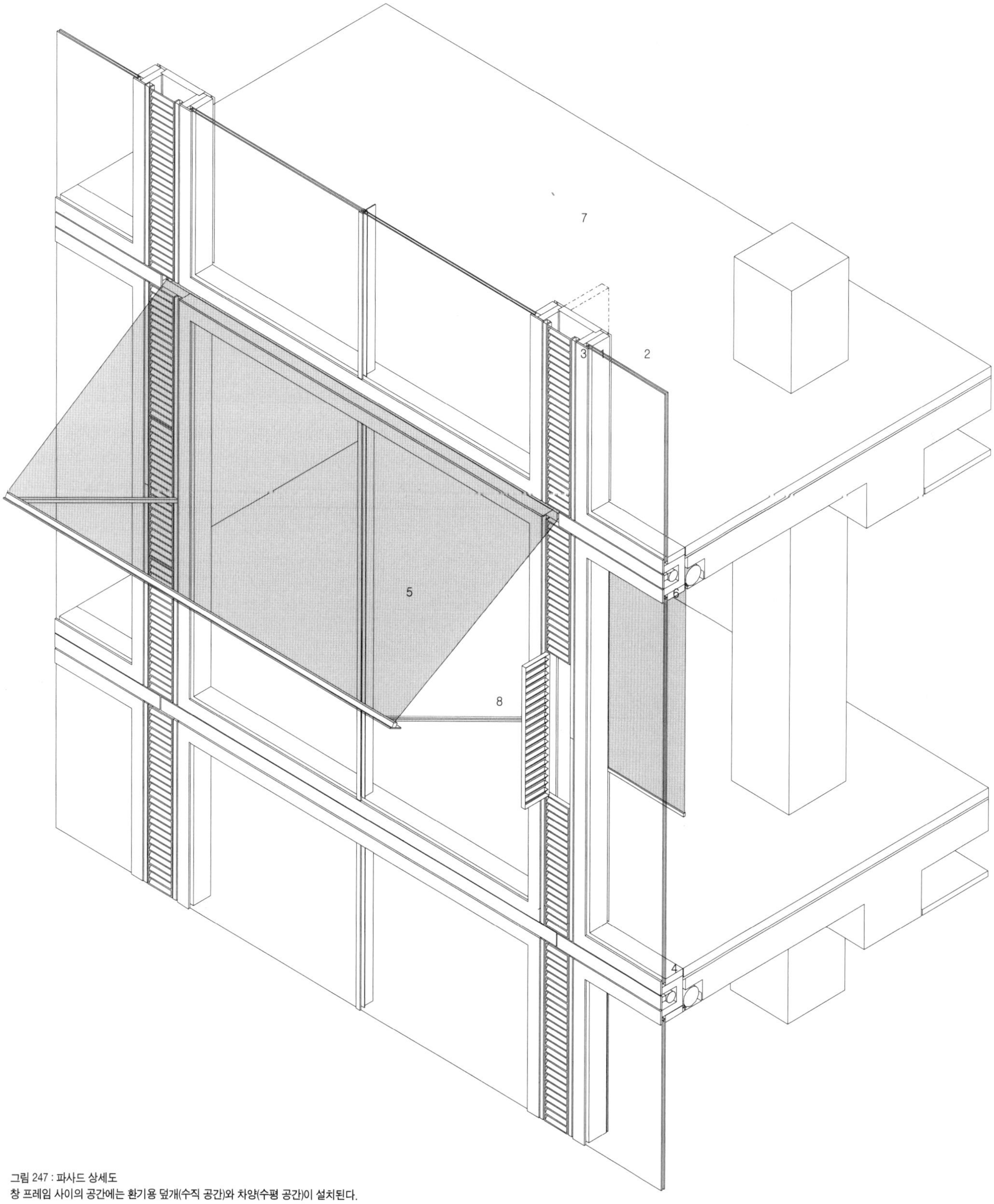

그림 247 : 파사드 상세도
창 프레임 사이의 공간에는 환기용 덮개(수직 공간)와 차양(수평 공간)이 설치된다.

그림 248 : 진입부가 위치하는 남측 파사드
환기용 덮개가 열려 있다.

파사드
a. 알루미늄제 파사드 부재, 60 x 180 mm
b. 파사드 부재를 부착하기 위한 브래킷(bracket)과 주조 레일
c. 이중창, 내측 창은 8mm 두께의 안전 합판 유리, 외측 창은 8mm 두께의 플로트 유리
(건물의 모퉁이에 위치하는 프레임이 없는 창 : 8mm 두께의 강화 안전 유리)
d. 유리를 고정시키기 위한 외부 고정 장치 (b = 60 mm)
e. 큰 폭의 커버 스트립(cover strip) (b = 120 mm)
f. 60mm 두께의 암면 단열재와 알루미늄 박판 내장재
g. 차일의 앞쪽 단부
h. 직선 차일 지지대
i. 슬라브 하부 벽감에 설치된 내부 블라인드
j. 벽감에 설치된 형광등

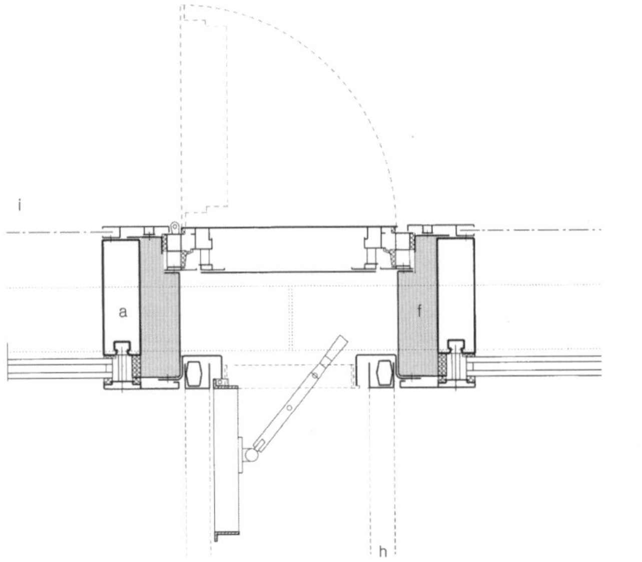

그림 249 : 횡단면도
내, 외부 환기용 덮개의 수직적 연결

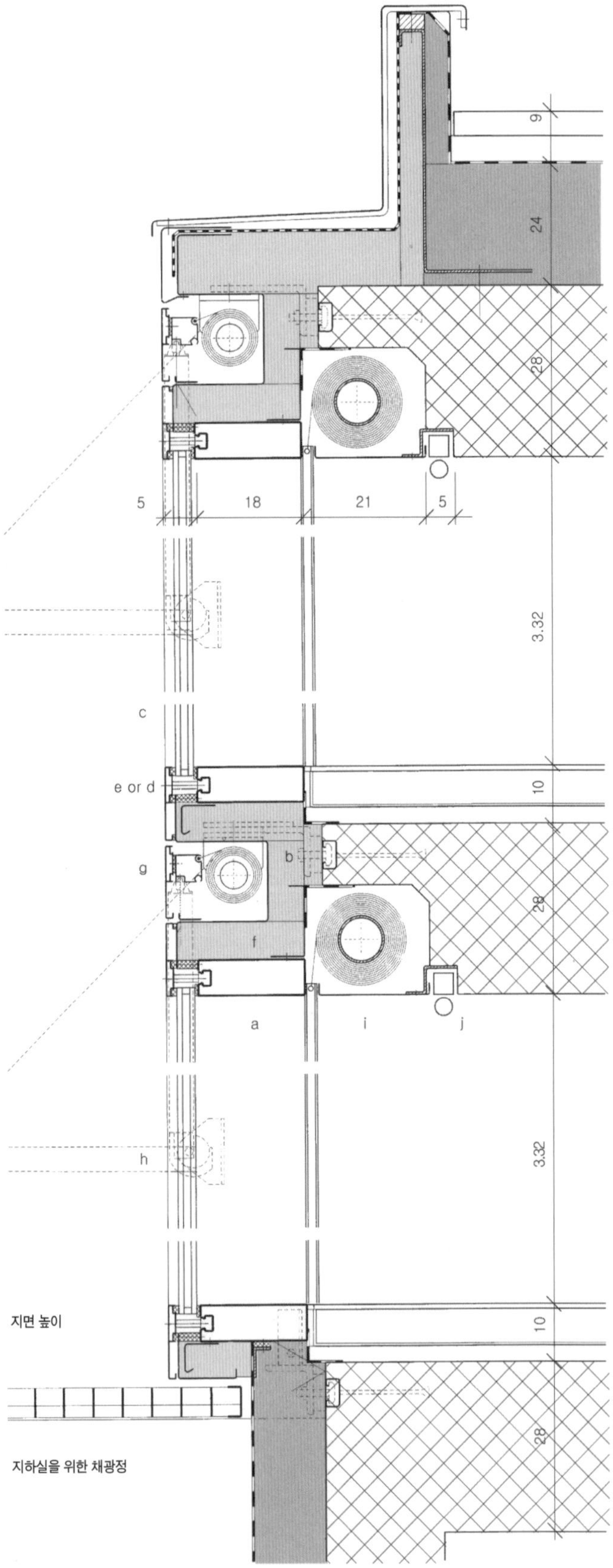

그림 250 : 종단면도

설계와 실현 - 차양

직사일광으로부터 내부 공간을 보호하기 위한 차양은 유리로 완전히 덮힌 건물에 기계적인 공조 설비를 사용하지 않고자 할 때 사용할 수 있는 건축 설비 시스템이다. 사용시에 파사드에 막처럼 드리워지는(그러나 파사드와 평평하게 설치되지는 못한다) 수직 블라인드와 대조적으로, 직선 지지대를 사용한 차일은 건물에 새로운 형태와 부조적인 느낌을 부여한다. 차일의 위치에 따라 건물은 서로 다른 두 개의 외관을 나타내게 된다. (이렇게 변화하는 외관의 특징은 차일이 남쪽 파사드에만 설치됨으로써 반대 편의 유리로만 이루어진 파사드와 분명한 차이를 나타낸다는 점에서 더욱 강조된다.)

차일이 파사드 밖으로 돌출되며 드리워지더라도 차일 뒤에 놓인 파사드를 여전히 볼 수 있는데, 이는 대부분의 차양 시스템에서는 불가능한 개방적인 어휘로, 독특한 방식이다. 이보다 더 큰 의미를 갖는 것은 차일을 통해 내부 공간과 외부 공간의 분리 정도를 조절할 수 있다는 점이다. 그러나 이 과정에서도 두 공간의 시각적인 연결성은 계속적으로 유지된다. 반면 이러한 차일의 단점은 건물의 끝부분에서 찾아볼 수 있는데, 이는 태양의 위치에 따라 일부분에서는 직사일광이 유리에 직접 닿게 된다는 점이다. 또 다른 단점으로는 차일이 드리워졌을 때 풍하중에 대해 매우 취약하다는 점을 들 수 있다.

지지대를 굴절 시킬 수 있는 차일을 사용해도 이와 동일한 건축적 표현을 얻을 수 있다. 그러나 이는 반복되는 풍하중의 작용에 대해 매우 취약하여 계속적인 조정을 필요로 한다는 단점이 있다.

전기식으로 작동되는 차일은 창 프레임 사이의 공간에 보관된다. 인접하는 프레임에 사용된 것과 동일한 재료로 만들어진 커버 스트립(b = 120 mm)이 차일의 단부를 감추게 된다. 지지대가 창 프레임과 환기용 덮개 사이에 평평하게 설치될 수 있도록 지지대에는 채널형강이 설치된다. 양극 산화 처리된 창 프레임을 제외할 때, 파사드에 노출되는 모든 부재는 검은색으로 내화 에나멜 마감 처리됨으로써, 줄눈과 환기용 덮개의 루버가 겉으로 잘 드러나지 않게 한다.

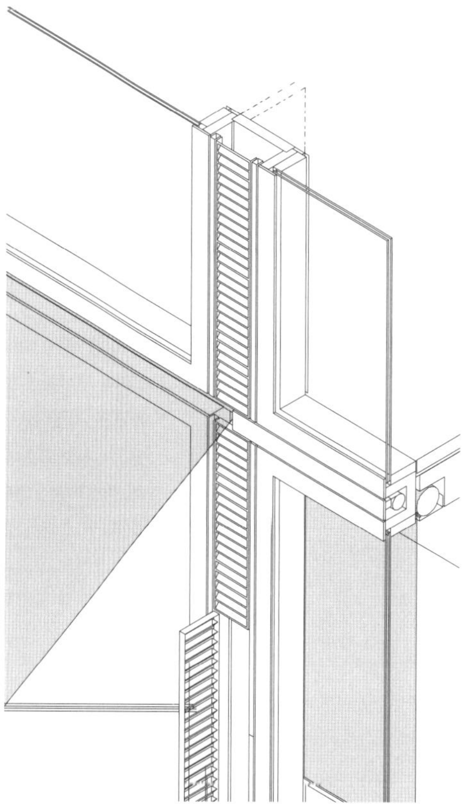

그림 252 : 차일이 드리워진 남측 파사드의 모습
직선 지지대의 최대 길이 = 지지대가 수평이 될 때까지

그림 251 : 차일이 말려 올라간 상태의 남측 파사드
건물의 모든 면이 동일한 외관을 갖는다.

그림 253 : 차일이 드리워진 상태의 남측 파사드
파사드는 부조적인 느낌을 얻게 된다. 차일이 없는 부분은 진입부이다 (이 부분은 고정식 캐노피를 사용한다).

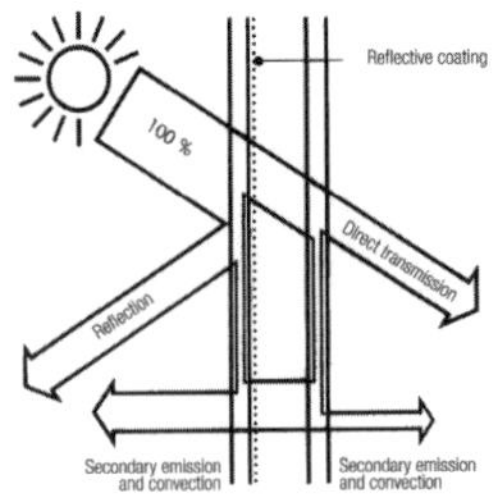

그림 254 : 차광-복사의 관계
출처 : "Glas und Praxis", Glas Trösch AG, 2000

에너지 개념 - 온실효과의 문제

창이 달린 건물에서, 즉 파사드에 창이 형성된 모든 창에 적용되는 중요한 문제는 유리가 겨울에는 열 손실을 잘 막지 못하고 (주로 창의 면적의 넓을 때, 창은 태양이 떠 있는 시간 동안 받아 들인 태양 에너지보다 많은 양을 손실한다), 여름에는 지나치게 많은 (불필요한) 에너지를 받아 들인다는 점이다. 이러한 문제에 대한 대책을 세우지 않는다면, 그에 따른 결과는 여름철의 지나치게 높은 실내 온도, 겨울철의 지나치게 낮은 실내 온도일 것이다.

이에 따라 1980년까지 유리를 사용한 건물에서 나타나는 이러한 문제를 해결하기 위한 가장 일반적인 해법은 건물 전체에 공조 시스템을 설치하는 것이었다. 그러나 환경 문제에 대한 인식이 변화함에 따라 공조 시스템의 사용을 지양하는 사회적 인식이 확산되면서, 건물에 많은 양의 유리를 계속적으로 사용하기 위해서는 시간의 변화에 대응할 수 있는 새로운 해법이 필요하게 되었다. 이러한 해법은 한 편으로는 새롭고 최적화된 재료를 통해(예 : 유리의 물성을 변화시킨다), 다른 한 편으로는 (구조, 건축설비, 건물 성능 기준 등에 있어) 최적화된 설계 개념을 통해 얻을 수 있는 것이었다.

유리 산업의 발전에 있어 가장 중요한 역할을 한 것은 바로 단열 성능(U-value)과 열 교류율(g-value)에 관한 성능의 향상이었다. 단열 성능을 얻기 위한 기술적인 방법으로는 단열재와 차양의 역할을 하는 (무색의) 필름을 삽입하거나, 가스를 주입하는 방법이 있다 (예 : 아르곤 가스). 성능이 좋은 차광 시스템을 사용할 경우 내부 공간에 열을 공급하는 태양 복사를 필요에 따라 차단할 수 있어, 겨울철 직접 태양 에너지를 사용할 수 있다는 점에서 g-value의 영향 또한 무시되어서는 안 된다. 그러나 동시에 차광 시스템은 강풍 등에 의해 차일을 펼 수 없는 상황에서도 내부 공간의 온도가 과도하게 높아지지 않도록 할 수 있어야 한다.

넓은 면적의 유리 때문에, 건물은 차광 지수가 매우 높으면서도(남측 파사드 : g-value 38%) 태양 에너지의 유입을 크게 막지 않는 유리를 사용하고 있다. 물론 외부에서 내부로 흐르는 에너지의 흐름은 단열재에 의해 차단되기 때문에, 남측 파사드에 U-value가 낮은 유리를 사용함으로써 겨울에도 많은 양의 태양 에너지를 내부 공간에 받아들일 수 있었다. 건물의 전 부분에는 1.0 W/m²K의 U-value와 70%의 투광도를 갖는 이중 유리가 사용되었다. 북측 파사드의 g-value는 55%로 남측 파사드에 비해 낮은 수치를 보인다.

에너지적인 측면에 대한 설계 개념은 건물의 향과 위치는 물론 건물의 환기 방식에까지 영향을 미쳤으며, 이에 따라 재료의 선택 역시 중요한 문제로 작용했다. 건물은 태양 에너지를 사용하기에 최적의 조건인 남쪽을 향하고 있다. 내부 공간들이 파사드에서 파사드에 걸쳐 있기 때문에 (즉, 남쪽과 북쪽을 향해 형성되어 있기 때문에) 이러한 건물의 향에 따라 열 교류 현상을 발생하고 이를 통해 자연 환기가 가능하게 되었다. 하절기에는 야간의 찬 공기를 통해 콘크리트 등 고형의, 단일한 재료를 냉각시켜 낮 시간의 냉방에 이용하는 방식 또한 건물에 사용된 중요한 시스템으로 내부 공간의 미시 기후를 쾌적하게 한다. 공간의 한쪽 면에 복도가 접해 있는 공간의 경우, 문 위에 부채꼴 채광창이 설치되어 계단실을 통한 통풍을 가능하게 한다. 이는 개구부의 높이 차(환기용 개구부는 3층 높이에 위치한다)에 의해 "굴뚝효과"(공기압의 차이에 의해 일어나는 흡입 작용)가 발생하기 때문이다.

HVAC 설계 : Waldhauser Haustechnik, 스위스 바젤(Basel)

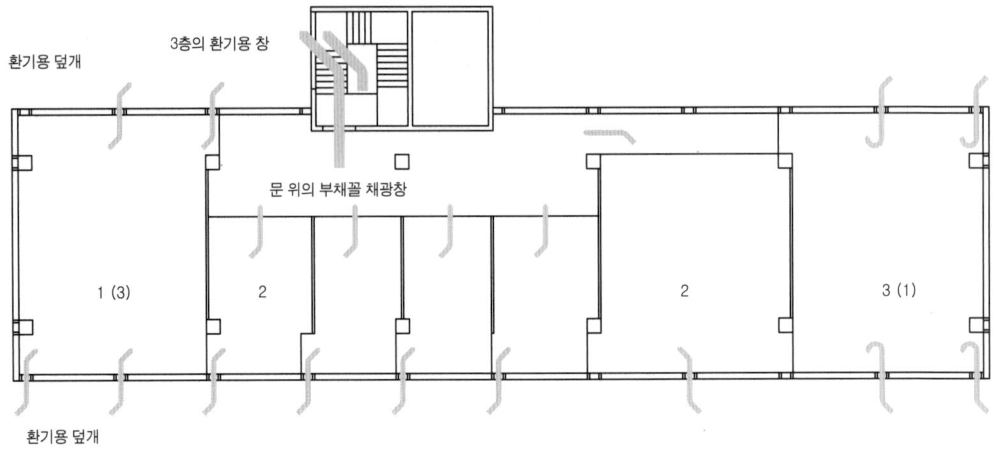

그림 255 : 환기 개념도
1) 공기의 움직임 (파사드에서 파사드로) : 바람과 온도차에 의해
2) 공기의 움직임 (파사드에서 복도를 따라 계단실로) : 온도차와 적층 작용에 의해
3) 공기의 움직임 (파사드에서) : 열 교류, 내부 공간의 온도차에 의해

Swiss School of Engineering for the Wood Industry, Biel
Marcel Meili, Markus Peter

Swiss School of Engineering for the Wood Industry, Biel, 1990-1999

증축 이전부터 이 학교 건물은 주목할 만한 특징을 나타냈었다. 건물이 위치한 대지의 지형적 조건과 건물의 형태는 쥐라 산맥의 고원지대(Jura Massif)를 따라 길게 뻗어 있으며, 주거지구와 산업 단지 사이에서 완전히 동떨어진 하나의 영역을 만들고 있다. 따라서 전후 시기의 낭만적이고, 민족주의적인 양식의 본관과 단층의 작업실로 이루어진 기존의 학교 건물은 주변의 경관과 광활하게 펼쳐진 고원의 자연 환경을 중요한 요소로 활용하며 전체적인 조화를 이루고 있었다. 새 건물은 두 가지의 서로 다른 건축 어휘를 통해 이러한 형태를 좀 더 종합적인 것으로 전환함으로써, 건축과 오픈 스페이스 간의 관계를 새롭게 정의하고 있다. 첫째로 경사 지붕을 가지고 있던 1층 높이의 작업실은 마치 손가락을 길게 펼친 듯이 연장되어 새로운 학교 건물과 거의 닿을 정도로 긴밀한 관계를 맺는다. 다음으로 4층의 목조 건물인 새 건물은 마치 탑처럼 목조 작업실의 낮은 실루엣 위로 솟아 올라, 기존의 대지에 위치하던 전통적인 방식의 건물들과 아주 밀접한 거리에서 부조화적인 비례 관계를 맺고 있다.

4층짜리 새 건물은 사전 제작된 한 층 높이의 골조를 조립함으로써, 목조 박스가 연속된 형태로 만들어 졌다. 박스 사이의 틈은 테라스와 복도로 사용되어 외부 공간과의 유동적인 연결성을 갖게 된다. 단지 건물의 중앙에 위치하는 코어만이 내화 성능에 따른 기준을 만족시키기 위해 콘크리트로 만들어 졌다.

이러한 단위 공간을 서로 접합하기 위해서는 좀 더 큰 경간을 가질 수 있는 목조 기술을 필요로 했다. 바닥판은 외부로 노출되는 장스팬의 박스형 부재로 만들어져 있으며, 별도의 주구조체 또는 보조 구조체를 필요로 하지 않는다. 내력 파사드의 골조에서 하부에는 스팬드럴 판넬의 높이와 동일하게 맞춰진 집성재 보가 사용되었다. 이는 바닥판을 지지하는 업스탠드 보(upstand beam)로써 기능한다. 따라서 건물에는 크기가 크고 잘게 나뉜 창문은 설치할 수 있게 되었으며, 창의 크기와 비례는 목조 샛기둥 간의 좁은 간격에 따라 정해지는 것이 아니라 공간 간의 관계에 따라 결정되게 되었다. 파사드에는 처리하지 않은 오크로 만든 목조 판넬을 외장재로 사용했다. 판넬 시이에 생기는 줄눈은 겉으로 보이지 않게 치리되어, 부재 간에 형성된 오목줄눈이 더욱 두드러지게 보이도록 하고 있다.

따라서 프로젝트에 있어 중요했던 것은 건물의 형태로, 건물의 3차원적인 개념을 실현하기 위해서는 목조 건물의 치수적, 분할적인 위계를 극복해야 했기 때문이다. 이를 위해서 나무 특유의 느낌을 최대한 줄이고, 목조 부재가 3차원적으로 주조된 값비싼 부재로 보이게 함으로써 전통적인 목조 건축 방식에 새로운 특징을 부여하고 있다.

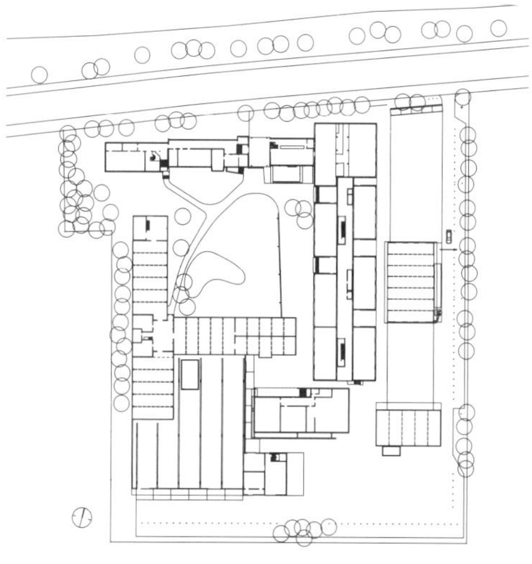

그림 258 : 배치도

건축가 : Marcel Meili and Markus Peter, with Zeno Vogel, 스위스 취리히(Zurich)
공사 기간 : 1997 - 1999
프로젝트 매니저 : Zeno Vogel
구조 엔지니어 : Conzett Bronzini Gartmann, 스위스 쿠어(Chur)

그림 256, 257 : Swiss School of Engineering for the Wood Industry는 일련의 목제 박스로 만들어 졌다.

계획 과정
(축소 시공 도면, 1:200)

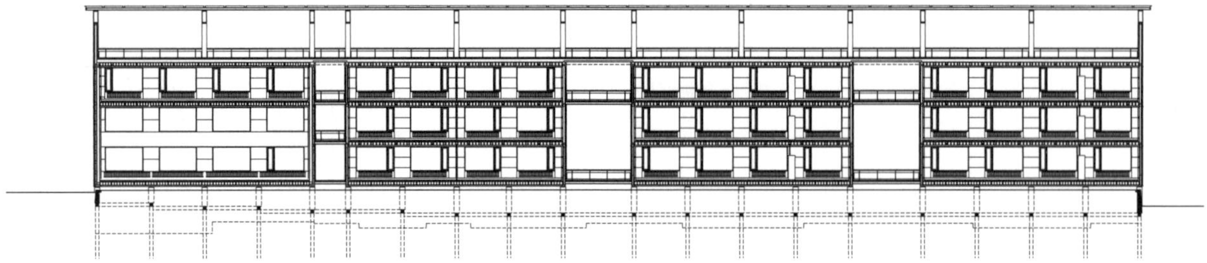

그림 259 : 단면도 B-B

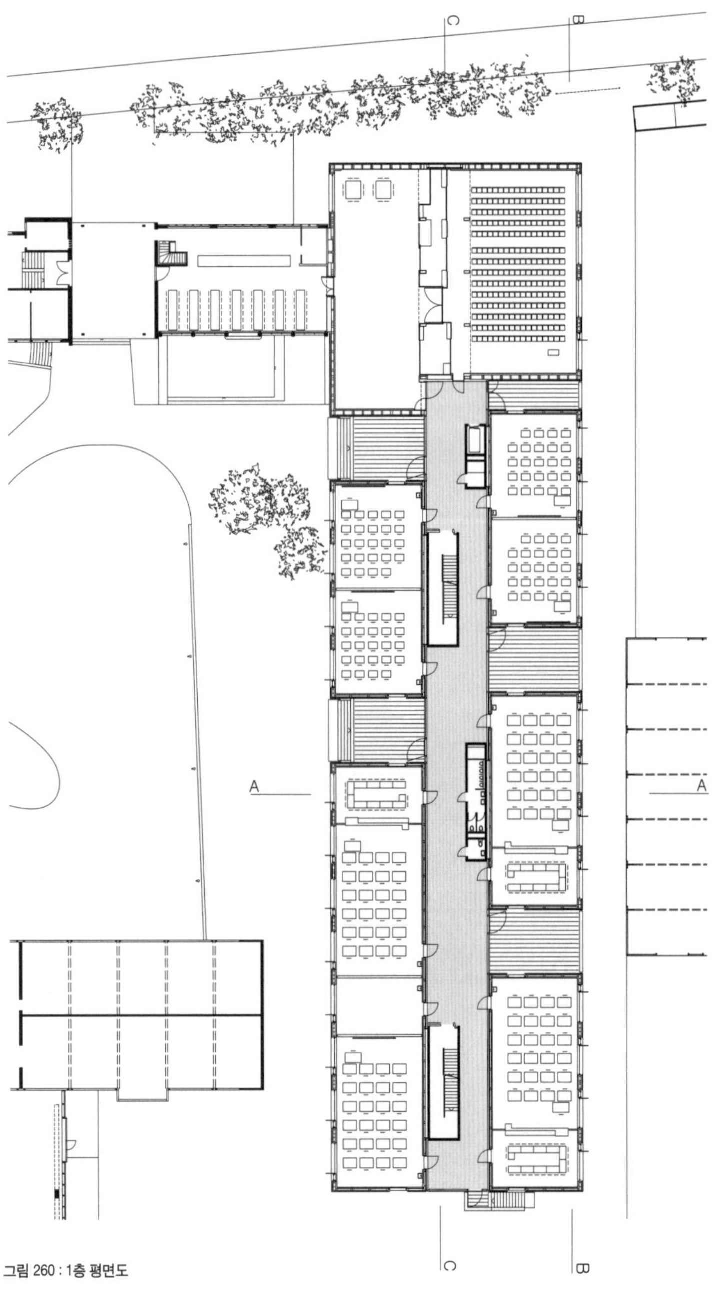

그림 260 : 1층 평면도

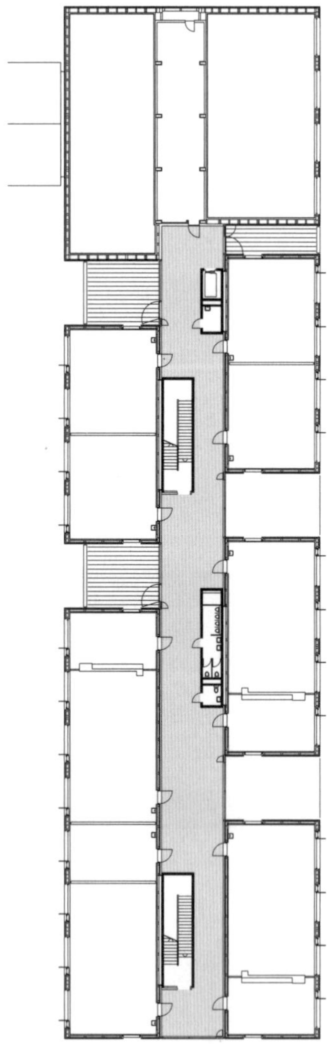

그림 261 : 2층 평면도

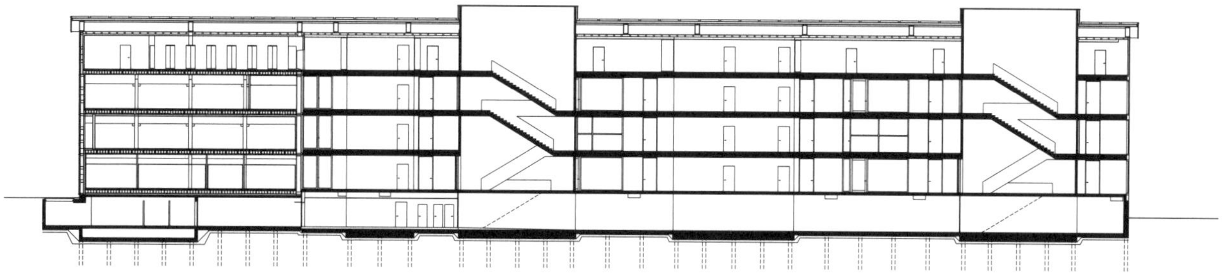

그림 262 : 단면도 C-C

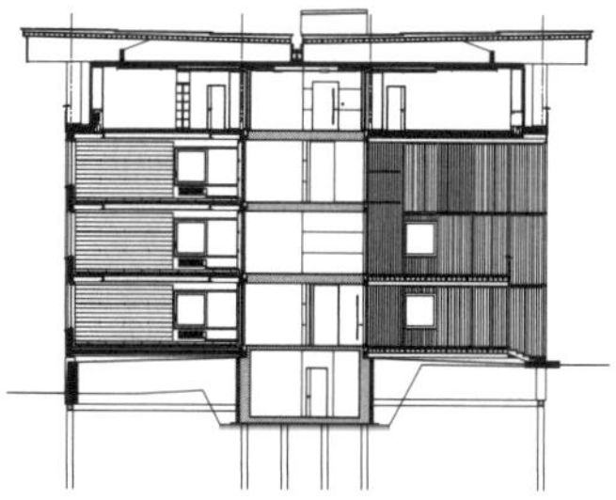

그림 263 : 단면도 A-A

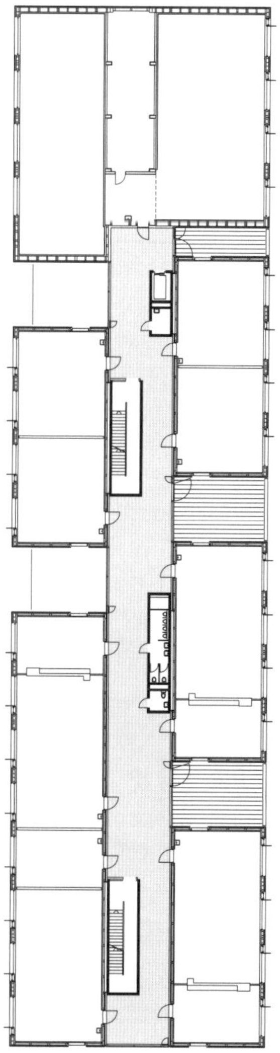

그림 264 : 3층 평면도

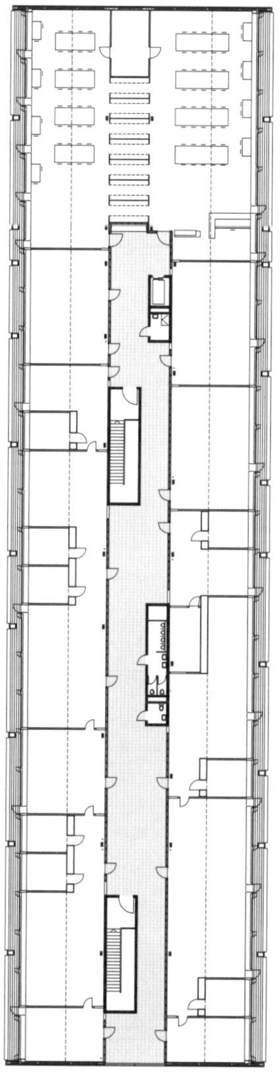

그림 265 : 4층 평면도

Jürg Conzett

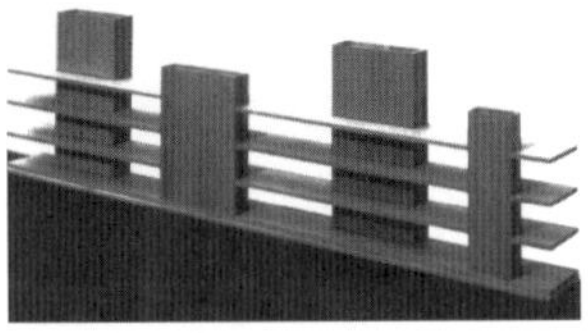

그림 266 : 콘크리트 코어 모형
복도 진입부(내화 피난 동선), 계단실, 승강기, 위생 설비를 담고 있는 콘크리트 코어의 모습

그림 267 : 콘크리트 코어
공사 중의 모습, 1997, 콘크리트 바닥판은 오직 자중만을 지지하며, 이에 따라 장스팬과 캔틸레버가 가능하게 된다.

구조 - 엔지니어의 보고서

엔지니어의 일은 건물을 "도급자들이 선호하는" 방향으로 이끄는 것이다. 건물은 간결하고, 넓고, 경제적이어야 하며, 엔지니어는 건축가의 설계 개념 안에 담겨 있는 가능성을 발견하고 이를 일반적인 건축 요소로 풀어냄으로써 (이는 구조적인 개념 또한 포함하는 것이다) 근본적으로 건축가의 목표와 엔지니어의 목표 사이에 균형 있는 관계를 형성해야 한다.

이러한 점에서 새로운 학교 건물의 기초를 설계하는 일은 특히 흥미로운 것이었다. 건물의 중앙에 위치하는 중량의 코어는 콘크리트 지하실에 놓여, 구조적인 관점에서 건물에 작용하는 집중 하중을 종방향으로 분배하는 연속된 상자형 부재처럼 거동한다. 1층 슬라브의 하중은 하층토로 균일하게 분배된다. 중앙 코어에 사용된 종방향 부재는 마치 물에 떠 있는 배를 연상시킨다. 이와 대조적으로 경량의 세미나실은 하부에 하중을 전달할 지하실이 없기 때문에, 세미나실의 하중은 (집중 하중이 내력 골조에 작용할 경우) 지정을 통해 내력 층으로 전달된다.

지정 간의 간격은 일반적으로 4,800 m로, 이는 지정의 길이에 가장 적합한 간격일 뿐 아니라 외벽을 따라 놓인 주 기둥 간의 간격을 결정하는 요소로 작용하여 건물의 느낌에 영향을 미치는 것이기도 하다. (스팬드럴 판넬 안에 위치하는) 860mm 두께의 깊은 보는 이러한 경간 내에서 바닥판의 하중을 전달할 수 있도록 그 치수가 정해졌다. 창 위에서 바닥판은 이 보에 매달려 있으며, 이에 따라 상인방의 깊이가 매우 얇아질 수 있었고 이는 내부 공간의 자연 채광 환경에 매우 중요한 요소로 작용한다.

목조 건물의 경우에는 차음, 방화를 위한 비내력 칸막이벽을 설치하는 것이 그다지 바람직하지 않다. 이러한 점에서 교실과 복도 사이에 위치하는 학습 단위 공간의 바닥판은 또 다른 목골조에 의해 지지되고 있다. 따라서 중앙 공간의 콘크리트 바닥판은 내부 공간의 수직 하중을 전달할 필요 없이 자중만을 전달하게 되며, 그 결과로써 긴 스팬과 캔틸레버를 갖는 프리스트레스 평면 슬라브로 설계되었다. 복도에는 벽을 지지하는 각주 같은 보조 기둥이 전혀 없어 건물의 이용자가 복도 전체를 사용할 수 있다.

지붕에 사용된 보는 박스형 부재와 유사하다. 집성재로 만든 상부 플랜지와 하부 플랜지는 합판을 통해 서로 연결되어 내력 기둥 위에 놓여 있다. 지붕은 길이가 97m, 폭이 13m인 두 개의 대형 목조 판넬로 구성되어 있다. 9.6m의 간격으로 놓인 보와 건물에 사용된 부재들 간의 연속적인 거동에 따라 박스형 부재의 두께는 220mm로 줄어들 수 있었으며, 이는 최상층의 내부 레이아웃에 엄청난 자유도를 부여했다.

그림 268

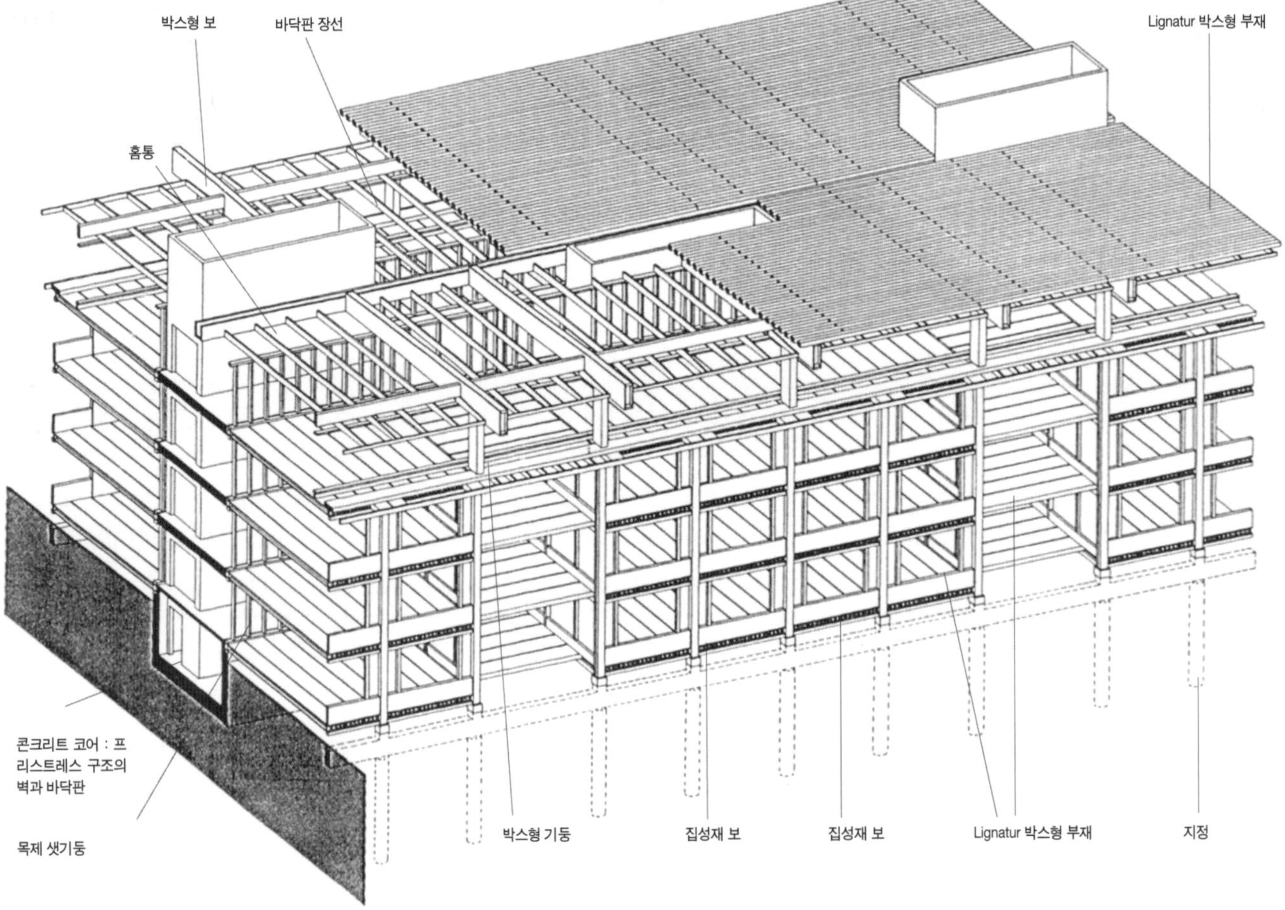

그림 269 : 반 외부 영역
내부 공간 사이의 반 외부 영역은 좌우에서 번갈아 자연광을 받아 들이며, "박스형 공간" 사이에서 외부로의 조망을 제공한다.

그림 270 : 포이어
3층 규모의 포이어는 인접하는 공간인 집회 홀과 본관의 식당을 위한 로비로써 기능한다.

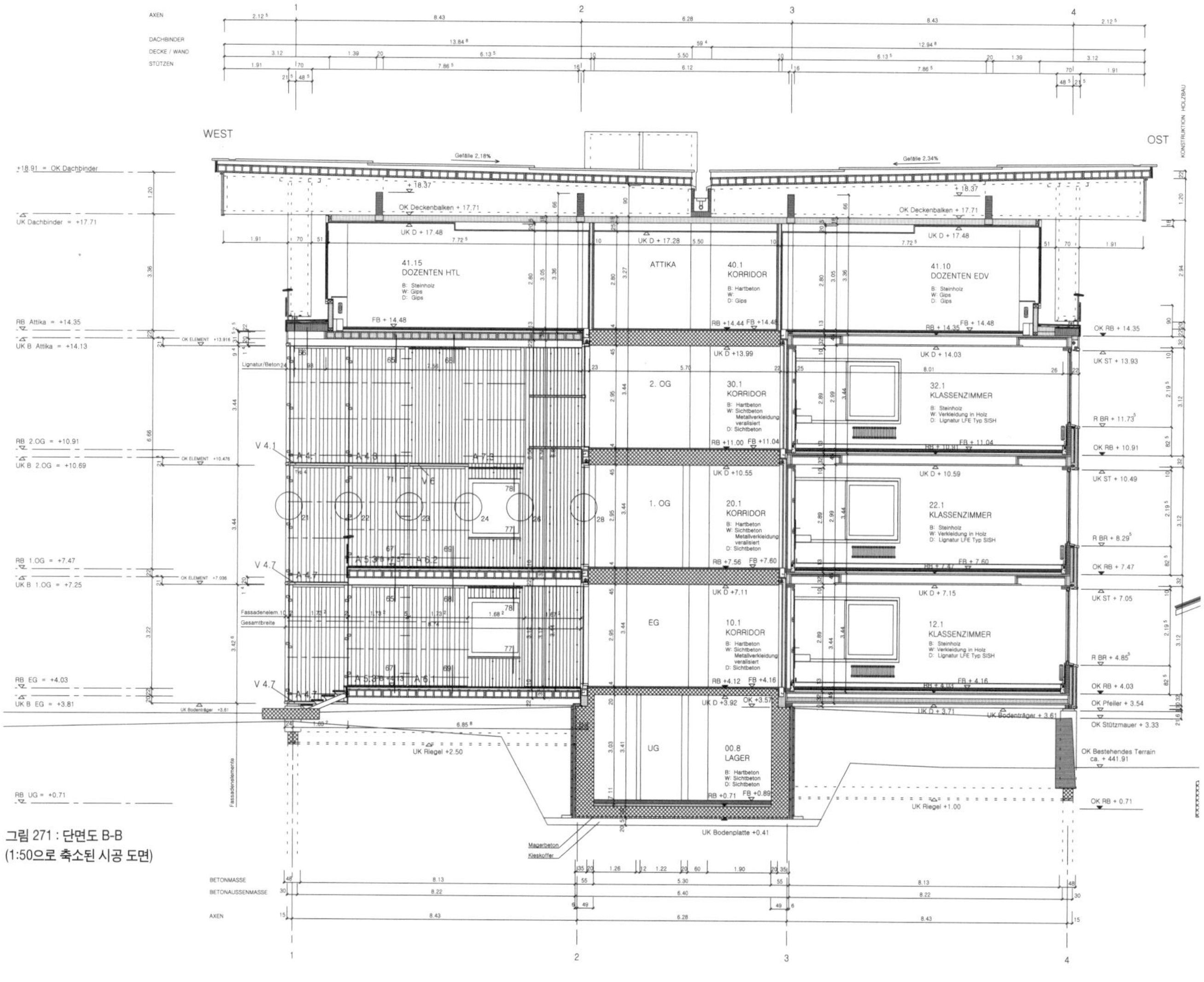

그림 271 : 단면도 B-B
(1:50으로 축소된 시공 도면)

디테일 설계

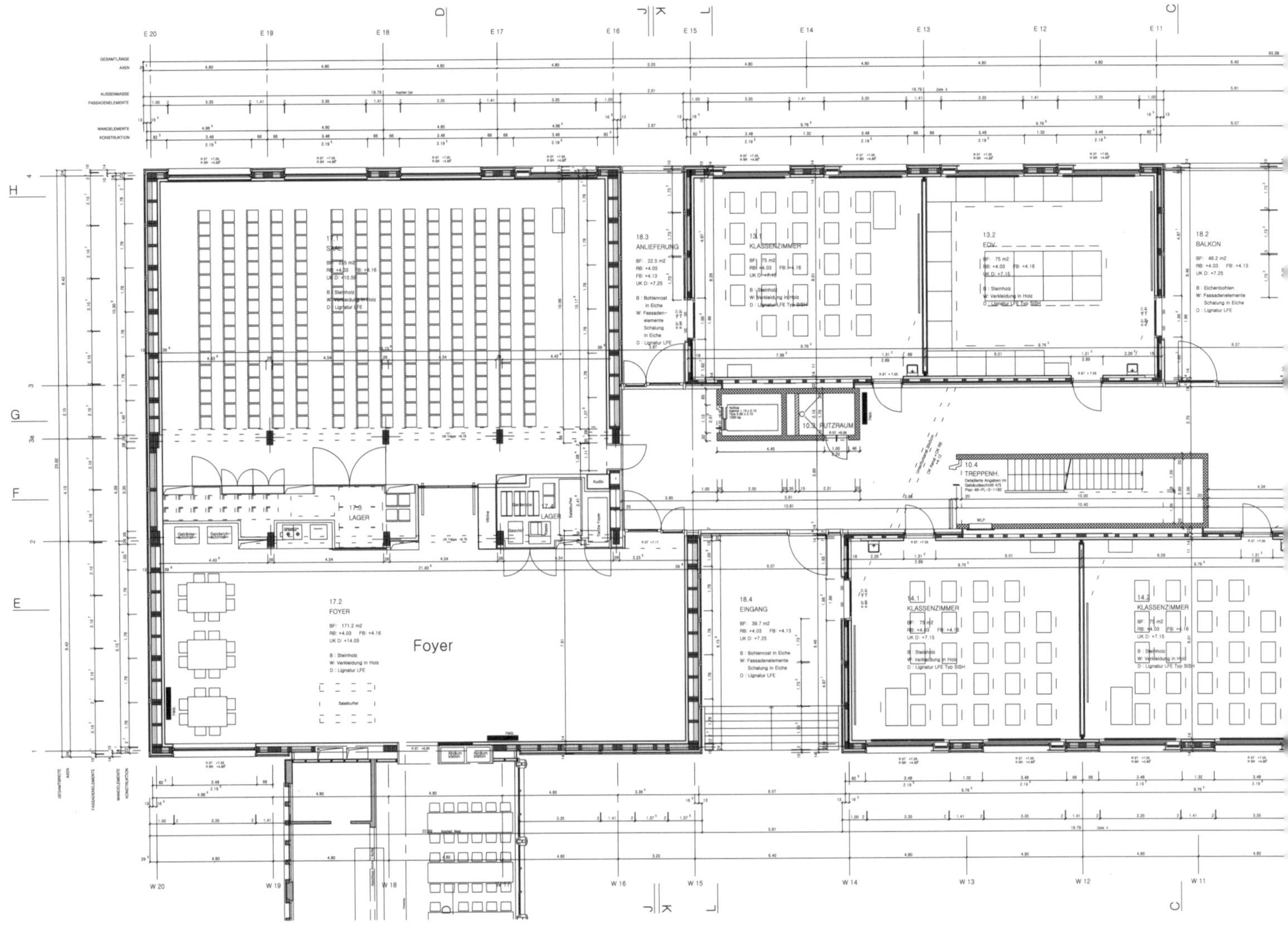

그림 272 : 1층 평면도
(1:50으로 축소된 시공 도면)

그림 273 : 콘크리트 코어와 목조 박스의 전환
목조로 이루어진 부분과 콘크리트로 이루어진 부분은 구조적으로 독립적인 시스템이다. 복도를 감싸는 목제 샛기둥은 내화 성능을 위해 시멘트 섬유판(Duripanel)으로 마감되었다.

그림 274 : 마감 공사 이전의 세미나실의 모습
천장을 덮고 있는 Lignatur 박스형 부재는 겉으로 노출되어 연속적인 구조를 형성한다. 이는 칸막이벽의 배치에 있어 큰 자유도를 부여한다.

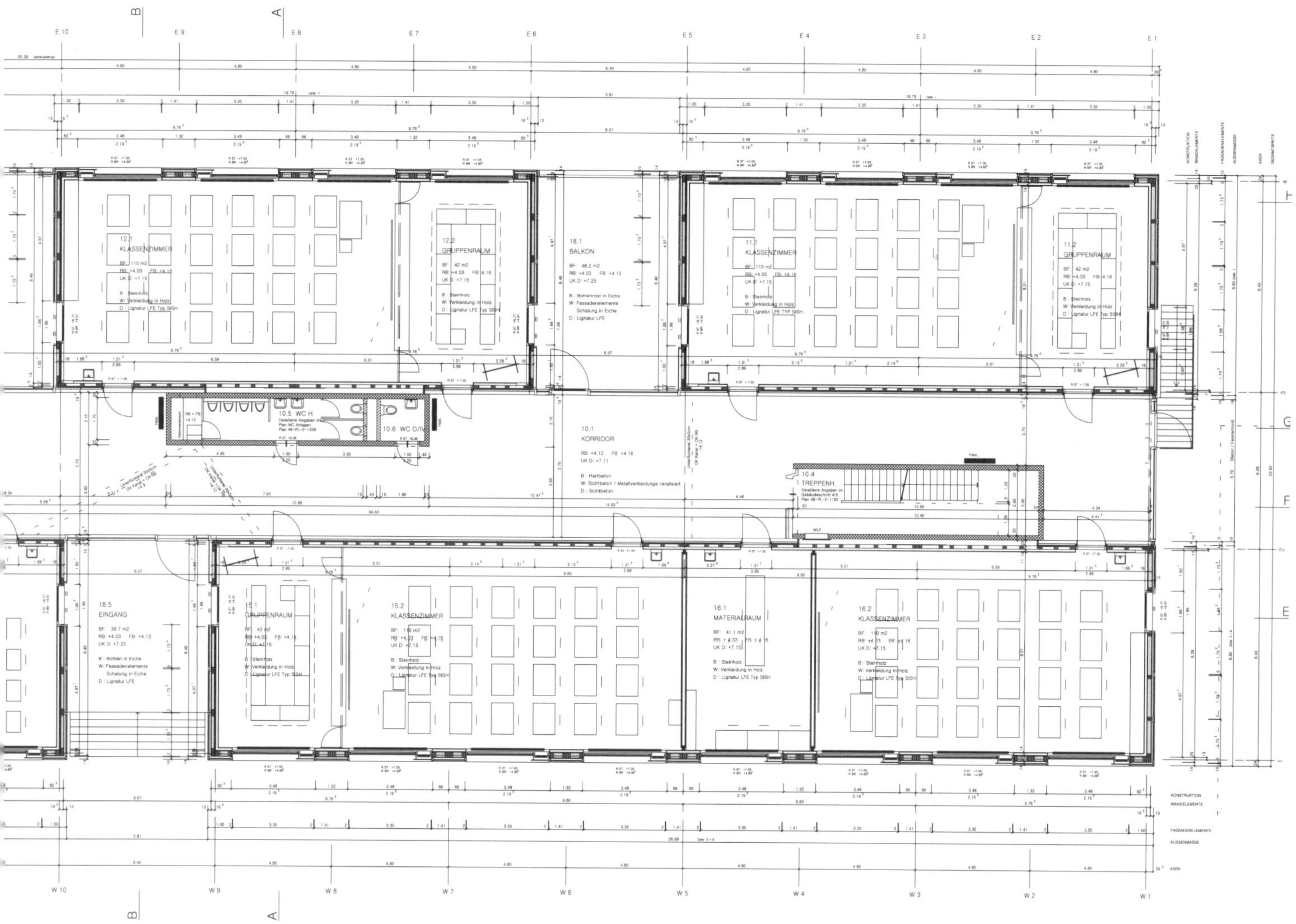

그림 275 : 2층 규모의 집회 홀은 건물의 한쪽 끝에 위치하고 있다.

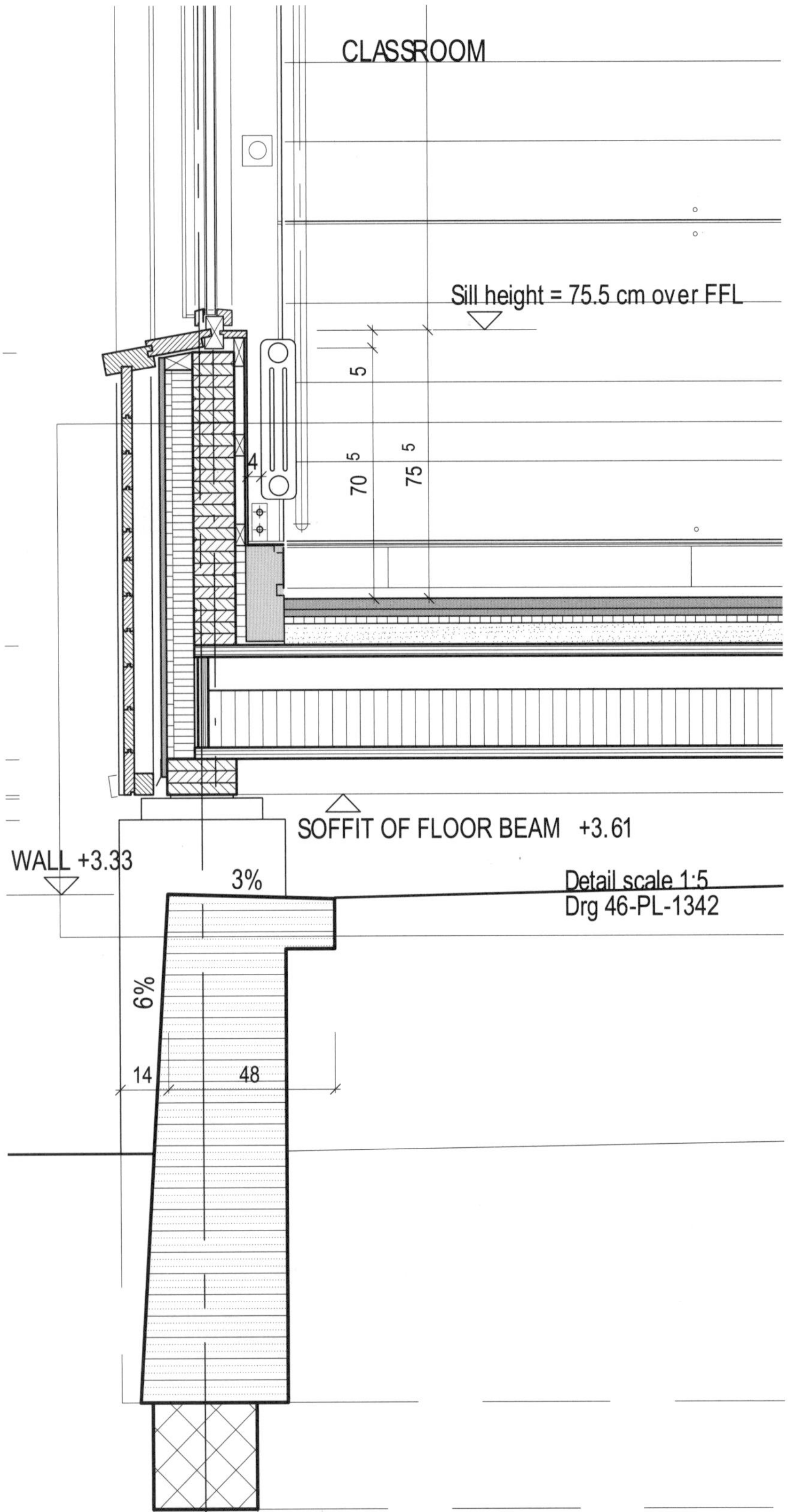

그림 276 : 기단부 상세도, 1:20

그림 277 : 기단

그림 278 : 기단의 모습
사전 제작 파사드 부재의 하중을 전달하는 기둥은 지하 10m 깊이로 파묻힌 지정에 의해 지지된다. 목조 구조체의 모든 부분 아래에는 환기를 위한 공극이 형성되어 있다.

벽
오크 파사드 부재 (프레임과 내장재)
환기용 공극
역청 주입 목질 섬유 단열재 (Isolair NK) 16 mm
광물 섬유판 20 mm
단열재 80 mm
업스탠드 보 (스팬드럴 판넬 내부) 120 mm
알루미늄 안료로 표면을 처리한 다중합판 내장재

바닥
바닥용 시멘트, 2겹 (예 : Euboolith) 30 mm
혼합 석고와 아스팔트 판지
칩보드 속널 21 mm
차음재, PS81 20 mm
그리드에 따라 놓인 널 65 x 50 mm
(바닥충격음에 대한) 밸러스트로 사용되는 모래 또는 자갈
폴리에틸렌 시트
Lignatur LFE 부재와 160 mm 두께의 Homatherm 단열재 1000 x 320 mm

기단
다짐콘크리트, 골재가 노출되도록 마감 처리, 석회암 쇄석 골재의 최대 크기 63 mm

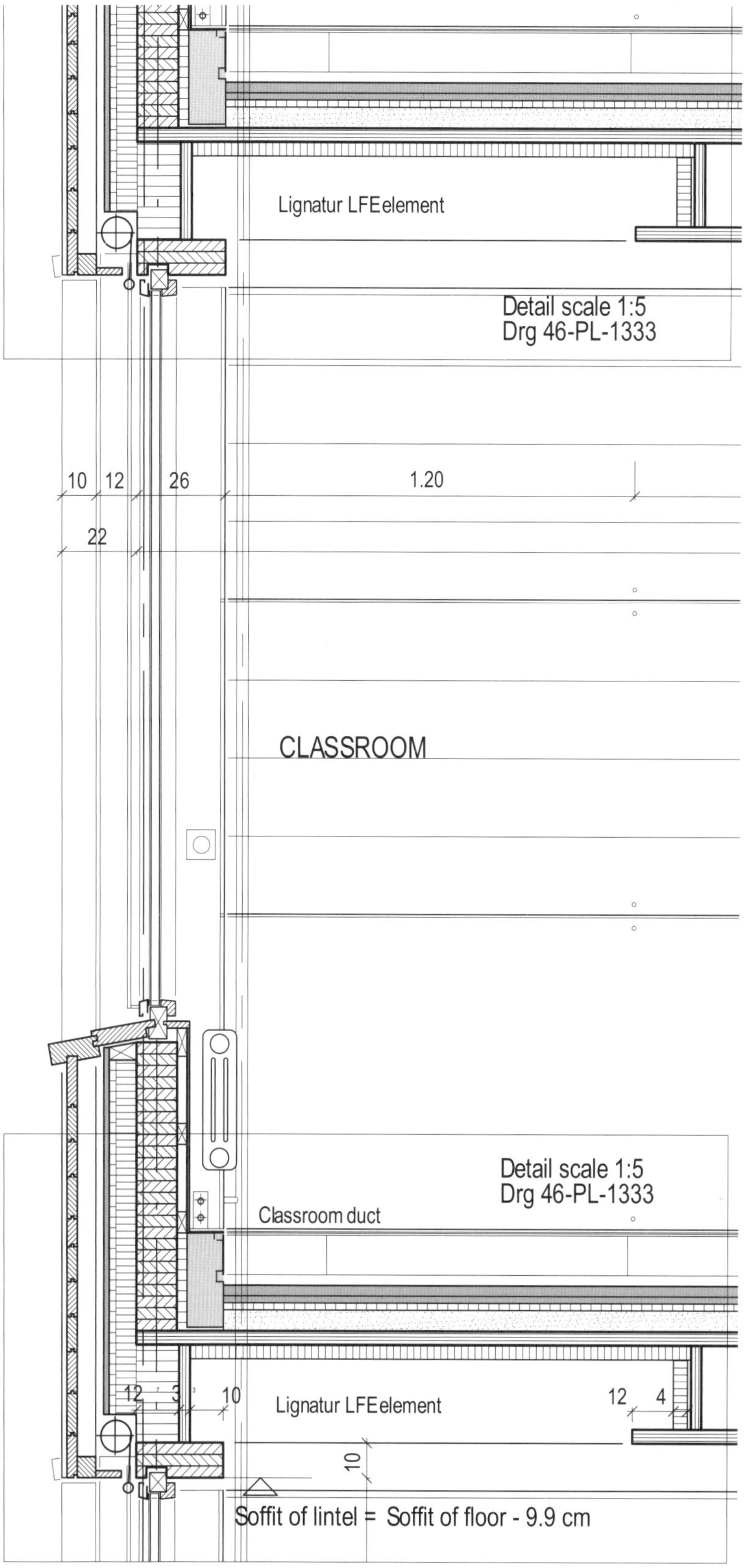

그림 279 : 창문 상세도, 1:20

그림 280 : 창문
창은 골조 구조체에 직접 고정된다. 개구부 전체에 넓은 면적의 통창을 달지 않고 환기를 위해 작은 창을 추가했다.

그림 281 : 차양
차양 시스템은 환기 창 전면에 사용된 알루미늄 셔터와 고정 창 전면에 사용된 직물 차일로 이루어져 있다.

벽

오크 파사드 부재 (프레임과 내장재)	
환기용 공극	
역청 주입 목질 섬유 단열재 (Isolair NK)	16 mm
광물 섬유판	20 mm
단열재	80 mm
업스탠드 보 (스팬드럴 판넬 내부)	120 mm
내장재	

바닥

바닥용 시멘트, 2겹 (예 : Euboolith) 혼합 석고와 아스팔트 판지	30 mm
칩보드 속널	21 mm
차음재, PS81	20 mm
그리드에 따라 놓인 널	65 x 50 mm
(바닥충격음에 대한) 밸러스트로 사용되는 모래 또는 자갈	
폴리에틸렌 시트	
Lignatur LFE 부재와 160 mm 두께의 Homatherm 단열재	1000 x 320 mm

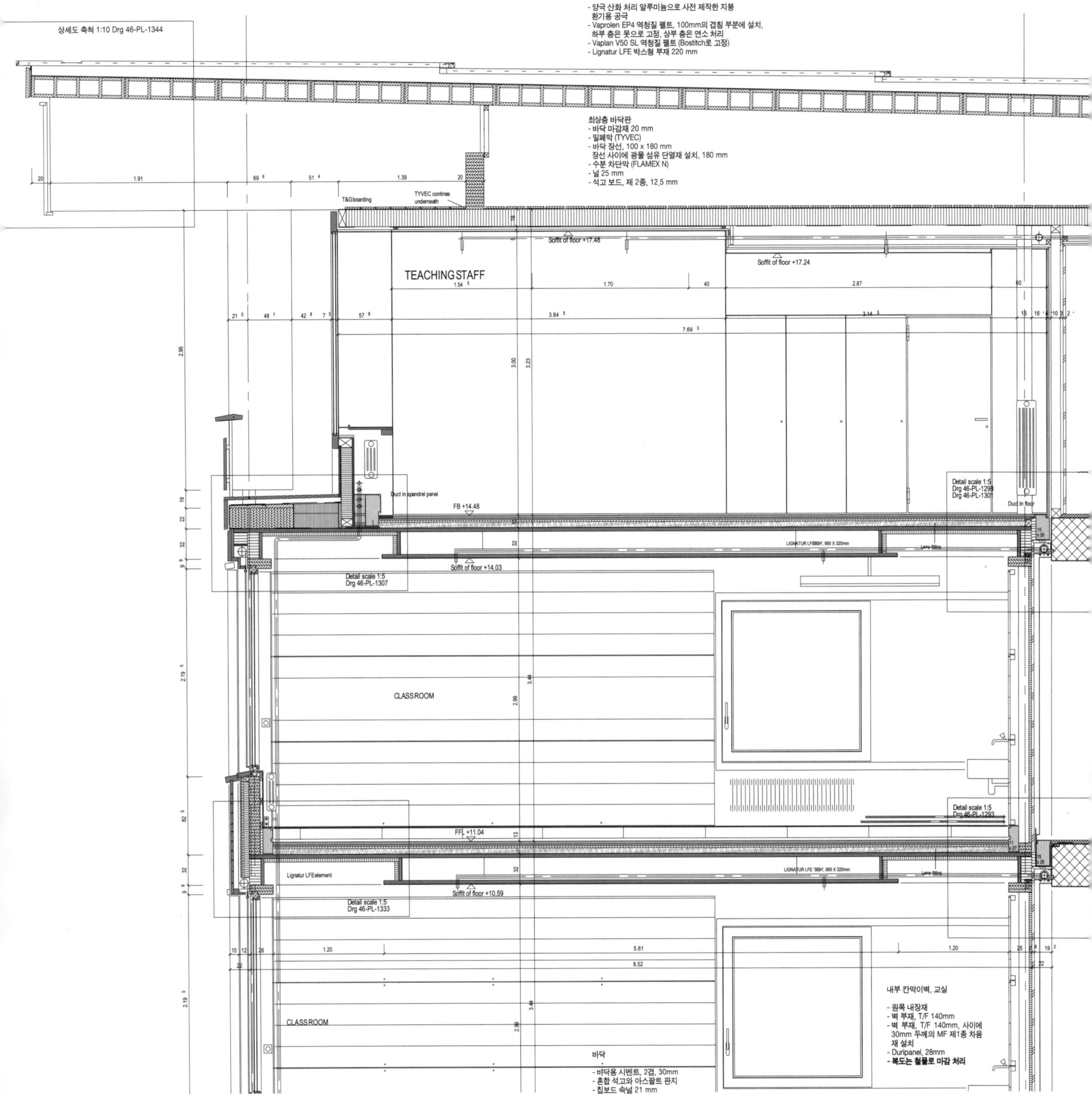
상세도 축척 1:10 Drg 46-PL-1344
- 양극 산화 처리 알루미늄으로 사전 제작한 지붕 환기용 공극
- Vaprolen EP4 역청질 펠트, 100mm의 겹침 부분에 설치, 하부 층은 못으로 고정, 상부 층은 연소 처리
- Vaplan V50 SL 역청질 펠트 (Bostitch로 고정)
- Lignatur LFE 박스형 부재 220 mm
최상층 바닥판
- 바닥 마감재 20 mm
- 밀폐막 (TYVEC)
- 바닥 장선, 100 x 180 mm
장선 사이에 광물 섬유 단열재 설치, 180 mm
- 수분 차단막 (FLAMEX N)
- 널 25 mm
- 석고 보드, 제 2종, 12.5 mm
T&G boarding
TYVEC contines underneath
Soffit of floor +17.48
Soffit of floor +17.24
TEACHING STAFF
Duct in spandrel panel
FB +14.48
Detail scale 1:5
Drg 46-PL-1298
Drg 46-PL-1301
Duct in floor
Soffit of floor +14.03
Detail scale 1:5
Drg 46-PL-1307
CLASSROOM
Detail scale 1:5
Drg 46-PL-1293
FFL +11.04
Lignatur LFE element
Soffit of floor +10.59
Detail scale 1:5
Drg 46-PL-1333
CLASSROOM
내부 칸막이벽, 교실
- 원목 내장재
- 벽 부재, T/F 140mm
- 벽 부재, T/F 140mm, 사이에 30mm 두께의 MF 제1종 차음재 설치
- Duripanel, 28mm
- 복도는 철물로 마감 처리
바닥
- 바닥용 시멘트, 2겹, 30mm
- 혼합 석고와 아스팔트 판지
- 칩보드 속널 21 mm

그림 282

그림 283 : 4층 평면도
자유로운 평면의 원리를 따르는 4층의 기둥 그리드는 평면 레이아웃에 완전한 자유도를 부여하고 있다. 지붕을 지지하는 큰 박스형 보는 박스형 내력 기둥의 상부에 위치하며, 함께 강성이 높은 반 골조를 형성하고 있다.

그림 284 : 4층 복도
4층 복도는 외부를 볼 수 없는 밀폐된 공간이다. 흑연을 다량 함유하고 있는 페인트로 마감된, 어두운 벽면은 공간을 더욱 좁게 느껴지도록 한다.

그림 285 : 전경
거대한 반 골조가 살짝 돌출된 지붕을 지지하고 있다. 돌출부의 그림자가 뒤로 후퇴한 파사드에 드리워지며 기둥, 보, 슬라브 부재의 시각적인 효과를 강화한다.

최상층 단면도, 1:50
(1:20로 축소한 시공 도면)

지붕	
양극 산화 처리 알루미늄으로 사전 제작한 지붕	
환기용 공극	
2차 덮개층 : 역청질 펠트	
(Vaprolen EP4), 100mm의 겹침 부분에 설치,	
하부 층은 못으로 고정	
상부 층은 연소 처리	
역청질 펠트 (Vaplan V50 SL) (Bostitch로 고정)	
Lignatur LFE 박스형 부재	220 mm
최상층 바닥판	
바닥 마감재	20 mm
밀폐막 (TYVEC)	
바닥 장선, 100 x 180 mm	
장선 사이에 광물 섬유 단열재 설치	
(보에 매달림)	180 mm
수분 차단막 (FLAMEX N)	
널	25 mm
석고 보드 (예 : Rigips)	제 2종, 12.5 mm
바닥판	
바닥용 시멘트, 2겹 (예 : Euböolith)	20 mm
혼합 석고와 아스팔트 판지	
칩보드 속널	30 mm
차음재, PS81	20 mm
그리드에 따라 놓인 널	65 x 50 mm
(공기 전달음에 대한) 밸러스트로 사용되는 모래 또는 자갈	
폴리에틸렌 시트	
Lignatur LFE 박스형 부재	320 mm

Private house, Sevgein
Bearth + Deplazes

위치와 테마
스위스 Sevgein 지방 경계의 작은 개간지에 위치하고 있는 이 인공 구조물은 산등성이와 작은 언덕 사이에 놓여 있다. 도로 옆에 위치하는 차고에서부터 출발하는 좁은 보도는 건물을 향해 이어지며, 멀리 보이는 Flims와 Vorderrhein 지방의 아름다운 경관을 제공한다. 최소한의 길만을 사용하고 있는 이 타워형 건물은 넓게 열린 대지의 개방성을 그대로 유지하면서도 대지의 특이한 성격에 대응함은 물론 건축 법규의 각종 사항(이 건물은 주거 지역에 위치하는 것으로 분류된다)을 만족시키고 있다. 수 차례의 모형 제작을 통해, 건물은 숲을 감싸고 있는 수목들 중 하나처럼 서 있으며, 매우 넓은 오픈 스페이스를 형성하고 있다.

내부 공간의 사용을 극대화하기 위해 여러 개의 층으로 나뉘어진 건물의 최하층은 지형의 등고선을 그대로 따르고 있다. 도로에서 진입부로 이어지는 경사는 건물의 내부로 이어져 식당으로 향하는 계단으로 나타난다.

그림 287 : 배치도

그림 286 : 북동쪽 전경
바닥에서 천장까지, 벽에서 벽까지 형성된 거대한 유리 창문은 거실의 크기를 건물 밖으로 드러내는 효과를 낸다.

건축가 : Bearth + Deplazes, 스위스 쿠어(Chur)
공사 기간 : 1998 - 1999
어시스턴트 : Bettina Werner
구조 엔지니어 : Jurg Buchli, Haldenstein

그림 288 : 계단
계단 양쪽에 위치하는 인접 공간의 모습

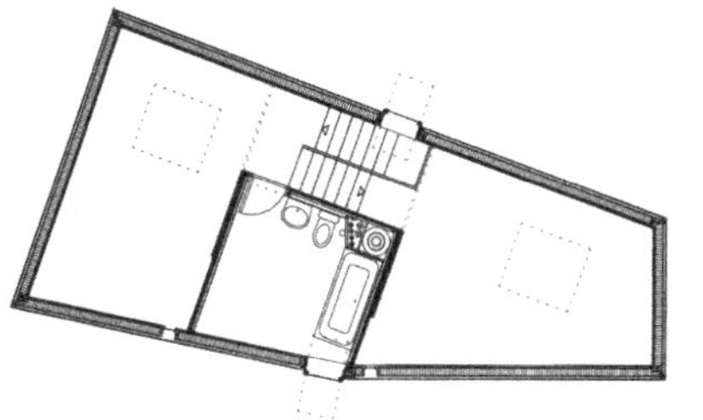

그림 290 : 다락방

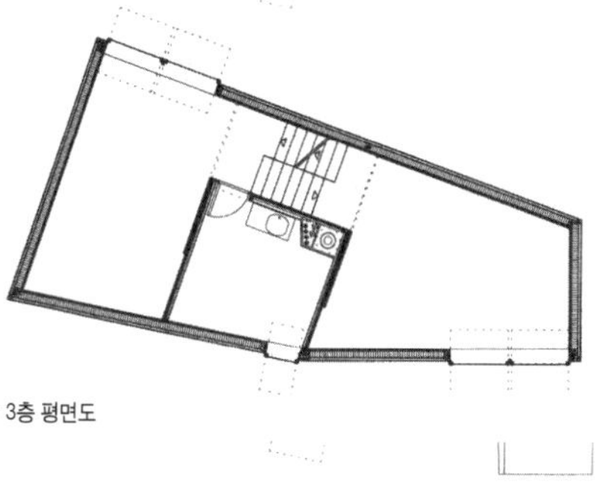

그림 291 : 3층 평면도

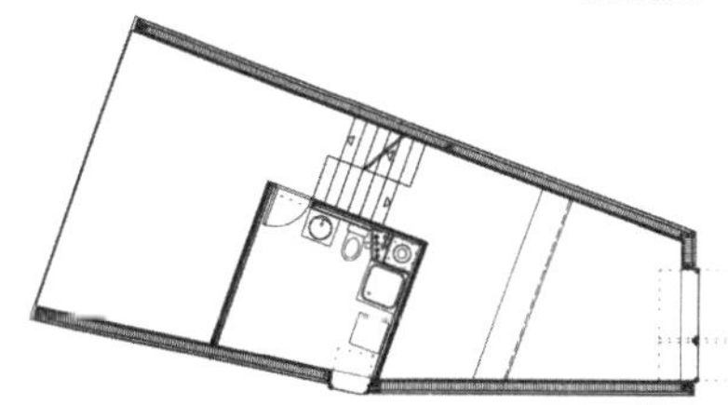

그림 292 : 2층 평면도

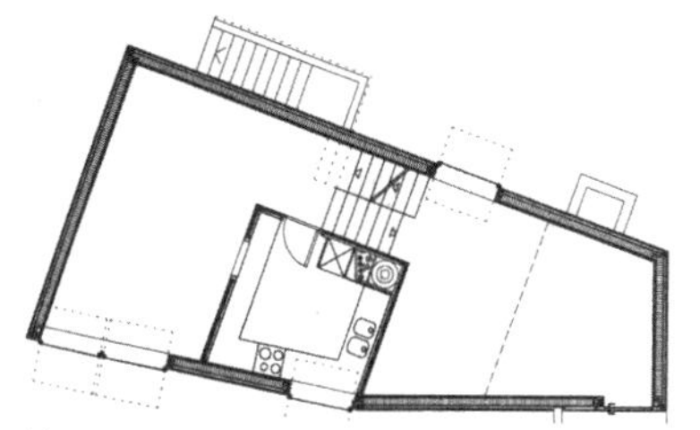

그림 293 : 1층 평면도

내부 공간의 레이아웃과 내력 구조 l
앞에서 언급한 것처럼 여러 개의 층으로 나뉜 건물의 구조는 상, 하부에 위치하는 공간들에 대한 시각적 연결을 가능하게 하며, 전체적으로 주택이 보다 넓은 느낌으로 느껴지게 한다. 공간의 배치는 주방과 욕실, 다용도실을 담고 있는 "척추"의 삽입을 통해 더욱 두드러지게 나타난다. (슬라이딩 문을 사용하고 있는) 각 층은 인접한 층의 조명을 함께 이용한다. 일례로 계곡을 향해 있는 북향의 거실은 발코니와 계단을 통해 남쪽으로부터도 자연광을 받아들이게 된다. 이러한 수직적 레이아웃의 개념은 "나선형으로 배치된 공간"에서만 찾아볼 수 있는 것이 아니라, 2층 규모의 진입 홀에서도 찾아볼 수 있다. 경량 목골조 구조의 파사드와 중앙 척추 부분의 목제 스터드를 사용한 벽은 내력을 담당하는 요소로 현장 타설 콘크리트로 만든 지하실을 통해 지지된다.

그림 289 : 단면도

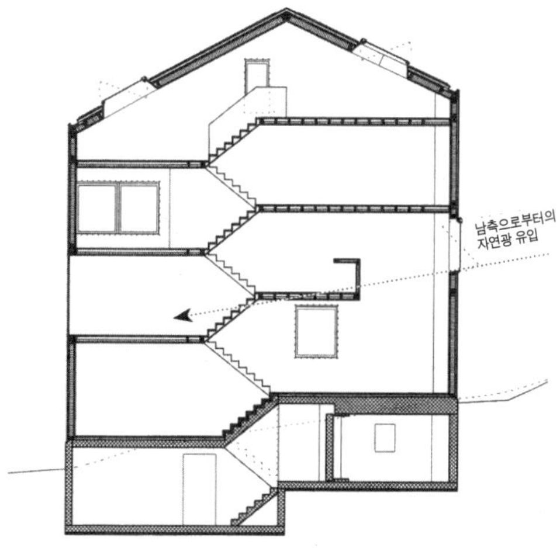

그림 294 : 횡단면도

내부 공간의 레이아웃과 내력 구조 II

지리적 위치(접근이 힘든 산지 마을)에 대응함은 물론 거주자가 스스로 공간의 구조를 쉽게 변형할 수 있도록 하기 위해(파사드는 유약처리로 마감되었으며, 내부 공간은 페인트 도색처리로 마감되었다), 건물은 목조 구조체를 사전 제작하는 방식을 사용하고 있다. 따라서 건물 전체의 건축적인 느낌을 좌우하는 결정적인 요소는 파사드에 사용된 외장재 등에서 볼 수 있는 것처럼 정밀하게 제작된 건물의 상세라기 보다는 현장 실무 작업에 의한 것이라 할 수 있다.

3가지 서로 다른 크기의 널은 수직적으로 설치되었으며, 여기에는 개구부의 상부와 하부에는 동일한 크기의 널을 사용해야 한다는 규칙만이 적용되었다. 이러한 방식에 따라 "자동적으로" 건물은 기술적으로 정밀하지는 않지만 흥미로운 외관을 갖게 되었으며, 파사드의 느낌은 파사드를 덮고 있는 널 사이의 줄눈으로 특징지어진다. 어두운 회색의 파사드는 건물에 사용된 목재 고유의 느낌을 최소로 줄이고 있으며, 이러한 점에서 건축가의 의도가 "목조 건물"을 지으려는 것이 아니었음을 분명히 알 수 있다.

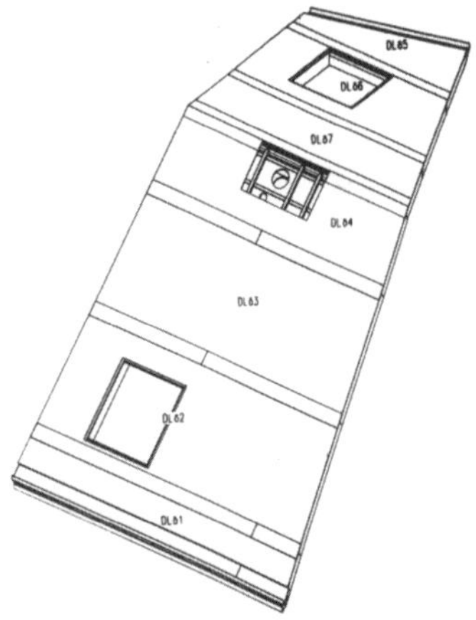

그림 295 : 지붕의 엑소노메트릭

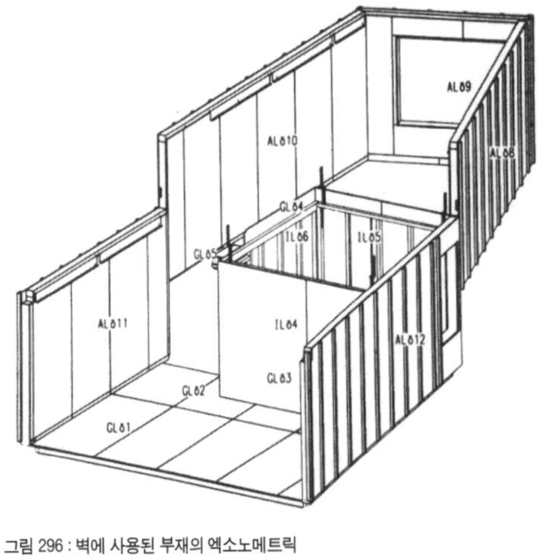

그림 296 : 벽에 사용된 부재의 엑소노메트릭

그림 297 : 축조 이전의 경량 목골조 부재의 모습
경량 목골조 구조체는 이틀에 걸쳐 축조된다.

그림 298 : 벽 및 바닥판 부재의 조립
바닥판 부재는 Z형강을 통해 벽 사이에 매달린다.

그림 299 : 지붕 부재의 설치
사전 제작을 통해 정밀도를 높이고 있다.

파사드와 지붕

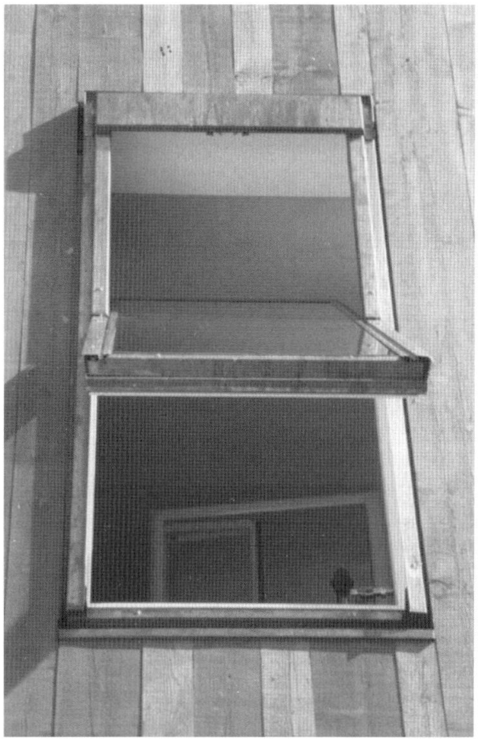

그림 302 : 창의 모습
창 상부 띠벽 뒤에 환기용 덮개와 롤러 블라인드가 설치되어 있다.

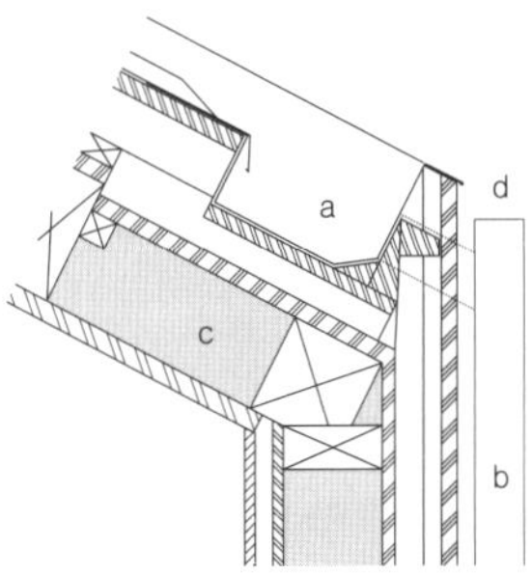

a) 홈통
b) 구리 수직 홈통, D = 70 mm, 상부 단부 개방
c) 홈통을 설치하기 위해 지붕 구조체가 부분적으로 축소된 부분
d) 지붕 모서리와 처마 널을 덮는 목조 외장재, 파사드 환기용 공극은 지붕 구조체 아래까지 연장되어 있다

그림 300 : 홈통이 달린 처마 상세도, 1:20

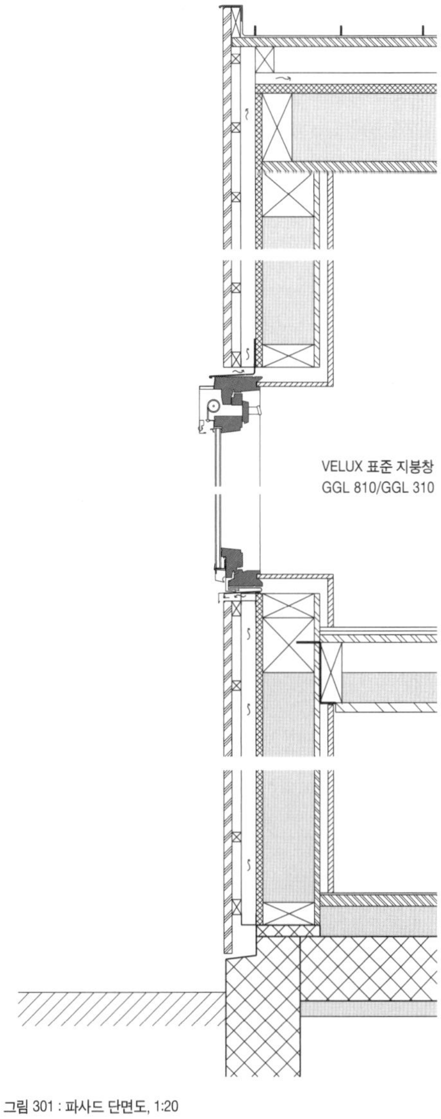

그림 301 : 파사드 단면도, 1:20

지붕	
구리 지붕, 이중 솔기 구조	0.6 mm
역청질 펠트	
목조 널	24 mm
환기용 공극	100 mm
역청 주입 목질 섬유 단열판	24 mm
구조용 목재, 전나무/가문비나무	80 / 180 mm,
구조용 목재 사이에는 Isofloc 단열재 설치	
3겹 합판, 전나무/가문비나무	27 mm
합계	*355 mm*

벽	
수직 널, 맞댐이음	22 mm
그리드에 따라 놓인 널	25 mm
역널 / 환기용 공극	40 mm
섬유판	18 mm
목제 스터드 / 단열재	140 mm
OSB 3겹 합판	15 mm
그리드에 따라 놓인 널	15 mm
목제 판넬	15 mm
합계	*290 mm*

개구부와 내력 구조

경량 목구조는 일반적으로 개구부의 위치를 크게 한정 짓지는 않으며, 오히려 무작위적인 개구부의 배치를 가능하게 한다. 건물에는 두 종류의 창이 사용되었다. 거실에는 바닥에서 천장까지, 벽에서 벽까지 거대한 크기의 창이 사용되었으며, 이를 제외한 부분에는 VELUX 지붕창이 사용되었는데 지붕은 물론 파사드에도 이 창이 사용되었다! 표준화된 지붕 창을 벽에 사용하는 것은 매우 특이한 사례로, 목제 창과 동일한 가격으로 일반적인 목제/철제 창의 장점을 얻을 수 있음은 물론 기후 조건에 관계없이 자연 환기를 가능하게 한다는 장점도 있다. VELUX 지붕 창에 기본적으로 달려 있는 환기용 덮개는 주변에 설치된 구리 박판 널에 의해 보호되며, 창에 설치된 롤러 블라인드는 직사일광의 유입을 차단한다. 건물에 사용된 모든 창은 하나의 문설주가 하나의 벽과 정렬되도록 위치되었으며, 이러한 방식을 통해 유입된 빛이 공간 내부로 넓게 분산되도록 하고 있다. 창의 위치는 매 층마다 회전하는 방식을 사용하고 있기도 하다. 이를 통해 주변 환경과 독립된 건물의 느낌을 강조함은 물론, 유동적인 내부 레이아웃을 가능하게 하고 있다. 중앙 척추 공간은 내부 공간이 이루는 공간적인 연속성과 무관한 부분이므로 이러한 창 배치 방식을 따르지 않으며, 단순히 하나의 창 위에 다른 창이 놓이는 수직적 배치 방식을 사용하고 있다.

그림 304 : 3층 창의 내부 모습
문설주가 벽에 병합되어 있다.

그림 305 : 거실 창의 내부 모습
프레임이 없는 창을 사용하여 물리적인 경계를 없애고 있다.

그림 303 : 서측 파사드
창의 선형 배치는 "정적인" 공간인 코어의 위치를 보여준다.

그림 306 : 다락방에 사용된 창
VELUX 지붕창이 원래의 방식으로 사용되었다!

구성 요소

CATALOGUE OF COMPONENTS

건축 도면의 이해를 위한 사전 지식
스위스 표준 SIA 400:2000에서 발췌

B.1.4 축척

도면에 사용된 모든 축척은 도면의 표제란에 기재된다.

다음의 축척은 건축 도면에 주로 사용되는 것들이다 :

<table>
<tr><th>축척</th><th colspan="2">일반적인 용도</th></tr>
<tr><td>1: 10,000</td><td colspan="2" rowspan="3">위치도, 블록 플랜</td></tr>
<tr><td>1: 5000</td></tr>
<tr><td>1: 2000</td></tr>
<tr><td>1: 1000</td><td colspan="2" rowspan="2">배치도, 지적도</td></tr>
<tr><td>1: 500</td></tr>
<tr><td>1: 200</td><td colspan="2">도시계획을 위한 배치도,
현상 설계 도면, 계획 설계 도면</td></tr>
<tr><td>1: 100</td><td colspan="2">기본 도면</td></tr>
<tr><td>1: 50</td><td>조립 도면</td><td rowspan="5">시공 도면</td></tr>
<tr><td>1: 20</td><td rowspan="4">상세 도면</td></tr>
<tr><td>1: 10</td></tr>
<tr><td>1: 5</td></tr>
<tr><td>1: 1</td></tr>
</table>

그림 1 : 건축 도면에 사용되는 표준 축척

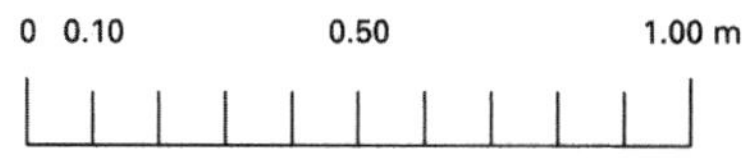

그림 2 : 1:20 스케일 바의 예시

도면을 축소해서 사용하는 경우가 늘어남에 따라, 모든 도면에 스케일 바를 첨부하는 것이 바람직하다. 이는 도면이 축소된 경우에도 원 도면의 개략적인 치수를 가늠할 수 있게 한다.

축소와 확대 비율은 반드시 명시되어야 한다.

B.5 치수와 높이

B.5.1 개론

도면에 표기된 치수는 도면의 정확성보다 우선적으로 적용된다. 도면에 그려진 치수와 맞지 않게 표기된 치수 위에는 줄을 그어 표시하는 것이 바람직하다. 이는 CAD 시스템을 이용하여 만들어진 도면에도 동일하게 적용된다.

B.5.2 측량 단위

치수와 높이를 나타내는 데에는 킬로미터, 미터, 센티미터, 밀리미터 등의 측량 단위가 사용된다. 선택된 단위는 도면에 표기된다.

예 : 미터를 사용하여 나타낸 치수

소수는 콤마나 소수점을 사용하여 표기된다.

미터를 사용한 예 : 2,75 또는 2.75
0,52 또는 0.52

오늘날의 스위스 건축 산업에 따르면, 기본 측량 단위인 1m보다 작은 크기의 부재는 센티미터 단위를 사용하여 표기될 수 있다. 이 경우, 밀리미터는 센티미터와 함께 사용될 때 어깨 숫자의 형태로 표기된다.

예 :
5^{2} = 0.52 m
2^{5} = 2.5 cm
0^{5} = 0.5 cm

각도는 360도법에 따라 표기된다.

예 : 24°, 32.5°, 45°

경사도라는 용어는 배수구, 통행이 가능한 재료의 구배를 표현하는 데에 사용된다. 경사도는 백분율 (%) 또는 천분율 (‰)로 나타내어진다. 하향 경사는 하향 화살표(예 : 차고 앞마당의 배수로)로, 상향 경사는 상향 화살표(예 : 계단 또는 램프)를 사용하여 표기된다.

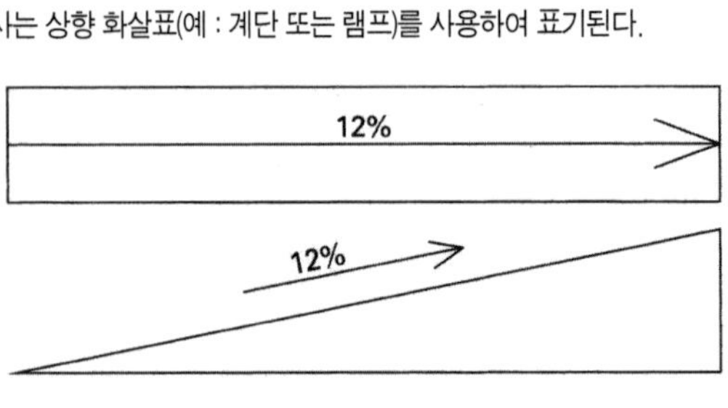

그림 3 : 평면도와 단면도에서의 상향 경사 표기 예

B.5.3 치수

치수선과 치수 보조선은 가장 얇은 두께의 실선을 사용하여 표기된다.

치수 한계점은 치수선에 사용된 선보다 2배의 두께를 갖도록 표기되어야 한다.

치수 보조선은 치수가 측정되는 부분까지 연장되도록 그려진다. 가능할 경우, 치수 보조선은 다른 치수 보조선과 교차하지 않는 것이 바람직하다.

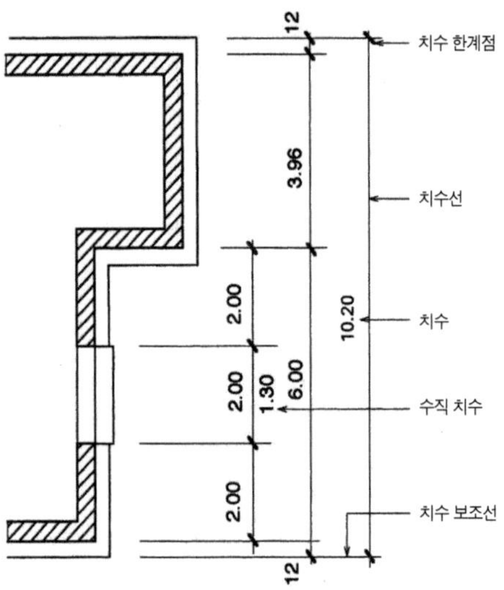

그림 4 : 평면도에 나타난 치수선과 치수 보조선

치수는 치수선의 중앙 상부에 기재되며, 도면의 아랫쪽 또는 오른쪽에서 바로 읽을 수 있도록 해야 한다.

치수선이 경사진 경우 치수는 반드시 치수선을 따라 상부에 기재되어야 하며, 도면의 아랫쪽에서 바로 읽을 수 있어야 한다.

치수가 치수선 하부에 기재되는 경우는 문지방의 상부 또는 바닥 마감 높이 (FFL)로부터 구조 상인방의 하부 또는 구조 바닥의 하부까지 수직 치수를 측정하는 경우이다. 창문의 경우에는 마감 공사가 끝난 스팬드럴 판넬의 상부로부터 구조 상인방(= 구조 개구부)의 하부까지의 거리로 수직 방향의 크기를 측정한다.

장방형 / 정방형 부재의 경우에는 폭과 높이 치수를 명시해야 한다 (예 : 30 x 180). 원형 부재의 경우에는 치수 앞에 직경을 나타내는 기호를 기재해야 한다 (예 : ø 12).

치수 표기의 사례 예시 (그림 5~8)

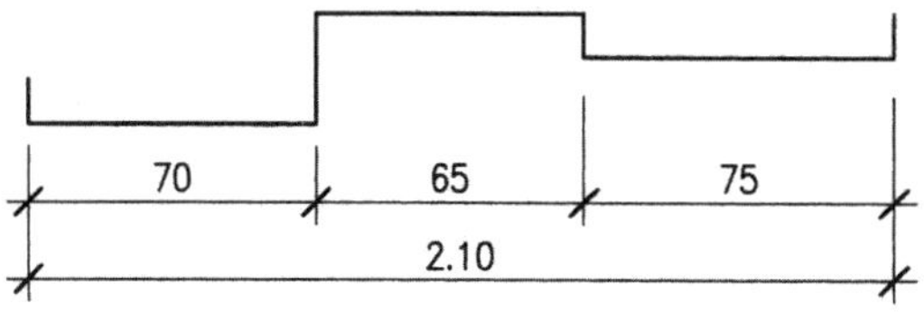

그림 5 : 일반적인 치수표기법

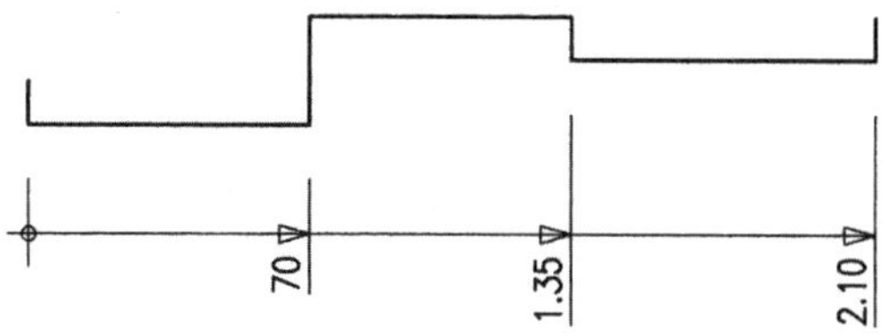

그림 6 : 연속적 치수 표기법

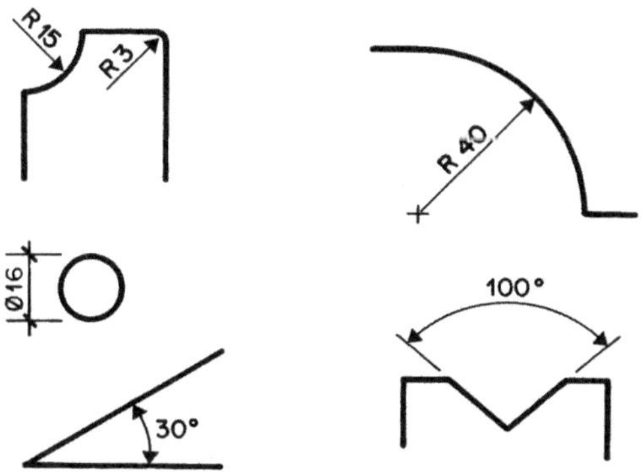

그림 7 : 반경, 직경, 각의 표기법

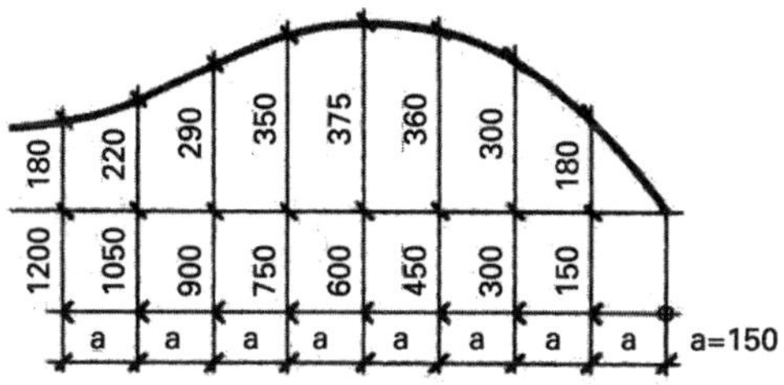

그림 8 : 불규칙한 곡선의 표기법

B.5.4 높이

높이는 항상 미터 단위로 표기한다.

각종 높이 표시에 있어 기준이 되는 점은 ±0.00의 높이이다. 이는 주로 1층의 바닥 마감 높이(FFL)로 정의된다. 예외적인 경우 각 층마다 새롭게 ±0.00의 높이가 정의되기도 한다. 이러한 경우에는 도면의 표제란에 새로운 높이 측정 기준에 대해 정확하게 명시해야 한다.

예 : 3층 바닥판 높이 ±0.00 = 해발 고도 518.60 m

평면에서 전체 면적에 걸쳐 높이가 동일한 경우에는, 도면의 표제란에 한 번만 명시해도 된다.

그림 9 : 단면도의 높이 표기법

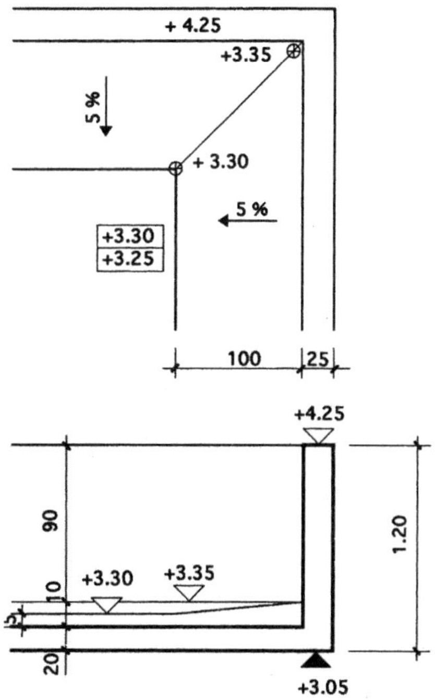

그림 10 : 예 : 평면과 단면에 나타난 높이 표기

B.7 투상법

B.7.1 표현 원리

건물을 이루고 있는 모든 부분은 3차원적 요소이지만, 도면에서는 단지 2차원적으로 표현될 수 밖에 없다. 표현하고자 하는 요소를 단일 평면, 즉 도면 상에 투상함으로써 표현한다.

그림 12는 아래에 위치하는 도면들이 표현하고 있는 3차원적 요소이다.

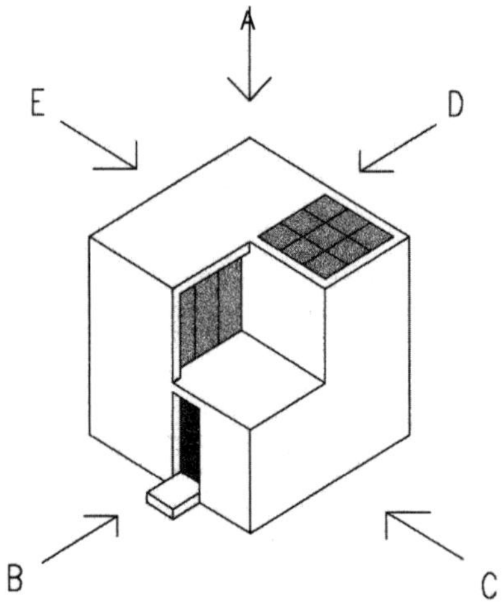

그림 12 : 투시도

B.7.2 표준 투상법

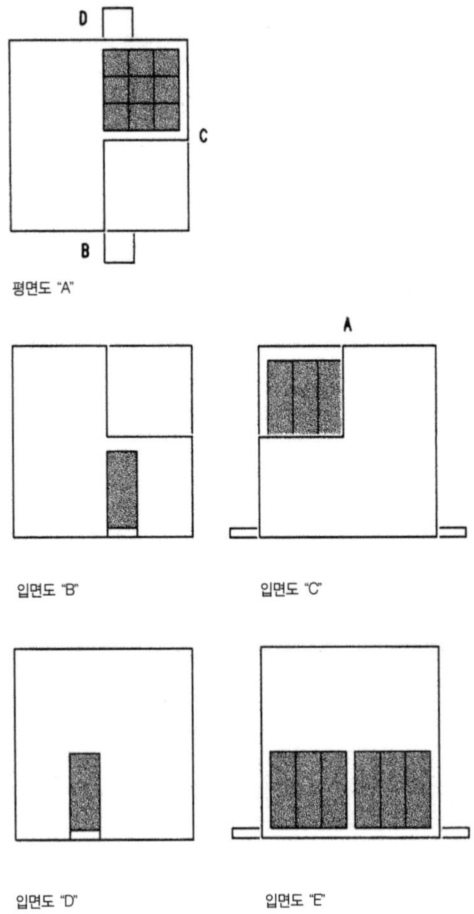

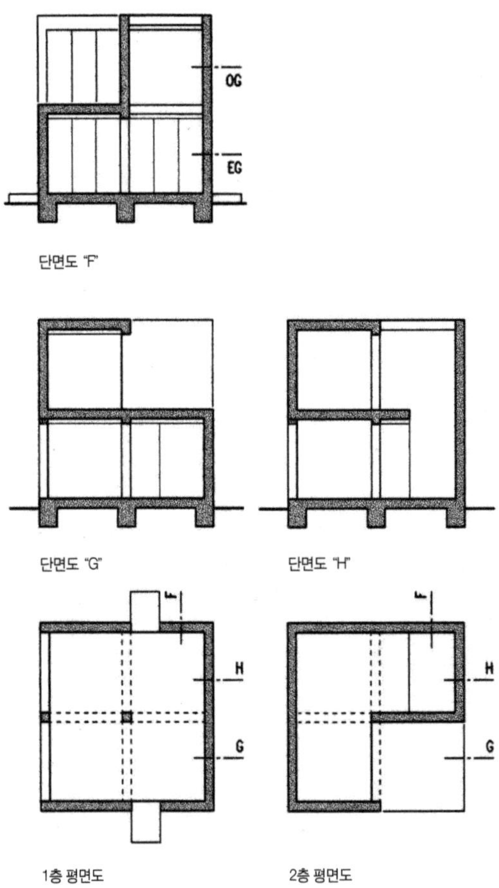

그림 11 : 표준 투상도
스케일이 없는 표현 기법

그림 13 : 표준 투상도
단면이 보이는 표현 기법

B.8.3 건축 재료

B.8.3.1 도상 표기

도면에서 부재의 외곽 단면은 일반적으로 두꺼운 선을 사용하고, 아래에 나타난 각종 부호들로 표시한다.

부호의 밀도는 도면의 축척에 맞게 그려진다.

1:100 또는 이보다 작은 축척을 갖는 도면에 그려진 부재의 단면은 건축 재료의 종류와 관계 없이 검게 칠해지거나, 이와 유사한 부호를 사용하여 표기한다.

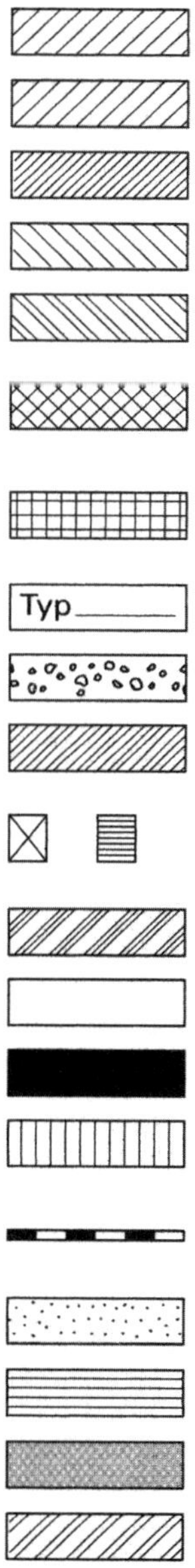

재료	색
점토 벽돌	밝은 적색
철 (축척 1:1)	
내화 벽돌	어두운 적색
규산칼슘 벽돌	회색
시멘트 벽돌	황록색
일반 콘크리트 / 철근 콘크리트	녹색
재처리 석재	청회색
회반죽을 바르지 않은 콘크리트	녹색
모르타르, 초벌칠	보라색
원목	황색에서 갈색까지 사용 가능
원목/집성재	황색에서 갈색까지 사용 가능
목질 제품	밝은 갈색
금속	밝은 청색
철재 (단면)	흑색
단열재	분홍색
차단막 (공기, 습기, 수분)	흑색 / 백색
밀봉재	황색
유리	어두운 녹색
플라스틱	회색
돌, 일반 석재	청색

B.8.3.2 약어

(스위스에서 통용되는 독일어 도면)

콘크리트	B
경량 콘크리트	LB
포틀랜드 시멘트	CEM I
수경성 석회	HL
석회	CL
조적	M

특수한 성질을 갖지 않는 일반 석재 :

- 점토 벽돌	MB
- 경량 점토 벽돌	MBL
- 시멘트 벽돌	MC
- 경량 시멘트 벽돌	MCL
- 규산칼슘 벽돌	MK
- 발포 콘크리트 벽돌	MP
- 경량 발포 콘크리트 벽돌	MPL

석재가 갖는 특수한 성질은 다음과 같은 용어로 표기된다 :

- 조적용 본드로 제작
- 사전 제작
- 고압축 강도
- 화초문양 외장 석재
- 철근 보강
- 프리스트레싱
- 기후의 영향에 노출되는 외장 석재
- 기후의 영향에 노출되지 않는 외장 석재
- 내화 성능
- 차음 성능
- 단열 성능
- 지진의 위험에 따른 추가 성능

집성재 (glulam)	BSH

B.9.3 계단과 램프

평면도에서 계단은 원래 높이의 2/3 정도에서 절단하여 표시된다. 여러 층에 걸쳐 형성된 계단의 경우에는 하향 계단의 윗 부분과 상향 계단의 아랫 부분이 도면에 표기되어야 한다.

연속적인 화살표를 사용하여 계단과 램프에서 위로 올라가는 방향을 표시한다.

계단이 한 개 층에 걸쳐 놓여 있는 경우, 절개선 상부의 계단은 점선으로 표시된다.

단면도

평면도

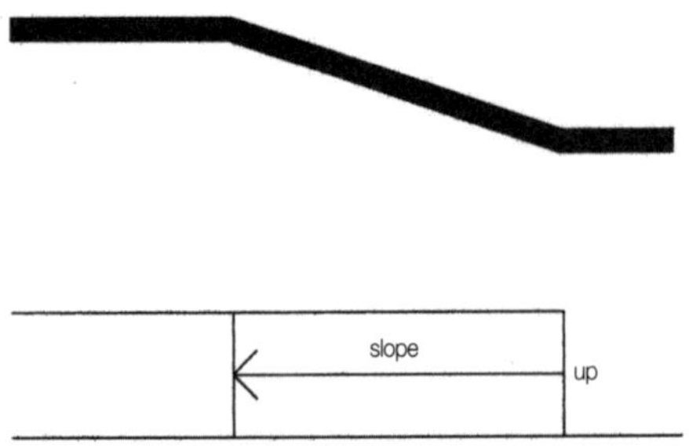

그림 16 : 램프
평면와 단면

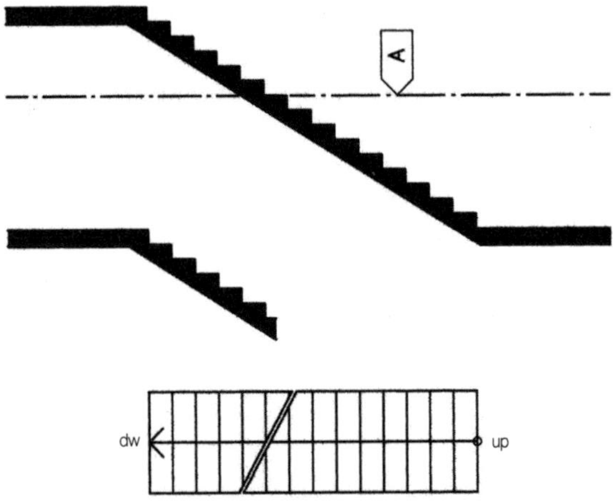

그림 14 : 다층 계단
평면과 단면

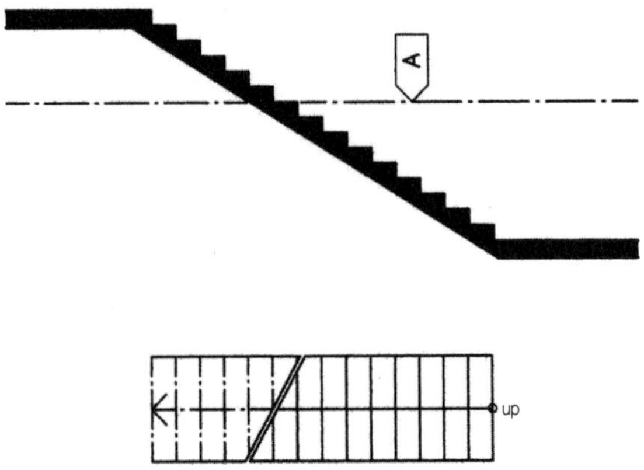

그림 15 : 단층 계단
평면과 단면

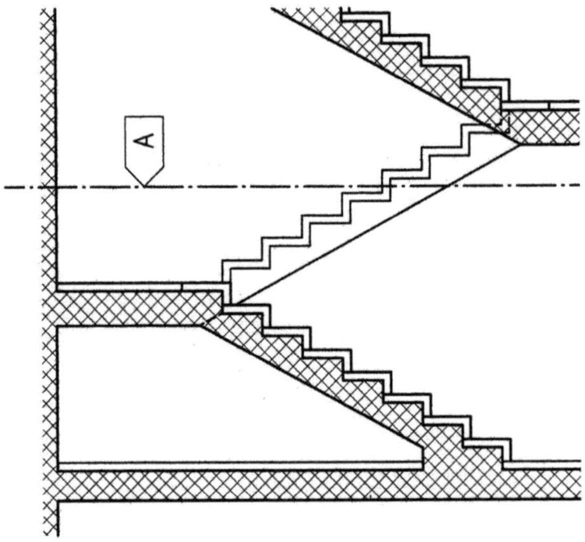

단면

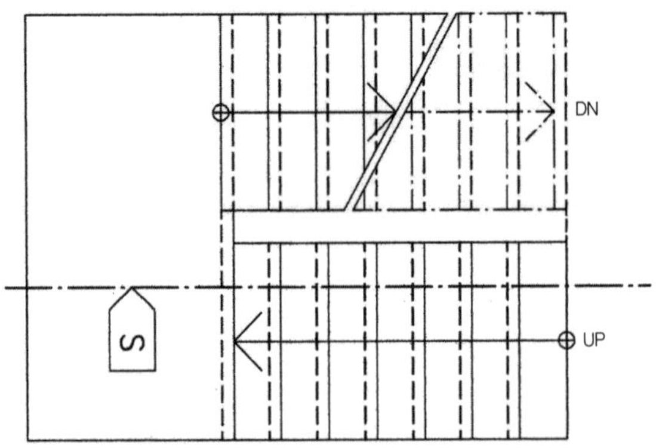

평면

그림 17 : 굴절계단
평면과 단면

도면의 표현
예 : 경량목구조

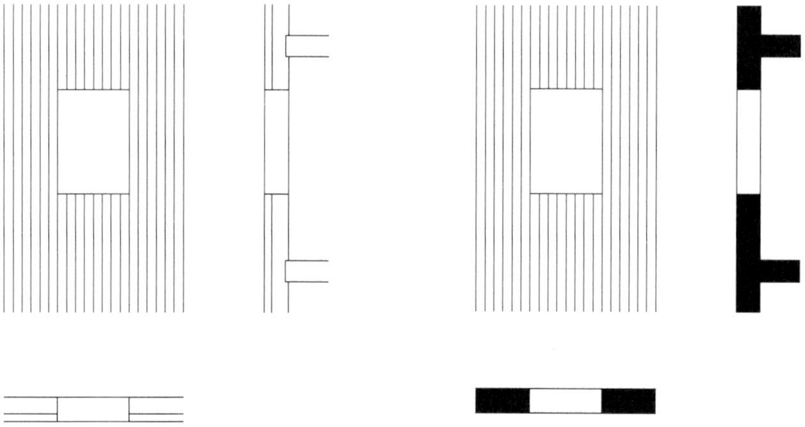

평면, 단면, 입면, 축척 1:100, 외곽선 또는 입면선은 흑색으로 표시

기본 도면, 축척 1:100

기본도면은 프로젝트를 이해하기 위한 모든 정보를 담고 있다. 이는 (주로) 건축주와 인허가권자를 위한 것이다.

- 평면도, 단면도, 입면도
- 대지의 경계, 인근 건물
- 기존 지형, 새롭게 만들 조경

크기와 공간의 표현은 그래픽으로 표기된다. 개구부는 구멍, 띠 등의 형태로 그려진다. 창문, 기단, 지붕의 단부, 파사드 표면 등은 프로젝트와 관계된 경우에만 도면에 표시된다.

기본도면은 건물의 승인 절차에 사용된다. 대부분의 경우 기본도면은 건물 승인용 도면과 동등한 자격을 갖는다. 지역 인허가권과 건물 승인용 도면에 어떠한 정보를 추가적으로 담아야 하는지 명시해야 한다.

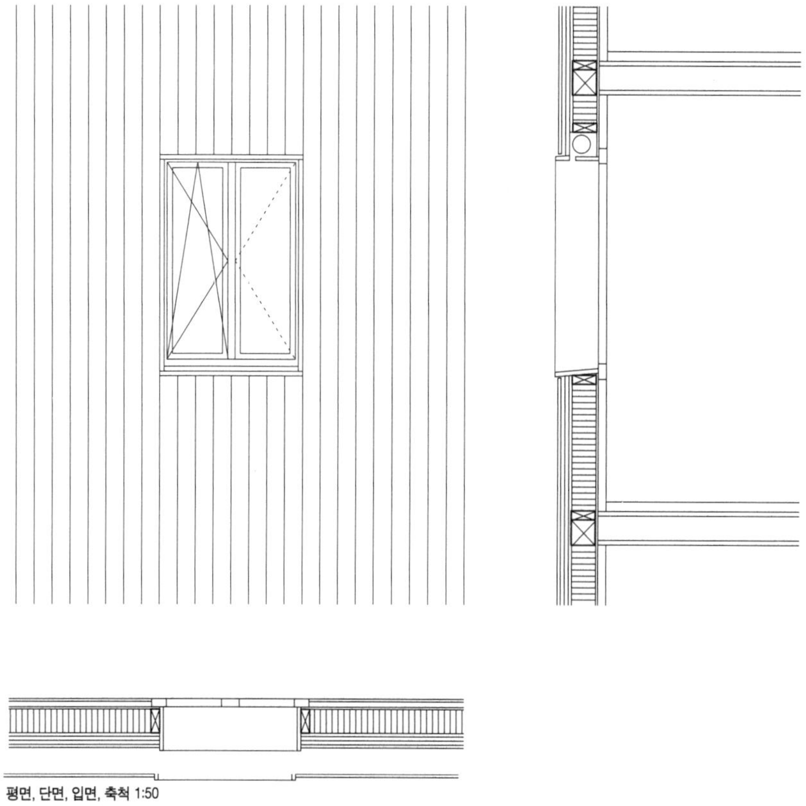

평면, 단면, 입면, 축척 1:50

시공 도면, 축척 1:50

시공 도면(및 조립 도면)에서는 근본적으로 마감을 표현하지 않으며 주요 건축 요소에 한하여 벽, 바닥판, 지붕, 스팬드럴 판넬, 상인방(차양 사용 / 미사용), 계단 등의 부재가 표시된다. 이 도면은 설계 팀과 도급자 사이의 대화 수단으로써 사용되며, 실질적으로 현장 작업을 진행하며 사용된다. 축척에 따라서 내력층, 단열층, 보호층 등의 레이어가 도면에 표시되기도 한다. 표면의 마감 방식은 별도의 범례(텍스트)를 통해 명시된다. 기단 - 벽, 벽 - 바닥판, 벽 - 지붕의 접합부 상세와 개구부 등은 개략적으로 표기된다 (레이어들의 연속). 모르타르 등의 얇은 레이어는 표기되지 않는다. 창은 단순하게 표시된다. 일반적인 경우 프레임과 창유리는 함께 박스형으로 그려지며, 필요한 경우 프레임과 창유리가 입면도에서 구분되게 표시되고 개구부의 종류가 기재된다. 차양의 종류, 내측 설치 또는 외측 설치 여부, 바닥판 / 지붕의 구조는 텍스트로 표기된다.

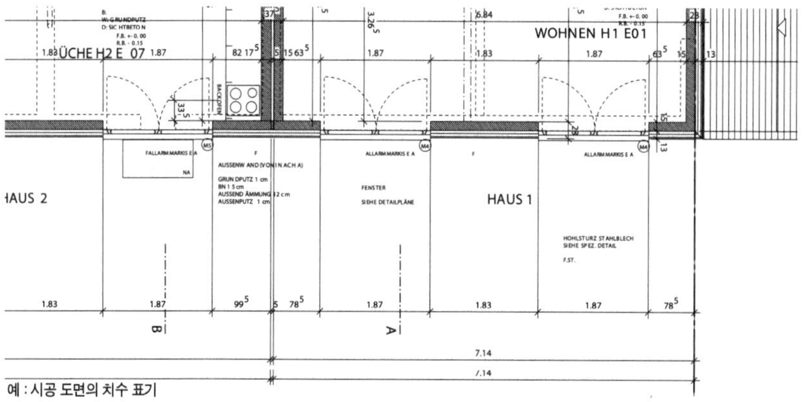

예 : 시공 도면의 치수 표기

시공 도면의 치수 표기

치수는 표기위계를 가지고 있으며 부재로부터 가장 멀리 떨어진 주요 치수로부터 부재가까이 있는 부분, 부재에 근접한 디테일 순으로 표현이 된다. 치수선은 다른 치수선과 교차해서는 안 된다. 시공 도면은 일반적으로 센티미터 단위에서 반올림하여 미터 단위로 표시된다 (예 : 3.96^5). 보다 정확성을 요구하는 상세 도면은 밀리미터 단위를 사용하기도 한다 (예 : 철물공사). 도면 전체에 걸쳐 동일한 치수 단위를 사용하여야 하며, 표제란에는 치수 단위에 관한 적절한 노트를 명시해야 한다 (예 : 도면에 사용된 모든 도면은 밀리미터 단위를 사용한다).

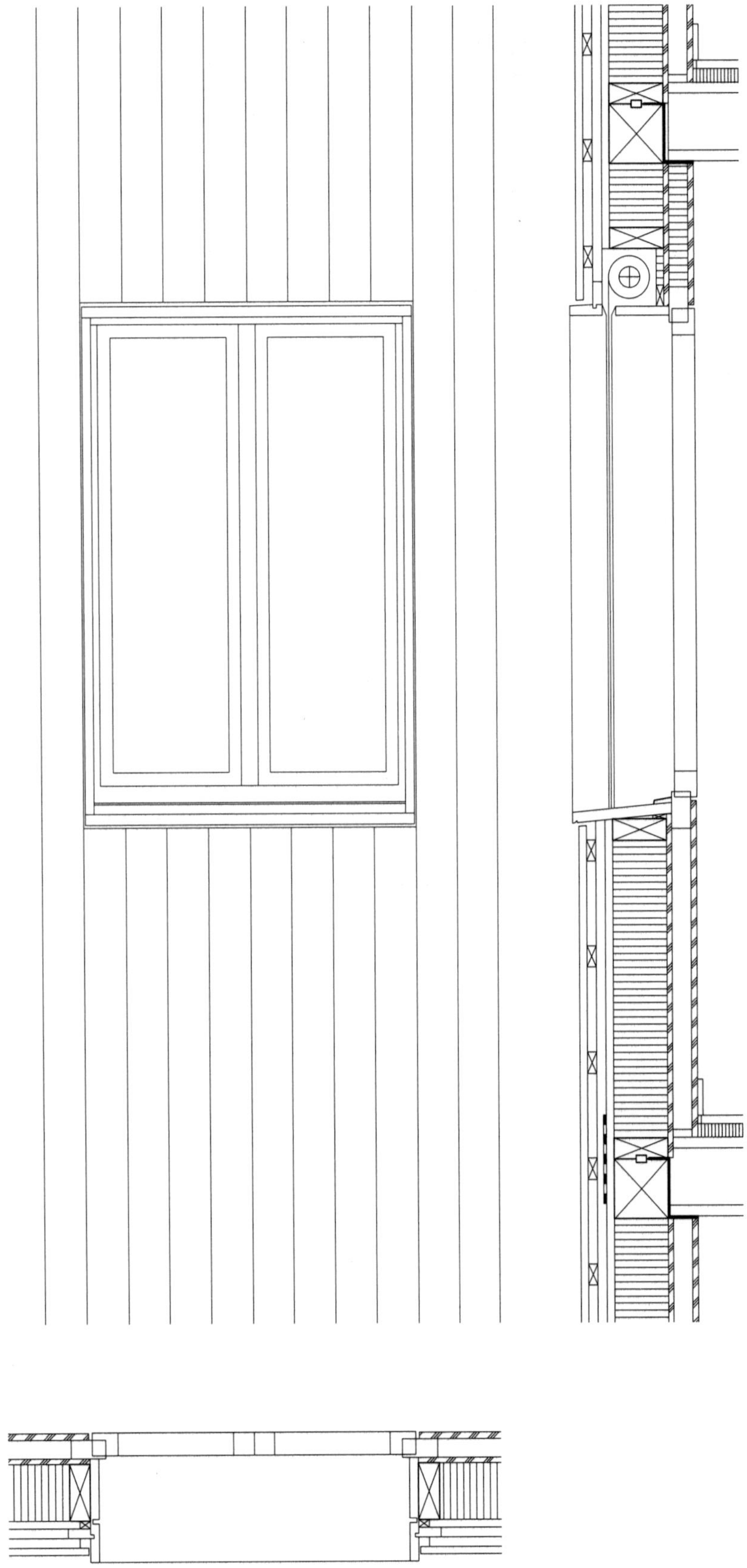

평면도, 단면도, 축척 1:20

상세 도면, 축척 1:20

상세 도면은 1:50 축척의 시공 도면을 보조하는 역할을 한다. 각각의 레이어는 부호로 표기되거나, 해치 또는 음영으로 표시된다. 내력 부재는 두꺼운 실선으로 표시된다. 바닥판 지지부재와 같은 접합부는 도면에 표기되어 별도의 주석을 달게 된다. 창문은 프레임과 창유리로 이루어진 개별적인 박스의 형태를 사용하여 개략적으로 표시된다. 차양과 가이드 트랙, 널, 창밀봉재 등의 모든 부분은 분명하게 명시되어야 한다.

바닥판은 모든 구성층과 접합부, 말단이 표기되어야 한다. 특수한 설비가 설치된 경우에는(예 : 바닥 하부 난방 파이프) 이에 대해 기재해야 한다.

도면에 사용되는 기타 사례를 보기 위해서는 이어지는 건축 요소 목록을 참조하라. 경우에 따라서 건축 부재는 매우 상세하게 표시되기도 한다. 손으로 그린 스케치는 보다 추상적일 수도 있다. 도면의 레이아웃은 가장 먼저 고려되어야 한다.

- 도면의 크기, 종이의 크기
- 평면, 단면, 입면의 정렬

도면의 표현에 있어 일반사항

많은 업체들(예 : 창 제조업체)이 다양한 상세 도면을 제공하고 있다. 이는 매우 상세한 도면이다 (1:1). 이러한 축척으로 그려진 도면은 기타 축척으로 표기되기에는 지나치게 상세한 경우도 있다. 위에 언급한 추상적 표기 방법은 대부분의 경우에 적절하다.

도면의 작성자는 도면을 참고할 사람이 누구이며, 그들이 필요로 하는 정보가 무엇인지를 항상 고려해야 한다. 가능한 모든 경우, 도면의 제작에는 표준 규격의 종이가 사용된다 :

종류	*mm 단위로 표시한 치수*	
DIN A4	210 x	297
DIN A3	297 x	420
DIN A2	420 x	594
DIN A1	594 x	841
DIN A0	841 x	1189

기술자와 설계팀 간에 도면을 주고 받는 데에는 다양한 방식을 사용한다 : DXF, DWG.

표제란에 표기되어야 하는 도면의 정보 :

- 건축주
- 도면의 책임자
- 도면의 내용
- 축척
- 축소 도면의 경우 스케일 바
- 방위표
- ±0.00 = 미터 단위로 표시한 해발 고도

기호

건축 요소 목록의 범례

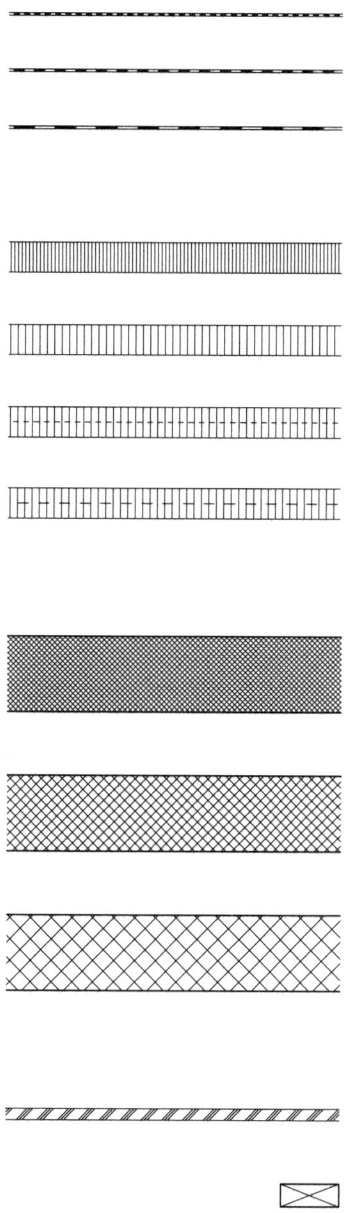

- 수분 차단막
- 방수층, 공기 밀폐막
- 분리층
- 차음재
- 단열재
- 단열재, 방습
- 단열재, 방수
- 복원 석재
- 현장 타설 콘크리트
- 버림 콘크리트
- 목재 보드
- 원목 각재 단면

기단, 외겹 조적벽
1:20

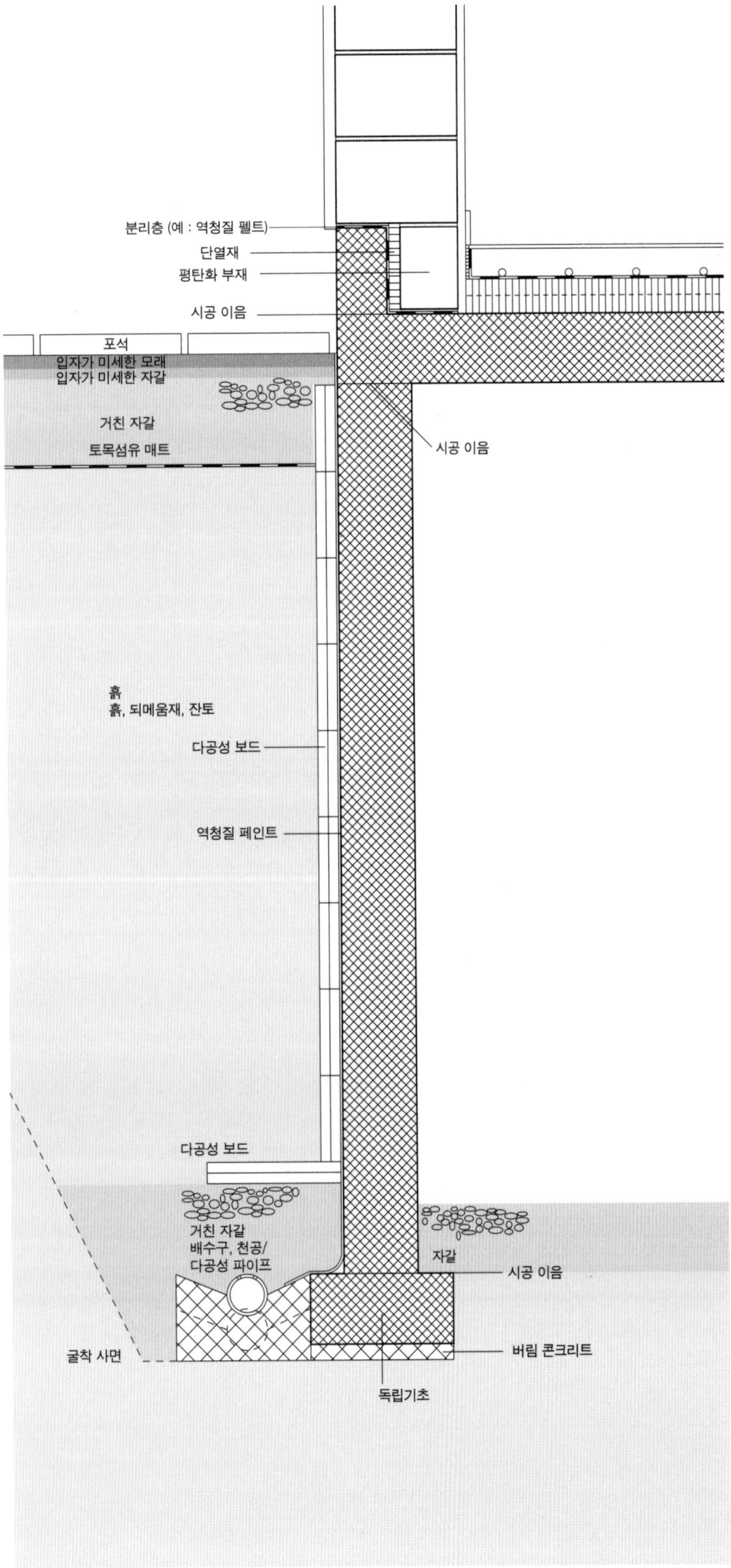

벽

- 초벌칠	35 mm
- 외겹 조적벽, 36.5 x 24.8 x 23.8 cm	365 mm
- 모르타르	25 mm
합계	*425 mm*

바닥

- 고온 가열 바닥 타일	10 mm
- 타일 접착제	5 mm
- 무근콘크리트와 바닥 난방 설비	80 mm
- 분리층 (예 : 1 mm 두께의 플라스틱 시트)	
- 단열재, 방습	
(예 : 유리면)	100 mm
- 콘크리트 슬라브	200 mm
합계	*395 mm*

벽, 습기에 노출된 지하층

- 투수성 보드	60 mm
- 방수층 (예 : 역청질 페인트)	2 mm
- 현장 타설 콘크리트 벽	220 mm
합계	*282 mm*

바닥, 습기에 노출된 지하층

- 석재층 (예 : 둥근 자갈)	200 mm

기단, 이중 조적벽

1:20

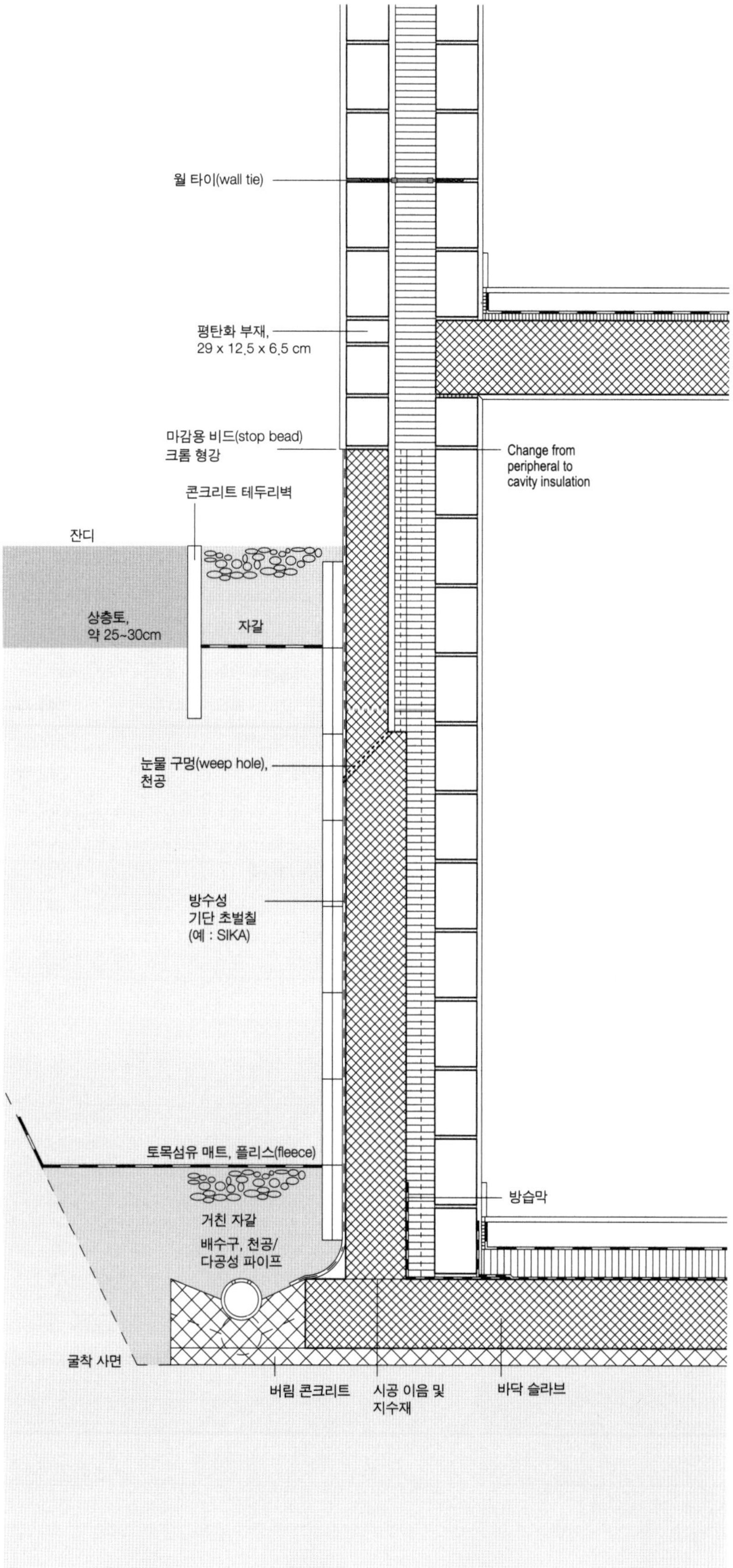

벽

- 초벌칠	20 mm
- 점토 벽돌, B, 29 x 12,5 x 19 cm	125 mm
- 공극 (시공상의 오차 보정)	20 mm
- 단열재 (예 : 암면)	120 mm
- 점토 벽돌, B 0, 29 x 12,5 x 19 cm	125 mm
- 모르타르	15 mm
합계	*425 mm*

바닥

- 나무마루 기성재	15 mm
- 무근콘크리트	60 mm
- 분리층 (예 : 1mm 두께의 플라스틱 시트)	
- 차음재	20 mm
- 콘크리트 슬라브	210 mm
- 하부 모르타르 마감	10 mm
합계	*315 mm*

벽, 난방되는 지하층

- 투수성 보드	60 mm
- 방수성 기단 초벌칠	10 mm
- 현장 타설 콘크리트 벽	180 mm
- 단열재 (방습)	60 mm
- 점토 벽돌, B, 25 x 12 x 14 cm	120 mm
- 모르타르	10 mm
합계	*440 mm*

바닥, 난방되는 지하층

- 나무마루 기성재	15 mm
- 무근콘크리트	80 mm
- 단열재 (예 : 유리면, 발포 폴리스티렌)	80 mm
- 방습막 (예 : Robit)	
- 콘크리트 바닥 슬라브	200 mm
- 버림 콘크리트	50 mm
합계	*425 mm*

기단, 치장 조적벽

1:20

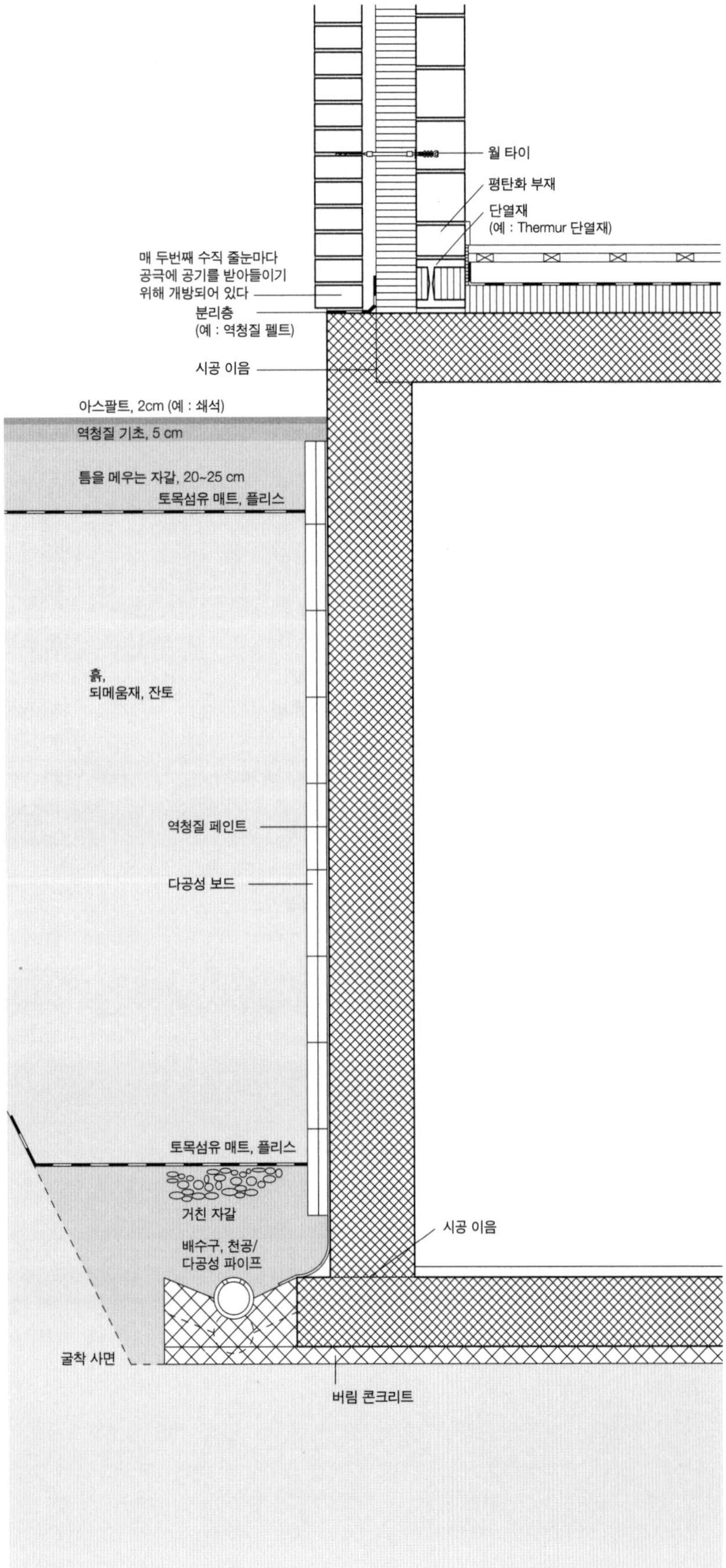

벽

- 점토 벽돌, BS, 1단 조적, 29 x 14 x 6.5 cm	
- 점토 벽돌, BS, 2단 조적, 14 x 14 x 6.5 cm	
(대체품 : 다양한 외장 석재, 사전 제작 콘크리트 벽돌, 사전 제작 콘크리트 부재 등)	140 mm
- 공기층, 최소	40 mm
- 단열재 (예 : 암면)	120 mm
- 점토 벽돌, BS, 25 x 15 x 14 cm	150 mm
합계	*450 mm*

바닥

- 목재 바닥 마감재	24 mm
- 장선	30 mm
- 펠트층	2 mm
- 무근콘크리트	60 mm
- 분리층 (예 : 1mm 두께의 플라스틱 시트)	
- 단열재, 방습	80 mm
- 콘크리트 슬라브	200 mm
합계	*396 mm*

벽, 난방되지 않는 지하층

- 투수성 보드	60 mm
- 방수층 (예 : 역청질 페인트)	2 mm
- 현장 타설 콘크리트 벽	240 mm
합계	*302 mm*

바닥, 난방되지 않는 지하층

- 무근콘크리트	30 mm
- 콘크리트 바닥 슬라브	200 mm
- 버림 콘크리트	50 mm
합계	*280 mm*

기단, 제치장 콘크리트, 내단열
1:20

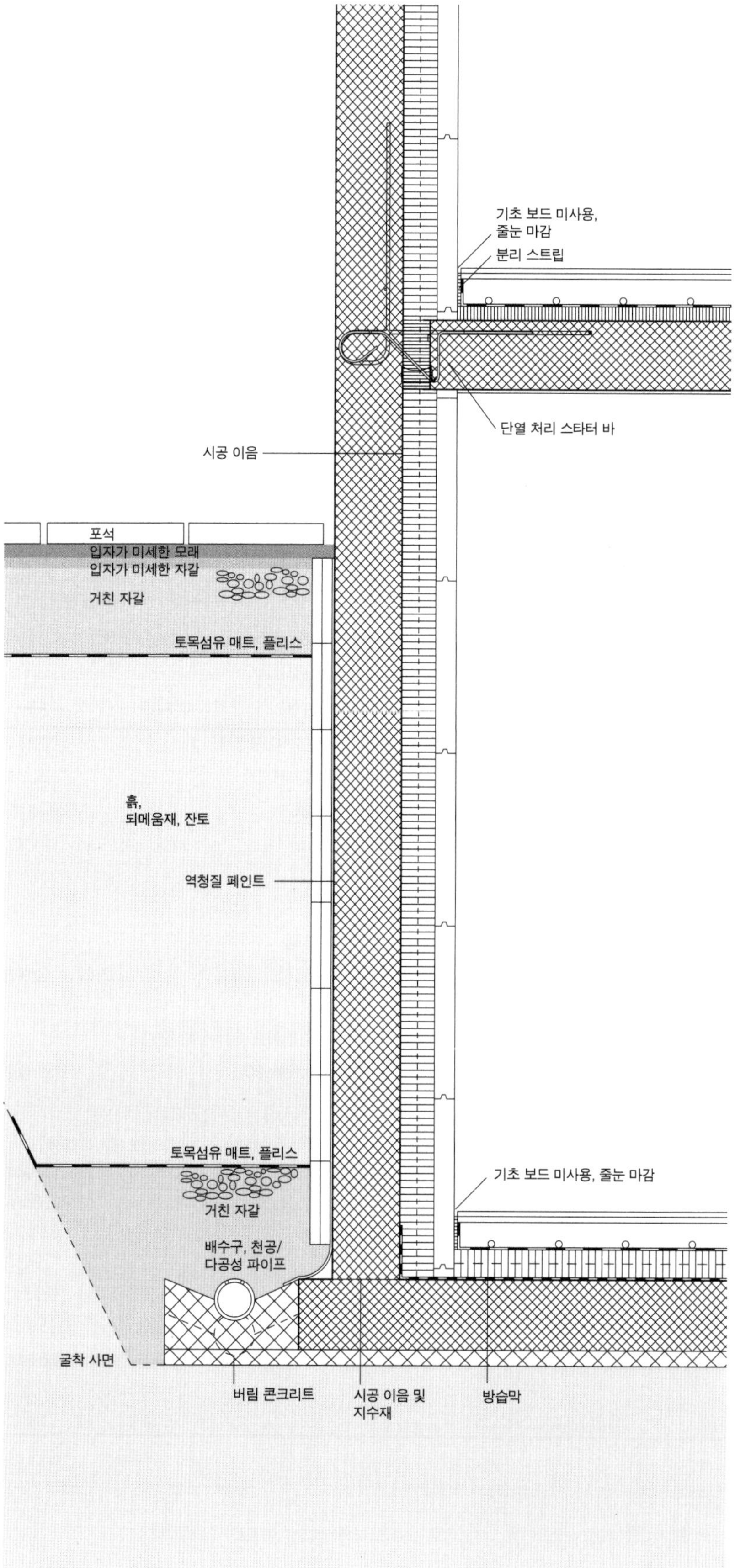

벽

- 제치장 콘크리트, 도색	220 mm
- 단열재, 방습 (예 : 유리면)	100 mm
- 석고 보드, 모르타르 또는 페인트 도포 마감	60 mm
합계	*380 mm*

바닥

- 석재 바닥 타일	15 mm
- 모르타르	15 mm
- 무근콘크리트와 바닥 난방 설비	80 mm
- 분리층 (예 : 1mm 두께의 플라스틱 시트)	
- 차음재	40 mm
- 콘크리트 슬라브	200 mm
- 하부 모르타르 마감	10 mm
합계	*360 mm*

벽, 난방되는 지하층

- 투수성 보드	60 mm
- 방수성 혼합물(예 : Efa-Fuller)을 사용한 콘크리트	220 mm
- 단열재, 방습 (예 : 유리면)	100 mm
- 석고 보드, 모르타르 또는 페인트 도포 마감	60 mm
합계	*440 mm*

바닥, 난방되는 지하층

- 석재 바닥 타일	15 mm
- 모르타르	15 mm
- 바닥난방 및 무근콘크리트	80 mm
- 단열재, 방습 (예 : 유리면)	80 mm
- 방습막 (예 : Robit)	
- 콘크리트 바닥 슬라브	200 mm
- 버림 콘크리트	50 mm
합계	*440 mm*

기단, 외단열, 초벌칠
1:20

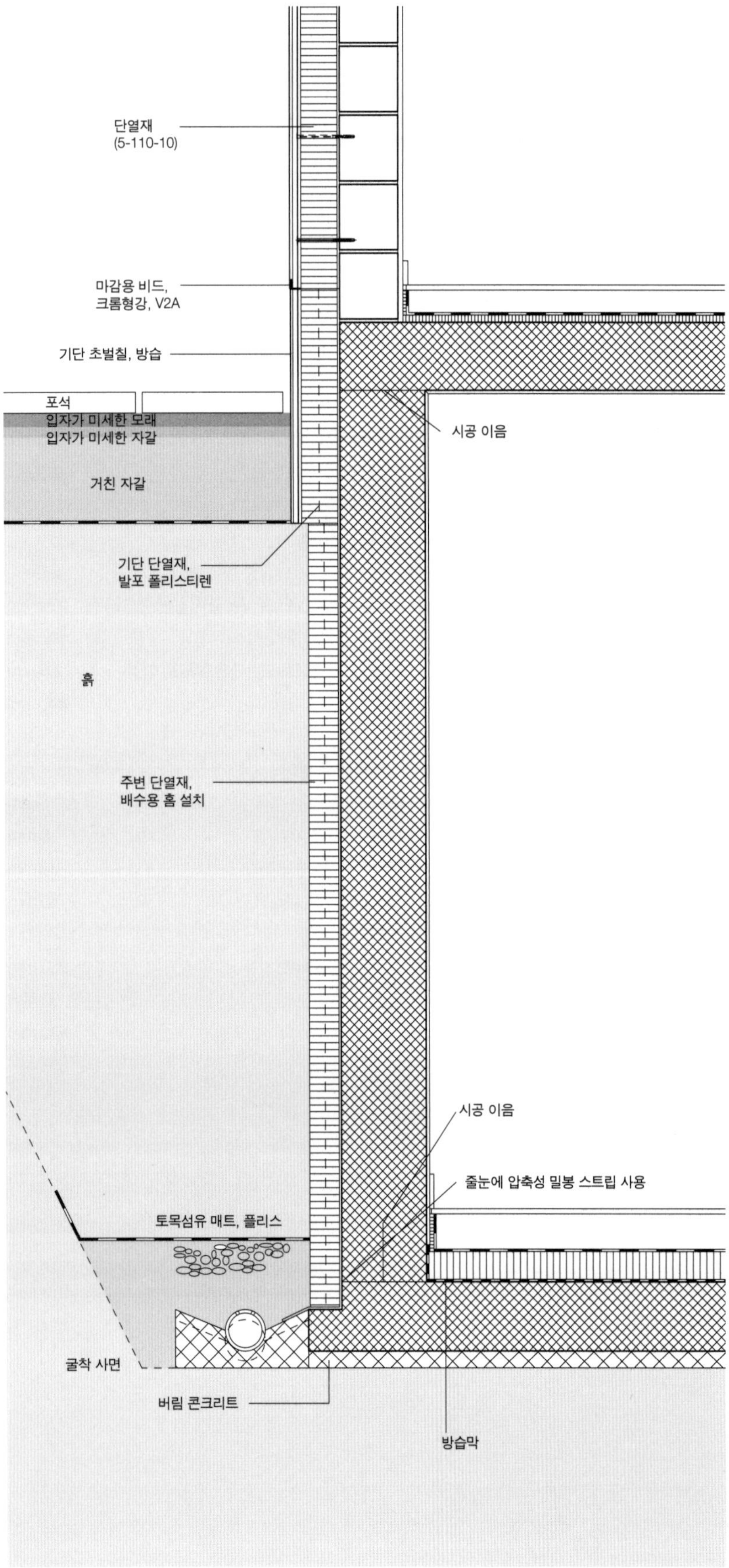

벽

- 예 : Wancor-Therm K	
- 미네랄 초벌칠 마감 (도색 또는 페인트 도포)	2 mm
- 접합용 초벌칠 (표면 전체에 걸쳐 내부에 유리 매트 설치)	4 mm
- 미네랄 초벌칠 하부 도포	20 mm
- 단열재 5-110-10 (3겹), 플라스틱 파스너로 고정	125 mm
- 점토 벽돌, B, 29 x 17.5 x 19 cm	175 mm
- 모르타르	15 mm
합계	*341 mm*

바닥

- 마그네사이트(Magnesite) 바닥재 (이음매 없음)	15 mm
- 무근콘크리트	65 mm
- 분리층 (예 : 1mm 두께의 플라스틱 시트)	
- 차음재	20 mm
- 콘크리트 슬라브	200 mm
- 하부 모르타르 마감	10 mm
합계	*310 mm*

벽, 난방되는 지하층

- 모르타르 도포 (방수)	3 mm
- 배수용 홈 설치된 외부 단열재	80 mm
- 방수층 (예 : 역청질 페인트)	2 mm
- 현장 타설 콘크리트 벽	240 mm
- 모르타르	10 mm
합계	*335 mm*

바닥, 난방되는 지하층

- 마그네사이트 바닥재	15 mm
- 무근콘크리트	80 mm
- 분리층 (예 : 1mm 두께의 플라스틱 시트)	
- 단열재 (예 : Floormate 200)	80 mm
- 방습막 (예 : Robit)	
- 콘크리트 바닥 슬라브	200 mm
- 버림 콘크리트	50 mm
합계	*425 mm*

기단, 외부 클래딩, 경량
1:20

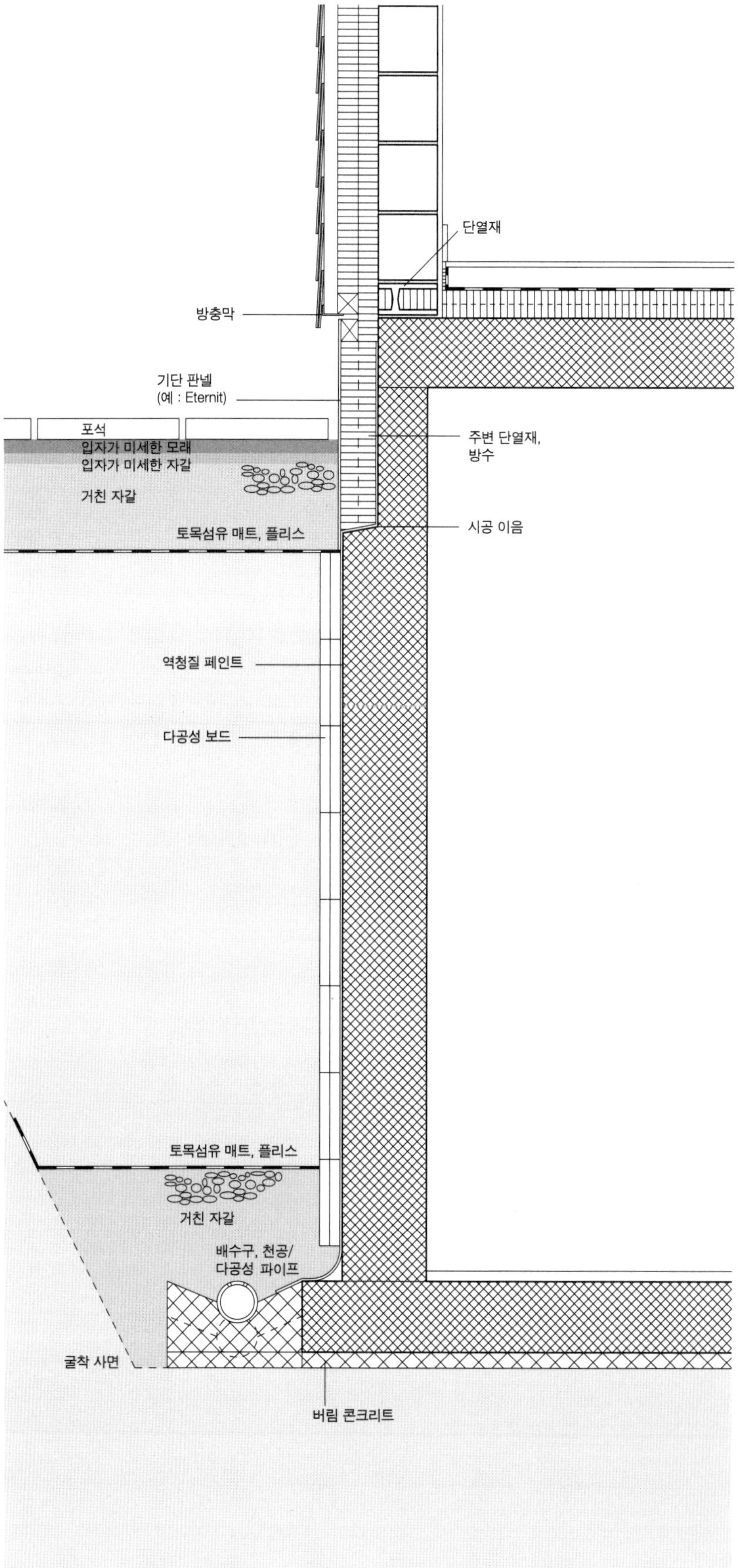

벽

- 중간 크기, 큰 크기의 외장재 예 : Eternit 슬레이트, 장방형 이중 겹침 방식으로 배열, 300 x 600 mm	10 mm
- 공기층 (40 x 70 mm 수직 널)	40 mm
- 단열재, 2겹 구조 각 60 mm, 양 방향에 대해 60 x 60 mm 널 설치	120 mm
- 점토 벽돌, B, 29 x 17.5 x 19 cm	175 mm
- 모르타르	15 mm
합계	*360 mm*

바닥

- 나무마루 기성재	15 mm
- 무근콘크리트	60 mm
- 분리층 (예 : 1mm 두께의 플라스틱 시트)	
- 단열재, 방습 (예 : 발포 폴리스티렌)	80 mm
- 콘크리트 슬라브	200 mm
합계	*355 mm*

벽, 난방되지 않는 지하층

- 투수성 보드	60 mm
방수층 (예 : 역청질 페인트)	3 mm
- 현장 타설 콘크리트 벽	260 mm
합계	*323 mm*

바닥, 난방되지 않는 지하층

- 무근콘크리트	30 mm
- 콘크리트 바닥 슬라브	200 mm
- 버림 콘크리트	50 mm
합계	*280 mm*

기단, 외단열, 중량
1:20

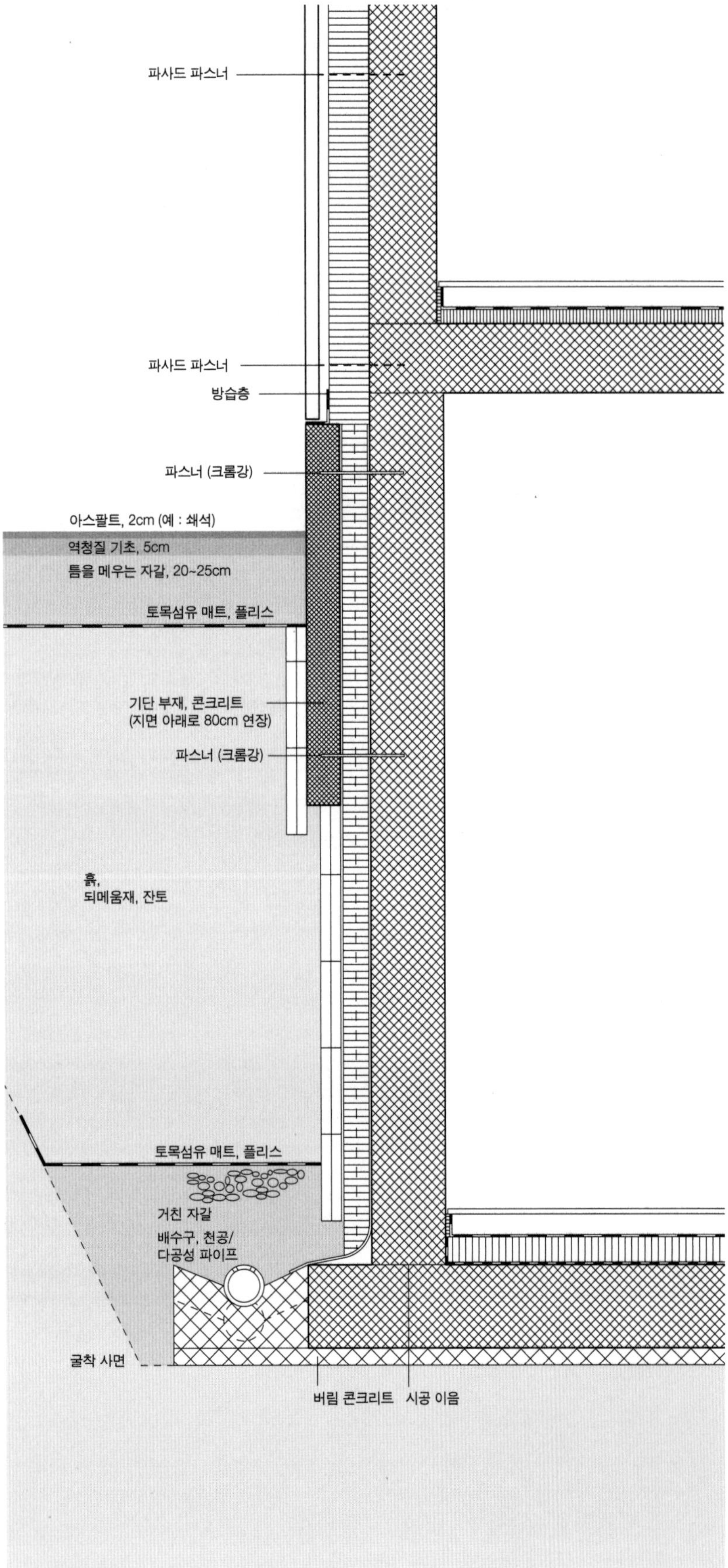

벽

- 석재 플레이트 (예 : 슬레이트)	20~40 mm
- 공기층	30 mm
- 단열재	120 mm
- 콘크리트	200 mm
합계	*370~390 mm*

바닥

- 나무마루 기성재	15 mm
- 무근콘크리트	80 mm
- 분리층 (예 : 1mm 두께의 플라스틱 시트)	
- 차음재	40 mm
- 콘크리트 슬라브	200 mm
합계	*335 mm*

벽, 난방되는 지하층

- 기단 부재 (프리캐스트 콘크리트)	100 mm
- 단열재	80 mm
- 방수층 (예 : 역청질 페인트)	2 mm
- 현장 타설 콘크리트 벽	20 mm
합계	*402 mm*

바닥, 난방되는 지하층

- 나무마루 기성재	15 mm
- 무근콘크리트	80 mm
- 분리층 (예 : 1mm 두께의 플라스틱 시트)	
- 단열재 (예 : 유리면)	80 mm
- 방습막 (예 : Robit)	
- 콘크리트 바닥 슬라브	240 mm
- 버림 콘크리트	50 mm
합계	*465 mm*

기단, 경량목구조
1:20

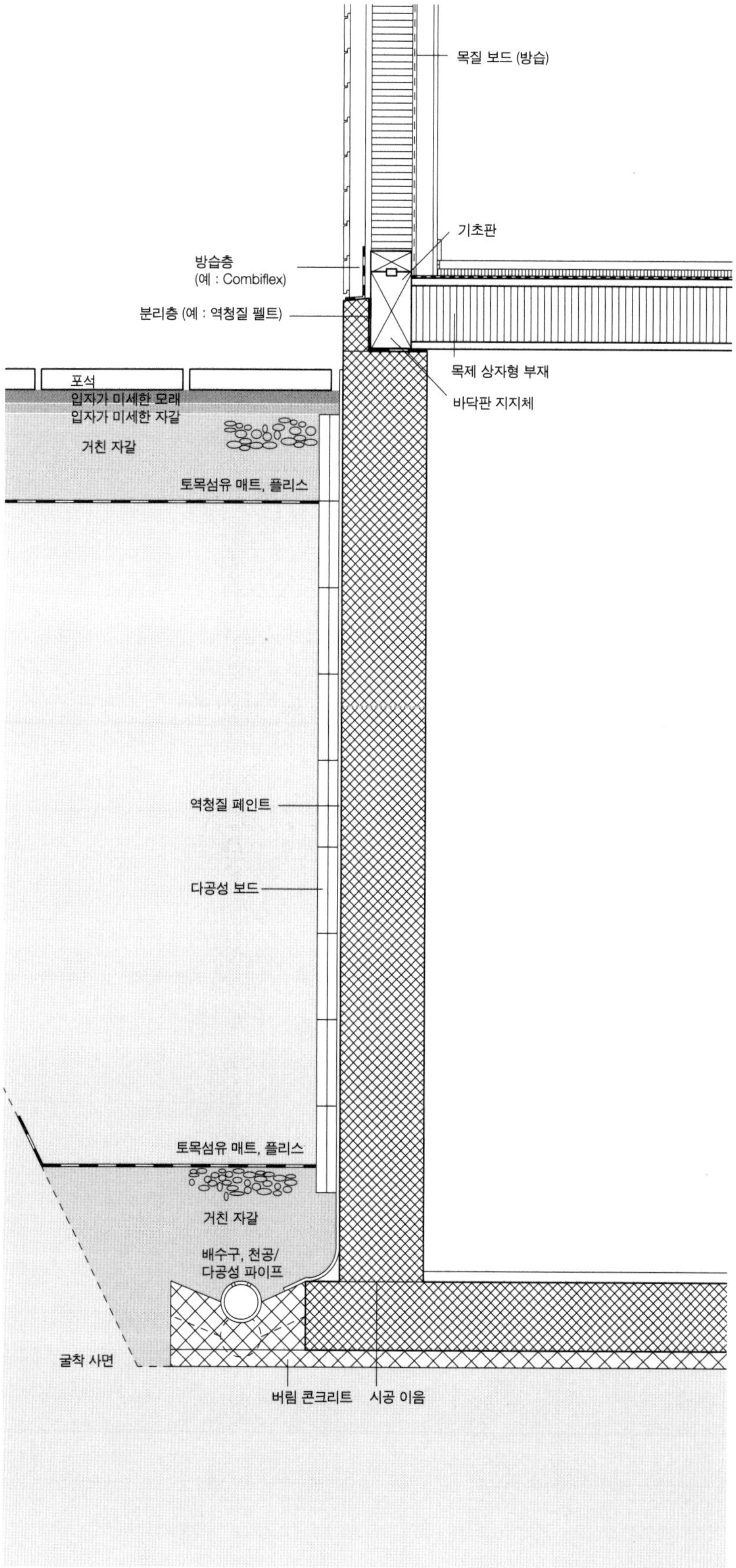

벽

- 수평 보드	24 mm
- 수직 부재 (공기층)	40 mm
- 역청 주입 섬유판 (공기 밀폐막)	18 mm
- 목재 스터드, 단열재 (예 : Isofloc)	120 mm
- 목재 보드 (합판, 방습!)	12 mm
- 수직 부재 (설비 시설을 위한 공간)	50 mm
- 목모 시멘트 파티클 보드 (예 : Fermacell) 또는 섬유 보강 석고 보드 (예 : Sasmox)	12 mm
합계	*276 mm*

바닥

- 3겹 합판, 미고정, 장부촉 이음	27 mm
- 차음재	20 mm
- 차수막	
- Lignatur 상자형 목재, 하부는 마감하지 않음	220 mm
합계	*267 mm*

벽, 난방되지 않는 지하층

- 투수성 보드	60 mm
- 방수층 (예 : 역청질 페인트)	2 mm
- 현장 타설 콘크리트 벽	240 mm
합계	*302 mm*

바닥, 난방되지 않는 지하층

- 무근콘크리트	30 mm
- 콘크리트 바닥 슬라브	200 mm
- 버림 콘크리트	50 mm
합계	*280 mm*

기단 - 지붕 : 원목 판넬 구조
1:20

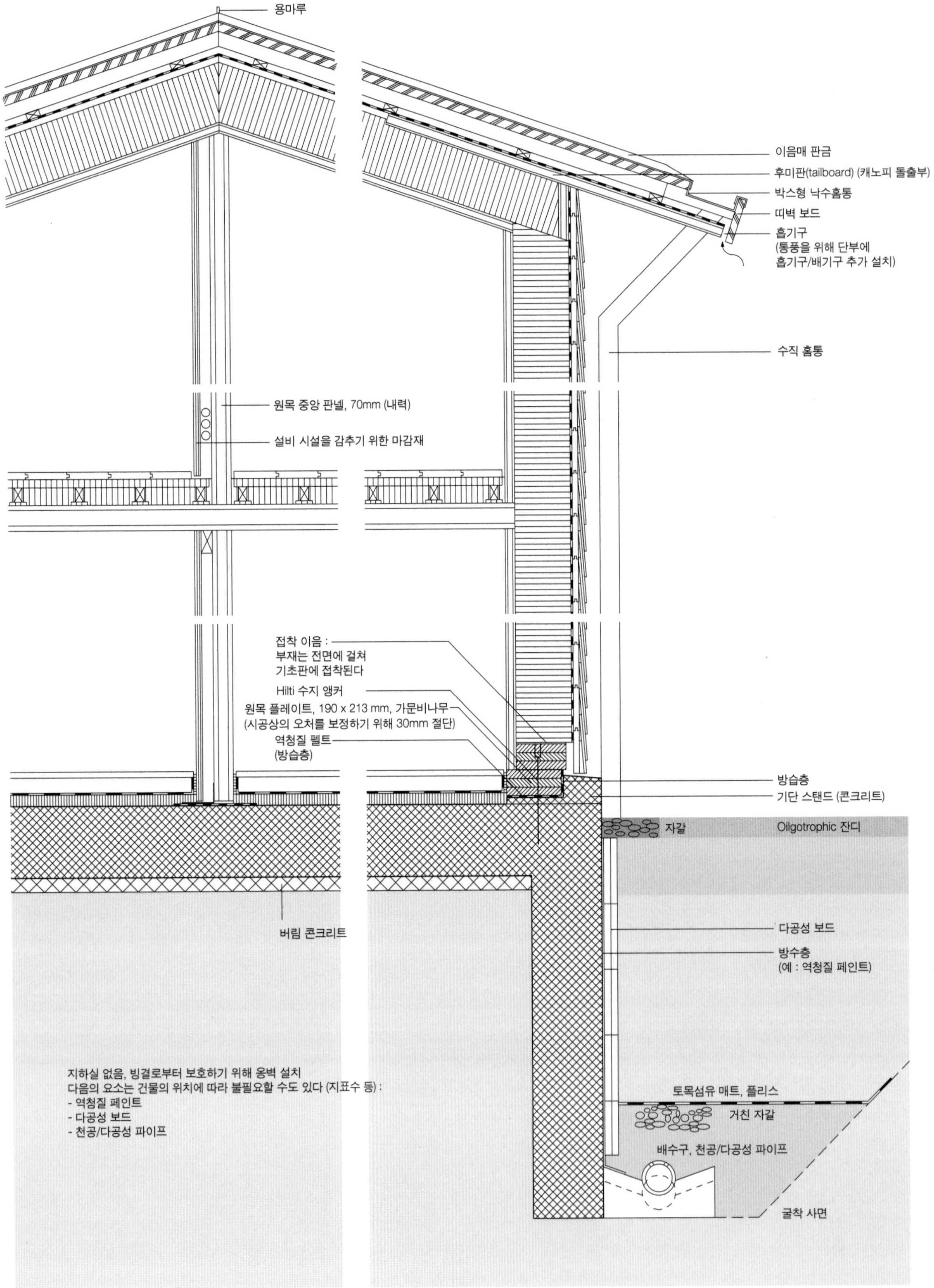

그림 1, 2 : 원목 구조, 지붕널로 마감 처리 (상), 판넬의 축조 (하)
Bearth & Deplazes: private house (Bearth-Candinas), Sumvitg (스위스), 1998

지붕

- 금속쉬트	0.6 mm
- 지붕 널	30 mm
- 역널 50 x 80 mm (환기용 공극)	80 mm
- 통풍을 위한 원목 블록, 30 x 50 mm	30 mm
- 2차 방수층 / 덮개층	3 mm
- 섬유판 22 mm	
- 원목 장선, 40 x 200 mm, 사이에 단열재 설치	200 mm
- 원목 판넬	35 mm
합계	*400 mm*

바닥, 상부층

- 원목 바닥 보드 (장부 촉이음, 못을 박은 자리는 안보이게 처리)	24 mm
- 역널, 40 x 30 mm (사이에 단열재 설치)	30 mm
- 널, 50 x 30 mm (사이에 단열재 설치)	50 mm
- 널 하부에서 분리층의 기능을 하는 고무 스트립 (차음)	10 mm
- 원목 판넬 (스팬 : 3 m)	90 mm
합계	*204 mm*

벽

- 낙엽송 지붕널 (공기층 없음), 3겹	20 mm
- 가문비나무 보드 (장부 촉이음), 수평	20 mm
- 공기 밀폐막	
- 단열재 (장선 주변)	200 mm
- 원목 판넬 (내력, 접착제에 의한 수분 차단 기능)	35 mm
합계	*275 mm*

바닥, 1층

- 고온 가열 바닥 타일	30 mm
- 바닥난방 및 무근콘크리트	60 mm
- 분리층 (fleece)	2 mm
- 차음재	40 mm
- 철근 콘크리트	250 mm
- 버림 콘크리트	50 mm
합계	*432 mm*

예 :

Bearth & Deplazes: private house

(Bearth-Candinas), Sumvitg (스위스), 1998

외겹 조적벽, 초벌칠

1:20

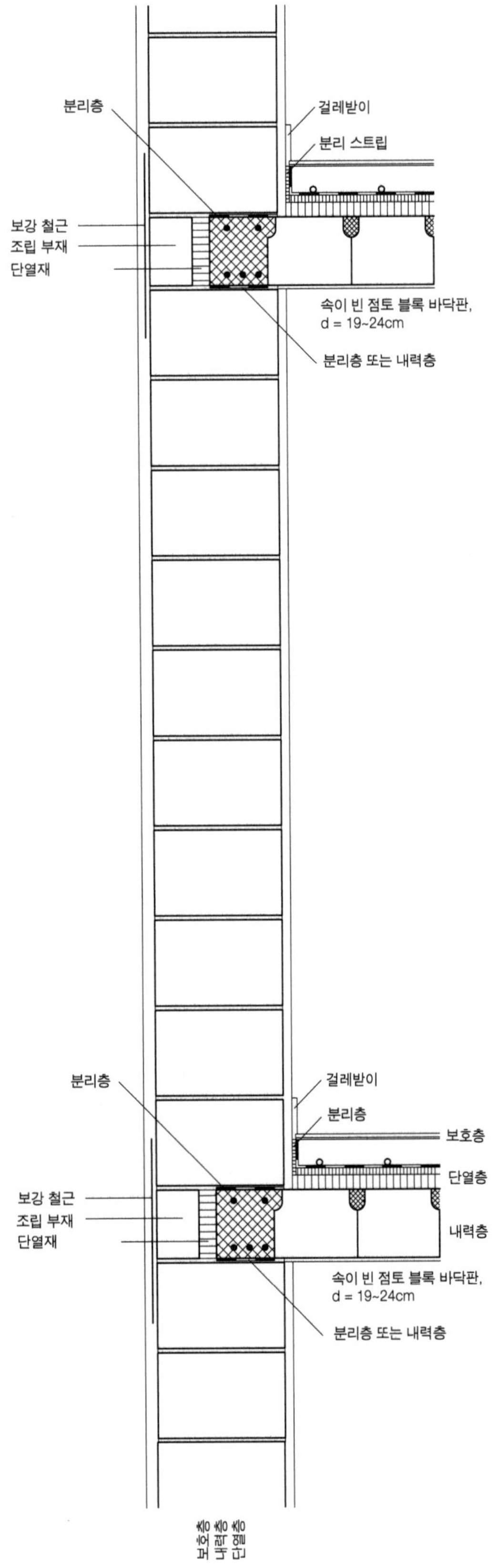

단면도

벽

- 초벌칠	35 mm
- 외겹 석조벽, 36.5 x 24.8 x 23.8 cm	365 mm
- 모르타르	25 mm
합계	*425 mm*

바닥

- 고온 가열 바닥 타일	10 mm
- 타일 접착제	5 mm
- 바닥난방 및 무근콘크리트	80 mm
- 분리층 (예 : 1mm 두께의 플라스틱 시트)	
- 차음재	20 mm
- 단열재	40 mm
- 속이 빈 점토 블록 바닥판 및 링 빔 (1방향 경간 구조)	195 mm
- 하부 모르타르 마감	10 mm
합계	*360 mm*

예 :

Giuliani & Honger and Doetsch & Roth:

Kupper apartment block, Erlenbach (스위스), 1993,1996

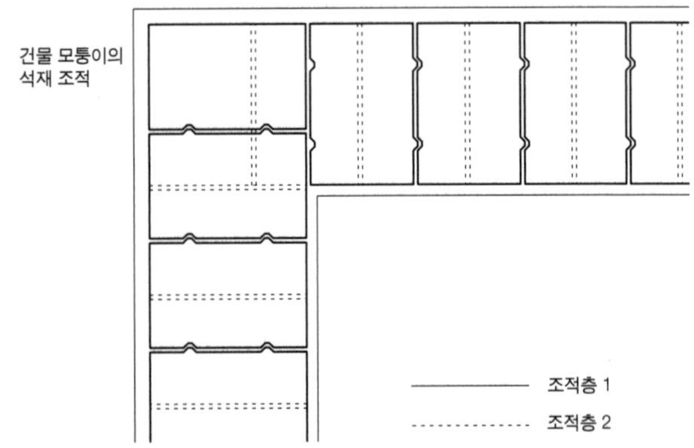

평면도

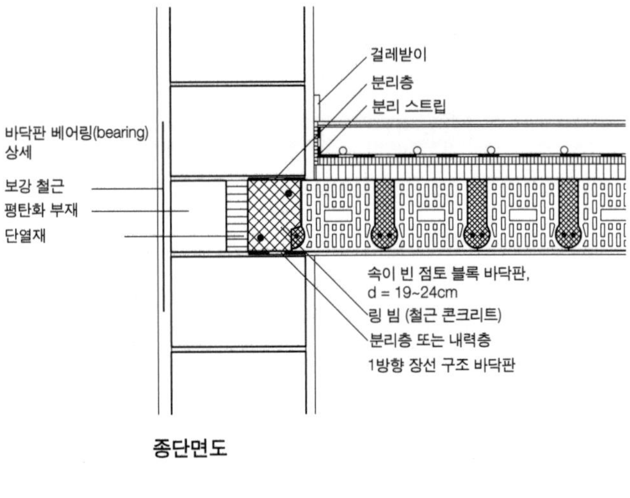

종단면도

이중 조적벽, 초벌칠
1:20

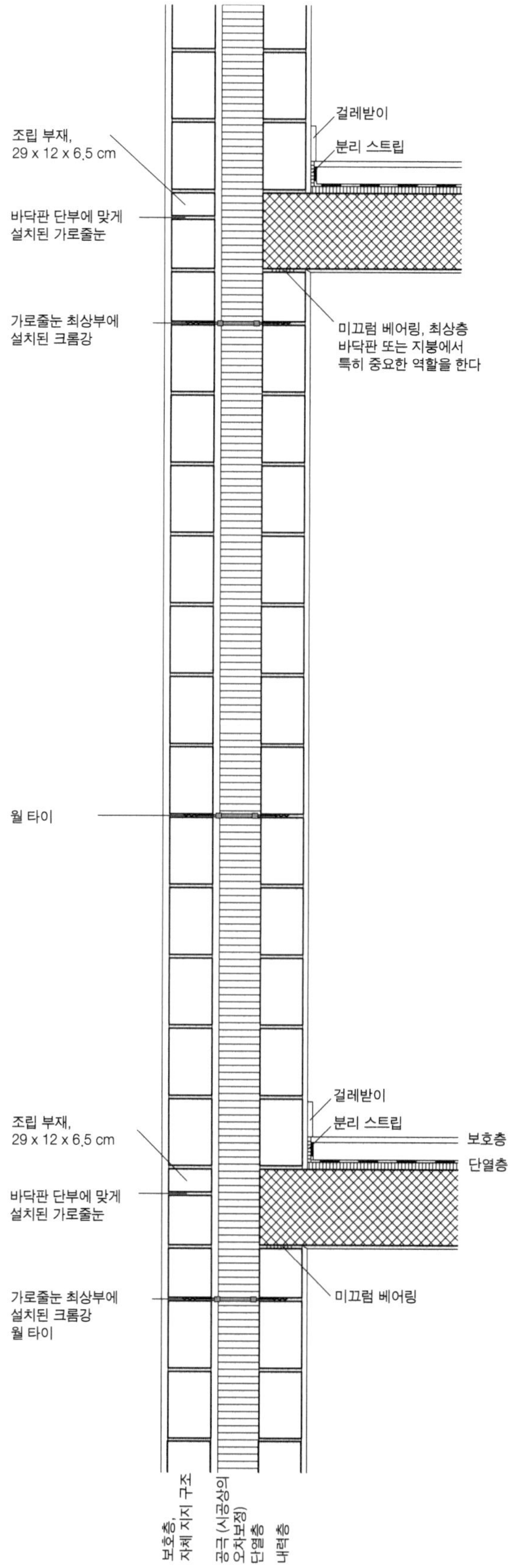

단면도

벽

- 초벌칠	20 mm
- 점토 벽돌, BN, 29 x 12.5 x 19 cm	125 mm
- 공기층 (시공상의 오차 보정)	20 mm
- 단열재 (예 : 암면)	120 mm
- 점토 벽돌, BN, 29 x 12.5 x 19 cm	125 mm
- 모르타르	15 mm
합계	*425 mm*

바닥

- 나무 마루 기성재	15 mm
- 무근콘크리트, 플로팅	60 mm
- 분리층 (예 : 1mm 두께의 플라스틱 시트)	
- 차음재	20 mm
- 콘크리트 슬라브 (깊이는 구조 해석 결과에 따라 결정된다, 1방향 또는 2방향 장선 구조)	210 mm
- 하부 모르타르 마감	10 mm
합계	*315 mm*

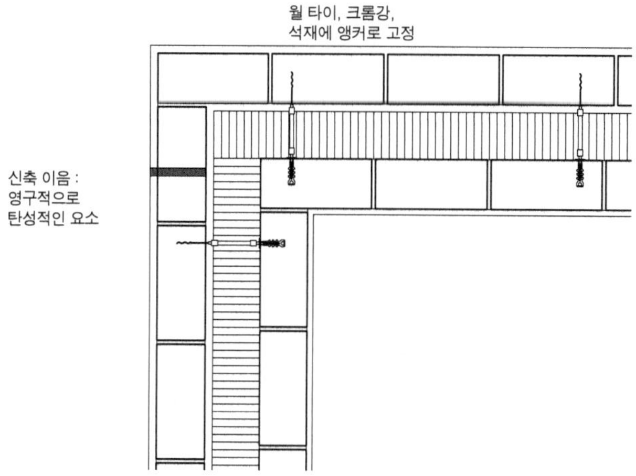

평면도, 조적층 1

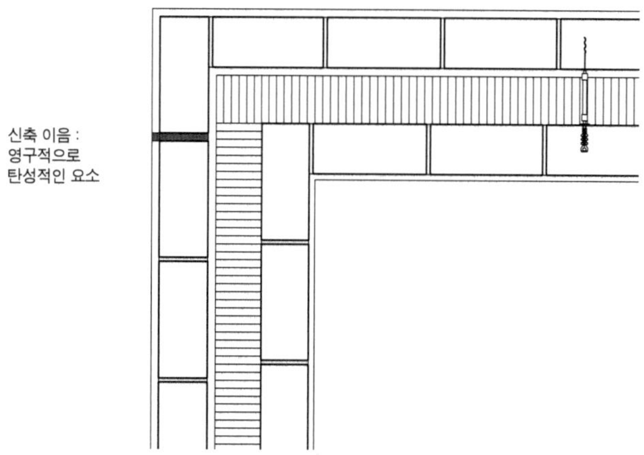

평면도, 조적층 2

외부 조적벽

1:20

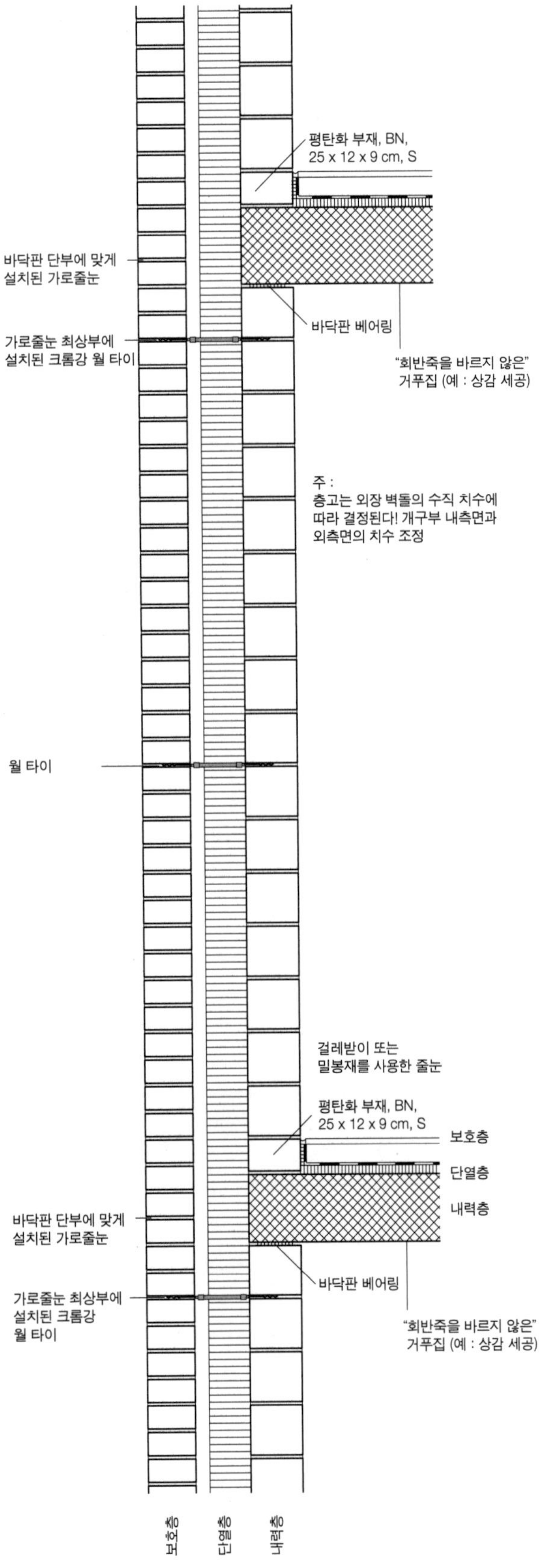

단면도

벽

- 점토 벽돌, BS, 1단 조적, 29 x 14 x 6.5 cm	
- 점토 벽돌, BS, 2단 조적, 14 x 14 x 6.5 cm	140 mm
(대체품 : 다양한 외장 석재, 사전 제작 콘크리트 벽돌, 사전 제작 콘크리트 부재 등)	
- 공기층, 최소	40 mm
- 단열재 (예 : 암면)	120 mm
- 점토 벽돌, BS, 25 x 15 x 14 cm	150 mm
합계	*450 mm*

바닥

- 나무마루 기성재	24 mm
- 무근콘크리트	60 mm
- 분리층 (예 : 1mm 두께의 플라스틱 시트)	
- 차음재	20 mm
- 콘크리트 슬라브	200 mm
합계	*295 mm*

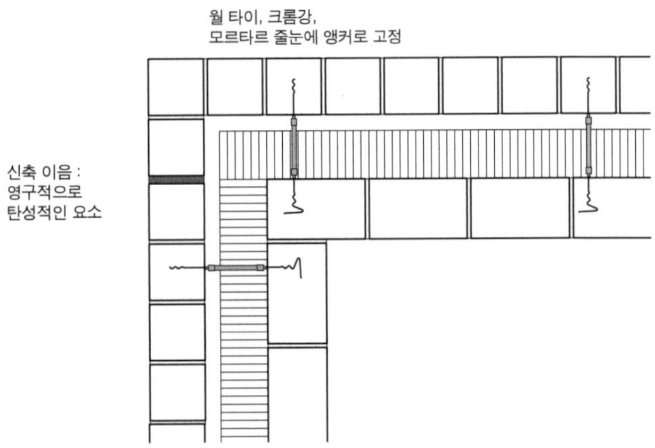

평면도, 조적층 1

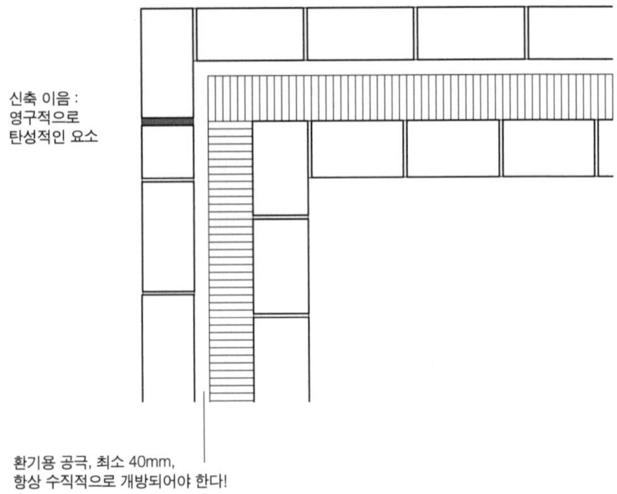

평면도, 조적층 2

제치장 콘크리트 및 내단열

1:20

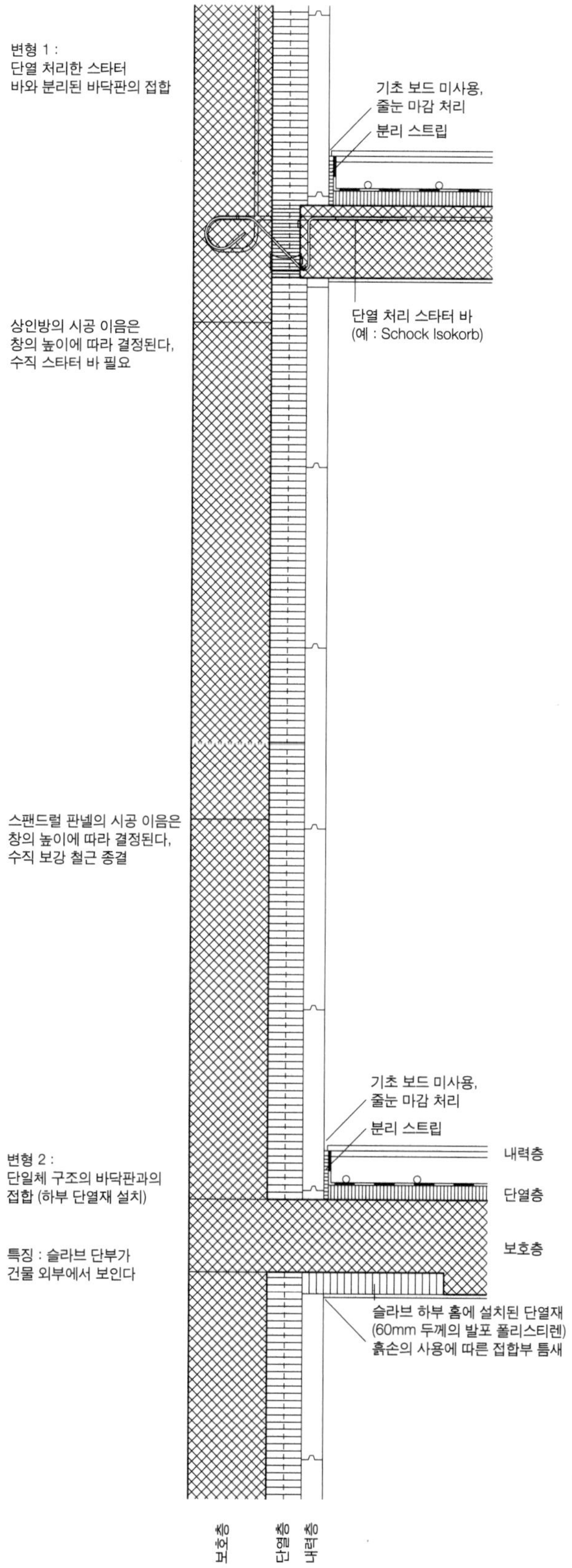

단면도

벽

- 제치장 콘크리트, 도색 220 mm
- 단열재, 방습 (예 : 다공성 유리) 100 mm
- 석고 보드, 모르타르 및 페인트 도포 마감 60 mm

합계 380 mm

바닥

- 석제 판석 15 mm
- 모르타르 15 mm
- 바닥난방 및 무근콘크리트 80 mm
- 분리층 (1mm 두께의 플라스틱 시트)
- 차음재 40 mm
- 콘크리트 슬라브 200 mm
- 하부 모르타르 마감 10 mm

합계 360 mm

예 :

Diener & Diener: Steinenvorstadt mixed residential and commercial development, Basel (CH), 1995

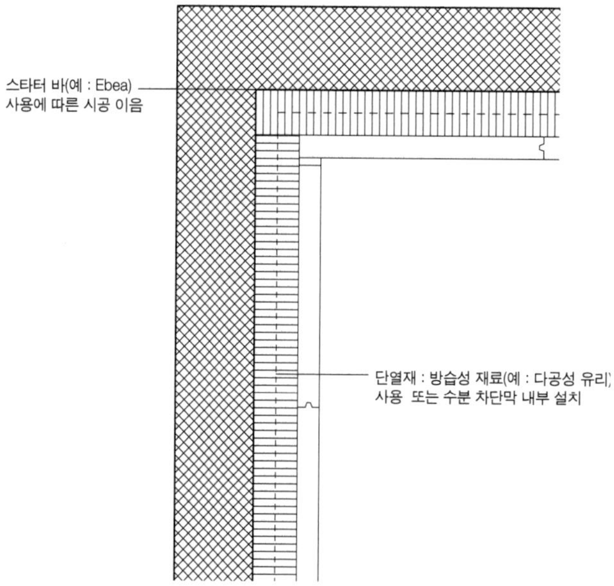

평면도

외단열, 초벌칠

1:20

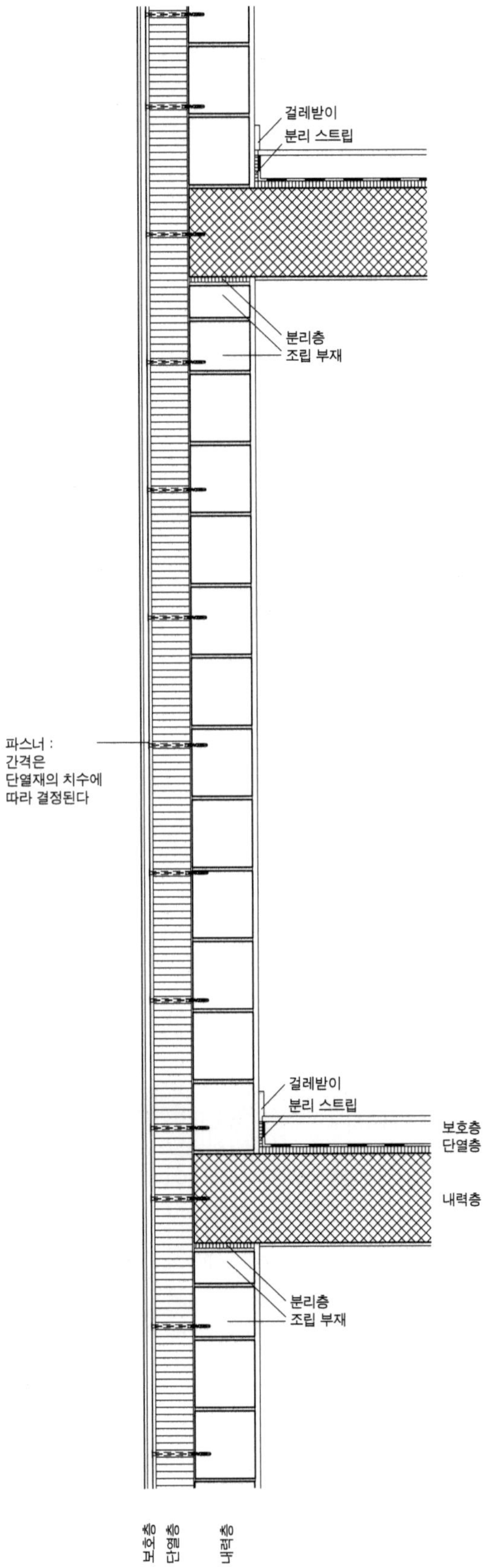

단면도

벽

- 예 : Wancor-Therm K	
미네랄 초벌칠 마감 (도색 또는 페인트 도포)	2 mm
- 접합용 초벌칠	
(표면 전체에 걸쳐 내부에 유리 매트 설치)	4 mm
- 미네랄 초벌칠 하부 도포	20 mm
- 단열재 5-110-10 (3겹), 플라스틱 파스너로 고정	125 mm
- 점토 벽돌, B, 29 x 17.5 x 19 cm	175 mm
- 모르타르	15 mm
합계	*341 mm*

바닥

- 마그네사이트 바닥재 (이음매 없음)	15 mm
- 스크리드	65 mm
- 분리층 (예 : 1mm 두께의 플라스틱 시트)	
- 차음재	20 mm
- 콘크리트 슬라브	200 mm
- 하부 모르타르 마감	10 mm
합계	*310 mm*

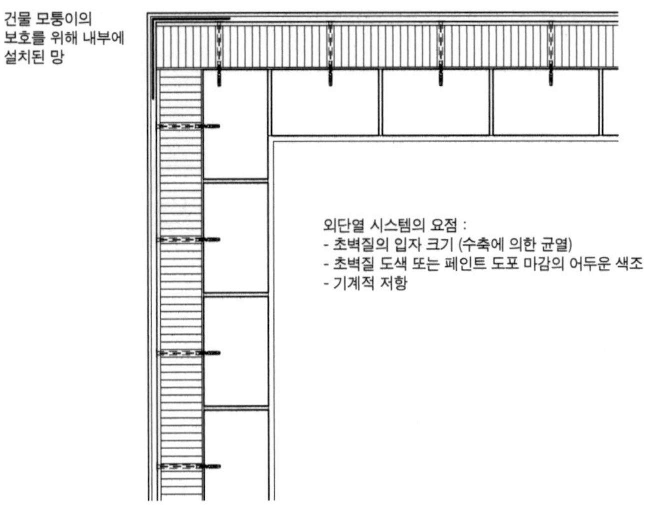

평면도

외장 클래딩, 경량
1:20

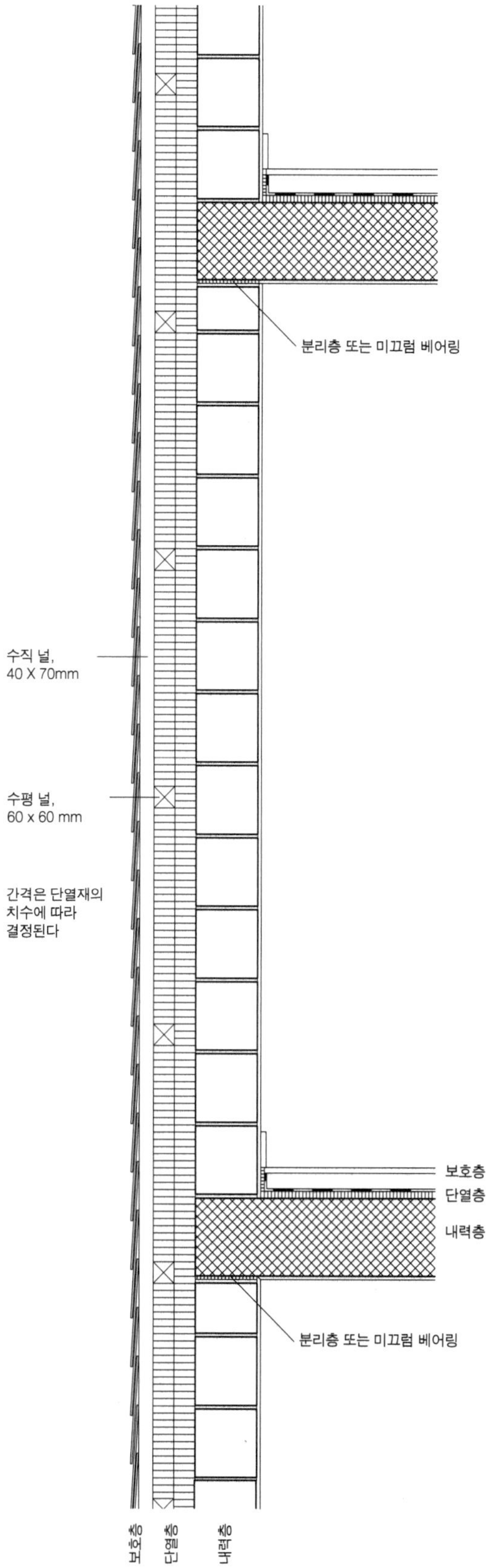

단면도

벽

- 중간 크기, 큰 크기의 클래딩 예 : Eternit 슬레이트,
  장방형 이중 겹침 방식으로 배열, 300 x 600 x 5mm 10 mm

대체물 :

목제 비늘판, 24mm

24mm 판넬, 예 : 판금, Eternit, 목재

- 공기층 (40 x 70 mm 수직 널) 40 mm

작은 치수의 대체물 :

슬레이트, Eternit 3겹 겹침 배열

점토, 세라믹,

수평 널, 30 x 50 mm

- 단열재, 2겹 구조 각 60 mm, 60 x 60 mm 그리드의
  널 설치 120 mm
- 점토 벽돌, B, 29 x 17.5 x 19 cm 175 mm
- 모르타르 15 mm

합계 360 mm

바닥

- 나무마루 기성재 15 mm
- 무근콘크리트 60 mm
- 분리층 (예 : 1mm 두께의 플라스틱 시트)
- 차음재 20mm
- 콘크리트 슬라브 200 mm

합계 295 mm

주 : 널(수직 널, 수평 널, 역널이라고도 불린다)의
치수는 외장재의 치수에 따라 결정된다.

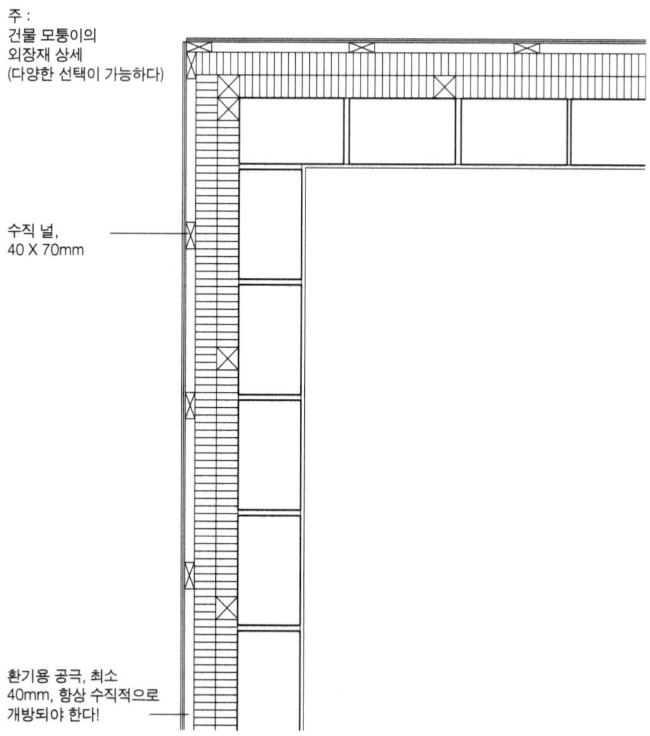

단면도

외장 클래딩, 중량

1:20

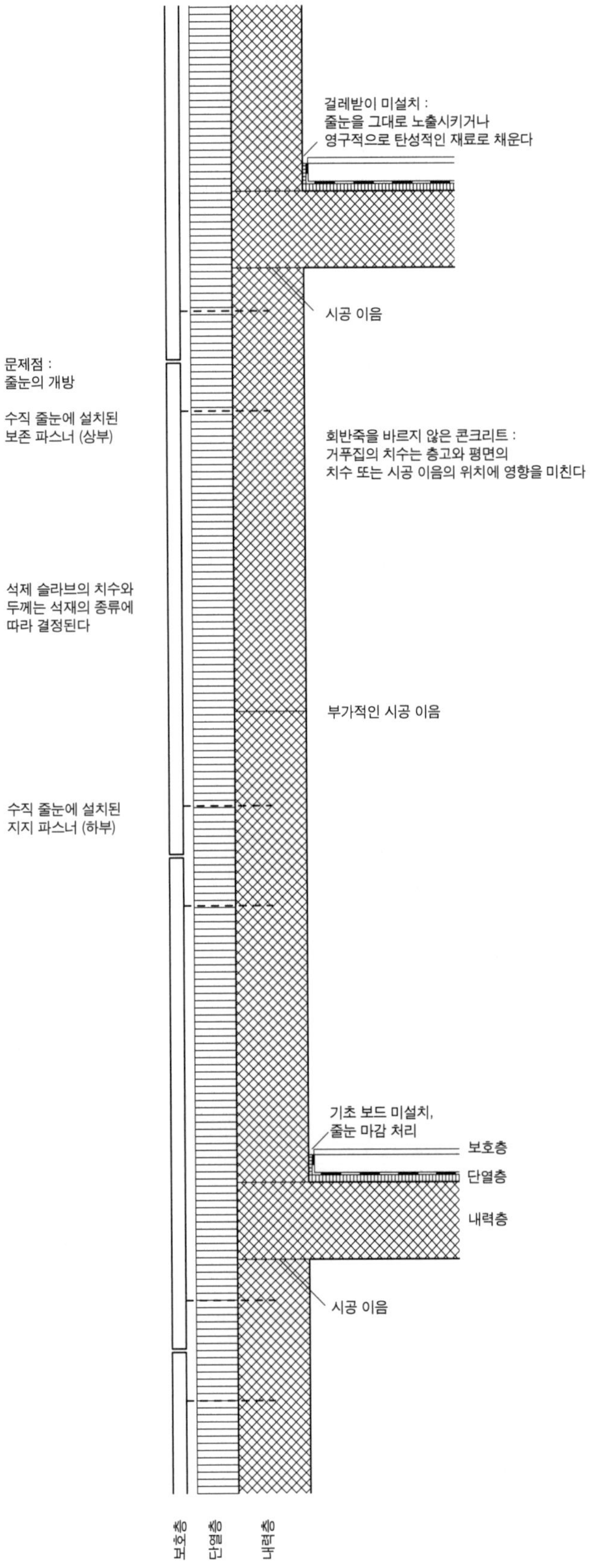

단면도

벽

- 석재 플레이트 (예 : 슬레이트)	20 - 40 mm
- 공기층	30 mm
- 단열재	120 mm
- 콘크리트	200 mm
합계	*390 mm*

바닥

- 나무마루 기성재	15 mm
- 무근콘크리트	60 mm
- 분리층 (예 : 1mm 두께의 플라스틱 시트)	
- 차음재	20 mm
- 콘크리트 슬라브	200 mm
합계	*295 mm*

자체 지지 구조를 갖추지 않은 외장재의 요점 :
- 보존 파스너와 지지 파스너로 고정

자체 지지 구조를 갖춘 외장재의 요점 :
- 고정의 안정성
(참조 사례 : private house "In den Lachen" [건축가 : Bearth & Deplazes], 스위스, 회반죽을 바르지 않은 프리캐스트 콘크리트 파사드 부재)

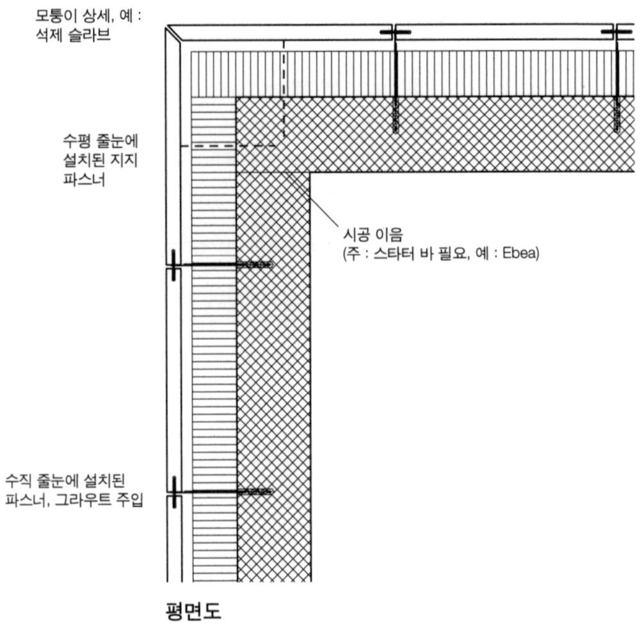

평면도

비내력 외벽

1:20

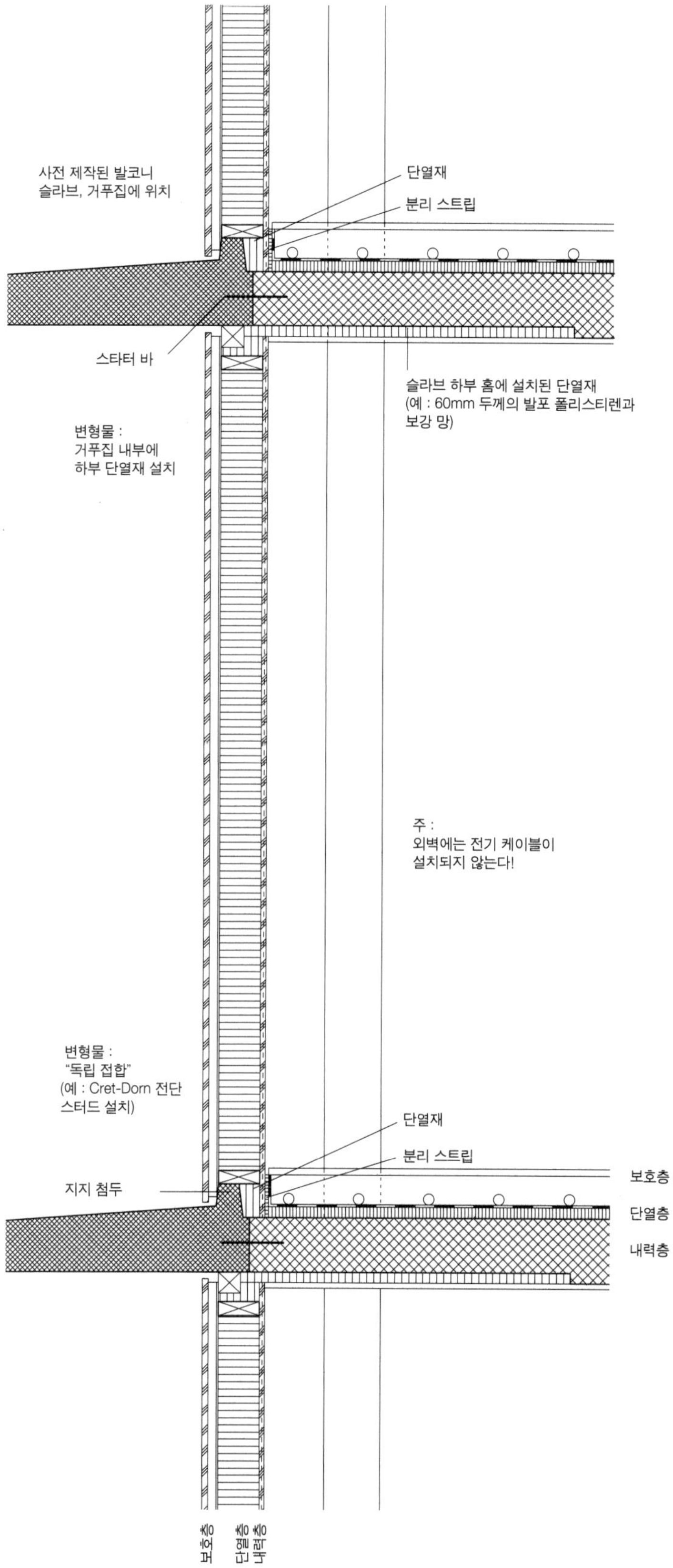

단면도

벽 (목조)

- 목모 시멘트 파티클보드 (예 : Duripanel, 도색)	20 mm
- 공기층	25 mm
- 하드보드(Hardboard)	8 mm
- 단열재 (셀룰로오스 섬유, 예 : Isofloc)	120 mm
- 합판 (수분 차단막)	15 mm
합계	*188 mm*

바닥

- 나무마루 기성재	20 mm
- 무근콘크리트 (바닥 난방)	80 mm
- 분리층 (예 : 1mm 두께의 플라스틱 시트)	
- 차음재	30 mm
- 콘크리트 슬라브	180 mm
- 단열재 (예 : 발포 폴리스티렌)	30 mm
- 하부 모르타르 마감	10 mm
합계	*350 mm*

예 :

Morger & Degelo: Mullheimer-Strasse residential development, Basel (스위스), 1993

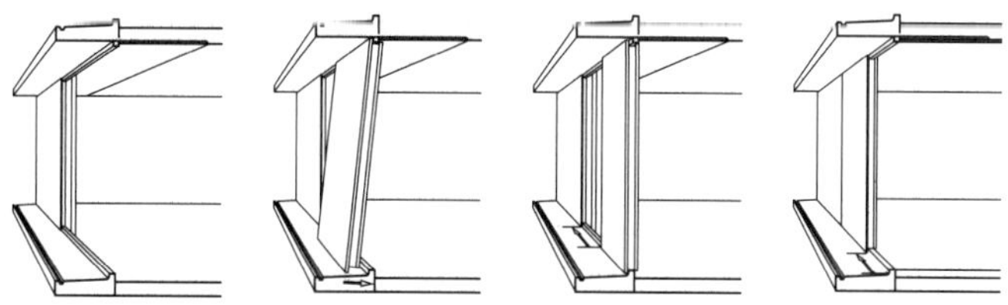

그림 1 : 파사드 부재의 축조와 고정

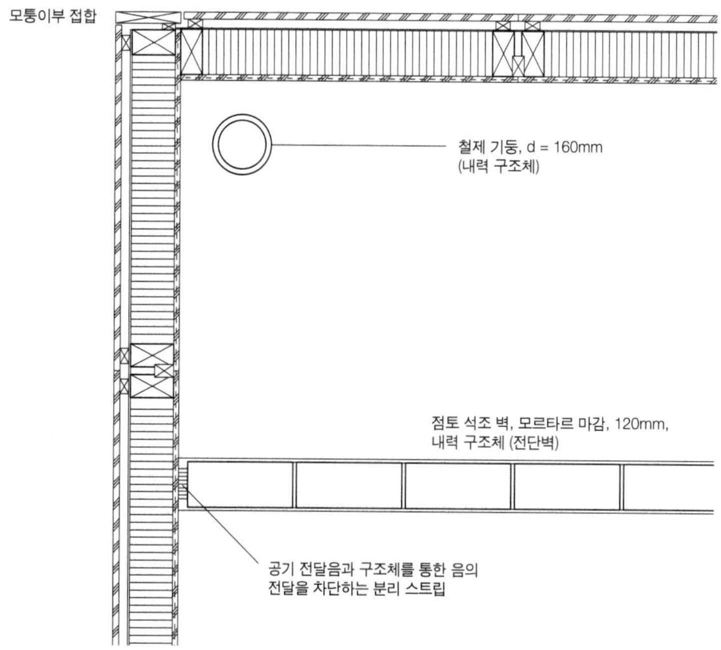

평면도

경량목구조

1:20

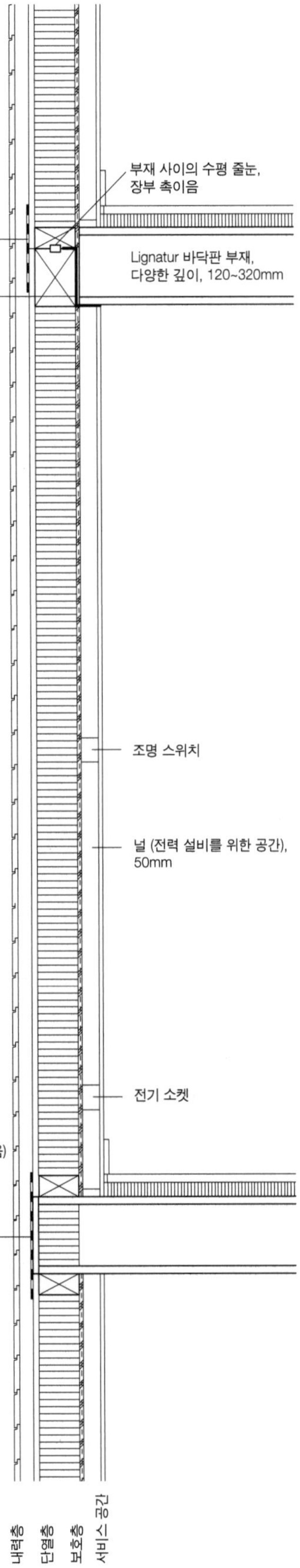

단면도

벽

- 수평 보드 24 mm
- 수직 널 (환기용 공극) 40 mm
- 역청 주입 섬유판 (공기 차단막) 18 mm
- 목제 지주, 단열 처리 (셀룰로오스 섬유, 예 : Isofloc) 120 mm
- 목질 보드 (합판, 방습) 12 mm
- 수직 널 (설비 시설을 위한 공간) 50 mm
- 목모 시멘트 파티클보드 또는 섬유 보강 석고 보드 12 mm

합계 *276 mm*

바닥

- 3겹 합판, 미고정, 장부 촉이음 27 mm
- 차음재 40 mm
- Lignatur 목제 박스형 부재, 하부는 마감 처리하지 않는다 220 mm

합계 *287 mm*

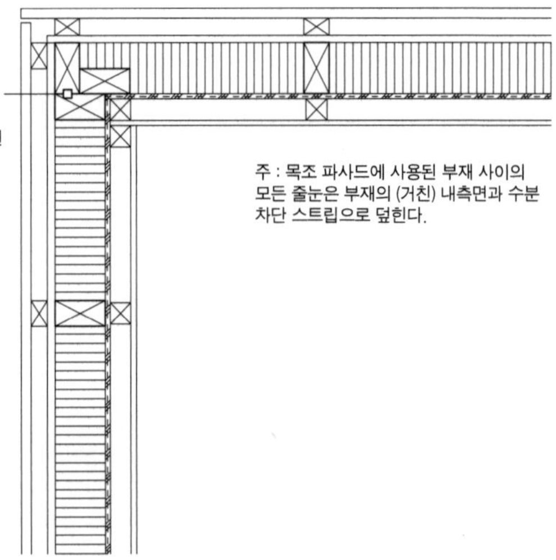

평면도

Lignatur 부재, 100cm 폭, 단열 처리
또는 비단열 처리, 깊이는 경간에 따라
결정된다

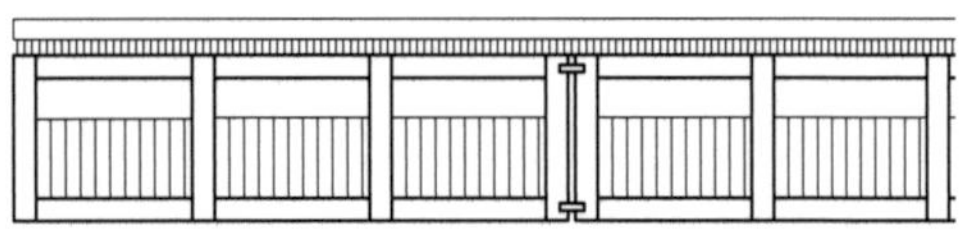

부재 사이의 줄눈과
헐겁게 설치된 합판 은촉

개략적 단면도

원목 판넬 구조
1:20

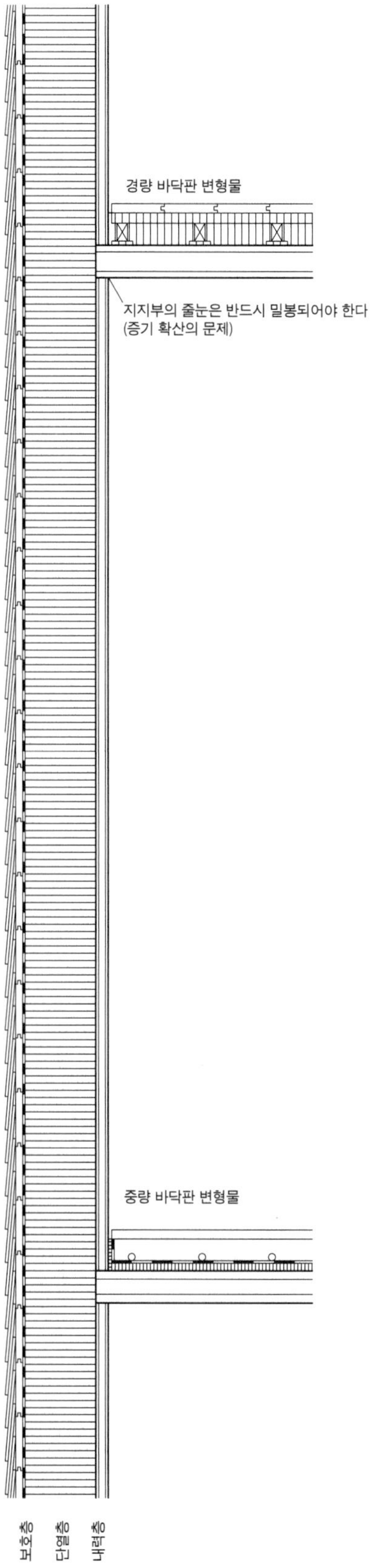

단면도

벽

- 낙엽송 싱글 (환기용 공극 없음), 2겹 겹침 배열 20 mm
- 가문비나무 널 (장부 촉이음), 수평 설치 20 mm
- 공기 밀폐막
- 단열재 (교차 장선 주위 설치) 200 mm
- 원목 판넬 (내력, 접착제의 사용에 따라 수분 차단막을 형성한다) 35 mm

합계 *275 mm*

바닥, "경량"

- 원목 바닥 보드 (장부 촉이음, 못을 박은 자리는 안보이게 처리한다) 24 mm
- 장선, 40 x 30 mm (사이에 단열재 설치) 30 mm
- 멍에, 50 x 30 mm (사이에 단열재 설치) 50 mm
- 널 하부에서 분리층으로써 기능하는 고무 스트립 (차음재) 10 mm
- 원목 판넬 (경간 : 3 m) 90 mm

합계 *204 mm*

바닥, "중량"

- 고온 가열 바닥 타일 30 mm
- 바닥난방 및 무근콘크리트 60 mm
- 분리층 (fleece) 2 mm
- 차음재 40 mm
- 원목 판넬 (경간 : 3 m) 90 mm

합계 *222 mm*

예 :

Bearth & Deplazes: private house (Bearth-Candinas), Sumvitg (스위스), 1998

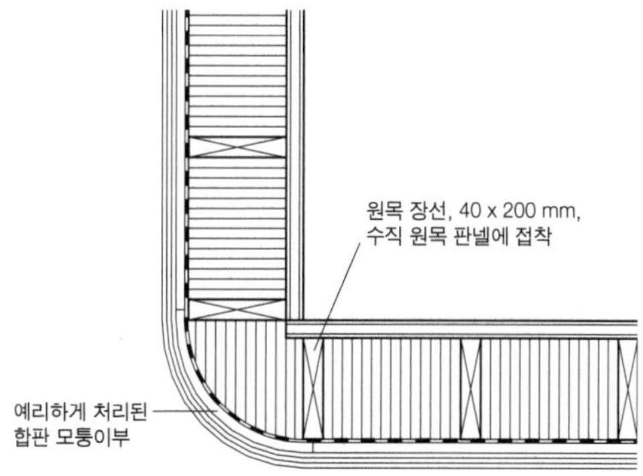

평면도

개구부, 외겹 조적벽

1:20

외부 입면도

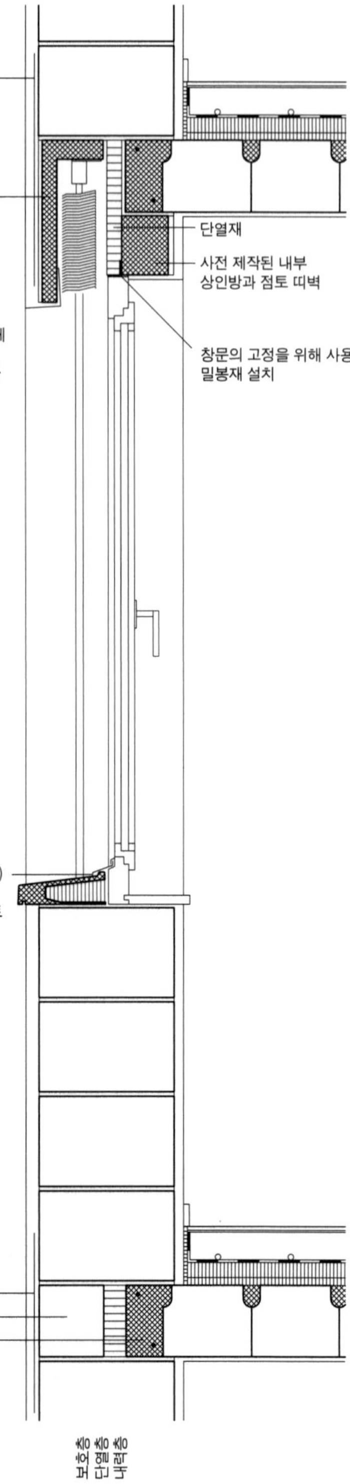

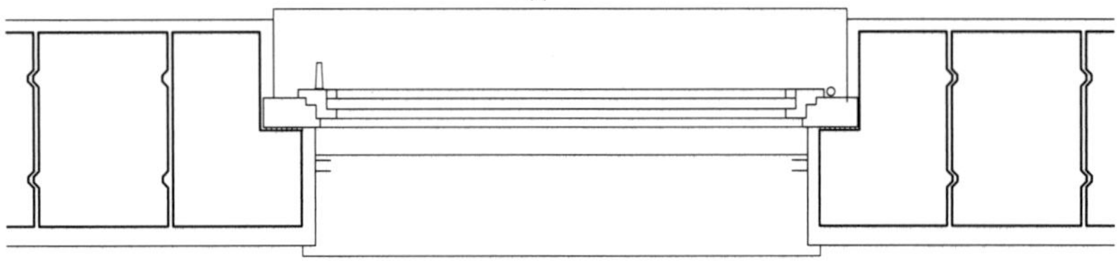

평면도 1

벽

- 초벌칠	35 mm
- 외겹 조적벽, 36.5 x 24.8 x 23.8 cm	365 mm
- 모르타르	25 mm
합계	*425 mm*

내부 입면도

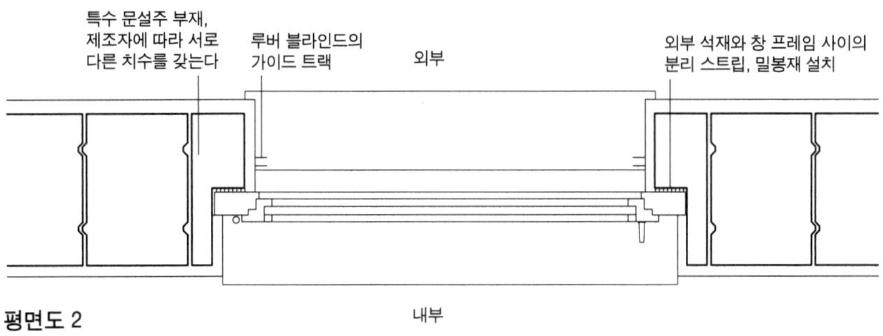

평면도 2

개구부, 이중 조적벽, 초벌칠

1:20

외부 입면도

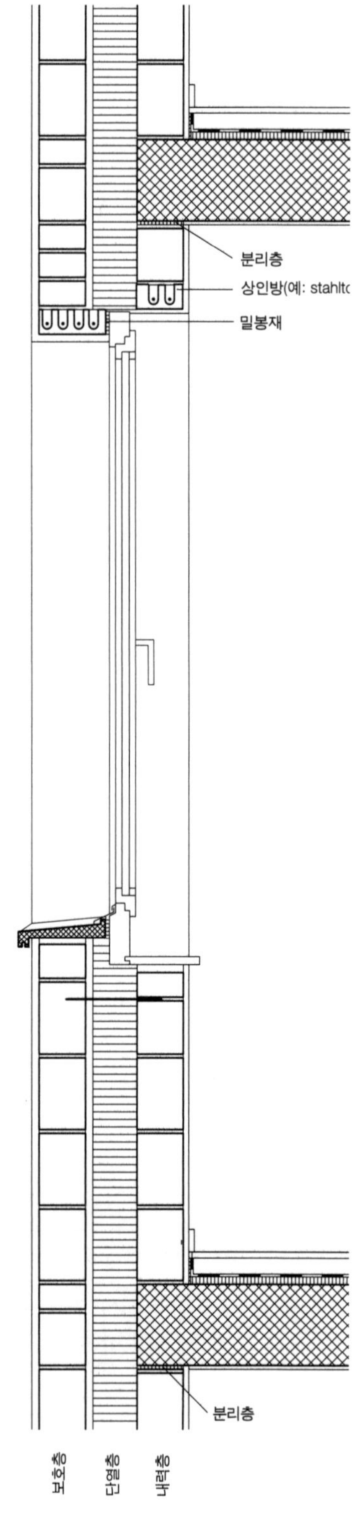

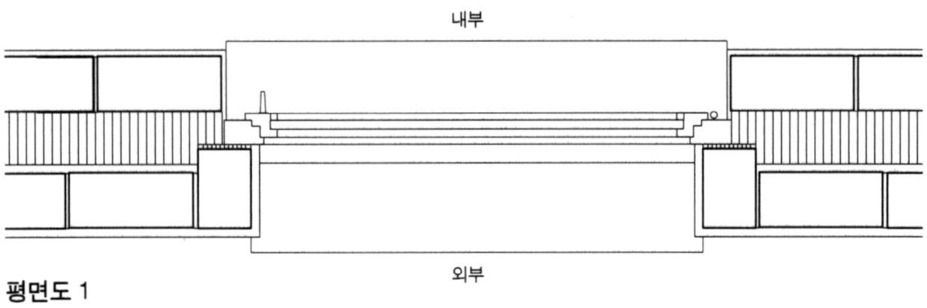

평면도 1

벽

- 초벌칠	20 mm
- 점토 벽돌, BN, 29 x 12.5 x 19 cm	125 mm
- 공극 (시공상의 오차 보정)	20 mm
- 단열재 (예 : 암면)	120 mm
- 점토 벽돌, BN, 29 x 12.5 x 19 cm	125 mm
- 모르타르	15 mm
합계	*425 mm*

내부 입면도

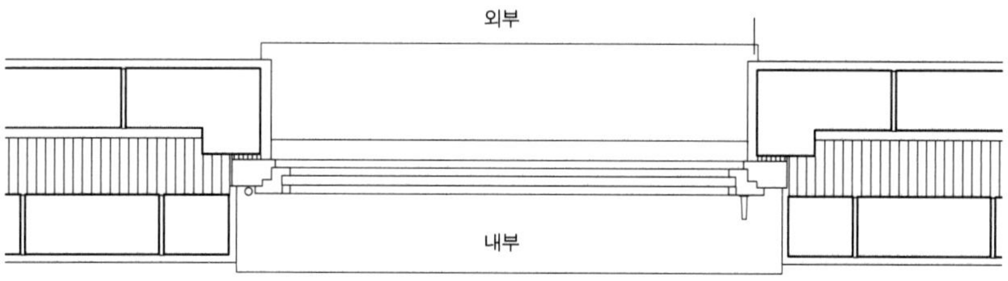

평면도 2

개구부, 치장조적벽

1:20

외부입면도

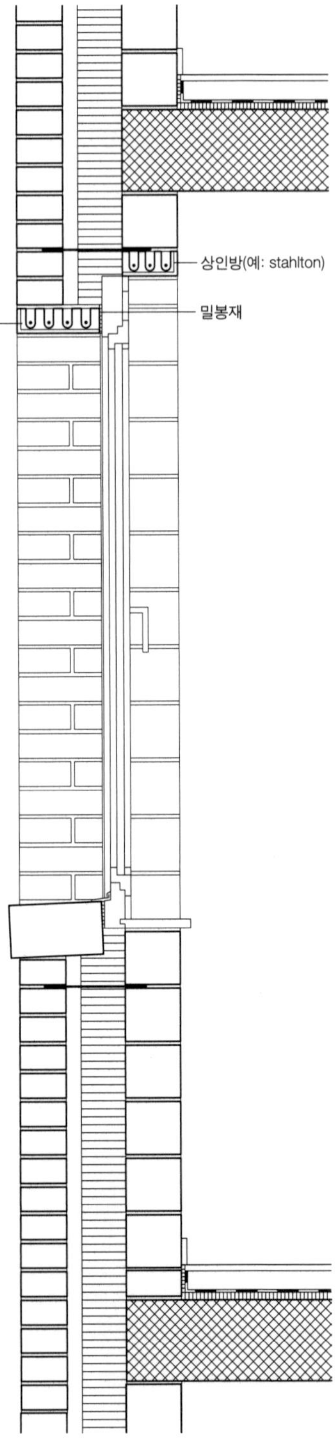

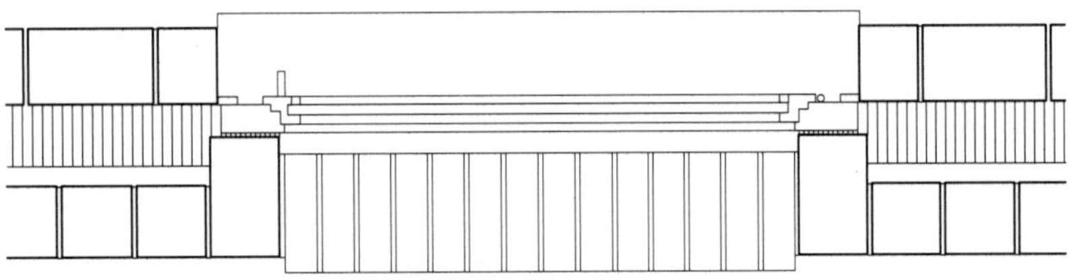

평면도 1

내부 입면도

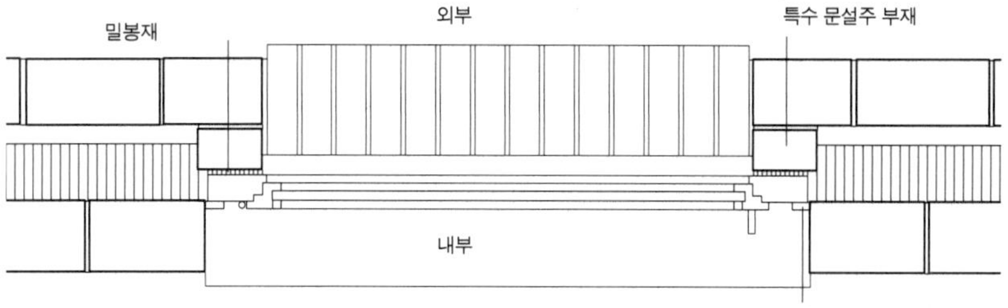

평면도 2

벽

- 점토 벽돌, BS, 1단 조적, 29 x 14 x 6.5 cm
- 점토 벽돌, BS, 2단 조적, 14 x 14 x 6.5 cm

140 mm

(대체물 : 다양한 외장 벽돌모듈, 사전 제작된 콘크리트 벽돌 또는 콘크리트 부재 등)

- 환기용 공극,	최소 40 mm
- 단열재 (예 : 암면)	120 mm
- 점토 벽돌, BS, 25 x 15 x 14 cm	150 mm
합계	*450 mm*

개구부, 제치장 콘크리트 및 내단열

1:20

외부 입면도

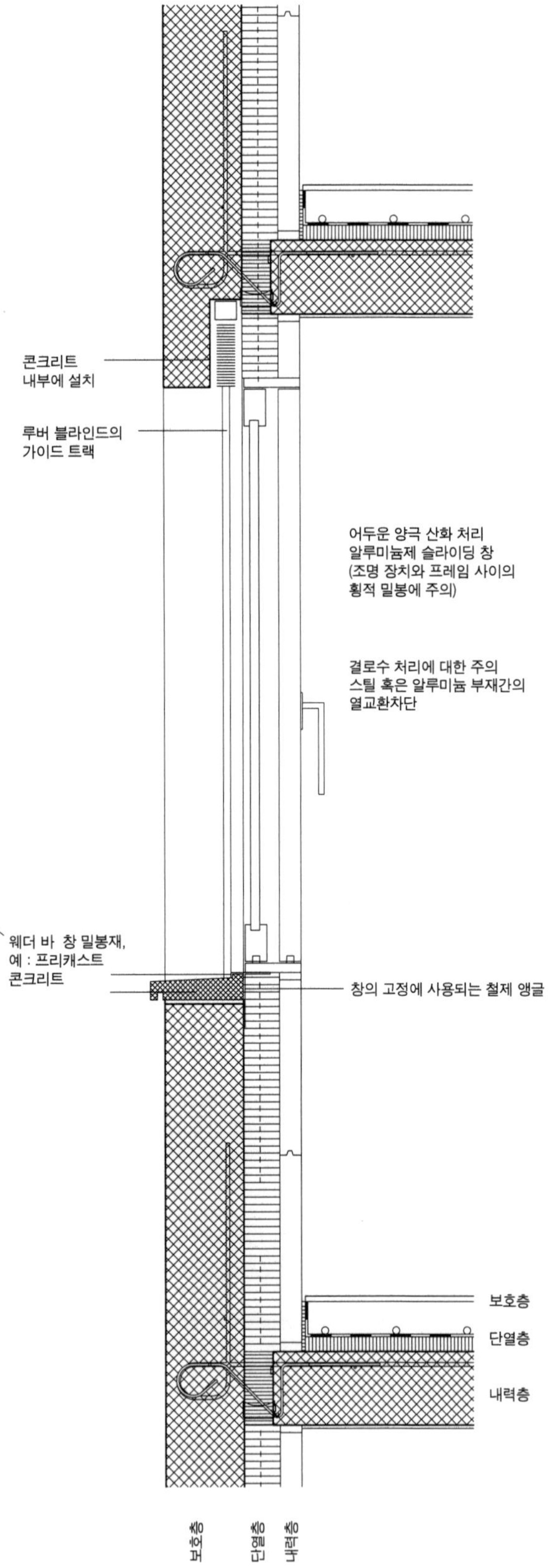

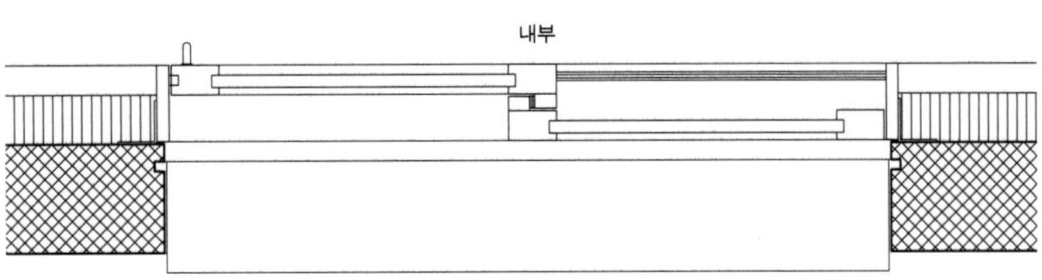

평면 1

내부 입면도

벽

- 제치장 콘크리트, 도색	220 mm
- 단열재, 방습 (예 : 다공성 유리) 100 mm	
- 석고 보드, 모르타르 또는 페인트 도색 마감 처리	60 mm
합계	*380 mm*

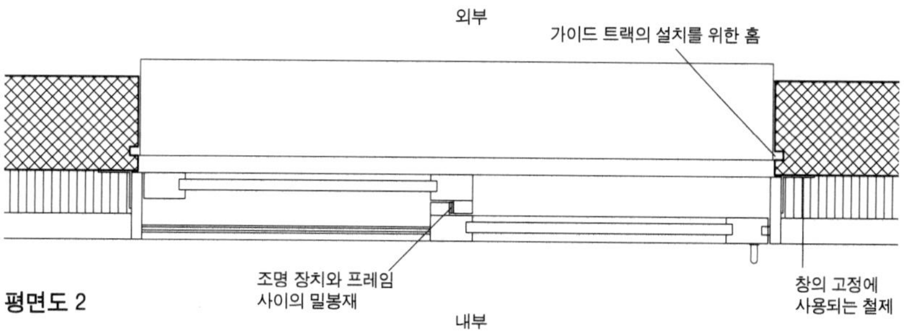

평면도 2

개구부, 외부 클래딩
1:20

외부 입면도

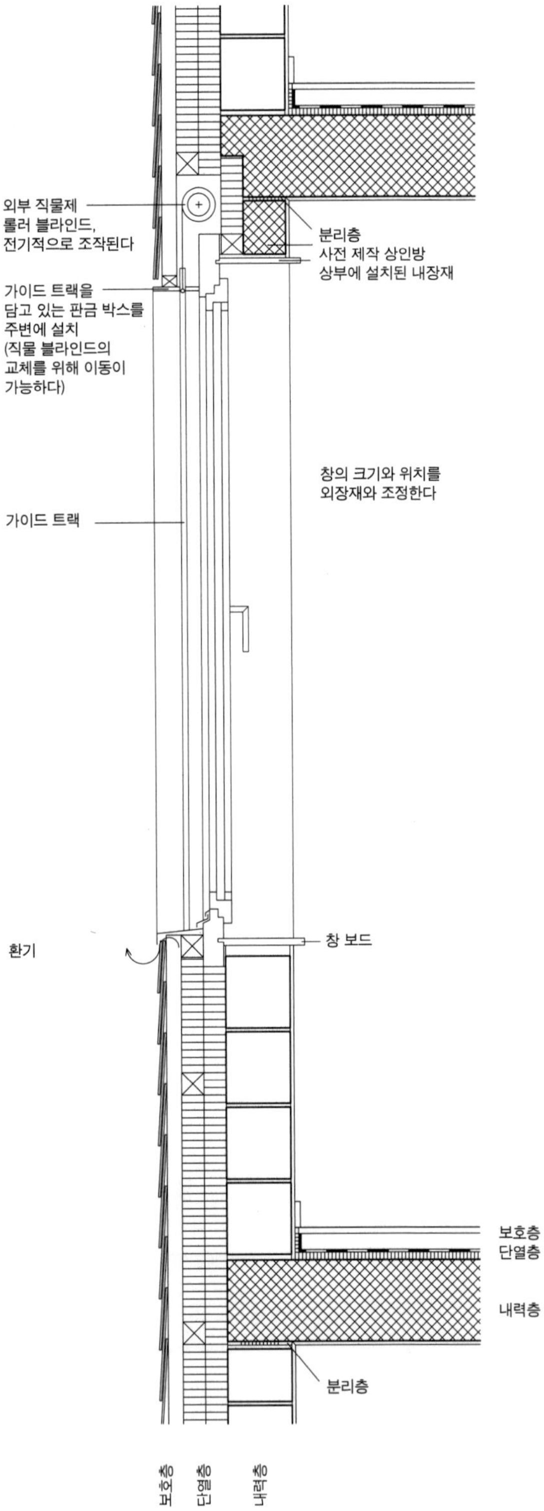

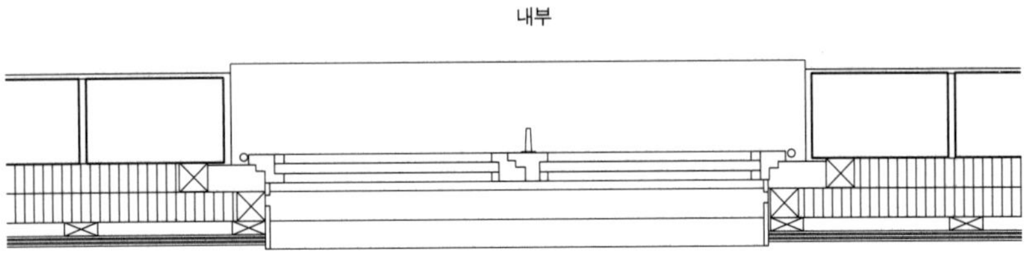

평면도 1

내부 입면도

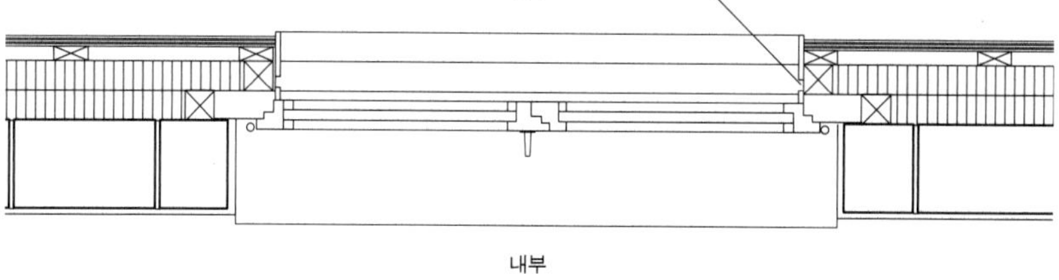

평면도 2

벽

- 중간 크기, 큰 크기의 클래딩	
예 : Eternit 슬레이트, 장방형의 이중 겹침 배열	
300 x 600 x 5 mm	10 mm
대체자재 : 목제 비늘판, 24 mm	
판넬, 예 : 판금, Eternit, 목재	
- 환기용 공극 (40 x 70 mm 수직 널 설치)	40 mm
작은 치수의 대체자재 :	
슬레이트	
Eternit 3중 겹침 배열	
점토, 세라믹,	
수평 널, 30 x 50 mm	
- 단열재, 2겹, 각각 60 mm, 60 x 60 mm의	
널에 설치	120 mm
- 점토 석재, B, 29 x 17.5 x 19 cm	175 mm
- 모르타르	15 mm
합계	*360 mm*

개구부, 외부 클래딩, 중량
1:20

외부 입면도

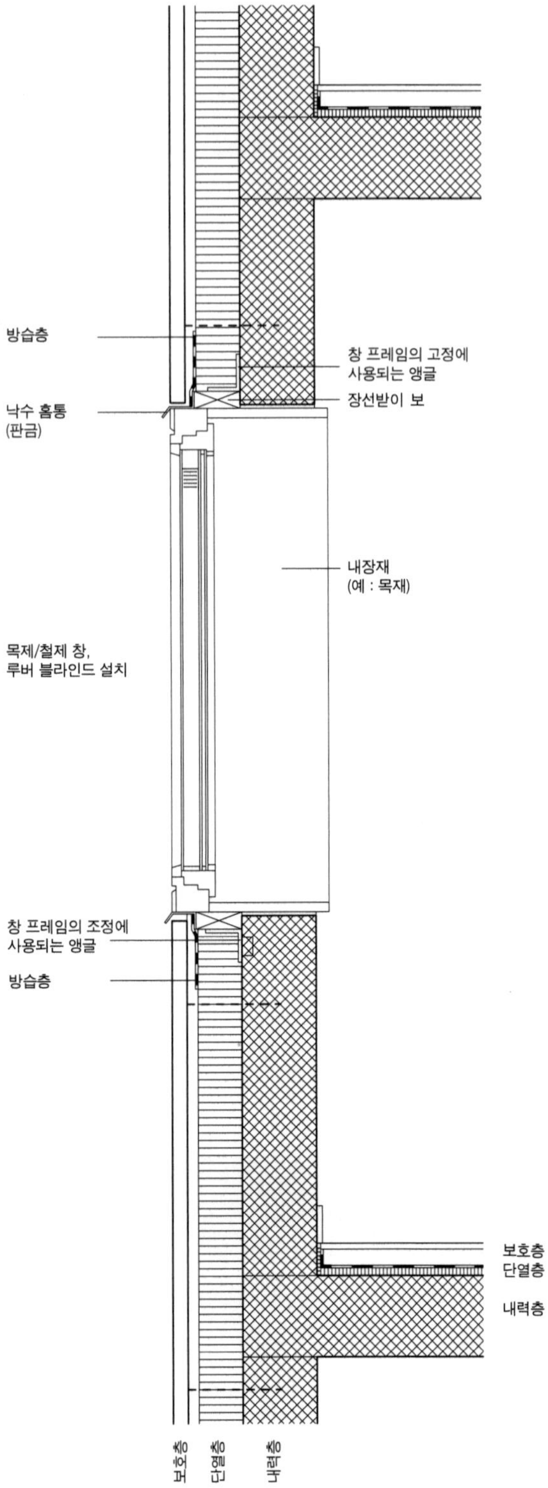

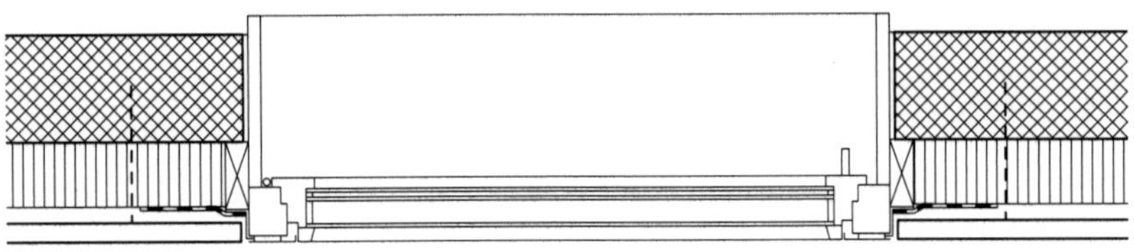

평면도1

내부 입면도

벽

- 석재 슬라브 (예 : 슬레이트)	20 - 40 mm
- 공기층	30 mm
- 단열재	120 mm
- 콘크리트	200 mm
합계	*370 - 390 mm*

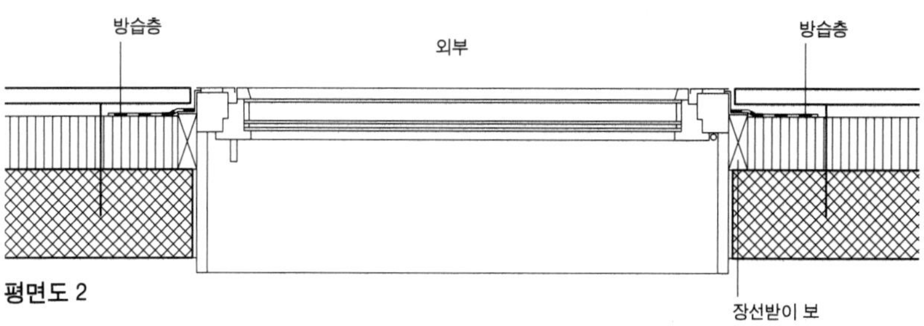

평면도 2

개구부, 외단열, 초벌칠

1:20

외부 입면도

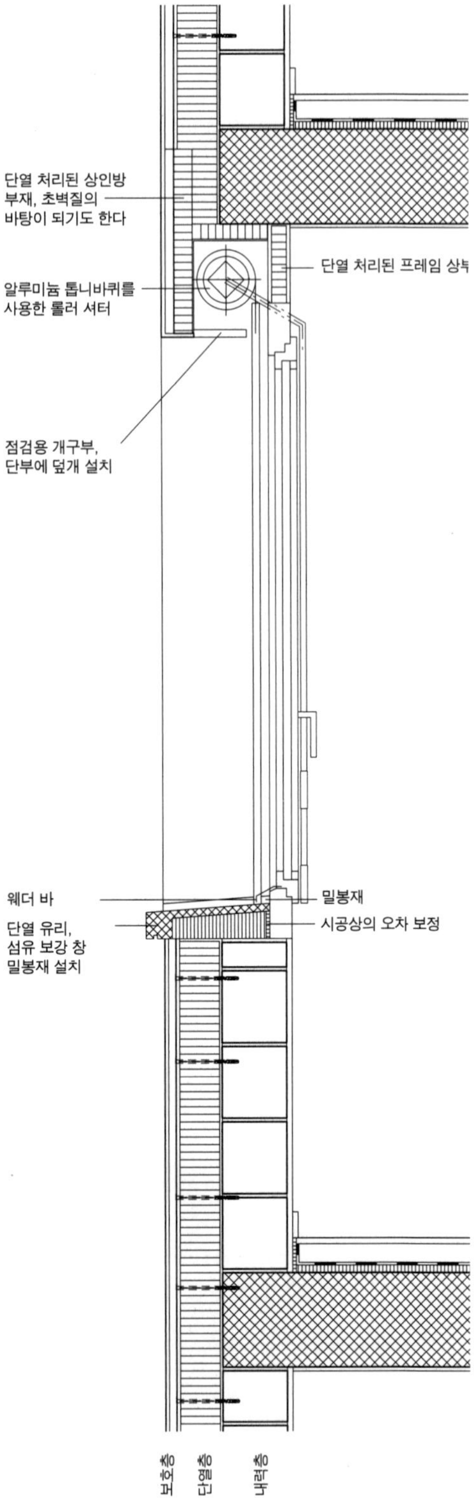

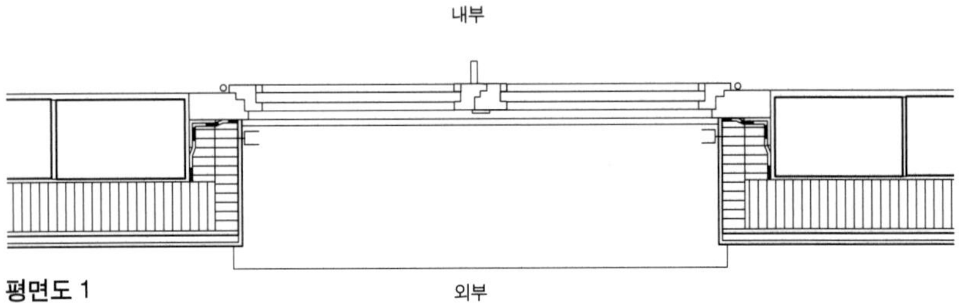

평면도 1

내부 입면도

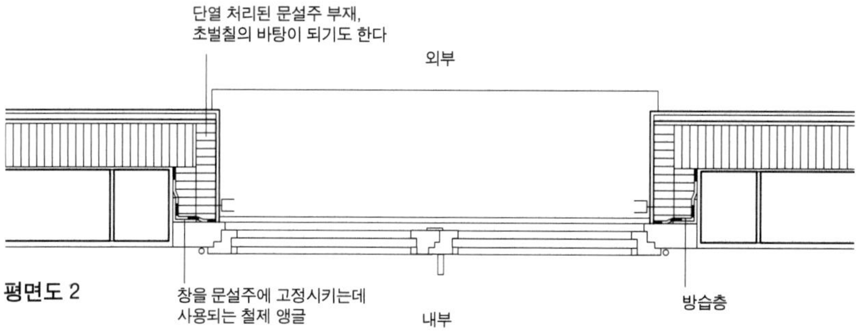

평면도 2

벽

- 무기질 초벌칠 마감 (도색 또는 페인트 도포)	2 mm
- 접합용 초벌칠 (표면 전체에 걸쳐 유리 매트 내부 설치)	4 mm
- 무기질 초벌칠 하부 도포	
- 단열 보드 5-110-10 (3겹), 플라스틱 파스너로 고정	125 mm
- 점토 벽돌, B, 29 x 17.5 x 14 cm	175 mm
- 모르타르	15mm
합계	*340 mm*

개구부, 비내력 외벽

1:20

외부 입면도

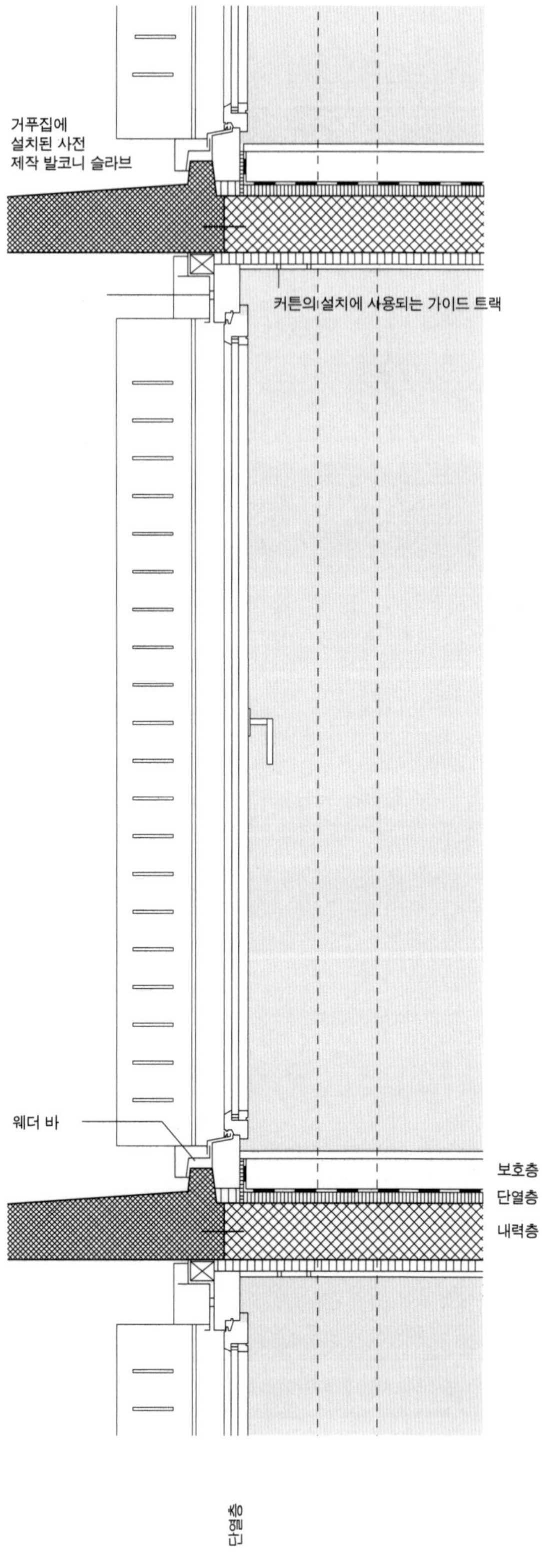

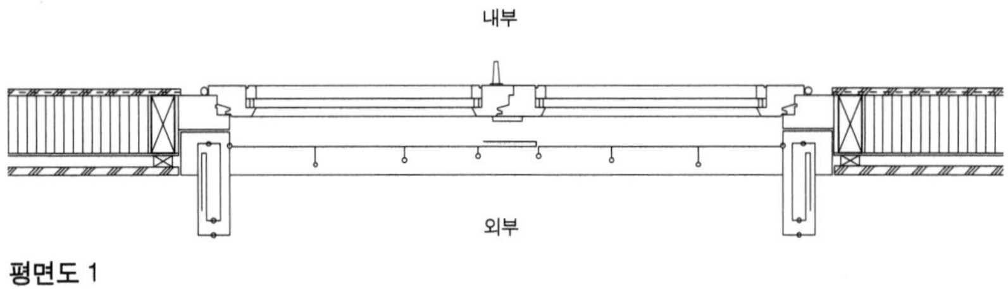

평면도 1

내부 입면도

벽 (목골조)

- 목모 시멘트 파티클보드 (예 : Duripanel, 도색)	20 mm
- 공기층	25 mm
- 하드보드	8 mm
- 단열재 (예 : Isofloc)	120 mm
- 합판 (수분 차단막)	15 mm
합계	*188 mm*

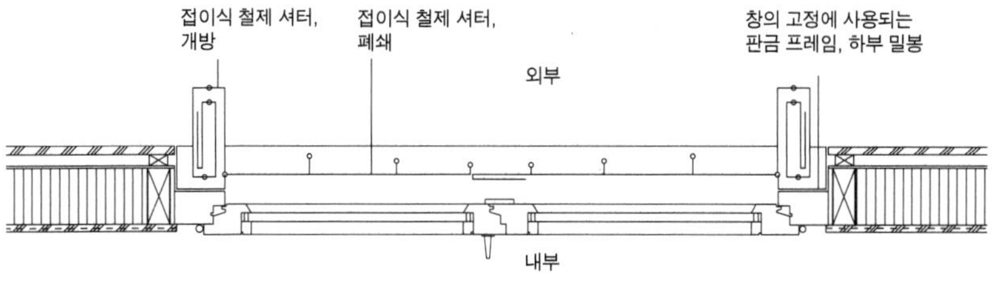

평면도 2

개구부, 경량목구조

1:20

외부 입면도

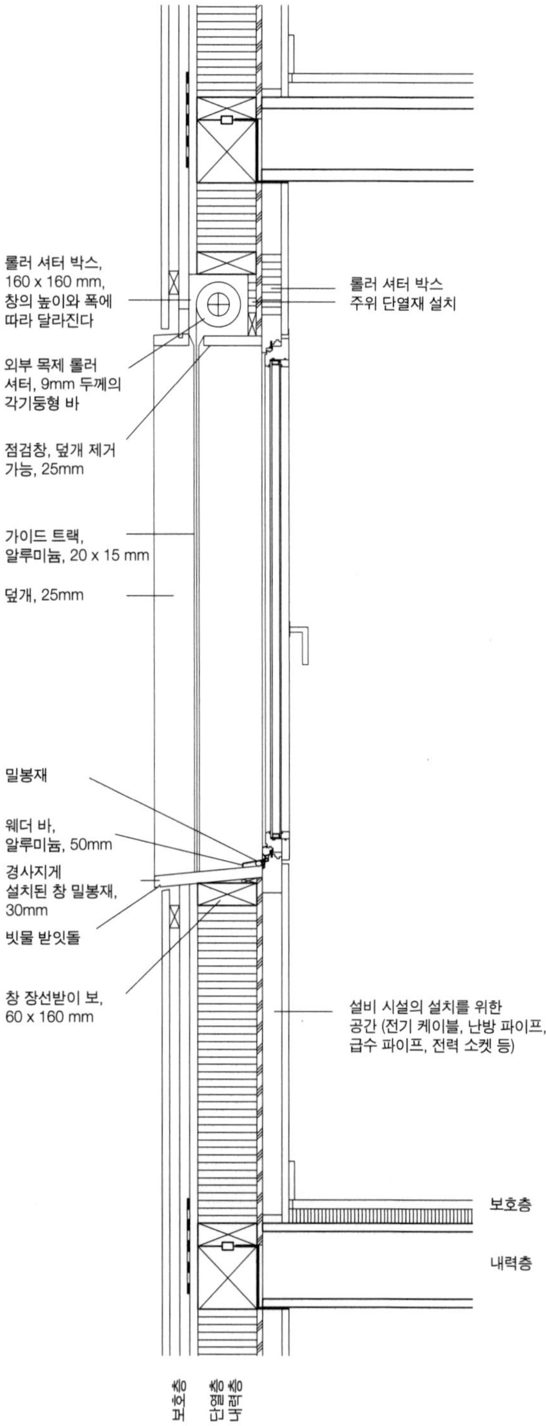

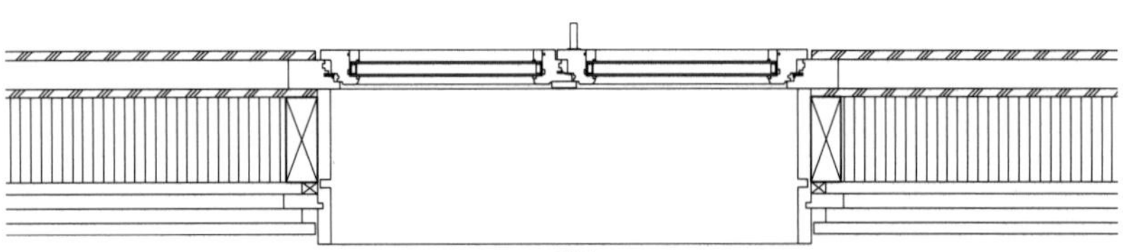

평면도 1

내부 입면도

벽

- 보드 (예 : 미처리 낙엽송)	21 mm
- 널, 27 x 50 mm, 수평 설치	27 mm
- 널, 27 x 50 mm, 수직 설치 (환기용 공극)	27 mm
- 역청 주입 섬유판	22 mm
- 목제 샛기둥, 사이에 단열재 설치	160 mm
- 목질 보드, OSB (수분차단막)	15 mm
- 널 (설비 시설의 설치를 위한 공간)	54 mm
- 목모 시멘트 파티클보드	18 mm
합계	*344 mm*

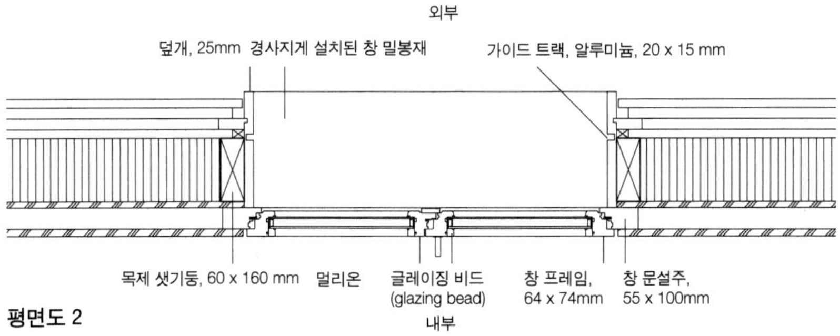

평면도 2

개구부, 원목 판넬 구조
1:20

외부 입면도

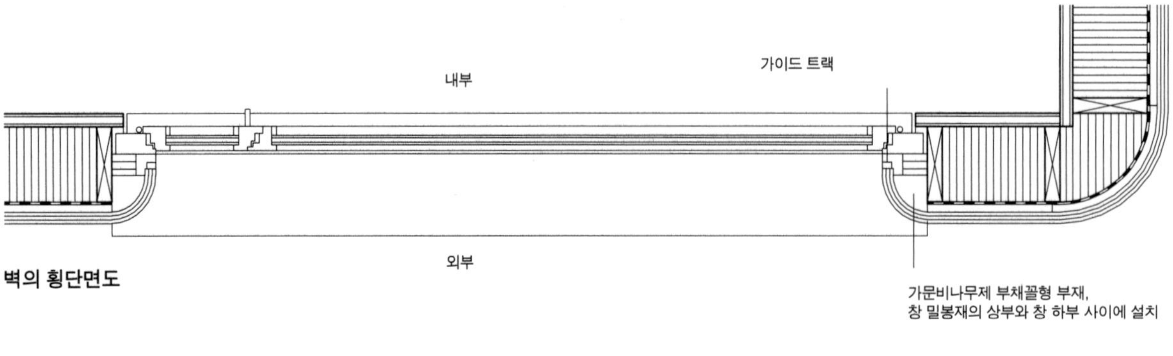

벽의 횡단면도

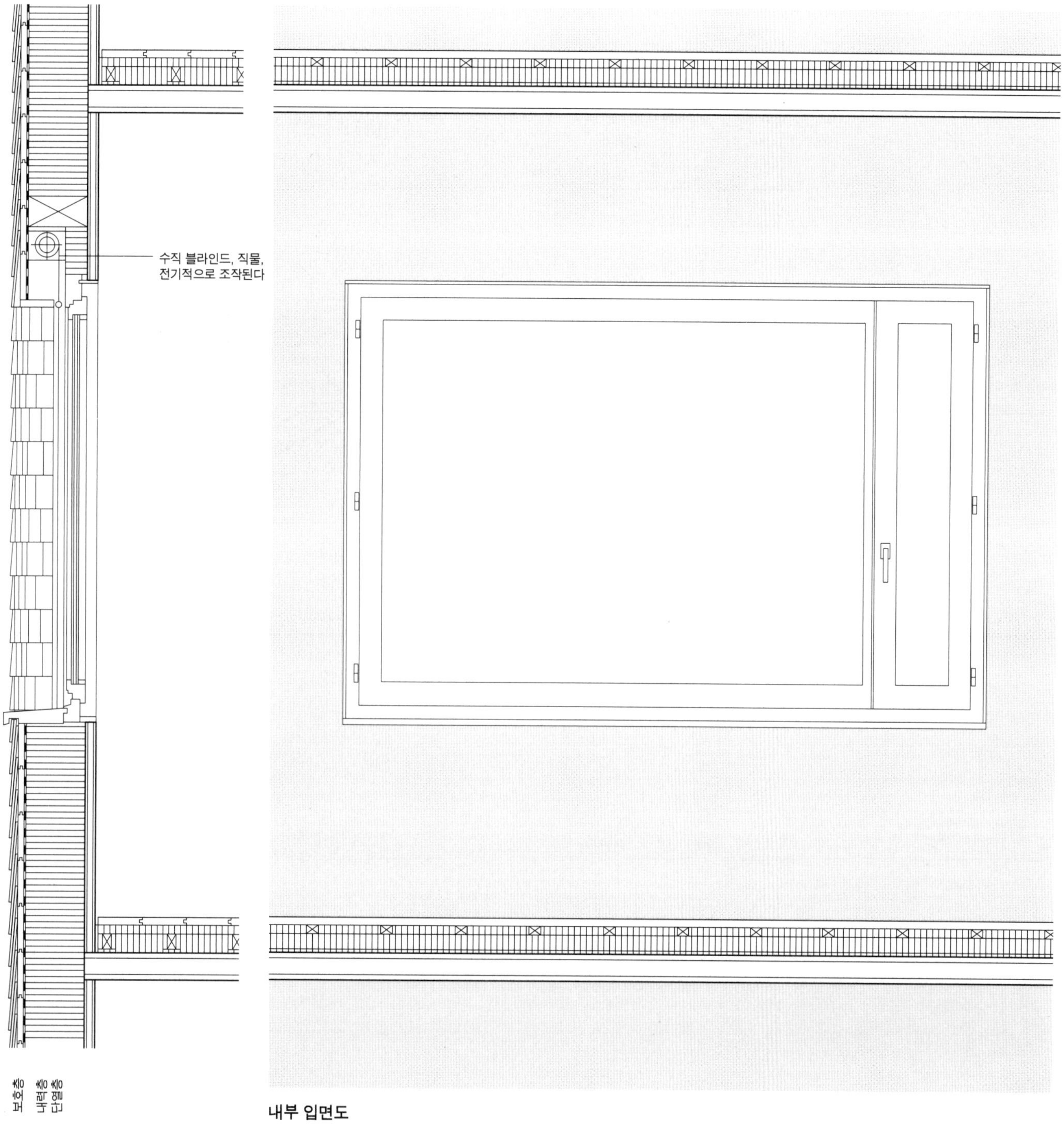

내부 입면도

벽	
- 낙엽송 쉬글 (환기용 공극 없음), 2중 겹침 배열	20 mm
- 가문비나무 보드 (장부 촉이음), 수평 설치	20 mm
- 공기 밀폐막	
- 단열재 (교차 장선 주위에 설치)	200 mm
- 원목 판넬 (내력, 접착제의 사용에 따라 수분 차단막의 기능을 한다)	35 mm
합계	*255 mm*

바닥	
- 바닥 마감재	30 mm
- 무근콘크리트	60 mm
- 분리층	
- 차음재	20 mm
- 원목 판넬 (경간 : 3 m)	90 mm
합계	*200 mm*

여닫이문, 외부 - 목재

1:20

진입문

프레임 설치, 이중 조적벽, 초벌칠

경첩이 문 좌측에 위치, 건물 내측으로 열림

문받이 턱을 사용한 문, 단열재 및 차음재 설치

프레임과 문은 내화성능 T30에 맞게 설계

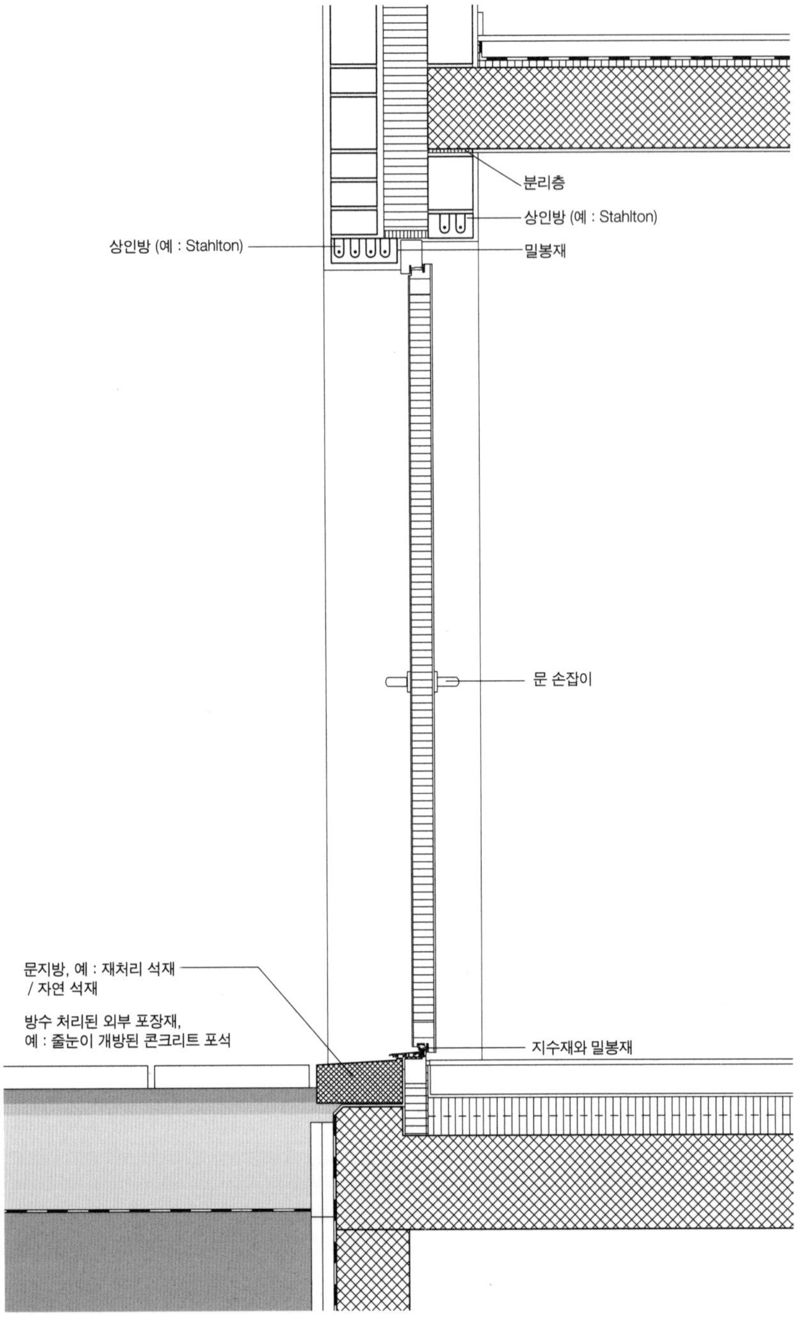

단면도

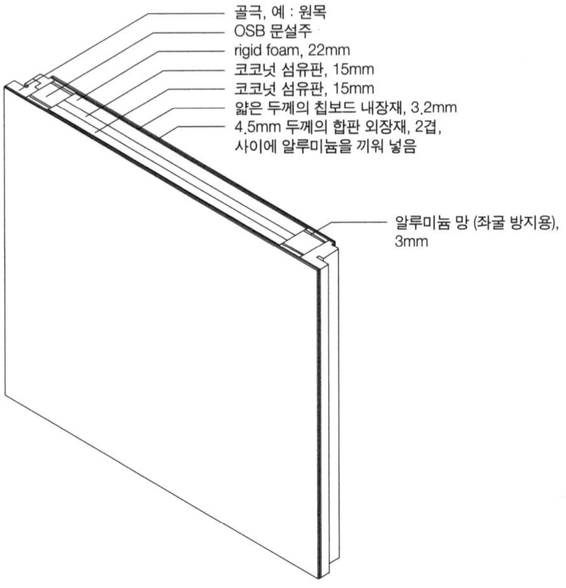

문 구조 : Riwag-Isotherm 65 mm

도색 마감 또는 다양한 목제 박판을 사용하여 마감

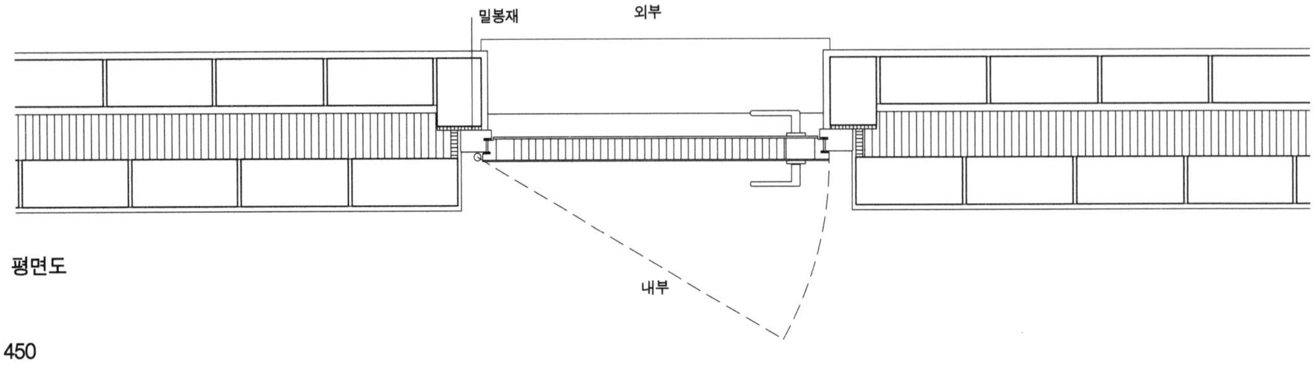

평면도

여닫이문, 외부 - 목재/유리
1:20

진입문

프레임 및 외장재 설치, 경량

경첩이 문 우측에 위치, 건물 외측으로 열림

유리문, 문받이 턱, 프레임과 평평하게 설치

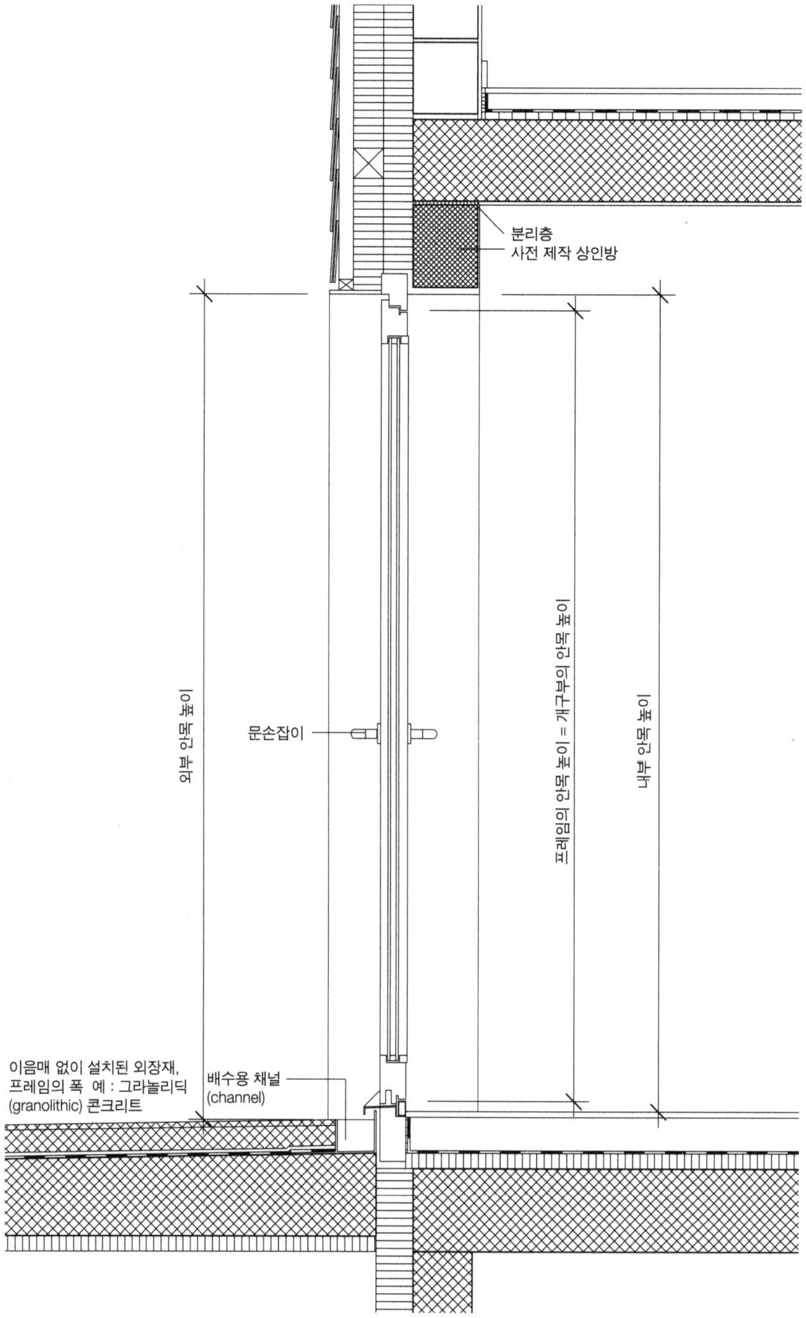

단면도

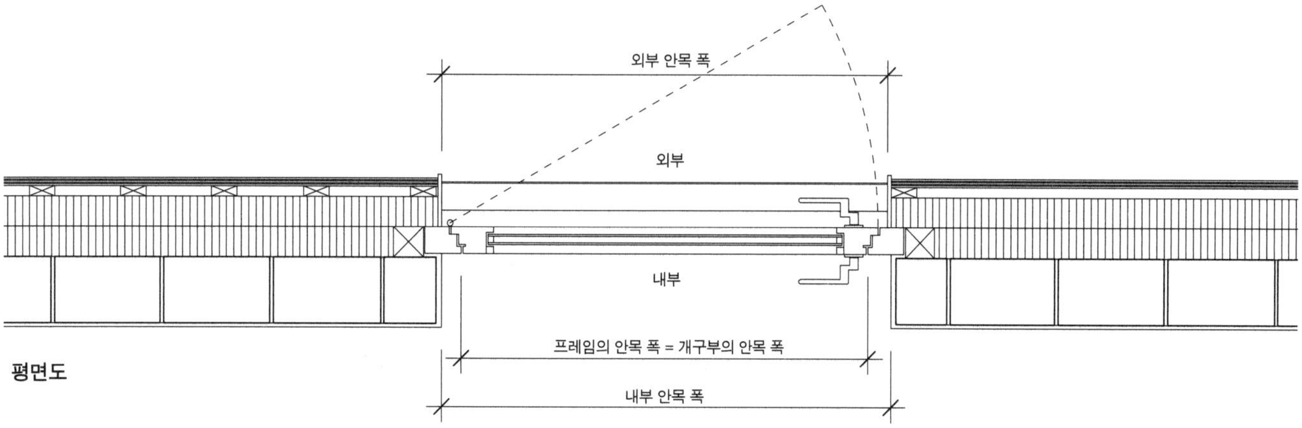

평면도

미닫이문, 외부 - 금속/유리
1:20

중정에 사용된 유리문
특수 설계, 상표 : "sky-frame"
단열 성능을 갖춘 알루미늄제 이중 미닫이 문

알루미늄제 프레임에 부착된 유리 부재는 문지방, 문설주, 문 상부에 맞는 크기로 설치된다. 미닫이 문에는 볼 베어링을 사용한 활차를 사용하여 문을 개방하는데 있어 저항을 적게 받는다.

그림 1 : Peter Kunz: private house, Winterthur (스위스), 2003

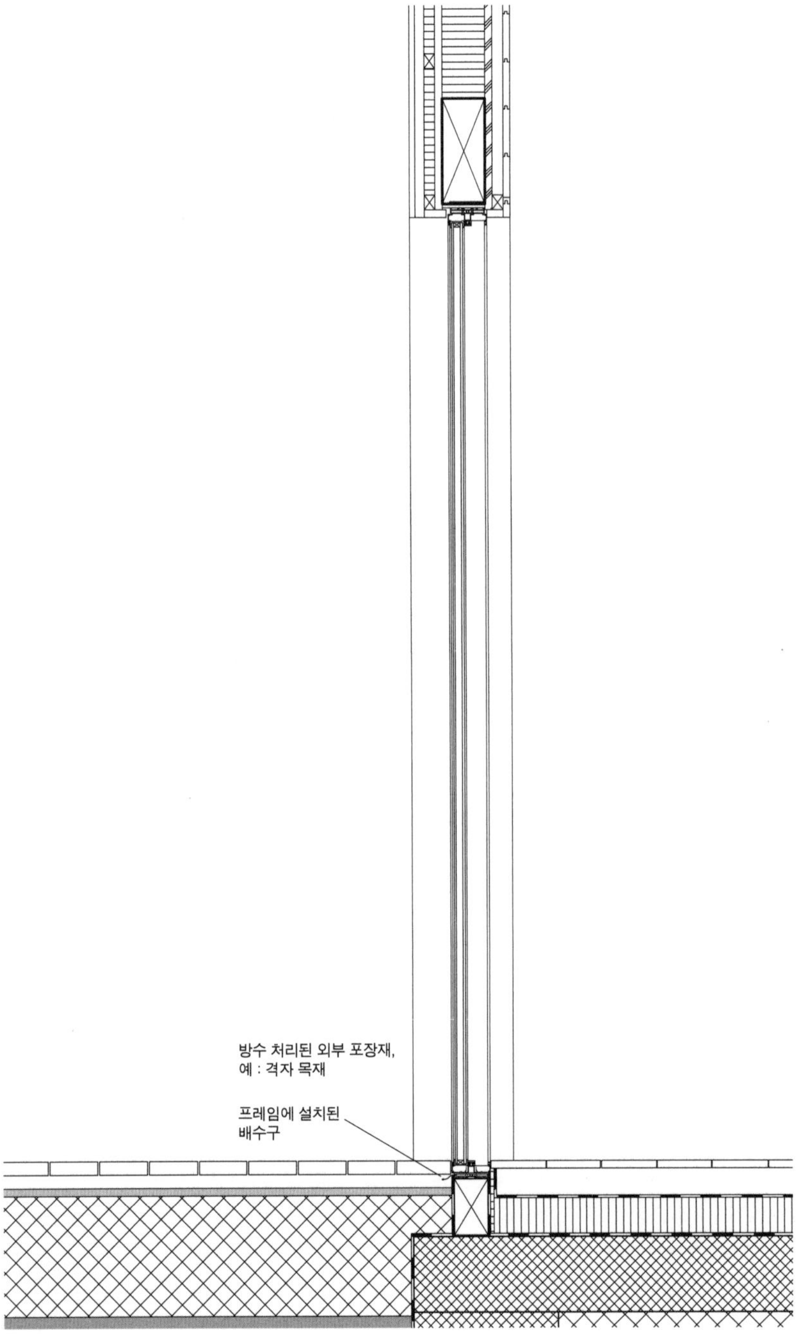

단면도

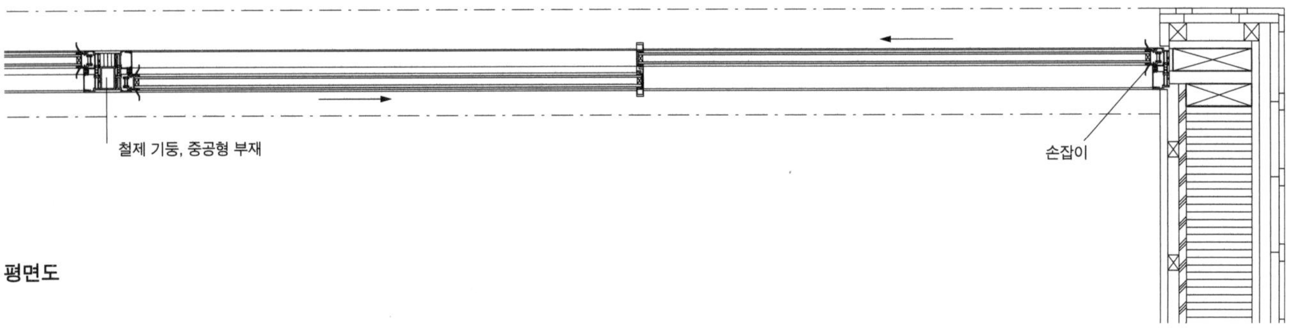

평면도

여닫이문, 내부 - 목재

1:20

내부 문

개구부의 크기에 맞게 프레임 설치, 외장 벽돌 사용

경첩이 문 좌측에 위치

문은 프레임과 평평하게 설치, 문받이 턱

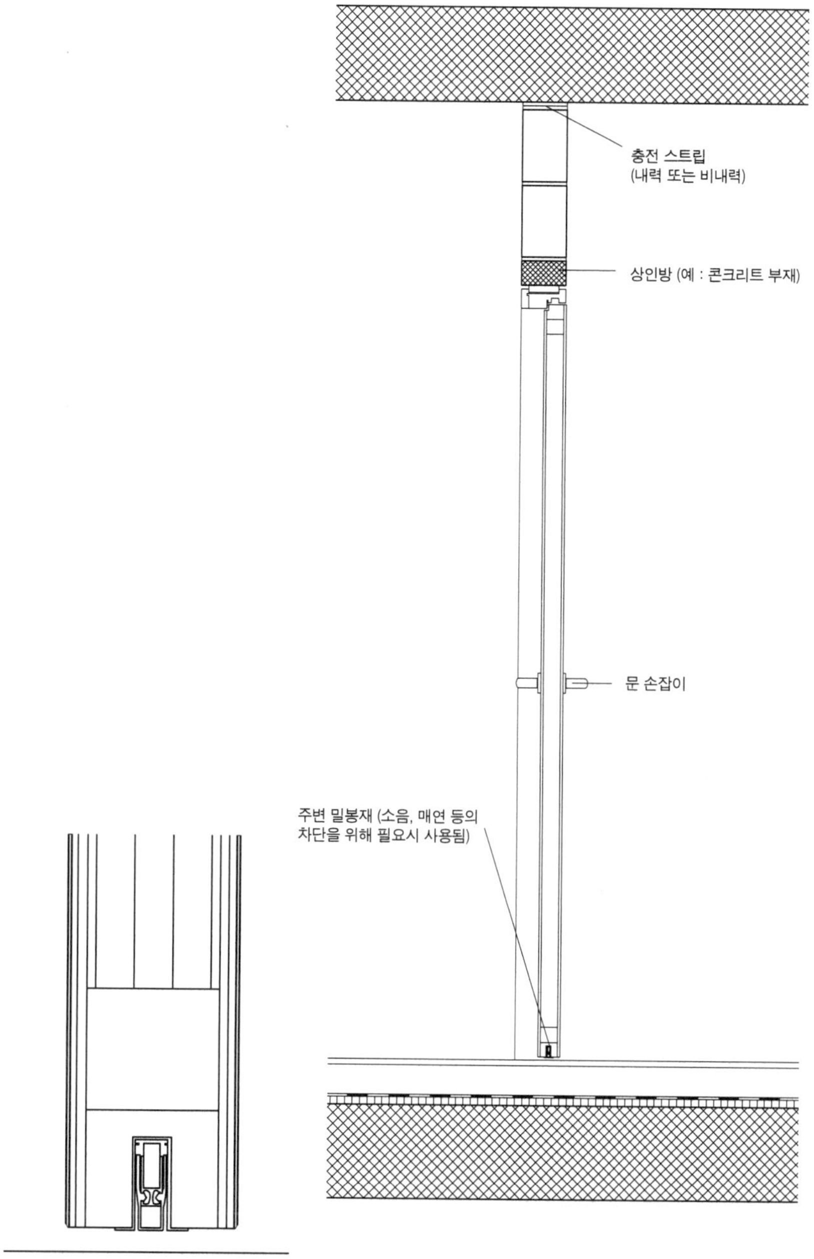

단면도

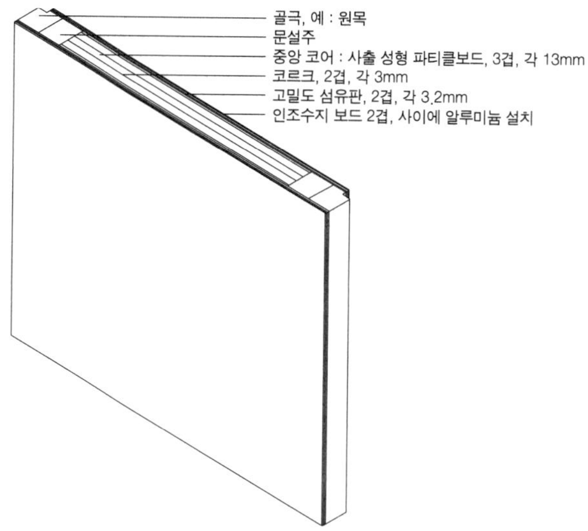

문 구조 : Riwag-AluMax 59 mm

외장재 : 고밀도 섬유판, 높은 흡음 성능, R_w = 42 dB

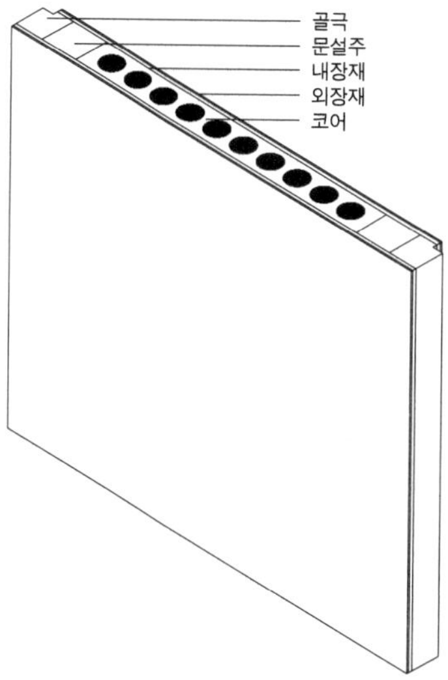

문 구조 : 중앙부가 다공성 부재로 만들어진 문

도색 마감, 높은 차음 성능을 필요로 하지 않는 경우에 사용

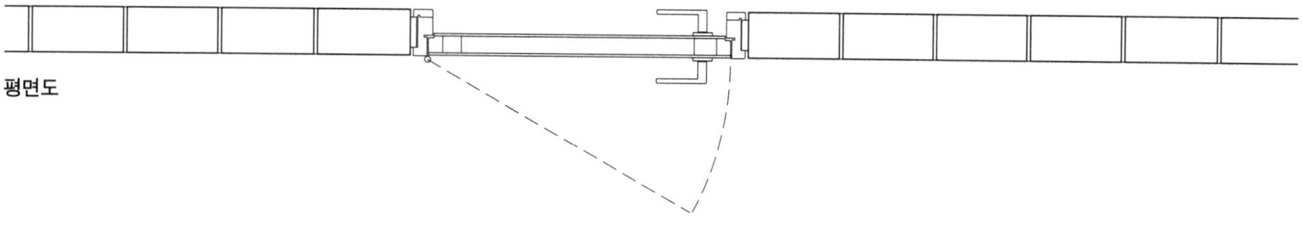

평면도

미닫이문, 내부 - 목재
1:20

내부 문
외겹 문, 벽에 만들어진 홈에 설치,
높은 차음 성능을 필요로 하지 않는 경우

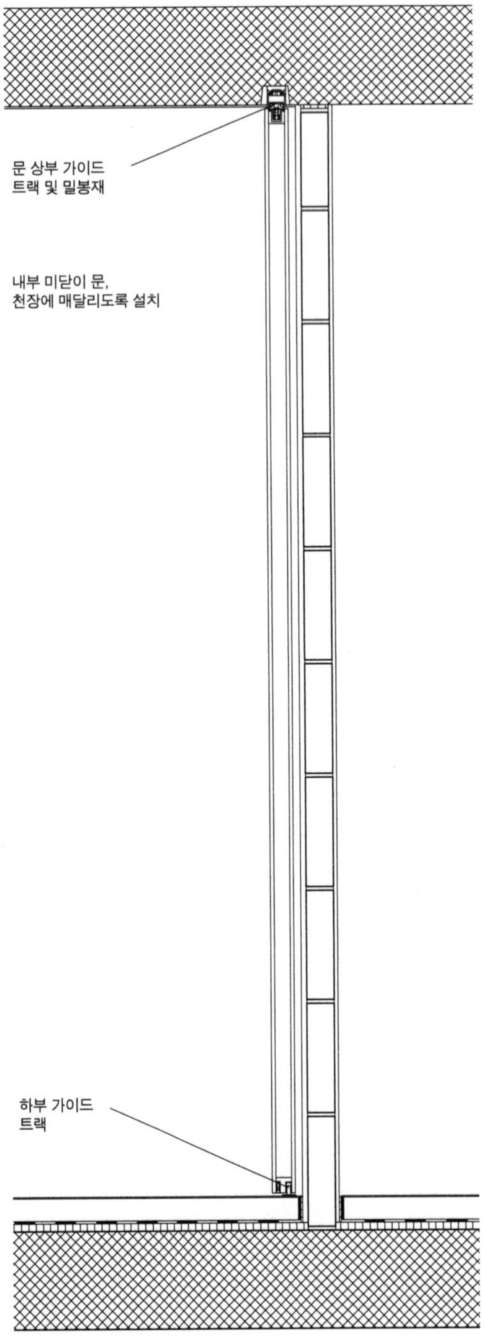

단면도

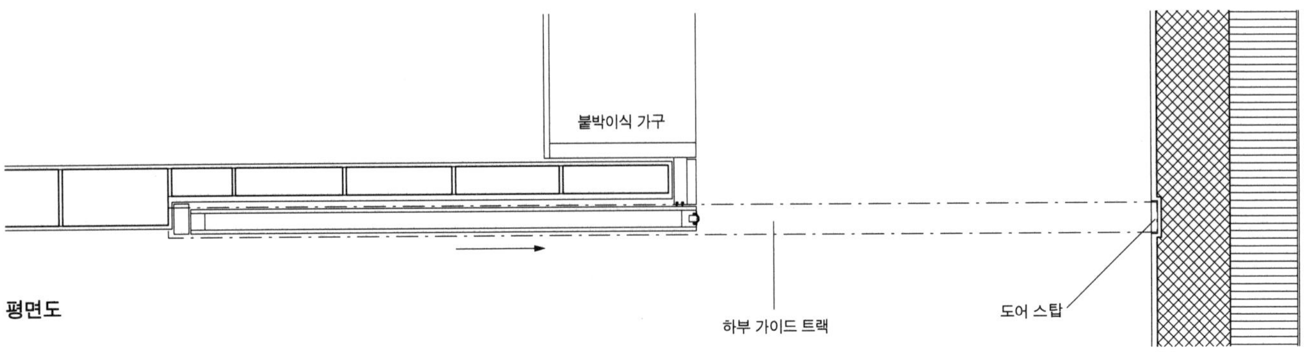

평면도

점토 블록 중공 바닥판

1:20

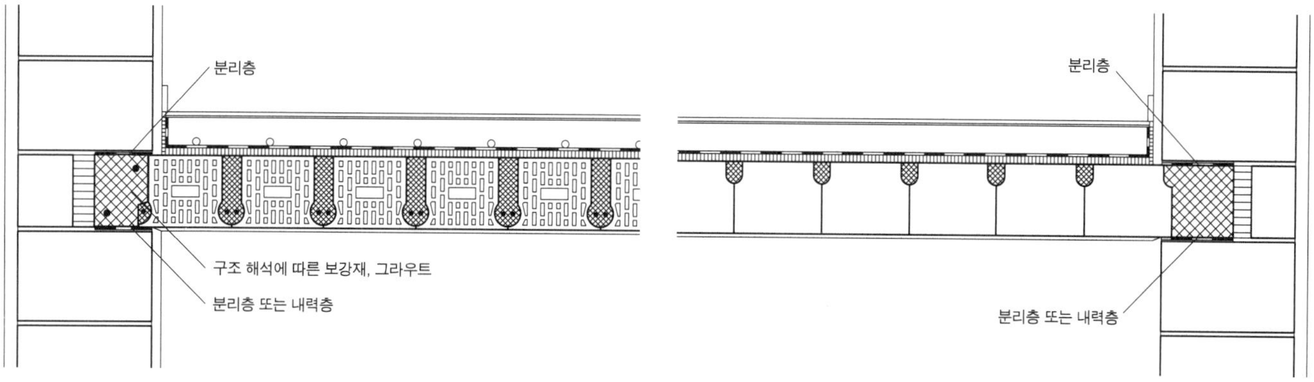

벽

외겹 조적벽

- 초벌칠	35 mm
- 외겹 조적, 36.5 x 24.8 x 23.8 cm	365 mm
- 모르타르	25 mm

바닥

- 바닥 마감재, 예 : 평면 점토 타일	10 mm
- 타일 접착제	1-2 mm
- 바닥난방 및 무근콘크리트	80 mm
- 분리층 (예 : 1mm 두께의 플라스틱 시트)	
- 차음재	20 mm
- 점토 블록 중공 바닥판	190-240 mm
- 하부 모르타르 마감	10 mm

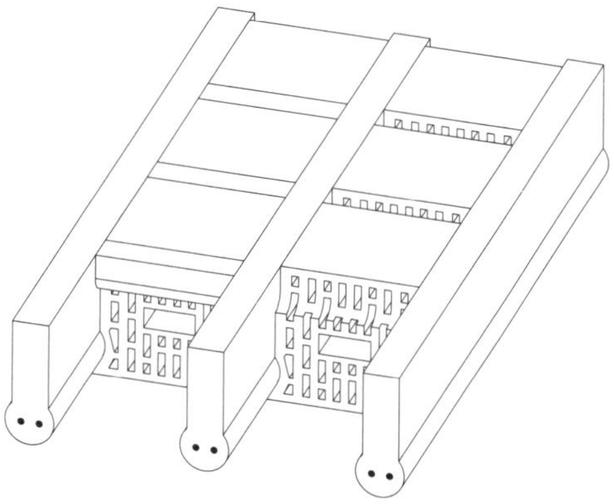

그림 1 : 상 : 점토 블록 중공 바닥판과 철근 콘크리트 장선의 구조, 하 : 공장에서 사전 제작된 부재의 축조 (그림에 사용된 부재는 Bricosol 제품이다)

구조

- 1방향 슬라브 (와플 구조를 사용할 경우 2방향 슬라브 구조도 가능)
- 하부에 동일한 재료 사용
- 콘크리트 상부의 모르타르 마감은 필요하지 않음
- 캔틸레버로 사용할 수 없음
- 집중 하중을 받는 부분에는 적합하지 않음
- 부재는 최대 6.6m의 길이, 1 - 2.5m 폭의 범위 내에서 선택 가능 (예 : Bricosol)

특징

- 융통성 있는 바닥 시스템
- 거푸집이 필요 없음
- 지지대를 많이 필요로 하지 않음
- 건식 공법, 1년 내내 시공 가능
- 설치 다음 날부터 하중 전달 가능

Hourdis형 점토 블록 중공 바닥판

1:20

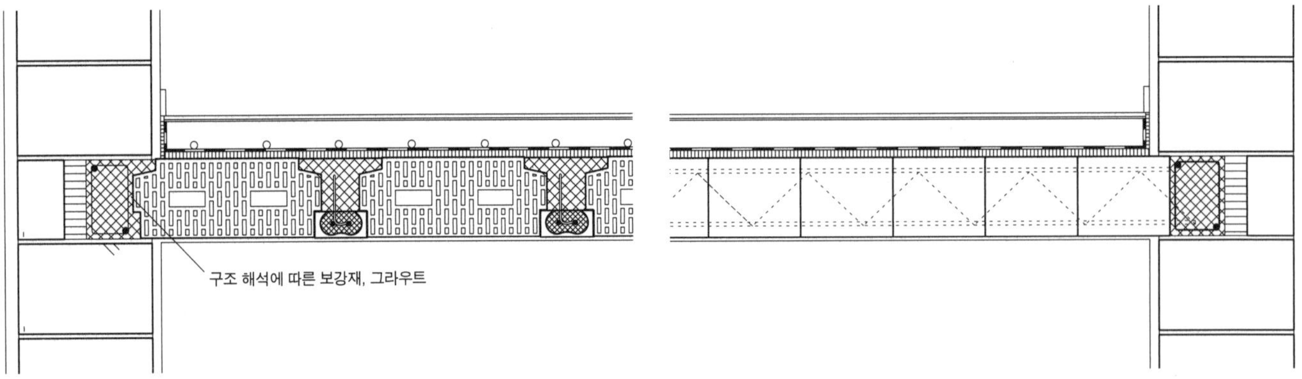

벽

외겹 조적벽

- 초벌칠 35 mm
- 외겹 조적, 36.5 x 24.8 x 23.8 cm 365 mm
- 모르타르 25 mm

바닥

- 바닥 마감재, 예 : 점토 타일 10 mm
- 타일 접착제
- 바닥난방 및 무근콘크리트 80 mm
- 분리층 (예 : 1mm 두께의 플라스틱 시트)
- 차음재 20 mm
- Hourdis형 점토 블록 중공 바닥판 210 - 250 mm
- 하부 모르타르 마감 10 mm

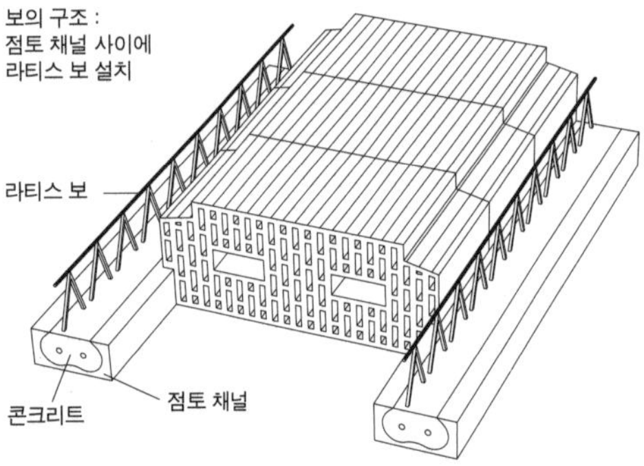

구조

- 1방향 슬라브 (와플 구조를 사용할 경우 2방향 슬라브도 가능)
- 하부에 동일한 재료 사용
- 재하되는 하중에 따라 콘크리트 상부의 모르타르 마감 여부가 결정됨
- 캔틸레버로 사용할 수 없음
- 집중 하중을 받는 부분에는 적합하지 않음
- 현장에서 보강 철근을 설치할 경우 스팬은 7m까지 가능
- 프리스트레스 구조를 사용할 경우 스팬은 7.5m까지 가능

그림 2 : 철근 콘크리트 보 사이에 Hourdis형 부재를 설치하는 모습

특징

- 현장에서 보강 철근 설치 : 융통성 있는 바닥 시스템
- 프리스트레스 구조 : 보(인장재)에 사용, 대부분의 시스템이 이 범주에 속한다
- 거푸집이 필요 없음
- 지지대를 많이 필요로 하지 않음

콘크리트 슬라브
1:20

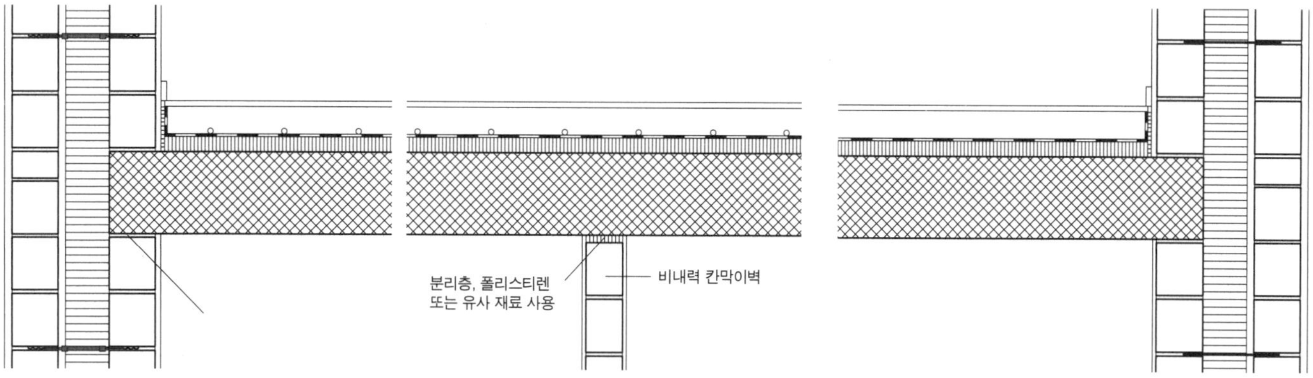

벽

이중 조적벽, 초벌칠

- 초벌칠	20 mm
- 모듈화된 단위 석재	125 mm
- 공극 (시공상의 오차 보정)	20 mm
- 단열재	120 mm
- 모듈화된 단위 벽돌	125 mm
- 모르타르	15 mm

바닥

- 바닥 마감재, 예 : 나무마루 기성재	15 mm
- 바닥난방 및 무근콘크리트	80 mm
- 분리층 (예 : 1mm 두께의 플라스틱 시트)	
- 차음재	40 mm
- 현장 타설로 만든 콘크리트 슬라브, 코팅 마감 (슬라브의 깊이는 스팬에 따라 결정된다)	210 mm

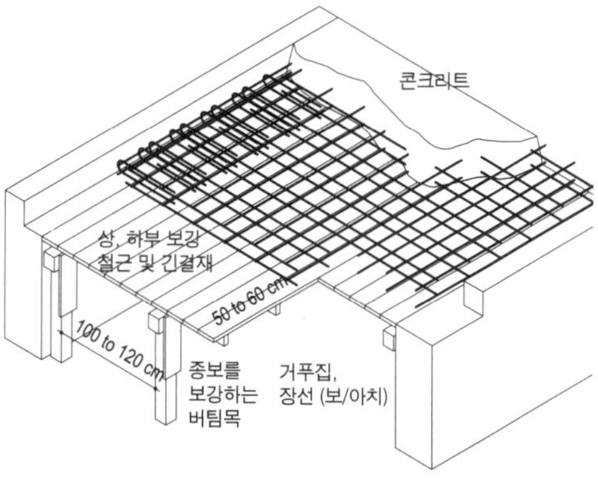

그림 3 : 콘크리트 타설 전의 모습 : 거푸집, 보강 철근, 기타 설비 시설(전력 케이블, 급수 파이프, 환기 덕트 등)의 모습

구조

- 1방향 또는 2방향 슬라브 구조
- 경제적인 스팬 :
  단순지지의 경우 약 5m까지 가능
  연속지지의 경우 약 7m까지 가능
- 구조적 깊이의 추정
  장방형 슬라브의 경우 d/L = 1/30
  정방형 슬라브의 경우 d/L = 1/35

특징

- 스팬에 따라서 재료의 사용량이 매우 크다
- 습식 공법

거푸집

- 현장 타설 콘크리트 : 버팀목과 거푸집을 필요로 한다

콘크리트 장선 슬라브
1:20

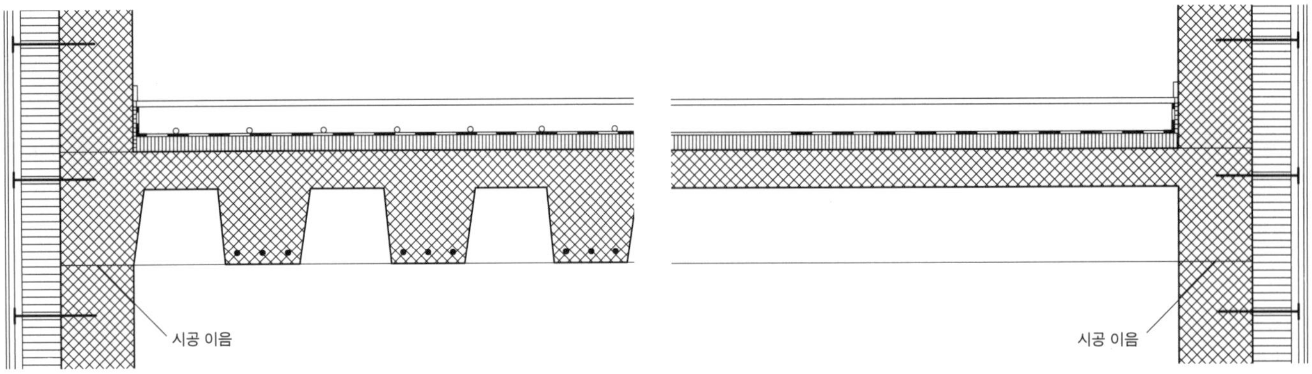

벽

외단열, 초벌칠

- 무기질 초벌 마감 2 mm
- 접합용 초벌 4 mm
- 무기질 초벌 하부 도포 20 mm
- 단열재 125 mm
- 콘크리트 (내력층) 200 mm
- 접합용 도료
- 모르타르 15 mm

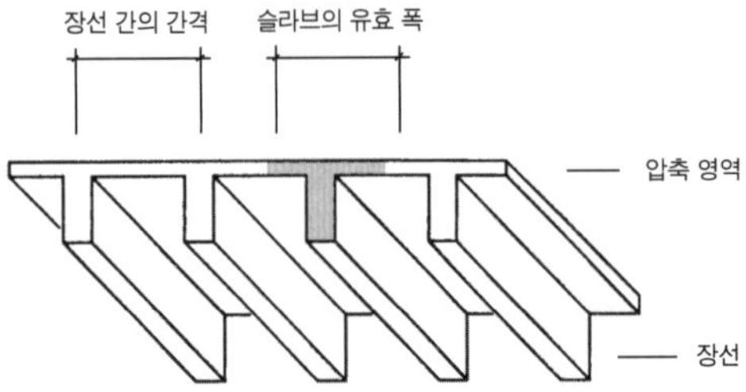

그림 4: Bearth & Deplazes: School with hall, Vella (스위스), 1997

바닥

- 바닥 마감재, 예 : 석제 타일 15 mm
- 타일 접착제 (다양한 두께로 도포 가능) 3-5 mm
- 바닥난방 및 무근콘크리트 80 mm
- 분리층 (1mm 두께의 플라스틱 시트)
- 차음재 40 mm
- 콘크리트 장선 슬라브 (슬라브의 두께는 스팬에 따라 결정된다) 다양한 두께로 설치 가능

구조

- 1방향 슬라브 구조
- 평슬라브에 비해 재료의 사용이 적다
- 스팬 :
  단순지지의 경우 4-12m
  연속지지의 경우 5-20m
- 두께 :
  슬라브 5-8cm
  장선 30-90 cm
- 장선 사이에 설비 시설 설치 가능

성능

- 표면적이 넓기 때문에 축열 성능이 높다

특징, 거푸집

- 인장 영역에 대해 별도의 거푸집 필요
- 사전 제작 거푸집 :
  재사용 가능
  일반적인 거푸집 성능 기준 필요
- 현장 제작 거푸집 : 강화된 거푸집 성능 기준 필요
- 사전 제작 : 경량의 "장선 슬라브"는 제조 업체에 따라 사전 제작되기도 한다

음향

- 표면적이 넓기 때문에(굴곡 있는 표면) 내부 음향 성능이 좋다

콘크리트 와플 슬라브
1:20

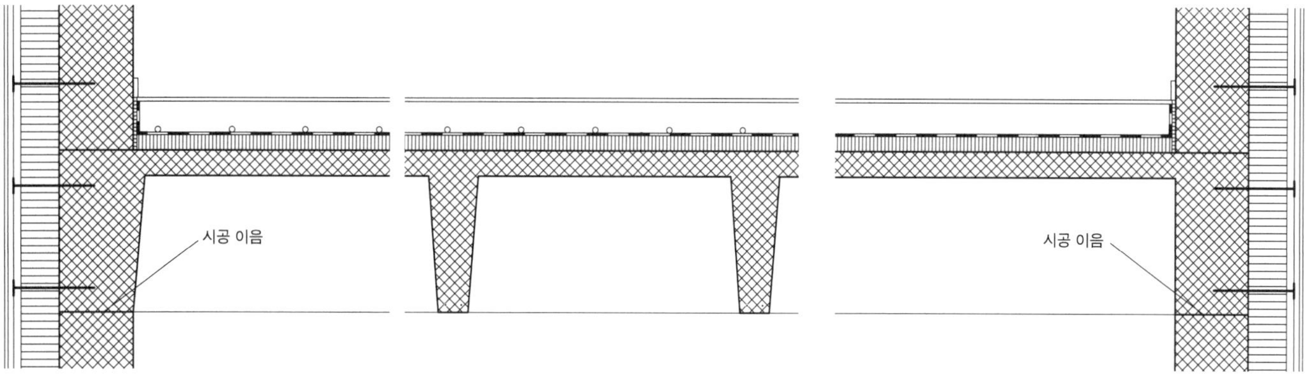

벽

외단열, 초벌칠

- 무기질 초벌 마감	2 mm
- 접합용 초벌	4 mm
- 무기질 초벌 하부 도포	20 mm
- 단열 보드 5-110-10 (3겹), 플라스틱 파스너로 고정	125 mm
- 콘크리트 (내력층)	200 mm
- 접합용 도료	
- 모르타르	15 mm

바닥

- 바닥 마감재, 예 : 고온 가열 바닥 타일	15 mm
- 타일 접착제	3-5 mm
- 바닥난방 및 무근콘크리트	80 mm
- 분리층 (1mm 두께의 플라스틱 시트)	
- 차음재	40 mm
- 콘크리트 와플 슬라브	다양한 두께로 설치 가능

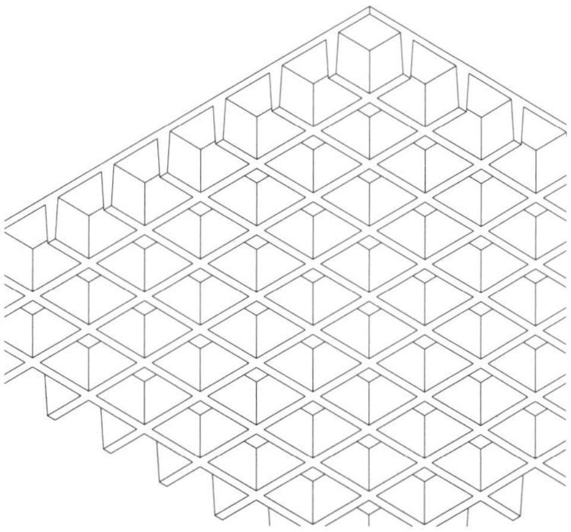

그림 5 : Louis I. Kahn: Yale University Art Gallery, New Haven (미국), 1953

구조
- 2방향 슬라브 구조
- 모듈화
- 장선의 깊이를 적절하게 설계할 경우 장스팬의 공간을 형성할 수 있다

특징
- 재료 사용량이 적다 (현장 타설 콘크리트)
- 현장 타설을 통해 제작할 경우 거푸집의 제작이 어렵다

거푸집
- 석고, 목제, 철제, 플라스틱제 와플 거푸집
- 재사용 가능한 사전 제작 거푸집
- 영구적인 거푸집 (예 : Durisol), 끝이 가늘어지는 와플 거푸집을 사용할 경우 재료의 분리가 쉽다

음향
- 표면적이 넓기 때문에(굴곡 있는 표면) 내부 음향 성능이 좋다

콘크리트 중공 슬라브

1:20

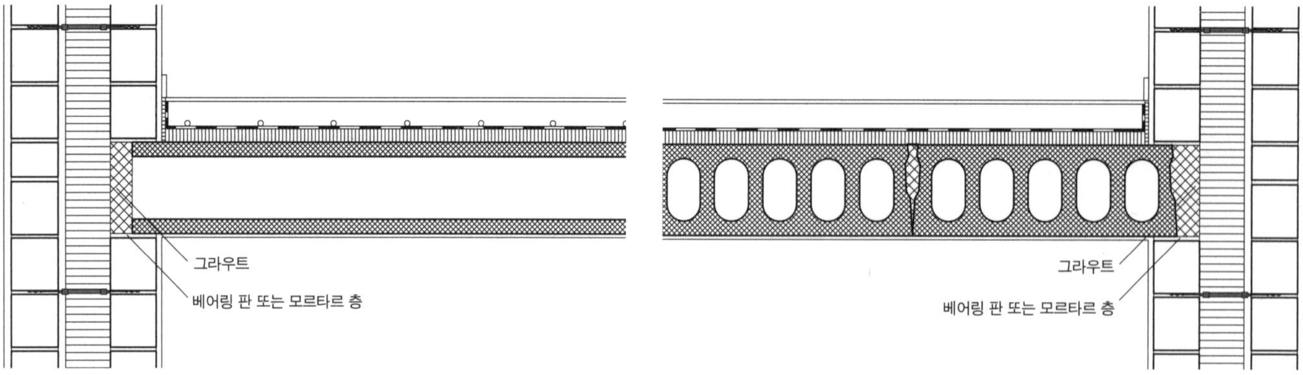

벽

이중 조적벽, 초벌칠

- 초벌칠	20 mm
- 벽돌	125 mm
- 공극 (시공상의 오차 보정)	20 mm
- 단열재	120 mm
- 벽돌	125 mm
- 모르타르	15 mm

바닥

- 바닥 마감재, 예 : 리놀륨	5 mm
- 바닥난방 및 무근콘크리트	80 mm
- 분리층 (예 : 1mm 두께의 플라스틱 시트)	
- 차음재	40 mm
- 콘크리트 중공 슬라브	120 - 300mm
- 접합용 도료	
- 하부 모르타르 마감	10mm

구조

- 1방향 슬라브 구조, 내부 구조를 외부에서는 확인할 수 없다

- 최대 스팬	12m
- 최대 두께	300mm

특징

- 사전 제작
- 축조에 소요되는 시간이 짧다
- 건식 공법 : 건조 기간이 짧다
- 건식 축조

거푸집

- 별도의 지지대가 필요 없다
- 하부 표면을 부드럽게 처리 가능

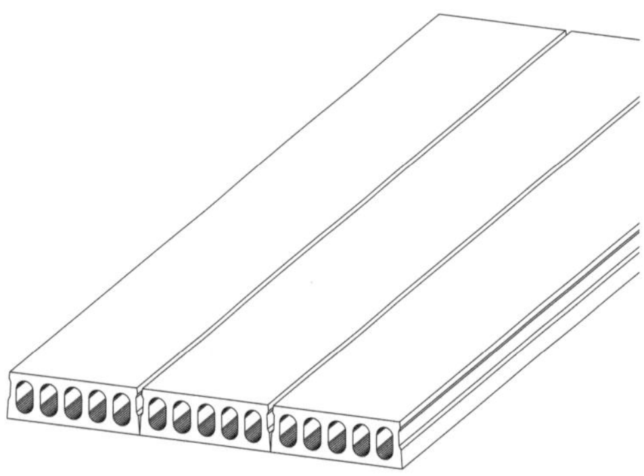

그림 6 : 콘크리트 부재의 설치에는 크레인을 이용한다.

합성 슬라브, 데크 플레이트
1:20

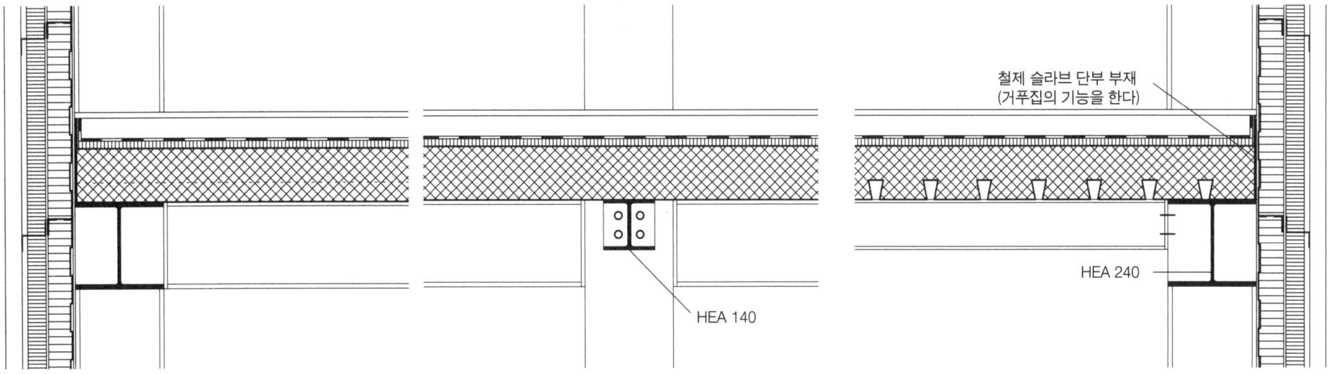

벽
외장클래딩, 공기층 설치

- 골강판, 아연 도금 처리	다양한 두께로 설치 가능
환기용 공극 (수직 판금)	〉40 mm
- 단열재	50 mm
- 철판 트레이(아연 도금) 내부 단열재 설치	80 mm
- 철제 기둥, 철제 보	다양한 두께로 설치 가능

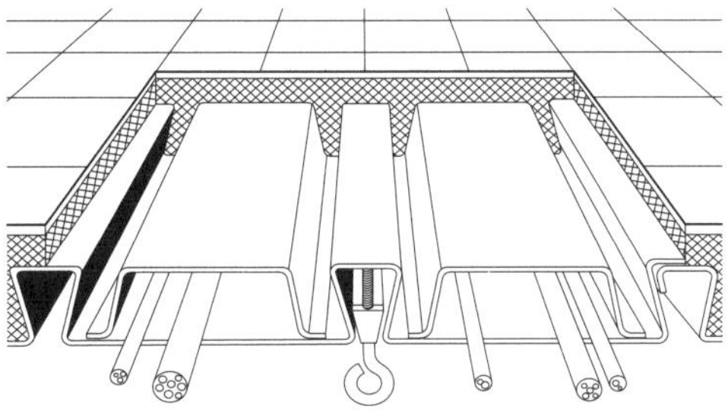

Holorib® 데크

사다리꼴형 데크

그림 7 : (상) 데크플레이트의 하부, (하) 데크플레이트와 상부에 타설된 콘크리트의 모습

바닥

- 바닥 마감재, 예 : 마그네사이트(magnesite)	10 mm
- 무근콘크리트	60 mm
- 분리층 (예 : 1mm 두께의 플라스틱 시트)	
- 차음재	20 mm
- 철근 콘크리트	130 -180 mm
- 데크플레이트	
- 철제 보 (예 : HEA, HEB 부재)	다양한 두께로 설치 가능

구조
- 1방향 슬라브 구조
- 판금, 철근 콘크리트
- 상대적으로 우수한 내화 성능
- 내부 공간에 설비 시설 설치 가능
- 데크 방향 스팬의 길이, (별도의 지지체(보)를 사용하지 않을 경우) : 최대 6m
- 구조적 두께 : 13-22cm
  콘크리트의 두께 : 8-20cm

특징
- 버팀목을 많이 필요로 하지 않는다
- 현장 작업의 양이 줄어든다

거푸집
- 거푸집 또는 보강 철근이 필요 없음
- 부재의 자중이 낮음

음향
- 공기 전달음 등의 차음 성능이 우수함
- 측방향의 음 전달에 주의!

원목 바닥판
1:20

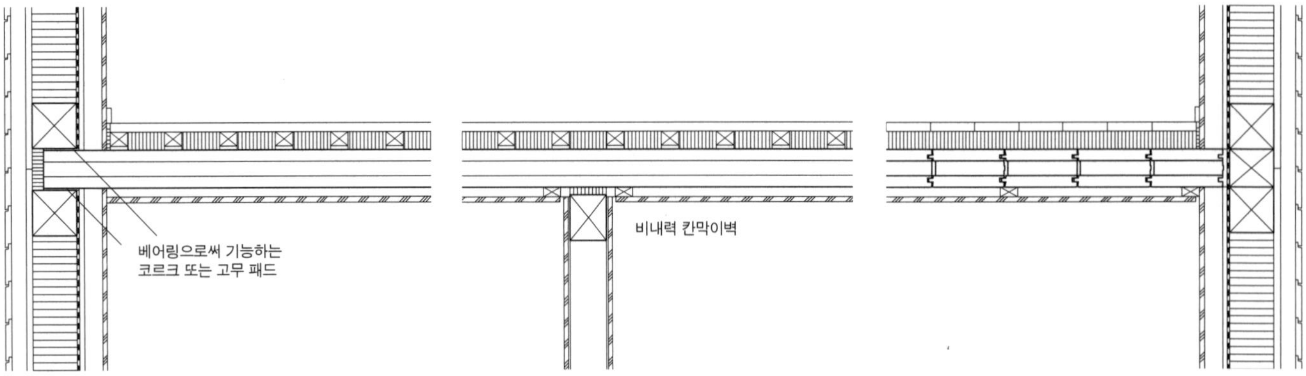

벽

경량목구조

- 비늘판	24 mm
- 각재, 공기층	40 mm
- 섬유판 (공기 밀폐막)	18 mm
- 단열재, 프레임에 설치	120 mm
- 수분 차단막	
- 각재 (설비 시설의 설치를 위한 공간)	50 mm
- 목모 시멘트 파티클보드	12 mm

바닥

- 목제 바닥 마감재	24 mm
- 차음재, 장선	40 mm
- 분리층의 기능을 하도록 널 하부에 설치된 고무 스트립 (차음)	
- 원목 바닥판 (두께는 스팬에 따라 결정된다)	80 -120 mm
- 각재	24 mm
- 목모 시멘트 파티클보드	15 mm

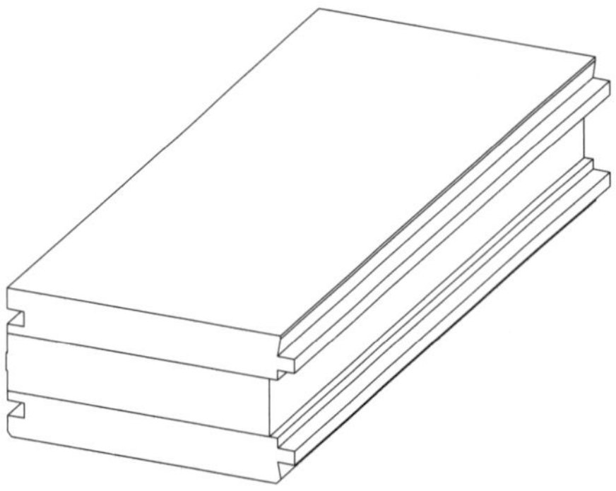

구조

- 1방향 슬라브 구조
- 진동의 문제가 없는 강성 바닥판
- 스팬 4-5m
- 두께 80-120mm, 중공 부재를 사용할 경우 120mm 이상 깊이 가능
- 상대적으로 큰 질량 (관성이 높음)

특징

- 사전 제작된 원목 부재를 접착하여 제작
- 건식 공법
- 간편한 조립
- 빠른 조립
- 계획과 시공을 동시에 할 수 없다!

그림 8 : 엇갈리게 배열된 원목 부재의 모습

목조 장선 바닥판

1:20

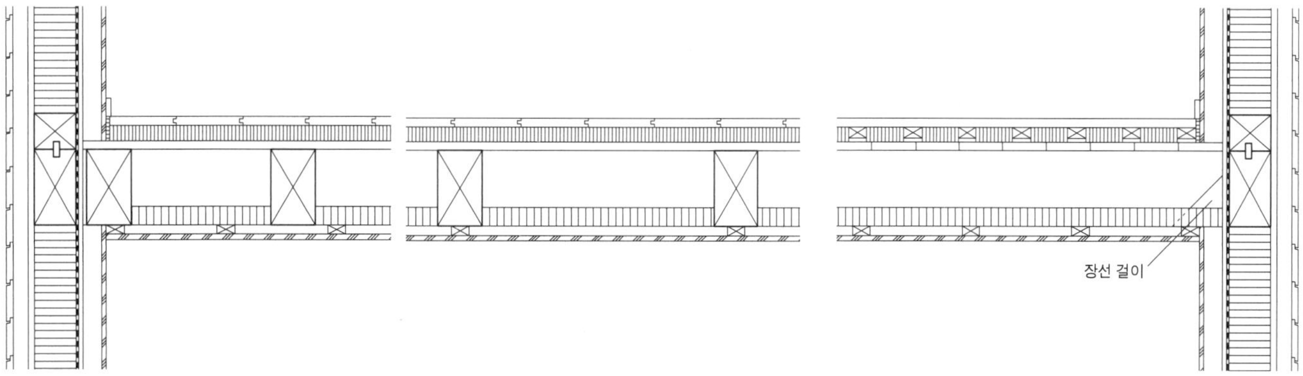

벽

경량목구조

- 비늘판 24 mm
- 각재, 공기층 40 mm
- 섬유판 (공기 밀폐막) 18 mm
- 단열재, 프레임에 설치 120 mm
- 수분 차단막
- 각재 (설비 시설의 설치를 위한 공간) 50 mm
- 목모 시멘트 파티클보드 12 mm

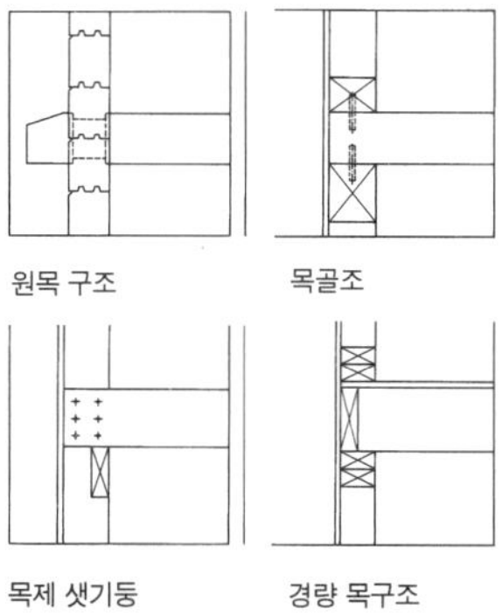

그림 9 : 다양한 목조 시공 방식

그림 10 : Daniele Marques: private house (Ober-Riffig), Emmenbrucke (스위스), 1993

바닥

- 목제 바닥 마감재 24 mm
- 차음재, 각재
  분리층의 기능을 하도록 각재 하부에 설치된 고무 스트립 (차음) 40 mm
- 하부의 바닥판 (예 : 맞댐 이음을 사용한 수직 방향의 널) 20mm
- 장선 (두께는 스팬에 따라 결정된다)
  120 x 200mm 200 mm
- 치음제 50 mm
- 각재 24 mm
- 목모 시멘트 파티클보드 15 mm

구조

- 1방향 슬라브 구조
- 장선의 간격 : 50-80cm
- 진동에 취약
- 장선의 단부가 맞춤제작 되었을 경우 높은 내력 성능을 갖는다
- 보강을 위해서는 별도의 방법을 사용, 예 : 하부에 직각 방향의 널
- 스팬 : 최대 5 m

특징

- 건식 공법
- 간편한 조립
- 빠른 조립
- 노동 집약적

음향

- 공기 전달음 등의 음 전달에 있어 문제점을 갖는다

박스형 부재를 사용한 목조 바닥판

1:20

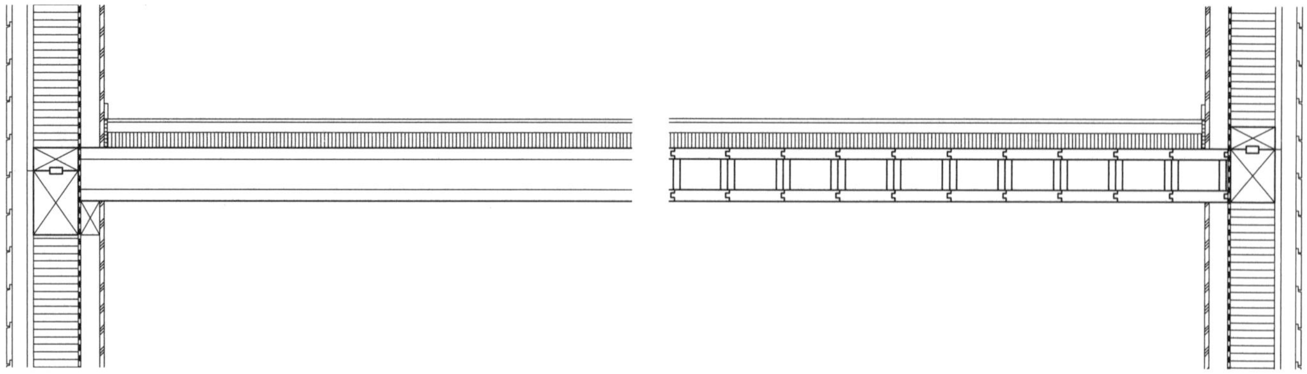

벽

경량목구조

- 비늘판	24 mm
- 각재, 환기용 공극	40 mm
- 섬유판 (공기 밀폐막)	18 mm
- 단열재, 프레임에 설치	120 mm
- 수분 차단막	
- 각재 (설비 시설의 설치를 위한 공간)	50 mm
- 목모 시멘트 파티클보드	12 mm

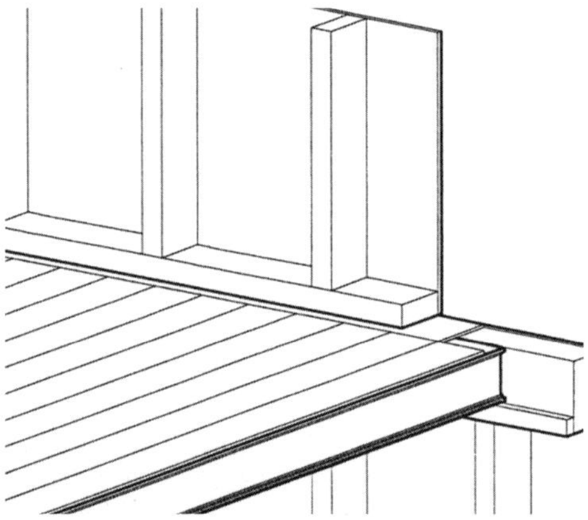

바닥

- 바닥 마감재, 예 : 나무마루 기성재	10 mm
- 3겹 코어 합판	27 mm
- 차음재, 2겹, 각 20 mm	40 mm
- 박스형 부재를 사용한 목조 바닥판 및 지지 부재 (구조적 두께는 스팬에 따라 결정된다)	120 - 320 mm
- 광택 코팅	

구조

- 원목 판자로 만든 상자형 목조 부재 (예 : Lignatur)
- 높은 내력 성능과 낮은 자중
- 1방향 슬라브 구조
- 진동의 문제점이 없는 강성 바닥판
- 스팬 4-8 m
- 두께 12-32 cm

특징

- 축조가 쉬움
- 건식 공법
- 상자형 목조 부재는 개별적으로 사전 제작되거나 소조립 부품으로 사전 제작된다
- 빠른 축조

그림 11 : 상자형 부재를 사용한 목조 바닥판에 형성된 개구부, 부재 내부의 보이드가 밀폐되지 않고 겉으로 노출되어 있다.

철제 바닥판
1:20

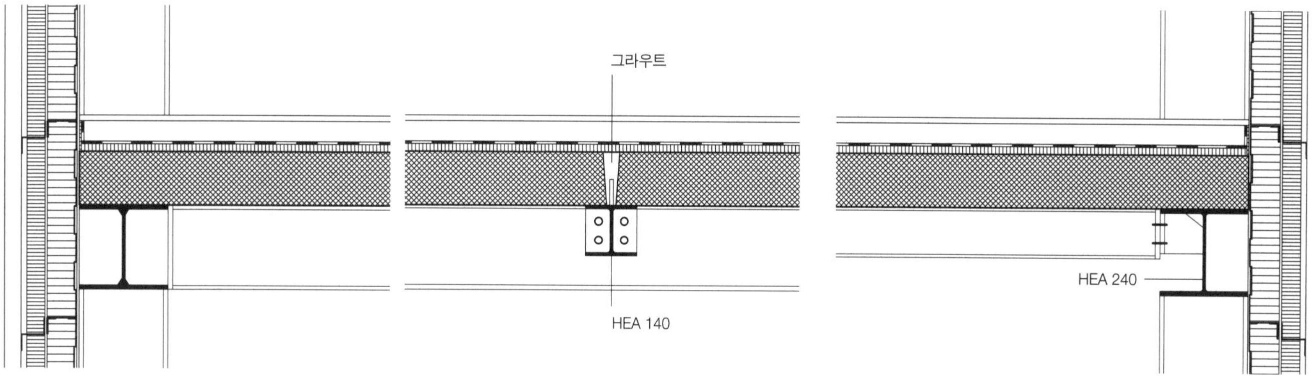

벽

외장클래딩, 환기용 공극 설치

- 골강판, 아연 도금 처리	다양한 두께로 설치 가능
- 공기층 (수직 판금)	〉40 mm
- 단열재	50 mm
- 철재 트레이(아연 도금) 내부 단열재 설치	80 mm
- 철제 기둥, 철제 보	다양한 두께로 설치 가능

바닥

- 바닥 마감재, 예 : 마그네사이트(magnesite)	10 mm
- 무근콘크리트	60 mm
- 분리층 (예 : 1mm 두께의 플라스틱 시트)	
- 차음재	20 mm
- 콘크리트	150 - 300 mm
- 철제 보 (예 : HEA, HEB 부재)	다양한 두께로 설치 가능

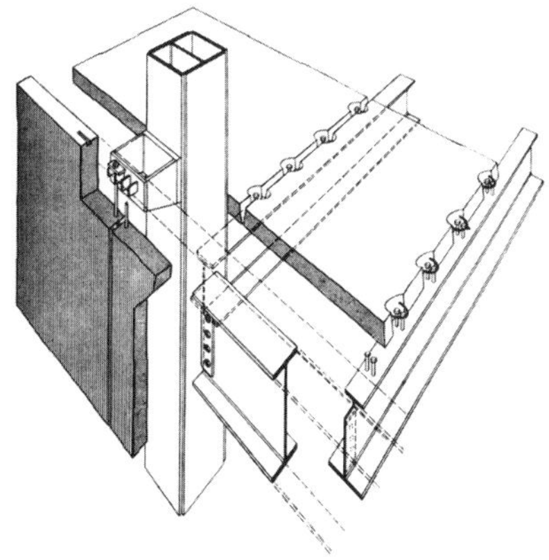

그림 12 : (고형식) 압연 형강이 이루는 1차 내력 구조체와 (외부로 노출된) 라티스 보가 이루는 2차 구조체의 모습

구조

- 1방향 슬라브 구조
- 모듈화 (플레이트의 폭이 표준화되어 있다)
- 사전 제작
- 철제 보를 따라 설비 시설 설치 가능
- 낮은 자중
- 철제 보는 내화 성능을 제약하는 요소로 작용한다
- 스팬 : 최대 6 m

특징

- 건식 공법
- 거푸집이나 버팀목이 필요하지 않다
- 빠른 조립

경사 지붕 - 보온 데크
섬유 보강 시멘트 - 외부 클래딩, 경량

그림 1: Bearth & Deplazes: private house (Werner), Trin (스위스), 1994

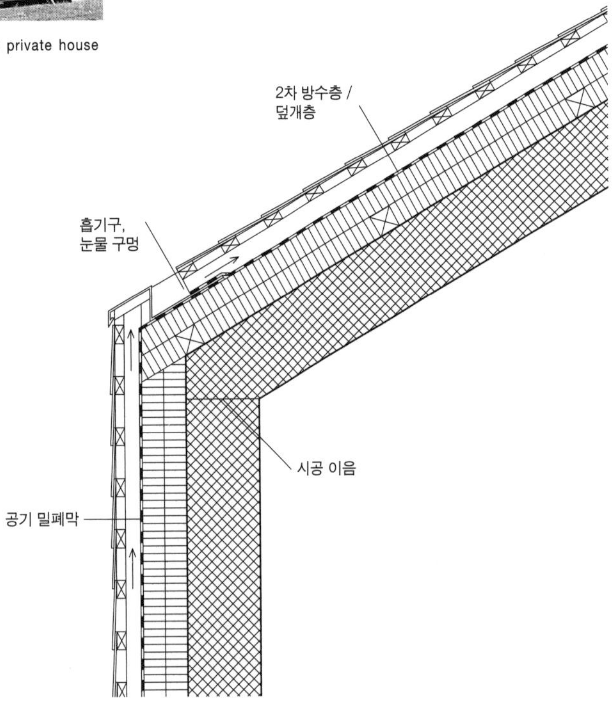

처마

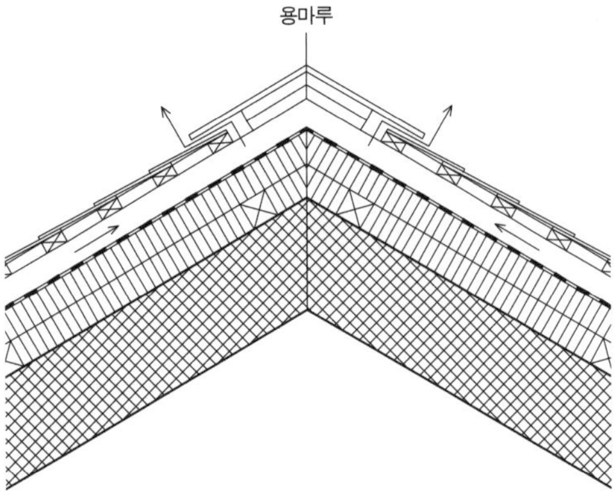

용마루

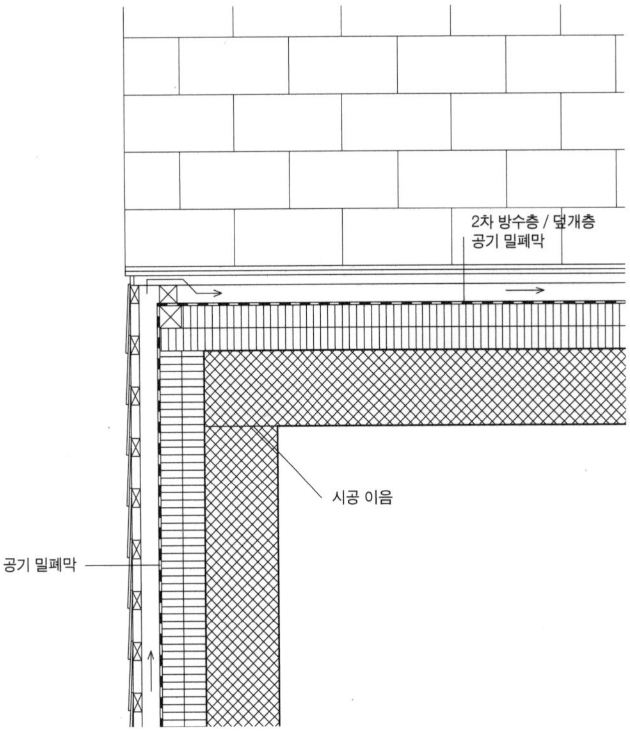

합각머리

지붕	
- 슬레이트 (Eternit)	약 3.5 mm
- 각재, 24 x 48 mm	24 mm
- 각재, 48 x 48 mm, 환기용 공극	48 mm
- 2차 방수층 / 덮개층, 각재 위에 설치	3 mm
- 단열재 및 각재 (양방향)	120 mm
- 콘크리트 지붕	200 mm
합계	*약 400 mm*

벽	
- 슬레이트	35 mm
- 각재	24 mm
- 각재, 환기용 공극	48 mm
- 공기 밀폐막	1 mm
- 단열재 및 각재 (양방향)	120 mm
- 콘크리트 벽	200 mm
합계	*428 mm*

경사 지붕 - 단일 물매 지붕
섬유 보강 시멘트 - 치장 벽돌

그림 2 : Beat Rothen: private house (Leibundgut), Uhwiesen (스위스), 1997

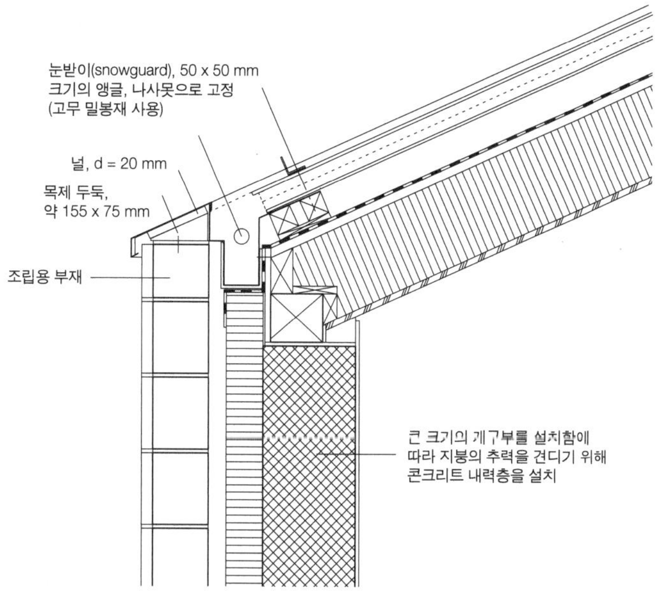

처마

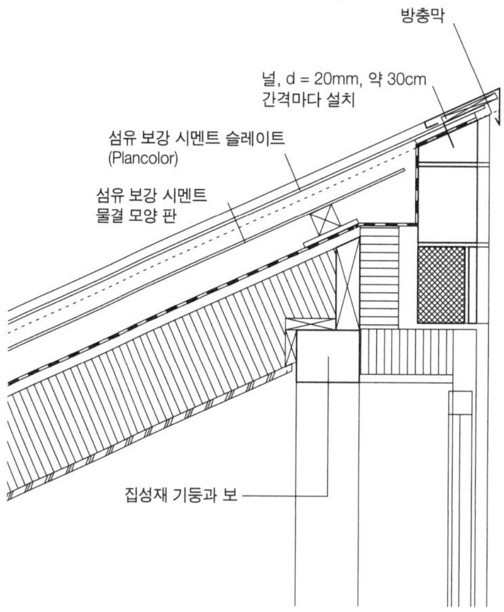

용마루

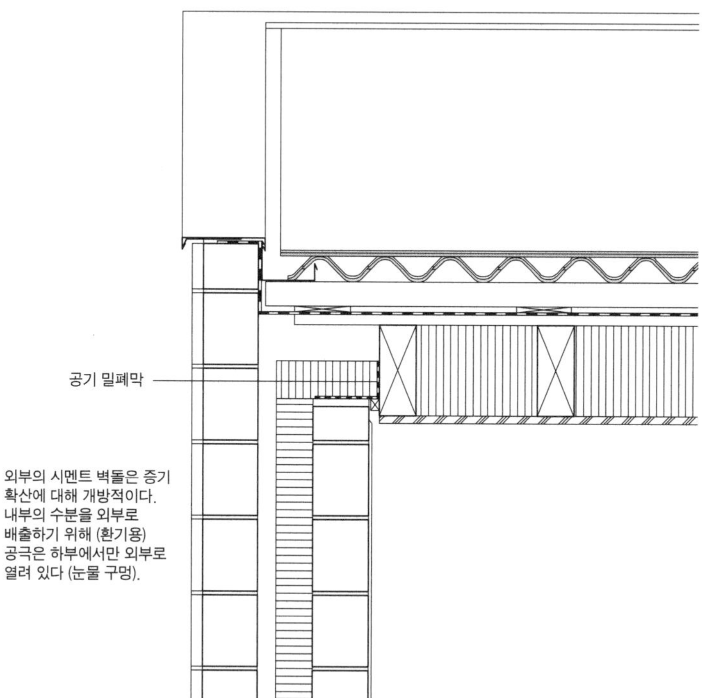

합각머리

지붕

- 지붕 마감재 : Eternit “Integraldach” 시스템	
- 섬유 보강 시멘트 슬레이트 (Plancolor)	7 mm
- 섬유 보강 시멘트 골판(Welleternit)으로 만든 2차 방수층 / 덮개층	57 mm
- 수평 각재, 60 x 60 mm	60 mm
- Birdsmouth 서까래 이음	20 mm
- 2차 방수층 / 덮개층 (Pavatex)	
- Rupli 목재 : Gutex 섬유판, 사이에 Isofloc 단열재를 설치한 구조용 목재, 3겹 가문비나무 합판 (방습층)	260 mm
합계	*404 mm*

벽

- 치장 조적, 시멘트 벽돌, 18 x 19 x 30 cm	180 mm
- 공극	50 mm
- 단열재	100 mm
- 점토 벽돌	150 mm
- 모르타르	10 mm
합계	*490 mm*

경사 지붕
지붕 기와 - 조적

그림 3 : Gigon & Guyer: House C (스위스), 1994

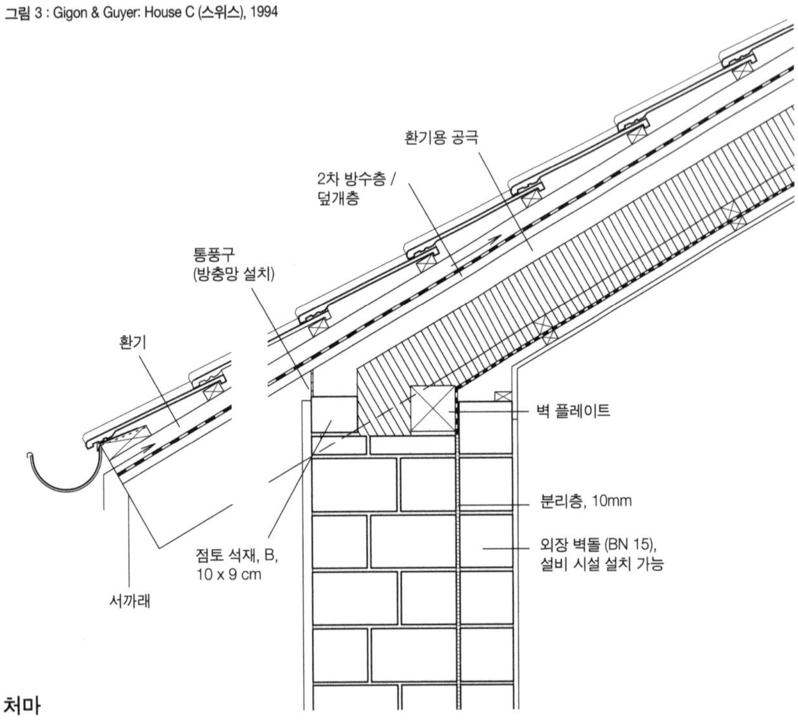

처마

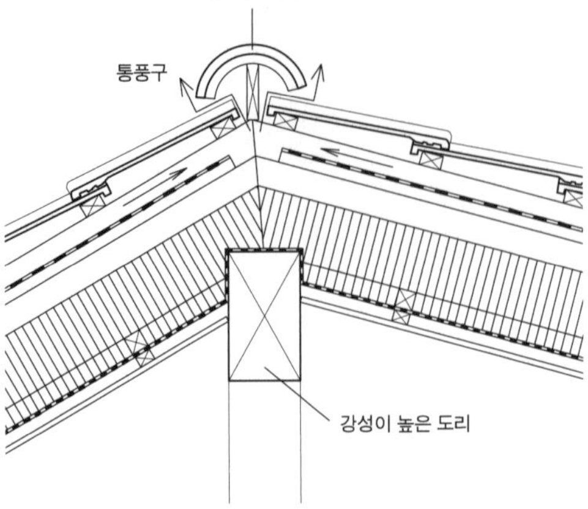

용마루

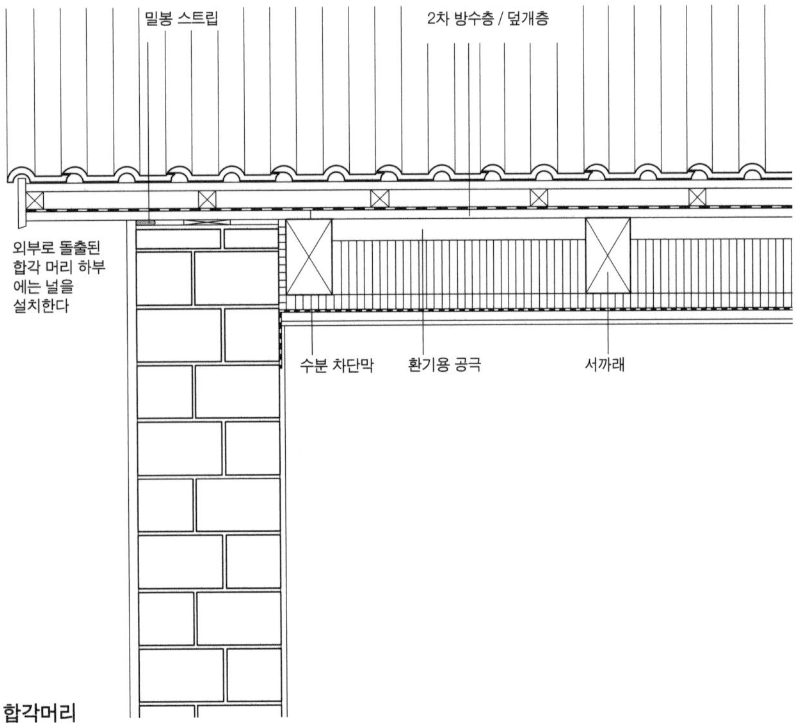

합각머리

지붕

- 콘크리트 기와	약 70 mm
- 기와용 각재, 30 x 50 mm	30 mm
- 각재, 45 x 50 mm	45 mm
- 지붕재 위에 이음매가 없게 설치된 2차 방수층 / 덮개층	22 mm
- 공기층	60 mm
- 단열재, 암면	140 mm
- 단열재, 암면	40 mm
- 수분 차단막	
- 각재, 24 x 48	24 mm
- 내장재 (석고 보드)	12.5 mm
합계	*약 440 mm*

벽

- 초벌칠	25 mm
- 조적층, Optitherm 15 및 23	390 mm
- 모르타르	15 mm
합계	*430 mm*

경사 지붕
판금 - 외겹 조적

그림 4 : Morger & Degelo: Singeisenhof housing development, Riehen (스위스), 2001

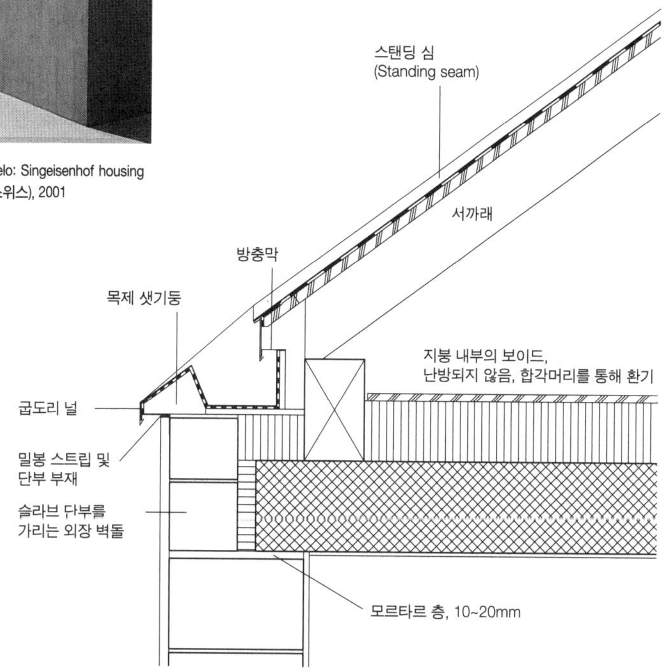

처마

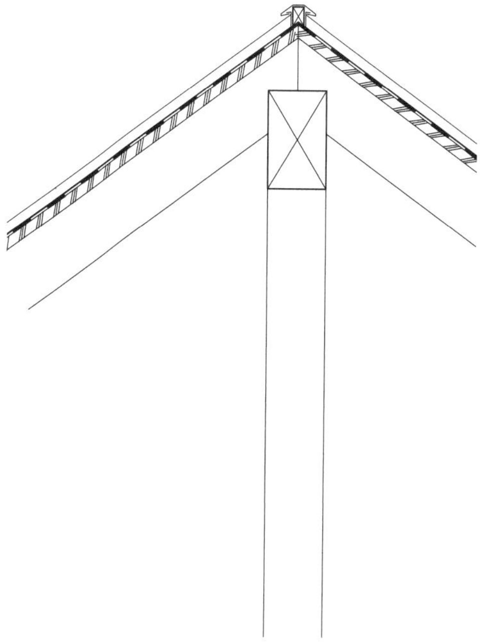

용마루

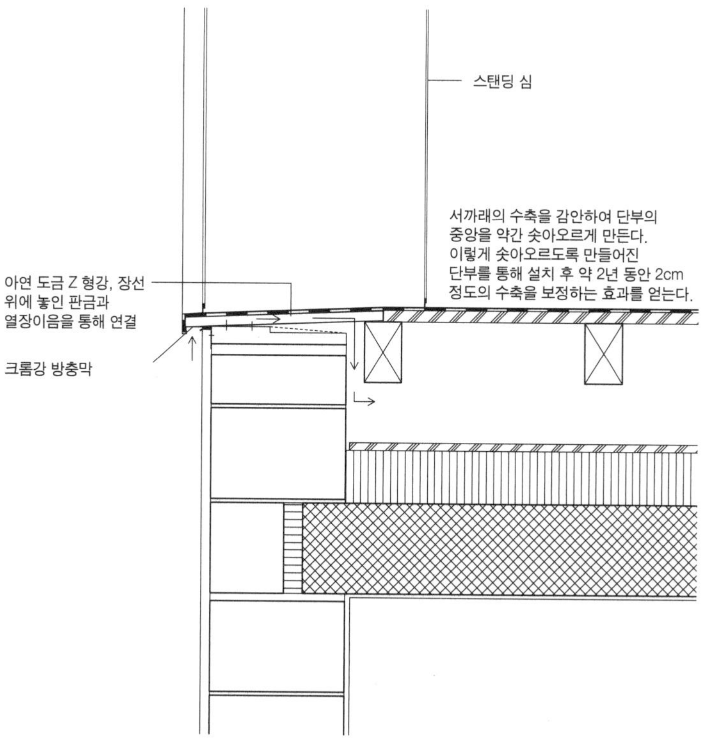

합각머리

지붕	
- 구리 박판, 스탠딩 심과 함께 기둥 사이에 설치	0,6 mm
- 2차 방수층 / 덮개층, F3 필름	
- 지붕 마감재	27 mm
- 서까래, 100 x 160 mm	160 mm
합계	*188 mm*

바닥 (단열)	
- 칩보드	20 mm
- 단열재, 암면	160 mm
- 콘크리트 슬라브	240 mm
- 모르타르	10 mm
합계	*430 mm*

벽	
- 초벌칠	25 mm
- 외겹 조적벽, ThermoCellit	365 mm
- 모르타르	15 mm
합계	*405 mm*

평지붕
아스팔트 - 2겹 조적, 초벌칠

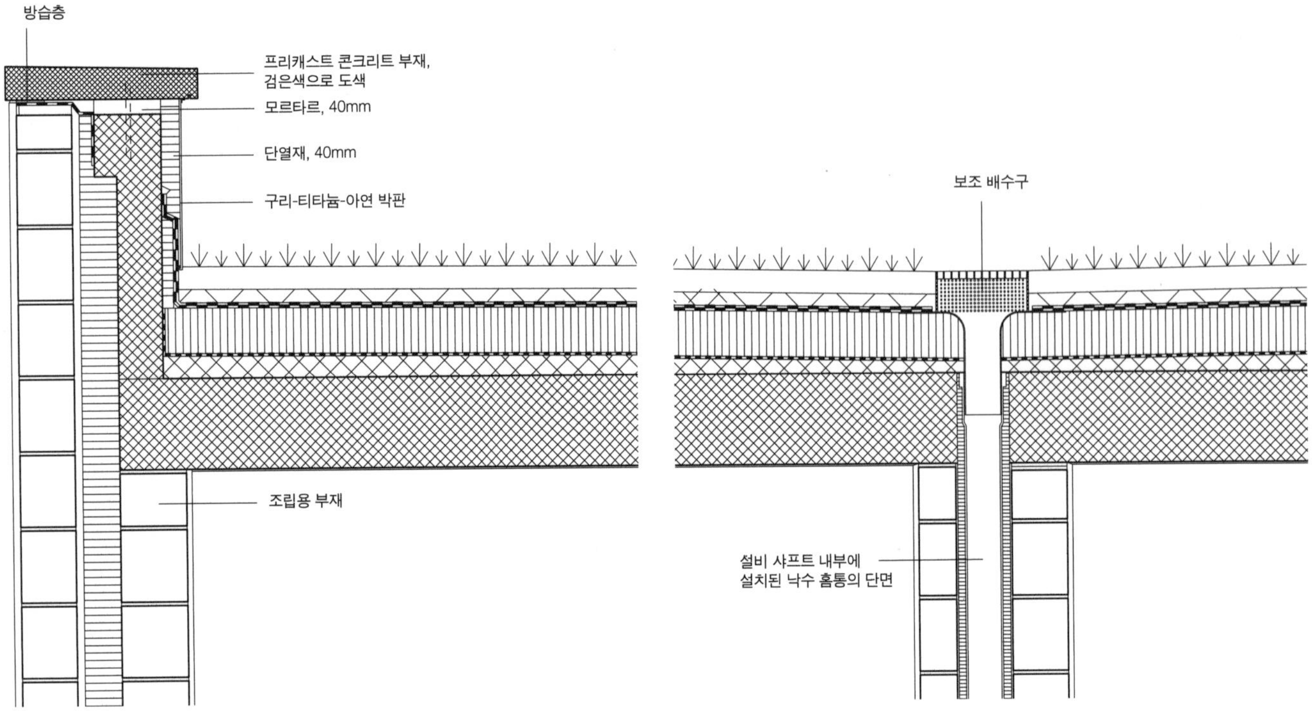

그림 5 : Ackermann & Friedli: Ackermattli School, Basel (스위스), 1996

지붕

- 상층토 60 mm
- 배수 / 보호용 매트 35 mm
- 압착 중합체 지붕재, 2겹
- 단열재 120 mm
- 수분 차단막 (설치 목적 : 시공 기간 중 임시적인 지붕의 역할을 수행하며, 콘크리트 내부의 잔여 수분, 증기 확산과 균열, 외부로부터의 수분 침투로부터 지붕을 보호)
- 경사지게 설치된 무근 콘크리트 30-60 mm
- 콘크리트 슬라브 240 mm
- 모르타르 5 mm

합계 490 - 520 mm

벽

- 초벌칠 20 mm
- 점토 벽돌, B, 29 x 15 x 19 cm 150 mm
- 공극 (시공상의 오차 보정) 20 mm
- 단열재 100 mm
- 점토 벽돌, B, 29 x 17.5 x 19 cm 175 mm
- 모르타르 15 mm

합계 480 mm

평지붕
아스팔트 - 제치장 콘크리트, 내단열

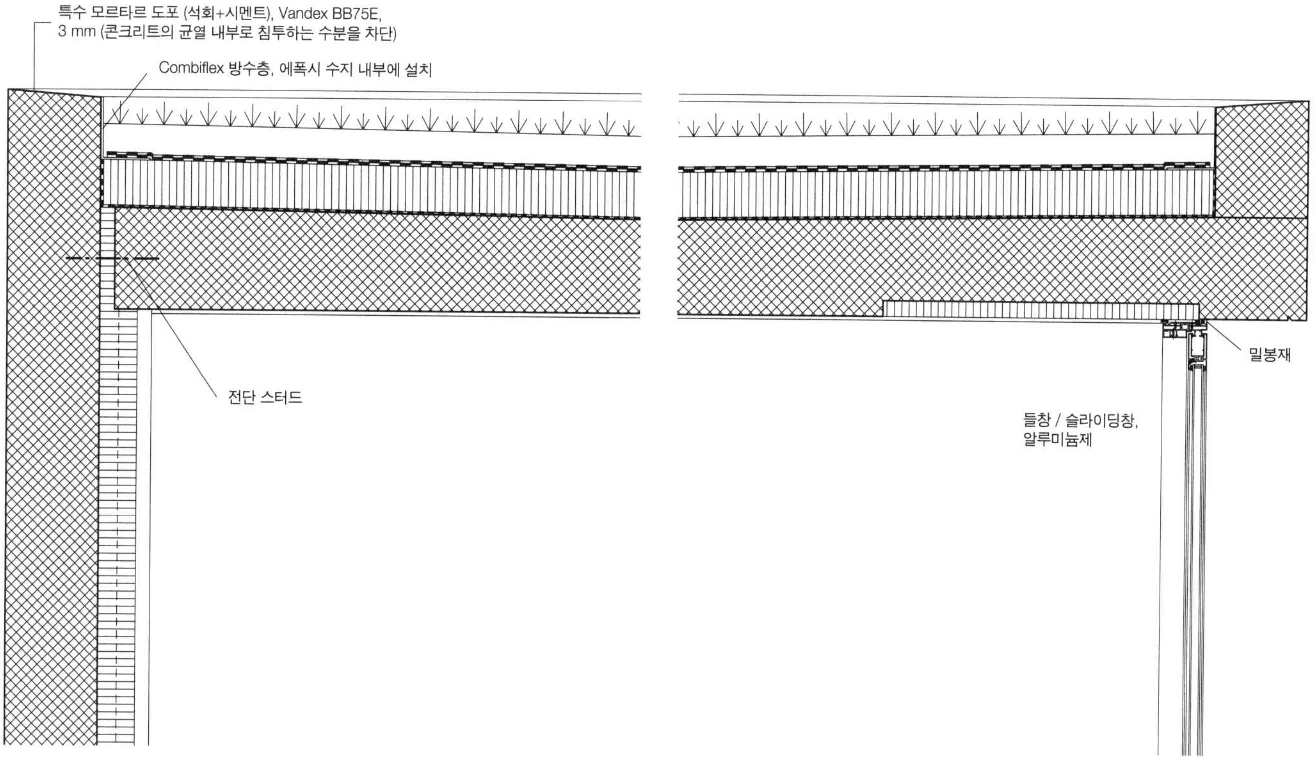

그림 6 : Morger & Degelo: private house (Muller), Staufen (스위스), 1999

지붕

- 식재를 위한 표토	80 mm
- 역청질 루핑 펠트, 2겹, EP3, EP4 (식재의 성장 차단)	7 mm
- 단열재	120 mm
- 수분 차단막 (설치 목적 : 시공 기간 중 임시적인 지붕의 역할을 수행하며, 콘크리트 내부의 잔여 수분, 증기 확산과 균열, 외부로부터의 수분 침투로부터 지붕을 보호)	
- 경사지게 설치된 콘크리트 슬라브	200 - 270 mm
- 모르타르	5 -10 mm
합계	*412 - 487 mm*

벽

- 제치장 콘크리트	250 mm
- 내부 단열재, 사출 성형 폴리스티렌	100 mm
- 석고 보드	40 mm
합계	*390 mm*

평지붕
플라스틱 - 외장 클래딩, 중량

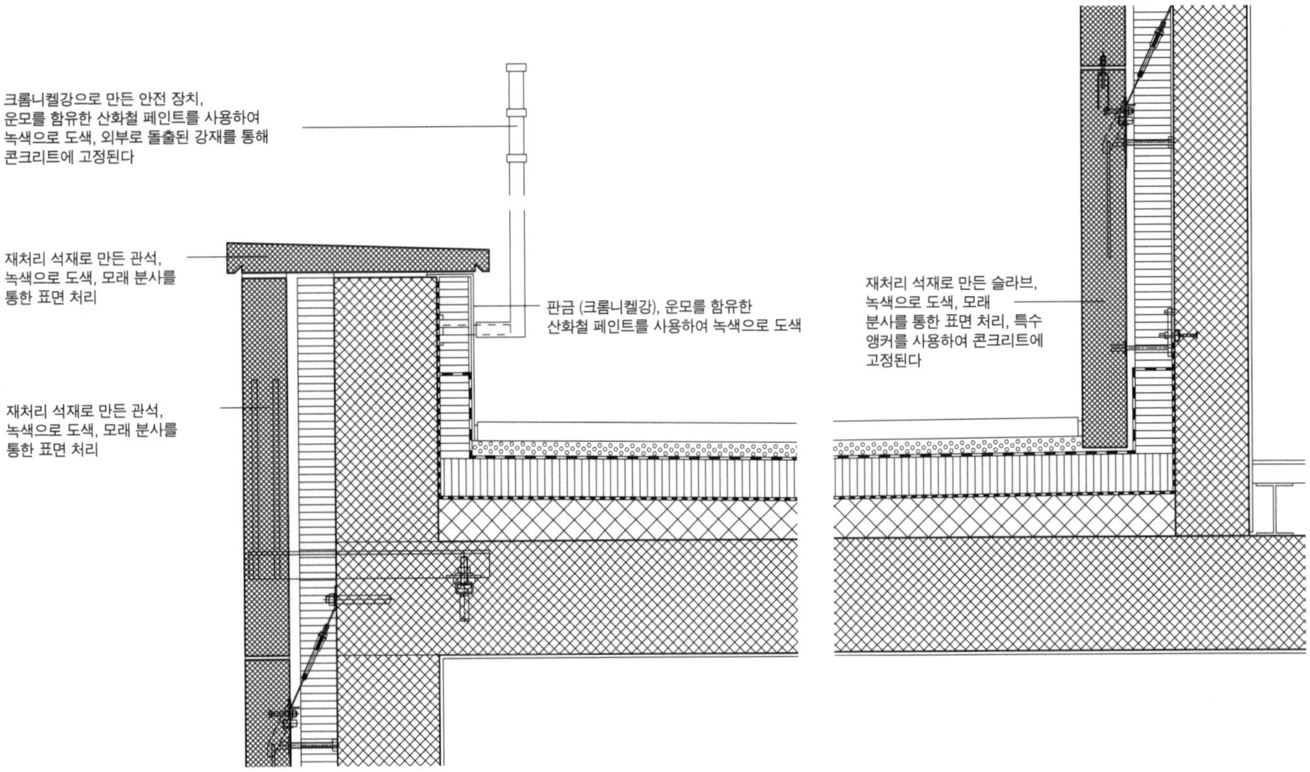

그림 7 : Diener & Diener: Warteckhof mixed residential and commercial development, Basel (스위스), 1996

지붕

- 콘크리트 포석	50 mm
- 자갈	40 mm
- 인조 지붕 펠트	
- 단열재	100 mm
- 수분 차단막	
- 경사지게 설치된 무근콘크리트	20 - 80 mm
- 콘크리트 슬라브	300 mm
- 모르타르	5 - 10 mm
합계	*515 - 580 mm*

벽

- 재처리 석재로 만든 슬라브, 녹색으로 도색, 모래 분사를 통한 표면 처리	120 mm
- 공극 (시공상의 오차 보정)	30 mm
- 단열재	100 mm
- 콘크리트 벽	200 mm
- 모르타르	10 mm
합계	*460 mm*

평지붕 - 예 : KompaktDach
아스팔트 - 비내력 외벽

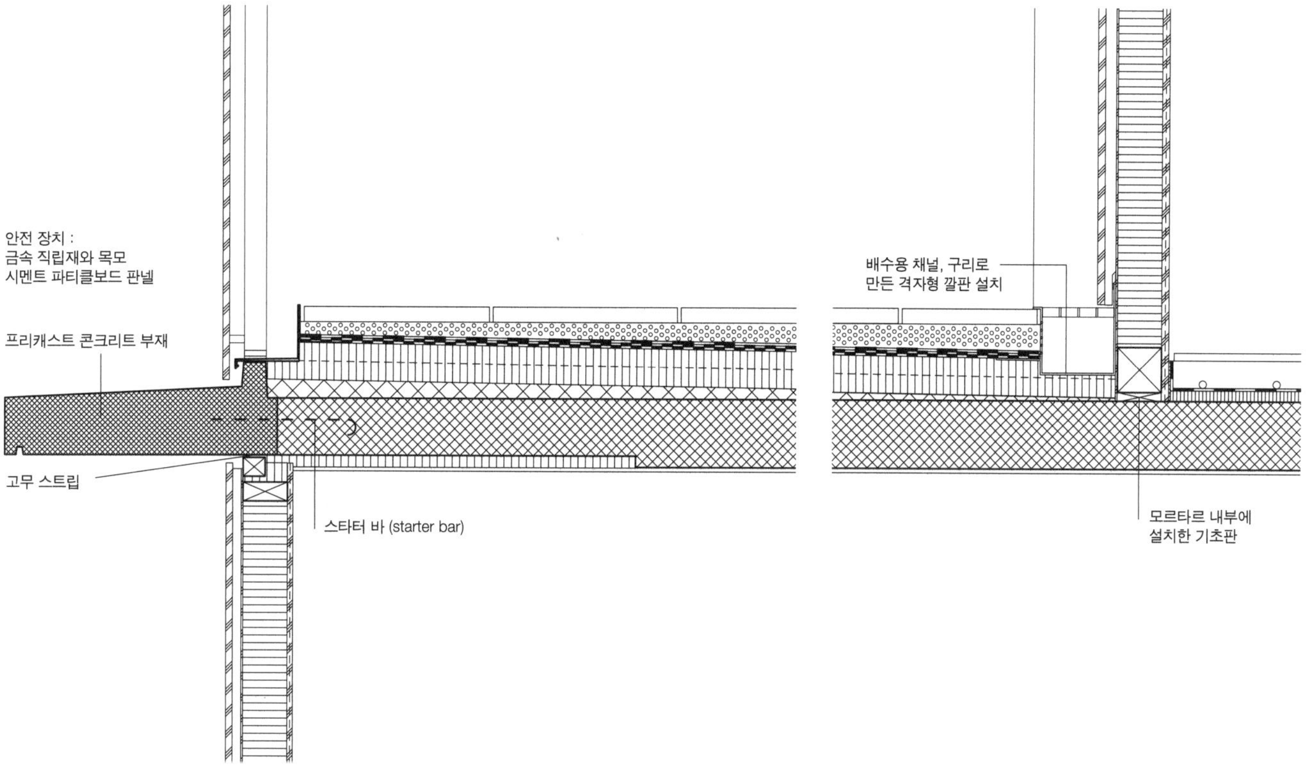

그림 8 : Morger & Degelo: publicly assisted housing, Basel (스위스), 1993

테라스	
- 콘크리트 포석	40 mm
- 자갈 (침하에 따른 오차를 보정) 최소	최소 30 mm
- 보호용 플리스 (fleece)	
- 방수층, 2겹, 역청질, 완전 접착	
- 고온의 아스팔트 내부에 설치한 다공성 유리	100 mm
- 경사지게 설치된 무근콘크리트, 1.5%	20 - 60 mm
- 콘크리트 슬라브	180 mm
- 모르타르	10 mm
합계	*380 - 420 mm*

벽	
- 목모 시멘트 파티클보드	18 mm
- 환기용 공극	23 mm
- 하드보드	5 mm
- 단열재	120 mm
- 합판	15 mm
합계	*181 mm*

평지붕 - 역구배 지붕
아스팔트 - 외단열, 초벌칠

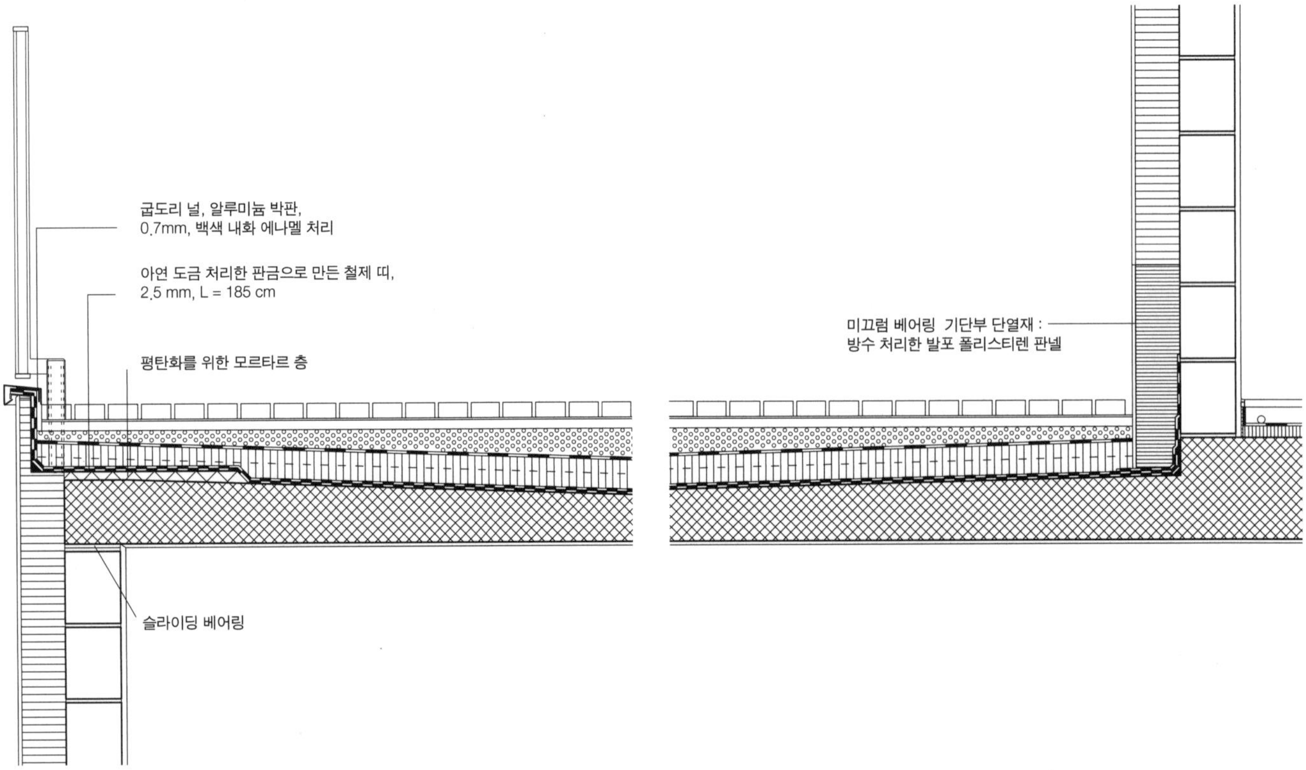

그림 9 : Oliver Schwarz architectural practice: Peter apartment block, Ruschlikon (스위스), 1997

지붕

- Okoume 각재	40 mm
- Okoume 지지용 각재	30 mm
- 입자가 미세한 자갈, 접착	40-90 mm
- 보호용 플리스	
- 단열재, 발포 폴리스티렌	80 mm
- 압착 성형 중합체 지붕재, 2겹	
- 경사지게 설치된 콘크리트 슬라브	120 -170 mm
- 모르타르	5 -10 mm
합계	*315 - 420 mm*

벽

- 초벌칠 (시스템에 따라 달라진다)	5 mm
- 외부 단열재, 사출 성형 폴리스티렌	120 mm
- 점토 벽돌	150 mm
- 모르타르	15 mm
합계	*290 mm*

평지붕
아스팔트 - 경량목구조

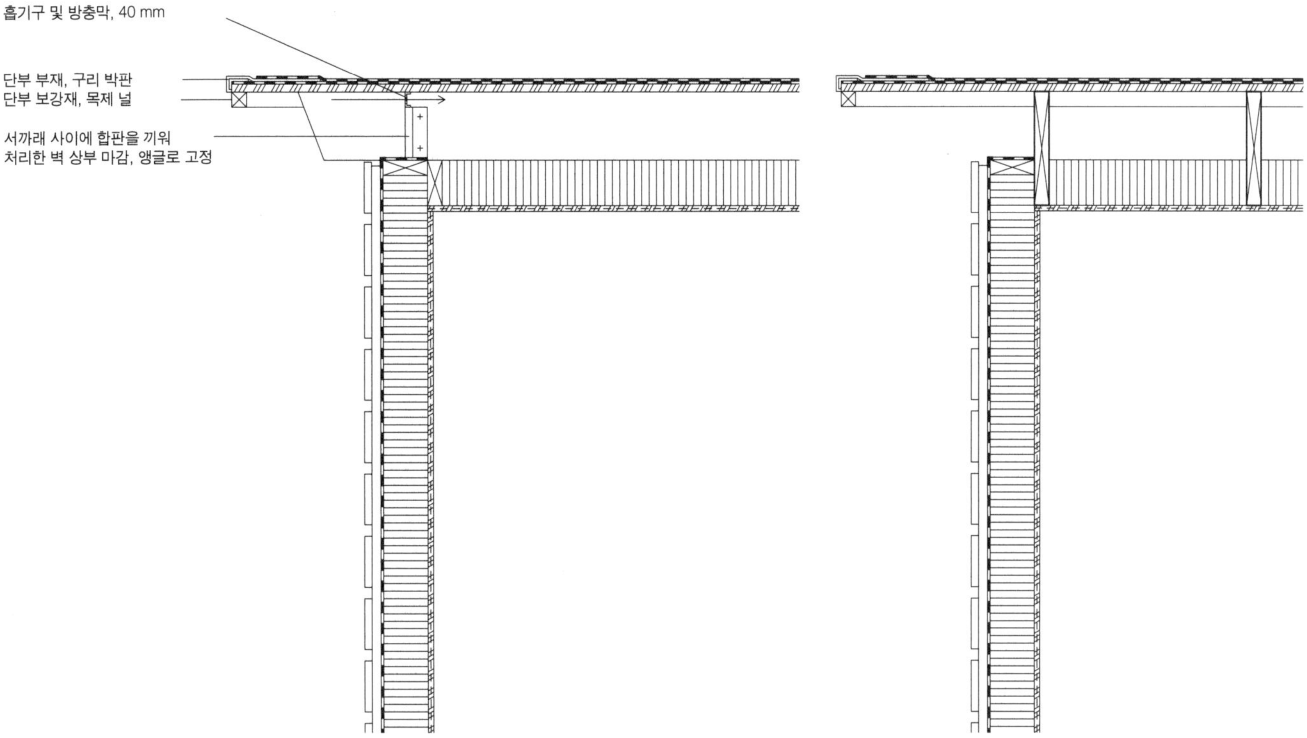

그림 10 : Morger & Degelo: temporary nursery school, Basel (스위스), 1993

지붕

- 과립이 표면에 보이는 역청질 펠트, 2겹	
- 합판	21 mm
- 목조 장선, 40 x 300 mm	300 mm
180mm 두께의 공극 설치,	
장선 사이에 120mm 두께의 단열재 설치	
- 합판 (공기 밀폐막)	15 mm
합계	*336 mm*

벽

- 외장재로 사용된 수평 널, 거친 표면 마감	21 mm
- 수직 널 및 공기층	24 mm
- 단열재에 부착된 보호층	
- 목골조, 사이에 단열재 설치	120mm
- 합판 (공기 밀폐막)	15 mm
합계	*180 mm*

평지붕
상부 보행이 가능 / 불가능한 지붕

그림 11 : Bearth & Deplazes: private house "In den Lachen", Chur (스위스), 1997

보온 데크,
상부 보행 불가능,
합각머리

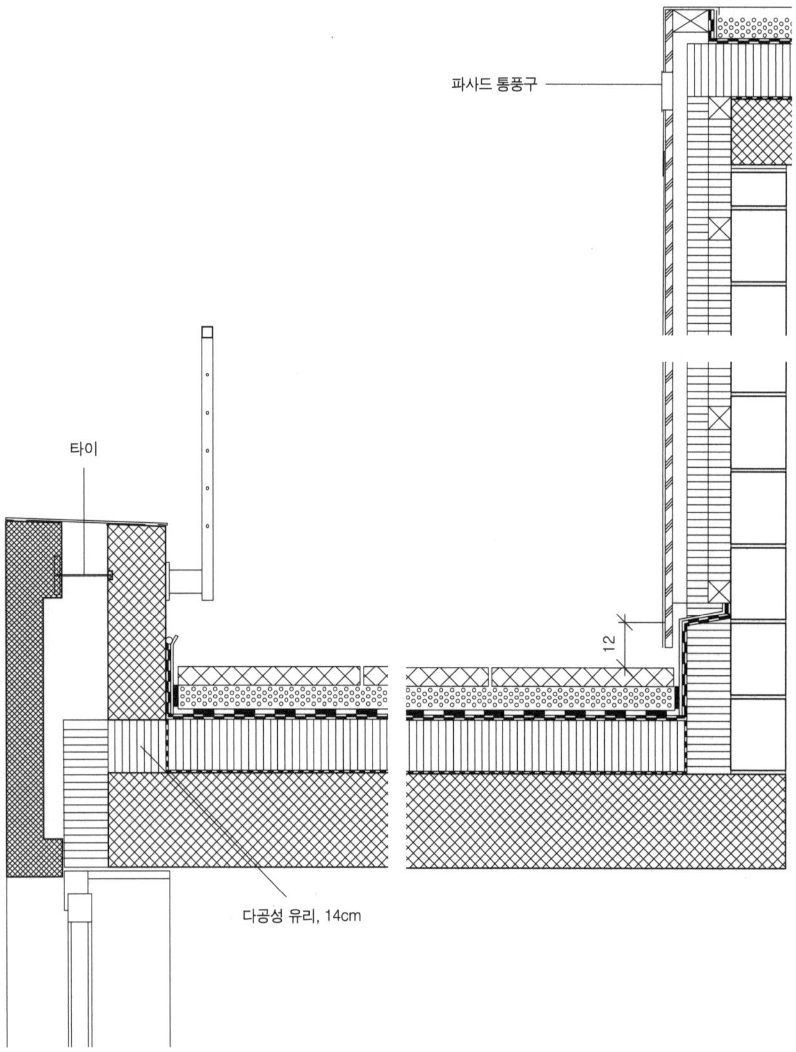

지붕

- 배수용 매트 50 mm
- 보호용 매트 13 mm
- 방수층
- 단열재 140 mm
- 수분 차단막
- 철근 콘크리트 슬라브 180 mm

벽

- 알루미늄 쉬트
- 합판 또는 내장 판넬 22 mm
- 공기층 (수직 널) 40 mm
- 단열재, 교차되게 설치, 2겹 120 mm
- 점토 벽돌, B 150 mm

지붕, 파라펫 주변

- 콘크리트 포석, 50 x 50 cm 50 mm
- 자갈 (배수층) 60 mm
- 고무 매트 13 mm
- 방수층 (Sarnafil TG 63 - 13)
- 단열재 140 mm
- 수분 차단막
- 고온 아스팔트 내부에 설치된 압착 성형 중합체 지붕재
- 철근 콘크리트 슬라브 (경사도 : 0,5 %) 200 - 500 mm

상부 보행 가능, 파라펫, 종단면도

상부 보행 가능, 옥상 구조체와의 연결부

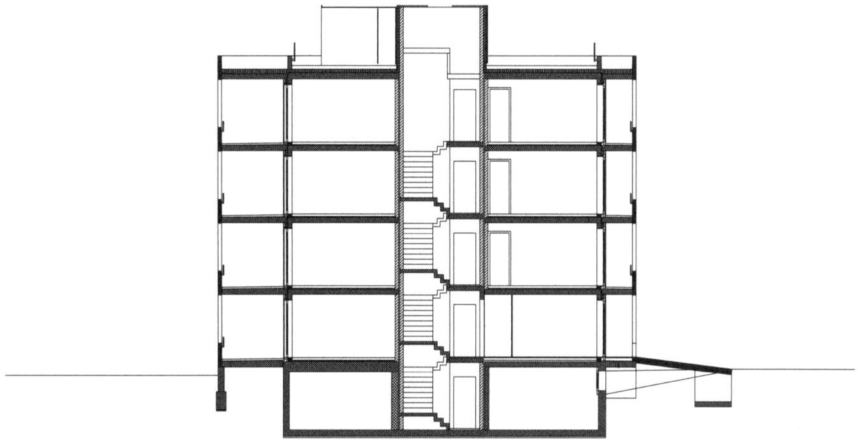

단면도

지붕, 경계 스트립

- 식재층 (부식토, 상층토, 식재용) 90 mm
- 자갈 (배수층) (팽창 점토, d = 5 mm) 60 mm
- 분리층 및 보호층
- 보호층 및 방수층 (고무 매트, Sarnafil TG 63 - 13)
  경시지게 설치된 무근콘크리트, 1.5 % 190 mm
- 철근 콘크리트 슬라브 200 mm

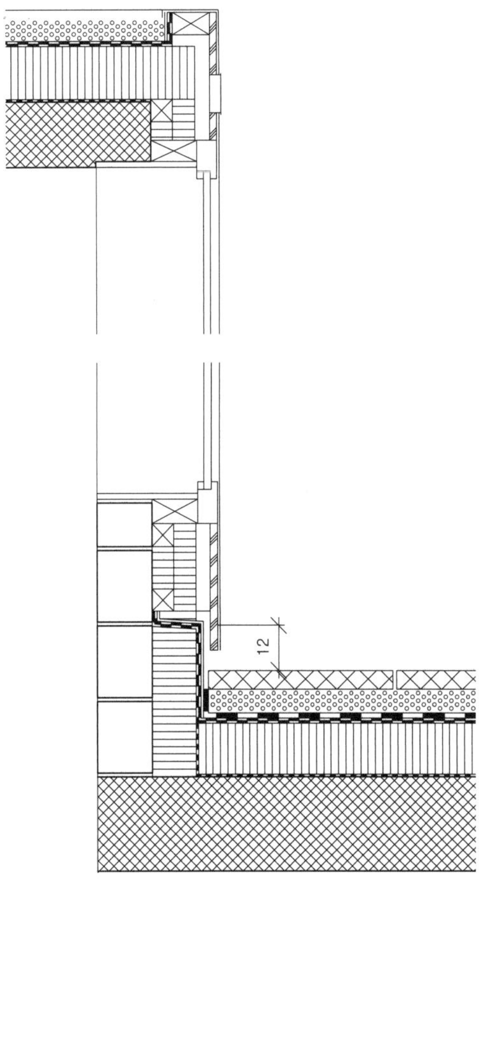

보온 데크, 상부 보행 가능, 테라스

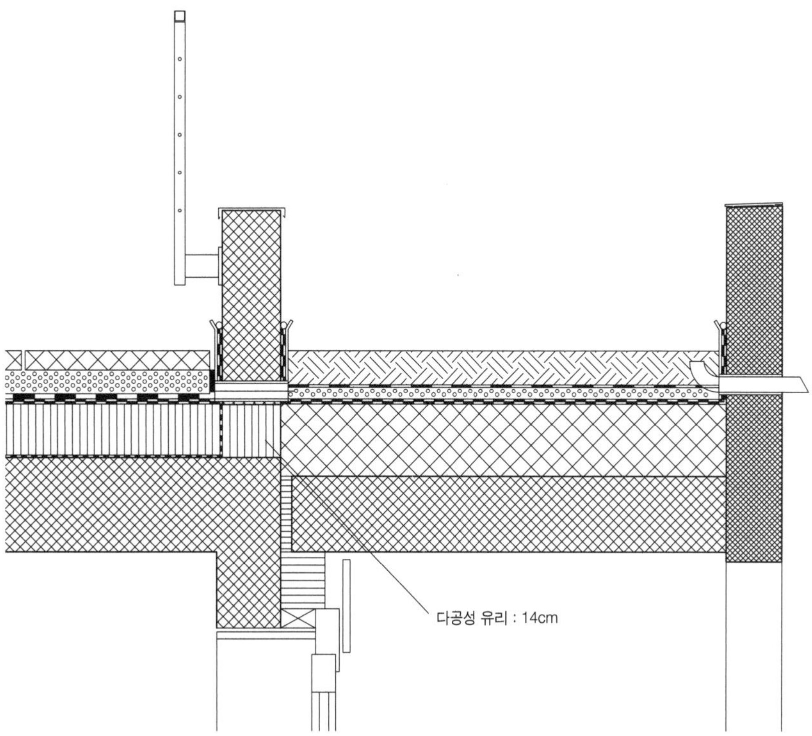

지붕, 경계 스트립(perimeter strip), 식재

지붕 - 냉각 데크

그림 12 : Gigon & Guyer: Kirchner Museum, Davos (스위스), 1992

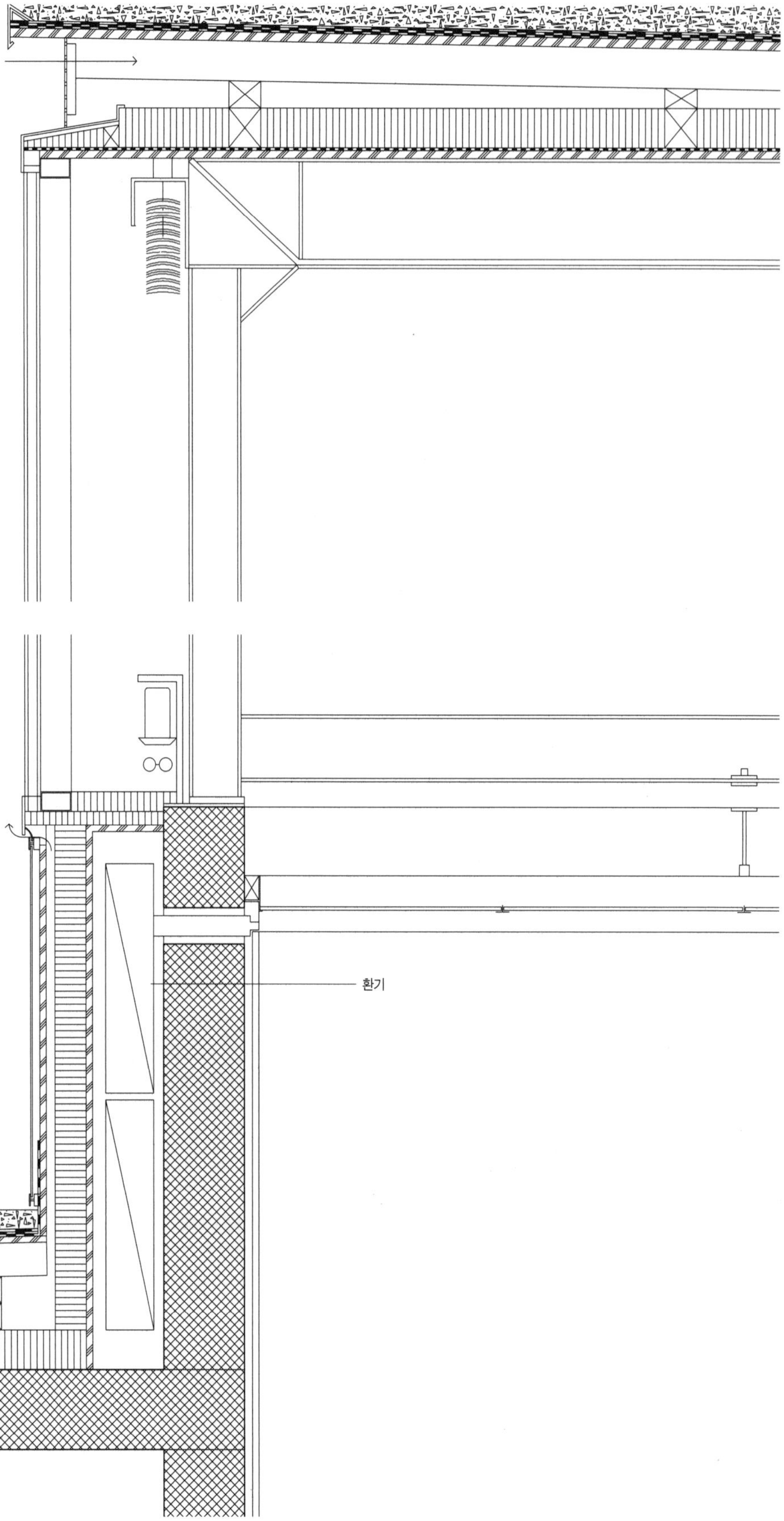

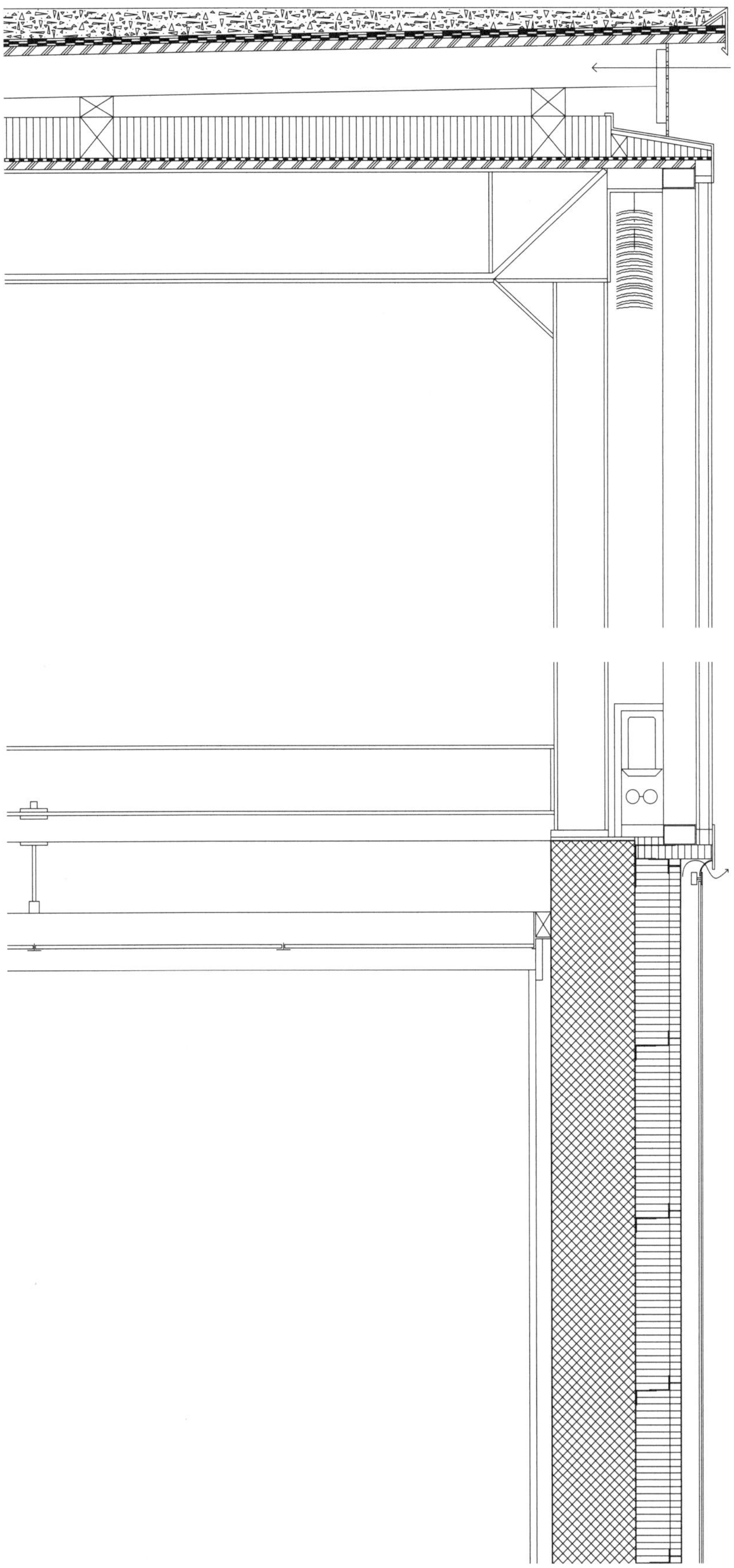

지붕

- 투명 재활용 유리	60 mm
- 보호용 매트	10 mm
- 지붕 마감재 : 압착 성형 중합체 지붕재, 2겹	
- 목재 보드	27 mm
- 서까래, 100 x 120 mm	120 mm
- 목제 기초판, 100 x 120 mm	120 mm
- 단열재, 예 : 암면	120 mm
- 수분 차단막	
- Novophen 합판	25 mm
- 철제 보, IPE 330	330 mm
- 석고 천장재, 백색	15 mm

벽

- 단열 유리, 투명, 산 부식 처리, "Silverstar"	2 x 6 mm
- 크롬강 덮개	
- 2부분으로 구성된 루버 블라인드	
- 방열기, 백색, 70 x 100 mm	100 mm
- 철제 기둥, HEB 160	160 mm

벽, 환기가 이루어지는 파사드

- 유리, 33종, 강화, 산 부식 처리	6 mm
- 크롬강 덮개	
- 공기층	
- 지지 골조 : 알루미늄 부재, 백색, 목모 시멘트 파티클보드, 백색	35 mm
- 단열재, 예 : 암면	100 mm
- 콘크리트	250 mm
- 각재에 설치된 Fermacell 합판	15 mm
- 모르타르 및 무기질 페인트 마감	

평지붕 - 역구배 지붕
옥상 식재

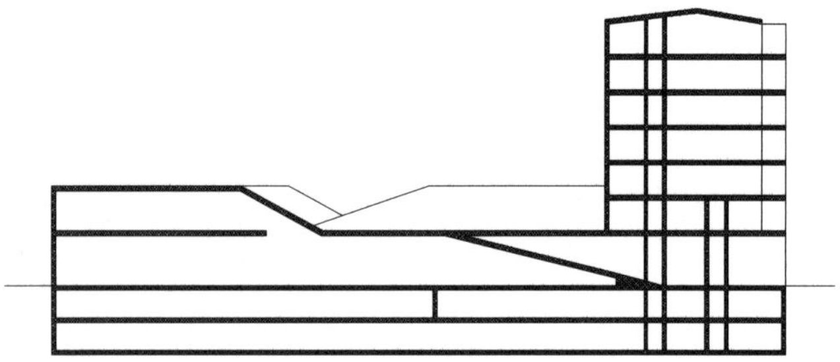

단면도, 1:750

그림 13 : Delugan & Meissl: mixed residential and office development, Vienna (오스트리아), 2001

상층

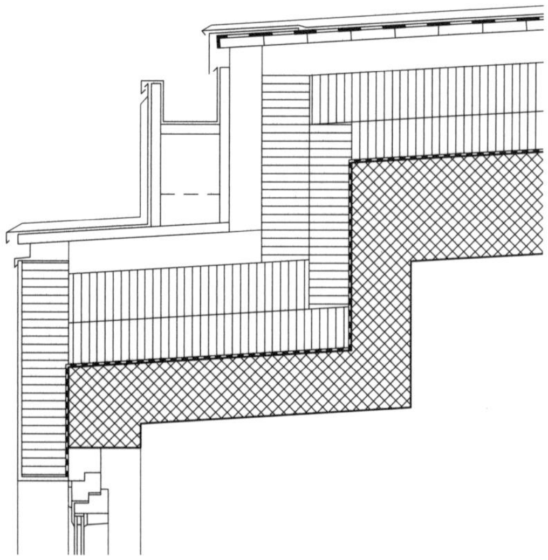

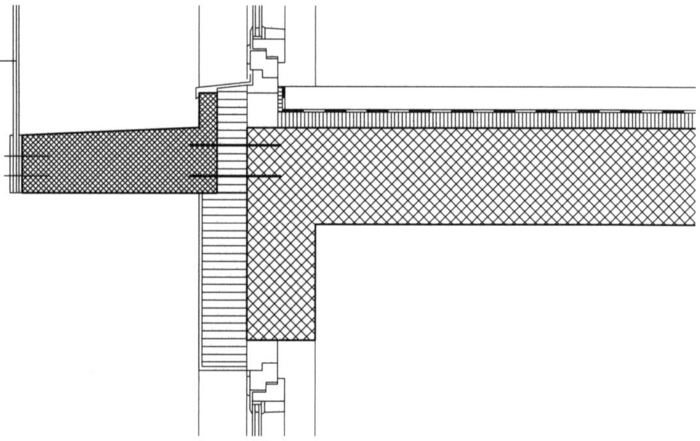

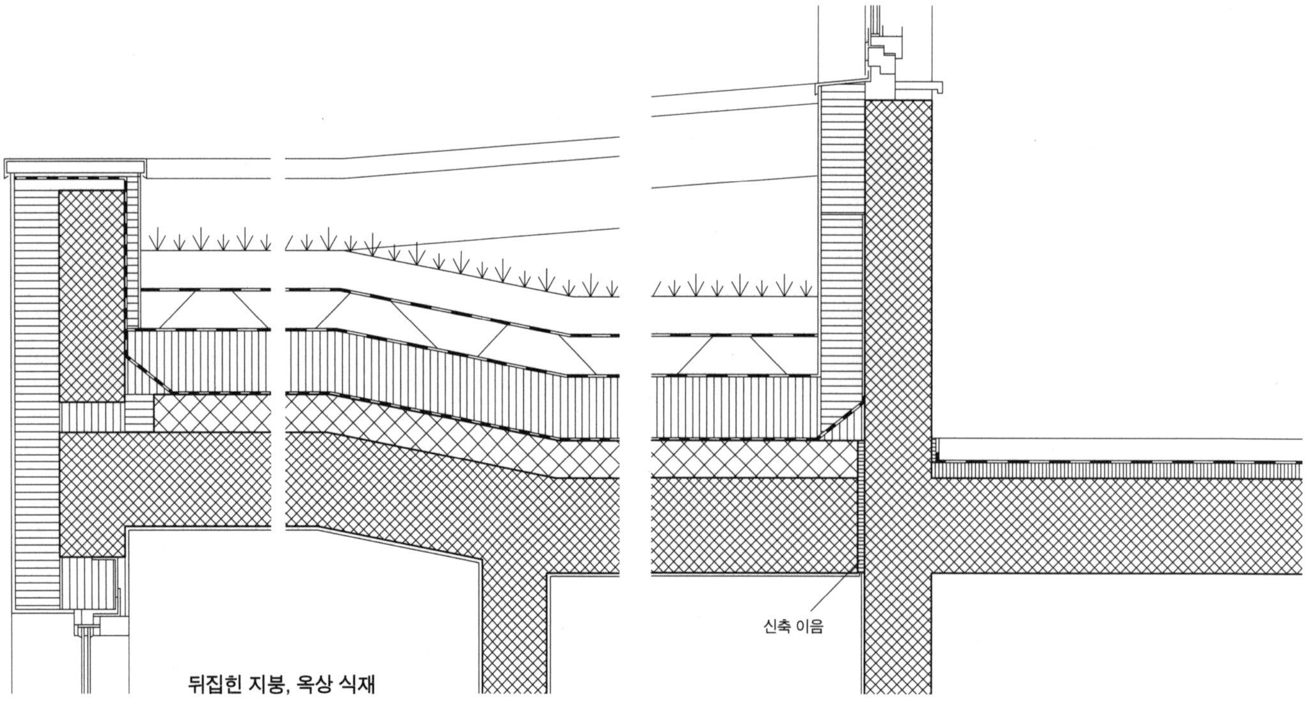

뒤집힌 지붕, 옥상 식재

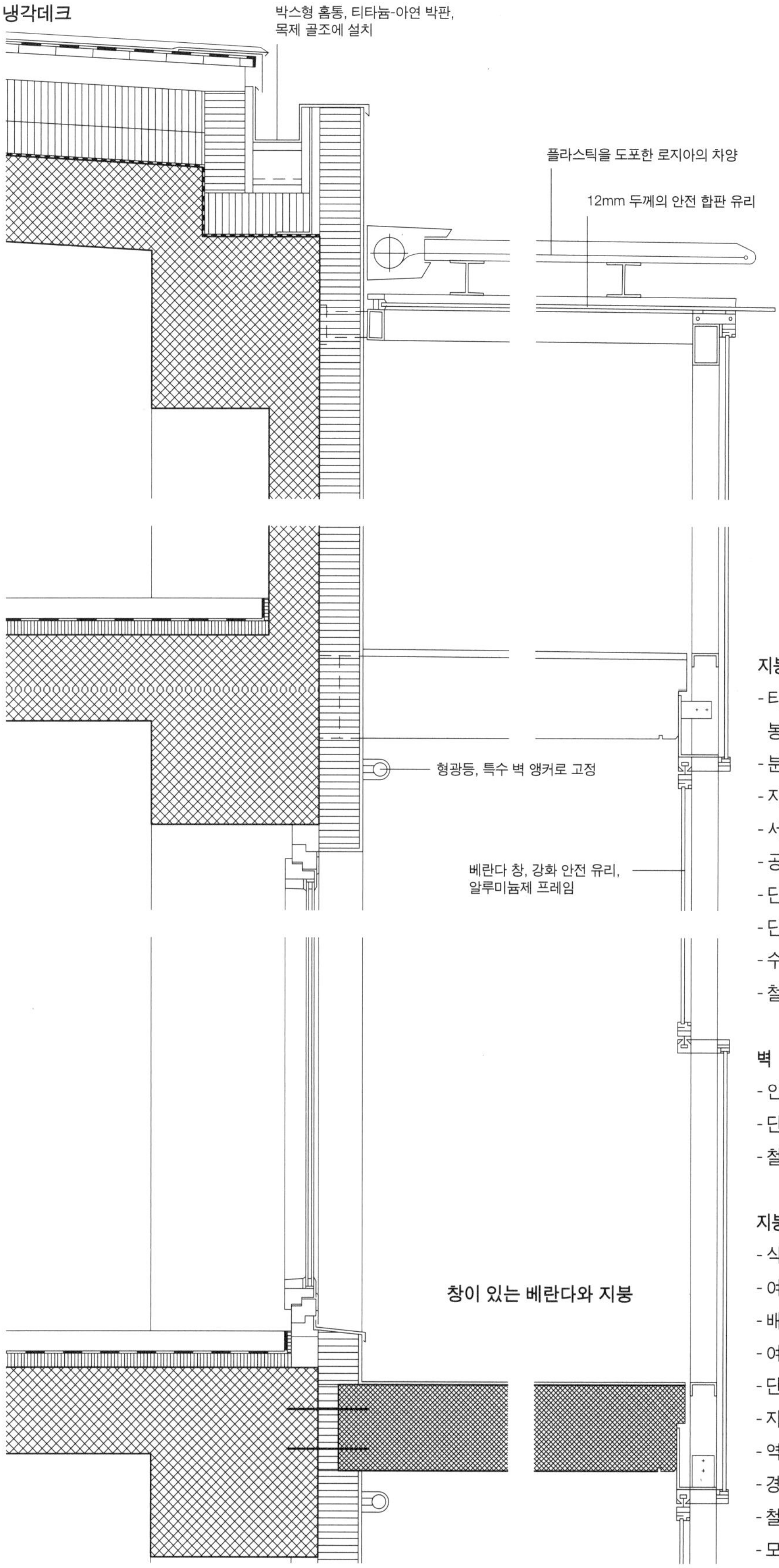

창이 있는 베란다와 지붕

지붕

- 티타늄-아연 쉬트 (스탠딩 심을 사용한 지붕, 스탠딩 심에 밀봉 테이프 설치)
- 분리층
- 지붕재 24 mm
- 서까래, 50 x 280 mm 280 mm
- 공기층 80 mm
- 단열재, 광물 섬유 펠트 120 mm
- 단열재, 광물 섬유 펠트 100 mm
- 수분 차단막
- 철근 콘크리트, 하부에 모르타르 도포 마감 250 mm

벽

- 인조 수지 모르타르 5 mm
- 단열재, 사출 성형 폴리스티렌 120 mm
- 철근 콘크리트, 내부에 모르타르 도포 마감 160 mm

지붕, 역구배

- 식재층 100 mm
- 여과용 플리스
- 배수층 100 mm
- 여과용 플리스
- 단열재, 사출 성형 폴리스티렌 160 mm
- 지붕 보호층
- 역청질 루핑 펠트
- 경사지게 설치된 무근콘크리트 40 -150 mm
- 철근 콘크리트 슬라브 250 mm
- 모르타르 10 mm

APPENDIX

Further reading

I. Theory and history of design

Centre Georges Pompidou (pub.): *L'art de l'ingénieur: constructeur, entrepreneur, inventeur*, Paris, 1997

Edward R. Ford: *The Details of Modern Architecture I & II*, Cambridge, Mass., 1990; Basel, Boston, Berlin, 1994

Kenneth Frampton: *Studies in Tectonic Culture*, Harvard, 1985

Rainer Graefe (ed.): *Zur Geschichte des Konstruierens*, Stuttgart, 1989

Hans Kollhoff (ed.): *Über Tektonik in der Baukunst*, Braunschweig, Wiesbaden, 1993

Miron Mislin: *Geschichte der Baukonstruktion und Bautechnik*, vol. 1: *Antike bis Renaissance*, vol. 2: Barock bis Neuzeit, Düsseldorf, 1997

Christian Norberg-Schulz: *Logik der Baukunst*, Bauwelt Fundamente, vol. 15, Berlin, 1965

Gottfried Semper: *Style: Style in the Technical and Tectonic Arts; Or, Practical Aesthetics*, Harry Francis Mallgrave (ed.), Los Angeles, 2004

Konrad Wachsmann: *The Turning Point in Building*, Stuttgart, 1989

II. General design textbooks

Oskar Büttner, Erhard Hampe: *Bauwerk Tragwerk Tragstruktur*, Berlin, 1985

Heino Engel: *Tragsysteme*, Ostfildern-Ruit, 1997

Ruedi Hungerbühler: *Konstruktion im Hochbau. Rohbauelemente, Montagebau, Aufbau*, Zürich, Dietikon, 1983

Interkantonales Lehrmittel Kollegium: *Konstruktionslehre Hochbau*, vol. 1 and vol. 2, Zürich, 2001

Pier Luigi Nervi: *Neue Strukturen*, Stuttgart, 1963

Ernst Neufert: *Bauentwurfslehre*, Braunschweig, Wiesbaden, 2002

Dietrich Neumann, Ulrich Weinbrenner: *Frick / Knöll / Baukonstruktionslehre*, vol. 1, Stuttgart, Leipzig, Wiesbaden, 2002

Dietrich Neumann, Ulrich Weinbrenner, Ulf Hestermann, Ludwig Rongen: *Frick / Knöll / Baukonstruktionslehre*, vol. 2, Stuttgart, Leipzig, Wiesbaden, 2003

Heinz Ronner: *Baukonstruktion im Kontext des architektonischen Entwerfens. Decke, Boden*, Basel, 1991

Heinz Ronner: *Baukonstruktion im Kontext des architektonischen Entwerfens. Haus, Dächer*, Basel, 1991

Heinz Ronner: *Baukonstruktion im Kontext des architektonischen Entwerfens. Haus, Sockel*, Basel, 1991

Heinz Ronner: *Baukonstruktion im Kontext des architektonischen Entwerfens. Öffnungen*, Basel, 1991

Heinz Ronner: *Baukonstruktion im Kontext des architektonischen Entwerfens. Wand, Mauer*, Basel, 1991

Heinz Ronner, Fredi Kölliker, Emil Rysler: *Baukonstruktion im Kontext des architektonischen Entwerfens. Zirkulation, Baustruktur, Zahn der Zeit*, Basel, 1994

Arthur Rüegg, Swiss Federal Institute of Technology Chair of Architecture and Technology III+IV, current lecture manuscripts

Heinrich Schmitt, Andreas Heene: *Hochbaukonstruktion. Die Bauteile und das Baugefüge, Grundlagen des heutigen Bauens*, Wiesbaden, 2001

René Vittone: *Bâtir - Manuel de la construction*, Lausanne, 1996

Pierre Zoelly: *Terratektur - Einstieg in die unterirdische Architektur*, Basel, 1989

III. Construction methods

Joachim Achtziger, Gunter Pfeifer, Rolf Ramcke, Konrad Zilch: *Masonry Construction Manual*, Basel, 2001

David P. Billington: *Robert Maillart and the Art of Reinforced Concrete*, Cambridge, Mass., 1991

Hans Busso von Busse, Nils Valerian Waubke, Rudolf Grimme, Jürgen Mertins: *Atlas Flache Dächer, Nutzbare Flächen*, Basel, 2000

Cleo Baldon, Ib Melchior: *Steps & Stairways*, New York, 1989

Gert Chesi: *Architektur und Mythos - Lehmbauten in Afrika*, Innsbruck, 1995

August Ferdinand Fleischinger, W. A. Becker: *Die Mauer-Verbände. Klassische Vorlagenbücher für den Praktiker*, vol. 6, Hannover, 1993

Karl-Heinz Götz, Dieter Hoor: *Holzbau Atlas*, Munich, 1978 Wolfram Graubner: *Holzverbindungen - Gegenüberstellungen japanischer und europäischer Lösungen*, Stuttgart, 1986

Friedrich Grimm: *Konstruieren mit Walzprofilen*, Berlin, 2003

Herbert and Astrid Gruber: *Bauen mit Stroh*, Staufen i. Brsg., 2000

Franz Hart, Walter Henn, Hansjürgen Sontag: *Stahlbau Atlas: Geschossbauten*, Munich, 1982

Thomas Herzog, Roland Krippner, Werner Lang: *Facade Construction Manual*, Basel, 2004

Friedbert Kind-Barkauskas, Bruno Kauhsen, Stefan Polónyi, Jörg Brandt: *Concrete Construction Manual*, Basel, 2002

Ulrich Knaack: *Konstruktiver Glasbau*, Cologne, 1998 Josef Kolb: *Systembau mit Holz*, Zürich, 1992

Heinz W. Krewinkel: *Glass Buildings - Material, Structure and Detail*, Basel, 1998

Julius Natterer, Thomas Herzog, Michael Volz, Wolfgang Winter: *Timber Construction Manual*, Basel, 2003

Günter Pfeifer, Antje Liebers, Holger Reiners: *Der neue Holzbau*, Munich, 1998

Andrew Plumridge, Wim Meulenkamp: *Brickwork: Architecture & Design*, New York, 1993

Eckhard Reyer, Kai Schild, Stefan Völkner: *Kompendium der Dämmstoffe*, Stuttgart, 2002

Christian Schittich, Dieter Balkow, Gerald Staib, Matthias Schuler, Werner Sobek: *Glass Construction Manual*, Basel, 1998

Fritz Schumacher: *Das Wesen des neuzeitlichen Backsteinbaues*, Munich, 1985

Helmut C. Schulitz, Werner Sobek, Karl Habermann: *Steel Construction Manual*, Basel, 2001

Eberhard Schunck, Hans Jochen Oster, Rainer Barthel, Kurt Kiessl: *Roof Construction Manual - Pitched Roofs*, Basel, 2002

Swiss School of Engineering for the Wood Industry: *Mehrgeschossiger Holzhausbau*, Biel, 1997

John A. Templer: *The Staircase: Studies of Hazards, Falls, and Safer Design*, Cambridge, 1992

René Walther: *Bauen mit Beton - Einführung für Architekten und Bauingenieure*, Berlin, 1997

Michael Wigginton: *Glass in Architecture*, London, 2002

Klaus Zwerger: *Wood and Wood Joints*, Basel, 1997

Picture credits

Introduction

12.2: Wolfgang Lauber (ed.): *Architektur der Dogon - Traditioneller Lehmbau und Kunst der Mali*, Prestel Verlag. Munich, 1998, p. 58. Photo: Wolfgang Lauber.

12.3: Joachim Achtziger, Günter Pfeifer, Rolf Ramcke, Konrad Zilch: *Masonry Construction Manual*, Birkhäuser Publishers. Basel, 2001, p. 30. Photo: Ulrike Enders.

12.4: Source unknown

12.5: Source unknown

12.6: Annegret Burg: Kollhoff - *Architekten Kollhoff und Timmermann*, Birkhäuser Publishers. Basel, 1998, p. 63. Photo: Schwendinger & Buttner.

MATERIALS - MODULES

Masonry

23.1: Ekkehard Mai (ed.): *Das Capriccio als Kunstprinzip*, SKIRA Verlag. Milan, 1996.

24.2-24.5: Photo: Ákos Moravánszky.

25.6: *Detail*, No. 1/2. Munich, 2002, p. 30.

25.7-26.11: Photo: Ákos Moravánszky.

27.12: *SITE*: Architecture as Art, Academy Editions. London, 1980, p. 36. Photo: SITE, courtesy Ronald Feldman Fine Arts, New York.

27.13: Photo: Ákos Moravánszky.

27.14: John Wilton-Ely: *Giovanni Battista Piranesi - Vision und Werk*, Hirmer Verlag. Munich, 1978, p. 62.

27.15: Photo:Ákos Moravánszky.

28.16: Werner Lindner, Friedrich Tamms: *Mauerwerk*, Alfred Metzner Verlag. Berlin, 1938, p. 132.

28.17-30.21: Photo: Ákos Moravánszky.

30.22: *Detail*, No. 1/2. Munich, 2002, p. 38.

30.23: Photo: Ákos Moravánszky.

30.24: Eladio Dieste: *La Estructura Ceramica*. Bogotá, 1987, p. 132, Fig. 14.

31.25-31.26: Photo: Ákos Moravánszky.

32.27: Source unknown

32.28-30: Photo: Stahlton AG, Zürich.

33-34.31: Swiss Brickmaking Association: *Clay Products*, Zürich, 1998, p. 3-8.

35.32: Andrew Plumridge, Wim Meulenkamp: *Brickwork: Architecture & Design*, New York, 1993, p. 83.

35.33: Joachim Achtziger, Günter Pfeifer, Rolf Ramcke, Konrad Zilch: *Masonry Construction Manual*, Birkhäuser Publishers. Basel, 2001, p. 79.

36.34-35: Prof. Deplazes. Graphic: Maud Châtelet.

38.36: Werner Blaser: *Mies van der Rohe - Die Kunst der Struktur*, Artemis Verlag. Zürich, 1996, p. 20/21.

39.37-40.43: Prof. Deplazes. Graphic: Barbara Wiskemann.

40.44: Andrew Plumridge, Wim Meulenkamp: *Brickwork: Architecture & Design*, New York, 1993, p. 81.

40.45: Annegret Burg: *Kollhoff - Architekten Kollhoff und Timmermann*, Birkhäuser Publishers. Basel, 1998, p. 92.

40.46: Prof. Deplazes.

40.47: Joachim Achtziger, Günter Pfeifer, Rolf Ramcke, Konrad Zilch: *Masonry Construction Manual*, Birkhäuser Publishers. Basel, 2001, p. 39. Photo: Rolf Ramcke.

41.48-50: Prof. Deplazes. Graphic: Barbara Wiskemann.

41.51: Andrew Plumridge, Wim Meulenkamp: *Brickwork: Architecture & Design*, New York, 1993, p. 86.

41.52: August Ferdinand Fleischinger, W. A. Becker: *Die Mauer-Verbände. Klassische Vorlagenbücher für den Praktiker*, vol. 6, Verlag Th. Schäfer. Hannover, 1993, pl. 2. Photo: August Ferdinand Fleischinger, W. A. Becker.

41.53-54: Joachim Achtziger, Günter Pfeifer, Rolf Ramcke, Konrad Zilch: *Masonry Construction Manual*, Birkhäuser Publishers. Basel, 2001, p. 101, p. 35.

42.55-57: Keller AG brickworks, catalogue: *Wall ties*, 9/98. Pfungen, 1998, p. 6 and p. 1.

42.58 left and right: Keller AG brickworks, catalogue: *Wall ties*, 9/99. Pfungen, 1999, p. 1.

43.59: Source unknown

43.60: Source unknown

44.61: Maija Holma, Markku Lahti: *Alvar Aalto - eine sensiblere Struk tur für das Leben*, Rakennustieto Oy. Helsinki, 1996, p. 85. Photo: Maija Holma.

45.62: Fritz Schumacher: *Das Wesen des neuzeitlichen Backsteinbaues*, Callwey Verlag. Munich, 1985, p. 103.

45.63: Photo: Hild und K Architekten, Munich.

46.64: Piergiacomo Bucciarelli: *Fritz Höger. hanseati scher Baumeister*, 1877-1949, Vice Versa Verlag. Berlin, 1992, p. 41.

46.65: Wilfried Wang: *Architect Sigurd Lewerentz*, Arki-tekturmuseet Archivet Stockholm. Buggförlaget, 1997, vol. 1, photos of the work, p. 168. Photo: Fabio Galli.

47.66: Heinz Ronner: *Wand, Mauer*, Birkhäuser Publishers. Basel, 1991, p. 49.

47.67: Wolfgang Voigt (ed.): *Heinz Bienefeld, 1926-1995*, vol. 3, Deutsches Architektur Museum, exhibition catalogue. Frankfurt a. M., 1999, p. 100. Photo: Lukas Roth.

48.68: Photo: Ralph Feiner.

48.69: Annegret Burg: *Kollhoff - Architekten Kollhoff und Timmermann*, Birkhäuser Publishers. Basel, 1998, p. 82. Photo: Heinrich Helfenstein.

48.70: Alejandro de la Sota: *Alejandro de la Sota Ar chitect*, Ediciones Pronaos. Madrid, 1989, p. 35. Photo: Alejandro de la Sota.

49.71 left and right: Benedetto Gravagnuolo: *Adolf Loos - Theory and Works*, Löcker Verlag. Vienna, 1982, p. 195.

49.72 top: H. Allen Brooks: *The Le Corbusier Archive: Le Corbusier*. Ahmedabad, 1953-1960, Le Corbusier Foundation. Paris, 1983, p. 118.

49.72 bottom: Willy Boesiger: *Le Corbusier + Son Atelier Rue De Sevres 35 - Œuvre Compléte*, 1952-57, Editions Girsberger. Zürich, 1957, p. 116.

50.73: Joachim Driller: *Marcel Breuer: Die Wohnhäuser 1923-1973*, Deutsche Verlags-Anstalt. Munich, 1998, p. 155.

50.74: David Masello: *Marcel Breuer & Herbert Beckhard - Die Landhäuser, 1945-1984*, Birkhäuser Publishers. Basel, 1996, p. 14. Photo: Museum of Modern Art, N.Y.

51.75 left and right: Jonas Geist: *Karl Friedrich Schinkel - Die Bauakademie. Eine Vergegenwärti gung*, S. Fischer Verlag. Frankfurt a. M., 1993, p. 53 and p. 40.

52.76-77: Keller AG brickworks, Pfungen, catalogue: *preton-Wandelemente*, Merkur Druck. Langental, 2000.

53.78: Burkard, Meyer & Partner, Baden. Photo: Reinhard Zim mermann.

53.79-80: Burkard, Meyer & Partner, Baden.

53.81: Burkard, Meyer & Partner, Baden. Graphic: preton, Wan delemente.

54.82-83: Hans Kollhoff.

55.84: Peter Nigst (ed.): *Rafael Moneo. Bauen für die Stadt*, Gerd Hatje Verlag. Stuttgart, 1993, p. 51. Photo: Rafael Moneo.

55.85 left: *El Croquis*, Nos 19-22, El Croquis Editorial. Madrid, 1985, p. 108.

55.85 right: Luis Fernandez-Galiano (ed.): *A&V Monografias de Architectura y Vivienda*, No. 36. Madrid, 1992, p. 9.

55.86: Photo: Rafael Moneo.

Concrete

56.1: James Gilchrist Wilson: *Sichtflächen des Betons*, Bauverlag. Wiesbaden-Berlin, 1967, p. 41.

57.2: Philip Jodidio: *Tadao Ando*, Taschen-Verlag. Cologne, 1997, p. 68. Photo: Tomio Ohashi.

58.3: Thomas Boga: *Die Architektur von Rudolf Olgiati*, gta Verlag. Zürich, 1977, p. 181.

59.4: Centre Georges Pompidou (ed.): *L'art de l'ingénieur: constructeur, entrepreneur, inventeur*, Editions du Centre Georges Pompidou. Paris, 1997, p. 80.

59.5: Hazan Institut Français d' Architecture: *Le Béton en représentation*, Editions Hazan. Paris, 1993, p. 136. Photo: A. Jesta, Gênes, épreuve 28 x 23 cm. © Fonds Perret (535 AP) et Hennebique (761fa).

59.6: Potsdam Astrophysical Institute: *Der Einsteinturm in Potsdam - Architektur und Astrophysik*. Ars Nicolai. Berlin, 1995, p. 101.

60.7: W. Schrämli: *Beton-Praxis: der Weg zum dauerhaften Beton*, HOLCIM (Schweiz) AG. Zürich, 1997, p. 24.

61.8-11: Loco citato, p. 14.

62.12: Loco citato, p. 15.

63.13: René Walther: *Bauen mit Beton - Einführung für Architekten und Bauingenieure*, Ernst und Sohn Verlag. Berlin, 1997, p. 125.

63.14: Photo: Holzco-Doka Schalungstechnik, Niderhasli.

63.15: René Walther: Loco citato, p. 121.

64.16-17: Roland Schmitt: Die *Schalungstechnik - Systeme, Einsatz und Logistik*, Ernst und Sohn Verlag. Berlin, 2001, p. 266 and p. 512.

65.18: W. Schrämli: *Beton-Praxis: der Weg zum dauerhaften Beton*, HOLCIM (Schweiz) AG. Zürich, 1997, p. 47.

65.19-20: Prof. Deplazes. Graphic: Maud Châtelet.

66.21: Technical Research & Advice Centre of the Swiss Cement Industry: *Cement Bulletin*, No. 16. Wildegg, 1987.

67.22: Rudolf Olgiati: *Eine Streitschrift*, Verlag Magazin + Buch. Stuttgart, 1994, p. 26. Photo: Judith M. Gieshuber.

67.23: Friedbert Kind-Barkauskas, Bruno Kauhsen, Stefan Polónyi, Jörg Brandt: *Concrete Construction Manual*, Birkhäser Publishers. Basel, 2002, p. 193. Photo: Christian Schittich.

68.24-25: James G. Wilson: *Sichtflächen des Betons*, Bauverlag. Wiesbaden-Berlin, 1967, p. 45.

68.26: David Bruce Brownlee, David G. De Long: *Louis I. Kahn - In the Realm of Architec ture*, The Museum of Contemporary Art. Los Angeles, 1991, pp. 182-83. Photo: Grant Mudford.

68.27: Günter Rapp: *Technik des Sichtbetons*, Beton-Verlag. Düsseldorf, 1969, p. 21. © Verlag Bau und Technik.

68.28: Loco citato, p. 216.

68.29: Loco citato, p. 226.

69.30: Prof. Keller, Faculty of Building Physics, Swiss Federal Institute of Technology, Zürich.

69.31: Prof. Deplazes. Photo: Thomas Melliger.

69.32: Prof. Keller, Faculty of Building Physics, Swiss Federal Institute of Technology, Zürich.

69.33: Photo: Schöck-ebea AG, Aarau.

69.34-35: Graphic: Aschwanden AG, Lyss.

69.36: Prof. Keller, Faculty of Building Physics, Swiss Federal Institute of Technology, Zürich.

69.37-71.40: Prof. Deplazes. Graphic: Thomas Melliger.

70.41-42: Graphic: Halfen Deha, Dällikon.

70.43 Photos: Elemente AG, Veltheim.

71.44-47: Prof. Deplazes. Graphic: Thomas Melliger.

71.48: Graphic: Halfen Deha, Dällikon.

71.49: Prof. Deplazes. Photos: Thomas Melliger.

72.50: Prof. Deplazes.

73.51: René Walther: *Bauen mit Beton - Einführung für Architekten und Bauingenieure*, Ernst und Sohn Verlag. Berlin, 1997, p. 140.

73.52: Friedbert Kind-Barkauskas, Bruno Kauhsen, Stefan Polónyi, Jörg Brandt: *Concrete Construction Manual*, Birkhäser Publishers, 2002, p. 271.

73.53: Loco citato, p. 60.

73.54: Loco citato, p. 206.

74.55: René Walther: *Bauen mit Beton - Einführung für Architekten und Bauingenieure*, Ernst und Sohn Verlag. Berlin, 1997, p. 309.

74.56: Loco citato, p. 181.

74.57: Institut Francais D'Architecture (ed.): *Les Frères Perret*, Editions Norma. Paris, 2000, p. 94. © Auguste Perret, UFSE, SAIF, 2004.
74.58: Herman Hertzberger: *Lessons for Students in Architecture*, 010 Publishers. Rotterdam, 1998, p. 128. Photo: Jan Versnel.
75.59-61: Heino Engel: *Tragsysteme*, Hatje Verlag. Ostfildern-Ruit, 1997, p. 207.
75.62: Otto Künzle: *Tragkonstruktionen IV. Sommerse mester 2. Jahreskurs - Stahlbeton*, Faculty of Architecture, Swiss Federal Institute of Technology, Zürich, p. 138.
75.63: Friedbert Kind-Barkauskas, Bruno Kauhsen, Stefan Polónyi, Jörg Brandt: *Concrete Construction Manual*, Birkhäser Publishers. Basel 2002, p. 21.
75.64: Johann Christoph Bürkle: *Morger & Degelo Architekten*, Niggli Verlag. Sulgen, 2000, p. 141. Photo: Michael Fontana.
76.65-66: René Walther: *Bauen mit Beton - Einführung für Architekten und Bauingenieure*, Ernst und Sohn Verlag. Berlin, 1997, p. 251.
76.67: Loco citato, p. 253.
76.68: Christoph Luchsinger: Hans *Hofmann - vom Neuen Bauen zur neuen Baukunst*, gta Verlag. Zürich, 1985, p. 112.
76.69: David P. Billington: *Robert Maillart and the Art of Reinforced Concrete*, Cambridge, Mass., 1991, p. 105.
76.70: Ekkehard Ramm, E. Schunck, (eds.): *Heinz Isler - Schalen*. Exhibition Catalogue, Gesellschaft für Ingenieurbaukunst, Swiss Federal Institute of Technology, Zürich, 2002, p. 61. © Gesellschaft für Ingenieurbaukunst.
76.71: René Walther: Loco citato, p. 262.

Timber

78.1, 80.2: Bearth + Deplazes. Photo: Timo Allemann.
80.3: Josef Kolb: *Systembau mit Holz*, Baufachverlag. Zürich, 1992, p. 23.
81.4-5: Bearth + Deplazes.
82.6: Lignum, Swiss Timber Study Group, Zürich.
83.7: Prof. Deplazes. Graphic: Maud Châtelet.
83.8: Prof. Deplazes.
83.9: Prof. Deplazes. Graphic: Maud Châtelet.
83.10-11: Swiss standard SIA 265/1: Holzbau: Schnittarten. 4.2262 Kantholz und Latten, Schweizer Ingenieur- und Architektenverein. Zürich, p. 52.
84.12: Photos: Lignum, Swiss Timber Study Group, catalogue: *Lignatec 10/2000. Holzfaserprodukte*. Zürich, 2000, p. 4.
85.13: Karl-Heinz Götz, Dieter Hoor: *Holzbau Atlas*, In stitut für internationale Architektur-Dokumentation. Munich, 1978, p. 21.
85.14: Prof. Deplazes. Graphic: Daniel Gut.
85.15: Karl-Heinz Götz, Dieter Hoor, Loco citato.
86.16: Günter Pfeifer, Antje Liebers, Holger Reiners: *Der neue Holzbau*, Callwey Verlag. Munich, 1998, p. 15.
86.17: Prof. Deplazes. Graphic: Maud Châtelet.
86.18: Günter Pfeifer, Antje Liebers, Holger Reiners: *Der neue Holzbau*, Callwey Verlag. Munich, 1998, p. 19.
86.19: *Detail*, No. 1. Munich, 2001, p. 94.
87.20 top: Günter Pfeifer, Antje Liebers, Holger Reiners: *Der neue Holzbau*, Callwey Verlag. Munich, 1998, p. 24.
87.20 bottom: Photo: Boromir Radovic.
87.21-22: *Detail*, No. 1. Munich, 2001, p. 97.
Photo: Borimir Radovic.
88.23: Günter Pfeifer, Antje Liebers, Holger Reiners: *Der neue Holzbau*, Callwey Verlag. Munich, 1998, p. 26.
88.24: Pavatex Gmbh, Leutkirch.
88.25: Günter Pfeifer, Antje Liebers, Holger Reiners: *Der neue Holzbau*, Callwey Verlag. Munich, 1998, p. 26.
89.26: Prof. Deplazes. Graphic: Maud Châtelet.
89.27: Finnforest Merk Dickholz GmbH, catalogue: *LenoTec-Massivbau*. Aichach, 2001, p. 15.
90.28: Pius Schuler AG, Rothenturm: Wood Industry Catalogue, p. 159.
90.29-30: Tschopp Holzbau: *BRESTA catalogue*. Hochdorf.
91.31: Prof. Deplazes. Graphic: Maud Châtelet.
91.32: Ligu, das Holzbauelement, Kirchlinteln.
92.33-34: Lignatur AG, Waldstatt.
93.35: STEKO Holzbausysteme AG, Uttwil, Catalogue: *STEKO - Systembeschrieb, Planung, Konstruktion*, Kesswil.
94.36: Finnforest Merk Dickholz GmbH, Catalogue: *LenoTec-Bausystem*, Aichbach, 2001, p. 12.
94.37: Woodwelding SA, Zürich.
95.38: Prof. Deplazes. Graphic: Daniel Gut.
96.39-41: Josef Kolb: *Systembau mit Holz*, Baufachverlag. Zürich, 1992, p. 15.
97.42: Prof. Deplazes. Graphic: Daniel Gut.
98.43-44: Josef Kolb: Loco citato, p. 15.
99.45: Bearth + Deplazes.
99.46: Josef Kolb: Loco citato, p. 80.
99.47: Bearth + Deplazes.
100.48: Holzforum, Bern.
100.49-50: Prof. Deplazes. Graphic: Daniel Gut.
102.51: Bearth + Deplazes.
103.52: Prof. Deplazes.
104.53-58: Christoph Henrichsen: "Die Werkstätten am Grossschrein von Ise", in: *Detail*, No. 10. Munich, 2002, p. 1285 and p. 1288.
106.59: Reyner Banham, Hiroyuki Suzuki: *Modernes Bauen in Japan*, Deutsche Verlags-Anstalt. Stuttgart, 1987, p. 109.
106.60: Photo: Website. No longer available.
107.61: Reyner Banham, Hiroyuki Suzuki: *Modernes Bauen in Japan*, Deutsche Verlags-Anstalt. Stuttgart, 1987, p. 109.
107.62 top and bottom: Arthur Drexler: *The Architecture of*

Japan, The Museum of Modern Art. New York, 1944, p. 18.
108.63: Urs Meister: "Die Fäden des Netzes", in: *tec21*, No. 21. Zürich, 2001, p. 19. Photo: Urs Meister.
108.64-65: Wolfram Graubner: *Holzverbindungen - Gegenüberstellungen japanischer und europäischer Lösungen*, Deutsche Verlags-Anstalt. Stuttgart, 1984, p. 71 and p. 43.
109.66: Urs Meister: "Die Faden des Netzes", in: *tec21*, No. 21. Zürich, 2001, p. 24. Photo: Urs Meister.
109.67: Arthur Drexler: *The Architecture of Japan*, The Museum of Modern Art. New York, 1944, p. 84.
109.68: Klaus Zwerger: *Wood and Wood Joints*, Birkhäser Publishers. Basel, 1997, p. 146. Photo: Bunhazai Kenzo, Butsu Hozon Gi, Jiutsu Kyshai.
110.69: Reyner Banham, Hiroyuki Suzuki: *Modernes Bauen in Japan*, Deutsche Verlags-Anstalt. Stuttgart, 1987, p. 108.
110.70: Arthur Drexler: *The Architecture of Japan*, The Museum of Modern Art. New York, 1944, p. 67.
110.71: Urs Meister: "Die Fäden des Netzes", in: *tec21*, No. 21. Zürich, 2001, p. 25.
111.72: Loco citato, p. 23. Photo: Urs Meister.
111.73: Arthur Drexler: *The Architecture of Japan*, The Museum of Modern Art. New York, 1944, p. 149.
111.74: Leaflet from the Schaffhausen New Art Gallery, Raussmüller Collection. Basel. Setting: Carl Andre: Shiloh, 1980, 91 x 563 x 563 cm, courtesy Raussmüller Collection.
112.75-76: Photo: Urs Meister.

Steel

113.1: *tec21*, No. 23. Zürich, 2003, p. 14. Photo: Georg Aerni.
113.2: *Archithese*, No. 6, Niggli Verlag. Sulgen, 1994, p. 70. Photo: Hans Ruedi Disch.
114.3: Helmut C. Schulitz, Werner Sobek, Karl Haber mann: *Steel Construction Manual*, Birkhäser Publishers. Basel, 2001, p. 47. Photo: Deutsches Museum, Munich.
114.4: Loco citato, p. 27. Photo: Bavaria State Library, Munich.
114.5: Roland Rohn, Swiss Steel Association (pub.): *Bauen in Stahl*, Swiss Steel Association. Zürich, 1956, p. 200.
115.6: Hans Frei: *Louis Henry Sullivan*, Artemis Verlag. Zürich, 1992, p. 127.
115.7: Cocoon Vision AG, Basel.
115.8: Manfred Sack: *Richard Neutra*, Studio Paperback. Birkhäser Publishers, 1994, p. 38.
116.9: Johann Christoph Bürkle: *Wohnhäuser der klassischen Moderne*, Deutsche Verlags-Anstalt. Stuttgart, 1994, p. 100.
116.10: Loco citato, p. 101.
116.11: Anatxu Zabalbeascoa: *Houses of the Century*, Editorial Gustavo Gili. Barcelona, 1998, p. 100. Photo: Scot Frances.
116.12: Maurice Besset: *Le Corbusier*, Skira Verlag. Geneva, 1987, p. 155.
117.13: Swiss Steel Association (ed.): *Bauen in Stahl*, Swiss Steel Building Centre. Zürich, 1956, p. 291.
117.14-15: Laurence Allégret, V. Vaudou: *Jean Prouvé* et *Paris*, Editions du Pavillion de l' Arsenal. Paris, 2001, p. 282 and p. 283.
117.16: Helmut C. Schulitz, Werner Sobek, Karl Habermann: *Steel Construction Manual*, Birkhäser Publishers. Basel, 2001, p. 269. (Original: Solothurn Art Society [ed.]: *Fritz Haller - Bauen und Forschen*. Solothurn, 1988). Photo: Christian Moser.
118.17-18: Coosje van Bruggen, Frank O. Gehry: *Guggenheim Museum Bilbao*, Guggenheim Museum Publications. New York, 2000, title page and p. 159.
119.19-20: Photo: Christian Richters.
119.21: Bell-Pottinger, London. Photo: Nigel Young
120.22: Friedrich Grimm: *Konstruieren mit Walzprofilen*, Ernst und Sohn Verlag. Berlin, 2003, p. 9.
121.23-123.30: Prof. Deplazes. Graphic: Alois Diethelm.
123.31: Swiss Central Office for Structural Steelwork (SZS), draft, 9 June 2004.
124.32: Prof. Deplazes. Graphic: Alois Diethelm.
125.33-34: Swiss Central Office for Structural Steelwork (SZS), Manual: *C8 - Konstruktive Details im Stahlhochbau*. Zürich, 1973.
126.35-36: Prof. Deplazes. Graphic: Alois Diethelm.
127.37: Tuchschmid Engineering AG, Nüssli Special Events AG, JAKEM AG (ed.), brochure: *Monolith - Augenblick und Ewigkeit*, 2002.
127.38: Franz Hart, Walter Henn, Hansjürgen Sontag: *Stahlbau Atlas: Geschossbauten*. Institut für internationale Architektur-Dokumentation. Munich, 1982, p. 274 and p. 276.
128.39-40: Prof. Deplazes. Graphic: Alois Diethelm.
129.41-44: Friedrich Grimm: *Konstruieren mit Walzprofilen*. Ernst und Sohn Verlag. Berlin, 2003, p. 55 and p. 86.
130.45-46: Prof. Deplazes. Graphic: Alois Diethelm.
131.47: Friedrich Grimm: *Konstruieren mit Walzprofilen*, Ernst und Sohn Verlag. Berlin, 2003, p. 84.
131.48-49: Loco citato, p. 81.
131.50: Loco citato, p. 80.
132.51: Prof. Deplazes.
133.52: *Detail*, No. 4. Munich, 1999, p. 626.
133.53-55: Laurence Allégret, V. Vaudou: *Jean Prouvé et Paris*, Editions du Pavillion de l' Arsenal. Paris, 2001, p. 195 and p. 262. Photo: Centre Pompidou.
133.56: Loco citato, p. 153.
134.57-58: *Werk, Bauen & Wohnen*, No. 11. Zürich, 2000, p. 32.
134.59: *Architektur Aktuell*, 230/231. Springer Verlag. Vienna, 1999, p. 124. Photo: Georg Marterer.
134.60: Loco citato, p. 56. Photo: Philippe Ruault.
135.61: Esther McCoy, Peter J. Blake: *Craig Ellwood*, Hennessey & Ingalls. Santa Monica, 1997, p. 99 and p. 101.
135.62: Gerhard Mack: *Herzog & de Meuron*,

1989 - 1991, vol. 2, Birkhäser Publishers. Basel, 1991, p. 25.
135.63: Richard Levene, Fernando Márquez Cecilia: *El Croquis 86*, El Croquis Editorial. Madrid, 1998, p. 87.
135.64: Esther McCoy, Peter J. Blake: *Craig Ellwood*, Hennessey & Ingalls. Santa Monica, 1997, p. 99 and p. 101.
135.65: Gerhard Mack: *Herzog & de Meuron, 1989-1991*, vol. 2, Birkhäser Publishers. Basel, 1991, p. 16.
135.66: Richard Levene, Fernando Márquez Cecilia: *El Croquis 86*, El Croquis Editorial. Madrid, 1998, p. 75. Photo: Hisao Suzuki.
136.67: Helmut C. Schulitz, Werner Sobek, Karl Haberman: *Steel Construction Manual*, Birkhäser Publishers. Basel, 2001, p. 129.
136.68-69: Deyan Sudjic: *Norman Foster, Richard Rogers, James Stirling*, Thames and Hudson. London, 1986, p. 100 and p. 101. Photo: Richard Bryant.
136.70: Heinz W. Krewinkel: *Glass Buildings - Material, Structure and Detail*, Birkhäser Publishers. Basel, 1998, p. 27.
136.71: Oskar Büttner, Erhard Hampe: *Bauwerk, Tragwerk, Tragstruktur*, Ernst und Sohn Verlag. Berlin, 1985, p. 263.
137.72 a and b: *Detail*, No. 7. Munich, 2001, p. 1267 and p. 1277.
137.73: Internet: Source no longer available.
137.74: Norman Foster: *Foster Catalogue*, 2001, Prestel Verlag. Munich, 2001, p. 96.
137.75: Rainer Graefe (ed.): *Vladimir G. Suchov, 1853-1939. Die Kunst der sparsamen Konstruktion*, Deutsche Verlags-Anstalt. Stuttgart, 1990, p. 97.
138.76 a: "Pier Luigi Nervi" in: *Process Architecture*, No. 23. Tokyo, 1981, p. 100.
138.76 b: Loco citato, p. 103.
138.77: Helmut C. Schulitz, Werner Sobek, Karl Habermann: *Steel Construction Manual*, Birkhäser Publishers. Basel, 2001, p. 326. Photo: Richard Bryant.
138.78: *A&V Monografias de Arquitectura y Vivienda*, No. 36. Madrid, 1992, p. 44.
138.79: Kenneth Powell: *Stansted - Norman Foster & the Architecture of Flight*, A Blueprint Monograph, Fourth Estate. London, 1992, p. 76 and p. 77. Photo: Richard Bryant, Philip Sayer.
138.80: *A&V Monografias de Arquitectura y Vivienda*, No. 36. Madrid, 1992, p. 48.

Insulation

139.1: Prof. Deplazes.
139.2 top and bottom: Lucerne Architecture Gallery; Toni Haefliger, Heinz Huesler, Heinz Wirz: *Herzog & de Meuron - Das neue Suva-Haus in Basel, 1988-1993*, Edition Architekturgalerie. Luzern, 1994, p. 32, p. 33 and p. 47. Photo: Toni Haefliger. Courtesy 2004 Architekturgalerie Luzern
140.3: Prof. Deplazes. Graphic: Eva Geering.
141.4: Jeffrey Kipnis: *Philip Johnson - Recent Work*, Academy Editions. London, 1996, p. 30.
142.5: Atelier Werner Schmidt, Areal Fabrica, Trun.
142.6: Herbert & Astrid Gruber: *Bauen mit Stroh*, Oekobuch. Staufen i. Brsg., 2000, p. 11.
143.7: Photo: Dietrich Schwarz.
143.8: Prof. Deplazes. Graphic: Maud Châtelet.
143.9: Ernst Schweizer AG, Hedingen.
143.10-11: Prof. Deplazes.
143.12: Prof. Deplazes. Graphic: Maud Châtelet.
144.13: Saint-Gobain Isover Austria AG, Stockerau.
144.14: Deutsche Foamglas GmbH, Haan.
144.15: Styrofoam, Berlin.
144.16: Pavatex Gmbh, Leutkirch.
144.17: Deutsche Rockwool, Gladbeck.
144.18: Styropor (BASF), Ludwigshafen.
144.19: Swisspoor AG, Steinhausen.
144.20: Isofloc AG, Bütschwil.
144-145.21: Eckhard Reyer, Kai Schild, Stefan Völkner: *Kompendium der Dämmstoffe*, Fraunhofer IRB Verlag. Stuttgart, 2002.
146.22-23: Prof. Deplazes.

Glass

147.1-2: Sigmar Spauszus, Jürgen D. Schnapp: *Glas allgemeinverständlich - eine Einführung in Theorie und Praxis*, VEB Fachbuchverlag. Leipzig, 1977.
148.3: Bregenz Art Gallery (ed.): *Nachtwallfahrtskapelle Locherboden*, Hatje Cantz Verlag. Stuttgart, 1997, p. 67.
148.4: Michael Wigginton: *Glass in Architecture*, London, 2002, p. 53.
148.5: Rolf Toman (ed.): *Die Kunst der Gotik*, Könemann Verlag. Cologne, 1998, p. 85. Photo: Achim Bednorz.
149.6: Ulrich Knaack: *Konstruktiver Glasbau*, Rudolf Müller Verlag. Cologne, 1998, p. 51.
149.7: Jeannine Fiedler, Peter Feierabend: *Bauhaus*, Könemann Verlag. Cologne, 1999, p. 222. Photo: Markus Hawlik/Bauhaus Archive Berlin.
150.8: Thomas L. Schumacher: *Il Danteum di Terragni,. . .* Officina Edizioni. Rome, 1980.
150.9: Ulrich Knaack: *Konstruktiver Glasbau*, Rudolf Müller Verlag. Cologne, 1998, p. 20.

ELEMENTS

Foundation - Plinth

153.1: From the James Bond 007 film "You only live twice", Eon Productions, Pinewood Studios, Buckinghams hire, UK, 1967.
153.2: Werner Cords-Parchim: *Das Handbuch des Landbaumeisters*, Neumann Verlag. Radebeul, 1969, p. 148.

153.3-4: Prof. Deplazes. Graphic: Alois Diethelm.
154.5: GA architect, No. 16, "Tadao Ando, Vol. 3., 1994-2000", Tokyo, 2000, p. 27.
154.6: Prof. Deplazes. Graphic: Alois Diethelm.
154.7: Pierre Zoelly: *Terratektur - Einstieg in die unterirdische Architektur*, Birkhäser Publishers. Basel, 1981, p. 123.
154.8: *El Croquis*, "Tadao Ando 1983-2000", El Croquis Editorial. Madrid, 2000, p. 108. Photo: Hiroshi Ueda.
155.9: Henri Stierlin (ed.): *Architektur der Welt: Griechenland*, Taschen Verlag. Cologne, 1980. p. 159. Photo: Henri Stierlin.
155.10: *Der Architekt*, No. 11, Bonn, 1991, p. 554.
155.11: Peter Meili: *Manuscripts for lecture on building underground*, Inst. für Strassen- & Untertagebau, Swiss Federal Institute of Technology, Zürich, 1975, p. 92 and p. 93.
155.12: Martin Hervé: *Guide de l' architecture moderne à Paris*, Editions Alternatives. Paris, 1990, p. 63.
156.13: *Werk*, No. 1. Zürich, 1962, p. 45. Photo: Alfred Hablutzel.
156.14: Birgit Abrecht: *Architekturfuhrer Island*, Deut sche Verlags-Anstalt. Munich, 2000, p. 14.
156.15-16: *Archithese*, No. 1, Niggli Verlag. Sulgen, 2001, p. 12.
156.17: Photo: Adrian Kramp.
157.18: Oscar Riera Ojeda (ed.): *Ten Houses - Eduardo Souto de Moura*, Rockport Publishers. Gloucester, 1998, p. 84. Photo: Luis Ferreira Alves.
157.19: *Werk, Bauen & Wohnen*, No. 10, Zürich, 1975, p. 882. Photo: Henri Stierlin.
157.20 left and right: Vincenzo Albertini, Antonio Baldi, Clemente Esposito: *Naples, the Rediscovered City*, Associazione Napoli Sotterranea. Napoli, 1996, p. 41 and p. 133.
157.21: Prof. Deplazes. Graphic: Alois Diethelm.
158.22-23: Georg Gerster: *Kirchen im Fels*, Atlantis Verlag. Zürich, 1972, p. 13 and p. 104. Graphic: Albert Gerster.
158.24: John Carmody, Raymond Sterling: *Earth Sheltered Housing Design*, New York, 1985, p. 139.
158.25: Jean-Paul Loubes: *Maisons creusées du fleuve jaune*, Ed. Créaphis. Paris, 1988, p. 108.
158.26: John Carmody, Raymond Sterling: Loco citato, p. 139.
159.27: *Werk, Bauen & Wohnen*, No. 10, Zürich, 1975, p. 888, revised by the editor.
159.28: Pierre Zoelly: *Terratektur - Einstieg in die unterirdische Architektur*, Birkhäser Publishers. Basel, 1989, p. 98.
159.29: Prof. Deplazes. Graphic: Alois Diethelm.
159.30: Photo & graphic: Christian Kerez.
160.31: Rolf H. Ruebener: *Grundbautechnik für Architekten*, Werner-Verlag. Dusseldorf, 1985, p. 122.
160.32 top and bottom: *Daidalos*, issue 48, "Sous Ter rain", Bertelsmann. Berlin, 1993, p. 63 and p. 65.
161.33: Prof. Deplazes. Photo: Janet Schacke.
161.34: IPG Keller AG, Kreuzlingen. Graphic: Rainer Keller.
161.35-164.43: Prof. Deplazes. Graphic/Photo: Tho mas Melliger.
163.44: Heinz Ronner: *Baukonstruktion im Kontext des architektonischen* Entwerfens. *Haus - Sockel*, Birkhäser Publishers. Basel, 1991, p. 45. Graphic: Heinz Ronner.
163.45: Prof. Deplazes.
163.46- 47: Graphic: Heinz Ronner.
163.48: Heinz Ronner: *Baukonstruktion im Kontext des architektonischen Entwerfens. Haus - Sockel*, Birkhäser Publishers. Basel, 1991, p. 46. Graphic: Heinz Ronner.
164.49-167.54: Prof. Deplazes. Graphic: Thomas Wirz.
166.55: Source unknown
166.56: Prof. Deplazes. Graphic: Alois Diethelm.
166.57: Peter Blake: *Philip Johnson*, Studio Paperback, Birkhäser Publishers. Basel, 1996, p. 59.
166.58: Jean-Marie Pérouse de Montclos: *Histoire de l' architecture française - De la Rennaissance à la Révolution*, Edition Mengès. Paris, 1995, p. 301. Photo: Caroline Rose.
166.59: Diener & Diener, Basel. Photo: Hans Ruedi Disch.
167.60-61: Professur Deplazes. Photo: Alois Diethelm.
167.62: Werner Oechslin (ed.): Daniele Marques, gta Verlag. Zürich, 2003, p. 55. Photo: Christian Kerez.
167.63: Loco citato, p. 54. Photo: Christian Kerez.
167.64: Friedbert Kind-Barkauskas, Bruno Kauhsen, Stefan Polónyi, Jörg Brandt: *Concrete Construction Manual*, Birkhäser Publishers. Basel, 2002, p. 217. Photo. Heinrich Helfen stein.
168.65: Photo: Gion A. Caminada.
168.66: Dolf Schnebli, Tobias Amman, Flora Ruchat-Roncati: *Werkverzeichnis, 1984-1990.* Zürich, Agno, Verscio, 1991, p. 97. Photo: Heinrich Helfenstein.
168.67: Prof. Deplazes. Photo: Alois Diethelm.
168.68: Peter Zumthor: *Peter Zumthor Häuser, 1979 -1997*, Birkhäser Publishers. Basel, 1999, p. 108. Photo: Helen Binet.
168.69: Prof. Deplazes. Graphic: Alois Diethelm.
169.70: Prof. Deplazes.

Wall

170.1: Biblioteca Nazionale Centrale, reprod. with kind permission of the Ministero per i Beni e le Attività Culterali, Italy.
170.2: Winfried Nerdinger: *Gottfried Semper, 1803-1879.* Architektur und Wissenschaft, Prestel Verlag/gta. Munich, Zürich, 2003, p. 112.
171.3: © Staatliche Museen zu Berlin, Kupferstichkabinett; Karl Friedrich Schinkel, Collection of Architectural Designs.
171.4: Eugène Emmanuel Viollet-le-Duc: *Entretiens sur l' architecture*, Morel et Cie Editeurs. Paris, 1864-1872, Atlas, pl. XXXVI.

171.5: Robert Gargiani: *August Perret*, Gallimard/Electa. Milan, 1993, p. 77. Photo: Robert Gargiani.
172.6: Loco citato, p. 62. Photo: Robert Gargiani.
172.7: Chup Friemert: *Die gläserne Arche. Kristallpalast London, 1851 & 1854*, Prestel Verlag. Munich, 1984, p. 134.
172.8: Winfried Nerdinger: *Der Architekt Walter Gropius*, Gebr. Mann Verlag. Berlin, 1996, p. 35. Photo: Albert Renger-Patzsch; © VG Bild-Kunst, Bonn.
173.9: Theo van Doesburg: *Theo van Doesburg. Peintre et architecte*, Gallimard/Electa. Paris, 1993, p. 119.
173.10: Carsten-Peter Warncke: *De Stijl, 1917-1931*, 492 Benedikt Taschen Verlag. Cologne, 1990, p. 136. Photo: Frank van den Oudsten/Lenneke Büller, Amsterdam.
174.11: Jonathan M. Woodham: *Twentieth-century ornament*, Rizzoli. New York, 1990, p. 11.
174.12: Alexander Koch: *Die deutsche Kunst und Dekoration*, vol. 10, Koch Verlag. Darmstadt, 1902.
174.13: Stanislaus von Moos: *Venturi, Rauch & Scott Brown*, Verlag Schirmer Mosel. Munich, 1987, p. 203

Opening

175.1: *Daidalos*, issue No. 13, Bertelsmann Fachzeitschriften. Berlin, 1984, p. 64. Fig.: Franz Louis Catel: "Schinkel in Neapel" (1824).
176.2: Loco citato, p. 66. Photo: Le Corbusier Foundation, Paris.
176.3: Loco citato, p. 66.
177.4: Le Corbusier: *Almanach D'Architecture Moderne*, Crés. Paris, 1926, p. 92. Photo: Le Corbusier/ Le Corbusier Foundation, Paris.
178.5: *Daidalos*, issue No. 13, Bertelsmann Fachzeitschriften. Berlin, 1984, p. 68. Fig.: Le Corbusier, Richter & Gut Collection, Lausanne.
178.6: Loco citato, p. 68. Sketch: Le Corbusier.
178.7: Loco citato, p. 68. Fig.: Le Corbusier Foundation, Paris.
179.8: Loco citato, p. 69. Fig.: Le Corbusier Foundation, Paris.
180.9: Loco citato, p. 71. Fig.: Le Corbusier Foundation, Paris. (Original: Le Corbusier: *Almanach D'Architecture Moderne*. Paris, 1925, p. 95).
180.10-11: Loco citato, p. 70. Sketch: Le Corbusier. (original: *Une petite Maison*, 1923, Les Carnets de la recherche patiente, Editions Girsberger. Zürich, 1954).
181.12: Loco citato, p. 72. Photo: Le Corbusier Foundation, Paris. (Original: Le Corbusier: Almanach D'Architecture Moderne. Paris, 1925, p. 94).
181.14: Loco citato, p. 73. Photo: Bruno Reichlin.
181.15-16: Loco citato, p. 72 and p. 78. Sketch: Le Corbusier. (Original: Une petite Maison, 1923, Les Carnets de la recherche patiente, Editions Girsberger. Zürich, 1954).
183.16: Loco citato, p. 74. Fig.: Kaspar David Friedrich.
183.17: Loco citato, p. 74. Fig.: Henri Matisse.
183.18: Loco citato, p. 74. Fig.: Robert Delaunay.
183.19: Loco citato, p. 77. Fig.: Max Beckmann.
183.20: Loco citato, p. 75. Fig.: Paul Klee.
183.21: Loco citato, p. 75. Fig.: Henri Matisse.
183.22: Loco citato, p. 75. Fig.: Joseph Albers.
184.23-191.30: Prof. Deplazes.
192.31-32: Prof. Deplazes. Photo: Christoph Elsener.
192.33: Thomas Boga: *Die Architektur von Rudolf Olgiati*, gta Verlag. Zürich, 1977, p. 172.
192.34: Alejandro de la Sota: *Alejandro de la Sota Architect*, Ediciones Pronaos. Madrid, 1989, p. 85. Photo: Alejandro de la Sota.
192.35: Thomas Boga: *Die Architektur von Rudolf Olgiati*, gta Verlag. Zürich, 1977, p. 172.
193.36: Franceso Català-Roca, Xavier Monteys: *La Arquitectura de los años cincuenta en Barcelona*, Secretaria General Técnica, Centro de Publicationes. Madrid, 1987, p. 78. Photo: Franceso Català-Roca.
193.37: Source unknown
193.38: Gerhard Mack: *Herzog & de Meuron - The Complete Works Volume 1:, 1978-1988*, Birkhäser Publishers. Basel, 1997, p. 67. Photo: Margherita Spiluttini.
193.39: Loco citato, p. 62.
193.40: Hans Helbling: *Otto Rudolf Salvisberg, 1882-1940*, "Estratto dal fascicolo No. 17 della rivista Architetti". Florence, 1953, p. 12. © Institut für Geschichte und Theorie der Architektur (gta) - ETH Zürich.
195.41: *Process Architecture*, No. 11: "Harry Weese", Process Architecture Publishing. Tokyo, 1979, p. 107.
195.42-43: *Werk, Bauen & Wohnen*, No. 1/2, Zürich, 2001, p. 166. Photo: Hans Ruedi Disch.
195.44: Centre Georges Pompidou (ed.): *Louis I. Kahn - Le monde de l'architecte*, Editions du Centre Georges Pompidou. Paris, 1992, p. 129.
196.45-46: Raul Rispa (ed.): *Barragan - Das Gesamtwerk*, Birkhäser Publishers. Basel, 1996, p. 142.
196.47-48: Bo & Wohlert.
196.49: Oscar Riera Ojeda (ed.): *Ten Houses - Eduardo Souto de Moura*, Rockport Publishers. Gloucester, 1998, p. 38. Photo: Luis Ferreira Alves.
196.50: Arthur Rüegg: "Farbkonzepte und Farbskalen in der Moderne", in: *Daidalos*. Architektur - Kunst - Kultur: "In Farbe", No. 51, Bertelsmann. Berlin, 1994, p. 74. Photo: Arthur Rüegg.
196.51: Edoardo Gellner: *Alte Bauernhäuser in den Dolomiten. Die ländliche Architektur der venetianischen Alpen*, Callwey Munich, 1989 (1st ed.: Edizioni Dolomiti, 1988), p. 252. IUAV - Archivio Progetti, Fondo Edoardo Gellner.
196.52: Catherine Donzel, Alexis Gregory, Marc Walter: *Grand American Hotels*, The Vendom Press. New York, 1989, p. 176.

196.53: Annegret Burg: *Kollhoff - Architekten Kollhoff und Timmermann*, Birkhäser Publishers. Basel, 1998, p. 67. Photo: Heinrich Helfenstein.
197.54: Prof. Deplazes. Graphic: Christine Enzmann.
197.55-60: Prof. Deplazes. Graphic: Thomas Melliger.
198.61-70: Prof. Deplazes. Graphic: Christine Enzmann.
199.71: Hermann Forster Rohr- & Profiltechnik AG, Arbon.
199.72: Opo Oeschger AG, Kloten. Hermann Forster Rohr- & Profiltechnik AG, Arbon.
200.73: Prof. Deplazes.
201.74-75: Prof. Deplazes. Photo: Patric Allemann.
201.76: Willy Boesiger, Hans Girsberger: *Le Corbusier, 1910-65, Birkhäser* Publishers. Basel, 1967, p. 143.
202.77: *El Croquis*, No. 102: "Annette Gigon/Mike Guyer, 1989-2000", El Croquis Editorial. Madrid, 2000, p. 180.
202.78-82: Prof. Deplazes. Graphic: Patric Allemann.
202.83: Johann Christoph Bürkle, Ruggero Tropeano: *Ein Prototyp des neuen Bauens in Zürich - die Rotach-Häuser*, gta Verlag, exhibition catalogue. Zürich, 1994, p. 75. Photo: M. Grasser, C. Eckert.
203.84: *Werk, Bauen & Wohnen*, No. 10, Zürich, 1997, p. 51.
203.85: Lisbeth Waechter-Boehm: *Baumschlager & Eberle: Bauten und Projekte, 1996-2002*, Springer Verlag. Vienna, 2003, p. 135. Photo: Eduard Huber.
203.86: Photo: Ernst Gisel.
204.87: *Archithese*, No. 2, Niggli Verlag. Sulgen, 2000, p. 15. Photo: Mechthild Heuser.
204.88: Markku Lahti: *Alvar Aalto - elämälle herkempi rakenne*, Rakennustieto Oy. Helsinki, 1996, p. 71. Photo: Maija Holma.

Floor

205.1: Gesellschaft für Ingenieurbaukunst: *Robert Maillart: Betonvirtuose*, Vdf Verlag. Zürich, 1996, p. 48. Photo: Robert Maillart.
206.2: Pier Luigi Nervi: *Gestalten in Beton, Zum Werk von Pier Luigi Nervi*, Rudolf Müller Verlag. Cologne, 1989.
206.3: Jürgen Joedike: *Bürobauten*, Verlag Arthur Niggli. Teufen, 1959, p. 58.
206.4: Otto Frei, Bodo Rasch: *Gestalt finden*, Edition Axel Menges. Munich, 1992, p. 209. Photo: Otto Frei, Bodo Rasch.
206.5-6: Exhibition catalogue: *Alvar Aalto in seven buildings*, Museum of Finish Architecture. Helsinki, 1998, p. 39 and p. 28.
207.7: Jürgen Joedike: *Bürobauten*, Verlag Arthur Niggli. Teufen, 1959, p. 66. Photo: Aero Saarinen.
207.8-9: Pier Luigi Nervi: *Neue Strukturen*, Hatje Verlag. Stuttgart, 1963, p. 24 and p. 25. Photo: Pier Luigi Nervi.
207.10: Renzo Piano: *Carnet de travail*, Editions du Seuil. Paris, 1997, p. 41. Fig.: Renzo Piano, Richard Rogers.
208.11: Michel Ragon: *Goldberg dans la ville*, Paris Art Center. Paris, 1985, p. 31.
208.12: Jürgen Joedike: *Bürobauten*, Verlag Arthur Niggli. Teufen, 1959, p. 198. Photo: Hideo Kosaka.
208.13: Rem Koolhaas: *Delirious New York*, 010 Publishers. Rotterdam, 1994, p. 83.
209.14: *El Croquis*, No. 111, El Croquis Editorial. Madrid, 2002, p. 47.
209.15: Doris Weigel: *Die Einraumwohnung als räumliches Manifest der Moderne*, Edition Argus. Schlien gen, 1996, p. 75, © Albertina Vienna. Photo: Adolf Loos.
210.16: Claude Parent: *Entrelacs de l' oblique*, in the series: Collections Architecture "Les Hommes", Editions du moniteur. Paris, 1981, p. 52. Fig.: Claude Parent, Paul Virilio.
210.17: Loco citato, p. 146.
210.18: *a+u*, No. 342, Tokyo, 1999/03, pp. 111/113. Photo: Christian Richters.
210.19: Source unknown
210.20: 2G - *revista internacional de architectura*, No. 16, Editorial Gustavo Gili. Barcelona, 2000, p. 51.

Roof

213.1-3: Prof. Deplazes. Graphic: Thomas Wirz.
214. 4-218.16: Prof. Deplazes. Graphic: Daniel Gut.
219.17: Gerda Wangerln, Gerhard Weiss: *Heinrich Tessenow, Ein Baumeister*, 1876-1950, Leben - *Lehre - Werk*, Verlag Richard Bacht. Essen, 1976, p. 212.
219.18: Conradin Clavuot.
219.19: Inge Beckel, Annemarie Bucher, Christoph Kübler: *Hans Leuzinger, 1887-1971 - pragmatisch modern*, gta Verlag. Zürich, 1993, p. 55.
219.20: Conradin Clavuot, Chur.
220.21-22: Prof. Deplazes. Photo: Christoph Elsener.
220.23: Source unknown
220.24: Source unknown
220.25: Wilfried Wang: *Herzog & de Meuron*, Studio Pa perback, Birkhäser Publishers. Basel, 1998, p. 67.
220.26: Terence Riley, Barry Bergdoll: *Mies in Berlin, 1907-1938*, Prestel Verlag. Munich, 2001, p. 359. Photo: David Hirsch.
221.27-29: Johann Christoph Bürkle: *Gigon Guyer Architekten - Arbeiten, 1989-2000*, Niggli. Sulgen, Zürich, 2000, p. 90, p. 85 and p. 186.
221.30-31: Photo: Ralph Feiner.
222.32: *Architecture*, No. 3: "Twentieth-Century Museums 1", Kimbell Art Museum. Forth Worth, 1999. Photo: Michael Badycomb.
222.33: David Bruce Brownlee, Grant Mudford, David G. De Long: *Louis I. Kahn - In the Realm of Architecture*, The Museum of Contemporary Art. Los Angeles, 1991, p. 397.
222.34: Philip Drew: "Sydney Opera House - Jørn Utzon", in: *Architecture In Detail*, Phaidon Press. London, 1995, p. 22. Fig.: Lindy Atkin.
222.35 top: *Archithese*, No. 5, Niggli Verlag. Sul gen, 2002,

p. 33.
222.36 bottom: Allan Temko: *Eero Saarinen*, Georg Braziller Press. New York, 1962, fig. 101. Photo: Ezra Stoller.
222.37: Philip Drew: "Sydney Opera House - Jørn Utzon", in: *Architecture In Detail*, Phaidon Press. London, 1995, p. 18. Photo: Anthony Browell.
223.38-43: Prof. Deplazes. Graphic: Barbara Wiskemann.
223.44: Prof. Deplazes.
224.45-46: Prof. Deplazes. Graphic: Barbara Wiskemann.

Stairs, lifts
225.1: John Wilton-Ely: *Giovanni Battista Piranesi - Vision und Werk*, Hirmer Verlag. Munich, 1978, p. VIII.
225.2: Heinrich Klotz (ed.): *Haus-Rucker-Co, 1967 bis 1983*, Vieweg & Sohn Verlag. Braunschweig, Wiesbaden, 1984, p. 122.
225.3: Cleo Baldon, Ib Melchior: *Steps & Stairways*, Rizzoli International Publications. New York, 1989, p. 212. Photo: Eadweard Muybridge.
226.4: Jacques Sbriglio: *Immeuble 24 N.C. et apartement Le Corbusier*, Birkhäser Publishers. Basel, 1996, title page. Photo: Le Corbusier Paris, Immeuble 24 rue Nungesser et Coli, appartement de Le Corbusier, 1931, © FLC L2(10)33.
226.5: Source unknown
226.6: Prof. Deplazes. Photos: Christoph Elsener.
226.7: Gerhard Mack: *Herzog & de Meuron - The Complete Works*, Volume 3:, 1992-1996, Birkhäser Publishers. Basel, 1996, p. 202.
227.8: John A. Templer: *The Staircase: Studies of Hazards, Falls, and Safer Design*, The MIT Press. Cambridge, Mass., 1992, p. 87.
227.9: *El Croquis*, No. 68/69, "Alvaro Siza, 1958-1994", El Croquis Editorial. Madrid, 1997, p. 92. Photo: Roberto Collova.
227.10: John A. Templer: *The Staircase: history and theories*, The MIT Press. Cambridge, Mass. 1992, p. 141.
227.11: Frederick Gutheim: *Alvar Aalto*, George Braziller Press. New York, 1960, p. 34.
228.12: Fulvio Irace: *Gio Ponti - La casa all' italiana*, Electa. Milano, 1988, p. 164.
228.13: Richard Bösel, Christoph C. Frommel (ed.): *Borromini e l' Universo Barocco Documenti di Architettura*, Electa. Milano, 2000, p. 103.
228.14: Kurt Lustenberger: *Adolf Loos*, Zanichelli Editore. Bologna, 1998, p. 160.
228.15: *El Croquis*, "OMA - Rem Koolhaas, 1987-1998", El Croquis Editorial. Madrid, 1998, p. 128.
229.16: Source unknown
229.17: Ivo Kranzfelder: *Edward Hopper, 1882-1967 - Vision de la réalité*, Taschen Verlag. Cologne, 1998, p. 129. Photo: VG Bild-Kunst, Bonn.
229.18: Peter Testa: *Alvaro Siza*, Studio Paperback, Birkhäser Publishers. Basel, 1996, p. 50.
229.19: Henri Stierlin (ed.): *Architektur der Welt: Griechenland*, Taschen Verlag. Cologne, 1980, p. 150. Photo: Henri Stierlin.
230.20-231.21: Ernst Neufert: *Bauentwurfslehre*, Verlag Vieweg & Sohn. Braunschweig/Wiesbaden, 2002, p. 197 and p. 196.
232.22: Prof. Deplazes. Graphic: Daniel Gut.
233.23-25: Swiss standard SIA 358, 1996 ed.
234.26: *2G* - revista internacional de architectura, No. 3: "Sollerod City Hall", Editorial Gustavo Gili. Barcelona, 1997, p. 41. Photo: Bernardo Jordi.
234.27-235.29: AS Aufzüge AG, St Gallen. Graphic: Nik Biedermann.
236.30-35: Burkard, Meyer & Partner, Baden.
237.36: Luis Fernandez-Galiano (ed.): *A&V Monografias de Architectura y Vivienda*, No. 77, "Herzog & de Meuron, 1980-2000". Madrid, 1992, p. 9.
237.37-39: Source unknown
238.40-43: Otto Rudolf Salvisberg: *Architekt Professor O. R. Salvisberg, Zürich: Krankenhäuser in St Immer und Pruntrut, Fernheizkraftwerk und Maschinenlaboratorium der ETH*. Zürich, Hoffmann Verlag. Stuttgart, 1936, vol. 1. Photos: Otto Rudolf Salvisberg.
238.44: Claude Lichtenstein: *O. R. Salvisberg - Die andere Moderne*, gta Verlag. Zürich, 1995, p. 86.
239.45-46: *Archithese*, No. 6, Niggli. Sulgen, 1998, p. 60.
239.47-49: Conradin Clavuot, Chur.

STRUCTURES

Forms of construction
243.1: Source unknown
243.2: Helmut C. Schulitz, Werner Sobek, Karl Haber mann: *Steel Construction Manual*, Birkhäser Publishers. Basel, 2001, p. 72. Photo: Harry Callahan.
243.3: Stefan Grundmann: *Architekturfuhrer Rom*, Edition Axel Menges. Stuttgart, 1997, p. 68.
244.4: William L. McDonald, John A. Pinto: *Hadrian's villa and its Legacy*, Yale University Press. New Haven, 1995, p. 90. Fig.: Michael Lawrence.
244.5: Kenneth Frampton: *Studies in Tectonic Culture*, Harvard, 1985, p. 177.
246.6: Prof. Deplazes. Photo: Christoph Wieser.
247.7: Henri Stierlin: *Islam - Frühe Bauwerke von Bagdad bis Córdoba*, Taschen Verlag. Cologne, 1996, p. 189. Photo: Henri Stierlin.
247.8: Loco citato, p. 188. Photo: Berengo Gardin.
247.9: Loco citato, p. 71.
247.10: Loco citato, p. 72. Photo: Henri Stierlin.
248.11-12: Kenneth Frampton: *Grundlagen der Architektur*, Oktagon Verlag. Munich/Stuttgart, 1993, p. 260 and p. 265.
248.13: Vincent Ligtelijn: *Aldo van Eyck - Werke*.

Birkhäser Publishers. Basel, 1989, p. 91.
248.14 top and right: Kenneth Frampton: *Grundlagen der Architektur*, Oktagon Verlag. Munich/Stuttgart, 1993, p. 54 and p. 55.
249.15: Prof. Deplazes. Photo: Christoph Wieser.
249.16-17: Prof. Deplazes.
250.18: Colin Rowe: *Die Mathematik der idealen Villa*, Birkhäser Publishers. Basel, 1996, p. 25.
250.19: Jacques Lucan: *OMA - Rem Koolhaas*, Artemis Verlag. Zürich/Munich, 1991, p. 129.
250.20-21: Kurt Lustenberger: *Adolf Loos*, Studio Paperback, Birkhäser Publishers. Basel, 1994, p. 160 and p. 161.
250.22: Heinrich Kulka: *Adolf Loos - Bauen in der Welt*, Verlag Anton Schroll & Co. Vienna, 1931, fig. 266.
251.23-25: Prof. Deplazes. Graphic: Alois Diethelm.
251.26: Prof. Deplazes.
251.27: dtv-Merian-Reiseführer: *Peking-Nordchina*, Deutscher Taschenbuch Verlag. Munich, 1990, p. 229. 495
251.28: Angelo Ambrosi, E. Degano, C. A. Zaccaria: *Architettura in pietra a secco*, Schena Editore. Fasano, 1990, p. 235.
252.29: Prof. Deplazes.
252.30: Gert Chesi: *Architektur und Mythos - Lehm bauten in Afrika*, Haymon-Verlag. Innsbruck, 1995, p. 202. Photo: Gert Chesi.
252.31 left: Prof. Deplazes. Graphic: Alois Diethelm.
252.31 right: Rainer Graefe (ed.): *Zur Geschichte des Konstruierens*, Fourier Verlag. Wiesbaden, 2000, p. 38. Nachbearbeitung: Prof. Deplazes.
252.32: Source unknown
252.33: Martin Grassnick (ed.): *Materialien zur Baugeschichte - Die Architektur des Mittelalters*, Vieweg Verlag. Braunschweig, Wiesbaden, 1990, MA 161.
252.34: Association of Swiss Cement, Lime & Gypsum Producers (ed.): *Bauen in Beton*, 1990/91. Zürich, 1991, p. 30. Photo: Atelier Kinold.
252.35: Prof. Deplazes. Graphic: Alois Diethelm.
253.36: Source unknown
253.37: Prof. Deplazes. Graphic: Alois Diethelm.
253.38: Centre Georges Pompidou (ed.): *Louis I. Kahn - Le Monde de l' architecte*, Editions du Centre Georges Pompidou. Paris, 1992, p. 245, © Kathleen James.
253.39: Willy Boesiger (ed.): *Le Corbusier - Oeuvre Complète*, 1952-1957, Birkhäser Publishers. Basel, 1991, p. 213.
253.40: Prof. Deplazes. Graphic: Alois Diethelm.
254.41: Architettura Viva: *Pier Luigi Nervi, una scienza per l' architettura*, Istituto Mides. Rome, 1982, Project 13.
255.42: Prof. Deplazes. Graphic: Alois Diethelm.
255.43-45: Erwin Heinle, Jörg Schleich: *Kuppeln aller Zeiten - aller Kulturen*, Deutsche Verlags-Anstalt. Stuttgart, 1996, p. 224, p. 181 and p. 226.
255.46-47: *Archithese*, No. 5, Niggli Verlag. Sulgen, 1996, p. 6.
256.48: Jakob Hunziker: *Das Schweizerhaus*, vol. 2: "Das Tessin, Aarau", Verlag Sauerlander & Co.. Aarau, 1902, p. 25.
256.49: Photo: Christian Kerez.
257.50: Ateliers Jean Nouvel, Paris. Illustration: Vincent Lafont.
257.51: Paul Virilio: *Bunker-Archäologie*, Carl Hanser Verlag. Munich, 1992, p. 178.
257.52: Katharina Burgin: *Objekte, 1992-1994*, Museum zu Allerheiligen. Schaffhausen, 1995, exhibition. Photo: Rolf Wessendorf.
258.53: Prof. Deplazes. Photo: L. Felder, M. Hauser, N. Di lorio, M. Pausa.
258.54: Internet: Source unknown
258.55: Prof. Deplazes. Photo: L. Felder, M. Hauser, N. Di lorio, M. Pausa.
259.56-57: Prof. Deplazes. Photo: Urs Meister.
259.58-261.70: Prof. Deplazes. Graphic/Photo: L. Felder, M. Hauser, N. Di lorio, M. Pausa.
262.71: Anne and Keith McLachlan: *Tunisia Handbook*. Bath, Baufachverlag. Gütersloh, 1997. Graphic: Bath: Footprint Handbooks, 1997. Fig.: Bath: Footprint Handbooks.
263.72: Prof. Deplazes. Photo: Nik Biedermann.
263.73: Source unknown
263.74: David MacGibbon, Thomas Ross: *The castel lated and domestic architecture of Scotland: from the twelfth to the eighteenth Century*, Davin Douglas Press. Edinburgh, 1887, Volume 1, p. 344.
263.75: Joachim Zeune: *Der schottische Burgenbau vom 15. bis 17. Jahrhundert*, Deutsches Burgen-institut. Marksburg über Braubach, 1989, fig. 116. Graphic: C. J. Tabraham.
264.76: Sigrid Barten: *Eduardo Chillida. Skulpturen aus Ton*, Museum Bellerive, exhibition catalogue. Zürich, 1996, p. 66. Photo: Marlen Perez.
264.77: Rolf Toman (ed.): *Die Kunst des Barock. Architektur, Skulptur, Malerei*, Könemann Verlagsgesellschaft. Cologne, 1997, p. 23.
264.78 Richard Fawcett: *Scottish Architecture from the Accession of the Stewarts to the Reforma tion 1371-1560*, Edinburgh University Press. Edinburgh, 1994, p. 240. Graphic: Richard Fawcett.
264.79: Rolf Gerber: *Louis I. Kahn' s Interesse an schottischen Burgen*, E. Degen Foundation/Rolf Gerber. Swiss Federal Institute of Technology, Zürich, 2000, p. 51. Photo: Rolf Gerber.
265.80-83: Loco citato, p. 240. Graphic: Richard Fawcett.
265.84: Hermann Muthesius: *Das Englische Haus, Entwicklung, Bedingungen, Anlage, Aufbau, Einrichtung und Innenraum*, Ernst Wasmuth. Berlin, 1908, p. 78.
266.85: Rolf Gerber: *Louis I. Kahn' s Interesse an schottischen Burgen*, E. Degen Foundation/Rolf Gerber. Swiss Federal Institute of Technology, Züich, 2000. p. 64-66. Original: Royal Commission on the Ancient and Historical Monuments of Scotland, archives.
266.86-88: Prof. Deplazes. Graphic: Nik Biedermann.

267.89: David MacGibbon, Thomas Ross: *The castellated and domestic architecture of Scotland: from the twelfth to the eighteenth century*, Davin Douglas Press. Edinburgh, 1887, Volume 2, p. 116.
267.90: Loco citato, Volume 1, p. 189.
267.91: Prof. Deplazes.
267.92 top: Heinrich Kulka (ed.): *Adolf Loos - Das Werk des Architekten*, Verlag Anton Schroll & Co.. Vienna, 1931, fig. 229.
267.92 bottom: Loco citato, fig. 225.
268.93 top: Joseph Rykwert: *Louis I. Kahn*, H. N. Ab rams. New York, 2001, p. 118 and p. 119. Photo: Roberto Schezen.
268.93 centre: David Bruce Brownlee, Grant Mudford, David. G. De *Long: Louis I. Kahn - In the Realm of Architecture*, The Museum of Contemporary Art. Los Angeles, 1991, p. 260. Photo Grant Mudford.
268.93 bottom: Joseph Rykwert: *Louis I. Kahn*, H. N. Abrams. New York, 2001, p. 116.
268.94: Loco citato, p. 121.
269.95-98: Hannes Rössler (ed.): *Minihäuser in Japan*, Verlag Anton Pustet. Salzburg, 2000. Figs: Kei Sugino.
269.99-102: Prof. Deplazes. Figs: Catherine Gay.
273.103: Botond Bognar: *World Cities Tokyo*, Academy Editions. Tottenham, 1996, p. 91. Graphic: Kisho Kurokawa.
273.104-105: Dominique Deshoulières: *Rob Mallet-Stevens - Architecte*, Archives d' Architecture Moderne. Brussels, 1980, p. 267 and p. 268.
273.106: Kisho Kurokawa: *Kisho Kurokawa*, CEP Edition. Paris, 1982, p. 21. Photo: Kisho Kurokawa.
274.107: Atelier 5, Bern.
274.108: Henri Stierlin: Islam - *Frühe Bauwerke von Bagdad bis Córdoba*, Taschen Verlag. Cologne, 1996, p. 152. Photo: Berengo Gardin.
274.109: Atelier 5, Bern. Photo: Leonardo Bezzola.
274.110: Henri Stierlin: *Islam - Frühe Bauwerke von Bagdad bis Córdoba*, Taschen Verlag. Cologne, 1996, p. 155.
275.111: Esther McCoy, Peter J. Blake: *Craig Ellwood*, Hennessey & Ingalls. Santa Monica, 1997, p. 35.
275.112: Patrik Gmür: *Artaria & Schmidt - Wohnhaus Schaeffer Riehen/Basel*, 1927/28, gta Verlag. Zürich, 1993, p. 16.
275.113: Hans Wichmann: *System-Design Fritz Haller*, Birkhäser Publishers. Basel, 1989, p. 49.
275.114: Patrik Gmür: *Artaria & Schmidt - Wohnhaus Schaeffer Riehen/Basel*, 1927/28, gta Verlag. Zürich, 1993, p. 20.
276.115: Colin Rowe: *The Mathematics of the Ideal Villa*, Cambridge, Mass., 1982, p. 25.
276.116: Laura Miotto, Savina Nicolino: *Lina Bo Bardi, aprirsi all' accadimento*, Testo & Immagine. Torino, 1998, p. 7.
276.117: Werner Blaser: *Mies van der Rohe - Die Kunst der Struktur*, Artemis Verlag. Zürich, 1965, p. 155.
277.118: Hans Wichmann: *System-Design Fritz Haller*, Birkhäser Publishers. Basel, 1989, p. 96 and p. 97. Photo: Therese Beyeler.
277.119: Loco citato, p. 70.
277.120: Source unknown
277.121: Source unknown
278.122-123: Prof. Deplazes. Graphic: Alois Diet helm.
278.124: Franz Carl Weber AG, Spreitenbach.
279.125: *Arch+*, No. 100/101, archplus Verlag. Aachen, 1989, p. 56.
279.126: *Detail*, No. 4, Munich, 2001, p. 660.
280.128 left: *Detail*, No. 4, Munich, 2001, p. 665 and p. 667.
280.127 right: *Detail*, No. 4, Munich, 2001,S. 667.
280.128 top: Kathryn Smith: *Schindler House*. Harry N. Abrams. New York, 2001, p. 31.
280.128 bottom: Source unknown
280.130: A. Schwabe: "Der heutige Stand des Raumzellenbaues", in: *Der Architekt*, Bonn, 1968, fig. 14. Photo: Werkfoto Bayer.
281.130: Prof. Deplazes. Graphic: Alois Diethelm.
281.131: James Stirling: *James Stirling - Buildings and Projects, 1950-1974*, New York, 1975, p. 147. Photo: Brecht-Einzig, London.
281.132: Blake Gopnick, Michael Sorkin: *Moshe Safdie - Habitat '67*, Montreal, Testo & Immagine. Torino, 1998, p. 82.
281.133: Loco citato, p. 10 and p. 11.
281.134: James Stirling: *James Stirling - Buildings and Projects*, 1950-1974, New York, 1975, p. 154.
281.135: Blake Gopnick, Michael Sorkin: *Moshe Safdie - Habitat '67*, Montreal, Testo & Immagine. Torino, 1998, p. 76.

Building performance, energy

282.1: Hans Kollhoff: *Hans Kollhoff - Architektur*, Prestel Verlag. Munich, 2002, p. 41. Photo: Ivan Nemec.
282.2: Source unknown
282.3: Gert Chesi: *Architektur und Mythos - Lehmbauten in Afrika*, Haymon-Verlag. Innsbruck, 1995, p. 14. Photo: Gert Chesi.
282.4: Loco citato, photo: Gert Chesi.
283.5: Source unknown
283.6: Karl Fritz Stöhr: *Die amerikanischen Turmbauten, die Gründe ihrer Entstehung, ihre Finanzierung, Konstruktion und Rentabilität*, Verlag R. Oldenbourg. Munich, Berlin, 1921, fig. 17. Photo: Karl Fritz Stöhr.
283.7: Source unknown
284.8: Richard Fawcett: *Scottish Achitecture from the Accession of the Stewarts to the Reformation 1371-1560*, Edinburgh University Press. Edinburgh, 1994, p. 240.
284.9: Source unknown, revised by Prof. Deplazes.

285.10: Bearth + Deplazes. Photo: Ralph Feiner.
285.11: Bearth + Deplazes. Photo: Ralph Feiner.
286.12: Prof. Deplazes.
287.13-288.14: Prof. Deplazes. Graphic: Thomas Wirz.
288.15-16: Prof. Deplazes.
289.17: Prof. Deplazes. Graphic: Thomas Wirz.
289.18-19: Prof. Deplazes.
291.20-21: Bearth + Deplazes. Photo: Ralph Feiner.
292.22-23: Bearth + Deplazes.

BUILDINGS

Selected projects

295.1: *tec21*, No. 25, Zürich, 2002, p. 21. Photo: Ruedi Weidmann/tec 21.
296.2: Jürgen Joedicke: *Architekturgeschichte des 20. Jahrhunderts*, Karl Krämer Verlag. Stuttgart, 1990, p. 151.
296.3 Burkard, Meyer und Partner, Baden.
296.4: Burkard, Meyer und Partner, Baden. Photo: Reinhard Zimmermann.
296.5: François Wehrlin (ed.): *Kenzo Tange: 40 ans d' urbanisme et d' architecture*, Process Architecture Publiching. Tokyo, 1987, p. 101. Photo: Osamu Murai.
297.6: Bearth + Deplazes.
297.7-9: Prof. Deplazes. Graphic: Alois Diethelm.
297.10: Hans Wichmann: *System-Design Fritz Haller*, Birkhäser Publishers. Basel, 1989, p. 132. Photo: Therese Beyeler.
298.11: Romaldo Giurgola, Jaimini Mehta: *Louis I. Kahn*, Artemis Verlag. Zürich, 1989, p. 61.
298.12: *Architectural Record*, McGraw-Hill. New York, Februar, 1947, p. 95.
298.13: Verein Deutscher Ingenieure (ed.): *Heizungsanlagen - Anleitung für Betrieb, Überwachung und Wartung*, VDI-Verlag. Düsseldorf, 1974, p. 3. Reproduced with kind permission of the publisher.
299.14-15: Johann Christoph Bürkle: *Wohnhäuser der klassischen Moderne*, Deutsche Verlags-Anstalt. Stuttgart, 1994, p. 100.
299.16: Loco citato, p. 128.
299.17: Paul Wijdeveld: *Ludwig Wittgenstein, Architekt*, Wiese Verlag. Basel, 1994, p. 124.
300.18-20: *Architectural Record*, McGraw-Hill. New York, December, 1960, p. 112 and p. 114.
300.21: *Arch+*, No. 93, archplus Verlag. Aachen, 1988, p. 79. Photo: Rayner Banham.
300.22: Source unknown
300.23: *Architectural Record*, McGraw-Hill. New York, February, 1960. Cover picture.
301.24: *The Progressive Architecture Library*, Reinold. New York, February, 1966, p. 145, p. 148 and p. 151.
301.25: *Architectural Form*. Tokyo, May, 1963, p. 129.
301.26: *The progressive architecture library*, Reinold. New York, February, 1966, p. 145, p. 148 and p. 151.
301.27: Abby Bussel: *SOM Evolutions*, Birkhäser Publishers. Basel, 2000, p. 50 and p. 51. Photo: Ezra Stoller.
301.28: *Schweizerische Bauzeitung*, Zürich, 16 Decem ber, 1965, p. 920.
302.29: *Werk, Bauen & Wohnen*, No. 12, Zürich, 1964, p. 425.
302.30-31: *Schweizerische Bauzeitung*, Zürich, 16 December, 1965, p. 914.
302.32: *Archithese*, No. 1, Niggli Verlag. Sulgen, 2001, p. 53.
302.33: Istituto Lina Bo e P. M. Bardi (ed.): *Lina Bo Bardi*, Edizioni Charta. Milan, 1994, p. 104.
302.34: Herdeg Klaus: *Formal Structure in Indian Achitecture*, Rizzoli Press. New York, 1990, p. 19, revised.
303.35: Burkard, Meyer und Partner, Baden. Photo: Reinhard Zimmermann.
303.36-304.40: Burkard, Meyer und Partner, Baden.
305.41-42: Burkard, Meyer und Partner, Baden. Photos: Reinhard Zimmermann.
305.43-44: Burkard, Meyer und Partner, Baden.
306.45: Burkard, Meyer und Partner, Baden. Photo: Rein hard Zimmermann.
306.46-47: Burkard, Meyer und Partner, Baden.
307.48-49: Prof. Deplazes. Photos: Alois Diethelm.
308.50-309.54: Prof. Deplazes. Photo/Graphic: Alois Diethelm.
309.55: Burkard, Meyer und Partner, Baden. Photo: Rein hard Zimmermann.
310. 56-311.60: Prof. Deplazes. Graphic: Alois Diethelm.
311.61-62: Burkard, Meyer und Partner, Baden. Photos: Reinhard Zimmermann.
312.63-64: Prof. Deplazes. Graphic: Alois Diethelm.
313.65: Photo: Ralph Feiner.
313.66: *Detail*, No. 1/2, Munich, 2002, p. 63. Photo: Ralph Feiner.
313.67: Prof. Deplazes.
313.68: Photo: Ralph Feiner.
314.69-315.71: Prof. Deplazes.
315.72: Bearth + Deplazes.
316.73-74: Prof. Deplazes.
317.75: Photo: Ralph Feiner.
318.76: Prof. Deplazes.
318.77: Photo: Ralph Feiner.
318.78: Prof. Deplazes.
318.79: *Detail*, No. 1/2, Munich, 2002, p. 67. Photo: Ralph Feiner.
318.80: Prof. Deplazes.
319.81: Photo: Ralph Feiner.
319.82: Prof. Deplazes.
319.83: Photo: Ralph Feiner.
320.84-85: Photos: Bearth + Deplazes.
320.86: Prof. Deplazes.
321.87: Photo: Ralph Feiner.
321.88: Prof. Deplazes.
321.89: Gustav Fusch: *Über Hypokausten - Heizungen*

und mittelalterliche Heizungsanlagen, Pfriemer Bauverlag. Wiesbaden, 1986, p. 13. Reprint of 1st edition, Janecke Verlag, Hannover, 1910.
321.90: Loco citato, p. 21.
322.91-93: Peter Märkli, Zürich.
323.94-96: Prof. Deplazes.
324.97-100: Peter Märkli, Zürich.
325.101: Peter Märkli, Zürich. Revised by Prof. Deplazes.
325.102: Prof. Deplazes.
326.103-333.105: Peter Märkli, Zürich. Revised by Prof. Deplazes.
327.106: Peter Märkli, Zürich.
327.107-328.109: Peter Märkli, Zürich. Revised by Prof. Deplazes.
329.110-330.114: Prof. Deplazes.
330.115: Peter Märkli, Zürich. Revised by Prof. Deplazes.
330.116-331.119: Prof. Deplazes.
331.120: Peter Märkli, Zürich. Revised by Prof. Deplazes.
331.121-122: Prof. Deplazes.
332.123: Alberto Dell' Antonio: *Paspels, Valerio Olgiati*, Edition Dino Simonett. Zürich, 1998, p. 45. Photos: Heinrich Helfenstein, Valerio Olgiati, Mira Blau Archi tekten.
332.124: *Archithese*, No. 2, Niggli Verlag. Sulgen, 1997, p. 36. Graphic: Valerio Olgiatti.
333.125: *Archithese*, No. 3, Niggli Verlag. Sulgen, 1998, p. 66.
333.126: Valerio Olgiati, Zürich.
333.127: *Archithese*, No. 2, Niggli Verlag. Sulgen, 1997, p. 37.
333.128-129: *Archithese*, No. 3, Niggli Verlag. Sulgen, 1998, p. 66 and p. 67.
333.130-133: Valerio Olgiati, Zürich. Revised by Prof. Deplazes.
334.134-136: Gebhard Decasper, Ingenieur, Chur. Photos: Dickelmann.
335.138: Valerio Olgiati, Zürich.
335.139: Valerio Olgiati, Zürich. Revised by Prof. Deplazes.
336.140-141: Valerio Olgiati, Zürich.
336.142-338.145: Valerio Olgiati, Zürich. Revised by Prof. Deplazes.
338.146: Valerio Olgiati, Zürich.
339.147: Valerio Olgiati, Zürich. Revised by Prof. Deplazes.
339.148-149: Valerio Olgiati, Zürich.
340.150: Valerio Olgiati, Zürich. Revised by Prof. Deplazes.
340.151-152: Valerio Olgiati, Zürich.
341.153: *Archithese*, No. 1, Niggli Verlag. Sulgen, 2001, p. 50.
341.154: Loco citato, p. 53.
342.155: Loco citato, p. 52.
342.156: Loco citato, p. 51.
343.157-160: Loco citato, p. 53.
344.161-346.167: Miller & Maranta, Basel. Revised by Prof. Deplazes.
347.168-348.173: *Werk, Bauen & Wohnen*, No. 9, Zürich, 1997.
349.175: *Werk, Bauen & Wohnen*, No. 9, Zürich, 1997.
350.176: Giuliani Hönger, Zürich. Photo: Walter Mair.
350.177: Giuliani Hönger, Zürich.
351.178-355.192: Giuliani Hönger, Zürich. Photos: Walter Mair.
356/357.193: Giuliani Hönger, Zürich.
358.194: Giuliani Hönger, Zürich.
358.195: Giuliani Hönger, Zürich. Photo: Walter Mair.
359.196-360.197: Giuliani Hönger, Zürich.
361.198: Christoph Wieser: "Von Parks und Plätzen im Zentrum Zürich Nord", in: *Werk, Bauen & Wohnen*, No. 5, Zürich, 2003, p. 18. Photo: Ueli Roth.
361.199: Prof. Deplazes. Photo: Marius Hug.
362.200-364.209: Peter Märkli, Zürich.
365.210: Prof. Deplazes: photo: Marius Hug.
365.211: Peter Märkli, Zürich.
366.212-367.215: Peter Märkli, Zürich.
367.216: Prof. Deplazes. Photo: Marius Hug.
367.217-368.219: Peter Märkli, Zürich.
368.220: Prof. Deplazes. Photo: Marius Hug.
369.221: Peter Märkli, Zürich.
369.222-370.223: Prof. Deplazes. Photo: Marius Hug.
370.224-225: Peter Märkli, Zürich.
371.226: Prof. Deplazes. Photo: Marius Hug.
371.227-228: Peter Märkli, Zürich.
371.229: Prof. Deplazes. Photo: Marius Hug.
372.230-232: Peter Märkli, Zürich.
373.233-235: Prof. Deplazes. Photos: Marius Hug.
374.236: Photo: Ralph Feiner.
374.237: Prof. Deplazes.
375.238-239: Prof. Deplazes.
376.240-241: Photo: Ralph Feiner.
376.242: Prof. Deplazes.
377.243: Photo: Ralph Feiner.
377.244-378.245: Prof. Deplazes.
378.246: Photo: Ralph Feiner.
379.247: Prof. Deplazes.
380.248: Photo: Ralph Feiner.
380.249-250: *Detail*, No. 3, Munich, 2000, p. 384.
381.251: Photo: Ralph Feiner.
381.252: Prof. Deplazes.
381.253: Photo: Ralph Feiner.
382.254: *Glas und Praxis*, Glas Troesch AG Butzberg, 2000.
382.255: Prof. Deplazes.
383.256-257: Meili & Peter, Zürich. Photos: Georg Aerni.
383.258: Meili & Peter, Zürich. Revised by Prof. Deplazes.
384.259-385.265: Meili & Peter, Zürich. Revised by Prof. Deplazes.
386.266-267: Meili & Peter, Zürich.
386.268: Jürg Conzett, Chur.
387.269-270: Meili & Peter, Zürich. Photo: Georg Aerni.
387.271: Meili & Peter, Zürich. Revised by Prof. Deplazes.
388.272: Meili & Peter, Zürich. Revised by Prof. Deplazes.
388.273: Meili & Peter, Zürich.
388.274: Photo: Heinrich Helfenstein.
389.275: Photo: Georg Aerni.
390.276-392.282: Meili & Peter, Zürich.

393.283: Meili & Peter, Zürich. Photo: Andreas Schmidt.
393.284: Photo: Georg Aerni.
393.285: Meili & Peter, Zürich.
394.286: Photo: Ralph Feiner.
394.287: Prof. Deplazes.
395.288: Photo: Ralph Feiner.
395.289-294: Bearth + Deplazes.
396.295-296: Bearth + Deplazes. Graphic: Winterthur Holzbau.
396.297-299: Bearth + Deplazes.
397.300-301: Deplazes, Chair of Architecture.
397.302: Bearth + Deplazes. Photo: Ralph Feiner.
398.303-306: Photo: Ralph Feiner.

CATALOGUE OF COMPONENTS

Unnumbered figures: Prof. Deplazes.

Drawings
401-406: All figures: Prof. Deplazes.

Foundation - Plinth
419.1: Bearth + Deplazes.
419.2: Photo: Ralph Feiner.

Wall - Floor
427.1: Prof. Deplazes. Graphic: Maud Châtelet.

Opening
452.1: Internet: www.sky-frame.ch. Photo: Peter Kunz.

Floor
455.1: Bricosol AG, Zürich.
456.2: Poropor. Hagapart AG, Zug. Catalogue.
457.3: Prof. Deplazes. Photo: Thomas Melliger.
458.4: Photo: Ralph Feiner.
459.5: Louis I. Kahn Collection.
460.6: Elementwerk Brun AG, Emmen.
461.7: Montana Bausysteme AG, Villmergen.
462.8: Lignatur AG, Waldstatt.
463.9: Valerio Olgiati, Zürich.
463.10: Werner Oechslin (ed.): *Daniele Marques*, gta Verlag. Zürich, 2003, p. 57.
464.11: Lignatur AG, Waldstatt.
465.12: Source unknown

Roof - Parapet
466.1: Photo: Ralph Feiner.
476.2: *Archithese*, No. 3, "Niederlande heute", Niggli Verlag. Sulgen, 1997, p. 65.
468.3: Johann Christoph Bürkle (ed.): *Gigon Guyer Architekten - Arbeiten, 1989-2000*, Niggli Verlag. Sulgen, Zürich, 2000, p. 73.
469.4: Morger & Degelo, Basel.
470.5: Photo: Heinrich Helfenstein.
471.6: Morger & Degelo, Basel. Photo: Ruedi Walti.
472.7: Diener & Diener, Basel. Photo: Hans Ruedi Disch.
473.8: Photo: Ruedi Walti.
474.9: Oliver Schwarz, Zürich.
475.10: Johann Christoph Bürkle: *Morger & Degelo Architekten*, Niggli Verlag. Sulgen, 2000, p. 19. Photo: Ruedi Walti.
476.11: Photo: Ralph Feiner.
478.12: Johann Christoph Bürkle (ed.): *Gigon Guyer Architekten - Arbeiten, 1989-2000*, Niggli Verlag. Sulgen, Zürich, 2000, p. 26/27.
480.13: *Detail*, No. 7/8, Munich, 2002, p. 931.

Index